궁금한 수학의 세계

The Universal Book of MATHEMATICS

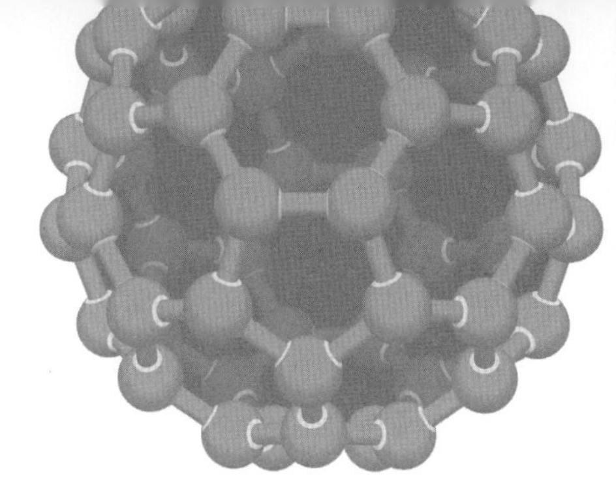

The Universal Book of MATHEMATICS

궁금한 수학의 세계

달링(David Darling) 지음

황선욱 · 강병개 · 정달영 · 김주홍 옮김

아브라카다브라부터 제논의 역설까지

청문각

감사의 글(저자)

수학적 특이함과 기쁨, 기발함 그리고 심오함의 이 모음을 조립하는 데 있어서 많은 분들이 나를 엄청나게 도와주었다. 특히 이 책에 포함된 많은 평면곡선을 그린 것에 대하여 바세나(Jan Wassenaar; www.2dcurves.com); 그의 훌륭한, 손수 만든 다면체의 수많은 사진에 대하여 웹(Robert Webb; www.software3d.com); 그의 매혹적인 프랙탈 예술에 대하여 레이스(Jos Leys; www.josleys.com); 다양한 기발한 디지털 이미지에 대하여 리(Xah Lee; www.xahlee.org); 그들의 생산 라인과 개인적 소장품으로부터 사진과 퍼즐에 대한 조언을 한 호주 미스터 퍼즐(Mr. Puzzle Australia; www.mrpuzzle.com.au)의 수와 브라이언 영(Sue and Brian Young)과 케이돈 기업(Kadon Enterprises; www.gamepuzzles.com)의 케이트와 딕 존스(Kate and Dick Jones); 굉장히 아름다운 반복적으로 일그러져 보이는 미술 영상에 대하여 와이스(Gideon Weisz; www.gideonweisz.com)와 오로스(Istvan Orosz); 문제 하나에 토론과 해법을 자극했던 내 좋은 친구 바커(Andrew "Dogs" Barker); 그의 고전적 수학 소장품에서 사진을 준 웨이트(William Waite); 그리고 가치 있는 기여를 한 크롬웰(Peter Cromwell), 던사니 경과 부인(Lord & Lady Dunsany), 노퍼스(Peter Knoppers), 린하드(John Lienhard), 메인스톤(John Mainstone), 니콜스(David Nicholls), 폴과 콜린 로버츠(Paul and Colin Roberts), 샌드버그(Anders Sandberg), 설리반(John Sullivan)과 다른 분들께 감사한다.

나는 John Wiley & Sons의 편집장인 파워(Stephen Power), 편집차장인 번스타이너(Lisa Burstiner)의 격려와 세세한 것에 대한 변함없는 관심, 그리고 심지어는 책의 일부 문제들에 대한 대안적이고 영리한 해법을 제공한 것에 대해서도 빚을 지고 있다. 남아 있는 어떤 오류이든 전적으로 나의 책임이다. 나의 놀라운 대리인인 룬(Patricia Van der Leun)에게 감사한다. 그리고 끝으로 무엇보다도 정말 환상적인 작업을 수행하도록 허용한 나의 가족들에게 감사한다.

역자 서문

"대부분의 알은 왜 완전한 구형이 아니고 한쪽이 찌그러진 '달걀' 모양일까?" "달걀을 회전시켜 보면 생달걀인지 삶은 달걀인지 구별할 수 있는데, 왜 그럴까?" 이런 의문에 대해 수학자들이 어떤 방법으로 답을 구했는지 이 책을 찾아보면 알게 된다.

성경에 보면 153이나 666과 같은 숫자들이 등장한다. 수학자들은 이런 숫자들을 어떤 눈으로 쳐다보고 어떤 상상을 하며 어떤 사실을 발견해내는지 이 책을 보면 알 수 있다.

철학자로 알려져 있는 데카르트와 파스칼이 왜 수학자인지, '이상한 나라의 앨리스'의 작가 루이스 캐럴이 왜 수학자인지, 나폴레옹은 수학계에 어떤 업적을 남겼는지, 이 책을 보면 알 수 있다.

이 책은 대중들이 수학을 쉽게 이해하도록 돕기 위해 수학적 주제에 대해 자세히 해설하거나 스토리를 따라가면서 수학 문제를 해결해나가는 여느 수학 참고 서적과는 달리, 사람 이름이나 수학 관련 용어 또는 수학과 어떤 형태로도 관련이 있거나 있음직한 사물이나 상황 등을 사전처럼 쉽게 찾아볼 수 있는 체제로 꾸며져 있다.

수학과 관련된 책이나 자료를 읽는 경우에 용어의 유래나 수학자에 얽힌 역사적 배경 등에 호기심이 생길 때가 있는데, 수학 전공 서적이나 백과사전을 뒤져도 궁금증을 해소시켜줄 정도로 흡족한 내용을 찾기가 쉽지 않아 아쉬웠던 경험이 있을 것이다. 이 책은 우리의 이런 아쉬움을 해소시켜주고 있는데, 이 책의 저자가 수학자가 아니라 천문학자인 데 그 이유가 있을 것이다. 누구보다도 이와 같은 경험을 많이 했을 저자는, 수학을 응용하는 사람의 관점에서 수학의 내용을 이해하는 데 필요한 소재와 수학이 이용되는 다양한 분야의 사례와 관련성을 백과사전에 버금가는 분량으로 구성하였다.

이 책은 초중등학교에서 수학을 가르치는 교사가 수업 시간 동기 부여에 필요한 흥미로운 소재를 찾거나, 대학에서 고등수학을 가르치는 교수가 강의 내용과 관련된 수학자의 일화나 역사적 배경을 조사할 때 매우 유용하게 쓰일 것이다.

또한, 수학을 전공하거나 수학과 관련이 큰 분야를 공부하는 대학생들이 수학 용어나 개념에 대하여 탐구할 때는 물론이고, 중고등학교 학생이나 일반인들이 수학이 일상생활이나 전문 분야에서 어떻게 응용되는지 궁금할 때, 이 책을 펼치면 유용한 정보를 손쉽고 재미있게 얻을 수 있다.

방대한 양을 번역하면서 오류를 최대한 줄이고 최신의 정보를 더 정확하게 제공하기 위하여 곳곳에 역자 주를 추가하였다. 그럼에도 불구하고 어색하고 불완전한 번역에 대한 책임은 전적으로 역자들의 몫이다.

이 책이 나오기까지 힘든 작업을 도맡아 해주신 청문각의 관계자에게 감사의 인사를 올린다.

2015년 2월 25일 역자 씀

저자 서문

여러분은 미로에서 길을 잃었다: 나가는 길을 어떻게 찾을까? 여러분은 타임머신을 만들고 싶은데, 시간 여행이 논리적으로 가능할까? 어떻게 하나의 무한이 다른 것보다 클 수 있을까? 왜 우리는 클라인 병을 써서 마실 수 없을까? 적절한 이름을 가진 세상에서 가장 큰 수는 무엇이며 여러분은 그것을 어떻게 적을 수 있을까? 누가 사차원에서 볼 수 있었다고 주장했을까? 그리고 "반복(iteration)"은 무엇을 의미하는 것일까?

수학은 학교 시절 나의 강점이 아니었지만 나는 천문학자가 되기를 원했기 때문에 그것과 함께 하라는 말을 들었다. 운이 좋아서 대학에 입학하기 전 마지막 2년 내에, 나는 (모두에게 "대니(Danny)"로 알려진) 케이(Kay) 씨로 불리는 훌륭한 구식의 괴짜 선생님(그는 실제로 가르치실 때 까만 가운을 입으셨다.)을 만났는데, 그는 갑자기 분필과 칠판에서 벗어나 "그런데 우주는 어떻게 비대칭이 되었을까, 그것이 내가 알고 싶은 거야." 또는 "이 허수들은 한편으로 대단히 현실적이기 때문에 매우 재미있지."라고 묻곤 했다. 점심시간 동안 대니와 원로 화학 선생님인 어프(Erp) 씨(그의 별명은 거의 적을 필요가 없다.)는 체스 게임을 위하여 항상 화학 준비실에서 만났었다. 그들은 웰스의 과학 소설 이야기의 등장 인물과 매우 닮아 보였고 닮게 행동했으며, 나는 가끔 그들이 투명의 공식 또는 고차원으로의 관문을 생각해 내는 것을 상상했다. 어떻든, 비록 나는 결코 빛나는 학생이 아니었지만, 매우 창의적이고 사려 깊은 두 사람이 나의 미래의 직업에 얼마나 심오한 영향을 줄지 알았다. 나는 천문학자가 되었고, 수학을 일정 수준의 숙련도까지 계속했다. 그러나 그 이상으로, 나의 호기심은 이 주제들; 굽은 공간, 뫼비우스 띠, 평행 우주, 혼돈의 심장에서의 패턴, 대안 현실의 멋있고 기묘한 가능성에 의하여 불붙었다. 이 이상한 가능성들과 수천의 다른 것들은 이 책의 내용물을 구성한다. 만일 당신이 종합적이고 학술적인 '궁금한 수학의 세계'를 원한다면 다른 것을 찾아보라. 만일 당신이 엄밀함과 증명을 원한다면 다음 책장을 찾아보라. 이 안에서 여러분은 특이한 것, 충격적인 것, 공상적인 것, 그리고 환상적인 것만을; 학교에서는 여러분에게 가르치지 않는 수학 전서를 보게 될 것이다.

항목들은 짧은 정의부터 크게 중요하거나 특이한 재미가 있는 주제에 대한 긴 글까지의 범위에 이른다. 이들은 항목 이름의 첫 자를 따라 알파벳 순서로 정리되었고, 광범위하게 상호 참조되어 있다. 굵은 글씨체로 된 용어들은 자신의 항목을 가지고 있다. 독자들이 해 볼 수 있도록 수많은 퍼즐이 포함되어 있다; 이들의 해답은 책의 뒷부분에 있다. 또 책의 뒷부분에는 종합적인 참고 문헌과 범주 색인이 있다. 수학과 관계되는 주제에 대한 최신 뉴스를 위해서 독자들은 저자의 웹사이트 www.daviddarling.info를 방문해 주시기 바란다.

차 례

A

abacus (수판, 數板)

수를 셀 수 있게 만든 틀. 수천 년 전에 처음 사용되었을 때에는 중동 사막에 있는 자갈로 만들어졌다. Abacus라는 단어는 자갈을 흔들리지 않게 받쳐주기 위한 모래로 덮인 작은 쟁반이라는 뜻을 가진 그리스어 *abax*를 통해 히브리어 *âbâq*(*먼지*) 또는 페니키아어 *abak*(*모래*)에서 유래되었다고 본다. 틀을 받쳐주는 막대나 철사에는 움직이는 구슬이 나란히 꿰어 있고, 여러 곳에서 수 계산에 쓰이기 위해 만들어졌다.

유럽에서는 1,500년이 넘게 이상한 일들이 일어났다. 그리스인과 로마인들 및 이후의 중세 유럽인들은 비어 있는 줄이나 철사로 **영**(零, zero)을 나타내는 **위치기수법**(place-value system)을 이용하여 만든 기구를 사용하여 숫자 계산을 하였다. 아랍인과 힌두인들을 거쳐서 1202년 **피보나치**(Fibonacci)가 숫자 0의 기호를 유럽에 소개할 때까지 이를 나타내는 기호가 없었다.

중국의 *산판*(算板, suan pan)은 유럽의 수판과 다르다. 산판은 두 칸으로 나누어져 있는데, 위 칸에는 한 막대마다 두 개의 구슬이 있고 아래 칸에는 한 막대마다 다섯 개의 구슬이 있다. 아래 칸에 있는 다섯 개의 구슬은 0부터 4까지의 수를 나타낸다. 아래 칸 한 막대에 있는 다섯 개의 구슬이 모두 위로 올려져 있는 경우에는 이들을 다시 제자리로 내려놓은 다음, 바로 위 칸의 구슬 하나를 받아올림으로 아래로 내려놓는다. 위 칸의 구슬 두 개가 모두 내려져 있으면 이들을 다시 제자리에 올려놓고, 바로 왼쪽 구슬 하나를 받아올림으로 내려놓는다. 수판을 이용한 계산 결과는 위아래 칸을 나누고 있는 막대 쪽으로 몰려 있는 구슬을 세어 읽는 것이다. 어떤 의미에서 중국 수판은 5–2–5–2–5–2… 구조의 수 체계를 기반으로 하는데, 받아올림과 받아내림 체계가 십진법에서와 비슷하다. 각 막대는 십진법의 자릿수를 나타내므로 수판이 나타낼 수 있는 수의 크기는 막대수에 의해 제한된다. 수판 하나로 모자라면 그 왼쪽에 수판을 하나 더 놓으면 된다.

수판 두 가지 형태의 수판이 위아래로 붙어 있는 특별한 구조의 중국 수판(1958년경). *Luis Fernandes*

일본의 *수판*(*soroban*)은 "땅"을 상징하는 아래 칸에 4개의 구슬과 "하늘"을 상징하는 위 칸에 1개의 구슬만을 사용하여 5와 10을 나타낸다. 세상에서 가장 큰 수판은 가로 4.7 m, 세로 2.2 m로 런던의 과학박물관에 있다.

Abbott, Edwin Abbott (애벗, 1838-1926)

영국의 성직자이며 작가. 몇 권의 신학 책과 베이컨(Francis Bacon)의 전기(1885)를 썼으며, 『*셰익스피어 작품의 문법 해설서*(*Shakespearian Grammar*, 1870)』와 가명으로 쓴 『*평평한 나라: 다차원 세계의 이야기*(*Flatland: A Romance of Many Dimensions*, A. Square 저, 1884)』로 잘 알려져 있다.[1]

ABC conjecture (ABC 추측)

주목할 만한 **추측**(conjecture)으로서 파리 대학의 Joseph Oesterle과 스위스 바젤 대학 수학연구소의 David Masser가 1980년에 처음 제기했는데, 지금은 **정수론**(number theory)의 중요한 미해결 문제들 중의 하나로 알려져 있다. 만약 이 추측이 맞다고 증명된다면, 다른 유명한 추측과 정리 몇 개가 즉시–어떤 경우에는 고작 몇 줄만에 바로 증명될 수 있을 것이다. 예를 들어 아주 복잡한 것으로 알려져 있는 **페르마의 마지막 정리**(Fermat's last theorem)의 증명은 한 쪽 분량도 채 안 될 것이다. 정수론에 관한 대부분의 심오한 질문들에 비해 ABC 추측은 정말 간단할 뿐만 아니라, **디오판토스 방정식**(Diophantine equation)을 포함하여 모든 중요한 문제들과 같음이 확인되었다.

ABC 추측을 이해하기 위해서는 두서너 개의 개념만 알면 된다. *무제곱수(square-free number)*란 어느 수의 제곱으로도 나누어지지 않는 정수를 말한다. 예를 들어 15와 17은 무제곱수이지만 16(4^2으로 나누어짐)과 18(3^2으로 나누어짐)은 무제곱수가 아니다. 어떤 정수 n의 *무제곱 부분(square-free part)*을 sqp(n)으로 나타내자. sqp(n)은 n의 소인수들의 곱으로 나타낼 수 있는 가장 큰 무제곱수이다. $n=15$일 경우 소인수는 5와 3이고, $3\times5=15$이다. 15는 무제곱수이므로 sqp(15) = 15이다. 반면에 $n=16$일 경우 소인수는 모두 2이므로, sqp(16) = 2이다. 일반적으로 n이 무제곱수이면 n의 무제곱 부분은 그냥 n이다. 그 외에 sqp(n)은 모든 인수들 중 제곱을 이루는 인수를 제외한 나머지로 표현할 수 있다. 즉 sqp(n)은 n을 나누는 소수들의 곱이다. 예를 들어 sqp(9) = sqp(3×3) = 3이고, sqp(1,400) = sqp($2\times2\times2\times5\times5\times7$) = $2\times5\times7=70$이다.

ABC 추측은 공약수가 없는 두 수 A와 B를 다루는데, 그 합이 C라고 하자. 예를 들어 $A=3$이고 $B=7$이면 $C=3+7=10$이다. 이제 A, B, C의 곱 $A\times B\times C$의 무제곱 부분을 살펴보자. sqp(ABC) = sqp($3\times7\times10$) = 210이다. 앞의 예와 같이 대부분의 A, B에 대하여 sqp(ABC) > C이다. 다시 말해 sqp(ABC)/C > 1이다. 하지만 가끔 그렇지 않을 때가 있다. 예를 들어 $A=1$, $B=8$이면 $C=1+8=9$이고, sqp(ABC) = sqp($1\times8\times9$) = sqp($1\times2\times2\times2\times3\times3$) = $1\times2\times3=6$이며, sqp(ABC)/C = 6/9 = 2/3일 때 그 비는 15/64이다.

David Masser는 sqp(ABC)/C 비율이 임의로 작아질 수 있음을 증명했다. 다시 말해 0보다 큰 아무리 작은 수에 대하여 sqp(ABC)/C가 그 수보다 작은 정수 A와 B를 찾을 수 있다는 것이다. 그에 비해 ABC 추측은, n이 1.0000000001과 같이 1보다 조금이라도 더 큰 수이기만 하면 [sqp(ABC)]n/C가 최솟값이 된다고 말한다. 수식 표현에서의 작은 변화가 수학적 성질에서는 큰 차이를 나타낼 수 있다. 사실상 ABC 추측은 무한 개의 디오판토스 방정식(페르마의 마지막 정리의 방정식도 포함한)을 단 하나의 수학적 서술로 표현하고 있다.[144]

Abel, Niels Henrik (아벨, 1802-1829)

> *발산하는 급수는 악마가 만들어낸 것이며, 그 어떤 증명이라도 이것에 근거하는 것은 부끄러운 일이다. 이것을 이용하면 마음에 드는 결론을 끌어낼 수 있기 때문에 발산하는 급수는 많은 오류와 모순을 만들어 냈다.*

노르웨이의 수학자. 동시대의 **갈루아**(Évariste Galois)와는 독립적으로 **군**론(group theory)을 개척했으며 일반 **5차**(quintic)방정식에는 대수적인 근의 공식이 없다는 것을 증명했다. 아벨과 갈루아 두 사람 모두 안타깝게도 매우 젊은 나이에 아벨은 결핵으로, 갈루아는 결투 중에 칼에 맞아 사망했다.

지금은 오슬로(Oslo)라 부르는 크리스티아니아(Christiania) 지방의 학생일 때 아벨은 일반 5차방정식을 대수적으로 푸는 방법을 발견했다고 생각했다. 그러나 1824년에 발표한 유명한 논문을 통해 얼마 안 있어 오류를 바로잡았다. 그는 이 초기 논문에서 일반 5차방정식은 무리식을 이용해 풀 수 없다는 것을 보여주었다. 이 논문을 통해 16세기 중엽부터 수학자들을 당황하게 만든 문제를 진정시켰다. 사는 동안 내내 가난했던 아벨은 노르웨이 정부가 주는 얼마 안 되는 지원금으로 독일과 프랑스의 수학자들을 방문하는 여행을 다녀왔다. 베를린에서 그는 크렐(Leopold Crelle, 1780-1856)을 만났으며, 1826년에 수학 연구에 관한 세계 최초의 논문집을 만드는 데 도움을 주었다. 처음 세 권의 논문집에는 아벨의 논문 22편이 실려 있었는데, 이를 통해 아벨과 크렐 모두 오랜 명성을 얻게 되었다. 아벨은 자신의 **타원함수**(elliptic function) 이론을 이용하여 타원적분(elliptic integral)의 중요 부분을 근본적으로 바꾸었다. 그는 또 **무한급수**(infinite series) 이론에 기여하였으며, 오늘날 **아벨군**(Abelian group)으로 알려진 가환군(commutative group) 이론을 정립하였다. 그러나 그의 업적은 생전에 제대로 인정받지 못했으며, 가난하고 몸이 아픈 상태로 노르웨이로 돌아왔으나 교수 자리를 찾지 못했다. 그가 사망한지 이틀 후 배달이 늦어진 편지 한 통이 도착했는데, 그것은 아벨을 베를린 대학의 교수로 임용한다는 내용이었다.

Abelian group (아벨군)

가환인 군, 즉 두 원소의 곱을 할 때 곱하는 순서가 상관이 없는 군. **아벨**(Niels Abel)의 이름을 딴 아벨군은 현대수학, 특히 **대수적 위상수학**(algebraic topology) 분야에서 매우 중요한 위치에 있다. 아벨군의 예로서 (덧셈에 대한) **실수**(real number), (곱셈에 대한) 0이 아닌 실수, 그리고 (덧셈에 대한) **정수**(integer)와 같은 모든 순환군(cyclic group)을 들 수 있다.

abracadabra (아브라카다브라)

마술사들이 애용하는 유명한 단어. 그러나 이 단어는 치통이나 열병과 같은 여러 가지 질병을 치료하기 위한 신비하고 초자연적인 주문으로 사용되기 시작했다. 2세기의 영지주의 의사인 Quintus Severus Sammonicus가 지은 〈Praecepta de Medicina〉라는 제목의 시에 처음 쓰여졌다. Sommonicus는 글

A B R A C A D A B R A
A B R A C A D A B R
A B R A C A D A B
A B R A C A D A
A B R A C A D
A B R A C A
A B R A C
A B R A
A B R
A B
A

자를 양피지에 삼각형 모양으로 써야 한다고 가르쳤다.

이것을 십자가의 모양으로 접어 9일 동안 목에 걸어 놓아야 하는데, 해가 뜨기 전에 환자 뒤에서 동쪽으로 흐르는 냇물에 이것을 던져넣어야 했다. 이것은 중세시대에 아주 보편적인 치료법이었다. 1665년 즈음 대역병이 창궐했을 때 이러한 삼각형 글귀의 부적은 감염으로부터의 보호 수단으로 쓰였다. 글귀 자체의 유래는 정확하지 않지만 이집트 여신의 이름인 Abrasax로부터 유래하였다는 학설도 있다.

퍼즐

다음은 폴리아(George Polya, 1887–1985)가 만든 유명한 퍼즐이다. 다이아몬드 모양으로 배열된 글자들로 abracadabra를 만들 수 있는 방법은 몇 가지인가?

A
B B
R R R
A A A A
C C C C C
A A A A A A
D D D D D
A A A A
B B B
R R
A

해답은 415쪽부터 시작함.

abscissa (횡좌표, 橫座標)

데카르트 좌표(Cartesian coordinates)계에서의 x좌표로서, y축으로부터 수평으로 가로로 잰 거리이기도 함. **종좌표**(從座標, ordinate)와 비교해 보시오.

absolute (절대, 絕對)

예외나 조건에 제한을 받지 않는 상태. 이 용어는 수학, 물리학, 철학 및 일상생활에서 여러 가지 다양한 방법으로 쓰인다. 절대 공간과 절대 시간은 뉴턴의 우주론에서는 유일하고 불변적인 구조(frame of reference)를 이루지만, 아인슈타인의 **시공**(時空, space-time)에서는 변형될 수 있고 혼합되기도 한다. **절대 영도**(absolute zero)도 참고하기 바람. 일부 철학이론에서는 '절대'가 우리의 눈에 독립적이고 초월적이고 무조건적이며 포괄적인 것으로 보이는 현실에 가려져 있다고 본다. 미국의 철학자 로이스(Josiah Royce, 1855–1916)는 '절대'를 영적인 존재라고 하였으며, 영적 존재의 자의식 과잉(self-consciousness)은 인간 사고의 전체성에 불완전하게 반영된다고 했다. 수학에서도 절대적 **무한**(infinity)은 우리의 상상을 넘어선다. **절댓값**(absolute value)도 참조하시오.

absolute value (절댓값, 絕對값)

한 숫자에서 부호를 생각하지 않은 값. 어떤 **실수**(real number) r의 절댓값 또는 *크기*(*modulus*)란 **수직선**(number line)을 따라 0부터 그 숫자까지의 거리를 뜻하며, $|r|$로 나타낸다. 거리를 뜻하기 때문에 절댓값은 음수일 수가 없다. 이를테면, $|3|=|-3|=3$이다. **복소수**(complex number) $a+ib$가 **아르강 다이어그램**(Argand diagram)에서 한 점으로 표시된다는 점을 제외하고는 $|a+ib|$의 절댓값도 같은 원리로 설명할 수 있다. 즉, 절댓값 $|a+ib|$는 원점에서부터 주어진 점까지를 잇는 선분의 길이로서, $\sqrt{a^2+b^2}$와 같다.

absolute zero (절대 영도, 絕對零度)

어떤 물질의 가능한 최저 온도로서, 0 Kelvin(K), −273.15°C, 또는 −459.67°F. 고전물리학에서, 절대온도는 모든 분자 운동이 멈추는 온도이다. 그러나 **양자역학**(quantum mechanics)의 "실제" 세계에서는 한 물질을 구성하는 입자들의 모든 운동을 멈추게 하는 것은, 하이젠베르크(Heisenberg)의 불확정성 원리(uncertainty principle)에 위배되기 때문에 불가능하다. 그래서 0 K에서 입자들은 *영점 에너지*(*zero-point energy*)로 알려져 있는 작지만 0이 아닌 어떤 에너지를 가지며 여전히 진동하게 된다. 실험실에서 절대 영도에서 몇십억분의 일 정도의 오차 범위 내에 있는 온도를 만들 수 있다. 이처럼 낮은 온도에서 물질은 *보제-아인슈타인 응축 상태*(*Bose-Einstein condensate*)로 알려진 어떤 기묘한 상태로 변하는 것이 관찰되었는데, 이 상태에서는 물질의 양자 파동함수들(quantum wave functions)이 합쳐지고 입자들은 개별적인 특성을 잃게 된다. 절대 영도에 원하는 만큼 가까이 접근할 수 있지만, 열역학의 제3법칙에 의하면 절대 영도 그 자체에 도달하는 것은 불가능하다. 엄밀히 말하자면, 절대 영도는 빛의 속력과 마찬가지로 낮은 에너지의 점근적 극한값(asymptotic limit)이다. 반면에 질량을 갖는 입자의 경우에는 높은 에너지의 점근적 극한값이다. 두 가지 경우 모두 운동 에너지(kinetic energy)가 중요한 양으로 관련된다. 어떤 물질을 구성하는 입자들의 평균 속력이 빛의 속력에 다다를 때처럼, 높은 에너지의 *끝*(high energy end)에서는 절대 도달할 수 없는 ∞ K를 향하여 온도가 한없이 상승한다.

abstract algebra (추상대수학, 抽象代數學)

수학자에게는 실생활이 특별한 경우이다.

– 익명

실수(real number) 체계와 같은 친숙한 수 체계만으로 국한하지 않고 여러 가지 다른 체계에서 방정식의 해를 구하는 방법을 연구하는 **대수학**(algebra). 실제로 추상대수학의 목표 중 하나는, 또 다른 어떤 수 체계가 존재하는가라고 묻는 것이다. *추상*(*abstract*)이라는 용어는 고등학교 대수에서와는 전혀 다른 내용을 다루는 대수학이라는 관점을 뜻한다. 추상대수학은, 특정한 문제의 해를 찾기보다, 언제 해가 존재하는지, 존재한다면 유일한 해(unique solution)인지, 해가 갖는 일반적인 특성은 무엇인지 등과 같은 질문에 관심을 갖는다. 추상대수학에서 다루는 구조 중에는 **군**(群, group), **환**(環, ring) 및 **체**(體, field)가 있다. 역사적으로 이러한 구조들의 예는 흔히 수학의 다른 분야에서 처음 발견되어서 엄밀하게(공리적으로) 다루어졌으며, 그 후에 추상대수학 자체의 관점에서 연구되었다.

Abu'l Wafa (아불 와파, A.D. 940-998)

눈금 없는 직선 자와 나중에 "녹슨 컴퍼스"로 불린 반지름이 고정된 컴퍼스만 가지고 가능한 기하학적 작도(**작도 가능** 참조)를 처음으로 소개한 페르시아의 수학자이자 천문학자. 그는 탄젠트함수의 이용에 대해 처음으로 연구했으며, 시컨트함수와 코시컨트함수를 발견하였다(**삼각함수** 참조). 또 달의 공전 궤도를 연구하는 과정에서 15분 간격으로 계산된 사인값과 탄젠트값의 표를 작성했다.

abundant number (과잉수, 過剩數)

자신의 **진약수**(aliquot parts 또는 proper divisors)들의 합보다 작은 수. 12가 가장 작은 과잉수인데, 12의 진약수들의 합은 1+2+3+4+6=16이다. 그 다음에 나타나는 과잉수는 18, 20, 24, 그리고 30이다. *불가사의수*(*weird number*)란 *반완전수*(*semiperfect number*)가 아닌 과잉수이다. 즉, 진약수들의 합은 n보다 크지만 진약수들의 어떤 부분집합에 속하는 원소들의 합과도 n이 같지 않을 때, n은 불가사의수이다. 처음 다섯 개의 불가사의수는 70, 836, 4,030, 5,830, 그리고 7,192이다. 홀수인 불가사의수가 있는지는 밝혀지지 않았다. *부족수*(*deficient number*)는 진약수의 합보다 큰 수이다. 처음 몇 개의 부족수로는 1, 2, 3, 4, 5, 8, 그리고 9가 있다. 부족수(또는 완전수)의 모든 약수는 부족수이다. 과잉수도 부족수도 아닌 수를 **완전수**(perfect number)라고 한다.

Achilles and the Tortoise paradox (아킬레스와 거북이의 역설)

제논의 역설들(Zeno's paradoxes)을 보시오.

Ackermann function (악케르만 함수)

컴퓨터 과학에서 가장 중요한 **함수**(function) 중의 하나. 이 함수의 가장 특징적인 성질은 놀라울 정도로 빨리 증가한다는 것이다. 실제로 악케르만 함수는 아주 빠르게 **큰 수**(large number)를 만들어내는데, *악케르만수*(*Ackermann numbers*)로 불리는 이와 같은 수는 **누스의 상향 화살표 표기법**(Knuth's up-arrow notation)이라는 특별한 방법으로 나타내어진다. 악케르만 함수는 1928년 빌헬름 악케르만(Wilhelm Ackermann, 1896–1962)이 발견하여 연구하였다. 악케르만은 1927년부터 1961년까지 고등학교 교사로 일했을 뿐만 아니라 괴팅겐에서 위대한 수학자 **힐베르트**(David Hilbert)의 학생이었다. 또한 1953년부터는 괴팅겐에 있는 대학의 명예 교수로 재직하였다. 힐베르트와 함께 그는 수리논리학에 관한 최초의 현대적 교과서를 출판하였다. 지금은 그의 이름이 붙여진 그가 발견한 함수는 잘 정의된 전함수(total function)이면서 동시에 계산 가능하지만 원시적 재귀함수(primitive recursive function, PR)가 아닌 함수의 가장 간단한 예이다. "잘 정의된 전함수"란 내부적으로 일관성이 있고 그 함수를 정의하는 데 사용된 모든 규칙을 하나도 어기지 않는 함수를 뜻한다. "계산 가능한"이란 원칙적으로는 변수에 입력된 어떤 값도 계산될 수 있다는 뜻이다. "원시적 재귀"란 *for loops*만을 이용해서 계산될 수 있다는 뜻이다. 여기서 *for loop*란 단 한 개의 연산을 미리 정해진 횟수만큼 반복해서 적용하는 것을 뜻한다. 루프 반복의 횟수를 미리 알 수 없기 때문에 악케르만 함수에서의 재귀 또는 피드백 루프는 각각의 *for loop*의 용량을 초과한다. 대신에 이 반복 횟수 스스로가 계산의 한 부분이고 계산이 계속됨에 따라 증가한다. 악케르만 함수는 *while loop*만을 사용해서 계산할 수 있는데, 이것은 관련된 테스트가 거짓이 될 때까지 반복을 계속한다. 이러한 루프들은 처음에 루프가 몇 번이나 통과할 것인지 프로그래머가 모를 때에 아주 중요하다. (지금은 계산 가능한 모든 것을 *while loop*를 사용하여 프로그램할 수 있다.)

악케르만 함수는 아래와 같이 정의된다.

$n=0$일 때 $A(0, n)=n+1$
$m=1$일 때 $A(m, 0)=A(m-1, 1)$
$m, n=1$일 때 $A(m, n)=A(m-1, A(m, n-1))$

두 개의 양의 정수 m과 n은 입력값이고 $A(m, n)$은 출력값으로서 또 다른 양의 정수이다. 악케르만 함수는 단지 몇 줄의 코드(code)로 쉽게 프로그램할 수 있다. 문제는 이 함수의 복잡성이 아니라 그것의 놀라운 증가율이다. 예를 들어, 별것 아닌 것처럼 보이는 $A(4, 2)$조차 이미 19,729자리의 수이다! 위쪽 화살표 표기법처럼 큰 수들을 간략하게 나타내는 강력한 방법의 사용은 아래의 예에서 볼 수 있듯이 꼭 필요한 것이다.

$A(1, n)=2+(n+3)-3$
$A(2, n)=2\times(n+3)-3$
$A(3, n)=2\uparrow(n+3)-3$
$A(4, n)=2\uparrow(2\uparrow(2\uparrow(\cdots\uparrow 2)))-3$
(단, 2는 $(n+3)$개)
$=2\uparrow\uparrow(n+3)-3$
$A(5, n)=2\uparrow\uparrow\uparrow(n+3)-3$ 등

직관적으로, 악케르만 함수는 2를 곱하는 계산(반복 덧셈)과 밑이 2인 지수 계산(반복 곱셈)을 반복 지수 계산 혹은 이것의 반복 등으로 일반화하여 정의한다.[84]

acre (에이커)

오래된 **넓이**(area)의 단위로서, 160 제곱로드[1], 4,840 제곱야드, 43,560 제곱피트, 또는 4,046.856 제곱미터와 같다.

acute (예각의, 銳角의)

"바늘"을 뜻하는 라틴어 *acus*로부터 나왔으며, 영어 *acid*, *acupuncture* 및 *acumen*과 어원이 같다. 예**각**(acute **angle**)은 90°보다 작은 각이다. 예각**삼각형**(acute **triangle**)은 세 각이 모두 예각인 삼각형이다. **둔각의**(**obtuse**)와 비교해 보시오.

adjacent (인접한, 隣接한)

이웃한. *인접각*(*adjacent angles*)은 서로 이웃해 있으며, 그로 인해 한 변을 공유한다. **다각형**(**polygon**)의 *인접변*(*adjacent sides*)은 한 꼭짓점을 공유한다.

affine geometry (아핀기하학)

한 평면에서 다른 평면으로의 평행 사영에 의하여 변하지 않는 기하학적 대상의 특성에 관한 연구. 이와 같은 사영은 **오일러**(Leonhard **Euler**)가 처음으로 연구하였으며, 각 점 (x, y)는 새로운 점 $(ax+cy+e, bx+dy+f)$로 대응된다. 원, 각 및 거리는 아핀변환에 의해 바뀌므로 이들은 아핀기하학에서는 큰 의미가 없다. 그러나 아핀변환은 동일 직선상에 있는 점들의 위치는 보존한다. 즉, 세 점이 한 직선 위에 있다면 아핀변환에 의한 이들의 상들 또한 같은 선 위에 있을 뿐 아니라 가운데에 있는 점은 다른 두 점 사이에 위치한다. 마찬가지로 아핀변환에 의하여 평행선들은 평행을 유지하고, 만나는 선들은 만나는 선들로 대응된다. 또한 동일 직선상에 있는 선분의 길이의 비가 보존되며, 두 삼각형의 넓이의 비도 보존된다. 그리고 타원, 포물선 및 쌍곡선의 상도 항상 타원, 포물선 및 쌍곡선이 된다.

age puzzles and tricks (나이 퍼즐과 수수께끼)

힌트를 제시하고 어떤 사람의 나이가 몇 살인지 또는 어떤 사람이 특정한 나이였을 때가 언제였는지를 묻는 문제. 이런 문제는 적어도 1,500년 전 메트로도루스(Metrodorus)와 **디오**

역자 주

1) 1 로드(rod)는 약 5.03미터이다.

판토스의 수수께끼(**Diophantus's riddle**)에까지 거슬러간다. 다양한 종류의 나이 퍼즐들이 16세기와 20세기 초 사이에 나타났으며, 대부분의 경우 간단한 대수적 계산으로 답을 찾을 수 있었다. 다음과 같은 예를 생각해 보자: 만약 X는 지금 a살이고 Y는 b살일 때, X의 나이가 Y나이의 c배가 될 때는 언제인가? 구하려는 미지수를 x라 할 때, 방정식 $a+x=c(b+x)$를 풀면 답 x를 구할 수 있다. 다음과 같은 다른 형식의 문제도 있다: 만약 X의 나이가 지금 Y나이의 a배이고 b년 후에는 X의 나이가 Y나이의 c배가 된다고 할 때, X와 Y의 지금 나이는 각각 몇 살인가? 이 경우에는 $X=aY$, $X+b=c(Y+b)$와 같은 연립 방정식을 풀면 답을 구할 수 있다.

퍼즐

1900년경에 나이 퍼즐의 두 가지 변형이 인기를 끌었다. 독자들을 위하여 그 두 가지를 소개하면 다음과 같다.

1. 밥(Bob)은 24살이다. 그가 지금 앨리스(Alice)의 나이였을 때에 앨리스 나이의 두 배가 지금 밥의 나이이다. 앨리스는 지금 몇 살인가?
2. 매리(Mary)와 앤(Ann)의 나이를 더하면 44살이다. 매리의 나이가 앤 나이의 세 배였을 때의 매리 나이의 세 배가 앤의 나이이고, 그 반이 매리의 나이였을 때의 앤 나이의 두 배가 지금의 매리의 나이이다. 앤은 지금 몇 살인가?

해답은 415쪽부터 시작함.

여러 가지 수학적 손재주는 마치 마술처럼 사람의 나이를 알아맞힌다. 예를 들어, 어느 한 사람에게 자기 나이의 십의 자릿수에 5를 곱한 다음 3을 더하도록 하여, 그 수를 두 배 한 후 자기 나이의 일의 자릿수를 더한 값을 말하라고 한다. 그 수에서 6을 빼면 그 사람의 나이를 얻게 될 것이다. 또 한편, 어떤 사람에게 한 숫자를 고르게 하여 그 수에 2를 곱하고 5를 더한 후에 50을 곱하라고 한다. 올해가 2004년이라 하고[2] 지금 그 사람의 생일이 지났다면 1,754를 그 수에 더하고, 그렇지 않다면 1,753을 더하라고 한다. 이미 2004년이 지나 갔다면 매년 이들 수에 1씩을 더해야 한다. 마지막으로 그 수에서 자기가 태어난 년도를 빼도록 한다. 앞부분의 자릿수가 만드는 수는 원래 그 사람이 고른 숫자이고, 마지막 두 자리의 수가 그 사람의 나이와 같다.

한 가지 수수께끼가 더 있다. 자기 나이에 7을 곱한 후 다시 1,443을 곱한다. 이 결과는 자기 나이를 반복해서 세 번 연달아 쓴 수가 된다. (실제로는 자기 나이에 10,101을 곱한 셈이다. 만약 1,010,101을 곱한다면 자기 나이가 네 번 반복해서 나타나게 될 것이다.)

Agnesi, Maria Gaetana (아녜시, 1718-1799)

이탈리아의 수학자. 그녀의 이름은 *아녜시의 마녀*(*Witch of Agnesi*)로 알려진 곡선과 관련이 있다. 밀라노에서 태어났으며, 볼로냐 대학 수학 교수의 24명의 자녀 중 하나이다. 그녀는 신동으로서 11살의 나이에 라틴어, 그리스어, 히브리어를 포함하여 일곱 개의 언어를 구사할 수 있었으며, 십대 초반에 이미 기하학과 탄도학의 어려운 문제들을 풀었다. 아버지는 그녀가 열심히 공부하도록 격려했으며 다른 사람들과의 토의에 참여할 수 있도록 해 주었다. 그러나 마리아는 발작과 두통과 같은 만성 질병을 앓게 되었으며, 20살 즈음부터는 사회로부터 격리되어 수학에만 전념하게 되었다. 1748년에 출판된 『*이탈리아 청소년을 위한 해석학*, *Instituzioni analitiche ad uso della gioventu italiana*』은 교사용 지도서로서 표준이 되었으며, 1750년에는 볼로냐 대학의 수학 및 자연철학의 주임 교수로 임명되었다. 하지만 마리아는 새로운 비약적 업적을 이루겠다는 초심을 달성하지 못하였다. 1752년 아버지가 사망한 후 그녀는 신학으로 관심을 돌렸으며 밀라노에 있는 트리불치오 수녀 숙소(Hospice Trivulzio for Blue Nuns)의 관리자로 몇 년 종사한 후에 수녀가 되어 마지막 생을 마감했다.

마리아의 이름을 딴 유명한 곡선은 일찍이 1703년에 **페르마**(Pierre de **Fermat**)와 이탈리아의 수학자인 그랑디(Guido Grandi, 1671–1742)가 연구하였다. 마리아는 자신이 쓴 교사용 지도서에 이 곡선에 대해 쓰면서 "회전하다"라는 뜻의 *aversiera*라고 기술하였다. 하지만 케임브리지 대학의 다섯 번째 루카시안 석좌 교수인 영국의 수학자 콜슨(John Colson, 1680–1760)이 그 책을 번역할 때에 *aversiera*를 "마녀" 또는 "악마의 아내"라는 뜻을 가진 *avversiere*와 혼동하였다. 그래서 이 곡선의 이름이 지금까지 아녜시의 마녀라고 전해져 왔다. 이 곡선을 그리기 위해서, 지름이 a이고 y축 위의 점 $(0, a/2)$이 중심인 원에서 시작한다. 직선 $y=a$에서 한 점 A를 잡고 이를 원점과 선분으로 연결한다. 이 선분과 원이 만나는 점을 B라 하자. 점 A를 지나는 수직선과 점 B를 지나는 수평선의 교점을 P라 하자. 마녀는 점 A가 직선 $y=a$를 따라 움직일 때 만들어지는 점 P의 궤적이다. 우연히도 이 곡선은 다소 마녀의 모자처럼 보이기도 한다! 데카르트 좌표계에서 이 곡선의 방정식은 $y=a^3/(x^2+a^2)$이다.

역자 주

2) 이 책의 원본 초판이 2004년에 출판되었기 때문이다.

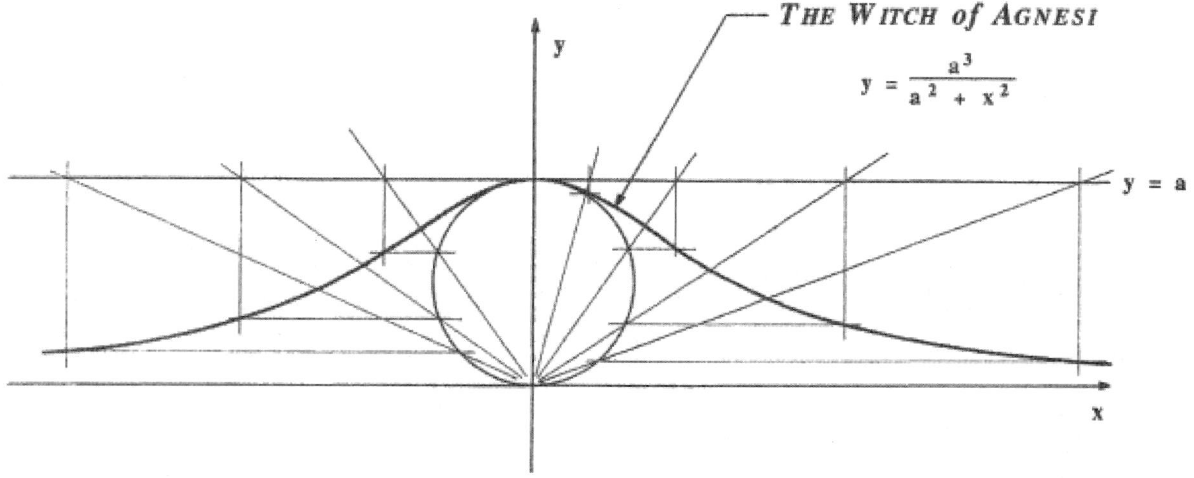

아녜시 아녜시의 마녀곡선. *John H. Lienhard*

Ahmes papyrus (아메스 파피루스)

린드 파피루스(Rhind papyrus)를 보시오.

Ahrens, Wilhelm Ernst Martin Georg (아렌스, 1872-1927)

오락 수학 분야에서 독일의 대표적 인물. 그의 저서인 『*수학적 대화와 게임, Mathematische Unterhaltungen und Spiele*』[6]은 이 분야에서 가장 전문적인 서적 중의 하나이다.

Alcuin (앨퀸, 735-804)

그 시대의 뛰어난 지식인. 오락 수학 문제들을 모은 가장 초기 저작물 중의 하나인 『*젊은이들을 훈련시키기 위한 문제들, Propositiones ad Acuendos Juvenes*』의 편집자로 알려져 있다. **싱마스터**(David Singmaster)와 해들리(John Hadley)에 의하면 "그 책에는 모두 56문제가 실려 있는데, 9~11가지의 문제는 처음 소개되는 것들이고, 2가지 형태는 서양에 처음 소개되는 문제이며, 세 문제는 이미 알려진 것을 변형시킨 것이며...... 이 책에 처음 소개된 **강 건너기 문제**(river-crossing problems)와 사막 횡단 문제(crossing-a-desert)는 가장 최초의 조합론적 문제인 것으로 최근에 밝혀졌다."

앨퀸은 영국 동해안 지역의 저명한 가문에서 태어났다. 그는 요크(York)로 보내져 대주교인 에크버트(Ecgberht)가 운영하는 학교의 학생이 되었고, 778년에는 이 학교의 교장이 되었다. (에크버트는 존자인 비드(Bede)[3]를 알았던 마지막 사람이다.) 앨퀸은 훌륭한 도서관을 지었으며, 이 학교를 유럽에서 최고 교육 기관의 하나로 만들었다. 학교의 평판이 좋아져서 781년에 앨퀸은 아헨(Aachen)에 있는 샤를리메인 왕궁 학교의 교장과 동시에 샤를리메인 제국의 교육부장관 자리에 초빙되었다. 그는 초청을 수락했으며 뛰어난 학자들의 회의가 열리는 아헨으로 갔다. 그 후에 앨퀸은 왕궁학교의 교장이 되었고, 그곳에서 캐롤린 소문자체를 개발했는데, 이것은 깔끔하고 읽기 쉬운 서체로서 현재 쓰이는 로마 알파벳의 기초가 되었다.

아헨을 떠나기 전, 앨퀸은 캐롤린 필사본 성경 중 가장 훌륭한 황금 복음서(Golden Gospels)의 제작 책임을 맡게 되었는데, 이것은 주로 하얀색 또는 보라색 송아지 피지 위에 금분으로 쓴 걸작들을 모은 시리즈이다. 캐롤린 소문자체의 개발은 간접적으로 수학사에 큰 영향을 끼쳤다. 띄어쓰기 없이 썼던 옛날 대문자와 비교할 때 이 서체는 훨씬 쉽게 읽을 수 있어서, 9세기에 많은 수학적 기록물들이 이 서체를 사용하여 필사될 수 있었다. 고대 그리스 수학자들의 업적 중 지금까지 살아남은 것들 대부분이 이렇게 필사되었다. 앨퀸은 782년에서 790년 사이에 또한 793년에서 796년 사이에 아헨에서 살았다. 796년에 그는 샤를리메인 왕궁학교를 퇴직하여 투르(Tours)에

역자 주

3) 영국의 학자이자 성직자인 비드(Saint Bede 또는 Venerable Bede, 673-735)는 "영국 역사의 아버지"로 부르고 있다.

있는 성 마르틴 대수도원의 대수도원장이 되었으며, 그곳에서 앨퀸과 그의 수도사들은 캐롤린 소문자체를 써서 필사 작업을 계속 이어갔다.

aleph (알레프)

유대 알파벳의 첫째 글자인 ℵ. 수학에서 $\aleph_0$(알레프 0), $\aleph_1$ (알레프 1) 등과 같이 **무한**(infinity)의 다양한 순서 또는 크기를 표시하기 위해 **칸토어**(Georg Cantor)가 처음 사용했다. 더 일찍부터 사용된 (지금도 계속 쓰이는) 무한을 나타내는 기호 ∞는 1655년 **월리스**(John Wallis)가 쓴 자신의 책 『*무한의 계산, Arithmetica infinitorum*』에 처음 소개하였다. 그러나 니콜라스 베르누이(Nikolaus Bernoulli)가 1713년에 삼촌인 야곱 베르누이(Jakob Bernoulli)의 유작인 『*추측의 기술, Ars conjectandi*』을 출판할 때까지 ∞ 기호는 책에서 사용되지 않았다. (**베르누이 집안**(Bernoulli Family)을 보시오.)

알렉산더의 뿔 달린 구 알렉산더의 뿔 달린 구의 다섯째 단계를 묘사한 조각. *Gideon Weisz, www.gideonweisz.com*

Alexander's horned sphere (알렉산더의 뿔 달린 구)

위상수학(Topology)에서 "요상한" 구조로 불리는 예의 하나. 1920년대에 이것을 처음으로 묘사한 프린스턴 대학의 수학자 알렉산더(James Waddell Alexander, 1888-1971)의 이름을 붙였다. 뿔 달린 구는 속이 빈 일반적인 **구**(sphere)와 같은 **단순연결**곡면(simply connected surface)과 위상적으로 동치이지만 단순연결이 아닌 영역을 둘러싼다. 뿔 안의 뿔들(horns-within-horns)은 반지름이 점점 작아지는 고리들이 서로 수직으로 맞물리도록 반복적으로 만들어진 것(일종의 **프랙탈, fractal**)이다. 어느 한 뿔의 기저를 둘러싸고 있는 고무밴드는 심지어 무한히 많은 단계를 거치더라도 절대로 분리되지 않는다. 두 고리가 서로 맞물려 있는 각도를 90°에서 0°로 줄인 다음 over-under 패턴으로 고리들을 서로 엮으면 뿔 달린 구를 평면 속에 포함시킬 수 있다. 조각가인 바이츠(Gideon Weisz)는 알렉산더의 뿔 달린 구에 수렴하는 모델을 여러 가지 만들었는데, 사진에서 보는 것이 그중의 하나이다.

algebra (대수/대수학, 代數學)

수학의 큰 분야의 하나로서, 초등 수준에서는 주로 방정식을 풀기 위하여 숫자와 미지수를 나타내는 문자에 산술적 규칙을 적용하는 것을 뜻한다. 고등학교 수준을 넘어서는 **추상대수학**(abstract algebra)에서는 더 방대하고 심오한 주제를 다룬다. 용어 자체는 "부서진 조각들의 재결합"이란 뜻의 아랍어인 *al-jebr*에서 유래하였다. 이 용어는 19세기 페르시아의 학자인 **알콰리즈미**(al-Khowarizmi)가 쓴 『*약분과 비교의 기술, Al-jebr w'almugabalah*』의 제목에 처음 등장하였다. 알콰리즈미는 당대 최고의 수학자로 알려져 있는데, 유클리드와 아리스토텔레스가 서양 사람들에게 유명한 것처럼 그는 아랍인들 사이에 유명했다.

algebraic curve (대수곡선)

그 방정식이 *대수함수*(*algebraic function*)만을 포함하는 곡선. 가장 일반적인 대수함수는 x에 대한 **다항식**(polynomial)과 y의 거듭제곱과의 곱들의 합의 꼴로 나타내어지며, 대수방정식은 (대수함수) = 0과 같은 꼴이다. 가장 간단한 예로 직선과 **원뿔곡선**(conic sections)을 들 수 있다.

algebraic fallacies (대수적 오류)

대수(algebra)를 잘못 사용하면 놀랍고 어처구니없는 결과를 가져올 수 있다. 아래에 1=2임을 "증명"하는 한 가지 유명한 사례를 소개한다.

$a=b$라 하자.
그러면 $a^2=ab$이므로

$$a^2+a^2=a^2+ab$$
$$2a^2=a^2+ab$$
$$2a^2-2ab=a^2+ab-2ab$$
$$2a^2-2ab=a^2-ab$$
$$2(a^2-ab)=1(a^2-ab)$$

양변을 a^2-ab로 나누면
2=1이다.

어디에서 잘못된 것일까? 잘못은 겉으로 보기에는 아무 문제가 없어 보이는 마지막 단계의 나눗셈에 있다. 만약 $a=b$이면 a^2-ab로 나누는 것은 수학에서 최대의 금기인 0으로 나누는 것과 똑같다.

또 다른 오류적 추론으로 다음을 들 수 있다:

$$(n+1)^2=n^2+2n+1$$
$$(n+1)^2-(2n+1)=n^2$$

양변에서 $n(2n+1)$을 빼고 인수분해하면

$$(n+1)^2-(n+1)(2n+1)=n^2-n(2n+1)$$

양변에 $\frac{1}{4}(2n+1)$을 더하면

$$(n+1)^2-(n+1)(2n+1)+\frac{1}{4}(2n+1)^2=n^2-n(2n+1)+\frac{1}{4}(2n+1)^2$$

이 식은 다음과 같이 쓸 수 있다:

$$\left[(n+1)-\frac{1}{2}(2n+1)^2\right]^2=\left[n-\frac{1}{2}(2n+1)^2\right]^2$$

양변에 제곱근을 취하면

$$n+1-\frac{1}{2}(2n+1)=n-\frac{1}{2}(2n+1)$$

따라서 다음이 성립한다.

$$n=n+1$$

여기서 문제는 어떤 양수든지 양과 음 두 개의 제곱근을 갖는다는 데 있다. 4의 제곱근은 2와 −2로서 ±2로도 나타낸다. 따라서 끝에서 두 번째 단계를 다음과 같이 나타내어야 한다:

$$\pm\left[n+1-\frac{1}{2}(2n+1)\right]=\pm\left[n-\frac{1}{2}(2n+1)\right]$$

algebraic geometry (대수기하학)

원래는 **다항**방정식(polynomial equation)의 **복소수**(complex number) 해들에 관한 기하학에서 출발했다. 지금의 대수기하학은 대수적 다양체(algebraic varieties)와도 관련이 있는데, 이는 *유한체*(*finite field*)처럼 복소수와 다른 체에서의 해와 같은 전통적인 문제에서 발견되는 해집합의 일반화이다.

algebraic number (대수적 수)

정수 계수를 갖는 **다항**방정식(polynomial equation)의 **근**(root)이 되는 **실수**(real number). 예를 들어 a와 b가 모두 0이 아닌 정수일 때 **유리수**(rational number) $\frac{a}{b}$는 일차방정식 $bx-a=0$의 근이기 때문에 1차 대수적 수이다. **2의 제곱근**(square root of two)은 이차방정식 $x^2-2=0$의 근이므로 2차 대수적 수이다. 대수적 수가 아닌 실수는 **초월수**(超越數, transcendental number)이다. 대수적 수의 집합은 셀 수 있는 무한 (**가산집합**(countable set)을 보시오)인 반면 초월수의 집합은 셀 수 없는 무한이기 때문에, 거의 대부분의 실수는 초월수이다.

algebraic number theory (대수적 정수론)

해석학(analysis)에서 다루는 **무한급수**(infinite series)나 **수렴**(convergence) 등의 방법을 쓰지 않고 연구하는 정수론의 한 분야. 이와 대비되는 분야로 **해석적 정수론**(analytical number theory)이 있다.

algebraic topology (대수적 위상수학)

주로 **군**(group)이라고 부르는 위상공간의 대수적 구조의 불변성을 다루는 **위상수학**(topology)의 한 분야.

algorithm (알고리즘)

문제를 해결하기 위한 체계적인 방법. 이 용어는 페르시아의 수학자인 **알콰리즈미**(al-Khowarizmi)의 이름에서 유래되었으며, 1600년대 후반에 **라이프니츠**(Gottfried Liebniz)가 처음 사용한 것으로 추정된다. 그러나 러시아의 수학자 마르코프(Andrei Markov, 1903–1987)가 이를 새로 소개할 때까지 서양의 수학에서는 거의 알려져 있지 않았다. 이 용어는 연산 및 계산과 관련된 수학 분야에서 특히 많이 사용된다.

algorithmic complexity (알고리즘적 복잡도, 複雜度)

샤논의 **정보 이론**(Claude **Shannon**'s **information theory**)과 러시아의 수학자인 **콜모고로프**(Andrei **Kolmogorov**)와 솔로모노프(Ray Solomonoff)의 초기 연구를 바탕으로 하여 **샤이틴**(Gregory **Chaitin**)을 위시한 여러 사람들이 개발한 복잡성의 측정에 관한 분야. 알고리즘적 복잡도는 어떤 시스템을 완전히 표현하는 데 필요한 가장 짧은 컴퓨터 프로그램 또는 **알고리즘**(**algorithm**) 세트를 사용하여 그 시스템이 얼마나 복잡한지를 양적으로 나타낸다. 다시 말해서, 어떤 시스템의 근본적 패턴을 표현하는 데 필요충분조건이 되는 그 시스템의 최소 모델을 뜻한다. 알고리즘적 복잡도는 복잡계에 있는 반복과 혁신의 혼합과 관련이 있다. 극단적인 경우에 아주 통상적인 시스템은 매우 짧은 프로그램 또는 알고리즘으로 표현될 수 있다. 예를 들어 비트 숫자열 010101010101010101…은 단 세 개의 명령을 따른다: 0을 한 개 인쇄하라, 1을 한 개 인쇄하라, 앞의 두 개의 명령을 무한히 반복하라. 이와 같은 시스템의 복잡도는 아주 낮다. 또 다른 단적인 예로, 완전히 **무작위의**(**random**) 시스템은 무작위적인 패턴이 더 작은 알고리즘 집합으로 압축되지 못하기 때문에 매우 높은 알고리즘적 복잡도를 나타낸다. 따라서 그 프로그램은 효과성 면에서 시스템만 그 자체만큼 크다. **압축 가능**(**compressible**)도 보시오.

Alhambra (알람브라)

스페인의 그라나다에 있는 무어 왕들의 옛 궁전이자 성이며, 아마도 이슬람의 수학적 예술에 있어 지구상에서 가장 위대한 기념물. 코란에서는 종교적 상황에 생명체를 묘사하는 것은 신성 모독으로 여기기 때문에, 이슬람 미술가들은 창조의 신비를 상징하기 위하여 복잡한 무늬를 만들어냈다. 이러한 복합된 기하학적 문양의 반복적인 특성은 신의 무한한 능력을 의미한다. 안달루시아 평원 너머 희미하고 불규칙적으로 배치된 성의 모습은 복잡한 무늬로 배열된 타일 모자이크의 두드러진 정렬을 자랑한다. 알람브라 **덮기**(**tiling**)는 *주기적*(*periodic*)이다. 다시 말해서 알람브라 덮기는 필요한 공간을 채우기 위해 온 방향으로 반복되는 몇 가지 기본 단위로 구성되어 있다. 평면을 반복적으로 덮는 것이 가능한 방법인 등거리변환(isometry) 17가지가 이 궁전에서 모두 사용되었다. 이 디자인은 1936년에 이 궁전을 보러 왔던 **에스헤르**(Maurits **Escher**)에게 깊은 인상을 주었다. 그 결과 에스헤르의 작품은 더욱 더 수학적인 특성을 드러냈으며, 그 후 6년 이상 동안 여러 가지 다양한 대칭 양식을 가진 주기적 덮기 그림 43개를 컬러로 그렸다.

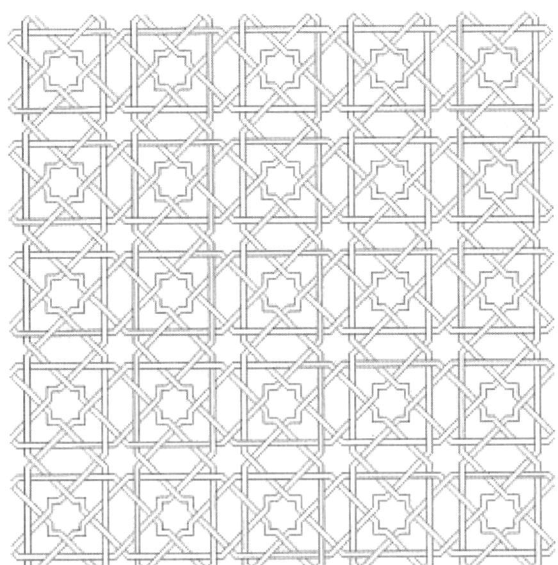

알람브라 알람브라에서 발견된 것과 같은 이슬람식 타일 디자인을 기초로 하여 컴퓨터로 생성한 덮기 작품. *Xah Lee, www.xahlee.com*

aliquot part (진약수/진인수, 眞約數/眞因數)

영어로 *proper divisor*라고도 하며, 어떤 수 자신을 제외한 그 수의 모든 약수. 예를 들어 12의 진약수는 1, 2, 3, 4 및 6이다. 이 용어는 라틴어 ali("다른")와 quot("몇 개")에서 나왔다. *진*

*약수수열(aliquot sequence)*은 어떤 수의 진약수의 합으로 이루어진다. 진약수의 합을 더하여 나온 수를 다음 항으로 놓고 이 과정을 계속해서 반복하면 된다. 예를 들어 20으로 시작한다면 1+2+4+5+10=22이고, 그 다음에 1+2+11=14, 그 다음에 1+2+7=10, 그 다음에 1+2+5=8, 그 다음에 1+2+4=7, 그 다음에 1인데 이후로는 수열의 항이 바뀌지 않는다. 어떤 수들의 경우, 진약수수열이 즉각 처음 시작한 수로 되돌아오는 수도 있다. 이러한 경우에 이 두 수를 **우애수(amicable numbers)**라고 한다. 두 개 이상의 단계 후부터 수열이 반복되는 경우에는 그 결과를 *진약수 순환(aliquot cycle)* 또는 *사교 사슬(sociable chain)*이라고 한다. 이러한 예로 12496, 14288, 15472, 14536, 14264, …의 수열을 들 수 있다. 14264의 진약수들의 합이 12496이므로 전체 순환이 다시 시작된다. 모든 진약수수열은 1 아니면 진약수 순환(물론 우애수는 이것의 특수한 경우이다)으로 끝날까? 1888년에 벨기에의 수학자 카탈란(Eugène Catalan)은 그럴 것이라고 추측하였지만 아직까지도 미해결 문제로 남아 있다.

al-Khowarizmi (알콰리즈미, 780-850년경)

바그다드에서 태어났으며, 현대적 **대수학(algebra)**의 창시자로 널리 인정받고 있는 아라비아의 수학자. 그는 아무리 어려운 수학 문제라도 일련의 작은 단계로 분해하면 풀 수 있다고 믿었다. **알고리즘(algorithm)**이란 용어는 그의 이름에서 유래된 것으로 생각하고 있다.

Allais paradox (알레의 역설)

프랑스의 경제학자 알레(Maurice Allais, 1911–2010)가 1951년에 제기했던 질문으로부터 유래된 **역설(paradox)**.[8] 다음 중 당신은 무엇을 고를 것인가? (A) 액수를 모르는 돈을 받을 가능성이 89%이고 100만 불을 받을 가능성이 11%인 경우. (B) 액수를 모르는 돈(A에서와 같은 금액)을 받을 가능성이 89%, 250만 불을 받을 가능성이 10%이고, 한 푼도 못 받을 가능성이 1%인 경우. 만약 액수를 모르는 돈이 100만 불이라면 당신의 결정이 전과 같겠는가? 만약 액수를 모르는 돈이 한 푼도 없다면 어떻게 할 것인가?

대부분의 사람들은 모험을 원하지 않으므로 100만 불이라도 가질 가능성이 더 높은 A를 선택할 것이다. 액수를 모르는 돈이 백만 불일 때에는 이 결정은 확실하지만, 그 금액이 0으로 떨어진다면 이 결정은 흔들릴 것으로 보인다. 후자의 경우, 모험을 꺼리는 사람은 10%와 11%의 차가 크지 않기 때문에 B를 선택하겠지만, 100만 불과 250만 불에는 큰 차이가 있다. 그러므로 비록 선택과는 상관없이 미정의 금액은 같더라도 A와 B 사이의 선택은 미정의 금액에 달려 있다. 이것은 소위 *독립 공리(independent axiom)*에 반한다. 이는 두 가지 대안 중에서 합리적인 선택을 한다는 것은 그 두 가지 대안이 어떻게 다른지에 의해서만 좌우되어야 한다는 것이다. 그러나 이 문제에 관련된 금액이 몇백만 불에서 몇십 불로 줄어든다면 사람들의 태도는 합리적 선택의 공리로 물러서는 경향이 있다. 이런 경우에 사람들은 미정의 금액에 관계없이 B를 선택하는 성향이 있다. 아마 그러한 큰 액수가 제시되면 사람들은 질적으로 계산하기 시작한다. 예를 들어 미정 금액이 백만 불인 경우에 선택은 근본적으로 (A) 보장된 부 또는 (B) 거의 보장된 부와 함께 작은 가능성의 더 큰 부와 아주 작은 가능성의 꽝 중의 하나이다. 그렇다면 (A)가 합리적이다. 그러나 미정 금액이 무일푼이라면 선택의 여지는 (A) 작은 가능성의 부(100만 불)와 큰 가능성의 꽝 및 (B) 작은 가능성의 더 큰 부(250만 불)와 큰 가능성의 꽝 사이에 있다. 이 경우 (B)가 합리적인 선택이다. 그러므로 알레의 역설은 흔치 않은 양에 대해서는 사람들이 합리적으로 계산하는 능력이 제한적일 수밖에 없다는 사실에 그 뿌리를 두고 있다.

almost perfect number (거의 완전한 수)

2^n의 **진약수(aliquot part)**들의 합이 2^n-1이므로 주로 2의 거듭제곱과 관련이 있다. 따라서 2의 거듭제곱은 모두 부족수[4](진약수의 합보다 작은 수)이고, 이것이 전부이다. 진약수의 합이 $n-1$인 홀수 n이 존재하는지에 대하여 알려진 것이 없다.

alphamagic square (철자방진, 綴字方陣)

살로스(Lee Sallows)[278–280]에 의해 소개된 **마방진(magic square)**의 일종으로, 사용하는 언어와 상관없이 마방진을 이루는 숫자를 나타내는 단어의 철자 수가 또 다른 마방진을 이루는 경우. 예를 들어 영어로 된 아래의 철자방진을 보자.

5(five)	22(twenty-two)	18(eighteen)
28(twenty-eight)	15(fifteen)	2(two)
12(twelve)	8(eight)	25(twenty-five)

이 마방진은 다음과 같은 마방진을 만든다.

4	9	8
11	7	3
6	5	10

역자 주

4) 과잉수(abundant number)를 보시오.

놀랍게도 영어는 물론 다른 언어를 사용한 3×3 철자방진은 상당히 많은 수가 존재한다. 불어의 경우 200까지의 수를 이용하여 만들 수 있는 3×3 철자방진은 단 하나뿐이지만 300까지의 수를 이용하면 255개나 만들 수 있다. 덴마크 어나 라틴어의 경우 100보다 작은 수를 이용하면 3×3 철자방진을 하나도 만들지 못하지만 네덜란드어로는 6개, 핀란드어로는 13개, 그리고 독일어로는 놀랍게도 221개를 만들 수 있다. 아직 확실하지 않은 것은 하나의 3×3 철자방진으로부터 또 다른 3×3 철자방진이 만들어지는 삼중 마방진(magic triplet)이 존재하는가이다. 또한 각 나라의 언어에 따라 4×4와 5×5 철자방진이 존재하는지는 아직 확인되지 않고 있다. 다음 예는 4×4 영어 철자방진이다.

26	37	48	59
49	58	27	36
57	46	39	28
38	29	56	47

alphametic (철자-숫자 퍼즐)

몇 개의 단어가 수의 덧셈식 또는 다른 계산 문제의 형식으로 제시된 **글자 산술**(cryptarithm)의 한 종류. 목표는 단어의 알파벳을 0부터 9까지의 숫자를 이용해 알맞은 수로 바꾸어 올바른 계산 문제를 만드는 것이다. *alphametic*이란 용어는 1955년 **헌터**(James Hunter)가 처음으로 사용했다. 그러나 최초의 근대적 철자-숫자 퍼즐은 1924년 *Strand Magazine*의 6월호에 **듀드니**(Henry Dudeney)가 "Send more money(돈 좀 보내주세요)" 또는 덧셈 형식으로

$$\begin{array}{r} \text{SEND} \\ \underline{\text{MORE}} \\ \text{MOMEY} \end{array}$$

와 같이 소개한 것으로 (유일한) 답은 다음과 같다.

$$\begin{array}{r} 9567 \\ \underline{1085} \\ 10652 \end{array}$$

퍼즐

아래에 주어진 멋진 문제들을 풀어보기를 권한다.

1. Earth, air, fire, water: nature. (Herman Nijon)
2. Saturn, Uranus, Neptune, Pluto: planets. (Peter J. Martin)
3. Martin Gardner retires. (H. Everett Moore)

해답은 415쪽부터 시작함.

모든 철자-숫자 퍼즐에는 두 가지 규칙이 있다. 첫째, 철자를 숫자로 바꾸는 대응은 일대일(one-to-one)이다. 즉, 같은 철자는 항상 같은 숫자를 나타내고, 같은 숫자는 항상 같은 철자로부터 변환된 것이다. 둘째, 변환된 모든 수의 가장 왼쪽 자리에는 0이 올 수 없다. 답이 단 하나만 존재하는 철자-숫자 퍼즐이 가장 훌륭한 것으로 간주된다.

Altekruse puzzle (알테크루제 퍼즐)

알테크루제(William Altekruse)가 1890년에 특허를 낸 대칭적인 12조각의 **껍질 퍼즐**(burr puzzle). 알테크루제 가문은 오스트리아계 독일인으로서 기묘하게도 독일어로 그 이름의 뜻이 "오래된 십자가"이기 때문에 알테크루제가 필명이라고 잘못 추측한 사람들도 있었다. 윌리엄 알테크루제는 자신의 세 형제와 함께 독일군의 징집을 피하기 위해 1844년 어린 나이에 미국으로 갔다. 알테크루제 퍼즐에는 아주 특별한 조작법이 있다. 좀 더 친숙한 껍질 퍼즐들의 경우 분해의 핵심이 되는 하나 또는 몇 개의 조각이 있는 것과 달리, 처음 이 퍼즐을 분해할 때 크게 나눈 두 부분을 서로 반대쪽으로 움직여야 한다는 것이다. 어떻게 조립되었는지에 따라 하나, 둘, 또는 세 개 모두의 축을 따라 서로 독립적이지만 동시적이지 않은 움직임이 필요하다.

alternate (엇갈린/교대, 交代)

여러 가지 다른 뜻을 가진 수학 용어. (1) *엇각(Alternate angles)*은 두 개의 평행선과 만나는 한 직선에 의하여 만들어지는 서로 어긋난 위치에 있는 두 각을 말한다. (2) 잘 알려진 *엇갈린 활꼴 정리(alternate segment theorem)*[5]는 한 원에서 주어진 현의 반대편에 있는 활꼴과 관련된다. (3) 통계학에서 *대립 가설(alternate hypothesis)*이란 **영가설**(null hypothesis)에 대한 대안적 가설이다. (4) 교대한다는 것은, 이를테면 0, 1, 0, 1, 0, 1, …처럼 두 개의 다른 값 사이에서 왔다갔다 반복하는 것이다.

altitude (높이/고도, 高度)

평면도형 또는 입체도형의 한 **꼭짓점**(vertex)에서 맞은편 변 또는 면에 내린 수선. 또한 그 수선의 길이.

역자 주

5) 이 정리는 우리나라 중학교 3학년 과정에서 "접선과 현이 이루는 각"에 관한 성질로 다루어진다.

모호한 그림 루빈의 꽃병 착시: 어느 순간에는 꽃병, 또 다른 순간에는 마주보고 있는 두 사람의 얼굴 모습.

ambiguous figure (모호한 그림)

그림이나 모양의 주제 또는 관점이 관찰자의 마음속에서 비슷한 가능성을 가진 대상으로 갑자기 바뀌어 보이는 **착시**(optical illusion). 종종 이와 같은 모호함은 주제와 배경이 뒤바뀔 수 있다는 사실에 뿌리를 두고 있다. 일례로 덴마크의 심리학자인 루빈(Edgar John Rubin, 1886-1951)이 1915년에 만들어서 유명해진 꽃병-옆모습 착시를 들 수 있다. 물론 이것의 초기 형태들은 18세기 프랑스에서 여러 가지 양상으로 만들어졌는데, 보통 다양한 형상의 꽃병과 상세한 사람의 얼굴이 자연스럽게 그려져 있다. 삼차원 공간에서도 적절한 모양의 입체 꽃병을 이용하여 똑같은 효과를 낼 수 있다. 몇 가지 모호한 그림에서는 사람이나 동물의 형상으로 보이던 그림이 갑자기 다른 형상으로 보이기도 한다. 전형적인 예로 노파-소녀 착시와 오리-토끼 착시를 들 수 있다. **뒤집힌 그림**(upside-down picture)은 두 가지 형상으로 보이도록 고안된 특별한 경우인데, 마음속에서 한 형상이 느닷없이 다른 형상으로 "보이는" 것이 아니라 그 그림을 물리적으로 180° 돌려야만 다른 형상이 보인다. 모호함은 특정한 기하학적 도형에서도 찾아볼 수 있는데, **네커 큐브**(Necker cube), **티어리 도형**(Thiery figure), **슈뢰더의 가역 계단**(Schröder's reversible staircase)처럼 그림 속 도형의 앞면과 뒷면이 헷갈리도록 되어 있다.

ambiguous connectivity (모호한 접속)

불가능한 그림(impossible figure) 참조.

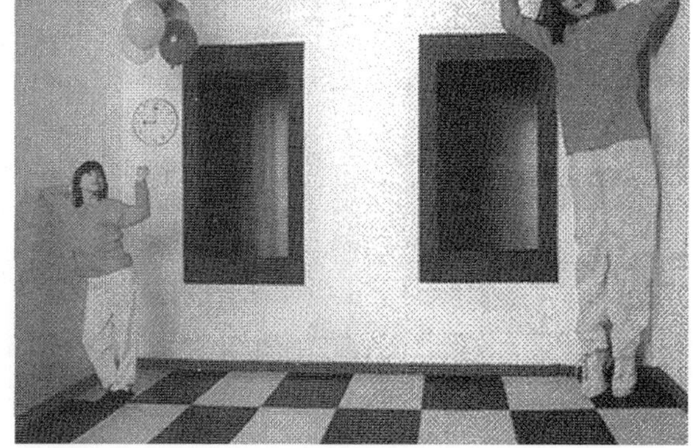

에임즈 방 왜곡된 도형은 이 일란성 쌍둥이마저 완전히 다른 크기로 보이게 만든다. *Technische Universitat, Dresden*

Ames room (에임즈 방)

미국의 안과 의사인 에임즈(Adelbert Ames Jr., 1880-1955)의 이름을 딴 유명한 일그러진 방 착시. 그는 이와 같은 방을 19세기 말 독일의 물리학자인 헬름홀츠(Hermann Helmholtz)의 개념에 기초하여 1946년에 처음 만들었다. 특정한 곳에 위치한 옹이구멍을 통해 한쪽 눈으로 들여다보면 에임즈 방은 정육면체처럼 보이지만, 실제로 이 방은 사다리꼴 모양이다. 바닥, 천장, 몇 개의 벽들과 먼 쪽에 있는 창문들이 사다리꼴로 되어 있다. 바닥이 평편해 보이지만 사실은 (먼 쪽 구석 중의 하나가 다른 구석보다 훨씬 낮도록) 경사져 있으며, 벽은 바닥과 수직인 것처럼 보이지만 바깥쪽으로 기울어져 있다. 이러한 구조는 사람이나 물건이 이 방의 한 구석에서 다른 구석으로 움직일 때 더 커져 보이거나 작아져 보이게 만든다. **왜곡 착시**(distortion illusion)도 참조하시오.[142, 178]

amicable numbers (우애수, 友愛數)

친근수(*friendly number*)로도 알려진 한 쌍의 수로서, 각 수의 **진약수**(aliquot part)들의 합이 다른 수가 되는 두 수. (진약수는 자기 자신을 제외한 약수를 뜻한다.)

가장 작은 우애수는 220(진약수는 1, 2, 4, 5, 10, 11, 20, 22, 44, 55, 110이고, 그 합은 284)과 284(진약수는 1, 2, 4, 71, 142이고, 그 합은 220)이다. 이 쌍은 고대 그리스 사람들도 알고 있었으며, 아라비아 사람들은 몇 개를 더 찾았다. **페르마**(Pierre de Fermat)는 1636년에 우애수인 17,296과 18,416을 재발견했고, 2년 후에 **데카르트**(René Descartes)가 세 번째 우애수 9,363,584와 9,437,056을 재발견했다. 18세기에 **오일러**(Leonhard Euler)는 60개가 넘는 우애수를 찾아냈다. 그리고 1866년에 16살짜리 이탈리아 소년 (바이올린 연주자가 아닌) 파가니니(B. Nicolò Paganini)가 1,184와 1,210이 우애수임을 밝혀 수학계를 놀라게 했다. 두 번째로 작은 이 우애수는 완전히 간과되고 있었던 것이었다. 오늘날 알려진 우애수는 250만 개 정도이다. 우애수를 이루는 한 수가 제곱수인 경우는 아직 발견되지 않았다. 이상하게도 상당히 많은 우애수들이 0이나 5로 끝난다. *행복한 우애수*(*happy amicable pair*)란 두 수 모두 **행복수**(happy numbers)인 우애수를 가리킨다. 예를 들어 10,572,550과 10,854,650이 있다. **하샤드수**(Harshad number)도 참조하시오.

amplitude (크기/진폭, 振幅)

양이나 규모. *Plus*나 *complement*와 어원이 같은 인도-유럽어의 *ple*로부터 나온 말이다. 더 최근의 라틴어 어원은 "넓은"의 뜻을 가진 *amplus*이다. 오늘날 진폭은 다른 것보다도 **주기함수**(periodic function)가 중심으로부터 갖는 함숫값의 폭이나 **복소수**(complex number)의 크기를 나타낸다.

anagram (철자(綴字) 바꾸기)

어느 단어나 구절에 사용된 모든 철자들의 위치만 재배열하여 다른 단어나 구절로 바꾸는 것.어떤 뜻을 가지면서도 본래 문구의 뜻과 연관이 있는 것들이다. 예를 들어, "stone age"와 "stage one"을 들 수 있다. 문장으로 된 훌륭한 철자 바꾸기의 예도 많이 있다. "'That's one small step for a man; one giant leap for mankind.' Neil Armstrong"이 "An 'Eagle' lands on Earth's Moon, making a first small permanent footprint."로 바뀐다.[6)]

퍼즐

유명 인사들과 관련된 다음 철자 바꾸기 문제를 풀어보기를 권한다.

1. A famous German waltz god.
2. Aha! Ions made volts!
3. I'll make a wise phrase.

해답은 415쪽부터 시작함.

반의적 철자 바꾸기(*antonymous anagram* 또는 *antigram*)는 본래 문구와는 반대의 뜻을 갖는 것이다. 예를 들어, "within earshot"와 "I won't hear this."가 있다.[7)] *두 단어 철자 바꾸기*(*Transposed couplets* 또는 *pairagrams*)는 "best bets"나 "lovely volley"와 같이 한 단어의 철자를 바꾸어 두 단어를 나란히 놓아 의미 있는 짧은 문구를 만드는 것이다. 흔하지 않은 세 단어 철자 바꾸기(*transposed triplet* 또는 *trianagram*)로는 "discounter introduces reductions"가 있다. **팬그램**(pangram)도 참조하시오.

anallagmatic curve (전도불변곡선)

전도(轉倒, inversion)에 의하여 불변인 곡선(**역**(inverse) 참조). 예를 들어 **심장형**(cardioid), **카시니의 알 모양 곡선**(Cassinian ovals), **파스칼의 달팽이**(limaçon of Pascal), **스트로포이드**(strophoid)와 **매클로린**의 **삼등분곡선**(Maclaurin trisectrix) 등이 그것이다.

analysis (해석학, 解析學)

수나 **함수**(function)와 같은 수학적 대상을 좀 더 이해하기 쉽거나 다루기 쉬운 대상으로 *근사시키는*(*approximating*) 것과 관련된 수학의 중요 분야. 해석학의 간단한 예로서 π(pi)의 소수점 아래 몇 자리를 계산하기 위하여 **무한급수**(infinite series)의 **극한**(limit)을 구하는 것을 들 수 있다. 해석학의 기원은 17세기로 거슬러 올라가는데, 그 당시 뉴턴(Isaac Newton)과 같은 사람들이 연속적으로 변하는 양의 변화를 한 점의 근방에서 국소적으로 근사시키는 방법을 연구하기 시작했다. 이것은 무한급수, 미분, 적분을 이해하는 데 기본이 되는 극한을 집중적으로 연구하는 계기가 되었다.

현대 해석학은, 실해석학(real analysis, 실함수의 미분과 적분의 연구), 함수해석학(functional analysis, 함수공간에 대한 연구), **조화해석학**(harmonic analysis, **푸리에급수**(Fourier series)와 그 추상화에 대한 연구), **복소해석학**(complex analysis, 복소평면 사이에 정의된 복소 미분가능한 함수들에 대한 연구), **비표준해석학**(nonstandard analysis, 무한소와 무한대를 엄밀하게 다루는 데 필요한 **초실수**(hyperreal number)와 그 함수에 대한 연구)와 같은 몇 가지 분야로 나누어진다.

역자 주

6) 번역하면, "그것은 개인에게는 작은 한 걸음이지만 전 인류에게는 큰 도약이라고 닐 암스트롱이 말했다."와 "작은 첫 발자국을 영원히 남기면서 독수리호가 지구의 달에 착륙하다"가 된다.

7) 번역하면, "들을 수 있는 거리"와 "난 이걸 듣고 싶지 않다."이다.

analytical geometry (해석기하학, 解析幾何學)

또한 *좌표기하학*(*coordinate geometry*) 또는 *데카르트 기하학*(*Cartesian geometry*)으로도 불리는데, 점, 선, 도형을 **좌표**(coordinate)의 형태로 나타내어 그 성질을 **대수학**(algebra)을 이용하여 설명하는 기하학의 분야이다. **데카르트**(René Descartes)는 1637년에 발표한 흔히 *방법서설*(*Discourse on Method*)이라 부르는 *과학의 진리를 연구할 때 올바른 추론을 이끄는 방법에 관한 논문*(*Discourse on the Method of Rightly Conducting the Reason in the Search for Truth in the Sciences*)에서 해석기하학의 기초에 대하여 기술하였다. 이 연구는 후에 **뉴턴**(Isaac Newton)과 **라이프니츠**(Gottfried Leibniz)에 의하여 처음 시작된 **미분적분학**(calculus)의 기초가 되었다.

analytical number theory (해석적 정수론, 解析的 定數論)

해석학(analysis) 특히 **복소해석학**(complex analysis)에서 나온 방법을 이용하는 **정수론**(number theory)의 분야. **대수적 정수론**(algebraic number theory)과 대비를 이룬다.

anamorphosis (왜상, 歪像)

관찰자가 바라보는 방법을 완전히 바꾸어야만 정상적인 모습을 알 수 있을 정도로 어떤 형상을 왜곡시키는 과정. *반사 왜상*(*catoptric anamorphosis*)에서는, 보통 원기둥이나 원뿔 모양의 곡면 거울을 이용하여 원래의 형상을 왜곡시킨 그림을 그린다. 또 다른 종류의 왜상에서는, 이를테면 거의 표면을 따라 그림을 바라봐야 할 정도로 관찰자가 자신의 바라보는 위치를 바꿔야 한다. 어떤 왜상 작품은 정상적으로 보이는 그림 속에 왜곡된 형상을 숨기는 방법의 속임수를 더하기도 한다. 한때 왜상 그림을 그리는 데 필요한 수학적 지식을 가진 작가들이 계산 방법과 격자 모양을 비밀로 감춘 적도 있었다. 요즘은 컴퓨터를 이용하여 이런 작업을 다소 쉽게 할 수 있게 되었다.

angle (각, 角)

> *나의 기하학 선생님은 때론 예민하셨고(acute) 때론 둔감하셨지만(obtuse), 그는 늘 올바르셨다(right).*
>
> – 익명

서로 만나는 두 직선이나 평면이 벌어져 있는 정도. 이 단어는 "예리하게 구부러진"이란 뜻의 라틴어 angulus에서 나왔다. 각의 크기는 **도**(degree)로 측정한다. 직각의 크기는 90°이고,

왜상 "알버트와 함께한 자화상"은 헝가리 화가인 오로츠(Orosz)가 만든 왜상 작품의 훌륭한 예이다. 책상 위에 있는 작가의 두 손과 작가의 얼굴이 반사된 조그만 원형 거울이 부식 동판화에 그려져 있다. *Istvan Orosz*

왜상 거울을 원 위에 세운다. *Istvan Orosz*

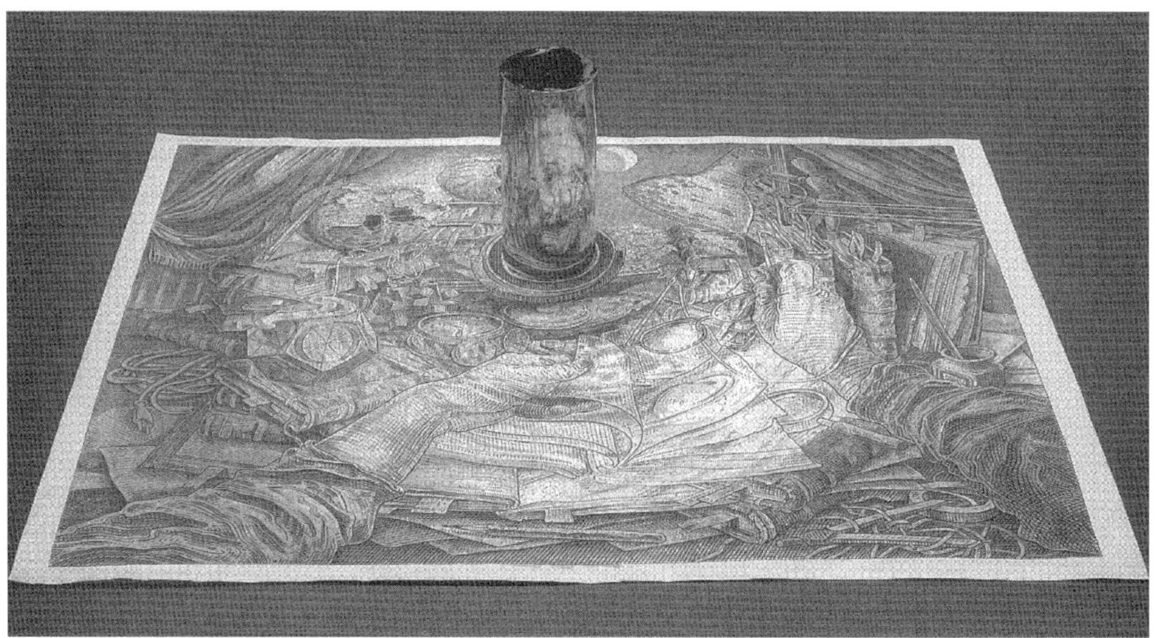

이전에 불확실했던 그림 속의 형상이 거울을 통해 정상적으로 나타난다. 곡면 거울의 왜곡 효과는 책상 위의 형상 속에 숨어 있는 아인슈타인(Albert Einstein)의 얼굴을 정상으로 되돌려 놓는다. 오로츠는 이 위대한 과학자가 살았던 프린스턴에서 가진 전시회를 위해 이 판화를 만들었다. *Istvan Orosz*

예각(acute angle)의 크기는 90°보다 작으며, **둔각**(obtuse angle)의 크기는 90°와 180° 사이에 있다. 각의 크기가 평각인 180°보다 클 때, 이 각은 볼록하다(convex)고 한다. 더해서 90°가 되는 두 각을 *여각*(*complementary angle*)이라 하고, 더해서 180°가 되는 두 각을 *보각*(*supplementary angle*)이라고 한다.

angle bisection (각의 이등분, 二等分)

각의 이등분(bisecting an angle)을 참조하시오 .

angle trisection (각의 삼등분, 三等分)

각의 삼등분(trisecting an angle)을 참조하시오.

animals' mathematical ability (동물의 수학적 능력)

쥐, 앵무새, 비둘기, 너구리, 침팬지를 위시한 여러 종류의 동물들은 단순한 계산을 할 수 있다. 실험에 의하면 개는 사물의 수를 세는 기본 개념을 갖고 있다고 한다. 한 무더기의 사료를 개 앞에 놓았다가 개가 안 보는 데에서 양을 조금 줄인 후에 다시 보여주면, 양을 바꾸지 않고 보여줄 때에 하는 것과 다른 반응을 보인다고 한다. 그러나 수학적 재능이 있다고 알려진 동물이 모두 그 재능을 오래 지속시키는 것은 아니다. 20세기 초에 영리한 한스(Clever Hans)란 이름의 말은 개수를 세는 기술로 관중들을 놀라게 했다. 조련사가 문제를 내면 이 말은 발굽으로 바닥을 두드려서 답을 했다. 그러나 한스가 실제로 덧셈이나 뺄셈을 할 수 있는 것이 아니라, 자신이 정답을 찾았을 때 조련사가 편안하게 반응하는 의도되지 않은 미세한 단서에 반응하는 것으로 판명되었다.

annulus (환형, 環形)

두 개의 동심원 사이에 끼인 영역.

antigravity houses and hills (반중력(反重力) 건물과 언덕)

1930년대의 대공황 시기에 세워진 미국 오리건 주 골드힐의 오리건 소용돌이(Oregon Vortex)에 있는 신비의 집(The House of Mystery)은 최초의 "반중력 건물"이라 할 수 있다. 이를 모방한 건물이 미국과 전 세계 여러 곳에 세워졌다. 이런 건물들은 굉장한 시각적 효과를 보여주었는데, 그 원인이 밝혀질 때까지 놀랍게 여겨졌다. 물론 방문객들에게는 실제로 이유가 무엇인지와 자성이나 중력 법칙의 예외, 미확인 비행물체 또는 여러 가지 다른 신비한 현상에 대한 환상에 대하여 가이드들은 자세히 설명하지 않는다. 모든 놀라운 효과의 실상은 비탈이 방문객들에게는 수평으로 느껴지도록 한 교묘한 구조와 은폐에 기초하고 있었다. 모든 반중력 건물은 전형적으로 25°의 경사를 가진 언덕에 지어진다. 그러나 언덕에 세워지는 정상적인 건물과 달리 반중력 건물의 벽들은 (경사진) 바닥에 수직이 되도록 지어진다. 뿐만 아니라, 건물을 에워싼 마당은 방문객들이 실제 수평을 인식하지 못하도록 키가 높은 담장으로 둘러싸여 있다. 따라서 경험에 의지할 수밖에 없기 때문에 방문객들은 건물의 마룻바닥은 수평이며 벽들은 지구의 중력에 대하여 수직이라고 생각한다. 놀라운 시각적 속임수는 모두 여기에서 나온 것이다.

인위적으로 만든 반중력 착시 현상과 더불어, 중력이 비정상적으로 작용하는 것처럼 보이는 자연 현상은 세계 곳곳에 있다. 한 가지 예는 스코틀랜드의 어셔(Ayrshire)에 있는 "전기 비탈(Electric Brae)"인데, 그 지방에서는 크로이(Croy) 비탈이라 부른다. 이것은 서쪽에 있는 (해발 고도 86 m인) 크로이 고가 철도가 내려다보이는 산굽이에서 시작하여 동쪽으로 (해발 고도 92 m인) 숲이 우거진 크로이젠크로이(Craigencroy) 협곡까지 400 m 정도 이어진다. 실제로는 산굽이에서 (수평으로 86 m 진행할 때마다 1 m 올라가서) 1/86의 기울기로 상승하고 있지만, 도로 양쪽 지형의 상대적 형태 때문에 기울기가 거꾸로 된 것처럼 착각을 일으키게 한다. 자동차의 브레이크를 푼 채 이 도롯가에 주차한 수많은 사람들 속에서 필자도 자동차들이 언덕 위로 굴러 올라가는 것을 보고 깜짝 놀랐었다. **왜곡 착시**(distortion illusion)도 참조하시오.

반중력 건물과 언덕 마룻바닥이 수평이라고 믿는 "신비의 집"의 방문객들은 분명히 중력을 거스르는 효과를 보고 놀랄 것이다(오른쪽). 하지만 집이 있는 언덕이 기울어진 각도만큼 집 전체가 기울어져 있음을 알면 이와 같은 현상이 쉽게 이해된다.

antimagic square (반마방진, 反魔方陣)

1부터 n^2까지의 자연수를 $n \times n$ 정사각형꼴로 배열하는데, 각각의 가로줄과 세로줄에 놓인 수들의 합 및 두 개의 주대각선에 놓인 수들의 합이 연속하는 $(2n+2)$개의 자연수가 되도록 만든 것. 크기가 2×2와 3×3인 반마방진은 존재하지 않지만 그 이상의 크기에서는 반마방진이 많이 존재한다. 다음은 4×4 반마방진의 예이다.

1	13	3	12
15	9	4	10
7	2	16	8
14	6	11	5

마방진(magic square)도 참조하시오.

antiprism(반각기둥)

두 개의 n각 **다각형**(polygon)과 $2n$개의 삼각형으로 이루어진 **준정다면체**(semi-regular polyhedron). 반각기둥은 두 개의 정해진 다각형으로 이루어진 점에서는 **각기둥**(prism)과 같지만, 이들 n각형이 서로 엇비슷하게 위치하는 점에서 각기둥과 다르다. 두 개의 n각형은 위아래로 번갈아 연결된 삼각형 띠에 의하여 연결된다. 각 꼭짓점에서는 세 개의 삼각형과 n각형이 만난다. 모든 삼각형들이 정삼각형이 되도록 두 개의 n각형 사이의 거리를 적절히 정하게 된다. 반각기둥은 사각 반각기둥, 오각 반각기둥 등으로 이름을 붙인다. 가장 단순한 삼각 반각기둥은 **팔면체**(octahedron)로 더 잘 알려져 있다.

aperiodic tiling (비주기적 덮기)

똑같은 소재나 타일로 아무리 큰 면을 덮더라도 그 속에 같은 모양이 반복되는 부분이 없도록 하는 **덮기**(tiling). 몇 가지 타일을 사용하여 비주기적으로 덮을 수 있는 경우에는 다른 방법을 써서 이를 **주기적 덮기**(periodic tiling)가 되도록 바꿀 수 있을 것으로 한동안 생각했었다. 그런데 1960년대에 수

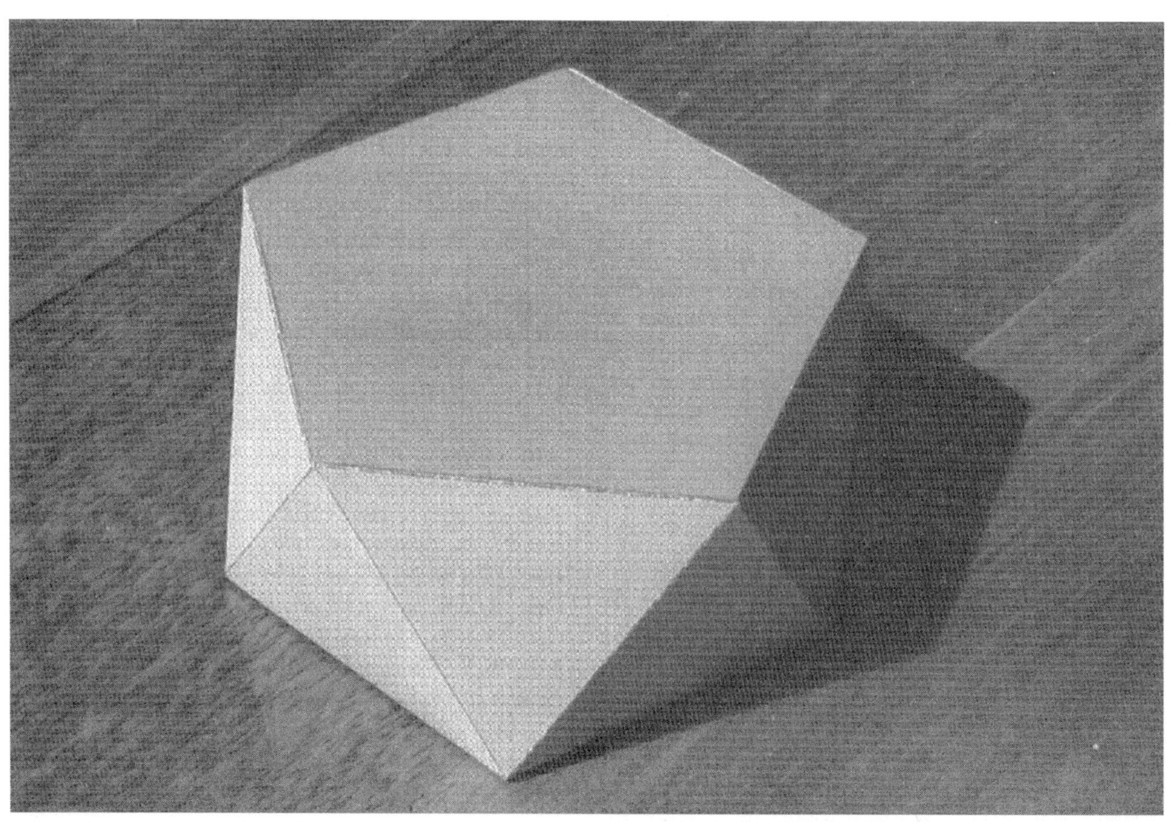

반각기둥 오각 반각기둥. *Robert Webb, www.software3d.com; 웹의 스텔라(Stella) 프로그램을 이용하여 만들었다.*

학자들이 오직 비주기적으로만 덮을 수 있는 경우를 찾아내기 시작했다. 1966년에 버거(Robert Berger)는 20,426장의 타일을 사용하여 최초로 비주기적 덮기를 완성했으며, 곧이어 타일의 수가 104장으로까지 줄어들었다. 그 후 몇 년 동안 다른 수학자들이 이 숫자를 계속 더 줄여나갔다. 1971년에 로빈슨(Raphael Robinson)은 정사각형을 톱니처럼 잘라서 만든 여섯 장의 비주기적 타일을 찾아냈으며, 이어 1974년 **펜로즈**(Roger Penrose)는 두 장의 비주기적 색타일을 찾아냈다(**펜로즈 덮기**(Penrose tiling) 참조). 이 두 장에 요철이 있는 경우에는 색깔이 필요 없어도 된다. 석 장으로 된 볼록한(요철이 없다는 뜻) 비주기적 덮기는 알려져 있지만, 두 장이나 또는 한 장으로 된 비주기적 덮기가 가능한지는 아직 모르고 있다(**아인슈타인 문제**(Einstein problem) 참조). 삼차원 공간에서 암만(Robert Ammann)은 두 개의 비주기적 다면체를 발견했으며, 단쩨르(Ludwig Danzer)는 네 개의 비주기적 사면체를 발견했다.

Apéry's constant (아페리의 상수)

리만 제타함수(Riemann zeta function) ζ에 대하여 $\zeta(3)=\sum_{n=1}^{\infty} 1/n^3$로 정의된 수. 이것의 값은 1.202056…인데, 임의로 고른 세 개의 자연수가 서로소일 확률이 1/1.202056…이다. 프랑스의 수학자 아페리(Roger Apéry, 1916–1994)는 1979년에 이 수가 무리수임을 증명하여 수학계를 놀라게 했다.[11] 이 수가 **초월수**(transcendental number)인지 아닌지는 아직 알려져 있지 않다.

apex (정점, 頂點)

뿔이나 피라미드의 **꼭짓점**(vertex).

apocalypse number (계시수, 啓示數)

짐승수(beast number)를 참조하시오.

Apollonius of Perga (버가의 아폴로니오스, 기원전 255-170경)

"위대한 기하학자"로 불리며 크게 영향을 끼친 (지금은 터키의 영토에서 태어난) 그리스의 수학자. 그의 8부로 구성된 책 『원뿔곡선에 관하여(On Conics)』에서 ***타원***(*ellipse*), ***포물선***(*parabola*), ***쌍곡선***(*hyperbola*)이란 용어가 소개되었다. 그 전에 **유클리드**(Euclid)를 위시한 수학자들도 **원뿔곡선**(conic section)의 기본 성질들에 대하여 썼지만 아폴로니오스는 특히 원뿔곡선의 **법선**(normal) 및 **접선**(tangent)과 관련된 여러 가지 새로운 결과들을 많이 추가하였다. 그가 제기한 문제들 중에서 가장 유명한 것은 **아폴로니오스 문제**(Apollonius problem)로 부르고 있다. 그는 과학, 약학, 철학과 같은 분야에 대한 글도 많이 썼다. 『불붙이는 거울에 대하여(On the Burning Mirror)』란 책에서 그는 평행한 빛은 공 모양의 거울에 의하여 (이전부터 생각해 온 것처럼) 한곳에 모이지 않음을 밝혔으며, 포물면 거울의 초점에 관한 성질을 다루었다. 그가 사망하기 몇십 년 전에 하드리안(Hadrian) 황제는 아폴로니오스의 업적을 모아서 자신의 재위 기간 중에 출간하도록 했다.

Apollonius problem (아폴로니오스 문제)

기원전 200년경에 **버가의 아폴로니오스**(Apollonius of Perga)가 쓴 『접촉(Tangencies)』에 처음 소개된 문제. 평면에 주어진 세 개의 대상 각각은 원 C, (반지름이 0인) 점 P, (반지름이 무한대인 원의 일부인) 직선 L일 수 있는데, 이들 세 대상에 동시에 접하는 (한 점에서만 닿는) 원을 구하는 문제. 다음과 같이 10가지 경우가 생긴다. *PPP*, *PPL*, *PLL*, *LLL*, *PPC*, *PLC*, *LLC*, *LCC*, *PCC*, *CCC*. 이중에서 가장 쉬운 두 가지는 세 점의 경우와 세 직선의 경우인데, 모두 **유클리드**(Euclid)가 처음 풀었다. 나머지 여덟 가지 경우의 답은, 세 원의 경우만 제외하고 모두 『접촉』에 나와 있었지만 이 책은 분실되었다. 가장 어려운 경우인 세 원에 동시에 접하는 원을 구하는 문제는 프랑스의 수학자 비에트(François Viète, 1540–1603)가 처음 풀었는데, 세 개의 **이차**방정식(quadratic equation)을 연립하여 답을 구할 수 있지만 대체로 자와 컴퍼스만을 사용해서도 답

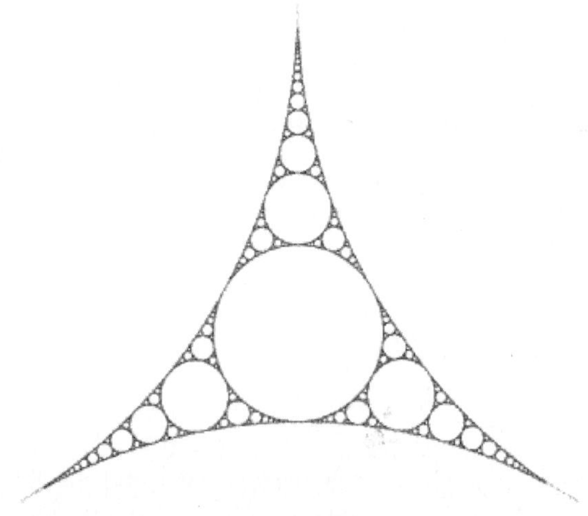

아폴로니오스 문제 아폴로니오스 개스킷.

을 구할 수 있다. 이 문제의 답이 되는 여덟 개의 원들 각각을 *아폴로니오스 원*(*Apollonius circle*)이라고 한다. 세 개의 원이 서로 접하고 있는 경우에는, 답은 여덟 개가 아니라 단지 두 개의 원으로 줄어드는데, 이들을 **소디 원**(**Soddy circles**)이라고 한다. 서로 접하는 세 개의 원으로 시작해서 이들 사이에서 접하는 네 번째 원 내부에 있는 소디 원을 만드는 과정에 의하여 **프랙탈**(**fractal**)이 만들어진다. 이를 만드는 방법은 네 개의 원 중에서 세 개에 동시에 접하는 원을 만들고 또 이 과정을 무한히 계속 반복하는 것이다. 여기서 어떤 원에도 절대 포함되지 않는 점들은 *아폴로니오스 개스킷*(*Apollonius gasket*)이라고 부르는 프랙탈집합을 이루는데, 이것의 프랙탈 차원은 약 1.30568이다.

apothem (변심 거리, 邊心距離)

또한 *최단 반경*(*short radius*)이라고도 하는데, **정다각형**(**regular polygon**)의 중심으로부터 한 변까지의 수직 거리. 이것은 정다각형에 내접하는 원의 반지름과 같다.

apotome (이중근호, 二重根號)

유클리드가 분류한 **무리수**(**irrational number**)의 여러 종류 중의 하나로서 $\sqrt{\sqrt{A}-\sqrt{B}}$의 꼴. 이 식에서 "+"로 바꾼 무리수를 유클리드의 분류에서는 *이항식*(*binomial*)이라 부른다.

applied mathematics (응용수학, 應用數學)

과학이나 생활에서의 응용을 위한 수학.

Arabic numeral (아라비아 숫자)

아라비아에서 유래된 방법으로 표기한 **숫자**(**numeral**)로서, 0, 1, 2, 3, 4, 5, 6, 7, 8, 9 또는 이들을 조합한 10, 11, 12, …, 594, ….

arbelos (제화공의 칼)

선분 ABC 위에 지름이 놓인 세 개의 반원 AB, BC, AC로 둘러싸인 도형. 아르키메데스(기원전 250년경)는 이것을 제화공이 가죽을 다듬고 자를 때 사용하는 같은 모양의 칼을 뜻하는 그리스어 *arbelos*로 불렀으며, 자신이 쓴 『*보조 정리의 책*(*Liber assumptorum*)』에 이에 관한 내용을 소개했는데, 그중의 몇 가지는 다음과 같다. 두 개의 작은 호의 길이의 합은 큰 호의 길이와 같다. 제화공의 칼의 넓이는 두 개의 작은 지름(AB와 BC)의 곱에 $\pi/4$를 곱한 것과 같다. 또한 이것의 넓이는, 점 B에서 두 반원의 접선이 큰 반원과 만나는 점을 D라 할 때, 선분 BD를 지름으로 하는 원의 넓이와 같다. 제화공의 칼이 선분 BD를 경계로 나누어지는 두 부분 각각에 내접하는 두 원(*아르키메데스의 원*이라 부른다)의 지름은 $\frac{AB \cdot BC}{AC}$이다. 뿐만 아니라, 이 두 원에 외접하는 가장 작은 원의 넓이는 제화공의 칼의 넓이와 같다. **알렉산드리아의 파푸스**(**Pappus of Alexandria**)는 제화공의 칼 속에 내접하면서 차례로 서로 접하는 (*파푸스 체인 또는 제화공의 칼의 기차*라고 부르는) 일련의 원들 C_1, C_2, C_3, … 에 관련된 성질에 대하여 썼다. 이때, 원들의 중심은 모두 한 타원 위에 놓이며, C_n의 지름은 중심에서 선분 ABC에 내린 수선의 길이의 $1/n$배와 같다.

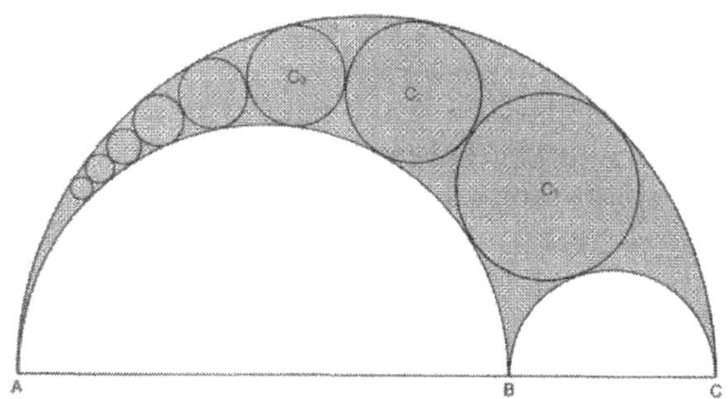

제화공의 칼 제화공의 칼(그림의 어두운 부분)의 내부에 있는 파푸스 체인 C_1, C_2, C_3, ….

arc (호, 弧)

곡선이나 원둘레의 일부분. 이 말은 활을 뜻하는 라틴어 *arcus*에서 나왔는데 *아치*(*arch*)도 여기에서 나왔다. *호의 길이*(*arc length*)는 호를 이루는 곡선의 길이이다.

arch (아치)

전통적으로 쐐기 모양의 소재를 사용하여 만든 곡선을 이루는 강한 구조물. 여러 가지 다양한 형태를 띠며 출입구의 기능을 하거나 구조물을 받치는 기능을 한다. 로마인들이 처음 사용했던 반원형 아치와 뾰족한 고딕 아치의 두 가지 형태가 보편적이다. 반원형 아치가 상대적으로 약한 구조인데, 그 이유는 모든 무게가 꼭대기에 몰리고 한 가운데에서 평편해지려는 성향이 있기 때문이다. 또한 아치에 실리는 모든 하중이 완전히 아래쪽으로만 쏠리기 때문에, 반원형 아치를 지탱하는 벽은 상당히 두꺼워야 한다. 이에 반하여 뾰족한 아치는 하중을 수직과 수평으로 분산시키기 때문에, 옆으로 무너지는 것을 방지하기 위해 지지벽이 필요할 수는 있지만 벽이 더 얇아질 수 있다. 또한 **후광**(Vesica Piscis)을 참조하시오.

Archimedean dual (아르키메데스 쌍대, 雙對)

카탈란 다면체(Catalan solid)를 참조하시오.

Archimedean solid (아르키메데스 다면체)

볼록한 **준정다면체**(semi-regular polyhedron)로서, 각 꼭짓점에서 일정한 규칙에 따라 두 가지 이상의 정다각형의 변들이 맞붙어서 만들어진 다면체. (정다면체 또는 **플라톤 다면체**(Platonic solid)는 단 한 가지 정다각형만으로 이루어진다.) 아르키메데스 다면체는 13가지가 있다("아르키메데스 다면체" 표 참조). 비록 발견자의 이름을 따서 부르지만, 이들에 관하여 남아 있는 최초의 기록은 **알렉산드리아의 파푸스**(Pappus of Alexandria)가 쓴 『*수학 선집*(*Mathematical Collection*)』의 제5권에 나온다. 아르키메데스 다면체의 (면은 꼭짓점으로 꼭짓점은 면으로 각각 바꿔서 만든) **쌍대**(dual)는 보통 **카탈란 다면체**(Catalan solid)라고 부른다. 플라톤 다면체와 아르키메데스 다면체 외에 정다각형을 면으로 갖고 일정한 규칙을 갖는 볼록 다면체는 **각기둥**(prism)과 **반각기둥**(antiprism)밖에 없다. 이 사실은 **케플러**(Johannes Kepler)가 밝혔는데, 아르키메데스 다면체란 이름을 처음 사용했다. 또한 **존슨 다면체**(Johnson solid)를 참조하시오.

Archimedean spiral (아르키메데스 나선(螺線))

축음기의 레코드에 새겨진 홈처럼 생겼으며, 중심으로부터의 거리로 측정할 때 이웃한 두 곡선 사이의 거리가 일정한 **나선**(spiral). 이 곡선을 처음 연구한 사람이 **아르키메데스**(Archimedes)였으며 이것이 그의 논문 『*나선에 관하여*(*On Spirals*)』의 주제였다. 아르키메데스 나선을 **극좌표**(polar coordinates) (r, θ)로 나타내면

$$r = a + b\theta$$

와 같이 아주 단순한 방정식이 된다. 여기서 a와 b는 임의의 실수이다. 매개변수 a를 변화시키면 나선이 회전하게 되는 반면에, b는 동경 사이의 폭을 정한다. 아르키메데스 나선은 연속하는 동경 사이의 폭이 (θ를 라디안으로 측정할 때 $2\pi b$로) 일정하지만 **로그 나선**(logarithmic spiral)의 경우 이 폭이 **등비수열**(geometric sequence)을 이룬다는 점에서 구별된다. 아르

아르키메데스 다면체

이름	꼭짓점의 수	면의 수	모서리의 수
깎은 정사면체	8 = 4 + 4	12	18
깎은 정육면체	14 = 8 + 6	24	36
깎은 정팔면체	14 = 6 + 8	24	36
깎은 정십이면체	32 = 20 + 12	60	90
깎은 정이십면체	32 = 12 + 20	60	90
육팔면체	14 = 8 + 6	12	24
십이이십면체	32 = 20 + 12	30	60
부풀린 정십이면체	92 = 80 + 12	60	150
부풀려 깎은 육팔면체	26 = 8 + 18	24	48
깎은 십이면체	62 = 30 + 20 + 12	120	180
부풀려 깎은 십이면체	62 = 20 + 30 + 12	60	120
깎은 육팔면체	26 = 8 + 12 + 6	48	72
부풀린 정육면체	38 = 32 + 6	24	60

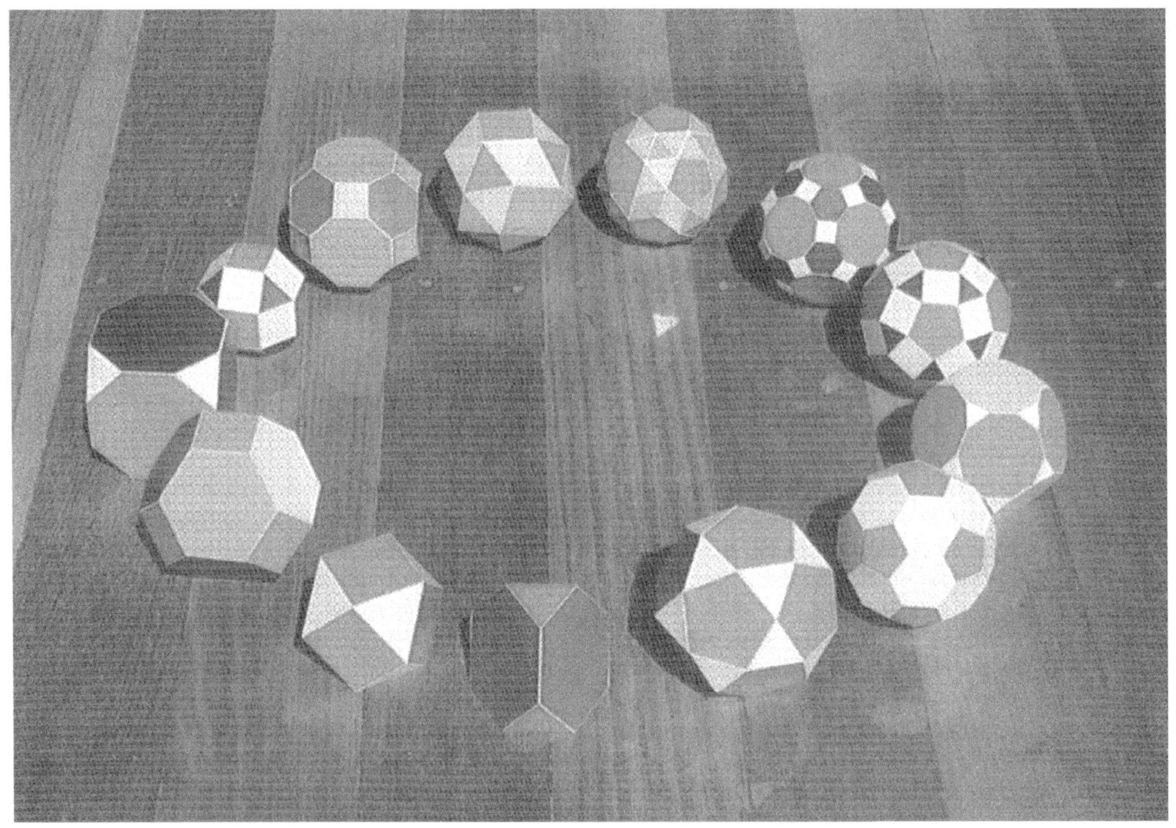

아르키메데스 다면체 아르키메데스 다면체 전체의 모음. 왼쪽 끝에서 시작하여 시계 방향으로, 깎은 정육면체, 부풀려 깎은 육팔면체, 깎은 육팔면체, 부풀린 정육면체, 깎은 십이면체, 부풀린 정십이면체, 부풀려 깎은 십이면체, 깎은 정십이면체, 깎은 정이십면체(축구공), 십이이십면체, 깎은 정사면체, 육팔면체, 깎은 정팔면체. *Robert Webb, www.software3d.com; 웹의 스텔라(Stella) 프로그램을 이용하여 만들었다.*

키메데스 나선은 $\theta > 0$일 때와 $\theta < 0$일 때 나선이 꼬이는 방향이 서로 반대가 됨에 유의한다. 시계 태엽이나 둘둘 말은 카펫의 단면에서처럼 실생활에서 나타나는 나선은 아르키메데스 나선이거나 또는 **원 신개선**(circle involute)과 아주 비슷한 곡선이다.

Archimedean tessellation (아르키메데스 덮기)

또한 *준정칙 덮기*(*semiregular tessellation*)라고도 하는데, 두 개 이상의 서로 다른 **다각형**(polygon)이 각 꼭짓점에 같은 규칙에 따라 모여 있도록 정다각형만 사용하여 만든 덮기. 이와 같은 덮기는 모두 여덟 가지가 있는데, 삼각형과 사각형으로 된 것이 두 가지, 삼각형과 육각형으로 된 것이 두 가지이고 사각형과 팔각형, 삼각형과 십이각형, 사각형과 육각형과 십이각형, 삼각형과 사각형과 육각형으로 된 것이 각각 한 가지씩이다.

Archimedes of Syracuse (아르키메데스, 기원전 287-212경)

역사상 가장 위대한 수학자이자 과학자 중의 한 사람. 제1차와 제2차 포에니 전쟁에서 로마의 포위 공격에 대항했던 시라큐스를 도와서 자신이 만든 병기로 로마군을 곤경에 빠뜨렸던 것으로 유명해졌다. 그는 또한 단 한 가닥의 로프만을 당겨서 선원과 화물을 모두 태운 큰 배를 움직일 수 있는 장치를 만들었으며, 아르키메데스 수차로 알려진 관개 장치도 발명했다. 그에 관한 여러 전설 중 하나에 따르면, 그는 목욕을 하던 중에 부력의 법칙을 발견하게 되었는데 바로 발가벗은 채로 길로 뛰어나가 "eureka" ("내가 그걸 발견했다!")라고 외쳤다고 한다.

자신이 쓴 『*모래알 세는 사람*(*The Sand-Reckoner*)』에서 그

는 위치적 **수 체계**(number system)의 개념을 고안하여, 우주를 채울 수 있을 것으로 생각했던 모래알의 개수인 8×10^{64}까지의 수를 이 방법으로 나타내었다. 그는 (그것이 "발견"되기 2,000년 전에) 적분법과 아주 유사한 자신만의 은밀한 어림셈법을 고안했으나, 정작 결과를 증명할 때는 기하학적 방법으로 바꿔버렸다. 그는 원에 있어서 지름에 대한 둘레의 비와 반지름의 제곱에 대한 넓이의 비가 같다는 사실을 증명했다. 그는 이 비의 값을 "π(pi)"라 부르지는 않았지만, 얼마든지 정밀하게 그 값을 구하는 방법을 보여주었으며 "$3\frac{10}{71}$보다는 크지만 $3\frac{1}{7}$보다는 작은" 값을 원주율의 근삿값으로 계산했다.

아르키메데스는 본격적인 연구 대상으로서 (움직이는 점의 자취를 나타내는) 동적인 곡선을 소개한 최초이자 아마도 유일한 그리스 수학자였으며, 원넓이의 제곱을 계산하기 위하여 **아르키메데스 나선**(Archimedes spiral)을 이용했다. 그는 **구**(sphere)와 이것에 외접하는 원기둥에서 겉넓이와 부피가 서로 같은 비율의 관계가 있음을 증명했으며, 이 결과를 너무 좋아한 나머지 구에 외접하는 원기둥을 그의 비석으로 만들었다. 아르키메데스는 아마 기록상으로 최초이며 갈릴레오와 **뉴턴**(Isaac Newton) 이전까지 최고의 수리물리학자일 것이다. 그는 정역학 분야를 개척했으며, 지레의 법칙, 유체의 평형 법칙, 부력의 법칙을 발표했으며, 무게중심의 개념을 처음으로 확인하였다. 또한 그는 아마 사실이 아닐 수도 있지만 **아르키메데스의 상자**(loculus of Archimedes)로 알려진 정사각형 **분할**(dissection) 퍼즐의 발명가로 인정받고 있다. 그의 원래 업적 중의 많은 부분은 알렉산드리아의 도서관이 불탔을 때 소실되었으며 단지 라틴어와 아랍어 번역본만 남아 있다. 플루타크(Plutarch)는 그에 대해 다음과 같이 기록했다. "자신을 유혹하는 기하학에 끊임없이 매료되어 그는 먹고 마시는 것도 잊었고 가족조차 돌보지 않았으며, 때론 강제로 목욕탕에 끌려가기도 했다. 자신의 과학에 심취한 나머지 무아지경의 상태에서 아궁이 속의 재로 기하학 도형을 그리려고 하거나 몸에 향유를 바를 때 자신의 몸에 손가락으로 선을 긋기도 했다."

Archimedes' cattle problem (아르키메데스의 소떼 문제)

알렉산드리아의 도서관장인 **에라토스테네스**(Eratosthenes)에게 **아르키메데스**(Archimedes)가 보낸 44줄의 편지에 들어있는 아주 **큰 수**(large numbers)와 관련된 매우 어려운 문제. 그 내용은 다음과 같다.

> 만약 당신이 부지런하고 현명하다면, 낯선 사람이여, 한때 시실리의 트리나시안 섬의 들판을 쳐다보았던 태양의 소떼의 마릿수를 계산해보라. 이들은 서로 다른 색깔의 네 무리로 나누어져 있는데, 한 무리는 우윳빛이고, 또 다른 무리는 윤기 나는 검정색이고, 셋째는 노란색이고, 넷째는 얼룩소이다. 각각의 무리에는 다음과 같이 정해진 비율에 따라 수소의 수가 정해진다오, 낯선 사람이여. 흰 수소의 수는 검정 수소의 1/2과 1/3의 합에다 노랑 수소의 수를 더한 만큼일세. 반면에 검정 수소의 수는 얼룩 수소의 1/4과 1/5의 합에다 또 다시 노랑 수소의 수를 더한 것과 같다네.
>
> 한편, 얼룩 수소는 흰 수소의 1/6과 1/7의 합에다 노랑 수소 전체의 수를 더한 것과 같다네. 암소의 마릿수는 다음과 같은 비율로 정해진다네. 흰 암소는 검정 소 전체의 1/3과 1/4의 합과 완전히 같지만, 수소를 포함하여 모든 얼룩소가 풀밭으로 나갈 때 검정 암소는 얼룩소 무리의 1/4과 1/5의 합과 같다오. 이제 얼룩 암소는 노란소 전체의 1/5과 1/6의 합과 같다오.
>
> 마지막으로 노랑 암소의 수는 흰 소떼 전체의 1/6과 1/7의 합과 같다네. 낯선 자여 만약 당신이 태양의 소떼의 수를 잘 키운 수소의 수와 암소의 수를 색깔별로 정확하게 말할 수 있다면, 당신을 재주가 없다거나 수 감각이 떨어진다고 말하지 않을 뿐 아니라 오히려 현자의 한 사람으로 인정하겠네.
>
> 그런데 태양의 소떼에 관한 이 모든 조건들을 다 이해하게나. 흰 수소 무리와 검정 수소 무리를 섞으면, 그 수가 하도 많아서 이들이 가로와 세로로 완전히 그 수가 같도록 정렬 하여 양 사방으로 넓게 펼쳐진 트리나시아 들판을 가득 채우게 된다네. 또한 노랑 수소 무리와 얼룩 수소 무리를 한데 모으면, 다른 색의 수소가 한 마리도 이중에 섞이지 않을 뿐 아니라 모자람도 없이 이들이 한 마리부터 시작하여 차례로 그 수를 천천히 늘려서 완전한 삼각형 모양이 되도록 할 수 있다네. 낯선 자여, 당신이 모든 관계를 따져 이 문제를 완전히 풀어서 그 답을 마음속에 품을 수 있다면, 당신은 영광의 왕관을 쓰고 자신이 이와 같은 지혜가 충만한 사람임을 완전히 인정받았음을 알고 여기를 떠나게 될 것이라네.

문제의 첫 부분-소떼의 전체 마릿수에 대한 가장 작은 답은 50,389,082임이 확인되었다. 그러나 마지막에 주어진 두 가지 조건이 더 추가된 경우에는 답이 아주 큰 수가 된다. 1880년에 암토르(A. Amthor)는 이 문제를 **펠방정식**(Pell equation)이라 알려진 형태로 변형하여 이 답의 근삿값으로 7.76×10^{202544}을[8] 찾아내었다.[9] 그의 계산은 1889년부터 1893년 사이에 미국 일리노이주 힐스보로(Hillsboro)에 있는 힐스보로 수학 클럽이란 특별한 모임이 이어나갔다. 이 모임에 속한 세 사람

(Edmund Fish, George Richards, A. H. Bell)은

776027140648681826953023283320**09**…719455081800

과 같이 소떼의 최소 마릿수의 처음 31자리와 마지막 12자리를 계산했는데 굵게 쓴 두 자리는 13이 옳다.[31] 1931년에 ***뉴욕 타임스***(*New York Times*)의 한 기고가는 "천 명의 사람이 천 년 동안 일을 해야 [소떼의] 완전하고 [정확한] 마릿수를 구할 수 있을 것이란 계산이 나왔기 때문에, 사람들이 완전한 답을 절대 구하지 못할 것이라는 점은 명백하다."란 글을 썼다. 그런데 ***명백하다***와 ***절대***란 말은 예언자를 바보로 만들기 위해 만들어진 표현이다. 1965년에 IBM 7040을 이용하여 윌리엄스(H. C. Williams), 거만(R. A. German), 잠케(C. R. Zamke)는 소떼 문제의 완전한 답을 발표하였다. 물론 1981년에 넬슨(Harry Nelson)이 Cray-1 슈퍼컴퓨터를 이용하여 7.76027140648681 8269530232833213…$\times 10^{202544}$ 같이 시작하는 202,545자리의[9] 완전한 답을 계산하여 발표하였다.[341]

Archimedes' square (아르키메데스의 정사각형)

아르키메데스의 상자(**loculus of Archimedes**)를 참조하시오.

area (넓이/면적)

이차원 공간에서 표면이 차지하는 부분을 측정한 값. Area는 지표면의 빈터를 뜻하는 라틴어로서 지금도 이와 같은 뜻으로 사용되고 있다. 프랑스어에서 나온 *아르*(*are*)는 한 변의 길이가 10 m인 정사각형 모양의 땅의 넓이인 100 m²를 나타낸다. 1*헥타르*(*hectare*)는 100아르이다.

area codes (지역 번호)

북아메리카 전화의 지역 번호는 무작위로 정해지는 것처럼 보이지만, 이를 정하는 방법이 있었다. 다이얼을 돌려서 장거리 전화를 직접 걸 수 있게 된 1950년대 중반에, 큰 도시에 전화 걸기 위해 다이얼을 돌리는 데 걸리는 시간을 단축해주는 지역 번호를 부여하는 것이 타당해 보였다. 거의 모든 통화가 다이얼식 전화기로 이루어졌다. 이를테면 809, 908, 709 등과 비교할 때 212, 213, 312, 313 등의 지역 번호는 다이얼이 원래 위치로 돌아오는 데 아주 짧은 시간이 걸린다. 다이얼을 직접 돌려서 거는 전화를 가장 많이 받을 것으로 예상되는 도시에다 다이얼을 돌리는 시간이 가장 짧은 지역 번호를 배정했다. 뉴욕시는 212, 시카고는 312, 로스앤젤레스는 213이고, 워싱턴 D.C.는 202로 212보다는 시간이 좀 더 걸리지만 다른 번호보다는 훨씬 짧게 걸린다. 전화 통화 총량을 줄이고 통화가 몰리는 양을 줄이기 위하여 샌프란시스코는 415, 마이애미는 305 등과 같이 지역 번호의 숫자가 점점 커졌다. 이 방법에서 가장 극단적인 경우는 808의 하와이(1959년에 마지막으로 합병된 주), 809의 푸에르토리코, 709의 뉴펀들랜드 등의 지역이다. 지역 번호를 정할 때 (1993년까지 계속 사용되었던) 원래의 계획에는, 첫째 자리에는 2부터 9까지, 둘째 자리에는 0 또는 1, 셋째 자리에는 1부터 9까지로 정하는 규칙이 있었다. 영이 두 개인 세 자리 숫자 700, 800, 900은 특별한 용도로 사용되는 번호이다. 1이 두 개인 세 자리 숫자는 지역에서 사용되는 특별한 번호인데, 411은 전화번호 안내, 611은 고장 신고 등이다.

Argand diagram (아르강 다이어그램)

*x*축을 실수축, *y*축을 허수축으로 갖는 ***아르강 평면***(*Argand plane*) 또는 ***복소평면***(*complex plane*)이라 부르는 좌표평면 위에 **복소수**(**complex number**)를 점으로 나타내는 방법. 이는 1806년에 발표한 논문에 이것을 소개한 프랑스의 아마추어 수학자인 아르강(Jean Robert Argand, 1768-1822)의 이름에서 딴 것이다.[14] 이와 비슷한 방법을 **월리스**(**John Wallis**)는 120년 전에 제안했었고 **베셀**(**Casper Wessel**)이 이를 폭넓게 발전시켰다. 그런데 베셀의 논문은 덴마크어로 발표되었기 때문에 더 잘 통용되는 언어를 사용하는 수학자들에게 그 당시에는 알려지지 않았다. 실제로, 그의 논문이 수학계에 알려지게 된 것은 이미 "아르강 다이어그램"이란 용어가 굳어져버린 1895년이 되어서였다.

argument (독립변수/편각/논증, 獨立變數/偏角/論證)

(1) **함수**(**function**)의 입력값. (2) **아르강 다이어그램**(**Argand diagram**)에서 한 복소수를 나타내는 점 Z와 원점 O에 대하여 선분 ZO와 실수축이 이루는 각. (3) 비형식적인 수학적 증명.

Aristotle's wheel (아리스토텔레스의 바퀴)

작자 미상이지만 일부에서는 아리스토텔레스가 쓴 것으로 믿고 있는 고대 그리스의 서적 『*기계학*(*Mechanica*)』에 나오는 **역설**(**paradox**). 이 역설은 그림에서처럼 바퀴 위에 그려진 두 개의 동심원과 관련이 있다. 두 원 위에 있는 점들 사이에

역자 주

8) 7.76×10206544의 오타로 여겨진다.

9) 206,545의 오타로 여겨진다.

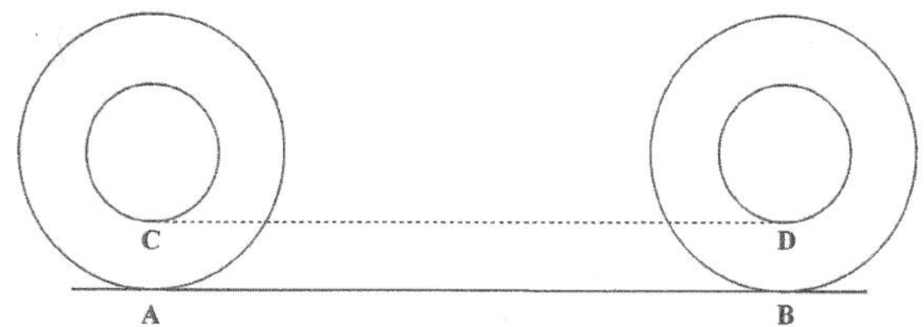

아리스토텔레스의 바퀴 점 C에서 점 D까지 이동할 때 안쪽 원이 한 바퀴 회전하는 동안, 점 A에서 점 B까지 이동할 때 바깥쪽 원도 한 바퀴 회전한다. 그런데 선분 AB의 길이는 선분 CD의 길이와 같다. 두 원의 크기가 다른데, 어떻게 이것이 가능한가?

일대일 대응(one-to-one correspondence) 관계가 있다. 따라서 위쪽 직선을 따라 구르든 아래쪽 직선을 따라 구르든 바퀴는 똑같은 거리를 이동해야 한다. 이 현상은 크기가 다른 두 원의 둘레가 같음을 말하는 것으로 불가능하다. 이처럼 너무나 확실한 모순을 어떻게 해명할 수 있을까? 점들 사이에 일대일 대응 관계가 있는 두 곡선의 길이가 같다는 (잘못된) 가정이 이 문제의 핵심이다. 실제로 길이에 상관없이 모든 선분에 놓인 (또는 길이가 무한한 직선 부분이나 무한히 큰 n차원 유클리드 공간조차도) 점의 개수는 모두 같다. 또한 **무한**(infinity)을 참조하시오.

arithmetic (산술/산수, 算術/算數)

덧셈, 뺄셈, 곱셈, 나눗셈을 이용하여 수 계산을 하는 것과 관련된 수학의 분야.

arithmetic mean (산술평균, 算術平均)

주어진 n개의 수들의 합을 n으로 나눈 값. 또한 **기하평균**(geometric mean)과 **조화평균**(harmonic mean)을 참조하시오.

arithmetic sequence (등차수열, 等差數列)

또한 *arithmetic progression*이라고도 하는데, 이웃하는 두 항의 차가 *공차*(*common difference*)라고 부르는 상수로 결정되며 적어도 세 개의 수로 이루어진 유한**수열**(sequence) 또는 무한수열. 예를 들어, 첫째 항이 1이고 공차가 4인 경우에 유한수열을 만들면 1, 5, 9, 13, 17, 21이고 무한수열을 만들면 1, 5, 9, 13, 17, 21, 25, 29, ⋯, $4n + 1$, ⋯ 이다. 일반적으로, 첫째 항이 a_0이고 공차가 d인 등차수열의 항은 $a_n = d_n + a_0 (n = 1, 2, 3, \cdots)$의 꼴이다. 정수들로 이루어진 증가수열은 반드시 등차수열을 포함해야 하는가? 놀랍게도 답은 아니요이다. 반례를 만들기 위하여, 0에서부터 시작을 한다. 그 다음 항으로 첫째 항부터 이 항까지 등차수열을 이루지 않도록 하는 *가장 작은 정수*를 택한다. (선택할 수 있는 수는 무수히 많지만 등차수열이 가능하도록 택할 수 있는 수는 유한 개이기 때문에, 이와 같은 수를 정할 수 있다.) 이와 같은 방법으로 0, 1, 3, 4, 9, 10, 12, 13, 27, 28, ⋯과 같은 반례를 만들 수 있다.

등차수열의 첫째 항부터 n째 항까지를 모두 더한 값 $a_0 + (a_0 + d) + \cdots + \{a_0 + (n-1)d\}$을 간단히 하면 $S_n = \frac{n\{2a_0 + (n-1)d\}}{2} = \frac{n(a_0 + a_n)}{2}$과 같이 나타내어진다. **등비수열**(geometric sequence)을 참조하시오.

around the world game (세계 일주 게임)

아이코시안 게임(Icosian game)을 참조하시오.

array (배열, 配列)

특별한 규칙이나 형태에 맞춰 격자 모양처럼 수를 나열한 것. **행렬**(matrix)과 **벡터**(vector)가 배열의 예이다.

Arrow paradox (애로우 역설)

투표와 관련하여 가장 오래되고 유명한 **역설**(paradox). 미국의 경제학자인 애로우(Kenneth Arrow, 1921-)는 완벽하게 민주적인 투표 제도를 만드는 것은 불가능함을 증명했다. 그가 쓴 책 『*사회적 선택과 개인의 가치*(*Social Choice and Individual Values*)』[16]에서, 애로우는 개인의 투표 성향에 근거하여 사회적 결정이 이루어지도록 하는 제도를 만드는 경우에 필수적이라고 인식되는 다섯 가지 조건을 지적했다. 애로우 역설은 이 다섯 가지 조건 사이에 논리적 모순이 있다는 것이다. 즉, 어떤 상황 아래에서는, 이 다섯 가지 조건 중에서 적어도 하나가 위배된다는 것이다.

arrowhead (화살촉)

화살(dart)을 참조하시오.

artificial intelligence (AI, 인공 지능, 人工知能)

"사람의 지적 행동과 같은 행위를 기계가 하도록 하는 무엇"으로서, 1955년 매카시(John McCarthy)가 처음 이 용어를 사용했다. 컴퓨터가 사람 수준의 AI를 습득하게 되면 어떻게 될까? 비록 모든 사람이 안전하다고 인정하지는 않지만, **튜링 테스트**(Turing test)를 해 보는 것이 한 가지 방법이 될 것이다(**중국어 방**(Chinese room) 참조). 1950년대와 1960년대에 많은 학자들이 기대했던 정도로 AI가 개발되지 않았다는 것은 확실하다. 그렇지만, **신경망**(neural network)과 **퍼지 논리**(fuzzy logic)와 같은 분야에서는 진전이 있었으며, 단순히 수치 계산을 하는 수준을 넘어서는 다양한 일에서 컴퓨터가 사람의 능력을 뛰어넘는 것이 시간 문제임을 의심하는 컴퓨터 과학자는 별로 없다.

artificial life (인공 생명, 人工生命)

세포 자동자(cellular automation)에서 나타날 수 있는 생명체와 같은 양상으로서 움직이고, 자라나고, 변형하고, 재생산하고, 집단을 이루고, 죽는 것과 같은 유기체적 양상. 인공 생명의 연구는 컴퓨터 과학자인 랭턴(Chris Langton)이 개척하기 시작했으며, 산타페 연구소(Santa Fe Institute)에서 광범위하게 연구를 해 오고 있다. 인공 생명은 생태계, 경제 현상, 사회-문화 현상, 면역 체계 등과 같은 여러 가지 **복합계**(complex system)를 모델화하는 데 이용되고 있다. 논의의 여지는 있지만, 인공 생명 연구는 **자기 조직화**(self-organization)를 하는 시스템의 내부에 구조를 형성하는 자연스러운 과정을 이해하는 데 필요한 통찰력을 제공한다.

associative (결합적, 結合的)

세 수 x, y, z에 대하여,

$$x + (y + z) = (x + y) + z$$

가 성립할 때 세 수 x, y, z는 *덧셈에 대하여 결합적*이라 하고,

$$x \times (y \times z) = (x \times y) \times z$$

가 성립할 때 세 수 x, y, z는 *곱셈에 대하여 결합적*이라고 한다.

일반적으로, 집합 S의 세 원소 a, b, c가 이항연산(두 원소 사이에 작용하는 연산) $*$에 대하여

$$a * (b * c) = (a * b) * c$$

를 만족할 때, 세 원소 a, b, c는 이항연산 $*$에 대하여 결합적이다. 이 용어는 그리스어 *soci*에 뿌리를 두고 있는데, *social*도 같은 뿌리에서 나온 말이며, 근대수학에서는 1850년경에 해밀턴(William Hamilton)이 처음 사용했다. **분배적**(distributive) 및 **교환적**(commutative)과 비교하시오.

astroid (성망형, 星芒形)

한 원의 내부를 회전하는 또 다른 원 위의 고정점이 그리는 궤적인 **내파선**(hypocycloid)의 한 가지로서, 안쪽 원의 반지름은 바깥쪽 원의 반지름의 1/4인 경우이다. 이 반지름의 비 때문에 성망형의 첨점은 4개가 된다. 성망형은 1674년 덴마크의 천문학자인 뢰머(Ole Römer)가 톱니바퀴가 더 잘 맞물려 돌도록 하는 톱니의 모양을 개발하는 과정에서 처음 연구하였으며, 요한 베르누이(Johann Bernoulli, 1691) (**베르누이 집안**(Bernoulli family) 참조), **라이프니츠**(Gottfried Leibniz, 1715), **달랑베르**(Jean d'Alembert, 1748)가 뒤를 이어 연구했다. 지금 사용하는 용어는 "별"을 뜻하는 그리스어 *aster*에 기원을 두고 있으며, 1836년 비엔나에서 출판된 리트로브(Karl Ludwig von Littrow)의 책에서 처음 사용되었다. 이전에는 이 곡선을 4첨점선(tetracuspid) (지금도 사용되고 있음), 큐보사이클로이드(cubocycloid) 또는 파라사이클(paracycle)이라고 불렀다. 성망형의 직교방정식은

$$x^{2/3} + y^{2/3} = r^{2/3}$$

인데, r은 고정되어 있는 바깥 원의 반지름이고, $r/4$은 안쪽에서 구르는 원의 반지름이다. 이것의 넓이는 $3\pi r^2/8$, 즉 구르

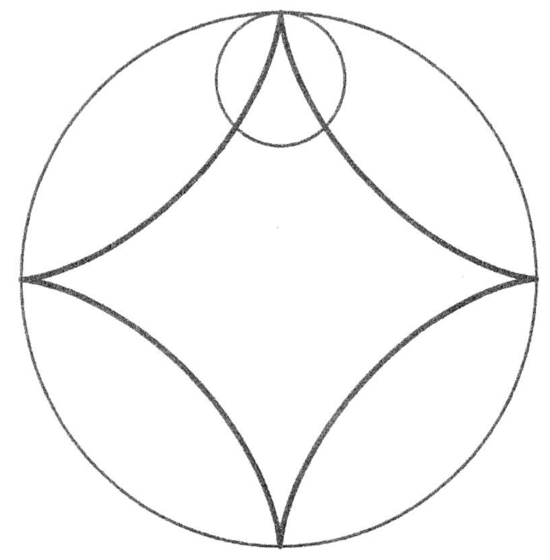

성망형 작은 원이 둘레의 길이가 정확하게 네 배가 큰 원의 내부를 구를 때, 작은 원 위에 있는 한 고정점의 궤적이 성망형을 그린다. *© Jan Wassenaar, www.2dcurves.com*

는 원 넓이의 3/2배이고, 길이는 $6r$이다. 성망형은 6차곡선이며 또한 **라메곡선**(Lamé curve)의 특별한 모양이다. 이것은 4엽곡선(quadrifolium) (**장미곡선**(rose curve) 참조)과 특별한 관계가 있다. 성망형의 방사선(radial), 수족선(redal) 및 직시선(orthoptic)은 모두 4엽곡선인 한편, 4엽곡선의 반사 **초곡선**(catacaustic)은 성망형이다. 또한 성망형은 **삼첨곡선**(deltoid)의 반사초곡선이고 타원의 **축폐선**(evolute)이다.

asymptote (점근선, 漸近線)

고정된 직선과 절대 만나지는 않으면서 그 직선에 한없이 가까이 접근하는 곡선. 직선으로 뻗어 있는 높은 벽이 여러분의 왼쪽 편에 1 m 간격을 두고 나란히 서 있다고 상상하자. 1초마다 여러분은 앞으로 1 m 전진하면서 벽과 여러분 사이의 간격이 반으로 줄어들도록 벽 쪽으로 가까이 간다. 이때 여러분이 걸어간 자취가 점근선이다. 이 용어는 그리스어 *a*(아니다 not), *sum*(함께 together) 및 *piptein*(낙하하다 to fall)에 뿌리를 두고 있는데, 글자 그대로 "함께 추락하지 않는(not falling together)"이란 뜻으로서 애초에는 더 일반적으로 두 개의 곡선이 서로 교차하지 않는 상태를 나타낼 때 사용되었다. **프로클루스**(Proclus)는 점근선과 교차선(symptotic line)에 관한 책을 썼다. 요즘은 "symptoti"란 용어는 거의 사용하지 않으며, "asymptote"는 어떤 곡선을 결정하는 변수 중의 하나가 양의 무한대 또는 음의 무한대로 발산할 때 그 곡선이 점점 가까워지는 극한적 한계를 나타내는 직선을 주로 의미한다. 한 **함수**(function)가 다른 함수에 점근적일 때 이를 "~" 기호를 사용하여 나타낸다. 이를테면, $f(x) \sim g(x)$는 x가 한없이 커질 때 $g(x)$에 대한 $f(x)$의 비가 1로 수렴한다는 뜻이다. 함수 $y = x + 1/x$의 그래프의 점근선이 y축과 대각선 $y = x$인 것처럼, 점근선이 좌표축에 반드시 평행한 것은 아니다.

Atiyah, Michael Francis (아티야, 1929-)

기하학과 **해석학**(analysis) 사이의 관계를 다루는 등, 수학의 여러 관심 분야에 기여해 온 영국의 수학자. 그는 **위상수학**(topology)에서 *K-theory*를 발전시켰다. 그는 **미분기하학**(differential geometry), 위상수학 및 해석학이 결합된 타원 미분방정식의 해의 개수에 관한 *지표 정리*(*index theorem*)를 증명했는데, 이 정리는 양자 이론(quantum theory)에 유용하게 응용 되고 있다. 아티야는 게이지 이론(gauge theory)과 비선형 미분방정식의 응용에 대한 연구를 시작하는 일과 위상수학과 양자 장론(quantum field theory)을 연관짓는 일에 영향을 끼쳤다. 초공간(superspace), 초중력(supergravity) 및 끈 이론(string theory)에 관한 이론들이 모두 그로부터 나온 아이디어를 이용하여 발전되었다.

Atomium, the (아토미움)

벨기에 브뤼셀에 있는 헤이젤 공원(Heysel Park)에 세워져 있는 거대한 강철 조형물. 9개의 구를 정육면체의 각 꼭짓점과 중심에 위치하도록 하여 1,500억[10] 배로 확대한 철의 결정을 나타내고 있다. 건축가 워터케인(André Waterkeyn)이 디자인하여 1958년 세계무역박람회를 위해 건설되었는데, 원래는 103 m 높이의 아토미움을 6개월 동안만 세워두려고 했었다. 이것은 세계에서 가장 큰 정육면체일 것이다. 이것을 이루는 각 구의 지름은 18 m이고 서로 에스컬레이터로 연결되어 있다. 위쪽에 있는 3개의 공은 받쳐주는 수직 받침대가 없기 때문에 안전상의 이유로 일반인들에게 공개되지 않고 있다. 그러나 가장 높은 곳에 위치한 구의 창문을 통해 브뤼셀의 전경을 파노라마로 볼 수 있으며, 아래쪽에 위치한 구들은 각종 전시 공간으로 활용된다.

attractor (끌개)

위상공간(phase space)에서 부근에 있는 안정적인 궤도가 수렴하는 궤적 또는 점들의 집합. 특별한 형태의 끌개로 **부동점 끌개**(fixed-point attractor), **주기적 끌개** (periodic attractor), **혼돈적 끌개**(chaotic attractor)가 있다.

Aubel's theorem (아우벨의 정리)

주어진 사각형의 각 변에 정사각형을 그렸을 때, 서로 마주보는 두 정사각형의 중심을 연결한 두 선분은 직교하고 길이가 같다.

autogram (오토그램)

자기 열거 문장(self-enumerating sentence)을 참조하시오.

automorphic number (보형수, 補形數)

또한 *automorph*라고도 하는데, 어떤 수 n을 제곱한 수가 n으로 끝날 때 이 수 n을 보형수라고 한다. 예를 들어 $5^2 = 25$인

역자 주

10) Atomium의 공식 홈페이지(http://atomium.be)에는 1,650억 배로 나와 있다.

데 이것이 5로 끝나므로, 5는 보형수이다. n^3이 n으로 끝날 때, 이 수 n을 *삼중 보형적*(*trimorphic*)이라고 한다. 이를테면, $49^3 = 117,649$는 삼중 보형적이다. 삼중 보형수가 모두 보형수가 되는 것은 아니다. $3n^2$이 n으로 끝날 때, n 을 *3배 보형적*(*tri-automorphic*)이라고 한다. 예를 들어, $3 \times 6,667^2 = 133,346,667$은 6,667로 끝나므로, 6,667은 3배 보형적이다.[11)]

automorphism (자기 동형사상, 同形寫像)

한 **집합**(set)에서 자기 자신으로의 **동형사상**(isomorphism). 어떤 **군**(group) G의 *동형사상군*(*automorphism group*)이란 G의 동형사상(곱을 보존하는 G에서 G로의 전단사함수)으로 이루어진 군을 말한다. 같은 방법으로, **환**(ring)이나 **그래프**(graph)와 같은 구조의 동형사상군도 이들의 수학적 구조를 보존하는 전단사함수로 나타낼 수 있다.

average (평균, 平均)

일반적으로는 **산술평균**(arithmetic mean)을 나타내지만 **중앙값**(median), **최빈값**(mode), **기하평균**(geometric mean) 또는 가중평균(weighted mean)을 지칭하는 모호한 용어. 이 용어는 배를 통한 상업적 교역에 그 기원을 두고 있다. 어원인 *aver*는 선언하다는 뜻인데, 물건을 배로 부치는 화주는 자신의 화물 가격을 선언하였다. 배에 실었던 화물이 모두 팔리면, 각 화주가 선언했던 가격에 기초하여 손실 또는 "평균"만큼의 부분이 화주의 몫으로부터 공제되었다.

Avogadro[12)] constant (아보가드로 상수, 常數)

과학에서 나타나는 아주 **큰 수**(large number)의 예로 가장 잘 알려진 것 중의 하나. 이것은 이탈리아의 물리학자 아보가드로(Amedio Avogadro, 1776–1856)의 이름을 붙인 것이며 순수한 탄소 12그램에 들어 있는 탄소 원자의 개수, 또는 더 일반적으로 원자량이 n인 원소 n 그램에 들어 있는 원자의 개수를 뜻한다. 이것의 값은 $6.02214199 \times 10^{23}$이다.

axiom (공리, 公理)

증명(proof)할 필요 없이 참인 것으로 인정하는 명제. 이 용어 axiom은 "가치가 있는(worthy)"이란 뜻을 가진 그리스어 *axios*에서 나왔으며, **아리스토텔레스**(Aristotle)를 위시한 그리스의 철학자와 수학자들이 이 용어를 사용했다. 신기하게도, 자신의 공리 때문에 가장 잘 알려진 **유클리드**(Euclid)는 "공통적인 개념(common notion)"이란 뜻을 가진 좀 더 일반적인 표현을 선호했던 것으로 보인다.

axiom of choice (선택 공리, 選擇公理)

수학에서 논쟁의 여지가 가장 많은 **공리**(axiom)들 중의 하나로서 **집합론**(set theory)에 관련된 공리. 이것은 독일의 수학자인 제르멜로(Ernst Zermelo, 1871-1953)가 1904년에 공식화했는데, 처음에는 명확하고 분명한 것처럼 보였다. 여러 개의 어쩌면 무수히 많은 개수의 상자들이 여러분 앞에 놓여 있다고 상상하는데, 각각의 상자 속에는 적어도 하나의 물건이 들어 있다. 선택 공리(AC)에 의하면 여러분은 언제든지 각각의 상자에서 한 개의 물건을 선택할 수 있다. 더 확실하게 말하면, S를 공집합이 아닌 어떤 집합들의 모임이라 할 때, S의 각 원소 S와 정확하게 한 개의 원소만 공유하는 집합이 존재한다. 다시 말하자면, S의 각 원소 S에 대하여 $f(S)$가 S의 원소가 되는 성질을 갖는 함수 f가 존재한다. **러셀**(Bertrand **Russell**)은 이것의 요점을 다음과 같이 잘 정리했다. "무수히 많은 켤레의 양말에서 각각 한 짝만을 골라내기 위해서는 선택 공리가 필요하지만, 구두의 경우에는 이 공리가 필요하지 않다." 그의 말 뜻은, 양말 한 켤레의 두 짝은 모양이 서로 같기 때문에 둘 중의 하나를 고르기 위해서 우리는 임의의 선택을 해야 한다. 구두의 경우에는, "항상 왼쪽 구두를 선택"하는 것처럼 명시적인 규칙을 사용할 수 있다. 러셀은 분명히 *무수히 많은 켤레*라고 했다. 왜냐하면 유한개의 경우에는 AC가 불필요하기 때문이다. 우리는 "공집합이 아닌"의 정의를 이용하여 각 켤레에서 한 짝을 골라낼 수 있으며 논리적 과정에 따라 연산을 유한 번 반복하면 된다.

AC는 몇 가지 중요한 수학적 논쟁과 결과의 핵심에 놓여 있다. 예를 들어, 이것은 *정렬 원리*(*well-ordering principle*) 및 임의의 **기수**(cardinal number) m과 n에 대하여 $m < n$ 또는 $m = n$ 또는 $m > n$이 성립한다는 명제, 그리고 *티코노프의 정리*(*Tychonoff's theorem*)(위상수학에서 콤팩트 공간의 임의의 곱은 콤팩트이다.)와 동치이다. 모든 무한집합은 번호를 붙일 수 있는 부분집합을 갖는다는 등의 결과도 AC에 의하여 결정된다. 처음 제기되었을 때부터 지금까지 AC는 심한 공격을 받아왔으며, 여전히 일부 수학자들을 불편하게 만든다. 논쟁의 중심은, 고려 대상의 집합들로부터 무언가를 *선택한다*는 것

역자 주

11) 원본에는 'because $3 \times 667^2 = 133,346,667$ ends in 7'로 되어 있는데, 여기서 7은 6,667의 오타로 보인다.

12) 원본에는 Avagadro로 되어 있는데, 이는 오타로 보인다.

이 뜻하는 바가 무엇인가 하는 것이며, 또한 선택함수가 *존재한다*는 것이 뜻하는 바가 무엇인가 하는 것이다. 이 문제는 S가 **실수**(real number)의 공집합이 아닌 부분집합 전체의 모임일 때 더욱 심각한 상황이 만들어진다. 아직까지 누구도 이것에 대한 적절한 선택함수를 발견하지 못했으며, 누구도 발견하지 못할 것이라고 할 만한 충분한 근거가 있다. AC는 단지 그런 함수가 *있다*는 사실만 말하고 있다. 구체적 과정을 제시하지 않은 채 AC가 집합들을 만들어내기 때문에, 증명 과정에 AC가 포함된 정리도 모두 그러하듯이, 이것은 *비구성적*(*nonconstructive*)이다. 일부 수학자들이 AC를 많이 애호하지 않는 또 다른 이유는, 이것이 아주 이상야릇하며 직관에 반하는 대상의 존재를 가져다 준다는 점 때문인데, 그중에서 가장 유명하고 널리 알려진 예로서 **바나흐–타르스키 역설**(**Banach-Tarski paradox**)을 꼽을 수 있다. (대부분 마지못해 그러긴 하지만) 대다수의 수학자들이 AC를 받아들이는 주된 이유는, 이것이 유용하기 때문이다. 그러나 **괴델**(**Kurt Gödel**)과 그 뒤의 코헨(Paul Cohen)이 그러했듯이, AC는 집합론의 다른 공리와 서로 독립적임이 증명되었다. 그러므로 AC를 거부하는 쪽을 선택해도 아무 모순이 일어나지 않으며, 상반된 공리를 채택하거나 **범주론**(**category theory**)처럼 구조가 완전히 다른 수학을 이용하는 것이 이것의 대안이 될 수 있다.

axis (축, 軸)

곡선이나 도형을 그리거나, 측정하거나, 회전할 때 기준이 되는 직선. 이 용어는 돌리거나 회전하는 점을 뜻하는 그리스 어 *aks*에 그 뿌리를 두고 있으며, 1570년경 딕스(Thomas Digges)가 직원뿔의 회전축과 관련하여 처음 영어로 사용한 것으로 짐작된다.

B

Babbage, Charles (배비지, 1791-1871)

두 가지 일에 대하여 [하원 의원들로부터] 나는 질문을 받았다. "이 보시게 배비지 씨, 그 기계에 당신이 잘못된 숫자를 넣더라도 옳은 답이 나오게 됩니까?" 어떤 사고의 혼란 때문에 이와 같은 질문을 불러일으키게 되었는지 나는 제대로 깨달을 수 없다.

케임브리지 대학의 루카스 석좌 교수를 지냈으며(1828-1839) 컴퓨터 개발의 초기 단계에서 가장 중요한 위치를 차지했던 영국의 수학자. 배비지는 그 당시의 천문학이나 수학에 관련된 표들이 모두 손으로 계산을 했기 때문에 오류투성이임을 알게 되었다. 이로 인하여 그는 지루한 계산을 하더라도 더 정확하고, 더 빠르고, 지치지도 않는 기계를 만들려는 생각을 하게 되었다.

배비지는 1822년 그 당시 영국의 최고 과학자 중 한 사람인 데이비(Humphrey Davy)에게 한 통의 편지를 썼는데, 거기에서 그는 자동 계산기의 설계에 대하여 설명했다. 얼마 지나지 않아서, 영국 정부로부터 자금을 지원받아 서로 맞물린 톱니바퀴와 막대들이 정교하게 한데 어우러진 설비를 만들게 되었는데, 배비지는 이것을 차분 기관(Difference Engine)이라고 이름을 붙였다. 제작이 시작되었으나 끝내 완성하지는 못했다. 실제로 작동하는 기계를 만들려는 영웅적인 노력에도 불구하고, 19세기 전반부에 기술자들이 갖고 있는 기술로 극복할 수 있는 정밀도에는 한계가 있었다. (그 결과 영국은 수십 년간 정밀 기계 가공 기술에서 앞서게 되었으며, 더욱이 제1차 세계대전에서 영국 해군이 기술적 우위를 점하는 데 기여하게 되었다.) 이 과업에 정부는 17,000파운드를 소비했으며, 배비지 자신도 거의 같은 금액의 돈을 쏟아부었는데, 그때 배

배비지 배비지의 꿈이 실현된 것: 1948년 영국 맨체스터 대학에 설치된 맨체스터 마크 1(Manchester Mark 1) 컴퓨터. 이것은 자료와 프로그램 두 가지를 모두 전기적으로 저장할 수 있는 최초의 컴퓨터였다. *Ferranti Electronics Ltd.*

비지는 더 야심찬 무엇인가를 노리게 되었다. 배비지는 차분 기관의 기본 구조를 자카드 직조기처럼 천공 카드를 사용하여 프로그램을 할 수 있는 다목적 계산 기계로 확장이 가능함을 알게 되었다. 다방면에서 훨씬 강력한 이 기계는 해석 기관(Analytical Engine)이라 불렸으며 세계 최초의 진짜 컴퓨터가 되었다. 그런데 이것은 더 이상 발전되지 못했다. 왕립천문학회의 비서는 "그가 아주 무분별하여 옛날 기계에 대해 이미 식상했던 정부 관계자들에게 이 새 기계를 재고해달라고 졸랐다." 필(Robert Peel) 수상은 더욱 시큰둥하여 말하기를, "일단 x^2+x+41과 같은 공식을 가지고 표를 만들어내는 나무로 만든 사람을 제작한다는 이 안건을 지역 유지들로 구성된 투표에 부치기 전에 미리 좀 생각해 봐야겠다."고 하였다. 새 기계를 만드는 일에 대한 정부의 지원이 결국 중단된 데 대하여 배비지는 실망하고 격분하였다. 그러나 그의 아이디어는 살아남아서 후에 근대 컴퓨터의 선구자가 되었다. 미완성인 채로 남은 그의 기계 부품들은 런던 과학박물관에 전시되어 있다. 배비지의 원래 구상대로 작업하여 1991년에 차분 기관이 완성되었는데 완벽하게 작동하였다. 다소 덜 알려진 배비지의 여러 업적 중 하나는 비즈네르 암호(Vigenère cipher)를 해독하여 영국의 군사 작전을 도왔던 일이다. 그러나 이 사실이 수년 동안 공표되지 않는 바람에 배비지보다 수년 뒤에 그 암호를 해독했던 카시스키(Friedrich Kasiski)에게 그 공로가 돌아가고 말았다. 또한 **바이런**(Byron, Ada)을 참조하시오.

Bachet de Méziriac, Claude-Gasper (바셰, 1581-1638)

1621년에 번역한 **디오판토스**(Diophantus)의 『산술(*Arithmetica*)』로 잘 알려진 프랑스 학술원의 시인이자 초기 수학자. 이 책은 **페르마**(Pierre de Fermat)가 자신의 유명한 마지막 정리를 그 여백에 써 놓은 것으로 알려져 있다. 바셰는 또한 수학적 퍼즐의 수집가로도 기억되고 있는데, 자신이 출판한 『*수와 관련된 재미있고 놀라운 문제들*(*Problèmes plaisans st délectables qui font par les nombres*, 1612)』에는 **강 건너기 문제**(river-crossing problem), **측정 퍼즐**(measuring and weighing puzzles), 숫자 트릭 및 **마방진**(magic square) 등과 같은 여러 가지 퍼즐들이 소개되어 있다. 그중의 한 퍼즐은 양팔저울을 이용하여 1파운드부터 40파운드까지의 자연수 값의 무게를 모두 측정할 수 있는 저울추의 최소 개수를 구하는 문제인데, 이때 저울추는 양팔저울의 어느 쪽에 몇 개를 놓든지 상관이 없다. 답은 4로서, 1, 3, 9, 27파운드짜리 저울추이다. 좀 더 깊이 있는 문제로서, 바셰는 모든 자연수는 많아야 네 자연수의 제곱의 합으로 나타낼 수 있음을 알아냈다. 이를테면, $5=2^2+1^2$, $6=2^2+1^2+1^2$, $7=2^2+1^2+1^2+1^2$, $8=2^2+2^2$, $9=3^2$ 등과 같다. 7의 경우에서 알 수 있듯이 제곱수 3개로는 충분하지 않음을 알 수 있다. 바셰는 자신이 300개 이상의 수에 대하여 이 사실을 확인했으나 증명 방법은 알지 못한다고 말했다. 이 문제는 18세기 후반 **라그랑주**(Joseph Lagrange)에 의하여 완전히 증명되었다.[339]

backgammon (쌍륙, 雙六)

두 사람이 하는 도박 게임으로, 자기 말은 말판 한쪽에서 반대편으로 보내고 상대방이 보내는 말을 막는 게임이다. 자기 차례일 때 말을 움직일 수 있는 거리는 주사위를 던져 정한다.

쌍륙의 기원은 5,000년 전으로 거슬러간다. 메소포타미아에서 여러 유형이 그리스와 로마, 심지어 인도와 중국까지 널리 전해졌다. 현재 쓰이는 쌍륙의 규칙은 1743년 영국의 호일(Edmond Hoyle)이 정한 것을 바탕으로 1920년대에 미국 도박 클럽에서 여러 번의 수정을 거쳐 완전히 정착되었다. 이러한 최후의 개정에서 추가된 *배수 주사위*(*doubling cube*)[1)]라는 기구는 쌍륙에 묘미를 더했다.

쌍륙은 한 사람은 검정색, 상대방은 하얀색 말 15개씩을 갖고 시작한다. 24개의 칸 또는 *점*(*point*)이 그려진 말판 한쪽에서 출발하는 경기자의 말을 반대편으로 보낸다. 각 경기자의 목표는 자기 말 15개 모두를(보드 위에 그 경기자 고유의 자리인) "궁"에서 모두 (말판에서 말을 다 함께 치우는) "내보기"를 하는 것이다. 두 개의 주사위를 던져 나온 숫자대로 말을 움직인다.

게임이 끝났을 때 이긴 사람에게 주는 점수는 게임을 시작할 때보다 더 클 수 있다. 예를 들어, *gammon*과 *backgammon*이라고 부르는 승리의 위치에 있을 때, 점수를 각각 두 배와 세 배로 올릴 수 있다. 점수를 바꿀 수 있는 또 다른 방법은 배수 주사위를 이용하는 것이다. 자기가 이기는 위치에 왔다고 생각하는 사람이 배수 주사위를 돌리면서 *두 배로 올린다*고 하면, 전체 점수가 두 배로 바뀐다. 상대방이 *두 배를 거절*하면 상대방은 즉시 두 배가 되기 전의 점수를 잃으면서 게임에 지게 된다. 상대방이 *두 배를 수용*하면 점수가 두 배로 커지면서, 그 대가로 상대방이 배수 주사위를 가져가서 그 다음에 두 배로 올릴 권한을 갖게 된다(이것을 그 사람이 배수 주사위를 소유한다고 한다). 게임의 승부가 운 좋게 바뀌어 상대방이 자기가 이길 것으로 생각될 때, 그가 *네 배로 올린다*고 하면 전체 점수가 다시 두 배로 바뀐다. 처음 경기자가 두 배를 거절하면 그 사람이 두 배가 되어 있는 점수를 잃게 된다. 그 사람이 두 배를 수용하면, 처음 점수의 네 배의 값으로 게임이 계

역자 주

1) 각 면에 2의 거듭제곱인 2, 4, 8, 16, 32, 64가 적힌 주사위.

속 진행된다. 점수를 두 배로 올리는 횟수에 제한은 없지만 두 배로 올릴 때마다 두 배로 올릴 권한이 계속 상대방에게 넘어간다. (처음에는 아무도 배수 주사위를 소유한 상태가 아니기 때문에 누구든지 두 배로 올릴 수 있다.) 이와 같은 방법은 게임을 할 때 다양한 전략적 가능성과 문제를 더해 준다.

baker's dozen (제빵사의 한 다스)

13(thirteen)을 보시오.

Bakhshali manuscript (박샬리 문서)

1881년 여름 (지금은 파키스탄에 속한) 페샤와르(Peshawar) 주의 유수프자이(Yusufzai) 구역의 박샬리(Bakhshali) 마을 근처에서 발견된 자작나무 껍질에 쓰인 옛날 수학 문서. 발견 당시에 이미 대부분이 손상된 상태여서 몇 장의 자투리를 포함한 70장의 자작나무 껍질만 남아 있었다. 정확한 연대는 확실치 않지만 기원후 3, 4세기 정도에 고대 수학적 결과에 대한 주석으로 보인다. 기하와 구적법 문제도 몇몇이 있긴 하지만 산술과 대수 문제를 푸는 법칙과 방법이 대부분이며, 그중에는 제곱수가 아닌 수 Q의 제곱근을 구하는 (지금의 표현 방식으로 쓰면) 아래와 같은 공식도 있다.

$$\sqrt{Q} = \sqrt{A^2+b}$$
$$= A + b/2A - (b/2A)^2/2(A+b/2A)$$

만약 Q=41(따라서 A=6, b=5)이면, 이 공식에 의하여 $\sqrt{Q}$ =6.4031138528이 되는데, 정확한 값인 6.403124237과 비교하면 거의 같다.

ball (공)

수학자들은 일반 사람들과는 다르게 **구**(sphere)와 공 사이에 확실한 구별을 짓는다. (수학에서) 구는 표면만 가리키는 데 비해, 공은 그 표면 안에 있는 모든 것과 어쩌면 그 표면까지도 포함하는데, 이것은 바로 속이 꽉 찬 구를 가리킨다. *열린 공*(*open ball*)은 주어진 점(중심)에서 일정한 길이(반지름)보다 작은 거리에 있는 모든 점으로 이루어진다. *닫힌 공*(*closed ball*)은 반지름보다 작거나 같은 거리에 있는 모든 점으로 이루어진다.

또한 수학에서 공은 모든 차원에서 존재할 수 있다. 반지름의 길이가 r인 1차원 공은 선분이다. 이것은 $-r$과 r 사이를 잇는 선분 위의 모든 점으로 이루어지는데, 1차원 *단위공*(*unit ball*)(반지름의 길이가 1인 공)의 경우 −1과 1 사이를 잇는 선분 위의 모든 점으로 이루어진다. 그러므로 1차원 단위공의 길이 또는 "1차원 부피"는 2이다. 단위원의 내부인 2차원 단위공의 넓이 또는 2차원 부피는 π이다. 3차원 단위공의 부피는 $4\pi/3$이고, 4차원에서는 $\pi^2/2$이다. 차원이 높아질수록 단위공의 부피가 커지는 것이 분명하다. 차원이 무한히 커지면 부피는 어떻게 될까? 직관적으로 볼 때 차원이 높으면 높을수록 단위공 안의 "공간"이 점점 더 넓어져서 그 부피도 더욱 더 커질 것처럼 보인다. 부피가 무한대로 커질까, 아니면 차원이 높아지더라도 부피가 충분히 큰 상수에 가까이 접근할까? 놀랍게도 그 답은 우리의 직관이 종종 잘못된 길로 인도하기도 한다는 것을 보여준다. *다변수 미적분*(*multivariable calculus*)이라는 방법을 사용하여 n차원 단위공의 부피 $V(n)$을 구하면 $\pi^{n/2}/\Gamma(n/2+1)$임을 보일 수 있는데, 여기서 Γ는 ($\Gamma(z+1)=z!$로 정의하는) 계승함수를 일반화하는 **감마함수**(gamma function)이다. 따라서 n이 짝수, 즉 $n=2k$일 때, 단위공의 부피는 $V(n)=\pi^k/k!$이다.[2)]

Ball, Walter William Rouse (볼, 1850-1925)

역사학자이면서 불후의 명작인 『*수학적 오락과 에세이*(*Mathematical Recreations and Essays*)』[24]의 저자로 가장 잘 알려진, 1878년부터 1905년까지 케임브리지 대학의 트리니티 칼리지에서 강의했던 영국의 수학자. 이 책은 1892년에 처음 출판되어 14판까지 나왔는데, 마지막 4판은 위대한 기하학자인 **콕시터**(Harold Coxeter)에 의한 개정판이다.

Banach, Stefan (바나흐, 1892-1945)

함수**해석학**(analysis)을 창시하고 **벡터공간**(vector space), **측도론**(measure theory)과 **집합론**(set theory)을 이해하는 데 엄청난 공헌을 한 폴란드의 위대한 수학자. 그의 이름은 *바나흐 공간*(*Banach space*), *바나흐 대수*(*Banach algebra*), *한-바나흐 정리*(*Hahn-Banach theorem*) 및 비범한 **바나흐-타르스키 역설**(Banach-Tarski paradox)과 관련이 있다. 수학을 대부분 혼자 공부했던 바나흐는 **슈타인하우스**(Hugo Steinhaus)의 "눈에 띄게" 되었으며, 제2차 세계대전이 시작될 당시 폴란드 수학회의 회장이면서 리비우(Lvov) 대학의 정교수였다. 소련의 수

역자 주

2) $\lim_{n\to\infty} V(n) = \lim_{k\to\infty} \pi^k/k! = 0$이므로, 차원이 무한히 커지면 단위공의 부피는 0에 수렴한다.

학자들과 친분이 있었던 그는 소련 강점기 때에도 리비우 대학에서 학과장 자리를 유지할 수 있었다. 1941년 독일이 리비우를 점령했을 때 많은 폴란드 학자들이 학살당했다. 바나흐는 살아남았지만 생계를 유지하기 위해 장티푸스를 연구하는 독일 연구소에서 자신의 피를 먹여서 이를 사육하는 일을 했다. 소련 강점기 동안 바나흐의 건강이 나빠졌고, 결국 소련 영토에 포함되었다가 전쟁이 끝난 후 폴란드로 다시 귀속된 리비우로 송환되기 전에 세상을 하직했다. *선형 연산자 이론*(*Théorie des opérations linéaires*)을 바나흐의 가장 영향력이 큰 업적으로 평가한다.

Banach-Tarski paradox (바나흐-타르스키 역설)

> *이 천지 간에는 말일세, 호레이쇼,*
> *자네 철학으로 상상하는 것보다*
> *많은 것들이 있다네.*
>
> – 윌리엄 셰익스피어

공 한 개를 여러 조각으로 나누어서 그 조각들로 똑같은 공 두 개를 만들 수 있다고 하는 주장은 겉으로 보기에는 별나고 엉뚱하다. 이 주장을 더욱 강하게 표현하면, 구슬만한 크기의 공을 분해한 조각들을 모아 지구 또는 우리에게 알려진 우주 크기의 공을 만들 수 있다는 것이다!

바나흐나 타르스키를 아주 형편없는 수학자 또는 아주 뛰어난 못된 장난꾼이라고 하기 이전에, 이 주장은 실제 공과 날카로운 칼 그리고 잘 붙는 풀로 할 수 있고 없고의 문제가 아니라는 것을 이해하는 것이 중요하다. 사업가가 금괴를 조각내어 원래와 같은 두 개의 금괴를 만드는 것이 있을 수도 없는 일이라는 것처럼 말이다. 바나흐-타르스키 역설이 우리 주변 세상의 물리 법칙에 대해 새로운 것을 알려주지는 않지만, 부피, 공간, 그리고 우리 귀에 익숙한 사물들이 괴상하고 추상적인 수학 세계에서 어떻게 낯설게 보일 수 있는지에 대해서 많은 것을 알려준다.

바나흐(Stefan Banach)와 **타르스키**(Alfred Tarski)는 **하우스도르프**(Felix Hausdorff)가 이전에 이루었던 결과를 바탕으로 1924년에 이와 같은 놀라운 결론을 발표했는데, 하우스도르프는 단위 구간(0부터 1까지를 잇는 선분)을 셀 수 있을 만큼 많은 조각으로 자른 후 이 조각들을 이리저리 움직여 길이가 2인 구간으로 짜 맞출 수 있다고 증명하였다. 역설이라기보다 증명이기에 흔히 수학자들이 *바나흐-타르스키 분해*(*Banach-Tarski decomposition*)라고도 부르는 바나흐-타르스키 역설은, 수학적 공(ball)을 만들어내는 점들로 이루어진 무한**집합**(set)에서 부피와 측정의 개념은 그것의 모든 부분집합에서 정의할 수 없다는 것을 강조한다. 이 주장을 요약하자면 공 하나가 여러 개의 부분집합으로 나누어졌다가 평행 이동과 회전 이동만으로 그 부분집합들이 다른 방법으로 다시 재구성될 때, 우리에게 익숙한 어떤 방법으로든 측정이 가능한 양이 반드시 보존될 필요가 없다는 뜻이다. 이렇게 측정할 수 없는 부분집합들은 일반적인 관점에서 볼 때 합리적인 경계와 부피의 개념이 없으므로 아주 복잡하며, 그렇기 때문에 물질과 에너지로 이루어진 실제 세상에서는 이 부분집합들을 구할 수 없는 것이다. 어떤 경우에도, 바나흐-타르스키 역설은 부분집합을 *어떻게* 만들어내는지에 대한 처방을 주는 것이 아니라, 그와 같은 부분집합이 *존재*한다는 것과 원래 공의 두 번째 복사본을 만들려면 적어도 5개의 부분집합이 있어야 한다는 것을 증명한다. 바나흐-타르스키 역설이 여전히 직관에 어긋나는 **선택 공리**(axiom of choice, AC)에 의존한다는 사실이, AC가 틀렸다고 주장하는 몇몇 수학자들에게 이용되어 왔다. 그러나 AC를 받아들임으로써 얻는 이점이 너무나 크기 때문에 수학계의 골칫거리인 이 역설을 대체로 너그럽게 받아들이고 있다.[324, 340]

Bang's theorem (뱅의 정리)

한 **사면체**(tetrahedron)의 모든 면의 둘레의 길이가 서로 같으면, 그 면들은 모두 **합동**(congruent)인 삼각형이다.

banker's rounding (은행원의 어림셈)

은행 업무나 과학적 목적에서는 0.5를 처리할 때 (항상 반올림 하지 않고) 가장 가까운 *짝수*로 어림셈을 한다. 예를 들어, 5.5는 6으로 어림하지만 12.5는 12로 어림한다. 이 방법을 이용하면 절상과 절사의 수를 거의 비슷하게 맞출 수 있어서 많은 수를 다룰 때 생길 수 있는 편향성을 피할 수 있다. 아쉽게도 낮은 수준에서는 모든 경우에 0.5를 올림하도록 가르친다. 또한 **반올림 오차**(round-off error)를 참조하라.

Barbaro, Daniele (바르바로, 1513-1570)

베니스의 기하학자로 그의 저서 『*원근법 연습*(*La Practica della Perspectiva*, 1568-9)』을 통해 **다면체**(polyhedron)를 일부 이용한 그림을 그려서 원근법 기술을 소개하였다. 위대한 화가 프란체스카(Piero della Francesca, 1416-1492)의 기법과 논문에 어느 정도 근거를 두었으면서도 더 읽기 쉽고 인간적인 방식으로 쓰인 이 책은, *깎은 십이이십면체*(*truncated icosidodecahedron*)의 초기 그림과 *부풀린 십이이십면체*

*(rhombicosidodecahedron)*의 초기 표현의 한 가지를 독일의 금세공인인 얌니처(Wenzel Jamnitzer, 1508-1585)의 것과 더불어 소개하고 있다. 그의 책은 원근법에 대한 16세기의 책 중에서 가장 인정받는 것으로서 **뒤러**(Albrecht Dürer)가 쓴 화가의 입문서(*Painter's Manual*)에 비해 손색이 없는 것이다.

barber paradox (이발사 역설)

러셀의 역설(Russell's paradox)을 보시오.

Barbier's theorem (바르비에의 정리)

정폭곡선(curve of constant width)을 보시오.

Barlow, Peter (발로우, 1776-1862)

독학한 영국의 수학자로서 중요한 수학책을 여러 권 썼지만, 약수, 제곱, 세제곱, 제곱근, 역수 및 1부터 10,000까지의 모든 수에 대한 쌍곡로그[3] 등을 요약한 (일반적으로 *발로우의 표(Barlow's Tables)*로 알려진) *새로운 수학 표(New Mathematical Tables)*와 함께 자신이 발명한 특수 망원경 렌즈로 더 잘 알려져 있다. "발로우 렌즈"는 현재까지도 다른 렌즈의 기능을 증대시키려는 아마추어 천문학자들에게 인기가 많다. 발로우는 다리 설계에도 힘썼으며, 철도의 왕립 위원으로 임명되어 스티븐슨(George Stephenson)이 제안했던 철로의 경사도와 곡률반경의 한계가 맞는지 확인하는 실험을 지휘했다.

Barnsley's fern (반즐리의 고사리)

반즐리의 고사리 *David Nicholls*

반즐리(Michael F. Barnsley)가 1980년대에 조지아 공과대학에서 처음 탐구한 **프랙탈**(fractal) 모양의 하나로서, 자연 상태의 양치식물이 갖는 여러 가지 기하학적인 특징을 갖고 있으며 크기가 다른 여러 개의 잘게 갈라진 잎의 모양이 가장 두드러진 특징이다. 실제 양치식물의 경우에서와 같이 반즐리의 고사리도 잎이 갈라지면서 전체 모양을 축소한 것처럼 생겼다. 갈라진 잎마다 또 작은 잎이 나타나고 거기에 갈라진 잎이 또 나타나는 형태가 계속된다. 반즐리의 고사리는 비교적 간단한 수학적 규칙 네 가지를 반복 적용하여 만들어지는데, 반즐리가 *반복함수계(iterated function system,* IFS)라고 이름 붙인 프랙탈의 한 종류이다.[26]

base (바닥/진수, 進數)

(1) 도형이나 입체를 받쳐주는 평면 또는 직선. (2) **수 체계**(number system)의 진법을 결정하는 수로서, 수 체계를 정할 때 필요한 서로 다른 기호나 숫자의 개수를 나타낸다. 우리에게 친숙한 십진법의 진수 또는 *기수(radix)*는 10이다. 그러므로 십진법에서는 0, 1, 2, 3, 4, 5, 6, 7, 8, 9와 같은 10가지 기호를 사용하며, 십진법의 수에서는 오른쪽에서 왼쪽으로 가면서 일, 십, 백 등의 자리를 나타낸다. 왼쪽으로 자리를 이동하면 10의 **거듭제곱**(power)만큼 자릿값이 커진다. 예를 들어, 십진법의 수 375는 $(3\times10^2)+(7\times10)+(5\times1)$과 같다. 이것을 쉽게 다른 기수를 사용하여 나타낼 수 있는데, 십진법의 수 375_{10}는 8이 진수인 팔진법의 수 $567_8=(5\times8^2)+(6\times8)+(7\times1)$ 또는 2가 진수인 이진법의 수 101111001_2로 나타낼 수 있다.

basin of attraction (인력권, 수렴공간)

끌개(attractor)의 영향을 받는 **위상공간**(phase space)에 있는 모든 점들의 집합으로, 더 일반적으로 말하자면 끌개가 허용하는 범위 안의 상태로 진화하는 역학계의 초기 조건을 뜻한다. 어떤 **복잡계**(complex system)를 싱크대라고 할 때, 끌개는 싱크대 바닥의 배수구이고, 인력권은 싱크대의 통으로 생각할 수 있다.

basis (기저)

수학에서 주로 선형대수학과 관련하여, 한 **벡터공간**(vector

역자 주

3) 쌍곡로그(hyperbolic logarithm)는 **자연로그**(natural logarithm)의 옛 이름이다.

space)을 생성하는 **벡터**(vector)들의 최소 집합.

Bayes, Thomas (베이즈, 1702-1761)

영국의 수학자이자 신학자로서, 주로 그의 이름을 붙인 정리(**베이즈의 정리**(Bayes's theorem) 참조)와 이로부터 생겨난 **베이즈 추정**(Bayesian inference) 기법으로 유명하다. 베이즈는 확률론, 미적분학의 논리적 근거, 그리고 점근급수(asymptotic series)에 관한 논문을 썼다.

Bayesian inference (베이즈 추정)

확률을 빈도나 비율이 아닌 신뢰의 척도로 설명하는 통계적 추정. 어떤 확률변수의 사전 분포를 가정한 다음 **베이즈의 정리**(Bayes' theorem)를 이용하여 실험을 통해 수정한다. **라플라스**(Pierrre Laplace)는 베이즈 추정을 응용하여 토성의 질량을 추측하였고, 그 외에 다른 여러 가지 문제에도 응용하였다.

Bayes' theorem (베이즈의 정리)

*베이즈의 규칙(Bayes's rule)*으로도 알려진 확률론의 이론으로서, 이것의 특별한 경우를 증명한 **베이즈**(Thomas Bayes)의 이름을 붙인 것이다. 통계적 추정에서 여러 가설들이 사실일 확률을 새로 계산할 때 쓰이는데, 각 가설마다 관찰과 그 관찰이 얼마나 정확한지에 대한 이해에 근거하여 가설을 확인한다. 실제로는 **귀납법**(induction)보다 우선적으로 과학자들에게 습관적으로 사용된다. 베이즈의 정리에 의하면 사건 X가 정말로 일어날 때 가설 H가 참일 확률은 다음과 같은 비율로 곱해진다.

$$\frac{H\text{가 참일 때 }X\text{가 일어날 확률}}{X\text{가 일어날 확률}}$$

다시 말해서, 주어진 사건 X에 따른 가설 H의 확률은 사건 X만의 무조건부 확률에 대한 가설 H가 결합된 사건에 대한 무조건부 확률의 비와 같다.

Beale cipher (빌 암호)

암호학(cryptography)에서 가장 대단한 미해결 퍼즐 중의 하나인데, 단순한 속임수일지도 모른다. 100년 정도 전에 빌(Thomas Beale)이라는 사람이 버지니아주 로어노크(Roanoke)에서 가까운 베드포드(Bedford) 카운티에 화차 두 대분의 은화로 가득 찬 통들을 땅에 묻었다고 한다. 그 지역의 소문에 의하면 보물이 베드포드 호수 근처에 묻혀 있다고 한다. 빌은 무엇이 어디에 묻혔고 누구의 소유인지를 적어 놓은 세 장의 암호문 편지를 썼다. 그는 이 세 장의 편지를 친구에게 맡기고 서쪽으로 떠난 후, 다시는 그의 소식을 들을 수 없었다. 몇 년 후 누군가 그 편지 중에서 둘째 장의 암호를 풀게 되었는데 알고 보니 미국독립선언문의 문장에 기반을 둔 것이었다. 암호문 편지에 적혀있는 숫자는 선언문에서 어느 단어가 사용되었는지를 나타냈다. 그 단어의 첫 글자가 숫자를 대신하였다. 예를 들어, 선언문의 첫 네 단어가 "We hold these truths"인데, 암호문의 숫자 3은 글자 t를 나타내는 것으로 보인다. 암호문 편지의 둘째 장은 다음과 같이 해석된다.

> 뷰포즈(Bufords)에서 4마일 떨어진 베드포드 카운티에 6피트 깊이의 땅속 동굴에 셋째 암호 편지에 쓰인 이름의 소유인 다음과 같은 물품들을 묻어 놓았다. 첫째 물품은 1819년 11월에 묻힌 금 1,014파운드와 은 3,812파운드이고 둘째는 1820년 12월에 묻힌 금 1,907파운드와 은 1,288파운드 그리고 여비를 아껴서 세인트 루이스(St. Louis)에서 산 13,000달러어치의 보석이 포함되어 있다. 위의 물품들은 철로 만들어진 항아리 안에 담아서 철제 뚜껑을 덮어 잘 싸두었다. 동굴은 대충 돌로 둘러싸여 있으며 항아리들은 단단한 돌 위에 올려놓고 다른 돌로 덮어 놓았다. 첫째 암호 편지에는 동굴을 찾는 데 어려움이 없도록 동굴의 정확한 위치를 설명해 놓았다.

나머지 두 장 중의 한 암호 편지에는 보물을 찾는 방법이 적혀 있다고 하는데, 지금까지 아무도 암호를 풀지 못했다. 나머지 두 장의 암호문이 독립선언문을 다른 방법으로 해석하거나 아예 다른 유명한 문서를 이용하여 해독할 수 있을 것이라는 의견이 있다. 물론 이 모든 것이 재미있으면서도 정교한 장난일 수도 있다. 이 암호 편지에 관심 있는 이들은 다음 주소로 연락하기 바란다. Beale Cypher Association, P.O. Box 975, Beaver Falls, PA 15010, USA.

Beal's conjecture (빌의 추측)

1997년에 텍사스 금융업자인 빌(Andrew Beal)은 아래와 같은 추측을 증명하거나 반례를 제시하는 첫 사람에게 75,000달러를 주겠다고 했는데, 후에 상금이 100,000달러로 인상되었다.[4)]

역자 주

4) 미국수학회에 따르면, 상금이 처음에 5,000달러였다가 50,000달러로 인상되었으며, 지금은 상금이 1,000,000달러이고 Beal Prize 위원회가 구성되어 있다.

x, y, z, m, n, r이 모두 양의 정수이고 $m, n, r > 2$일 때 $x^m + y^n = z^r$이면, x, y, z는 1보다 큰 공약수를 갖는다.

1994년에 증명된 **페르마의 마지막 정리**(Fermat's last theorem)는 빌의 추측의 특별한 경우이다. 그러나 이 정리를 이용하여 빌의 추측을 증명하거나 반증한 사람 또는 반례를 찾아낸 사람이 지금까지 없었다. 2 보다 큰 세 지수 m, n, r이 어떤 경우이더라도 이 방정식의 해는 유한 개밖에 없다는 사실이 알려져 있다. 하지만 이 유한 개를 나타내는 수가 0일까? 상금은 아직도 주인을 찾지 못한 채 남아 있다.

beast number (짐승수, 적그리스도수, 666)

성경의 요한계시록에 언급되어 있는 "짐승의 수"로서, 또한 *계시록수(Apocalypse number)*로도 알려져 있다. 관련된 구절(계 13:18)은 다음과 같다.

> 지혜가 여기 있으니, 총명 있는 자는 그 짐승의 수를 세어 보라. 그 수는 사람의 수니 육백육십육이니라.

이 구절이 정확히 무엇을 뜻하는지에 대한 많은 논란은 제쳐두고, 숫자 666은 분명 흥미로운 수학적 성질을 갖고 있다. 제일 잘 알려진 것으로는 숫자 666이 (룰렛 바퀴에 적혀 있는 모든 수이기도 한) 처음 36개의 자연수의 합 $1+2+3+\cdots+36$이며, 36번째의 **삼각수**(triangular number)이다. 이 수는 또한 처음 일곱 개의 **소수**(prime number)들의 제곱의 합 $2^2+3^2+5^2+7^2+11^2+13^2+17^2$과 같다. 이 "짐승"의 또 다른 특이한 표현으로 다음을 들 수 있다.

$$1^3+2^3+3^3+4^3+5^3+6^3+5^3+4^3+3^3+2^3+1^3$$
$$3^6-2^6+1^6$$
$$6+6+6+6^3+6^3+6^3$$

뿐만 아니라, 666은 **피타고라스 세 수**(Pythagorean triplet)인 (216, 630, 666)을 이루는 한 수이며, 다음과 같이 놀라운 형식으로 나타낼 수도 있다.

$$(6\times6\times6)^2+(666-6\times6)^2=666^2$$

로마 숫자 표기에서 666은 500부터 숫자 기호가 나타내는 수를 내림차순으로 더하면 된다. 즉 D (500) + C (100) + L (50) + X (10) + V (5) + I (1) 또는 DCLXVI로 표기된다. 사실상 666의 로마 숫자는 성경 참고 구절과 관련 있다는 설이 있다. DCLXVI는 때때로 딱히 정해지지 않거나 미지의 큰 수에 대해 언급할 때 포괄적으로 사용되었으며, 요즘 우리가 엄청나게 큰 수를 표현할 때 사용하는 "무량대수"에 해당하는 로마 숫자인 것이다. 그러므로 요한계시록의 필자는 "666"을 단순히 "확실하지 않지만 큰" 수의 뜻으로 사용한 것이었는지도 모른다.

Beatty sequences (비티수열)

R은 1보다 큰 **무리수**(irrational number)이고, S는 $1/R + 1/S = 1$을 만족시키는 수라고 하자. $[x]$를 x의 *층층함수(floor function)*, 즉 x보다 크지 않은 최대 정수라고 하자. 이때 양의 정수 전체의 집합 N의 원소 n에 대하여, $[nR]$과 $[nS]$로 정해지는 각각의 수열을 R에 의하여 결정되는 비티수열이라고 한다. 이들 수열에 대하여 흥미로운 점은, 이 수열들이 N을 분해한다는 것이다. 다시 말해서, 모든 양의 정수는 두 수열 중의 반드시 어느 한쪽에만 나타난다. 예를 들어, R을 **황금비**(golden ratio)(약 1.618)라고 할 때 이 두 개의 수열은 다음과 같이 시작된다.

1, 3, 4, 6, 8, 9, 11, 12, 14, 16, 17, 19, 21,… 및
2, 5, 7, 10, 13, 15, 18, 20, 23, 26, 28, 31, 34, …

비티수열은 미국의 수학자 비티(Samuel Beatty, 1881-1970)의 이름을 따서 지은 것인데, 그는 1926년에 *American Mathematical Monthly*의 문제를 통해 이들 수열을 소개했다. 비티는 캐나다에 있는 대학에서 수학박사 학위를 처음으로 받은 사람이었으며, 나중에는 토론토 대학의 수학과 학과장과 총장을 지냈다.

beauty and mathematics (아름다움과 수학)

많은 수학자와 과학자들이 자신의 연구를 뒷받침해 주는 방정식의 구조와 대칭성 속에서 발견하는 아름다움에 대한 생각을 말해왔는데, 그들이 말하는 아름다움이란 종종 진리의 전조이다. 『어느 수학자의 변명(*A Mathematician's Apology*)』[151]에서 **하디**(G. H. Hardy)는 다음과 같이 적었다.

> 화가나 시인의 패턴처럼 수학자의 패턴도 분명 아름다울 것이다. 색깔이나 단어처럼, 아이디어는 서로 조화를 이루어야 한다. 아름다움이 첫 번째 검사 기준이다. 이 세상에 못생긴 수학이 영구히 존재할 만한 곳은 없다.

물리학자 **디랙**(Paul Dirac)은 한술 더 떠서 다음과 같이 말했다.

> 이 이야기에는 배울 점이 있다고 생각하는데, 다시 말하면 어떤 사람의 방정식에 아름다움이 들어 있는 것이 (그 방정식이)실험을 충족시키는 것보다 더 중요하다고 생각한다. 만약 슈뢰딩거(Erwin Schrödinger)가 자신의 연구에 좀 더 자신감을 가졌었다면 그 결과를 몇 달은 더

일찍 출판할 수 있었을 뿐만 아니라 더 정확한 방정식을 제시할 수 있었을 것이다.

자신의 방정식에서 아름다움을 찾으려는 관점에서 연구를 하고 정말로 온전한 통찰력을 갖고 있는 사람은, 확실한 발전의 선상에 있는 것처럼 보인다. 작업과 실험의 결과가 서로 완벽하게 일치하지 않는다고 너무 낙담할 필요 없다. 왜냐하면 그 차이는 적절히 고려되지 않은 별거 아닌 성질에 의한 것일 수도 있기 때문이고, 또한 그 이론을 더 발전시키다 보면 해결될 수 있을 것이기 때문이다.[176]

건축가인 풀러(Richard Buckminster Fuller) 또한 아름다움을 진리를 찾는 까다로운 시험으로 보았다. 그가 말하길 "내가 어떤 문제를 풀고 있을 때 아름다움에 대해 생각해 본 적이 없다. 그 문제를 어떻게 풀 수 있을까에만 집중한다. 그러나 문제를 풀고 나서 그 풀이가 아름답지 않으면, 나는 그 답이 틀린 것으로 생각한다."

Bell, Eric Temple (벨, 1883-1960)

스코틀랜드 태생의 수학자이며 작가. 1903년부터 미국에서 대부분의 일생을 보내면서 1921년부터 1926년까지 워싱턴대학(University of Washington)에서 가르쳤고 그 후에 캘리포니아 공과대학에서 수학교수로 일했다. 그는 **정수론(number theory)**을 연구했지만, 이제는 고전이 된 『*대수적 계산*(*Algebraic Arithmetic*, 1927)』과 『*수학의 발전*(*The Development of Mathematics*, 1940)』과 좀 더 대중적인 『*수학의 사람들*(*Men of Mathematics*, 1937)』[32]과 『*수학, 과학의 여왕이자 종*(*Mathematics, Queen and Servant of Science*, 1951)』 등의 저서들로 더 잘 알려져 있다. 그는 테인(John Taine)이란 필명으로 공상 과학 소설도 많이 썼다.

bell curve (종 모양 곡선)

정규(가우스)분포 그래프의 특징적인 모양.

Bell number (벨수)

(각각 다른 색이 칠해진 공처럼) 서로 구별이 가능한 n개의 대상을 공집합이 아닌 몇 개의 (양동이와 같은) 집합으로 분배하는 방법의 수로서, 이에 관하여 깊이 연구한 사람들 중의 한 사람인 **벨**(Eric Bell)의 이름을 따서 붙인 것이다. 예를 들어, 빨강(R), 초록(G), 파랑(B)이 칠해진 공이 3개 있다면, 이들을 (RGB), (RG)(B), (RB)(G), (BG)(R), (R)(G)(B)와 같이 5가지 방법으로 묶을 수 있으므로, 세 번째 벨 수는 5이다. 벨 수로 이루어진 수열은 1, 2, 5, 15, 52, 203, 877, 4,140, 21,147, …로 다음과 같이 삼각형 모양으로 배열할 수 있다.

```
        1
      1   2
    2   3   5
  5   7  10  15
15  20  27  37  52
52  …
```

첫째 줄에는 그냥 숫자 1만 있다. 그 다음 줄부터는 그 윗줄의 마지막 숫자로 시작하고 윗줄 오른쪽에 있는 숫자를 계속 더해 나간다. 벨 수는 삼각형의 오른쪽 가장자리에서 아래로 내려가면서 나타난다. 이러한 정상적인 벨 수는 *순서가 매겨진 벨 수*(*ordered Bell number*)와 대조되는데, 이것은 서로 구별이 가능한 n개의 대상(공)을 *구별이 가능한*(*distinguishable*) 하나 이상의 집합(양동이)으로 분배하는 방법의 수를 말한다. 순서가 매겨진 벨 수는 1, 3, 13, 75, 541, 4,683, 47,293, 545,835, …와 같다. 벨 수는 **카탈란수(Catalan number)**와 관련이 있다.

Benford's law (벤포드의 법칙)

주식 시세나 독일의 도시 인구, 방사성 원자의 반감기처럼 방대한 자료나 통계의 표에서 임의로 하나의 수를 골랐을 때, 첫 자리의 수가 1일 경우는 30.1%, 2일 경우는 17.6%, 3일 경우는 12.4%, …, 9일 경우는 4.5%이다. 이러한 경우의 수들은 첫 자리의 수가 d일 확률이 $\log_{10}(1+1/d)$이라는 규칙을 따른다. 이 규칙은 1938년에 이와 같은 연구 결과를 발표한 미국의 물리학자 벤포드(Frank Benford)의 이름을 붙여 벤포드의 법칙이라고 한다.[34] 천문학자이자 수학자인 뉴컴(Simon Newcomb)은 로그표의 첫째 장 모서리가 다른 장들보다 잔뜩 접혀 낡아진 것에 주목한 결과, 이보다 57년 앞서 똑같은 발견을 하였다.[232]

벤포드는 335개에 달하는 강의 표면적과 수천 가지 화학 물질의 비열과 분자량, 야구 통계, 『*미국 과학 인명록*(*American Men of Science*)』에 나오는 첫 342명의 주소 등을 포함하는 수천 가지의 서로 다른 자료에 대하여 시험하였다. 언뜻 보기엔 아무 관련이 없는 듯한 수들의 집합 모두가 로그표의 닳은 책장이 보여준 첫 자릿수 확률의 양상을 따랐다. 모든 경우에 첫 자리에 숫자 1이 나타나는 확률이 다른 숫자가 나타나는 확률보다 30% 정도 더 높았으며, 9가 나타나는 확률보다는 7배나 더 높았다.

특이하지 않은가? 왜 1부터 9까지의 숫자가 같은 확률로 첫 자리에 나타나지 않는 걸까? 벤포드의 연구 결과를 다른 연구자들이 확인하게 되었다. 서로 다른 자료에서 더 크고 다양한 표본을 추출할수록 숫자들의 분포가 벤포드의 법칙이 말하는 것에 더욱 더 접근하는 것을 알 수 있었다. 게다가 이러한 확률은 표본의 크기나 화폐 단위에 상관없이 이 법칙을 따른다. 예를 들어, 표본에 충분히 많은 수들이 있다면 그 수들이 달러화를 기반으로 하는 주식 값이든 엔화나 유로화를 기반으로 하는 주식 값이든 상관없이 벤포드의 법칙을 따를 것이다.[164,263]

Benham's disk (벤햄의 원판)

흑백 무늬가 그려진 원판으로서, 이것이 회전할 때 사람들이 색깔을 관찰하도록 한다. 벤햄의 원판은 *벤햄의 바퀴(Benham's wheel)*와 *벤햄의 팽이(Benham's top)*로도 알려져 있으며 장난감 제조가인 벤햄(C. E. Benham)이 1894년에 발명하였고 처음에는 Messrs. Newton and Co.를 통해 인공 스펙트럼 팽이(Artificial Spectrum Top)라는 이름으로 판매되었다. 벤햄의 원판은 1838년에 **페히너**(Gustav **Fechner**)가 처음으로 설명한 회전 원판의 여러 가지 색깔 착시 현상 중의 하나이다. 이러한 이유로 착시현상에서 보이는 색깔을 *페히너 색(Fechner color)*이라고도 한다. 착시 현상의 근원이 파장에 대한 망막의 반응 시간차에 있다는 점은 처음부터 알고 있었다. 이 원판을 온라인 동영상으로 보려면 http://www.michaelbach.de/ot/col_benham/index.html에 들어가면 된다.

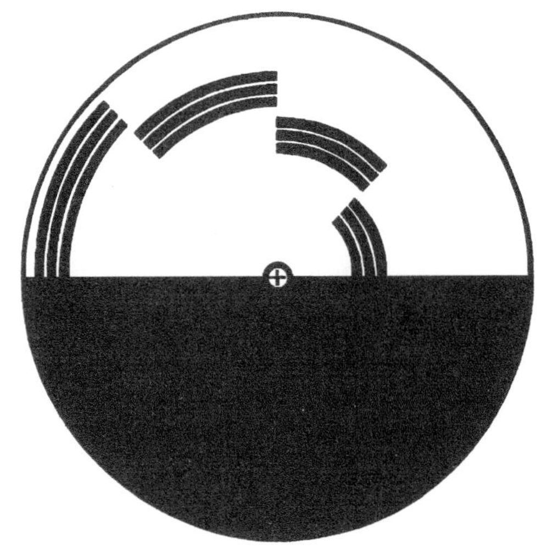

벤햄의 원판

Bernoulli family (베르누이 집안)

3대에 걸쳐서 위대한 수학자 8명을 배출한 스위스 바젤 출신의 특별한 집안. **뉴턴**(Isaac **Newton**), **라이프니츠**(Gottfried **Leibniz**), **오일러**(Leonhard **Euler**), **라그랑주**(Joseph **Lagrange**)와 함께 베르누이 집안은, 미분학, 기하학, 역학, 탄도학, 열역학, 유체역학, 광학, 탄성학, 자기학, 천문학, 확률론 등에 중요한 공헌을 하면서 17세기와 18세기 수학계와 물리학계를 지배하였다. 불행하게도 베르누이 집안 사람들은 명석한 만큼 자만하고 교만하여, 서로 심하게 경쟁하고 다투었다.

이 수학 명가의 수장은 야곱 1세(Jakob I, 1654–1705)와 동생인 요한 1세(Johann I, 1667–1748)이었다. (똑같은 세례명을 반복하여 사용했기 때문에 로마 숫자를 사용하여 아버지, 형제, 아들, 사촌을 구별하였다.) 나중에 야곱의 아들 니콜라우스 1세(Nikolaus I)와 요한의 세 아들 니콜라우스 2세(Nikolaus II), 다니엘(Daniel, 1700-1772), 요한 2세(Johann II)가 이들의 뒤를 이었다. 마지막으로, 요한 2세의 두 아들 요한 3세(Johann III)와 야곱 2세(Jacob II)가 가문의 뒤를 이었다.

야곱 1세는 1676년의 영국 여행에서 보일(Robert Boyle)을 만난 이후 과학과 수학에 열정을 쏟기 시작했다. 그는 대부분 독학으로 이 분야를 공부했고 바젤 대학에서 실험물리학을 가르쳤다. 그는 사업을 시키려던 부모님의 뜻을 거스르고 동생에게 몰래 수학에 대하여 알려주었다. 그러나 두 형제가 서로 합심한 것은 잠깐이었고 곧 격렬한 논쟁으로 변해버렸다. 요한이 지나치게 잘난 체하는 데 짜증이 난 야곱은 동생이 자신의 연구 결과를 베꼈다고 공공연히 비난하고 다녔다. 나중에 바젤 대학의 수학과장으로 임명된 야곱은, 요한을 그로닝겐 대학에 억지로 자리를 만들어 주어서 동생이 같은 수학과로 오는 것을 막는 데 성공하였다. 요한은 이른바 **최단 시간 문제(brachistochrone problem)**를 제기하였고, 뉴턴, 라이프니츠, 로피탈, 야곱과 함께 이 문제의 답을 찾을 수 있었다. 하지만 처음에 잘못된 증명을 제시했다가 틀린 부분을 야곱의 증명으로 교체한 후에야 정확하게 증명을 할 수 있었다! 결국엔 바젤 대학으로부터 하고 많은 학과 중에서 고대 그리스어 학과장 자리를 제의받게 되었다. 그런데 요한은 바젤 대학으로 가는 도중에 야곱이 결핵으로 사망했다는 소식을 들었다. 그는 바젤에 도착하자마자 형의 사망으로 빈 교수직을 차지하기 위한 로비에 착수했으며, 두 달이 지나기 전에 그의 뜻을 이룰 수가 있었다. 야곱의 가장 중요한 연구인 『*추론의 기술(Ars Conjectandi)*』은 사후에 출판되었고 **확률론(probability theory)**의 기초를 이루었다.

안타깝게도 요한 1세는 자신의 아버지와 똑같은 실수를 범하면서 자신의 세 아들 중에서 수학에 가장 재능이 있었던 다니엘에게 본인이 원치 않던 사업을 억지로 시키려 했다. 요한은 이러한 시도에 실패한 후 다니엘이 의학 공부를 하도록 허락했는데, 단지 아들이 경쟁 상대가 되는 것을 막으려 한 것이었다. 그러나 세 아들 모두 아버지와 같은 길을 걸었으며, 의학을 공부하던 다니엘은 형인 니콜라우스 2세가 수학 공부를 가르쳤다. 1720년에 다니엘은 베니스에 내과 의사로 일하러 갔지만 물리학과 수학 연구로 이름을 크게 날려서 러시아의 피터 대제는 그에게 상트 페테르부르크에 있는 과학원 원장 자리를 제안했다. 같은 과학원에 초청된 니콜라우스 2세와 함께 다니엘은 제안을 받아들여 거기로 갔다. 그러나 정확히 8개월이 지났을 때 니콜라우스는 열병에 걸려 세상을 떠났다. 슬픔에 잠긴 다니엘은 바젤로 돌아가길 원했지만 요한 1세가 잠재적 경쟁자로 여긴 아들이 집으로 돌아오는 것을 원하지 않았다. 대신에 요한은 자기 학생 중에서 바로 그 위대한 **오일러**(Leonhard Euler)를 다니엘과 친구하라고 상트 페테르부르크로 보냈다. 이 두 스위스 수학자들은 좋은 친구가 되었고, 거기에서 그들이 함께한 6년이 다니엘의 일생에서 가장 많은 업적을 낸 시기였다.

다니엘이 드디어 바젤로 돌아왔을 때, 아버지와 공동 집필한 천문학 논문으로 프랑스 과학원 상을 받은 후 가족 간의 불화가 또 다시 심해졌다. 다니엘의 성공에 질투를 느낀 요한은 다니엘을 집에서 쫓아냈다. 사태는 더 악화될 뿐이었다. 1738년에 다니엘은 자신의 위대한 작품인 『*유체역학(Hyrodynamica)*』을 발표했다. 요한 1세는 그 책을 읽고 서둘러서 『*수력학(Hydraulica)*』을 쓴 다음 1732년에 쓴 것으로 날짜를 앞당겨서 출판하고는, 자신이 유체역학의 창시자라고 주장했다! 그의 표절은 금방 밝혀져서 요한은 동료로부터 비웃음을 샀지만, 그의 아들은 결코 그 타격에서 벗어나지 못했다. 또한 **상트 페테르부르크 역설**(St. Petersburg paradox)을 보시오.

Bernoulli number (베르누이수)

야곱 **베르누이**(Jakob Bernoulli)가 정의한 수의 형태로서 $\sum i^k$ 꼴의 합을 구하는 것과 관련됨. 수열 $B_0, B_1, B_2, \cdots$는, 여러 가지 다른 표기법이 사용되지만

$$x/(e^x - 1) = \sum (B_n x^n)/n!$$

와 같은 공식을 이용하여 만들어낼 수 있다. 처음 몇 개의 베르누이수는 $B_0 = 1$, $B_1 = -1/2$, $B_2 = 1/6$, $B_4 = -1/30$, $B_6 = 1/42$, … 와 같다. 이 수들은 $\tan x$의 급수 전개와 **페르마의 마지막 정리**(Fermat's last theorem)를 포함한 수학의 다양한 분야에서 불쑥 나타난다.

Berry's paradox (베리의 역설)

1906년 옥스퍼드 대학 보들리언(Bodleian) 도서관의 베리(G. G. Berry)가 고안한 역설로서, 다음과 같은 형식의 문장을 포함하고 있다. "10단어 미만으로 이름 지을 수 없는 최소의 수." 언뜻 보기에는 이 문장에서 딱히 이해하기 힘든 부분이 없어 보인다. 결국 10단어 미만의 문장은 그렇게 많지 않기 때문에 이들의 집합 *S*는 특정한 수를 결정하게 된다. 그러므로 *S*에 포함되지 않는 가장 작은 정수 *N*이 존재한다. 여기서 문제는 베리의 문장[5] 자체가 이 수를 단 9단어로 설명하고 있다는 점이다! 베리의 역설은 명명 가능성(nameability)의 개념이 본질적으로 애매모호하며 아무 제한 없이 사용되기에는 위험한 개념이라는 점을 보여 준다. 이와 비슷한 역설적 상황을 **흥미로운 수**(interesting numbers)에서도 볼 수 있다.[60]

Bertrand's box paradox (베르트랑의 상자 역설)

몬티 홀 문제(Monty Hall problem)와 비슷한 문제로서, 프랑스의 수학자 베르트랑(Joseph Bertrand, 1822-1900)이 1889년에 쓴 『*확률 계산(Calcul des Probabilités)*』이란 책에 소개되어 있다. 서랍이 두 개씩 있는 책상이 세 개 있다고 가정하자. 한 책상은 서랍마다 금메달이 1개씩, 다른 책상은 서랍마다 은메달이 1개씩, 그리고 나머지 세 번째 책상은 한 서랍에는 금메달 1개, 한 서랍에는 은메달 1개가 들어 있지만 어느 책상이 어떤 책상인지 모른다고 하자. 아무 책상의 서랍을 열었을 때 금메달을 찾았다면, 그 책상의 나머지 서랍에도 금메달이 들어 있을 확률이 얼마일까? 한마디로 금-은 책상이 아닌 금-금 책상을 골랐을 경우의 확률을 구하는 것이다. 많은 사람들이 책상을 무작위로 선택하기 때문에 두 가지 경우가 있다고 섣불리 결론을 내리고는, 가능성이 50-50이라고 생각한다. 그러나 이 결론은 틀렸다. 다음과 같이 처음부터 서랍 6개 중에서 두 개를 고르는 선택이라고 생각해 보자.

	처음			**나중**	
은	은	금			금
은	금	금		금	금
1	2	3	1	2	3

이와 같이 선택될 확률이 모두 같은 3개의 서랍으로 범위가 좁혀졌다. 이 세 서랍 중에서 1개는 2번 책상에 있으므로, 2번 책상을 선택할 확률은 1/3이다. 세 서랍 중에서 두 개는 3번 책상

역자 주

5) 원문은 다음과 같다. "The smallest number not nameable in under ten words."

에 있으므로 3번 책상을 선택할 확률은 2/3이다.

Bertrand's postulate (베르트랑의 공준)

n이 3보다 큰 정수일 때 n과 $2n-2$ 사이에 적어도 하나의 **소수**(prime number)가 존재한다는 것으로, 또한 *베르트랑의 추측(Bertrand's conjecture)*으로도 알려져 있다. 이제는 정리라고 불려야 할 이 공준은 프랑스의 수학자 베르트랑(Joseph Bertrand, 1822-1900)의 이름을 붙인 것이다. 그는 1845년에 n의 값이 3백만까지는 이 공준이 사실임을 증명하였다. 러시아의 체비셰프(Pafnuty Chebyshev, 1821–1894)가 1850년에 처음으로 완전한 증명을 하여 가끔은 이 공준을 (이 이름의 다른 정리도 있지만) *체비셰프의 정리(Chebyshev's theorem)*라고도 부른다. 1932년에 **에르되시**(Paul Erdös)가 요즘 대부분의 교과서에서도 볼 수 있는 **이항계수**(binomial coefficient)를 이용하여 더 멋진 증명을 보여 주었다. 베르트랑의 공준을 이용하여 n번째 소수 p_n은 기껏해야 2^n 이하임을 보일 수 있다.

Bessel, Friedrich Wilhelm (베셀, 1784-1846)

쾨니히스베르크(**쾨니히스베르크의 다리**(bridges of Königsberg) 참조)에 있는 천문대의 책임자가 되었던 독일의 천문학자이자 수학자. 베셀의 업적은 대부분 다른 천체의 중력의 영향으로 인한 행성과 별의 움직임에서 나타나는 **섭동**(perturbation) 또는 요동을 다루었다. 베셀은 이러한 섭동을 분석하기 쉽도록 물리학에서 널리 쓰이는 *베셀함수(Bessel function)*로 알려진 **함수**(function)를 고안하였다.

beta function (베타함수)

다음과 같이 정의되는 함수.

$$B(m,\ n)=\int_0^1 x^{m-1}(1-x)^{n-1}dx$$

이 함수는 **감마함수**(gamma function)를 이용하여 다음과 같이 정의할 수 있다.

$$B(m,\ n)=\frac{\Gamma(m)\Gamma(n)}{\Gamma(m+n)}$$

적분 문제 중에서 상당수는 베타함수의 값을 찾는 문제로 고칠 수 있다.

Betti number (베티수)

이탈리아의 수학자 베티(Enrico Betti, 1823-1892)의 이름을 딴 수로서, 곡면에 관한 중요한 위상기하학적 특성이다. 베티수는 한 곡면을 두 조각으로 분리하지 않고 자를 수 있는 횟수의 최댓값이다. 곡면에 모서리가 있는 경우에는, 이와 같은 자르기는 그 모서리에 있는 한 점에서부터 그 모서리의 다른 점까지를 자르는 "가로 자르기(crosscut)"가 되어야 한다. 구와 같이 곡면이 닫혀 있어서 모서리가 없다면, 이와 같은 자르기는 단순 닫힌곡선 모양의 "고리 자르기(loop cut)"가 되어야 한다. 정사각형은 두 조각으로 분리하지 않고서는 가로 자르기를 할 수 없기 때문에, 정사각형의 베티 수는 0이다. 그러나 정사각형을 원통 모양으로 말면 이것의 위상이 바뀌어서 두 개의 연결되지 않은 가장자리가 만들어지기 때문에, 그것의 베티 수는 1로 바뀐다. **원환**(torus) 또는 도넛 모양의 베티수는 2이다. 또한 **착색수**(chromatic number)를 보시오.

bicorn (이각, 二角)

또한 *삼각모(cocked-hat)*로도 알려진, 1864년에 **실베스터**(James **Sylvester**)와 1867년에 **케일리**(Arthur **Cayley**)가 연구했던 **사차**(quartic)곡선. 이각의 직교 방정식은 다음과 같다.

$$y^2(a^2-x^2)=(x^2+2ay-a^2)^2$$

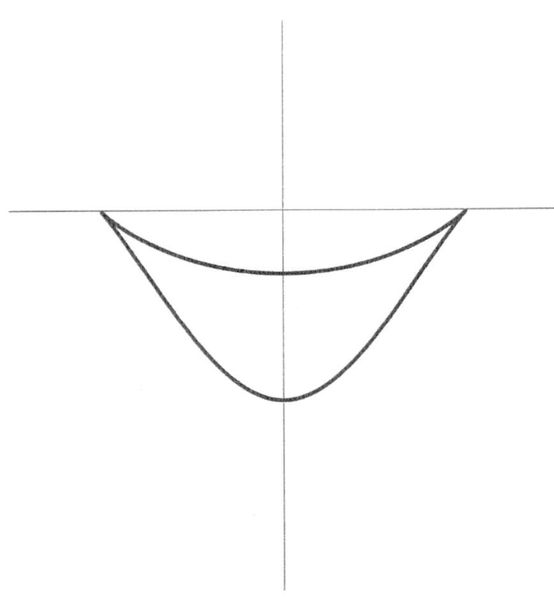

이각 이각곡선. © *Jan Wassenaar, www.2dcurves.com*

bicuspid curve (두 송곳니 곡선)

다음과 같은 방정식으로 정의되는 **사차**(quartic)곡선.

$$(x^2-a^2)(x-a)^2+(y^2-a^2)^2=0$$

Bieberbach conjecture (비버바흐 추측)

독일의 수학자 비버바흐(Ludwig Bieberbach, 1886-1982)가 1916년에 만든 유명한 추측으로, 다른 사람들이 찾은 많은 불완전한 결과들이 나온 뒤에 최종적으로 1984년에 퍼듀 대학의 드브래인지(Louis de Branges)가 증명하였다.[54] 비버바흐는 나치 시대에 노골적으로 반유대주의를 지지했던 이유로 수학사에서 악명이 높다. 란다우(Edmund Landau, 1877-1938)가 괴팅겐 대학에서 해고당한 데 대하여 비버바흐는 다음과 같이 썼다. "이것은 너무 다른 인종의 사람들이 학생과 교수로서 함께 어울려서는 안 된다는 사실을 보여주는 전형적인 예로 간주되어야 한다……. 괴팅겐 학생들은 란다우가 독일 방식으로 일을 다루는 타입이 아니라는 점을 본능적으로 느꼈다."

비버바흐의 추측(BC)은 평면에서 단순 연결되어 있는(다시 말하자면, 아무리 복잡하더라도 그 안에 구멍이 뚫려 있지 않은) 영역에 관한 성질을 나타내는 리만 사상 정리(Riemann mapping theorem, RMT)에 뿌리를 두고 있다, RMT에 의하면, 임의의 영역에 속하는 각 점들이 단위원 내부의 오직 한 점과 대응이 되는 함수 또는 사상이 존재해야 한다. 복소수 함수들은 평면-대-평면 사상에 가장 적합하며 이들이 멱급수의 꼴로 표현되는 경우에는 다루기가 종종 더 수월해진다. 예를 들어, 복소수 z에 대한 함수 e^z는 무한급수 $1+z+z^2/2!+z^3/3!+\cdots$와 같이 나타낼 수 있다. 비버바흐는 RMT에 의해 주어지는 함수에 부과되는 조건들과 이 함수의 멱급수 전개식의 계수들 사이에 어떤 관련성이 있을 것으로 추측했다. 단위원 위의 점들과 평면의 단순 연결 영역의 점들 사이에 일대일 대응이 되도록 하는 함수가 있으면, 이 함수를 표현하는 멱급수의 계수들은 각각 이에 대응하는 지수보다 크지 않음을 BC로부터 알 수 있다. 다시 말해서, $f(z)=a_0+a_1z+a_2z^2+a_3z^3+\cdots$일 때, 각 n에 대하여 $|a_n|\leq n|a_1|$이 성립한다.

bifurcation (분기점)

매끄럽게 변하는 제어 매개변수 또는 *매개변수 공간(parameter space)*에 있는 점의 값으로서, 여기에서 **역학계**(dynamical system)의 양상이 질적 변화를 보인다. 예를 들어, 역학계의 스트레스가 증가하게 되면, 단순 평형 또는 **부동점 끌개**(fixed-point attractor)가 주기적 진동으로 바뀔 수도 있다. 비슷하게, **주기적 끌개**(periodic attractor)는 불안정해지고 **혼돈적 끌개**(chaotic attractor)에 의해 대체될 수도 있다. 실제 사례를 들자면, 수도꼭지가 낮은 압력에서 샐 때는, 물방울은 같은 간격으로 각각 따로 떨어진다. 그러나 압력이 증가하면, 물 떨어지는 패턴이 갑자기 바뀌어서 물방울 두 개가 서로 가까운 거리에서 떨어지는데, 그 다음 쌍이 떨어질 때까지의 간격은 더 길어진다. 이 경우에 단순한 주기 과정이 "주기 배가(period doubling)"라고 부르는 두 배의 주기를 갖는 주기 과정으로 바뀌게 된다. 수도꼭지에서 흘러나오는 물의 유속이 분기점을 넘어 더욱 더 증가하면, 대부분 물방울이 불규칙적으로 떨어지고 그 양상이 혼돈 상태가 된다. 또한 **혼돈**(chaos)을 보시오.

bilateral (양면의)

면이 두 개인, 또는 물체의 좌우측에 관한. *양면 대칭(bilateral symmetry)*은 유기체나 물체의 일부가 중심축을 기준으로 좌우대칭을 이루는 형태로서, 물체의 좌우가 한 평면에 의하여 대칭으로 나누어지게 된다. 또한 **거울 반전 문제**(mirror reversal problem)를 보시오.

bilateral diagram (양면 도표)

두 개의 대상이 각각 두 가지 성질 중에서 선택할 수 있는 서로 다른 논리적 상태를 나타내는 장치로서 **캐럴**(Lewis Carroll)이 고안하였다. 작은 정사각형 4개로 나누어진 큰 정사각형에서, 각각의 칸은 4가지의 가능한 대상/성질을 나타내는데, 각 칸에 그 대상/성질이 존재하면 붉은색 조각을 놓고 존재하지 않으면 회색 조각을 놓는다.

billion (10억)

큰 수(large number)를 보시오.

bimagic square (이중 마방진)

각 칸에 있는 정수를 제곱하면 새로운 마방진이 되는 마방진. 이중 마방진 중에서 처음의 각 정수를 세제곱한 것이 다시 마방진을 이룰 때, 처음 마방진을 *삼중* 마방진(*trimagic* square)이라 한다. 지금까지 알려진 가장 작은 이중 마방진의 차수는 8이고, 삼중 마방진의 차수는 32이다.

binary (이진법의, 둘로 이루어진)

세상에는 열 종류의[6] *사람이 있다. 이진법 수학을 이해하는 사람과 그렇지 않은 사람.*

– 익명

가장 단순한 위치 기수법으로서 컴퓨터에서 사용하는 가장 자연스러운 **수 체계**(number system)인데, 껐다-켰다 하는 스위치의 상태에 대응시키는 0과 1 두 개의 숫자만으로 이루어진다. 이진법 수 체계에서 왼쪽으로 자릿수가 하나씩 올라가면 2의 거듭제곱의 지수가 1씩 커진다. 예를 들어, 이진수 10110_2는 $1\times2^4+0\times2^3+1\times2^2+1\times2^1+0\times2^0$, 즉 우리에게 익숙한 십진 기수법으로 22_{10}를 나타낸다. 정수가 아닌 수는 십진법에서 *소수점(decimal point)*이라고 부르는 *기수점(基數點, radix point)*을 이용하여 각 자릿수를 음의 지수로 나타낸다. 따라서 이진수 11.01_2은 $1\times2^1+1\times2^0+0\times2^{-1}+1\times2^{-2}$로 나타낼 수 있으며, 이는 3.25_{10}와 같다. 십진 기수법에서 유한소수인 수가 이진법에서도 반드시 유한소수일 필요는 없으며(이를테면, $0.3_{10} = 0.0100110011001\cdots_2$), 그 역도 성립한다. 그러나 어느 진법에서도 무리수는 순환하지 않는다(이를테면, $\pi = 3.1415926\cdots_{10} = 11.001001000011111\cdots_2$). 이진수의 사칙 계산은 **라이프니츠**(Gottfried Leibniz)가 1672년에 처음 연구하기 시작했지만, 1701년이 될 때까지 아무 결과도 발표하지 않았다.

binary operation (이항연산)

두 개의 수 사이의 연산. 예를 들어, 덧셈이나 뺄셈은 이항연산이다.

binomial (이항의, 二項의)

두 개의 항이 + 또는 –로 연결된 식. **이항정리**(二項定理, binomial theorem)는 이항식의 거듭제곱의 결과를 나타낸 것으로, 이것으로부터 나오는 전개식과 급수를 *이항전개식(binomial expansion)*과 *이항급수(binomial series)*라고 부른다. *이항분포(binomial distribution)*는 이항전개식과 관련된 공식으로 표현된다. 이항방정식은 특별히 항이 두 개인 방정식이다.

binomial coefficients (이항계수, 二項係數)

$(x+y)^n$의 전개식에서 x의 계수. 이항계수 $_nC_m$ 또는 $\binom{n}{m}$은[7] n가지의 가능성 중에서 순서를 생각하지 않고 m가지를 선택하는 **조합**(組合, combination)의 수를 나타내며, $n!/(n-m)!m!$의 값을 갖는다. 이항계수들은 **파스칼의 삼각형**(Pascal's triangle)의 행을 이룬다.

binomial theorem (이항정리, 二項定理)

이항식을 전개한

$$(x+y)^n=x^n+a_{n-1}x^{n-1}y+a_{n-2}x^{n-2}y^2+\cdots+y^n$$

으로부터 얻어지는 식으로, 계수 a_i를 **이항계수**(二項係數, binomial coefficients)라고 부른다.

Birkhoff, George David (버크호프, 1884-1944)

20세기 초반을 선도한 미국의 수학자로서 신대륙 최초의 **동역학계**(dynamical system) 연구의 선구자. 그는 선형 **미분방정식**(differential equation)과 **차분방정식**(difference equation)에 관한 연구로 유명하며, 동역학계, 천체역학(celestial mechanics), **4색 지도 문제**(four-color map problem) 및 함수공간(function space)에 대하여 깊은 관심을 가지고 이 분야의 연구에 크게 기여했다. 그는 기하학자이면서도 새로운 기호적 해법을 발견하였다. 그는 진동 이론을 뛰어넘어 **에르고딕**(ergodic)적 양태에 대한 구체적인 이론을 고안했으며, 혼돈(chaos)에 대한 동역학적 모형을 예측하였다. 뿐만 아니라 그는 상대성 이론과 양자역학의 기초에 대하여 글을 썼으며, 『*미의 측정*(Aesthetic Measure, 1933)』이란 책을 통하여 미술과 음악에 대한 글도 썼다.

birthday paradox (생일 역설)

23명 이상의 집단에서는 생일이 같은 사람이 두 명 이상일 가능성이 50% 이상이 된다는 사실로서 실제로는 **역설**(paradox)이 아님. 다른 사람과 생일을 비교해 보는 일이 자주 있지만 생일이 완전히 일치하는 경우가 흔치 않기 때문에 이 사실이 믿겨지지 않을 뿐이다. 어느 두 사람의 생일이 완전히 일치할 확률은 1/365이다. 20명에게 생일을 물어보더라도 당신과 생일이 같은 사람을 찾을 확률은 여전히 1/20보다 작다. 그런데 한 집단의 사람들이 *서로서로의* 생일을 물어보게 되

역자 주

6) 의미상 10_2가 맞는데, 십진법의 2를 이진법으로 나타내면 10_2가 되기 때문에 10으로 표현한 것으로 보인다.

7) 원문에는 $\binom{m}{n}$이라고 되어 있는데, 이는 편집상의 착오로 보인다.

면, 생일이 같은 사람을 만날 기회가 커지기 때문에, 이와 같은 확률은 우리의 기대보다 훨씬 커지게 된다. 생일이 같은 사람이 생길 확률을 계산하기 위해 우선 한 집단에 속한 사람들을 2명씩 짝짓는 방법의 수를 계산한다. 23명으로 구성된 집단에서 2명씩 짝짓는 방법의 수는 $(23\times 22)/2$, 즉 253이다. 각 쌍의 생일이 일치할 확률은 $1/365=0.00274(0.274\%)$이므로, 생일이 일치하지 않을 확률은 $1-0.00274=0.99726(99.726\%)$이다. 모든 쌍에서 생일이 일치하지 않을 확률은 0.00726^{253}, 즉 0.499(49.9%)이다. 따라서 생일이 일치하는 쌍이 있을 확률은 $1-0.499$로서, 반보다 조금 크다. 만약 42명이 있다면 그중에서 생일이 같은 사람이 두 명 이상일 가능성은 90%까지 높아진다.

birthday surprise (생일 알아맞히기)

이것은 어떤 사람의 생일을 간단한 계산을 통하여 알아맞히는 방법이다. 한 사람에게 자신이 태어난 달의 수에 5를 곱한 다음 6을 더한 결과에, 다시 4를 곱한 다음 9를 더한 결과에 또 5를 곱하도록 한다. 마지막으로 여기에 그 사람이 태어난 날의 수를 더한 합을 당신에게 말해달라고 한다. 머릿속에서 165를 빼면, 그 사람이 태어난 달과 날짜를 알 수 있게 된다. 어떻게 알 수 있을까? M을 태어난 달, D를 태어난 날의 수라고 하면, 6번의 계산 결과로 만들어지는 식은 다음과 같다.

$$5\{4(5M+6)+9\}+D=100M+D+165$$

그러므로 당신이 165를 빼고 남은 수에서, 백의 자리 이상의 수는 태어난 달을 나타내고 그 나머지 두 자리 수는 태어난 날을 나타냄을 알 수 있다.

bisect (이등분하다)

반으로 자르다.

bisecting an angle (각의 이등분)

각을 완전하게 반으로 나누는 것. 고대 그리스인들은 컴퍼스와 눈금 없는 자만 사용하여 각을 이등분하는 쉬운 방법을 알고 있었다. 그것은 다음과 같다. 주어진 각의 꼭짓점 O에 컴퍼스의 침을 놓고 각의 변과 만나도록 원을 그려서 그 교점을 A, B라고 놓는다. 이제 컴퍼스의 침을 점 A에 놓고 각 AOB의 내부에 호를 그린다. 컴퍼스의 반지름을 그대로 유지한 채로 침을 점 B에 놓고 다시 호를 그린다. 눈금 없는 자를 이용하여, 꼭짓점 O에서 두 개의 호가 만나는 점 P를 지나는 반직선을 그으면, 각 POB가 각 AOB의 반이 된다. 또한 **각의 삼등분(trisecting an angle)**을 보시오.

bishops problem (비숍 문제)

크기가 $n\times n$인 서양 장기판 위에서 서로 공격할 수 없는 위치에 놓을 수 있는 비숍 말(칸 수에 관계없이 같은 색깔의 대각선으로만 움직일 수 있는 서양 장기말)의 최대 개수를 구하는 문제. 답은 $2n-2$로서, 표준적인 8×8 장기판에서 답은 14가 된다. 비숍 말의 개수가 $n=1, 2, \cdots$일 때, 서로 다르게 배열할 수 있는 최대의 경우의 수는 1, 4, 26, 260, 3,368, …이다.

bistromathics (식당 수학)

식당에서 다루어지는 획기적이고 새로운 (그리고 완전히 상상적인) 수학의 한 분야로서 더글라스 아담스(Douglas Adams)가 쓴 『*인생, 우주와 모든 것(Life, the Universe and Everything)*』[4]이란 책에 나온다.

> 식당의 범위 내에서 생각할 때 식당 계산서에 적힌 숫자들은, 이 우주에서 식당을 제외한 다른 모든 곳의 종이 위에 적힌 숫자들이 따르는 수학 법칙을 따르지 않는다. 이 한 문장이 과학계에 폭풍을 불러일으켰다……. 너무나 많은 수학 관련 학회가 아주 근사한 식당에서 개최되었기 때문에, 한 세대의 아주 훌륭한 생각 중의 다수가 비만과 심장마비로 죽어 없어져서 수학이 수년 동안 퇴보하였다.

공간과 시간이 절대적이지 않고 관찰자의 움직임에 따라 결정됨을 아인슈타인이 발견했던 것처럼, 수도 절대적이지 않고 식당에 있는 관찰자의 움직임에 따라 결정된다고 아담스는 설명한다.

> 최초의 절대적이지 않은 수는 좌석을 예약한 손님의 수이다. 이 수는 식당에 걸려오는 처음 세 번의 전화 통화를 하는 동안 변하게 되는데, 그 다음부터는 예약 손님이 실제로 오는 숫자나 쇼/경기/파티/연주회 후에 이들을 뒤따라 합류하는 사람의 숫자, 또는 누가 왔는지 둘러보고는 식당을 떠나는 사람의 숫자와는 분명한 관련성이 없다. 두 번째 절대적이지 않은 수는 정해진 도착 시각인데, 이것은 가장 괴상한 수학적 개념 중의 하나로서, 자기 자신과 다른 무엇으로만 그 존재를 정의할 수 있는 수인 "**recipriver-sexcluson**"으로 이제 알려져 있다. 다시 말해서, 정해진 도착 시각이란 일행 중 누구도 도착할 수 없는

바로 그 순간을 뜻한다……. 세 번째이자 모든 절대적이 지 않은 수 중에서 가장 신비스러운 것은 계산서에 적힌 항목의 수, 각 항목의 가격, 한 식탁에 앉은 일행의 수 및 각자 계산하려고 준비한 액수 사이의 관계에 있다.

또한 **큰 수**(large number)를 보시오.

bit (비트)

이진법의(binary) 자릿수인 0 또는 1. 또한 **바이트**(byte)를 보시오.

blackjack (블랙잭)

또한 *이십 일(twenty-one)*로도 알려져 있는 세상에서 가장 대중적인 카지노 게임. 이길 가능성이 카드 한 벌의 구성에 따라 변하는 *유동적(fluctuating)* 확률을 갖는 유일한 게임. 2부터 9까지 적혀 있는 카드는 그 숫자대로의 수를 나타낸다. 10이 적혀 있는 카드와 얼굴이 그려져 있는 카드(jack [J], queen [Q], king [K])는 모두 10을 나타낸다. 에이스[A]는 1 또는 11 중의 하나를 나타낸다. 딜러는 1명부터 7명까지를 상대하여 게임을 한다. 처음에 모든 참가자와 딜러는 각자 딜러가 나누어 주는 카드를 두 장씩 받게 된다, 각 참가자는 자신의 패와 딜러의 패를 비교하여 승부를 결정한다. 참가자의 패가 딜러의 패보다 21에 (넘치지 않고) 가까우면, 참가자가 이기게 된다. 받을 수 있는 가장 좋은 패를 *블랙잭(blackjack)*이라 하는데, 이것은 처음 받은 두 장의 카드가 21을 나타내는 것으로 에이스 한 장과 10을 나타내는 카드(10, J, Q, K) 중의 한 장으로 구성된다. 블랙잭에 대한 배당금은 3 대 2인데, 참가자가 배팅한 칩 2개당 3개의 칩을 보태어 배당한다는 뜻이다. 참가자와 딜러가 모두 블랙잭을 잡았을 때에는, 서로 *비긴(push)* 상황으로, 참가자는 자신이 처음에 걸었던 것을 되가져 간다. 처음 두 장의 카드를 받은 뒤 참가자들은 여러 가지 선택을 하게 된다. (1) *패 받기* 또는 *패 돌리기*(*Hit* 또는 *draw*): 더 좋은 패를 만들기 위하여 한 장 또는 그 이상의 카드를 더 받는 것. (2) *멈추기(Stand)*: 카드 받기를 멈추는 것. (3) *배로 키우기(Double down)*: (유리한 경우에) 처음 배팅을 두 배로 늘리기. (4) *두 패로 가르기(Split pairs)*: 두 장의 카드가 같은 숫자를 나타내는 경우에는 두 패로 분리해서 게임을 할 수 있다. 딜러는 자기 패가 17 또는 그 이상이 될 때까지 패를 받아야 한다. 참가자나 딜러 모두 패가 21을 넘을 (이것을 *bust*라고 한다) 수 있으나, 참가자는 그 즉시 배팅한 돈을 잃게 된다. 모든 참가자에게 패를 다 돌린 후에 딜러는 마지막으로 자신에게 패를 돌린다. 이 규칙이 소위 말하는 *딜러의 이점(house edge)*을 만들어낸다. 존 스칸(John Scarne)[282]은 블랙잭에서 딜러의 이점이 5.9%임을 처음으로 계산했다.[8)] 그런데 참가자가 어떤 규칙을 따르게 되면 이 딜러의 이점을 1% 정도로 줄일 수 있다. *기본 전략(basic strategy)*이라고 알려진 몇 가지 규칙으로 해서, 블랙잭은 여러 종류의 게임 중에서도 동전 던지기만큼 공평한 게임의 하나에 속한다.

1962년에 IBM 컴퓨터 과학자인 에드워드 소르프(Edward O. Thorp)는 『*딜러에게 이기기(Beat the Dealer)*』[333]란 책을 출판했는데, 여기에 *카드 세기(card counting)*란 승리 전략을 소개하고 있다. 이 방법에서는 10을 나타내는 카드와 에이스는 +1로, 2부터 6까지의 수는 −1로 생각한다.[9)] 한 벌에 남은 카드의 부호가 양수이면, 참가자는 배팅을 올려야 한다. 이 방법은 카드를 한 벌만 사용하면서 남은 카드가 거의 없는 경우에는 눈에 보일 정도로 효과가 크다. 이에 대응하여 카지노는 다양한 방법으로 규칙을 바꾸게 된다. 그래서 한 벌의 카드를 모두 사용하지 않는 *간파(penetration)*란 방법을 사용한다. 예고 없이 카드를 다시 섞기도 하고, 대부분의 카지노에서는 *여러 벌을 사용하는 블랙잭(multiple-deck blackjack)*을 도입하고 있다.

Blanche's dissection (블랑쉬의 분할)

정사각형을 넓이는 같지만 모양이 다른 직사각형으로 나누는 가장 단순한 유형의 분할(dissection). 이것은 7조각으로 구성되어 있으며, 정사각형의 한 변의 길이는 210 단위이고, 각 직사각형의 넓이는 $210^2/7 = 6{,}300$이다.

Bólyai, János (보요이, 1802-1860)

비유클리드 기하학(non-Euclidean geometry)의 창시자 중의 한 사람인 헝가리 수학자. 니콜라이 **로바체프스키**(Nikolai Lobachevsky)와 거의 같은 결과를 독립적으로 연구하였다. 처음에는 수학자인 아버지 파카스(Farkas)에게서 교육을 받다가, 1818년부터 1822년 동안 비엔나에 있는 왕립공과대학에서 공부하였다. 1820년과 1823년 동안 그는 비유클리드 기하학의 완전한 구조에 관한 논문을 준비했는데, "아무 것도 없는 상태에서 나는 전혀 새로운 우주를 창조해냈다."라고 술회했다. 이 논문은 1832년 자기 아버지가 쓴 에세이의 부록으로 출판되었다. 이것을 읽은 **가우스**(Carl Gauss)는 자신의 한 친구에게 보

역자 주

8) 딜러의 이점이 5.9%란 말은 딜러가 이길 확률이 55.9%란 뜻이다.

9) 나머지 카드는 세지 않는다.

낸 편지에서 "나는 이 젊은 기하학자 보요이를 최고의 천재로 인정한다네."라고 적었다. 보요이는 1848년이 되어서야 로바체프스키가 비슷한 논문을 1829년에 발표했음을 알게 되었다. 24쪽짜리 그 부록 외에 더 이상 논문을 발표하지 않았지만, 그는 무려 20,000쪽 이상의 연구 결과를 남기고 죽었다. 그는 외국어에 탁월한 재능을 가졌는데, 중국어와 티벳어를 위시하여 무려 9개의 외국어를 구사했다.

book-stacking problem (책 쌓기 문제)

책상 바깥으로 책이 최대한 멀리 삐져나가도록 하여 얼마나 많은 책을 쌓아올릴 수 있을까? 책 한 권의 길이를 1 단위라고 가정하자. 책상 위에서 책 한 권이 균형을 잡으려면, 무게중심이 책상 위의 한 지점에 있어야 한다. 책을 책상 바깥으로 최대한 멀리 삐져나가도록 하려면, 무게중심이 책상의 끝에 놓여야 한다. 따라서 책 한 권이 바깥으로 삐져나갈 수 있는 최대 길이는 1/2 단위이다. 책이 두 권인 경우에는, 첫째 책의 무게중심은 정확하게 둘째 책의 가장자리 위에 있어야 하고, 두 권 전체의 무게중심은 정확하게 책상의 가장자리 위에 있어야 한다. 두 권 전체의 무게중심은 두 권이 포개진 부분의 중앙, 즉 (1+½)/2의 위치에 있는데, 이것은 위쪽 책의 가장 바깥으로부터 3/4 단위 떨어진 곳이다. 결과적으로 말하자면, 책이 책상 바깥으로 빠져나가는 부분은 1+1/2+1/3+⋯+1/n으로 정의되는 조화수 H_n과 관련이 있다(**조화수열**(**harmonic sequence**) 참조). n권의 책을 쌓을 때 책상 바깥으로 빠져나가는 부분의 최대 길이는 $H_n/2$이다. 책이 4권인 경우 최대 길이 (1+1/2+1/3+1/4)/2는 1보다 크기 때문에, 가장 위쪽에 있는 책은 완전히 책상 바깥쪽에 있게 된다. 책이 31권인 경우 최대 길이는 책 한 권 길이의 2.0136배이다.

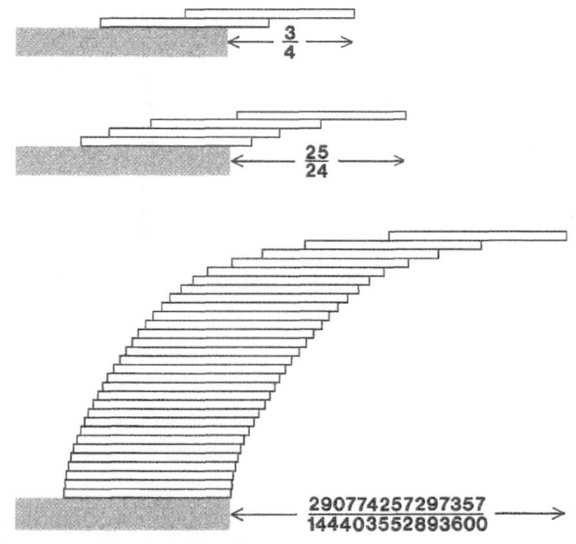

책 쌓기 문제 책 쌓기 문제의 답.

Boole (Scott), Alicia (부울, 1860-1940)

조지 **부울**(**George Boole**)의 셋째 딸이자 그녀 자체로 중요한 수학자이다. **사차원**(**fourth dimension**)을 시각화하는 데 도움을 주기 위해 형부인 찰스 **힌턴**(**Charles Hinton**)이 고안한 나무로 만든 여러 개의 정육면체로 이루어진 구조물을 그녀는 18세일 때 보게 되었다. 정규 교육을 받은 적이 없었지만, 그녀는 그 구조물의 특성을 잘 이해하고 4차원 기하학에 대한 탁월한 감각을 깨우쳐서 많은 사람들을 놀라게 하였다. 그녀는 4차원 볼록 다면체를 표현하기 위해 **다면체**(**polytope**)란 용어를 처음 사용했으며, 6가지 *정다면체*(*regular polytopes*)의 성질에 대하여 탐구를 계속하여 이들의 3차원 중심 단면을 12개의 예쁜 카드 모델로 만들었다. 그녀는 이 모델들의 사진을 자신과 비슷한 연구를 해오던 네덜란드 수학자 피터 슈트(Pieter Schoute, 1846-1923)에게 보냈으며, 그 결과 두 사람이 공동으로 두 편의 논문을 발표했다. 그 모델들은 지금 케임브리지 대학의 순수수학 및 수리통계학과에 보존되어 있다.

Boole, George (부울, 1815-1864)

컴퓨터 과학의 창시자 중의 한 사람으로 알려진 영국의 수학자이자 철학자. 그의 가장 큰 업적은 논리학에 접근하는 새로운 방법을 찾아낸 것인데, 논리를 단순 대수로 변환함으로써 논리학을 수학의 범주에 편입시킨 것이다. 그는 대수적 기호와 논리 형태를 나타내는 기호 사이의 유사성에 주목하였다. 그가 고안한 논리 대수는 **부울대수**(**Boolean algebra**)로 알려지게 되었으며 지금도 컴퓨터를 디자인하고 논리 회로를 분석하는 데 이용되고 있다. 그는 박사 학위를 받기 위해 공부하지는 않았지만, 1849년에 아일랜드의 코르크(Cork)에 있는 퀸즈 대학(Queens College) 수학과의 학과장으로 초빙되었다. 1864년 비가 억수같이 쏟아지는 어느 날 집에서 학교까지 2마일을 걸어가서 옷이 젖은 채로 강의를 했다. 그로 인해 고열성 질환에 걸려서 사망하게 되었는데, 이것이 직접적인 사망 원인인지는 확인하지 못했다고 한다. 분명한 것은 아내인 메리(Mary)(세계에서 가장 높은 산에 이름이 붙여진 조지 에베레스트 경(Sir George Everest)의 질녀)가 그의 상태에 도움이 되지 못했다는 점이다. 치료 방법은 원인에서 찾아야 한다는 속설을 따라 그녀는 부울을 침대에 눕혀 놓고는 찬물 한 통을 그에게 끼얹었으며, 얼마 되지 않아 그는 숨을 거두었다고 한다. 또한 앨리시아 **부울**(Boole (Scott), Alicia)를 참조하시오.

Boolean (부울의)

단지 0/1, 참/거짓, 예/아니오의 값만 갖는.

Boolean algebra (부울대수)

집합론(set theory)의 합집합과 교집합 연산을 모델로 한 **이항**(binary)연산에 의하여 정의된 **대수**(algebra). 임의의 집합 A에 대하여, A의 모든 부분집합을 원소로 갖는 집합은 합집합, 교집합 및 여집합 연산에 대하여 부울대수를 이룬다.

Borel, Emile (보렐, 1871-1956)

발산하는 급수, 함수론, 확률 및 **게임 이론**(game theory)에 관하여 연구한 프랑스의 수학자로서, 전략 게임을 처음 정의하였다. 또한 그는 집합론을 함수론에 적용하는 **측도론**(measure theory)의 기초를 세웠으며, 그 결과 앙리 **르베그**(Henri Lebesgue)와 르네 루이 베어(René Louis Baire, 1874-1932)와 더불어 실변수 함수에 관한 근대 이론의 창시자가 되었다.

Borges, Jorge Luis (보르헤스, 1899-1986)

아르헨티나의 작가, 수필가이자 시인으로서 수학, 논리학, 철학 및 **시간**(time)에 관한 역설과 strange avenue를 탐구하는 여러 개의 단편을 발표했다. 예를 들어, 시간의 분기 가능성(possibility of branches in time)은 "갈래길이 있는 정원(The Garden of Forking Paths)"에서 다루어졌으며, **만물 도서관**(Universal Library)과 같은 이상한 개념은 "바벨의 도서관(The Library of Babel)"의 주제이다. 보르헤스는 유럽 문화, 영국 문학 및 조지 버클리(George Berkeley)와 같은 사상가들로부터 아주 깊은 영향을 받았다.

Borromean rings (보로미오 고리)

따로 분리되지도 않지만 어느 두 개도 연결되어 있지 않도록 연결된 세 개의 고리. 하지만 이중의 어느 하나를 제거하면 나머지 두 개는 서로 분리된다. 15세기부터 고리를 그려 넣은 문장을 사용한 이탈리아의 보로미오(Borromeo) 가문의 이름에서 따온 것으로, 단결력의 상징으로 여러 곳에서 많은 시간 동안 이 문장을 사용해왔다. 오딘(Odin)의 삼각형 또는 죽음의 매듭(walknot 또는 knot of the slain)으로 알려진 보로미오 연결의 한 유형은 스칸디나비아 반도의 고대 게르만족이 사용했던 것인데, 보로미오 삼각형과 삼엽형(trefoil) 매듭을 만드는 한붓그리기 가능한 곡선(unicursal curve)의 두 가지 변형이 있다. 세 개의 초승달이 서로 섞여 짜여진 보로미오 고리와 비슷한 부조를 퐁텐블로(Fontainebleau) 궁전에서 찾아볼 수 있다.이것은 건축가 드롬(Philibert de l'Orme)이 디자인한 것인데, 프랑스 왕 앙리 2세(Henry II)의 애첩인 푸아티에(Diane de Poitiers, 1499-1566)가 사용했던 달 문장을 응용한 것이다. 비슷하지만 초승달이 그려진 자리에 서로 엮어져 있는 세 마리의 뱀이 들어 있는 것은 뱅거(Bangor) 성당을 위시하여 웨일즈(Wales)의 여러 곳에서 발견된다. 보로미오 고리는 기독교 삼위일체설을 상징하는 데 많이 사용된다. 이에 대한 초기의 근거는 지금은 소실되어버린 13세기 프랑스 문서에 나타나는데, 거기에 보면 세 개의 원이 공통으로 만나는 가운데 부분에 *일체(unitas)*란 글자가 적혀 있고, 세 원의 나머지 부분에 "삼위(tri-ni-tas)"의 세 음절을 나누어 적어 놓았다. 또 일본 나라 현의 사쿠라이(Sakurai) 북쪽에 있는 신사에 새겨진 문장이나 호주의 예술가인 존 로빈슨(John Robinson)의 조각에서도 보로미오 고리를 찾아볼 수 있다. 미국 뉴저지주에 있는 발렌타인(P. Ballantine and Sons) 맥주 회사는 세 원 속에 순수(Purity), 신체(Body), 맛(Flavor)이라고 쓴 보로미오 고리 그림을 상표로 사용하고 있어서, 북아메리카에서는 이 디자인이 발렌타인(Ballantine) 고리로 알려져 있다.

보로미오 고리에 대하여 수학에서 처음 관심을 갖게 된 것은 **테이트**(Peter Tait)가 발표한 1876년의 논문이다. 고리에 나타나는 6개의 교차점에서 원이 위 또는 아래로 지나는 상태를 바꿈으로써 원들이 서로 얽혀지는 양상이 결정된다. 각 교차점에서 원이 얽히는 형태가 두 가지씩 나타나므로, 고리를 얽는 가능한 가짓수는 모두 $2^6=64$이다. 그런데 대칭성을 고려하면, 64가지의 경우는 단지 기하학적으로 서로 다른 10가지의 경우로 줄어든다. 이때 두 형태가 서로 같다는 뜻은, 한 형태에 120° 돌리기, 뒤집기 및 '형태 안에서 뒤집기'와 같은 연산을 한 번 이상 시행하여 다른 형태로 만들 수 있을 때를 말한다. 여기서 '형태 안에서 뒤집기' 연산은 6개의 교차점에서 원들이 교차하는 위아래를 모두 바꾸는 것을 뜻한다. 이 고리는 **위상수학**(topology)의 관점에서 분석할 수도 있는데, 고리가 쉽게 구부리거나 늘이는 탄성이 있는 재질로 만들어졌다고 생각하는 것이다. 두 개의 고리를 (찢거나 붙이지 않고) 적절히 변형

보로미오 고리 북이탈리아의 아로나(Arona) 근처 마기오레(Maggiore) 호수의 이솔라 벨라(Isols Bella) 섬에 있는 보로미오 집안의 문장이 새겨진 화분. *Peter Cromwell*

보로미오 고리 이탈리아 크레모나(Cremona)에 있는 성 시기스몬도(San Sigismondo) 교회의 호두나무 문짝에 새겨져 있는 세 개의 고리. 이것은 스포르짜(Sforza) 가문에 속하는 여러 개의 문장 중의 하나이다. *Peter Cromwell*

하여 같은 모양이 되도록 할 수 있는 경우에, 이들은 위상적으로 동형이 된다. 기하학적으로 서로 다른 10가지 모양은 결국 위상적으로 서로 다른 5가지 경우로 요약된다.

Borsuk-Ulam theorem (보르숙-울람 정리)

위상수학(topology)에서 가장 중요하고 심오한 명제 중의 하나로서, n차원 공간에 있는 n개의 영역 각각의 부피를 정확하게 이등분하는 초평면이 존재한다는 것이다. 이로부터 여러 가지 흥미로운 결과를 얻게 된다. 예를 들어, 지구 표면에서 어떤 순간을 정하더라도 기온과 기압이 각각 서로 일치하는 지구의 중심에 대하여 완전히 반대쪽에 위치하는 두 개의 대칭점이 존재한다! 이것이 사실일 수밖에 없음을 확인하는 한 가지 방법은 적도 상에서 반대쪽에 있는 두 지점 A와 B를 생각하는 것이다. A 지점이 B 지점보다 기온이 더 높다고 하자. 적도를 따라서 A와 B를 함께 움직이는데, A는 원래 B의 위치에 오고 *B*는 원래 *A*의 위치에 올 때까지 동시에 움직인다. 이제 *A*는 *B*보다 기온이 낮으므로, 그 중간 어느 지점에서는 기온이 같아야 한다. 보르숙-울람 정리로부터 **브라우어의 부동점 정리**(Brouwer fixed-point theorem)와 **햄 샌드위치 정리**(ham sandwich theorem)를 얻을 수 있다.

bottle sizes (병의 크기)

포도주병과 샴페인병의 크기는 다음 "포도주병 크기" 표에서 볼 수 있듯이 여러 가지 표준에 따라 정해진다. 이것은 더블 매그넘(doule-magnum)까지는 각 단계의 크기가 두 배씩 커지는 **등비수열**(geometric sequence)을 이루다가, 그 뒤부터는 다소 복잡한 방법으로 크기가 증가한다. 지역에 따라 다소 차이가 있으며(예를 들어, Nebuchadnezzar는 12부터 15리터 정도의 부피이다), 또한 병에 담는 술의 종류에 따라 차이가 난다.

boundary condition (경계 조건)

어떤 **함수**(function)를 정의하는 변수가 갖는 경곗값에 대한 함숫값. 적분변수와 같은 다른 미지수가 소거되기 때문에, 잘 모르는 함수의 경계 조건을 통하여 그 함수의 성질을 알 수 있다.

boundary value problem (경계치 문제)

유일한 해를 갖도록 **경계 조건**(boundary condition)이 주어진 **상미분방정식**(ordinary differential equation) 또는 **편미분방정식**(partial differential equation).

Bourbaki, Nicholas (부르바키)

개인이 아니라 여러 수학자들의 모임. 1930년대 프랑스에서 가장 뛰어난 수학자들 몇 명으로 구성된 부르바키 그룹은, 제1차 세계 대전 후에 대학 강의와 교재를 개정하기 위해 스트라스부르(Strasbourg)에서 비밀리에 모였던 클럽의 형태로 시작했으며, 한 세대의 젊은 천재들에게 큰 영향을 끼쳤다. 곧 이어서 부르바키는 백과사전 수준으로 내용을 망라한 책을 수학의 전 분야에 걸쳐서 출판했으며, 그 영향은 널리 퍼져나갔다.

이것의 시작은 1934년 당시 스트라스부르 대학의 조교수였던 베예(André Weil)와 카르탕(Henri Cartan)으로 거슬러올라간다. 그들의 임무 중의 하나는 미분과 적분을 가르치는 것이었는데, 그 당시 표준 교재인 구르사(E. Goursat)의 『*해석학 입문(Traité d'Analyse)*』이 다소 불완전함을 알게 되었다. 새로운 "해석학 입문(Treatise on Analysis)"를 쓰자는 베예의 제안에 따라, 10명가량의 수학자들이 책 쓰는 계획을 세우기 위하여 정기적으로 모임을 갖기 시작했다. 즉시, 이 일은 누가 어느 부분을 집필했는지 밝히지 않고 공동으로 작업하기로 결정했는데, 이것은 그 후 부르바키 저술의 특성이 되었다. 1935년 여름에 니콜라 부르바키(Nicholas Bourbaki)란 필명이 정해졌으

포도주병 크기

크기의 명칭	지역	용량(리터)	용량 비교
Baby/split	전지역	0.1875	0.25
Half-bottle	전지역	0.375	0.5
Bottle	전지역	0.75	1
Magnum	전지역	1.5	2
Double-magnum	전지역	3	4
Jeroboam	Burgundy, Champagne	5	6.67
Jeroboam	Bordeaux, Cabernet S.	4.5	6
Rehoboam	Burgundy, Champagne	4.5	6
Imperial	Bordeaux, Cabernet S.	6	8
Methuselah	Burgundy, Champagne	6	8
Salmanazar	Burgundy, Champagne	9	12
Balthazar	Burgundy, Champagne	12	16
Nebuchadnezzar	Burgundy, Champagne	15	20

며, 초기의 멤버는 베예(Weil), 카르탕(Cartan), 슈발레(Claude Chevalley), 델싸르(Jean Delsarte), 디외도네(Jean Dieudonné)로서 모두 파리고등사범학교(École Normale Supérieure) 졸업생이었다. 몇 년이 지나서 멤버의 일부가 바뀌었는데, 초기 멤버 중의 일부는 조기에 그만 두었고 다른 사람들로 채워졌으며, 나중에 가입과 (50세가 되면 의무적으로) 은퇴를 결정하는 과정이 만들어졌다.

부르바키가 채택한 규칙과 과정은 종종 바깥 사람들에게 별스럽고 괴팍하게 보였다. 예를 들어, 그들이 개발한 여러 가지 책을 검토하거나 개편하기 위한 모임을 갖는 동안에, 누구든 언제든지 자신의 의견을 최대한 큰 소리로 말할 수 있었기 때문에, 여러 명의 뛰어난 수학자들이 동시에 자신이 낼 수 있는 가장 큰 소리로 일어선 채로 혼자서 떠드는 광경이 낯설지 않았다. 어떤 면에서는 현학적이며 건조하다고 말해도 좋을 정도까지 극도로 정교한 작업이 이와 같은 혼란스러움 속에서부터 이루어질 수 있었다고 할 수 있다. 부르바키는 기하학이나 시각화하는 시도에는 관심이 없었으며, 수학은 과학으로부터 일정 거리를 유지해야 한다고 믿었다. 지루하고 성가신 성향에도 불구하고 부르바키는 근대 수학에서 더 이상 의심의 여지가 없는 내용을 책으로 펴내기로 한 목표를 달성하였다.

brachistochrone problem (최단 시간 문제)

요한 베르누이(Johann Bernoulli)가(**베르누이 집안**(Bernoulli family) 참조) 1696년 6월 논문집 *Acta Eruditorum*을 통하여 동료 학자에게 도전했던 문제.

> 파스칼, 페르마 등에 의해 제기되었던 예시에 따라, 이 시대 최고의 수학자들 앞에 자신들 지식의 방법과 능력을 시험할 수 있는 한 문제를 제시함으로써 나는 전체 과학계로부터 감사의 뜻을 받기를 희망합니다. 누구든지 아래에 제시한 문제의 풀이를 나에게 알려주면, 나는 공개적으로 그 분을 칭송할 것입니다……. 수직 평면에 놓인 두 점 A, B에 대하여, 단지 중력의 작용만으로 A에서 출발하여 최단 시간에 B에 도달하는 곡선의 궤적은 무엇인가?

소문에 의하면 **뉴턴**(Isaac Newton)은 왕립 조폐국(Royal Mint)에서 힘든 시간을 보냈음에도 불구하고 오후 4시부터 다음 날 새벽 4시 사이에 그 문제를 해결했다고 하는데, 후에 그는 "수학과 관련된 일로 해서 외국인이 성가시게 하거나 귀찮게 하는 것을 나는 좋아하지 않는다……."라고 이 일에 대하여 언급했다. 그 외에 **라이프니츠**(Gottfried Leibniz), 프랑스의 **로피탈**(Guillaume de L'Hôpital) 및 요한의 형인 야곱(Jakob)이 정확한 답을 찾았다. 요한과 마찬가지로 그들도 최단 시간 문제의 답이, 또한 *등시간 문제(tautochrone problem)*의 답이기도 한 **파선**(cycloid)이라고 알려진 곡선임을 알아냈다.

Brahmagupta (브라마굽타, A.D. 598-665 이후)

고대 인도 최초의 수학 연구소인 우자인(Ujjain) 천문대의 소장이었던 힌두 천문학자이자 수학자. 628년에 쓴 그의 대표적 업적인 『*Brahmasphutasaddhanta*(The opening of the universe)』[10]는 **영**(zero)의 수학적 역할에 대한 바른 이해, 양수와 **음수**(negative number)의 계산 법칙, 제곱근의 계산 방법, 일차 및 몇 가지 **이차**(quadratic)방정식의 해법, 급수의 합을 구하는 방법 등을 위시하여 놀랄 만큼 수준 높은 아이디어를 포함하고 있다. 마찬가지로 천문학에 관한 그의 업적도 당대의 수준을 훨씬 뛰어넘고 있다. *브라마굽타의 정리(Brahmagupta's theorem)*는, 원에 내접하는 사각형(cyclic quadrilateral)의 대각선은 서로 수직으로 만나며, 대각선의 교점에서 한 변에 내린 수선은 항상 마주보는 변을 이등분한다. 원에 내접하는 사각형의 네 변의 길이가 a, b, c, d일 때, 그 넓이를 구하는 **브라마굽타**의 공식(Brahmagupta's formula)은, $S=(a+b+c+d)/2$일 때 $\sqrt{(S-a)(S-b)(S-c)(S-d)}$ 이다. d가 0일 때, 이것은 **헤론의 공식**(Heron's formula)이 된다.

braid (땋은 끈)

서로 땋아져 있으면서 양 끝이 평행한 두 직선에 연결되어 있는 선이나 실들이 모여 있는 형태. 땋은 끈 이론은 오스트리아의 수학자인 아틴(Emil Artin, 1898-1962)에 의하여 개척되었으며 **매듭**(knot)이론과 관계가 있다. 이것은 또한 다른 분야에서도 응용이 되는데, 이를테면 **다항식**(polynomial)의 계수 중의 하나가 변함에 따라 그 다항식의 근들이 움직이는 양상은 끈을 나타내는 것으로 알려져 있다.

Brianchon's theorem (브리앙숑의 정리)

한 **원뿔곡선**(conic section)에 외접하는 육각형의 주대각선들은 한 점에서 만난다.

역자 주

10) 다른 자료에는 이를 "Correct astronomical system of Brahma"로 쓰고 있으며, 보통 "범천(梵天)에 의해 계시된 올바른 천문학"으로 옮기고 있다.

bridges of Königsberg (쾨니히스베르크의 다리)

1736년 **오일러**(Leonhard **Euler**)가 분석하여 해결한 유명한 길 찾기 문제로서, 이로 인해 **그래프**(**graph**) 이론의 발전에 박차를 더하게 되었다. 한때 동프러시아의 수도였던 쾨니히스베르크의 구도시는 지금은 칼리닌그라드(Kaliningrad)라고 부른다. 이 도시는 폴란드와 리투아니아 사이에 있는 서부 러시아 위요지(Western Russian Enclave)로 알려진 러시아의 자그마한 지역에 속하는데, (지금의 대다수 러시아인들에게도 놀라운 사실이지만) 이 거주지는 러시아의 다른 영토와 연결이 되어 있지 않다! 쾨니히스베르크는 발트해에서 4마일 가량 내륙에 (지금은 프레골리아(Pregolya)라고 부르는) 프레겔(Pregel) 강의 양쪽에 솟아오른 평지에 자리잡고 있는데, 이 강은 두 줄기로 나누어져서 도시 사이를 흐르다가 녹색 다리(Grune Brocke) 아래에서 합쳐진다. 프레겔강을 건너는 일곱 개의 다리는 (그림에 번호가 붙여져 있다.) 크나이포프(Kneiphof) 섬(B)를 포함하여 (A부터 D까지) 도시의 여러 지역을 연결하고 있었는데, 이 섬에 쾨니히스베르크 대학과 이 대학이 배출한 가장 유명한 인물인 위대한 철학자 칸트(Emmanuel Kant, 1724-1804)의 무덤이 있다.

이 도시의 호기심 많은 사람들 사이에 "*어떤 다리도 두 번 이상 건너지 않으면서 7개의 다리를 모두 건너는 것이 가능하겠는가?*"라는 의문이 생겨났다. 여기에 아무도 답을 제시하지 못했는데, 그렇다면 불가능하다는 뜻인가? 그 당시 러시아의 상트 페테르부르크(St. Petersburg)에 살고 있었던 **오일러**(**Euler**)가 이 수수께끼에 대해 전해 듣고 관심을 갖게 되었다. 그는 1736년에 『*위치 기하학에 관한 한 문제의 풀이(Solutio problematis ad geometriam situs pertinentis)*』란 논문을 발표했는데, 여기에서 이 문제에 대한 답을 제시했다. 오일러는 다음과 같이 증명했다. 즉, 만약 그렇게 하는 것이 가능하기 위해서는, 각각의 지역에는 모두 짝수 개의 다리가 연결되어 있어야 하거나, 또는 한 지역에서 출발하여 다른 지역에서 끝나게 되는 경우에는 그 두 지역은 각각 홀수 개의 다리가 연결되어 있고 나머지 지역에는 각각 짝수 개의 다리가 연결되어 있어야 한다. 그런데 쾨니히스베르크의 다리들은 이 조건에 맞지 않으므로, 각각의 다리를 단 한 번씩만 건너면서 모든 다리를 다 건너는 것은 불가능한 일이다. 오일러의 논문은 쾨니히스베르크의 수수께끼를 풀었다는 점에서만이 아니라 점 또는 *꼭짓점(vertex)*들이 직선이나 *곡선(arcs)*으로 연결되어 있는 네트워크처럼 훨씬 더 일반적인 경우에 대한 답을 제시했다는 점에서 중요하였다. 더욱이, 논문 제목의 『*위치의 기하학(geometry of position)*』이란 표현은 오일러가 거리의 개념이 의미가 없는 다른 형태의 기하학을 다루고 있음을 자신이 알고 있었음을 보여준다. 그래서 이 논문을 **위상수학**(**topology**)이란 개념의 등장에 대한 서곡으로 볼 수 있다. 또한 **오일러 경로**(**Euler path**)를 보시오.

쾨니히스베르크의 다리 일곱 개의 다리가 그려져 있는 도시의 옛 지도.

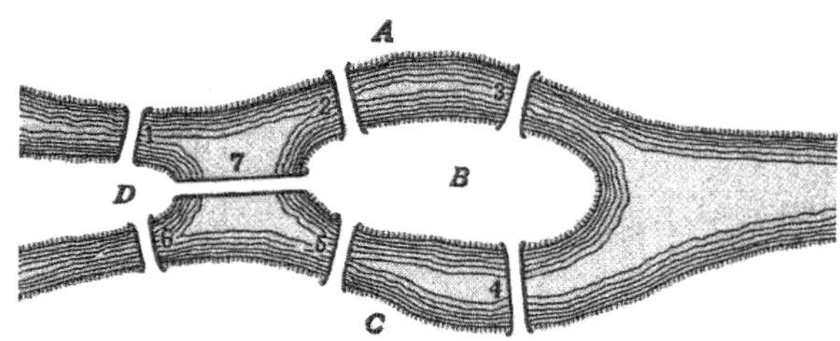

쾨니히스베르크의 다리 다리의 위치를 보여주는 그림. *B*가 나타내는 곳이 크나이포프 섬이다.

Briggs, Henry (브리그스, 1561-1630)

(밑을 10으로 하는) 상용**로그**(**logarithm**)를 고안했으며 과학자들이 이를 사용하도록 하는 데 크게 기여한 영국의 수학자. 존경받고 재능을 타고난 수학자로서 그는 옥스퍼드 대학에서 기하학의 세빌 석좌(Savilian chair)에 지명되었으며, 자신의 분야에서 대중적 접촉과 섭외의 중요한 일을 맡았다.

Brocard problem (브로카르 문제)

방정식

$$n! + 1 = m^2$$

의 정수해를 찾는 문제. 이 방정식의 해를 *브라운수(Brown numbers)*라고 부르는데, (5, 4), (11, 5), (71, 7)의 단 3개만 알려져 있다. **에르되시**(Paul Erdös)는 이들 외에 해가 없을 것이라고 추측했다.

broken chessboard (부서진 장기판)

폴리오미노(polyomino)를 보시오.

Bronowski, Jacob (브로노우스키, 1908-1974)

운영 이론(operation theory)을 연구하고 이것을 군사 전략에 처음 응용했으며, 말년에는 과학 윤리학을 연구한 폴란드의 수학자. 그는 또한 1973년에 시작된 텔레비전 시리즈 *인간의 진보(The Ascent of Man)*를 쓰고 내레이션을 하였다.

Brouwer, Luitzen Egbertus Jan (브라우어, 1881-1966)

수학적 사유에서 **러셀**(Bertrand Russell)의 논리주의 학파에 맞서서 직관주의 학파를 창설한 네덜란드의 수학자. 그는 또한 **위상수학**(topology)의 창시자 중의 한 사람으로, 1909년과 1913년 사이에 그가 했던 대부분의 연구는 이 분야에 집중되었다.

Brouwer fixed-point theorem (브라우어의 부동점 정리)

위상수학(topology)에서 놀라운 결과 중의 하나이며 수학에서 가장 유용한 정리 중의 하나이다. 종이 두 장이 포개져 있다고 하자. 위쪽의 종이를 집어서 마음대로 구긴 후에 아래쪽 종이 위에 올려놓는다. 브라우어의 정리에 따르면, 구겨진 종이의 적어도 한 점은 아래쪽 종이를 기준으로 할 때 처음에 있었던 그 위치에 있게 된다. 이 아이디어는 삼차원에서도 그대로 성립한다. 커피를 담은 잔을 마음껏 저어 보라. 브라우어의 정리에 따라, 커피 속에는 (비록 중간에는 빙빙 돌면서 왔다갔다 하겠지만) 처음에 젓기 전에 있었던 그 자리에 그대로 있는 점이 반드시 있게 된다. 뿐만 아니라, 커피를 다시 저어서 그 점을 다른 곳으로 보내게 되면, 또 다른 어떤 점이 원래 있었던 그 위치로 되돌아오게 된다! 놀랄 일이 아니지만, 브라우어르의 정리의 원래 내용에는 종이나 커피가 포함되어 있지 않다. 그것은 n-**공**(ball)에서 n-공으로 가는 (즉, 속이 꽉 찬 n-차원 구와 위상적으로 같은 대상에 속한 점을 그와 같은 대상의 점으로 대응시키는) 연속함수는 반드시 부동점을 갖는다는 것이다. 이때 연속성은 필수적이다. 예를 들어, 앞의 예에서 종이를 찢게 되면 부동점이 존재하지 않을 수도 있다.

Brownian motion (브라운 운동)

입자의 연속적 **무작위**(random) 운동의 가장 전형적인 유형으로, 이 경우에 짧은 거리와 시간에서 입자들의 진동이 더 큰 에너지를 갖게 된다. 이것은 유체 속에서 입자의 운동, 주식 가격의 등락 등과 같은 여러 과정을 설명하는 모델이다. 브라운 운동은 이것에 대하여 처음 연구한 스코틀란드의 식물학자 브라운(Robert Brown, 1773-1858)의 이름을 붙인 것이다.

Brun's constant (브룬의 상수)

쌍둥이 소수(twin primes)를 보시오.

bubbles (거품)

한 개가 있든 여러 개가 붙어 있든 거품은 한 가지 단순한 규칙에 따라 그 모양을 결정한다. 비누막은 항상 **최소곡면**(minimal surface)을 이루려고 한다. 거품과 비누막에 관한 수학적 연구는 1830년대에 **플래토**(Joseph Plateau)에 의하여 본격적으로 시작되었다. 한 개의 거품은 항상 공 모양을 유지하려고 한다. 왜냐하면 **아르키메데스**(Archimedes)가 추측을 했고 슈바르츠(Hermann Amandus Schwarz, 1843-1921)가 1884년에 증명한 바에 의하면, 구가 단일 부피를 둘러싸는 최소

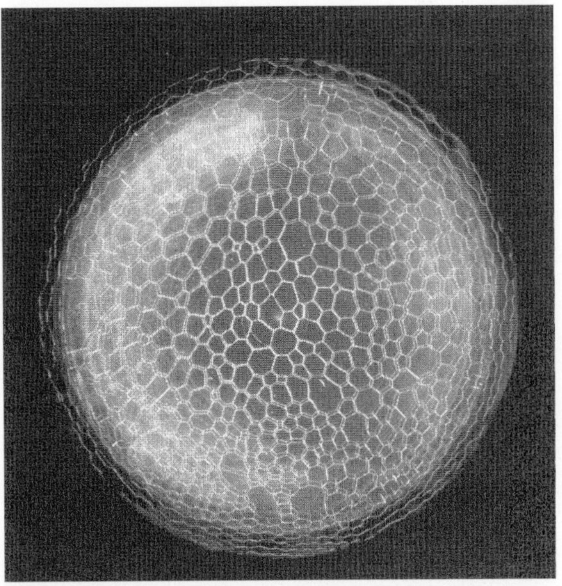

거품 벌집과 같은 구조를 취하면서 빽빽하게 밀집되어 있는 거품.
Australian National University

곡면이기 때문이다. 공중에서 두 개의 분리된 부피를 둘러싸는 최소곡면은 제3의 곡면에 의해 분리되는 이중 거품(double bubble)일 것이라고 수학자들은 오랫동안 믿고 있었는데, 이때 제3의 곡면은 두 개의 거품이 만나서 만들어지는 원을 따라 이들과 120°의 각도를 유지하면서 만나며, 부피가 같은 두 개를 둘러싸는 경우에는 평면이고 부피가 다른 두 개를 둘러싸는 경우에는 더 큰 거품 쪽으로 불룩한 구면을 이룰 것으로 추측했다. *이중 거품 추측(Double bubble conjecture)*은 2000년에 네 명의 수학자에 의하여 마침내 증명이 되었다.[11]

거품과 관련되어 최근에 해결된 또 다른 유명한 미스터리는 기네스 맥주잔 속의 거품은 떠오르는 대신 왜 가라앉는 것일까

역자 주

11) 이 증명은 Michael Hutchings, Frank Morgan, Manuel Ritoré, Antonio Ros가 Annals of Mathematics, 2nd Ser. 155 (2): 459–489 (2002)에 "Proof of the double bubble conjecture"란 제목으로 게재한 논문에 나와 있다.

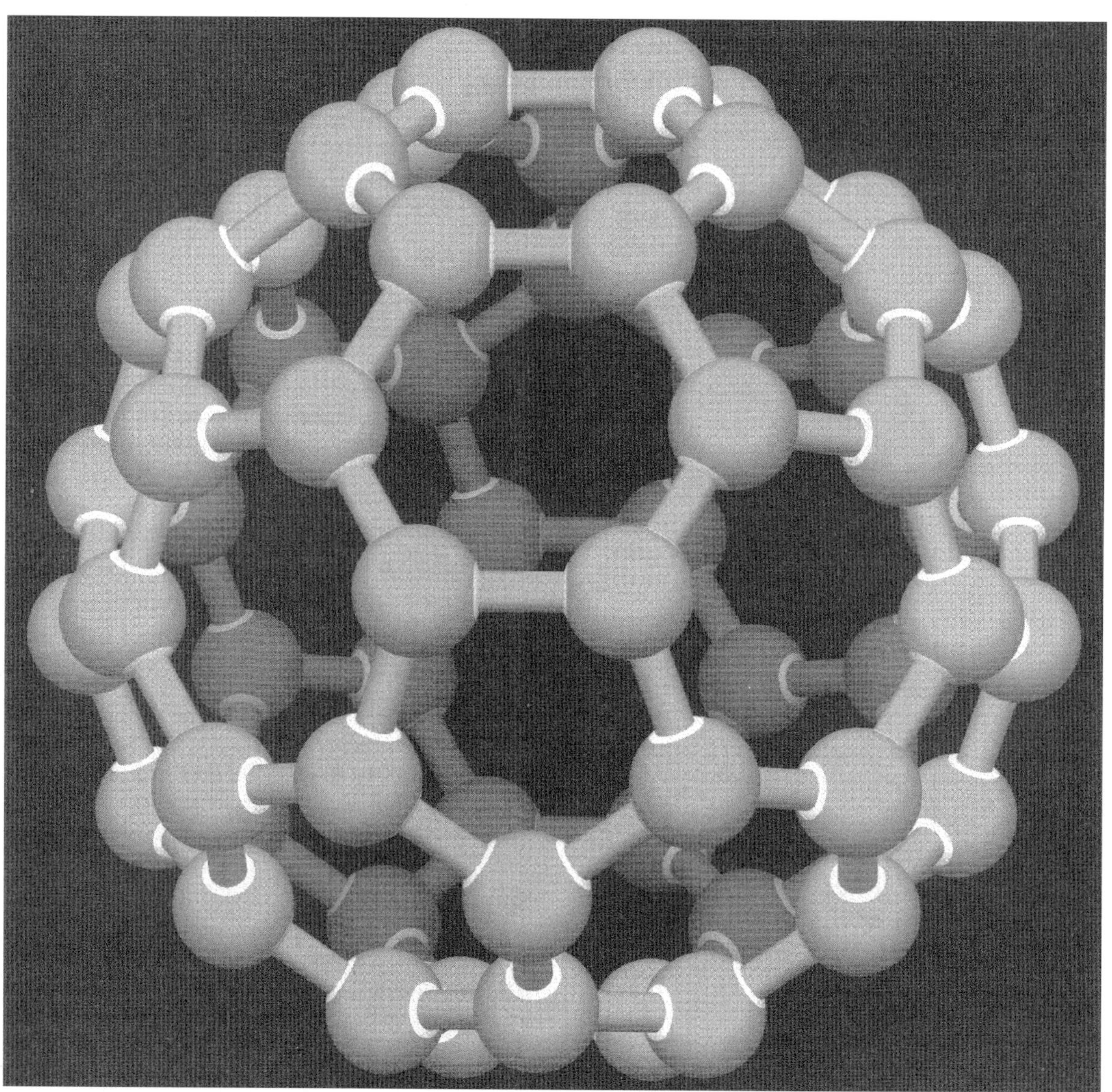

버키공 벅민스터 풀러린–버키공의 분자. *Nick Wilson*

B

하는 의문이다. 흔히 보듯이 국 냄비 속의 거품이나 다이버가 내뿜는 거품처럼 떠오르는 거품에 대한 설명은 쉽다. 가스가 찬 거품은 액체보다 가벼울 뿐만 아니라 액체의 표면으로 떠올려주는 부력을 받기 때문이다. 그런데 기네스 맥주잔 속의 거품은 대부분 아래로 가라앉는 것을 볼 수 있다. 연구에 따르면, 유리잔 가운데에 있는 큰 거품들은 상대적으로 빨리 위로 떠오르면서 액체를 끌어당긴다. 유리잔 속에 있는 액체의 양은 (누군가 마시지만 않는다면!) 일정하기 때문에, 잔의 가운데에서 위로 끌려올라간 액체는 결국 잔의 벽 근처에서 아래로 흘러내리게 된다. 이렇게 아래쪽으로 흘러내리는 액체가 거품을 아래로 끌어내리는 효과를 나타낸다. 큰 거품이 작은 거품보다 부력이 더 크며, 계속 위로 올라간다. (지름이 0.05 mm보다 작은) 조그만 거품은 아래로 끌어내리는 힘을 이겨낼 만큼 부력을 받지 못하기 때문에, 유리잔 벽 근처에서는 아래로 끌려내려가게 된다. 기네스 맥주는 상당히 불투명하며 아래로 끌려내려가는 작은 거품들은 유리잔 가장자리에 가까이 있기 때문에, 거의 대부분의 거품들이 아래로 가라앉는 것처럼 보인다. 또한 **플래토 문제(Plateau problem)**를 보시오.

buckyball (버키공)

또한 *풀러린(fullerene)*으로도 알려진, 볼록 다면체 골조의 형태에 배열된 탄소 원자들로 이루어진 큰 분자. 버키공은 건축가인 풀러(Richard Buckminster Fuller)의 이름을 딴 것인데, 이것의 모양이 그가 발명한 측지선 돔(geodesic dome)과 비슷하게 생겼기 때문이다. 최초로 (우연히) 발견된 버키공은 깎은 **정이십면체(icosahedron)**의 각 꼭짓점에 60개의 탄소 원자가 한 개씩 배열되어 있는 C_{60}이었다. 축구공과 닮은 이 모양은 20개의 정육각형과 12개의 정오각형으로 이루어진 32개의 면을 갖고 있다. 여러 가지 다른 형태의 버키공이 알려져 있는데, 그중에서 잘 알려진 것으로 70, 76, 84개의 탄소 원자로 이루어진 것들이 있으며 모두 육각형과 오각형 면들이 **오일러의 공식(Euler's formula)**을 만족시키는 배열에 따라 독특하게 구성되어 있다. 이 공식에 의하여, 육각형 면의 개수는 풀러린의 종류에 따라 달라질 수 있지만 오각형 면의 개수는 종류에 관계없이 12개이다. (실제로, 7각형 면을 갖는 버키공도 발견되었지만, 이 칠각형 면은 오목하기 때문에 결함이 있는 것으로 간주한다.)

Buffon's needle (뷔퐁의 바늘)

프랑스의 자연주의자이자 수학자인 뷔퐁(Comte Georges Louis de Buffon, 1707-1788)이 1777년에 실험적으로 조사했던 기하학적 확률(**확률론(probability theory)** 참조)에 관한 초기의 문제. 평행선들이 그어진 종이 위에 바늘 한 개를 반복적으로 떨어뜨릴 때 바늘이 종이 위에 그어진 평행선과 교차할 확률의 계산에 관한 것이다. 그 결과는 놀랍게도 π(pi)의 값과 직접 관련이 있다.

평행선의 폭이 1 cm이고 바늘의 길이도 1 cm인 간단한 경우를 생각해 보자. 여러 번 떨어뜨려 보면 바늘이 종이 위에 그어진 선과 교차할 확률이 2/π에 아주 가까운 값이 됨을 알게 된다. 왜 그럴까? 다음과 같은 두 가지 변수가 있다. 하나는 바늘의 중심에서 가장 가까운 직선까지의 거리 d로서 0 cm와 0.5 cm 사이의 값을 갖는다. 또 하나는 직선과 떨어뜨린 바늘이 이루는 사잇각 θ로서 0°와 180°사이의 값을 갖는다. 만약 $d \leq 0.5\sin\theta$이면 바늘은 직선과 닿게 된다. 함수 $d=0.5\sin\theta$의 그래프에서, 곡선 위 또는 아래에 해당하는 d의 값은 바늘과 직선이 교차한다는 뜻이므로, 그 확률은 전체 직사각형의 넓이에 대한 곡선 아랫부분의 넓이의 비와 같다. 곡선 아랫부분의 넓이는 0에서 π까지 $0.5\sin\theta$의 적분과 같으며 그 값은 1이다. 직사각형의 넓이는 $\pi/2$이다. 따라서 구하는 확률은 1/(π/2), 즉 2/π(약 0.637)이다. 평행선이 그어진 종이 위에 바늘을 여러 번 떨어뜨려서 π의 값을 (비록 느리지만) 구하는 일은 재미있는

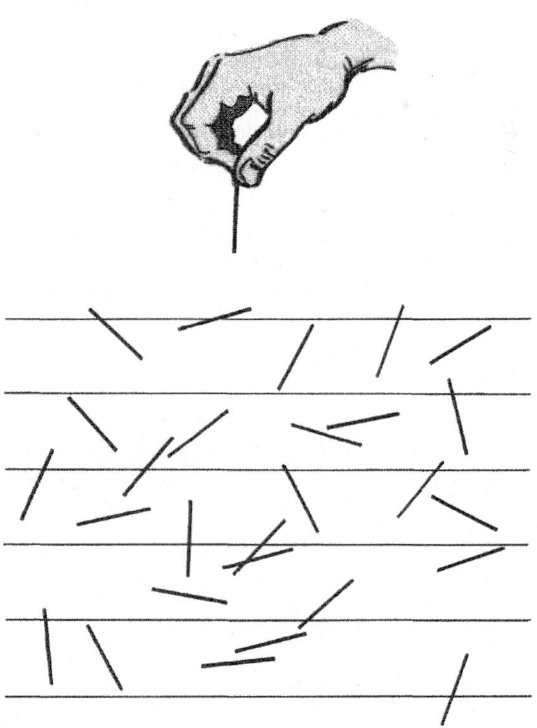

뷔퐁의 바늘 평행선이 그어진 종이 위에 바늘이 무작위로 떨어뜨려진다.

일이다. 이와 같은 확률 계산 방법은 **몬테카를로 방법**(Monte Carlo method)으로 알려진 기법의 기초가 된다.

bundle (다발)

위상공간(topological space) A, B 사이의 함수 f로서, B의 각 원소 b에 대한 (섬유(fiber)라고 부르는) 집합 $f^{1}(b)$[12]가 모두 어느 한 공간과 **동형**(homeomorphic)이 되는 경우. 가장 간단한 예는 **뫼비우스 띠**(Möbius band)인데, 이 경우 A는 뫼비우스 띠이고 B는 원이며 섬유들은 실수 직선 위의 어느 한 구간과 모두 동형이다.

Burali-Forti paradox (부랄리-포르티 역설)

(대상의 위치를 정해주는 수인) **서수**(ordinal number)의 모임은 **자연수**(natural number)와 달리 **집합**(set)을 이루지 않음을 보여주는 논쟁. 각 서수는 그 앞의 수(predecessor) 전체의 집합으로 정의할 수 있다. 따라서 다음을 알 수 있다.

0은 **공집합**(empty set) $\varnothing$으로 정의한다.[13]
1은 $\{0\}$으로 정의하며, $\{\varnothing\}$과 같다.
2는 $\{0, 1\}$로 정의하며, $\{\varnothing,\{\varnothing\}\}$과 같다.
3은 $\{0, 1, 2\}$로 정의하며, $\{\varnothing,\{\varnothing\}, \{\varnothing,\{\varnothing\}\}\cdots$과 같다.
일반적으로 n은 $\{0, 1, 2,\cdots n-1\}$로 정의한다.

만약 모든 서수들의 모임이 집합을 이룬다면, 이 집합은 여기에 속한 모든 서수보다 더 큰 서수가 될 것이다. 이것은 이 집합이 모든 서수를 다 포함한다는 데 모순이 된다. 서수들의 모임이 집합을 이루지는 않지만, 이 모임은 유(類, class)라고 부르는 모임으로 다루어지고 있다.

Buridan's ass (부리당의 나귀)

나귀로부터 같은 거리에 위치하고 있는 양과 질이 똑같은 두 개의 사료더미에 반응하는 나귀의 행동에 관한 논리와 관련된 중세 시대의 역설. 이 나귀의 행동이 전적으로 합리적이라고 가정한다면, 두 사료더미 중에서 어느 한쪽을 더 좋아할 이유가 없다. 따라서 어느 사료를 먼저 먹어야 할지 결정할 근거가 없기 때문에, 나귀는 제자리에 머무른 채 굶어죽는다. 사료더미가 한 개만 있었으면 나귀는 살아남았겠지만, 똑같은 사료더미가 두 개 있으면 나귀가 죽는다. 이것이 합당한가? 이 역설은 프랑스의 철학자 부리당(Jean Buridan, 1295-1356경)의 이름을 딴 것이다.

burr puzzle (껍질 퍼즐)

나무로 만든 서로 마주 얽히게 되어 있는 퍼즐로서, 완전히 짜맞추게 되면 보통 직육면체 모양의 나무토막 세 개가 수직으로 교차하는 모양이 된다. 이 퍼즐이 어떻게 시작되었는가에 대해 알려진 것은 거의 없지만, 아시아와 유럽에서 모두 18세기에 만들어졌던 것으로 생각한다. 이것이 1900년대 초부터 동양에서 많이 만들어졌기 때문에, 사람들은 이것을 *중국 퍼즐(Chinese puzzle)*이라고 불렀다. 1928년에 와이트(Edwin Wyatt)가 이 퍼즐에 대해서 처음으로 『*목제 퍼즐(Puzzles in Wood)*』[355]이란 이름의 책을 출판했는데, 완성된 모양이 씨앗껍질처럼 생

껍질 퍼즐 잘못된 조립 방법이 19가지나 되는 어려운 6조각 껍질 퍼즐과 10가지 방향으로 움직여서 완성된 조립 결과. *Mr. Puzzle Australia/William Cutler*

역자 주

12) 보통 $f^{-1}(b)$로 나타낸다.
13) 원문에는 $\varnothing$ 대신에 { }를 사용했는데, 우리나라에서는 2007 개정 교육과정부터 앞의 기호만 사용하고 있다.

겼다고 해서 *껍질 퍼즐(burr puzzle)*이라고 소개했다.

껍질 퍼즐은 3조각(최소 개수), 6조각(가장 흔한 개수), 12조각 또는 다른 개수로 이루어져 있는데, 다양한 형태로 조각에 홈을 파서 퍼즐 맞추기에 도전하는 사람들의 흥미를 자극하고 있다. 가장 보편적인 6조각 껍질 퍼즐에 대한 최초의 설명서는 1790년 베를린에서 만든 것으로 알려져 있으며, 1917년이 되어서야 특정한 디자인에 대하여 특허가 출연되었다. 1977년에 **커틀러**(William Cutler)는 속에 빈틈이 없는 6조각 퍼즐을 구성할 수 있는 '홈을 판 조각'은 25가지가 가능하며, 이들로 속에 빈틈이 없는 6조각 퍼즐을 구성하는 방법은 314가지임을 증명했다. ('홈을 판 조각'이란 톱질을 두 번 한 틈 사이를 끌로 쪼아내는 과정을 몇 번 계속해서 홈을 판 조각을 뜻한다.) 커틀러는 또한 속에 빈틈이 없는 6조각 퍼즐을 구성할 수 있는 일반적인 조각은 369가지가 있으며, 이들을 조립하는 방법은 119,979가지가 있음을 증명했다. 특별한 경우 중의 하나는 6개가 모두 같은 모양으로 된 퍼즐인데, 각 조각이 모두 바깥쪽이나 안쪽으로 움직일 수 있게 되어 있다. 평평하게 홈이 파인 조각으로 이루어진 또 다른 경우는, 대번에 알 수는 없지만, 가장 마지막에 밀거나 비틀어서 조립을 완성하게 되어 있는 특별한 '홈이 파인 조각'을 하나 포함하고 있다. 이런 퍼즐은 가끔 모양이 똑같은 조각으로 이루어져 있어서 때로는 증기를 쐰 후에 힘을 써야만 조립이 되는 경우도 있다.

butterfly effect (나비 효과)

혼돈 이론(chaos theory) 중에서 세상을 깜짝 놀라게 하고 떠들썩하게 관심을 끈 주장 중의 하나로서, 나비 한 마리의 날갯짓이 복잡한 인과 관계의 과정을 거쳐서 태풍을 일으키게 할 수도 있다는 것. 논쟁의 요점은 자그만 교란이 예기치 않게 엄청난 현상으로 증폭될 수 있다는 것이다. 그러나 압도적인 가능성은 나비 한 마리의 날갯짓처럼 아주 미미한 효과는 아주 빨리 약해져서 미래의 사건에 중요한 역할을 하지 못한다는 점이다. 또한 **인과 관계**(causality)를 보시오.

butterfly theorem (나비 정리)

한 원 위의 **현**(chord) PQ의 중점 M을 지나는 두 현 AB, CD에 대하여, AD와 PQ의 교점을 X, CB와 PQ의 교점을 Y라 하면, 점 M은 또한 선분 XY의 중점이 된다. 이 정리의 이름은 결과로 나타나는 그림의 모양을 보고 붙인 것이다.

Byron, (Augusta) Ada (바이런, 1815-1852)

바이런 경(Lord Byron)의 딸이자 컴퓨터 이전의 역사에서 가장 개성이 풍부한 인물로서, 러브레이스 백작 부인(Lady Lovelace)으로도 알려짐. 태어난 지 5주 만에 부모가 헤어졌기 때문에 그녀는 어머니(neé Annabella Milbanke)의 손에 자랐는데, 수학에 관심이 많았기 때문에 바이런 경은 자신의 아내를 "평행사변형 공주(Princess of Parallelogram)"라고 불렀다. 어머니는 에이다가 아버지와 같은 시인이 아니라 수학자와 과학자로 키우려고 결심했다. 그러나 에이다는 자신의 과학적 재능을 시적 상상력과 섞고 수학적 재능을 은유와 결합함으로써 양쪽 세계를 융합하려고 시도했다.

열일곱 살이 되던 해에 그녀는, **라플라스**(Laplace)의 논문을 영어로 번역하며 자신이 쓴 책이 옥스퍼드 대학[14]에서 교재로 사용됐던 뛰어난 여성인 서머빌(Mary Somerville)을 소개받았다. (그래서 그 대학의 여자 대학의 이름을 서머빌 대학이라 붙였다.) 새로운 계산 기계인 해석 기관(Analytical Engine)에 관한 **배비지**(Charles Babbage)의 아이디어를 에이다가 처음 들은 것은 1834년 11월 서머빌의 디너 파티에서였는데, 그녀는 그 즉시 거기에 빠져들었다. 에이다는 1843년에 결혼하여 세 아이의 어머니가 되었으며, 해석 기관에 관한 프랑스어 논문을 영어로 번역하여 배비지에게 보여주었다. 그는 에이다에게 자기 생각을 논문에 추가해 보라고 권했다. 그 결과 원래 논문의 양보다 세 배나 많아졌는데, 거기에는 복잡한 음악의 작곡, 그래픽 제작, 과학 문제 풀이 등에 해석 기관이 어떻게 이용될 수 있는지에 대하여 선견지명을 갖고 꿰뚫어본 에이다의 견해가 포함되어 있었다. 에이다와 배비지 사이에 정기적으로 서신 왕래가 계속되었으며, 그동안에 에이다가 해석 기관으로 **베르누이수**(Bernoulli number)를 계산할 수 있는 방법을 배비지에게 제안했는데, 이것을 최초의 컴퓨터 프로그램으로 인정하고 있다. 이 공로를 인정하여, 1979년 미 국방성에서 개발한 소프트웨어 언어를 "Ada"라고 명명했다. 아버지와 마찬가지로 그녀도, 오랜 병 끝에 36세의 일기로 생을 마감했다.[335]

byte (바이트)

한 글자를 나타내는 데 사용되는 8**비트**(bit) 길이의 문자열.

역자 주

14) 원본에는 케임브리지(Cambridge)로 나와 있는데 이는 저자의 착오로 보인다.

C

caduceus (신들의 사자)

수학에서는 각각이 **나선**(helix)인 한 쌍의 곡선들이 공간에서 서로 반대 방향으로 꼬아진 것을 말한다. 신화에서는 위에 날개가 달리고 두 마리의 뱀이 휘감긴 막대기로, 그리스 신화에서 전령의 신 헤르메스가 지니고 다닌 지팡이를 뜻한다. 헤르메스가 두 마리의 뱀의 싸움을 말리려 그의 지팡이를 뱀에게 던지자 그 뱀들이 막대기에 휘감기게 되었다. 신들의 사자는 그리스 공무원들이 들고 다녔으며 로마에서는 휴전과 중립의 상징이 되었다. 16세기부터는 의학의 상징으로도 쓰였다. 근대 의학 이전에는 의사들이 기생충에 감염된 환자들을 막대기와 칼을 써서 치료했다. 기생충이 있는 곳까지 환자의 피부를 길게 잘라 두면, 기생충이 막대기를 휘감게 되어서 절개 부위에서 완전히 기어나오게 된다. 칼과 막대기를 이용한 기생충 감염 치료는 신들의 사자로부터 받은 최초의 영감의 산물로 여겨진다. 신들의 사자는 그 시대 의사들을 위한 홍보물로 사용되었다.

Cage, John (케이지, 1912-1992)

지금까지 작곡된 음악 중 제일 조용한 음악을 쓴 것으로 가장 잘 알려진 미국의 아방가르드 작곡가. 그의 피아노곡(*4분 33초*(*4'33"*))은 연주가가 고요한 가운데 273초 동안 앉아 있게 한다. 273초는 섭씨 영도 아래로 분자 운동이 멈추는 **절대 영도**(absolute zero)까지의 섭씨온도와 같다. *4'33"*는 케이지가 하버드 대학 무향실을 방문했을 때 영감을 받은 것이다. 그는 그 무향실에 대해 다음과 같이 기록했다.

> 빈 공간이나 빈 시간이란 것은 없다. 항상 무언가를 보거나 들을 것이 있다. 사실 우리가 아무리 정적을 만들려 해도 만들 수 없다. 어떤 공학적 목적에서는 환경을 가능한 한 조용하게 만드는 것이 필요하다. 이러한 방을 무향실이라고 부르는데, 그 방의 벽을 특별한 재료로 만들기 때문에 메아리가 생기지 않는다. 나는 하버드 대학에 있는 무향실에 들어가서…… 두 가지 소리를 들었다. 하나는 높고 하나는 낮은 소리였다. 담당 기술자에게 내가 들은 것을 말했더니, 그는 나에게 높은 소리는 나의 신경계 소리였고 낮은 소리는 내 혈액 순환 소리였다고 알려주었다.

케이지의 *4'33"*는 주의를 무대에서 관객으로나 콘서트홀 너머로까지 이동시킴으로써 전통적인 한계를 깬다. 청중들은 일상적인 것부터 엄청난 것, 평범한 것부터 심오한 것, 상세한 것부터 광대한 것 즉, 자리에서 움직이기, 책장 넘기기, 숨쉬기, 삐걱거리는 문, 지나가는 차량들, 되찾은 기억과 같은 온갖 소리를 알아차리게 된다. 273초 동안 조용히 앉아 있는 그 자체가 연주자 본인과 청중에게 연주의 한 부분으로 여겨질 수 있을까? 아니면 결국 이 모든 것이 그런 척하는 허세인 것일까? 마틴 가드너(Martin Gardner)는 자신의 수필 "무(Nothing)"에서 이렇게 말했다. "나는 *4'33"*의 연주를 들은 적이 없지만, 연주를 들은 친구들이 나에게 이 곡이 케이지의 가장 훌륭한 작품이라 말한다."

신들의 사자 *Auckland Medical Research Foundation*

Caesar cipher (시저 암호)

가장 간단하고 오래된 것으로 알려진 **환자식 암호**(substitution cipher)로서, 줄리어스 시저가 정부의 전갈을 보낼 때 사용하려고 고안한 것이다. 알파벳을 미리 정해진 규칙에 따라 문자들을 오른쪽이나 왼쪽으로 같은 수만큼 자리를 옮겨서 다른 알파벳으로 치환하는 것이다. 예를 들어, 오른쪽으로 3칸 옮기면 "This is secret"는 "Wklv lv vhfuhw"로 바뀐다.

Cake-cutting (케이크 자르기)

케이크 한 개를 여러 사람들이 각자가 공정하게 나누어가졌다고 생각하도록 하려면 이를 어떻게 자르면 될까? 근대 수학의 입장에서 이런 고전적인 *공평한 분배(fair division)*의 문제는 제2차 세계 대전 때부터 시작되었는데, 그때 **슈타인하우스**(Hugo Steinhaus)가 **게임 이론**(game theory)을 이용하여 도전했었다.[315] "참가자"가 몇 명이든 상관이 없다. 그들은 케이크를 나누는 데에 대한 규칙에 동의하고 모두가 그 규칙을 따른다. 마침내 각 참가자들은 공정한 몫이라고 생각되는 만큼 갖게 된다. 가장 간단한 경우로 두 명만 관여할 때에는 쉽고 잘 알려진 전략이 있다: 한 사람이 자르고 다른 사람이 고른다. 이 방법이 세 명인 경우에도 적용될 수 있을까? 사람들이 각자의 판단으로 *가장 큰* 조각을 가지도록 이 방법이 적용될 수 있을까? 슈타인하우스는 모두 자기가 가장 많은 양을 가졌다고 믿는 소위 *불만 없는 분배(envy-free division)*가 몇 명의 참가자가 있든 모든 경우에 존재한다고 증명할 수 있었다. 그러나 막상 세 명 이상의 참가자들에게 적용되는 실제 알고리즘을 찾는 것은 다른 이들에게 남겨졌었다.

세 명의 참가자의 경우 불만 없는 방법은 셀프리지(John Selfridge)와 **콘웨이**(John Conway)가 가장 먼저 고안했다. 세 명의 참가자를 앨리스, 밥, 캐럴이라고 하자. 이 방법은 다음과 같다: (1) 앨리스가 보기에 삼등분이라고 생각되도록 케이크를 세 부분으로 나눈다. (2) 밥이 가장 커 보이는 조각을 다른 두 개와 비슷해지도록 조금 잘라내고, 잘라낸 부스러기를 따로 둔다. (3) 캐럴, 밥, 앨리스의 차례로 한 조각씩을 선택한다. 캐럴이 부스러기를 가져가지 않으면 밥이 가져가야 한다. 부스러기를 가져간 사람을 T라고 하고 (밥과 캐럴 중) 다른 사람을 NT라고 하자. (4) 부스러기를 나누기 위해 NT가 삼등분이라고 생각하는 대로 케이크를 자른다. (5) 참가자들은 다음과 같은 순서로 잘린 조각들을 고른다: T, 앨리스, NT. 셀프리지-콘웨이 전략의 성공 비결은, 부스러기에 한해서 앨리스는 T에 대해 "취소할 수 없는 이점(irrevocable advantage)"을 갖는다. 왜냐하면 앨리스는 T가 부스러기를 모두 가져가도 T에게 불만이 없을 것이기 때문이다. 그러므로 앨리스는 T 다음에 잘린 조각을 고를 수 있으며, 이 방법이 유한 번의 단계에서 끝나도 좋다고 할 것이다.

네 명 이상이 케이크를 자르는 경우에는 불만 없는 해결책이 아주 복잡하고, 해결하기에는 제멋대로 길어질 수도 있다. 그러나 공정하고 불만 없는 분배 문제의 일반적인 해법은 1992년 뉴욕 대학의 정치학자인 브람스(Steven Brams)와 뉴욕주 스케넥터디(Schenectady)에 있는 유니언 대학의 수학자 테일러(Alan Taylor) 두 미국인에 의해 마침내 발견되었다.[51, 52] 두 참가자가 있을 경우 첫째 사람이 케이크를 반으로 자른다. 세 명의 경우 첫째 사람이 케이크를 삼등분한다. 네 명의 경우 브람스와 테일러가 보여주기를, 첫째 사람을 밥이라고 할 때 밥이 케이크를 똑같이 다섯 조각으로 나눈 후 캐럴에게 넘긴다. 캐럴이 최대 두 조각을 다듬어 그녀가 보기에 가장 큰 조각이 세 개가 되도록 만든다. 잘린 부스러기를 옆에 두고 케이크 다섯 조각을 단(Don)에게 주면 그가 최대 한 조각을 다듬어 그가 보기에 가장 큰 조각이 두 개가 되도록 만든다. 이제 넷째 참가자인 앨리스가 가장 마음에 드는 조각을 고른다. 조각을 고르는 순서는 케이크를 잘랐던 순서와 반대로 하는데, 한 번이라도 케이크 조각을 다듬은 사람은 자기 차례일 때 여전히 부스러기가 남아 있다면 그들 중 하나를 가져야 한다는 조건을 전제로 한다. 처음부터 남는 한 조각은 아무도 두 번째로 큰 조각을 고르지 않았을 것을 뜻한다. 만약 누군가가 자기 차례 전에 자기 마음에 드는 조각을 가져간다면 같거나 더 큰 조각이 항상 탁자 위에 있을 것이다. 브람스와 테일러가 개발한 공식에 의하면 밥은 맨 처음에 케이크를 최소 $2^{(n-1)}+1$개의 조각으로 잘라야 한다. 이것은 다섯 명일 때 아홉 조각, 여섯 명일 때 17조각, 등등을 가리킨다. 이렇게 밥은 케이크를 여분의 조각이 있게끔 잘라야 하는데, 이는 그가 마지막에 최종 선택할 때에 다른 여러 참가자들에 의해 다듬어지지 않거나 선택받지 않은 조각이 남아 있게 확실히 하기 위해서이다. 22명의 참가자가 있을 때는 밥은 100만이 넘는 조각으로 나누어야 하는데, 이것은 더 공평한 세상을 추구하는 데에 위로가 될 만큼 작은 조각들이다.[268]

Calabi-Yau space (칼라비-야우 공간)

끈 이론(string theory)을 설명하는 데 필요한 수학적 공간의 한 형태로서, 우주의 기하학적 구조가 최소 10차원—친숙한 **시공**(space-time)의 사차원과 칼라비-야우 공간의 촘촘한 6차원으로 구성된다. 이러한 추가적인 차원들은 매우 단단히 옴츠러져 있어서 잘 알아차리지 못한다. 칼라비-야우 공간의 응용은 주로 이론물리학에서 이루어지지만, 그 공간들은 순전히 수학적인 관점에서 볼 때에도 흥미롭다.

calculus (미적분학)

미적분학은 세상의 가장 넓은 관점에서 물리학적 사실을 응용할 때 가장 큰 도움이 된다.

—William Fogg Osgood(1864–1943)

수학의 한 분야로 (1) *미분학(differential calculus)*으로 알려

진 (곡선의 기울기로 이해할 수 있는) 양의 변화율과 (2) *적분학(integral calculus)*으로 알려진 물체의 길이, 넓이, 그리고 부피를 다룬다. 미적분학은 수학과 더불어 물리학에서도 가장 중요하게 개발된 분야 중의 하나로서, 그 대부분의 내용은 한 양이 다른 양에 대하여 얼마나 빨리 변화하는지를 탐구하는 것을 포함한다. 미적분학의 창시자 중의 한 사람은 뛰어난 영국의 물리학자인 **뉴턴**(Isaac **Newton**)이고, 다른 한 사람은 **라이프니츠**(Gottfried **Leibniz**)인 것은 우연의 일치가 아니다. 요즘 학생들은 미분학을 먼저 배우지만, 적분학의 기원이 더 오래되었다.

calculus of variations (변분학, 變分學)

특히 실변수 **함수**(function)의 집합에서 정의된 함수에 관한 **미분법**(differentiation)과 *최대화(maximization)*와 같은 미적분학 문제. 예를 들면 양 끝에서 아래로 처진 굵은 밧줄의 형태를 찾는 것이다.

calendar curiosities (신기한 역법 이야기)

인류 역사 중에서 정확한 날짜가 알려진 가장 오래된 사건은 리디아(그리스 스파르타의 동맹국)와 메디아(페르시아 왕 키루스가 통치했던 국가) 사이에 있었던 5년 동안의 전쟁이다. 양측이 대낮에 결정적인 접전을 벌이려 마주했을 때 일식이 일어났다. 이것이 신들이 반대하는 징조로 받아들여 리디아와 메디아는 바로 그 자리에서 전쟁을 끝내기로 합의했다. 일식이 일어난 날짜들을 아주 정확하게 계산할 수 있는데, 이 일식은 기원전 586년 5월 28일에 일어났다고 알고 있다.

훨씬 덜 확실한 것은 그리스도의 탄생일이다. 기원후 440년이 되어서야 크리스마스가 12월 25일로 기념되었다. 이 날짜로 정해진 이유는 페르시아 신화의 태양신인 미트라(Mithras)의 탄생일과 일치하고 이교도 축제인 율(Yule)과 가깝기 때문이었다. 기원후 534년에 (작은 데니스(Dennis the Little)라고도 알려진) 엑시구스(Dionysius Exiguus)가 오늘날 여전히 사용하고 있는 그리스도의 탄생일로부터 연도를 세는 체계를 만들었다. 유감스럽게도 그는 자신의 계산에서 실수를 했다. 예수가 언제 탄생했는지는 아무도 정확히 모르지만 아마 기원전 6년 즈음이었을 것이고 헤롯 대왕의 사망일 이전인 것은 틀림없다.

미래에 대해 말하자면 이 세상의 종말에 대한 예견은 줄어들지 않았다. 마야의 "장주기(long count)" 선형 달력에 의하면, 지구의 종말은 2012년 6월 5일에 온다고 했다. 역법에 관한 다른 이야기로 다음과 같은 것이 있다: 1865년 2월은 기록된 역사에서 유일하게 보름달이 없었던 달이며, 일요일로 시작하는 달에는 항상 13일의 금요일이 있다.

Caliban (캘리반)

필립스(Hubert **Phillips**)의 필명.

Caliban puzzle (캘리반 퍼즐)

주어진 사실로부터 하나 이상의 사실을 추측하게 하는 논리 퍼즐.

cannonball problem (포탄 문제)

탐험가이자 영국에 감자와 담배를 소개한 공해의 파트타임 해적이었던 롤리 경(Sir Walter Raleigh)이 제기했던 질문에 근거한 포탄 (또는 일반적으로 구) 쌓기의 수학적 해석. 롤리는 그의 수학 조수인 해리엇(Thomas Harriot)에게 사각 피라미드 모양으로 쌓여 있는 포탄 개수를 하나하나 세지 않고 빨리 계산 할 수 있는지 물어보았다. 해리엇은 어려움 없이 이 문제를 풀었다. 만약 k를 맨 아래층의 한 변에 있는 포탄의 수라고 하면, 피라미드에 있는 포탄의 전체의 수 n은 $k(1+k)(1+2k)/6$와 같다. 예를 들어, $k=7$이면 $n=140$이다. 포탄 문제의 더 구체적인 형식은 다음과 같다. 먼저 $n \times n$ 정사각형으로 바닥에 놓고 정사각형 피라미드로 k개의 높이만큼 쌓을 수 있는 포탄의 최소 개수는 얼마인가? 다시 말해서 정사각뿔 수(square pyramidal number)이면서 가장 작은 제곱수(square number)는 무엇인가? 답은 **디오판토스 방정식**(Diophantine equation)

$$k(1+k)(1+2k)/6=n^2$$

의 가장 작은 해로서 $k=24$, $n=70$이며, 이것은 4,900개의 포탄에 해당한다. 포탄 문제의 궁극적인 형태는 또 다른 더 큰 해가 있는지를 묻는 것이다. 1875년에 **뤼카**(Edouard **Lucas**)는 다른 답이 없다고 추측하였으며, 1918년에 왓슨(G. N. Watson)이 뤼카가 옳았다고 증명했다.[345]

엘리자베스 1세 시대로 돌아가서, 구에 대한 해리엇의 관심은 포탄더미를 훨씬 초월하여 확장되었다. 해리엇은 고대 그리스의 관점에서 볼 때 원자론자였으며, 구가 서로 어떻게 쌓이는지 이해하는 것이 자연의 기본적 구성 요소들이 어떻게 배열되는지 이해하는 데 매우 중요하다고 믿었다. 해리엇은 광학에 관한 실험도 아주 많이 했으며 이 분야에서는 그 시대를 훨씬 앞섰다. 그래서 1609년 **케플러**(Johannes **Kepler**)가 광

포탄 문제 프랑스 나르봉에 쌓여 있는 포탄. *Australia National University*

학에 대한 자신만의 정의들을 과학적으로 더 강하게 보강하는 방법에 대하여 조언을 얻고자 했을 때 그 영국인 말고 누구한테 갈 수 있었을까? 해리엇은 케플러에게 유리를 통과하는 광선의 성질에 대한 중요한 자료를 제공했지만, 그는 또한 공 채우기(sphere-packing) 문제에 대해서도 그 독일인의 관심을 자극하였다. 이에 대응하여 케플러는 1611년에 『*육각형 눈송이(The Six-Cornered Snowflake)*』란 제목의 작은 책자를 펴냈는데, 이것은 다음 두 세기 동안 결정학에 큰 영향을 끼치게 되었고 공을 가장 효율적으로 채우는 방법에 대한 **케플러의 추측**(Kepler's conjecture)으로 알려진 내용도 포함하고 있다.

canonical form (표준형)

모든 모서리가 단위 구에 **접하고**(tangent) 접점들의 무게 중심이 원점에 있도록 비틀린 **다면체**(polyhedron)의 형태.

Cantor, Georg Ferdinand Ludwig Philipp (칸토어, 1845-1918)

집합론(set theory)의 창시자이며 **초한수**(transfinite number)라는 개념을 소개한 러시아 태생의 독일 수학자. **무한**(infinity)에 대한 그의 놀랍고 직관에 반하는 발상은 근대 수학 이론의 초석으로 받아들여지기 전에는 널리 비난을 샀다.

칸토어의 가족이 상트 페테르부르크에서 독일로 이사할 때 그는 11살이었다. 그를 수입이 더 좋은 공학 쪽으로 강요했음에도 불구하고, 칸토어는 취리히의 폴리테크닉에서 수학 공부하는 것을 그의 아버지로부터 결국 허락을 받아냈다. 다음 해인 1863년에 아버지가 사망했고 칸토어는 베를린 대학으로 옮겨서 **바이어슈트라스**(Karl **Weierstrass**)와 **크로네커**(Leopold **Kronecker**)와 같은 당대의 대가들 아래에서 공부를 했다. 1867년에 박사 학위를 받은 후 그는 직장을 찾는 데 곤란을 겪었기 때문에 어쩔 수 없이 무급 강사 자리를 받아들였으며 나중에 낙후된 할레 대학에서 조교수를 맡았다. 1872년 칸토어는 어느 구간 안에서 연속인(다시 말해 그래프가 연결되어 있는[1]) **함수**(function)는 삼각 급수로 유일하게 나타낼 수 있다는 사실을 증명하는 그의 첫 도약과 함께 승진도 하게 되었다. 동료인 하이네(Heinrich Heine)가 제안한 이 연구는 칸토어가 소위 *연속체(continuum)*인 실선을 이루는 **실수**(real number)에 의하여 나타내어지는 점들 사이의 관계에 대해 생

역자 주

1) 원문에는 "매끄러운(smooth)"으로 되어 있는데, 저자가 연속함수와 미분가능한 함수를 착각한 것으로 보인다.

각하도록 이끌었기 때문에 아주 결정적이었다. 칸토어는 **무리수**(irrational number)가 **유리수**(rational number)의 무한수열로 나타내어지기 때문에 무리수도 유리수처럼 수직선 위의 기하학적인 점으로 이해할 수 있다는 사실을 알게 되었다. 이제 그는 미지의 영역에 진입하였고 실**무한**(actual infinity)에 대한 개념에 눈살을 찌푸리던 수학적 통설과 부딪치게 되었다. 그러나 그는 자신과 생각이 비슷한 데데킨트(Richard Dedekind)와 그 후에 **미타그-레플러**(Gösta Mittag-Leffler)를 만나 친구가 되었다.

1873년에서 1874년까지 칸토어는 유리수와 자연수가 하나씩 짝지어질 수 있으므로 결과적으로 셀 수 있지만, 실수와는 이런 일대일 대응 관계가 없음을 증명했다. 그리고는 이어서 그는, 믿기 힘들겠지만, 짧은 선을 이루는 점들의 개수와 무한히 긴 선이나 평면 또는 더 높은 차원의 수학적 공간을 이루는 점들의 개수가 정확히 같다는 사실을 계속해서 보였다. 이것에 대해 그는 데데킨트에게 "내가 보고 있지만, 나도 믿기지가 않네!"라고 편지에 썼다.

1883년이 되었을 때 칸토어는 무리수를 유리수만의 수열로서 다루었던 초기의 소극적 입장을 버리고 초한수라는 새로운 형태의 수로 생각하기 시작했다. 그는 자연수와 실수 전체의 집합이 단지 서로 다른 종류의 무한들 중에서 두 가지 원소라고 추론했다. 정통 수학에 무한의 개념을 허용하는 수 체계의 이와 같은 극적인 확장은 심한 반발에 부딪쳤다. **푸앵카레**(Henri Poincaré)는 무한집합에 관한 칸토어의 이론은 다음 세대에서 "회복해야 할 질병"으로 간주될 것이라고 말했다. 크로네커는 한술 더 떠서 그의 연구 결과의 출판을 금지시키고 유명한 베를린 대학의 교수직을 얻으려는 칸토어의 포부를 막는 등 칸토어의 아이디어를 조롱하기 위해 갖은 노력을 쏟았다. 1884년 봄에 칸토어는 처음으로 우울증에 시달리게 되었는데, 이 증세는 동시대 사람들의 부정적 반응과 관계없이 악화되었다. 이와 같이 찾아오는 우울증의 공격 사이에 그는 좀 더 진척된 연구 결과를 발표했지만 실수집합을 나타내는 무한의 순서가 자연수집합의 무한 다음이라고 자신이 믿고 있는 **연속체 가설**(continuum hypothesis)의 증명에 실패함으로써 그의 고민은 더 커졌다. 말년에 요양소를 여러 차례 들락거리기는 했지만, 그의 생전에 집합론에 관한 자신의 아이디어가 정당함을 인정받고 **힐베르트**(David Hilbert)가 "수학적 천재성이 발휘된 최고의 결과이자 인간의 순전한 지적 활동의 최상의 업적 중의 하나"라고 표현하는 것을 볼 수 있었다.

Cantor dust (칸토어 먼지)

칸토어 먼지

아마도 알려진 최초의 이론적인 **프랙탈**(fractal)로서, 또한 *칸토어집합(Cantor set)*으로도 알려져 있음. 이것은 1872년경 **칸토어**(Georg Cantor)에 의해 발견되었다. 칸토어 먼지를 만들려면, 선분을 하나 그은 후에 이를 삼등분한 다음, 가운데 것을 지우고, 이 과정을 한없이 반복한다. 비록 칸토어 먼지가 빈틈을 무수히 많이 갖고 있지만, 여기에는 여전히 셀 수 없이 많은 점들이 포함되어 있다. 이것의 **프랙탈 차원**(fractal dimension)은 log 2 / log 3으로 약 0.631이다. 또한 **시어핀스키 카펫**(Sierpinski carpet)을 보시오.

cap (캡)

두 **집합**(set)의 **교집합**(intersection)을 나타내는 기호 ∩.

Cardano, Girolamo (카르다노, 1501-1570)

르네상스 시대의 저명한 수학자, 내과의사, 점성가, 도박사. 그가 **음수**(negative number)의 사용에 대하여 쓴 기록은 유럽에서 가장 먼저인 것으로 알려져 있다. 내과의사로서 그는 장티푸스의 임상 해설을 처음으로 제시한 사람의 하나이다. 레오나르도 다빈치의 친구였으며 수학 천재였던 법률가의 사생아였던 그는 1520년에 파비아(Pavia) 대학에 입학했으며 후에 파두아(Padua)에서 약학을 공부했다. 별스럽고 대립적인 성격 때문에 친구가 거의 없었으며, 일자리를 구하는 데에도 어려움을 겪었다. 후에 내과의사로서 명성을 얻게 되었으며 법정에서도 그의 실력을 인정하게 되었다.

오늘날 카르다노는 주로 대수학에서의 업적으로 기억되고 있다. 그는 **사차방정식**(quartic equation)과 **삼차방정식**(cubic equation)의 해법을 1545년에 쓴 『*위대한 기술(Ars magna)*』을 통하여 펴냈다. 삼차방정식의 해법은 그와 (카르다노가 이를 세상에 알리지 않기로 맹세했었다고 비난했으며, 십 년에 걸친 긴 논쟁으로 그와 반목하게 되었던) **타르탈리아**(Niccoló Tartaglia) 사이에 오간 편지를 통해 의견 교환이 되었으며, 사차방정식의 해법은 카르다노의 제자인 페라리(Lodovico Ferrari)가 찾아냈다. 이 두 가지가 모두 그 책의 서문에 씌어져 있다. 카르다노는 가난하기로 유명했기 때문에 숙련된 도박사와 내기 장기꾼이 되어서 빚지지 않고 살아갈 수 있었다. 운에 맡기고 하는 게임에 관해 그가 1560년대에 썼으나 사후인 1663년에 출판된 『*운수 게임에 관한 책*(*Liber de Ludo Aleae*)』은 효과적인 속임수에 관한 부분뿐만 아니라 처음으로 **확률론**(probability theory)을 체계적으로 다루고 있다. 카르다노는 다이얼 자물쇠, (3개의 동심원이 떠받들고 있는 나침반이 자유롭게 회전할 수 있도록 만들어진) *카르다노 현가장치*(*Cardano suspension*), 그리고 회전 운동을 다양한 각도로 전달하며 지금도 자동차에 이용되고 있는 *카르다노의 굴대*(*Cardan shaft*)를 포함해서 여러 가지 기계 장치를 발명했다. 그는 유체역학에 몇 가지 기여를 했으며, 천체 안에서 외에는 영구 운동이 불가능하다고 주장했다. 그는 광범위한 발명, 사실, 초자연적 미신을 포함하는 자연 과학에 관한 백과사전을 2권 펴냈다.

카르다노는 힘든 삶을 살았다. 사랑했던 장남이 돈만 밝히고 바람을 피운 자기 아내를 독살했다고 고백한 후 1560년에 처형을 당했다. 소문에 의하면 카르다노의 딸은 매독에 걸려 죽은 매춘부였으며, 이에 자극을 받아 그는 이 병에 관한 논문을 썼다. 그의 작은아들은 아버지의 돈을 훔쳐간 도박사였다. 그리고 1570년에 카르다노 자신도 예수 그리스도의 별자리 운세를 계산한 것 때문에 이교도로 기소되었다. 명백히 아들 문제가 그의 기소에 불리하게 작용했다. 카르다노는 체포되어 감옥에서 수개월을 보내야만 했고, 자신의 주장을 버리겠다고 맹세할 수밖에 없었으며 교수직도 포기해야만 했다. 그는 로마로 이사하여 그레고리 13세 교황으로부터 종신 연금을 받았으며, 파란만장한 일생을 마치게 되었다. 그는 자신이 (추측컨대) 점성술에 근거하여 예언한 날에 사망했다. 또한 **중국인의 고리**(Chinese rings)를 보시오.

Cardan's rings (카르다노의 고리)

중국인의 고리(Chinese rings)를 보시오.

cardinal number (기수, 基數)

단순히 *cardinal*이라고도 부르는 0, 1, 2, ···, 83, ··· 등의 수로서, 어떤 **집합**(set)이나 모임에 속한 대상을 세는 데 이용된다. 어떤 집합의 *농도*(*cardinality*)는 그 집합이 포함하는 원소의 개수이다. 유한집합의 경우, 이것은 항상 **자연수**(natural number)이다. 두 집합 X와 Y의 크기를 비교할 때 필요한 것은, X의 원소와 Y의 원소를 하나씩 짝지었을 때 어느 쪽 집합의 원소가 남는가를 보는 것이다. 이 개념은 유한집합의 경우에는 분명한 것처럼 보이지만 무한집합의 경우에는 이상한 결론에 도달하기도 한다(**무한**(infinity) 참조). 예를 들어, 자연수 전체와 짝수 전체를 남김없이 하나씩 짝짓는 것이 가능하기 때문에, 자연수 전체의 집합과 짝수 전체의 집합의 농도는 같다. 실제로, 무한집합을 자신과 농도가 같은 진부분집합을 갖는 집합으로 *정의할* 수도 있다. 무한인 **가산집합**(countable set)의 농도는 **알레프**-제로(aleph-null)이고, **실수**(real number) 전체의 집합의 농도는 알레프-1이다. 또한 **서수**(ordinal number)를 보시오.

cardioid (심장형)

덴마크의 천문학자인 뢰머(Ole Römer)가 톱니바퀴의 톱니로 가장 적절한 형태를 찾기 위해 1674년에 처음 연구했던 심장 모양의 곡선으로서, 살베미니(Giovanni Salvemini de Castillon, 1708-1791)가 이름을 이렇게 붙였다. 한 원이 크기가 같은 다른 한 원을 따라 구를 때, 구르는 원 위의 한 점이 그리는 궤적이 심장형이다. 그리스인들은 행성 운동을 설명할 때 이 사실을 이용했다. 심장형은 고정된 한 원 위에 중심이 놓여 있고 그 원의 한 고정점을 지나는 모든 원들의 포락선이다. 극좌표계에서 이 곡선의 방정식은 $r = 2a(1 - \cos\theta)$이다. 이것은

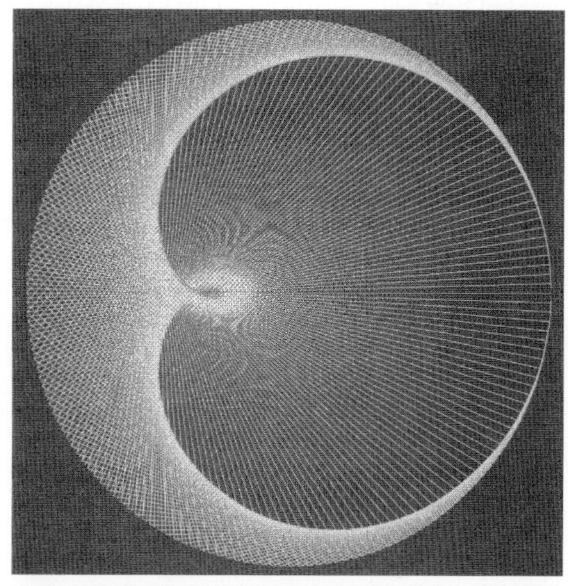

심장형 **컴퓨터 베틀에서 실로 짠 심장형 곡선.** *Jos Leys www.josleys.com*

첨점이 1개인 **외파선(epicycloid)**으로 나타내어지기도 한다.

cards (카드)

보편적인 52장의 카드 한 벌을 한 줄로 늘어놓는 방법은 52! (**계승(factorial)** 참조) 또는 $8.065817517094 \times 10^{67}$ 가지이다. 카드를 무작위로 **섞기(shuffle)** 트릭을 쓰는 방법은 여러 가지가 있다. 왕을 나타내는 4장의 카드는 샤를마뉴 대제(하트), 알렉산더 대왕(클럽), 줄리어스 시저(다이아몬드), 다윗 왕(스페이드)으로서 모두 역사에 등장하는 유명한 지도자들이다. 하트의 왕만 유일하게 수염이 없다. 또한 **블랙잭(black-jack)**을 보시오.

Carmichael number (카마이클수)

모든 **진수(base)**에 대하여 페르마 **유사소수(pseudoprime)**, 즉 모든 수 a에 대하여 $(a^n - a)$의 약수가 되는 수 n으로서, 또한 절대의사소수라고도 함. 다시 말해서, **페르마의 소정리(Fermat's little theorem)**에 의하면 이것이 **소수(prime number)**일 가능성도 있지만 실제로 카마이클 수는 **합성수(composite number)**이다. (페르마의 소정리란, P가 소수이면 모든 수 a에 대하여 $(a^P - a)$가 P로 나누어떨어져야 한다는 것이다. 카마이클수는 함성수임에도 불구하고 모든 진수에 대하여 이 조건을 만족시킨다.) 1,000보다 작은 카마이클수는 단 7개만 있으며, (이들은 561, 1,105, 1,729, 2,465, 2,821, 6,601, 8,911이다.) 10^{16} 이하에서는 25만 개보다 작다. 그렇지만 1994년에 이들이 무수히 많음이 증명되었다. 이를테면 $561 = 3 \times 11 \times 17$과 같이, 모든 카마이클 수는 적어도 3개의 소수의 곱으로 나타내어진다.

Carroll, Lewis (캐럴, 1832-1898)

영국의 수학자, 논리학자, 작가인 도지슨(Charles Lutwidge Dodgson)의 필명으로, 자기 이름자의 라틴어 표기인 "Carolus Lodovicus"를 다시 영어식으로 바꿔서 만든 것이다. 아버지가 데어스버리에 있는 제성(諸聖, All Saints)교회의 교구목사였기 때문에, 캐럴은 체셔주의 뉴턴-데어스버리에 있는 사제관에서 태어났다. 그 교회에는 그를 기념하는 창문이 있고, 초등학교에는 모자장수(Mad Hatter)와 흰토끼(White Rabbit)와 앨리스(Alice)가 달려 있는 "이상한 나라(Wonderland)"의 바람개비가 있다. 캐럴은 럭비교(Rugby School)에 다녔으며 (지금도 그를 기념하여 학생들의 수학 동아리를 도지슨회라고 부른다), 그 후에 옥스퍼드의 크라이스트 처치에서 교육을 받았으며 그 대학에서 주로 강사를 하면서 남은 생을 보내게 되었다.

캐럴의 가장 유명한 책인 『*이상한 나라의 앨리스*(*Alice's Adventures in Wonderland*, 1865)』는 1862년 7월 4일의 더운 여름날 오후에 크라이스트 처치의 학장인 그리스 출신의 리델(H. G. Liddell) 교수의 어린 세 딸들을 데리고 뱃놀이를 가서 그가 들려준 이야기로부터 태어났다. 앨리스란 이름은 앨리스 리델(Alice Liddell, 나중에 Hargreaves, 1852-1934)의 이름에서 따왔는데, 이 아이는 『*거울 속으로*(*Through the Looking-Glass*, 1871)』에서 모험을 계속 이어나갔다. 캐럴은 "스나크의 사냥(The Hunting of Snark, 1876)"이란 긴 시를 포함하여 다른 책들도 아이들을 위하여 썼으며, 수학과 관련된 저술도 몇 가지 남겼으나 학문적으로 두각을 나타내지는 못했다. 그는 심하게 말을 더듬었고 결혼을 한 적도 없었으며, 친구의 어린 딸들과 함께 있을 때는 수줍음도 잊을 수 있었기 때문에 이들을 데리고 노는 것에서 가장 큰 기쁨을 찾는 것처럼 보였다. 그는 또 아마추어로서 사진에 몰두했으며 퍼즐, 게임, 암호, 기억술에 관련된 것들을 많이 발명한 발명가였다.[57-59] 캐럴은 환상의 대가였으며 자신의 작품에는 각자 독특한 논리가 들어 있었다. 캐럴은 말장난을 사용했으며 (싱글거리다chuckle와 코웃음 치다snort를 결합하여 만든) 깔깔웃다chortle와 같은 신조어를 만들었는데, 그는 이것을 "혼성어(portmanteau word)"라고 불렀다. 그는 (음악에서 하는) "박자 맞추기"와 같은 표현을 글자 그대로 사용하여 관용구를 가지고 게임을 했다. 그는 우화나 수사학에 나오는 동물들을 다시 만들어냈는데, 그리핀[2], (캐럴이 방문했던 험버사이드주 비벌리의 성 마리아 교회에 있

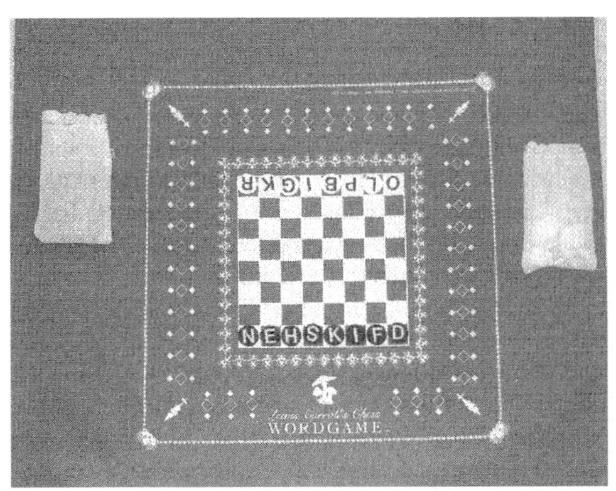

캐럴 **루이스 캐럴의 서양 장기판 어휘놀이로, 캐럴의 일기장에 적힌 표기에 기초하여 마틴 가드너가 규칙을 고안해서 만든 게임.** *Kadan Enterprises, Inc., www.gamepuzzles.com*

역자 주

2) Gryphon: Griffin이라고도 하며, 독수리의 머리와 날개에 사자의 몸통을 가진 괴수

는 학생 가방을 메고 있는 토끼 조각상에서 영감을 받았다고 전해지는) 3월의 토끼,[3] 히죽히죽 웃는 고양이[4]가 그러하며, Bandersnatch와 Boojum처럼 새로운 동물을 창조하기도 했다.

퍼즐

다음은 캐럴이 발명한 몇 가지 퍼즐이다.

1. 유리잔이 두 개 있는데, 하나에는 50 큰술의 우유가 들어 있고, 다른 하나에는 50 큰술의 물이 들어 있다. 이제 우유 한 큰술을 떠서 물에다 섞은 후에, 여기에서 물과 우유가 섞인 한 큰술을 떠낸다. 이것을 우유만 담겨 있는 유리잔에 담아서 섞는다. 그러면 우유잔 속에 들어 있는 물과 물잔 속에 들어 있는 우유 중에서 어느 쪽이 더 많은가?
2. 여섯 가지 색으로 정육면체의 각 면에 모두 다른 색을 칠하고 주사위를 돌려서 색의 배열이 같은 것은 한 가지로 볼 때, 정육면체의 각 면을 색칠하는 방법은 모두 몇 가지인가? 각 면에 모두 다른 색을 칠한다는 조건이 없다면, 색칠하는 방법은 모두 몇 가지인가?
3. FOUR에서 출발하여 FIVE로 가는 단어-사다리를 만들어라. (사다리의 각 계단의 단어는 그 아래 계단의 단어와 단 한 글자만 다르며, 모든 단어는 영어 단어이어야 한다.)
4. 갈가마귀는 어째서 글 쓰는 책상과 닮았는가?

해답은 415쪽부터 시작함.

캐럴의 어록

*이상한 나라의 앨리스*에서:

- "산술의 다른 분야들 – 야심(ambition), 기분(distraction), 추하게 함(uglification), 그리고 조롱(derision)."[5]
- "그럼 너는 네가 뜻하는 바를 말해야 해." 3월의 토끼가 계속했다.
  "그래, 적어도 나는 내가 말하는 것을 의미해. 너도 알다시피 그것은 같은 뜻이야."라고 앨리스가 주저하면서 대답했다; "
  "전혀 같은 뜻이 아니지!"라고 모자장수가 말했다.
  "왜, 너는 마치 '나는 내가 먹는 것을 본다'는 것이 '나는 내가 보는 것을 먹는다!'와 같다고 말하는 것 같구나."
- "차를 좀 더 들어." 3월의 토끼는 앨리스에게 진지하게 말했다. 앨리스는 "나는 아직 아무것도 못 먹었어. 그래서 나는 더 먹을 수 없어."라고 기분 나쁜 말투로 대답했다. "
  "너는 덜 먹을 수 없다는 뜻이지. 아무것도 안 먹는 것보다 더 먹는 것은 참 쉽지."라고 모자장수가 말했다.

*스나크의 사냥*에서:

- "내가 네게 세 번 말한 것은 사실이야."

*거울 속의 앨리스*에서:

- "덧셈을 할 수 있니?" 하얀 여왕이 물었다.
  "일 더하기 일 더하기 일 더하기 일 더하기 일 더하기 일 더하기 일 더하기 일 더하기 일 더하기 일은 뭐지?"
  "모르겠어요. 나는 세다가 잊어버렸어요."라고 앨리스가 말했다.
- "아주 좋은 잼이구나"라고 여왕이 말했다.
  "좋아, 나는 어떤 경우에도 오늘은 원하지 않아."
  "네가 정말로 원했더라도 그것을 가질 수는 없었을 거야. 내일도 잼, 어제도 잼이지만 오늘은 결코 잼이 아닌 것이 규칙이다. " 라고 여왕이 말했다.
  "언젠간 '오늘 잼'이 올 것이 틀림없어요." 앨리스가 부정했다.
  "아니 그럴 수 없어. 잼은 하루 걸러 오는 거야; 너도 알다시피 오늘은 하루 걸러가 아니야."라고 여왕이 말했다.
  "당신을 이해하지 못하겠어요. 정말 헷갈리네요."라고 앨리스가 말했다. "
- "내가 어떤 단어를 사용할 때는, 더도 덜도 아니고 내가 그것을 뜻하도록 고른 바로 그것을 의미하는 거야."라고 오히려 경멸하는 어조로 험프티 덤프티가 말했다.
  "문제는, 당신이 다른 것들을 의미하는 단어들을 그렇게 많이 만들 수 있을까 하는 것이지요."라고 앨리스가 말했다.
  "문제는, 전문가가 되는 길이 무엇인가에 있는데, 그게 전부야."라고 험프티 덤프티가 말했다.

Cartesian geometry (데카르트 기하학)

해석기하학(analytical geometry)을 보시오.

Cartesian coordinates (데카르트 좌표)

한 점에서 서로 직교하는 수직선 위로 내린 정사영으로 그 점의 위치를 정하는 **실수(real number)**의 순서집합. 평면에서 각 점은 이와 같은 두 개의 정사영, 즉 x 축과 y 축 위로의 정사영에 의하여 정의되며, 실수의 **순서쌍(ordered pair)** (x, y)로 표시한다. 이와 똑 같은 원리가 삼차원 이상의 공간에도 적용된다.

Cartesian oval (데카르트의 알 모양 곡선)

하나가 다른 하나의 안쪽에 들어 있는 두 개의 곡선을 통틀어 일컫는 곡선. 고정점 S와 T까지의 거리가 각각 s 와 t 인 한 점이 그리는 궤적으로서 방정식 $s + mt = a$를 만족시킨다. 두

역자 주

3) March Hare: 보통 발정 난 토끼를 뜻한다.
4) Cheshire Cat
5) 산술의 사칙 계산인 덧셈(addition), 뺄셈(subtraction), 곱셈(multiplication), 나눗셈(division)의 영어 발음과 비슷한 단어를 가져온 것이다.

점 S, T 사이의 거리를 c라 할 때, 이 곡선은 방정식

$$\{(1-m^2)(x^2+y^2)+2m^2cx+a^2-m^2c^2\}^2=4a^2(x^2+y^2)$$

으로 나타내어진다. 이런 곡선은 1637년 **데카르트**(René Descartes)가 처음 연구했으며 그래서 *ovals of Descartes*라고 부르기도 한다. 또한 **뉴턴**(Isaac Newton)도 삼차곡선을 분류하면서 이 곡선에 대하여 연구했다. $m=\pm1$일 때, 데카르트의 난형선은 중심을 갖는 원뿔곡선이 된다. $m=a/c$이면, 이 곡선은 **파스칼의 달팽이**(limaçon of Pascal)가 되는데, 이 경우에 안쪽 곡선은 바깥쪽 곡선에 닿는다. 데카르트의 알 모양 곡선은 **전도불변곡선**(anallagmatic curve)이다.

Cassinian ovals (카시니의 알 모양 곡선, 卵形線族)

두 점 A, B와 상수 c^2에 대하여 $\overline{PA}\times\overline{PA}=c^2$을 만족시키는 점 P의 궤적들로 이루어진 곡선군으로, *Casini's ovals*라고도 한다. $\overline{PA}=a$라고 할 때, 한 곡선은 $(x^2+y^2)^2-2a^2(x^2-y^2)^2-a^4+c^4=0$과 같은 방정식으로 나타내어진다. 또한, 카시니의 알 모양 곡선은, 원환(circular torus)을 축에 평행한 평면으로 자를 때 생기는 단면이 이루는 곡선들의 집합으로 생각할 수 있다. $c=a$일 때 이 곡선은 **베르누이의 이엽선**(lemniscate of Bernoulli)으로 알려진 특별한 모양(8자 모양의 곡선)이 된다. 이 알 모양 곡선들은 지구와 태양의 상대적 운동을 연구하는 과정에서 1680년에 이를 처음 탐구한 이탈리아 태생의 천문학자인 카시니(Giovanni Cassini, 1625-1712)의 이름을 딴 것이다. 카시니는 태양이 이 곡선들 중 하나의 궤적을 그리면서 한 초점 위에 위치한 지구의 주변을 도는 것으로 생각했다. (이것은 케플러의 태양 중심설이 주장하는 **타원**(ellipse) 궤도와는 다르다.)

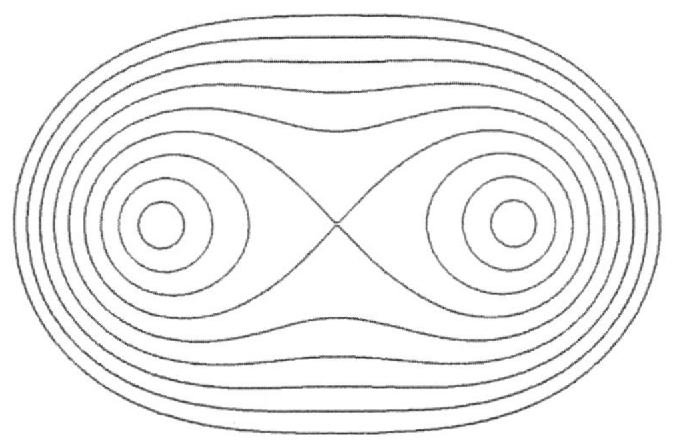

카시니의 알 모양 곡선 도넛을 자르는 여러 가지 다른 방법들. *Xah Lee, www.xahlee.org*

casting out nines (9 버리기)

수의 **자릿수의 반복 합**(digital root)의 개념을 이용하여 사칙계산의 결과를 검산하는 방법. 어떤 수 n의 자릿수 합을 $r(n)$이라고 하자. 예를 들어, $r(7{,}856)=8$이다. 두 수 a, b에 대하여 $r(a+b)=r(r(a)+r(b))$와 $r(a\times b)=r(r(a)\times r(b))$가 성립한다. 이 법칙을 이용하면 다음 예와 같이 덧셈과 곱셈 계산이 정확한지를 확인할 수 있다. $7{,}586+9{,}492=16{,}978$이 맞는가? $r(r(7{,}586)+r(9{,}492))=r(8+6)=5$이고 $r(16{,}978)=4$이므로, 이 덧셈은 틀렸다. $7{,}586\times9{,}492=72{,}006{,}312$가 맞는가? $r(r(7{,}586)\times r(9{,}492))=r(8\times6)=r(48)=3$이고 $r(72{,}006{,}312)=r(21)=3$이므로, 이 곱셈은 맞는 것으로 보인다. "9 버리기(casting out nines)"란 용어는, 자릿수의 반복 합을 구할 때 자릿수 9는 결과에 영향을 끼치지 않기 때문에 이를 포함시키지 않아도 된다는 사실에서 나온 것이다. 그 이유는 우리가 **십진**(decimal)수를 사용한다는 사실 때문이다. 만약 우리가 팔진법에서 계산을 한다고 가정하면, 이 과정을 "7 버리기(casting out sevens)"라고 불렀을 것이다. 이와 같은 검산법이 대부분의 오류를 잡아낼 수는 있겠지만 모두는 아니다. 예를 들어, 자릿수 두 개의 위치가 바뀌었다거나 9를 0으로 또는 그 반대로 자릿수가 바뀐 것은 잡아낼 수가 없을 것이다. 이 방법은 9세기 아랍 수학자들의 결과로 보이는데, 그 전에 그리스 혹은 인도에서 이미 알고 있었을지도 모른다.

Catalan number (카탈란수)

카탈란수열(Catalan sequence)

$$u_n=(2n)!/(n+1)!\,n!$$

로 정의된 수 u_n. 처음 몇 개는 1, 2, 5, 14, 42, 132, 429, 1,430, 4,862, 16,796, 58,786, 208,012, 742,900, …과 같다. 이 u_n의 값은 변의 개수가 $n+2$인 **다각형**(polygon)을 **꼭짓점**(vertex)을 연결하는 대각선을 이용하여 n개의 삼각형으로 분할하는 방법의 수이다. 카탈란수는 벨기에의 수학자 카탈란(Eugène Catalan, 1814-1894)의 이름을 딴 것이다. 이 수들은 또 다른 세기 문제에서도 나타나는데, 예를 들어 한 그릇에 담긴 콩의 개수가 다른 그릇에 담긴 콩의 개수보다 절대 작지 않도록 $2n$개의 콩을 두 개의 그릇에 나누어 담는 방법의 수와 같다.

Catalan solid (카탈란 다면체)

아르키메데스 다면체(Archimedean solid)의 쌍대인 **다면체**(polyhedron). (한 다면체의 쌍대란 각 면을 꼭짓점, 각 꼭짓

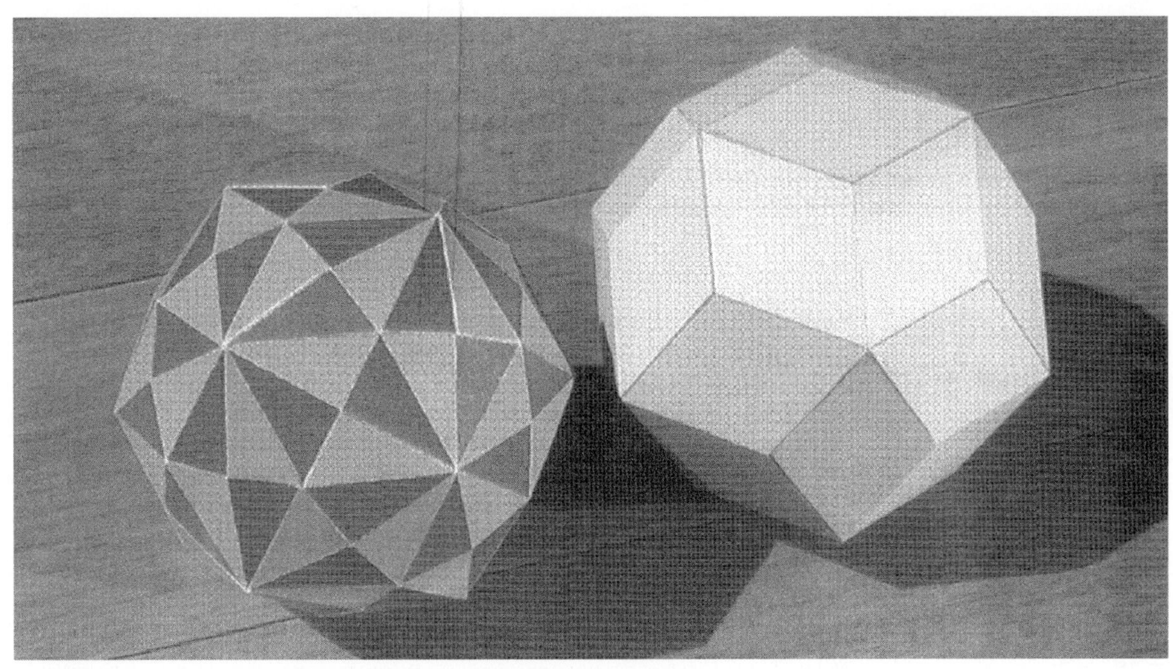

카탈란 다면체 두 가지 카탈란 다면체: 마름모삼십면체(오른쪽)와 육방이십면체(왼쪽). *Robert Webb, www.software3d.com; created using webb's Stella program*

점을 면으로 바꿔서 만든 다면체를 뜻한다.) 카탈란 다면체는 1865년에 처음 이를 연구한 벨기에의 수학자 카탈란(Eugène Catalan, 1814-1894)의 이름을 딴 것이다. 또한 **플라톤 다면체(Platonic solid)**와 **존슨 다면체(Johnson solid)**를 보시오. ("카탈란 다면체" 표를 보시오.)

Catalan's conjecture (카탈란의 추측)

1844년 벨기에의 수학자 카탈란(Eugène Catalan, 1814-1894)이 주장했던, 두 개의 거듭제곱 수가 연속하는 경우는 $8(=2^3)$과 $9(=3^2)$밖에 없다는 추측. 다시 말해서, 두 **소수(prime number)** p, q와 양의 정수 x, y에 대한 *카탈란 방정식(Catalan equation)*

$$x^p - y^q = 1$$

의 해는

$$3^2 - 2^3 = 1$$

이 유일하다. 1976년 티드만(R. Tijdeman)이, 해가 무엇이든지 간에 y^q이 e의 e제곱의 e제곱의 e제곱의 730제곱한 (엄청나게 큰) 수보다 작음을 증명함으로써 이 연구에 처음으로 큰 진전을 보였다. 그 후로 이 한계는 여러 번에 걸쳐서 많이 작아져서, 지금은 p, q의 값이 7.78×10^{16}을 넘어가지 않고 적어도 10^7보다는 큼을 알고 있다. 2002년 4월 18일에 루마니아의 정수론 학자 미하일르스쿠(Preda Mihailescu)가 이 추측을 증명한 원고를 빌루(Yuri Bilu)의 검토 결과를 덧붙여서 여러 명의 수학자들에게 보냈다. 여러 명의 수학자들이 이 논문을 완전히 검토하는 순간 카탈란의 추측이 증명되는 셈이었다.[266]

카탈란의 추측과 **페르마의 마지막 정리(Fermat's last theorem)**는 *페르마-카탈란 방정식(Fermat-Catalan equation)*

$$x^p + y^q = z^r$$

의 특별한 경우이다. 여기서 x, y, z는 **서로소(coprime)**인 양의 정수이고 지수들은 모두

$$1/p + 1/q + 1/r \le 1$$

을 만족하는 소수이다. *페르마-카탈란 추측(Fermat-Catalan conjecture)*은 이 방정식의 해가 유한 개만 존재한다는 것이다. 다음은 이런 해 중의 일부이다.

$$1^p + 2^3 = 3^2 (p \ge 2);\ 2^5 + 7^2 = 3^4$$
$$13^2 + 7^3 = 2^9;$$
$$33^8 + 1{,}549{,}034^2 = 15{,}613^3$$
$$43^8 + 96{,}222^3 = 30{,}042{,}907^2$$

카탈란 다면체	
이름	대응하는 아르키메데스 다면체
삼각사면체 (Triakis tetrahdron)	깎은 정사면체 (Truncared tetrahedron)
마름모십이면체 (Rhombic dodecahedron)	육팔면체 (Cuboctahedron)
삼각팔면체 (Triakis octahedron)	깎은 정육면체 (Truncated cube)
사각육면체 (Tetrakis hexahedron)	깎은 정팔면체 (Truncated octahedron)
연꼴이십사면체 (Deltoidal icositetrahedron)	작은 부풀린 육팔면체 (Small rhombicubocta-hedron)
사각뿔마름모십이면체 (Disdyakis dodecahedron)	큰 부풀린 육팔면체 (Great rhombicubocta-hedron)
오각형이십사면체 (Pentagonal icositetrahedron)	다듬은 정육면체 (Snub cube)
마름모삼십면체 (Rhombic triacontahedron)	십이이십면체 (Icosidodecahedron)
삼각이십면체 (Triakis icosahedron)	깎은 정십이면체 (Truncated dodecahedron)
오각십이면체 (Pentakis dodecahedron)	깎은 정이십면체 (Truncated icosahedron)
연꼴육십면체 (Deltoidal hexecontahedron)	마름모십이이십면체 (Rhombicosidodeca-hedron)
육방이십면체 (Disdyakis tracontahedron)	큰 마름모십이이십면체 (Great rhombicosidodeca-hedron)
오각형육십면체 (Pentagonal hexecontahedron)	다듬은 정이십면체 (Snub dodecahedron)

Catalan's constant (카탈란 상수)

조합론 문제, 특히 무한급수나 적분을 계산할 때 자주 나타나는 상수. 예를 들어,

$$\int_0^1 \frac{\arctan x}{x} dx$$

또는 $1 - 1/3^2 + 1/5^2 - 1/7^2 + 1/9^2 - \cdots$와 같다. 이것은 또한 n이 아주 클 때 다음 문제의 답과 같다: $2n \times 2n$ 서양 장기판과 장기판의 두 칸의 크기와 같은 도미노가 $2n^2$개 있다고 할 때, 이들 도미노로 장기판을 완전히 덮는 서로 다른 방법은 몇 가지인가? 카탈란 상수의 값은 0.915965… 인데, 이것이 **무리수(irrational number)**인지 아직 알지 못하고 있다.

catastrophe theory (파국 이론, 破局理論)

프랑스의 수학자 톰(René Thom, 1923-2003)이 복잡한 **역학계(dynamical system)**의 상태를 **위상수학(topology)**과 관련지어서 설명하려고 발전시킨 이론. 그와 같은 역학계의 전개는, 집합의 위상이 변할 때 생기는 급작스러운 큰 비약 또는 "파국(catastrophe)"이 산재하고 있는 점진적인 연속적 변화로 이루어진다. 파국 이론은, 상황에 따라 성공의 정도는 달랐지만 지진, 주식 시장의 붕괴, 교도소의 폭동 및 개인적, 집단적, 사회적 수준의 인간의 갈등과 같은 다양한 현상을 설명하는 데 응용되어 왔다. 이 이론은 톰이 1968년에 발표한 논문에 처음 소개되었지만 그의 책 『*구조적 안정성과 형태 형성(Structural Stability and Morphogenesis*, 1972)』을 통하여 널리 알려지게 되었다.[331] 많은 수학자들이 파국 이론의 연구에 매달렸으며 한동안 대유행을 일으켰지만, 유용한 예측에 대한 확실성이 부족했기 때문에 아직까지 사촌 동생뻘인 **혼돈** 이론(chaos theory)이 거둔 성공에 미치지 못하였다. 말년에 초현실주의 화가 달리(Salvador Dali)는 1983년에 *유럽의 위상적 외전: 르네 톰에게 경의를 표함(Topological Abduction of Rurope: Homage to René Thom)*이란 그림을 그렸는데, 지진에 의하여 균열이 간 풍경을 하늘에서 내려다본 상황과 이를 설명하고자 하는 방정식을 함께 그린 것이다.

catch-22 (캐치-22)[6)]

탈출하려는 어떤 시도도 불가능한 역설이 가득 찬 규칙이나 환경에 의해 한 개인이 좌절하는 상황. 이 이름은 헬러(Joseph Heller, 1923-1999)가 자신의 개인적 경험을 바탕으로 쓴 소설 제목에서 나온 것으로, 한 미군 조종사가 제2차 세계대전의 광풍에서 살아남기 위해 몸부림치는 내용에 관한 것이다. 헬러는 다음과 같이 쓰고 있다.

> 오직 하나의 선택이 있을 뿐이었고 그것은 캐치-22였는데, 여기에는 실재하고 즉각적인 위험에 직면한 개인이 자신의 안전을 위해 취해야 하는 이성적 사고의 과정이 상세히 기술되어 있었다. 오르(Orr)는 제정신이 아니어서 비행 금지가 내려질 수 있었다. 그가 할 수 있는 것은 질문밖에 없었는데, 질문을 하자마자 그는 바로 정신을 차렸으며 비행 임무를 더 많이 맡았어야 했다. 오르는 비행 임무를 더 맡고 싶어 안달했으며 비행하지 않으면 정신이 온전했을 것이지만, 정신이 온전했으면 비행 임

역자 주

6) "캐치-22"는 1995년 안정효의 번역으로 실천문학사에서 출판되었다.

무를 더 많이 맡았어야 했다. 그가 비행 임무를 맡으면 제 정신이 아니었기 때문에 임무를 맡지 않아도 되었다. 하지만 임무를 맡고 싶어하지 않으면 그는 정신이 온전하였고 그래서 임무를 맡아야만 했다.

category theory (범주론, 範疇論)

집합(set)의 범주, **벡터공간**(vector space)의 범주와 같이 추상화된 수학적 대상의 모임과 집합 사이의 **함수**(function)의 모임이나 벡터공간 사이의 일차**변환**(linear transformation)의 모임처럼 한 대상을 다른 대상으로 보내는 추상화된 연산에 관한 연구.

catenary (현수선, 懸垂線)

중력의 영향 아래서 두 지점 사이에 매달린 줄 또는 전화선이 만드는 도형이다. 'catenary' 라는 용어는 체인을 뜻하는 라틴어 'catena'에서 유래했는데, 매달린 체인의 형태를 연구하면서 **하위헌스**(Christiaan Huygens)가 처음 사용하였다. 갈릴레오(Galileo)는 이 도형이 **포물선**(parabola)일 것이라고 생각했다. 실제로, **꼭짓점**(vertex) 가까이에서는 포물선과 현수선이 매우 비슷하다. 그러나, x 가 3보다 약간 커지면 현수선은 포물선의 값보다 훨씬 커진다.[7] 두 도형은 다른 식으로 관계되어 있다. 만일 한 포물선이 직선을 따라 굴러가면, 그 포물선의 **초점**(focus)은 현수선을 따라 움직인다. 또 놀라운 것은, 만일 사각형(또는 임의의 다각형) 모양의 바퀴를 가진 자전거가 위로 향한 현수선을 따라 움직인다면 바퀴가 매끄럽게(smoothly) 움직이면서 그 자전거를 탄 사람은 일정한 높이에 머물게 될 것이다! 하부의 폭이 192 m이고 높이가 192 m인 세인트루이스 아치는 현수선의 모양을 따르는데, 아치 내부를 나타내는 정확한 식은 $y = 68.8\cosh(0.01x - 1)$로 주어진다. 여기에서 cosh는 쌍곡코사인함수이다.

현수선의 일반방정식은

$$y = k\cosh(x/k)$$

로 나타나는데, 여기에서 k는 상수이고, 이것을 **지수함수**(exponential function)로 나타내면

$$y = k(e^{x/k} + e^{-x/k})/2$$

이다. 특별한 경우로 $k = 1$일 때는

$$y = \cosh(x) = (e^x + e^{-x})/2$$

이고 이것의 다항급수전개는 다음과 같다.

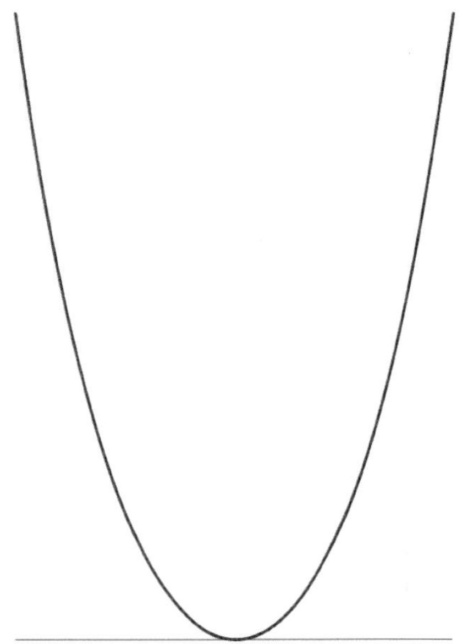

현수선 © Jan Wassenaar, www.2dcurves.com

$$\begin{aligned} y &= 0.5(1 + x + x^2/2! + x^3/3! + x^4/4! + \cdots \\ &\qquad + 1 - x + x^2/2! - x^3/3! + x^4/4! + \cdots) \\ &= 1 + x^2/2! + x^4/4! + x^6/6! + \cdots \end{aligned}$$

작은 x의 값에 대하여 $x^2/2!$ 아래의 항은 매우 작으므로, 이 식은 이미 앞에서 말한 포물선의 식에 가까이 근사된다.

catenoid (현수면, 懸垂面)

현수선이 그 중심축에 대하여 회전할 때 만드는 **회전면**(surface of revolution). 현수면은 1740년 **오일러**(Euler)가 처음 묘사했고, 가장 오래된 것으로 알려진 **극소곡면**(極小曲面, minimal surface; 주어진 폐곡선[8]에 의하여 둘러싸인 최소의 면적을 가지는 도형)이다. 이것은 같은 축에 놓인 지름이 다른 평행한 두 원을 연결하는 극소곡면이다 ; 두 원형 고리 사이의 비누막이 이 형태를 가진다(**거품**(bubble)을 보시오). 현수면은 회전곡면인 극소곡면으로 알려진 유일한 것이며, 유계가 아니고, 매입되고, 주기적이 아닌 위상적 성질을 가지는 4개의 극

역자 주

7) 원문에는 현수선과 포물선의 방정식이 없으나, 여기에서는 각각 $y = \cosh x$, $y = x^2$의 경우를 뜻하는 것으로 보인다. 이 경우 x가 약 2.59392보다 크면 $\cosh x > x^2$이다.

소곡면 중 하나인데, 다른 것들은 단순 평면, **나선면**(helicoid), 그리고 *코스타곡면(Costa's surface)*이다.[9)]

cathetus (수직선, 垂直線)

다른 직선에 수직인 직선. 보통은 직각삼각형에서 **빗변**(hypotenuse)이 아닌 변 중 하나를 의미한다.

Cauchy, Augustin Louise, Baron (코시, 1789-1857)

*코시-리만방정식(Cauchy-Riemann Equation)*을 발견하여 복소해석학을 확립한 프랑스의 수학자. 789편의 논문을 썼는데, 이는 **오일러**(Leonhard Euler), **케일리**(Georgy Cayley), **에르되시**(Paul Erdös) 다음으로 많은 것이다. 그는 **행렬식**(行列式, determinant)이라는 이름을 만들고 그 연구를 체계화했으며, **극한**(limit), **연속**(continuity), **수렴**(convergence)의 거의 현대적인 정의를 만들었다.

causality (인과관계, 因果關係)

원인과 결과 사이의 관계. A가 결과 B를 초래하는 이유일 때, 사건 또는 현상 A는 사건 B의 원인이다. 예를 들면 우리는 "가속 페달을 밟은 것이 차를 더 빨리 가게 하는 *원인*이었다." 라고 말할 수 있다. 철학과 다른 분야에서의 중요한 질문은 어떻게 원인이 결과를 유발하느냐 (그리고 과연 그랬는가)이다. 엄밀한 의미에서, 만일 A가 B의 원인이면 A는 항상(always) B를 수반해야 한다. 예를 들면, 이러한 의미에서 흡연은 암의 원인이 아니다. 그러므로 우리는 자주 일상적 용법에서, 'A가 B의 원인이다'를 'A는 B가 일어날 확률의 증가를 야기한다'를 의미하는 것으로 알고 있다. 원인과 결과의 확립은, 이 편안한 읽을거리에서조차, 악명 높게 어렵다. 스코틀랜드의 철학자 흄(David Hume)은 원인과 결과는 실제적인 것이 아니지만, 그 대신에 A가 B와 함께 또는 그보다 약간 전에 발생함을 관찰하는 것에 의미를 부여하기 위하여 우리의 정신에 의하여 상상되어진다고 주장했다. 우리가 실제로 관찰할 수 있는 모든 것은 *상관관계*(correlations)이지, 인과관계가 아니다. 이것은 또한 "상관관계가 인과관계를 함의(含意)한다"는 논리적 오류로 표현된다. 예를 들면, 담배를 피우는 사람이 극단적인 폐암 증가율을 가진다는 관찰은 흡연이 폐암 증가율의 원인임에 틀림없다는 것을 입증하지 않는다; 아마 암을 일으키고 니코틴을 열망하는 어떤 유전적 결함이 있을지 모른다.[194]

caustic (초곡선, 焦曲線)

주어진 광원으로부터 주어진 곡선에 의하여 반사(또는 굴절)된 광선의 **포락선**(包絡線, envelope). 반사로부터는 *반사초곡선(catacaustic)*, 굴절로부터는 *굴절초곡선(diacaustic)*이 얻어진다. 원의 초곡선 중에는 광원이 가까이 있을 때의 리마송(limaçon)[10)], 광원이 무한대에 있을 때의 **신장형**(腎臟形, nephroid), 광원이 원 위에 있을 때의 **심장형**(心腸形, cardioid)이 있다.

Cavalieri's Principle (카발리에리의 원리)

만일 두 입체의 높이가 같고, 각 높이에서의 절단면의 넓이가 같다면, 그들은 같은 부피를 갖는다. 이 원리는 이탈리아의 수학자 카발리에리(Bonaventura Cavalieri, 1598-1647)의 이름을 딴 것이다.

Cayley, Arthur (케일리, 1821-1895)

비유클리드 기하학(non-Euclidean Geometry)과 **행렬**(matrix)의 대수에 중요한 기여를 한 영국의 수학자. 전자는 결국 **시공**(時空, space-time) 연속체(continuum)의 연구, 후자는 독일의 물리학자 하이젠베르크(Werner Heisenberg)에 의하여 **양자역학**(quantum mechanics)의 형식화로 진행되었다. 케일리는 추상**군**(group)의 개념을 개척하는 데에도 그의 시대를 훨씬 앞서 갔다.

Cayley number (케일리수)

8원수(octonion)를 보시오.

Cayley's mousetrap (케일리의 쥐덫)

케일리(Arthur Cayley)가 만든 **치환**(permutation)문제. 한 세트의 카드에 1, 2, ..., n을 쓰고 패를 섞어 두자. 맨 위의 카드부터 세기 시작하자. 골라진 카드가 세는 수와 다르면, 패의

역자 주

8) 원문에는 폐공간(closed space)으로 되어 있으나, 곡면의 경계선(boundary)이 곡선임을 감안하여 폐곡선으로 번역한다.
9) 브라질의 수학자 코스타(Costa, C. J.)가 1982년에 발견한 극소곡면이다.
10) 원문에 lima로 나와 있으나, 이는 리마송(limaçon)을 의미하는 것으로 보인다. 참조 : http://mathworld.wolfram.com/Limacon.html

맨 밑으로 옮기고 계속 세어나간다. 골라진 카드가 세는 수와 같으면, 그 카드는 버리고 다시 1부터 세기 시작한다. 만약 모든 카드가 버려지면 게임에서 이기고, 만약 세는 것이 $n+1$에 이르면 게임에서 진다. $n=1, 2, \ldots$일 때 적어도 한 카드가 제자리에 있도록 카드를 정리하는 방법의 수는 각각 1, 1, 4, 15, 76, 455, …이다.

Cayley's sextic (케일리의 섹틱)

직각좌표로 나타낸 방정식이

$$4(x^2+y^2-ax)^3=27a^2(x^2+y^2)^2$$

인 사인파 모양의(sinusoidal) 나선이다. **맥클로린(Colin Maclaurin)**에 의하여 발견되었는데, **케일리(Arthur Cayley)**가 처음으로 자세히 연구하였고, 그의 이름을 따서 1900년에 아치발드(R. C. Archibald)가 명명하였다.

ceiling (최고 한도, 最高限度)

어떤 것이 취할 수 있는 가장 큰 값이다. 수 x의 *최고한도함수(ceiling function)*는 x보다 작지 않은 가장 작은 정수이다.

cell (세포, 細胞)

(1) **다포체(多包體, polychoron)**와 같은 더 높은 차원의 입체의 일부가 되는 삼차원적 입체. 세포는 마치 면, 즉 (이차원적) **다각형**이 더 높은 차원의 입체에 대응하는 것과 같은 방법으로 더 높은 차원의 입체에 대응한다. 예를 들면, 세포와 4차원 초다면체(超多面體, polytope), 즉 다포체와의 관계는 면과 삼차원 초다면체, 즉 **다면체(polyhedron)**와의 관계와 같다. 초다면체는 자주 단순히 몇 개의 세포를 가지느냐에 따라 분류된다. 예를 들면 **초입방체(tesseract)**는 8개의 세포를 가지는데, 그 각각은 정육면체이다. (2) 한 세대(generation) 동안 **세포 자동자(cellular automation)** 규칙에 의해서 계속 운행되는 기본 공간 단위이다.

cellular automation (세포 자동자, 細胞自動子)

둘러싼 세포의 상태(state)에 기반을 둔 일련의 규칙에 의하여 진화하는 세포의 한 배열. 예를 들면 한 세포는 네 개의 이웃하는 세포(동, 서, 남, 북)가 함께 작동될(on) 때 "작동"될 수 있다. 전체 배열은 전 화면을 움직이는 광역(global) 패턴으로 자체 조정될 수 있다. 이 패턴들은 비록 세포 사이의 연결을 통제하는 몇 개의 매우 간단한 규칙으로부터 나타나지만 매우 복잡해질 수 있다. 세포 자동자는 공간 분포 작용의 가장 간단한 예이다. 그것들은 1952년경 **폰노이만(John Von Neumann)**이 처음 연구하였다. 폰노이만은 세포모델을 그의 "보편적 생성자(universal constructor)"에 포함시키고, 4개의 수직인 이웃을 가진 세포로 구성된 자동자와 29개의 가능한 상태(states)가 있는 세포로 구성된 자동자가 약 20만 세포의 배열을 위한 **튜링 머신(Turing machine)**를 모의실험(simulate)할 수 있을 것임을 증명했다. 가장 잘 알려진 세포 자동자는 생명 게임(**콘웨이의 생명 게임(Life, Conway's game of)**을 보시오.)이다. 다른 예는 **랭턴의 개미(Langton's Ant)**이다. 세포자동자와 그들 패턴의 연구는 구조가 생물학적이고 다른 복잡한 체계 내에 구성되는 방법에 대한 통찰을 이끌고, 이런 이유로 **인공 생명(artificial life)**의 주제의 일부를 구성한다.

celt (켈트)

*래틀백(rattleback)*으로도 알려져 있는데, 직관에 반하여 움직이는 간단한 고대의 장난감. 그 수직축에 대하여 한 방향으로 돌리면 켈트는 오랫동안 회전한다. 그러나 다른 방향으로 돌리면, 하나의 요동이 빠르게 시작되어 회전을 멈추게 하고, 믿기 어렵게 그것을 거꾸로 한다. 영국의 물리학자 본디(Hermann Bondi)는 이 주제에 관한 그의 1986년 논문에서 다음과 같이 썼다; "많은 사람들이, 훈련된 과학자들조차도, 그 장난감의 행동이 각운동량(角運動量, angular momentum) 보존의 법칙을 위배하지 않는다는 것을 이해하기 힘들다."[47] 그 켈트의 주목할 만한 이상한 행동은 세 가지 요인에 기인한다; 두 개의 길이가 다른 반지름을 가지는 곡선으로 된 하단 – 세로 방향의 곡선의 긴 반지름과 너비를 가로지르는 더 급한 곡선의 짧은 반지름; 관성의 주축으로부터 약간 기울어진 대칭축; 그리고 관성의 두 수평축에 대한 다른 중력 분포이다. 켈트가 작동 도중에 어떻게 방향을 바꾸는지 이해하기 위해서는 그 켈트와 바닥 사이의 접촉점의 마찰력을 생각하라. 마찰의 한 성분은 켈트를 그 수직축에 대하여 회전시키려고 하는 토크(torque – 비트는 힘)를 만든다. 접촉점은 시간 내내 움직이고, 토크는 변화한다. 만일 관성과 대칭축이 일치하면, 한 번의 진동에 대한 평균 토크는 0이 될 것이다. 그러나 켈트에는, 한 방향의 넷토크(net torque)가 있는데, 그것이 회전력을 역전시킨다. **티피 탑(Tipee Top)**도 보시오.

C

center of perspectivity (배경의 중심)

사영적인 두 도형의 대응점을 연결한 선들이 만나는 점.

centillion (센틸리온)

큰 수(large number)를 보시오.

central angle (중심각, 中心角)

원(cirlcle)의 중심에서 한 호(arc) 또는 현(chord)에 의하여 대응되는 각; 다시 말하면, 두 반지름 사이의 각.

centroid (중심, 重心)

삼각형에서 **중선**(中線, medians)들의 교점. 다른 도형에서는 좌표가 그 도형의 꼭짓점들의 좌표의 평균이 되는 점(**꼭짓점**(vertex)을 보시오). 중심은 도형의 *질량의 중심(center of mass)*이다.

century (세기, 世紀)

100년의 기간. 원래의 라틴어 센트리아(centuria)는 단지 "100"을 의미하며, 100항목의 임의의 모임을 표현하는 데 썼다. 로마 군대에서 센트리(century)는 100명의 사람의 집단이었는데, 센트리온(centrion)으로 알려져 있다. "센트리"가 시간의 간격을 나타내지 않는 드문 현대적 예는 크리켓 게임에서 배트맨이 한 이닝에서 100런을 득점하는 것을 "센트리를 만들었다"고 말한다.

Ceva, Giovanni (체바, 1647-1734)

예수회(Jesuit) 교육을 받고 **기하학**(geometry)을 전공한 이탈리아의 수학자. 지금은 *체바의 정리*로 알려진 그의 가장 큰 발견은 다음과 같이 진술될 수 있다. 꼭짓점 A, B, C와 그 대응변에 놓인 점 D, E, F가 주어진 삼각형에서 $\overline{BD} \times \overline{CE} \times \overline{AF} = \overline{DC} \times \overline{EA} \times \overline{FB}$ 이면 직선 AD, BE, CF는 한 점에서 만난다. *체바선(cevian line)*이라는 용어는 체바를 존중하는 프랑스 기하학자들에 의하여 18세기 후반에 만들어졌다. 그것은 삼각형의 꼭짓점과 그 대응변 위의 점을 잇는 직선으로 정의된다. **중선**(median), **높이**(altitude), 그리고 각의 **이등분**(bisector)선은 체바선의 예이다. 그러나, 변의 수직이등분선은 대부분의 경우에 꼭짓점을 지나지 않으므로 체바선이 아니다.

chained-arrow notation (체인 화살표 기호)

콘웨이의 체인 화살표 기호(Conway's chained-arrow notation)를 보시오.

Chaitin, Gregory (샤이틴, 1947-)

IBM의 왓슨(T. J. Watson) 연구센터에 있는[11] 미국의 수학자이며 컴퓨터 과학자. *알고리즘적 정보 이론(algorithmic information theory)*으로 알려진 새 과목의 주 설계자인데, 그것은 **무작위성**(randomness)에 대한 우리의 아이디어에 대한 심오한 결론을 가진다. 특히 샤이틴은 컴퓨터와 그들이 작동하는 프로그램의 한계 때문에, 물리학에서의 불확실성의 원리와 마찬가지로 수학에서도 내재적인 불확실성 또는 불가지성(不可知性)이 있다는 것을 보였다. 무수히 많은 수학적 사실이 있지만 그들은 대부분 관련이 없고, 정리를 통일함으로써 그들을 함께 묶을 수는 없다. 그의 강력한 메시지는 대부분의 수학이 어떤 특별한 이유가 없이 참이라는 것이다; 수학은 우연히 참이다. **샤이틴의 상수**(Chaitin's constant)도 보시오.

Chaitin's constant (샤이틴의 상수)

대문자 오메가(Ω)로 나타내며 *멈춤 확률(Halting probability)*로 알려진 한 **실수**. 그 자릿수(digits)가 **무작위적으로**(randomly) 분포되어 그것을 예측하는 어떤 규칙도 찾을 수 없다. **샤이틴**(Gregory Chaitin)에 의하여 발견되었는데, Ω는 정의될 있지만 계산될 수 없다. 그것은 무엇이든 어떠한 패턴이나 구조도 없으나, 그 대신 마치 한 동전 던지기가 다음 동전 던지기에 관계하지 않는 것처럼, 무수히 긴 0의 열(string, 列)이 각 자릿수가 그 이전의 자릿수에 관계하지 않는 숫자들로 이루어져 있다. 상수로 불리지만, 그 정의가 계산적 모델이나 프로그래밍 언어의 임의의 선택에 달려 있으므로, 그것은 예를 들면 π(pi)가 상수라는 의미에서의 상수가 아니다. 각각의 그러한 모델 또는 언어에서, Ω는 무작위적으로 생성된 문자열(string)이, 작동하면 결과적으로 멈추게 되는 프로그램을 표현하게 될 확률이다. 그것을 이끌어내기 위해서 샤이틴은 **튜링 머신**(Turing Machine)으로 불리는 가설적 컴퓨터가 작동할 수 있는 모든 가능한 프로그램을 고려하였고, 모든 가능한 프로그램으로부터 임의로 선택된 프로그램이 멈출 확률을 찾았다. 그는 결국 이 멈춤 확률이 한 프로그램이 멈출 것인가에 대한

역자 주

11) 지금은 브라질의 리우데자네이루 연방 대학 교수이다.

튜링(Turing)의 문제를 0과 1 사이의 어딘가에 있는 실수로 바꾸는 것을 보였다. 그는 나아가 먼저 한 컴퓨터가 멈출 것인가를 결정하기 위한 어떠한 계산 가능한 명령도 없는 것과 같이, Ω의 자릿수를 결정하는 어떠한 명령도 없다는 것을 보였다. Ω는 계산 불가능하고 불가지(不可知)이다. 우리는 어떤 프로그래밍 언어에서도 그 값을 알지 못하며, 또 결코 알지 못할 것이다. 이것은 그 자체가 대단한 것이지만, 샤이틴은 Ω가 우리가 알 수 있는 것의 근본적 한계를 지적하면서 수학 전체에 스며드는 것을 발견하였다.

그리고 Ω는 시작에 불과하다. 슈퍼-오메가로 불리는 더 혼란한 수가 있는데, 그것의 무작위성의 정도는 Ω의 그것보다도 엄청나게 더 크다. 만일 멈춤 문제를 풀고 Ω의 값을 구할 수 있는 전능한 컴퓨터가 있다면, 이 거대뇌(mega-brain)는 그 자신의 불가지인 멈춤 확률을 갖는데, 이것을 Ω′이라 한다. 그리고 만일 아직도 Ω′을 구할 수 있는 신과 같은 컴퓨터가 있다면, 그것의 멈춤 확률은 Ω″이 될 것이다. 이 더 높은 오메가들은 최근에 발견되었는데, 의미 없는 추상화가 아니다. 예를 들면 Ω′은 무한 번의 계산이 단지 유한 양의 출력물만을 낳게 될 확률을 제공한다. Ω″은 무한 번의 계산 동안 한 컴퓨터가 출력물을 내는 데 실패하고 - 예를 들면 한 계산으로부터 아무런 결과도 얻지 못하고 다음 단계로 넘어가고-그것이 이 작업을 오직 유한 번만 실행할 확률과 동등하다. 오메가와 오메가 계통은 수학자들에게 동요를 일으키는 진실을 드러내고 있다; 우리가 풀기를 바랄 수 있는 문제는 결정 불가능성의 커다란 바다에서 작은 다도해를 형성하는 것이다.[130]

Champernowne's number (챔퍼노운의 수)

처음 알려진 정규수(正規數, normal number). 1933년 영국의 수학자 챔퍼노운(David G. Champernowne)이 발견했는데, 소수점 아래의 수들이 증가하는 순서로 된 소수로 되어 있다: 0.12345678910111213…. 챔퍼노운의 수는 10진법의 정규수이며 **무리수**(irrational number)임이 증명되었다. 그러나 그 자릿수들이 같은 주기로 나타남에도 불구하고 그 자릿수들의 열은 예측 불가능하지 않다. 자릿수들의 열이 예측 불가능한 예는 **샤이틴의 상수**(Chaitin's constant)이다.

chance (가능성, 可能性)

확률론(probability)을 보시오.

change ringing (전조명종, 轉調鳴鐘)

전조명종 기술은 영국에서 특별하고, 대부분의 영국의 특이성과 같이, 세상의 다른 곳에서는 이해할 수 없다. 예를 들면 음악에 재능이 있는 벨기에 인에게는 조심스럽게 조율된 종에 대한 올바른 것은 그것을 가지고 연주하는 것임이 분명하다. 영국의 종학자(鐘學者)에게는... 종에 대한 올바른 일이 수학적 순열과 조합을 연구하는 것이다.

−세이어(Dorothy Sayer), 아홉 번의 테일러

듣기 좋은 소리를 내기 위해서 특별한 관계에 따라 한 세트의 종을 하나하나 울리는 것. 종은 가장 가벼운(가장 음이 높은) 것으로부터 가장 무거운 것까지 1, 2, 3, 4, 5, …의 번호가 붙는다. 각 열(sequence), 즉 *라운드(round)* 다음에는 종의 순서가 미리 정해진 방법으로 약간 바뀐다. 5개의 종으로는 5×4×3×2×1, 즉 120가지의 가능한 변화가 있고, 종을 치는 데 약 4분의 시간이 걸린다. 6, 7, 8개의 종으로는 변화의 수가 각각 720, 5040, 40320이다. 소리에 듣기 좋은 변화를 주기 위해서는 종이 그 행에 있는 이웃하는 종과 자리를 바꾸도록 만들어진다. 예를 들면:

1 2 3 4 5 6 7 8
2 1 4 3 6 5 8 7

이 행들은 전조명종의 음악적 기호이다.

한 쌍 이상이 같은 행에서 바뀔 수는 있지만, 어떤 종도 동시에 그 행에 있는 한 자리 이상을 움직이지 않는다. 로프를 한 번 당길 때마다 다른 행의 종을 울리기 위해서 종치기는 정돈된 방법으로 쌍을 바꾸는 방법을 고안했다. 한 방법의 종을 치는 데 있어서, 종은 라운드 내에서 시작하여 그 방법에 따라 바뀌고, 이 방법에 따르는 어떤 행도 반복하지 않으면서 라운드로 돌아온다. 이 위치 변화는 종소리가 지그재그로 나아가는 음악적 패턴을 만든다. 예를 들면, 한 네 개의 종이 울리는 "Plain Hunt Minimus"가 다음 쪽의 그림에 있다.

경험 있는 종치기는 필(peals)[12]을 침으로써 그들의 능력을 시험하고 확장시킨다; 한 행을 쉬거나 반복하지 않는 5,000 또는 그 이상의 변화가 있다. 필은 관례상 약 3시간 동안 계속된다. 영국에서 첫 번째 필이 1715년에 울려졌다. 종치기(로프 또는 레버를 이용한 짧은 좌우이동을 통하여 그것을 흔드는 것)는 중세로 거슬러 올라가지만, 정돈된 명종을 위한 충분한 조정을 허락하는 완전한 바퀴를 개발한 것은 17세기가 되어서였다. 1668년 스테드만(Fabian Stedman)은 『*전조 명종술(Tintinnalogia)*』을 출판했는데, 체계적 명종술의 적용 가능한 모든 정보를 담았다. 스테드만에 의하여 시작된 전조 명종의 이론은 훗날 개량되기는 했지만, 오늘날까지도 근본적으로

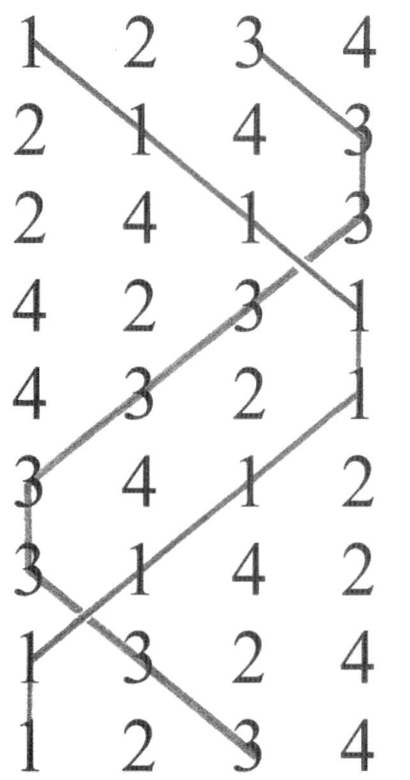

전조명종 네 개의 종에 대한 "Plain Hunt Minimus." 종 1 과 3의 열을 선으로 보였다.

변하지 않은 채 남아 있다. 전조명종을 위한 종은 360°까지 흔들릴 수 있도록 하는 튼튼한 틀에 매달려 있다. 각 종은 수제 로프가 감긴 나무바퀴에 걸려 있는데, 회전하는 데 약 2초가 걸린다. 그 종들은 그 아래 명종실 안의 원에 그들의 로프가 걸리도록 틀에 배열되어 있다. 각 로프 안으로, 밝은 색 털실(*sally*) 다발이 엮여 있는데, 그것은 종치기가 종을 칠 때 로프의 어디를 잡을지를 표시한다. 종들은 "입이 위인" 위치에서 울리기 시작한다. 로프를 끌면, 종은 완전한 원을 돌아서 다시 입의 위인 위치까지 온다. 다음 끌기에서는 다른 방향으로 거꾸로 돈다. 그녀의 수작(秀作)으로 생각되는 세이어(Dorothy Sayer)의 『*아홉 개의 테일러*(*The Nine Tailors*, 1934)』의 줄거리는 전조명종술을 중심으로 하고 있다.

chaos (혼돈)

우리가 질서를 만드는 것을 사랑하므로 우리는 혼돈을 흠모한다.

–에스헤르(M. C. Escher)

전체적 질서의 위기를 막 넘어서 있는 이상스럽고 무한히 복잡한 행동의 패턴으로 구성되는 어떤 **동역학계**(動力學系, **dynamical systems**)에 의하여 보이는 현상. 한 시스템이 혼돈스럽다는 것은 원리는 예측 가능하지만 실제에서는 그 행동이 초기 조건에 매우 민감하게 의존하기 때문에 오랫동안 예측 불가능한 것이다. 그러나 이 예측 불가능성에도 불구하고, **파이겐바움 상수**(**Feigenbaum's constant**)와 같은 상수가 있고, **혼돈적 끌개**(**chaotic attractor**)와 같이 고정되고 해석에 민감한 특정한 구조가 있다. 기후와 고정된 자기장 위에서 움직이는 금속 추, 그리고 가깝게 위치한 달의 궤도는 모두 혼돈 구조의 예이다. 현대의 혼돈 이론의 배경이 된 아이디어가 20세기 대부분을 통하여 활발하게 연구되었지만 수학적 용어로서의 그 단어는 1975년 *미국수학월보*(*American Mathematical Montly*)의 "주기 3이 혼돈을 이끈다(Period Three implies Chaos)"는 논문으로부터이다.[13)]

일상의 언어에서, 혼돈은 정확히 질서에 반함을 의미한다. 그러나 그리스의 어원 *khoax*는 "허공(empty space)"을 의미하며, 이 의미는 아직도 협곡 또는 심연을 의미하는 곳의 고어적 사용을 고집한다. 그 단어가 무질서를 의미하는 것으로 발전한 것은 신이 우주를 창조하기 이전 시간의 언급에서 나온 것으로 보인다. 허공은 형태가 없었으며, 창조물이 빈 곳을 채우고 질서를 확립했다. 수학적 혼돈은 예기치 않은 제3의 상태; 단순한 규칙의 적용을 받는데 그럼에도 무한히 복잡한 행동을 보이는 결정론적 체계를 나타낸다.[135]

chaos tiles (혼돈 타일)

펜로즈 타일(**Penrose tiling**)을 보시오.

chaotic attractor (혼돈적 끌개)

기이한 끌개(*strange attractor*)라고도 하며, 초기 조건에 **민감성**(**sensitivity**)을 보이는 복잡한 **동역학계**(**dynamical system**)의 **위상공간**(**phase space**) 내의 끌개(attractor, 즉 상태의 끌기 집

역자 주

12) 한 세트의 종을 전조명종에 따라 한 번 치는 것 또는 그 소리를 필(peal)이라고 한다.

13) T.Y. Li, and J.A. Yorke, Period Three Implies Chaos, American Mathematical Monthly 82, 985 (1975)

합)의 한 유형. 이 성질 때문에, 그 시스템이 끌개 위에 있으면, 인근의 상태는 서로로부터 지수적으로(exponentially) 빠르게 발산한다. 결과적으로, 작은 양의 소리가 증폭된다. 한 번 충분히 증폭된 소리는 그 시스템의 대규모의 행동을 결정하고, 시스템은 그때 예측 불가능해진다. 혼돈적 끌개 자신들은 그들 내에서 움직이는 궤도들이 예측 불가능하게 나타난다는 사실에도 불구하고 자주 우아하고 고정된 기하학적 구조를 가지고 현저하게 패턴화된다. 혼돈적 끌개의 기하학적 모양은 표면적 혼돈 아래 잠재된 질서이다. 그것은 누군가 도우를 반죽하는 것과 똑같은 방법으로 작용한다. 궤도의 국지적 분리는 도우를 펴서 늘리는 것에 해당하고, 전체적으로 끄는 성질은 늘어난 도우를 다시 접어서 그 자신에게 돌려주는 것에 해당한다. 혼돈적 끌개의 펴고-접는 관점의 한 가지 결과는 그들이 **프랙탈**(fractal)이라는 것; 즉 그들의 어떤 단면이 모든 범위와 유사한 구조를 드러낸다는 것이다.

character theory (지표 이론)

한 **군**(group)의 **행렬**(matrix) 표현의 대각합(對角合, trace-대각선 성분의 합)의 연구이다. 얻어진 정보는 *지표표*(*character tables*)로 열거되는데, 그것의 성질은 군의 성질에 대한 통찰을 제공한다.

chess (체스)

최초의 참고 문헌은 A.D. 600년경의 중국과 페르시아 문서에 있지만, 아마 인도에서 기원한 두 경기자가 하는 전략 게임. 각 경기자는 여덟 개의 폰(pawns), 두 개의 루크(rooks, castles로도 알려져 있다), 두 개의 나이트(knight), 두 개의 비숍(bishop), 한 개의 퀸(queen)과 한 개의 킹(king)으로 구성된 16개의 말을 갖는다. 목표는 상대편 킹이 공격을 피할 수 없도록 *체크메이트*(*checkmate*-"왕이 죽었다"는 뜻의 페르시아 구문 *Shah Mat*에서 나왔다) 위치로 포위하는 것이다. 첫 수를 두는 400가지의 조합-흰 말 20×검은 말 20(그중 64가지만 강력한 것으로 생각되지만)이 있고, 처음 4수를 두는 데 318,979,564,000가지 방법이 있으며, 처음 10수를 두는 데는

체스 진행 중인 체스 게임을 보이는 성모 마리아 찬송가(Cantigas de Santa Maria –13 세기 찬송가 모음)에 있는 채색 장식.

169,518,829,100,544,000조(兆) 가지 방법이 있다. 판을 짜는 모든 방법의 수는 약 10^{120}이다; 이것은 **바둑(Go)**을 두는 모든 방법의 수가 약 10^{174}으로 추산되는 것에 비교된다. 표준 체스판은 수직인 직선에 의하여 64개의 작은 정사각형으로 나누어진 사각형 판이다. 원래는 체크무늬(즉, 어둡고 밝은 무늬가 번갈아 그려진 행렬로 만들어진 무늬)가 아니었고, 이 모양은 단지 실제 게임에서 눈을 돕기 위하여 도입되었다. 체스에 기초한 많은 퍼즐에서 체크무늬의 유용성은 의문인데, 판은 임의의 $n \times n$ 크기로 일반화될 수 있다.

체스판을 이용한 첫 번째 퍼즐의 하나는 **밀과 체스판 문제(wheat and chessboard problem)**인데, 1256년 아랍의 수학자 칼리칸(Ibn Kallikan)에 의하여 제안되었다. 1512년 폴리(Guarini di Forli)가 제안한 체스 *말(pieces)*을 포함한 최초의 문제 중에는, 만일 두 개의 흰 색 나이트와 두 개의 검정색 나이트가 3×3판의 구석에 위치하면 통상적 나이트 이동을 써서 그들이 어떻게 교환될 수 있는가를 묻는 문제가 있다. 나이트의 통상적인 L-자형 이동은 가장 잘 알려진 퍼즐인 **나이트(騎士) 경로(knight's tour)**를 만드는데, 대단한 도전이다. 다른 표준 퍼즐은 단순히 **킹 문제(king problem)**, **퀸 퍼즐(queenz puzzle)**, **루크 문제(rooks problem)**, **비숍 문제(bishops problem)**, 또 **나이트 문제(knights problem)**로 불리는데, 이 말들이 서로 다른 것을 공격하지 않고 8×8판이나 일반화된 $n \times n$ 판에 놓을 수 있는 말의 수의 최댓값 및 또는 모든 사각형을 차지하거나 공격하는 데 필요한 각각 말의 수의 최솟값을 묻는다. *요정 체스(Fairy chess)*는 이 표준 게임에 어떤 변화를 준 것인데, 판의 크기, 게임의 규칙, 또는 사용되는 말의 변화를 포함할 수 있다. 예를 들면 모서리에 원통 또는 **뫼비우스 띠(Möbius band)**의 연결을 가진 통상적 체스의 규칙을 사용할 수 있다.

chinense cross (중국인 십자가)

껍질 퍼즐(burr puzzle)을 보시오.

chinese remainder theorem (중국 나머지정리)

공약수가 없는(즉 쌍마다 서로 소인) n개의 수 a_1부터 a_n이 있다면, 0 이상이고 n개의 모든 수의 곱보다 작은 임의의 정수는 수 n으로 나눈 나머지로 이루어진 수열로 유일하게 표현된다. 예를 들어서, $a_1=3$, $a_2=5$이면 중국 나머지정리(CRT)는 0부터 14까지의 모든 수가 **법(法, modulo)** 3 과 5에 의하여 따로 나눌 때의 나머지의 유일한 집합을 가질 것임을 말한다. 모든 가능성을 열거하여 이것이 참임을 보인다.

0은 3을 법으로 한 나머지가 0이고 5를 법으로 한 나머지가 0이다.
1은 3을 법으로 한 나머지가 1이고 5를 법으로 한 나머지가 1이다.
2는 3을 법으로 한 나머지가 2이고 5를 법으로 한 나머지가 2이다.
3은 3을 법으로 한 나머지가 0이고 5를 법으로 한 나머지가 3이다.
4는 3을 법으로 한 나머지가 1이고 5를 법으로 한 나머지가 4이다.
5는 3을 법으로 한 나머지가 2이고 5를 법으로 한 나머지가 0이다.
6은 3을 법으로 한 나머지가 0이고 5를 법으로 한 나머지가 1이다.
7은 3을 법으로 한 나머지가 1이고 5를 법으로 한 나머지가 0이다.
8은 3을 법으로 한 나머지가 2이고 5를 법으로 한 나머지가 3이다.
9는 3을 법으로 한 나머지가 0이고 5를 법으로 한 나머지가 4이다.
10은 3을 법으로 한 나머지가 1이고 5를 법으로 한 나머지가 0이다.
11은 3을 법으로 한 나머지가 2이고 5를 법으로 한 나머지가 1이다.
12는 3을 법으로 한 나머지가 0이고 5를 법으로 한 나머지가 2이다.
13은 3을 법으로 한 나머지가 1이고 5를 법으로 한 나머지가 3이다.
14는 3을 법으로 한 나머지가 2이고 5를 법으로 한 나머지가 4이다.

CRT는 다음과 같은 문제를 푸는 것을 가능하게 한다; 3, 5, 7로 나눈 나머지가 각각 2, 3, 5인 두 개의 가장 작은 자연수를 구하여라. 고대 중국인들은 7×7, 11×11 등의 정사각형으로 줄을 세워서 병사의 수를 세는 데 이 정리의 변형을 사용했다고 전해진다. 그들은 나머지만을 셈한 다음에, 가장 작은 양의 해를 구하기 위해서 연관된 연립방정식을 풀었다.

Chinese rings (중국인의 고리)

가장 오래 된 것으로 알려진 **역학 퍼즐(mechanical puzzles)**의 하나로, 그 목표는 강철로 만든 수평의 둥근 틀로부터 n개의 고리를 모두 제거하거나, 그들을 다시 틀에 되돌려 놓는 것 또는 그 두 가지를 다 하는 것이다. 첫 번째 이동 중에 철사의 왼쪽 끝으로부터 두 개의 고리까지 떼어 내는 것이 가능하다. 이들의 하나 또는 둘 다 틀을 통하여 (위에서 밑으로) 빠져나올 수 있다. 그 둘이 제거되면, 네 번째 고리가 틀의 끝 위로 빠져나올 수 있다. 만일 처음 두 개 중 하나만 제거되면, 다음 단계는 세 번째 고리를 끝 위로 빠져나오게 하는 것이다. 뒤이어, 다른 고리들을 제거하기 위해서 고리들이 강철 틀로 되돌아와야 하고 이 과정이 계속하여 반복된다. 일반적으로, 필요한 이동의 수의 최솟값은 n이 짝수일 때

$$(2^{n+1}-2)/3,$$

n이 홀수일 때 $(2^{n+1}-1)/3$

이다. 예를 들면 7개의 고리가 있으면 푸는 데 85번의 이동이 필요하다. 각각의 이동은 보통 이전 상태에서 앞으로 또는 뒤로 가는 것을 포함하므로 대부분의 해답은 쉽다. 올바른 풀이의 열쇠는 일 단계인데, 만일 n이 짝수이면 두 개의 고리를 제거하고, 만일 n이 홀수이면 한 개의 고리를 제거해야 한다. 풀이는 **하노이탑(Hanoi tower)**의 풀이와 비슷하다. 사실, 하노이탑을 만든 **루까**(Edouard Lucas)는 **이항(binary)**산술을 써서 중국인 고리의 우아한 해를 내놓았다.

19세기의 유명한 인종학자인 쿨린(Stewart Cullin)은 그 퍼즐이 유명한 중국의 장군 제갈량(A. D. 181-234)이 그가 전쟁에 나가 있는 동안 부인이 그것을 푸는 것으로 소일하도록 선물로 주기 위해서 만들었다고 말한다. 그러나 이것은 일화이고, 그것의 기원은 분명하지 않다. 유럽에서 최초의 참고 문헌은 약 1500년경 **파치올리(Luca Pacioli)**에 의한 필사본인 『*수의 힘에 관하여(De Viribus Quantitatis)*』의 문제 107 형태로 된 것인데, 그 안에 다음 설명이 나타난다; "*Do Cavare et Mettere una Strenghetta Salda in al Quanti Anelli Saldi Difficil Caso*" (어려운 경우 몇 개의 연결된 고리가 연결되어 있는 작은 막대를 제거하고 끼울 것). 그것은 또한 **카르다노(Girolamo Cardan)**에 의하여 그의 책 『*불가사의(De Subtililate)*』의 1550년도 판에 언급되었는데, 거기에서 *카르다노의 고리(Cardan's rings)*라는 이름이 생겼으며, 어쨌든 1685년경 **월리스(John Wallis)**에 의하여 수학 용어로 취급되었다. 17세기 후반까지 많은 유럽 사회에서 유행하게 되었다. 프랑스 농부들은 궤짝을 잠그는 데 사용했으며, 그것을 *baguenaudier*, 즉 "시간 소비자"로 불렀다.

chinese room (중국어 방)

미국의 철학자 설(John Searle, 1932 –)에 의하여 인간의 정신은 컴퓨터가 아니며, **튜링 테스트(Turing test)**는 기계가 강한 **인공 지능(artificial intelligence-AI)**을 가진다는 것, 다시 말하면 인간과 같은 방법으로 생각할 수 있다는 것을[292] 증명하는 데 적절치 않다는 것을 보이는 시도에서 1980년에 처음 제기된 주장이다. 중국어 방 시나리오에서, 중국어를 전혀 이해하지 못하는 한 사람이 기록된 한자가 건네지는 방에 앉아 있다. 그 사람은 이 글자들을 다루기 위해서 시간 전에 확립된 복잡한 규칙의 집합을 이용하고, 다른 글자들을 방 밖으로 넘긴다. 그 아이디어는 중국말을 하는 면접자가 중국어로 씌어진 질문을 방안으로 건네면, 거기에 대응하는 중국어 답이 방 밖으로 나올 것이라는 것이다. 설은 만일 그러한 시스템이 실제로 튜링 검사을 통과할 수 있다면 그 기호를 다루는 사람은 명백히 방으로 들어가기 전만큼도 중국어를 더 잘 이해하지 못한다고 주장한다.

설은 자신을 중국 기호를 조정하는 한 사람으로 둠으로써 계속하여 강한 AI의 주장을 조직적으로 반박한다. 첫 번째 주장은 튜링 검사를 통과할 수 있는 시스템은 입력과 출력을 이해한다는 것이다. 설은 중국인 방에 있는 "컴퓨터"와 마찬가지로, 형식적 프로그램(복잡한 번역 규칙)에 따라 단순히 기호를 다루는 것만으로는 중국어에 대한 어떠한 이해도 얻지 못

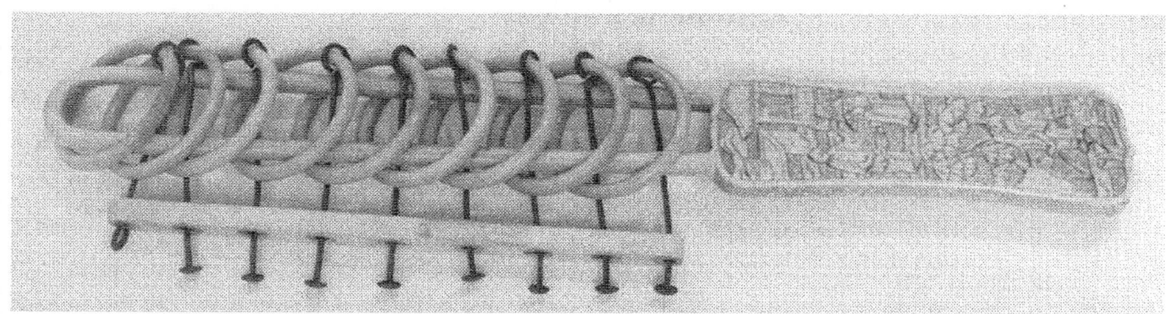

중국인 고리 19세기 중반의 상아로 된 보기 드문 중국인 반지의 예. *Sue&Brian Young/Mr. Puzzle.호주, www.mrpuzzle.com.au*

한다고 대답한다. 그 방의 조작자는 면접자가 질문하는 것 또는 그가 만들고 있는 대답에 대한 어떤 이해도 가질 필요가 없다. 그는 심지어 방 밖에서 진행되는 질문과 대답의 활동이 있다는 것조차 모를 수 있다.

설이 목적으로 삼는 강한 AI에 대한 두 번째 주장은 그 시스템이 인간의 이해를 설명한다는 것이다. 설은 그 시스템이 기능적이고 – 이 경우 튜링 검사를 통과하고 – 그럼에도 조정자의 입장에서 어떤 이해도 없기 때문에 시스템은 인간의 이해를 이해하지 못하고, 따라서 설명할 수도 없다고 주장한다.

chiral (비대칭, 非對稱)

다른 좌우 형태를 갖는 것; 거울면 대칭이 아닌 것. 예를 들면 보통의 정육면체는 아니지만, *부풀린 정육면체(snub cube)* (**아르키메데스 다면체**(Archimedian solid)의 하나)가 비대칭이다.

Chladni, Ernst Florens Friederich (클라드니, 1756-1827)

독일의 법률가, 음악가(그는 라이프치히에서 모차르트와 같은 해에 태어났고, 베토벤과 같은 해에 죽었다.), 그리고 음향과학을 확립한 아마추어 과학자. 음악적 조율을 연구하는 동안 그는 강체에서 소리를 보이게 하는 아이디어를 떠올렸다. 그는 정제된 모래를 유리잔이나 금속판 위에 펼쳐 두고 바이올린의 활을 판의 모서리를 따라 긁어서 그 활을 진동시켰다. 그 활은 판을 가로지르는 파동을 만들면서 모서리에서 빠른 속도로 달라붙고 미끄러지는 일을 교대로 반복하여 모서리로부터 반향을 일으켰다. 이 반향된 파동은 활 끝으로부터 오는 새로운 파동에 겹쳐지고 결과적으로 판이 움직이지 않는 곳에서 마디와 같은 대칭적 패턴을 만들었다. 클라드니 판 위에 만들어진 패턴의 유형은 지지점 또는 점들과 그들의 위치를 포함하는 다양한 요소들; 활이 판을 접촉하는 지점; 활의 속도에 영향을 받는 진동의 주기; 판 자신의 모양과 다른 성질에 의존한다.

chord (현, 弦)

곡선의 두 점을 연결하는 직선. 가장 흔하게는, *현(chord)*은 그 사이의 점을 포함하여, **원**(circle) 위의 두 점을 연결하는 선분을 의미하는 데 쓰인다. 이 더 제한된 의미에서의 현은 영국에서 1551년 **레코드**(Robert Record)의 『*지식의 경로(The Pathwaie to Knowledge)*』에 처음으로 나타난다. "정의. 만일 한 직선이 원을 가로지르고 중심을 비켜간다면, 그것을 현(corde 또는 stryngline)이라고 부른다."

현을 움직임으로써 몇 가지 놀라운 결과가 나타난다. 예를 들어, 원 *C*에 한 현을 택하고, 현의 중심이 한 작은 동심원을 따라가도록 현이 원을 따라 미끌어지게 해 보자. 두 원 사이의 넓이를 *A*(*C*)라 하자. 이제 같은 길이의 현으로 더 큰 원 *C*′에 대하여 같은 일을 해 보자. *A*(*C*′)는 *A*(*C*)보다 클까 혹은 작을까? 놀랍게도 그들은 서로 같다. 다시 말하면 *A*(*C*)는 당신이 시작하는 어떤 원에 의존하지 않고, 단지 현의 길이에만 의존한다. 더 놀라운 사실은 만일 당신이 정해진 길이의 현을 *임의의 볼록 도형(convex shape)* 주위에 현의 중심이 다른 도형 *D*를 따라가도록 미끌어지게 하면 *C*와 *D* 사이의 넓이는 당신이 출발하는 어떤 도형에도 의존하지 않는다.

chromatic number (착색수, 着色數)

(1) **그래프 이론**(graph theory)에서, **연결 그래프**(connected graph)의 (꼭짓점을) 서로 이웃하는 두 꼭짓점이 같은 색으로 칠해지지 않도록 색칠하는 최소의 색의 개수. 단순 그래프의 경우에, 이른바 *색칠 문제(coloring problem)*는 조사에 의하여 해결될 수 있다. 그러나 일반적으로 큰 그래프의 착색수(그리고 최적의 착색)를 구하는 것은 **NP 하드 문제**(NP-hard Problem)이다. (2) **위상수학**(topology)에서, 곡면 위에 각 영역이 다른 영역과 공통인 경계를 갖도록 그릴 수 있는 영역의 최대 수이다. 만일 각 영역에 다른 색이 주어진다면, 각 색깔은 모든 다른 색의 경계를 이룬다. 예를 들면, 사각형, 튜브, 구의 착색수는 4이다; 다시 말하면, 이 도형 중 하나의 위에 네 개보다 많은 다른 색깔의 영역을 임의의 쌍이 공통 경계를 가지도록 두는 것은 불가능하다. "착색수"는 또한 주어진 곡면 위의 임의의 유한 지도를 색칠하는 데 필요한 색깔의 최소수를 나타낸다. 다시 이것은 평면, 튜브, 구의 경우에는 4인데, 꽤 최근에 **4색 지도 문제**(four-color map problem)의 해결에서 증명된 바와 같다. 방금 서술한 두 가지 의미에서의 착색수는 **토러스**(torus)는 7, **뫼비우스 띠**(Möbius band)는 6, **클라인 병**(Klein bottle)은 2이다. **베티수**(Betti number)도 보시오.

chronogram (연대 표시명, 年代標示銘)

어떤 특별한 글자들이 날짜, 시대, 또는 드문 경우에 날짜가 아닌 수를 암호로 나타내는 구문 또는 문장. 예를 들면, "나의 날은 불멸 속에 닫혔다(My Day Is Closed In Immortality)."는 영국의 여왕 엘리자벳 1세의 사망을 기념한다; 대문자들은 MDCIII, 즉 1603으로 재배열 될 수 있는데, 그녀가 죽은 해이다.

Church, Alonzo (처치, 1903-1995)

이론적 컴퓨터 과학의 초기 개척자인 미국의 논리학자이며 프린스턴 대학의 교수. 1934년의 계산의 한 모델인 이른바 **람다 계산**(lambda calculus)의 개발과, 1936년의 그 안에 있는 "결정불가능한 문제(undecidable problem)"의 발견으로 가장 잘 알려져 있다. 이 결과는 **튜링**(Alan Turing)의 **멈춤 문제**(halting problem)에 대한 유명한 연구보다 앞서는 것인데, 이것도 기계적 수단으로는 풀리지 않는 문제의 존재를 지적하였다. 그때 처치와 튜링은 람다 셈법과 멈춤 문제에 사용되었던 **튜링 머신**(Turing machine)가 능력(capability)에 있어서 동치임을 보였다. 그들은 또한 동치인 계산력을 가진 다양한 대안적 "계산의 기계적 절차"를 입증했다. **처치–튜링 논문**(Church-Turing thesis)도 보시오.

Church-Turing thesis (처치-튜링 논문)

튜링(Alan Turing)과 **처치**(Alonzo Church)에 의하여 독립적으로 얻어진 논리적/수학적 공준(公準, postulate)인데, 절차가 충분히 명백하고 기계적인 한, 그것을 푸는 어떤 (**튜링 머신** 위의 계산을 통하는 것과 같은) **알고리즘적**(algorithmic) 방법이 있음을 주장한다. 따라서, 어떤 알고리즘의 집합에 따라 계산할 수 있는 어떤 절차 또는 문제가 있고, 계산할 수 없는 다른 절차나 문제도 있다. 처치–튜링 논문의 하나의 강력한 형태는 심리학적 절차가 컴퓨터 위의 계산적 과정에 의하여 모의실험될(simulated) 수 있다는 것이다.

cipher (암호, 暗號)

(1) 규칙적인 길이의, 보통은 글자로 된 평문 단위가 미리 정해진 코드에 의하여 임의로 위치가 바뀌거나(**전치식 암호**(transposition cipher)를 보시오.) 치환되는(**환자식 암호**(substitution cipher)를 보시오.) 암호 체계(**암호학**, cryptography)를 보시오.) 또는 그러한 체계에서 쓰이거나 전송된 메시지. **케사르 암호**(Caesar cipher)와 **빌 암호**(Beal cipher)도 보시오. (2) **영**(零, zero)의 수학적 기호 (0).

circle (원, 圓)

평면에서, *중심(center)*으로 불리는 고정된 점으로부터, *반지름(radius)*으로 불리는 주어진 거리에 있는 점들의 집합. 원은 평면을 내부와 외부로 나누는 단일**폐**(closed)곡선이다. 그것은 *원주(circumference)*로 불리는 길이가 $2\pi r$인 둘레를 가지고, πr^2의 넓이를 둘러싼다. 좌표기하에서, 중심이 (x_0, y_0)이고 반지름이 r인 원은

$$(x-x_0)^2+(y-y_0)^2=r^2$$

을 만족하는 점들의 집합이다. "Circle"은 라틴어 *서커스(circus)*에서 나왔는데, 유명한 로마 전차 경주가 열렸던 둥글거나 또는 둥근 사각형 모양의 큰 담을 의미한다.

원을 두 부분으로 자르는 직선을 *할선(割線, secant)*이라고 부른다. 원에 의하여 잘린 할선의 부분을 *현(絃, chord)*이라 하며, 가장 긴 현은 원의 중심을 지나는 것인데, *지름(diameter)*으로 알려져 있다. 원의 지름에 대한 원주의 비는 π(pi)이다. 두 반지름 사이의 원의 부분을 *호(弧, arc)*라고 한다; 호의 길이와 반지름의 비는 두 반지름 사이의 *각*을 *라디안(radian)*으로 정의한다. 두 반지름과 한 호에 의하여 둘러싸인 영역은 *부채꼴(sector)*로 알려져 있다. 한 점에서 원과 만나는 직선은 *접선(接線, tangent)*으로 불린다. 접선은 반지름에 수직이다. **아핀기하**(affine geometry)에서는 모든 원과 타원이 **합동**(congruent)이 되고, **사영기하**(projective geometry)에서는 다른 **원뿔곡선**(conic sections)이 그들과 합류한다. 원은 이심률이 0인 원뿔곡선이다. **위상수학**(topology)에서 모든 단순폐곡선은 원과 **위상동형**(homeomorphic)이고, 결과적으로 원이라는 단어가 자주 그들에게 적용된다. 원의 삼차원적 유사물은 **구**(球, spher)이고, 4차원적 유사물은 **초구**(超球, hypersphere)이다.

circle involute (원 신개선, 圓 伸開線)

그림을 그리고 이해하기에 가장 간단한 **나선**(螺旋, spiral). 그것은 밧줄로 말뚝에 묶인 양이, 밧줄을 팽팽하게 유지하면서 중심에 이르도록 감을 때까지 같은 방향으로 빙글빙글 돌 때 그 양이 따라가는 길이다. 나선의 인접한 루프(loop) 사이의 방사상 거리는 중심원의 원주와 같다. 가장 안쪽의 루프의 경우를 제외하고는 두 곡선이 전혀 동일하지 않지만 원 신개선은 **아르키메데스 나선**(Archimedian spiral)과 구분하기 힘들다.

circular cone (원뿔)

밑면이 **원**(circle)인 **뿔**(cone).

circular helix (원나선, 圓螺旋)

나선(helix)을 보시오.

circular prime (원소수, 圓素數)

그것의 자릿수를 어떻게 순환 회전해도 소수로 남아 있는 **소수(prime number)**. (십진법에서의) 한 예는 1,193인데, 1,931, 9,311과 3,119도 모두 소수이다. 모든 한 자리 소수는 당연히 원소수이다. 십진법에서, 두 자리 이상의 모든 원소수는 자릿수로 1, 3, 7, 9만을 포함할 수 있다; 그렇지 않다면 0, 2, 4, 6, 8이 일의 자리로 돌아오게 될 때 그 결과는 2나 5로 나누어질 수 있다. 각 사이클의 가장 작은 수를 열거할 때, 알려진 유일한 원소수는 다음과 같다; 2, 3, 5, 7, 11, 13, 17, 37, 79, 113, 197, 199, 337, 1,193, 3,779, 11,939, 19,937, 193,939, 199,933, R_{19}, R_{23}, R_{317}, R_{1031}과 아마도 R_{49081}. 이 마지막 다섯은 알려진 반복된 단위(rep-unit) 소수와 개연성이 있는 소수이다. 일반적으로 무수히 많은 반복된 단위 소수가 있을 것으로 믿어지고, 따라서 무수히 많은 원소수가 있어야 한다. 그러나 위의 목록에 있지 않은 모든 원소수는 반복된 단위 소수일 가능성이 매우 크다.

circumcenter (외심, 外心)

주어진 **다각형(polygon)**, 보통은 삼각형의 꼭짓점들(**꼭짓점(vertex)**을 보시오.)을 통과하는 **원(circle)**의 중심. 삼각형에 있어서, 그것은 세 변의 수직**이등분선(bisector)**의 교점과 같다.

circumcircle (외접원, 外接圓)

삼각형의 모든 세 **꼭짓점(vertex)**을 통과하는 **원(circle)**. 그것은 삼각형에 *외접한다(circumscribe)*고 말한다.

circumference (원주, 圓周)

원(circle)의 바깥쪽 둘레의 길이. 이 말은 라틴어 "*circus*(원)"와 "*ferre*(나르다)"에서 왔으므로 "한 바퀴 나르는 것"을 의미한다.

cissoid (시소이드)

정점 *A*와 두 곡선 *C*와 *D*가 주어질 때, *A*에 대한 두 곡선의 시소이드는 다음과 같이 작도한다; *C* 위에 점 *P*를 잡고, *P*와 *A*를 지나는 직선 *l*을 그린다. 이것이 *D*를 *Q*에서 자른다. *R*을 직선 *l* 위에서 $\overline{AP}=\overline{QR}$인 점이라 하자. *P*가 *C* 위를 움직일 때 *R*의 **자취(locus)**가 시소이드이다. *시소이드(cissoid)*라는 이름은 "담쟁이덩굴 모양(ivy-shaped)"을 의미하는데, B. C. 1세기에 게미누스(Geminus)[14]의 연구에서 처음 등장한다.

지금은 *디오클레스의 시소이드(cissoid of Diocles)*로 알려진 이 곡선의 특별한 경우는 고전적인 **정육면체의 배적(duplicating the cube)** 문제를 해결하려는 시도에서 **디오클레스(Diocles)**에 의하여 처음 연구되었다. 이후 같은 곡선에 대한 연구자에는 **페르마(Pierre de Fermat)**, **하위헌스(Christiaan Huygens)**, **월리스(John Wallis)**, 그리고 **뉴턴(Isaac Newton)**이 포함된다. 디오클레스의 시소이드는 한 **포물선(parabola)**이 같은 크기의 다른 포물선 위를 미끄러지지 않고 구를 때 그 **꼭짓점(vertex)**에 의하여 그려진다. 그것은 좌표평면에서 다음 방정식을 갖는다.

$$y^2 = x^3 / (2a - x).$$

재미있게도, 디오클레스는 『*불타는 거울에 대하여*(*On Burning Mirrors* – 비슷한 제목이 아르키메데스의 업적에서도 나온다)』에서 포물선의 초점의 성질을 연구했다. 그때나 지

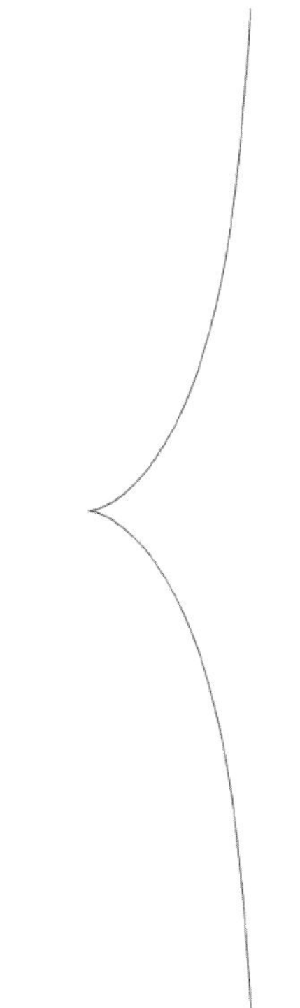

시소이드 디오클레스의 시소이드. © *Jan Wassenaar, www,2dcurves.com*

역자 주

14) 기원전 1세기경에 활동했던 그리스의 수학자.

금이나 그 문제는 태양을 향하여 둘 때 열의 최대량을 모으는 거울면을 찾는 것이다.

classification (분류)

수학적 대상의 어떤 유형의 반복 없는 완전한 목록을 제공하는 수학의 한 분과에서의 목표. 예를 들면 삼차원 **다양체**(3-manifold)의 분류는 **위상수학**(topology)의 중요한 문제의 하나이다. 컴퓨터의 출현으로, 분류 문제를 진술하는 하나의 약하지만 중요한 방법은 두 개의 주어진 대상이 동치인지 결정하는 **알고리즘**(algorithm)이 있는지 묻는 것이다.

clelia (클레리아)

*클레리곡선(clelie curve)*으로도 불리는데, ϕ와 θ가 경도(longitude)와 여위도(餘緯度, colatitude)(극으로부터의 각거리(角距離, angular distance)일 때, ϕ/θ가 상수가 되도록 움직이는 **구**(sphere)의 표면 위의 점 P의 자취.

Clifford, William Kingdon (클리포드, 1845-1879)

비유클리드기하학(non-Euclidean Geometry)과 **위상수학**(topology)을 연구한 영국의 수학자. 1870년에, 그는 에너지와 물질이 단지 공간의 곡률의 다른 형태라는 것을 주장한 『*물질의 공간 이론에 대하여(On the Space Theory of Matter)*』를 썼는데, **아인슈타인**(Einstein)의 일반 **상대성 이론**(relativity theory)에서 결실을 맺게 되는 매우 진보적인 아이디어였다. 체구는 작았지만, 클리포드는 대단히 강하고 한 손으로 턱걸이를 할 수 있었다. 그가 이른 나이에 죽은 것은 과로와 탈진 때문이었다.

clock puzzles (시계 퍼즐)

최초로 알려진 시계 퍼즐은 **오자남**(Jacques Ozanam)에 의한 『*수학과 물리 레크리에이션(Récréations Mathématiques et Physiques)*』에서 1694년에 제기되었다.

퍼즐

여기 **캐롤**(Lewis Carroll)이 만든 두 개의 시계 퍼즐이 있다:

1. 한 시계의 시침과 분침의 길이가 같고, 면에는 어떤 숫자도 없다. 6시와 7시 사이의 어떤 시각에 시계에 나타난 시각과 그것이 거울에 비친 상을 읽은 시각이 같겠는가?
2. 멈춘 시계와 매일 1분씩 늦는 시계 중 정확한 시각을 맞출 확률은 어느 것이 더 큰가?

그리고 여기 **듀드니**(Henry **Dudeney**)의 『*수학의 즐거움(Amusement of Mathematics)*』으로부터 "클럽 시계(The Club Clock)"라고 불리는 또 하나가 있다:

3. 생각하는 사람 클럽(Cogitator's Club)에 있는 큰 시계 중 하나가 초침이 다른 두 바늘의 꼭 중간에 있을 때 멈춘 채로 발견되었다. 멤버 중 하나가 그의 친구에게 (시계가 멈추지 않았다면) 다음 번 초침이 분침과 시침 중간에 있을 시각을 말할 것을 제안했다. 여러분은 그것이 일어날 정확한 시각을 찾을 수 있는가?

해답은 415쪽부터 시작함.

---

closed (폐, 閉)

*폐곡선(closed curve)*은 그것이 어떤 영역을 완전히 감싸도록 끝점을 갖지 않는 곡선이다. *폐집합(closed set)*에 대응하는 *폐구간(closed interval)*은 그것의 끝점을 포함하는 구간이다.

cochleoid (코치레오이드)

1700년 펙(J. Peck)과 1726년 베르누이(Bernoulli)에 의하여 처음 연구된 **나선형**(spiral) 곡선. 그 이름은 "달팽이 모양"(*kochlias*는 "달팽이"의 그리스어)을 의미하는데, 1884년에 벤탄(Benthan)과 팔켄부르크(Falkenburg)에 의해서 붙여졌다. 그것은 y축 위의 점 O에서 시작하여 작도될 수 있다. O를 지나고 (y축에 접하는) 모든 원에 대하여 원 위에서 일정한 거리를 유지한다. 그러한 점들의 집합이 코치레오이드이다. 그것은 직각좌표로서의 식

$$(x^2+y^2)\tan^{-1}(y/x)=ay$$

로 주어지고, 극좌표로는

$$r=a\sin\theta/\theta$$

로 주어진다. 코치레오이드의 평행한 접선들의 접점은 **스트로포이드**(strophoid) 위에 있다.

code (암호/부호, 暗號/符號)

암호(cipher)를 보시오.

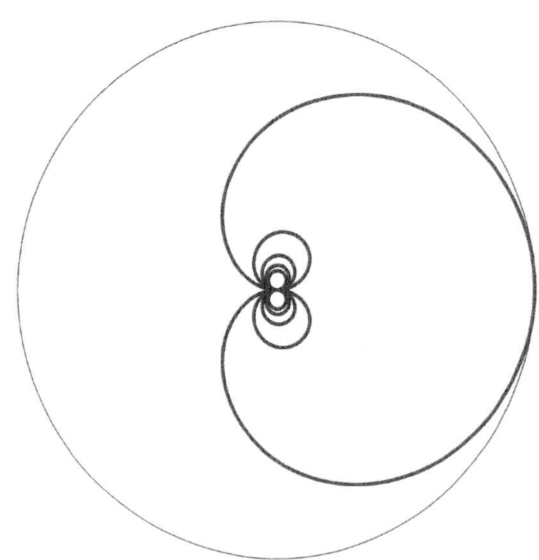

코치레오이드 그것을 작도하는 데 사용한 원 안의 코치레오이드.
© (Jan Wassenaar), www.2dcurves.com

codimension (여차원, 餘次元)

일반적으로, 한 수학적 대상이 **차원**(dimension)이 n인 다른 대상의 안에 있거나 또는 그것과 관계할 때, 만일 그것이 $n - k$ 차원을 가지면 그것은 여차원 k를 갖는다고 한다.

coding theory (부호 이론)

잡음 채널(noisy channels)을 통해서 데이터를 보내고 그 메시지를 복원하는 데 간여하는 수학의 분야. **암호학**(cryptography)이 메시지를 읽기 *어렵게*(*hard*) 만드는 것에 관한 것인 데 비하여, 코딩 이론은 메시지를 읽기 *쉽게*(*easy*) 만드는 데 초점을 둔다. 기본적인 문제는 그 메시지가, 에러가 무작위적이지만 전체적으로는 예측 가능한 비율로 발생하는 (전화선 같은)채널을 따라 이진수 즉 *비트*(*bits*)(0과 1의 배열) 형태로 보내져야 한다는 것이다. 에러를 보정하기 위해서 원래의 메시지에 있는 것보다 더 많은 비트들이 보내져야 한다. 이진 데이터에서 에러를 추적하는 가장 쉬운 방법은 **패리티**(parity) 코드인데, 원 메시지로부터 매 7비트마다 추가 패리티비트를 삽입한다. 에러를 추적할 뿐만 아니라 수정하기 위해서는, 데이터가 재전송되어야 한다. 이것을 하는 간단한 방법은 정해진 시간 수만큼 각 비트를 반복하는 것이다. 수신자는 어떤 값, 0 또는 1이 더 자주 나타나는가를 보고 그것이 의도된 비트일 것이라고 가정한다. 이 방법은 송신된 모든 2비트마다 하나의 에러까지에 이르는 에러율에 대처할 수 있으나, 그것은 끔찍하게 많은 추가 비트가 보내져야 함을 의미한다.

1948년 벨연구소의 **샤논**(Claude Shannon)은 메시지를 부호화하기 위해서 보내져야 할 추가 비트의 최소수를 증명함으로써 코딩 이론의 과제를 시작했지만, 이 최적의 코드를 찾는 방법을 보이지 않았다. 2년 후, 또한 벨연구소에 있던 **해밍**(Richard Hamming)은 단순 반복보다 더 효율적인 정보 전송률을 가진 상세한 에러-수정 코드를 제공했다. 그의 첫 번째 코드는, 그 안에 세 개의 체크 코드가 딸린 네 개의 코드가 있는데, 단일 에러의 추적뿐만 아니라 수정도 허용한다.

샤논과 해밍이 미국의 정보 전송에 관여하는 동안, 리치(John Leech)는 케임브리지 대학에서 **군론**(group theory)을 연구하면서 비슷한 코드를 고안했다. 이 연구는 또한 구 **쌓기** 문제(sphere packing problem)를 끌어들이고, 놀라운 24차원 *리치격자*(*Leech Lattice*)를 끝냈는데, 그 연구는 유한 대칭군의 이해와 분류에 중요한 것으로 판명되었다. 지구 위에서나 우주로부터 모두, 정보 전달을 위한 에러-수정 코드의 값은 즉시 파악되었고, 전송의 비용과 에러-수정 용량 둘 다 증가시키는 다양한 코드들이 구성되었다. 1969년과 1973년 사이에 나사(NASA)의 매리너(Mariner) 탐사선은 전송된 32비트로부터 7비트의 에러를 수정할 수 있는 강력한 리드-뮬러(*Reed-Muller*) 코드를 사용했다. 에러-수정 코드의 약간 불명확한 응용이 신호가 디지털로 부호화되는 컴팩트디스크의 발전에서 왔다. 흠집과 다른 손상에 대하여 보호하기 위해서 4,000 개의 연속된 에러를 수정할 수 있는 두 개의 삽입된 코드가 사용되었다. 1990년대 후반까지 샤논의 원래 연구에서 예측된 한계에 도달하는 정확한 코드를 찾는 목표가 달성되었다.

codomain (공역, 公域)

주어진 **함수**(function) 또는 사상(mapping)에 대하여, 그 함숫값이 그 안에 놓이는 집합. 이것은 **치역**(値域, range)이라 하는, 그 함수가 실제로 갖는 값의 집합과는 다르다.

coefficient (계수, 計數)

변수에 곱하는 수 또는 다른 요소. 예를 들면, 식 $3x - 4ky = 8$에서 3과 $4k$는 각각 변수 x와 y의 계수이다. 이 단어는 라틴어 세 요소 *facere* ("한다"), 접두사 *ex*("밖에"), 그리고 *co*("함께")를 결합한 것인데, 전체적으로 결과를 도출하기 위하여 두 개의 사물이 함께 한다는 의미를 준다. 16세기의 수학자 **비에트**(Francis Vieta)가 그 이름을 붙였을 것 같은데, 대략 18세기 초까지 공통적으로 사용되지 못했다.

Coffin, Stewart T. (코핀)

공학적 퍼즐의 선두 디자이너이다. 그는 또한 이 분야의 가장 중요한 업적 중 하나인 『*다면체 분할의 퍼즐 세계*(*The Puzzling World of Polyhedron Dissection*)』[64]의 저자이다.

cohomology (코호몰로지)

형식적으로 **호몰로지**(**homology**)와 쌍대(雙對, dual)인, **위상공간**(**topological spaces**)의 대수적 **불변량**(**invariants**)의 계산에 관여하는 주제. 얻어진 불변량은 일반적으로 호몰로지에 의해서 얻어진 것보다 더 강력하고 보통 더 많은 대수적 구조를 가진다. 위상공간과 순수 대수적 구조 모두에 대한 *일반화된 코호몰로지 이론*(*generalized cohomology theories*)은 형식적 코호몰로지의 어떤 구조를 가지지만, 같은 기하학적 배경은 갖지 않는 것을 발전시켰다.

coin paradox (동전의 역설)

같은 크기의 두 개의 둥근 동전을 생각해 보자. 하나를 가만히 잡은 채 다른 동전을 그 둘레로 굴리되, 미끄러지지 않도록 하고 그 가장자리가 내내 닿도록 하자. 고정된 동전 주위를 완전히 한 바퀴 돌았을 때, 움직이는 동전은 몇 바퀴 돌았겠는가? 대부분의 사람들은 이 답이 한 번이라고 믿을 것이므로, 진실은 사실 *두* 바퀴라는 것을 발견하고는 놀라게 된다.

coincidence (우연의 일치)

얼마나 놀라운 우연의 일치인가! 그런데 실제로는 그렇지 않다. 일치는 일어나게 되어 있다. 각각은 발생할 확률이 작은, 대단히 많은 가능성이 있는 일치가 있는 세상에서, 누군가 어디에서나 한 가지를 보게 되고-그것에 대하여 놀란다. 우연이 아닌 일이 헤아릴 수 없을 만큼 많고, 같은 시간 동안 중요한 우연의 일치를 보지 못하는 사람이 많다는 사실은 간과된다. 또한, 우리는 어떤 특별한 상황에서 일치가 일어날 확률을 과소평가하고, 따라서 그것이 일어났을 때 놀라야 하는 것보다 훨씬 더 놀란다. 이것의 고전적 예가 **생일의 역설**(**birthday paradox**)이다.

분명히 어떤 일들은 일어날 가능성이 대단히 낮다. 예를 들면, 운석이 여러분의 차에 부딪힐 확률은 얼마나 될까? 없는 것 바로 다음이지만, 그렇다고 확실히 안 일어나는 것은 아니다. 수많은 차들이 있고, 매일 수십 개의 운석이 지구에 떨어진다. 조만간 그것은 일어나게 되어 있다. 실제로, 그것은 1992년 10월 9일 뉴욕 픽스빌에 있는 미셀 냅의 집 밖에 주차해 두었던 그녀의 쉐비 말리부[15]에게 일어났다. 12 kg의 우주 암석이 그 차의 트렁크를 박살 내고 뚫고 나가 그 밑의 도로에서 멈췄다.

우연의 일치가 그것이 없다면 예지(豫知, precognition)로 여길 모든 사건을 완전히 해명할까? 1912년 4월 15일에 SS *타이타닉*(*Titanic*)이 그의 처녀 항해에서 빙산에 의한 구멍이 생겨 침몰했고, 1,500명 이상의 사람이 죽었다. 14년 전에 그 재난을 예견한 듯한 소설이 로버트슨(Morgan Robertson)에 의하여 출판되었다. 그 책은 안개 낀 4월의 밤 처녀항해에서 빙산에 부딪힌 *타이타닉*(*Titanic*)과 같은 크기의 배를 묘사했다. 로버트슨의 소설 속의 배의 이름은 *타이탄*(*Titan*)이었다. 단순한 우연일까 아니면 무언가 더 깊은 것의 증거일까? 점성술사들은 자주 다른 사람들에 의해서는 무심코 지나치게 되는 만남을 알아낸다. 극에서 극까지의 지구 지름이 거의 정확하게 5억 인치인 것이 이상하지 않은가? 센티미터로 계산하면 그렇지 않다. 그리고 우리가 빛의 속도가 마일로는 초속 186,282마일인 것에는 관심을 두지 않으면서 300,000 km의 0.1% 내에 든다는 사실에 호들갑을 떨어야 할까? 그럼에도 명백히, 성경을 세익스피어가 썼다는 데에는 의심이 있을 수 없다. 제임스 왕 판은 1611년에 발간되었는데, 그때 세익스피어는 46세였다. 찬송가 46장을 찾아보자. 찬송가의 시작부터 46 단어를 세어 보자. 당신은 "Shake"라는 단어를 찾을 것이다. 또 찬송가 끝에서 46 단어를 세어 보자. 당신은 "Spear"라는 단어를 찾을 것이다. 어떤 사람들에게는 틀림없는 암호화된 메시지이다. **13(thirteen)**도 보시오.

Collatz Problem (콜라즈 문제)

1937년 독일의 수학자 콜라즈(Lothar Collatz, 1910-1990)에 의하여 처음 제안된 문제인데, 또한 $3n+1$ 문제, *카쿠타니(Kakutani)의 문제*, *시라큐스(Syracuse) 문제*, *드웨이트(Thwaite)의 추측*, 그리고 *울람*(*Ulam*)의 *추측*으로 다양하게 불리는 문제이다. 그것은 다음과 같이 진행된다. n을 임의의 정수라고 하자. (1) n이 홀수이면, $3n+1$을 n으로 둔다; 그렇지 않으면, $n/2$을 n으로 둔다. (2) 만일 $n=1$이면 멈춘다; 그렇지 않으면 (1) 단계로 돌아간다. 이 과정이 모든 값 n에 대하여 항상 종료될까(즉 1에서 끝날까)? 5.6×10^{16}까지의 모든 n에 대하여

역자 주

15) 제너럴 모터스에서 생산하는 쉐보레 브랜드의 중형차.

이 과정이 멈춘다는 것이 밝혀졌지만,[16] 오늘날까지 이 문제는 답이 없는 채 남아 있다. 영국의 수학자 드웨이트(1996)는 그 문제의 해결에 1,000 파운드의 보상금을 제시했다. 그러나 **콘웨이**(John Conway)는 콜라즈 형태의 문제가 형식적으로 결정 불가능일 수 있어서 그 해가 가능한지조차 알지 못함을 보였다. 콜라즈 문제에 의하여 만들어진 수열의 수들은 때로는 **우박수열**(hailstone sequence)로 알려져 있다.[144]

combination (조합, 組合)

그들이 배열된 순서를 고려하지 않고 선택된 대상의 집합. **순열**(permutation)과 비교하시오. **이항 계수**(binomial coefficient)도 보시오.

combinatorics (조합론, 組合論)

주어진 모임으로부터 대상을 고르고 배열하는 방법의 연구와 무엇을 하는 방법의 수에 관계하는 다른 종류의 문제의 연구.

commensurable (같은 단위로 잴 수 있는)

두 선 또는 거리의 비가 **유리수**(rational number)일 때, 그 두 선 또는 거리는 같은 단위로 잴 수 있다. 만일 그 비가 **무리수**(irrational number)이면 그들은 *같은 단위로 잴 수 없다(incommensurable)*고 한다.

common fraction (상분수, 常分數)

두 **정수**(integer)의 **몫**(quotient)으로 이루어진 **분수**(fraction)를 말한다.

communication theory (통신 이론)

정보 이론(information theory)을 보시오.

commutative (가환적/교환적, 可換的/交換的)

두 수 x와 y가

$$x + y = y + x$$

이면 *덧셈에 대하여 가환적 또는 교환적(commutative under addition)*이라 하고,

$$x \times y = y \times x$$

이면 *곱셈에 대하여 가환적 또는 교환적(commutative under multiplication)*이라고 한다.

일반적으로, 한 집합(set) S의 두 원소 a와 b가 이항연산(한 번에 두 원소에 작용하는 연산) $*$에 대하여

$$a * b = b * a$$

일 때, 이들은 $*$에 대하여 가환적이라고 한다. **결합적**(associative), **분배적**(distributive)과 비교하시오.

complement (여, 餘)

어떤 것을 완성하기 위하여 필요한 것이다. 예를 들면 여수는 어떤 특별한 값을 만들기 위하여 더해질 필요가 있는 것이고, 한 각의 여각은 그것을 직각으로 만드는 데 필요한 각이다. 한 **집합**(set)의 여집합은 그 집합의 원소가 아닌 원소들로 구성된 집합이다.

complete (완전, 完全)

모든 진술(statements)이 참 또는 거짓으로 증명될 수 있는 **형식적 체계**(formal system)를 나타낸다. **괴델의 불완전성 정리**(Gödel's Incompleteness Theorem)에 의하여 증명된 바와 같이 대부분의 흥미 있는 형식 체계는 완전하지 않다.

complete graph (완전 그래프)

꼭짓점(vertex)들의(꼭짓점(vertex)을 보시오.) 각 쌍을 단 하나의 **모서리**(edge)가 연결하는 **연결 그래프**(connected graph). n개의 꼭짓점을 가지는 완전 그래프는 K_n으로 나타내는데, $n(n-1)/2$개(즉 n번째 **삼각 수**(triangular number))의 모서리를 가지고, $(n-1)!$개의 **해밀턴 회로**(Hamilton circuits)와 **착색 수**(chromatic number) n을 갖는다. K_n의 각 꼭짓점은 **차수**(degree) $n-1$을 갖는다; 그러므로 K_n이 **오일러 회로**(Euler circuit)를 가질 필요충분조건은 n이 홀수인 것이다. *가중 완전 그래프(weighted complete graph)*에서, 각 모서리는 그것에 붙은

역자 주

16) 2009년에 실바(Silva)에 의해서 5.764×10^{18}까지의 모든 n에 대하여 이 과정이 끝난다는 것이 밝혀졌다.

C

가중값(*weight*)이라는 수를 갖는다. 그때 각 경로(path)는 총가중값(total weight)을 가지는데, 그것은 그 경로 에 있는 모든 모서리의 가중값의 합이다. **traveling salesman problem(여행하는 외판원 문제)**도 보시오.

complex adaptive system (CAS, 복잡 적응계)

변화하는 환경에 적응하는 능력을 가진 비선형의, 상호 작용을 하는 **복잡계**(**complex system**). CAS들은 무작위적 변이, **자기 조직화**(**self-organization**), 그들의 환경의 내적 모델의 변환, 그리고 자연 도태에 의하여 진화된다. 그 예는 살아 있는 유기체, 신경계, 면역 체계, 경제, 기업, 그리고 사회를 포함한다. 한 CAS에서, 부분 자율적인(semiautonomous) 대리자가 정해진 상호 작용의 규칙에 의하여 적합성과 같은 척도를 최대화하도록 진화하면서 상호 작용한다. 그 대리자들은 형식과 능력이 다양하며, 그들은 경험을 얻음에 따라 그들의 규칙과, 따라서 행동을 바꾸어 가면서 적응한다. CAS들은 역사적으로 진화한다 – 그들의 경험은 그들의 미래 궤도를 결정한다. 그들의 적응 가능성은 그들이 상호 작용을 형성하는 규칙에 의하여 증가하거나 감소할 수 있다. 나아가, 예상하지 못한 신생의 구조가 그러한 계의 진화에 결정적인 역할을 할 수 있는데, 이것이 그들이 매우 예측 불가능한 이유이다. 다른 한편으로, CAS들은 시작부터 그들에게 프로그램되어 있지 않던 잠재적으로 큰 생산성을 가지고 있다.

complex analysis (복소해석, 複素解析)

복소수 변수의 **함수**(**function**)의 연구. 자주, **실해석**(**real analysis**)이나 **정수론**(**number theory**)의 명제의 자연스러운 증명도 복소해석의 기교를 쓴다. 보통 2차원의 그래프로 나타내는 실함수와 달리, 복소함수는 4차원 그래프를 가지며, 4차원을 의미하는 삼차원 그래프의 색부호화(color-coding)를 유용하게 쓴다.

complex number (복소수, 複素數)

실수(**real number**)와 실수에 −1의 제곱근을 곱하여 더한 수; 다시 말하면, a, b가 실수이고 $i = \sqrt{-1}$일 때 $z=a+ib$ 형태의 수이다. 항 ib는 **허수**(**imaginary number**) 또는 복소수 $a+ib$의 허수 부분(imaginary part)으로, a는 실수 부분으로 불린다. 역사적으로 등장한 이름들 "복소수," "실수," "허수"는 완전히 호도된 것인데, 왜냐하면 복소수는 특별히 복잡한(complex) 것이 아니며, 허수(imaginary)는 실수 못지않게 실제적이기 때문이다!

복소수를 나타내는 다른 방법은 실수의 **순서쌍**(**ordered pair**) (a, b)와 다음 연산이다;

$$(a, b) + (c, d) = (a + c, b + d),$$
$$(a, b) \times (c, d) = (ac - bd, bc + ad).$$

대안으로, 복소수는 수평축은 실수축이고, 수직축은 모든 가능한 순허수를 나타내는 **아르강 다이어그램**(**Argand diagram**, *복소평면*의 한 표현) 위의 점으로 나타낼 수 있다. 복소평면에 나타나는 축(axis) 밖의 임의의 점은 실수 부분과 허수 부분을 갖는다. 아르강드 다이어그램에서 복소수는 **벡터**(**vector**), 즉 원점$(0 + 0i)$으로부터 수 $(a + bi)$로 연장한 방향이 주어진 선분(화살표를 가진 어떤 길이의 선분)으로 볼 수 있다. 평면 위의 점으로 생각할 때 복소수 z의 *절댓값*(*absolute value*) 또는 *크기*(*magnitude*)는 원점으로부터의 유클리드 거리이고 $|z|$로 표시된다; 이것은 항상 음이 아닌 실수이다. 대수적으로, $z = a + ib$이면 $|z| = \sqrt{a^2 + b^2}$으로 정의할 수 있다. 또 복소수 z가 극좌표 $z = re^{i\varphi}$로 쓰이면, $|z| = r$이다.

복소수는 실수의 자연스러운 확장이며, 소위 *대수적 폐체*(*代數的閉體*, *algebraically closed field*)를 구성한다. 이것 때문에, 사람들은 복소수가 실수보다 더 "자연스러운" 것으로 생각한다; 복소수 안에서 **다항식**(**polynomial**)으로 된 모든 방정식이 해를 갖는데, 이것은 실수에 대해서는 사실이 아니다. 복소수는 전기공학과 주기적으로 변하는 신호의 편리한 설명으로서 물리학의 다른 분야에 쓰인다. 표현 $z=re^{i\varphi}$에서 우리는 r을 진폭, φ는 주어진 주기의 사인파의 위상(phase)으로 생각할 수 있다. 특수와 일반 **상대성 이론**(**relativity theory**)에서 **시공**(**時空**, **space-time**) 위의 거리에 관한 어떤 식들은 시간 변수를 복소수로 택하면 간단해진다.

complex plane (복소평면, 複素平面)

아르강 다이어그램(**Argand diagram**)을 보시오.

complex system (복잡계, 複雜系)

발생적(emergent)(**발생**(**emergence**)을 보시오.) 행동을 낳도록 서로 다른 것과 평행하게 작용하고 국지적(locally)으로 상호작용하는 많은 비선형 단위의 모임.

complexity (복잡도, 複雜度)

두 개의 서로 다르고 거의 반대적인 의미를 가지는 현상. 첫째이고 아마 수학적으로 가장 오래된 것은 **무작위**(random)성과 확률 개념의 **알고리즘**(algorithm)적 기초를 확립하려 했던 **콜모고로프**(Andrei Kolmogorov)와 **샤논**(Claude Shannon)의 개념을 통한 통신 채널의 연구로 거슬러 올라간다. 두 경우에 복잡도는 *무질서(disorder)*와 동의어이고 구조의 결핍이다. 과정이 더 많이 무작위적일수록, 복잡도는 더 커진다. 예를 들면, 완전한 혼란 속에서 튀는 수 많은 분자를 가지는 이상 기체는 콜모고로프와 샤논이 관계하는 한 복잡하다. 그러므로 이 의미에서 복잡도는 복잡함의 정도이다.

두 번째로, 더 현대적 의미의 복잡도는 대신에 자연의 과정이 얼마나 구조화되고, 복잡하고, 계층적이고 정교한지를 의미한다. 특히, 그것은 구성 성분의 수준을 넘어서는 규모로 새롭고, 예측 불가능한 행동이 일어나는 **역학계**(dynamical system)에 연관되는 성질이다. 이 두 의미의 차이는 조직에 대한 단순한 질문에 답함으로써 드러날 수 있다; 그것이 복합적인가 아니면 단순히 복잡한가? 복잡도의 측도는 **알고리즘적 복잡도**(algorithmic complexity), **프랙탈 차원성**(fractal dimensionality), **리야프노프 프랙탈**(Lypunov fractals), 그리고 **논리 심도**(logical depth)를 포함한다.

complexity theory (복잡도 이론, 複雜度理論)

주어진 문제를 푸는 데 필요한 자료와 관계를 가지는 계산 이론의 일부. 가장 공통적 자료는 *시간*(*time*, 문제를 푸는 데 얼마나 많은 단계가 필요한가)과 *공간*(*space*, 문제를 푸는 데 얼마나 많은 메모리가 필요한가)이다. 복잡도 이론은 **계산 가능성 이론**(computability theory)과 다른데, 그것은 요구되는 자료가 무엇이든지 어떻든 문제가 풀릴 수 있는지를 다룬다.

composite number (합성수, 合成數)

둘 다 1이 아닌 더 작은 양의 정수로 나누어질 수 있는 양의 정수. 만일 한 양의 정수가 합성수(4, 6, 8, 9, 10, 12, …)나 1이 아니면 그것은 **소수**(prime number; 2, 3, 5, 7, 11, 13, 17 …)이다. **가우스**(Karl Gauss)가 〈*산술 논문*(*Disquisitiones Arithmeticae*, 1801)〉에서 설명했듯이; "합성수로부터 소수를 구분하고 후자를 그 소인수로 분해하는 문제는 산술에서 가장 중요하고 유용한 것의 하나로 알려져 있다."

오늘날 그 중요성의 한 가지 이유는 많은 비밀 암호와 많은 인터넷 보안이 부분적으로 큰 수의 소인수분해의 상대적 어려움에 의존한다는 것이다. 그러나 수학자들에게 더 기본적인 것은 이 문제가 항상 **정수론**(number theory)에 중심적이었다는 것이다. 크기에 비하여 많은 수의 약수를 가지는 수를 *고도합성수*(*highly composite numbers*)라 한다. 예는 12, 24, 36, 48, 60과 120을 포함한다.

compound polyhedron (복합 다면체, 複合多面體)

두 개 이상의 다면체의 조합으로, 보통 서로 관통하고 공통 중심을 갖는다. 두 가지 형태가 있다; 입체와 그 쌍대의 조합, 그리고 같은 **다면체**(polyhedron) 몇 개가 상호 관통하는 집합. 복합다면체의 가장 간단한 예는 두 정사면체의 복합인데, *별꼴팔면체*(*Stella octangula*)로, **케플러**(Johannes Kepler)가 처음 설명했다. 이 도형은, **정사면체**(tetrahedron)가 유일한 *자기쌍대*(*self-dual*)인[17] **균등다면체**(uniform polyhedron)이므로, 유일하게 위의 두 가지에 들어가는 도형이다; 두 정사면체의 모서리는 별꼴팔면체가 그 안에 내접할 수 있는 **정육면체**(cube)의 면의 대각선을 형성한다. 복합다면체의 다른 예는 하나의 중요한 플라톤적 관계로부터 나온다; 정육면체는 정십이면체 내에 내접할 수 있다; 5개 모두를 겹치면 *마름모꼴 삼십면체*(*rhombic triacontahedron*)로 알려진 복합체가 만들어진다.

compressible (압축 가능)

자신보다 더 작은 표현을 가지는 것; **무작위**(random)가 아니고 규칙성을 가짐.

computability theory (계산 가능성 이론)

알고리즘(algorithm) 또는–결국은 같다–**튜링 머신**(Turing machine)에 의하여 풀 수 있는 문제를 다루는 계산 이론의 분야. 계산 가능성 이론은 네 가지 중요 질문에 관심을 갖는다; 튜링 머신이 어떤 문제를 풀 수 있는가? 어떤 다른 시스템이 튜링 머신과 동치인가? 어떤 문제가 더 강한 머신을 필요로 하는가? 어떤 문제가 덜 강한 머신에 의하여 풀릴 수 있는가? 모든 문제가 다 계산적으로 풀릴 수 있는 것은 아니다. *결정 불가능 문제*(*undecidable problem*)는 아무리 많은 시간, 처리 속도, 메모리가 사용 가능하더라도 어떤 알고리즘으로도 풀릴 수 없는 문제이다. 많은 예들이 알려져 있는데, 가장 유명한 것 중 하나가 **멈춤 문제**(Halting problem)이다. **세포 자동자**

역자 주

17) 정사면체의 각 면의 중점을 꼭짓점으로 가지는 다면체는 정사면체이다.

복합 다면체 쌍대의 복합 **정육면체와 정팔면체.** *Robert Webb, www.software3d.com. 웹의 스텔라(Stella) 프로그램을 써서 만들었다.*

(**cellular automation**)도 보시오.

computable number (계산 가능한 수)

주어진 n에 대하여 n번째 자릿수를 계산하는 **알고리즘(algorithm)**이 있는 **실수(real number)**. **튜링**(Alan Turing)은 계산 가능한 수를 정의한 첫 번째 사람이었고, 거의 대부분의 수들이 계산 불가능하다는 것을 보인 첫 번째 사람이었다. 잘 정의되지만 계산 불가능한 수의 예는 **샤이틴의 상수(Chaitin's constant)**이다.

concave (오목)

구의 내면과 같이 안으로 굽은 것. 이 단어는 "움푹한(hollow)"의 라틴어 *concavus*에서 나왔다. **다각형(polygon)** 또는 **다면체(polyhedron)**와 같은 도형 내의 임의의 두 점을 연결하는 선분이 도형 밖으로 갈 때 이 도형을 오목하다고 한다. 마찬가지로 한 **집합(set)**이 임의의 한 쌍의 점을 연결하는 선분을 모두 포함하지는 않을 때, 그 집합은 오목하다.

conchoid (콘코이드)

조개 모양의 곡선. 주어진 점 A와 곡선 C에 대하여, C 위에 한 점 Q를 잡고, A와 Q를 지나는 직선 L을 그어 L 위에 Q의 양쪽 방향으로 일정한 거리에 있는 점 P, P'을 표시한다. 그러면 Q가 C 위를 움직일 때의 P, P'의 자취가 콘코이드이다. *니코메데스*[18]*의 콘코이드(conchoid of Nichomedes)*는 주어진 선이 직선인 콘코이드이다; 즉 주어진 직선 C와 점 A에 대하여, C 위에 한 점 Q를 잡고, A와 Q를 지나는 직선 L을 그어 L 위에 Q의

역자 주

18) Nichomedes(약 280-210 B.C.): 그리스의 수학자.

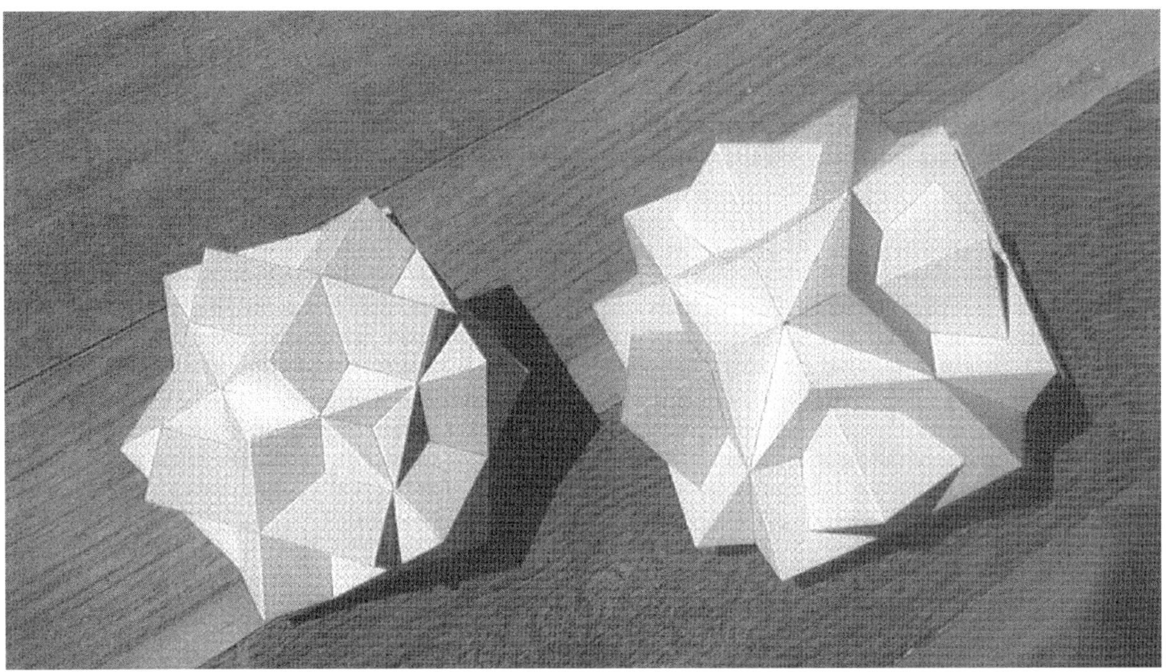

복합 다면체 에셔(Escher)의 그림 "폭포(Waterfall)"에 사용된 것과 같은 세 정육면체의 복합다면체(왼쪽), 바코스(Bakos)의 복합으로 알려진 네 정육면체의 복합(오른쪽). *Robert Webb, www.software3d.com. 웹의 스텔라(Stella) 프로그램을 써서 만들었다.*

양쪽 방향으로 일정한 거리에 있는 점 P, P'을 표시한다. 그러면 니코메데스의 콘코이드는 Q가 C 위를 움직일 때의 P, P'의 자취이다. 그것은 극방정식 $R = a \sec\theta + k$를 갖는다. *드 슬루지*[19]*의 콘코이드(conchoid of de Sluze)*는 직각좌표 방정식 $a(x - a)(x^2 + y^2) = k^2x^2$을 가지는 곡선이다.

cone (뿔)

원형 또는 타원형 밑면과, 밑면 밖에 있는 *정점(頂點, apex)*으로도 알려진 한 **꼭짓점**(vertex)을 가지고, 밑면의 점과 꼭짓점을 연결하는 모든 선분들로 구성되는 도형(그 이름은 솔방울의 그리스어 konos에서 왔다). 만일 기저가 원이면, 그 도형은 *원뿔(circular cone)*이라 한다; 밑면의 중심에서 꼭짓점에 이르는 직선, 즉 *축(axis)*이 밑면에 수직이면, 그것은 *직뿔(right cone)*이다(아이스크림콘은 직원뿔이다); 그렇지 않으면 *기울어진 뿔(oblique cone)*이다. 뿔의 옆의 표면을 냅*(nappe)*이라 한다. 만일 뿔이 꼭짓점으로부터 양 방향으로 확장되면, 그 결과는 *이중뿔(double cone* 또는 *bicone)*이다. *뿔면(conic surface)*을 만들면서 양 방향으로 한없이 확장하는 이중뿔의 절단은 **원뿔곡선**(conic section)으로 부른다. 뿔을 생각하는 다른 방법은 정점 주위를 다른 한 직선(축)과 일정한 각을 두고 회전하는 직선에 의하여 생성되는 **회전면**(surface of revolutuin)으로 보는 것인데, 여기에서 두 직선은 정점을 지난다. 밑면의 반지름이 r이고 수직 높이가 h인 원뿔의 부피는 $1/3\pi r^2h$이다.

반지름이 r이고 높이가 $2r$인 속이 찬 원기둥을 택하자. 원기둥의 중심을 지나고, 기둥의 윗면과 밑면의 원과 만나도록 확장되는 이중직원뿔을 제거하자. 재미있게도, 남은 부분의 부피와 반지름이 r인 구의 부피는 같다.

퍼즐

듀드니(Henry Dudeney)의 『*수학의 즐거움(Amusement of Mathematics)*』[88]로부터의 *원뿔 퍼즐*(202번)은 다음과 같다: "내가 나무로 된 원뿔을 가지고 있다. 어떻게 그것으로부터 최대한 큰 원기둥을 잘라낼 수 있을까?"

해답은 415쪽부터 시작함.

역자 주

19) Walther de Sluze(1622-1685): 벨기에의 수학자.

conformal mapping (등각사상, 等角寫像)

각을 보존하는 평면으로부터 그 자신으로의 사상(map). 등각사상은 임의의 두 곡선 사이의 각이 그들의 상(image) 사이의 각과 같은 결과를 낳는다. 메르카토르(Mercator) 지도는 지구 표면의 등각 지도이다.

congruent (합동)

기하학적 도형의 경우 같은 모양과 크기를 갖는 것.

congruum problem (조화 문제, 調和問題)

어떤 주어진 수 h가 더해지거나 빼어질 때, 새로운 **제곱**(square)수가 얻어지는, 즉 $x^2 - h = a^2, x^2 + h = b^2$인 제곱수 x^2을 찾는 문제. 이 문제는 프레데릭 2세에 의하여 개최된 1225년 피사의 수학 시합에서 수학자 테오도르(Thèodore)와 팔레르마(Jean de Palerma)에 의해서 처음 제기되었다. 해답은 m, n이 정수일 때 $x = m^2 + n^2$이고, $h = 4mn(m^2 - n^2)$이다.

conic section (원뿔곡선)

양방향으로 한없이 확대되는 이중직원**뿔**(right circular double cone)을 평면으로 잘라서 얻어지는, 중요하고, 친근하고, 유비쿼터스적 곡선의 집단. 원뿔의 축에 대한 단면의 각에 따라 결과적인 곡선은 **원**(circle), **타원**(ellipse), **포물선**(parabola), **쌍곡선**(hyperbola)이 될 수 있다. 원은 단면이 뿔의 축에 대하여 직각을 이룰 때의 타원의 극한적 경우이고, 그 반면에 포물선은 단면이 뿔의 모선에 평행할 때의 타원과 쌍곡선의 극한적 경우이다. *원뿔곡선(conic section)*이라는 이름은 **아폴로니우스**(Apollonius)의 8권의 책 『*원뿔곡선론*(*Conics*, *Κωνικα*)』에서 나왔는데, 그는 또한 *타원(ellipse)*, *포물선(parabola)*, *쌍곡선(hyperbola)*의 이름도 제시했다.

원뿔곡선을 정의하는 다른 기하학적 방법은 *초점(焦點, focus)*으로 불리는 정점으로부터의 거리 r과 *준선(準線, directrix)*으로 불리는 정직선으로부터의 거리 a가 일정한 비율을 가지는 모든 점의 **자취**(locus)로서이다. 이 비율 r/a은 *이심률(離心率, eccentricity)* e로 알려져 있다. 원은 이심률 0을 갖는다. 원에 가까운 타원에 대응하는 0 가까운 이심률이 증가함에 따라, 타원의 오른쪽 부분이 무한대로 사라질 때까지 벌어지면 e는 1이 되며, 타원은 꼭 하나의 열린 가지를 가지는 포물선이 된다. 원과 마찬가지로, 비록 그것이 얼마나 늘어나고 줄어드느냐에 따라 달리 보일지 모르지만, 포물선은 단 하나의 모

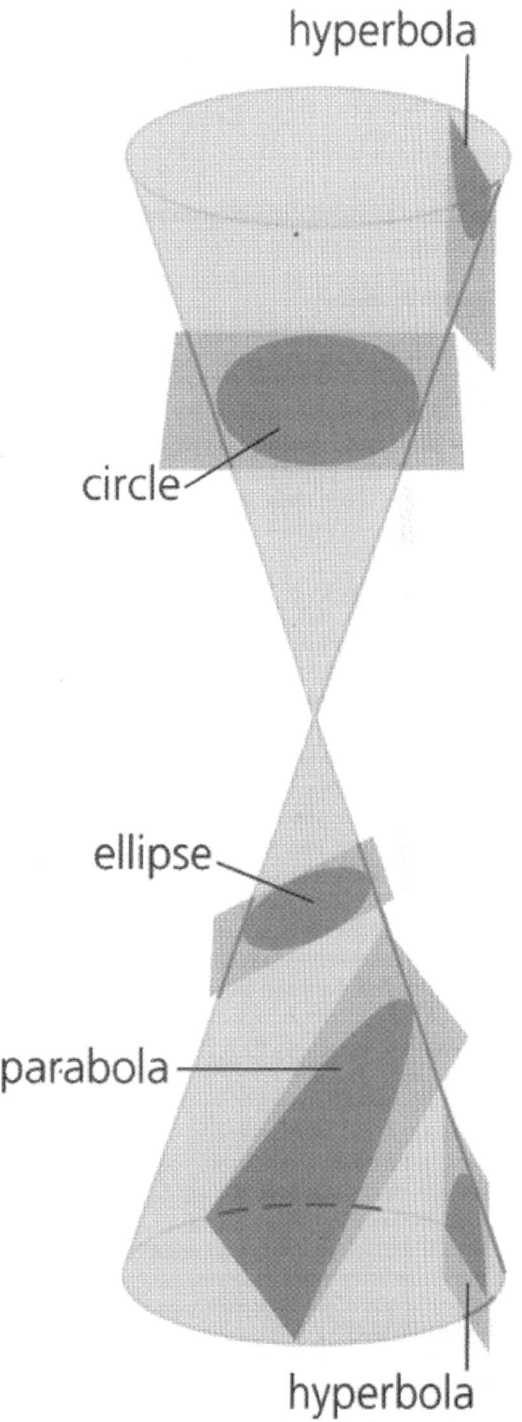

원뿔곡선 이중직원뿔을 다양한 방법으로 잘라서 얻어지는 원, 타원, 포물선, 쌍곡선.

양을 갖는다. 이심률이 1을 넘어서 증가하면, 그 "없어진" 타원의 오른쪽 끝이, 말하자면, 무한대의 다른쪽으로부터 다시 나타나서 쌍곡선의 왼쪽 가지가 된다.

쌍곡선이 실질적으로 무한대에 의하여 둘로 갈라진 타원이므로, 이 곡선들이 반대의 방법으로 관계된다는 것은 놀랄 일이 아니다. 타원은 두 초점으로부터의 거리가 일정한 합을 가지는 모든 점으로 이루어지고, 그 반면에 쌍곡선은 두 초점으로부터의 거리가 일정한 차를 가지는 모든 점들로 만들어진다. 이 정의들은 만일 그 두 초점이 원의 경우에는 일치하고, 포물선의 경우에는 무한 거리만큼 분리된다면, 원과 포물선에도 적용된다.

대수적인 용어로, 원뿔곡선의 집단은 일반 이차방정식 $ax^2 + bxy + cy^2 + dx + ey + f = 0$의 모든 가능한 **실수**(real number)해들을 나타낸다. 다시 말하면, 실수해를 가지는 임의의 이차방정식의 그래프는 항상 원뿔곡선이다. 열쇠가 되는 양은 차 $b^2 - 4ac$이다. 만일 이것이 0보다 작으면, 그래프는 타원, 원, 한 점 또는 어떤 곡선도 아니다. 만일 $b^2 - 4ac = 0$이면, 그래프는 포물선, 두 평행선, 한 직선 또는 어떤 곡선도 아니다. 만일 이것이 0보다 크면, 그래프는 쌍곡선 또는 만나는 두 직선이다.

conical helix (원뿔나선)

나선(helix)을 보시오,

conjecture (추측, 推測)

참인 명제로 제기되었지만 아직 아무도 증명하거나 반증할 수 없었던 수학적 진술. 수학에서 추측(conjecture)과 가설(hypothesis)은 근본적으로 같다. 추측이 참인 것으로 증명되면 그것은 **정리**(theorem)가 된다. 유명한 추측은 **리만 가설**(Riemann hypothesis), **푸앵카레 추측**(Poincaré conjecture), **골드바하 추측**(Goldbach conjecture), 그리고 **쌍둥이 소수**(twin prime) 추측을 포함한다. 그러나 용어가 얼마나 일관성 없이 쓰이는지 보이는 것으로, 모든 추측 중 가장 유명한 것은1995년 그 증명이 나오기 전 수 세기 동안 **페르마의 마지막 정리**(Fermat's last theorem)로 불렸다!

conjugate (켤레 공액, 共軛)

(1) *켤레각(conjugate angle)*은 합하여 360°가 된다. (2) **복소수**(complex number) $a+bi$의 *켤레복소수(complex conjugate)*는 $a-bi$이다. (3) 원뿔곡선의 *켤레선(conjugate lines)*들은 각각이 다른 것의 극점(pole point)을 포함하는 성질을 가졌고, 켤레점들은 서로가 다른 것의 극선에 있다는 성질을 가졌다. 일반적으로, 켤레는 두 대상 A와 B 사이에 대칭적 관계가 있는 것이다, 다시 말하면, A를 B로, B를 A로 바꾸는 하나의 연산(operation)이 있는 것이다.

connected (연결된)

한 공간 S 내에 있는 임의의 두 점이 전체가 S 내에 있는 곡선에 의해서 연결될 수 있을 때, S는 연결되어 있다고 한다. 두 공간은 *연결합(conneced sum)*으로 불리는 것에 의하여 합해질 수 있다. 대강 말하면, 이것은 각 곡면에서 원판(disk)을 떼어내어 **구멍**(hole)을 만들고, 그 구멍의 경계선을 따라 두 곡면을 꿰매어 붙이는 것을 포함한다. 한 구멍의 **토러스**(torus)는 두 구멍의 토러스에 붙여 세 구멍의 토러스를 만들 수 있다; 또는 **사영평면**(projective plane)을 사영평면에 붙여서 **클라인병**(Klein bottle)을 만들 수 있다. 그 연산은 **가환적**(commutative)이고 **결합적**(associative)이며 심지어 **항등**(identity)원도 있다; 예를 들면, 임의의 곡면에 **구**(sphere)를 붙이면 단순히 같은 곡면으로 돌아온다. **단순 연결된**(simply connected)도 보시오.

connected graph (연결 그래프)

모든 **꼭짓점**(vertex)의 쌍 사이에 경로(path)가 존재하는 **그래프**(graph). 만일 그 그래프가 **유향 그래프**(directed graph)이고 각 꼭짓점에서 다른 꼭짓점으로의 경로가 존재하면, 그 그래프는 *강한 연결 그래프(strongly connected graph)*이다. 만일 연결그래프의 각 쌍의 꼭짓점을 꼭 한 개의 모서리가 연결하면 그것은 **완전 그래프**(complete graph)로 불린다. **오일러 경로**(Euler path)와 **해밀턴 경로**(Hamilton path)도 보시오.

connectionism (연결주의)

복잡한 행동을 만드는 데 많은 단순한 단위의 내적 연결에 의존하는 뇌를 모델링하는 계산적 접근.

connectivity (연결도)

한 조직의 상호 작용의 양, **신경망**(neural network)에서 가중치의 구조, 또는 **그래프**(graph)에서 모서리의 상대적 수를 말한다.

consistency (무모순성)

한 **공리계**(axiomatic system)는 한 명제와 그 부정이 (그 이론의 한계 내에서) 동시에 증명되는 것이 불가능할 때 무모순(consistent)이라고 말한다. **괴델의 불완전성 정리**(Gödel's incompleteness theorem)는 임의의 (충분히 강한) 무모순인 공리계는 불완전함을 주장한다.

constructible (작도 가능)

고전기하에서, 눈금 없는 자와 컴퍼스만을 사용하여 그릴 수 있는 도형 또는 길이. 그리스인들은 **다각형**(polygon)을 작도하는 데 능숙했지만 어떤 **정다각형**(regular polygon)이 작도 가능하고 어떤 것은 불가능한지의 문제는 천재 **가우스**(Carl Gauss)를 기다려야 했다. 19세에, 가우스는 정n각형이 작도 가능할 필요충분조건은 n이 소수인 **페르마수**(Fermat number)인 것임을 증명했다. 그러한 수 중 알려진 것은 3, 5, 17, 257, 65,537뿐이다. 또, 선분에 대응하는 *작도 가능한 수(constructible number)*로 불리는 특별한 수들을 작도할 수 있는데, **유리수**(rational number)와 **무리수**(irrational number)의 일부를 포함하지만 어떤 **초월수**(transcendental number)도 포함하지 않는다. 만일 선분의 양 끝점의 위치가 정해질 때 그 선분이 작도된 것으로 생각하면 컴퍼스와 자를 사용하는 모든 작도는 컴퍼스만으로 할 수 있음이 밝혀진다. 그 역도 참인데, 왜냐하면 **슈타이너**(Jacob Steiner)가 한 고정된 원과 그 중심(또는 중심이 없는 만나는 두 원, 또는 만나지 않는 세 원)이 미리 그려져 있으면 자와 컴퍼스를 사용하는 모든 작도는 자만으로 할 수 있음을 보였기 때문이다. 그러한 작도는 *슈타이너 작도(Steiner construction)*로 알려져 있다. 그리스 사람들은 수많은 시도에도 불구하고 **원적 문제**(squaring the circle), **정육면체의 배적 문제**(duplicating the cube), 그리고 **각의 삼등분**(trisecting an angle)과 같은 특별한 작도를 이룰 수 없었는데, 수백 년이 지나서야 비로소 그 문제는 부과된 제한 아래에서는 실제로 불가능하다는 것이 증명되었다.

continued fraction (연분수, 連分數)

실수(real number)의 한 표현으로,

$$x = a_0 + \cfrac{1}{a_1 + \cfrac{1}{a_2 + \cfrac{1}{a_3 + \cdots}}}$$

의 형태로 된 것인데, 타자하는 사람에게 친절하게, 간편한 표현으로

$$x = [a_0 ; a_1, a_2, a_3, \cdots]$$

와 같이 나타낼 수 있고, 여기에서 정수 a_i들은 *부분몫(partial quotients)*으로 불린다. 학교와 대학의 수학 강의에서조차 드물게 마주치지만, 연분수(continued fractions, 이하 CF)는 수치적 표현의 가장 강력하고 두드러진 형태를 제공한다. 십진법의 전개가 특별할 것이 없어 보이는 수들이 CF와 같이 펼쳐질 때 놀라운 대칭성과 패턴을 가진 것으로 드러난다. 또한 CF는 **무리수**(irrational number)의 유리수 근삿값을 구성하고, 가장 무리수적인 수를 찾는 한 방법을 제시한다.

CF는 6세기 인도의 수학자 아리야바타(Aryabhata)의 연구에서 처음 나타나는데, 그는 그것들을 일차방정식의 풀이에 이용했다. 그것들은 15세기와 16세기에 유럽에 나타났는데, **피보나치**(Fibonacci)는 그것을 일반적으로 정의하려고 했다. "연분수"라는 용어는 **월리스**(John Wallis)의 『*무한 산술(Arithmetica Infinitorum)*』의 한 판에서 처음 나타났다. 그 성질들이 월리스와 같은 시대에 살았던 영국 사람 중 하나인 브롱커(William Bronker)에 의하여 연구되었는데, 그는 월리스와 함께 영국 왕립학회의 설립자의 하나였다. 대략 같은 시기에 네덜란드의 **하위헌스**(Christiaan Huygens)는 그의 과학도구의 디자인에 CF를 실제로 사용하였다. 이후, 18세기와 19세기 전반에, **가우스**(Carl Gauss)와 **오일러**(Leonhard Euler)는 그것들의 많은 더 깊은 성질들을 탐구했다.

CF는 그 길이가 유한할 수도, 무한할 수도 있다. 유한 CF는 (밑부터 시작하여) 단계 단계로 계산할 수 있고, 항상 유리분수로 바뀐다; 예를 들면 CF [1; 3, 2, 4] = 40 / 31이다. 대조적으로, 무한히 긴 CF는 무리수의 표현을 만든다. 여기 유명한 몇 가지 무한 CF의 선두 항의 예가 있다:

$$e = [2 ; 1, 2, 1, 1, 4, 1, 1, 6, 1, 1, 8, 1, 1, 10, \cdots]$$
$$\sqrt{2} = [1 ; 2, 2, 2, 2, 2, 2, 2, 2, 2, 2, 2, 2, 2, 2, \cdots]$$
$$\sqrt{2} = [1 ; 2, 1, 2, 1, 2, 1, 2, 1, 2, 1, 2, 1, 2, 1, \cdots]$$
$$\pi = [3 ; 7, 15, 292, 1, 1, 1, 2, 1, 3, 1, 14, 2, 1, 1, 2, 2, 2, 2, 1, 84, 2, \cdots]$$

이 전개들의 각각은 전혀 분명한 패턴을 가지지 않는 π(π(pi)를 보시오)의 것을 제외하고는 간단한 패턴을 가지고 있다. 또한 그 몫들이 작은 수가 되는 것에 경향이 있다.

만일 무한 CF의 유한 번째 단계 이후를 잘라버리면, 그 결과는 원래 무리수의 *유리수 근삿값(rational approximation)*이다. π의 경우에, CF [3 : 7]을 택하면 π의 익숙한 근삿값인 22 / 7 = 3.1428571 … 을 얻는다. 두 항을 더 택하면 [3 ; 7, 15, 1] = 353 / 113 = 3.1415929 … 인데, 이는 π(3.14159265 …)의 참값에 보

다 나은 근삿값이다. 그 CF에 더 많은 항이 유지될수록, 유리수 근삿값은 더 좋아진다. 실제로, CF는 일반적인 무리수에 최선의 가능한 유리수 근삿값을 제공한다. 또한 몫의 전개에서 큰 수가 나타나면, CF에서 그 이후를 자르는 것은 특별히 좋은 유리수 근삿값을 만들 것이다. 대부분의 CF 몫들은 작은 수(1 또는 2)이고, 따라서 π의 CF 전개에서 292와 같은 큰 수가 너무 일찍 나오는 것은 흔하지 않다. 그것은 또 대단히 좋은 유리수 근삿값 $\pi = [3; 7, 15, 1, 292] = 103{,}993 / 33102$을 유도한다.

continuity (연속, 連續)

한 **함수**(function)나 곡선이 얼마나 부드러운지 또는 "잘 행동하는지(well-behaved)"와 관계있는 수학적 성질. 예를 들면, 그래프 위의 인접한 두 점이 연결되지 않거나 점프에 의해서 분리된다면, 이것은 연속성이 깨짐을 나타낸다. 그러한 불연속점에서 **미분**(derivative), 즉 곡선의 기울기를 얻는 것이 불가능하다. 보통 곡선이 이와 같은 오작동을 일으킨다면, 그것은 단지 한 두 개의 분리된 지점에서이다; 아마 그 곡선은 다른 곳에서는 연속이고 미분가능할 것이다. 그러나, 모든 곳에서 "문제의 점"을 가지는, 그래서 모든 점에서 미분불가능한 연속함수를 구성하는 것이 가능하다! 첫 번째 예는 1872년 **바이어슈트라스**(Karl Weierstrass)에 의하여 발견되어 모두를 놀라게 했다. 그것은 무한급수

$$f(x) = \sum_{n=0}^{\infty} B^n \cos(A^n \pi x)$$

로 정의되는데, 여기에서 A와 B는 B가 0과 1 사이이고, $A \times B$가 $1 + (3\pi/2)$보다 큰 수인 어떤 수도 될 수 있다.

continuum (연속체, 連續體)

실수(real number)의 집합과 **일대일**(one to one) 대응이 될 수 있는 임의의 집합. 예는 유한 선분, 정사각형, 원, 그리고 원판을 포함한다.

continuum hypothesis (연속체 가설)

1874년에 **칸토어**(Georg Cantor)는 한 수준보다 더 많은 **무한**(infinity)이 있음을 발견했다. 가장 낮은 수준은 *가산 무한(countable infinity)*으로 부른다; 더 높은 수준은 *비가산 무한(uncountable infinity)*으로 알려져 있다. **자연수**(natural number)는 가산 무한의 예이고, **실수**(real number)는 비가산 무한의 예이다. 연속체 가설은 1877년 칸토어에 의해서 제기되었는데, 실수의 수가 가산 무한의 바로 *다음(next)* 수준의 무한임을 말한다. 실수가 선형 연속체(linear continuum)를 표현하는 데 사용되었으므로 그것이 연속체 가설(continuum hypothesis, 이하 CH)로 불린다. 한 연속체의 기수(즉 그 안의 점의 수)를 c, 임의의 가산적 무한집합의 기수를 **알레프**(aleph) 눌($\aleph_0$), 그리고 $\aleph_1$을 $\aleph_0$ 위의 다음 수준의 무한이라고 하자. CH는 $\aleph_0$와 c 사이에 어떤 **기수**(cardinal number)도 없으며, $c = \aleph_1$임을 말하는 것과 동치이다. CH는 가장 뜨겁게 연구되는 수학적 문제의 하나였고, 계속해서 그럴 것이다.

convergence (수렴, 收斂)

어떤 **수열**(sequence)의 한 성질. 한 수열 u_i는 어떤 값 u가 존재하여 i의 충분히 큰 값을 골라서 u_i를 우리가 원하는 만큼 u에 가깝게 할 수 있을 때, u에 수렴한다고 말한다.

convex (볼록)

구의 바깥쪽 면과 같이 밖으로 굽은 것; 이 단어는 "아치형"의 라틴어 *convexus*에서 나왔다. **다각형**(polygon)이나 **다면체**(polyhedron)는 내부의 두 점을 연결한 선분이 그 도형의 내부에 있을 때 볼록하다고 한다. 마찬가지로, 한 **집합**(set)이 임의의 두 점을 연결하는 선분을 포함하면 그 집합은 볼록하다.

Conway, John Horton (콘웨이, 1937-)

영국(리버풀)에서 태어난 수학자인데, 케임브리지 대학에서 연구하고 교육받았고, 현재는 프린스턴 대학교의 교수이다. 콘웨이는 수학과 수학적 게임에서 새로운 아이디어의 왕성한 원천이다. 그의 가장 중요한 기여는 **초현실수**(surreal numbers)의 발견인데, 그는 영국 **바둑**(Go) 챔피언이 경기하는 것을 본 후에 그것에 이끌렸다. 1967년에, 그는 세 개의 새로운 산발**군**(sporadic group)을 발견했는데, 지금은 가끔 *콘웨이의 별자리(Conway's constellation)*로 불리고, 리치(John Leech)에 의한 24차원 공간에서 단위구의 극도로 조밀한 **쌓기**(packing)의 발견을 기반으로 한 것이다. 그는 또한 **매듭**(knot) 분야와 **부호 이론**(coding theory)에서 활동적이었다. 아마추어 수학자들 가운데, 콘웨이는 많은 다른 게임과 **소마 큐브**(Soma Cube)와 같은 퍼즐의 상세한 분석으로 뿐만 아니라, **생명**(Life), **새싹 게임**(Sprouts)과 **펏볼**(Phutball) 게임의 발명가로 가장 잘 알려져 있다.

콘웨이 *프린스턴 대학교*

Conway's chained-arrow notation (콘웨이의 체인 화살표 기법)

극도로 **큰 수**(large number)를 표현하기 위하여 최근에 고안된 다양한 방법 중 하나이다. **콘웨이**(John Conway)에 의해서 개발되고 **누스의 상향 화살표 표기법**(Knuth's up -arrow notation)에 기초하는데, 그보다 훨씬 더 강력하다. 두 체계는 다음과 같이 관계된다;

$$a \to b \to 1 = a \uparrow b$$
$$a \to b \to 2 = a \uparrow\uparrow b$$
$$a \to b \to 3 = a \uparrow\uparrow\uparrow b$$
$$a \to b \to c = a \uparrow\uparrow \cdots \uparrow\uparrow b \text{ (}c\text{개의 상향 화살표)}$$

더 긴 체인은 다음 일반 규칙에 의하여 값이 구해진다;

$$a \to b \to \cdots \to c \to 1 = a \to b \to \cdots \to c$$
$$a \to b \to \cdots \to 1 \to d+1 = a \to \cdots \to b$$

그리고

$$a \to b \to \cdots \to c+1 \to d+1$$
$$= a \to \cdots \to b \to (a \to \cdots \to b \to c \to d) \to d$$

콘웨이 화살표는 일반적 *2가(dyadic)* 연산자가 아니라는 것을 인정하는 것이 중요하다. 세 개나 더 많은 수들이 화살표로 연결되는 곳에서, 화살표들은 따로따로 작용하지 않고, 차라리 체인 전체가 한 단위로 생각되어야 한다. 그 체인은 다양한 수의 인수(argument, 引數)[20]를 가진 **함수**(function) 또는, 그것의 단일 인수가 순서가 정해진 목록 즉 **벡터**(vector)인 함수로 생각될 수 있다. **애커만 함수**(Ackermann function)는 세 원소 체인과 동치이다; $A(m, n) = (2 \to (n+3) \to (m-2)) - 3$. 또한 **그래이엄의 수**(Graham's number)가 $3 \to 3 \to 64 \to 2$보다 크고, $3 \to 3 \to 65 \to 2$보다 작음을 보일 수 있다.

coordinate (좌표, 座標)

공간에서 점의 위치를 정하는 변수의 집합의 하나. 만일 좌표가 수직인 축들을 따라서 측정된 거리이면, 그것들은 **데카르트 좌표**(Cartesian coordinates)로 부른다. **극좌표**(polar coordinates)도 보시오.

coordinate geometry (좌표기하, 座標幾何)

해석기하(analytic geometry)를 보시오.

coprime (서로소)

두 개 또는 더 많은 수가 1 이외의 공약수를 갖지 않으면 그들은 서로소이다.

cosine (코사인)

삼각함수(trigonometric function)를 보시오.

countable set (가산집합, 可算集合)

유한이거나 *가산 무한*인 **집합**(set). 가산 무한인 집합은 자연수들과 일대일(one-to -one) 대응으로 둘 수 있는 집합이고, 따라서 **기수**(cardinal number–"크기") **알레프**(aleph)–눌 ($\aleph_0$)을 갖는다. 가산집합의 예는 지구 상의 모든 사람의 집합과 모

역자 주

20) IT 용어로, 함숫값을 결정하는 변수.

든 분수의 집합을 포함한다. **무한**(infinity)도 보시오.

counterfeit coin problem (위조 동전 문제)

크기와 모양, 그리고 표면이 같은 *n*개의 동전에서, 하나가 위조된 것이며 다른 것에 비하여 무게가 약간 다르다. 양팔저울만을 써서 그 위조된 동전을 찾을 수 있는 저울질의 최소수는 얼마일까? 위조 동전(또는 다른 대상) 문제는, 특별히 8, 10, 12 또는 13개의 동전에 대해서는, 여러 해에 걸친 많은 추측들로 나타났다. 전형적으로, 그 문제는 또한 위조 동전이 다른 것들보다 가벼운지, 무거운지를 찾는 것을 포함한다. 그 답은 특정한 문제에 달려 있으며, 수많은 단계를 포함할 수 있다.

covariant (공변, 共變)

두 개의 **무작위**(random) 변수가 동시에 움직이는 경향. 이것은 과학의 많은 분야뿐만 아니라, 설문 조사와 사회과학 같은 응용에도 중요한데, 그 이유는 만일 두 사물이 함께 변하면 그들이 우연히 연결되지도 모르는 좋은 기회가 있기 때문이다. **인과관계**(causality)도 보시오.

Coxeter, Harold Scott MacDonald (콕시터, 1907-2003)

영국에서 태어나 케임브리지에서 교육받은 수학자인데, 대부분의 그의 경력(1936년부터 계속)은 토론토 대학에서 보냈으며, 우리는 그를 그 세대의 가장 위대한 고전 기하학자로 여긴다. 항상 "도날드(Donald)"로 불린 그는 초차원(hyperdimensional) 기하와 **정다면체**(polytope)에 관한 연구로 가장 잘 알려져 있다.

콕시터는 1926년 나이 19살에, 각 꼭짓점에 6개의 육각형면을 가진 새로운 정다면체를 발견하였다. 그는 만화경(kaleidoscope)의 수학을 계속해서 연구하여 1933년 까지 *n*차원 만화경을 계산했다. 만화경 안에 얼마나 많은 물체의 상이 있는지를 계산하는 그의 대수적 식은 *콕시터군*(*Coxeter group*)으로 알려져 있다. 정20면체의 대칭성에 관한 그의 연구는 텍사스 라이스 대학의 과학자들에 의한 탄소-60 분자(**버키공**(buckyball) 참조)의 발견에 중요한 역할을 했는데, 그들은 그 발견으로 1966년에 노벨 화학상을 받았다.

콕시터는 1954년에 만난 예술가 **에스헤르**(M. C. Escher)와, 콕시터의 아이디어를 그의 건축에 활용한 풀러(Buckminister Fuller)의 가까운 친구였다. 실제로 콕시터의 연구는 강한 예술적 성향과 미적 감각에 의해서 동기가 부여되었다. 그는 원래 작곡가가 되려고 하였으나 대칭성에 대한 매력이 그를 수학과, "나는 어쨌든 내가 하게 될 일에 종사하는 것이 엄청난 행운이다"고 그가 말했던 직업으로 이끌었다.

몇 가지 콕시터의 책은 고전으로 여겨지는데, 『*실사영평면*(*The Real Projective Plane*, 1955)』, 『*기하학 입문*(*Introduction to Geometry*, 1961)』[24], 『*정다면체*(*Regular Polytopes*, 1963)』[75], 『*비유클리드 기하학*(*Non Euclidean Geometry*, 1965)』[72]과 그레이처(S. I. Greitzer)와 공저인 『*기하학 재고(再考)*(*Geometry*

십자가 왼쪽부터 오른쪽으로; 라틴 십자가; 크룩스 이미사(crux immissa: 끝이 나팔 모양인 그리스 십자가)로 때로는 라틴 십자가로 불린다; 그리고 몰타 십자가.

Revisited, 1967)』를 포함한다. 1938년에, 그는 **볼**(Rouse Ball)의 『*수학적 레크레이션과 에세이(Mathematical Recreations and Essays)*』[24]를 개편하고 갱신했다.

cross (십자가)

가장 기본적인 형태는 수직으로 세운 부분과 가로지르는 부분으로 구성된 도형. *라틴 십자가*는 하나의 (수직인) 대칭 축을 가진 비정규 12각형이고, 접어서 정육면체를 만들 수 있다. *그리스 십자가*는 + 기호와 같은 모양을 하고 있어서, 4개의 대칭축을 갖고, 적십자 기구의 상징으로 쓰인다. 나팔 모양의 끝을 가진 그리스 십자가의 한 형태는 *크룩스 이미사(crux immissa)* 또는 *크로스 파테(cross patée)*로 부른다. 세인트 앤드류의 십자가는 45° 회전한 보통의 그리스 십자가로, *크룩스 데쿠사타(crux decussatta)*로 부른다; 이것은 곱하기 기호의 기초를 제공했다. 세인트 안토니의 십자가는 대문자 T의 형태이다. *몰타 십자가(Maltese cross)*는 그 십자가 조각이 밖으로 테두리가 된 비정규 12각형이다.

crunode (결절점, 結節點)

곡선이 그 자신과 만나서 생기는 두 가지가 다른 **접선**(tangent line)을 가질 때 그 교점.

cryptarithm (글자 산술)

한 그룹의 산술 계산에서 일부 또는 전부의 숫자를 글자 또는 기호로 바꾼 것을 가지고 원래의 숫자를 찾아내도록 된 수 퍼즐. 그러한 퍼즐에서, 각 글자 또는 기호는 유일한 수를 나타낸다. 첫 번째 예는 1864년 *미국 농학자(American Agriculturist)*에서 나왔다. 특별한 형태의 글자산술의 예는 **철자-숫자 퍼즐**(alphametic), **숫자 퍼즐**(digimetic), **골격 나눗셈**(skeletal division)을 포함한다.

cryptography (암호학, 暗號學)

정보를 암호화하고 복호화하는 과학과 수학. **암호**(cipher)와 **글자산술**(cryptarithm)도 보시오.

Császár polyhedron (차싸르 다면체)

1949년 헝가리 수학자 차싸르(Ákos Császár)[79]가 처음 설명한 **다면체**(polyhedron)인데, '꼭짓점의 모든 쌍이 모서리로 연결되는 다면체는 얼마나 많이 존재하는가?'라는 재미있는 문제의 답이다. 첫 번째 분명한 예는 **사면체**(terahedron, 즉 삼각뿔)이다. 몇 가지 단순한 **조합론**(combinatorics)이 그러한 다면체가 얼마나 많은 꼭짓점, 모서리, 면, 그리고 구멍을 가져야 하는지 명시한다. 사면체 이외의 그런 다면체는 적어도 하나의 구멍을 가져야 함이 드러난다. 사면체를 넘어서는 첫 번째 가능한 다면체는 꼭 하나의 구멍을 갖는다; 이것이 차싸르

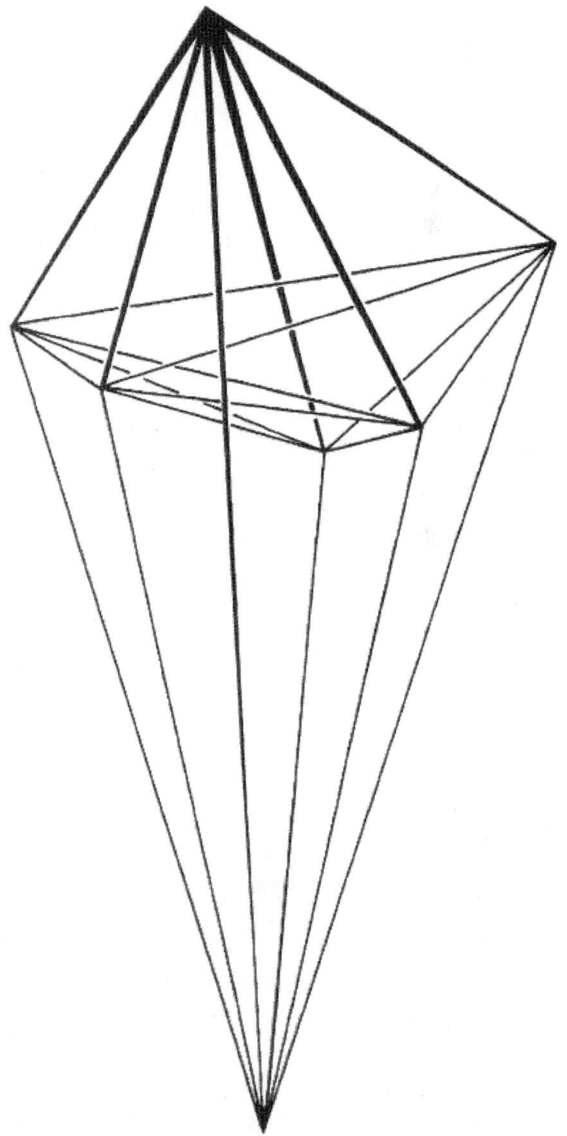

차싸르 다면체

다면체인데, 따라서 그것은 위상적으로 **토러스**(**torus**-도넛)와 동형이다. 차짜르 다면체는 7개의 꼭짓점, 14개의 면과 21개의 모서리를 갖고, **스찌라시 다면체**(**Szilassi polyhedron**)의 **쌍대**(**dual**)이다. 임의의 꼭짓점의 쌍이 모서리로 연결되는 어떤 다른 다면체가 있는지는 알려져 있지 않다. 다음의 가능한 도형은 12개의 면, 66개의 모서리, 44개의 꼭짓점과 7개의 구멍을 가질 것이지만, 이것은 믿기 힘든 배열이다-실제로는, 더 큰 범위까지조차도, 이 재미있는 집단의 어떤 더 복잡한 구성원도 그러하다.

cube (정육면체/세제곱)

(1) 6개의 모든 면이 정사각형인 **플라톤 입체**(**Platonic solid**). 이것은 또 12개의 모서리와 8개의 꼭짓점(모퉁이)을 갖는다. 살리스베리 가까이의 (펨브로크 백작의 저택인) 윌톤하우스의 60'×30'×30' 크기의 이중 정육면체 방(Double Cube Room)은, 같은 주소에 있는 단일 정육면체 방(Single Cube Room)과 함께, 17세기 중반부터 영국에 가장 훌륭하게 남아있는 방 중 하나로 생각된다. 영화 제작자가 선호하는 곳으로, 스탠리 쿠브릭에 의한 *배리린든(Barry Lyndon)*, *조지왕의 광기(The Madness of King Georgy)*, *센스 앤 센서빌리티(Sense and Sensibility)*의 장소를 제공했다. **아토미움**(**Atomium, the**)도 보시오. (2) 어떤 것을 세제곱하는 것은 그것을 세 번 곱하는 것이다. 세제곱의 결과는 $1^3=1, 2^3=8, 3^3=27$ 등의 *세제곱수(cube number)*이다. *세제곱근(cube root)*을 구하는 것은 그 역의 과정이다; 따라서, 4의 세제곱(4^3)은 64이고 64의 세제곱근은 4이다. 정육면체 **분할** 문제(cube **dissection** problem)에 대해서는 **해드위거 문제**(**Hadwiger problem**), **슬로토우버-그라쯔마 퍼즐**(**Slothouber -Gratsma puzzle**)과 **소마큐브**(**Soma cube**)를 보시오. 또 **초입방체**(**tesseract**)와 **루퍼트 왕자의 문제**(**Prince Rupert's problem**)도 보시오.

cubic curve (삼차곡선)

일반 형태의 **다항**방정식(**polynomial** equation)

$$ax^3+bx^2y+cxy^2+dy^3+ex^2+fxy+gy^2+hx+iy+j=0$$

로 표현되는 **대수곡선**(**algebraic curve**). 여기에서 $a, b, c, d, e, f, g, h, i, j$는 상수이고 a, b, c, d 중 적어도 하나는 0이 아니며, x, y는 변수이다. **뉴턴**(Isaac **Newton**)의 많은 업적 중 하나가 삼차곡선의 분류였다. 뉴턴은 72개의 다른 곡선 종을 발견했다; 이후의 연구자들이 6종을 더 발견하여 현재는 정확히 78종의 서로 다른 형태의 삼차곡선이 있다. 재미있는 예에는 데카르트의 **엽선**(**folium**)과 **아녜시**(**Agnesi**)의 마녀(Witch)가 있다.

cubic equation (삼차방정식)

삼차의 **다항**방정식(**polynomial** equation)이고, 그 일반적인 형태는

$$ax^3+bx^2+cx+d=0$$

인데, 여기에서 a, b, c, d는 상수이다. 16세기 이탈리아에서 누가 삼차방정식을 푼 것으로 인정받아야 하는지에 대하여 **카르다노**(Girolamo **Cardano**)와 **타르탈리아**(Nicoló **Tartaliga**) 사이에 큰 논쟁이 있었다. 이 시기에 기호대수가 발전되지 않아서, 모든 방정식은 기호 대신에 말로 쓰였다. 삼차식의 초기 연구는 **음수**(**negative number**)의 정당화를 도왔고, 일반적인 방정식에 더 깊은 통찰을 주었으며, 결과적으로 **복소수**(**complex number**)의 발견과 인정을 유도하는 연구를 자극했다. 카르다노는 그의 『*위대한 기술(Ars Magna)*』에서 방정식의 음수해를 발견했지만, 그것들을 "허구"라고 불렀다. 그는 또한 삼차방정식의 근과 **계수**(**coefficients**)의 관계의 중요한 사실을 지적했는데, 즉, 그 방정식의 해의 합이 b, 즉 x^2항의 계수의 반수(negation)라는 것이다.[21] 하나의 다른 관점에서, 그는 곱이 40이 되도록 10을 나누는 문제는 $5+\sqrt{-15}$와 $5-\sqrt{-15}$가[22] 되어야 한다고 말했다. 카르다노는 나중에 복소수로 불릴 이 관찰에서 더 나아가지 않았지만, 몇 년 후 봄벨리(Rafael Bombelli, 1526-1672)는 이 이상한 새 수학적 괴물과 관계되는 몇 가지 예를 제시했다.

cubit (큐빗)

고대 세계에서 사용되던 길이의 측도이다. 그것은 대략 사람의 팔뚝, 즉 팔꿈치부터 손가락까지의 팔의 부분의 길이와 같다. 로마 사람들은 현대의 17.4인치와 같은 1큐빗을 사용했고, 이집트인들은 20.64인치를 1큐빗으로 사용했다.

cuboctahedron (육팔면체, 六八面體)

정육면체 또는 **정팔면체**(**octahedron**)의 모퉁이를 잘라서 얻어지는 다면체. 그것은 정삼각형인 8개의 면과 정사각형인 6개의 면을 갖는다.

역자 주

21) 여기에서는 방정식 $x^3+bx^2+cx+d=0$의 근의 합이 $-b$임을 의미한다.
22) 원문의 5+υ(−15)와 5−υ(−15)는 $5+\sqrt{-15}$와 $5-\sqrt{-15}$를 나타내는 것으로 보인다.

cuboid (직육면체)

*직사각 프리즘(recangular prism)*으로도 불리는데, 모든 면은 사각형이고, 마주보는 면이 동일한 **육면체(hexahedron)**. 그 변과 면의 대각선, 입체의 대각선이 모두 정수인 *완전직육면체(perfect cuboid)*가 존재하는지는 알려져 있지 않다. $a = 240$, $b = 117$, $c = 44$, $dab = 267$, $dac = 244$이고 $dbc = 125$인 경우를 포함하여 거의 가까운 성과가 발견되었으나, 일반적 의심은 그것이 존재하지 않는다는 것이다. 만일 완전직육면체가 있다면, 그 가장 짧은 변은 최소한 $2^{32} = 4{,}294{,}967{,}296$이어야 한다.

Cullen number (쿨렌수)

C_n으로 나타내는 $(n \times 2^n) + 1$ 형태의 수인데, 아일랜드의 예수회 수사이면서 교사인 쿨렌(Reverend James Cullen, 1867-1933)의 이름을 딴 것이다. 쿨렌은 첫째 $C_1 = 3$은 **소수(prime number)**이지만, 가능한 53번째를 제외하면, 다음 99개가 모두 합성수임을 알아냈다. 그 얼마 후 커닝햄(Cunningham)은 5,591이 C_{53}을 나누는 것을 발견하고, 가능한 141을 제외하면 $2 \le n \le 200$의 범위에 있는 n에 대하여 모든 쿨렌수가 **합성수(composite number)**임을 지적했다. 50년 후 로빈슨(Robinson)은 C_{141}이 소수임을 보였다. 현재, 유일하게 알려진 쿨렌 소수는

n = 1, 141, 4,713, 5,795, 6,611, 18,496, 32, 292, 32, 469, 59, 656, 90,825, 262,419, 361,275와 481,899

인 것들이다.[23] 쿨렌수의 방대한 다수가 합성수임에도 불구하고, 무한히 많은 쿨렌 소수가 있음이 추측되어 왔다. n과 C_n이 동시에 소수일 수 있는지는 알려져 있지 않다. 때로는 "쿨렌수"라는 이름이 우드올수(Woodall numbers) $W_n = (n \times 2^n) - 1$을 포함하여 확대된다. 마지막으로, 소수의 저자들이 $n+2>b$일 때 $(n \times b_n) + 1$형태의 수를 *일반화된 쿨렌수(generalized Cullen number)*로 정의했다.

Cunningham chain (커닝햄 체인)

각 항이 전 항의 두 배에 1을 더한 **소수(prime number)**의 수열. 예를 들면, {2, 5,11, 23, 47}은 길이가 5인 첫 번째 커닝햄 체인이고, {89, 179, 359, 719, 1,439, 2,857}은 길이가 6인 첫 번째 체인이다. 일반적으로, *제1종의 길이가 k인 커닝햄 체인*은 각 원소가 전 항의 두 배에 1을 더한 k개의 소수의 수열이다. *제2종의 길이가 k인 커닝햄 체인*은 각 원소가 전 항의 두 배에서 1을 뺀 k개의 소수의 수열이다. 예를 들면, {2, 3, 5}는 제2종의 길이가 3인 커닝햄 체인이고, {1,531, 3,061, 6,121, 12,241, 24,481}은 제2종의 길이가 5인 커닝햄 체인이다. 이 두 가지 형태의 소수 체인은 만일 그들이 더 크거나 더 작은 다음의 항을 더하여 체인을 확대할 수 없을 때 완전하다고 말한다. **소피 제르맹 소수(Sophi German prime)**도 보시오.

cup (컵)

두 집합(set)의 합집합(union)을 나타내는 기호 ∪.

curvature (곡률, 曲率)

그것에 의하여 곡선, 곡면, 또는 어떤 다른 **다양체(manifold)**가 직선, 평면, 또는 초평면(다차원에서 평면과 동일한 것)으로부터 벗어나는 양을 재는 측도. 평면곡선에 대하여, 주어진 점에서의 곡률은 *접촉(osculating)* 원(주어진 점에서 곡선을 "키스"하는, 즉 닿기만 하는 원)의 반지름 분의 1과 같은 크기를 가지고, 원의 중심 방향을 지향하는 **벡터(vector)**이다. 접촉원의 반지름 r이 작을수록 곡률의 크기$(1 / r)$는 더 커질 것이다. 직선은 모든 점에서 영 곡률을 갖는다; 반지름이 r인 원은 모든 점에서 크기가 $1 / r$인 곡률을 갖는다.

2차원곡면에 대하여 두 종류의 곡률, *가우스(스칼라) 곡률*과 *평균 곡률*이 있다. 주어진 점에서 이들을 계산하기 위하여, 그 점에서 고정된 법선 벡터(수직으로 빠져나오는 화살표)를 포함하는 평면과 곡면의 공통집합을 생각해 보자. 그 공통집합은 평면곡선이고, 곡률을 갖는다; 평면이 변하면 곡률도 변하고 두 극값-최댓값과 최솟값-을 갖는데, 그들은 *주곡률(main curvature)*로 부르고, $1 / R_1$과 $1 / R_2$로 둔다. (관례에 의하여, 곡률은 그 벡터가 곡면의 선택된 법선과 같은 방향을 나타내면 양수로, 그렇지 않으면 음수로 취한다.) 가우스 곡률은 이들의 곱 $1 / R_1R_2$과 같다. 그것은 **구(sphere)**의 모든 점에서 양수이고, **쌍곡면(hyperboloid)**과 **의구(擬球, pseudosphere)**에서는 모든 점에서 음수이며, 평면에서는 모든 점에서 0이다. 그것은 그 점에서 곡면이 타원기하(그것이 양수일 때)를 갖는지 아니면 쌍곡선기하(그것이 음수일 때)를 갖는지를 결정한다. 전 곡면에서의 가우스곡률의 적분은 그 곡률의 **오일러 표수(Euler characteristic)**와 밀접한 관계가 있다. 평균 곡률은 주곡률의 합 $1 / R_1 + 1 / R_2$이다.

역자 주

23) 이후 쿨렌 소수는 n=1354828, 6328548, 6679881인 경우가 더 발견되었다. (출처: 울트람사 쿨렌수 사이트, http://mathworld.wolfram.com/CullenNumber.html)

비누막 같은 **최소곡면**(**minimal surface**)은 평균 곡률 0을 갖는다. 더 높은 차원의 다양체의 경우에는 곡률은 곡률 **텐서**(**curvature tensor**)라는 용어로 정의되는데, 그 다양체의 작은 고리를 돌아 옮겨지는 벡터에 어떤 일이 일어나는지를 표현한다.

curve (곡선)

일차원 공간으로부터 *n*차원 공간으로의 연속사상. 가장 익숙한 수학적 곡선은 2차원과 삼차원의 **그래프**(**graph**)이다. 원과 같이 전체적으로 한 평면에 놓이는 곡선을 *평면곡선*(*plane curve*)이라 한다; 대조적으로, 삼차원 공간의 어느 영역을 통과하는 곡선을 *공간곡선*(*space curve*)이라고 한다. **공간을 채우는 곡선**(**space-filling curve**)도 보시오.

curve of constant width (정폭곡선)

정사각형 안에서 회전할 때 네 변을 모두 연속적으로 만나는 곡선. 얼핏 보면, 그러한 곡선은 원 하나뿐인 것으로 생각된다. 그러나 사실은 일정한 폭을 가지는 무한히 많은 다른 곡선이 있다. 원은 그중 가장 큰 넓이를 가지는 곡선이다. 원이 아닌 가장 간단하면서 가장 작은 넓이를 가지는 것은 **뢸로삼각형**(**Reuleaux triangle**)이다. 다른 것들은 길이가 같은(각이 같을 필요는 없다) 별(star)로부터 시작하여 작도할 수 있다. 정폭곡선은 **볼록**(**convex**)이다. 더구나 *바르비에*[24](*Barbier*)의 정리는 일정한 폭 *w*를 가지는 모든 곡선이 둘레의 길이 πw를 갖는다고 주장한다. (볼록 도형의 폭은 그것을 감싸는 두 평행선- *지지선*(*supporting lines*)으로 불리는 - 의 거리로 정의된다.) 정폭곡선은 사각형의 구멍을 뚫기 위한 특별한 드릴 물림쇠를 만드는 데 사용될 수 있다. 그것을 일반화하면 정폭입체를 얻는다. 이들은 주어진 폭에 대하여 같은 곡면적을 가지지는 않지만, 그들의 그림자는 정폭곡선이다.

cusp (첨점, 尖點)

수학에서, 한 곡선의 다른 방향으로부터 오는 두 가지가 만나면서 공통**접선**(**tangent**)을 가지는 점. 만일 그 곡선의 두 가지가 서로 반대 방향에서 접선에 접근하면 그 첨점은 *케라토이드*(*keratoid*) ("같은"의 그리스어 *kera*로부터 나왔다) 또는 *1계 첨점*(*first-order cusp*)이라고 한다. 예를 들면, 이것은 방정식 $y^2 = x^2y + x^5$으로 주어진 곡선의 경우이다. 만일 그 곡선의 두 가지가 같은 방향에서 접선에 접근하면 그 결과는 *람포이드*(*ramphoid*) 또는 *2계 첨점*(*second-order cusp*)이다. "cusp"은 "날카로운"의 라틴어 *cuspis*로부터 나왔다. 수학 밖에서는 초승달의 점들이 첨점으로 불리고, 어린이들의 뾰족하게 나온 앞어금니는 첨두(尖頭, bicuspids)로 부른다.

cute number (귀여운 수)

한 사각형이 많아야 두 가지 다른 크기를 가지는 *n*개의 사각형으로 잘라질 수 있는 수 *n*. 예를 들면 4 또는 10이 귀여운 수이다.

Cutler, William(Bill) (커틀러)

호주의 퍼즐 제작자이면서 푸는 사람인데, 컴퓨터를 이용하여 6조각의 **껍질 퍼즐**(**burr puzzle**)을 만드는 데 사용되는 6개의 버를 처음으로 완전히 분석했다. 마틴 가드너는(Martin Gardner)는 *사이언티픽 아메리칸*(*Scientific American*)에 있는 "수학적 게임(Mathematical Games)"의 1978년 1월의 컬럼을 이것과 커틀러의 다른 발견에 바쳤다. 2003년에 커틀러는 컴퓨터를 이용하여 **아르키메데스의 상자**(**Loculus of Archimedes**)의 모든 해를 계산했다.

cybernetics (사이버네틱스)

생물학, 역학, 그리고 전자 시스템에서 통신과 제어 과정의 이론적 연구. 특히 생물학적 조직과 인공적 조직에서 이 과정의 비교 연구. 이것은 **위너**(**Nobert Wiener**)에 의하여 개척되었다.

cyclic number (순환수)

*n*자리 수로서, 1, 2, ⋯, *n*을 곱할 때 같은 숫자가 다른 순서로 나오는 것. 예를 들면, 142,857은 순환수이다; 142,857×2 = 285,714, 142, 857×3 = 428,571, 142,857×4 = 571,428 142,857×5=71 4,285, 142, 857×6 =857,142 등이다. 무한히 많은 수의 순환수가 존재한다는 추측이 있는데, 아직 증명되지 않았다.

cyclic polygon (순환다각형)

모든 **꼭짓점**(**vertex**)이 같은 원 위에 있는 다각형. 일직선 위

역자 주

24) Joseph-Émile Barbier(1839–1889): 프랑스의 수학자.

에 있지 않은 세 점의 집합은 그것을 통과하여 그려지는 원을 가질 수 있으므로, 모든 삼각형은 순환적이다. 그러나 어떤 다른 종류의 다각형도 모두 다 순환적이지는 않다.

cycloid (파선, 把線)

바퀴가 굴러갈 때 그 위의 고정된 한 점에 의하여 정의되는 도형; 더 정확하게는, 완전한 직선을 따라 굴러가는 원 위의 한 점의 **자취**(locus)이다. 이것은 **등시곡선**(等時曲線) **문제**(tautochrone problem)와 **최단 시간 문제**(brachistochrone problem)의 해이다. 1634년에, 로베르발(Gilles de Roberval, 1610-1675)은 파선 아래의 넓이가 그것을 생성하는 원의 넓이의 3배임을 보였다. 1658년에는 영국의 건축가 렌(Christopher Wren)은 파선의 길이가 그것을 생성하는 원의 지름의 4배임을 보였다. 그러나 특별히 파선에 관한 문제에 대하여, 많은 말다툼과 정보의 대중적 공유의 결여는 많은 노력의 반복을 이끌었다. 사실, 혼란은 너무 심해서, 그 곡선은 기하학자의 헬렌이라는 별명이 붙었고, 몽투쿨라(Jean Montucla)[25]는 그것을 "*la pomme de discorde*(불화의 사과)"라고 불렀다.

보통의 파선뿐만 아니라, 굴러가는 원의 내부에 있는 점에 의하여 그려지는 경로인 *단축 파선*(*curtate cycloid*)과, 그 원의 외부에 있는 점을 따라가는 *장형*(*長形*)의 *파선*(*prolate cycloid*)이 있다. 예를 들면, 장형의 파선는 기관차 바퀴의 테두리에 있는 점에 의해서 그려지는데, 그것은 선로 윗부분의 아래로 확대된다. 이것은 기관차가 앞으로 전진할 때조차도 바퀴의 한 부분 중 앞으로 나아가기 전에 잠시 동안 뒤로 가는 점이 항상 존재한다는 놀라운 결론을 이끌어낸다. **외파선**(epicycloid)과 **내파선**(hypocycloid)도 보시오.

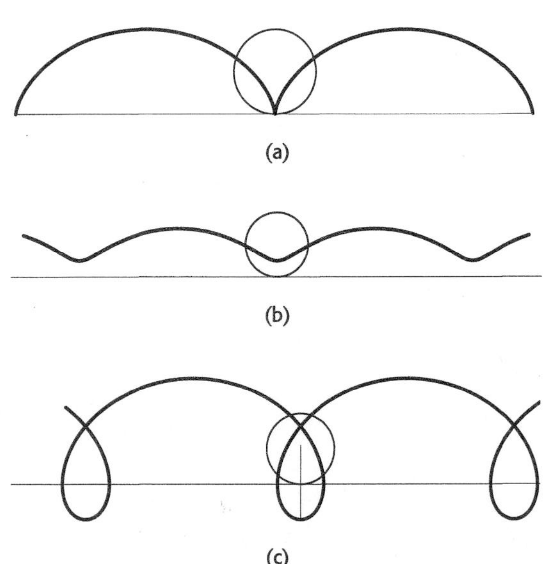

파선 보통의 파선은 바퀴가 평평한 면을 따라 구를 때 그 바퀴 위의 점에 의하여 그려진다 (a). 단축파선은 원주 내부에 있는 바퀴 위의 점에 의하여 그려진다 (b). 만일 그 점이 원주의 외부에 있으면 그 결과는 장형(長形)의 파선이다 (c).

cylinder (실린더/원기둥/주면, 株面)

직각좌표 $(x/a)^2+(y/b)^2=1$로 표현되는 삼차원곡면. 만일 $a=b$이면, 곡면은 *원기둥*(*circular cylinder*)이고, 그렇지 않으면 *타원기둥*(*elliptic cylinder*)이다. 몇 가지 정의에서 전혀 이차적인 것으로 생각되지 않지만, 적어도 한 좌표(이 경우에는 z)가 방정식에 나타나지 않으므로, 위의 실린더는 *퇴화된 이차곡면*(*degenerate quadric*)이다. 통상 *실린더*(*cylinder*)는 양 끝이 두 개의 원형인 면으로 닫힌 똑바른 원기둥을 의미한다. 만일 그 원기둥이 반지름 r과 길이 h를 가지면, 그것의 부피는 $V=\pi r^2h$, 표면적은 $A=2\pi r^2+2\pi rh$이다. 주어진 부피를 가지는 원기둥 중 표면적이 가장 작은 것은 $h=2r$인 것이다. 주어진 표면적을 가지는 원기둥 중 부피가 가장 큰 것도 $h=2r$인 것이다. 더 드문 형태의 원기둥은 *허수 타원기둥*(*imaginary elliptic cylinder*) $(x/a)^2+(y/b)^2=-1$과, *쌍곡선기둥*(*hyperbolic cylinder*) $(x/a)^2-(y/b)^2=1$, 그리고 *포물선기둥*(*parabolic cylinder*) $x^2+2y=0$을 포함한다.

역자 주

25) Jean-Étienne Montucula(1725–1799): 프랑스의 수학자.

D

d'Alembert, Jean Le Rond (달랑베르, 1717 -1783)

프랑스의 교회인 St. Jean Baptist de Rond의 이름을 딴 프랑스 수학자. 파리 사회의 한 호스티스의 사생아였던 그는 아기 때 이 교회의 계단에 버려져 있었다. 그는 미적분학에서 **극한**(limit)의 개념을 확립했고, **코시**(Augustin Cauchy)와 **리만**(Bernhard Riemann)보다 수십 년 전에 *코시-리만 방정식*(*Cauchy -Riemann Equation*)을 발견했고 파동방정식(wave equation)을 처음 발견하여 해결했으며, **뉴턴**(Newton)의 제3법칙을 새롭고 강한 형태로 재구성했는데, 그것을 통하여 달랑베르 원리(d'Alembert's Principle)로 알려지게 되었다.

Dandelin spheres (당드랑의 구)

만일 한 **원뿔**(cone)이 한 평면에 의해서 잘리면, 원뿔 내부에 꼭 맞는, 평면의 양쪽 면과 원뿔에 접하는 두 구. 그것들은 벨기에의 수학자이며 군사공학자인 당드랑(Germinal Pierre Dandelin, 1794-1847)의 이름을 딴 것인데, 그는 그 두 구가 **원뿔곡선**(conic section)과 초점에서 만난다는 것의 우아한 증명을 제시했다. 1826년에 당드랑은 같은 결과가 회전 **쌍곡면**(hyperboloid)의 평면에 의한 절단면에도 적용된다는 것을 보였다.

dart (화살)

화살촉(*arrowhead*)으로도 불리는, 한 **우각**(reflex angle, 優角)[1]을 가지는 특별한 종류의 사각형. **펜로스 타일붙이기**(Penrose tiling)도 보시오.

de L'Hôspital, Guillaume François Antonie, Marquis de (로피탈, 1661-1704)

미분법에 관한 최초의 교과서 『*곡선을 이해하기 위한 무한소 해석*(*Analyse des infiniment petits pour l'intelligence des lignes courbes*)(1696)』을 쓴 프랑스의 수학자. 이 책은 지금 *로피탈의 법칙*(*L'Hospital's rule*)으로 불리는, 한 점에서 분모, 분자가 0으로 가는 유리함수의 극한값을 구하는 규칙을 포함하고 있다. **뉴턴**(Isaac Newton), **라이프니츠**(Gottfried Lebnitz), 베르누이(Jacob Bernoulli) (**베르누이 집안**(Bernoulli family) 참조)와 마찬가지로, 로피탈은 **최속 강하선 문제**(brachistochrone problem)를 처음으로 푼 사람 중 하나이다.

de L'Hôspital's cubic (로피탈의 삼차곡선)

치른하우스의 삼차곡선(Tschirnhaus's cubic)을 보시오.

de Malves's theorem (드 말베스의 정리)[2]

한 꼭짓점 X에서 모서리들이 세 직각을 이루면서 만나는 **사면체**(tetrahedron)(즉, 그 사면체는 **직육면체**(cuboid)의 모퉁이를 자른 결과이다.)가 주어질 때, X 반대쪽 면의 (넓이의) 제곱은 다른 세 면들의 제곱의 합과 같다.

de Méré's problem (드 메레의 문제)

17세기 중반에 프랑스의 귀족이며 상습적 도박자였던 메레(Chevalier de Méré)가 **파스칼**(Blaise Pascal)에게 제기한 문제. 이 문제는 **확률론**(probability theory)의 탄생으로 기록되었다. 드 메레가 좋아하는 내기 중 하나는 한 주사위를 모두 4번 굴릴 때 적어도 한 번은 6의 눈이 나오는 것이었다. 과거의 경험으로부터, 그는 이 도박이 실패하는 것보다 더 자주 돈을 딴다는 것을 알았다. 그리고 바꾸어서, 그는 두 개의 주사위를 24번 굴릴 때 한 번은 6의 눈이 나오는 데 돈을 걸었다. 그러나 그는 곧 게임에 대한 그의 이전의 방법이 더 이익이라는 것을 알았다. 그는 그의 친구 파스칼에게 왜 그런지를 물었다. 파스칼은 한 주사위를 4번 굴릴 때 적어도 한 번은 6의 눈이 나오는 확률은 $1-(5/6)^4=0.5177$로, 이것은 두 개의 주사위를 24번 굴릴 때 적어도 두 개 다 6의 눈이 나오는 확률 $1-(35/36)^{24}=0.4914$보다 약간 더 높다는 것을 보였다. 이 문제와 드 메레가 제기한 다른 문제들은 파스칼과 **페르마**(Pierre de Fermat) 사이의 확률론에 관한 생산적 편지 교환에 근원적 영감이 되었으리라고 생각된다. 이 문제와 싸우기 위해서 페르마는 조합론적 분석(순열과 조합의 수를 계산함으로써 운에 맡기는 이상적 게

역자 주

1) 180도보다 큰 각.

2) 프랑스의 수학자 드 말베스(Jean Paul de Gua de Malves, 1713-1785)의 이름을 딴 것인데, 드 가(de Gua)의 정리로 더 알려져 있다.

임에서 가능한 결과의 수를 찾는 것)을 사용하였고, 반면에 파스칼은 반복(전의 경우에 의하여 다음 경우의 결과를 정하는 반복적 과정)에 의하여 추론하였다. 그들의 협력적 연구는 오늘날 우리가 알고 있는 확률론의 기초를 제공했다.

de Moivre, Abraham (드무아브르, 1667 -1754)

해석적 삼각함수론을 기초하였고, **드무아브르의 정리(de Moivre's theorem)**를 주장한 프랑스-영국의 수학자. 그는 또 확률론과 정규분포에 대하여 연구했고, **뉴턴(Isaac Newton)**의 좋은 친구였다. 그는 1698년에 그의 정리를 1676년에 미리 뉴턴에게 알렸다고 썼다.

de Moivre's theorem (드무아브르의 정리)

복소수(complex number)와 삼각함수에 관계되는 **드무아브르(de Moivre)**의 이름을 딴 정리. 그것은 임의의 실수 x와 정수 n에 대하여

$$(\cos x + i\sin x)^n = \cos(nx) + i\sin(nx)$$

임을 주장한다. 좌변을 전개하고 실수 부분과 허수 부분을 비교하면, $\cos(nx)$와 $\sin(nx)$를 $\cos x$와 $\sin x$를 써서 나타내는 유용한 표현을 얻을 수 있다. 나아가, 그 공식은 **1의 n제곱근(nth root of unity)**; $z^n=1$인 복소수 z를 얻는 정확한 식을 구하는 데 이용될 수 있다. 그것은 **오일러의 공식(Euler's formula)** $e^{ix} = \cos x + i\sin x$와 지수법칙 $(e^{ix})^n = e^{inx}$로부터도 얻을 수 있다(역사적으로는 이보다 앞선다).

de Morgan, Augustus (드모르간, 1806 -1871)

수리논리학 분야에서 중요한 혁신을 한, 인도에서 태어난 영국의 수학자. 두 관계의 합뿐만 아니라 모순, 역, 관계의 추이성 같은 개념을 표현하기 위하여 그가 고안한 체계는 그의 친구 **부울(George Boole)**에게 초석이 되었다. 드모르간은 출생 후 곧 오른쪽 눈을 실명했고, 16살에 케임브리지의 트리니티 대학에 입학해서 문학사 학위를 받았다. 그러나 그는 석사 학위를 받는 데 필요한 시험을 거부했고, 변호사 공부를 하기 위해서 런던으로 돌아왔다. 1827년에, 그는 새로 생긴 런던의 유니버시티 대학의 수학과 학과장에 지원했는데, 수학 논문이 없었음에도 불구하고 채용되었다. 1831년에 그는 (다른 교수가 설명 없이 해고된 후에) 도덕적 견지에서 사임하였으나, 5년 후에 그를 대신한 사람이 사고로 죽어서 다시 채용되었다. 그는 1861년에 다시 사임했다.

그의 가장 중요한 출판된 연구인 『*형식 논리학(Formal Logic)*』은 고전적 아리스토텔레스 논리 하에서는 불가능했던 문제를 푸는 아이디어인 *술어의 정량화(quantification of predicate)*의 개념을 포함했다. "**담론의 세계(universe of discourse)**"라는 문구의 이름을 붙인 드모르간은 수학적 **귀납법(mathematical induction)**을 정의하고 이름 붙인 첫 번째 사람이었고, 수학적 수열(sequence)의 **수렴(convergence)**을 결정하는 일련의 규칙을 개발하였다. 덧붙여서, 그는 십진법 통화 체계, B. C. 2000년부터 A. D. 2000년까지의 모든 보름달의 역법, 그리고 아직도 보험 회사에서 사용되는 인생사의 확률 이론을 고안했다. 드모르간은 또 수학의 역사에도 깊은 관심을 가졌다. 『*산술적 책들(Arithmetical Books, 1847)*』에서 5천 명이 넘는 수학자들의 업적을 기술했고 발의 길이의 역사와 같은 주제를 다루었으며, 『*역설의 비용(A Budget of Paradoxes)*』에서는 다음 시를 포함하여 기이한 수학의 놀라운 개요를 제공했다.

큰 벼룩들의 등에 그들을 무는 작은 벼룩들이 있다
그리고 작은 벼룩들은 더 작은 벼룩들, 그리고 무한히
그리고 큰 벼룩들도 차례로 올라탈 더 큰 벼룩들이 있다
그리고 이것들은 더 커지고, 더 커지고 그리고 계속하였다.

이 시의 첫 줄은 아마도 조나단 스위프트의 시를 다른 말로 바꾸어 표현했을 것이다.

퍼즐

어느 때 그의 나이를 물었을 때, 드모르간은 답했다; "나는 x^2년에 x살이었다." 그 때에 그는 몇 살이었을까?

해답은 415쪽부터 시작함.

---

decagon (십각형)

10개의 변을 가진 **다각형(polygon)**.

decimal (십진법, 十進法)

*denary*로도 부르며, 거기에서 각 자리는 그 오른쪽 자릿값의 10배의 값을 갖는, 일반적으로 사용되는 **수 체계(number system)**. 예를 들면, (밑이 10인) 십진법 체계에서 4,327은 $(4\times10^3)+(3\times10^2)+(2\times10^1)+(7\times10^0)$의 단축형인데, 여기에서 $10^0=1$이다. "decimal"은 "10번째"의 라틴어 *decimus*에서 나왔

다. 동사 *decimare*는 글자 그대로 "10번째를 취하다"인데, 로마 군대에서 반란 단체의 징벌의 한 형태를 표현하는 데 쓰였다. 군인들을 줄을 세워서 남은 자들에 대한 교훈으로 각 10번째 사람을 죽였다. 이 습관으로부터 *섬멸하다*(*decimate*)라는 단어가 나왔는데, 이것을 우리는 거의 전적인 파괴를 의미하는 것으로 느슨하게 - 사실은 부정확하게 - 사용한다. 라틴어 *decimare*는 "10 분의 1 만큼의 세금"을 뜻하는 덜 흉포한 의미로 쓰였다. 그러나 10분의 1 세금을 표현하는 단어는 영어에서 *십일조*(*tithe*)인데, 이것은 *10번째*(*tenth*)의 한 형태인 영국 고어 *teogotha*에서 나왔다.

decimal fraction (소수, 小數)

0일 수도 있는 **정수**(**integer**) 부분과, 소수점(점 또는 콤마) 뒤에 따라오는 1보다 작은 소수 부분으로 구성되는 수. *유한소수*(*finite* 또는 *terminating decimal fraction*)는 그 뒤가 모두 0인 확실한 중단점이 있는 소수열을 갖는다. 다른 분수는 *순환적인 무한*(*periodic nonterminating*) 소수열을 한없이 만든다.

Dedekind, (Julius Wilhelm) Richard (데데킨트, 1831-1916)

데데킨트 절단(*Dedekind cut*)을 발견한 독일의 수학자. 그는 모든 **실수**(**real number**) r이 **유리수**(**rational number**)를 r보다 큰 것과 r보다 작은 것들의 두 부분집합으로 나눈다는 것을 알았다. 데데킨트의 탁월한 아이디어는 실수를 유리수의 그러한 분할로 표현한다는 것이었다. 그는 또한 당시에 **칸토어**(**Georg Cantor**)의 집합론에 중요한 지지를 했다.

Dee, John (디, 1527-1609)

여왕 엘리자베스 1세에게 행한 점성술 자문 때문에 "마지막 요술사"로 언급되는 유명한 영국의 연금술사, 수학자이며 천문학자. 디는 또한 세익스피어의 저술에 영향을 주었을지 모른다. 그는 15세에 케임브리지의 세인트 존스 대학에서 봉직했으나, 거기에서 답답한 분위기를 느끼고 후에 연구와 강의를 하기 위하여 유럽 대륙으로 갔다. 영국으로 돌아오는 길에, 디는 여왕 메리의 별점을 보고, 후에 메리가 언제 죽을지 알아내기 위해서 감옥에 있던 메리의 이복 동생인 엘리자베스를 방문했다. 사악한 마술을 한 혐의로 그는 감옥에 갇혔으나, 메리가 죽기 3년 전인 1655년에 풀려났다. 엘리자베스가 왕좌에 올랐을 때, 그녀는 디에게 새로 발견된 땅의 지리를 포함하여 많은 것의 자문을 받았고, 잘 대우해 주었다. 그는 수입의 일부를 광범위한 여행에 썼는데, 그의 후원자를 위한 스파이 활동에 관계되었을지 모른다.

디는 마술, 주술, 그리고 마법에 관한 책의 큰 서재를 가지고 있었고, 79권의 원고를 썼는데, 그중 단지 몇 권만 출판되었다. 그는 세 번 결혼하여 여덟 아이의 아버지가 되었다. 그는 또한 비금속을 금으로 변화시키는 연금술의 비밀을 발견했으나 위조죄로 귀를 잃은 것으로 유명한 성질이 나쁜 아일랜드인인 켈리(Edward Kelly)와 불편한 동반자 관계를 맺고 있었다. 1585년에 디와 켈리는 유럽 대륙을 가로질러 귀족과 왕족에게 점성술의 자료를 안내하면서 4년 동안의 여행을 계속했다. 그러나 디와 켈리는 많은 논쟁을 벌였으며, 결국은 헤어졌다. 영국으로 돌아와서, 그는 그의 집이 난장판이 되고 그의 많은 재산이 도둑맞거나 파괴된 것을 발견했다. 엘리자베스는 그의 손해를 만회하게 돕고, 1595년에 맨체스터의 크리스트 대학의 장으로 임명했다. 그러나 엘리자베스는 1603년에 죽었고, 그녀의 계승자인 제임스 1세는 마술을 반대했다. 디는 은퇴를 강요당했고, 가난 속에서 생을 마감했다.

deficient number (부족수, 不足數)

과잉수(abundant number)를 보시오.

degree (도/차수, 度/次數)

(1) 각의 크기의 단위로, 1도는 한 원의 1/360이다. (2) 변수의 지수인데, 예를 들면 $7x^5$의 차수는 5이다. **자유도**(**degree of freedom**)도 보시오.

degree of freedom (자유도, 自由度)

독립인 데이터 조각의 수를 제공하는 양의 정수.

deletable prime (제거 가능한 소수)

절단 가능한 소수(truncatable prime)를 보시오.

delta curve (삼각형곡선)

한 정**삼각형**(**triangle**)의 내부에서 모든 세 변과 연속적으로 만나면서 돌 수 있는 곡선. 무수히 많은 삼각형곡선들이 있지만, 그중 가장 간단한 것은 **원**(**circle**)과 렌즈 모양의 델타 이각형(delta biangle)이다. 높이가 h인 모든 델타곡선[3]은 같은 둘레의 길이 $2\pi h/3$를 갖는다. **뢸로삼각형**(Reuleaux triangle)과 **회전자**(回轉子, rotor)도 보시오.

deltahedron (삼각형 다면체)

면이 모두 똑같은 크기의 정삼각형으로 구성되는 **다면체**(polyhedron). 서로 다른 델타 다면체가 무수히 많이 있지만, 로센버거(O. Rausenberger)가 1915년에 보인 바와 같이 그들 중 오직 8개만 볼록이다. 이 8개의 군 중, (마름모꼴 십이면체(rhombic dodecahedron)와 같이) 동일 평면 내에서 모서리를 공유하는 정삼각형으로 만들어진 면은 허용되지 않는다. 8개의 볼록인 델타 다면체는 4, 6, 8, 10, 12, 14, 16과 20 개의 면을 갖는다.

deltoid (삼첨곡선, 三尖曲線)

세 개의 **첨점**을 가지는 **내파선**(hypocycloid). **삼첨곡선**(tricuspoid) 또는 1856년에 이 곡선을 연구한 스위스 수학자 **슈타이너**(Jakob Steiner)의 이름을 딴 *슈타이너의 하이포사이클로이드*로도 불린다. 그리스 대문자 델타(Δ)와 비슷하게 생겨서 그렇게 이름이 붙은 델토이드는 반지름의 길이가 3배인 다른 원의 내부를 굴러가는 원의 원주 위의 한 점에 의하여 만들어진다. **오일러**(Leonhard Euler)는 1745년 광학에서의 한 문제를 연구하던 중 그것의 성질을 연구한 첫 번째 사람 중의 하나가 되었다. 반지름이 r인 내부 원을 가지는 델토이드[4]의 매개방정식은 다음과 같다;

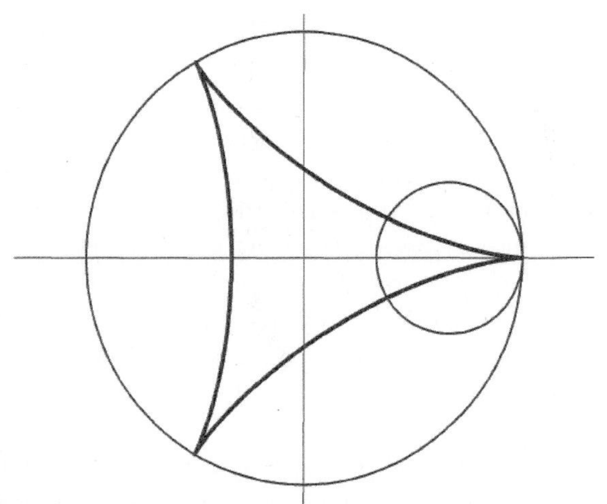

삼첨곡선 © Jan Wassenaar, www.2dcurves.com

$$x(t) = 2r\cos t + r\cos 2t$$
$$y(t) = 2r\sin t - r\sin 2t$$

델토이드의 경로의 길이는 $16r/3$이고, 델토이드의 내부의 넓이는 $2\pi r^2$이다. 한 점 P에서 델토이드에 접선이 그려지고, 그 접선이 델토이드의 남은 두 가지와 만나는 점을 A, B라 하면, AB의 길이는 $4r$이다. 만일 A, B에서 각각 델트로이드에 접선이 그려지면, 그것들은 서로 수직이고, 고정된 원의 중심에 대하여 점 P를 180° 회전한 점에서 만날 것이다.

denominator (분모, 分母)

유리수(rational number)에서, 분수 기호 밑의 수인데, 전체가 몇 부분으로 나누어지는지를 나타낸다.

derivative (도함수, 導函數)

한 **함수**(function)를 미분한 결과. 즉, 그 함수가 의존하는 변수의 무한소의 변화에 의하여 야기되는 함수의 변화를 말한다. 도함수는 특정한 점에서의 함수의 변화율(그 곡선의 기울기)을 제공한다. 2계와 3계의 도함수는 각각 변화율이 변하는 비율과 변화율의 변화율이 변하는 비율을 제공한다. 1996년의 글에서 로시(Hugo Rossi)는 다음과 같이 썼다; "1972년 가을에 닉슨 대통령은 인플레이션의 증가율이 감소하고 있다고 말했다. 현직 대통령이 재선을 위한 입지를 강화하기 위하여 3계도 함수를 사용한 것은 이것이 처음이다."[269]

여기에 도함수에 기초한 $x = 2x$의 잘못된 "증명"이 있다. 함수 $f(x)=x^2$을 생각해 보자. 도함수는 $2x$이다. 다음에서 무엇이 틀렸는가?

$$x^2 = x + x + \cdots + x \quad (x\text{번 반복})$$

양변의 도함수를 취하면

$$(x^2)' = 1 + 1 + \cdots + 1 = x.$$

그러나 우리는 이미 x^2의 도함수가 $2x$라고 했다. 따라서, $x = 2x$이다. 오류는 x들과는 다른 x의 도함수를 취하는 데서 비롯되었다. 각 항은 미분을 취하는 데 고려한 x에 의존할 뿐만 아니라 마찬가지로 x에 의존하는 항의 수(분수도 될 수 있다)에도 의존하는데, 이것은 고려되지 않는다. 다른 방법으로 설

역자 주

3) 높이가 h인 정삼각형의 내부를 도는 삼첨곡선을 의미하는 것으로 보인다.

4) 원문에는 cycloid로 되어 있으나, 이는 deltoid의 오기로 보인다. 사이클로이드의 매개방정식은 $x(t)=r(t-\sin t)$, $y(t)=r(1-\cos t)$이다.

명하면, 도함수는 x가 변할 때 x^2의 변화율을 측정하지만, x가 변할 때 오른쪽에 있는 항의 수도, 항들 자체와 마찬가지로 증가한다. 양수 x에 대하여, 정확한 답은 x보다 커야 한다 – 실제로도 그런 것처럼.

Desargues, Girard (데자르그, 1591-1661)

투영기하(透影幾何, perspective geometry)의 주요 개척자로 평가되는 프랑스의 수학자. 그의 12쪽짜리 논문 『*투영도법*(*La perspective* 1636)』은 데자르그가 그림 영역 바깥에 놓여 있는 어떤 점도 사용하지 않고 투영된 상을 작도하는 방법을 정리하는 하나의 작업 예로 구성되어 있다. 그는 평면 위의 그림을 한 점에서 만나는 선들과 또한 서로 평행한 선들로 표현하는 것을 생각한다. 연구의 마지막 구문에서 그는 원뿔곡선의 투영된 상을 발견하는 문제를 생각한다. 3년 후, 그는 사영기하에 관한 논문 『*Brouillon Projectd'une atteinte aux événements des rencontres d'un cône avec unplan*』(원뿔의 평면에 의한 절단을 얻는 결과에 대한 연구의 초고)을 썼다. 이것의 첫 부분은 한 점에서 만나는 직선군의 성질과 한 직선에 놓여 있는 점들의 영역을 다룬다. 두 번째 부분에서는 직선 위의 점의 영역의 성질을 이용한 원뿔곡선의 성질이 탐구되고, 현대적 용어의 "무한원점(無限遠點, point at infinity)"이 처음으로 등장한다. 데자르그는 그가 원뿔곡선과 투영의 관계를 완전히 파악했음을 보여 준다; 사실 그는 임의의 원뿔곡선이 다른 원뿔곡선에 명백하게 투영될 수 있다는 사실을 다룬다. 그렇게 혁신적 연구가 있었는데도 그 주제가 그 후에 빨리 발전하지 않았다는 것에 놀랄지 모른다. 그것은 아마 부분적으로는 수학자들이 제기된 것의 힘을 인식하는 데 실패한 때문인지 모른다. 다른 한편으로, 거의 정확히 같은 시간에(1637) **데카르트**(**René Descartes**)에 의해서 제기된 기하학에의 대수적 접근이 데자르그의 사영적 방법으로부터의 관심을 돌려놓았을지 모른다.

Descartes, René (데카르트, 1596-1650)

만일 당신이 진리를 추구하는 진정한 탐구자라면,
당신의 일생에서 적어도 한 번은 가능한 모든 사물에
대하여 의심해 볼 필요가 있다.

매우 영향력이 큰 철학자이자 수학자인데, 프랑스의 앵드르에루아르의 라에(지금은 그 땅의 가장 유명한 아들의 이름을 딴 데카르트)에서 태어난 근대 철학의 아버지이며 근대 수학의 설립자의 한 사람. 그는 푸아티에 대학에서 법학을 공부했으나 변호사업을 하지 않았고, 잠시 군인으로 봉사했으며, 20년 동안 네덜란드에 살면서 그의 위대한 업적의 대부분을 이루었다. 그의 『*제1철학에 관한 성찰*(*Medita -tions on First Philosophy*)』에서 그는 의심할 바 없는 진리로 여겨질 수 있는 것을 확립하려고 하였다. 그의 도구는 방법론적 회의, 즉 의심할 수 있는 어떤 생각도 틀렸다는 가정이다. 그는 꿈의 예를 든다; 꿈에서, 우리는 실제인 것처럼 보이는 것을 의식하지만 그것은 실제로 존재하지 않는다. 그러므로 의식의 데이터를 완전히 믿을 수는 없다. 그러면 다시, 그는 생각에 잠긴다. 아마 진리의 참된 본질을 아무도 알 수 없도록 방해하는 대단히 힘 있고 교활한 존재인 "사악한 천재(evil genius)"가 있을 것이다. 이런 가능성이 주어진다면, 우리가 분명히 알 수 있는 것은 무엇인가? 데카르트는 만일 "내"가 속고 있다면, 분명히 "나"는 존재해야 한다고 주장한다 – 이 주장은 비록 그 말들이 *성찰*(*Meditation*)의 어디에도 나오지 않지만, 유명한 *cogito ergo sum* (*"나는 생각한다. 그러므로 존재한다."*)로 언급된다. 데카르트는 그가 존재한다는 것을 확신할 수 있다고 결론짓는다. 그러나 어떤 형태로 존재하는가? 의식이 신뢰받을 수 없다면, 데카르트는 추론한다, 그가 확실히 말할 수 있는 것은 그가 *생각하는 사물*(*thinking thing*)이라는 것이다. 그리고 그는 신뢰할 수 없는 것으로서의 지각을 버리고, 대신에 연역만을 방법으로 인정하면서 지식의 체계를 만드는 데까지 전진한다. *성찰*(*Meditation*) 도중에 그는 또한 일하는 정신과 감각 조직을 주고, 그를 속이고 싶어할 수 없는 자애로운 **신**(**God**)의 존재를 증명하며, 따라서 그는 연역*과*(*and*) 지각에 기초한 세계에 대한 지식을 얻는 가능성을 확립한다고 주장한다.

수학에서, 데카르트는 **해석기하학**(**analytic geometry**)의 발견으로 중요하다. 데카르트의 시대까지, 선과 도형을 다루는 **기하학**(**geometry**)과 수를 다루는 **대수학**(**algebra**)은 수학의 완전히 독립적인 측면으로 여겨졌다. 데카르트는 기하학적 문제들을 선분의 길이를 묻는 문제로 생각하고 문제를 표현할 수 있는 좌표계를 사용함으로써, 거의 모든 기하학적 문제들이 어떻게 대수학적 문제들로 바꾸어질 수 있는지를 보였다. 데카르트의 이론은 **뉴턴**(**Isaac Newton**)과 **라이프니츠**(**Gottfried Leibnitz**)에 의해서 개발될 미적분학과, 나아가 많은 현대수학의 기반을 제공했다. 이것은 데카르트가 이것을 단지 단축된 제목 『*방법서설*(*Discours de la méthode*)』로 더 알려진 그의 『*Discours de la méthode pour bien conduire sa raison, et chercher la verité dans les sciences*(이성을 올바르게 이끌어, 여러 가지 학문에서 진리를 구하기 위한 방법의 서설)』을 뒷받침하는 예로 여겼다는 것을 생각할 때 특히 놀랍다.

데카르트는 스톡홀름에서 폐렴으로 죽었는데, 그는 스웨덴의 활기찬 19살의 여왕 크리스티나의 개인 교사로 거기에 초대되었었다. 따뜻한 침대에서 정오까지 일하는 데 익숙했으므로, 그는 오전 5시에 찬 도서관에서 가르쳐야 하는 것 때문에 충격을 받아서 빠르게 쇠약해졌다. 그가 죽은 17년 후에, 로마 교황청은 그의 업적을 금서 목록에 올렸다.

Descartes's circle theorem (데카르트의 원 정리)

소디 공식(Soddy's formula)을 보시오.

determinant (행렬식, 行列式)

수의 정사각형 ($n \times n$) 배열로부터 얻어지는 양인데, 무엇보다도 연립**일차(linera)**방정식(미지수의 차수가 많아야 1인 방정식)을 푸는 데 쓰인다. 더 일반적으로, 행렬식은 **행렬(matrix)**을 **스칼라(scalar)**로 바꾸는데, 이는 많은 중요한 성질을 가진 연산이다. 2×2행렬의 행렬식은 16세기 말 **카르다노**(Girolamo **Cardano**)가 생각했으며, 임의의 크기의 행렬식은 그 100년 후 **라이프니츠**(Gottfried **Leibnitz**)에 의해서이다.[5] 행렬식에 이 이름(determinant)이 붙은 것은 그것이 연립방정식에 적용될 때 그 방정식이 특이(singular)한지 – 즉 복수의 해를 갖는지 – 를 "결정(determine)"하기 때문이다. 그들은 또한 **평행사변형(parallelogram)**의 넓이와 더 일반적으로 **평행육면체(parallelepiped)**의 부피를 나타내기 때문에 중요한 기하학적 의미를 갖는다. 3행의 행렬식은 다음과 같이 정의된다:

$$\begin{vmatrix} a_{11} & a_{12} & a_{13} \\ a_{21} & a_{22} & a_{23} \\ a_{31} & a_{32} & a_{33} \end{vmatrix} = \begin{matrix} a_{11} \times a_{22} \times a_{33} + a_{12} \times a_{23} \times a_{31} \\ + a_{13} \times a_{21} \times a_{32} - a_{13} \times a_{22} \times a_{31} \\ - a_{12} \times a_{21} \times a_{33} + a_{11} \times a_{23} \times a_{32} \end{matrix}$$

deterministic system (결정론적 시스템)

시스템의 나중의 상태가 그 이전의 것을 따르거나, 또는 이전의 것에 의해서 결정되는 시스템. 그러한 시스템은 그 이전의 것에 의하여 결정되지 않는 *확률론적*(*stochastic*) 또는 *무작위적*(*random*) 시스템과 대조된다. 확률론적 시스템의 예는 편파적이지 않은 동전의 앞면과 뒷면의 열이나, 방사성 붕괴이다.

만일 한 시스템이 결정론적이면, 이것이 시스템의 나중의 상태가 이전의 상태의 지식으로부터 예측 가능하다는 것을 필연적으로 의미하지는 않는다. 이와 같이, **혼돈(chaos)**은 무작위적 시스템과 유사하다. 혼돈은 비록 그것이 간단한 규칙에 의하여 결정되지만, 그것의 초기 조건에 대한 민감한 의존성이 실제로는 크게 예측 불가능한 혼돈계를 만들기 때문에, "결정론적 혼돈"이라는 용어로 칭한다.

역자 주

5) 행렬식은 1683년 일본인 세키고와가 먼저 고안했고, 라이프니츠는 독립적으로 1693년에 로피탈에게 보낸 서신에서 행렬식을 사용했다.

6) Sylvestre François Lacroix (1765 –1843) 프랑스의 수학자.

devil's curve (악마의 곡선)

두 가지의 악마(*devil on two sticks*)로도 불리는 곡선으로, 직각좌표 방정식은

$$y^4 - a^2y^2 = x^4 - b^2x^2$$

이고 극방정식은

$$r^2(\sin^2\theta - \cos^2\theta) = a^2\sin^2\theta - b^2\cos^2\theta$$

이다. 그 초기 연구는 1750년 **행렬식(determinant)**의 연구로 가장 유명한 스위스의 수학자 크래머(Gabriel Cramer, 1704–1752)와 1810년 라크루아(Lacroix)[6]에 의해서 수행되었다. a=25/24일 때 그 곡선은 *전동기곡선*(*electric motor curve*)으로 불린다.

Dewdney, Alexander Keewatin (듀드니, 1941-)

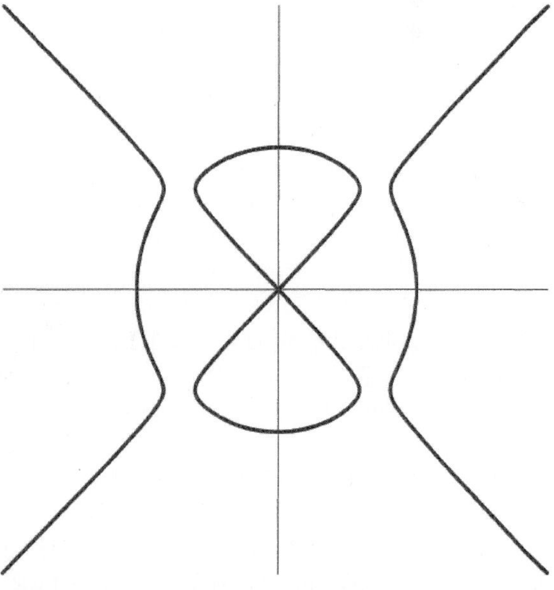

악마의 곡선 © *Jan Wassenaar, www.2dcurves.com*

캐나다의 서부 온타리오 대학에 있는 컴퓨터 과학자이자 수학자로 1984년에 초판된 『플래니버스(*The Planiverse*): *이차원 세계와 컴퓨터의 조우*』로 가장 유명한 책과 논문으로 잘 알려졌다.[81] 수년 동안, 듀드니는 "수학과 레크리에이션" 칼럼을 *Scintific America*에 썼다.

diagonal (대각선, 對角線)

다각형(polygon)에서 서로 이웃하지 않은 두 꼭짓점을 연결하는 선분 또는 **다면체**(polyhedron)에서 같은 면에 있지 않은 두 꼭짓점을 연결하는 선분.

diagonal matrix (대각행렬, 對角行列)

대각선 성분이 아닌 모든 성분이 0인 **행렬**(matrix), 즉 주대각선 성분만 0 아닌 값을 가질 수 있는 행렬.

diameter (지름)

원(circle)의 중심을 지나 원을 가로지르는 거리.

dice (주사위)

작은 **다면체**(polyhedron)인데, 보통은 육면체로, 1부터 6까지 수가 마주보는 면의 수의 합이 7이 되도록 점의 형태로 표시된다. 도박이나 다른 게임에서 **무작위**(random) 수를 얻도록, 하나 또는 단체로, 손이나 컵을 이용하여 평평한 바닥에 던져진다. 각 주사위가 멈출 때, 주사위의 위에 있는 면이 던지기의 값을 제공한다. 오늘날 그들의 대표적 용도는 크랩스(craps) 게임인데, 두 개의 주사위를 함께 던지고, 윗면에 나오는 값의 합에 돈을 건다. 주사위는 아마 도가니뼈에서 진화한 것 같은데, 그것은 대략 사면체이다. 오늘날까지도, 주사위는 가끔 구어체로서 "뼈"로 언급된다. 지금은 플라스틱의 사용이 거의 보편화되었지만, 상아, 뼈, 나무, 금속과 돌 재료들이 주사위를 만드는 데 공통적으로 사용되었다.

동양의 고대 무덤에서 발견된 주사위는 아시아에서의 기원을 나타내며, 주사위 놀이는 리그베다(Rig-Veda)에 있는 인도 게임으로 언급된다. 원시적 형태에서, 도가니뼈는 여자와 아이들이 놀던 기술을 요하는 게임이었다; 점차로 다른 값을 가지는 뼈의 네 면이 주사위처럼 계산되는 도박용의 파생된 형태가 발달되었다. 세 개, 때로는 두 개의 주사위를 가지고 하는 도박이 그리스에서, 특별히 상류층에서의 오락의 통속적인 형태였고, 심포지엄이나 음주 연회에서 거의 불변의 반주였다. 로마인들은 열정적인 도박사였으며, 농신제(農神祭, Saturnalia)의 축제(12월 17일) 기간을 제외하고는 금지되었으나, 주사위가 선호하는 형태였다. 돈을 위하여 주사위를 던지는 것은 로마에서 많은 특별법을 만들게 했는데, 그중의 하나는 그의 집에서 도박을 허용한 자는, 비록 그가 속임을 당하거나 폭행을 당했다고 하더라도, 그가 어떤 소송도 제기하지 못한다는 명을 정한 것이다! 직업 도박꾼이 보편적이었으며, 그들의 부정 주사위의 일부가 박물관에 보관되어 있다.

로마의 역사학자 타키투스는 게르만족도 주사위 놀이를 열정적으로 좋아했다고 주장한다 – 너무 좋아해서 모든 것을 잃고 그들의 개인적 자유를 걸기까지 했다. 수세기 후 중세에는 주사위놀이가 기사들의 선호하는 소일꺼리가 되었고, 주사위놀이 학교와 주사위 노름꾼 길드가 번창하였다.

주사위는 **쌍륙**(backgammon)과 같은 보드 게임에서 허용되는 말의 움직임을 무작위화하는 데 자주 이용된다. 그러한 게임에서 속임수를 쓰기 위하여 많은 방법으로 부정 주사위가 만들어질 수 있다. 순수한 우연에 의하여 예측될 수 있는 것보다 더 많은 결과를 얻기 위하여 무게가 더해지거나, 다른 모서리는 날카로운데 몇 개의 모서리만 둥글게 만들거나, 몇 개의 면을 사각형에서 약간 벗어나도록 한다. 육면체가 아닌 모양의 주사위는 한때는 점쟁이에 의해서나 주술을 행하는 데 거의 예외적으로 쓰였지만, 최근 들어 롤플레잉 게임과 전쟁게임의 경기자 사이에 유행하게 되었다.

difference equation (차분방정식, 差分方程式)

사물이 이산적인 시간 단계에서 어떻게 변하는지 표현하는 방정식이다. **적분**(integral)의 수치적 해는 보통 차분방정식으로 나타난다.

differential (미분, 微分)

표현 $y\,dx - x\,dy$ 에서의 dx와 같이 변수의 1계의 작은 변화를 나타내는 용어. *미분법*(*differentiation*)은 미분을 찾는 방법이다.

differential equation (미분방정식, 微分方程式)

시간에 따라서 사물이 어떻게 연속적으로 변하는지의 표현이다(**연속**(continuity) 참조). 미분방정식 중에는 그 시스템의 시간 변화(time evolution)를 모의실험하지 않고도 모든 미래의 상태를 알 수 있도록 하는 *해석적 해(analytical solution)*를 갖는 것이 있다. 그러나 대부분은 제한된 정확도만 가지는 *수치적 해(numerical solution)*를 갖는다. 미분방정식은 풀려야 할 함수의 첫 번째 또는 더 높은 도함수를 포함한다. 만일 그 방정식이 첫 번째 도함수만을 포함하면 그것은 **일계**(*order one*)이고, 그와 같이 계속된다. 만일 도함수의 *n*제곱이 포함되면 그 방정식은 *차수 n(degree n)*을 갖는다고 말한다. 일차의 방정식을 *선형(linear)*이라고 부른다. 두 개 이상의 변수에 대한 **편미분방정식**(partial differential equation)과 구분하기 위하여 한 변수만의 방정식을 **상미분방정식**(ordinary differential equation)으로 부른다.

differential geometry (미분기하학)

미적분학(calculus)을 사용하는 기하학의 연구인데, **물리학**(physics), 특히 **상대성 이론**(relativity theory)에 많은 응용을 갖는다. 미분기하학에 의하여 연구되는 대상은 *리만다양체(Riemannian manifold)*로 알려져 있다. 이것들은 국소적으로는 **유클리드 공간**(Euclidean space)을 닮은 곡면과 같은 기하학적 대상인데, 따라서 접선 **벡터**(vector)와 접공간, 미분가능성(**미분**(differential) 참조), 그리고 벡터와 **텐서**(tensor) 장 등 해석적 개념의 정의를 허용한다. 리만 다양체는 **거리**(metric)를 갖는데, 그것이 국소적으로 측정될 거리와 각, 그리고 **측지선**(geodesic), **곡률**(curvature)과 **뒤틀림**(torsion) 같은 개념을 정의하는 것을 허용하므로, 측도의 문을 열어두고 있다.

differential topology (미분위상수학, 微分位相數學)

연속변환에 의하여 보존되는 **미분기하학**(differental geometry)의 성질을 연구하는 **위상수학**(topology)의 한 분야.

differentiation (미분법, 微分法)

함수(function)의 **도함수**(derivative)를 찾는 방법.

digimetic (숫자 퍼즐)

숫자들이 다른 숫자를 표현하는 데 사용되는 **복면산**(cryptarithm).

digit (숫자)

위치 **수 체계**(number system)에서 **정수**(integer)를 나타내는 데 사용되는 상징 또는 수사(數詞, numeral)이다. 숫자의 예는 10진법의 기호 0부터 9까지, 2진법의 기호 0과 1, 16진법의 숫자 0, ⋯, 9, A, ⋯, F를 포함한다. 이 용어는 "손가락" 또는 "발가락"의 라틴어 *digitus*에서 나왔는데, 우리에게 십진법의 기원을 기억하게 하면서 이 의미를 보존하고 있다. 초기 인도-유럽의 어근 *deik*는 index, indicate, token, teach를 포함하여 대상을 "지적"하는 손과 손가락의 용도를 기억하는 많은 다른 단어들과 관계된다.

digital root (숫자 근)

수 *n*을 택하고, 그것의 자릿수를 다 더하자. 그것으로부터 나온 수의 자릿수를 다 더하고, 이 과정을 남은 수가 한 자리 수가 될 때까지 계속하자. 이 한 자리 수가 수 *n*의 숫자 근이다. 예를 들어서 5381의 경우에; 5+3+8+1=19; 1+9=10; 1+0=1; 그러므로 5381의 숫자 근은 1이다. **9 버리기**(casting out nines)도 보시오.

digraph (유향 그래프)

각 모서리가 그것과 관계하는 방향을 가지는 **그래프**(graph).

dihedral angle (이면각, 二面角)

한 모서리에서 만나는 두 면에 의하여 정의되는 각. 예를 들면, 정육면체의 모든 이면각은 90°이다. 거의 구에 가까운 (면이 많은) **다면체**(polyhedron)는 작은 이면각들을 갖는다.

dimension (차원, 次元)

어떤 유일한 방향 또는 의미에 있어서의 확장인데, 이 말은 "나누어진"의 라틴어 *dimetiri* 로부터 나왔다. 차원을 생각하는 가장 공통적 방법은 우리가 살고 있는 세 공간적 차원(상-하, 좌-우, 앞-뒤)의 하나이다. 수학자들과 공상 과학 소설가들은 비슷하게 다른 수의 공간적 차원을 가진 세상이 무엇과 같을 것인가를 오랫동안 상상해 왔다. 추측은 특별히 **2차원 세계**(two-dimensional world)와, 더 큰 범위인 **4차원**(fourth dimension)에 집중되었다. **시간**(time)도 또한 하나의 차원으로 생각되었다; 실제로, **상대성 이론**(relativity theory)에서 그리고 **공시**(space-time)의 요소로 그것은 거의 공간의 차원과 똑같은 것으로 취급된다. 비록 그 추가적인 차원이 믿을 수 없을 정도로 작게 "말려 있고" 오늘날 실험적으로 조사할 수 있는 것보다 훨씬 작은 규모에서만 중요하게 되었지만, 아원자 세계(subatomic world)의 몇 이론 (**끈이론**(string theory)과 **칼루자-클라인 이론**(Kaluza-Klein theory)도 보시오.)에 따라 우주는 추가의 공간적 차원을 가질 수도 있다 - 모두 10, 11 또는 26이 특별히 관심을 받는다.

수학에서, *차원*(*dimension*)이라는 용어는 많은 다른 방법으로 사용된다. 이들 중 몇 가지는 물리적 세계의 확장의 일상적 아이디어 또는 물리학에서 더 난해한 의미에 대응한다. 예를 들면, *하멜 차원*(*Hamel dimension*), *르베그 덮개 차원*(*Lebesgue covering dimension*), **힐베르트 공간**(Hilbert space)이 있다. 이른바 **하우스도르프 차원**(Hausdorff dimension)은 극단적으로 "꿈틀거리는" 곡선이나 곡면과 같은 것들이 그것이 매입되는 공간을 어떻게 잘 채우는지의 아이디어에 정확한 의미를 부여함으로써 **프랙탈**(fractal)-분수 차원을 가지는 수학적 대상-을 분류하는 데 쓰인다.

dinner party problem (만찬회 문제)

램시 이론(Ramsey theory)을 보시오.

Diocles (디오클레스, 약 240-180 B.C.)

그리스의 수학자로 **아폴로니우스**(Apollonius)와 동시대 사람이다. 정육면체의 배적 문제에 대한 시도의 일부로 **시소이드**(cissoid)를 연구했으며, 포물선 거울의 초점의 성질을 처음 증명했다.

Diophantine approximation (디오판토스 근사)

유리수(rational number)에 의한 **실수**(real number)의 근사.

Diophantine equation (디오판토스 방정식)

정수 **계수**(coefficient)를 가지는 방정식으로, 정수해가 요구된다. 그러한 방정식은 **디오판토스**(Diophantus)의 이름을 딴 것이다. 가장 잘 알려진 예는 **피타고라스의 정리**(Pythagoras's theorem) $a^2+b^2=c^2$로부터 온 것인데, a, b와 c가 **피타고라스의 세 수**(Pythagorean triple)인 정수일 때이다. 보기에는 간단하지만, 디오판토스의 방정식을 푸는 것은 환상적으로 어렵다. 한 유명한 예가 (최근에 풀린) **페르마의 마지막 정리**(Fermat's last theorem)인 $n>2$일 때 $a^n+b^n=c^n$ 에서 나온다. 특별한 예를 보이기 위하여

$$x^2=1620y^2+1$$

을 만족하는 x, y의 정수값을 찾는다고 하자. 컴퓨터를 사용한 시행착오적 접근법은 빠르게 해를 찾아낸다: $y=4$, $x=161$. 그러나 방정식에 약간의 변화를 주어서 만든

$$x^2=1621y^2+1$$

은 지구 상의 가장 강력한 컴퓨터 자원으로도 시행착오 방법을 허둥대게 할 것이다. 이 순진해 보이는 식에 대한 가장 작은 정수해는 1조의 1조 배의 1조 배의 1조 배의 1조 배의 1조 배의 1,000배의 자리에 있는 y값을 포함한다! **힐베르트**(David Hilbert)가 20세기 수학자들에게 던진 유명한 목록에 있는 (10번째) 도전 과제의 하나는 이러한 형태의 방정식의 해를 찾는 일반적인 방법을 찾는 것이었다. 그러나 1970년에 러시아의 수학자 마티야세비치(Yu Matijasevic)는 한 특수한 디오판토스 방정식이 풀릴 수 있는지를 결정하는 일반적인 알고리즘이 없다는 것을 보였다: 그 문제는 결정 불가능하다.[217, 218]

Diophantus of Alexandria (디오판토스, 약 A.D. 200-284)

그리스의 수학자로서 그 자신의 대수적 표기법을 가지고 있었고, 때로는 "대수학의 아버지"로 불린다. 그의 업적은 아랍인들에 의하여 보존되었고, 16세기에 라틴어로 번역되었는데, 그때 그것들은 중대한 새로운 진보를 불러왔다. **디오판토스 방정식**(Diophantine equation)은 그에게 경의를 표하여 그의 이름을 딴 것이다. **페르마**(Pierre de Fermat)가 **페르마의 마지막 정리**(Fermat's last theorem)로 알려진 유명한 견해를 써 둔 곳은 약 250년경의 디오판토스의 저서 『*산술*(*Arithemetike*)』의 여백이다.

Diophantus's riddle (디오판토스의 수수께끼)

가장 오래 된 나이 문제의 하나(**나이 퍼즐과 수수께끼**(age puzzle and trick) 참조). 이것은 A.D. 500년경 메트로도루스(Metrodorus)가 수집한 *그리스 문집*(*Greek Anthology*)에서 나왔고, **디오판토스**(Diophantus)가 얼마나 오래 살았는지를 그의 묘비명에 새겨진 수수께끼 형태로 말하려는 것이라고 주장한다.

> 신은 그의 생의 1/6 동안은 소년이었다고 말한다; 1/12이 더해지면 수염이 났다; 1/7 후에는 결혼의 촛불을 밝혔다; 결혼한 5년 후에 아들을 낳았다; 아아 늦게 얻은 가엾은 자식이여, 아이는 아버지의 인생의 반이 되는 나이에 차가운 무덤이 그를 데려갔구나. 이 산수로는

4년 동안 그의 슬픔을 진정시키다가 그는 생을 마감했다.

만일 d와 s가 디오판토스와 그 아들이 죽었을 때의 나이라고 하면, 그 묘비명은 다음과 같은 식으로 단축된다.

$$d = (1/6 + 1/12 + 1/7)d + 5 + s + 4$$
$$s = 1/2d,$$

이 방정식을 동시에 풀면 s=42년이고, d=84년이다.

Dirac, Paul Adrien Maurice (디랙, 1902-1984)

양자역학(quantum mechanics)의 발전에서 중요한 역할을 하고 반입자(反粒子, antiparticle)의 존재를 예견한 영국의 이론물리학자. 그는 1928년 케임브리지 대학에서 그의 첫 번째 위대한 돌파구를 만들었는데, 그때 그는 전자의 파동방정식을 발견했다. 이것은 전자의 그 전에는 관찰되었지만 이해되지 못한 측면을 설명했는데, 여담이지만, 이것은 웨스트민스터 사원에 있는 유일한 방정식으로, 디랙의 기념비적 명판에 새겨져 있다. 디랙의 전자방정식은 그전에 보지 못한 물질-전자와 같은 입자이나 반대의 전하(電荷)를 가진 물질이 존재한다는 것의 놀라운 예측을 만들었다. 아원자 입자(亞原子粒子, subatomic particle)가 전자와 양자 둘밖에 알려지지 않았고 다른 것들이 차례를 기다리고 있으리라는 의심이 전혀 없었으므로, 당시에 매우 놀라운 것이었다. 그 예측은 4년 후 현재 *양전자*(*positron*)로 불리는 것이 발견되었을 때 실현되었다. 디랙 연구의 중심 테마는 **아름다움과 수학**(beuty and mathematics)이 함께 간다는 그의 믿음이었다. 한때 기자가 그에게 수학적 미에 대하여 설명해 달라고 요청하였을 때, 디랙은 그 기자에게 "수학을 아세요?" 하고 물었고, 기자가 "아니요"라고 대답하자 "그럼 당신은 수학적 미의 개념을 이해하실 수 없습니다"라고 대답했다. 수줍고 내성적인 디랙은 그의 성취가 보장하는 만큼 유명하지는 않다.

Dirac string trick (디랙의 끈 트릭)

판지로 된 정사각형을 택하여 그 네 구석을 느슨한 끈으로 다른 큰 정사각형에 묶어 보자. 작은 정사각형을 수직인 축에 대하여, 말하자면 평행한 평면에서 360° 회전한다. 그 끈들은 약간 엉킬 것이고, 사각형을 회전하지 않고는 그것들을 풀 수 없을 것이다. 사각형을 한 번 더 360°회전하여 모두 720° 돌려 보자. 모든 기대와는 반대로, 단지 끈들에게 사각형의 꼭대기 위로 고리를 만들 수 있는 공간만 허용된다면, 사각형의 다른 회전이 없이 실을 풀 수 있다!

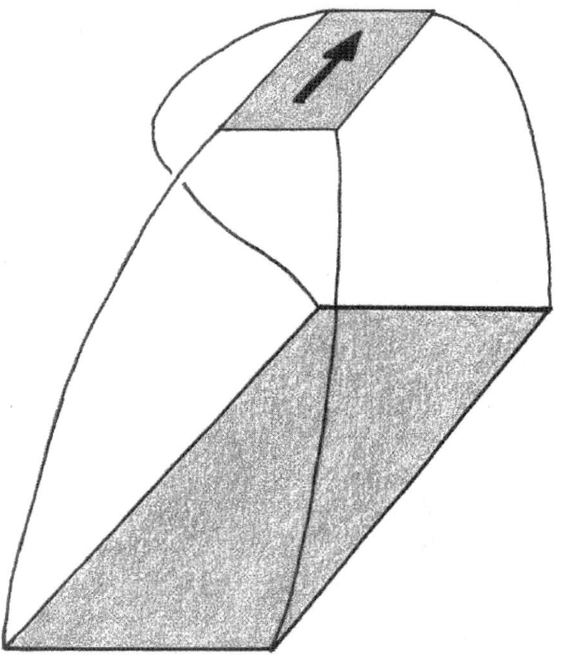

디랙의 끈 트릭 전자의 회전성을 모의실험하는 데 필요한 장치.

디랙의 끈 트릭의 다른 판은 필리핀 와인잔 트릭으로 불려왔다. 손에 쥐어진 한 잔의 물이 물을 전혀 쏟지 않고 연속적으로 720°회전될 수 있다. 놀랍게도, 이 기하학적 설명은 전자가 스핀[7]의 1/2을 갖는다는 물리적 사실과 관계가 있다. 스핀 1/2을 가지는 입자는 그 주위에 끈이 붙어 있는 공과 같은 것이다. 그것의 진폭은 360°(2π) 회전 하에서 변하고, 720°(4π) 회전에서 복원된다.

direct proportion (정비례, 正比例)

한 양의 다른 양에 대한 그래프가 원점을 지나는 직선일 때 두 양 사이의 관계. 따라서 만일 한 양이 두 배가 되면 다른 양도 두 배가 되는 것 등이다.

directed graph (유향 그래프)

역자 주

7) 입자의 기본 성질을 나타내는 물리량으로, 입자의 고유한 각운동량(角運動量)을 나타낸다.

각 모서리가 화살표로 지시된 유향 모서리로 대치된 **그래프**(graph), *digraph*로도 부른다. 다중 모서리나 루프가 없는 유향 그래프는 *단순 유향 그래프(simple directed graph)*로 불린다. 각 모서리에 양방향이 주어진 **완전 그래프**(complete graph)는 완전 유향 그래프로 불린다. 유향 모서리의 어떤 대칭인 쌍도 없는(즉 양방향의 모서리가 없는) 유향 그래프는 *방향이 있는 그래프(oriented graph)*로 알려져 있다. 완전 유향 그래프(즉 각 꼭짓점의 쌍이 꼭 하나의 방향을 가지는 모서리로 연결된 유향 그래프)는 *토너먼트(tournament)*로 부른다.

directrix (준선, 準線)

초점(focus)으로 불리는 점과 함께, **원뿔곡선**(conic section)을 초점으로부터의 거리가 준선으로부터의 수평 거리에 비례하는 점들의 **자취**(locus)로 정의하는 데 쓰이는 직선. 만일 그 비율이 $r=1$이면 그 원뿔곡선은 **포물선**(parabola), $r<1$이면 타원(ellipse), $r>1$ 이면 **쌍곡선**(hyperbola)이다.

Dirichlet, Peter Gustav Lejeune (디리클레, 1805-1859)

정수론(number theory), **해석학**(analysis), 그리고 역학에 중요한 공헌을 한 독일의 수학자인데, **함수**(function)의 현대적인 형식적 정의로 인정받고 있다. 그는 브레슬로(1827)와 베를린(1828-1855) 대학에서 가르쳤으며, 1855년 괴팅겐 대학에서 **가우스**(Carl Gauss)를 계승했지만 꼭 3년 후에 심장병으로 죽었다. 디리클레는 정수론에 대한 가우스의 위대한 연구를 계속하여 $x^5+y^5=kz^5$ 형태의 **디오판토스 방정식**(Diophantine equation)에 대한 논문을 썼다. 그의 책 『정수론 강의(*Lectures on Number Theory*)』(1863년 출판된 유작)는 지명도에서 그 이전 가우스의 『*정수론 연구(Disquistiones)*』에 버금가며, 현대 **대수적 정수론**(algebraic number theory)의 기초를 이루었다. 그는 1829년에 **푸리에급수**(Fourier series)가 수렴하는 충분조건을 (비록 아직도 그것이 수렴하는 *필요조건*은 발견되지 않았지만) 제공했다.

Dirichlet's theorem (디리클레의 정리)

임의의 두 **서로소**(coprime)인 양의 정수 a, b에 대하여 $an+b$(여기에서 $n>0$) 꼴의 소수가 무수히 많다. 이 정리는 **가우스**(Carl Gauss)가 처음 예측하였는데, **디리클레**(Peter Dirichlet)가 1835년에 증명했다.

discontinuity (불연속점)

점프(*jump*)라고도 불리는데, 한 **함수**(function)가 거기에서 연속이 아닌 점.

discrete (이산, 離散)

불연속인 값, 예를 들면 **부울**(Boolean)수 또는 **자연수**(natural number)만을 택하는 것.

discriminant (판별식, 判別式)

방정식의 해에 관한 중요한 정보를 주는 양. **이차**(quadratic) 방정식 $ax^2+bx+c=0$의 경우에 판별식은 $d=b^2-4ac$로 주어진다. $d>0$이면 그 방정식의 근들은 서로 다른 두 **실수**(real number)이다; $d=0$이면 근들은 실수이고 같다; $d<0$이면 근들은 **복소수**(complex number)이다. 판별식의 개념은 또한 **다항식**(polynomial), **타원함수**(elliptic curve)와 **거리**(metrics)에도 적용될 수 있다.

disk (원판, 圓板)

대강 말하면, **원**(circle)을 "채운" 것이다. 반지름이 r인 (2차원의) 평평한 원판은 평면의 고정된 점으로부터의 거리가 $\le r$ (*닫힌 원판*) 또는 $<r$ (*열린 원판*)인 점들로 구성된다. 더 일반적으로, 반지름이 r인 n차원의 원판은 유클리드 n-공간의 고정된 점으로부터의 거리가 $\le r$ (*닫힌*) 또는 $<r$ (*열린*)인 점들로 구성되어 있다. 원판은 **구**(ball)의 2차원적 유사체이다.

disme (다임)

"10분의 1"의 고어. **10진법**(decimal) 소수의 표기법이 1585년 네덜란드의 스테빈(Simon Stevin)에 의한 『*라다임(La Disme)*』의 팸플릿에서 처음 소개되었다.

dissection (분할, 分割)

하나 이상의 도형을 잘라서 떼어 낸 다음 그 조각들을 재배열하여 새로운 도형을 만드는 것. 분할 퍼즐은 수천 년 동안 주변에 있었다. 2개의 같은 정사각형을 잘라서 4조각으로 더 큰 정사각형을 만드는 분할 문제는 최소한 플라톤(Plato, 427-347 B.C.)의 시대로 거슬러 올라간다. 10세기 아라비아 수학자들은 유클리드 『*원론(Elements)*』의 주석에서 몇 가지 분할을 묘사했다. 18세기 중국의 학자 대진(戴震, Tai Chen)[8]은 **π(pi)**의 근삿값을 구하는 멋있는 분할을 보였다. 다른 사람들 중에는 **피타고라스의 정리**(Pythagoras's theorem)의 분할에 의한 증명을 연구한 사람도 있다. 19세기에 **로이드**(Sam Loyd), **듀드니**(Henry Dudney)와 다른 사람들의 분할 퍼즐이 잡지와 신문 칼럼에서 크게 유행하게 되었다. 고전적 예는 **하버대셔의 퍼즐**(Harberdasher's puzzle)이다. 분할은 훨씬 정교해 질 수 있다: 8조각의 8면체가 6면체로, 9조각의 5점 별 모양이 오각형으로 되는 등이다. **칠교판**(七巧板, trangram)과 **아르키메데스의 상자**(Loculus of Archimedes)도 보시오.

dissipative system (흩어지기 계)

끌개(attractor)의 구조를 변형하는 내적 마찰을 가진 **동역학계**(dynamical system). 흩어지기 계는 **평형**(equilibrium)으로부터 멀어짐에도 불구하고 마치 중심부가 끝없이 변함에도 그 기본적 형태를 유지하는 소용돌이와 같은 내적 구조를 갖는다.

distortion illusion (왜곡 착시, 歪曲錯視)

상의 모양 또는 크기, 혹은 둘 다를 왜곡시키는 착시. 유명한 예는 **포겐드로프 착시**(Poggendroff illusion), **쵤러 착시**(Zöller illusion), **티체너 착시**(Titchener illusion), **발광 착시**(irradiation illusion), **뮐러-라이어 착시**(Müller-Lyer illusion), **오르비손의 착시**(Orbison's illusion), 그리고 **아메스방**(Ames room)을 포함한다.

distributive (분배적, 分配的)

세 수 x, y, z가 연산 +에 대하여

$$x(y+z)=xy+xz$$

를 만족하면 이것을 분배적이라고 한다. **결합적**(associative), **교환적**(commutative)과 비교하시오.

diverge (발산, 發散)

한 **수열**(sequence)이 수렴하지 않으면, 이것은 발산한다고 한다(**수렴**(convergence) 참조). 이것은 무한대로 가거나, 아니면 두 개 또는 그 이상의 값 사이를 어느 한 값에 머물지 않고 순환할 때 가능하다. 예를 들면 수열 1, 2, 4, 8, 16, 32, 와 1, 0, 1, 0, 1, 0, …은 둘 다 발산한다.

division (나눗셈)

곱셈(multiplication)의 역산인데, b가 0이 아니고

$$a\times b=c$$

이면

$$a=c/b$$

로 정의된다. 이 식에서 a는 *몫*(*quotient*), b는 *제수*(*divisor*)이고 c는 *피제수*(*dividend*)이다. **골격 나눗셈**(skeletal division)는 대부분의 숫자를 기호(보통은 *)로 바꾸어 **복면산**(cryptarithm)을 만드는 긴 나눗셈이다.

dodecagon (12각형)

12개의 변을 가지는 **다각형**(polygon).

12면체 12면체 형태로 된 기계적 퍼즐. *Mr. Puzzle. 호주, www.mrpuzzle.com.au*

8) 대진(戴震 ; 1724-1777) 청나라 시대의 수학자이자 철학자.

dodecahedron (12면체)

12개의 면을 가지는 **다면체**(polyhedron). *정12면체(regular dodecahedron)*는 면이 합동인 **정오각형**(pentagon)으로 만들어져 있고, **플라톤 입체**(Platonic solid)의 하나이다.

Dodgson, Charles Lutwidge (닷슨)

Caroll, Lewis를 보시오.

dollar (달러)

액면가가 다양한 미국 달러 지폐의 정교한 디자인은 "…를 찾을 수 있나요?"의 여러 가지 재미있는 게임에 이용될 수 있다. 1달러 지폐 위에는 "1"이 방패로 감싸인 왼쪽 위의 구석에 부엉이가 있고, 앞면의 오른쪽 위에는 거미가 숨겨져 있다. 또한 **13**(thirteen)가지 일이 적어도 9번 일어난다; 피라미드의 13계단, 피라미드 위의 라틴어 13자, "E Pluribus Unum(여럿으로 이루어진 하나)"의 13자, 독수리 위의 13개의 별, 독수리 날개의 폭의 13개의 깃털, 방패 위의 13개의 선, 올리브 가지 위의 13개의 잎사귀, 13개의 과일과 13개의 화살. 5달러 지폐의 뒷면에는 링컨 기념관의 기단에 있는 덤불에서 172를 찾을 수 있고, 예전의 10달러 지폐의 뒷면에는 4대의 자동차와 11개의 가로등이 있다. 새 100달러 지폐에 있는 독립 기념관 시계탑의 시계는 4시 10분을 가리키고 있다.

domain (정의역, 定義域)

함수(function) $f(x)$가 정의되는 수 x의 집합. **공역**(codomain)과 **치역**(range)도 보시오.

domino (도미노)

점들로 표시된 작은 사각형의 타일인데, 게임을 하는 데 쓰인다. 다양한 도미노와 그에 기초한 게임들이 있다. 그러나 대부분의 도미노 타일들은 대체로 2대 1의 비율을 가지고 있으며, 각 도미노의 각 반쪽은 육면체의 주사위처럼 배열된 점을 가지고 있다; 그 세트는 일반적으로 두 수의 모든 가능한 조합을 포함한다. 타일은 각 반쪽의 점의 수에 의하여 구분된다: 예를 들면 "1-6" 또는 "3-3" 이다. 영국/미국의 도미노는 빈 면을 포함한다; 중국의 도미노는 그러지 않지만 몇 개의 전 타일을 복제한다. 영국/미국의 도미노는 각 면의 점의 수가 9 또는 12까지 되는 더 큰 세트로 팔 수 있다. 전략 게임 이외에도, 도미노를 포함하는 많은 수학적 퍼즐이 있다. 이 퍼즐 중 어떤 것은 표준적인 8×8 체스판 위의 타일 붙이기 변화를 포함한다.

퍼즐

표준 체스판은 각 행에 4개의 도미노를 써서 타일 붙이기를 할 수 있다. 그러나 만일 체스판의 반대쪽 끝에 있는 구석에서 한 개씩 두 사각형이 제거되면 어떻게 될까? 이 줄어든 판을 겹치지 않은 도미노에 의하여 완전히 타일 붙이기를 할 수 있을까?

해답은 415쪽부터 시작함.

도미노 타일을 이용한 또 하나의 일반적 취미는 그것들을 긴 선의 끝에 세워 두고 첫 번째 타일을 넘어뜨리고, 그것이 넘어지면서 두 번째 타일을 넘어뜨리고, 계속하여 모든 타일들이 넘어지는 것이다. 넘어지는 데 몇 분이 걸리는 수천 가지 타일의 배열이 만들어졌다. 유추하여, 각각이 유사한 사건을 일으키는 작은 사건의 연속이 결국 재앙을 일으키는 현상을 *도미노 효과(domino effects)*로 부른다. *도미노(domino)*라는 단어는 성직자가 입었던 모자 달린 검은 망토를 의미하는 데 처음 사용되었는데, 나중에는 가면 무도회에서 입은 (서부극의 주인공 타입의) 검은 두건을 의미했다. 도미노는 **폴리미노**(polymino)의 간단한 형태이다.

domino problem (도미노 문제)

특별한 형태의 도형이 주어질 때 그 도형이 전 평면을 타일 붙이는 데 사용될 수 있는지를 결정하는 알고리즘(명령의 집합)이 있겠는가? 이 미해결 문제의 해는 **헤슈수**(Heesch number)와 묶여 있다. 또 도미노 문제는 **아인스타인 문제**(Einstein problem)와 깊은 관련이 있다.

dozen (다스)

12(twelve)를 보시오.

dragon curve (용곡선)

반복적으로 생성되는 **프랙탈**(fractal) 도형의 고전적인 한

용곡선 *Jos Leys, www.joleys.com*

예. **망델브로**(Benoit **Mandelbrot**)는 이것을 "하터 고속 도로" 용곡선으로 불렀고, 1967년 가드너(Martin Gardner)의 *Scientific American*의 *"수학적 게임"* 칼럼의 한 주제를 형성했다.[116] 용곡선은 프랙탈 경계를 갖는 넓이가 양인 "섬"을 채운다.

dual (쌍대, 雙對)

(1) *입체의 쌍대(dual of a solid)*는 이웃하는 면의 중심을 직선으로 연결함으로써 만들어진다. 결과적인 쌍대 입체에서 쌍대의 각 **꼭짓점**(**vertex**)은 원래 입체의 면에 대응하고, 쌍대의 각 면은 원래 입체의 꼭짓점에 대응하는 반면에, 모서리는 일대일로 대응한다. (2) **테셀레이션***의 쌍대(dual of a* **tessellation**)는 각 타일을 그 중심에 있는 점과, 그리고 타일 사이의 모서리는 꼭짓점을 연결하는 모서리로 바꿈으로써 얻어진다. 정규 테셀레이션(regular tessellation)의 쌍대는 정규 테셀레이션이다; 준정규(semi-regular) 테셀레이션의 쌍대는 준정규가 아니다.

Dudeney, Henri Ernst (듀드니, 1857-1930)

그의 시대에 레크리에이션 수학의 가장 위대한 대표자 중 한 사람이 된 영국의 작가이면서 퍼즐 제작자. **체스**(**chess**)와 체스 문제는 어린 나이부터 그를 사로잡았고 그가 지역 신문에 퍼즐을 기고하기 시작한 때는 9살밖에 되지 않았다. 그의 교육은 제한적이었고, 13살에 공무원의 서기로서 일을 시작했다. 그러나 그는 수학과 체스에서의 그의 관심을 유지했고, "스핑크스"라는 필명으로 잡지에 글을 썼으며, 아서 코난 도일이 속한 문학 동아리에 가입했다. 1893년에 그는 당시 또 하나의 선도적 수학 레크리에이션론자인 미국의 퍼즐 제작자 **로이드**(Sam **Loyd**)와 교류를 맺고, 그 둘은 많은 아이디어를 공유했다. 그러나 많은 듀드니의 퍼즐을 로이드의 이름으로 출판한 것에 대하여 듀드니가 로이드를 고발한 후에 균열이 발생했다. 듀드니의 딸 중 하나가 "아버지가 화가 나서 그녀가 깜짝 놀랄 정도로 격노하고 끓어올랐으며, 그 후로 샘 로이드를 악마 취급했다"고 회상했다. 듀드니는 30년 넘게 *스트랜드 매거진*(*Strand Magazine*)의 칼럼니스트였으며, 6권의 책을 썼다. 이중 첫째는 1907년에 출판된 『*캔터베리 퍼즐*(*Canterbury Puzzle*)』[87]인데, 초서(Chaucer)의 『*캔터베리 이야기*』의 인물들에 의하여 제기된 한 묶음의 문제의 포함시키는 것을 목적으로 한다. 소위 **하버다셔의 퍼즐**(**Haberdasher's puzzle**)의 해는 듀드니의 가장 잘 알려진 기하학적 발견이다. 그의 다른 책들에는 『*수학의 즐거움*(*1917*)』[88]과 『*세계 최고의 단어 퍼즐*(*1929*)』이 있다. **거미와 파리 문제**(**spider-and-fly problem**)와 **폴리오미노**(**polyomino**)도 보시오.[233]

Dunsany, Lord Edward Plunkett (던사니, 1878-1957)

문학의 판타지 장르의 창시자의 한 사람인 아일랜드의 작가. 에드워드 존 모톤 드랙 플런케트는 런던에서 그들의 아일랜드의 뿌리가 노르만족의 침입까지 거슬러 올라가는 가족에게서 태어났다. 그는 1899년에 그의 아버지의 작위를 물려받았고, 보어 전쟁에서 싸웠으며, 1901년 조상의 고향인 던사니 성으로 돌아왔다. 던사니 영주는 열정적인 명사수이자 사냥꾼이었으며, 크리켓(던사니는 자신의 크리켓 경기장을 영지 가까이 가지고 있었다.), 테니스(성 옆에 경기장이 있었다), **체스**(**chess**)(그는 아마추어 챔피언이었으며, 한때 그랜드 마스터인 카파블랑카와 대등해졌었다.)의 훌륭한 경기자였다. 그는 *타임지*(*Times*)에 수년 동안 체스 퍼즐을 기고하고 그 게임의 자신만의 변종을 만들었다. 그의 많은 책 중 첫째인 『*페가나의 신들*(*The Gods of Pegana*)』은 1905년에 출판되었다. 판타지와 드라마, 시와 공상 과학을 포괄하는 저술 속에서, 그는 체스 경기를 하는 컴퓨터와 같은 아이디어(『*마지막 경이의 책*(*The Last Book of Wonder*)』 안의 "세 선원의 전략"에 있고, 또 그의 1951년 소설 『*마지막 진화*(*The Last Revolution*)』에 있다.)와 **시**

던사니 *던사니 영지*

간여행(time travel)의 역설(예를 들면 『*조르켄의 네 번째 책*(*The fourth Book of Jorkens*)』 의 "실종(Lost)"과 『*시간과 신들*(*Time and Gods*)』 의 "왕이 아니었던 왕"에서)의 초기 탐구자였다.

Dupin cyclide (듀팡 사이클라이드)

세 개의 주어진 고정된 **구**(sphere)와 접하는 모든 구의 포락선(包絡線, envelope). (각 고정된 구는 외접이든 내접이든 정해진 방법으로 접하게 된다.) 동치로서, 그 중심이 주어진 **원뿔곡선**(conic section) 위에 놓이고 주어진 구에 접하는 구의 포락선이다. 또 동치로서, **토러스**(torus)의 역(inverse)이다.

duplication of the cube (정육면체의 배적)

고대의 고전적 수학적 도전 문제; 오직 자와 컴퍼스만을 써서 주어진 **정육면체**(cube)의 꼭 두 배의 부피가 되는 정육면체를 작도하는 것이다. 그 기원에 대한 전설 때문에 이것은 보통 "델리안(Delian)" 문제라고 불린다. 아테네의 시민들은 전염병 때문에 비탄에 빠져서, B. C. 430년에 어떻게 하면 그들의 공동체에서 이 역병을 제거할 수 있는지 델로스의 신탁으로부터 조언을 구했다. 신탁은 정육면체의 형태로 만들어진 아폴론의 제단의 크기를 두 배로 해야 한다고 답했다. 생각이 없는 건축가들은 단지 그 모서리를 두 배로 하여 그것이 제단의 부피를 8배로 증가시킴으로써 신에게 감사하는 데 실패했다. 신탁은 신이 화가 났다고 말했으며, 전염병은 더 악화되었다. 다른 대표단이 플라톤에게 상담했다. 신탁의 경고에 대하여 전해들은 플라톤은 시민들에게 말했다; "신께서 이 신탁을 내리신 것은 그가 제단을 두 배로 하는 것을 원해서가 아니라, 그리스인들에게 이 과제를 부과함으로써 그들이 수학을 무시하고 기하학을 멸시하는 데 대하여 책망하기를 원했기 때문이다." 많은 그리스 수학자들이 그 문제에 달려들었다. 모두 다 실패했는데, 그 이유는 이른바 배적에 필요한 *델리안 상수*(*Delian constant*) $\sqrt[3]{2}$(원래의 정육면체와 작도될 정육면체의 모서리가 만족해야 하는 비율)가 처방된 것처럼 작도될 수 없기 때문이다. 그러나 정육면체의 배적은 **뉴시스 작도**(Neusis construction)를 쓰면 가능하다. 디오클레스의 **시소이드**(cissoid)도 보시오.

Dürer, Albert (뒤러, 1471-1528)

> *건전한 비판은 많은 조심과 성실함에도 불구하고 기술적 지식 없이 범해진 그림조차도 미워하지 않는다. 지금 이 종류의 화가가 그들 자신의 잘못을 알아채지 못하는 단 한 가지 이유는 그들이 기하학을 배우지 못했는데, 그것이 없이는 아무도 완전한 예술가가 아니고, 또 될 수도 없기 때문이다.*
> *-1525년 『측정의 기술(The Art of Measurement)』에서.*

독일의 판화 제작자로, 그는 미술에 수학을 응용함으로써 수학 그 자체 특히 원근 기하에 중요한 아이디어를 가져왔다. 뒤러는 뉘른베르크에서 18명의 아이들 중 하나로 태어나서 어릴 때부터 미술에 재능을 보였다. 그림과 조각에서의 4년 도제 생활 후, 그는 새로운 스타일과 아이디어를 찾아 유럽, 특히 이탈리아 여행을 시작했다. 뉘른베르크로 돌아온 그는 진지한 수학 공부를 시작했는데, **유클리드**(Euclid)의 *원론*(*Elements*)과 로마의 위대한 건축가 비트리비우스(Vitrivius)의 『*건축*(*De Architectura*)』에 몰두했고, 알버티(Leon Alberti, 1404- 1472)와 **파치올리**(Luca Pacioli)의 수학과 예술에 대한 업적, 특히 비례에 관한 업적을 연구했다. 그가 원근법에 통달한 것은 판화집 『*성모(마리아)의 일생*(*Life of Virgin, 1502-1505*)』에서 분명해진다. 1508년경에 뒤러는 수학과 그것을 예술에 응용하는

뒤러 알브레히트 뒤러에 의한 유명한 판화 멜랑콜리아는 마방진과 비정규 다면체가 특징이다.

중요한 작업을 위한 자료를 수집하기 시작했다. 이 작업은 끝나지 못했으나, 뒤러는 그 후에 발표된 작품에서 이 자료의 일부를 사용했다. 그의 가장 유명한 판화 중 하나인 *멜랑콜리아*(*Melancholia*)는 1514년에 제작되었고 유럽에서 처음 보는 **마방진**(**magic square**)을 담았는데, 밑줄 중간의 두 항목으로 연도 1514를 교묘하게 포함하였다. *멜랑콜리아*의 또 하나의 수학적 관심은 그림 속의 **다면체**(**polyhedron**)인데, 그것의 면은 두 개의 정삼각형과 약간 비정규적인 6개의 오각형으로 이루어진 것으로 보인다. 1525년[9]에 뒤러는 네 권으로 된 논문 『*측정의 원리*(*Underweysung der Messung*)』(영어 번역판 *화가의 매뉴얼*(*Painter's Manual*)에서 볼 수 있다.)를 출판했는데, 이것은 무엇보다도 다양한 곡선과 다각형, 그리고 다른 입체의 작도를 다루었다. 그것은 16세기를 통하여 원근법을 가르친 최초의 책의 하나로 높이 여겨졌으며, 다면체의 **전개도**(**nets**), 즉 평평하게 그림으로 펼쳐진 다면체의 최초의 알려진 예를 제공했다.

뒤러는 원근법을 배우기 위해 이탈리아를 여행했고, 그것이 몇몇 미술가들에게만 비밀로 지켜지지 않도록 그 방법을 출판하는 데 열중했다. 그가 누구에게서 배웠는지는 알려지지 않고 있지만, 파치올리(Luca Pacioli)가 아마 가능성이 있다. 또한 기교와 삽화의 일부는 프란체스카(Piero della Francesca)의 작품을 가까이 따르고 있다.

뒤러의 마지막 연구 『*비례에 관한 논문*(*Treatise on Proportion*)』은 유작으로 출판되었고 화법기하학의 기초를 놓았으며, 엄밀한 수학적 취급은 **몽주**(**Gaspard Monge**)에 의해서였다.

Dürer's shell curve (뒤러의 조개곡선)[10]

주어진 **포물선**(**parabola**)과 그 포물선에 **접**(**tangent**)하는 직선에 대하여 포물선과 접선 사이를 미끌어지는 직선 위의 점의 **글리셋**(**glissette**)이다. 그것은 방정식

$$(x^2+xy+ax-b^2)=(b^2-x^2)(x-y+a)^2$$

을 갖는다.

dynamical system (역학계)

행동의 변환과 **복잡도**(**complexity**)의 증가를 보이는, 시간이 흐르면서 진화하는 **비선형**(**nonlinear**)의 쌍방향(interactive)계이다. 이 진화의 열쇠는 **끌개**(**attractor**)의 현존과 발생인데, 가장 유명하게는 **혼돈적 끌개**(**chaotic attractor**)이다. 계의 조직과 행동의 변화는 **분기점**(**bifurcations**)으로 불린다. 역학계는 비록 그것이 무작위적 사건에 의하여 영향을 받을 수 있지만, **결정계**(**deterministic system**)이다. 역학계의 시간 연속 데이터는 계와 그것의 끌개의 질적 혹은 위상적(topological) 성질을 지적하기 위하여 **위상공간**(**phase space**)에서 위상적 묘사에 의하여 그래프화 될 수 있다. 예를 들면, 심장과 같은 다양한 생리학적 시스템은 역학계로 개념화될 수 있다. 생리학적 시스템을 역학계로 보는 것은 다양한 끌개 체제를 연구할 가능성을 열어놓는다. 더구나, 특정한 질병들을 "역학적 질병"으로 이해할 수 있는데, 이는 그들의 일시적 탈위상이 병리적 조건을 이해하는 열쇠가 될 수 있음을 의미한다.

dynamics (역학, 力學)

시간의 흐름에 따르는 계의 행동의 변화에 관한 것.

역자 주

9) 원문의 1825는 1528의 오기로 보인다.

10) 뒤러의 콩코이드(Concoid of Dürer)로도 불린다.

E

e (이)

π가 계속되고 계속되고, 계속되고,…
그리고 e는 꼭 저주받은 것 같다.
나는 생각한다, 무엇이 더 클까?
그들의 숫자가 거꾸로 될 때.
—가드너(Martin Gardner)

아마 수학에서 가장 중요한 수일 것이다. **π(pi)**가 비전문가들에게 더 친근하지만, e는 훨씬 더 중요하고 이 과목의 더 높은 수준에는 언제 어디에나 있다. e를 생각하는 한 가지 방법은 당신이 연초에 1달러를 은행에 투자하고 *계속하여(continuously)* 복리로 연 100%의 이자를 지급할 때 당신이 그해 연말에 받을 수 있는 달러의 수라는 것이다. 복리는 꼭 직관이 제시하는 것처럼 행동하지는 않는다. 더 주기가 짧은 복리는 원금을 더 빠르게 증가시키므로, 연속적 복리는 투자자를 빨리 큰 부자로 만든다. 그러나 효과는 점차로 감소한다. 1년 말에 1달러는 센트 단위로 반올림하면 겨우 2.72달러로 늘어날 것이다. 더 나은 근삿값으로, e는 2.718281828459045 … 인데, 그것의 십진법 전개는 무한히 계속되고 어떠한 정해진 패턴도 반복되지 않는다. 왜냐하면 e는 **초월수(transcen -dental number)**이기 때문이다. 이것은 자연**로그(logarithm)**의 밑인데, 그것은 $x=1$과 $x=e$사이에서 곡선 $y=1/x$ 아랫부분의 넓이(즉 적분)가 정확히 1이라는 사실과 동치이다. 이것은 또한 **지수(exponential)**함수 $y=e^x$의 특징을 이루는데, 그 값(y)이 모든 점에서 그것의 증가율(미적분학의 기호로 dy/dx)과 정확히 같다는 점에서 유일하다. (복리를 포함하여) 성장이나 붕괴를 포함하는 문제나 미적분학에서 나타날 뿐만 아니라, 로그함수나 지수함수가 관계될 때마다 e는 통계학적 **벨곡선(bell curve)**; **현수선(catenary)**으로 불리는 매달린 줄의 모양; **소수(prime number)**의 분포; 그리고 **계승(factorial)**의 근삿값을 위한 스터링의 공식에서 핵심이 된다.

π와 같이, e는 많은 **연분수(continued fraction)**와 **무한급수(infinite series)**의 극한으로 나타난다. e를 처음 연구하고 기호로 나타낸(1727년) **오일러(Leonhard Euler)**는 그것을 다음의 재미있는 분수로 나타낼 수 있음을 보였다;

$$\cfrac{1+1}{0+1}\cfrac{}{1+1}\cfrac{}{1+1}\cfrac{}{2+1}\cfrac{}{1+1}\cfrac{}{1+1}\cfrac{}{4+1}\cfrac{}{1+1}\cfrac{}{1+1}\cfrac{}{6+\dots}$$

마찬가지로 놀라운 것은 합이 e인 다음의 무한급수이다:

$$1+1/1!+1/2!+1/3!+1/4!+\cdots$$

그러나 e가 수학에서 나타나는 모든 곳 중에서 **오일러의 공식(Euler's formula)**보다 특별한 것은 없는데, 그것으로부터 수학에서 가장 심오한 관계인 $e^{i\pi}+1=0$이 나오고, 이것은 e와 π를 **복소수(complex number)**에 연결시킨다.[215]

Earthshapes (지구의 모양)

미국 비행가 포트니(Joseph Portney)가 1968년 미 공군기 KC-135를 타고 북극을 비행하는 중에 생각한 12가지 가설적 지구의 시리즈. 북극에 도달했을 때 포트니는 아래의 얼음이 덮인 지형을 보고 스스로에게 물었다, "지구가 …라면 어떨까?" 가설적 지구, 원통형, 원뿔형, 도넛형 등이 포트니에 의하여 스케치되고 설명이 붙여져서 리톤사(Litton Guidance & Control System)의 그래픽 아트 그룹에 모델을 만들도록 보내졌다. 이 모델들은 사진으로 제작되어 『*1969년 파일롯과 항해사 달력(Pilots and Navigators Calendar for 1969)*』의 제목이 붙은 리톤사의 출판물의 테마가 되었다. 매달 12가지 가설적 지구의 다른 것들이 소개되었다. 그 결과는 국제적 화제를 일으켰고, 상을 끌어왔으며, 많은 팬레터를 받았다.

eccentricity (이심률, 離心率)

원뿔곡선(conic section)을 보시오.

economical number (경제적 수)

그 수의 소인수분해에 나오는 숫자(거듭제곱을 포함하여)보다 적지 않은[1] 숫자를 갖는 수이다. 만일 어떤 수가 소인수분해에 나오는 숫자보다 많은 숫자를 가지면, 그 수는 *절약수(frugal number)*로 불린다. 가장 작은 절약수는 125인데, 그것은 3개의 숫자를 갖지만, 5^3으로 쓸 수 있고 이것은 2개의 숫자를 갖는다. 다음 몇 개의 절약수는 128(2^7), 243(3^4), 256(2^8), 343(7^3), 512(2^9), 625(5^4)과 729(3^6)이다. *동숫자수(equidigital number)*는 그것의 소인수분해가 만드는 숫자와 같은 수의 숫자를 가지는 경제적 수이다. 가장 작은 동숫자수는 1, 2, 3, 5, 7과 10($=2\times5$)이다. 모든 **소수(prime number)**는 동숫자수이다. *낭비수(extravagant number)*는 소인수분해에 나오는 숫자보다 적은 숫자를 갖는 수이다. 가장 작은 낭비수는 4($=2^2$)이고 그 뒤에 6, 8과 9가 이어진다. 이러한 종류 각각의 수들은 무수히 많다. 이러한 종류 중 임의로 긴 연속된 수열이 있을까? 일곱 개의 원소를 가지는 연속된 경제적 수의 열은 각각 157; 108, 749; 109, 997; 121, 981; 그리고 143, 421부터 출발한다. 한편, 백만까지의 연속된 절약수의 가장 긴 열은 둘뿐이다(예를 들면 4374와 4375). 그렇다고 하더라도, *딕슨의 추측(Dickson's conjecture)*으로 알려진 소수에 관한 특별한 추측이 참이라면, 임의로 긴 경제적 수의 열이 있음이 증명되었다.

Eddington number (에딩톤수)

"나는 우주에 15,747,724,136,275,002,577,605,653,961,181,555,468,044,717,914,527,116,709,366,231,425,076,185,631,031,296개의 양자와 같은 수의 전자가 있다고 믿는다"고 영국의 천문학자 에딩톤(Arthur Eddington, 1882-1944) 경이 그의 책 『*상대성의 수학적 이론(Mathematical Theory of Relativity*, *1923*』에서 썼다. 에딩톤은 이른바 미세 구조 상수의 값이 정확히 1/136임을 처음 "증명"한 복잡한 (틀린!) 계산에서 이 터무니없는 결론에 도달했다. 이 값은 우주에서의 입자(양자 + 전자, 중성자는 1930년까지는 발견되지 않았다)의 수; $2\times136\times2^{256}=17\times2^{260}\approx3.149544\cdots\times10^{79}$(위에 인용한 수 전체를 쓴 것의 2배)에 대한 그의 처방에서 한 약수로 나타났다. 이것이 에딩톤 수인데, 그때까지 물리적 세계와 유일하고 실존하는 관계를 가진 것으로 생각되었던 가장 큰 *특정한(specific)* 정수(추측이나 근삿값의 반대로서)인 것으로 유명하다. 불행하게도 실험 데이터는 1/137에 더 가까운 미세 구조 상수보다 약간 낮은 값을 주었다. 동요하지 않고, 에딩톤은 단순히 그의 "증명"을 수정하여 그 값이 정확히 1/137임을 보였는데, 풍자적 잡지인 *펀치(Punch)*가 그에게 "하나를 덧붙인 아서 경(Sir Arthur Adding-one)"이라는 별명을 붙이는 일을 촉발했다. **큰 수(large number)**도 보시오.

edge (모서리)

두 면이 만나는 선분. 예를 들어 **정육면체(cube)**는 12개의 모서리를 갖는다.

edge coloring problem (모서리 착색 문제)

테이트의 추측(Tait's conjecture)을 보시오.

edge of chaos (혼돈의 모서리)

많은 자연계(natural system)가 고정된 패턴과 혼돈적 체제와 접하는 역학적 행동을 향한다는 가설. **혼돈(chaos)**도 보시오.

egg (달걀)

특별히 닭의 알과 그것의 수학적 동형. 달걀은 그 모양이 **알 모양 곡선(oval)**으로 표현되는데, 그것은 "oval"이 달걀의 라틴어인 ovus에서 왔으므로 사실상 같은 말이다. 엄밀하게 말하면, 알 모양 곡선은 2차원 곡선이고, 따라서 보다 정확하게는 달걀은 알 모양 곡선의 **회전면(surface of revolution)**과 같은 모양이다. 실생활에서, 달걀은 알 모양 곡선과 같이, 대략적으로 "**타원체(ellipsoid)**처럼 생겼는데 한쪽 끝이 다른 쪽보다 뾰족한 것"으로 표현되는 다양한 형태에서 나온다. 달걀은 모양이 다양하므로, 그 수학적 표현도 다양하다. 이렇게 말하면, 암탉의 알의 모양을 타원체의 방정식 $x^2/a^2+y^2/b^2+z^2/c^2=1$을 모방하여 표현하는 다양한 방법이 있는데, 장축(z축)에 대하여 비대칭으로 도입하려 한다. 이것들은 z^2+c^2에 적당한 항을 곱하여 y가 y축의 오른쪽 부분에서는 크게 되고, 왼쪽 부분에서는 작게 되도록 하는 것을 포함한다. 예를 들면, $x^2+a^2+y^2/b^2+z^2/c^2(1-kx)=1$은 좋은 달걀을 제시한다. 달걀의 다른 유용한 근사는 **데카르트의 알 모양 곡선(Cartesian oval)**, **카시니의 알 모양 곡선(Cassinian oval)**, 그리고 원뿔과 원기둥의 절단선의 회전면으로부터 나온다. 테니스가 처음으로 대중화된 프랑스에서, 점수판의 0이 달걀과 같이 생겨서 프랑스어로 달걀을 뜻하

역자 주

1) 원문에는 "많지 않은"으로 나와 있으나, 이는 "적지 않은"의 오기인 것으로 보인다. 아래의 절약수도 마찬가지이다.

는 *뢰프(l'oeuf)*로 불렸다. 테니스가 미국에 소개되었을 때, 미국인들은 그것을 "러브(love)"로 발음했다.

왜 닭 또는 다른 새의 알이 그와 같은 모양을 가질까? 준비가 되면 어린 새가 그것을 밖으로 쪼아내는 것을 허용할 수 있을 만큼 알의 껍질이 얇음에도 불구하고, 그 모양이 강도를 주기 때문이다. 이 강도를 입증하기 위하여 네 개의 반쪽 달걀 껍질 위에 책 더미를 반듯이 놓아 보자. 이와 같은 방법으로 사람의 무게까지도 지탱할 수 있다.

달걀로 하는 또 하나의 기술은 날달걀과 익힌 달걀을 어떤 것이 어떤 것인지 알기 위하여 깨서 열지 않고 구분하는 것이다. 두 달걀을 테이블 위에 옆으로 놓고 팽이를 돌리듯이 돌려 보자. 몇 번 해 보면, 익힌 달걀은 수 초간 일어나는 반면에 생달걀은 옆으로 누워 있을 것이다. 이 이상한 물리적 현상은 두 수학자 케임브리지 대학의 모패트(Keith Moffat)와 게이오 대학의 시모무라에 의하여 마침내 규명되었는데, 그들은 그 발견을 2002년에 보고했다. 그들은 달걀과 면 사이의 마찰이 자이로스코프 효과를 만드는데, 그것은 대상의 일부 운동 에너지를 위치 에너지로 바꾸게 하고, 중력 중심을 올리게 된다(**티피 탑(Tippe Top)** 참조). 익힌 달걀이 회전할 때, 그것의 굽은 면은 그것이 테이블 윗면을 한 점에서만 만나도록 한다. 접촉점이 변하면서 작은 원을 그린다. 테이블 윗면의 질감이 고르다면(너무 미끄럽지도 *끈끈*하지도 않다면), 달걀은 그것이 돌 때 약간 미끄러진다. 이 미끄러짐이 회전을 약하게 하고 요동을 일으킨다. 이것은 차례로 달걀을 기울여서, 겉보기에 역설적 방법으로 자이로스코프 효과가 시작되고 달걀을 회전시키는 일부 운동 에너지를 위치 에너지로 바꾸어 중력 중심을 올리는 지점에서 한쪽 끝을 테이블에서 다른 쪽보다 많이 들어 올린다. 이 효과는 달걀의 끝이 올라감에 따라서 달걀은 회전축에 더 가까이 끌리고 더 빨리 회전시킨다는 사실에 의하여 더 강화된다–마치 피겨스케이트 선수가 팔을 머 리 위로 올림으로써 스스로를 더 빨리 돌릴 수 있는 것처럼. 왜 생달걀에는 이 효과가 나타나지 않을까? 왜냐하면 달걀의 안쪽이 묽어서 껍질보다 뒤떨어지기 때문이다. 이 뒤떨어짐은 항력으로 작용하여 회전율을 줄이고, 달걀의 위치 에너지를 소멸시킨다. 이것은 차례로 달걀과 테이블의 마찰력을 줄이고, 이것은 달걀의 중력 중심을 올리는 충분한 위치 에너지를 구할 수 없음을 의미한다. 달걀 평형의 수수께끼를 해결했을 뿐만 아니라 모패트는 그 사건을 기념하는 5행의 재미있는 시를 쓰는 시간을 가졌다;

익은 달걀을 테이블 위에 두세요.
그리고 당신이 할 수 있는 만큼 빨리 그것을 돌리세요.
그것은 한쪽 끝을 세울 것입니다.
상당히 안정적인 세차 운동과 회전 벡터의 합성으로

슈퍼달걀 회전체(superegg)도 보시오.

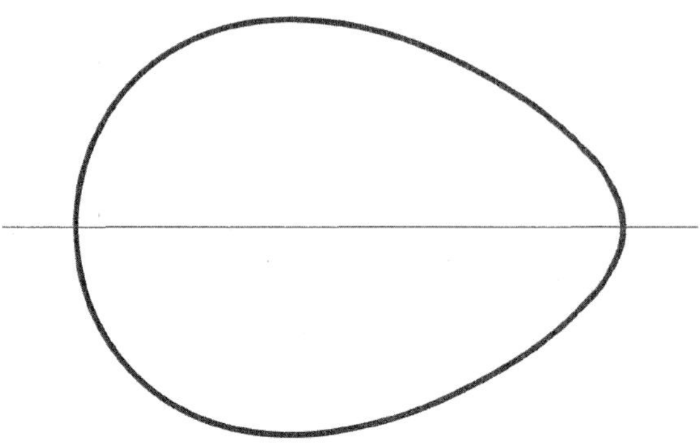

달걀 좋은 달걀 모양은 다른 반지름을 갖는 네 개의 원을 그려서 얻는다. © *Jan Wassenaar, www.2dcurves.com*

Egyptian fraction (이집트 분수)

단위**분수**(unit fraction), 즉 분자(분수의 위에 있는 수)가 1인 분수이다. 이 종류의 분수는 고대 이집트인에 의하여 사용되고 **린드파피루스(Rhind papyrus)**에 광범위하게 나타나는 유일한 종류이다. 다른 분수들은 이집트 분수를 서로 더하여 얻을 수 있다; 예를 들면, $3/7=1/2+1/6+1/21$이다. 1201년에 **피보나치(Fibonacci)**는 모든 **유리수(rational number)**를 이집트 분수의 합으로 나타낼 수 있다는 것을 증명했다.

eigenvalue (고윳값)

A가 $n\times n$ **행렬(matrix)**이고 x가 어떤 **벡터(vector)**일 때 $Ax=\lambda x$를 만족하는 **복소수(complex number)** λ. 이때, x는 *고유벡터(eigenvector)*라고 한다.

eight (8/팔/여덟)

두 번째로 작은 세제곱수 (1^3 다음); $8=2^3=2\times2\times2$. **체스(chess)**에서 퀸이나 킹은 나침반이 8개의 주 방향, 즉 북, 북동, 동, 남동, 남, 남서, 서, 북서를 가지는 것과 같이, 8가지 다른 방향으로 움직일 수 있다. 삼차원에서 서로 수직인 세 개의 평면이 삼차원 공간을 나누는 8개의 *팔분면(octants)*에 대응하여 움직이는 8가지의 대각선 길이 있다. **사차원(fourth dimension)**에서는 서로 수직인 네 방향을 따라 앞뒤의 운동이 가능해진다; 상하, 좌우, 전후 그리고 다른 하나에 대하여! 스페인 달러는 8레알의 가치를 가진 금화이고, 때로는 바꾸기 위하여 실제로 8개의 쐐기 모양 조각-"8의 조각들(piece of eight)"-로 자른다.

eight curve (8자곡선)

지로노의 렘니스케이트(*lemniscate of Gerono*)로도 부르는 곡선으로, 그 직각좌표 방정식은

$$x^4 = a^2(x^2 - y^2)$$

이고 옆으로 누운 8자 모양을 가지고 있다.

Einstein problem (아인슈타인 문제)

(1) 비주기적으로 평면에 타일을 깔 수 있는 한 가지 도형이 있을까?(**비주기적 덮기**(aperiodic tiling) 참조) "아니"라는 대답은 **도미노 문제**(domino problem)의 결정 방법이 존재함을 의미할 것이다. 이 문제는 유명한 과학자의 작품이 아니고, 독일어의 번역(ein = one, stein = stone) 때문에 이렇게 이름이 붙여진 것인데, 아직 풀리지 않았다. (2) 아인슈타인(Albert Einstein)에 의하여 만들어진 논리 문제인데, 그는 세상의 98%의 사람이 이 문제를 풀 수 없을 것이라고 말했다.

퍼즐

1. 5가지 다른 색을 가진 5채의 집이 (길을 따라서) 있다; 파랑, 초록, 빨강, 흰색, 노랑.
2. 각 집에 다른 나라에서 온 한 사람이 살고 있다; 영국, 네델란드, 독일, 노르웨이, 스웨덴.
3. 이 5명의 집주인이 어떤 음료를 마신다; 맥주, 커피, 우유, 차, 또는 물; 어떤 브랜드의 담배를 피운다; 블루마스터, 던힐, 폴몰, 프린스 또는 혼합; 어떤 종의 애완동물을 키운다; 고양이, 새, 개, 물고기, 또는 말.
4. 어떤 집주인도 같은 애완동물을 키우지 않고, 같은 브랜드의 담배를 피우지 않으며, 같은 음료를 마시지 않는다.
5. 브리튼은 빨간 집에서 산다. 스위드는 애완동물로 개를 키운다. 데인은 홍차를 마신다. 초록색 집은 흰색 집의 왼쪽(그 다음)에 있다. 초록색 집의 주인은 커피를 마신다. 폴몰을 피우는 사람은 새를 기른다. 노란색 집의 주인은 던힐을 피운다. 중앙의 오른쪽 집에 사는 사람은 우유를 마신다. 노르웨이 사람은 첫 번째 집에 산다. 혼합 담배를 피우는 사람은 고양이를 기르는 사람의 다음 집에 있다. 말을 기르는 사람은 던힐을 피우는 사람의 다음 집에 산다. 블루마스터를 피우는 집주인은 맥주를 마신다. 독일인은 프린스를 피운다. 노르웨이 사람은 파란색 집 다음에 산다. 혼합 담배를 피우는 사람은 물을 마시는 사람의 이웃이다.

문제 : 누가 물고기를 키우는가?

해답은 415쪽부터 시작함.

elementary function (기본함수)

실수값을 가지는 대수적 함수 또는 초월함수(삼각함수, 쌍곡선함수, 지수함수, 로그함수).

eleven (11/십일/열하나)

대칭(palindromic number)이고, **하샤드수**(Harshad number)가 아닌 가장 작은 수이며, **쌍둥이 소수**(twin prime)의 (11, 13)의 한 원소인 **소수**(prime number), 그리고 두 개 이상의 서로 다른 소수의 합이 아닌 가장 큰 정수. 한 축구 팀 또는 크리켓 팀에는 11명의 경기자가 있다. 이상하지만 사실인데, 가장 나이 어린 교황은 11세였다.

ellipse (타원, 楕圓)

눌린 원과 같은 도형. 이것은 **원뿔곡선**(conic sections)의 일종인데, 평면에서 *초점*(*focus*)으로 부르는 두 주어진 정점으로부터의 거리의 합이 일정한 모든 점의 **자취**(locus)로 정의될 수 있다. 두 초점을 연결한 선분을 그 타원의 *장축*(長軸, *major axis*)이라 하고, 그 반을 *반장축*(半長軸, *semimajor axis*)a라 한다. 타원의 중심(두 초점의 중점)을 지나고 장축과 수직인 선분을 그 타원의 *단축*(短軸, *minor axis*)이라 하고, 그 반을 *반단축*(半短軸, *semiminor axis*) b라 한다. x, y 좌표계에서 장축이 x축을 따라가고 원점을 중심으로 하는 타원의 방정식은

$$x^2/a^2 + y^2/b^2 = 1$$

로 정의된다. 타원의 모양은 *이심률*(*eccentricity*)로 불리는 수 e에 의해서 표현되는데, 이것은 식 $b^2 = a^2(1 - e^2)$으로 a, b와 관계가 있다. 이심률은 1보다 작은 양수이거나, 원일 경우에는 0이다. 이심률이 클수록, b에 대한 a의 비율이 커지므로, 타원은 가늘고 길어진다. 두 초점 사이의 거리는 $2ae$가 된다. 타원에 의하여 둘러싸인 넓이는 πab이다. 타원의 둘레의 길이는 $4aE(e)$인데, 여기에서 함수 E는 2종 완전 타원적분[2)]이다.

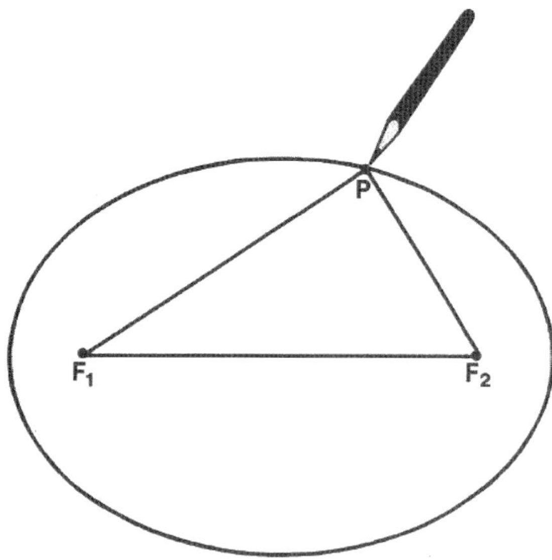

타원 못이 초점 F_1과 F_2를 나타내고, 실을 못 주위에 팽팽하게 당기면서 연필이 움직이는 점 P에 의하여 그려지는 타원.

ellipsoid (타원면/타원체, 楕圓面/楕圓體)

타원(ellipse)의 삼차원적 유사형인 **이차**(quadratic)곡면. 타원면의 일반적인 직각좌표 방정식은

$$x^2/a^2+y^2/b^2+z^2/c^2=1$$

인데, 여기에서 a, b, c는 그 도형을 결정하는 양의 실수이다. 만일 이 세 수 중 두 수가 같으면 타원면은 **회전 타원면**(spheroid)이 된다; 만일 세 수가 모두 같으면, 그것은 구(**sphere**)이다. 타원면과 한 평면이 만나서 생기는 도형은 한 점이거나 타원이다. 타원체(ellipsoid)가 더 높은 차원에서 정의될 수 있다.

elliptic curve (타원곡선)

그 해가 **토러스**(torus)(도넛 모양의 곡면) 위에 있는 한 가지 형태의 **삼차방정식**(cubic equation)의 해집합. 그 해가 타원 곡선이 되는 3차방정식의 특별한 형태는 다음 식을 갖는다.

$$y^2+axy+by=x^3+cx^2+dx+e$$

타원곡선은 **종수**(genus) 1을 갖는다고 하는데, 대단히 풍부한 이론과 구조를 가지고 있고, 그들의 연구는 수학과 그 응용의 많은 다른 분야에 연결된다. 예를 들면, 마침내 **페르마의 마지막 정리**(Fermat's last theorem)의 증명을 이끈 것은 **와일즈**(Andrew Wiles)의 타원곡선에 관한 연구였다.

elliptic function (타원함수)

복소해석학(complex analysis)에서, 복소수평면 위에 정의되고 두 방향에서 **주기적**(periodic)인 **함수**(function). 타원함수는 **삼각함수**(trigonometric function)의 (이들은 단 하나의 주기만 갖는다.) 유사형으로 생각할 수 있다. **오일러**(Leonhard Euler)와 **라그랑주**(Joseph Lagrange)를 포함하는 18세기의 선도적 수학자들이 타원의 호의 길이를 얻는 적분과 같은 타원적분을 연구했다. 그러나 이들은 기본 함수(다항함수, 지수함수, 그리고 삼각함수)로는 표현할 수 없다. 타원적분의 *역*(*inverse*)함수가 훨씬 더 연구하기 쉽다는 것은 **야코비**(Karl Jacobi), **가우스**(Karl Gauss) 그리고 **아벨**(Niels Abel)의 통찰이었다. 그것들은 복소 변수의 이중으로 주기적인 함수임이 드러났다. 사인함수와 같은 단일 주기함수가 $\sin(x+a)=\sin x$를 만족하는 수 a (특별히 $a=2\pi$)를 가지는 반면에 이중으로 주기적인 함수 f는 서로의 유리수 배가 아닌 두 수 a, b가 존재하여 $f(x+a)=f(x+b)=f(x)$인 성질을 갖는다. 야코비가 1834년에 증명했듯이, 비 a/b는 필요적으로 순허수이다.

elliptical geometry (타원기하학)

비유클리드 기하학(non-Euclidean geometry)의 가장 중요한 두 유형의 하나. 다른 하나는 **쌍곡기하학**(hyperbolic geometry)이다. 타원기하학에서, 어떤 직선도 다른 직선에 평행하지 않으므로 유클리드의 **평행선 공준**(parallel postulate)은 깨어진다. *구면기하학*(*spherical geometry*) 또는 *리만기하학*(*Riemannian geometry*)으로 알려진 타원기하학의 원래의 형태는 **리만**(Bernhard Riemann)과 **슐래플리**(Ludwig Schläfli)에 의해서 개척되었고, 직선을 구의 표면 위의 **대원**(great circle)으로 다룬다. 가장 친근한 예는 구의 표면 위의 **측지선**(geodesic-가장 짧은 길)인 지구 위의 경도선이다. 구면기하학에서 임의의 두 대원은 항상 꼭 두 점에서 만난다. 예를 들면 두 경도선은 북극과 남극에서 만난다. 구면기하학에서의 연구는 놀랍고도 직관적이 아닌 결과를 낳는다. 예를 들면, 플로리다에서 필리핀군도로 가는 가장 짧은 비행 거리는 알래스카를 통과하는 길임이 드러난다-필리핀군도가 플로리다보다 더 남쪽의 위도에 있음에도 불구하고! 그 이유는 플로리다, 알래스카, 필리핀군도가 같은 대원 위에 있고, 따라서 구면기하학에서의 일직선 위에 있기 때문이다. 구면기하학의 다른 이상한

역자 주

2) 2종 완전 타원적분은 다음 함수이다.

$$E(k)=\int_0^{\frac{\pi}{2}}\sqrt{1-k^2\sin^2\theta}\,d\theta$$

성질은 삼각형의 각의 합이 180°보다 크다는 것이다. 이것은 밖으로 볼록한, 즉 수학적 용어로는 양의 **곡률**(curvature)을 가지는 곡면에서 항상 그렇다. 구면기하학에서 그 흠; 두 직선이 하나가 아니라 두 개의 교점을 가진다는 사실을 명백하게 제거하는 법을 처음 본 사람은 **클라인**(Felix Klein)이었다. 그는 점의 개념을 원점에 대하여 대칭인 두 점의 **집합**(set)으로 다시 정의하였다. 이 정의로는, 임의의 두 점은 한 유일한 직선을 결정하므로 유클리드의 첫 번째 공준의 전통적인 형태가 회복된다. 그렇게 수정된 구면기하는 클라인이 타원기하로 불렀던 것이다.

embedding (묻기/매입, 埋入)

한 **군**(group) 내의 부분군(subgroup)이나 한 위상공간을 모든 위상적 성질을 보존하면서 다른 것의 내에 두는 것과 같이, 하나의 수학적 대상을 다른 것의 내부에 두는 것이다.

emergence (발생, 發生)

자기 조직 시스템(self-organizing system) 내에서 새롭고, 예측하지 못한 구조, 패턴 또는 과정이 일어나는 것(**자기 조직화**(self-organization) 참조). 이 *발생체들*(*emergents*)은 그들 자신의 규칙과 법과, 가능성을 가지고 있으며, 그들이 그로부터 나온 요소의 수준보다 더 높은 수준에 존재하는 것으로 이해될 수 있다. 이 용어는 19세기 철학자 루스(G. H. Lewes)에 의하여 처음 사용되었고, 1920년대와 1930년대 *발생적 진화주의*(*emergent evolutionism*)로 불리는 과학과 철학 운동에서 더 크게 통용되었다.

emirp (수소, 數素)

그 숫자들이 거꾸로 배열되어도 다른 소수가 되는 **소수**(prime number). ("수소(emirp)"는 "소수(prime)"를 거꾸로 쓴 것이다). 처음 12개의 수소는 13, 17, 31, 37, 71, 73, 79, 97, 107, 113, 149, 157, 167, 179, 199, 311, 337, 347, 359와 389이다. 거꾸로 써도 소수가 되는 *대칭소수*(*palidromic prime*)와 비교하시오(**대칭문수**(palindromic number) 참조).

empty set (공집합)

원소를 가지지 않는 **집합**(set)으로, ∅ 또는 { }로 나타내며, *빈집합*(*null set*)으로도 알려져 있다. 이것은 공집합의 원소의 개수인 0(zero)과는 다르다. 또한 ∅은 **무**(nothing)도 아니다, 왜냐하면 그 안에 무를 가지는 집합도 집합이며, 집합은 어떤 것이기 때문이다. 예를 들면, 공집합은 변이 네 개인 삼각형의 집합, 9보다 크지만 8보다 작은 모든 수들의 집합, 킹을 포함하는 체스의 첫 번 째 말의 움직임의 집합이다. 공집합의 개념을 응용하는 것은 일상의 언어에서 "무(nothing)"가 사용되는 다른 방법들 사이의 구분을 돕는다. 『*이 책의 이름은 무엇인가?*』(1978) 라는 책에서 *스물란*(Raymond **Smullyan**)은 다음과 같이 썼다;[304] "영원한 행복과 한 조각의 햄 샌드위치 중 어느 것이 더 나을까? 영원한 행복이 더 나아 보일지 모른다, 그러나 실제로는 그렇지 않다! 무엇보다도, 영원한 행복보다 나은 것은 없다(nothing). 그리고 한 조각의 햄 샌드위치는 분명히 없는 것(nothing)보다는 낫다. 그러므로 한 조각의 햄 샌드위치가 분명히 영원한 행복보다 낫다."

이 주장에서 무엇이 잘못되었을까? 첫 번째 문장은 "영원한 행복보다 나은 것들의 집합은 ∅이다"와 동치이다. 두 번째 문장은 "집합 {햄 샌드위치}는 집합 ∅보다 낫다"와 동치이다. 첫 번째는 개개의 사물을 비교한 반면에, 두 번째는 사물의 집합을 비교한 데에서 혼란이 생긴 것이며, 각 경우에 ∅은 다른 역할을 한 것이다.

enantiomorph (좌우상, 左右像)

주어진 **비대칭**(chiral) 다면체 또는 다른 도형의 거울에 비친 상.

enormous theorem (거대한 정리)

수학에서 가장 큰 정리. 그것은 유한 **단순군**(simple group)의 분류에 관계하는 것으로, 수년 동안 수백 명의 수학자들의 연구를 압축한 것이다.

entropy (엔트로피)

시스템의 **무작위성**(randomness) 또는 무질서의 정도의 한 측도.

envelope (포락선, 包絡線)

직선, 곡선, 평면 또는 곡면의 족(family)의 모든 원소에 접하는 곡선 또는 곡면.

epicycloid (외파선, 外把線)

반지름이 a인 **원**(circle)의 바깥쪽을 굴러가는 반지름이 b인 원의 원주 위의 한 점이 그리는 경로. 이것은 다음의 매개 방정식으로 표현된다;

$$x=(a+b)\cos(t)-b\cos((a/b+1)t)$$
$$y=(a+b)\sin(t)-b\sin((a/b+1)t)$$

외파선은 원주 위의 **파선**(cycloid)과 유사하고, **에피트로코이드**(epitrochoid), **내파선**(hypocycloid), **하이포트로토이드**(hypotrochoid)와 밀접하게 관계된다. 한 개의 첨점(cusp)을 가지는 에피사이클로이드는 **심장형**(心臟形, cardioid)이라 하며, 두 개의 첨점을 가지는 것을 **신장형 곡선**(nephroid), 그리고 다섯 개의 첨점을 가지는 것을 (미나리아재비속의 *미나리아재비*(*Ranunculus*)의 이름을 딴) **라눈큘로이드**(ranunculoid)라고 부른다.

Epimenides paradox (에피메니데스의 역설)

거짓말쟁이 역설(liar paradox)을 보시오.

epitrochoid (에피트로코이드)

반지름이 a인 원의 바깥쪽을 굴러가는 반지름이 b인 원으로부터의 거리가 c(여기에서, $c<b$)인 한 점이 그리는 곡선이다. 이것은 다음의 매개 방정식으로 표현된다;

$$x=(a+b)\cos(t)-c\cos((a/b+1)t)$$
$$y=(a+b)\sin(t)-c\sin((a/b+1)t)$$

에피트로코이드와 밀접한 관계가 있는 것이 **외파선**(epicycloid), **내파선**(hypocycloid), **하이포트로토이드**(hypotrochoid)이다. 한 개의 첨점을 가지는 에피트로코이드의 한 예가 **뒤러**(Albrecht Dűrer)의 연구 『*컴퍼스와 자를 가지고 하는 측정에 관한 지침*(1525)』에 등장한다.

EPORN (가역인 수들의 같은 곱)

가역인 수들의 같은 곱(equal product of reversible numbers). 인도의 레크리에이션 수학자인 굽타(Shyam Sunder Gupta)가 두 가지 방법의 뒤집을 수 있는 수(그 숫자가 거꾸로 된 수)들의 곱으로 두 가지로 나타낼 수 있는 수로 정의했다. 예를 들면: 4,030=130×031=310×013, 144,648=861×168=492×294이다. 가장 작은 EPORN은 2,520=120×021=210×012이고 이것은 또한 십진법에서 모든 한 자릿수의 최소공배수이다. 모든 EPORN의 **숫자 근**(digital root), 즉 자릿수의 궁극적 합은 항상 1, 4, 7 또는 9이다. 예를 들면, 2,520=2+5+2+0=9; 4,030=4+0+3+0=7; 9,949,716=9+9+4+9+7+1+6=36이고 3+6=9이다.

equichordal point (동현점, 同弦點)

그 점을 지나는 모든 **현**(chord)이 같은 길이를 가지는 폐 **볼록**(convex)곡선 내의 점.

equilateral (등변, 等邊)

등변**다각형**(polygon)의 경우에서와 같이 길이가 같은 변을 가지는 것. 정**삼각형**(equilateral triangle)은 같은 세 각 60°를 가지는데, 유럽을 통하여 역사적 건물과 구조물에서 널리 발견된다. **삼각형 로지**(Triangular Lodge)를 보시오.

equlibrium(평형, 平衡)

계(system)의 휴식 상태(rest state), 예를 들면, 한 **역학계**(dynamical system)가 **부동점 끌개**(fixed-point attractor) 또는 **주기적 끌개**(periodic attractor)의 지배 아래에 있을 때를 가리키는 용어. 그 개념은 고대 그리스에서 **아르키메데스**(Archimedes)가 지렛대로 균형을 맞추는 실험을 한 데에서 유래되었는데, 글자 그대로 "평형"이다. 이 아이디어는 중세, 르네상스, 그리고 17, 18세기 현대 수학과 물리학의 탄생을 통하여 더 정교해졌다. 일반적 용어 "평형(equilibrium)"은 *안정성*(*stability*)을 훨씬 많이 의미하게 되었는데, 즉 그것이 동요된 후에 쉽게 원래의 상태로 돌아오기 때문에 내적 또는 외적 변화에 크게 영향을 받지 않는다는 것이다.

equivalent numbers (동치수, 同値數)

그들의 **진약수**(aliquot parts)의 합이 서로 같은 수들. 예를 들면, 159, 559와 703은 그들의 약수의 합이 57로 같으므로 동치수이다.

Eratosthenes of Cyrene (에라토스테네스, 기원전 276-194경)

서부 이집트의 그리스 식민지였던 키레네에서 태어난 그리스 수학자, 천문학자이자 지리학자. 그는 아테네에 있는 플라톤 학파에서 연구했고, 결과적으로 알렉산드리아의 대도서관의 도서관장이 되었다. 그는 지리학, 철학, 역사, 천문학, 수학과 문학 비평의 논문을 썼다. 에라토스테네스의 수학에 대한 기여의 하나는 지구 둘레의 측정이었는데, 그는 그것을 약 252,000 스타디아, 즉 24,700마일(39,520 km)로 계산했다(실제 값의 약 1/10 (차이)이지만 그 전의 추정치에 대하여는 큰 진전이었다). 에라토스테네스는 정수론에서도 주어진 정수 n보다 작은 **소수**(prime number)를 찾아내는 **에라토스테네스의 체**(sieve of Eratosthenes)로 알려져 있다.

Eratosthenes's sieve (에라토스테네스의 체)

에라토스테네스의 체(sieve of Eratosthenes)를 보시오.

Erdös, Paul (에르되시, 1913-1996)

20세기의 가장 위대한 수학자 중 한 사람인 헝가리의 수학자인데, 발표된 논문의 수(1,500편 이상)에서는 역사상 가장 많고–**오일러**(Leonhard **Euler**)조차도 압도하고 "에르되시수(Erdös number)"라는 용어를 불러왔다. 만일 한 수학자가 에르되시와 논문을 함께 쓰면 그 또는 그녀는 에르되시수 1을 가지고, 에르되시와 논문을 함께 쓴 누군가와 논문을 함께 쓰면 에르되시수 2를 가지고, 이와 같이 계속된다. 에르되시는 거의 쉬지 않고 하루에 19시간씩, 일주일에 7일을 일했다. "수학자란" 그는 재미있게 말했다, "커피를 정리로 만드는 기계이다." 에르되시는 20살에 *체비세프 정리*(*Chebyshev's theorem*)로 알려진 정수론의 유명한 정리의 멋진 증명을 발견했는데, 그것은 1보다 큰 모든 수에 대하여 그것과 그 두 배 사이에 적어도 한 **소수**(prime number)가 있다는 것을 말한다. 그의 연구가 많은 분야에 걸쳐 분산되어 있었지만 **정수론**(Number theory)은 그의 주된 관심에 있었고, 기술하는 것은 간단하지만 풀기는 엄청나게 어려운 문제를 제시하고 푸는 것으로 유명하게 되었다. 그는 1950년대 후반 그것이 유행하기 훨씬 전에 **램시 이론**(Ramsey theory)으로 부르는 수학의 한 분야의 창시적 연구를 했다. 구부정하고 여위었으며, 자주 샌들을 신었으며, 인생의 물질적 측면에는 전혀 시간을 갖지 않았다. "재산은 골칫거리이다"고 그는 말했다. 전적으로 수학에 초점을 두고, 에르되시는 반이 빈 여행 가방을 들고 가는 곳마다 수학자와 함께 머물며 만남에서 만남으로의 여행을 다녔다. 그의 동료들은 그를 돌보고, 그에게 돈을 빌려주고, 먹여주고, 옷을 사 주고, 심지어는 세금도 내주었다. 그 대신에, 그는 아이디어와 도전과제를 보여주었다–풀어야 할 문제와 그것에 도전하는 탁월한 방법들. 아인슈타인(Alber Einstein)과 에르되시 두 사람 모두와 함께 연구했던 스트라우스(Ernst Straus)[3)]는 1983년 그 자신이 죽기 직전에 에르되시에 바치는 헌사를 썼다. 그는 에르되시에 대하여 "수학이 '이론 박사'들에 의해서 강력하게 지배당하고 있는 우리의 세기에서, 그는 문제 해결자의 왕자이며 문제 제안의 절대 군주였다"고 말했다.[170]

E

ergodic (에르고딕)

한 **위상공간**(phase space)의 모든 영역을 동일한 주기로 돌아다니고, 시간이 충분하다면 모든 영역을 (작은 근방 내에서) 다시 돌아다니게 되는 **역학계**(dynamical system)의 성질.

Escher, Maurits Cornelis (에스헤르, 1898 -1972)

내 일은 게임인데, 매우 심각한 게임이다.

그의 **덮기**(tiling), 그림–배경의 모호성(figure-ground ambiguity), **불가능한 그림**(impossible figure), 회기(regression)의 그래프적 탐구가 수학자와 과학자의 관심을 끄는 네덜란드의 미술가. 그의 무어 예술(**알람브라**(Alhambra) 참조)에 대한 경험과 수학자, 가장 대표적으로 **콕시터**(Harold Coexeter)와의 접촉은 반복적인 도형이 평면의 타일링에 사용될 수 있는 방법과 이것으로부터 쌍대와 변환의 아이디어를 탐구하도록 유도했다. 에스헤르의 쌍대에의 심취는 그의 작품에서 전경/배경에 선과 악의 형이상학적 측면은 물론, 밝고 어둡게, 평평함과 차원성, 표현과 장식, 테두리와 경치, 크고 작게, 보이는 지점과 사라지는 지점, 형상과 부정적 공간, 양과 음, 관찰자와 피관찰자의 형태로 나타난다. 자기 언급 이미지(**자기 언급 문장**(self -referential sentence) 참조)가 에스헤르의 작품에 울려 퍼진다–그 미술가의 거울에 비친 상, 그들 스스로를 그리는 손, 자신이 그려진 그림을 보는 미술관의 방문객. 이것이 **호프슈타터**(Douglas Hofstadter)가 퓰리처상을 받은 그의 책[172]의 중심에 괴델과 바하와 함께 에스헤르를 "불멸의 황금 장식"으로 엮어 넣은 이유이다. 에스헤르의 몇 개의 그림을 보고 **펜로즈**(Roger Penrose)는 **펜로즈 삼각형**(Penrose triangle)을 포함하여 불가능한 그림을 고안하는 데 고무되었고, 에스헤르는 그의 몇 개의 나중 작품에 참여하였다. 이 예술가가 죽은 후에 펜로즈는 에스헤르가 **펜로즈 덮기**(Penrose tiling)를 발견한 이익을 얻을 만큼 충분히 살지 못한 것을 애석해 했다.

역자 주

3) Ernst Gabor Straus(1922–1983)는 독일계 미국인 수학자.

escribed circle (외접원, 外接圓)

삼각형의 한 변과 다른 두 변의 연장선에 접하는 원.

Eternity Puzzle (영원 퍼즐)

각각이 다르고, 각 조각이 6개의 삼각형 전체 넓이는 같도록 정삼각형과 반삼각형의 유일한 배열로 이루어진 209조각의 엄청나게 어려운 조각 그림 맞추기 퍼즐. 그 퍼즐은 삼각형 격자무늬 위에 배열된 거의 정12각형인 모양에 맞추는 것이다. 이 퍼즐의 발명자인 몽크톤(Christopher Monckton)은 이것이 1999년 6월에 시장에 발표될 때, 2000년 9월에 모든 해가 공개될 때 만일 정확한 해가 하나 있다면, 제출된 첫 번째 정확한 해에 대하여 100만 달러의 상금을 예고했다. 몽크톤은 그 게임의 훨씬 작은 크기의 판에 대하여 컴퓨터 검색을 시행했는데, 이것이 온전한 크기의 영원 퍼즐은 아주 다루기 힘들 것이라는 확신을 하게 하였다. 그러나 상금은 두 대의 컴퓨터를 써서 완전한 타일링을 5월 15일에 보낸 두 영국 수학자 셀비(Alex Selby)와 리오단(Oliver Riordan)에게 돌아갔는데, 정확한 해를 발견한 것으로 알려진 유일한 다른 사람보다 6주 앞서서이다. 초기에, 셀비와 리오단은 놀라운 발견을 하였다. 영원 퍼즐과 같은 퍼즐의 조각의 수가 늘어남에 따라서 그 어려움이 증가하지만-단지 한 지점까지이다. 한계적 크기는 70조각인데, 거의 풀기가 불가능할 것이다. 그러나 더 큰 퍼즐에 대해서는 가능한 정확한 해의 수는 더 커진다. 209 조각을 가지는 영원 퍼즐 그 자체에 대해서는 적어도 10^{95}가지의 해가 있을 것으로 생각된다-우주에 있는 원자의 수보다 훨씬 많지만, 해인 것 같지만 해가 아닌 것의 수보다는 훨씬, 훨씬 더 적다. 그 퍼즐 자체는 철저한 조사에 의하여 풀기에는 너무 크지만, 밝혀진 대로 어떤 모양의 영역이 붙이기가 가장 쉬우며, 어떤 모양의 조각이 맞추기가 가장 쉬운지를 고려하는 더 요령 있는 방법에 의해서는 그렇지 않다. 그들의 검색 알고리즘을 꾸준히 다듬어서 셀비와 리오단은 막대한 양의 해인 것 같지만 해가 아닌 것의 가지를 잘라낼 수 있었고, 약간의 행운도 있어서 완전한 해를 생각해 내서 상금을 신청했다.

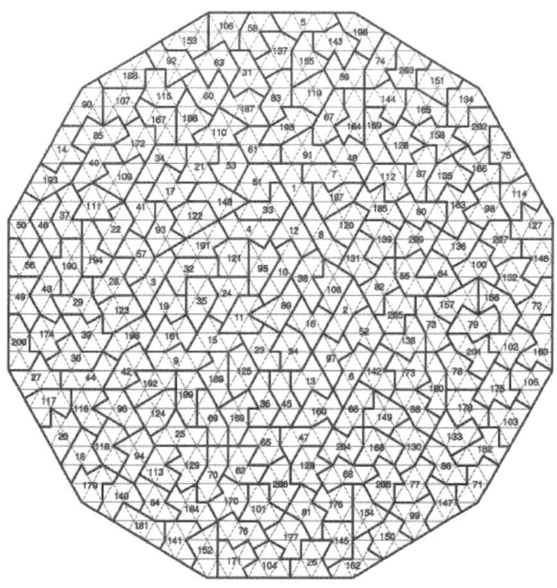

영원 퍼즐 100만 달러의 상금이 수여된 영원 퍼즐의 해. *영원 조각의 저작권은 1999년 몽크톤에게 있음.*

Euclid of Alexandria (유클리드, 기원전 330-270경)

그의 시대의 기하학과 정수론을 유명한 책 『*원론*(*Elements*)』에 편집하고 체계적으로 배열한 그리스 수학자. 이 책은 약 2,000년 동안 학교에서 사용되었는데, 그에게 "기하학의 아버지"라는 이름을 얻게 했다. 오늘날까지, 유클리드의 5번 째 "보편 원리(commpn notions)"(지금은 공리(axiom) 또는 공준(postulate)으로 불린다)에 만족하지 않는 사람을 비유클리드 기하학자로 부른다. 그리스 철학자 프로클루스(Proclus)에 따르면, 이집트의 통치자 톨레미(Ptolemy)가 기하학을 공부하는 데 원론(Elements)보다 짧은 길이 있는지를 물었을 때, 유클리드는 그 파라오에게 "기하학에는 왕도가 없습니다"라고 말했다. 유클리드의 삶에 대하여 알려진 것은 거의 없다. 프로클루스는 (350년경) 유클리드가 톨레미의 통치 기간에 살았으며 알렉산드리아에-대체로 70만 권이나 되는 도서를 고대의 가장 인상적인 도서관[4]이 있던 장소-최초의 수학 학교를 세웠다고 썼다. 그는 광학과 원뿔곡선과 같은 다른 주제의 책도 썼지만, 그 대부분은 지금은 유실되었다. **유클리드 기하학**(Euclidean geometry)도 보시오.

Euclidean geometry (유클리드 기하학)

원래 **유클리드**(Euclid)에 의하여 그의 책 『*원론*(*Elements*)』에 표현되고 다섯 개의 공리(**유클리드의 공준**(Euclid's Postulates) 참조)에 기반을 둔 유형의 **기하학**(geometry)인데, 그 공리 중 하나는 논란이 많은 **평행선 공준**(parallel postulate)이다. 다양

역자 주

4) 알렉산드리아의 뮤제이온(Museion).

한 형태의 **비유클리드 기하학**(non-Euclidean geometry)이 19세기에 등장했는데, 과학과 철학에 커다란 영향을 끼쳤다. **유클리드 공간**(Euclidean space)도 보시오.

Euclidean space (유클리드 공간)

유클리드 기하학(Euclidean geometry)의 공리에 의해서 표현된 익숙한 2차원 또는 3차원 공간을 일반화한 임의의 n차원 수학적 공간. 용어 "n차원 유클리드 공간" (여기에서 n은 임의의 양의 정수이다)은 줄여서 "유클리드 n–공간" 또는 심지어 "n–공간"으로 부른다. 형식적으로, 유클리드 n–공간은 집합 R^n(여기에서 R은 **실수**(real number) 전체의 집합이다)에 *거리함수*(*distance function*)가 함께 있는데, 이것은 두 점$(x_1, x_2, \cdots, x_n)$과 $(y_1, y_2, \cdots, y_n)$ 사이의 거리를 $i=1, 2, \cdots, n$에 대한 합 $\sum(x_i - y_i)^2$의 제곱근으로 정의함으로써 얻어진다. 이 거리함수는 **피타고라스 정리**(Pythagora's theorem)에 근거하며, *유클리드 거리*(*Euclidean metric*)로 불린다.

Euclid's postulates (유클리드의 공준)

다섯 개의 공준인데, 23개의 정의와 5개의 "보편 원리(common notion)"와 함께 **유클리드**(Euclid)의 기하학의 위대한 업적인 *원론*(*Elements*)의 기반을 이룬다. 공준은 다음과 같다:

1. 임의의 한 점으로부터 다른 점으로 직선을 그을 수 있다.
2. 유한 직선은 하나 직선에서 임의의 길이로 만들어질 수 있다.
3. 임의의 중심과 그 중심으로부터의 임의의 거리에 있는 원을 그릴 수 있다.
4. 모든 직각은 같다.
5. 한 직선이 다른 두 직선과 한쪽의 두 내각이 2직각보다 작은 각을 만들도록 만나면, 두 직선은 그 각이 2직각보다 작은 쪽에서 만난다.

마지막 공준은 다른 넷처럼 명백하지 않고, 유클리드 자신도 그것을 쓰는 데 주저하였다. 이후의 수학자들은 제5공준이 복잡함을 발견하고, 그것을 다른 넷으로부터 추론함이 가능하지 않을까 생각했다. 그러나 그들은 단지 그것을 다른 동치인 명제로 바꾸는 것만 성공했다. 이중에 가장 보편적인 것은 **평행선 공준**(parallel postulate)이다.

Eudoxus of Cnidus (에우독소스, 기원전 408 - 355경)

그리스의 천문학자, 수학자이며 물리학자로, 그의 비례에 관한 업적은 **유클리드**(Euclid)의 『*원론*(*Elements*)』의 제5권의 기반을 이루며, 그러지 않았으면 고대 그리스 수학에서 빠졌을 교차 곱(cross multiplication)과 같은 대수학의 어떤 측면을 예견했다. 에우독소스는 많은 기하학적 증명을 작도했고, 피라미드, 원뿔, 원기둥의 측정을 위한 공식을 발견했으며, **고갈 방법**(method of exhaustion)을 개발했는데, 이는 적분의 전조로서 후에 아르키메데스(Archimedes)에 의하여 확장되었다. 또 그는 **정육면체의 배적**(duplicating the cube)의 고전적 문제와 관계가 있고, **에우독소스의 곡선**(kampyle of Eudoxus)으로 불리는 캠파일곡선(kampyle curve)을 연구했다.

E

Euler, Leonhard (오일러, 1707-1783)

역사상 **에르되시**(Paul Erdös) 다음으로 다작을 한 사람인 스위스의 위대한 수학자. 그의 가장 위대한 업적은 **정수론**(number theory)인데, 오일러는 **미적분학**(calculus), 기하학, 대수학, 확률론, 음향학, 광학, 역학, 천문학, 대포, 항해, 재정학에서 중요한 일을 했다. 그는 중요한 결과를 직관에 의하여 찾아내는 재주를 가졌고, 미적분학과 삼각함수를 현대적 형태로 표현했으며, 수 e의 중요성을 보였다. 심지어 그가 발명하고 어떤 경우에 풀기도 한 재미있는 퍼즐이 수학의 새로운 영역을 열기도 했다. **쾨니히스베르크의 다리**(bridges of Königsberg) 문제는, 예를 들면, **그래프**(graph) 이론과 **위상수학**(位相數學, topology)의 시작을 예고했고, **36명의 장교 문제**(thirty-six officers problem)는 **조합론**(combinatorics)의 중요한 연구를 자극했다. 오일러는 또 **마방진**(magic square)과 **나이트(騎士)의 경로**(knight's tour) 문제에 대해서도 연구했다. 캘빈교의 전도사였던 아버지로부터 약간의 수학을 배운 후에 **베르누이 집안**(Bernoulli family)의 일원들과 가까운 친구가 되었던 바젤대학에서 수학을 연구했다. 1727년에, 상트 페테스부르크의 캐더린 대제의 궁중으로 옮겨서 물리학(1730)과 수학(1733)의 교수가 되었다. 러시아에 있는 동안, 독실한 기독교도인 오일러는 백과전서파이며 철학자 디드로(Denis Didrot)[5]를 만났는데, 그는 유명한 무신론자였다. 디드로는 오일러가 신(God)의 존재의 수학적 증명을 했다는 말을 듣고, 그것을 요청하여 지금은 **오일러의 공식**(Euler's formula)으로 언급되는 식에 인용되었다.

오른쪽 눈의 시력을 잃은 것에 대하여 오일러는 "이제 나는 오락을 줄이겠다"고 말했다. 실제로, 그의 출판율이 그가 거의

역자 주

5) 원문에는 René Didrot로 되어 있으나, 이는 Denis Didrot의 오기로 보인다. Denis Didrot(1713-1784)는 오일러와 동시대에 살았던 프랑스의 철학자로 백과전서파이다.

완전히 맹인이 된 1766년 이후에 증가했으므로, 그의 업적량은 시력의 질에 반비례했던 것으로 보인다. 오일러는 천왕성의 궤도를 1783년 9월 18일에 계산한 얼마 후에 죽었다.

Euler characteristic (오일러 표수, 票數)

중요한 수인데, *위상적 불변량*(*topological invariants*)으로 알려져 있고 폐곡면을 표현한다. 다면체의 경우에, 오일러 표수는 꼭짓점과 면의 수에서 모서리의 수를 뺀 수이다(**오일러의 다면체 공식**(Euler's formula for polyhedra) 참조).

Euler circuit (오일러 회로)

그래프의 한 **꼭짓점**(vertex) a에서 출발하여 다른 꼭짓점들에 이르는 모든 **모서리**(edge)를 한 번만 지나고 a로 돌아올 수 있는 **연결 그래프**(connected graph)이다. 다시 말하면, 오일러 순환로는 순환로인 **오일러 경로**(Euler path)이다. 따라서, 오일러 경로에서 정의된 홀수와 짝수 차수의 꼭짓점을 이용하면, 오일러 순환로가 있을 필요충분조건은 그래프의 모든 꼭짓점이 짝수 차수일 때이다. **미로**(maze)도 보시오.

Euler line (오일러 직선)

삼각형의 무게중심과 외심을 연결하는 직선.

Euler path (오일러 경로)

모든 **꼭짓점**(vertex)을 연결하고 모든 **모서리**(edge)를 한 번만 지나는 **연결 그래프**(connected graph)를 따라가는 경로. 홀수 차수의 꼭짓점은 한 번 그것을 지나면 최소한 한 번은 다른 경로를 따라 돌아오는 것을 허용하고, 반면에 짝수 차수의 꼭짓점은 다수의 통과하는 횡단만을 허용하여 짝수 차수의 꼭짓점에서 오일러 경로를 끝낼 수 없다는 것을 주의하자. 따라서, 모든 꼭짓점들이 짝수 차수를 가지면, 그 연결 그래프는 순환로인 오일러 경로(**오일러 회로**(Euler circuit))를 갖는다. 홀수 차수의 꼭짓점을 꼭 두 개 가지면 그 연결 그래프는 순환로가 아닌 오일러 경로를 갖는다. **해밀턴 경로**(Hamilton path)도 보시오.

Euler square (오일러 사각형/오일러 마방진)

첫 번째와 두 번째 요소가 **라틴 사각형**(Latin square)을 이루도록 두 유형의 n 개의 대상을 조합하여 만든 사각형 배열. 오일러 사각형은 *그리스-라틴 사각형*(*Graeco-Latin square*), *그리스-로마 사각형*(*Graeco-Roman square*), 또는 *라틴-그리스 사각형*(*Latin -Graeco square*)으로도 부른다. 오일러 사각형은 $n=3$, 4와 $n=3k$를 제외한 모든 홀수 n에 대하여 존재함이 알려져 있다. *오일러의 그리스-로마 사각형 추측*(*Euler's Graeco-Roman square conjecture*)은 어떤 $n=4k+2(k=1, 2, \cdots)$ 차의 오일러 사각형도 존재하지 않음을 주장한다. 그러나 1959년에 보세(Bose)와 쉬리칸데(Shirikande)에 의하여 추측을 부정하며 그러한 방진이 존재함이 발견되었다.

Euler-Mascheroni constant (오일러 마스케로니 상수) γ

오일러 상수(*Euler's constant*) 또는 *마스케로니 상수*(*Mascheroni's constant*)로도 부르는 극한값 (n이 무한히 커질 때)

$$1+1/2+1/3+\cdots+1/n-\log n$$

이다. 그것은 자주 소문자 감마(γ)로 나타내고, 약 0.5772156649…이다. 이 수의 백만 자리 이상의 숫자가 계산되었지만, 이것이 유리수(두 정수의 비 a/b)인지는 아직 알려져 있지 않다. 만일 이것이 유리수이면 분모 b는 최소한 244,663개의 숫자를 갖는다. 이 상수 γ는 **정수론**(number theory)의 많은 곳에서 나온다. 예를 들면, 1898년에 (**소수**(prime number) 정리를 증명한) 프랑스 수학자 푸생(Charles de la Vallée Poussin)이 다음을 증명했다: 임의의 양의 정수 n을 택하여 보다 작은 각 양의 소수 m으로 나눈다.[6] 그것에 의해서 분수 n/m의 정수 부분의 평균(mean)을 계산한다. n이 커질수록, 그 평균은 γ에 가까워진다.

Euler's conjecture (오일러의 추측)

하나의 n제곱이 되도록 합하려면 항상 n개의 항이 있어야 한다; 2개의 제곱, 3개의 3제곱, 4개의 4제곱 등. 이 가설은 이제는 틀린 것으로 알려져 있다. 1966년에, 란더(L. J. Lander)와 파킨(T. R. Parkin)은 첫 번째 반례를 찾았는데, 4개의 5제곱의 합이 5제곱이 된다. 그들은 $27^5+84^5+110^5+133^5=144^5$임을 보였다. 1988년에 하버드대학의 엘키스(Noam Elkies)는 네제곱에 대한 반례를 발견했다; $2{,}682{,}440^4+15{,}365{,}639^4+187{,}960^4=20{,}615{,}673^4$. 결국 사고 기계 회사(Thinking Machines Cooperation)의 프레어 (Roger Freyer)가 컴퓨터 검색을 하여 가장 작은 반례

$$95{,}800^4+217{,}519^4+414{,}560^4=422{,}481^4$$

를 찾아냈다.

역자 주

6) 원문에는 "n보다 작은 각 양의 정수(integer) m"으로 되어 있으나, 이것은 "n보다 작은 각 소수 m"이 옳다. Wiki 백과의 항목 "Poussin proof" 참조.

Euler constant (오일러 상수)

오일러 마스케로니 상수(Euler-Mascheroni constant)를 보시오.

Euler's formula (오일러의 공식)

e가 기본 상수(자연로그의 밑)이고 $i = \sqrt{-1}$ 일 때, 임의의 실수 에 대한 오일러의 공식은

$$e^{ix} = \cos x + i \sin x$$

이다. $x = \pi$를 대입하면,

$$e^{i\pi} = \cos \pi + i \sin \pi$$

이고 $\cos(\pi) = -1, \sin(\pi) = 0$이므로, 이것은

$$e^{i\pi} = -1$$

이 되고, 따라서

$$e^{i\pi} + 1 = 0$$

이다. 이 가장 탁월한 등식은 1748년에 출판된 **오일러**(Euler)의 『*무한 해석 개론*(*Introductio*)』[7]에 처음으로 등장했다. 이것은 가장 중요한 수학적 상수 e와 π, 허수 단위 i와 셈에 이용되는 기본적인 수 0과 1을 연결하기 때문에 놀랍다. 이 식을 학생들에게 설명하면서 하버드의 수학자 피어스(Benjamin Peirce)는 말했다; "여러분, 그것은 명백히 참입니다, 그것은 절대적으로 역설적입니다; 우리는 그것을 이해할 수 없습니다. 그리고 우리는 그것이 무엇을 의미하는지 모릅니다. 그러나 우리는 그것을 증명했고, 따라서, 우리는 그것이 확실히 참임을 압니다."

Euler's formula for polyhedron (오일러의 다면체 공식)

위상수학(topology)에서 최초로 알려진 공식. 만일 F가 **다면체**(polyhedron)[8]의 면의 수이고, E가 모서리의 수, V가 꼭짓점의 수이면 오일러의 공식은

$$F - E + V = 2$$

로 쓸 수 있는데, $F-E+V$는 **오일러 표수**(Euler characteristic)로 부른다. 예를 들면, 육면체의 표면은 6개의 (사각형) 면, 12 개의 모서리, 그리고 8개의 꼭짓점을 가지고 있어서, 확실하게 $6-12+8=2$이다.

even function (우함수, 偶函數)

모든 x에 대하여 $f(x) = f(-x)$가 성립하는 함수 $f(x)$.

evolute (축폐선, 縮閉線)

평면곡선의 법선의 곡률 중심들의 **자취**(locus)(포락선, envelope). 그러면 원래의 곡선은 그 축폐선(evolute)의 **신개선**(involute)으로 불린다. 예를 들면, **타원**(ellipse)의 축폐선은 **라메곡선**(Lamé curve)이고, **추적선**(tractrix)의 축폐선은 **현수선**(catenary)이다.

excluded middle law (배중률, 排中律)

참과 거짓 외에 제3의 대안이 없다는 (2가) 논리의 법칙. 다시 말하면, 임의의 진술 A에 대하여 A 또는 A가 아니다가 참이어야 하며, 다른 하나는 거짓이어야 한다. 이 법칙은 3가 논리에서는 더 이상 성립하지 않는데, 여기에서는 "결정되지 않은(undecided)"이 타당한 진술이다. 또 이 법칙은 **퍼지 논리**(fuzzy logic)에서도 성립하지 않는다.

existence (존재, *存在*)

수학(mathematics) 내에서 몇 가지 다른 의미로 쓰이는 용어. 가장 넓은 의미에서 **π**(pi)와 같은 어떤 개념이 존재하는 것이 무엇을 의미하는가에 대한 질문이 있다. 예를 들면, π는 발명되었는가, 아니면 발견되었는가? 다시 말하면, π는 단지 지적인 구성으로만 존재하는가 아니면 어떻게든 사람들이 그것을 발견하기를 기다리는 "그곳에" 있었는가? 만일 그것이 인간의 정신과 독립적으로 존재한다면, 그 존재는 언제 시작했는가? π는 물리학적 우주보다 앞서는가? 그러한 존재론적 질문은 **망델브로집합**(Mandelbrot set), **초현실수**(surreal number)와 **무한**(infinity)과 같은 더 복잡하고 추상적인 수학적 개념에 적용될 때 훨씬 더 어려워진다. 수학에서 좁고 더 기술적인 유형의 "존재"는 *존재 정리*(*existence theorem*)에 의해서 함의된다. 그러한 정리는 특별한 성질을 가진 수 또는 다른 대상이 확실하게 존재함을 증명하는 데 사용되지만, 특별한 예를 보일 필요는 없다. 마지막으로, 문제에 대한 특별한 해의 의미에서의 존재가 있다. 만일 주어진 문제에 대한 적어도 하나의 해가 결정될 수 있다면, 그 문제에 대한 해가 존재한다고 말한다. 여기에서 언급한 세 가지 유형의 수학적 존재의 맛의 일종이 다음 일화에서 포착된다.

역자 주

7) 원 제목은 『Introductio in analysin infinitorum』이다.

8) 원문의 "polygon"은 "polyhedron"의 오기로 보인다.

E

엔지니어와 화학자와 수학자가 낡은 모텔에 있는 세 개의 인접한 오두막집에 머물렀다. 처음에 엔지니어의 커피메이커에 불이 붙었다. 그는 연기 냄새를 맡고 일어나서 커피메이커의 플러그를 뽑아 밖으로 던진 다음 다시 잠을 잤다. 그날 밤의 이후에, 화학자도 역시 연기 냄새를 맡았다. 그는 일어나서 담배꽁초가 쓰레기통에 불을 일으킨 것을 보았다. 그는 자신에게 물었다, "우리가 어떻게 불을 끄는가? 우리는 점화점 아래로 연료의 온도를 낮추고 불타는 물질을 산소와 분리시키거나 또는 둘 다 할 수 있다. 이것은 물을 사용하여 수행할 수 있다." 그래서 그는 쓰레기통을 들고 샤워기 아래 놓고 물을 틀어 불이 꺼졌을 때, 다시 잠을 자러 갔다. 수학자는 이 모든 것을 창문 밖으로 보고 있었다. 그리고 후에, 그의 파이프 담뱃재가 침대 시트에 불을 붙였을 때, 그는 조금도 놀라지 않았다. "아" 그는 말했다, "해결책이 존재한다!" 하고 그는 다시 잠이 들었다.

exponent (지수, 指數)

거듭제곱(power)에서 **밑**(base)이 곱해지는 수. 예를 들면, 3^2에서 밑은 3이고, 그 지수는 2이다.

exponential (지수적, 指數的)

자신의 재로부터 다시 날아오르는 불사조처럼, 함수 $y=e^x$가 그 자신의 도함수임을 배우면 누가 놀라지 않겠는가?

–리오나이(Francois le Lionnais)

그 크기에 비례하여 증가하는 임의의 것은 지수적으로 증가한다고 말한다. 지수적 함수의 가장 간단한 형태가 바로 $y=e^x$인데, 여기에서 e는 약 2.712…이다. 밑(base)이 a인 지수함수는 $f(x)=a^x$로 쓸 수 있다.

extrapolate (보외법/외삽법, 補外法/外揷法)

보간법(interpolate)을 보시오.

extravagant number (낭비수, 浪費數)

경제적 수(economical number)를 보시오.

F

face (면, 面)

다면체(polyhedron)의 경계를 이루는 **다각형**(polygon). 예를 들면, **정육면체**(cube)는 6개의 사각형인 면을 갖는다. 공간에서 한 다각형 각의 이웃하는 두 모서리에 의하여 형성되는 평면각을 *면각*(*face angle*)으로 부른다.

factor (인수, 因數)

약수(*divisor*)라고도 부르는데, 다른 수 또는 대수적 표현을 고르게 나누는 수 또는 변수이다. 예를 들면, 28의 인수는 1, 2, 4, 7, 14와 28이다. 또한 이들 각각의 음수로도 나누어지지만, "인수"는 보통 양의 약수만을 의미한다. *인수분해*(*factorization* 또는 *factoring*)는 대상을 인수의 곱으로 분해하는 것이다. 예를 들면, 수 15는 **소수**(prime number)로 3×5와 같이 분해되고, **다항식**(polynomial) x^2-4는 $(x-2)(x+2)$와 같이 인수분해된다. 인수분해의 목적은 수를 소수까지 또는 다항식을 일차식까지와 같이 보통 어떤 것을 기본적인 구성 요소로 낮추려는 것이다. *정수 인수분해*는 **산술의 기본 정리**(fundamental theorem of arithmetic)에 의해서 보장되고, 다항식의 인수분해는 **대수학의 기본 정리**(fundamental theorem of algebra)에 의해서 보장된다. 큰 정수들의 *정수 인수분해*(*integer factorization*)는 어려운 문제로 나타난다; 그것을 빨리 푸는 알려진 방법이 없고, 그런 이유로 이것이 어떤 공개키 암호화 알고리즘의 기초를 형성한다.

factorial (계승, 階乘)

양의 정수 n 이하의 모든 양의 정수의 곱을 말하는데, 함수 $n!$으로 나타낸다. 예를 들면, $1!=1$; $5!=5\times4\times3\times2\times1=120$; $10!=10\times9\times8\times7\times6\times5\times4\times3\times2\times1=3{,}628{,}800$.

관계식 $n!=n\times(n-1)!$을 역으로 적용하여 0!은 1로 정의한다. 재미있는 등식은 같은 숫자들이 두 가지 다른 방법의 계승으로 나누어지는 1! 10! 22!1! = 11!0!2!21!이다. 이것은 아마 그 중 가장 작은 예일 것이다. n개의 서로 다른 대상을 일렬로 배열하는 $n!$ 가지의 다른 방법(순열)이 있으므로, 계승은 **조합론**(combinatorics)에서 중요하다. 그것들은 또한 미적분학의 공식에서 나타난다. 예를 들면 *테일러의 정리*(*Taylor's Theorem*)에서인데, 왜냐하면 x^n의 n계 도함수가 $n!$이다.

factorion (팩토리온)

주어진 **밑**(base)에서 그 자릿수들의 **계승**(factorial)의 합과 같은 자연수이다. 알려진 **십진법**(decimal) 팩토리온은 1 = 1!, 2=2!, 145=1!+4!+5!, 40,585=4!+0!+5!+8!+5! 뿐이다.

Fadiman, Clifton (파디만, 1904-1999)

미국의 수필가, 문학 비평가이며, 유명한 지식인인데, 많은 다른 업적들 가운데 『*수학 환상곡*(*Fantasia Mathematica*)』과 『*수학적 까치*(*The Mathematical Magpie*)』[97]를 편집하였다. 그는 1930년대와 40년대에 라디오 프로그램인 〈*정보를 주세요*(*Information Please*)〉에서 보여준 사전적 지식으로 잘 알려지게 되었다.

Fagnano's problem (파그나노의 문제)

주어진 삼각형 ABC에서 둘레의 길이가 가능한 작은 내접 삼각형을 찾는 문제이다. 그 답은 삼각형 ABC의 *수족삼각형*(*orthic triangle*)인데, 그것은 ABC의 각 꼭짓점으로부터의 대변에 내린 수선의 끝점을 꼭짓점으로 가지는 삼각형이다. 이 문제는 파그나노(Gionanni Fagnano, 1715–1797)에 의하여 1775년에 제기되고 미적분학을 이용하여 풀렸다. 한 번 그 해가 알려지게 되자 몇 가지 순수 기하학적 풀이도 발견되었다.

fair-division (공정한 분배)

케이크 자르기(cake-cutting)를 보시오.

Farey sequence (파레이수열)

영국의 지질학자 파레이(John Farey)의 이름을 딴 수열인데, 그는 1816년 『*철학 잡지*(*Philosophical Magazine*)』의 "분수의 재미있는 성질에 관하여"로 불리는 논문에서 그러한 수열에 대하여 썼다. 파레이는 그가 구드윈(Henry Goodwin)이 만든 *완전 분수*(*complete decimal quotients*)의 표를 조사하는 동안 "재미있는 성질"을 알아냈다고 말한다. 주어진 수 n에 대한 파레이수열을 얻기 위해서, 0과 1 사이의 기약분수로 나타낼 때 분모(분수의 아래쪽에 있는 수)가 n을 넘지 않는 모든 **유리수**

F

(rational number)를 생각해 보자. 가장 작은 수부터 시작하여 크기의 오름차순으로 그 수열을 써 보자. "재미있는 성질"은 그 수열의 각 원소가 그것의 양쪽에 있는 분수의 분자(분수의 위쪽에 있는 수)의 합과 같은 분자를 갖고, 그것의 분모는 그것의 양쪽에 있는 분수의 분모의 합과 같은 분모를 갖는 유리수와 같다는 것이다. 예를 들면, $n=5$에 대한 파레이수열은 (0/1, 1/5, 1/4, 1/3, 2/5,1/2, 3/5, 2/3, 3/4, 4/5, 1/1)인데, 여기로부터 2/5=(1+1)/(3+2), 1/3=(1+2)/(4+5), 1/2=(2+3)/(5+5), 2/3=(3+3)/(5+4) 등을 알 수 있다. 파레이는 다음과 같이 썼다; "나는 분수의 이 재미있는 성질이 전에 지적되었는지, 또는 어떤 쉬운 일반적 증명을 허용할지, 내가 당신의 수학적 독자 몇 사람의 정서를 알고 기뻐할 요점은 무엇인지 알지 못한다."

한 "수학적 독자"는 **코시**(Augustin **Cauchy**)였는데, 그는 파레이의 글과 같은 해에 출판된 『*수학 연습*(*Exercises de mathématique*)』에서 그 필요한 증명을 제시했다. 파레이는 이 성질을 알아차린 첫 번째 사람은 아니었다. 해로스(C. Haros)는 1802년에 공통분수에 의한 소수의 근사에 관한 논문을 썼다. 그는 실제로 $n=99$에 대한 파레이수열을 만드는 법을 설명했는데, 그의 구성에 파레이의 "재미있는 성질"이 들어가 있었다.

Fechner, Gustav Theodor (페히너, 1801-1887)

황금비(golden ratio)의 미학적 측면을 연구하고, 그의 발견을 『*미학 입문*(*Vorschule der Aesthetik*) 1876』에 출판한 독일의 물리학자이자 심리학자인데, 그 비율이 인간이 만든 직사각형 물체에 공통적으로 등장하고 사람에 의해서 눈을 가장 즐겁게 하는 것으로 판단된다고 주장하였다(그 후의 몇몇 연구자들은 그의 결과에 의문을 제기했지만).

Federov, E. S. (페데로프, 1853-1919)

현대 결정학(結晶學, crystallography)의 이론적 기반을 수립한 러시아의 지질학자이면서 결정학자. 1891년에 출판된 그의 유명한 2부로 된 논문 〈도형의 정규 체계의 대칭성(Symmetry of Regular Systems of Figures)〉에서 그는 **월페이퍼 군(wallpaper group)**에 17개의 서로 다른 대칭이 있다는 것을 증명했다.

feedback (피드백)

한 계(system) 또는 부분계(subsystem)의 다른 계에 대한 서로 상호적 **역수(reciprocal)** 효과를 말한다. *음의 피드백*(*Negative feedback*)은 두 부분계가 서로의 출력을 약화시키도록 행동할 때이다. 예를 들면 포식자와 먹이의 관계는 포식자가 많아지면 먹이의 개체수의 감소를 가져오므로 음의 피드백 고리로 표현될 수 있지만, 먹이가 너무 많이 감소할 때는 포식자의 충분한 먹이가 없어서 포식자의 개체수도 감소한다. *양의 피드백*(*Positive feedback*)은 두 부분계가 서로의 출력을 증폭시키고 있음을 의미한다. 예를 들면 마이크가 연설자로부터 너무 가까울 때 대중 연설계에서 들리는 삐 소리의 음이다. 마이크는 연설자로부터 나오는 소리를 증폭시키고, 그것이 다음으로 마이크의 신호를 증폭시키고, 이것이 계속된다. 피드백은 계의 원소 또는 요소 사이의 비선형의 상호 작용에 대하여 말하는 방법이고, **세포 자동자(cellular automaton)** 배열에서의 세포의 활동에 의해서 뿐만 아니라 비선형 미분방정식 또는 차분방정식으로 모델화될 수 있다.

Feigenbaum's constant (파이겐바움의 상수)

혼돈(chaos)에 접근하는 계의 행동을 지배하는 보편 상수로, δ로 나타낸다; 이것은 미국의 수리 물리학자 파이겐바움(Mitchell Feigenbaum, 1944–)에 의해서 1975년에 발견되었고, $\delta=4.6692\cdots$의 값을 얻었다. 모든 일차원 혼돈계(chaotic system)는 불안정에 접근할 때 주기 배가(period doubling)로 불리는 하나의 행동을 갖는다. 파이겐바움의 상수는 계의 주기가 배가될 곳의 비율을 제공한다.

Fermat, Pierre de (페르마, 1601-1665)

프랑스의 법률가, 치안판사이면서 신사학자로, "아마추어의 왕자"로도 불리는데, 지금은 증명된 **추측**(conjecture)인 **페르마의 마지막 정리**(Fermat's last theorem)로 가장 잘 알려져 있다. 정부의 고위 관료로 일했음에도, 페르마는 놀라울 양의 수학을 하는 시간을 어떻게든 만들었는데, 그것에 대하여 그는 거의 칭찬이나 감사를 구하지 않았다. 사실, 그는 그의 모든 인생에서 단 하나의 중요한 원고만을 출판했고, 그때 조차도 가짜 서명을 썼다. 그의 동료 프랑스 수학자 로베르발(Gilles Roberval)[1]이 그의 연구의 일부를 편집하여 출판하도록 권했을 때, 페르마는 "내 연구의 무엇이든지 출판할 가치가 있다고 판단되더라도 나는 내 이름이 거기에 나타나는 것을 원치 않는다."고 대답했다. 그의 결과의 대부분은 친구에게 보낸 편지, 노트나 책의 여백을 통하여 알려졌고, 그가 고안한 정리

역자 주

1) Gilles Personne de Roberval(1602–1675) 프랑스의 수학자.

페르마(Fermat, Pierre de)

의 증명을 찾는 것에 대하여 다른 수학자들에게 도전했다.

페르마는 **데카르트**(Rene Descartes)와 함께 **해석기하학**(analytical geometry)을, **파스칼**(Blaise Pascal)과 함께 **확률론**(probability theory)을 건설한 사람 중 하나였다. 그의 곡선의 최대, 최소와 그 접선에 대한 연구를 **뉴턴**(Issac Newton)은 **미적분학**(calculus)의 출발점으로 보았다. 그럼에도 그의 가장 큰 애정은 **정수론**(number theory)에 대한 것이었다. 1640년에, **완전수**(perfect number)를 연구하는 중에 그는 메르센느(Mersenne)에게 p가 소수이면 $2p$가 2^p-2를 나눈다고 썼다. 얼마 후에 그는 이것을 **페르마의 소정리**(Fermat's little theorem)로 확장했다. 늘 그렇듯이 그는 "그것이 너무 길어지는 것이 두렵지 않았다면 당신에게 증명을 보냈을텐데"라고 말했다. 이러한 형식의 가장 유명한 말은 그의 "마지막 정리"에 붙여진 서둘러 쓴 메모이다. **페르마수**(Fermat number)도 보시오.

Fermat number (페르마수)

식 $F_n = 2^{2^n} + 1$에 의해서 정의되고, 이 수들이 모두 **소수**(prime)라는 틀린 추측을 한 **페르마**(Pierre de Fermat)의 이름을 딴 수이다. 처음 다섯 개의 페르마 수 $F_0 = 3$, $F_1 = 5$, $F_2 = 17$, $F_3 = 257$과 $F_4 = 65{,}537$은 소수이다. 그러나 1732년에 **오일러**(Leonhard Euler)는 641이 F_5를 나눈다는 것을 발견했다. 오일러는 n이 2보다 클 때 F_n의 모든 약수는 $k \times 2^{n+2} + 1$꼴을 갖는다는 것을 보였으므로, 단 두 번의 시도로 그 약수를 찾아냈다. F_5의 경우에 이것은 $128k+1$이므로 우리는 257과 641을 시도할 것이다(129, 385와 513은 소수가 아니다). 오직 유한개의 페르마 소수만 있을 것으로 짐작된다. **가우스**(Gauss)는 n개의 변을 가지는 **정다각형**(regular polygon)이 유클리드적 방법(예를 들면 자와 컴퍼스)에 의하여 원에 내접할 필요충분조건은 n이 2의 거듭제곱과 서로 다른 페르마 소수의 곱일 때임을 증명했다.

Fermat's last theorem (페르마의 마지막 정리)

수많은 세월의 도전이
학자와 현자들을 당황하게 만들었다.
이제 마침내 빛이 왔다.
예전의 페르마가 옳았던 것 같다–
200쪽의 여백에 더해진.

–폴 체르노프(Paul Chernoff)

페르마(Pierre de Fermat)가 1637년에 고대 그리스의 **디오판토스**(Diophantus)에 의한 『*산술*(*Arithmetica*)』의 사본의 여백에 휘갈겨 쓴 메모의 형태로 제기한 추측. 이 메모는 그의 사후에 발견되었는데, 그 원본은 잃어버렸다. 그러나 한 사본이 페르마의 아들에 의하여 출판된 책의 부록에 포함되어 있었다. 페르마의 메모는 다음과 같다; "세제곱을 두 세제곱의 합으로 나타내는 것, 네제곱을 네제곱의 합으로, 그리고 일반적으로 2가 넘는 거듭제곱을 두 개의 같은 거듭제곱의 합으로 나타내는 것은 불가능하다. 이것에 대하여 나는 진실로 멋진 증명을 발견했지만 그것을 담기에는 여백이 너무 작다."

페르마는 $n > 2$일 때 **디오판토스 방정식**(Diophantine equation) $x^n + y^n = z^n$이 정수해를 갖지 않음을 주장했다. 그가 옳다는 것이 판명되었다. 그러나 그 증명은 350년을 기다려야 했고, 대단히 발달된 기술을 썼는데, 그중에 어떤 것도 17

세기에는 거의 존재하지 않아서, 페르마가 기초적인 증명을 발견했을 것 같지 않다. 페르마의 마지막 정리는–이제는 정리이다–1994년에 **와일즈**(Andrew Wiles)에 의하여 옳다는 것이 마침내 증명되었다.[353] 그러나 그 아찔하게 높은 자리에 도달하기 위하여 와일즈는 현대 수학의 핵심에 있는 몇 가지 아이디어를 끌어오고 확장해야 했다. 특별히 그는 *시무라–다니야마–바일 추측*(*Shimura-Taniyama -Weil conjecture*)과 씨름했는데, 그것은 **대수기하학**(algebraic geometry)과 **복소해석학**(complex analysis)으로 불리는 수학 분야와의 연결을 제공한다. 이 추측은 1955년으로 거슬러 올라가는데, 그때 이것은 고 유타카 다니야마에 의한 연구 문제로서 일본어로 출판되었다. 프린스턴의 고로 시무라와 고등연구소의 바일(Andre Weil)은 그 추측에 중요한 통찰을 보였는데, 타원곡선으로 부르는 수학적 대상과 공간에서 특별한 운동의 수학 사이의 특별한 종류의 동치 관계를 제안한다. 재미있게도, 페르마의 마지막 정리에 대한 와일즈의 증명은 시무라–다니야마–바일 추측의 증명에 깊이 침투해 들어간 부산물이었다. 이제 와일즈의 노력은 세 개의 변수를 가진 디오판토스 방정식의 일반 이론으로 가는 길을 가르쳐 줄 수 있었다. 역사적으로, 수학자들은 항상 그러한 문제를 사례별로 진술하고 풀어야 했다. 하나의 중요한 이론이 엄청난 진보를 나타낼 것이다. **ABC 추측**(ABC conjecture)도 보시오.

Fermat's little theorem (페르마의 소정리)

P가 **소수**(prime number)이면 모든 수 a에 대하여 $(a^P - a)$는 P로 나누어져야 한다. 이 정리는 한 수가 소수인지는 말할 수 없지만, 소수가 *아닌지*를 검사하는 데는 유용하다. 늘 그렇듯이, **페르마**(Pierre de Fermat)는 이 정리의 증명을 제공하지 않았다(이때는 "그것이 너무 길어지는 것이 두렵지 않았다면 당신에게 증명을 보냈을텐데"라고 썼다). **오일러**(Leonhard Euler)가 1736년에 처음 증명을 출판했는데, **라이프니츠**(Gottfried Leibnitz)는 1683년 이전 어느 때부터 출판되지 않은 문서에 같은 증명을 남겼다.

Fermat's spiral (페르마의 나선)

포물선형 **나선**(spiral).

Fibonacci (피보나치, 1175경-1250)

중세의 가장 위대한 수학자 중 한사람인 피사의 레오나르도(Leonardo of Pisa)의 필명. 북아프리카에서 세무 공무원으로도 일한 피사의 상인의 아들인 그는 바바리(알제리아)의 넓은 지역을 돌아다녔고, 나중에 이집트, 시리아, 그리스, 시실리와 플로벤스에 사업상의 여행을 하였다. 그는 1200년에 피사로 돌아와서 여행에서 얻은 지식을 1202년에 출판된 『*산반서*(*Liber Abaci*)』에 썼는데, 그 책은 오늘날까지 사용되는 인도–아라비아 숫자와 십진법 수 체계를 서유럽에 소개했다. 제1부의 첫 장은 다음과 같이 시작한다; "이것들이 인도의 아홉 개의 그림 9 8 7 6 5 4 3 2 1이다. 이 아홉 개의 그림과 아랍 사람들이 제피룸(zephirum)으로 부르는 기호 0을 가지고, 어떠한 수도 쓸 수 있는데, 앞으로 설명할 것이다."

피보나치는 또한 그가 계산에 놀라운 솜씨를 가졌음을 보여주었다. 예를 들면, 그는 밑이 60인 바빌로니아 수 체계를 써서 **삼차방정식**(cubic equation) $x^3 + 2x^2 + 10x = 20$의 양의 해를 발견했다(그가 십진법을 공개 지지한 입장에서 이상한 선택이다!) 그는 그 결과를 1, 22, 7, 42, 33, 4, 40으로 제시했는데, 이것은

$$1 + \frac{22}{60} + \frac{7}{60^2} + \frac{42}{60^3} + \frac{33}{60^4} + \frac{4}{60^5} + \frac{40}{60^6}$$

과 같다. 도대체 그가 어떻게 이것을 얻었는지 아무도 모른다; 그것은 어떤 다른 사람이 그와 같이 정확한 답을 얻기 300년 전이었다. 중요한 수학뿐만 아니라, *산반서*(*Liber Abaci*)에는 많은 놀이적 구절이 있는데, 피보나치가 가장 잘 알려진 것은 그중 하나인 한 쌍의 토끼의 새끼를 세는 문제에서 논의되는 수열을 **뤼카스**(Edourd Lucas)가 **피보나치수열**(Fibonacci sequence)로 부른 후부터이다.

Fibonacci sequence (피보나치수열)

피보나치(Fibonacci)의 위대한 업적 『*산반서*(*Liber Abaci*)』에 제기된 이 문제의 답에서 나타난 수열. "어떤 사람이 토끼 한 쌍을 모든 면이 벽으로 둘러싸인 장소에 두었다. 만일 각 쌍이 두 번째 달부터 매달 새로운 토끼 한 쌍을 낳는다면 일 년에 얼마나 많은 토끼의 쌍이 생기겠는가?"

n번째 달의 토끼의 쌍의 수는 1, 1, 2, 3, 5, 8, 13, 21, 34, 55, 89, … 로 시작하는데, 각 항은 그 앞의 두 항의 합이다. 이 수열은 귀납적으로 다음과 같이 정의된다; $F(n)$을 n번째 피보나치수라 하면, $F(1)=F(2)=1$, $n \geq 2$일 때 $F(n+1)=F(n)+F(n-1)$. **케플러**(Johannes Kepler)는 피보나치수열의 증가율 $F(n+1)/F(n)$이 **황금비**(golden ratio) ϕ(파이)에 수렴함을 처음으로 지적한 사람이었다.

19세기에 피보나치 수들은 많은 자연적 형태로 발견되었다. 예를 들면, 꽃의 많은 유형이 피보나치수의 꽃잎을 갖는다; 데이지의 특별한 형태는 34 또는 55개의 꽃잎을 가지고,

피보나치수열 해바라기씨의 나선의 수는 항상 피보나치수이다–씨 머리가 얼마나 크든지 씨들을 일정하게 채우는 배열이다. *Thomas Stromberg.*

반면에 해바라기는 89개 또는 어떤 경우에 144개를 갖는다. 해바라기의 씨는 피보나치수의 나선을 가지고 왼쪽과 오른쪽 모두 바깥으로 돌아나간다. 마찬가지로, 솔방울의 소용돌이무늬, 팜나무 몸통의 고리의 수, 달팽이 껍질의 패턴, 수벌의 계보는 모두 피보나치수의 열을 따른다. 식물의 잎의 배열, 즉 잎차례는 같은 패턴으로 펼쳐지는데, 왜냐하면 이것이 결과적으로 잎의 자리 차지와 그것에 이르는 빛의 양에 대한 최적의 해를 낳기 때문이다. **로그소용돌이선(logarithmic spiral)**으로 부르는 익숙한 나선은 식물의 씨가 자랄 때 나타나고, 그들 스스로 피보나치수열에 따라 자리를 차지한다. 로그 나선형은 대략적으로 다음 규칙에 의한다; 데카르트 좌표계의 원점에서 시작하고, $F(1)$ 단위만큼 오른쪽으로, $F(2)$ 단위만큼 위로, $F(3)$ 단위만큼 왼쪽으로, $F(4)$ 단위만큼 아래로, $F(5)$ 단위만큼 오른쪽으로 등이다. 이와 같은 방법으로 자라면서, 해바라기, 솔방울, 파인애플과 같은 구조 위에서 씨들은 그들 스스로를 가장 효율적으로 함께 채울 수 있다.

피보나치수들은 매우 많은 재미있는 성질을 가지고 있어서, 한 학술지 『*피보나치 계간*(*The Fibonacci Quarterly*)』 전체가 그것들에게 바쳐졌다. 피보나치수들의 마지막 자릿수들은 60을 주기로 반복된다. 마지막 두 자릿수들은 300을 주기로, 마지막 세 자릿수들은 1,500을 주기로, 마지막 네 자릿수들은 15,000을 주기로 반복되는 등이다. 임의의 네 개의 연속되는 피보나치수들의 곱은 한 **피타고라스 삼각형(Pythagorean tirangle)**의 넓이가 된다. **파스칼의 삼각형(Pascal's tirangle)**의 가장 낮은(최소로 가파른) 대각선은 합하여 피보나치수가 된다. m과 n을 양의 정수라고 하면

$F(n)$은 $F(nm)$을 나눈다.

$\gcd(F(n), F(m)) = F(\gcd(m, n))$이다. 여기에서 "gcd"는 "최대공약수"이다.

$(F(n))^2 - F(n+1)F(n-1)=(-1)^{n-1}$.
$F(1)+F(3)+F(5)+\cdots+F(2n-1)=F(2n)$.

임의의 n에 대하여, n개의 연속하는 합성수인 피보나치수가 있다.

피보나치수의 한 재미있는 예는 마일을 킬로미터로 바꾸는 것이다. 예를 들어 만일 여러분이 5마일이 몇 킬로미터인지 알기를 원하면, 피보나치수 (5)를 택하고 다음 수 (8)을 보자 (5마일이 약 8킬로미터이다). 마일과 킬로미터 사이의 변환 요소가 대체로 황금비와 같으므로 이 방법이 통한다.

소수(**prime number**)인 처음 몇 개의 피보나치수는 3; 5; 13; 89; 233; 1,597; 28,657; 514,229; … 이다. 무수히 많은 피보나치 소수가 있을 것으로 짐작되지만, 이것은 아직 증명되지 않았다. 그러나 $n \geq 4$일 때 $F(n)+1$[2)]이 소수가 아님을 보이는 것은 상대적으로 쉽다. 피보나치수열은 **뤼카스수열**(**Lucas sequence**)의 특별한 경우이다.

트리보나치급수(*tribonacci series*)는 지난 두 수를 더함으로써 얻어진다; 1, 1, 2, 4, 7, 13, 24, 44, 81, … 그리고 이것으로부터 콰드보나치급수(quadbonacci series), 펜타보나치급수(pentbonacci series), 헥사보나치급수(hexabonacci series)와 같은 방법으로 n-보나치급수(n-bonacci series)를 얻는다. 연속된 항의 각 비율은 특별한 상수를 만들어 내는데, ϕ와 같다.

field (체, 體)

덧셈, 뺄셈, 곱셈, 나눗셈(0으로 나누는 것은 제외함)이 항상 정의되고, **결합**(**associative**)법칙과 **분배**(**distributive**)법칙이 성립하는 수 체계. 예를 들면, **유리수**(**rational number**)의 집합은 체이고, 반면에 정수의 집합은 한 정수를 다른 정수로 나눈 결과가 정수일 필요가 없으므로 체가 아니다. **실수**(**real number**)는 체를 이루고, **복소수**(**complex number**)도 같다. **환**(**ring**)과 비교하시오.

Fields Medal (필즈 메달)

관례에 따라, 가장 명망 있는 수학 연구자들에게 수여되는 상. 그것은 매 4년마다 40세 미만의 두 명에서 네 명의 수학자에게 수여된다.

Fifteen Puzzle (15 퍼즐)

1870년대에 **로이드**(**Sam Loyd**)에 의하여 발명되어 1세기 후의 **루빅 큐브**(**Lubik's cube**)만큼 세계적인 집착을 부른 미끄럼 타일(sliding-tile) 퍼즐. 1부터 15까지의 수가 매겨진 15개의 타일이 4×4의 틀에 14와 15를 제외하고 순차적으로 놓여 있는데, 14와 15는 순서가 바뀌어 있고, 하단의 오른쪽 사각형은 비어 있다. 퍼즐의 목적은 모든 타일을 바른 순서대로 맞추는 것이다; 허용되는 유일한 이동은 타일을 빈 칸으로 미끄러져 보내는 것이다. 모든 사람이 말이 끄는 전차 안에서, 점심시간이나 또는 그들이 일하기로 되어 있는 시간에도 대 유행의 게임을 하는 데 잡혀 있었던 것으로 보인다. 그 게임은 심지어 독일 의회의 엄숙한 의사당에도 들어갔다. "나는 아직도 라이히스타크의 백발이 성성한 사람들이 그들 손에 든 작은 사각형 박스에 열중하는 것을 분명하게 상상할 수 있다"고 퍼즐이 유행하던 동안 부의장을 지낸 지리학자이며 수학자 군터(Sigmund Gunter)가 회상했다. "파리에서 그 퍼즐은 야외에서, 대로에서 유행되었고, 수도에서 지방으로 빠르게 확산되었다"고 그 시대의 프랑스 작가가 썼다. "이 거미가 그 거미줄에 빠질 희생자를 기다리기 위하여 쳐 놓은 소굴을 갖지 않은 시골 오두막집은 거의 하나도 없었다." 로이드는 첫 번째 완전한 해에 1,000달러를 상금으로 제시했다. 그러나 많은 사람들이 신청했음에도 불구하고, 정밀한 조사 아래에서 아무도 상금을 받을 타일의 이동을 재현할 수 없었다. 이것에는 단순한 이유가 있는데, 그것은 또한 로이드가 그의 발명품에 대하여 미국의 특허를 받지 못한 이유이기도 했다. 규정에 따르면, 로이드는 하나의 원형의 배치가 그것으로부터 만들어질 수 있는 작동 모델을 제출해야 했다. 그 게임을 특허국에 제출하자, 그는 그 퍼즐이 풀릴 수 있는지 질문을 받았다. "아니요," 그는 대답했다. "그것은 수학적으로 불가능합니다." 그것에 대하여 관리는 작동 모델이 없으므로 특허도 없다고 생각했다!

이 퍼즐의 이론은 타일의 200억 가지 이상의 가능한 출발 방식이 꼭 두 그룹으로 나뉜다는 것을 드러낸다; 하나는 모든 타일들이 수의 오름차순으로 움직일 수 있게 하는 것(이 그룹을 I이라고 하자)이고, 하나는 타일 14와 15를 뒤집는 것(그룹 II)이다. 게임의 보통의 규칙을 따르면, 이 두 그룹으로부터 배열을 조합하는 것은 불가능하며, 그룹 I의 배열을 그룹 II의 배열로 또는 그 반대로 바꾸는 것도 불가능하다. 타일의 무작위적 배열이 있을 때, 우리는 우리가 풀 수 없는 종류를 가졌는지 미리 알 수 있을까? 매우 쉽다. 단순하게 숫자 n이 쓰인 타일이 $n+1$이 쓰인 타일 뒤에 나타나는 예가 몇 개나 있는지 세어 보자. 만일 그러한 역전이 짝수 개 있다면 그 퍼즐은 풀 수 있고, 그렇지 않으면 시간만 허비할 뿐이다!

역자 주

2) 원문에는 u_n+1로 나와 있는데, 이는 $F(n)+1$의 오기로 보인다.

15 퍼즐 레어리라이트(Fairylite)에 의해 영국에서 만들어진 15 퍼즐의 한 형태. *Sue & Brian Young/Mr. Puzzle. 호주, www.mrpuzzle.com.au*

F

figurate number (도형수, 圖形數)

균등하게 놓인 점의 배열로부터 연속적 기하학적 도형을 만듦으로써 발견되는 수열. 여기에 예가 있다.

```
1  3  5  7
*  *  *  *
  **  *  *
   ***  *
      ****
```

점들은 1차원, 2차원, 3차원 또는 4차원으로 배열될 수 있다. 많은 다른 종류의 도형수가 있는데, **다각형수(polygonal number)**, **사면체수(tetrahedral number)**와 같은 것들이다.

films and plays involving mathematics (수학과 관계된 영화와 연극)

수학자나 수학은 정신 나간 교수나 의미 없이 휘갈겨 쓴 식 형태의 패러디로서가 아니면 은막이나 무대에 올라가는 일이 드문 일이다. 유명한 예외가 *뷰티풀 마인드(A Beautiful Mind, 2001)*인데, 론 하워드(Ron Howard)가 감독하고 러셀 크로우가 재능이 뛰어나지만 정신적으로 문제가 있는 수학자 **내쉬**(John Nash)의 역을 했다. 훌륭한 러브스토리이고 네 개의 오스카상을 받은 잘 만들어진 영화지만, *뷰티풀 마인드*는 수학이 약했고, 내쉬의 삶과 그의 정신 분열증과의 싸움에 대한 상세한 것에서 많은 부분에서 부정확했다. *레인맨(Rain Man, 1988)*도 실제 이야기에 기초한 영화인데, 더스틴 호프만(Dustin Hoffman)이 정확한 기억력을 가졌으며 암산의 천재인 자폐아 재능인으로 공동 주연을 했다.

맷 데이먼(Matt Damon)과 벤 애플렉(Ben Affleck)이 각본을 쓰고 출연도 했으며, 로빈 윌리암스(Robin Williams)도 출연한 *굿 윌 헌팅(Good Will Hunting, 1997)*은 문제가 있는 삶에 이끌렸으나 수학에 놀라운 재능을 가진 젊은이의 이야기이다. 그의 재능은 그가 법과 충돌하게 되었을 때 발견되었고, 그는 곧 그가 뒤에 남겨진 가족과 친구를 버리고 수학적 미래를 추구해야 하는지를 결정해야 했다. 다렌 아로노프스키(Darren Aronofsky)의 충격적인 독립 영화 *파이(Pi*, 1998)에서, 주연은 **π(pi)**의 무한소수 부분에 있는 패턴에 대한 연구에 집착하는 수학자이다. 그는 그것들이 주식 시장의 행동을 포함하여 혼돈적 행동을 예견하는 데 쓰일 수 있다고 믿는다. 이 영화를 통하여 그는 무자비한 증권 투자가와 하나님과 소통하는 수학적 방법을 찾으려고 하는 토끼의 추적을 받는다. 공상 과학영화 *큐브(Cube, 1997)*에서는 여섯 사람이 그들이 치명적인 미로에 갇혔음을 깨닫고, 그중 한 사람이 수학적 기술을 써서 퍼즐을 풀고 탈출하는 방법을 발견한다.

강한 수학적 주제를 가졌는데 덜 알려진 영화에는 마리오 마톤(Mario Martone)의 *나폴리 수학자의 죽음(Death of Neopolitan Mathematician)*, 피터 그린웨이(peter Greenway)의 *수에 의한 혼란(Drowning by Numbers)*, 조지 시서리(George Csicsery)의 *N은 수이다(N is a number)*와 부에노스 아이레스

의 시노 대학에서 교수와 학생들이 만든 *뫼비우스(Moebius)*가 포함된다. 수학은 또한 무대에도 진출했다. **페르마의 마지막 정리**(Fermat's last theorem)를 증명하기 위한 **와일즈**(*Andrew* Wiles)의 투쟁을 각색한 뮤지컬 *페르마의 마지막 탱고(Fermat's last tango, 2000)*는 요크 시어터사에 의해서 뉴욕에서 공연되었다. 그것은 데이비드 오우번(David Aubern)에 의하여 만들어져 퓰리처상을 받은 뛰어난 재능의 수학자의 죽음이 그의 딸과 학생들에게 미친 영향에 관한 연극 *증명(Proof)*의 뒤를 따른 것이다.

finite (유한, 有限)

범위나 영역이 제한된 것. 수학에서, *유한집합(finite set)*은 그것이 포함하는 원소의 수가 **자연수**(natural number)로 표현될 수 있는 것이다. 예를 들면, −13과[3] 5 사이의 정수의 집합은 그것이 자연수 (17)개의 원소를 가지므로 유한집합이다. 반면에 **소수**(prime number)의 집합은 유한이 아니다. 물리학에서, "유한"은 "무한이 아님"과 "0이 아님"을 동시에 뜻하는 것으로 쓰인다.

finite-state automation (FSA, 유한 상태 자동 장치)

가장 간단한 계산 장치. 비록 보편적 계산을 수행할 만큼 강한 것은 결코 아니지만, 그것은 정규 표현식(regular expression)을 인식할 수 있다. FSA는 어떤 특별한 입력(input)을 가지고 나타날 때 FSA가 한 상태를 다른 상태로 어떻게 옮기는지를 명시하는 상태 전이표(state transition table)에 의하여 정의된다. FSA는 **그래프**(graph)로 그려질 수 있다.

Fisher, Adrian (피셔)

영국의 직업 디자이너이면서 **미로**(maze)의 제작자. 그의 회사 아드리안 피셔 메이즈 디자인(Adrian Fisher Maze Design)은 영국과 유럽 대륙, 미국, 그리고 다른 곳에서 매우 다양한 미로를 건설했다. 이들은 리즈성(Leeds Castle)의 공식 생울타리 미로와 롱 멜포드(Long Melford)에 있는 켄트웰홀(Kentwell Hall)의 세계에서 가장 큰 벽돌 포장 미로를 포함한다. 후자는 튜더 장미(Tudor Rose)를 기초로 했는데, 살아 있는 경기자들이 튜더가의 의상을 입고 있는 보드 게임의 위치를 정하는 데 사용되는 15개의 꽃받침을 가지고 있다.[101]

Fitchneal (피치닐)

바이킹 게임 **왕의 탁자**(Hnefa-Tafl)의 아일랜드판. (*아드-리(Ard-Ri*, "High King")로 부르는 스코틀랜드의 같은 게임처럼) 7×7판 위에서 게임을 하는데, 9세기의 *마비노기온(Mabinogion)*[4]과 *코르막 용어 사전(Cormac's Glossary)*[5]에 언급되어 있다.

five (5/오/다섯)

가장 작은 **피타고라스 삼각형**(Pythagorean triangle−정수변을 가지는 직각삼각형)의 빗변의 길이. 5는 **쌍둥이 소수**(twin prime)의 두 쌍의 한 원소가 되는 유일한 **소수**(prime number)이다. 모든 정수는 무한히 많은 방법으로 5개의 양 또는 음의 세제곱수의 합이 된다. 5는 일반적인 해의 공식이 없는 다항식의 최소의 차수이다(**5차식**(qunitic) 참조).

fixed-point attractor (부동점 끌개)

위상공간(phase space)에서 때로는 *평형점(equilibrium point)*으로 불리는 특별한 점에 의해서 표현되는 **끌개**(attractor). 점으로서의 그것은 계의 가능한 행동의 매우 제한된 영역에 대응한다. 예를 들면, 진자(振子)의 경우에, 부동점 끌개는 추가 정지 상태에 있을 때의 진자를 나타낸다. 이 정지 상태는 중력과 마찰 때문에 계를 끈다.

Flatland: A Romance of Many Dimensions (평평한 나라: 다차원 세계의 이야기)

애벗(Edwin A. Abbott)[1]의 풍자 소설로 1884년에 처음 출판되었는데, 그 위에서 주민들이 움직이는 지도의 표면과 같은 **이차원 세계**(two-dimensional world)를 묘사하고 있다. 평지에 사는 사람들은 위로와 아래로의 개념이 없으며, 서로에게 단지 점이나 선으로 나타난다. 우리의 3차원적 관점으로부터, 우리는 평지 위에서 내려다보고 그곳의 사람들이 직선(여성), 좁은 이등변삼각형(군인과 일꾼), 정삼각형(하급 중산층), 정사각형과 정오각형(그 이야기의 필명의 작가 정사각형(A. Square)을 포함하는 전문직 사람), 정육각형과 더 많은 변

역자 주

3) 원본에는 -18로 나와 있으나, 이는 -13의 오기로 보인다.

4) 중세 영국 웨일즈의 산문 모음집.

5) 아일랜드어의 어원과 해설을 담은 사전.

을 가지는 다른 정다각형(귀족), 원(성직자)와 같이 "실제로" 다양한 모양임을 볼 수 있다. 애보트는 빅토리아 시대의 영국에 만연하던 여성에 대한 차별과 완고한 계급의 계층화, "규격에 벗어남"에 대한 인내의 결여를 비판하기 위하여 기하학적인 구분, 특히 평지 여성과 노동 계층의 외모를 이용했다.

꿈에서, 정사각형(A. Square)은 일차원 세계인 선지(線地, Lineland)를 방문하여 왕에게 이차원과 같은 사물이 있음을 설득하려 하지만 실패한다. 차례로, 서술자는 그의 단면이 크기가 변함에 따라 커지고 작아지면서 평지의 평면을 통과하여 서서히 움직이는 구(sphere)로부터 3차원 공간에 대한 이야기를 듣는다. (만약 **초구(hypersphere)**가 우리의 3차원 세계를 통과하여 움직이려 한다면 한 구가 나타나고, 최대 크기로 커지고, 사라지기 전에 다시 줄어들 것이다.) 애보트는 평지의 주민들이 보는 것을 표현하는 데 그가 약간 속이고 있음을 알고 있다. 2판의 서문에서, 그는 몇몇 독자에 의하여 제기된 반대에 평지에 사는 사람들이 "선을 보면서 눈에 *길게(long)* 보이는 것뿐만 아니라 눈에 *두껍게(thick)* 보임이 틀림없는 것을 본다(그렇지 않으면 그것은 보이지 않을 것이다…)"는 길지만 너무 설득력 있지는 않은 답변을 한다. 이상하고 자주 무시되는 사실은 우리가 4차원에 대하여 상상하려는 것처럼 2차원에서 보는 것이 실제로 어떨지에 대하여 상상할 수 없다는 것이다! 우리가 아무리 열심히 노력해도 **0**(*zero*)의 두께를 가지는 선을 볼 수 있기를 상상하는 것은 불가능하다.

flexagon (플렉사곤)

접어진 종이 띠로 만들어진 평평한 모델인데, 풀렸을 때 많은 숨겨진 면을 드러내도록 만들 수 있는 것이다. 플렉사곤은 재미있는 장난감이지만 또한 수학자들의 관심도 끈다. 그것들은 보통 정사각형 모양이거나 직사각형 모양(테트라플렉사곤 tetraflexagon) 또는 육각형 모양(헥사플렉사곤 hexaflexagon)이다. 그 모델이 보여줄 수 있는 면의 수를 지적하기 위하여 이름에 접두어가 붙여질 수 있는데, 풀기 전에 볼 수 있는 두 면(앞 뒤)을 포함한다. 예를 들면 6개의 면을 가지는 헥사플렉사곤을 헥사헥사플렉사곤이라 한다. 첫 번째 플렉사곤인 트리헥사플렉사곤의 발견은 1939년 프린스턴 대학에서 연구하던 영국인 학생 스톤(Arthur H. Stone)에 의해서이다. 스톤의 동료 터커만(Bryant Tuckermann), 페인만(Richard P. Feynman)과 터키(John W. Tuckey)는 이 아이디어에 관심을 가지게 되었다. 터커만은 플렉사곤의 모든 면을 드러내기 위한 *터커만 횡단(Tuckermann traverse)*으로 불리는 위상적 방법을 계산했다. 터키와 페인만은 출판되지 않은 완전한 수학적 이론을 개발했다. 플렉사곤은 **가드너**(Martin Gardner)가 *Scientific American* 에 글을 써서 일반 대중에게 소개하였다.

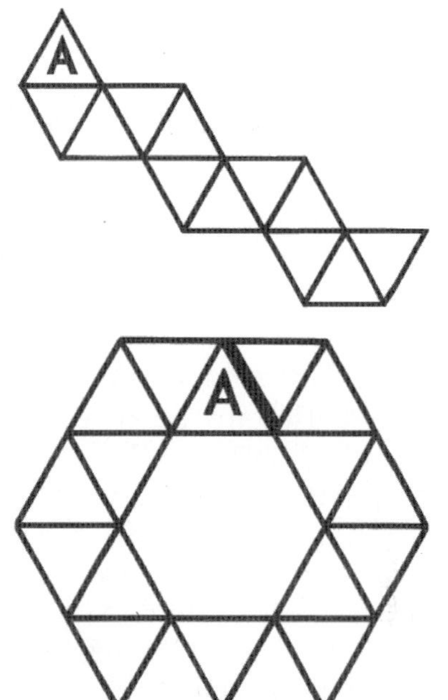

플렉사곤 헥사플렉사곤으로 접기 위한 두 개의 그물: 4–플렉사곤(위)과 6–플렉사곤(아래). 그물을 이용하기 위하여 복사해서 확대하고, 양쪽 면에 다음 숫자를 붙인다:

$$4-\text{플렉사곤}\quad \begin{pmatrix} 2231\ 2231\ 2231 \\ 3144\ 3144\ 3144 \end{pmatrix}$$

$$6-\text{플렉사곤}\quad \begin{pmatrix} 662554\ 662554\ 662554 \\ 231431\ 231431\ 231431 \end{pmatrix}$$

수의 윗 열을 이용하여 A에서 출발한다. 첫 번째 삼각형의 양쪽 면에 위와 아래의 숫자들이 나타나도록 그물의 다른 쪽 면에 아래 열의 숫자를 써 넣고, 이와 같이 한다. *Jill Russell*

floor function (마루함수)

x 내의 가장 큰 정수, 즉 x보다 작거나 같은 정수 중 가장 큰 것을 말한다.

Flower of Life (인생의 꽃)

이집트 아비도스의 오시리스 사원에서 발견된 아름다운 원의 배열의 하나. 그 패턴은 B. C. 9세기의 페니키아 미술에서도 나타난다. 그 원들은 6겹의 대칭으로 놓여 있으며, 원과 렌즈의 매혹적인 패턴을 형성한다. 같은 사원으로부터의 관계되는 디자인은 13세기부터 이탈리아에서 다시 반복되는데, *인생의*

씨(*Seed of Life*)로 불린다.

fly between trains problem (기차 사이의 파리 문제)

두 대의 기차가 서로를 향하여 달려오고, 그 사이를 파리가 앞뒤로 부산하게 날아다닌다. 기차의 (일정한) 속도와 처음 두 기차 사이의 거리, 그리고 파리의 (일정한) 속도가 주어질 때, 두 열차가 충돌하기 전까지 파리는 얼마나 멀리 날아야 하는지를 구하여라. 이 문제는 라이상(Charles Ange Laisant, 1840–1921)[6]이 그의 책 『*수학 입문*(*Initiation Mathématique*)』에서 제기하여 나타나게 되었다. 답을 얻는 지루한 방법과 훨씬 짧은 방법이 있다. 기차가 200마일 떨어진 지점에서 시속 50마일로 출발하고, 파리는–그 부류의 속도광이어서–시속 75마일로 난다고 하자. 긴 방법은 파리가 취하는 앞뒤 왕복의 경로의 길이를 고려하고, 이것을 무한급수의 합으로 구하는 것을 수반한다. 짧은 해는 이 시간에 파리는 $2 \times 75 = 150$ 마일을 난다는 사실을 알아내는 것이다! 이 문제가 **폰 노이만**(**John von Neumann**)에게 제시되었을 때, 그는 즉각 옳은 답을 제시했다. 문제를 제기한 사람은 그가 지름길을 찾았으리라고 생각하고 말했다, "매우 이상하지만 거의 모든 사람이 무한급수를 합하려고 했는데요." 폰 노이만은 대답했다. "이상하다니 무엇이 말입니까? 나도 그 방법을 썼는데요."

focal chord (초점현, 焦點弦)

원뿔곡선(conic section)의 **초점**(focus)을 지나는 **현**(chord).

focal radius (초점 반지름)

타원(ellipse)의 **초점**(focus)에서 그 **둘레**(perimeter)의 한 점을 연결한 선분.

focus (초점, 焦點)

원뿔곡선(conic section)의 작도에서 정해지는 점. 이 단어는 난로 또는 벽난로의 라틴어에서 나왔고, 수학에서는 **케플러**(Johannes **Kepler**)가 **타원**(ellipse)을 표현하는 데 처음 사용함으로써 나타나게 되었다.

foliation (엽상 구조, 葉狀構造)

다양체(manifold)의 장식으로, 그 안에서 다양체는 더 낮은 차원의 잎(sheet)으로 나누어지고 그 잎들이 국소적으로(locally) 평행하다. 더 기술적으로, 엽층화된 다양체는 부분공간의 잉여류(coset)에 의하여 장식된 **벡터공간**(**vector space**)에 국소적으로(locally) **위상동형**(**homeomorphic**)이다.

folium (엽선, 葉線)

1609년 **케플러**(Johannes **Kepler**)에 의하여 처음 표현된 곡선인데, 그것은 다음의 일반 방정식에 대응한다.

직각좌표로	$(x^2+y^2)(y^2+x(x+b))=4axy^2$
극좌표로	$r=-b\cos\theta+4a\cos\theta\sin^2\theta$

라틴어 *폴리움*(*folium*)은 "잎 모양"을 의미한다. 단순 엽선, 이중 엽선, 삼중 엽선으로 알려진 세 가지 형태는 각각 $b=4a$, $b=0$과 $b=a$인 경우에 대응한다. *데카르트의 엽선*(*folium of Descartes*)은 직각좌표 방정식 $x^3+y^3=3axy$ 로 주어지는데, 1638년 **데카르트**(**René Descartes**)에 의하여 처음 논의되었다. 그는 양의 사분면에서 이 곡선의 정확한 모양을 발견했지만, 이 잎 모양이 꽃의 네 잎처럼 각 사분면에 반복하여 나타난다는 틀린 생각을 하였다. 이 곡선의 접선을 결정하는 문제는 로베르발(Gilles de Roberval)이 제기했으며, 그는 똑같이 잘못된 가정을 가지고 자스민의 네 꽃잎의 이름을 따서 그 곡선을 *자스민꽃*(*fleur de Jasmin*)이라고 불렀는데, 그 이름은 나중에 버려졌다. 데카르트의 엽선은 $x+y+a=0$을 점근선으로 갖는다.

formal system (형식 체계)

명제가 논리적 규칙에 의해서 구성되고 다루어지는 수학적 형식주의. **유클리드 기하학**(**Euclidian geometry**)과 같은 몇 가지 형식 체계는 몇 개의 **공리**(**axiom**)를 기반으로 건설되고 증명을 통하여 추론될 수 있는 정리를 가지고 확장된다.

formalism (형식주의, 形式主義)

독일의 수학자 **힐베르트**(David **Hilbert**)가 이끌었던 수학적 사고의 한 학파이다. 형식주의자들은 수학이 **공리**(axiomatic) 체계를 통하여 발전되어야 한다고 주장한다. 형식주의자들은 수학적 증명의 원리 위에서는 플라톤주의에 동의하지만, 힐베르트의 추종자들은 수학의 외부 세계를 인정하지 않는다. 형

역자 주

6) 프랑스의 정치가인데, 수학에 관한 책을 썼고, 1888년에는 프랑스수학회장이 되었다.

식주의자들은 우리가 정의하기 전까지는 수학적 대상이 존재하지 않는다고 주장한다. 예를 들면, 인간은 그것을 표현하는 공리들을 확립함으로써 **실수**(real number) 체계를 창조한다. 수학이 필요로 하는 모든 것은 한 단계에서 다음 단계로 나아가기 위한 추론의 규칙이다. 형식주의자들은 공리들, 정리, 그리고 정의의 확립된 틀 내에서 수학적 체계가 모순이 없음을 증명하려고 했으며, 그리고 20세기 중반에는 형식주의가 수학 교재에서 우월적 사고방식이 되었다. 그러나 그것은 **괴델의 불완전성 정리**(Gödel's incompleteness theorem)에 의해서 약화되었으며, 또한 증명되지 않거나 공리적으로 얻어지지 않아도 결과를 유용하게 적용할 수 있다는 것이 일반적 인식이다.

Fortune's conjecture (포춘의 추측)

정신병자의 경계를 넘나드는 불안정한 행동으로 평판이 있던 뉴질랜드의 사회 인류학자인 포춘(Reo Fortune, 1903-1979)에 의해서 만들어진 **소수**(prime number)에 대한 추측. 그는 한때 온타리오 대학에서, 그의 동료 맥일레이드(Thomas McIlwraith)와의 학문적 논쟁을 온타리오 왕립박물관에 소장된 무기 중 어떤 것이든 그가 선택한 것으로 결투를 하자고 그에게 도전함으로써 해결하려 하였다. 포춘은 P가 처음 n개의 소수의 곱일 때, 만약 q가 $P+1$보다 큰 소수 중 가장 작은 것이면 $q-P$도 소수라고 주장했다. 예를 들면, $n=3$이면 $P=2\times3\times5=30$, $q=37$이고, $q-P=7$은 소수이다. 이러한 $q-P$는 지금은 *포춘의 수*(*Fortune's number*)로 알려져 있다. 이 추측은 증명이 되지 않고 남아 있는데, 일반적으로는 옳은 것으로 생각된다. 포튠의 수의 열은 다음과 같이 시작된다.

3, 5, 7, 13, 23, 17, 19, 23, 37, 61, 67, ⋯

four (4/사/넷)

가장 작은 **합성수**(composite number), 두 번째로 작은 **제곱수**(square number), **피보나치수**(Fibonacci number)가 아닌 첫 번째 수, 가장 작은 **스미스수**(Smith number), 두 **소수**(prime number)의 합으로 쓸 수 있는 가장 작은 수이다. 4는 **시공**(space-time)의 차원(공간의 3과 시간의 1)을 이루는 수이다. 이것은 또 임의의 지도를 이웃하는 어떤 두 영역도 같은 색이 되지 않도록 칠하는 데 필요한 색의 가장 큰 수(**4색 지도 문제**(four-color map problem) 참조.)이다. 나침반에는 4개의 방위 기점이 있고, 세상의 종말에는 4명의 말을 탄 기사와 4가지 복음이 있다.

four-color map problem (4색 지도 문제)

1852년으로 거슬러 올라가는 오래된 문제인데, 그때 프란시스 거스리(Francis Guthrie)[7]는 영국의 주들을 색칠하다가 이웃하는 어떤 두 주도 같은 색으로 칠하지 않음을 확인 하는 데 4가지 색으로 충분하다는 것을 알았다. 거스리는 그의 동생 프레데릭(Frederick)에게 *임의의*(*any*) 지도를 4가지 색을 써서 이웃하는 어떤 두 영역(즉, 점이 아닌 경계선을 공유하는 것들)도 어떤 두 영역도 다른 색이 되도록 칠할 수 있다는 것이 참인지를 물었다. 프레데릭 거스리는 그 추측을 **드모르간**(Augustus de Morgan)에게 건넸다. 첫 번째 출판된 참고 문헌은 1878년 **케일리**(Arthur Cayley)에 의한다. 1년 후에 영국의 변호사 켐프(Alfred Kempe)의 틀린 "증명"이 나왔다; 그것의 오류는 11년 후 히우드(Percy Heewood)가 지적하였다. 또 하나의 실패한 증명은 1880년에 **테이트**(Peter Tait)에 의해서 나왔는데, *그의 주장*의 틈은 1891년 페테르슨(Julius Perterson)이 지적했다. 그러나 이 두 틀린 증명은 어느 정도 가치가 있다. 켐프는 *켐프 체인*(*Kemp chain*)으로 알려지게 된 것을 발견했으며, 테이트는 세 모서리 착색에 대한 4색 정리의 동치 변형식을 발견했다.

다음의 중요한 기여는 버코프(George Birkhoff)[8]로부터 나왔는데, 그의 연구는 1922년 프랭클린(Philip Franklin)이 많아야 25개의 영역을 가지는 지도에 대하여 4색 추측이 사실임을 증명하는 것을 가능하게 했다. 이것은 또한 다른 수학자들이 4색 문제에 대한 다양한 진보를 이루는 데 사용되었다. 1970년대에 독일의 수학자 헤쉬(Heinrich Heesch)는 궁극적 증명에 필요한 두 가지 중요한 요소–축약(reducibility)과 방출(discharging)–을 개발했다. 축약의 개념은 다른 연구자들에게서도 잘 연구되었지만, 증명에서 피해갈 수 없을 만큼 중요한 방출의 아이디어는 헤쉬에 의한 것으로 보이고, 그래서 이 방법의 적절한 발전이 4색 문제를 해결할 것이라고 추측한 사람도 그다. 이것은 1977년 4색 정리의 증명을 발표한 일리노이 대학의 아펠(Kenneth Appel)과 하켄(Wolfgang Hacken)에 의해서 확인되었다.[12] 그들의 논란이 많은 증명은 수학적 증명의 자격에 대한 기본적 가정에 도전하였다. 그들은 평면 위의 모든 가능한 지도를 차례로 만들 수 있는 1,478 가지의 다른 배열을 분석하는 데 슈퍼컴퓨터를 1,200 시간이 넘게 사용했다. 아펠이 지적했듯이, 모든 사람이 이 타개책에 즐거워했던 것은 아니다:

역자 주

7) Francis Guthrie(1831-1899): 영국의 수학자.
8) George David Birkhoff(1884 – 1944): 미국의 수학자.

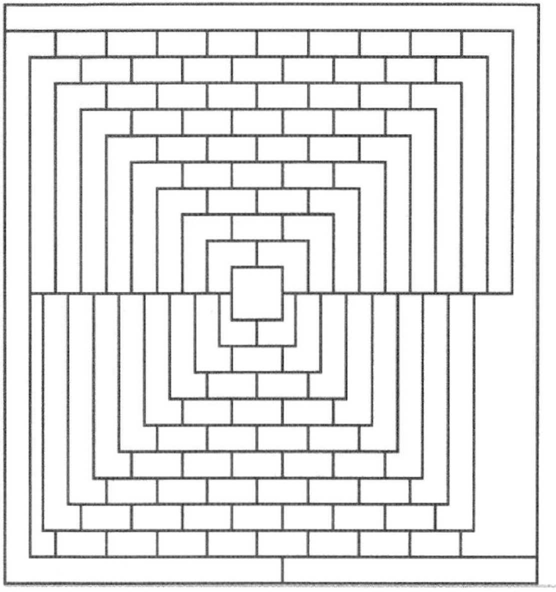
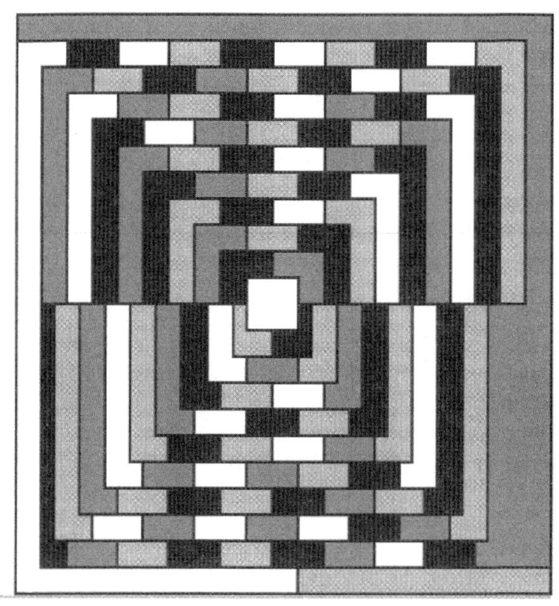

4색 지도 문제 가드너(Martin Gardner)의 가짜 반례(왼쪽)과 네 가지 색을 사용한 해(오른쪽). 여기에서 다른 색은 검정색, 흰색, 회색으로 나타내었다.

거의 한 세기 반 동안, 그래프 이론의 성배(聖杯)는 4색 정리의 단순하고 날카로운 증명이었다. 학교의 아이들조차 이해할 수 있는 문제를 아직도 평면 지도에 오직 네 가지 색만 필요한 이유를 더 잘 밝히는 방법으로 풀어야 한다는 것이 우리의 직업에 문제를 일으켰다. 많은 수학자들의 감정은 우리가 수많은 배열의 축약을 검증하는 데 컴퓨터를 사용했던 긴 축약 논의에 의하여 증명될 수 있었다는 말을 나에게서 들은 윌프(Herb Wilf)의 반응으로 요약되었다. 그는 간단히 말했다, "신은 그렇게 아름다운 정리가 그렇게 추한 증명을 갖는다는 것을 용납하시지 않을 것이다."

가드너(Martin Gardner)는 "컴퓨터가 필요하지 않은 간단하고 우아한 증명이 얻어질지 아닐지는 아직 미해결 문제이다"고 언급했다. 그렇게 간단하고 직관적인 퍼즐을 해결하기가 그렇게 어려울 수 있다니 재미있다! 4색 정리는 평면이나 구면 위의 지도에 대하여 참이다. 그러나 그 답은 **토러스**(torus) 위의 기하학적 지도에 대해서는 다른데, 이 경우에는 7가지 색이 필요하고도 충분하다.[277]

four coin problem (네 개의 동전 문제)

다른 크기를 가질 수 있는 세 개의 동전 각각이 다른 두 개와 접하도록 주어질 때, 다른 세 동전과 동시에 접하는 동전을 찾는 문제이다. 답은 안쪽의 **소디 원**(Soddy circle)이다.

four four problem (네 개의 4 문제)

네 개의 4의 산술적 조합을 이용하여 1부터 100까지를 나타내는 문제이다. 예를 들면, 1=44/44이고 2=(4×4)/(4+4)이다. 이 문제는 『*교사 보조 자료 : 산술의 실제와 이론 개요*(*The Schoolmaster's Assistant : Being a Compendium of Arithmetic Both Practical and Theoretical*)』(첫 판은 약 1744년)에 처음 나왔는데, 영국의 교사이자 성직자인 딜워드(Thomas Dilworth, 1780년 사망)에 의한 유명한 교재였다. 사칙연산(+, −, ×/), 연속(예를 들면 44의 사용), 소수점(예 4.4), 거듭제곱(예 4^4), 제곱근, 계승(예 4!), 순환소수를 표현하는 윗줄[9](예를 들면 $0.\bar{4}$는 4/9를 나타낸다)을 포함하는 연산과 기호가 허용된다. 괄호의 일상적인 사용도 허용된다. 이러한 방법으로 표현하는 가장 기술적인 것의 하나는 73인데, 다음과 같이 왜곡된 것을 요한다.

$$\sqrt{(\sqrt{(\sqrt{(4^4)})})}+4/0.\dot{4}'$$

(여기에서 4′은 .444…의 단축이다.)

물론, 이 문제는 100이 넘는 정수를 표현하는 것으로 확장될 수 있다. 네 개의 4 퍼즐에서 얻을 수 있는 가장 큰 수는

$10^{8.0723047260281 \times 10153} = 4^{4^{4^4}}$이다.

four nights puzzle (네 개의 나이트 퍼즐)

3×3의 체스 보드 위에 두 흰색 나이트가 사각형의 상단 왼쪽과 상단 오른쪽에 놓여 있고, 두 검정색 나이트가 하단 왼쪽과 하단 오른쪽에 놓여 있다. 문제는 최소한의 이동을 통하여 흰색 나이트와 검정색 기사를 바꾸는 것이다. (말의) 한 번의 이동은 나이트의 보통의 이동으로 보드의 어떤 빈칸으로든 움직이는데, 중앙의 사각형은 접근할 수 없다.

Fourier, (Jean Baptist) Joseph, Baron (푸리에, 1768-1830)

주로 열 흐름의 수학적 분석에 대한 기여로 알려진 프랑스의 수학자. 사제직으로 교육을 받았지만, 푸리에는 서약을 하지 않고 그 대신에 수학으로 바꾸었다. 그는 새로 생긴 고등사범학교(Ecole Normale)에서 처음 수학을 연구하고 나중에는 가르쳤다. 그는 1798년에 나폴레옹의 이집트 침략에서 과학 자문으로 군대에 참여했는데, 거기에서 교육 기관을 설립하고 고고학적 탐사를 수행하기 위함이었다. 1801년 프랑스로 돌아온 후에, 그는 이제르 주지사로 지명되었다. 푸리에는 열이 어떻게 강체에 전도되는지에 대한 수학적 처리인 『*열의 해석적 이론*(*Theory analytique de la Chaleur*, 1822)』으로 유명하게 되었다. 그는 열 흐름을 지배하는 **편미분방정식(partial differential equation)**을 확립하고 그것을 지금은 **푸리에급수(Fourier series)**로 부르는 삼각함수의 무한급수를 이용해서 풀었다. 비록 이 급수가 전에도 사용되었지만, 푸리에는 이것을 훨씬 자세히 조사했고, 삼각함수와 실변수함수의 이론에 대한 추후 연구를 위한 방법을 제공했다. 온몸을 담요로 감고 있으면 건강이 좋아질 것이라는 푸리에의 믿음은 치명적인 것으로 판명되었다; 그렇게 거추장스러운 상태로, 그는 집의 계단에서 넘어져 죽었다.

Fourier series (푸리에급수)

푸리에(Joseph Fourier)의 이름을 딴 것인데, **주기(periodic)** 함수를 다양한 주기와 진폭을 가지는 사인과 코사인의 무한합으로의 전개한 것이다. 이것은 유리수 급수의 합(또는 십진수 전개)에 의한 무리수의 근사와 비슷하다. 인간의 귀는 복잡한 소리로부터 자동으로 푸리에급수를 효율적으로 만든다. *솜털*(*cilia*)로 부르는 미세한 머리카락은 다른 특별한 주기에서 진동한다. 파동이 귀에 들어올 때, 파동함수가 해당되는 주기의 어떤 요소를 가지고 있으면 솜털이 진동한다. 이것은 듣는 사람이 다양한 음높이의 소리를 구분할 수 있게 해 준다. 푸리에급수는 열 흐름을 포함하는 문제에서와 같이 **편미분방정식(partial differential equation)**의 해를 찾는 과학과 공학에서 대단히 많이 사용된다. 그것들은 또한 연속이지만 어느 점에서도 미분이 불가능한 함수와 같은 많은 병리적 함수를 구성하는 데에도 사용될 수 있다. 푸리에급수의 연구와 계산은 **조화해석학(harmonic analysis)**으로 불린다.

fourth dimension (사차원/네 번째 차원)

"당신은 당신이 이해할 수는 없지만 그럼에도 존재하는 것; 몇몇 사람은 보지만 다른 사람들은 그럴 수 없는 것이 있다고 생각합니까?" 스토커(Bram Stoker)의 *드라큘라*(*Dracula*)에서 반 헬싱 박사가 말했다. 뱀파이어 대신, 그는 아마 쉽게 4차원–상하, 전후, 좌우의 3차원의 익숙한 방향에 직각을 가진 확장–에 대한 것을 이야기하고 있었던 것일 수도 있다. 물리학, 특히 **상대성 이론(relativity theory)**에서, **시간(time)**은 자주 우리가 사는 **시공(space-time)** 연속체(continuum)의 네 번째 차원으로 간주된다. 그러나 어떠한 의미가 네 번째 *공간적*(*spatial*) 차원에 붙여질 수 있을까? 사차원(4–d)의 수학은 1, 2, 3차원의 대수학 또는 기하학의 간단한 확장을 통하여 접근할 수 있다.

대수적으로, 다차원 공간의 점은 **실수(real number)**의 유일한 열에 의하여 표현될 수 있다. 1차원 공간은 실수의 **수직선(number line)**일 뿐이다. 2차원 공간, 평면은 모든 실수의 **순서쌍(ordered pair)** (x, y)의 집합에 대응하고, 3차원 공간은 모든 순서 3조(ordered triple) (x, y, z)의 집합에 대응한다. 유추에 의하여, 4차원 공간은 모든 순서 4조(ordered quadruple) (x, y, z, w)의 집합에 대응한다. 이 개념에 연결된 것이 **4원수(quaternions)**인데, 그들은 4차원에 있는 점으로 볼 수 있다. 4차원에 대한 기하학적 사실들은 기술하기 쉽다. 네 번째 차원은 3차원에서의 모든 방향에 수직인 방향으로 생각할 수 있다; 다시 말하면 그것은 x-, y- 그리고 z-축과 서로 수직인 한 축, 말하자면 w-축을 따라 확장한다. 정육면체와 유사한 것은 **초입방체(hypercube** 또는 **tesseract)**이고, 구와 유사한 것은 4차원 **초구(hyper sphere)**이다. **플라톤 입체(Platonic solid)**로 부르는 5개의 정다면체가 있는 것처럼, 6개의 4차원 정**다면체(polytope)**가 있다. 그것들은 다음과 같다 :

역자 주

9) 순환소수를 나타내는 방법은 여러 가지인데, 우리나라에서는 $0.\dot{4}$와 같이 점을 찍지만 $0.\overline{4}$와 같이 윗줄을 긋는 방법도 있다.

4-단체(4-simplex)(세 개의 정사면체가 한 모서리에서 만나는 5개의 정사면체로 구성된다.) ; **초입방체(tesseract)**(각 모서리마다 세 개씩 만나는 8개의 정육면체로 만들어진다).; 16-셀(cell)(각 모서리마다 네 개씩 만나는 16개의 정사면체로 만들어진다).; 24-세포(각 모서리마다 세 개씩 만나는 24개의 정팔면체로 만들어진다).; 120-세포(각 모서리마다 세 개씩 만나는 120개의 정십이면체로 만들어진다).; 600-세포(각 모서리마다 다섯 개씩 만나는 600개의 정사면체로 만들어진다).

기하학자들은 모든 종류의 4-d 도형의 성질을 분석하고, 표현하고 분류하는 데 어려움이 없다. 문제는 사차원을 *그려 보려고(visualize)* 할 때 시작된다. 이것은 빨간색에서 보라색까지 무지개의 알려진 어떤 색과도 다른 색, 또는 지금까지 연주된 어떤 것과도 다른 "잃어버린 화음"의 마음속 그림을 형상화하려고 하는 것과 약간 비슷하다. 우리 대부분이 바랄 수 있는 최선의 것은 그것을 유사성에 의해서 이해하는 것이다. 예를 들면, 정육면체의 스케치가 실제 정육면체의 2-d 투시인 것과 똑같이, 실제 정육면체는 초입방체(tesseract)의 투시로 생각될 수 있다. 영화에서, 2-d 사진은 3-d 세계를 나타내고, 반면에 만일 당신이 3차원에서 실제 액션을 관찰하려고 하면, 이것이 4차원에서의 영상 투영과 같을 것이다.

우리의 상상을 4차원적으로 사고하게 유도하는 많은 책들이 씌어지고, 기술이 고안되었다. 가장 오래되고 좋은 것 중 하나가 **고차원(higher dimensions)**에 대한 수학적 토론이 유행하던 시간보다 1세기 이전에 쓰인 **애벗(Edwin Abbott)**의 *평지(Flatland)*[1]이다. 웰스(H. G. Wells)도 4번째 차원을 다루었는데,[285] 가장 유명한 것은 주인공이 "4차원에 들어가는" 묘약을 마시는 『*타임머신(The Time Machine, 1895)*』이고, 뿐만 아니라 『*플래트너 이야기(Plattner Story, 1896)*』에서는 이야기의 주인공인 플래트너가 잘못된 화학 실험으로 인하여 4차원에 던져지고 내부 장기가 오른쪽에서 왼쪽으로 돌려져 돌아온다. 그러나 이 문제에 대한 가장 특별하고 오래된 공격은 **힌턴(Charles Hinton)**으로부터 나왔는데, 그는 색칠한 블록의 복잡한 세트에 관계되는 적당한 정신적 실습을 통하여 더 높은 실체가 스스로 드러날 것이라고 믿었다; "역학과 과학과 예술에서, 4차원적 사고의 완전한 체계를 제시한다."

빅토리아 시대의 심령학자와 신비주의자들은 고인의 영혼의 고향으로서의 4차원의 아이디어에 사로잡혀 있었다. 그들은 이것들이 어떻게 영혼이 벽을 통과하며, 사라지고 나타나며, 단지 3차원적 인간에게는 보이지 않는지를 설명할 것이라고 주장했다. 몇몇 탁월한 과학자들이 영리한 마술 묘기에 속은 후에 심령학자들의 주장에 무게를 실었다. 그러한 불행 중 하나는 미국의 사기꾼 무당인 슬레이드(Henry Slade)에 의한 교령회(交靈會)에 참여한 후에 4차원적 영혼의 세계를 그의 『*초월적 물리학(Transcendental Physics, 1881)*』에 쓴 천문학자 쵤러(Karl Friedrich Zöler)이다.

20세기 초기에 미술도 역시 4차원에 매혹되었다. 입체파의 화가이며 이론가인 글레이즈(Albert Gleizes)가 "유클리드의 3차원을 넘어서 우리는 다른 하나, 즉 4차원을 더했는데, 그것은 공간의 형상과 무한의 측도를 말하려는 것이다"고 말했을 때, 초기 현대 미술 이론-높은 공간적 차원과 무한의 은유적 결합으로서의 기하학적 성향-에 4차원의 두 가지 중요한 특성을 합함으로써 수학과 미술을 결합했다.[159] **클라인 병(Klein bottle)**도 보시오.[25, 156, 163, 212, 213, 231, 254, 267, 271, 273, 340]

Fox and Geese (여우와 거위)

중세로 거슬러 올라가는 영국의 보드 게임인데, 두 변이 같지 않으며, 그래서 **타블 게임(Tafle game)**의 한 예로 만드는 드문 게임이다. 한 마리의 여우가 13(나중의 판은 17)마리의 거위를 잡으려고 하는데, 거위들은 여우가 움직일 수 없도록 둘러싸려고 한다. 거위들은 보드에 있는 십자형 그물의 한쪽에 있는 모든 점을 다 채우고 시작한다. 여우-다른 색깔의 한 패(牌)-는 남아 있는 빈 점의 어느 곳에서든 시작한다. 여우가 먼저 움직인다. 각 변에서, 차례로 한 패씩 움직일 수 있다. 여우와 거위는 모두 선을 따라서 앞으로, 뒤로, 혹은 옆으로 다음의 인접한 점으로 움직일 수 있다. 여우는 선을 따라서 움직이거나, 거위를 뛰어넘어서 움직이면서 거위를 잡고 그것을 보드에서 제거할 수 있다. 만일 여우가 그들 뒤의 빈 점으로 뛰어넘을 수 있다면, 두 마리 이상의 거위가 한 번에 잡힐 수도 있다. 거위가 여우를 가둘 수 없도록 그 무리의 수가 줄면 여우가 이긴다. 거위는 여우를 뛰어넘거나 잡을 수 없지만, 대신에 떼를 지어 그를 구석에 가두도록 해야 한다. 거위는 여우가 움직일 수 없도록 만들면 이긴다. 이 게임의 모방이 영국과 함께 인도로 확산되었는데, 거기에서는 대 반란(Great Mutiny)10) 동안 그 게임이 "관리와 세포이(Sepoy)들"로 알려지게 되었다. 이것의 변종으로, 요새에 있는 두 명의 관리가 24명의 세포이를 체포하려고 하는데, 그들은 요새를 급습해야 한다.

fractal (프랙탈)

적어도 근사적으로는, 어떤 규모로든 크기가 줄어든 전체의 복제인 부분으로 나누어질 수 있는 기하학적 도형이다. 조각

역자 주

10) 세포이(Sepoy) 항쟁을 말하며, 1857년 영국 동인도 회사의 인도인 용병(세포이)이 영국 식민지 지배에 대항해 일으킨 반란.

난 곡면을 의미하는 라틴어 *fractus*에서 나온 "프랙탈"이란 이름은 1975년에 **망델브로**(Benoit Mandelbrot)에 의하여 붙여졌다. 프랙탈의 중요한 성질은 **자기 유사성**(self -similarity)인데, 그것은 프랙탈을 확대하거나 축소해도 모양에서 전반적인 변화를 만들지 않는다는 것을 의미한다.

프랙탈의 몇 가지 기술적 정의 중 하나는 "위상적 차원이 그것의 **하우스도르프 차원**(Hausdorff dimension)보다 작은 집합"이다. 위상적 차원은 한 대상의 보통의 차원성 이고-곡선의 경우에는 1, 곡면의 경우에는 2등이다-그것은 항상 정수이다. 한편, 하우스도르프 차원은 한 대상이 공간을 얼마나 채우는지를 측정하며, 따라서 그 대상이 매우 복잡하고 꾸불꾸불하면 정수가 아닌 값을 가질 수 있다.

어떤 프랙탈은 강한 규칙성과 엄밀한 자기 유사성을 가지고, 매우 단순할 수 있는 규칙들의 세트의 반복된 적용에 의해서 만들어질 수 있다. 이러한 "반복적 함수(iterated function)" 조직으로 가장 잘 알려진 것 중에는 **코흐의 눈송이**(Koch snowflake), **페아노곡선**(Peano curve), **시어핀스키 카펫**(Sierpinski carpet), 그리고 **시어핀스키 개스킷**(Sierpinski gasket)이 있다. 공간의 각 점에서의 반복 관계에 의해서 정의되는 다른 프랙탈은 알려진 가장 복잡하고, 아름답고, 매력있는 수학적 구조 중에 속한다. 그것들은 잘 알려진 **망델브로 집합**(Mandelbrot set)과 **리아프노프 프랙탈**(Lyapnov fractal)을 포함한다. 마지막으로, 결정론적 과정보다는 추계적 절차에 의해서 만들어지는 무작위 프랙탈이 있는데, 예를 들면 **프랙탈 풍경**(fractal landscape)이다. 무작위 프랙탈은 가장 큰 실제적 용도를 가지고, 구름, 산, 해안선, 나무를 포함하는 많은 고도의 불규칙적인 실세계의 대상을 표현할 수 있다. **프랙탈 차원**(fractal dimension)도 보시오.

fractal dimension (프랙탈 차원)

계(system)의 불규칙성 또는 **복잡도**(complexity)의 정수가

프랙탈 망델브로 집합의 일부를 깊숙하게 확대한 것. *Christopher Rowley*.

아닌 측도. 이것은 **유클리드 기하학**(Euclidean geometry)의 차원 개념의 확장이다. 프랙탈 차원의 지식은 우리가 불규칙성의 정도를 결정하고 계의 역학을 결정하는 열쇠가 되는 변수의 수를 정확히 알아내는 것을 도와준다.

fraction (분수, 分數)

전체의 한 부분 또는 여러 개의 같은 부분을 나타내는 수. 예는 2분의 1, 3분의 2, 5분의 3을 포함한다. 이 말은 "쪼갠다"를 의미하는 라틴어 *frangere*로부터 나왔다. *단순*(*simple*), *공통*(*common*), 또는 *보통분수*(*vulgar fraction*)는 a/b 꼴인데, 여기에서 a는 정수이고, b는 0보다 큰 정수이다. 만일 $a<b$이면 이 분수는 "밑이 큰" *진*(*proper*)분수이고, 그렇지 않으면 "위가 큰" *가*(*improper*)분수이다. **소수**(decimal fraction)는 분모(아래의 수)로 10, 100, 1000 등을 갖는다. **연분수**(continued fraction)도 보시오.

Fraser spiral (프래저 나선)

겹치는 검은 곡선 조각이 나선을 형성하는 것으로 보이지만, 실제로는 겹쳐진 일련의 동심원인 **왜곡 착시**(distortion illusion). 이것은 여러분의 손가락으로 한 곡선을 따라가면 쉽게 보일 수 있다. 이 착시는 1908년에 이것을 처음 발표한 영국의 심리학자 프래저(James Fraser)의 이름을 딴 것이다.[104]

Fredholm, Erik Ivar (프레드홈, 1866-1927)

적분방정식(integral equation)의 현대적 이론을 확립한 스웨덴의 수학자. 이것은 20세기의 처음 4반세기에 중요한 연구 분야가 되었고, 물리학에서 중요한 이론적 발전의 뒷받침이 되었다. 특히 **힐베르트**(David Hilbert)는 프레드홈의 연구를 확장하여 **힐베르트 공간**(Hilbert space)의 개념에 이르렀다. 프레드홈은 또한 보험과학에 시간을 헌신했고, 생명보험증권의 해약 반환금을 결정하는 우아한 공식을 제안함으로써 특별히 중요한 기여를 했다. 그는 웁살라 대학에서 박사 학위를 받았으나 나머지 학술 연구는 스톡홀름 대학에서 보냈다.

Freemish crate (프리미쉬 상자)

불가능한 도형(impossible figure)을 보시오.

Freeth's nephroid (프리드의 신장형 곡선)

신장형 곡선(nephroid)을 보시오.

Frege, Friedrich Ludwig Gottlob (프레게, 1848-1925)

수리논리학의 현대적 규칙을 확립한 독일의 수학자. 『*산술의 기초*(*Die Grundlagen der Arithmetik, 1884*)』에서 그는 한 유(類, class)의 **기수**(cardinal number)를 주어진 유와 동등한 (즉, 하나의 **일대일**(one-to -one) 대응으로 둘 수 있는) 모든 유로 정의하는 데 **집합론**(set theory)을 사용했다. 『*산술의 기본 법칙*(*Die Grund -gesetze der Arithmetik*), *2권, 1893과 1903*』에서 프레게는 엄밀하고 모순이 없는 기반 위에서 산술과 기호논리학으로부터 수학을 건설하려는 시도를 시작했다. 제2권이 인쇄되고 있을 때, **러셀**(Bertrand Russel)은 프레게의 연구에 역설(paradox)이 있음을 지적했다. **러셀의 역설**(Russell's paradox)로 부르는 이 역설은 다음 의문에 뿌리를 둔다; "자신의 원소가 아닌 모든 류는 자기 자신의 원소인가 아닌가?" 이 의문은 모순을 가져오며, 해결될 수 없다. 그래서 프레게는 그의 사고의 기초가 가치 없다는 것을 인정하라는 압력을 받았다. 그가 그의 책의 마지막에 언급했듯이 "한 과학자가 연구가 막 끝났을 때 기반이 붕괴되는 것보다 더 달갑지 않은 것을 만날 수는 없다. 연구가 거의 인쇄기를 통과할 때 러셀(Bertrand Russel)로부터의 편지 한 장에 의해서 내가 이러한 처지에 놓이게 되었다."

Frénicle de Bessy, Bernard (프레니클, 1602-1675)

마방진(magic square)을 광범위하게 연구한 탁월한 프랑스의 아마추어 수학자. 1693년에 유고로 출간된 『*마방진에 관한 논문*(*Des quarrsez*[11] *ou tables magiques*)』에서 처음으로 880개의 4차 마방진을 모두 찾았다. 프레니클은 주로 그가 잘 알려지게 된 연구인 **정수론**(number theory)에 대하여 **데카르트**(Descartes), **페르마**(Fermat), **하위헌스**(Huygens), 그리고 **메르센느**(Mersenne)와 교류했다.

frequency (빈도, 頻度)

어떤 시간의 구간에서 한 값이 일어나는 횟수.

friendly number (우애수, 親和數)

우애수(amicable number)를 보시오.

Frogs and Toads (개구리와 두꺼비)

개구리를 나타내는 세 개의 패 또는 못이 7개의 정사각형 열의 왼쪽에 있는 연속된 세 지점에 있고, 두꺼비를 나타내는 세 개의 서로 다른 표시가 가장 오른쪽 정사각형에 있는 게임. 개구리는 오른쪽으로만 움직이고 두꺼비는 왼쪽으로만 움직인다. 각 이동은 이웃 정사각형으로 미끄러지거나, 또는 그 지점이 다른 종의 멤버가 차지하고 있을 때에 한하여 허용되는 한 지점을 뛰어넘는 것이다. 목표는 가능한 최소한의 이동으로 두꺼비는 가장 왼쪽 위치에, 개구리는 가장 오른쪽 위치에 옮기는 것이다. 수 세기 동안 이 퍼즐의 많은 다른 판이 나타났고, 아마 원조는 아랍일 것이다. 중앙의 비어 있는 출발 위치의 수가 변화하는 것과 같이, 양쪽의 조각의 수도 변할 수 있다; 이 퍼즐에 대한 다른 이름에는 *양과 염소, 스핑크스와 피라미드*를 포함한다.

frugal number (절약수)

경제적 수(economical number)를 보시오.

frustum (절두체, 截頭體)

두 개의 평행한 평면 사이에서 잘린 입체의 부분. 특별히 **원뿔**(cone) 또는 **각뿔**(pyramid)에 대하여, 절두체는 보통 밑면과 밑면에 평행한 평면에 의해서 결정된다. *frustum*은 "잘라진 조각"의 라틴어이다.

function (함수, 函數)

> *노 수학자는 죽지 않는다. 다만 그들의 기능(함수)을 약간 잃을 뿐이다.*
>
> –무명씨

한 양의 다른 양 또는 양들에 의한 의존성을 나타내는 한 방법. 전통적으로, 함수는 어떤 입력값을 출력값으로 바꾸는 정확한 규칙 또는 식으로 구분되었다. 만일 f가 함수의 이름이고, x가 입력값의 이름이면 $f(x)$는 규칙 f 아래서의 x에 대한 출력값을 나타낸다. 입력값은 또한 그 함수의 *인수*(引數, *argument*)로 불리기도 하며, 출력값은 그 함수의 *값*(*value*)이라고 한다. 함수의 **그래프**(graph)는 x가 f의 인수일 때 $(x, f(x))$ 전체의 집합을 말한다. 예를 들면, 한 원의 원주 C는 공식 $C = \pi d$에 따라 지름 d에 의존한다; 따라서 우리는 원주가 지름의 함수라고 말할 수 있고, 그 함수의 관계식은 $C(d) = \pi d$로 주어진다. 이와 동치로, 지름은 관계식 $d(C) = C/\pi$를 가지는 원주의 함수로 생각될 수 있다. 현대 수학에서, 정확한 효과적 규칙을 명시하는 고집은 버려졌다; 요구되는 모든 것은 함수 f가 어떤 **집합**(set) X의 모든 원소에 어떤 집합 Y의 유일한 원소를 대응시키는 것이다. 이것은 그 값을 정확히 계산할 수 없더라도 함수를 정의하는 것이 가능하게 한다. 또한 그것은 함수의 일반적 성질을 그것들의 형식에 독립적으로 증명할 수 있게 한다. 모든 인정되는 인수의 집합을 f의 *정의역*(*domain*)으로 부르고, 모든 인정되는 함숫값의 집합을 f의 *공역*(*codomain*)이라고 한다. $f: X \to Y$로 나타낸다.

fundamental group (기본군, 基本群)

한 **위상공간**(topological space) X의 닫힌 경로(closed path)가 새로운 경로를 얻는 데 어떻게 결합되는지를 조사함으로써 얻어지는 **군**(group). (**호모토피**(homotopy)로 알려진) 경로를 동일시하는 적절한 방법으로 우리는 공간 X에 대하여 대수적으로 불변인 집합에 군의 구조를 얻을 수 있다.

fundamental theorem of algebra (대수학의 기본 정리)

실수나 복소수 계수의 임의의 다항식이 복소수 평면에서 근을 가진다는 결과를 말한다.

fundamental theorem of arithmetic (산술의 기본 정리)

1보다 큰 모든 양의 **정수**(integer)는 **소수**(prime number)이거나 또는 소수와 소수의 거듭제곱의 곱으로 유일하게 나타낼 수 있다.

fuzzy logic (퍼지 논리)

그 안의 어떤 것이 참 또는 거짓이라는 고전적 2가 논리로부터의 일탈인데, 진리값의 연속적 영역을 허용한다. 퍼지 논리는 1960년대 버클리에 있는 캘리포니아 대학의 자데(Lotfi Zadeh)에 의해서 자연 언어의 불분명함을 모델화할 목적으로 소개되었다.

역자 주

11 원문의 quassez는 quarrsez의 오기임.

G

Gabriel's horn (가브리엘의 뿔)

곡선

$$y=1/x$$

의 1보다 큰 x의 값에 대한 **회전면**(surface of revolution). 놀랍게도 이것은 단위 길이에 대하여 π(pi) 세제곱인 유한 부피를 갖지만 *무한히 넓은*(*infinitely large*) 곡면의 넓이를 갖는다! 가브리엘의 뿔은 이탈리아인 토리첼리(Evangelista Torricelli, 1608-1647)가 연구했으므로, *토리첼리의 트럼펫*(*Torricelli's trumphet*)으로도 불린다. 젊은 토리첼리는 플로렌스 근처의 아르세트리에 있는 갈릴레오(Galileo)의 집에서 공부했고, 갈릴레오가 죽자 그들의 좋은 친구이자 후원자인 투스카니 대공의 수학과 철학 선생을 계승했다. 토리첼리는 그의 수학적 트럼펫의 이상한 성질에 놀라고 유한 부피가 무한 넓이의 곡면으로 된 용기로 둘러싸일 수 있다는 결론을 피하는 다양한 방법을 시도했다. 불행하게도, 그는 **미적분학**(calculus)이 역설로 보이는 그것을 **무한소**(infinitesimal)로 설명하게 되기 이전에 살았었다.

Galois, Évariste (갈루아, 1811-1832)

짧고 극적인 삶을 살았고, 비록 이탈리아인 루피니(Paolo Ruffini, 1765-1822)가 많은 아이디어를 먼저 찾아냈지만, 현대 **군**론(group theory)을 확립했다고 인정받는 프랑스 수학자. 갈루아의 업적은 그의 동시대 사람들에게는 널리 인정받지 못했는데, 그 이유의 일부는 그가 그의 자료를 매우 잘 내어놓지 못한 것이고, 또 부분적으로는 그가 대중적이지 않은 정치적 관점을 지지했기 때문이다. 사실, 그는 그의 활동 때문에 두 번이나 옥살이를 한 공화적 개혁주의자였다. 두 번째 투옥 중에 그는 교도소 의사인 모텔의 딸 스테파니와 사랑에 빠졌고, 출소 후에 그녀를 두고 헤르빈뷰 사이에 벌어진 결투에서 살해당했다. 그의 죽음은 수일 간 계속된 공화주의자의 폭동과 집회를 시작하게 했다. **갈루아 이론**(Galois theory)도 보시오.

Galois theory (갈루아 이론)

갈루아군(*Galois group*)으로 불리는 특정한 **군**(group)의 연구인데, 그것은 **다항**방정식(polynomial equation)과 연결될 수 있다. 한 방정식의 해를 유리함수와 제곱근, 세제곱근 등을 이용하여 나타낼 수 있는지 아닌지는 *갈루아군*(*Galois group*)의 어

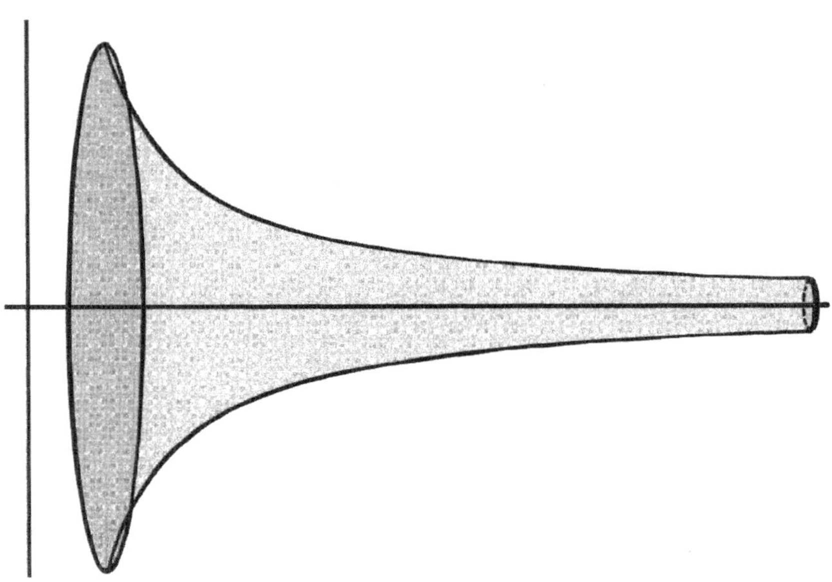

가브리엘의 뿔 x 값이 1과 10 사이에 있을 때의 뿔.

떤 군론적 성질에 달려 있다.

game (게임)

형식적 규칙과 각 단계에 할 일의 유한 번의 선택을 갖는 두 사람 이상의 경기자 사이의 대결. 게임의 연구는 **게임 이론**(game theory)으로 불리는 수학과 논리학의 분야에 속한다. 만일 게임이 충분히 단순하다면 그것은 모든 가능한 결과에 대하여 풀릴 수 있다. 예를 들면 **틱 택 토**(tic-tac-toe)와 **님**(Nim)이 이러한 경우이다. 방대한 수의 이동을 조사하는 데 컴퓨터의 힘을 이용하면 훨씬 더 복잡한 게임도 완전한 분석에 굴복한다. 1990년대에 **아홉 명의 모리스**(nine men's morris)가 수십억 가지의 막판을 추적함으로써 양 경기자가 최적의 전략으로 경기한다면 확실한 무승부가 된다는 것이 밝혀졌다. 체커(checkers)가 완전히 결정될 다음의 것일지 모른다; 그것의 대략 5억 가지의 가능한 위치가 곧 가장 강력한 슈퍼컴퓨터의 범위 내에 있을 것이다. **블랙잭**(blackjack), **체스**(chess), **개구리와 두꺼비**(Frogs and Todds), **오비드의 게임**(Ovid's game), **택틱스**(TacTix), 그리고 **위토프 게임**(Wythoff's game)도 보시오.

game theory (게임 이론)

인간의 **게임**(game), 경제, 군사적 충돌, 생물학을 연구하는 데 사용되는 수학적 형식화. 게임 이론의 목적은 한 경기자가 그의 상대편도 최적으로 경기할 때 사용하기 위한 최적의 **전략**(strategy)을 찾아내는 것이다. 전략은 무작위성을 포함할 수 있는데, 그 경우에 그것은 **혼합 전략**(mixed strategy)으로 불린다. 게임 이론의 초기 아이디어는 성경, **데카르트**(René Descrtes)의 업적, 손자(2400년 전 *병법*의 저자)와 다윈(Charles Darwin)만큼 광범위한 역사를 통틀어 다양한 저술에서 찾을 수 있다. 현대 게임 이론의 기반은 경제학이나 확률론과 같은 관련 주제를 다루는 몇 가지 책의 결과물이다. 이들은 쿠르노(Augustine Cournot)[1)]의 『*부의 이론의 수학적 원리 연구*(*Researches into the Mathematical Principles of the Theory of Wealth*, 1838)』를 포함하는데, 이것은 결과적으로 **내쉬**(John Nash)에 의하여 *내쉬 균형*(*Nash Equilibrium*)으로 형식화되는 것의 직관적 설명을 제공했다. 두 가지 유형(또는 두 사람)의 경제에서 경쟁적 평형의 개념을 탐구한 에지워드(Francis Edgeworth)[2)]의 『*수학적 심리학*(*Mathematical Psychics*)』; 그리고 이른바 혼합 전략의 첫 번째 통찰력을 주었던 **보렐**(Emile Borel)의 『*확률의 대수와 계산*(*Algebre et calculus de probabilities, 1927*)』을 포함한다.[49] 게임 이론은 마침내 미국으로 이민하여 프린스턴 고등 연구소에서 일한 두 사람의 유럽인의 노력을 통하여 마침내 성년을 맞았다. 1940년대쯤 나치가 침략했을 때 그의 조국 헝가리에서 도망가야 했던 **폰 노이만**(John von Neumann)과 국가사회주의를 혐오하여 오스트리아를 떠났던 경제학자 모르겐슈테른(Oskar Morgen -stern, 1902 - 1976)에 의해서 **효용함수**(效用函數, **utility function**)의 아이디어가 채택되었다. 프린스턴에서 두 이민자는 그들이 처음에 게임 이론의 짧은 논문이 될 것이라고 생각하고 함께 연구했는데, 그것이 점점 커져서 1944년에 『*게임 이론과 경제행동*(*Theory of Games and Economic Behavior*)』이라는 제목의 600쪽짜리 역작이 되었다.[230]

게임 이론의 용어

categorical game (범주적 게임)	무승부가 불가능한 게임
finite game(유한 게임)	각 경기자가 유한 번의 수와 각 수마다 유한 번의 선택을 가지는 게임
futile game(헛된 게임)	양 경기자가 정확하게 경기할 때 비김이 허용되는 게임
impartial game(공정한 게임)	어떤 위치에서든 양 경기자에게 가능한 수가 같게 주어지는 게임
mixed strategy(혼합 전략)	게임을 하는 데 확률론적으로 수반되는 가중치의 집합이 함께 주어지는 수의 모임
partisan game(편파적 게임)	어떤 위치에서든 두 경기자가 다른 수의 집합을 가지는 게임
payoff matrix(성과 행렬)	경기자 A가 가능한 m개의 수를 가지고, 경기자 B가 n개의 수를 가질 때, 2인 제로섬 게임의 가능한 결과를 보여주는 $m \times n$ 행렬
strategy(전략)	한 경기자가 게임을 하면서 따르려고 계획하는 수의 집합
zero-sum game (제로섬 게임)	경기자들이 서로 상대에게만 지불하는 게임. 한 경기자의 손실은 다른 경기자의 이득이므로, 쓸 수 있는 "돈"의 총합은 일정하다.

역자 주

1) Antoine Augustin Cournot(1801–1877): 프랑스의 철학자이며 수학자.

2) Francis Ysidro Edgeworth(1845–1926): 아일랜드의 철학자이자 정치경제학자.

gamma (감마)

오일러 마스케로니 상수(Euler-Mascheroni constant)를 보시오.

gamma function (감마함수)

계승(factorial) 함수를 실직선과 복소수 평면에 일반화한 것. 이것은 다음과 같이 정의된다;

$$\Gamma(n+1) = \int_0^\infty x^n e^{-x} dx$$

만일 n이 정수이면, $\Gamma(n+1)=n!$이다. **베타함수**(beta function)도 보시오.

Gardner, Martin (가드너, 1914-2010)

25년간 *Scientific American*에 기고한 그의 "수학적 게임(Mathematical Games)" 칼럼으로 가장 유명한 미국의 레크레이션 수학자. 그는 이 칼럼을 통하여 다양한 독자들에게 **플렉사곤**(flexagon), **폴리오미노**(polyomino), 하이네(Piet Heine)[3]의 **소마 큐브**(Soma Cube), 그리고 **콘웨이**(John Conway)의 **생명**(Life) 게임을 포함하여 많은 주제를 소개했다. 그는 또 아마추어 마술을 했고, 란디(James Randi)와 관련된 (과학적) 회의주의 운동[4]의 능동적인 일원이었다. 가드너는 60 권이 넘는 책의 저자인데, 그 안에는 *Scientific American*의 다양한 칼럼 모음집 『*양손잡이 우주*(*The Ambidextrous Universe*)』, 『*주석 달린 앨리스*(*The Annotated Alice*)』가 포함된다.[108-131]

gauge theory (게이지 이론)

많은 변수의 불필요한 중복 또는 모호성을 표현하는 거대한 **대칭성**(symmetry)이 있는 자연에서의 역장(力場; force field) 또는 수학에서 유사한 **벡터**(vector) 장. 가장 간단한 예는 *전자기장*(*electromagnetic field*)이다.

Gauss, Carl Friedrich (가우스, 1777-1855)

자주 "수학의 왕"으로 불리는 독일의 수학자인데, 그의 지명도와 관심의 범위는 **아리스토텔레스**(Aristotle)와 **뉴턴**(Isaac Newton)에 필적한다. 세 살이었던 그가 아버지의 긴 급여 계산의 실수를 고쳤을 때, 앞으로 어떤 일이 일어날지에 대한 조짐이 보였다. 학교에서는 10살 때 그의 선생님이 1부터 100까지의 정수의 합을 계산하라는 과제를 냈을 때, 가우스는 즉시 그의 석판에 옳은 답 5,050을 썼다. 그는 그 수들이 (100+1), (99+2), (98+3), ⋯, (51+50)으로 짝지어질 수 있어서, 그 문제는 101에 50을 곱하는 것이 된다는 것을 발견했다. 19살에 가우스는 정17각형(17개의 변을 가지는 **정다각형**(regular polygon))을 자와 컴퍼스만을 이용해서 작도하는 방법을 발견했다-그리스 사람들이 이루지 못했던 위업이었다. 그리고 가우스는 **대수학의 기본 정리**(fundamental theorem of algebra), 즉 모든 **다항식**(polynomial)이 결국 **복소수**(complex number)인 한 근을 갖는다는 것을 증명함으로써 그의 시대의 수학의 성층권으로 들어갔다; 사실, 그는 4 가지 다른 증명을 보였는데, 그중의 하나가 그의 박사 학위 논문에 나타났다. 1801년에는 그는 **산술의 기본 정리**(fundamental theorem of arithmetic)(모든 정수가 한 가지 방법의 **소수**(prime number)의 곱으로 표현될 수 있다는 것)를 증명했고, **정수론**(number theory) 연구를 조직화한 그의 *산술 연구*(*Disquisitiones Arithmeticae*)에서 정수의 성질에 대한 뛰어난 역작을 발표했다. 또 모든 정수는 적어도 세 개의 **삼각수**(triangular number)의 합이 됨을 보였다. 같은 해에 최소제곱 적합법(method of least square fitting)을 개발하고, 발표하지는 않았지만 피아지(Piazzi)에 의해서 그 즈음에 발견된 소행성 세레스(Ceres)의 궤도를 단 세 번의 관찰만으로 측정하는데 그것을 사용했다. 가우스는 그의 천체역학에 관한 기념비적인 논문 『*천체 운동 이론*(*Theoria Motus*)』을 1806년에 출판했다. 그는 조사를 통하여 나침반에 관심을 가지게 되었고, 베버(Wilhelm Weber)와 함께 자기장의 강도를 측정하는 장치인 자기계(**磁氣計**)를 개발했다. 또, 그는 베버와 함께 최초의 성공적인 전신(**電信**)을 만들었다.

수학을 위해서는 애석하지만, 가우스는 다시 연구하고 논문을 끊임없이 개선했는데, 그의 좌우명 "pausa sed matura(적어도 완숙하게)"를 지키면서 그는 단지 그의 업적의 조각만을 출판했다. 그의 간결한 일기가 사후 수년간 발표되지 않은 채로 있었으므로, 그의 많은 연구 결과가 나중에 다른 사람들에 의해서 되풀이되거나 남의 공으로 돌아갔다. 단 19쪽짜리인 이 일기는 많은 획기적인 성과들이 그에게 우선권이 있음을 확인하였는데, 보통 **보야이**(Janos Bólyai)와 **로바체프스키**(Nikolai Lobachevsky)에게 찬사가 주어지는 **비유클리드 기하학**(non-Euclidean geometry)의 최초의 선구자가 실제로 그임을 지적하는 **평행선 공준**(parallel postulate)에 대한 대안의 연구를 포

역자 주

3) Piet Hein (1905–1996) 덴마크의 수학자이자 발명가.

4) 칼 세이건(Carl Sagan; 1934–1996)으로부터 비롯된 과학철학의 일종으로, 실증적 연구와 재현성을 바탕으로 증거가 불충분한 주장의 진실성에 대해 과학적 방법으로 검증, 혹은 반증하려는 것이다.

함한다. 그러나 가우스는 **미분기하학**(differential geometry)에 대한 그의 중요한 논의를 『*굽은 곡면의 일반적 탐구*(*Disquistiones circa supertices curvas*)』에 발표했고, 가우스 **곡률**(Gaussian curvature)은 그의 이름을 딴 것이다. 가우스는 정17각형을 그의 묘비에 두기를 원했으나, 조각가가 그것이 원과 구분되지 않을 것이라고 반대했다. 정17각형은 그의 고향 브룬스비크에 그를 기념하여 세운 상의 받침대의 모양으로 나타나 있다.

Gaussian (가우스적)

(종 모양의 곡선으로) 정규적으로 분포되고 곡선의 중앙에 **평균**(mean)을 가지며, 평균에 대하여 **표준편차**(standard deviation)에 비례하는 꼬리 폭(tail width)을 가지는 것이다.

Gelfond's Theorem (겔폰드의 정리)

겔폰드-슈나이더 정리(*Gelfond-Schneider Theorem*)라고도 부른다. 만일 (1) a가 0이나 1이 아닌 **대수적 수**(algebraic number)이고, (2) b가 대수적이고 **무리수**(irrational number)이면 a^b는 **초월수**(transcendental number)이다. 겔폰드의 정리는 **힐베르트**(David Hilbert)의 유명한 문제 중 7번째를 푸는 것이 가능하게 한다.

general relativity (일반 상대성)

상대성 이론(relativity theory)을 보시오.

general topology (일반 위상수학)

점집합 위상수학(point-set topology)을 보시오.

genetic algorithm (유전 알고리즘)

진화하는 컴퓨터 프로그램의 한 유형으로, 홀란드(John Holland)[5]에 의해서 개발되었는데, 해에 도달하는 그의 전략은 유전학에서 따 온 원리에 기초한다. 근본적으로, 유전 **알고리즘**(algorithm)은 해에 도달하는데 유성 생식(sexual reproduction), 무작위적 돌연변이(random mutation)와 자연도태(natural selection)에서의 유전 정보의 섞임을 활용한다.

genus (종수, 種數)

위상수학(topology)에서, 대략적인 말로 곡면에 있는 구멍의 수. 구, 볼링 공(손가락 구멍은 그것들이 통과하지 않으므로 진짜 구멍이 아니다), 그리고 와인잔은 종수 0을 가지고, **이차**(quadratic)방정식으로 나타낼 수 있다. 베이글빵, 튜브, 그리고 찻잔은 종수 1을 가지고, **삼차**(cubic)방정식으로 나타낼 수 있다. 인간들은 구체적으로 나타내기가 더 어렵다. 그러나 여러분의 귀를 뚫으면 명백히 여러분의 종수를 1만큼 늘릴 수 있을 것이다 종수의 다른 정의들이 **곡선**(curve), **매듭**(knot), **집합**(set)과 같은 다른 유형의 수학적 대상에 적용된다.

geoboard (기하판)

기본적인 기하학 개념을 가르치는 데 보조하기 위하여 초등학교에서 공통적으로 사용하는 장치. 간단한 기하판은 정사각형 나무 조각과 평평하게 놓인 5개의 수직선과 5개의 수평선으로 된 망에 배열된 25개의 못으로 만들 수 있다. 이 못들은 평면의 **격자점**(lattice point)을 나타낸다. 원하는 모양이 만들어질 때까지 한 못에서 다른 못으로 고무 밴드를 늘림으로써 도형을 기하판 위에 만든다.

geodesic (측지선, 測地線)

주어진 **곡면**(surface) 위의 가능한 똑바른 경로. 다시 말하면, 좌우로 벗어나지 않고, (있다면) 그 곡면의 **곡률**(curvature)에 의해서 그렇게 되도록 힘이 작용될 때만 굽는 경로이다. 곡면이 보통의 **평면**(plane)이면 측지선은 직선이다; 구에서는 측지선은 **대원**(great circle)이다.

geometric magic square (기하적 마방진)

각 행, 열과 대각선에 놓인 조각들을 함께 조합하여 (붙이거나 쌓아서) 목표가 되는 일정한 모양을 만들게 다른 기하학적 도형(또는 조각 또는 타일)으로 채워진 칸들의 정사각형 배열. 도형은 어떤 차원이어도 되지만, 보통은 평면적(위상적 원판)이다. 어떤 모양도 될 수 있는 목표를 쌓기 위해서, 평면적 조각을 뒤집는 것도 가능하다. 3차원 이상의 조각은 그들의 거울에 비친 상과는 다른 것으로 간주한다. 일차원적 성분을 사용한 기하적 **마방진**(magic square)은 수 세기 동안 알려져 있다; 그것들은 전통적 마방진으로, 보통 합이 일정한 수들에 의해서

역자 주

5) John Henry Holland(1929 -) 미국의 컴퓨터 및 전기공학자.

표현되는 바와 같이, 직선이 일정한 길이로 포장되어 있다. 일반화된 기하적 마방진의 성질은 **살로스**(Lee Sallows)에 의해서 처음 연구되었다.

geometric mean (기하평균, 幾何平均)

n개의 수의 기하평균은 그 수들의 곱의 n제곱근이다.

geometric sequence (등비수열, 等比數列)

*기하수열(geometric progression)*로도 부르는데, 최소한 세 수의 유한수열 또는 무한수열로, 각 항이 *공비(common ratio)*로 불리는 상수의 곱만큼 다른 것. 예를 들어 3부터 시작하여 공비 2를 사용하면 유한등비수열 3, 6, 12, 24, 48과 무한수열 3, 6, 12, 24, 48, ⋯, (3×2^n)이 된다. 일반적으로, 등비수열의 항은 정해진 수 a와 r에 대하여 $a_n=ar^n(n=0, 1, 2, \cdots)$의 형태를 갖는다. 등비수열의 항들을 함께 더한 것은 *등비급수(geometric series)*이다. 만일 그것이 유한급수이면 우리는 그 항들을 더하여 급수의 합 $S_n=a+ar+ar^2+\cdots+ar^n=(a-ar^{n+1})/(1-r)$을 얻는다. **무한급수**(infinite series)의 경우에, $|r|<1$이면 그 합은 $a/(1-r)$이다. 그러나 만일 $|r|\geq1$이면 그 급수는 발산하고 따라서 합을 갖지 않는다. **등차수열**(arithmetic sequence)도 보시오.

geometry (기하학, 幾何學)

도형과 공간의 성질의 연구. **유클리드기하학**(Euclidean geometry)과 **비유클리드기하학**(non-Euclidean geometry)도 보시오.

geometry puzzles (기하 퍼즐)

도형, 특히 **분할**(dissection) 문제를 포함하는 퍼즐의 매력은 그것들이 눈에 호소하고 방정식의 풀이와 같은 것들을 매우 자주 요구하지 않는다는 것이다. 그것이 그림에 관한 것이든 기하학적 모양에 관한 것이든 누구나 조각그림 맞추기(jigsaw)의 조각을 조립하는 것을 시도할 수 있고, 따라서 **칠교판**(tangram) 또는 **소마 큐브**(Soma cube)와 같은 수학적 게임에 모든 사람이 접근할 수 있다. 한편, 몇몇 기하 퍼즐은 대수학과 미적분학과 같은 더 추상적 분야의 기본 지식을 요구한다. 그것들은 또한 1, 2, 3차원에서 다른 양들이 어떻게 변화하는지 그리고 문제를 푸는 데 얼마나 많은 정보가 필요한지에 대한 우리의 때로는 틀린 직관을 활용할 수 있다.

잘못된 직관의 예로서, 6,378km인 반지름 r을 가지는 완전한 구로 택해진 지구가 엷은 막으로 완전히 덮여있는 것을 상상해 보자. 이제 더 큰 구를 형성하기 위하여 이 막의 넓이에 1 m^2가 더해진다고 가정하자. 이 막의 반지름과 부피는 얼마만큼 늘어날 것인가? 이것은 구의 부피($V=4\pi r^3/3$)와 넓이($A=4\pi r^2$) 의 공식으로부터 계산할 수 있다. 덮개의 넓이가 1 m^2 늘어나면 부피는 325만 m^3나 늘어난다는 것이 밝혀진다. 이것은 매우 큰 양으로 보인다. 그러나 새로운 덮개는 지구의 표면으로부터 높이 올라가는 것이 아니다-단지 약 6나노미터(nanometer)이다! 직관에 반하면서 그 해에 대한 충분한 데이터가 없는 것으로 보이는 예로서 **구를 관통하는 구멍 문제**(hole-through-a-sphere problem)를 보시오.

Gergonne point (게르곤 점)

삼각형에서, **꼭짓점**(vertex)들로부터 그 대변과 **내접원**(inscribed circle)이 만나는 점을 잇는 선분들이 만나는 점.

Germain, Sophie (제르맹, 1776-1831)

공식적 교육이 없었고, 그녀의 시대의 사회적 편견에도 불구하고 **정수론**(number theory)과 수리물리학에 주목할 만한 기여를 한 프랑스의 수학자. 그녀는 프랑스 혁명의 공포 정치 기간에 부모의 반대를 무릅쓰고 그녀의 아버지의 서재에 있는 책으로 주로 밤에 자습을 했다. 난방과 등을 빼앗길 때는 담요로 몸을 감싸고 초를 이용하곤 했다. 마침내 그녀의 부모는 수학에 대한 그녀의 "불치의" 열정을 묵인하고 공부를 하도록 했다. 그녀가 처음에 필명으로 논문을 제출했던 **라그랑주**(Joseph Lagrange)를 통하여 **가우스**(Carl Gauss)를 포함하는 탁월한 수학자의 집단에 접근이 허용되었다. 그녀의 가장 중요한 연구 중에는 진동하는 곡면에 대한 **클라드니**(Ernst Chladni)의 연구의 분석과 (지금 *제르맹의 정리(Germain's theorem)*로 불리는) x, y, z가 정수이고 $x^5+y^5=z^5$이면 x, y, z 중 적어도 하나는 5로 나누어떨어진다는 것의 증명이 있다. 이것은 **페르마의 마지막 정리**(Fermat's last theorem)의 증명을 향한 중요한 초기의 단계였다.

Get off the earth (지구를 떠나기)

로이드(Sam Loyd)에 의한 유명한 **사라지는 퍼즐**(vanishment puzzle)이다. 그림은 지구를 나타내고 회전할 수 있는 원형 카드가 놓인 정사각형 배경으로 만들어진다. 많은 수의 중국인의 일부가 조각 위에 있다. 그 위에 있는 큰 화살이 배경의 북동 지

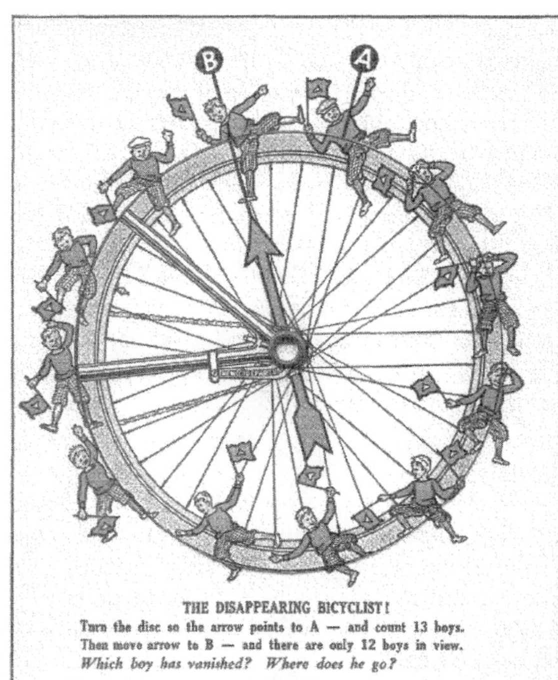

지구를 떠나기 "사라지는 자전거"로 불리는 로이드의 지구를 떠나기 퍼즐의 통상적이 아닌 변형. *웨이트(William Waite)의 수집으로부터.*

점을 지향하도록 지구가 회전하면 13명의 중국인을 셀 수 있다. 그러나 지구가 약간 회전하여 그 화살이 북서쪽을 지향하면 12명만 남는다. 13번째 중국인은 어디로 갔을까? 퍼즐의 기발함은 중국인의 많은 부분이 있다는 것이다-팔, 다리, 몸체, 머리, 그리고 칼-그리고 각각은 작은 조각이 빠져 있다. 지구가 돌 때, 이 조각들은 약간 재배열된다. 특히 12명의 중국인은 각각 그의 이웃으로부터 한 조각을 얻는다.

Gettier problem (게티어 문제)

철학에서 무엇을 안다는 것이 그것이 진실이며, 또한 그것에 대한 증명이 있다는 것을 믿는 것과 동치라는 오래된 추정에 의문을 던지는 사고 실험. 무소유(Mr. Havenot)와 소유(Mr. Havegot)로 불리는 두 학생이 그녀의 강의를 듣는 선생님의 경우를 생각해 보자. 무소유는 페라리를 가졌다고 주장하고 한 바퀴 운전을 하고, 그 차가 그의 것임을 입증하는 서류를 가지고 있다. 그러나 실제로 그 차는 그의 것이 아니다. 그 반면에 소유는 페라리를 소유한 어떠한 증거도 없이 비밀리에 그 귀한 차를 가지고 있다. 증거에 기초하여 선생님은 그녀의 학생 중 하나가 그 차를 가졌고 이 믿음은 옳다고 결론을 내린다. 그러나 무언가 잘못이 있다. 진실과, 증명과, 믿음의 조합에도 불구하고 아무런 실제의 지식이 없는 것 같다. 그러한 문제의 첫 번째 예가 1963년에 미국의 철학자 게티어(Edmund Gettier, 1927-)에 의해서 나왔다.

Giant's Causeway (거인의 둑길/주상 절리, 柱狀節理)

아일랜드 앤트림 카운티의 해변에 있는 자연적 구조물. 화산 현무암이 기둥 형태로 식은 세계의 몇 지역 중 하나이다. 기둥은 대략 **육각형**(**hexagon**)의 **쪽매맞춤**(**tessellation**)을 (**덮기**(**tiling**)를 보시오) 형성하고 이 패턴을 가지는 포장을 만들도록 쪼개지는 경향이 있다. 기둥의 전체 길이는 볼 수 없으나, 기단부의 불규칙한 현무암 덩어리에 융합되기 전까지 20피트(약 6 m) 높이가 될 것으로 추정된다. 대략 99%의 기둥은 육각형이고, 오직 한 개의 삼각기둥이 알려져 있다. 많은 육각형들은 상당히 규칙적이지만, 어떤 것들은 한 변이 가장 짧은 변의 두 배가 되는 것도 있다. 변의 길이는 8부터 18인치(20에서 46 cm)까지 변화하고, 기둥은 평평한 연결점보다는 요철이 있는 연결점을 가지는 6에서 36인치(15에서 90 cm) 길이의 부분으로 쪼개진다. 그러한 형태의 다른 예는 아이슬란드의 커크주바자크라우스트리(Kirkjubaejarklaustri)와 캘리포니아의 악마의 말뚝(Devil's Postpile)에서 나타난다.

Gilbreath's conjecture (길브레드의 추측)

미국의 수학자이며 아마추어 마술사인 길브레드(Norman L. Gilbreath)가 냅킨 위의 어떤 낙서에 따라서 처음 제기한 **소수**(**prime number**)에 관한 이상한 가설이다. 길브레드는 처음 몇 개의 소수를 적는 것으로 시작했다:

$$2, 3, 5, 7, 11, 13, 17, 19, 23, 29, 31, \cdots$$

이 아래에 그는 그들의 차를 적었다:

$$1, 2, 2, 4, 2, 4, 2, 4, 6, 2, \cdots$$

이 아래에 그는 부호를 뺀 차의 차를 적었다:

$$1, 0, 2, 2, 2, 2, 2, 2, 4, \cdots$$

그리고 그는 반복된 차를 얻기 위하여 이 과정을 계속했다:

$$1, 2, 0, 0, 0, 0, 0, 2, \cdots$$
$$1, 2, 0, 0, 0, 0, 2, \cdots$$
$$1, 2, 0, 0, 0, 2, \cdots$$
$$1, 2, 0, 0, 2, \cdots$$

거인의 둑길 **거인의 둑길 위의 6각형 포장.** *마틴 멜로, 울스터 대학*

1,2,0,2,⋯
1,2,2,⋯
1,0,⋯
1,⋯

길브레드의 추측은 처음의 두 행 이후에는 첫 번째 열의 수들이 모두 1이라는 것이다. 수천억 행까지에 이르는 추적에도 불구하고 지금까지 어떤 예외도 발견되지 않았고, 그 추측은 일반적으로 참으로 여겨진다. 그러나 그런 경우가 소수들과는 관계가 없을지 모른다. 영국의 수학자 크로프트(Hallard Croft)는 2로 시작하여 "합리적" 비율로 증가하고 "합리적" 크기의 간격을 가지는 홀수가 뒤를 잇는 어떤 수열에도 적용될 것이라고 주장했다. 만일 그렇다면, 길브레드의 추측은 증명하기는 어렵지만 처음에 보였던 것만큼 신비로운 것은 아닐지 모른다.

glissette (글리셋)

두 개의 고정된 곡선이 있고, 끝점들을 그 고정된 곡선 위에 두고 미끌어지는 정해진 모양과 길이를 가지는 곡선 S가 있다면, S와 같이 움직이는 점의 **자취**(locus)를 글리셋이라고 부른다. 그 한 예는 수직인 두 개의 직선에 끝을 두고 미끌어지는 선분의 중점의 자취인데, 이 자취는 원이다.

gnomon magic square (그노몬 마방진)

각 2×2 모서리 부분이 같은 합을 가지는 3×3 배열이다. **마방진**(magic square)도 보시오.

Go (바둑)

약 B.C. 2000년경에 중국에서 유래한 2인용 판 게임. 그것은 자주 **체스**(chess)와 비교되고 대조된다. 바둑은 19×19줄이 표시된 판에서 경기한다. 한 수마다 돌로 불리는 둥근 렌즈모양의 조각이 361개 있는 망의 교차점에 놓여진다. 체스와 같이 조각들은 검은색과 흰색으로 칠해지는데, 바둑에서는 검은 돌을 가진 경기자가 먼저 둔다. 판이 비어 있는 채로 시작하고 한 번 둔 돌은 그 이후에 포로로서 드러내어지는 경우를 제외하고는 옮겨지지 않는다. 돌은 하나 또는 집단으로 그들이 이웃하는 열린 교차점들과 연결하지 못하도록 둘러싸이게 되면 잡힌다.

게임이 끝나고 한 경기자가 높은 점수를 얻거나, 상대방이 기권 또는 시간 초과를 하면 이긴다. 바둑은 심오한 전략 게임으로 생각되고, 대체로 전술적인 체스와는 다르다. 32,940가지의 포석(布石; 초반 착수, opening movement)이 있는데, 대칭성을 고려하면 그중 992가지가 유력한 것으로 생각된다. 가능한 바둑판 착점수의 추정은 다양하지만, 대략 10^{174}에 이른다.

God (신)

나는 아직도 무신론자입니다, 하나님 감사합니다.
-루이스 분넬(스페인의 영화감독, 1900-1983)

수학자, 논리학자와 과학자들은 오랫동안 신(Higher Power)의 특성과, 존재와, 주사위를 던지는 능력에 대하여 논쟁해 왔다. 르네상스 이전의 프랑스 철학자 뷔리당(Jean Buridan, 1295-1358)은 *거짓말쟁이 역설*(*liar paradox*)의 한 버전을 써서 신의 존재를 "증명"했다. 그는 이 두 문장을 썼다:

신이 존재한다.
이 쌍에서 어느 문장도 참이 아니다.

이 두 문장을 참이거나 거짓으로 가질 모순이 없는 유일한 방법은 "신이 존재한다"가 참이 되는 것이다. (그러나 이 모순이 필요한가에 대하여는 말할 것이 없다.) **파스칼**(Blais Pascal)은 신의 존재에 대해서가 아니라 우리가 왜 그 존재를 믿어야 하는가에 대하여 보다 설득력 있는 주장을 했다: "내가 신과 사후의 삶을 믿고 당신이 믿지 않는다면, 그리고 만일 신이 없다면 우리가 죽을 때 우리 둘 다 잃는 것이다. 그러나 만일 신이 있다면 당신은 잃고 나는 모든 것을 갖는다." 반면에 **라플라스**(Pierre Laplace)는 그의 천체역학에 왜 신에 대한 언급을 하지 않았느냐는 **나폴레옹**(Napoleon Bonaparte)의 질문에 답하면서 말했다: "폐하, 저는 이 가설이 필요 없습니다." 독일의 수학자 **크로네커**(Leopold Kronecker)는 "신이 정수를 만들었고, 나머지는 사람의 일이다."고 생각했다. 그러나 성 아우구스티누스는 『*신국론*(神國論, *The City of God*)』에서 정수가 신과는 무관하다고 추론한 것 같다. 그는 다음과 같이 썼다: "6(six)은 그 자체로 완전한데, 신이 세상을 6일만에 창조했기 때문이 아니라, 차라리 그 반대가 참이기 때문이다. 신은 그 수가 완전하기 때문에 6일만에 세상을 창조했으며, 6일만의 작업이 없었더라도 그 수는 완전하게 남을 것이다." 아우구스티누스의 주장은 우주가 존재하지 않을 뿐만 아니라 심지어 신이 존재하지 않더라도 6은 완전수임을 주장하는 것으로 받아들이게 한다. 신의 수학적 전문성에 대하여, 플라톤은 "신은 기하학을 한다"고 말했고, 야코비(Charles Jacobi)는 "신은 항상 산술화한다"고 말했다. 장(James Jean)은 "우주의 위대한 건축가는 순수 수학자임이 드러나기 시작했다"고 생각했고, 아인슈타인(Einstein)은 신이 확률론자가 아님을 확신했다("신은 주사위를 던지지 않는다.").

Gödel, Kurt (괴델, 1906-1978)

오스트리아 출신의 미국의 수학자이며 논리학자로, 1931년에 **형식 체계**(formal system) 내에 증명 가능하지도 않고 그 체계를 정의하는 **공리**(axiom)의 기반 위에서 반증할 수도 없는 문제가 존재함을 증명했다. 이것은 괴델의 결정 불가능성 정리(undicidability theorem)로 부른다. 그는 또한 모든 문제의 결정 가능성이 요구되는 충분히 풍부한 형식 체계에는 모순되는 명제가 있을 것임을 보였다. 이것은 **괴델의 불완전성 정리**(Gödel's incompleteness theorem)로 불린다. 괴델은 어떤 규칙의 집합이나 과정으로도 풀 수 없는 문제가 있음을 보였다; 그 대신에 이러한 문제들에 대하여 우리는 항상 공리의 집합을 확

괴델(Gödel, Kurt)

장해야 한다. 이것은 수학의 다른 분야들이 통합되고 하나의 논리적 기초 위에 놓일 수 있다는 당시의 믿음이 틀렸음을 입증했다. 괴델은 프린스턴에서 아인슈타인(Albert Einstein)의 가까운 친구였고, 그의 **상대성 이론**(relativity theory)과 우주론에 기여했다. 이른바 *괴델 우주*(*Gödel universe*)는 과거로의 여행(**시간 여행**(time travel) 참조)이 이론적으로 가능한 우주의 회전하는 모델이다.

Gödel's incompleteness theorem (괴델의 불완전성 정리)

요약하면 : 모든 무모순인 공리 체계는 결정 불가능한 명제를 가진다. 이것이 무엇을 의미하는가? 공리 체계는 몇 가지 무정의 용어, 그러한 용어를 의미하고 부분적으로 그들의 성질을 나타내는 다수의 **공리**(axiom), 그리고 이미 존재하는 명제들로부터 새로운 명제를 추론하는 규칙 또는 규칙들로 구성된다. 공리 체계는 그들이 수학의 큰 몸체를 간단한 서술로 줄이므로 강력하다. 또한, 그것들은 대단히 추상적이므로 공리들로부터 명시되는 형식적 성질들이 추론되는 것들로부터 나오는 모든 것, 그리고 그것들만 허용한다. 공리들과 추론 규칙이 주어지면 그것이 어떠한 모순도 이끌어내지 않을 때 그 공리 체계는 *무모순*(*consistent*)이다. 최초의 현대적 공리 체계의 하나는 **페아노**(Giuseppe Peano)에 의한 단순한 산술(정수의 덧셈과 곱셈)의 형식화이고, 지금은 *페아노 산술*(*Peano arithmetic*)로 불린다. **괴델**(Kurt Gödel)은 페아노 산술에서 구문론적으로 옳은 모든 명제는 그것의 *괴델수*(*Gödel number*)로 불리는 유일한 정수로 표현될 수 있음을 보였다. 방법은 명제에 있는 각 기호를, *수를 포함하여*, 한 다른 숫자열로 바꾸는 것이다. 만일 우리가 "1"을 01, "2"를 02, "+"를 10, "="을 11로 나타낸다면, "1+1=2"의 괴델수는 0110011102이다. 이것은 괴델로 하여금 명제에 관한 명제를 명확하게 기록하는 것을 허용했다. 특히, 그는 자기 언급 명제(**자기 언급 문장**(self-referential sentence)도 보시오.)-그들 자신의 괴델수를 포함하는 명제-를 기록할 수 있었다. 그리고 괴델은 페아노 산술 체계가 모순이거나, *또는* 공리로부터 추론의 규칙을 적용하여 도달할 수 없는 참인 명제가 있을 수 있다는 것을 증명할 수 있었다. 그 체계는 따라서 *불완전*(*incomplete*)하고, 그 명제들이 참인지는 (그 체계 내에서) *결정 불가능*(*undecidable*)하다. 그러한 결정 불가능한 명제들은 *괴델 명제*(*Gödel proposition*) 또는 *괴델 문장*(*Gödel sentence*)으로 부른다. 사람들은 **골드바하 추측**(Goldbach conjecture)(모든 짝수는 두 개의 소수의 합이다.)에 의심을 두고 있지만, 페아노 산술에 대한 괴델 문장이 무엇인지는 아무도 모른다.

한 공리 체계에 대한 그 결과들은 단지 페아노 산술 이상의 더 많은 것에 관계하고, 그들은 그 공리들을 만족하는 모든 것들에 적용한다. 엄청난 수의 다른 공리 체계들이 있는데, 그들은 페아노 수를 그들의 기본 요소에 포함하거나 또는 그들로부터 구성될 수 있다. 따라서 이 체계들도 마찬가지로 결정 불가능한 명제들을 포함하고, 불완전하다.

공통적인 오해는 괴델의 정리가 지식, 과학과 수학에 심각한 제한을 가한다는 것이다. 과학의 경우에, 이것은 괴델의 정리가 *공리로부터의 추론*(*deduction from axiom*)에 적용된다는 것을 무시하는데, 그것은 지식의 한 가지 근원일 뿐 과학에서의 매우 통상적인 사고의 방법조차 아니라는 것이다. 더 일반적으로, 괴델의 불완전성의 결과는 완전성과 불완전성의 가장 중요한 의미, 즉 서술적 완전성과 불완전성-한 공리 체계가 주어진 분야를 표현한다는 의미-를 직접적으로 건드리지는 않는다. 특별히, 그 결과는 진리의 개념에 어떠한 위협도 나타내지 않는다.

Goldbach conjecture (골드바하 추측)

증명되지 않은 채 남아 있는 수학의 가장 오래되고 가장 이해하기 쉬운 가설 중 하나이다. 그 원래의 형태에서, 지금은 *약한 골드바하 추측*(*weak Goldbach conjecture*)으로 불리는 것은 프러시아의 아마추어 수학자이자 역사가인 골드바하(Christian Goldbach, 1690-1764)가 1742년 6월 7일 날짜의 **오일러**(Leonhard Euler)에게 보낸 편지에 제시되었다. 이 형태에서, 5보다 큰 모든 자연수는 세 개의 **소수**(prime number)의 합이라고 말한다. 오일러는 이것을 동치인 다른 형태로 고쳤는데, 지금은 *강한 골드바하 추측*(*strong Goldbach conjecture*) 또는 단순히 골드바하 추측(Goldbach conjecture)으로 불린다. 2보다 큰 모든 짝수는 두 개의 소수의 합이다. 따라서, 4=2+2, 6=3+3, 8=3+5, 10=3+7,⋯, 100=53+47,⋯ 이다. 사실은 이미 **데카르트**(René Descartes)도 골드바하나 오일러가 하기 전에 두 소수 형태의 골드바하 추측을 알고 있었다. 그래서 이름이 잘못 지어진 것일까? **에르되시**(Paul Erdös)는 말했다. "그 추측이 골드바하의 이름을 따는 것이 낫다, 왜냐하면 수학적으로 말하면, 데카르트는 무한히 부자이고 골드바하는 가난하기 때문이다." 어쨌든 훨씬 더 중요한 문제가 있다, 즉 그 추측은 참인가? 일반적 가정은 그렇다는 것이지만 아무도 확실한 것은 모른다. 증명에 대한 가장 중요한 단계가 중국인 수학자 첸징런(陳景潤, Chen Jing-Run)이 모든 충분히 큰 짝수가 한 소수와, 많아야 두 소인수를 가지는 수의 합임을 보인 1966년에 나왔다. 강력한 컴퓨터를 써서 골드바하 추측은 약 400조까지 조사되었다. 그러나 수학자들 사이에 마지막 돌파구가 곧 만들어질 것이라는 어떤 큰 낙관도 없다. 그리스 수학자인 작가 독시아디스(Apostolos Doxiadis)에 의한 소설 『*페트로스 아저씨와 골드*

바하 추측(Uncle Petros and Goldbach conjecture)』의 홍보를 돕기 위해서 2000년에 출판사 페이버와 페이버(Faber & Faber)에 의하여 증명에 걸린 1백만 달러의 상금은 아직 주인이 나타나지 않았다.[85]

golden ratio (황금비, 黃金比) ϕ

π(pi)나 e처럼 수학의 모든 곳에서 나타나는 두드러진 수인데, 미학과 연결되는 것으로 보인다는 점에서 어떤 면에서는 보다 "인간적인" 관계를 가지는 수. *황금 평균(golden mean)*, *황금 분할(golden section)*, *황금수(golden number)*와 *신성비(divine proportion)*로도 주어지는 그것의 이름은 조화롭거나 즐거운 이상의 의미를 반영한다. 황금비는 (초월수인 **π(pi)**나 e에 대조적으로) **대수적 수(algebraic number)** 유형의 **무리수(irrational number)**이고, 그리스 문자 ϕ(파이)로 나타낸다. 그것은 다양한 방법으로 정의될 수 있다. 예를 들면, 그것은 역수에 1을 더한 것과 같은 유일한 수인데, 즉 $\phi=(1/\phi)+1$이고, 따라서 $\phi^2=\phi+1$이다. 이것으로부터 이차방정식 $\phi^2-\phi-1=0$이 나오고, ϕ는 그것의 양수해 $(1+\sqrt{5})/2=1.6180339887\cdots$이다. 황금비는 또 **피보나치수열(Fibonacci sequence)**의 연속하는 항의 비로 근사되는데, 실제로, $F(n+1)/F(n)$은 n이 무한히 커짐에 따라 점점 ϕ에 가까워진다. $1/(1-\phi)=\phi$이므로, ϕ의 **연분수(continued fraction)** 표현은

$$\phi=1+1/(1+1/(1+1/(1+1/(1+1/\cdots=[1;1,1,1,1,\cdots]$$

이다.

만일 큰 양 a와 작은 양 b의 비가 작은 양과 그 차의 비와 같으면, 즉 $a/b=b/(a-b)$이면 두 양은 황금비를 이룬다고 한다. 이른바 *황금사각형(golden rectangle)*은 그 변 a와 b가 황금비를 이루는 사각형이다. 그것은 대단히 미학적인 매력을 가진 것이라고 대단히 잘 알려졌고, 로마의 파르테논 신전 전면부의 치수가 거의 가깝게 근사된다. 레오나르도 다 빈치(Leonardo da Vinci)의 걸작 *모나리자(Mona Lisa)*는 황금비에 의해서 틀이 짜진 얼굴을 가졌다고 한다; 확실한 것은 레오나르도 다 빈치가 1509년에 황금비에 관한 세 권의 논문 『*신성비(Divina Propotione)*』를 쓴 **파치올리(Luca Pacioli)**의 가까운 친구였다는 것이다. 스위스-프랑스의 건축가이면서 화가인 르 꼬르뷔제(Le Corbusier)는 황금비에 기초한 "모듈러(Modulor)"로 불리는 완전한 비례적 체계를 디자인했다. 모듈러는 문의 손잡이로부터 고층 빌딩에 이르는 모든 것에서 조화로운 비율을 자동적으로 부여하게 될 표준적 체계를 제공한 것으로 생각된다. 황금비를 의도적으로 사용한 또 하나의 예술가는 초현실주의자 살바도르 달리(Salvador Dali)이다. 달리의 『*최후의 만찬(Sacrament of the Last Supper)*』의 치수의 비는 황금비와 같다. 달리는 또 그 그림에 식탁을 감싸는 커다란 정십이면체(각 면이 오각형인 12개의 면을 가지는 플라톤 입체)를 포함했다. 정십이면체는 플라톤에 따르면, 황금비와 밀접하게 관련이 있다–단위 길이의 모서리를 가지는 정십이면체의 겉넓이와 부피

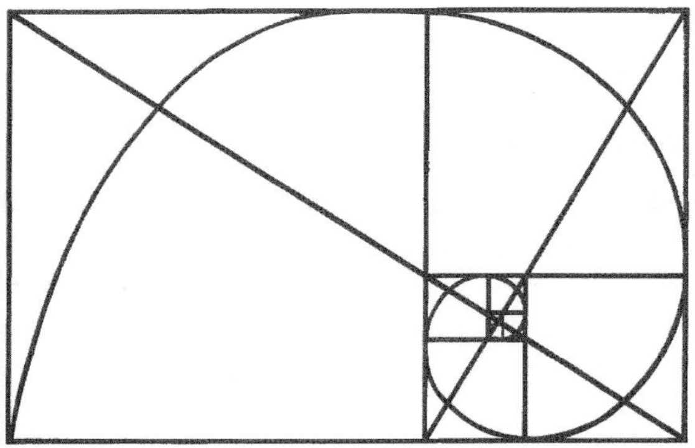

황금비 황금사각형과 로그나선(logarithmic spiral)이 나선의 중심에서 같은 크기의 두 작은 사각형으로부터 구성되는 선회하는 사각형의 패턴에서 나타난다.

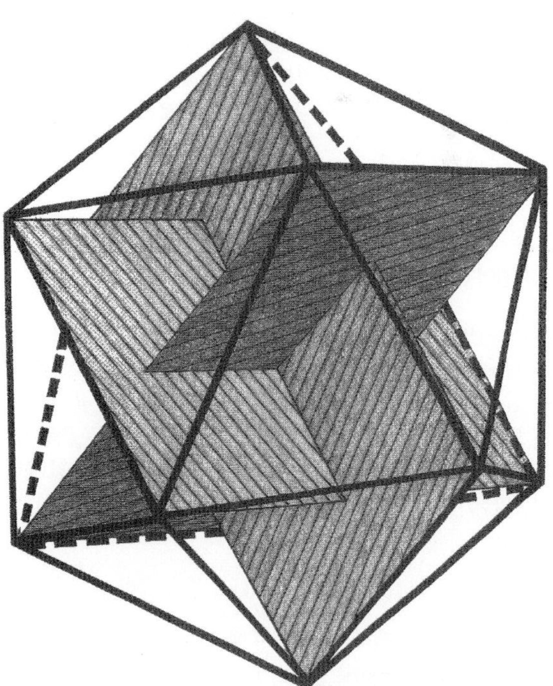

황금비 정이십면체의 꼭짓점들이 세 개의 수직인 황금사각형의 꼭짓점들과 만난다.

는 둘 다 황금비의 간단한 함수이다. 실제로, ϕ는 오각형의 대칭성을 가지는 도형에서 자주 나타난다. 예를 들면 정오각형의 변과 대각선의 비는 ϕ와 같고, 정이십면체의 꼭짓점들은 세 개의 수직인 황금사각형 위에 위치한다. 황금비는 또한 **펜로즈 덮기**(Penrose tiling)와 **플라스틱수**(plastic number)와도 관계한다.[205]

Golomb, Solomon W. (골롬, 1932-)

그의 **폴리오미노**(ploynomino)에 대한 중요한 연구로 가장 잘 알려진 남부 캘리포니아 대학의 수학자이며 전기공학자. 골롬이 22살의 하버드의 대학원생이었던 1954년에 *미국 수학 월보*(*American Mathematical Monthly*)에 게재된 논문 『체커보드와 폴리오미노(Checker boards and Polyominos)』는 폴리오미노를 사각형의 단순연결집합(즉, 그들의 모서리를 따라 연결된 사각형들의 집합)으로 정의했다. 골롬은 **우아한 그래프**(graceful graph)의 아이디어의 원조이다.[137]

golygon (골리곤)

길이가 1, 2, 3, 등으로 어떤 유한 단위에 이르는 선분의 열로, 가장 긴 선분을 제외한 모든 선분이 그보다 1만큼 긴 선분과 직각으로 연결되고, 가장 긴 선분은 가장 짧은 선분과 직각으로 만나는 것이다. "골리곤"이라는 이름은 **살로스**(Lee Sallows)가 만들었다. 골리곤은 몇 가지 재미있는 퍼즐뿐만 아니라 어떤 재미있는 연구 문제에도 영감을 주었다.

googol (구골)

1938년에 수학자 **캐스너**(Edward Kasner)의 9살짜리 조카인 시로타(Milton Sirotta)에 의해서 붙여진 이름인데, 그때 그는 삼촌으로부터 매우 **큰 수**(large number)의 이름을 지으라는 요구를 받았었다. 그 당시에 더 큰 수에 대하여 *구골플렉스*(*googolplex*)가 제안되었다. 캐스너는 이 수들을 다음과 같이 정의했다:

1구골 = 10^{100}(즉 1 다음 100개의 0)
1구골플렉스 = $10^{\text{구골}} = 10^{10^{100}}$(즉 1 다음 구골 개의 0)

한 구골은 아주 대략적으로 우주에 있는 모든 블랙홀이 호킹 복사(Hawking radiation)로 알려진 과정에 의해서 증발하는 데 필요할 것으로 생각되는 햇수이다. 그것은 알려진 우주의 양자와 중성자의 수(약 10^{80})보다 훨씬 크지만, 알려진 우주의 모든 구석을 다 채우는 데 필요한 양자와 중성자의 수(약 10^{128})보다는 훨씬 작다. 구골플렉스는 많은 사람들이 들은 바 있는 제대로 된 이름을 가진 가장 큰 수이다. 그것은 그러나 **그레이엄의 수**(Graham's number)와 같이 난해한 것에 비하면 왜소해진다.

Gordian knot (고르디우스의 매듭)

끈 퍼즐(string puzzle)의 최초의 예. 그리스 신화에서, 미노스(**미로**(maze) 참조)의 아버지로, 고르디우스라고 불리는 프리지아의 농부는 마을에 맨 먼저 도착했으므로 프리지아 사람들에게 수레를 타고 광장에 처음 도착한 사람을 통치자로 삼으라는 명령이 내려진 신탁에 따라 왕이 되었다. 감사의 표시로 고르디우스는 그의 수레를 제우스에게 바쳤고, 수레의 기둥을 나무껍질로 만든 로프로 들보에 묶어서 사원의 숲에 두었다. 매듭은 매우 복잡하게 얽혀서 아무도 풀 수 없었다. 그 매듭을 푸는 자가 아시아의 지배자가 될 것이라는 말이 퍼졌다. 많은 사람들이 시도했지만 모두 실패했다. 알렉산더 대왕도 고르디우스의 매듭을 풀 수 없어서 칼을 꺼내 한 번에 잘라버렸다. "고르디우스의 매듭을 자르다"는 표현은 어려운 문제가 빠르고 결정적인 행동에 의해서 해결되는 상황을 의미하곤 한다.

graceful graph (우아한 그래프)

특정한 방법으로 번호를 붙일 수 있는 점과 연결선의 **그래프**(graph)이다. 그 그래프가 p개의 점과 그들을 연결하는 e개의 선("e"는 모서리(edge)의 e이다)을 가진다고 하자. 각 점에는 정수가 할당된다; 가장 작은 정수는 (관습에 따라) 0이 택해지고, 어떤 두 정수도 같지 않다. 각 선에는 그것이 연결하는 두 점의 정수의 차를 붙인다. 그때, 만일 선에 대응하는 수가 1부터 e까지 움직이면 그 그래프는 우아하다고 한다.6) 우아한 그래프는 **골롬**(Solomon Golomb)에 의해서 처음 정의되고 발전되었다.

gradient (그래디언트)

벡터에 작용하는 **함수**(function)의 편**도함수**(partial derivative)들의 벡터이다. 직관적으로, 그래디언트는 고차원곡면의 기울기를 나타낸다.

역자 주

6) 원문에는 0부터 e까지로 되어 있으나, 같은 수가 있는 꼭짓점은 없으므로 1부터 e까지가 옳음.

Graham, Ronald L. (그레이엄, 1935-)[7)]

그 이름을 딴 **그레이엄의 수**(Graham number)가 있는 미국의 수학자이고 선도적 조합론 학자. 그레이엄은 또한 지방의 가장 뛰어난 곡예사의 하나이고, 국제 곡예사 협회의 이전 회장이었다. 젊은 시절에 그는 두 친구와 재주넘는 곰처럼 서커스에서 공연했던 전문적 트램펄린 경기자였다. 그의 사무실 천장은 그가 6, 7개의 공으로 곡예를 연습할 때 떨어진 것을 다시 굴려올 수 있도록 내려서 그의 허리에 부착할 수 있는 커다란 그물로 덮여 있다. 그레이엄은 샌디에이고에 있는 캘리포니아 대학의 컴퓨터과학과 공학 교수이다.

Graham's number (그레이엄의 수)

지금까지 수학적 증명의 일부로 얻어진 가장 큰 수로 『*기네스북(the Guinnes Book of Records)*』에 자리한 불가사의할 정도로 **큰 수**(large number). 그 이름은 발견자인 **그레이엄**(Graham)의 이름을 딴 것이다. 그레이엄의 수는 **램시 이론**(Ramsey theory)의 별난 문제에 대한 상계 해이다, 즉: 만일 **초입방체**(hypercube)의 모든 꼭짓점의 쌍들을 연결하는 선들이 2가지 색으로 칠해진다면, 한 가지 색의 완전 평면 그래프 K_4가 만들어지는 이 초입방체의 가장 작은 차수 n은 무엇인가? 이것은 보통의 언어로 진술될 수 있는 한 문제와 완전히 동치이다: 임의의 수의 사람을 택하고, 그들로부터 만들어질 수 있는 가능한 모든 위원회를 열거하고, 모든 가능한 위원회의 쌍을 생각하자. 할당이 어떻게 이루어지든지 간에 그 안에서 모든 쌍이 같은 그룹에 속하고, 모든 사람이 짝수 개의 위원회에 속하는 네 개의 위원회가 있기 위해서는 얼마나 많은 사람들이 처음의 집단에 있어야 하는가? 그레이엄의 수는 그 답이 가질 수 있는 *최대의(greatest)* 값이다. 그것은 너무 커서 특별한 큰 수 기호, 이를테면 **누스의 상향 화살표 표기법**(Knuth's up-arrow notation)를 써서만 나타낼 수 있다. 그때 조차도, 이것은 단계별로 구성되어야 한다. 먼저, $3\uparrow\uparrow\uparrow\uparrow 3$ 개의 상향 화살표가 있는 수 $G_1=3\uparrow\uparrow\cdots\uparrow\uparrow 3$을 구성한다. 이것은 그 자체로, 누구든 따로 이해하는 능력조차도 훨씬 뛰어넘는 수이다. 다음으로 $G_2=3\uparrow\uparrow\cdots\uparrow\uparrow 3$를 구성하는데, 거기에는 G_1개의 상향 화살표가 있다; 그리고 $G_3=3\uparrow\uparrow\cdots\uparrow\uparrow 3$를 구성하는데, 거기에는 G_2개의 상향 화살표가 있다; 그리고 이 패턴을 G_{62}가 만들어질 때까지 계속한다. 그레이엄의 수는 G_{62}개의 상향 화살표가 있는 $G=3\uparrow\uparrow\cdots\uparrow\uparrow 3$이다. 앞에서 표현한 문제의 상상할 수 없이 큰 상계가 그레이엄의 수로 주어졌지만, 그레이엄 자신을 포함하여 아무도, 그 해가 거의 그렇게 크다고 믿는 사람은 없다. 사실, 실제의 답은 아마도 6!일 것이라고 생각된다.[115]

grandfather paradox (할아버지 역설)

시간 여행(time travel)에 반대하는 가장 강력하고 또 일반적으로 사용되는 주장 중 하나. 그것은 만일 당신이 과거로 여행할 수 있었다면 (그것에 동의했다면) 당신의 할아버지를 그가 매우 젊었을 때 죽일 수 있고, 따라서 당신의 탄생을 불가능하게 했을 것임을 지적한다. 더 간단한 형태는 당신이 어린 시절의 당신을 죽일 수 있고, 따라서 제시간으로 돌아오면 당신은 살아 있을 수 없다는 것이다. 할아버지 역설은 현재에 이미 일어나 있는 현상의 원인을 제거함으로써 한 가지 형태의 시간 여행이 어떻게 **인과 관계**(causality)를 위반하는지 보여준다.

할아버지 역설의 가장 이상한 적용은 하인라인(Robert Heinline)[8)]의 고전적 단편 소설 『너희 좀비들(All You Zombies)』에서 발견된다. 한 여자아이가 1945년 클리블랜드에 있는 고아원에 비밀스럽게 버려진다. "제인"은 그녀의 부모가 누구인지 모른 채로 외롭고 기가 죽어 자라다가 1963년 어느 날 한 떠돌이에게 이상하게 마음이 끌린다. 그녀는 그와 사랑에 빠진다. 그러나 모든 것이 막 제인에게 좋아지려고 할 바로 그때, 일련의 재앙이 일어난다. 첫째로, 그녀는 그 떠돌이에 의해서 임신을 하게 되는데, 그때 그가 사라진다. 둘째로, 어려운 출산 동안, 의사는 제인이 양성을 가졌음을 알고, 그녀를 구하기 위해서는 수술로 "그녀"를 "그"로 바꾸지 않으면 안 되었다. 마지막으로, 이상한 낯선 사람이 분만실에서 그녀의 아기를 유괴한다. 이 재앙으로부터 충격을 받고, 사회에서 버림받고, 운명에 의해서 멸시를 받으며 "그"는 주정뱅이 떠돌이가 된다. 제인은 그녀의 부모와 연인뿐만 아니라 그의 유일한 아기도 잃는다. 수년이 지난 1970년에, 그는 팝스 플레이스로 불리는 호젓한 바에 비틀거리며 들어가 나이 많은 바텐더에게 그의 슬픈 이야기를 털어놓는다. 그 바텐더는 이 떠돌이에게 그(제인)가 "시간 여행 단체"에 들어오는 조건으로 그녀를 임신한 채 버려지게 한 그 낯선 사람에게 복수할 기회를 제의한다. 그 두 사람은 타임머신에 들어가고 바텐더는 그 떠돌이를 1963년에 내려놓는다. 그 떠돌이는 젊은 고아 여인에게 이상하게 끌리고, 결과적으로 그녀는 임신을 하게 된다. 바텐더는 그로부터 아홉 달 후로 가서, 병원에서 여자아이를 유괴하고 1945년으로 돌아가서 그녀를 고아원에 내려 둔다. 그리고 그 바텐더는 완전히 혼란스러운 떠돌이를 1985년에 내려 두고, 시간 여행 단체에 가입시킨다. 떠돌이는 결국 그의 인생을 함께 가지고, 시간 여행 단체의 존경

역자 주

7) 원문에 그레이엄이 1936년생으로 되어 있으나, 1935년 10월 31일생으로 알려져 있다.

8) Robert Anson Heinlein(1907–1988): 미국의 공상 과학 소설가.

받고 나이 많은 회원이 되고, 그때 바텐더로 위장하고 가장 어려운 임무를 맡는다: 운명과의 데이트, 1970년에 팝스 플레이스에서 어떤 떠돌이를 만나는 것. 의문은: 누가 제인의 어머니, 아버지, 할아버지, 할머니, 아들, 딸, 손녀와 손자인가? 그 여자, 떠돌이, 바텐더는 물론 동일인이다. 연습으로(미친 짓이지만) 제인의 가계도를 그려 보자. 여러분은 제인이 그녀 자신의 어머니이자 아버지일 뿐만 아니라 그녀는 자신으로 향하는 가계도의 전부이다!

graph (그래프)

> *나는 대수를 하겠다, 나는 삼각함수를 하겠다, 나는 통계도 하겠다, 그러나 그래프 그리기는 내가 선을 긋는 곳이다!*
>
> –무명씨

(1) 보통의 용법으로, 주어진 **함수**(function) $y=f(x)$에 대하여, x값(정의역)에 대한 y값(공역)의 도표이다. 그러한 그래프는 *함수 그래프*(*function graph*) 또는 *함수의 그래프*(*graph of function*)라고 한다. (2) 엄밀한 수학적 용법에서, *매듭*(*node*) 또는 *꼭짓점*(*vertex*)으로 불리는 점들의 집합으로, 적어도 몇 개의 쌍은 *모서리*(*edge*) 또는 *호*(*arc*)로 불리는 선에 의해서 연결된다. 다음은 이 두 번째 정의에만 적용된다.

가끔 그래프 위의 선들은 대상들(점으로 나타낸 것) 사이의 관계를 나타낸다. 적용하는 데 따라서는, 모서리가 화살표로 지시되는 방향을 가질 수도 있고 아닐 수도 있다(**유향 그래프**(directed graph) 참조). 한 매듭을 그 자신과 연결하는 모서리가 허용되거나 그러지 않을 수 있고, 매듭과 모서리 또는 그중 하나에 가중치(weight)가 주어질 수도 있다. *경로*(*path*)는 각 매듭이 이전, 이후의 두 매듭과 이웃하는 매듭들의 열이다. 경로에 있는 어떤 매듭도 반복되지 않을 때 그 경로는 *단순*(*simple*)한 것으로 생각한다. 경로의 *길이*(*length*)는 그 경로가 사용하는 모서리의 개수인데, 중복된 모서리는 중복된 수만큼 헤아린다. 임의의 매듭에서 다른 매듭에 이르는 경로를 찾는 것이 가능하면 그 그래프는 **연결 그래프**(connected graph)라고 한다. *회로*(*circuit*) 또는 *순환로*(*cycle*)는 같은 매듭에서 시작하고 끝나며, 길이가 최소한 2인 경로이다. *트리*(*tree*)는 비순환적 그래프, 즉 어떤 회로도 갖지 않는 그래프이다. **완전 그래프**(complete graph)는 모든 매듭이 모든 다른 매듭과 이웃하는 것이다. 그래프의 **오일러 경로**(Euler path)는 각 모서리를 꼭 한 번씩만 사용하는 경로이다. 만일 그런 경로가 존재하면, 그 그래프는 *한붓그리기 가능*(*traversable*)하다고 한다. **오일러 회로**(Euler circuit)는 각 모서리를 꼭 한 번씩만 통과하는 회로이다.[9] 그래프의 **해밀턴 경로**(Hamilton path)는 각 매듭을 한 번씩, 그리고 꼭 한 번씩만 지나는 경로이다. **해밀턴 회로**(Hamilton circuit)는 각 매듭을 한 번씩, 그리고 꼭 한 번씩만 지나는 회로이다. 그 해가 그래프와 그래프 이론과 관계되는 잘 알려진 문제들은 **4색 문제**(four color problem)와 **여행하는 외판원 문제**(traveling salesman problem)를 포함한다.

역자 주

9) 원문에는 경로(path)로 되어 있으나, 이는 회로(circuit)의 오기로 보인다.

graph theory (그래프 이론)

그래프(graph) 자신을 다루거나, 아니면 (순수 수학에서의) **군**(group)이나 컴퓨터 네트워크와 같은 광범위한 것들의 모델로서의 그래프의 연구이다.

great circle (대원, 大圓)

한 **구**(sphere)를 완전히 한 바퀴 돌고, 그 구의 중심을 중심으로 가지는 원이다. 지구와 같이 구 위의 두 지점 사이의 가장 짧은 길은 그 두 점을 연결하는 대원을 따라 가는것이다. 대원은 **측지선**(geodesic)이다.

Great Monad (태극, 太極)

타이치(*Tai-Chi*)라고 부르기도 하며, 전통 중국 철학과 우주

태극

론에서 중요하고 어디에서나 찾을 수 있는 상징. 그것은 반대이거나 쌍대(雙對)인 것–남자와 여자(*양*과 *음*), 강함과 부드러움, 해와 달, 등–이 평형을 이룰 때의 우주의 바탕에 있는 조화를 나타낸다. 그것은 중국 예술의 모든 것에서 나타난다: 책에서, 벽, 도자기, 명판(銘板) 위에, 그리고 직물에 자수(刺繡)로.

greatest common divisor (최대공약수, 最大公約數)

한 정수열의 각각을 정확히 나누는 가장 큰 정수. *최대공통인수*(*greatest common factor*)로도 불린다.

greatest lower bound (최대하계, 最大下界)

한 실수의 **집합**(set)에 있는 각 수보다 작은 것 중 가장 큰 **실수**(real number).

Green, George (그린, 1793-1841)

유체역학, 전기, 자기 분야에서 업적을 낸 영국의 수학자. **퍼텐셜 이론**(potential theory)의 기초가 되는 그의 정리(**그린 정리**(Green's theorem) 참조)로 가장 잘 알려져 있다. 그린은 그의 아버지가 죽은 후에 빵가게와 그것에 인접한 풍차를 인수했지만, 여가 시간에 수학을 연구했다. 1828년에 그는 그의 가장 유명한 논문 〈전기와 자기 이론에 대한 수학적 분석의 응용에 관한 논문〉을 썼는데, 당시에는 일반적으로 간과되었지만 이제는 영국에서 수리물리학의 시작으로 간주된다.

Green's theorem (그린의 정리)

평면에서 잘 연결된 영역 위의 경로적분과 그 평면에서 유계인 영역의 넓이 사이의 관계. 그린의 정리는 *미적분학의 기본정리*(*fundamental theorem of calculus*)의 한 형태이고, 오늘날 **편미분방정식**(partial differential equation)을 푸는 거의 모든 컴퓨터 암호에서 사용된다.

Grelling's paradox (그렐링의 역설)

단어와 문법의 세계로부터의 **러셀의 역설**(Russell's paradox)과 동치인 것. 그렐링의 역설은 형용사를 자기 서술(self-applicable)적인 것과 자기 서술적이 아닌 것의 두 집합으로 나누는 것과 관계된다. "영어의(English)," "쓰여진(written)," 그리고 "짧은(short)"은 자기 서술적이고 그 반면에 "러시아어의(Russian)," "말해진(spoken)"과 "긴(long)"은 자기 서술적이 아니다. 이제 형용사 "*heterological*"을 "자기 서술적이 아닌"을 의미하는 것으로 정의하자. "heterological"은 어느 형용사의 집합에 속하는가? 이 이상한 진퇴양난[10]은 논리학자이자 철학자 그렐링(Kurt Grelling, 1886 - 1941/2)에 의해서 고안되었는데, 그는 나치에 의해서 박해를 당했다. 그와 그의 부인이 1942년 아우슈비츠 수용소에서 죽었는지 아니면 1941년에 스페인으로 탈출하려다 피레네 산맥에서 죽었는지는 확실하지 않다.

gross (그로스)

항목이 144개짜리인 한 집단을 말한다. 이 묶음법은 독일에서 출발한 것으로 보이지만, 그 단어는 "두꺼운" 또는 "큰"의 라틴어 *grossus*로부터 프랑스 고어 *gross douzine*, 즉 "큰 다스"(12 다스)를 통하여 나온다. "Grocer(식료품 잡화상)"도 많은 양의 식료품을 다루는 사람이므로 "grocer"도 그로스와 같은 어원을 갖는다. *큰 그로스*(*a great gross*) 또는 한 다스의 그로스는 1,728이다. **12**(twelve)도 보시오.

group (군, 群)

> *군들이 스스로를 드러냈거나 또는 도입되었던 곳은 어디든, 상대적 혼돈으로부터 단순함이 결정체를 이루었다.*
>
> –벨(Eric Temple Bell)

대칭성(symmetry)을 표현하는 추상적이면서 절대적으로 중요한 한 방법이고 현대 **대수학**(algebra)의 가장 기본적인 개념. 군은 19세기 초에 프랑스의 젊은 급진주의 학생 **갈루아**(Evariste Galois)에 의해서 그의 시대의 한 미해결 문제인 5차의 **다항식**(polynomial)으로 된 방정식 즉 **5차식**(quintic)과 그 이상의 방정식을 푸는 공식을 찾는 도구로 수학에 들여왔다. 갈루아는 그가 결투에서 죽기 전날 밤에 휘갈겨 쓴 노트에서 그러한 공식이 존재하지 않는다는 것으로 보였다. 이것에 대한 이유는 5차 다항 방정식의 **근**(root)의 가능한 대칭성, 즉 치환(permutation)은 산술적 공식으로 표현될 수 있는 대칭성보다 더 복잡하다는 것이다. 이 사실은 갈루아와, 그리고 거의 같은 시기에 독립적으로 **아벨**(Niels Abel)에 의한 *치환군*(*permutation group*)의 아이디어의 발전에 의해서 떠올랐다. 반세기 후에, 또 다른 노르웨이인 **리**(Sophus Lie)는 군이 전

역자 주

10) heterological이 자기 서술적이면 정의대로 자기 서술적이 아니고, 만일 이것이 자기 서술적이 아니면 이 형용사는 자기 서술적이 된다.

체 수학에 얼마나 중요한지를 보였다. **리군**(Lie group)으로 불리게 되는 이론은 치환의 이산 구조를 **미분방정식**(differential equation)의 연속 변동(variation)과 연결한다. 놀랄 일은 아니지만, 군론이 대수와 회전, 반사, 대칭 같은 기하학적 양상에 토대를 형성하므로, 그것은 기본 입자의 분류로부터 결정학(crystallography)까지 현대 물리학에서 일상적으로 나타난다.

군은 그것의 원소들이 하나의 연산에 의하여 정의되는 **집합**(set)이다. 만일 그 연산의 기호가 "+"이면 그 군을 *덧셈적*(additive)이라고 부르고, 만일 그 기호가 곱셈 "·"이면 *곱셈적*(multiplicative)이라고 부른다. 그러나 어떤 다른 기호도 이들을 대체할 수 있다. $a+0=a$와 같이, 항상 정의된 연산 하에서 원소들을 바꾸지 않고 남겨두는 유일한 원소(곱셈군에서는 1, 덧셈군에서는 0)가 있다. 또 모든 원소 a에 대하여, 예를 들면 덧셈의 경우에, $a+b=0$이고 $b+a=0$ 인 유일한 역원 b가 존재한다. 그러나 대부분, 그 역원은 a^{-1}로 나타낸다. 마지막으로, 군의 연산은 $a \cdot (b \cdot c)=(a \cdot b) \cdot c$ 와 같이 **결합적**(associative)이어야 한다. 한 군은 그 연산이 $a+b=b+a$에서와 같이 대칭적이면 *가환적*(commutative) 또는 *아벨적*(Abelian)이라고 한다.

군은 유한과 무한의 두 유형으로 나타난다. 주어진 다항식의 근 사이에 제한된 수의 치환만 가능하므로, 다항식의 근의 대칭군은 유한군이다. 대조적으로, 미분방정식의 해의 대칭성을 표현하는 리군(Lie group)들은 그들이 연속인 변환을 나타내고, 연속은 무수히 많이 변하는 잠재성을 수반하므로 무한군이다. 유한군들은 곱셈과 유사한 과정에 의하여 작은 군의 조합으로부터 구성될 수 있다. 한 자연수를 **소수**(prime number)들의 곱으로 나타낼 수 있는 것과 같은 방법으로, 유한군도 *단순군*(simple group)으로 불리는 특별한 요소들의 조합으로 표현할 수 있다. 대부분의 단순군은 다음 세 가지 족 중 하나에 속한다; *순환군*(cyclic group), *교대군*(alternating group), 또는 *리 유형의 군*(Group of Lie type). 순환군은 소수 개의 대상의 순환 치환(cyclic permutation)으로 구성된다. 교대군은 두 대상의 위치를 짝수 번 교환함으로써 형성되는 우치환(even permutation)으로 구성된다. 16개의 부분족이 리 유형의 단순군을 형성하는데, 그 각각은 한 족의 무한 리군과 관련된다. (혼동 스럽게, 리군은 리 유형의 군이 아니다, 전자는 무한군이고, 후자는 유한군이기 때문이다!) 그럼에도 불구하고, 18가지의 구체적인 유한 단순군의 족이 있다. 또한 고도로 불규칙하고 이 족들로부터 벗어나 있는 *산재군*(sporadic group)으로 불리는 26개의 단순군이 있다. 다섯 개의 산재군들이 19세기에 매튜(Emile Mathieu)에 의해서 발견되었다. 그리고는 1960년대까지 틈이 있었고, 그때 갑자기 새로운 산발군들이 갑자기 나타나 각광을 받았다. 이들 중 가장 놀라운 것은 이른바 **괴물군**(monster group)인데, 아원자(subatomic) 수준에서 우주의 구조와 밀접하게 관계되는 것으로 나타난다.

Grundy's game (그런디의 게임)

님(Nim)을 보시오.

Guy, Richard Kennth (가이, 1916-)

영국 태생의 수학자로 캐나다 캘거리 대학의 수학 명예 교수이고 **조합론**(combinatorics)과 **정수론**(number theory)의 전문가이다. 가이는 250편이 넘는 논문과 10권의 책을 썼는데, (공저자로서) 게임 이론의 고전인 『*이기는 방법*(*Winning Ways*)』를 포함한다. 그는 1971년부터 *미국 수학 월보*(*American Mathematical Monthly*)의 "문제(Problem)" 절의 편집인이었다.

H

Harberdasher's puzzle (하버대셔의 퍼즐)

듀드니(Henry Dudney)의 가장 큰 수학적 발견인데, 1902년 *주간 속보*(*Weekly Dispatch*)와 그의 『*캔터베리 퍼즐*(*The Canterbury Puzzle*, 1907)』에 문제 26번으로 발표되었다.[87] 우리는 정사각형으로 재배열이 가능하도록 정삼각형을 네 조각으로 나눌 것인지를 결정해야 한다. 아래에 딸린 그림이 해를 보여주는 것인데, 듀드니는 다음과 같이 표현한다;

> *AB*를 *D*에서, *BC*를 *E*에서 이등분한다; *EF*가 *EB*와 같도록 직선 *AE*를 *F*까지 연장한다. *AF*를 *G*에서 이등분하고, (*G*를 중심으로) 호 *AHF*를 그린다. *EB*를 *H*까지 연장하면 *EH*가 요구하는 사각형의 한 변의 길이이다. *E*로부터 거리가 *EH*인 원 호 *HJ*를 그리는데, *JK*는 *BE*와 같게 한다. 이제 점 *D*, *K*로부터 *EJ*에 수선의 발 *L*과 *M*을 내린다.

해답의 놀랄만한 특징은 각 조각이 그 사각형 또는 처음의 삼각형으로 접어질 수 있도록 한 점에 경첩을 달아 사슬을 만들 수 있다는 것이다. 두 개의 경첩은 삼각형의 변들을 이등분하고, 세 번째 경첩과 밑에 있는 큰 조각의 꼭짓점은 밑변을 대략 0.982: 2: 1.018의 비로 나눈다. 듀드니는 1905년 5월 17일 왕립학회의 회합에서 황동 경첩이 달린 광택이 나는 마호가니로 만든 그러한 해의 모델을 보였다.

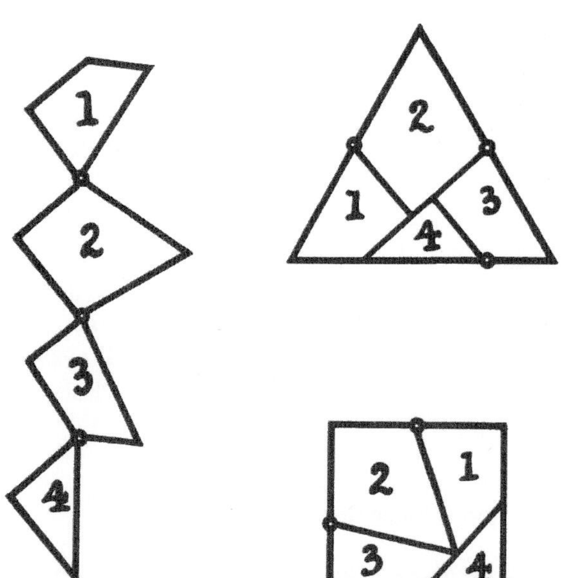

하버대셔의 퍼즐 듀드니(Henry Dudney)가 설명한 퍼즐과 그 해.

Hadwiger problem (해드위거[1] 문제)

d 차원에서, 한 정육면체가 (다를 필요는 없는) *n*개의 정육면체로 잘릴 수 없는 가장 큰 정수 *n*을 $L(d)$로 정의하자. 해드위거 문제는 $L(d)$를 찾는 것이다. 해드위거 문제의 정확한 해는 2와 3차원에 대해서만 알려져 있다; $L(2) = 5$, $L(3) = 47$. 그러나 $L(4) \leq 853$과 $L(5) \leq 1{,}890$이 알려져 있고, 아마 모든 $L(d)$는 홀수일 것으로 생각된다. **분할**(dissection)도 보시오.

hailstone sequnece (우박수열)

콜라즈 문제(Colatz problem)의 규칙에 의해서 만들어지는 수열. 다시 말하면, 다음과 같은 방법으로 형성되는 수열이다: 임의의 양의 정수 *n*부터 시작한다. (1) 만일 *n*이 짝수이면, 그것을 2로 나눈다: 만일 *n*이 홀수이면, 3을 곱하고 1을 더한다. (2) 결과가 1이 아니면 (1)의 단계를 새로운 수에 대하여 반복한다. $n = 5$에 대하여, 이것은 수열 5, 16, 8, 4, 2, 1, 4, 2, 1, … 을 만든다. $n = 11$이면 결과적 수열은 11, 34, 17, 52, 26, 13, 40, 20, 10, 5, 16, 8, 4, 2, 1, 4, 2, 1, … 이다. "우박"이라는 이름은 그 수열의 수들이 땅에 떨어지기 전의 구름 속의 우박과 같이 올라갔다 떨어진다는 사실로부터 나왔다. 실험으로부터 그 수열의 끝이 항상 결과적으로 4, 2, 1, 4, 2, 1, … 의 사이클을 반복하는 것 같으나, *n*의 어떤 값들은 사이클의 반복이 시작되기 전에 많은 값을 만든다. 미해결의 수수께끼는 그 모든 수열이 결국 1을 만나는지 (그리고 다음은 4, 2, 1, 4, 2, 1, …), 또는 반복된 사이클로 정착되지 않는 수열이 있는지 하는 것이다.

hairy ball theorem (모발 덮인 공 정리)

만일 구(sphere)가 테니스공과 같이 머리카락이나 털로 덮여 있으면, 머리카락은 모든 점에서 평평하게 놓이도록 빗질할 수는 없다. 수학적 용어로, 구에서의 임의의 연속인 접선 벡터장

역자 주

1) Hugo Hadwiger(1908 – 1981): 스위스의 수학자.

(tangent vector field)은 그 벡터가 0인 점을 갖는다. 이 정리는 또한 지구의 모든 다른 점에서 바람이 불더라도 수평적 바람의 속도가 0인 지점이 반드시 존재해야 함을 의미한다. 같은 원리가 **토러스**(torus)에도 작용할까? 모발 덮인 도넛 정리가 있을까? 그렇지 않다. 머리카락이 표면에서 튀어나오려는 "문제의 점"들의 수는 그 곡면의 **오일러 표수**(Euler characteristic)로 불리는 양에 관계된다. 기본적으로, 곡면 위의 모든 점은 문제의 점의 근방에서 벡터장이 몇 번 회전하는지를 나타내는 지표를 갖는다. 모든 벡터장의 지표들의 합이 오일러 표수이다. 토러스는 오일러 수가 0이므로, 그 위의 모든 점에서 평평하게 놓이는 모발의 덮개-벡터장-를 갖는다.

half line (반직선, 半直線)

사선(射線, ray).

half plane (반평면, 半平面)

주어진 직선의 한쪽에 있는 **평면**(plane)의 한 부분.

halting problem (멈춤 문제)

주어진 프로그램과 그것의 입력값에 대하여, 그것이 영원히 진행될 것인가 아니면 결국은 멈출 것인가를 결정하는 문제. 이것은 주어진 프로그램을 실제로 진행하고 무엇이 일어날지를 보는 것과는 같은 것이 아니다. 멈춤 문제는 그것의 멈춤 또는 멈추지 않음이 드러나도록 임의의 프로그램을 얼마나 길게 진행해야 하는지를 결정하는 *일반적 처방*(*general prescription*)이 있는지를 묻는다. 1936년의 기념비적 논문에서[337] **튜링**(Alan Turing)은 멈춤 문제가 결정 불가능함을 보였다. 다른 **알고리즘**(algorithm)이 멈출지 그러지 않을지를 결정하는 것이 항상 가능한 알고리즘을 구성하는 방법은 없다. 이것으로부터 **자연수**(natural number)에 대하여 주어진 한 명제가 참인지 아닌지를 결정하는 알고리즘은 있을 수 없다는 결론이 나온다. 멈춤 문제의 결정 불가능성은 **괴델의 불완전성 정리**(Gödel's incompleteness theorem)의 다른 증명을 제공한다. 이것은 만일 자연수에 대한 모든 참인 명제의 완전하고 무모순인 공리화가 존재한다면 그러한 명제가 참인지 거짓인지를 결정하는 규칙의 집합을 만들 수 있을 것이기 때문이다. 멈춤 문제의 결정 불가능성의 또 한 가지 놀라운 결론은 *라이스의 정리*(*Rice's theorem*)인데, 그것은 알고리즘에 의해서 정의되는 **함수**(function)에 대한 *임의의*(*any*) 자명하지 않은 명제의 진실성이 결정 불가능함을 주장한다. 그러므로 예를 들면, "이 알고리즘은빈 문자열에 대하여 멈출 것인가"의 결정 문제는 이미 결정 불가능하다. 이 정리가 *알고리즘에 의해서 정의되는 함수*에 대하여 성립하는 것이지, 알고리즘 자체에 대한 것이 아님에 주의하자. 그것은, 예를 들면 알고리즘이 100 단계 내에 멈출지를 결정하는 것은 전적으로 가능하지만, 이것이 그 알고리즘에 의해서 정의되는 함수에 대한 명제는 아니다. 많은 문제들을 멈춤 문제로 환원하여 그것이 결정 불가능함을 보일 수 있다. 그러나 **샤이틴**(George Chaitin)은 알고리즘 정보 이론에서 멈춤 문제에 의존하지 않는 결정 불가능 문제를 제시했다.

튜링의 증명이 알고리즘이 멈출지를 결정하는 일반적 방법 또는 알고리즘이 없음을 보인 반면에, 그 문제에 대한 개별적 예들은 취약함이 매우 당연하다. 특정한 알고리즘이 주어지면, 우리는 자주 그것이 꼭 멈출 것임을 보일 수 있는데, 실제로 컴퓨터 과학자들은 정확도 증명(correctness proof)의 일부로서 바로 그 일을 한다. 그러나 모든 그러한 증명은 새로운 주장을 요구하는데, 알고리즘이 멈출지를 결정하는 *기계적, 일반적 방법*(*mechanical, general way*)은 없다는 것이다. 그리고 또 하나의 경고가 있다. 멈춤 문제의 결정 불가능성은 컴퓨터가 잠재적으로 무한한 크기의 메모리를 가진다는 사실에 의존한다. 만일 어떤 실제의 컴퓨터도 그러하듯이, 기계의 메모리와 외부 저장장치에 제한이 있다면, 그 기계에서의 프로그램 진행에 대한 멈춤 문제는 (극도로 불충분한 기계일지라도) 일반 알고리즘에 의해서 풀릴 수 있다.

ham sandwich theorem (햄 샌드위치 정리)

부피가 유한인 빵, 햄, 치즈가 마음대로 섞인 샌드위치가 주어지면, 햄, 빵, 치즈를 각각 반으로 나누는 한 칼의 절단(평면)이 항상 있다. 다시 말하면, 그 샌드위치가 어떻게 엉망으로 섞여 있더라도-심지어 그것이 분쇄기에 있더라도-여러분은 항상 반쪽의 세 가지 재료가 각각 같은 부피를 갖도록 그것을 자를 수 있다. 이 정리는 더 고차원의 햄 샌드위치로 일반화되는데, 이때 그것은 근본적으로 **보르숙-울람 정리**(Borsuk -Ulam theorem)가 된다; n차원 공간에 양의 부피를 가지는 n 개의 덩어리가 있을 때, 각 덩어리를 정확히 반이 되도록 자르는 초평면(hyperplane)이 존재한다.

Hamilton, William Rowan (해밀턴, 1805-1865)

다른 무엇보다도, **4원수**(quarternion)와 새 역학 이론을 만든 아일랜드의 수학자. 해밀턴은 그리스어와 수리물리학에 능통하여, 케임브리지의 트리니티 대학에서 아일랜드의 왕실 천문가로 임명되었다. 이 직위로 그는 1827년부터 죽을 때까지 봉직했으며, 그 기간 동안 더블린 북서쪽에 있는 던싱크 레인의 던싱크 천문대에서 살았다. 그러나 그는 관찰을 하기 위해서 밤을 지새는 일에 쉽게 흥미를 잃었다-그는 그 곳을 운영하는 데 그의 세 누이를 고용했다-그리고 그 대신에 시를 쓰는 것을 (너무) 좋아했다. 그는 그에게 큰 영향을 미친 칸트의 철학을 소개해 준 사무엘 콜러리지와 그에게 더 이상 시를 쓰지 말라고 조언했던 윌리엄 워즈워드의 친구였다.

해밀턴은 **초곡선**(caustic curve)에 관한 초기 연구를 했고, 이것으로부터 그의 *최소 작용의 법칙*(*law of least action*)의 발견을 이끌었는데, 이것은 많은 물리적 문제를 더 우아하게 표현하는 것을 가능하게 했다. 그의 가장 위대한 승리 중 하나는 **복소수**(complex number)를 실수의 쌍으로 다루는 것이었는데, **허수**(imaginary number)의 실제에 대한 오래된 의심을 마침내 떨쳐내는 시도였으며, 다른 대수에 대한 방법을 분명하게 했다. 이것으로부터 그는 그가 4원수(quarternion)로 부른 순서가 정해진 네 수를 고려하게 되었다. 4원수에 대한 아이디어는 그가 1843년 10월 16일 브룸브리지가가 더블린의 왕실 운하를 가로지르는 브로엄("브룸") 다리에 서 있을 때 갑자기 떠올랐다. 다리 아래, 배 끄는 길에 기념비적 명패가 (아일랜드 국회의장) 타오시치(Taoiseach)와 발레라(Eamon De Valera)에 의해서 1958년 11월 13일에 제막되었다. 그의 발명에 대해서, 해밀턴은 다음과 같이 썼다:

> 네 부모, 즉 기하, 대수, 형이상학, 그리고 시의 자식인 4원수가 탄생하였다 …. 나는 그들의 특성과 목적을 허셸(John Herschel) 경에게 보낸 시의 두 줄에서 보다 더 분명하게 기술할 수는 없었다.
>
> "그리고 어떻게 시간의 하나와, 공간의 셋이 기호의 연결로 묶여지는가."

복소수에서의 해밀턴의 관심은 그의 친구이자 동료인 그레이브스(John Graves)[2)]에 의해서 자극받았는데, 그는 해밀턴에게 워렌(John Warren)[3)]의 『*음수량의 제곱근의 기하학적인 표현에 대한 논문*(*A Treatise on the Geometric Representation of the Square Root of Negative Quantities*)』의 방향을 지적했다. 이 책은 복소수평면의 개념을 설명했는데, 해밀턴은 그것을 기하에서 대수로 바꾸었다. 해밀턴의 마지막 발명품의 하나는 *아이코시안 계산*(*icosian calculus*)으로 불리는 진기한 것인데, 그것은 그레이브스와의 우정의 또 하나의 소득이었다. 그레이브스의 집을 방문한 후에 해밀턴은 다음과 같이 썼다. "2주 동안 존 그레이브스의 책의 낙원에서 입을 다물고 즐기는 나를 생각해 보라! 그는 특히 진기하고 수학류의 진정으로 놀랍게 방대한 소장품을 가지고 있다. 그가 대륙으로부터 그렇게 새로운 연구를 가져오다니! 그리고 또 진귀한 옛 것도." 그레이브스는 해밀턴에게 몇 가지 퍼즐을 제안했고, 그레이브스 또는 그의 책이 해밀턴으로 하여금 정다면체에 대해서 생각하게 했다. 해밀턴이 더블린으로 돌아왔을 때 그는 **정이십면체**(icosahedron)의 대칭군에 대하여 생각했고, 그것을 그가 "아이코시안(icosians)"으로 불렀던 대수와 **아이코시안 게임**(Icosian game)으로 불리는 게임에 사용했다. 그레이브스에게 헌정되었던 이 게임의 유일한 완전한 예는 지금은 해밀턴이 1837년부터 1847년까지 장으로 있던 아일랜드 왕립 학술원이 소장하고 있다. (1996년 초에 아이코시안 게임의 두 번째 예가 알려졌으나, 단지 그 판(board)만 포함했다.)

어떤 면에서는 해밀턴은 그의 시대를 너무 앞서 나갔다. 지금은 *해밀턴*(*Hamiltonian*)으로 언급되는 작용소(operator)와 파동과 입자에 관계하는 이른바 *해밀턴-야코비 방정식*(*Hamilton-Jacobi equation*)은 **양자역학**(quantum mechanics)이 나오고, **클라인**(Felix Klein)이 파동역학의 아버지인 슈뢰딩거(Wernher Schrödinger)에게 해밀턴의 업적을 소개했을 때에서야 비로소 중요하게 되었다.

해밀턴의 개인적 삶은 늘 행복하지는 않았다. 그는 캐더린 디즈니(Catherine Disney)라는 이름의 여인과 깊은 사랑에 빠졌는데, 그녀는 부모의 강압으로 15살 연상의 부자에게 시집을 갔다. 해밀턴은 결국 다른 사람과 결혼했으나, 그녀에 대한 사랑으로 남은 인생을 희망이 없이 살았다. 그는 알코올 중독자가 되었고, 술을 끊을 것을 맹세하다가는 다시 나빠졌다. 그들의 예전의 로맨스가 있은 수년 후에 캐더린은 해밀턴과 밀회를 시작했다. 그녀의 남편이 의심을 하게 되고, 그녀는 아편제를 복용하여 자살을 시도했다. 5년 후에 그녀는 심하게 앓았다. 해밀턴은 그녀를 방문하여 『*4원수 강의*(*Lectures on Quaternions*)』를 한 권 주었다. 그들은 마지막 키스를 하고, 그녀는 2주 후에 죽었다. 그는 그녀의 초상화를 그 후 내내 가지고 다녔으며, 들어주는 누구에게나 그녀의 이야기를 했다.[149]

Hamilton circuit (해밀턴 회로)

같은 꼭짓점에서 출발하고 끝나는 **해밀턴 경로**(Hamilton path). **여행하는 외판원 문제**(traveling salesman problem)도 보시오.

H

역자 주

2) John Thomas Graves (1806–1870): 아일랜드의 수학자.

3) John Warren (1796–1852): 영국의 수학자.

Hamilton path (해밀턴 경로)

해밀턴(William Hamilton)의 이름을 딴, 한 연결 그래프(connected graph)의 모든 꼭짓점을 꼭 한 번씩만 지나는 경로. **나이트(騎士)의 경로**(knight's tour) 문제는 기사의 규정된 이동에 따르는 해밀턴 경로(또는 다시 돌아가는 여행의 경우에는 **해밀턴 회로**(Hamilton circuit)를 찾는 문제와 동치이다. **오일러 경로**(Euler path)와 비교하시오.

Hankel matrix (행켈 행렬)

북동쪽에서 남서쪽으로 향하는 **대각선**(diagonal)을 따라가는 모든 성분이 같은 **행렬**(matrix).

happy number (행복수, 幸福數)

만일 여러분이 한 수의 자릿수의 제곱들을 합하는 과정을 반복하고, 그 과정이 1로 끝난다면, 처음의 수를 행복수라고 부른다. 예를 들면 7 → (7^2) 49 → (4^2+9^2) 97 → (9^2+7^2) 130 → (1^2+3^2) 10 → 1이다. **친화수**(amicable number)도 보시오.

Hardy, Godfrey Harold (하디, 1877-1947)

20세기 영국의 가장 뛰어난 수학자 중 하나. 그와 리틀우드(John Littlewood)[4]와의 전설적인 협력은 35년이나 지속되었고, 거의 100편의 논문을 만들었다. 하디는 조숙한 아이였는데, 그의 재주는 설교 중에 찬송가 번호를 소인수분해한 것을 포함한다. 1919년에, 그는 옥스퍼드에서 기하학의 새빌리안 교수[5]가 되었지만 1931년에 순수수학 교수로 케임브리지로 돌아왔다. 그의 업적은 주로 **해석학**(analysis)과 **정수론**(number theory)에 있다.

하디는 일생 동안 꼭 하나의 다른 취미가 있었는데, 크리켓 경기이다. 그의 판에 박힌 일상은 조반 내내 *타임즈*(*The Times*)를 읽고 크리켓 점수를 연구하는 것이었다. 그리고는 수학 연구를 9시부터 1시까지 했다. 가벼운 점심 후에, 대학의 크리켓 경기장에 내려가서 게임을 구경했다. 늦은 오후에 그는 서서히 대학 내의 그의 방으로 걸어와서 저녁을 들고 한 잔의 와인을 마시곤 했다. 하디는 그의 별난 행동으로 유명했다. 그는 사진을 찍는 일을 싫어해서 오직 다섯 장의 스냅 사진만 있는 것으로 알려져 있다. 그는 또 거울을 혐오하여 어떤 호텔방에 들어서든 첫 번째 행동은 어떤 거울이든 수건으로 덮는 일이었다.

하디의 책 『*한 수학자의 사과*(*A Mathematician's Apology* 1940)』[151]는 수학자가 어떻게 생각하는지와 수학의 즐거움에 대한 가장 생생한 표현 중 하나이다. 그러나 그 책은 더 많은 것을 담고 있다. 스노우(C.P.Snow)[6]가 다음과 같이 썼듯이,

> 『*한 수학자의 사과*』는 … 잊을 수 없는 슬픔을 가진 책이다. 그렇다. 그것은 지적이며 높은 정신을 가진 재치 있고 예리한 것이다: 그렇다, 수정같이 맑은 명확성과 순수함이 아직 거기에 있다: 그렇다, 그것은 창의적 예술가의 증거이다. 그러나 그것은 또한, 절제된 극기의 방식 안에, 지금까지는 있었으나 다시는 오지 않을 창의력에 대한 격정적 애통함이 있다. 나는 언어에서는 그와 같은 것을 알지 못한다: 부분적으로는 그러한 애통을 표현할 문학적 재능을 가진 대부분의 사람들이 그것을 느끼지 못할 것이기 때문이다; 진실의 최후를 가지고, 그가 완전하게 끝났다는 것을 작가가 알아차리는 것은 매우 드문 일이다.

라마누잔(Ramanujan)도 보시오.

harmonic analysis (조화해석, 調和解析)

주기(periodic) 함수를 사인과 코사인의 합으로 표현하는 방법.

harmonic division (조화분할, 調和分割)

한 선분이 외적, 내적으로 같은 비율로 나누어지도록 하는 두 점에 의한 선분의 분할.

harmonic mean (조화평균, 調和平均)

두 수 a, b의 조화평균은 $2ab/(a+b)$이다.

harmonic sequence (조화수열, 調和數列)

수열 1, 1/2, 1/3, 1/4, 1/5, …. 서로 합하면 *조화급수*(*harmonic series*)의 항이 된다: 1 + 1/2 + 1/3 + 1/4 + 1/5 + …. 이 급수는 매우 느리지만 발산한다(유한 합을 갖지 않는다)–프랑스의 철학자이자 신학자인 오렘(Nichole d'Oresm, 약 1325경–1382)에 의해서 처음 증명된 결과이다. 사실은, 이 급수는 하나 걸러 하나씩을 제거해도 발산하고, 심지어는 각 10개의 항 중 9개를 제거해도 발산한다. 그러나 (10진법의 전개로 나타냈을 때) 숫자 9

역자 주

4) John Edensor Littlewood(1885–1977): 영국의 수학자.

5) 새빌(Henry Savile, 1549–1622)이 기부하여 만든 옥스퍼드의 교수직.

6) Charles Percy Snow(1905–1980): 영국의 과학자, 작가.

를 포함하지 않는 모든 자연수의 역수의 합을 취하면 그 급수는 수렴한다! 이것을 보이기 위해서, 그들의 분모에 있는 숫자들의 개수에 기초하여 항들을 분류한다. (1/1 + ⋯ + 1/8)에는 각각이 1보다 크지 않은 8개의 항이 있다. 다음 그룹(1/10 + ⋯ + 1/88)을 생각해 보자. 항의 개수는 *많아야(at most)* 숫자 0,⋯,8로부터 두 개를 순서대로 고르는 방법의 수이고, 그러한 항 각각은 1/10보다 크지 않다. 따라서 이 그룹의 합은 $9^2/10$보다 크지 않다. 같은 방법으로 (1/100 + ⋯ + 1/999) 내에 있는 항의 합은 많아야 $9^3/10^2$이고, 등등이다. 그러므로 전체의 합은

$$9 \times 1 + 9 \times (9/10) + 9 \times (9^2/10^2) + \ldots + 9 \times (9^n/10^n) + \ldots$$

보다 크지 않다. 이것은 수렴하는 기하급수이다. 그러므로 비교판정법에 따라서, (항마다 작아지는) 원래의 합은 수렴해야 한다.

Harshad number (하샤드수)

자신의 숫자들의 합으로 나누어떨어지는 수. 니벤(Nieven)[7] 수로 부르기도 한다. 예를 들면, 1,729는 1 + 7 + 2 + 9 = 19이고, 1,729 = 19 × 91이므로 하샤드수이다. *하샤드 우애수 쌍(Harshad amicable pair)*은 *m*, *n*이 모두 하샤드수인 우애수 쌍(amicable pair) (*m*,*n*)이다(**우애수**(**amicable number**) 참조). 예를 들면, 2,620과 2,924는 하샤드 우애수 쌍인데, 왜냐하면 2,620이 2 + 6 + 2 + 0 = 10으로 나누어떨어지고 2,924는 2 + 9 + 2 + 4 = 17로 나누어떨어지기 때문이다(2,924/17 = 172). 처음 5,000개의 우애수 쌍 중에서 192개의 하샤드 우애수 쌍이 있다.

hat problem (모자 문제)

세 명의 경기자 앨리스(Alice), 봅(Bob), 그리고 세드릭(Cedric)의 한 팀이 방에 들어오고 각각의 머리에는 그 또는 그녀가 볼 수 없도록 모자가 씌워진다. 각 모자의 색깔은 동전 던지기에 따르는데, 앞면이 나오면 파랑(B), 뒷면이 나오면 빨강(R)이다. 모든 경기자가 들어온 후에 그들은 서로 다른 사람의 모자의 색깔을 보고, 이 정보에 기초하여 자기 모자의 색깔을 추측한다. 각각은 빨강 또는 파랑을 추측할 수 있고, 또는 마음을 정할 수 없을 때 패스할 수 있다. 대회 중에는 어떠한 의사소통도 허용되지 않지만, 경기가 시작되기 전에 전략을 합의하는 것은 허용된다. 만일 그들 중 적어도 한 사람은 옳게 추측하고, 어느 누구도 틀리게 추측하지 않으면 그 팀은 승리한다. 그 팀의 최선의 전략은 무엇일까? 언뜻 보기에는 각 경기자가 자신의 모자 색깔을 추측하는 것을 넘어서는 어떠한 효과적인 전략도 가능하지 않을 것처럼 보인다. 사실 이것은 최악의 접근이다. 왜냐하면 성공하기 위해서는 각 사람이 옳게 추측해야 하고 이 가능성은 단지 1/2×1/2×1/2 = 1/8이기 때문이다. 훨씬 나은 계획은 두 사람은 패스하고 세 번째가 자기 모자의 색깔에 대해 시도해 보는 것이다. 그러면 확률은 1/2로 개선된다. 이것을 뛰어넘어서 성공의 확률을 높일 수 있는 방법은 찾기 어렵다. 그렇지만 훨씬 더 나은 전략도 있다. 열쇠는 모든 사람의 모자가 같은 색인 경우는 오직 2가지(RRR과 BBB)뿐이고, 두 모자는 같은 색이고 다른 하나는 다른 색인 경우는 6가지(RRB, RBR, BRR, BBR, BRB와 RBB)임을 아는 것이다. 이것은 팀의 멤버들에게 다음 전략을 제안한다: *만일 당신이 색이 반대인 두 모자를 보면 패스하시오. 두 모자의 색이 한 가지이면 당신의 모자는 다른 색이라고 추측하시오.* 만일 모든 사람의 모자가 같은 색이면, 팀의 모든 경기자가 틀리게 추측할 것이고, 따라서 팀은 지게 될 것이다. 그러나 이것이 일어날 확률은 2/8 (= 1/4)일 뿐이다. 모든 다른 가능한 경우에 다른 한 사람은 옳게 추측할 것이고 그 팀원은 패스할 것이므로 그 팀은 이길 것이다. 이 전략은 그 경우의 6/8 (= 3/4)을 이기고, 더 이상 개선될 수는 없다. 각 경기자의 추측의 반은 틀릴 것이므로, 각 경기자가 차례로 4가지 경우 중 3가지를 맞추고 네 번째에는 모두 틀리는 전략보다 낫게 하는 것은 불가능하다.

팀에 더 많은 경기자가 있으면 어떻게 될까? 이를테면 경기자의 수를 *n*이라 하자. 앞에서 설명한 추론에 의해서, 팀이 그 경우의 *n*/(*n*+1)보다 더 이기기를 희망할 수 없는 것은 분명하다. 그러나 이만큼 잘할 수 있을지는 분명하지 않다. 많은 사람이 있으면, 그들이 그들의 틀린 추측을 동시에 조정하는 것을 어렵게 하는 것으로 보인다. 그러나 팀에 있는 사람의 수가 *2의 거듭제곱보다 하나 작은* 수이면 이 최선의 가능한 값이 얻어질 수 있음이 드러난다. 예를 들어, 7명의 팀을 가지고는 그 경우의 7/8을 이길 수 있고, 15명의 팀을 가지고는 그 경우의 15/16 를 이길 수 있다. 관련된 전략은 복잡하지만, 그것은 *해밍 부호(Hamming codes)*(**부호 이론**(**coding theory**) 참조)와 밀접하게 연결되는데, 그것은 전송하는 도중에 발생하는 작은 수의 에러가 있더라도 원래의 정보가 완전히 복구될 수 있도록 정보를 부호화하고 전송하는 방식이다. 9, 10 또는 13과 같이 다른 크기의 팀에 대해서는, 여전히 수학자들이 적정한 전략을 찾거나 팀이 그 경우 이길 것으로 기대할 수 있는 비율을 밝혀내야 한다.

역자 주

7) 캐나다의 수학자 Ivan Morton Niven (1915 – 1999)의 이름을 딴 것이다. Harshad는 산스크리트어에서 음을 가져온 것이다.

Hausdorff, Felix (하우스도르프, 1868-1942)

현대 **위상수학**(topology)의 설립자의 하나로 간주되고, **집합론**(set theory)과 함수해석학에서 중요한 업적을 이룬 독일의 수학자. 그의 이름을 딴 몇 가지 개념 중에 **하우스도르프 차원**(Hausdorff dimension)이 있는데, 그것은 곡선 또는 도형에 분수 차원을 부여하는 방법을 제공한다. 하우스도르프는 또 "폴 몽그레(Paul Mongré)"라는 필명으로 철학적이고 문학적인 작품을 발표했다. 그는 라이프치히에서 수학했고, 거기에서 1910년까지 수학을 가르쳤는데, 그는 그 해에 본에서 수학교수가 되었다. 나치가 권력을 장악했을 때, 유태인인 하우스도르프는 존경받는 대학교수로서의 그가 박해로부터 안전하리라고 생각했다. 그러나 그의 추상 수학은 쓸모없고 "독일적이 아닌(un-Geramn)" 것으로 맹렬히 비난을 받고 그는 1935년에 직을 잃었다. 그는 그의 딸을 영국으로 보냈으나, 그와 부인은 독일에 남았다. 1942년, 더 이상 수용소에 보내지는 것을 피할 수 없을 때, 그는 그의 부인과 처제와 함께 자살했다.

Hausdorff dimension (하우스도르프 차원)

프랙탈(fractal)과 같은 복잡한 **집합**(set)의 차원을 정확하게 측정하는 한 방법. **하우스도르프**(Felix Hausdorff)의 이름을 딴 하우스도르프 차원은 잘 정돈된 집합의 경우에는 익숙한 차원의 개념과 일치한다. 예를 들면, 직선이나 원과 같은 보통의 곡선은 하우스도르프 차원 1을 갖는다; 임의의 **가산집합**(countable set)은 하우스도르프 차원 0을 갖는다; 그리고 n차원의 **유클리드 공간**(Euclidean space)은 하우스도르프 차원 n을 갖는다. 그러나 하우스도르프 차원이 항상 자연수인 것은 아니다. 복잡한 방법으로 꼬여서 평면을 다 채우기 시작하는 선에 대하여 생각해 보자. 그것의 하우스도르프 차원은 1을 넘어 증가하며, 점점 더 2에 가까워지는 값을 취한다. 분수의 차원에 속하는 것으로 생각하는 아이디어는 점점 더 3차원 안으로 일그러지는 평면에 적용된다: 그것의 하우스도르프 차원은 점점 더 3에 가까워진다. 구체적인 예로, **시어핀스키 카펫**(Sierpienski carpet)은 1.89가 넘는 하우스도르프 차원을 갖는다.

Heesch[8] number (헤슈수)

닫힌 평면 도형-타일-이 자신의 복제품으로 완전히 둘러싸일 수 있는 최대의 횟수. 평면을 완전하게 붙일 수 있는(**덮기**(tililing) 참조) 삼각형, 사각형, 정육각형 또는 임의의 다른 단일 도형의 헤슈수는 무한대이다. *헤슈 문제*(*Heesch problem*)는 가능한 *유한*(*finite*) 헤슈수의 가장 큰 값, 혹은 더 일반적으로, 헤슈수가 0과 무한대가 아닌 어떤 값을 취할 수 있는지를 찾는 것이다. 이 문제를 생각하는 데 있어서, 헤슈수를 더 정확하게 정의하는 것이 도움을 준다. 타일링에서, 타일의 *1차 코로나*(*first corona*)는 원래의 타일을 포함하여, 그 타일과 공통의 경계점을 가지는 타일들 전체의 집합이다. *2차 코로나*(*second corona*)는 1차 코로나의 어떤 것과 점을 공유하는 타일들 전체의 집합, 등이다. 헤슈수는 한 도형을 둘러쌀 수 있는 코로나들의 값(k)의 최댓값이다. 오랫동안 k의 가장 큰 유한값에 대한 기록 보유자는 미국 컴퓨터 과학자 아만(Robert Amamn)에 의해서 발견된 도형인데, 그것은 두 변에 튀어나온 부분과 세 변에 그에 맞는 움푹 들어간 부분이 있는 정육각형으로 이루어져 있다. 이것은 헤슈수가 3인 것으로 생각되었다. 그런데 2000년에, 그 차이가 타일링의 정의와 관계가 있는지 불분명하지만, 데이(Alex Day)는 아만 육각형이 실제로는 헤슈수 4를 갖는다고 주장했다. 아무튼 지금까지 알려진 가장 큰 유한값인 헤슈수 5(데이의 계산으로는 6)를 가지는 (들어가고 나온 펜타헥스(pentahex)[9]로 구성된) 무한히 많은 타일족이 있다는 것이 아칸사스 대학의 만(Casey Mann)에 의하여 밝혀졌다. 더 높은

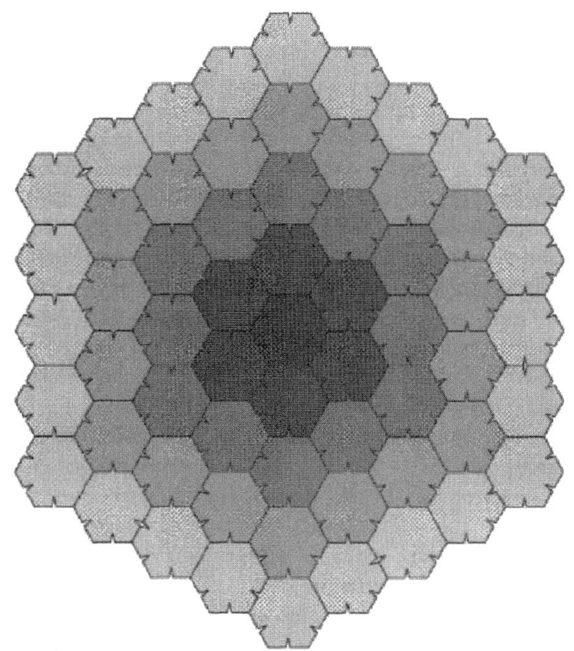

헤슈수 같은 도형의 복제품이 둘러싸는 층. 즉 코로나의 네 겹에 사용된 타일링. *David Eppstein*

역자 주

8) Heinrich Heesch (1906–1995): 독일의 수학자.

헤슈수를 가지는 다각형이 있을까? 그 답은 알려져 있지 않지만, 만은 그가 사용했던 길고 홀쭉한 것보다 더 많이 둥근 **폴리오미노**(polyomino)가 유계가 아닌 헤슈수를 가질 가능성이 더 크다고 생각한다.

헤슈수 방정식은 유명한 다른 두 가지 미해결의 타일링과 관계가 있다: **도미노 문제**(domino problem)와 **아인슈타인 문제**(Einstein problem). 불규칙한 타일링은 타일링 알고리즘의 존재에 장애로 작용할 것으로 보이는데, 따라서 이 두 문제가 같은 답을 가질 것으로 기대되지 않는다. 한편, 만일 최대의 유한 헤슈수 k가 있다면, 이것은 한 도형이 타일링 가능할지를 검사하는 알고리즘의 기초로 사용될 수 있을 것으로 보인다: 단순히 $(k+1)$번째 코로나로 타일링을 완성하려고 시도한다. 만일 성공한다면 그 도형은 평면을 타일링할 수 있고, 그렇지 않다면 그 도형은 타일링하지 못할 것이다. 더 높은 차원의 타일링의 헤슈수에 대해서도 같은 질문을 던질 수 있다.

Hein, Piet (헤인, 1905-1996)

자주 고대 노르웨이어로 "묘비"를 뜻하는 쿰벨(Kumbel)이라는 필명으로 글을 썼던 탁월하게 창의적인 덴마크의 수학자, 과학자, 발명가, 그리고 시인. 같은 이름을 가진 16세기 네덜란드 해군 영웅의 직계 자손인 피트 헤인은 코펜하겐에서 태어났고 코펜하겐 대학의 이론물리 연구소(나중에 닐스 보어 연구소), 덴마크 공업대학, 스웨덴 왕립 미술 아카데미에서 연구했다. 그는 나중에 예일 대학에서 명예 박사 학위를 받았다. 아인슈타인(Albert Einstein)의 좋은 친구였는데, 그는 **헥스**(Hex), **탱글로이드**(Tangloids), 폴리테어(Polytaire)[10], **택틱**(TacTix) 그리고 **소마 큐브**(Soma cube)를 포함하여 많은 수학적 게임으로 명성을 얻었다. 이 게임들은 *Scientific American*에 있는 **가드너**(Martin Gardner)의 "수학적 레크리레이션"의 수많은 컬럼에서 주요 주제가 되었고 이 방법으로 자주 전 세계적 관심을 끌었다. 미술가이자 건축가로서, 헤인은 1950년대와 60년대에, "스칸디나비아 디자인"이 국제적 인정을 받도록 한 가구의 우아한 작품 형식을 제공했다. 스웨덴 디자이너 매트손(Bruno Mathsson)과 협력하여 만든 식당의 테이블을 포함하는 이 작품들은 **초타원**(superellipse)곡선에 기초하였다– 이것은 헤인이 또한 도시 계획(이는 스톡홀름 중앙에 있는 세르겔 광장의 기반이다)과 인형 제작(**슈퍼달걀 회전체**(superegg) 참조)과 같이 다양하게 응용하려 했던 도형이다. 헤인은 가벼운 시구(詩句)의 왕성하고 탁월한 작가였는데, 그룩스(Grooks)로 알려진 수천 개의 짧고 격언적인 시를 만들었다. 그에게는 미술의 주관성과 과학의 객관적 세계와의 사이에 메울 수 없는 간격은 없었다. 그는 말했다. "예술은 풀리기 전에 공식화될 수 없는

나선면 *Richard Polaris*

문제에 대한 한 해답이다." 그의 인생의 철학은 그의 "공존 또는 부존재(co-existence or no existence)"라는 그의 경구로 요약된다.

helicoid (나선면, 螺線面)

알려진 두 번째로 오래된 **최소곡면**(minimal surface). 그것은 1776년에 모이스니어(Jean-Baptiste Meusnier)[11]에 의해서 **현수면**(catenoid)보다 30년 늦게 발견되었다. 이것은 단순 평면이 아니면서 **선직면**(線織面, ruled surface)인 유일한 극소곡면이다. 나선면은 고정된 축과 항상 직각으로 만나면서 그 만나는 점이 축을 평등하게 돌 때 평등하게 회전하는 직선에 의해 휩쓸린 곡면이다. 이 직선은 한 **나선**(helix)의 축과 공통 중심을 가지는 임의의 원기둥과 만난다. 나선면은 매우 다양한 모양을 가지고 있고, 나선형 주차장 램프부터 나사의 날에 이르기까지 많은 형태를 가지고 일상생활에서 익숙하게 볼 수 있다.

helix (나선, 螺線)

그것의 접선이 고정된 직선과 일정한 각을 이루는 3차원의 곡선. *원나선*(*circular helix*)은 **원기둥**(cylinder) 주위에 반지름이 항상 같도록 직선을 감아서 만든다. *원뿔나선*(*conical helix*)은 **원뿔**(cone) 주위에, 결과적으로, 반지름이 일정하게 변하도록 직

역자 주

9) 정육각형 5개를 변끼리 연결한 도형.

10) 판 게임의 일종.

11) Jean Baptiste Meusnier(1754–1793): 프랑스의 수학자이자 공학자.

선을 감아서 만든다. 스프링은 자주 다양한 종류의 나선 형태를 취한다. 자연에서, DNA 분자는 이중 나선 형태이다.

Henon, Michele (헤농)[12)]

프랑스 남부 니스 천문대의 한 천문학자이다. 수년 동안, 특히 1960년대에, 그는 은하계 내에서 움직이는 별들의 역학을 연구했는데, 그들의 움직임의 안정성을 이해하는 한 방법으로 컴퓨터를 이용했다. 그의 연구는 고전적 **삼체 문제**(three-body problem)에 대한 **푸앵카레**(Henri Poincare)의 접근과 똑같은 방식이었다. 어떤 중요한 기하학적 구조가 그들의 행동을 지배하는가? 이 체계의 주된 성질은 그들의 운동 에너지가 일정한 값에 매우 좋게 근사한다는 것이다. 결국, 그들의 혼돈적 역학은 **단순 끌개**(simple attractor)로 표현되지 않고, 분석하고 구체화하기가 훨씬 더 어려우며, 3차원 또는 그보다 높은 차원에서 에너지 "곡면" 위에 존재하는 대상에 의해서 표현된다. 1970년대에, 헤농은 한 **혼돈적 끌개**(chaotic attractor)를 보여주는 매우 간단한 반복되는 사상(mapping)을 발견했는데, 지금은 *헤농의 끌개*(*Henon's attractor*)로 불리며, 그것은 그에게 결정적 데이터와 **프랙탈**(fractal) 사이의 직접적 연결을 만들도록 했다. 헤농의 끌개는 자기 유사적이다(**자기 유사성**(self-similarity) 참조): 만일 당신이 그 끌개를 그것의 상태 공간에서 확대하면, 필로 도우나 크로아상과 같이 점점 더 많은 층을 발견한다.

Henstock integration (헨스톡 적분)

적분(integration)을 보시오.

heptagon (칠각형)

7개의 변을 가지는 **다각형**(polygon).

Hermann grid illusion (헤르만 격자 착시)

독일의 생리학자 헤르만(Ludimar Hermann, 1938-1914)에 의하여 1870년에 처음 만들어진 착시. 아일랜드의 물리학자 틴달(John Tyndall)이 쓴 소리에 관한 책을 읽고 있을 때, 헤르만은 틴달이 행렬로 배열한 그림 사이의 공간이 만나는 곳에서 회색점을 보았다. 같은 강도의 빛이 헤르만 격자의 모든 흰 공

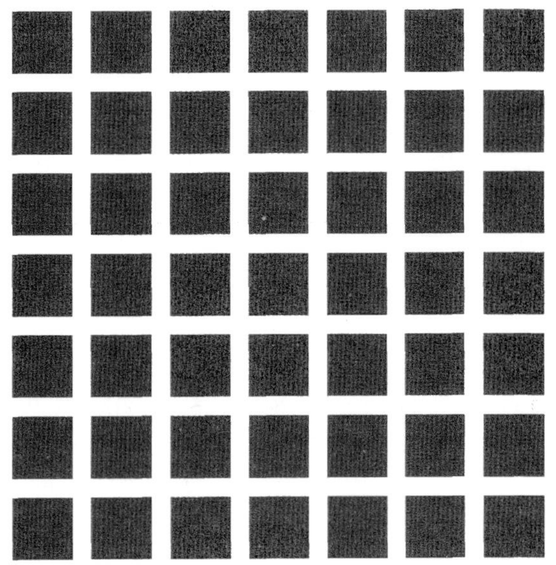

헤르만 격자 착시 원래의 착시인데, 관찰자는 교차점에서 회색 얼룩을 본다.

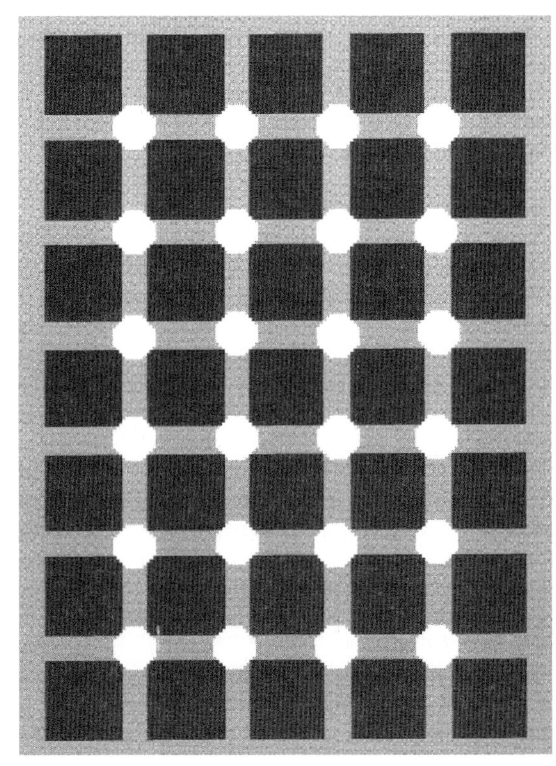

헤르만 격자 착시 더 놀랍고 최근에 발견된 "반짝이는" 유형의 착시이다.

역자 주 

12) 헤농은 1931년 파리에서 출생하여 2013년 니스에서 사망하였다.

간들을 내내 반사되는 사실에도 불구하고, 그 교차점은 회색으로 나타났다. 이것을 설명하기 위해서, 망막의 두 영역을 생각하자. 한 영역은 흰색의 수평과 수직 띠의 교차점을 보고, 반면에 다른 한 쪽은 두 교차점 사이의 흰 띠 부분(교차점으로부터 멀어지는 영역)을 본다. 그 두 영역이 같은 양의 빛을 받지만, 그들 이웃 영역의 상태는 다르다. 교차점에서, 빛은 네 변으로부터 오지만, 두 교차점 사이의 흰색 띠는 두 개의 어두운 변으로 둘러싸여 있다. 이것은 *외측 억제*(*lateral inhibition*)로 불리는 효과를 가져오는데, 그것이 어둡게 나타나는 부분에는 밝은 색 둘레를, 그리고 역으로, 밝게 나타나는 부분에는 어두운 색 둘레를 야기한다. 비슷하지만 더 강력한 착시는 *링겔바하 착시*(*Lingelbach illusion*) 또는 *반짝이는 격자 착시*(*Scintillating grid illusion*)로 불리는 것인데, 1994년 독일의 수학 교수 부인인 링겔바하(Elka Lingelbach)가 발견했고, 아직 완전히 설명되지 않았다.[286] 재미있게도 반짝이는 것의 효과는 그 머리를 45°기울이면 감소한다!

Hermite, Charles (에르미트, 1822-1901)

그의 함수론의 연구가 5차의 일반 방정식, 즉 **5차방정식**(**quintic equation**)의 해를 제공하는 **타원함수**(**elliptic function**)의 응용을 포함하는 프랑스의 수학자. 그는 또 e가 **초월수**(**transcendental number**)임을 보였고, 이제 *에르미트 다항식*(*Hermite polynomial*)으로 불리는 **미분방정식**(**differ -ential equation**)의 부류를 연구했는데, 그것은 나중에 양자 역학의 어떤 응용에서 중요함이 입증되었고, *에르미트 행렬*(*Hermi -tian matrix*)의 성질을 발견했다.

Heron of Alexandria (헤론, 60경)

헤로(*Hero*)로도 불리는 그리스의 기하학자이자 발명가인데, 그의 저술은 바빌로니아, 고대 이집트, 그리고 그리스-로마의 수학과 공학의 지식을 보존하는 데 도움을 주었다. 그의 가장 중요한 기하학 업적인 『*측량술*(*Metrica*)』은 잃어버렸으나, 1894년에 한 조각이 발견되었고, 이어서 1896년에 완전한 복사본이 발견되었다. 그것은 세 권으로 된 기하학적 규칙과 공식의 개요서인데, 그중에 가장 잘 알려진 것은 지금 **헤론의 공식**(**Heron's formula**)으로 알려진 명제 1.8이다. 그는 물, 증기 또는 압축 공기에 의해서 작동하는 많은 장치를 고안했는데, 분수, 소방차, 사이펀(siphon)[13]과 증기의 반동이 공이나 바퀴를 돌리는 엔진이 포함된다.

Heron's formula (헤론의 공식)

삼각형의 어떤 변에 대한 높이(수직인 높이)를 알지 못해도 그 삼각형의 넓이를 구할 수 있게 하는 평면기하학의 중요한 공식. a, b와 c를 삼각형의 변의 길이, A를 그 삼각형의 넓이라고 하자. 헤론의 공식은 $s=(a+b+c)/2$일 때,

$$A^2=s(s-a)(s-b)(s-c)$$

이라는 것이다. 이 공식의 기원은 역사적으로 잘 알려져 있지 않다. 예를 들면 중세 유럽의 자료는 이것을 **아르키메데스**(**Archimedes**)의 공으로 돌린다. 그러나 그것에 대한 우리의 첫 번째 정확한 자료는 **헤론**(**Heron of Alexandria**)에 의한 것이다. 그의 증명은 극단적으로 엉켜 있으며, 그것이 전혀 다른 사고 과정에 의해서 결정되었고, 고전적 그리스인들이 보이기를 좋아하는 보통의 종합적 형태로 치장되었다는 것이 분명해 보인다. 헤론의 공식은 약화된 경우로서 **피타고라스 정리**(**Pythagoras's theorem**)를 포함한다. *헤론 삼각형*(*Heronian triangle*)은 정수로 된 변과 정수의 넓이를 가지는 삼각형이다.

H

Herring illusion (헤링 착시)

독일의 심리학자 헤링(Edwald Herring, 1834-1918)이 처음 발표해서 그의 이름을 딴 **왜곡 착시**(**distortion illusion**). **쵤너 착시**(**Zöllner illusion**)와 또 다른 것들의 경우와 같이 그것은 어떻게 기하학적 관계가 배경에 의해서 왜곡될 수 있는지를 보여준다(직선 배경은 원, 사각형, 삼각형도 왜곡되는 것으로 보이게 만들 수 있다). 그 착시의 똑바른 수평선은 중심에서 밖으로 굽은 것으로 보인다. 이것은 만일 뇌가 퍼지는 선들을 깊이의 의미로 해석하여 헤링 그림의 중심 반점, 그리고 결과적으로 그 중심 주변의 두껍고 검은 선이 가장자리보다 더 멀리 있는 것처럼 보이게 만든다고 설명할 수 있다. 두껍고 검은 선들은 모서리에서와 같은 두께를 중심에서도 갖지만 더 멀리 떨어진 것으로 생각되므로, 뇌는 그들이 중심에서 더 넓게 위치한다고 생각한다.

heuristic argumnet (발견적 논의)

어느 정도 지식을 갖고 하는 추측. 문제의 해, 또는 그것이 없다면 근거가 없거나 입증하기 불가능한 것을 발견하도록 돕는다.

역자 주

13) 대기의 압력을 이용하여 액체를 하나의 용기에서 다른 용기로 옮기는 데 쓰는 관.

헤링 착시

Hex (헥스)

보통 11×11의 마름모 형태로 된 6각형의 격자무늬 위에 두 사람이 경기하는 판 게임. 이것은 1942년 **헤인**(Piet Hein)과, 독립적으로 1948년 **내쉬**(John Nash)가 발명했다. 헤인은 **4색 문제**(four color problem)를 생각하다가 그 게임이 떠올랐다고 말했고, 곧 덴마크에서 *폴리곤*(*Polygon*)이라는 이름으로 유행했다. 내쉬의 버전은 프린스턴 대학과 다른 많은 미국의 대학 캠퍼스의 수학과 학생들에 의해서 경기되었다. 경기자들은 다른 색깔의 말을 사용한다-빨간색과 파란색이라고 하자. 그들은 돌아가며 6각형 내부에 그들 색으로 된 말을 놓아서 6각형을 그 색으로 채운다. 빨간색의 목표는 평행사변형의 윗변과 아랫변을 연결하는 빨간색 길을 만드는 것이고, 파란색의 목표는 왼쪽과 오른쪽 변을 연결하는 파란색 길을 만드는 것이다. 이 게임은 결코 비긴 채로 끝날 수 없는데, 이것은 내쉬가 발견한 사실이다. 당신의 적이 연결하는 길을 만드는 것을 막는 유일한 방법은 당신 자신의 길을 만드는 것이다. 격자판의 변이 같을 때, 게임은 첫 번째 경기자에게 유리하고, 첫 번째 경기자는 이기는 전략을 갖는다. 게임을 더 공정하게 만드는 두 가지 방법이 있다. 하나는 두 번째 경기자의 변들을 더 가깝게 하여 마

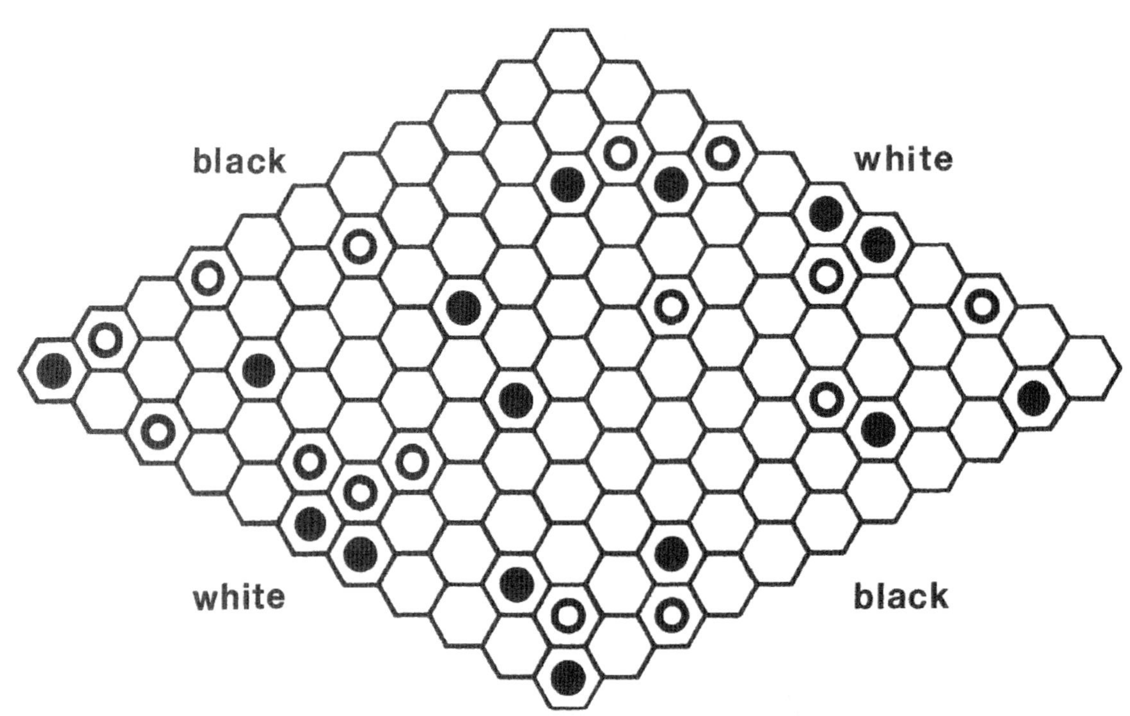

헥스 헥스 게임에서의 위치

름모가 아닌 평행사변형에서 경기하는 것이다. 그러나 이것은 두 번째 경기자가 이기는 결과로 입증되었으므로 이론적으로 상황을 개선하지 않는다. 하나의 더 나은 방법은 첫 번째 경기자가 첫 수 또는 처음 세 수를 놓은 후에 두 번째 경기자가 그의 색깔을 선택하도록 허용하는 것인데, 그것은 첫 번째 경기자에게 의도적으로 아귀를 맞추게 하도록 부추기는 것이다.

hexa- (6/육/여섯)

"6"을 의미하는 그리스어 접두사. *6각형(hexagon)*은 **6**(six) 개의 변을 가진 **다각형**(polygon)이다. *6면체(hexahedron)*는 **6**(six) 개의 면을 가진 **다면체**(polyhedron)인데, 그것이 정다면체이면 **정육면체**(cube)로 부른다. *16진법(hexadecimal)*은 **밑**(base) 16(즉 10진법 체계보다 6이 더 많은 것)을 가지는 수 체계이고, (네 개의 이진수가 16개의 다른 수를 나타낼 수 있으므로) 주로 컴퓨터 작업에 사용된다. *육각수(hexagonal number)*는 $n(2n-1)$꼴의 **형상수**(figurate number)(같은 간격의 점의 일정한 기하학적 배열에 의해서 나타낼 수 있는 수)인데, 앞의 몇 개는1, 6, 15, 28, 45, … 이다. *헥사플렉사곤(hexaflexagon)*에 대해서는 **플렉사곤**(flexagon)을 보시오. *헥소미노(hexo-mino)*에 대해서는 **폴리노미오**(polynomio)를 보시오. 또한 **거인의 둑길**(Giant's Causeway)도 보시오.

higher dimension (고차원)

우리가 일상생활에서 알고 있는 익숙한 3 공간적 차원(상하, 좌우, 앞뒤)을 넘어서는 차원. 자연스럽게 과학과 소설에서 **사차원**(fourth dimension)의 가능성이 강하게 추측되었다. 4차원 공간의 점을 생각하는 하나의 방법은 순서가 주어진 네 수의 집합으로이다. 분명히, 이 대수적 표현은 많은 임의의 차원으로 확대될 수 있다. n차원 공간은 a_1부터 a_n까지가 임의의 실수(real number)값을 취할 때, 점 $(a_1, a_2 \cdots, a_n)$ 들의 집합으로 정의된다. 우리가 살고 있는 우주가 3 공간적 차원보다 더 많은 차원을 포함할 것이라는 많은 추측들이 있어 왔다. 이 추측은 **칼루자-클라인 이론**(Kaluza-Klein theory)으로 시작되었지만, 지금은 현대의 **끈이론**(string theory)에 확고하게 들어가 있다.[25, 55, 81]

Hilbert, David (힐베르트, 1862-1943)

우리는 그것에 의해서 쓸모없게 되어버린 출판물의 수에 의해서 과학적 연구의 중요성을 측정할 수 있다.

20세기 수학 분야의 거인의 한 사람인 위대한 독일의 수학자. 그의 가장 위대한 발견은 지금 **힐베르트 공간**(Hilbert space)으로 불리는 것이다. 그는 또 수학적 체계의 대가였다. 그의 경력의 초기 단계에서, 힐베르트는 **정수론**(number theory)의 체계를 다시 세우고, 고전적인 책 『*대수적 수체의 이론(Der Zahlbericht*, 1897)』에서 그의 결론을 구체화했다. 그리고 그는 기하학으로 옮겨서 그의 『*기하학 기초론(Grundlagen der Geometrie*), 1988)』에 처음으로 엄밀한 기하학적 공리계를 제시함으로써 같은 일을 수행했다. 그는 지금 *힐베르트곡선(Hilbert curve)*으로 부르는 간단한 **공간 채우는 곡선**(space-filling curve)을 만들었고, 또 **워링의 추측**(Waring's conjecture)을 증명했다. 1900년의 파리 세계수학자대회에서, 힐베르트는 그가 20세기의 수학자들이 그 해결에 헌신해야 할 과제로 믿는 23개의 미해결 문제를 제시했다. 이 문제들은 *힐베르트의 문제(Hilbert's problems)*로 부르게 되었는데, 오늘날까지 다수가 아직 해결되지 않은 채 남아 있다. 힐베르트의 수리철학은 두 가지 발언에 의해서 일부 드러나는데, 그중 하나는 그의 반 학생이 시인이 되기 위해서 과목을 포기했다는 것을 안 이후에 만들었다. "신이여," 그는 말했다, "그는 수학자가 되기에는 충분한 상상력이 없습니다." 두 번째를 그가 진정으로 믿었는지는 의문의 여지가 있다: "수학은 어떤 단순한 규칙에 의해서 종이 위에 적힌 의미 없는 기호를 가지고 노는 게임이다."

Hilbert space (힐베르트 공간)

힐베르트(David Hilbert)의 이름을 딴 무한 차원의 공간인데, 그 안에서는 좌표의 제곱의 합을 수렴하는 수열로 만듦으로써 거리가 보존된다. 그것은 **양자역학**(quantun mechanics)의 수학적 형식화에서 매우 중요하다. **프레드홈**(Fredholm, Erik Ivar)도 보시오.

Hinton, Charles Howard (힌턴, 1853-1907)

네 번째 차원(fourth dimension)의 구체화에 기여할 목적의 저술과 발명으로 가장 잘 알려진 영국의 수학자. 그는 또한 **정육면체**(cube)의 4차원적 유사체에 대하여 ***초입방체*(*tesseract*)**라는 이름을 붙였을 수 있다. 힌턴은 옥스퍼드에서 대학 생활을 시작하고, 거기에서 계속하여 공부해서 학사(1877), 석사(1886)를 받았는데, 또 그동안 처음에는 첼튼햄여학교와 1880년부터 1886년까지는 우핑햄스쿨에서 가르쳤다. 이때 우핑햄의 또 한 사람의 교사가 캔들러(Howard Candler)였는데, **애벗**(Edwin Abott)의 친구였으므로 다른 차원의 이 두 탐구자들의 연결을 가능하게 했다. 1880년대 초기에, 힌턴은 "4차원이란 무엇인가?"와 "평평한 세계"(애벗(Abbot)의 『***평평한 나라: 다차원 세계의 이야기***(*Flatland: A Romance of Many Dimensions*)』와 같은 시기의 작품)로 시작하는 연작 팸플릿을 출판했는데, 그것은 두 권의 『*과학적 로맨스*(*Scientific Romances*, 1884)』로 재판(再版)되었다. 힌턴의 서술의 많은 것이 **클리포드**(**William Clifford**)의 수학적 모델 덕분인데, 그때 그의 4차원 공간에 대한 이론이 유행이었다. 그러나 힌턴은 3차원적 사고로부터 벗어나려는 시도에서 훨씬 더 나아갔다. 그는 초입방체(*tesseract*)의 다양한 절단면을 나타내기 위해서 채색된 작은 정육면체들의 정교한 집합을 고안하고, 또 4차원 위의 창구를 얻기 위하여 그 정육면체들과 그들의 많은 가능한 방향(orientation)들을 암기했다.

그가 영국에서 가르치고 있을 때, 그는 수리논리학의 설립자인 **부울**(**Boole**)의 맏딸인 메리 에베레스트 부울과 결혼했다. 유감스럽게도 그는 또 웰던(Maud Wheldon)과 결혼했고, 중혼죄로 런던에 있는 중앙형사법원에서 재판을 받았다. 범법 행위로 감옥에 하루 동안 수감된 후에 그는 (첫 번째) 가족과 함께 일본으로 도망가서, 프린스턴 대학에서 일자리를 얻기 전까지 몇 년간 그곳에서 가르쳤다. 거기에서, 1897년에, 그는 화약의 힘으로 공을 시속 40부터 70마일까지 던져주는 일종의 야구 피칭머신을 고안했다. 그것은 선수들이 생명의 위협 때문에 버리기 전까지 몇 시즌 종안 프린스턴 팀이 사용했다.

미네소타에서의 잠깐 동안의 휴식 후에, 힌턴은 워싱턴의 해군 관측소에 들어갔다. 같은 시간에 그는 더 엄밀하게 4차원에 대한 그의 아이디어를 개발하고 1902년 워싱턴철학회 앞에서 그의 결과를 발표했다. 힌턴은 물었다: 무엇이 실제적 네 번째 공간의 차원의 존재를 증명할 것인가? 그는 세 가지 가능성을 제시했는데, 그중 두 가지는 특별한 분자 구조와 전기 유도의 특별한 경우에 관계하고, 이후로 보다 일상적인 방법의 과학에 의해서 설명되었다. 오른손 또는 왼손잡이성에 관계하는 힌턴의 다른 경우는, 현실적으로 기본 입자의 회전과 같이 그의 예가 적용될 수 있는 오른손이나 왼손잡이성의 예가 있으므로 미해결로 남아 있다. 어쨌든, 우리가 4차원 공간은 3차원적 역학이 알려진 물리적 현상을 설명하는 데 실패할 때만 가능하다고 생각할 수 있다는 힌턴의 마지막 주장은 사실인 것 같다.[166,167,272] **부울**(**Boole (Stott), Alicia**)도 보시오.

Hippias of Elis (히피아스, 기원전 5세기경)

각의 3등분에 사용했을 특별한 곡선 초월곡선(quadratrix)을 발견하여(**히피아스의 초월곡선**(**quadratrix of Hippias**) 참조) 수학에 중요한 기여를 한 그리스의 떠돌이 철학자. 히피아스는 그에 대하여 많은 것이 알려진 초기 수학자 중 한 사람이다. 그는 올림픽 경기의 고향인 펠로폰네소스의 북서부 출신이다. 플라톤에 따르면, 히피아스는 그가 한 번 올림픽을 방문했던 동안에 그가 입은 모든 것을-그의 옷, 신발, 반지와 기름병-자기가 만들었다고 자랑했다. 나중에 아테네에서 히피아스는 돈을 벌기 위해서 가르친 첫 번째 사람의 하나가 되었는데, 그것은 피타고라스학파에 의해서 금지된 것이었고, 플라톤이 비난한 행동이었다. 그와 또 다른 보수를 받은 선생님들은 "소피스트(sophist)"로 알려졌고, 그것은 당시에는 경멸적 용어였는데 그 이후 "현자"를 의미하게 되었다.

hippopede (히포피드)

a, b가 양의 상수일 때 방정식

$$(x^2+y^2)^2+4b(b-a)(x^2+y^2)-4b^2x^2=0$$

으로 표현되는 **사차**(**quartic**)곡선. 히포피드는 "말발굽"을 의미한다. 이것은 자주 그것을 처음 연구한 **프로클루스**(**Proclus**)(**에우독소스**(**Eudoxus**)와 함께인데, 그는 행성이 어떻게 운행하는지에 대한 그의 연구에 이것을 사용했다)의 이름을 딴 *프로클루스의 히포피드*(*hippopede of Proclus*), 또한 *말의 족쇄*(*horse fetter*), 그리고 이것에 대한 부스(J. Booth, 1810-1878)의 연구 때문에 *부스의 곡선*(*curve of Booth*)으로 부른다. 임의의 히포피드는 **토러스**(**torus**, 도넛)와 그것의 접평면, 즉 그것의 대칭 회전축에 평행한 평면과의 교선이다. 이 곡선은 도넛이 잘리는 곳에 따라 다양한 형태를 갖는다. 그것은 단순한 알 모양 곡선(oval); 들쭉날쭉한 알 모양 곡선 또는 *부스의 타원형 렘니스케이트*(*elliptic lemniscate of Booth*)($0<b<a$); 두 개의 분리된 원; 8자곡선 또는 **베르누이의 렘니스케이트**(**lemniscate of Bernoulli**)(**카시니의 알 모양 곡선**(**Cassian oval**)인 유일한 히포피드); 또는 *부스의 쌍곡선형 렘니스케이트*(*hyperbolic lemniscate of Booth*)($0<a<b$)일 수 있다.

Hi-Q (하이 큐)

펙솔리테어(**peg solitaire**)를 보시오.

Hnefa-Tafl (네파-타블)

바이킹의 체스와 같은 **타블 게임**(**Tafl game**)의 특별한 형태. 이것은 바이킹에게 익숙한 일종의 내분을 효과적으로 모형화했고, 아이슬란드 영웅 전설의 가장 잘 알려진 *자르 전설*(*Njar's saga*)에도 이야기되어졌다. 왕 또는 족장이 궁전에서 귀족들에 둘러싸여 앉아 있다. 그의 적들이 비밀리에 모이고, 수적으로는 급습하면 왕의 상비군을 압도할 만한 규모이다. 그들은 왕궁을 포위하고 불을 질러 방어군이 문을 열고 싸우든지 아니면 왕궁 내에서 불에 탈 것을 강요한다. 왕이 필사적인 책략으로 도망하여 함정을 벗어날 수 있다면, 그의 국민을 결집하여 적의 배후를 칠 수 있다. 그렇지 않으면 그는 죽는다. 왕의 탁자는 이 싸움의 양상을 반영한다. 판은 19 × 19의 격자선(때로는 작은 7 × 7의 격자선을 가지기도 하지만)을 가지고 말은 그 격자점에 놓인다(동양의 게임 **바둑**(Go)과 재미있게 유사한데, 그것도 역시 19 × 19의 선을 가지고, 게임은 그 격자점에서 일어난다). 양쪽 세력은 크기가 다르고, 다른 목적을 갖는다. 공격자는 왕을 궁전에 가두려고 하고, 반면에 방어자는 그를 위하여 탈출로를 열려고 한다.

Hoffmann, Louis "Professor" (호프만, 1839-1919)

20세기의 전환기에 마술, 카드, "거실 오락"에 관한 선도적 작가인 영국의 변호사 루이스(Angelo John Lewis)의 필명. 그의 『*신구 퍼즐(Puzzles Old and New)*[171], 1893』은 수학에 관한 정보의 중요한 원천이다.

Hofstadter, Douglas R. (호프스태터, 1945-)

1980년에 퓰리처상을 받은 책 『*괴델, 에스헤르, 바하; 영원한 황금 장식(Gödel, Escher, Bach, An Eternal Golden Braid)*』[172]으로 가장 잘 알려진 물리학자이자 철학자. 그는 현재 블루밍턴의 인디아나 대학 인지과학과 컴퓨터과학 교수이고, 정신, 자각, 자기 참조, 번역과 수학적 게임의 주제에 특별한 관심을 가지고 있다. 그는 노벨상을 받은 물리학자 로버트 호프스태터(Robert Hofstadter)의 아들이다.

Hofstadter's law (호프스태터의 법칙)

항상 당신이 생각하는 것보다 시간이 길게 걸린다. 당신이 호프스태터의 법칙을 고려할 때조차도.

Hogben, Lancelot Thomas (호그벤, 1895-1975)

아인슈타인(Albert Einstein)이 "그것은 수학의 요소의 내용을 살아 있게 한다"고 말하고, 웰스(H. G. Wells)는 "일급의 중요성을 가지는 위대한 책"이라고 말했던 그의 베스트셀러 『*백만인을 위한 수학(Mathematics for Millions)*』으로 유명한 영국의 동물학자이며 유전학자. 호그벤은 햄프셔의 사우드시에서 태어났고, 런던의 케임브리지에서 공부했다. 일차 세계대전 중인 1916년에 양심적 병역 거부로 투옥되었는데, 그의 건강이 극도로 나빠졌을 때에야 풀려났다. 그는 영국과 캐나다, 그리고 남아프리카에서 다양한 학술직을 수행했고, 1930년에 런던 대학에서 사회 생물학 교수가 되었다. 이차 세계 대전 중에 그는 영국군을 위한 의료통계 기록을 책임지게 되었다. 전쟁이 끝난 후 버밍햄의 의료통계학 교수가 되었는데, 1961년 퇴직할 때까지 거기에 남았다. 호그벤은 1930년대에 처음으로 *초파리(Drosophila)*의 세대에 관한 연구와 그것이 어떻게 인간의 유전 연구와 관계하는지에 초점을 두는 유전학의 연구에 수학적 원리를 적용하기 시작했다. 『*백만인을 위한 수학*』에 덧붙여서 그는 유명한 『*시민을 위한 과학(Science for the Citizen)*』을 포함하여 여섯 권을 저술했다. 과학자로서 훈련받았지만, 호그벤은 언어학에 열정적으로 관심을 가졌다. 그가 편집한 『*언어의 베틀(The Loom of Language)*』에서 그리스어와 라틴에의 뿌리에 기초를 두지만 중국어와 닮은 문법을 가진 그가 스스로 발명한 언어 "인터글로사(Interglossa)"의 원리를 내 놓았다.

hole (구멍)

그 안에서 발생하는 임의의 대상이 연속적으로 한 점으로 축소되는 것을 막는 위상적 구조(**위상수학**(topology) 참조). **구**(sphere)는 구멍이 없다; **토러스**(torus)와 찻잔은 하나의 구멍을 갖는다. **종 수**(genus)를 보시오.

hole-in-a-postcard problem (엽서 구멍 문제)

가위를 가지고 보통 크기의 엽서를 잘라서 사람이 통과할 만

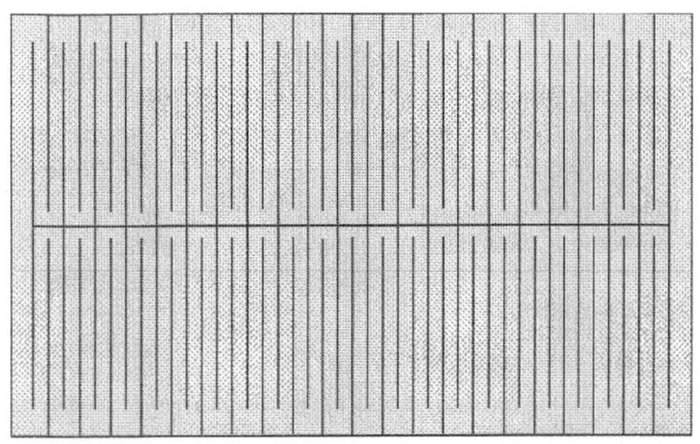

엽서 구멍 문제 이 그림을 복사하여 선을 따라 잘라서 엽서를 통과하시오!

H

큼 충분히 큰 구멍을 만들자. 해답은 그림에 나타나 있다. 선의 개수가 결과적으로 구멍의 크기를 결정한다. 충분히 자르면 여러분은 말이나 수레도 카드를 완전히 통과하게 할 수 있다!

hole-through-a-sphere problem (구를 관통하는 구멍 문제)

수많은 **기하학적 퍼즐**(geometric puzzle)이 전적으로 관통하는 구멍을 가진 구에 대한 놀라운 사실에 달려 있다. 당신이 지름 1인치(약 2.5 cm)의 구슬을 가지고 있고, 남은 부분의 두께[14]가 꼭 0.5 인치가 되도록 정확하게 중심을 지나는 구멍을 뚫는다고 생각해 보자. 이제 엄청나게 큰 드릴이 지구를 남는 부분의 두께가 꼭 0.5 인치가 되도록 큰 구멍을 뚫는 데 사용된다고 하자. 놀랍게도, 이 구멍 뚫린 두 개의 구, 구멍난 구슬과 구멍난 지구의 남은 부피는 정확하게 같다! 지구가 구슬보다 엄청나게 크지만, 구멍의 두께를 같게 하기 위해서는 드릴이 그에 비례하여 더 많은 것을 제거해야 하므로, 남아 있는 부피는 처음의 구 또는 구멍의 크기에 따로따로 의존하지 않고, 오직 그들의 *관계*(relation)에 의존하며, 그것이 구멍이 0.5인치일 것을 요하는 것에 의하여 강제된다. 이 사실은 다음의 충분한 정보가 제공되지 않은 것처럼 보이는 시로 된 문제가 해를 가지는 것을 가능하게 한다:

> 늙은 여관 주인이 환호했다.
> 그리고 그는 단단한 구에 구멍을 뚫었다.
> 중심을 통과하여 깨끗이 똑바로 강하게
> 그리고 구멍은 꼭 6인치 길이였다.
> 이제 내게 말해 다오.
> 구의 남은 부피는 얼마인가?
> 내가 충분히 말하지 않은 것 같지만.
> 나는 알고 있다, 그리고 답은 어렵지 않다.

구멍 뚫린 구의 남은 부피가 처음 구의 크기에 의존하지 않는다는 비밀을 이미 알고 있으면, 우리는 속임수를 쓸 수 있고, 그것이 기하학적 증명보다 훨씬 짧다는 일종의 메타 논쟁을 줄 수 있다. 임의의 구에 6인치 길이의 구멍을 뚫고 남아 있는 부분의 부피는 6인치 반지름의 구에 0인치 구멍을 뚫고 남아 있는 부분의 부피와 같다. 이것은 $4/3(6^3\pi)$, 즉 대략 905 세제곱 인치와 같다.

hole-through-the-earth problem (지구를 관통하는 구멍 문제)

내가 지구를 뚫고 똑바로 떨어지면 어떨까!
-이상한 나라의 앨리스

지구 표면의 한 지점으로부터 지구의 중심을 완전히 지나서 정확하게 다른 면의 반대 지점(원점에 대칭인)으로 가는 구멍이 있다고 생각해 보자. 만일 당신이 이 구멍으로 무언가를 떨어뜨리면 어떤 일이 일어날까? 그리스 역사가 플루타치(Plutarch)는 이 문제를 약 2,000년 전에 생각했다. 1624년에, 에텐(van Etten)은 1분에 1마일로 그 구멍에 던져진 맷돌은 중심에 도달하는 데 $2\frac{1}{2}$일이 걸리는데, 거기에서는 "공중에 걸린다"고 주장했다. 갈릴레오(Galileo)에 의해서 주어진 첫 번째 옳은 답은 그의 〈*두 개의 주요 우주 체계에 관한 대화*(*Dialogue Concerning the Two Chief World Systems*)〉(1632)이다. 갈릴레오는 낙하된 물체가 지구 중심에 도달할 때 까지는 가속되어 중심을 지나 다른 쪽으로 가다가 앞뒤로 진동할 것을 알아냈다.

holism (전체론, 全體論)

전체는 부분의 합보다 크다는 생각이다. 전체론은 **환원주의**(reductionism)와 자연에 대하여 세부적인 것으로부터 출발하는 설명이 자주 복잡한 높은 수준의 현상을 설명하는 데 실패하기 때문에 **발생**(emergence) 홀로의 기반 위에서만 설득력이 있다.

homeomorphic (동형, 同形)

위상수학(topology)에서, 두 대상이 서로의 안으로 매끄럽게(smoothly) 변형될 수 있으면 그 두 대상은 동형이라고 한다. **동형사상**(homeomorphism)도 보시오.

homeomorphism (동형사상, 同形寫像)

열린(open) 집합과 **닫힌**(closed) 집합들을 보존하는 **일대일**(one-to-one)인 연속 사상.

homology (호몰로지)

위상공간(topological space)에 대수적인 불변값을 얻기 위하여, **아벨군**(Abelian group) 또는 더 정밀한 대수적 대상을 결부시키는 한 방법. 한 가지 의미에서 이것은 공간에서 여러 가지 차원의 "구멍"의 실재를 추적한다. 이것을 다루기 위하여 개발된 방법들이 지금 *호몰로지 대수*(*homological algebra*)로 불리는

역자 주

14) 구를 수직으로 뚫어서 뚫린 부분을 버릴 때, 남은 부분의 높이.

교과목이 되었는데, 많은 순수 대수적 구조에 대하여 호몰로지적 불변값들이 계산되었다.

homomorphism (준동형사상, 準同形寫像)

명시된 구조에 결합되는 연산을 보존하는 **함수**(function).

homotopy (호모토피)

한 **위상공간**(topological space)에 있는 한 경로(path)로부터 다른 경로로의 연속 변환 또는 더 일반적으로, 한 함수로부터 다른 함수로의 연속 변환(**연속**(continuity) 참조). 호모토피에 의해서 연결된 경로는 *호모토픽*(*homotopic*)하다고 하며, 같은 *호모토피류*(*homotopy class*)에 속한다고 말한다. 그러한 호모토피에 의해서 변하지 않는 성질은 *호모토피 불변*(*homotopy invariant*)으로 알려져 있다. 경로의 호모토피류는 모여서 **기본군**(fundamental group) 또는 *일차 호모토피군*(*first homotopy group*)을 형성할 수 있다. 다른 사상들은 *고차 호모토피군*(*higher homotopy group*)을 형성하는 데 사용될 수 있다.

Hordern, L. Edward (호던, 2000년에 사망)

영국의 퍼즐가이며 **조각 움직임 퍼즐**(sliding-piece puzzle)의 선도적 권위자이자 그에 대한 작가.[175]

hundred (100/백, 百)

10진법 체계에서 가장 작은 세 자리 수이고, 가장 작은 두 자리 수[10]의 제곱. hundred는 지금은 100을 의미하지만, 때와 장소에 따라 112, 120, 124와 132를 포함하여 다른 값을 나타내 왔다. 이러한 옛 단위의 자투리는 어떤 나라에서 112 또는 120파운드를 나타내는 *100웨이트*(*hundredweight*)에 아직 남아 있다. 백은 또한 땅 넓이의 단위인데, 식민지 시대의 미국이나 영국의 자치주 또는 주에서 자체 법원을 가지는 분할 지역을 나타내기 위해서 자주 사용되었다. 영국 하원의 한 의원이 사임하기를 원할 때(법으로는 불법이다), 이상한 관습이 적용된다. 그 의원은 옥스퍼드와 버킹검에서 가까운 흰 바위 언덕으로 된 지역인 "칠턴 헌드레즈(Chiltern Hundreds)"의 관리직을 수락해야 하는데, 그럼으로써 의회에서 벗어날 수 있다.[15] 영국과 프랑스 사이의 "백년 전쟁"은 실제로는 116년간 계속되었다.

hundred fowls problem (100마리 새 문제)

수학자 장구건(張邱建; Zahng Qiujian)[16]의 6세기 업적에서 발견된 중국의 퍼즐. 두 가지 제약 조건과 세 미지수를 포함하는 같은 문제가 옛 유럽과 아라비아 수학에서 약 8세기부터 계속 발견되었다.

퍼즐

한 마리의 수탉의 값은 동전 다섯 냥이고, 암탉의 값은 세 냥, 병아리 세 마리의 값은 한 냥이면, 합하여 100마리인 수탉, 암탉, 병아리를 각각 몇 마리씩 사야 모두 100냥 주고 살 수 있는가? 세 가지 다른 해가 있음이 밝혀진다. 이들은 시행착오에 의하거나 또는 대수학을 이용하면 긴 방법이 될 수 있다. 수탉의 수를 R, 암탉의 수를 H, 병아리의 수를 C라고 하자. 이 문제는 두 개의 제약 조건을 가지고 있다. 첫째는, 새의 수의 합이 100이므로 $R + H + C = 100$이다. 둘째는, 새의 모든 값이 100이어야 한다. 수탉의 값은 $5R$, 암탉의 값은 $3H$이고 병아리의 값은 $(1/3)C$ 이므로, $5R + 3H + (1/3)C = 100$이다. 이 두 방정식이 한 미지수를 소거하는 데 이용될 수 있다. 그러면 이것은 추측과 확인의 문제이다.

해답은 415쪽부터 시작함.

Hunter, James Alston Hope (헌터)

레크리에이션 수학에 관한 수많은 논문과 몇 권의 책을(두 권은 **마다치**(Joseph Madachy)와 제휴하여) 쓴 미국의 수학자이며 퍼즐가이고, 미국과 캐나다에 독자를 둔 결합 퍼즐 칼럼의 저자. 1955년에, 그는 "**철자—숫자 퍼즐**(alphametic)"의 이름을 지었고, 아마 가장 왕성한 **복면산**(覆面算, cryptarithm)의 제작자였다.

Huygens, Christiaan (하이헌스, 1629-1695)

등시곡선 문제(tautochrone problem)를 해결한 네덜란드의 과학자이며 수학자인데, 새로운 빛의 파동 이론을 제안하고, 새로운 진자시계를 고안했으며, 목성의 가장 큰 달(타이탄)을 발견했고, 다른 행성의 표면 위의 첫 번째 모양(화성의 시르티스 메이저, Syrtis Major)을 스케치했다. 말년에, 그는 외계 생명체의 최초의 논고를 썼는데, 사후에 『우주론(Cosmotheoros),

역자 주

15) 영국은 사망이나 자격 상실, 제명 등을 제외하고 임기 내 의원 사퇴를 금지하고 있지만 역사적 전통에 따라 왕의 직속지인 '칠턴 헌드레즈(Chiltern Hundreds)'의 관리직에 지원함으로써 사퇴할 수 있다.

16) 중국의 산경 10서 중 하나인 장구건산경으로 유명한 남북조 시대의 수학자.

1698』으로 출판되었다.

Hypatia of Alexandria (히파티아, 370-317경)

수학에 중요한 기여를 한 것으로 유명한 최초의 여성. 히파티아가 어떤 독창적 연구를 했다는 증거는 없으나, 그녀는 톨레미(Ptolemy)의 천문학과 수학에 대한 위대한 업적 알마게스트(Almagest)에 대한 11부의 주석을 쓰는 데 그녀의 아버지인 테온(Theon of Alexandria)을 보조했다. 그녀는 또한 **유클리드**(**Euclid**) *원론*(*Elements*)의 새 버전을 만드는 데도 도움을 준 것으로 생각되는데, 후에 나온 모든 유클리드의 다른 버전의 기초가 되었다. 히파티아는 약 A.D. 400년에 알렉산드리아에 있는 플라톤학파 학교의 장이 되었고, 비기독교도로서 그녀의 학식과 과학 지식의 깊이에 위협을 느낀 몇몇 기독교도 종파들의 협박을 받았다. 결국, 정확한 상황은 불분명하지만 그녀는 폭력배에 의해서 살해당했다. 그 사건은 많은 학자들의 이탈과, 중요한 학술 중심으로서의 알렉산드리아의 쇠퇴가 시작되는 계기가 되었다.

hyperbola (쌍곡선, 雙曲線)

원(**circle**), **타원**(**ellipse**), **포물선**(**paprbola**)을 포함하는 **원뿔곡선**(**conic section**) 족의 하나. 이것은 겹 원뿔을 축에 기울어진 평면으로 양쪽 가지와 다 만나도록 잘랐을 때 얻어진다. 쌍곡선은 네 가지 원뿔곡선 중에서 일상생활에서 가장 적게 만나는 것이다. 완전한 모양을 볼 수 있는 한 가지 드문 기회는 원통형 또는 원뿔형 가리개를 가진 등이 가까운 벽에 그림자를 드리울 때이다. 수직으로 거의 닿게 대고 있는 두 현미경 슬라이드 사이에서 모세관 작용에 따라 올라가는 액체에 의해서도 쌍곡선의 일부가 만들어진다.

쌍곡선은 큰 물체의 인력으로부터 완전히 벗어날 수 있을 만큼 빠르게 움직이는 작은 물체가 따르는 경로이다. 예를 들면, 어떤 혜성은 쌍곡선 또는 "열린" 궤도를 가지고 있어서 한 번 태양 주위를 돈 후에 돌아오지 않은 채 성간공간(星間空間)으로 사라진다. 어떤 경우에는 한 혜성의 궤도가 쌍곡선인지, 또는 큰 타원이고 따라서 닫혀 있는지 말하기 어려울 수 있다. 사실, 쌍곡선을 생각하는 한 방법은 그것을 반이 무한대로 벌어져 있는 일종의 타원으로 생각하는 것이다. 놀라운 것은 아니지만, 쌍곡선과 타원이 많은 역의 관계를 갖는다. 예를 들면 타원은 *초점*(*focus*)으로 불리는 두 고정된 점으로부터의 거리의 합이 일정한 모든 점들의 **자취**(**locus**)인 데 반하여, 쌍곡선은 두 고정된 점 F_1과 F_2로 부터의 거리 r_1과 r_2가 일정한 차 $r_2-r_1=k$를 갖는 모든 점들의 자취이다. 만일 a가 원점으로부터 그 쌍곡선의 x절편 중 하나까지의 거리이면, $k=2a$이다. 또한 두 초점 사이의 거리를 $F_2-F_1=2c$ 로 두자. 이 때 쌍곡선의 평평함의 측도인 *이심률*(*離心率, eccentricity*)은 $e=a/c$로 주어진다. 모든 쌍곡선에 대하여 $e>1$이다; e의 값이 커질수록, 쌍곡선은 두 개의 평행한 직선을 더 많이 닮아간다. 원($e=0$)이 타원($0<e<1$)의 극한적 경우인 것과 같이, 포물선($e=1$)은 타원과 쌍곡선 모두의 극한적 경우이다.

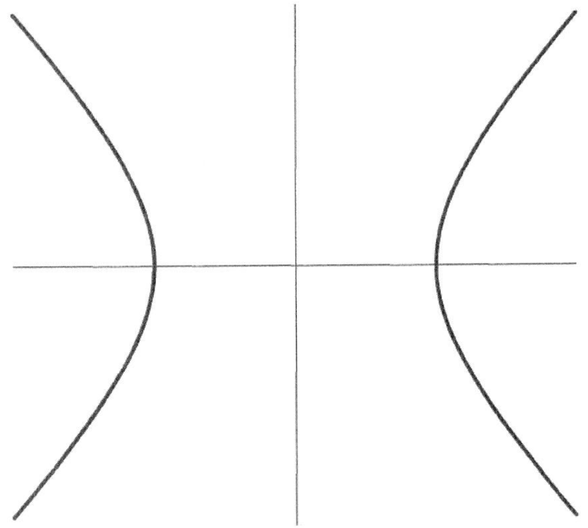

쌍곡선 © *Jan Wassenaar, www.2dcurves.com*

쌍곡선은 두 개의 **점근선**(**asymptote**)을 갖는다; 그들이 무한대로 달아날 때 실제로는 결코 닿을 수 없는 곡선의 두 가지의 극한이다. 쌍곡선의 *횡축*(*橫軸, transverse axis*)은 두 초점이 놓이고, 두 곡선과 꼭짓점(반환점)에서 만나는 직선이다; *켤레축*(*conjugate axis*)은 중심을 지나고, 횡축과 수직인 직선이다.

직각쌍곡선(*rectangular hyperbola*)은 이심률 $\sqrt{2}$와, 서로 수직인 점근선을 가지고, 또 그 점근선의 하나 또는 둘 모두를 따라 늘려도 변하지 않는 성질을 가진다. 쌍곡선의 이 특별한 경우는 **메나에크모스**(**Menaechmus**)가 처음 연구했다. **유클리드**(**Euclid**)와 아리스타에우스(Aristaeus)는 일반적인 쌍곡선에 대해서 썼지만 그것의 한 가지만 연구했는데, 반면에 **아폴로니우스**(**Apollonius**)는 처음으로 쌍곡선의 두 가지를 연구했으며 그것의 현재 이름을 붙였다고 일반적으로 생각되고 있다.

한 초점을 수선발(pedal point)로 하는 쌍곡선의 **수선발곡선**(**pedal curve**)은 원이다. 중심을 수선발로 하는 직각쌍곡선의 수선발곡선은 **베르누이의 이엽곡선**(**lemniscate of Bernoulli**)이다. 쌍곡선의 **축폐선**(**evolute**)은 **라메곡선**(**Lamé curve**)이다. 직각쌍곡선의 중심을 반전(inversion)의 중심으로 택하면, 직각쌍곡선은 렘니스케이트로 반전된다. 꼭짓점을 반전의 중심으로 택하면, 직각쌍곡선은 직각 **스트로포이드**(strophoid)로 반전된다. 초점을 반전의 중심으로 택하면, 직각쌍곡선은 달팽이꼴곡선(limaçon)으로(**파스칼의 달팽이**(limaçon of Pascal) 참조) 반전된다. 마지막의 경우에 만일 쌍곡선의 점근선이 쌍곡선을 자르는 축과 $\pi/3$의 각을 이루면 그것은 매크로린(Maclaurin) **달팽이꼴**(trisectrix)로 반전된다. **쌍곡면**(hyperboloid)도 보시오.

hyperbolic geometry (쌍곡기하(학), 雙曲線幾何(學))

비유클리드기하학(non-Euclidean geometry)의 두 중요 유형 중 하나이고 먼저 발견되었다. 이것은 안장면(saddle surface)과 관계 있는데, 그것은 음수인 **곡률**(curvature)을 갖고 그 위에서 **측지선**(geodesic)은 **쌍곡선**(hyperbola)이다. 쌍곡선기하학에서는, **평행선 공준**(parallel postulate)과 반대로, p를 지나고 m에 평행한 서로 다른 직선이 적어도 두 개 있는 직선 m과 그 위에 있지 않은 점 p가 존재한다. 결과적으로, 삼각형의 각의 합은 180°보다 작고, 직각삼각형의 빗변의 길이의 제곱은 다른 두 변의 길이의 제곱의 합보다 크다. **타원기하학**(elliptical geometry)도 보시오.

hyperbolic spiral (쌍곡나선, 雙曲螺線)

극좌표(polar coordinates) 방정식이 $r\theta = a$인 곡선.

hyperboloid (쌍곡면, 雙曲面)

두 가지 기본 형식이 있는 **이차**(quadratic)곡면. **쌍곡선**(hyperbola)을 그것의 켤레축에 대하여 회전하여 만드는 *한 장의 쌍곡면(hyperboloid of one sheet)*과 쌍곡선을 그것의 횡축에 대하여 회전하여 만드는 *두 장의 쌍곡면(hyperboloid of two sheets)*. **아르키메데스**(Archimedes)에 의해서 처음 만들어진 한 장의 쌍곡면은 특별히 놀라운 성질을 갖는다. 런던의 성 바오로 성당을 디자인한 건축가 렌(Christopher Wren)은 1669년에 이것이 만일 수학자들이 지금 부르는 것이라면 **선직면**(ruled surface)−무한히 많은 직선으로 구성된 곡면−의 일종임을 보였다. 이 사실은 쌍곡면을 실(끈) 모델로 만들어 더 나은 근사(approximation)를 가능하게 한다. 크기가 같은 두 원판을 하나가 다른 것 바로 위에 오도록 평행하게 틀에 고정한다. 한 원의 원주 가까이의 구멍을 통과하여 다른 원의 대응하는 구멍으로 고정된 길이를 갖는 실을 원주를 돌아 연결한다. 각 실은 완전히 똑바르지만, 나타나는 곡면은 쌍곡면의 굽은 형태를 취한

쌍곡면 **세인트루이스의 맥도넬 플라네타륨은 쌍곡면의 예이다.** *세인트루이스 과학센터의 허가를 얻음.*

다. 같은 이유로, 그것의 한 쪽 꼭짓점에서 빨리 회전하는 정육면체는 옆에서 볼 때 쌍곡선을 나타내는 것으로 보일 것이다.

쌍곡면의 두드러진 예는 발전소의 냉각탑 형태에서 찾을 수 있고, 가장 놀랍게는 미주리주 세인트루이스의 맥도넬 플라네타륨의 모양이다. 이 건물의 디자이너 오바타(Gyo Obata)는 어떤 혜성의 쌍곡선 궤도가 "드라마와 우주 탐사의 흥분"을 의미하므로 그 디자인을 선택했다.

hypercube (초입방체, 超立方體)

고차원에서 정육면체와 유사한 것. 4차원의 초입방체는 **테서랙트**(tesseract)로 부른다.

hyperellipse (초타원, 超圓)

초타원(superellipse)을 보시오.

hyperfactorial (초계승, 超階乘)

$3^3 \times 2^2 \times 1^1$인 108과 같은 수이다. 일반적으로, n번째 초계승 $H(n)$은 다음과 같이 주어진다.

$$H(n) = n^n(n-1)^{n-1} \ldots 3^3 2^2 1^1.$$

처음 8개의 초계승은 1, 4, 108, 27,648, 86,400,000, 4,031,078,400,000, 3,319,766,398,771,200,000, 55,696,437,941,726,556,979,200,000이

쌍곡면 페르미 국가 가속 장치 연구소(Fermi National Accelerator Laboratory)에 있는 쌍곡면으로 된 조각. *FNAL*

다. **큰 수**(large numbers)와 **거대계승**(superfactorial)도 보시오.

hypergeometric function (초기하함수, 超幾何函數)

초기하급수(*hypergeometric series*)의 합:

$$F(a;b;c;x) = 1 + \frac{ab}{1 \cdot c}x + \frac{a(a+1)b(b+1)}{1 \cdot 2 \cdot c(c+1)} + \cdots$$

많은 보통의 함수들을 초기하함수로 나타낼 수 있다.

hyperreal number (초실수, 超實數)

수의 거대한 집합의 어떤 것인데, *비표준실수*(*nonstandard reals*)로도 부르고, 모든 **실수**(**real number**)를 다 포함할 뿐만 아니라, 무한히(**무한**(infinity) 참조) 큰 수와 **무한소**(infinitesimal)인 수의 유(類, class)도 포함한다. 초실수는 이른바 **비표준해석학**(**nonstandard analysis**)에서 어떻게 무한히 큰 수와 무한소가 엄밀하게 정의될 수 있는지를 보인 **로빈슨**(Abraham **Robinson**)의 연구로부터 1960년대에 부상했다. 초실수는 실수 R의 한 확장을 표현하므로, 보통 $^*R$로 나타낸다.

초실수는 (그것이 실수를 부분체로 포함하는 순서체라는 기술적인 의미에서) 모든 실수를 포함하고 또한 무한히 크거나 (그 절댓값이 임의의 양의 실수보다 큰 수) 또는 무한히 작은 (그 절댓값이 임의의 양의 실수보다 작은 수) 다른 무수히 많은 수들을 포함한다. 실수 체계에서는 무한히 큰 수는 존재하지 않고, 유일한 실수인 무한소는 0이다. 그러나 초실수 체계에서는 각 실수가 그것에 무한히 가까운 한 무리의 초실수로 둘러싸여 있게 된다. 0을 둘러싼 무리가 무한소 그들 자신을 구성한다. 역으로, 모든 (유한인) 초실수 x는 정확하게 한 실수에 무한히 가까운데, 그것을 *표준 부분*(*standard part*), st(x)로 부른다. 다시 말하면, 꼭 하나의 실수 st(x)가 존재하여 $x - \mathrm{st}(x)$는 무한소이다.

hypersphere (초구, 超球)

구(sphere)의 4차원적 유사체. *4-구*(*4-sphere*)라고도 부른다. 구에 의해서 드리워진 그림자가 **원**(circle)인 것과 같이, 초구에 의해서 드리워진 그림자는 구이고, 또 구와 평면의 교선이 원인 것과 같이, 초구와 초평면의 공통집합은 구이다. 이 유사점은 기본이 되는 수학에 나타나 있다.

$x^2+y^2=r^2$은 반지름이 r인 원의 직각좌표 방정식이고,
$x^2+y^2+z^2=r^2$은 대응하는 구의 방정식이다.
$x^2+y^2+z^2+w^2=r^2$은 초구의 방정식인데, 여기에서 w는 x, y, z축과 직각을 이루는 **네 번째 차원**(fourth dimension)을 따라 잰 것이다.

초구는 *초체적*(*hypervolume*)(구의 체적의 유사 개념) $\pi^2r^4/2$을 가지고, *표체적*(*surface volumn*)(구의 표면적의 유사 개념)$2\pi^2r^3$을 갖는다. 초구의 입체각(solid angle)은 *하이퍼스테라디안*(*hypersteradian*)으로 측정하는데, 그것에 대해서 초구는 총 $2\pi^2$을 갖는다. *n-구*(*n-sphere*)의 *n-체적*(*volumn*), *n-면적*(*n-area*)과 *n-라디안*(*n-radian*)의 수는 모두 **감마함수**(**gamma function**)와 정수 사이의 중간에 π의 거듭제곱을 소거할 수 있는 방법에 관계가 있으므로, 원에서 2π 라디안, 구에서 4π 스테라디안으로 보이는 패턴이[17] 8π 하이퍼스테라디안으로 계속되지는 않는다. 일반적으로, 용어 "초구"는 임의의 n-구를 의미하는 것으로 사용될 수 있다.

hypocycloid (내파선, 內把線)

반지름 a인 큰 원의 내부를 굴러다니는 반지름 b인 원에 딸린 점의 경로에 의해서 만들어지는 곡선이다. 내파선의 매개변수방정식은 다음과 같다:

$$x = (a-b)\cos(t) + b\cos((a/b-1)t)$$
$$y = (a-b)\sin(t) - b\sin((a/b-1)t)$$

내파선의 유형은 경로가 추적되는 점이 굴러가는 원의 어디에 위치하느냐에 달려 있다. 만일 그것이 원주 위에 있으면, 그것이 만드는 곡선은 보통의 내파선이다. 만일 그것이 다른 곳에 있으면, 그 결과는 **하이포트로코이드**(hypotrochoid)이다. 하이포사이클로이드는 굴러가는 원과 고정된 큰 원의 비가 유리수일 때 닫힌 형태이다. 즉, 움직이는 점이 결국 가던 길을 되짚어간다. 이 비가 기약분수일 때, 분자는 그 곡선이 닫히기 전에 고정된 원의 내부를 덮는 회전의 수이다. 내파선(또 하이포트로코이드)과 같은 족의 곡선에는 **에피사이클로이드**(epicycloid)와 **외파선**(epitrochoid)이 있다.

hypoellipse (초타원, 超楕圓)

초타원(superellipse)을 보시오.

H

역자 주

17) 원 전체의 (중심)각의 크기는 2π 라디안이고, 구 전체의 입체각의 크기는 4π 스테라디안이다.

hypotenuse (빗변)

직각삼각형(right triangle)의 가장 긴 변. 직각의 대변. 이 단어는 "아래"를 의미하는 그리스 어근 *hypo*(이것은 또한, 예를 들면, "피하"의 hypodermic에서도 나타난다)와 뻗음의 *tein* 또는 *ten*에서 나왔다. 빗변은 직각의 "아래로 뻗은" 선분이다.

hypothesis (가설)

추측(conjecture)을 보시오.

hypotrochoid (하이포트로코이드)

반지름 a인 큰 원의 내부를 굴러다니는 반지름 b인 원에 딸린, 원주 위에 있지 않은 점 c의 경로에 의해서 만들어지는 곡선이다. 하이포트로코이드의 매개변수방정식은 다음과 같다:

$$x = (a - b)\cos(t) + c\cos((a/b - 1)t)$$
$$y = (a - b)\sin(t) - c\sin((a/b - 1)t)$$

하이포트로코이드는 일반화된 **내파선**(hypocycloid)이고 두 가지 종류가 된다: 출발점이 굴러가는 원의 외부에 있으면 *장형 내파선*(*prolate hypo -cycloid*), 출발점이 굴러가는 원의 내부에 있으면 *단축형 내파선*(*curtate hypocycloid*). 하이포트로코이드(또 내파선)와 같은 족의 곡선에는 **외파선**(epicycloid)과 **에피트로코이드**(epitrochoid)가 있다.

I

i

−1의 제곱근. i는 단위허수 $\sqrt{-1}$로도 알려져 있다. i와 실수의 곱은 허수라고 한다. 자세한 내용은 **복소수(complex numbers)**를 참고하시오.

I-Ching (역경)

64개의 헥사그램으로 이루어진 중국 점성술. 각 헥사그램은 6개의 수평선으로 구성되어 있는데, 어떤 것은 하나의 긴 선(남성적 원리를 나타냄, 혹은 양)으로, 어떤 것은 가운데가 잘려진 두 개의 선(여성적 원리를 나타냄, 혹은 음)으로 되어 있다. 헥사그램의 첫 세 개의 선은 아래쪽 트라이그램(세 개의 선)을 구성하며 내적 세상을 나타낸다. 네 번째, 다섯 번째, 그리고 여섯 번째 선들은 위쪽 트라이그램을 구성하며 바깥 세상을 나타낸다. 1700년대 초기에 헥사그램이 중국으로부터 유럽으로 전해졌을 때 이것을 처음 본 유럽 사람들 중 한 사람이 바로 **라이프니츠**(Gottfried Leibniz)로, 2진법 연산을 연구한 첫 수학자이다.

icosahedron (정이십면체)

20개의 면을 가진 다면체. 정이십면체는 모든 면들이 **정삼각형**으로 다섯 개의 **정다면체**(**플라톤 다면체**)중 하나이다. 정이십면체의 한 **꼭짓점**으로 부터 반대편에 있는 꼭짓점까지의 거리는 $5^{1/4} \times \Phi^{1/2} \times d$ 로 Φ는 **황금비**이고 d는 삼각형 면의 한 변의 길이이다. 정이십면체의 각 꼭짓점을 잘라내면 12개의 오각형과 20개의 육각형으로 구성된 **잘려진 정이십면체**가 되는데 이것은 13개의 **아르키메데스 다면체**(정다면체들을 어떤 일정한 방법으로 잘라내어 만들어지는 다면체) 중 하나이다. 버키공(Buckyball)을 참조하시오.

Icosian game (아이코시안 게임)

1857년 더블린에서 열린 영국 고등과학원 모임에서 윌리엄 **해밀턴**에 의해 처음으로 발표된 게임. 이 게임의 목적은 **정십이면체**의 변을 따라 각 꼭짓점을 단 한 번씩만 지나는 길을 찾는 것이다. 이러한 길은 **해밀턴 회로**로 알려져 있다. 모든 꼭짓점을 단 한 번 지나는 길을 찾는 것은 **나이트(騎士)**의 경로를 연구한 **오일러**(Leonhard **Euler**)의 연구와 연관하여 생각하게 된 것으로 보여진다. 해밀턴이 이 게임을 발표하기 2년 전에 **커크만**(Thomas **Kirkman**)은 왕립학회에 제출한 논문에 다음 문제를 제기하였다: **다면체** 그래프가 주어졌을 때 모든 꼭짓점을 지나는 사이클이 존재하는가?

아이코시안 게임은 **정이십면체**의 대칭성을 기초로 해밀턴이 고안하여 "icosian"이라 불린 특이한 대수로부터 출발했다. 해밀턴은 자신이 고안한 icosian의 수학적 성질과 정십이면체의 모든 꼭짓점을 모서리를 따라 단 한 번만 지나면서 출발점으로 돌아오는 여행 경로를 연계하였다. 해밀턴의 친구이자 동료인 그레이브스(John Graves, 1806-1870)는 해밀턴에게 이 문제를 상업적 게임으로 바꿀 것을 제안하였고 당시 고품질의 체스 제작사이자 장난감 제작사인 John Jacques and Sons의 런던 지사와 만나게 주선하였다. 자크는 25파운드에 이 게임에 대한 권한을 구입하였으며 "세계일주(Around World)"라는 이름으로 두 가지 버전을 만들어 판매하였다. 한 가지 버전은 평면 보드에서 플레이하는 것이었고 "여행자"라고 이름 붙여진 다른 버전은 정십이면체로 구성되었다. 두 버전 모두 세계의

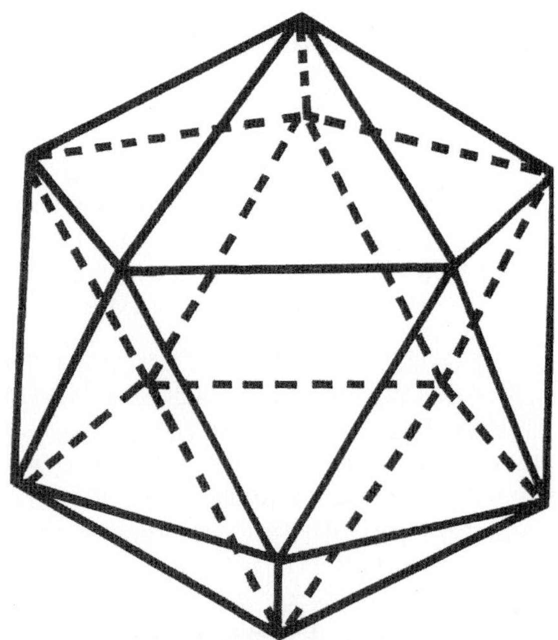

정이십면체 정다면체 중에서 가장 많은 면이 있는 다면체.

I

주요 도시를 나타내는 각 꼭짓점에 못을 박고 자신이 방문한 도시를 실로 묶어가며 찾아가게 하였다. 이 게임의 판매는 완전히 실패하였는데 주원인은 아이들도 쉽게 답을 찾을 수 있는 쉬운 게임이었기 때문이었다. 하지만 다른 사람들처럼 단순히 경로를 찾기보다 움직이는 경로를 icosian 계산법으로 분석하려 했던 해밀턴에게는 쉬운 게임이 아니었다. **여행하는 외판원 문제**를 보시오.

idempotent (멱등의)

대수 체계에서 $x \times x = x$ 를 만족하는 원소.

identity (항등식)

변수에 어떤 값을 대입하더라도 항상 같은 명제.

imagenary number (허수)

제곱한 수가 음수인 수. 모든 허수는 ib로 표현할 수 있다. 여기서 b는 **실수**, i는 $i^2 = -1$인 단위허수이다. 허수는 실수 부분이 0인 **복소수**이다. "imagenary"라는 용어는 실제 그렇지 않음에도 불구하고 실수에 비해 덜 현실적인 느낌을 준다는 약점이 있다.

impossibility of mahtematics (수학의 불가능성)

앨리스가 웃었다: "그렇게 해 봐야 소용없어" 그녀가 말했다; "사람들은 불가능한 일이라는 것을 믿지 못해." "나는 네가 충분한 연습을 하지 않았다고 감히 말할 수 있어."라고 여왕이 말했다. "내가 어렸을 때 나는 항상 하루에 30분씩 그렇게 했어. 나는 가끔 아침 식사 전에 6개의 불가능한 일들을 믿기까지 했는걸?"

– 루이스 캐롤, 이상한 나라의 앨리스

수학자들은 많은 사람들이 불가능하다고 생각하거나 적어도 진지하게 생각하기에는 너무 터무니없다고 생각되는, 예를 들면 **바나흐–타르스키 역설**(Banach-Tarski paradox)과 같은 것들을 믿는다. 하지만 수학에도 직선자와 컴퍼스만 가지고 각을 삼등분하기, 정육면체의 부피를 두 배로 만들기, 그리고 원의 면적과 같은 정사각형을 만들기, 직선자만으로 원의 중심을 구하기, 유클리드의 나머지 네 공리를 이용하여 평행선 공리 증명하기, 2의 제곱근을 a/b와 같이 유리수로 나타내기 등을 포함하여 정말로 불가능한 일들이 있다. 좀 덜 알려진 것이 구스타프 플라우버트(Gustav Flaubert, 1821-1880)가 말한 것인데, 그는 학교에서 이와 같은 형태의 문제를 너무 많이 보았던 것 같다.

> 기하학과 삼각법을 공부하고 있으니 너에게 문제를 하나 내겠다. 한 배가 대양을 항해하고 있다. 그 배는 보스턴에서 털실을 싣고 출발했다. 아마도 200톤 정도일 것이다. 그 배는 하브(Le Harvre)항을 향해 항해한다. 큰 돛대는 부러지고 갑판에 소년이 있고, 12명의 승객이 타고 있으며 동북동풍이 불고 있다. 시계는 오후 3시 15분을 가리키고 있다. 때는 5월의 어느 한 날이다. 선장은 몇 살인가?

impossible figure (불가능한 그림)

어떤 객체의 이차원 이미지로, 공간적인 모순성으로 인해 삼차원 공간에서 실현할 수 없는 그림. 잘 알려진 불가능한 그림들 중에 **펜로즈의 삼각형**, **펜로즈의 계단**, **불가능한 삼지창**, 그리고 프리미쉬(freemish) 나무상자와 같은 것들이 있다. 이런 독특한 형태를 그리는 주목할 만한 선구자들은 **로이터스바르드**(Oscar Reutersvärd), **펜로즈**(Roger Penrose, 그리고 그의 아버지)와 **에스헤르**(Escher)이다.

착시(Optical illusion)를 참조하시오.

impossible tribar (불가능한 삼발 블록)

펀로즈 삼각형을 보시오.

impossible trident (불가능한 삼지창)

1965년 3월호 Mad 잡지 표지에 실리면서 많은 사람들에게 처음 소개된, 유명한 **불가능한 그림** 중 하나. 그림의 삼분의 이는 완벽하다. 윗부분을 가리고 아랫부분만 보면 세 개의 분리된 실린더 혹은 튜브가 보인다. 하지만 아랫부분을 가린 그림은 두 개의 직사각형 갈퀴를 나타내는 평면 그림으로 해석될 수 있다. 문제는 이 두 가지 해석이 전혀 양립할 수 없다는 것이다. 중간 어딘가에서 위치 변화가 일어나 전혀 타협할 수 없는 모순을 만들어내고 있다. 그 후 수년 동안 셀 수 없이 많은 유사한 그림들이 악마의 포크, 세 개의 갈고리, 뒤섞임, 불가능한 기둥들, 세 개의 지지대(trichotometric indicator support), 그리고 좀 터무니없게는 세 개의 encabulator로 조정된 다양체 같은 이름으로 나타났다. 스웨덴 미술가인 오스카 **로이터스베드**(Oscar Reutersvärd)는 이 그림에 통달하여 같은 주제로 천 개가 넘는 변형을 그릴 수 있었다. 그림을 길게 그리면 모

불가능한 그림 "롤러코스터" 삼차원 공간에서 만들기가 불가능한 구조의 이차원 그림. *Jos Leys, www.joseleys.com*

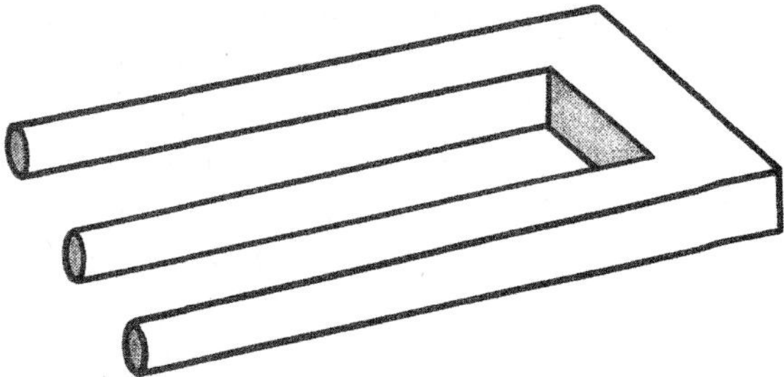

불가능한 삼지창

순을 알 수 있는 부분들이 멀리 떨어져 있기 때문에 부분적으로는 삼차원 객체로 인식하고 내재된 불가능성을 지나치기 쉽다. 그림을 중간 크기로 그리면 그림을 삼차원 객체로 쉽게 해석할 수 있는 반면 그 불가능성도 쉽게 인식된다. 만약 갈고리 부분이 무척 짧다면 같은 부분을 놓고 두 개의 서로 다른 해석이 가능하다. 따라서 일관된 해석이 불가능하고 환상은 깨진다. 몇 사람들은 불가능한 삼지창이 삼차원에서 어떤 형태로도 만들어질 수 없다고 언급하였다. 하지만 이것이 잘못되었다는 것이 밝혀졌다. 1985년 일본 예술가인 시게오 후쿠다(Shigeo Fuguta)는 특정한 각도에서 보면 착시현상이 나타나는 삼지창의 삼차원 모델을 고전적인 기둥의 형태로 만들어 냈다.

이 그림의 기원은 확실하지 않다. *Mad* 잡지사는 원본이라고 주장하는 사람으로부터 이 그림의 판권을 샀다고 한다. 하지만 얼마안가 이 그림이 이미 출판되었던 것을 알고 당황하였다. 이 그림은 1964년 5월과 6월에 몇 개의 대중적인 기계, 항공, 그리고 공상 과학 잡지들에 실려있었다. 슈스터(D.H. Shuster)가 같은 해에 **미국 심리학회지**에 논문을 기고함으로써 처음으로 이 그림이 심리학계로 부터 관심을 끌게 되었다.

incircle (내접원)

삼각형의 세 변에 접하는 **내접원**.

incomputable number (계산 불가능한 수)

어떤 **유니버설 컴퓨터**로도 셀 수 없는 무한자리를 가지는 십진 **실수** 혹은 이진 실수.

induction (귀납법)

일련의 사례들로부터 일반적인 성질을 추론하는 사고의 한 방법. 예를 들어 자연수 n을 변수로 포함하는 어떤 가정 H가 있다고 하자. 모든 자연수 n에 대해 가정 H가 참이라는 것을 귀납법으로 증명하기 위해 두 단계 절차를 따른다: (1) 먼저 $n=1$ 일 때 H가 참임을 보인다; (2) H가 $n=k$ 일 때 참이라는 사실로 부터 H가 $n=k+1$일 때 참이라는 것을 보일 수 있다는 것을 증명한다. 이것만으로 충분한데 왜냐하면 (1)과 (2)로부터 H가 $n=2$일 때 참임을 알 수 있고, 이 사실은 또 (2)에 의해 H가 $n=3$ 일 때 참임을, 또 이로부터 H가 $n=4$ 일 때 참임을 암시하며, 같은 방법을 계속 적용해 나갈 수 있기 때문이다. H는 *귀납적 가정*(*inductive hypothesis*)이라고 불린다. 어떤 철학자들은 귀납법이 증명을 하기 위해 무한 번의 과정을 거쳐야 한다는 이유로 이런 증명법을 받아들이지 않는다; 하지만 대부분의 수학자는 이 방법을 즐겨 사용한다.

Inequality (부등식)

하나의 양이 다른 것보다 적거나 혹은 많은 식.

Infinite dimensions (무한차원)

수학에서 무한차원 공간 개념은 문자적으로 다루어진다. 그것은 무한 개의 기저를 가지거나 혹은 무한 개의 좌표를 가지는 **벡터공간**이다.

Infinite series (무한급수)

다음과 같은 형태의 무한 합.

$$a_1+a_2+a_3+\cdots=\sum_{k=1}^{\infty}a_k$$

이와 같은 급수는 현대 수학의 많은 분야에서 나타난다. 무한급수에 대한 연구는 17세기에 시작되었고, **오일러**(**Leonhard Euler**)에 의해 지속되었는데 그 과정에서 오일러는 중요한 문제들을 많이 해결하였다.

infinitesimal (무한소)

0보다는 크지만 어떤 **실수**보다도 작은 수. 이것들은 **뉴턴**(Isaac **Newton**)과 **라이프니츠**(Gottfried **Leibniz**)에 의해 **미적분학** 연구 초기에 소개되었다. 하지만 이에 대한 엄밀한 정의의 결핍이 미적분학을 완전히 받아들이는데 방해가 되었다. 이후에 버트란트 **러셀**(Bertrand **Russell**)은 다음과 같이 말했다: "미적분학은 연속성을 요구하고 연속성은 '무한히 작다'라는 개념을 요구한다; 하지만 그 누구도 무한히 작다는 것이 무엇인지 알아내지 못했다." 1800년대에 들어 무한소 개념 없이 극한을 명확히 하고 재정의한 **코시**(Augustin **Cauchy**), **와이어스트라스**(Karl **Weierstrass**), 그리고 다른 사람들에 의해 미적분학은 안정된 발걸음을 내딛었다. x 값을 a에 충분히 가까이 가져갔을 때 어떤 함수 $f(x)$가 어떤 값 L에 원하는 만큼 충분히 가까워지게 할 수 있다면 x가 a 에 근접할 때 $f(x)$의 극한(limit)을 L이라고 한다. 이것이 미적분학의 입실론-델타(epsilon-delta) 형식인데 δ는 $|x-a|$를, ε 은 $|f(x)-L|$을 나타내는 것이 일반적이다. 이것이 오랫동안 미적분학의 엄밀한 기초였으며 아직도 대부분의 미적분학 강의에서 가르치고 있는 것이다. 그러나 1960년에 **로빈슨**(Abraham **Robinson**)은 **비표준 미적분학**[1]을 발견하였는데 여기에서 그는 무한소의 엄밀한 정의를 제공하고 새로운 중요성을 부여하였다. 그것은 뉴턴과 라이프니츠가 소개한 것과 근사한 개념이 되었다.

infinity (무한, 無限)

미스테리는 고유한 미스테리를 가지고 있고 신들 위에 신들이 있다. 우리는 우리 것을 그들은 그들의 것을 가진다. 그것이 바로 무한으로 알려진 그것이다.

장 꼭토(Jean Cocteau(1889-1963))

철학자들과 신학자들에게 항상 매혹적인 개념으로 끝없는 거리 혹은 공간. 영원 그리고 신의 개념과도 관련이 있으나 대부분의 수학 역사 속에서 기피되고 적의를 가지고 만나게 되는 개념이다. 지난 세기가 되어서야 수학자들은 무한을 다루었고 이상하긴 하지만 무한을 수로 인정하였다.

무한의 위험성은 일찍이 아킬레스와 거북이의 경주라고 알려진 엘레아의 제논의 역설에서 볼 수 있다(**제논의 역설** 참조). 승리를 확신한 아킬레스는 거북에게 먼저 출발하라고 한다. 그러나 어떻게 그가 굼뜬 거북이를 따라잡을 수 있을까? 먼저 아킬레스는 거북이의 출발점을 지나야 하는데 그때쯤이면 거북이는 얼마간 앞서 나가 있다. 그 둘 사이의 새로운 거리를 따라잡았을 때 그는 거북이가 또 앞서 있다는 것을 알게 된다. 이런 것이 언제까지나 계속될 것이다. 어떤 방법을 사용하든지 아킬레스가 거북이가 있었던 지점에 도착하게 되면 거북이는 벌써 얼마간 앞서나가 있게 된다. 제논은 이 문제로 무척 당황하여 무한에 대해 생각하는 것을 피하는 것이 가장 좋

역자 주

1) 비표준 미적분학은 실수에 무한와 무한소를 포함하여 확장한 실수, 초실수 상에서 전개되었음.

다는 것과 그런 운동은 불가능하다고 결정하게 된다.

우주의 모든 것들이 궁극적으로 정수들(분수들도 하나의 정수를 다른 정수로 나눈 것이다)을 통해 이해될 수 있다고 확신하고 있었던 **피타고라스(Pythagoras)**와 추종자들도 비슷한 충격을 받았다. 그것은 **2의 제곱근**이-이것은 두 변의 길이가 1인 직각삼각형의 빗변의 길이인데- 정연한 우주적 질서에 들어맞지 않는다는 것이다. 이것은 두 정수의 비로 표현이 불가능한 **무리수(irrational number)**인 것이다. 다른 말로 하면 십진수로 나타낼 때 반복되는 패턴 없이 무한히 계속되는 무한소수가 된다는 뜻이다.

이런 두 가지 예가 무한을 파악할 때 나타나는 기본적인 문제점을 잘 보여주고 있다. 우리의 상상력은 아직 끝에 도달하지 못한 그 어떤 것을 잘 이해할 수 있게 해 준다: 우리는 합에 하나를 더한다든지 혹은 긴 급수에 또 다른 항을 보여준다든지 하는 방법으로 다음 단계를 그릴 수 있다. 하지만 결론적으로 무한은 우리의 마음을 망설이게 만든다. 수학자들에 있어서 이것은 매우 심각한 문제이다. 왜냐하면 수학은 정확한 양과 엄밀하게 잘 정의된 개념들을 다루기 때문이다. 수학자들은 어떻게 2의 제곱근이나 어떤 직선에 아주 가까이 접근하는 곡선처럼 분명하게 존재하지만 끝없이 계속되는 것들을 무한의 개념 없이 다룰 수 있었을까? **아리스토텔레스**(Aristotle)는 두 가지 종류의 무한이 있다고 주장하였다. *실제 무한*(Actual infinity) 혹은 *완성된 무한*(completed infinity)은 어떤 시점에 도달해야만 완전하게 실현될 수 있는 무한으로 아리스토텔레스는 존재하지 않는다고 믿었다. 반면에 아리스토텔레스가 자연에서 명백하다고 주장한 *잠재적 무한*(potential infinity)은 무제한적인 시간 위에 흩어져 있는 무한이다. 예를 들어 계절의 끝없는 사이클이나 금 한 조각을 무수히 나눌 수 있다는 것 등과 같은 것들이다. 이런 근본적인 차이가 2000년 넘게 수학에 지속되어 왔다. 1831년 **가우스**(Karl Gauss)는 그의 "실재하는 무한의 공포"를 이렇게 설명하고 있다:

"나는 무한 크기(무한 양)를 수학에서 결코 허용될 수 없는 완성된 어떤 것으로 사용하는 것에 대해 반대한다. 무한은 단지 표현의 한 방법으로, 참된 의미는 어떤 비율이 무한정 가까워지는 극한, 또는 제한 없이 증가하는 것이 허용된 그 어떤 것이다."

잠재적 무한으로만 생각의 범위를 제한함으로써 수학자들은 **무한급수**, **극한**, 그리고 **무한소** 등과 같은 중요한 개념을 말할 수 있게 되었고 결국 무한 자체를 수학적 대상이라고 인정하는 것을 피하면서 미적분학에 도달하게 되었다. 지금도 중세 시대와 마찬가지로 역설과 퍼즐들이 나타나는데 그것들은 무한이 쉽게 사라질 수 있는 논제가 아니라는 것을 말해주고 있다. 이러한 퍼즐들은 짝짓기 혹은 한 무리의 모든 원소들을 같은 크기의 다른 무리의 원소들과 일대일 대응을 할 수 있다는 원리로부터 나왔다. 하지만 무한히 큰 모임에 적용할 때 이 원리는 유클리드에 의해 처음 설명된 일반 상식: "전체는 그것의 어느 부분보다 항상 크다"를 조롱하는 것처럼 보인다. 일례로 모든 양의 정수는 홀수들을 포함하고 있음에도 불구하고 짝수들과 일대일 대응이 가능하다: 1은 2와, 2는 4와, 3은 6과 같이 대응시킬 수 있다. 갈릴레오는 이런 문제들을 생각함에 있어 "무한은 유한수들과는 다른 산술법을 따라야 한다."고 제안하는 것으로 무한에 대한 보다 계몽적인 자세를 보여준 첫 번째 사람이다. 오랜 시간 후에 **힐베르트**(Davis Hilbert)는 끝없는 산술로 얻을 수 있는 것이 얼마나 이상한지를 보여주는 놀라운 예를 제시하였다.

힐베르트가 말하였다. 무한 개의 방이 있는 호텔을 상상해 보자. 일반적인 호텔은 유한 개의 방이 있고 모든 방이 꽉 차는 경우 더 이상의 손님을 받을 수 없다. 그러나 "힐베르트의 그랜드 호텔"은 극적으로 다르다. 1번 방의 손님이 2번 방으로 옮기고, 2번 방의 손님은 3번 방으로 옮기는 것과 같은 방법으로 모든 손님들이 움직이면 새로 오는 손님이 1번 방에 묵을 수 있다. 사실 1, 2, 3, … 번 방의 손님들이 2, 4, 6… 번 방으로 옮김으로 모든 홀수 번 방을 비운다면 무한의 새로운 손님들을 위한 공간도 준비할 수도 있다. 각각 무한의 사람들을 태운 무한의 마차가 도착한다 해도 그 어느 누구도 방이 없어 돌아가지 않게 할 수 있다: 먼저 앞의 방법을 써서 홀수 번 방을 비운 후 첫 마차를 타고 온 사람들을 $3^n(n=1, 2, 3, \cdots)$ 번 방에 배정하고 두 번째 마차의 손님들은 $5^n(n=1, 2, 3, \cdots)$ 번 방에 배정한다. 일반적으로 i번 마차의 손님들은 $p^n(n=1, 2, 3, \ldots)$ 방으로 모신다. 여기서 p는 $(i+1)$번째 소수이다.

이와 같은 예는 무한히 많은 원소들을 가진 수의 집합의 실체가 인정되는 것을 단번에 보여주는 거울 세상이다.

그것은 19세기 후반 수학자들이 마주했던 중요한 문제였다: 그들은 실재적 무한을 하나의 수로 받아들일 준비가 되어 있었을까? 대부분의 사람들은 아직도 아리스토텔레스나 가우스와 함께 그런 생각을 반대하는 쪽에 서있었다. 하지만 **데데킨트**(Richard Dedekind), 또 그 누구보다도 **칸토어**(Georg Cantor)를 포함한 극히 일부의 사람들은 무한집합의 개념을 든든한 논리적 기초 위에 세울 수 있는 날이 왔다는 것을 알고 있었다.

칸토어는 두 개의 유한집합이 같은지 다른지 결정하는 방법인 짝짓기 원리를 무한집합에도 바로 적용하였다. 따라서 모든 양의 정수들의 개수와 같은 수의 양의 짝수가 있다는 것을 밝혔다. 그는 이것이 역설이 아니고 무한집합을 결정하는 성질이라는 것을 깨달았다: 전체가 그 부분보다 더 클 수 없다. 그는 더 나아가 모든 양의 정수들의 집합 1, 2, 3, … 이 유리수집합(p와 q가 정수일 때 p/q 형태로 쓸 수 있는 수들)의 원소들과 정확하게 같은 수의-즉, **기수**(Cardinal number, cardinality)-원소들을 포함한다는 것을 밝혔다. 그는 이 무한기수를 **알레프-눌**(Aleph-null), $\aleph_0$ ("aleph"는 히브리 문자의 첫 글자이다)이라고 불렀다. 그는 또 칸토어의 정리라고 알려진 정리를 이용하여 $\aleph_0$이 가장 작은 무한인, 무한에도 계층이 있다는 것을 증명하였다. 그는 $\aleph_0$의 크기를 가지는 집합의 모든 부분집합-원소들을 배열하는 다른 방법-의 기수가 $\aleph_0$보다 큰 무한이라는 것을 증명했는데 그 크기를 $\aleph_1$이라고 불렀다. 같은 방법으로 $\aleph_1$의 부분집합들의 집합의 기수도 역시 큰 무한인데 $\aleph_2$로 알려져 있다. 이와 같은 방법으로 무한 개의 서로 다른 무한을 찾을 수 있다.

칸토어는 $\aleph_1$이 직선 위의 점들의 수와 같다고 믿었는데, 놀랍게도 그 수가 평면 상의 점들의 수와 같을 뿐만 아니라 n-차원 공간 상의 점들의 수와 같다는 것을 발견하였다. 연속체의 거듭제곱(power of the continuum), c로 알려진 공간상의 점들의 무한는 모든 실수(모든 유리수들과 무리수들을 합한 것)들의 집합과 같다. 칸토어의 **연속체 가설**은 $c = \aleph_1$ 인데 이것은 정수의 기수와 실수의 기수 사이의 기수를 가지는 무한집합이 존재하지 않는다고 말하는 것과 동치이다. 많은 노력에도 불구하고 칸토어는 자신의 연속체 가설을 증명하지도 부정하지도 못하였다. 우리는 이제서야 그 이유를 알게 되었고 그것은 수학의 기초와 부딪치게 된다.

1930년대 **괴델**(Kurt Gödel)은 집합론의 표준 공리로는 연속체 가설[2)]을 부정하는 것이 불가능하다는 것을 증명하였다. 30년이 지난 후 코헨(Paul Cohen)은 같은 공리들로부터 연속체 가설이 증명될 수 없다는 것도 보였다. 이런 상황은 "괴델의 불완전성 정리"가 출현할 때부터 있어 왔다. 그러나 연속체 가설의 독립성은 아직도 정립이 안 되었는데 그 이유는 대부분의 수학이 기초로 하는, 일반적으로 인정되는 공리 시스템으로부터 그 어느 쪽으로도 증명할 수 없는 중요한 질문의 첫 번째 확실한 예이기 때문이다.

현재 수학자들은 연속체 가설이 거짓이라고 선호하는데 그 이유는 단순히 이 방향으로 유도되는 결과들의 유용성 때문이다. 무한의 다양한 타입의 특성과 무한집합의 존재성은 어떤 정수론을 사용하느냐에 결정적으로 의존한다. 다른 공리들과 법칙들은 "모든 정수들 이후에 무엇이 있을까?"라는 질문에 다른 대답을 낸다. 이런 사실이 다양한 형태의 무한을 비교하는 것과 그들의 상대적 크기를 결정하는 것이 매우 어렵고 더 나아가 의미없게 만든다.

초현실수(surreal number)와 같은 어떤 확장된 수 구조는 일반 유한수와 무한수의 다양성을 잘 조합하고 있다. 하지만 어떤 수 구조가 선택되더라도 불가피하게 다루기 어려운 무한(주어진 시스템이 만들어 낼 수 있는 그 어떤 것보다도 더 큰 무한)이 존재할 것이다.

inflection (변곡)

평면곡선의 변곡점은 곡선의 정지된 **접선**을 가지는 점으로, 접선이 회전의 방향을 한 방향에서 반대 방향으로 바꾸는 점이다.

information theory (정보 이론)

1948년 **샤논**(Claude Shannon)의 기념비적 논문인, 〈통신의 수학적 이론〉에 처음 등장한 정보의 수학 이론. 중요한 목적은 정보를 가공하고 주고받기 위해 디자인된 시스템의 규칙을 발견하는 것과 정보를 전달하고, 저장하며, 처리하는 다양한 시스템의 능력과 정보의 양적인 측도를 정하는 것이다. 이 이론이 다루는 문제들 중에는 다양한 통신 시스템을 사용하는 최적의 방법과 잡음으로부터 우리가 원하는 정보 혹은 신호를 분리해 내는 최적의 방법을 찾는 것이다. 또 다른 관점은 주어진 정보 전달 매체(주로 정보 채널이라고 불리는)로 달성할 수 있는 가능성의 상한을 정하는 일이다. 이 이론은 통신 이론과 많이 겹치는데 정보의 처리와 통신에 대한 근본적 한계들을 다루는 방향으로 더 관심을 가지며 사용되는 기기의 세세한 작동에 대해서는 덜 관심을 가진다.

injection (단사)

일대일(one-to-one) 사상.

inscribed angle (원주각)

곡선의 한 점에서 만나는 두 **현**(chords)에 의해 생성되는 각.

inscribed circle (내접원)

삼각형 혹은 다른 **다각형**(polygon) 안에 있는 원. 각 변들이 원에 접한다. 이러한 다각형은 원에 *외접한다*(*circuscribed*)고 말한다. 삼각형에 내접하는 원은 *내접원*(*incircle*)이라고 부른다.

역자 주

2) continuum hypothesys를 보시오.

instability (불안정성)

(*안정된 시스템*(*stable system*)의 반대적 의미로) 내적 혹은 외적 힘이나 사건에 의해 쉽게 영향을 받을 때의 시스템 상태로, 방해를 받으면 바로 전 상태로 돌아간다. 수직으로 세워져 있는 연필이나 옆모서리로 서 있는 동전이 불안정한 성질을 가지는 시스템의 예이다. 왜냐하면 이것들은 약간의 흔들림만 있어도 넘어지기 때문이다. 불안정한 시스템은 그것의 **끌개**(attractor)가 변하는 시스템이다; 그러므로 불안정성은 평형이나 **분기점**(bifurcation)으로부터 거리가 먼 시스템의 특성이다.

integer (정수)

양의 정수, 음의 정수 또는 0: ⋯, −3, −2, −1, 0, 1, 2, 3, ⋯ '*Integer*'는 "전체" 혹은 "본래"의 의미를 가지고 있는 라틴어이다. 모든 정수들의 집합은 **Z**로 표시되는데 이것은 독일어로 "수"의 의미를 가지고 있는 "*Zahlen*"을 의미하고 있다. 정수는 **자연수**(**natural numbers**)의 확장으로 **음수**(**negative numbers**)를 포함하고 있다. 따라서 a, b가 자연수인 방정식 $a + x = b$의 모든 해를 구할 수 있다. 정수들은 더하거나 빼거나 곱하거나 비교할 수 있다. 자연수와 마찬가지로 정수들은 셀 수 있는 무한집합이다. 하지만 정수들은 **체**(**field**)를 이루지는 않는다, 예를 들면 $2x = 1$을 만족하는 정수 x가 없다; 정수를 포함하는 가장 작은 체는 **유리수**(**rational numbers**)이다. 정수의 중요한 성질중 하나는 나눗셈이다. 주어진 두 정수 a, $b(b \neq 0)$에 대해 $a = bq + r(0 \leq r < |b|)$인 q와 r을 찾는 것이 항상 가능하다. 이 때 q를 **몫**(**quotient**)이라 부르고 r은 **나머지**(**remainder**)라고 부른다. q와 r은 a와 b에 대해 유일하게 결정된다. 이것을 *산술연산의 기본 정리*(*Fundamental Theorem of arithmetic*)라고 부르는데 곧 '모든 정수들은 소수들의 곱으로 유일하게 나타낼 수 있다'는 것을 말한다.

integral (적분)

함수(function)로 표현되는 그래프 일부분의 아래 넓이 혹은 넓이의 일반화. 다른 말로 하면 함수의 연속된 누적 합이다(**연속성**(continuity) 참조). 모든 함수들이 정확한 적분 공식을 가지고 있는 것은 아니다. 그런 경우에 *수치해석*(*numeriacal analysis*)이 이용되는데 이는 근사적인 수치 계산 방법을 통해 넓이를 구한다는 것이다. 적분은 **도함수**(**derivatives**)와 함께 **미적분학**(calculus)의 기본 주제이다.

integral equation (적분방정식)

함수(function)의 **적분**(integral)을 포함하는 방정식.

integration (적분)

함수(function)의 그래프의 아랫부분의 넓이를 구하는 방법과 관련된 연산. 최초의 적분 이론은 **아르키메데스**(Archimedes)의 *구적법*(*quadrature*)으로 개발되었는데 이 방법은 고차원의 기하학적 대칭성이 있는 경우에만 적용될 수 있었다. 17세기에 **뉴턴**(**Isaac Newton**)과 **라이프니츠**(Gottfried **Leibniz**)는 그들 자신이 개발한 미분의 반대로서의 적분 개념을 독립적으로 발견하였다; 이로써 수학자들이 처음으로 많은 종류의 적분들을 계산할 수 있었다. 하지만 **유클리드 기하학**(**Euclidean Geometry**)에 기초를 둔 아르키메데스의 방법과 달리 뉴턴과 라이프니츠의 적분 계산은 탄탄한 기초가 결여되어 있었다.

19세기에 **코시**(Augustin **Cauchy**)가 **극한**(**limits**)에 대한 엄밀한 정의를 개발하고 이어 **리만**(Bernhard **Riemann**)이 현재 **리만적분**(**Riemann integral**)이라 불리는 것으로 형태를 갖추어 완성하였다. 이 적분은 그래프 아랫부분을 작은 직사각형들로 채우고 각 단계마다 그 직사각형들의 넓이의 합을 구한 후 그것들의 극한을 취하는 것으로 정의되었다. 불행하게도 어떤 함수들에 대해서는 이들 합의 극한(잘 정의된)을 가질 수 없어 리만적분이 존재하지 않는다. **르베그**(Henri **Lebesgue**)는 이 문제를 해결할 수 있는 또 다른 적분 방법을 개발하였다. 그는 이런 생각을 1902년 *적분, 길이, 넓이*(*Intégrale, Longueur, Aire*)에서 발표하였다. 함수의 **정의역**(**domain**)을 중심으로 만들어진 직사각형의 넓이를 이용하는 대신 르베그는 넓이의 기본 단위를 함수의 **공역**(**codomain**) 중심으로 생각하였다. 르베그의 아이디어는 먼저 단순함수–함숫값이 유한 개인 함수–의 적분에 적용되었다. 그런 다음 좀 더 복잡한 함수들의 적분을 문제의 함수보다 작은 단순 함수들의 모든 적분의 상한으로 정의하였다. 르베그적분의 멋진 성질은 리만적분이 가능한 모든 함수들은 르베그적분도 가능할 뿐만 아니라 그 값도 같다는 것이다. 반면에 르베그적분은 가능하지만 리만적분이 가능하지 않은 많은 함수들이 있다. 르베그적분 개발의 한 부분으로 *르베그 측도*(*Lebesgue measure*) 개념을 도입했는데 이것은 넓이보다 길이를 측정하는 것이다. 측도를 적분으로 바꾸는 르베그의 기법은 많은 다른 경우에 쉽게 일반화되었고 **측도론**(**measure theory**)이라는 현대 수학의 새로운 분야를 탄생케 하였다.

르베그적분도 부족한 측면이 있다. 리만적분은 닫힌 구간이 아닌 정의역을 가지는 함수들을 적분하기 위해 *변칙적인 리만*

적분(*improper Riemann integral*)으로 일반화되었다. 그런데 르베그적분은 이 같은 많은 함수들(항상 똑같은 답을 내는)을 적분할 수 있지만 모든 함수들을 적분할 수는 없었다. *헨스톡적분*(*Henstock integral*)은 더 일반화된 적분 개념인데(르베그의 이론보다는 리만의 이론에 기초를 둔) 변칙적인 리만적분과 르베그적분을 모두 포함하는 것이다. 하지만 헨스톡적분은 실수선의 독특한 특성에 의존하고 있어 르베그적분처럼 일반화되지 못하였다.

interesting numbers (흥미로운 수)

몇몇 수들은 다른 수들보다 (적어도 두 사람의 수학자들로부터) 많은 관심을 받았다. 예를 들어 원주율 π(pi)는 1.283보다 혹은 그 어떤 수보다 무척 흥미로운 수이다. 우리의 관심을 정수로만 한정할 때 흥미롭지 않은 수들이 있을 수 있을까? 그 답이 "no" 라야만 한다는 것을 쉽게 증명할 수 있다. 흥미롭지 않은 정수들의 집합 U가 있다고 하자. 그렇다면 그 집합에 가장 작은 원소 u가 있을 것이다. 그런데 가장 작은 흥미롭지 않은 수라는 성질 자체가 정수 u를 흥미롭게 만든다! 따라서 u를 집합 U에서 제거하고 나면 곧 바로 또 다른 가장 작은 흥미롭지 않은 수가 있게 되고 이 집합에서 축출된다. 이런 논법을 집합 U가 공집합이 될 때가지 적용할 수 있다. 모든 정수들이 흥미로운 수들이라고 할 때 제일 흥미로운 수부터 가장 흥미롭지 않은 수로 순서를 정할 수 있을까? 물론 이에 대한 답도 "no"이다. "가장 흥미롭지 않은 수"로 인정받는다는 것은 매우 흥미로운 성질이므로 또 다른 논리적 모순에 봉착하게 된다.

위대한 인도 수학자인 **라마누잔**(Srinivasa **Ramanujan**)이 런던 병원에서 폐결핵으로 입원해 있을 때 그의 동료인 **하디**(G. H. **Hardy**)가 그를 방문하였다. 하디가 다음과 같은 말로 대화를 시작하였다: "나는 차번호가 1729인 택시를 타고 이곳에 왔네. 그 수가 나에게 특별한 의미가 없는데 내가 바라기는 나쁜 징조의 수가 아니었으면 하네." 그러자 라마누잔이 지체없이 대답하였다: "아닐세, 그 수는 전혀 무의미하지 않네. 매우 흥미롭네. 그것은 두 수의 세제곱의 합으로 나타내는데 두 가지 서로 다른 방법으로 나타낼 수 있는 가장 작은 수일세."($1729 = 1^3 + 12^3 = 9^3 + 10^3$.)

International Date Line (국제 날짜 변경선)

지구 상의 모든 경도마다 각각이 서로 다른 시각을 가지도록 시각을 정하는 것이 가능하다. 하지만 가까이 있는 경도들은 항상 비슷한 시간을 가질까? 그 대답은 "아니다" 인데 이것은 실수선의 모든 점들을 원의 모든 점들로 연속적으로 대응시킬 수 있는 방법이 없다는 것과 수학적으로 동치이다. 이것이 왜 날자 변경선이 있어야 하는지를 설명해 준다. 이웃한 시간대 지역과 1시간 차이가 나도록 시간대가 설정되었음에도 불구하고 대부분의 지역에서는 이웃 지역의 시각과 비슷한 시각을 가진다는 것이 허용된다. 이때 대부분 태평양 공해 상을 지나는 경도선에서 단숨에 완전한 하루를 건너뛰게 함으로써 피할 수 없는 불연속을 고려해 주어야 한다. 이 사실은 원에서 직선으로 가는 일대일 연속함수가 존재할 수 없다는 일차원에서의 **보르숙-울람**(Borsuk-Ulam) **정리**로부터 나온다.

interpolate (보간법)

어떤 함수의 두 알려진 값 사이의 점의 값을 예측하는 것. 보통은 두 점을 지나는 직선이나 곡선을 이용하여 근삿값을 구한다. "inter"는 "~ 사이"라는 라틴 접두사이고 "polire"는 "꾸미다 혹은 세련되게 하다"로 번역할 수 있으므로 "두 값 사이를 매끄럽게 하는"을 의미한다. *외삽법*(*extrapolation*)은 알려진 점들의 바깥 선을 매끄럽게 하는 것으로 보간법의 확장으로 만들어졌다. 이 방법은 주로 통계학에서 지금까지의 연구된 패턴을 바탕으로 미래 사건을 예측하는 데 사용된다.

intersection (교집합)

두 개 혹은 여러 개가 만나거나 겹치는 곳. 두 직선은 한 점에서 만나고 두 평면은 한 직선에서 만날 수 있다. 기호 $\cap$로 나타내는 두 개 혹은 더 많은 집합들의 공통집합은 모든 집합에 공통으로 포함된 원소들의 집합이다; 다른 말로 하면 모든 원소들이 각각의 집합에 다 포함된다.

invariant (불변량)

(1) 어떤 특정한 변환이 일어났을 때 변하지 않는 어떤 것. (2) 어떤 특정한 방정식이 적용되었을 때 바뀌지 않는 값. (3) 위상수학에서 수, 다항식, 혹은 매듭이나 3차원 다양체와 같은 위상적 객체와 연관된 다른 양들로 특별한 서술이나 외적 표현에 의존하지 않고 오직 근원적인 객체에만 의존하는 것들이다.

invariant theory (불변량 이론)

다항식과 관련하여 변수의 변환에도 변하지 않는 양들에 대한 연구. 예를 들면 판별식 $b^2 - 4ac$는 이차식 $ax^2 + bxy + cy^2$

의 불변량이다.

inverse (역)

(1) 어떤 수의 역, 또는 역수는 1을 그 수로 나눈 것이다; 예를 들면 8의 역수는 1/8이고 3/5의 역수는 5/3이다. (2) 함수나 변환의 역은 함수나 변환의 결과를 원래대로 되돌리는 함수나 변환이다. 예를 들면 덧셈의 역은 뺄셈이고 시계 방향으로의 회전의 역은 반시계 방향으로의 회전이다. (3) 어떤 집합의 원소 혹은 수의 특별한 연산에 대한 역원은 그 연산의 항등원을 얻기 위해 짝지어야 하는 원소나 수를 말한다.

involute (신개선)

곡선 위의 점에 선을 붙이는 것. 곡선과 만나는 점에서 접선이 되도록 선을 연장하여 항상 팽팽함을 유지하도록 감아 준다. 이 선의 끝점이 이루는 자취를 원래 곡선의 신개선이라 하고 원래의 곡선은 신개선의 **축폐선(evolute)**이라 부른다. 어떤 곡선이 유일한 축폐선을 가지는 데 반해 신개선은 시작점의 선택에 따라 무한히 많이 있을 수 있다. 신개선은 주어진 곡선의 모든 접선에 수직인 곡선으로 생각될 수도 있다. **cicle involute**를 보시오.

irradiation illusion (발광 착시)

헬름홀쯔(Hermann von Helmholtz)에 의해 19세기에 발견된 **왜곡 착시(distortion illusion)**. 두 그림은 크기가 같음에도 불구하고 하얀 구멍이 검정 구멍보다 커 보인다.

발광 착시 보이는 것과는 달리 내부의 정사각형은 크기가 같다.

irrational number (무리수)

하나의 정수를 다른 정수로 나눈 형태로 쓰이지 않는 실수. 다른 말로 하면 **유리수**가 아닌 실수이다. 무리수의 소수 전개는 0.101001000100001000001…과 같이 패턴을 가지더라도 끝이 있는 것도 아니고 같은 크기의 패턴이 반복되지도 않는다. 실수의 대부분은 무리수이다. 따라서 실수선의 한 점을 무작위로 선택할 때 무리수일 확률이 월등히 높다. 다른 말로 하면 유리수집합은 셀 수 있지만 무리수들은 **비가산집합(uncountable set)**을 이루고 따라서 더 큰 종류의 무한이다. 하버드 대학의 퀸(Willard Van Orman Quine)이 지적한 것처럼: "무리수는 어떤 기호로도 각각의 수를 구분할 수 있는 이름을 제공할 수 없을 정도로 다양하게 존재한다."

무리수는 두 가지 형태가 있다: 하나는 2의 제곱근 같은 **대수적 수(algebraic numbers)**로 이것들은 대수 방정식(algebraic function)의 해가 된다. 다른 하나는 원주율 π(pi)나 e처럼 대수 방정식의 해가 될 수 없는 **초월수(transcendental numbers)**들이다. 어떤 경우에는 그 수가 무리수인지 아닌지 알려지지 않은 것도 있는데 2^e, π^e, π^2, 그리고 **오일러-마스케로니 상수(Euler-Mascheroni constant)** γ와 같은 수들이다. 무리수를 유리수 거듭제곱을 하면 유리수가 될 수 있다. 예를 들면 $\sqrt{2}$를 제곱하면 2가 된다. 또한 무리수의 무리수 거듭제곱을 하는 경우도 유리수가 될 수도 있다. $(\sqrt{2})^{\sqrt{2}}$은 도대체 어떤 수일까? 그 답은 무리수이다. 이것은 "a와 b가 **다항식(polynomial)**의 근이고 a는 0 혹은 1이 아니며 b가 무리수이면 a^b은 무리수이다(실제로 초월수이다)"라는 겔폰드의 정리로부터 나온다.

irreptile (비반복적 덮기)

rep-tile(반복적 덮기)을 보시오.

Ishango bone (이상고 뼈)

1960년 아프리카의 에드워드 호수 가까운 이상고 지역에서 발견된 뼈로 만들어진 손잡이. 약 B.C. 9000년에 만들어진 것으로 추정되며 처음에는 **텔리(tally)** 막대로 생각되었다. 뼈의 한쪽 끝에는 기록을 위한 수정 조각이 있고 일련의 눈금들이 세 개의 행으로 나뉘어져 뼈를 따라 새겨져 있다. 이들 중 두 행에 기록된 값들을 더하면 각각 60이 된다. 첫 행은 눈금들이 20 + 1, 20 − 1, 10 + 1, 그리고 10 − 1로 구분되어져 있는 것으로 보아 10진수 체계와 일치한다. 반면에 두 번째 행은 10과 20 사이의 소수들만 포함하고 있다. 세 번째 행은 후에 이집트에서 사용되었던 2를 곱하는 방법을 보여주는 것으로 생각된

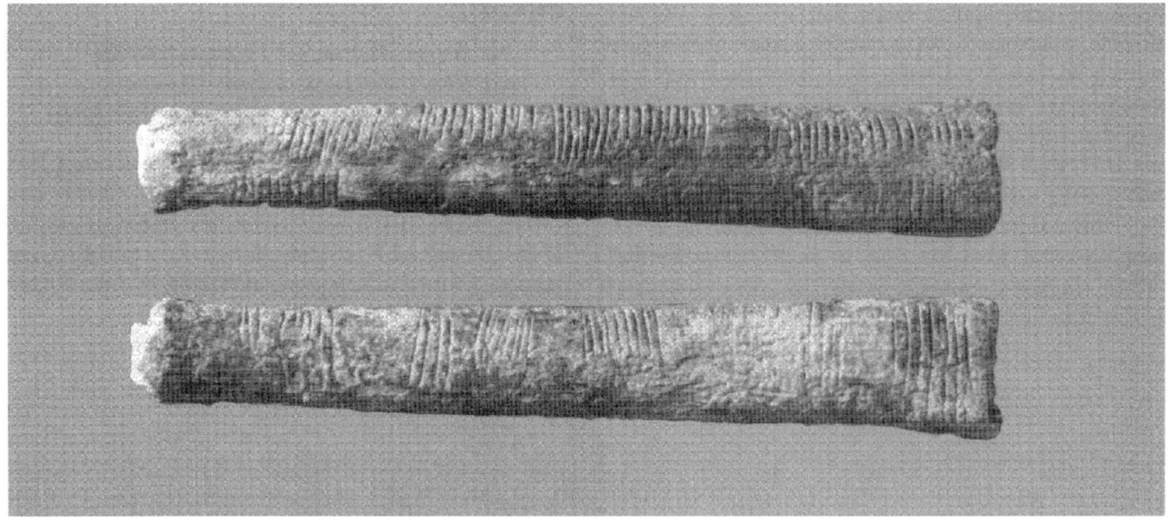

이상고 뼈 11,000년 된 뼈의 자국들이 놀랍게도 수학적 지식을 나타내고 있다. *자연과학 박물관(브뤼셀)*

다. 다른 자국들은 이 뼈가 월령을 따지는 데 사용되었다는 것을 나타내 주고 있다. 이상고 뼈는 브뤼셀의 벨기에 왕립 자연과학 연구소에 보관되어 있다. **레봄보 뼈**(lebombo bone)도 함께 보시오.[45, 157]

isochrone (동시성)

어떤 프로세스나 궤적이 어느 점에서 시작하더라도 마치기까지 똑같은 시간이 걸린다는 성질을 가진 점들의 집합. 이런 점들의 집합으로 구성된 곡선을 **등시곡선**(*isochronous curve*)이라고 부른다. **등시곡선 문제**(tautochrone problem)를 보시오.

isogonal conjugate (등각 켤레)

삼각형의 *등각선*(*isogonal line*)은 각의 이등분선에 대해 대칭인 세비안[3](Ceva, Giovanni 참조). 두 점에서 꼭짓점으로 이은 직선이 등각인 경우 두 점도 등각 켤레라고 부른다. (**꼭짓점**(vertex) 참조)

isometry (등거리 변환)

평행이동, 회전이동, 그리고 반사와 같은 것을 포함하는 대칭변환으로 임의의 두 점 사이의 거리를 유지한다. 예를 들어 **월페이퍼 군**(wallpaper group)의 등거리 변환은 3 × 3 행렬로 표현이 가능하다.

isomorphism (동형사상)

기하학에서는 도형의 각의 크기나 변의 길이를 변화시키지 않는 **변환**(transformation). 반사, 회전이동, 평행이동, 미끄럼 변환과 같은 것들이 이런 변환의 예이다. 집합론에서 동형사상은 두 집합의 원소들 사이의 일대일 대응인데, 한 집합의 원소들의 연산 결과가 다른 집합의 대응하는 원소들의 연산결과와 대응하는 경우이다.

isoperimetric inequality (등주부등식)

부피가 V이고 겉넓이가 A인 닫혀 있는 임의의 3차원 입체에서 다음 부등식이 항상 성립한다:

$$36\pi V^2 \leq A^3$$

isoperimetric problem (등주 문제)

일정한 둘레 길이를 가지는 모든 도형들 중에서 가장 큰 넓이를 이루는 것은 어떤 것일까? 이 오래된 퍼즐은 버질의 서사시인 여왕 디도의 이야기에 나타났다. 이미 아버지를 살해한 남동생으로부터 위협을 당한 여왕은 급히 귀중품들을 챙겨 고향인 고대 페니키아의 도시 티리아에서 도망친다. 그런

역자 주

3) 삼각형의 한 꼭짓점에서 마주 보는 변의 한 점에 그은 선.

와중에 왕비가 탄 배가 북아프리카에 도착하는데 그곳에서 왕비는 그 지역 추장에게 다음과 같은 제안을 한다: 왕비의 재물에 대한 보답으로 추장은 한 마리의 황소가죽으로 구분할 수 있는 만큼의 땅을 여왕에게 주겠다고 약속하였다. 솜씨가 좋은 여왕은 가죽을 매우 가는 실로 잘라 그것들을 묶어 커다란 반원을 만들었는데 바다에 의해 만들어진 자연 경계선과 함께 넓은 지역을 포함할 수 있었고 그 위에 도시 국가 카르타고를 건설할 수 있었다. 이천 년 후에 **바이어슈트라스**(Karl Weierstrass)는 미적분학과 해석학을 이용하여 등주 문제의 해가 원이라는 것을 엄밀하게 증명하였다(그리스인들이 짐작은 하였으나 기하학적으로 증명은 할 수 없었다). 똑같은 질문을 한 차원 높은 곳에서 다룬 문제가 **등부피 문제**(isovolume problem)이다.

isosceles (이등변)

이등변삼각형의 경우처럼 같은 길이의 두 변을 가지는 것. 미국에서의 **등변사다리꼴**(isosceles trapezoid)은 영국의 **사다리꼴**(trapezium)과 같은 것이다. 단어 *isosceles*는 그리스어의 *iso* ("같다")와 *skelos* ("다리들") 로 부터 기인한다.

isotomic conjugate (등절공액)

삼각형 한 변의 두 점이 변의 중점으로부터 같은 거리에 있을 때 등절이라 한다. 삼각형 내부의 두 점으로 이 두 점을 지나는 세비안이 마주보는 변의 등절점을 지나면 이 두 점을 등절공액이라고 한다.

isovolume problem (등부피 문제)

어떤 곡면이 단위 면적당 포함할 수 있는 최대 부피를 가지는가? 그 대답은 **구**(sphere)이다, 즉.

$$\text{부피 / 겉넓이} = \frac{4}{3}\pi r^3 / 4\pi r^2 = \frac{1}{3}r$$

로 r은 구의 반지름을 말한다. 등부피 문제의 해답에 대한 증명은 1882년 슈바르츠 (Hermann Schwarz)로부터 나왔다. **비눗방울**과 **등주 문제**를 참조하시오.

iterate (반복하다)

어떤 일을 반복해서 하시오. 어떤 일을 반복해서 하시오.……

iteration (반복)

> *처음에 성공하지 못하면, 다시 하고, 다시 하라. 그리고 멈추어라.*
> *그 문제에 대해 바보가 될 필요는 없다.*
>
> —W. C. Fields

n번 반복되는 **피드백**(feedback) 절차이다. 반복은 어떤 함수의 계산을 수행하여 결과 혹은 출력을 얻고 다시 그것을 똑같은 함수의 다음 계산을 위한 시작값 혹은 입력으로 사용하는 행위이다. 이 과정은 필드의 언급에도 불구하고 무한히 계속될 수 있다.

J

Jacobi, Karl Gustav Jacob (야코비, 1804-1851)

타원방정식(elliptic functions), **편미분방정식**(partial differential equations), 그리고 역학에서 중요한 업적을 남긴 독일의 수학자. 타원방정식에 대한 그의 발견 중에 많은 것들이 **가우스**(Carl Gauss)와 **아벨**(Niels Abel)에 의해 이미 연구되었다고 하지만 그럼에도 불구하고 야코비가 이 분야의 창시자 중 한사람으로 인정되고 있다. 그의 이름은 야코비안 **행렬식**(determinant)-n개의 미지수를 갖는 n개 함수들의 집합으로부터 만들어지는 $n \times n$ 행렬-으로 제일 잘 알려져 있다. 야코비안을 야코비가 처음 사용한 것은 아니다. "야코비안"은 1815년 코시의 논문에 등장했다. 그러나 야코비는 1841년에 긴 연구 보고서를 작성했는데 n 개 함수의 야코비안이 0이 될 필요충분조건이 함수들이 관계가 있을 때라는 것을 증명하였다(**코시**(Agustin Caucy)는 충분조건만 증명하였다). 그는 또한 편미분방정식과 물리학에의 응용에 대해 중요한 업적을 이루었다. 그는 **해밀턴**(William Hamilton)과 함께 일반화된 좌표를 기초로 역학을 연구하는 법을 개발하였다. 이 방법을 보면 역학 시스템의 전체 에너지는 일반화된 좌표와 그에 상응하는 일반화된 운동량 함수로 나타내어진다; 예를 들면 두 개의 진자 운동에서 일반화된 두 좌표는 두 각일 수 있다. *해밀턴-야코비 정리* 는 변환된 좌표와 힘이 상수가 되도록 좌표를 변환하여 문제를 해결하는 기법이다.

야코비는 1826년에 쾨니히스베르그 대학에 자리를 잡게 된다. 그는 타고난 선생님으로 명성을 얻고 또 세미나 방법(현재 진행 중인 연구에 대해 강의를 함으로써)을 대학에 소개한 사람으로 인정받았다. 1843년 과로로 쓰러진 후에 야코비는 프러시아 왕으로 부터 베를린에 남으라는 허락을 받았다. 5년 후에 혁명이 유럽을 휩쓸었고 야코비는 의회 진출을 위한 선거에 나간다. 이것이 그에게 재앙이 되었다. 선거에서 떨어졌을 뿐만 아니라 정치로의 외도가 그의 왕실 후원자들을 실망시켜서 결국 후원이 중단되고 야코비는 부양해야 할 대가족과 함께 궁핍함에 직면하게 되었다. 다행히도 가우스와 견줄 수 있을 위대한 독일의 수학자라는 명성이 그를 살리게 된다; 야코비를 비엔나 대학에 빼앗길지도 모른다는 가능성 때문에 왕은 그의 연금을 회복하도록 설득당했다. 야코비는 지독하게 열심히 일하는 사람이다(사실 그는 과로로 몇 차례 쓰러졌었다). 하지만 그는 과로가 아닌 천연두로 인해 1851년 사망하게 된다.

존슨 다면체 92개의 존슨 다면체 중 2개: 잘라 붙인 두 오각둥근지붕(bilunabirotunda J91, 오른쪽)와 다듬은 맞붙인 쐐기꼴(Snub disphenoid J84, 왼쪽). *Robert Webb, www.software3d.com; 웹의 스텔라 프로그램으로 만들었음.*

Johnson solid (존슨 다면체)

정다면체(플라톤 다면체), **아르키메디안 다면체**, 혹은 **각기둥**(prism, 혹은 반 각기둥)이 아닌 다면체로서 정다각형을 면으로 가지는 **볼록 다면체**(convex polyhedron). 총 92개의 존슨 다면체가 있는데 그 이름은 1966년에 이런 다면체를 처음 정리한 **존슨**(Norman W. Johnson)의 이름에서 유래한다. 등변삼각형 다면체, 다이피라미드(두 피라미드가 밑변과 밑변이 붙어 대칭적으로 만들어진 것) 등과 삼각형, 사각형, 오각형 등을 다면체가 되도록 서로 붙여 만들어진 일정하지 않은 볼록 다면체들이 포함된다. 간단한 존슨 다면체는 피라미드, 각기둥, 그리고 반각기둥들을 적당히 조합한 것들이다; 예를 들면 두 개의 삼각기둥을 서로 엇갈리게 붙인 gyrobifastigium(비틀어 붙인 두 이각지붕)과 같은 것이다. 다른 것들은 아르키메디안 다면체의 조각들이다; 예를 들면, 오각형 둥근 지붕 모양은 32면체의 반이다. 이것을 늘이면서 중간에 각기둥을 넣어주면 '늘려 맞붙인 오각지붕과 오각둥근지붕'이 된다.

Johnson's theorem (존슨 정리)

만일 세 개의 합동인 원이 한 점에서 만나면 다른 세 개의 교차점들도 같은 반지름을 가지는 다른 원 위에 놓이게 된다. 이 간단한 정리는 1916년 존슨(Roger Johnson)이 발견하였다.

Jordan,(Mariep-Ennemond) Camille (조르당, 1838-1922)

군(group)론에 중요한 기여를 한 프랑스의 수학자. 당시에 거의 무시되었던 갈로의 연구에 관심을 가진 첫 수학자이다. 그는 치환군과 다항 방정식의 가해성 사이의 밀접한 관계를 파악함으로써 **갈로**(Evariste Galois)의 연구를 확립하였다. 조르당은 또한 무한군에 대한 아이디어를 소개하였다. 그는 그의 군 이론에 대한 흥미를 그의 뛰어난 두 제자, **클라인**(Felix Klein)과 **리**(Sophus Lie)에게 전했는데 두 사람 모두 그 분야를 새롭고도 중요한 방법으로 발전시켜 나갔다.

Jordan curve (조르당곡선)

단순 **폐곡선**(closed curve, 교차점이 없는 폐곡선).

Jordan matrix (조르당행렬)

주대각선의 값들이 0이 아닌 수로 모두 같으며, 주대각선 위의 값들은 모두 1이고 아래 값들은 모두 0인 행렬.

Journal of Recreational Mathematics (유희 수학 저널)

수학의 가볍고 흥미로운 부분을 다루는 유일한 국제 저널. 1968년에 시작되었으며 지금은 애쉬바허(Charles Ashbacher)가 편집을 맡고 있다.

Julia set (줄리아집합)

단순한 규칙에 의해 복소평면(**아르강 다이어그램**, Argand diagram)위에서 정의된 점들의 프랙탈집합의 임의의 무한 수. 두 복소수 z와 c에 대해 점화 관계 $z_{n+1} = z_n^2 + c$ 가 주어졌을 때 주어진 값 c의 줄리아집합은 위의 점화 관계를 반복했을 때 무한로 발산하지 않는 z의 값들로 구성되어 있다. 줄리아집합은 **망델브로집합**(Mandelbrot set)과 밀접한 관계가 있는데 그것은 어떤 면에서 모든 줄리아집합의 색인과도 같다. 복소평면 상의 임의의 점 (이 점은 c의 값을 나타내는데)에 대

J

줄리아집합 줄리아집합을 기본으로 한 프랙탈 그림. *Jos Leys, www.josleys.com*

해 대하는 줄리아집합을 그릴 수 있다. 어떤 점이 대응하는 줄리아집합을 포함하는 복소평면 위를 돌아다니는 영화를 상상할 수 있다. 점이 망델브로집합의 안에 놓이게 되면 대응하는 줄리아집합은 위상적으로 하나가 되거나 연결된다. 점이 망델브로집합의 경계를 지나게 되면 줄리아집합은 *파토우 먼지*(*Fatou dust*)라고 불리는 불연속 점들의 구름 속으로 폭발해 버린다. 만일 c가 망델브로집합의 경계에 있고 허리 지점(망델브로집합의 두 개의 큰 영역을 이어주는 좁은 다리)에 있지 않으면 c의 줄리아집합은 c의 충분히 작은 근방에서 망델브로집합처럼 보인다. 줄리아집합의 이름은 프랑스의 수학자 줄리아(Gaston Julia, 1893－1978)의 이름에서 유래하는데, 그의 가장 유명한 업적인, Memore sur l'iteration des fonctions rationnelles(유리함수의 반복에 대한 논문)에서 컴퓨터가 사용되기 전에 줄리아집합에 대한 이론을 정립하였다. 1918년, 그의 나이 25살에 세계 제1차 대전에서 심한 부상을 당하고 코를 잃어버리게 된다. 그는 그의 위대한 논문을 병원에서 부상을 치료하기 위한 고통스러운 수술 사이사이에 저술하였다.

jump discontinuity (점프 불연속성)

함수의 불연속성으로 좌극한과 우극한이 존재하지만 같지 않은 불연속성이다.

K

Kaczynski, Theodore John (카진스키, 1942-)

진짜 신분이 밝혀지기 전에 연쇄 소포 폭탄 테러범(Unabomber)으로 알려졌었다. 천재적 IQ를 가진 하버드 졸업생인 그는 수학자로서의 약속된 미래를 포기하고 평생 사회적으로 고립된 인생을 살며 간헐적으로 테러 공격을 하였다. 카진스키는 17년 동안 3명의 사람이 죽고 23명이 부상당한 16번의 폭발을 실행하며 FBI를 조롱하였다. 1996년 체포된 그는 유죄 답변 거래를 통해 사형당하는 것을 피하고 대신 4번의 종신형에 30년 징역형을 더한 선고를 받았다. 카진스키는 1960년도 후반 수학자로서 박사 학위 논문과 저널에 몇 편의 논문을 발표하였으며 버클리의 캘리포니아 대학에서 조교수(1967-1969)로 봉직하였다.

Kakeya needle problem (카케야 바늘 문제)

1917년 이 문제를 처음으로 제안한 일본 수학자 카케야(Soichi Kakeya)의 이름을 딴 유명한 문제. 문제는 다음과 같다: 단위 길이 선분이 180도 회전할 수 있는 최소 면적을 가지는 평면도형은 무엇인가? 수년 동안 이 문제에 대한 해답이 **삼첨곡선**(deltoid)이라고 여겨졌다. 그런데 1928년 러시아의 수학자인 베시코비치(Abram Besicovitch)가 "이 문제의 답이 없다" 혹은, 좀 더 정확히 말해 최소 면적이 존재하지 않는다는 것을 보임으로써 수학계를 놀라게 했다.[39] 1917년 베스코비치는 **리만적분**(Riemann integration)의 한 문제에 대해 연구하고 있었는데 이 문제를 측도가 0인 평면집합, 즉 각 방향으로 선분을 포함하고 있는 집합의 존재성에 대한 문제로 단순화하였다. 그리고 그는 그러한 집합을 만들어 1920년 러시아 저널에 발표하였다. 당시에 러시아는 내전과 봉쇄로 세계의 다른 나라와 교류가 거의 없어서 베스코비치는 카케야의 문제를 들어보지 못했다. 수년 후에 그가 러시아를 떠난 후에 바늘 문제를 알게 되었고 베스코비치는 그가 처음에 만든 집합을 변형하여 문제의 넓이를 충분히 작게 만들 수 있다는 놀라운 대답을 내놓을 수 있었다.

Kaluza-Klein theory (칼루자-클라인 이론)

높은 차원에서의 재분류를 통해 고전적 중력학과 전자기학의 결합을 추구하는 모델. 1919년 독일의 수학자 칼루자(Theodor Kaluza, 1885-1954)는 만일 일반 **상대성 이론**(relativity theory)이 오차원의 시공간으로 확장될 수 있다면 방정식들이 일반 사차원 중력식에 어떤 여분의 집합(그것은 전자기장에 대한 맥스웰의 식과 동치인)을 더한 것으로 분리될 수 있다고 언급하였다. 따라서 전자기학은 물리적 공간의 사차원에서 곡률의 표현으로 설명될 수 있고, 마찬가지로 중력도 삼차원에서의 곡률의 표현으로 아인슈타인의 이론 안에서 설명될 수 있다. 1926년에 스웨덴 물리학자 클라인(Oskar Klein, 1894-1977)은 여분 공간의 차원이 안보이게 되는 이유가 그것이 환상적으로 작은 반지름을 가지는 공처럼 컴팩트하기 때문이라고 제안하였다. 1980년대와 1990년대에 칼루자-클라인 이론은 크게 부흥되었고 끈 이론의 선구자로 생각되고 있다.

Kampyle of Eudoxus (에우독소스의 곡선)

정육면체의 부피를 두 배로 만드는 고전 문제를 해결하기 위해 에우독소스가 처음으로 연구한 모래시계 모양의 곡선. 이것은 다음과 같은 이변수 방정식으로 표현된다.

$$a^2x^4=b^4(x^2+y^2)$$

이것은 **현수선**(catenary)의 방사곡선이기도 하다.

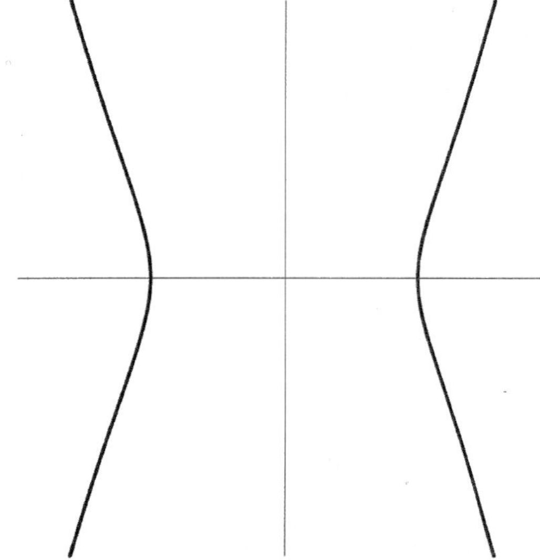

에우독소스의 곡선 © *Jan Wassenaar, www.2dcurves.com*

kappa curve (카파곡선)

1662년경에 이 곡선을 처음 연구한 Gutschoven(Gerard van Gutschoven, 1615-1668)의 이름을 따서 *Gutschoven*의 곡선이라고도 알려져 있다. 그리스 문자를 닮은 카파곡선은 뉴턴에 의해서 연구되기도 했고 몇 년 후에는 **베르누이**(Johnn **Bernoulli, Bernoulli family** 참조)도 연구하였다. 다음과 같은 공식으로 나타내어진다.

$$y^2(x^2+y^2)=a^2x^2$$

Kaprekar constant (카프리카 상수)

각 자리 숫자가 다 똑같지 않은 네 자리 수를 택한다. 각 숫자의 자리를 옮겨 가장 큰 수와 가장 작은 수를 만든 후 큰 수에서 작은 수에서 뺀다. 결과로 나온 수에 같은 방법을 반복한다. 예를 들면 네 자리 수 4,731로 시작하자: 7431 − 1347 = 6084 ; 8640 − 468 = 8172 ; 8721 − 1278 = 7443 ; 7443 − 3447 = 3996 ; 9963 − 3699 = 6264 ; 6642 − 2466 = 4176 ; 7641 − 1467 = 6174. 이후의 모든 결과는 항상 6174이다. 놀랍게도 각 자리 수가 다 같지 않은 모든 네 자리 수는 대개의 경우 7번 만에 6174가 나오고 그 수를 유지한다. 1949년에 이 수를 발견한 인도 수학자인 카프리카 (Dattathreya Ramachandra Kaprekar)의 이름을 따서 네 자리 수의 카프리카 상수라고 한다. 세 자리수의 카프리카 상수는 495인데 어떤 세 자리 수로 시작해도 6번을 넘지 않고 이 수에 도달한다. 같은 절차 혹은 알고리즘을 *n*-자리수에 적용할 수 있다.(*n*은 범자연수) 알고리즘의 결과는 *n*의 값에 따라 0이 아닌 상수, 0 (퇴화되는 경우), 혹은 사이클이 된다.

Kaprekar number (카프리카수)

d 자릿수의 양의 정수 *n*을 취한다. *n*을 제곱한 결과를 두 부분으로 나눈다: 오른쪽의 *d*자리와 왼쪽의 *d* 혹은 *d* − 1자릿수로 나눈다. 나눈 두 수를 더한다. 더한 결과가 만일 *n*이면 *n*은 카프리카 수이다. 그 예로 9 (9^2 = 81, 8 + 1 = 9), 45 (45^2 = 2025, 20 + 25 = 45), 그리고 297 (297^2 = 88209, 88 + 209 = 297) 이다. 이 정의를 만족하는 첫 10개의 카프리카수는 1; 9; 45; 55; 99; 297; 703; 999; 2223; 그리고 2728 이다. 카프리카수는 더 큰 거듭제곱으로 정의될 수도 있다. 예를 들면 45^3 = 91125; 9 + 11 + 25 = 45. 이런 성질을 갖는 10개의 수는 1; 8; 10; 45; 297; 2322; 2728; 4445; 4544; 그리고 4949이다. 4 제곱의 경우에는 수열이 1; 7; 45; 55; 67; 100; 433; 4950; 5050; 38212 와 같다. 45가 제곱, 세제곱, 네제곱(45^4 = 4100625; 4 + 10 + 06 + 25 = 45.)의 경우에 모두 카프리카수가 되는 것에 주목하자. 400000까지의 수 중에서 세 개의 카프리카 수열에 모두 들어가는 수는 오직 45뿐이다. **유일한 수**(**unigue number**)를 보시오.

Kasner, Edward (카스너, 1876-1955)

구골(**googol**)과 *googolplex*라는 단어를 일반 수학사전에 올린 사람으로 유명한 콜롬비아 대학의 미국 수학자. 그는 또한 **뉴먼**(James **Newman**)과 함께 1940년에 *수학과 상상력* (*Mathematics and the Imagenation*)의 초판을 저술한 것으로 잘 알려져 있다.[186] 1967년에 나온 판본에서 'mathescope'라는 용어를 말했는데 이것은 카스너의 대중 강연 중 하나를 들은 과학 리포터 데이비스(Wilson Davis)에 의해 만들어졌다. 카스너의 말에: "그것은 물리적 도구가 아니다; 그것은 순수한 지적 도구로 직관과 상상 저 너머 있는 요정의 나라에 수학이 줄 수 있는 계속 증가하는 통찰력이다." 그의 주 연구 분야는 **미분기하학**(**differential geometry**)인데 이것의 역학, 지도 제작 그리고 극사영에 대한 응용을 공부하였다. 그는 원 채우기, 뿔 각도, 그리고 직각삼각형의 복소평면에서의 확장을 연구하였다.

Kepler, Johannes (케플러, 1571-1630)

세 개의 행성 운동 법칙으로 잘 알려진 독일의 천문학자이자 수학자. 그는 또한 광학에도 중요한 업적을 남겼으며 두 개의 새로운 정다면체를 찾았고(1619년), 같은 구들로 채우기에 대한 수학적 보고서를 처음 발표하였다(1611년, 이것으로 벌집의 모양에 대한 설명이 가능하였다). 또 로그함수가 어떻게 작동하는지에 대한 첫 증명을 하였고(1624년), 미적분학발전에 공헌한 것으로 여겨지는 회전입체의 부피를 구하는 방법을 고안하였다(1615-1616). 그의 연구가 결국 태양계에 대한 우리의 현대적 이해를 이끌었음에도 그는 피타고라스의 신비주의의 냄새가 나는 행성의 배열에 대한 믿음을 가지고 있었는데 궁극적으로 그것들의 수학적 조화가 하나님의 완전함의 반영이라는 그의 믿음으로부터 나왔다. 그의 첫 우주 모델(Mysterium cosmographicum, 1596)에서 그는 토성의 궤도 안쪽에 닿도록 구를 그리고 구 안에 내접하는 정육면체를 그리면 정육면체 안에 내접하는 구는 목성의 궤도를 외접하는 구가 된다고 제안했다. 또 목성의 궤도에 내접하는 구 안에 정사면체를 그리면 정사면체에 내접하는 구는 화성의 궤도에 외접하는 구가 된다. 더 안쪽에 있는 화성과 지구 사이에 정십이면체를 넣고 지구와 금성 사이에 정이십면체를, 그리고 금성과 수성 사이에 정팔면체를 넣을 수 있게 된다. 따라서 행성들은 플라톤 다면체라고 불리는 다섯 개의 정다면체로 완벽하게 설명이 가능하다.

우주에 대한 케플러의 두 번째 연구(Harmonices mundi, 세상의 조화, 제5권, 1619)는 다면체를 이용한 좀 더 세련된 수학적 모델을 제공한다. 이 연구에서의 수학은 처음으로 **쪽매 맞추기**(**tesellation**)의 체계적인 연구와, 오직 13개의 준정다면체(아르키메데스 다면체)가 존재한다는 것과 두 개의 볼록이 아닌 정다면체(Kepler-Poinsot 다면체 참조)가 있다는 증명을 포함한다.

케플러의 수학 연구는 풀타임으로 계속되었는데 1613년 두 번째 부인과의 결혼식 중에서도 이루어졌다. 얼마 후에 쓴 책의 헌정사에서 다음과 같은 설명을 하였다. '결혼 축하연에서 포도주 통에 담긴 포도주의 양을 긴 막대를 통의 주둥아리를 통해 대각선으로 넣어 보아 짐작하는 것을 보고 그는 이런 방법이 어떻게 가능할까?' 하는 의문점을 가지게 되었다. 이 결과로 나온 것이 *회전체의 부피에 관한 연구*(*Nova Stereotria Doliorum*, 와인통 부피의 새로운 측정 방법, 1615) 이다.

Kepler-Poinsot solids (케플러-포앙소 다면체)

플라톤 다면체로 알려져 있는 다섯 개의 볼록 정다면체와 함께 존재하는, 네 개의 볼록이 아닌 정다면체. 플라톤 다면체처럼 케플러-포앙소 다면체도 모든 면이 한 종류의 정다각형으로 구성되어 있고 각 꼭짓점에서 만나는 면의 수도 일정하다. 달라진 점이라면 "두 번 돌아간다"는 개념을, 이 결과로 면들이 서로 교차할 수 있는데, 허락한다는 점이다. *큰 별모양 정십이면체*(*great stellated dodecahedron*)와 *작은 별모양 정십이면체*(*small stellated dodecahedron*)에서 보면 모든 면들이 오각형 별모양(5점 별)이고 각 별모양의 중심은 다면체의 내부에 숨어 있다. 이 두 다면체는 1619년 케플러에 의해 설명되었는데 뉘렌베르그의 금세공인 잼니쩌(Wentzel Jamnitzer, 1508-1585)가 16세기에 그린 그림이 큰 별모양 정십이면체와 비슷하고 플로렌스의 예술가인 우셀로(Paolo Uccello, 1397-1475)의 모자이크가 작은 별모양 정십이면체를 표현했음에도 불구하고 케플러가 이 다면체들을 수학적으로 처음 이해한 사람으로 인정받고 있다. *큰 이십면체*(*great icosahedron*)와 *큰 십이*

케플러-포앙소 다면체 왼쪽에서 오른쪽으로: 작은 별모양 정십이면체, 큰 별모양 정십이면체, 큰 정이십면체, 그리고 큰 정십이면체이다. *Robert Webb, www.software3d.com, 웹의 Stella 프로그램을 이용하여 만들어졌음.*

면체(*great dodecahedron*)는 1568년에 잼니쩌가 큰 십이면체의 그림을 그렸음에도 불구하고 1809년에 **포앙소**(**Louis Poinsot**)에 의해 다시 묘사되었다. 이 두 다면체에는 면들(각각 20개의 삼각형과 12개의 오각형인데)이 "두 번 돌아" 각 꼭짓점에서 만나며 이차원에서 **오각형별**(**pentagram**)들이 그런 것처럼 삼차원에서 유사하게 서로 교차한다. 플라톤 다면체와 케플러-포앙소 다면체가 모여 9개의 정다면체집합을 이룬다. **코시**(**Augustin Cauchy**)가 처음으로 면들이 다 정다각형이고 꼭짓점들에 모인 면의 수가 다 같은 다면체는 더 이상 존재하지 않는다는 것을 증명하였다.

Kepler's conjecture (케플러의 추측)

동일 반지름의 구들로 채우는 그 어떤 방법도 면-중심(육각형) 입방격자 쌓기의 밀도보다 더 높은 밀도를 가질 수 없다. 이 주장은 **케플러**(**Johannes Kepler**)가 그의 동료인 해리엇(Thomas Harriot)으로부터 영감을 받은 연구 논문 *The six-cornered Snowflake*(*여섯 귀퉁이의 눈송이*, 1611)에 처음으로 발표하였다(**cannonball problem** 참조). 그의 간략한 글에서 케플러는 면-중심 입방격자 쌓기-청과상인들이 과일과 오렌지를 쌓아 놓는 방법-가 "가장 조밀하게 쌓는 방법으로 다른 어떤 배열도 같은 용기에 더 많이 집어넣을 수 없다."는 것을 주장했다. 케플러의 추측이 참인지 아닌지에 대한 질문이 *케플러의 문제*(*Kepler's problem*)로 알려져 있다.

19세기에 **가우스**(**Garl Gauss**)는 각 공의 중심이 일정한 격자 구조를 이루는 경우 면 중심 입방격자 쌓기가 가장 조밀한 배열이라는 것을 증명하였다. 하지만 비정칙적으로 구를 쌓는 것이 더 조밀할 수 있을지도 모른다는 여지를 남겨 놓았다. 1953년 토스(László Tóth)는 케플러의 추측을 특별한 경우들을 다루는 엄청나게 큰 계산 문제로 축소하고, 컴퓨터가 이 문제를 해결하는 데 도움을 줄 수도 있을 것이라고 암시하였다. 이 방법을 채택하여 앤하버에 있는 미시간 대학의 수학자, 헤일(Thomas Hales)이 드디어 1998년 케플러의 추측이 모두 맞다는 것을 증명했다고 주장하였다. 케플러의 추측에 대한 헤일의 증명은 단순히 컴퓨터 계산의 길이와 그것의 확인이 어렵다는 이유로 아직도 논쟁거리로 남아 있다. 이 의문에 대한 사례집이 공개되어 있다. **괴물군**(**Monster group**)을 보시오.

Khayyam Omar (카이얌 오마르, 1044-1123)

뛰어난 페르시안의 수학자이며 천문학자. 그의 전체 이름은 Abu-at-Fath Omar ben Ibrahim al-Khayyam 이고, 혹은 "천막 만드는 사람"-그의 아버지의 직업이라고 추정된다-으로 불리기도 했다. 그의 대수에 대한 업적이 중세 시대에 유럽 전역에 알려졌다. 그는 몇 가지 중요한 공헌을 하였다: 포물선을 원과 교차시킴으로 삼차방정식을 푸는 기하학적 방법을 발견하였으며, **파스칼의 삼각형**(**Pascal's Triangle**)이라 불리는 것에 대해 논의하였고, 비가 수로 생각될 수 있는지 없는지 연구하였다. 그러나 그는 시인으로 가장 잘 알려져 있다. 1859년 피제랄드(Edward Fitzgerald)가 카이얌의 *루바이야*(*Rubaiyat*)-유행했던 600여 개의 사행시-를 번역했다. 카이얌의 무덤에서 나온 장미 열매가 1893년 런던의 큐 가든에서 발아되어 서포크 지방 불지의 성 마이클 교회의 마당에 있는 피제랄드의 무덤에 심겨졌다; 원래의 나무는 죽었지만 그 자손들은 아직도 꽃을 피우고 있다.

Khintchine's constant (킨친의 상수)

수학에서 가장 놀랄 만한 것들 중 하나이지만 알려진 것이 별로 없는 상수로 거의 *모든*(*almost all*) 실수들의 행동을 매력적인 방법으로 잡아낸다. 실수 하나를 택하여 **연분수**(**continued fraction**)로 적어 보아라. 연분수 항들의 **기하평균**(**Geometric Mean**)이 거의 확실하게 킨친의 상수, 그 값이 2.685452 ⋯ 가 될 것이다. 연분수가 다른 결과를 보이는 모든 유리수를 포함하는 몇 실수들, 삼차방정식의 근들, 그리고 다른 종류의 수들이 있기 때문에 "거의 확실하게(almost certainly)"란 말이 매우 중요하다. 어쨌든 이러한 제외는 실수의 아주 작은 부분이다.

king's problem (킹의 문제)

$n \times n$ 장기판에서 서로 공격하지 못하도록 놓는 왕들의 수, $K(n)$을 구하는 문제. $n = 8$이면 해는 16이다. 일반해는 n이 짝수이면 $K(n) = \frac{1}{4}n^2$ 이고 n이 홀수이면 $K(n) = \frac{1}{4}(n+1)^2$ 이다. 8 × 8 체스판에서 모든 사각형을 지배하거나 공격할 수 있는 최소의 왕의 수는 9이다.

Kinship puzzle (친족 관계 퍼즐)

나이 퍼즐과 수수께끼(**age puzzle and tricks**)과 마찬가지로 수 세기 전에 각 가족들이 어떻게 연계되어 있는지와 관련된 퍼즐. 몇몇 퍼즐은 (퍼즐이기는 하지만) 근친상간을 허용하는 안 좋은 형태로 변형되기도 했다. 가계도를 그려 보는 것이 가끔 도움이 된다. 다음과 같은 것들이 합법적 인연이다.

퍼즐들

1. 나는 형제자매가 없지만 그 남자의 아버지가 내 아버지의 아들이다. 그 사람은 누구인가?(이 문제가 친족 문제의 가장 오래된 것들 중 하나이다.)
2. 두 사람이 서로 각각의 아저씨가 될 수 있는 가장 간단한 방법이 무엇일까?(듀드니의 Puzzle-Mine에서 발췌)
3. 어떤 가족이 할아버지 한 명, 할머니 한 명, 아버지 2명, 어머니 2명, 자식들 4명, 손자들 3명, 형제 1명, 자매 2명, 아들 2명, 딸 2명, 장인 1명, 장모 1명, 며느리 1명으로 구성되어 있다. 답이 23명이라고 말할 것이다. 아니다; 오직 7명만 있으면 된다. 이 답이 어떻게 가능한지 보일 수 있을까?(수학의 즐거움에서 발췌)

해답은 415쪽부터 시작함.

Kirkman, Thomas Penyngton (커크만, 1806-1895)

조합론(combinatorics)의 중요한 업적을 이룬 영국의 신부이자 수학자. 1850년에 그가 제안한 **여학생 문제**(schoolgirls problem)는 객체들을 결합하는 어떤 방법들에 대한 일반화 연구로 이어졌다. 그는 또한 주어진 다면체의 변을 따라 모든 꼭짓점을 한 번 그리고 단 한 번만 지나는 경로를 찾을 가능성에 대해 탐구하였다. 그의 다소 복잡하고 증명될 수 없는 아이디어가 나중에 **해밀턴**(William Hamilton)에 의해 채택되어 성공적으로 재정의되었으나 커크만 이전에 "다면체가 홀수 개의 꼭짓점을 가지고 각 면이 짝수 개의 변을 가지면 모든 꼭짓점을 지나는 회로가 존재하지 않는다"는 사실에 대한 일반적 증명을 내놓는 데 성공한 사람들이 없었다. 이 결과가 *이분화 그래프*(*bipartite graph*)-꼭짓점집합을 두 개의 집합으로 나누어 모든 변들이 두 집합을 연결하는 그래프-의 개념으로 소개되었다.

kite (연)

두 쌍의 이웃하는 합동인 변을 가지는 사각형. 장난감 연의 전통적 모양에서 이름이 유래되었다. 영국에서 이 장난감은 아마도 연이라 불리는 새로부터 이름이 나왔다. 고대 영어 이름인 'cyte'는 부엉이를 뜻하는 초기 독일 이름으로부터 나온 것으로 드러났다. 볼록하지 않은 연은 창(dart)이라 불리는데 **펜로즈**가 주기적이지 않은 평면 타일링에 대한 그의 증명에서 이 용어를 사용하였다.(**펜로즈 덮기**(Penrose tiling) 참조) **프로클루스**(Proclus)는 이 모양을 "네 변을 가진 삼각형"이라고 부르며 기하학적 모순을 말하였다. **콘웨이**(John Conway)는 연의 경우와 달리 평행하지 않은 두 쌍의 같은 변을 가지는 사변형을 나타내는 특별한 이름이 없다는 것을 지적하였다. 그는 그런 모양을 회전하는 윗부분을 나타내는 그리스어를 따라 스트롬부스(*strombus*)라고 부를 것을 제안하였다.

Klein, Christian Felix (클라인, 1849-1925)

비유클리드 기하학(non-Euclidean geometry), 기하학과 **군**(group) **이론**의 연결, 그리고 함수 이론에 대한 업적으로 유명한 독일의 수학자. 그의 변환군의 동형에 대한 연구를 통해 기하학의 다양한 형태를 통일하려는 에어랑엔 강연(Erlangen Program, 1872)은 특별히 미국에서 50년이 넘도록 깊은 영향을 미쳤다. 그의 "*정이십면체와 5차 방정식의 해에 대한 강의*(*Lectures on the Icosahedron and the Solution of Equations of the Fifth Degree*, 1884, tr. 1888)"에서 그는 정다면체의 회전군이 어려운 대수 문제의 해에 어떻게 적용될 수 있는지 보여주었다. 클라인은 에어랑엔 대학, 뮌헨 공과대학, 그리고 라이프찌히 대학과 궤팅겐 대학에서 수학 교수직을 이어나갔고 이론, 역사학, 그리고 수학 교육에 대한 풍부한 작가이며 강연자였다. **클라인 병**(Klein bottle)을 함께 보시오.

Klein Bottle (클라인 병)

클라인이라는 이름의 수학자가,
뫼비우스 띠가 신성하다고 생각했다.
그는 말하기를 "만약 네가
두 변을 붙이면,
당신은 내 것과 같은 이상한 병을 얻게 될 것이다.

—Leo Moser

직사각형의 마주보는 변을 붙여 원기둥을 만든 다음 다른 한 쌍의 변을 반쯤 비틀어 붙인다. 그 결과가 클라인 병이다. 쉬워 보입니까? 만일 당신이 두 번째 단계를 실행할 때 곡면이 구멍을 뚫지 않고 자기 자신을 지나갈 수 있기 위해 필요한 **사차원**(fourth dimension)을 다룰 수 있다면 그럴 것이다. 진정한 클라인 병은 사차원 객체이다. 그것은 1882년에 두 개의 **뫼비우스 띠**(Möbius band)를 연결하여 경계가 없는 하나의 면을 가지는 병을 만드는 것을 상상한 **클라인**(Felix Klein)에 의해 발견되었다.

보통의(3차원 공간에서) 병은 내부와 외부가 만나는 곳 주변에 접는 금 혹은 주름이 있다. 구는 이러한 접는 금이나 주름이 없다. 그리고 열린 곳도 없다. 클라인 병은 열려 있지만 접는 금이 없다: 뫼비우스 띠와 같이 이것은 연속적이며 한 면

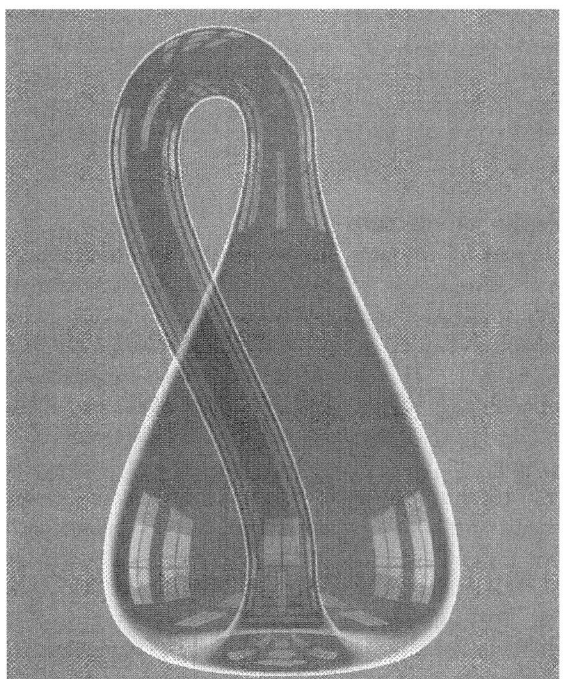

클라인 병 부피가 0인 유명한 용기로 비눗방울의 있을법하지 않은 형태로 묘사되었다. © *John M. Sullivan University of Illinois and TU Berlin*

만 가지는 구조이다. 접은 자리가 없으므로 내부 혹은 외부의 명확한 정의도 없다. 따라서 클라인 병의 부피는 0으로 생각되고 자신을 제외하고는 실제 내용물이 없는 병이다. 이런 농담이 있다: "위상적 지옥에서는 맥주가 클라인 병에 담겨 있을 것이다." 이번에는 동전을 취해서 클라인 병의 곡면을 따라 출발점으로 돌아올 때까지 미끄러뜨리면 마치 마술을 부린 것처럼 동전이 뒤집혀져 있다. 그 이유는 구나 일반 병과 달리 클라인 병은 방향을 줄 수 없기 때문이다.

클라인 병을 삼차원 공간 안에 "매입될(embedded, 즉 완벽하게 실현할)" 수 없음에도 불구하고 3차원 공간 안에 "매립되게(immerse)" 할 수 있다. 매립은 고차원 객체가 저차원 객체를 잘라 낼 때 나타나는 것으로, 단면의 생성과 같은 것이다. 예를 들어, 구가 평면에 들어가면서 원을 생성한다. 그림에 나타난 컴퓨터로 만들어진 비눗방울 구조는 병목을 길게 늘여 옆면을 통과해 그 끝을 밑바닥에 있는 구멍과 연결하여 만들어졌다. 옆면의 연결(옆으로 뚫고 들어가는 것, nexus)을 제외하면 이것이 사차원 클라인 병의 모양을 제대로 보여주는 것이다.

knight's problem (나이트(騎士)의 문제)

$n \times n$ 장기판에서 그 어느 두 기사도 서로 공격하지 못하는 위치에 놓을 수 있는 기사의 최대 수를 구하는 문제. 일반적인 8×8 장기판인 경우 32가 답이다(모든 흰 사각형 위에 놓거나 모든 검은 사각형 위에 놓는다.). 일반해는 n이 짝수이면 $\frac{1}{2}n^2$이고 홀수이면 $\frac{1}{2}(n^2+1)$ 인데 1, 4, 5, 8, 13, 18, … 과 같은 수열이 된다.

knight's tour (나이트(騎士)의 경로)

고전적인 장기판 퍼즐: 기사가 장기판의 모든 정사각형을 정확하게 한 번만 지나는 경로를 찾는 문제. 만일 기사의 마지막 수가 시작한 위치로부터 한 번 움직인 거리에 있을 때 이 경로가 닫혀 있거나(closed) 다시 들어간다고(reentrant) 한다.

8×8 장기판에서 최초의 기록된 해는 **드무아브르**(Abrahan **de Moivre**)에 의해 제시되었다; 최초의 닫힌 경로 해는 프랑스 수학자 르장드르(Adrien-Marie Legendre, 1752-1833)가 찾았다. 르장드르의 해에 못지않게 **오일러**(Leonhard **Euler**)는 장기판의 두 개의 반쪽을 차례로 지나가는 닫힌 경로를 찾았다. 이 문제는 $n \times n$ 장기판으로 일반화되어 몇 가지 놀라운 결과를 냈다; 예를 들면 닫힌 경로는 4×4 장기판에서는 불가능하다는 것이다.

만일 결과로 나온 숫자의 배열이 마방진을 이루면 이 기사의 순력을 **마법 경로**(Magic tour)라 부르고 준마방진을 이루면

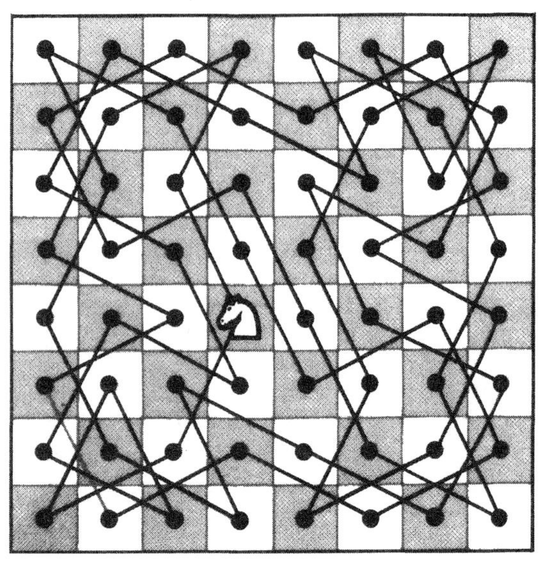

나이트(騎士)의 경로 체스판의 모든 사각형을 정확하게 한 번 지난 후에 기사는 출발점으로 돌아온다.

준마법 경로(Semimagic tour)라 부른다. 마법 경로가 n이 홀수인 장기판에서는 존재하지 않는다는 사실이 오랫동안 알려져 있었다. 또한 크기가 $4k \times 4k$, $k > 2$ 인 장기판에서 이런 경로들이 가능하다는 사실도 알려져 있다. 하지만 보통의 8×8 장기판에서 준마법 경로의 수가 알려져 있는 반면, 8×8 장기판에서 마법 경로가 존재하는지에 대한 답은 아직 알려져 있지 않았다. 이 계산을 위한 프로그램이 메이리그낙(J.C. Meyrignac)에 의해 개발되었고, 모든 가능한 경로를 찾아 모으고 분배하는 일을 하기 위한 웹사이트가 스터른브링크(Guenter Sterenbrink)에 의해 개설되었다. CPU 시간으로 61.40일 후인, 이것은 1 GHz의 컴퓨터로 138.25일 계산한 것과 같은데, 2003년 8월 5일에 이 프로젝트는 완성되었다. 이 계산을 통해 총 140개의 다른 준마법(semi-magic) 경로를 찾았음은 물론 8×8 마법 경로가 가능하지 않다는 것도 처음으로 보일 수 있었다.

정육면체, 원기둥, 토러스, 그리고 하이퍼큐브와 같은 다차원 입체위에 그려진 장기판에서의 더 신비한 경로들이 탐구되었다. **해밀턴 경로**(Hamilton Path)를 보시오.

knot (매듭)

풀 수 있는 것을 결코 자르지 마시오.

–Joseph Joubert

삼차원에서의 닫힌곡선. 두 개의 가장 간단한 풀리지 않는 매듭은 세 개의 교차점을 가진 삼엽 매듭(trefoil knot)과 네 개의 교차점을 가진 8자 모양 매듭이다. 현재까지 교차점의 수가 16개와 같거나 적은 170만 개의 동형이 아닌 매듭의 그림들이 밝혀졌다. 매듭의 수학적 이론은 원자를 모델화하려는 시도에서 태어났다. 19세기 말에 톰슨(William Thomson)은 서로 다른 원자는, 모든 공간에 스며 있다고 우리가 믿는 에테르 안에 묶여 있는 다른 매듭과 같다고 제시하였다. 물리학자들과 수학자들은 그들이 원소의 표를 만들고 있다고 믿으면서 서로 다른 매듭의 표 만들기를 시작하였다. 이 노력의 선구자는 톰슨 외에 테이트(Peter Tate)가 있다. 에테르에 대한 이론이 허공으로 사라질 때에 *매듭 이론*(*knot theory*)은 수학의 중심 흐름에 든든히 붙어 있게 되었다. 매듭 이론은 위상수학의 발전과 함께 꽃을 피웠고 마침내 DNA 연구와 분자생물학에서 중요한 응용으로 발전하게 되었다. 현재 수학 연구의 가장 활동적인 분야 중 하나가 되었다. **타이 매듭**(tie ont), **닫힌곡선**(loop), 그리고 **땋은 끈**(braid)을 보시오.

Knuth's up-arrow notation (누스의 상향 화살표 표기법)

1976년에 미국의 수학자인 누스(Donald Knuth)에 의해 개발된 큰 수를 위한 기호. 한 개의 위 화살표(↑)는 지수식과 같다:

$$m \uparrow n = m \times m \times \cdots \times m \ (n \ terms) = m^n$$

함께 있는 두 개의 위 화살표는 **지수탑**(power tower)을 나타낸다:

$$m \uparrow\uparrow n = \left. m^{m^{\cdot^{\cdot^{m}}}} \right\} n$$

(높이가 n인 탑), 이것은 *하이퍼 4* 혹은 *tetration*이라고 알려져 있는 연산과 같다. 이 기호는 아주 큰 수를 빨리 만들 수 있다. 예를 들면:

$$2 \uparrow\uparrow 2 = 2 \uparrow 2 = 4$$
$$2 \uparrow\uparrow 3 = 2 \uparrow 2 \uparrow 2 = 2 \uparrow 4 = 16$$
$$2 \uparrow\uparrow 4 = 2 \uparrow 2 \uparrow 2 \uparrow 2 = 2 \uparrow 16 = 65{,}536$$
$$3 \uparrow\uparrow 2 = 3 \uparrow 3 = 27$$
$$3 \uparrow\uparrow 3 = 3 \uparrow 3 \uparrow 3 = 3 \uparrow 27 = 7{,}625{,}597{,}484{,}987$$
$$3 \uparrow\uparrow 4 = 3 \uparrow 3 \uparrow 3 \uparrow 3 = 3 \uparrow 3 \uparrow 27 = 3^{7625597484987}$$

화살표 세 개를 함께 쓰면 하이퍼 5 혹은 pentation과 같은 더 강력한 연산이 되는데 지수탑의 지수탑이다:

$$m \uparrow\uparrow\uparrow n = m \uparrow\uparrow m \uparrow\uparrow \cdots \uparrow\uparrow m (n terms)$$

예를 들면:

$2 \uparrow\uparrow\uparrow 2 = 2 \uparrow\uparrow 2 = 4$
$2 \uparrow\uparrow\uparrow 3 = 2 \uparrow\uparrow 2 \uparrow\uparrow 2 = 2 \uparrow\uparrow 4 = 65{,}536$
$2 \uparrow\uparrow\uparrow 4 = 2 \uparrow\uparrow 2 \uparrow\uparrow 2 \uparrow\uparrow 2 = 2 \uparrow\uparrow 65{,}536 = 2 \uparrow 2 \uparrow \ldots \uparrow 2$ (65,536개 항)
$3 \uparrow\uparrow\uparrow 2 = 3 \uparrow\uparrow 3 = 7{,}625{,}597{,}484{,}987$
$3 \uparrow\uparrow\uparrow 3 = 3 \uparrow\uparrow 3 \uparrow\uparrow 3 = 3 \uparrow\uparrow 7{,}625{,}597{,}484{,}987$
$= 3 \uparrow 3 \uparrow \ldots \uparrow 3$ (7,625,597,484,987층의 지수탑)
$3 \uparrow\uparrow\uparrow 4 = 3 \uparrow\uparrow 3 \uparrow\uparrow 3 \uparrow\uparrow 3 = 3 \uparrow\uparrow 3 \uparrow\uparrow 7{,}625{,}597{,}484{,}987$
$= 3 \uparrow\uparrow 3 \uparrow \ldots \uparrow 3$ ($3 \uparrow\uparrow 7{,}625{,}597{,}484{,}987$층의 지수탑)

같은 방법으로

$$m \uparrow\uparrow\uparrow\uparrow n = m \uparrow\uparrow\uparrow m \uparrow\uparrow\uparrow \cdots \uparrow\uparrow\uparrow m (n항)$$

따라서 다음과 같은 예가 된다.

$2 \uparrow\uparrow\uparrow\uparrow 2 = 2 \uparrow\uparrow\uparrow 2 = 4$
$2 \uparrow\uparrow\uparrow\uparrow 3 = 2 \uparrow\uparrow\uparrow 2 \uparrow\uparrow\uparrow 2 = 2 \uparrow\uparrow\uparrow 4 = 2 \uparrow 2 \uparrow \ldots \uparrow 2$ (65,536개 항)
$2 \uparrow\uparrow\uparrow\uparrow 4 = 2 \uparrow\uparrow\uparrow 2 \uparrow\uparrow\uparrow 2 \uparrow\uparrow\uparrow 2 = 2 \uparrow\uparrow\uparrow 2 \uparrow 2$

↑...↑2(65,536개 항)
3↑↑↑↑2=3↑↑↑3=3↑3↑...↑3
(7,625,597,484,987개 항)
3↑↑↑↑3=3↑↑↑3↑↑↑3=3↑↑↑3↑3↑...↑3
(7,625,597,484,987개 항)
=3↑↑3↑3↑...↑3(3↑3↑...↑3
(7,625,597,484,987개 항)

그렇지만 위 화살표 기호도 어마어마하게 큰 **그레이엄의 수**(Graham's number)를 만나게 되면 성가신 기호가 된다. 그런 경우에는 **콘웨이의 체인 화살표 기호**(Conway's chained-arrow notation)나 *스타인하우스-모서 기호*와 같은 더 확장된 기호가 더 적당하다. 위 화살표 기호와 긴밀하게 관련 있는 **악 케르만 함수**(Ackermann function)를 보시오.

Koch snowflake (코흐의 눈송이)

가장 대칭적이고 이해하기 쉬운 프랙탈 중의 하나. 이것을 1906년에 처음 발표한 스웨덴의 수학자 코흐(Helge von Koch, 1870-1924)의 이름을 땄다. 이 눈송이를 만들기 위해 직선을 삼등분하고 그 중간 부분을 그 길이와 같은 변을 가지면서 밑변이 제거된 정삼각형으로 대치한다. 그 모양은 이제 똑같은 길이를 가지는 네 개의 변으로 구성된다. 이 네 개의 선들 각각에 똑같은 방법을 반복하여 무한히 이 변환을 계속한다. 위의 과정을 한 번 할 때마다 길이가 삼분의 일씩 늘어나고 영원히 반복되므로 코흐의 눈송이는 무한한 길이를 가진다.

코흐의 눈송이 이 프랙탈 모양은 정삼각형을 계속 생성함으로써 만들어졌다. *Xah Lee, www.xahlee.org*

똑같은 과정이 정사면체에 적용될 수 있다. 작은 정사면체를 정사면체의 각 면에 붙인다. (각각의 작은 정사면체는 변의 길이가 큰 것의 1/2로 큰 면을 네 등분했을 때 중심에 있는 정삼각형위에 붙인다.) 그리고 이 과정을 반복한다. 직관적으로 생각해 볼 때 마지막 결과가 삐쭉삐쭉한 무척 이상한 물건이 될 것처럼 보인다. 그러나 사실은 반복의 횟수가 무한로 갈 때 그 결과는 완전한 정육면체이다! 처음 정사면체의 한 변의 길이가 t라면 그 정육면체 한 변의 길이는 $t/\sqrt{2}$이다. 평면 코흐 눈송이의 변형은 *외부 눈송이*(*exterior snowflake*), *코흐의 반 눈송이*(*Koch antisnowflake*), 그리고 *눈송이*(*snowflake*) 곡선들이다.

Kolmogorov, Andrei Nikolaievich (콜모고로프, 1903-1987)

확률론과 무작위에 대한 알고리즘적 이론을 발전시켰으며 통계역학, 확률 과정, 정보 이론, 유체역학, 그리고 비선형 동역학의 기초에 결정적인 공헌을 한 러시아의 수학자이자 물리학자. 이 모든 분야와 그들 사이의 관계가 요즘 연구되는 **복잡계** (complex system) 밑에 있다. 그는 1933년에 작성된 논문에서-여기서 그는 기하학에 대한 유클리드의 연구와 비슷하게 기초적인 공리들로부터 엄밀한 방법으로 확률론을 구성하였는데-확률론 재구성에 대한 연구를 시작하였다. 콜모고로프는 행성의 이동, 격한 유체 흐름에 대한 연구를 계속하여 지금도 근본적으로 중요한 결과라고 인정되는 난류에 대한 두 편의 논문을 1941년에 발표하였다.

1954년에 그는 행성 운동과 관련한 동역학계에 대한 연구를 하여 물리학에서 확률론의 결정적 역할을 보여주었으며, 결정론적 시스템(deterministic system)의 명확한 무작위성에 대한 연구를 원래 **푸앵카레**(Henri Poincare)에 의해 착상되었던 선상에서 재개하였다. 1965년 그는 복잡성의 측도를 이용하여 무작위성의 알고리즘적 이론을 소개하였는데, 이것이 현재 *콜모고로프의 복잡도*(*Kolmogorov complexity*)라고 알려져 있다. 콜모고로프에 의하면 어떤 객체의 복잡도는 그 객체를 재현할 수 있는 가장 짧은 프로그램의 길이이다. 그의 관점에 의하면 확률 객체는 그들 자신의 가장 짧은 표현인 반면 주기수열은 그것이 포함하는 가장 작은 반복 패턴 수열의 길이로 주어지는 낮은 콜모고로프 복잡도를 가진다. 복잡도에 대한 콜모고로프의 생각은 무작위성의 측도로서 **샤논**(Claude Shannon)이 말한 정보 공급원의 엔트로피 비율과 밀접하게 연관되어 있다.

Königsberg bridge problem (쾨니히스베르크 다리 문제)

bridge of Köenigsberg를 보시오.

Kronecker, Leopold (크로네커, 1823-1891)

정수론, 방정식 이론, 그리고 **타원방정식**(elliptic function)들의 관계를 명확하게 말해 주는 **대수적 수**(algebraic numbers) 분야의 선구자인 독일의 수학자. 그는 그의 라이프니츠 고등학교 시절의 선생님이었던 쿰머(Ernst Kummer)로 부터 정수론에 대한 열정을 물려받았다. 학문적 연구로 돌아오기 전의 사업에서 성공한 크로네커는 수학적 논증은 정수와 유한 절차에만 근거해야 한다고 주장하였다. 그는 **칸토어(Cantor)** 비판론자 중 한사람이었으며 **바이어슈트라스의 미분불가능 함수**(**Weierstrass's nondifferential function**)의 정당성을 받아들이기를 거부하였다.

L

labyrinth (미궁/미로)

maze를 보시오.

Lagrange, Joseph Louis (라그랑주, 1736-1813)

수론(number theory), 고전 역학, 그리고 천체 역학에 중요한 공헌을 한 이탈리아에서 태어난 프랑스의 수학자. 파동의 전달과 곡선의 극대와 극소에 대한 논문들로 인해 20대 중반에 살아 있는 위대한 수학자 중 한 사람으로 주목받았다. 그의 비범한 결과에는 그의 책 『*해석 역학*(*Mecanique Analytique*, 1788)』이 포함되는데 이는 후에 이 분야의 모든 연구의 기초가 되었다. 그의 놀랄만한 발견들에는 어떤 시스템의 물리적 상태를 결정하는 미분작용소인 라그랑주안(*Lagrangian*)과 두 개의 큰 물체 사이의 중력장에서 작은 물체가 비교적 안정적인 공간의 점, *라그랑주 점들*(*Lagrangian points*)들이 포함된다. 나폴레옹 시대에 그는 원로원 의원과 백작으로 임명되었다; 그는 판테온(Pantheon)[1)]에 묻혔다.

Lambda calculus (람다 계산)

유니버설 계산(universal computation)이 가능한 계산기의 모델. Lisp 프로그래밍 언어가 바로 람다 계산에서 영감을 받아 만들어진 것이다.

Lamé curve (라메곡선)

타원(ellipse)과 연관된 곡선들의 집단. 1818년 프랑스의 물리학자이자 수학자인 라메(Gabriel Lame, 1795-1870)에 의해 처음으로 인지되고 연구되었다. 라메곡선족들의 식은 타원 방정식($|x/a|^2+|y/b|^2=1$)이 일반화된 것인데, 말하자면:

$$|x/a|^n+|y/b|^n=1$$

이며 여기서 n은 임의의 실수이다. $n=0$ 일 때 곡선은 두 개의 교차하는 직선이다. n이 증가할수록 별 모양 곡선에서 직사각형으로 모양으로 변하는데 $n=1$ 일 때 대각선이 a와 b인 직사각형이 된다. 특별한 경우로 $n=2/3$ 일 때 성망형(Astroid)가 된다. $n=1$ 과 $n=2$ 사이에서는 곡선이 둥근사각형에서 타원으로(혹은 a와 b가 모두 1일 때 원으로) 변한다. $n=2$보다 큰 값에서 라메곡선은 **초타원**(superellipses)으로 알려져 있다.

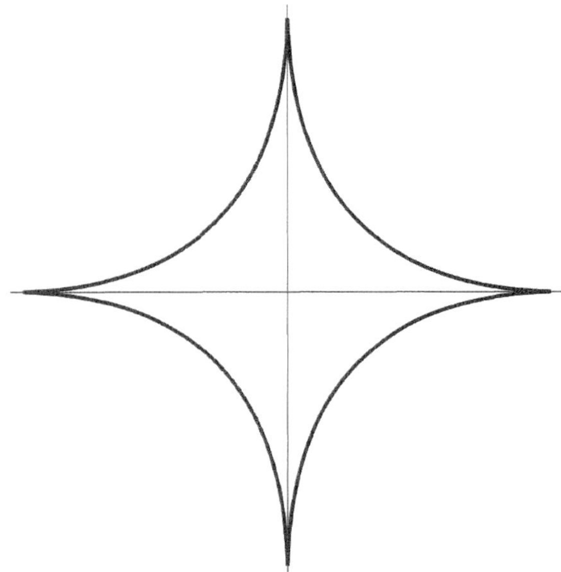

라메곡선 라메곡선 집단 중의 한 예. *Jan Wassenaar, www.2dcurves.com*

lamination (적층 구조물)

어떤 다양체의 장식으로 그 안에서 어떤 부분집합들이 국소적으로 평행인 낮은 차원의 얇은 판들로 분할된다. 라미네이션의 간격을 채워 **엽상**(foliation)으로 만드는 것이 가능할 수도 있고 가능하지 않을 수도 있다.

Langley's adventitious angles (랭글리의 우연한 각)

이등변삼각형과 관련된, 보기에 간단해 보이는 문제가 1922년 랭글리(E. M. Langley)에 의해 처음으로 제시되었다. 원래의 문제는 다음과 같다: 삼각형 ABC가 이등변삼각형이다. B=C=80도이고 CF는 변 AC와 30도 각을 이루는 직선으로 변 AB와

역자 주

1) 나라의 위대한 사람들이 묻혀 있는 곳.

F에서 만난다. 변 BE는 변 AB와 20도를 이루며 변 AC와 E에서 만난다. 각 BEF=30임을 증명하시오. (점 D에 대한 언급은 없다. 아마도 변 BE와 변 CF의 교차점일 것이다.) 곧바로 머서(J.W. Mercer)가 다음과 같이 보여준 증명을 포함하여 많은 해답들이 등장하였다: 변 BC에 대해 20도 각이 되도록 변 BG를 그려 변 CA와의 교차점을 G라 하자. 그러면 각 GBF = 60도이고 각 BGC와 각 BCG는 모두 80도이다. 따라서 변 BC = 변 BG이다. 또한 각 BCF = 각 BFC = 50도이므로 변 BF = 변 BG이고 삼각형 BFG는 정삼각형이다. 그러나 각 GBE = 40도 = 각 BEG이므로 변 BG = 변 GE = 변 GF 이고 또, 각 FGE = 40도 이므로 각 GEF = 70도, 각 BEF = 30도이다.

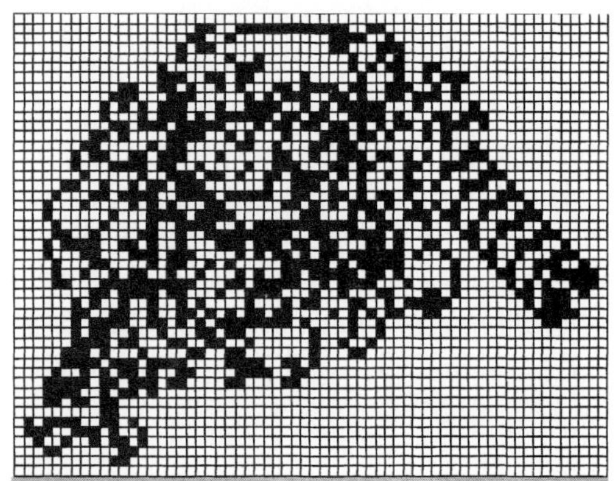

랭턴의 개미

Langton's ant (랭턴의 개미)

고안자인 랭턴(Christopher Langton)의 이름을 딴 **세포 자동자**(celluar automaton)의 일종 혹은 **인공 생명**(artificail life)의 단순한 형태. 개미가 무한대로 큰 체스보드에 살고 있는데 체스보드의 각 정사각형은 흰색 아니면 검정색이다. 두 개의 정보가 이 디지털 곤충에 결합되어 있다: 하나는 이 곤충이 바라보는 방향이고, 또 다른 하나는 현재 이 곤충이 있는 정사각형의 상태이다. 세 가지 단순한 규칙이 개미의 행동을 제어한다: (1) 만일 검정 사각형 위에 있으면 왼쪽으로 돈다. (2) 만일 흰 정사각형 위에 있으면 오른쪽으로 돈다. (3) 다음 사각형으로 옮겨간다. 이때 먼저 있었던 사각형은 색을 바꾼다. 랭턴의 개미에 대한 흥미로움은 극히 단순한 규칙으로 움직이는 완전한 결정적 시스템임에도 불구하고 이것이 만들어내는 패턴은 환상적으로 풍부하고 복잡하다는 것이다. 첫 10,000번의 움직임 동안 개미는 이리저리 움직이며 작은 패턴들을 만들었다 없앴다 한다. 그리고 이 혼돈스런 상태의 거의 마지막이 가까워지면 보드의 한 변을 향해 대각선 고속 도로가 만들어지기 시작한다. 사실 이 패턴은 104회 움직이면 나오는데, 한 번 시작되면 영원히 계속된다. 혼돈 이론의 언어로 이 패턴은 이 시스템의 안정된 **끌개**(attractor)이다. 놀랍게도 시작 사각형들에 관계없이-흰색과 검정색이 무작위로 배치되었다 할지라도-개미는 마지막에 고속 도로를 만들게 된다. 유한 보드인 경우는 개미가 경계 변들을 만나면 돌아나오는 것이 허용되는데, 그것은 자신이 만든 경로를 교차하는 것이 허용된다는 말이다. 이 경우에도 마지막에 고속 도로를 만들며 마치게 된다. 대각선의 길이 나오지 않도록 할 수 있는 첫 상태가 있을까? 실험에서 예외는 없었다-하지만 그것을 증명하는 것은 다른 문제이다. 대부분의 수학자들은 주어진 수만큼의 움직임 후에 개미의 위치를 예측하거나, 혹은 이와 같은 혼돈 시스템을 예측하는 일반적 해석 방법이 없다고 믿고 있다. 그 행동이 개미를 제어하는 규칙으로 단순화될 수 없다. 이런 의미에서 랭턴의 개미는 **멈춤 문제**(halting problem)의 결정 불가능성의 간단한 예이다. 영국 수학자 **스튜어트**(Ian Stewart)와 생물학자 코헨(Jack Cohen)은 그들의 책 『*현실의 허구*(*Figments of reality*)[321]』에서 한 단계 더 나아가 '생명'과 같은 복잡한 시스템의 진화에서 필수적 단계의 아날로그로 랭턴의 개미를 이용하였다. 그 단계는 혼돈 행동의 존재성이 질서의 예측 불가능한 형태의 자생적 발생을 위한 잠재성을 포함하는 단계이다.

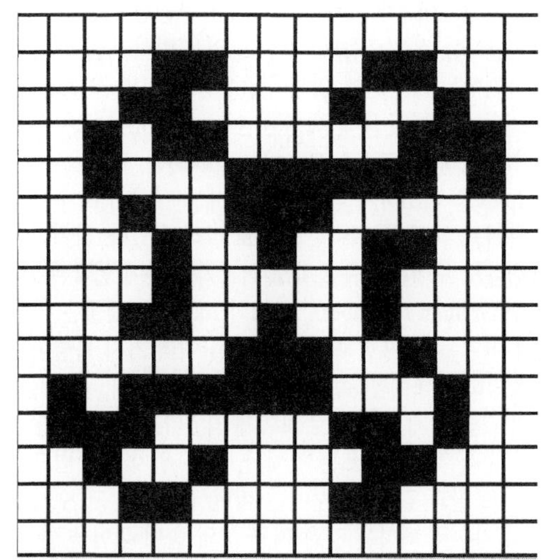

랭턴의 개미

Laplace, Pierre Simon (라플라스, 1749-1827)

천체역학의 발달에 깊이 관여한 프랑스의 수학자이자 천문학자. 오일러와 라그랑주를 제치고 상호 인력에 대한 복잡한 문제를 해결함으로써 일찍이 영향을 미쳤다. 라플라스는 당대의 가장 영향력 있는 과학자 중 한 사람이었으며 태양계의 안정성의 이해에 대한 연구와 공헌 때문에 프랑스의 뉴턴이라 불렸다. 라플라스는 천체의 움직임과 성질들을 위한 응용을 위해 역학의 법칙을 일반화하였다. 또한, 그는 그의 위대한 업적인 **『천체 역학**(*Mecanique celeste*, 1799-1825)』과 **『확률론의 해석학적 이론**(*Theorie ananlytique des probabilities*, 1812)』로 유명한데, 그것들은 라플라스가 그 생애 일찍이 발견한 수학적 기법에 의해 많은 부분들이 발전되었다.

large number (큰 수)

가장 큰 것보다 더 큰 그리고 약간
사실 그것보다 많이 큰, 정말로 놀랍게도 광대한,
전적으로 멋진 크기, "와우 그것 크다!" 시간…
경이적으로 큰 수로 곱하고 또 어마어마한 수로 곱해진 거대한 것이
여기서 우리가 얻으려는 개념의 한 종류이다.
–Douglass Adams, 우주 끝의 레스토랑에서

무척 큰 수를 만들어 이름을 짓고 표현하는 것 그 자체가 하나의 큰 문제이다. 간단한 방법은 0을 계속 더해나가면 된다: 10; 100; 1,000; 10,000, …, 1,000,000; … 그렇지만 이것은 금방 지루해지고 지수법이 더 매력적인 방법이 된다: $10^1, 10^2, 10^3, \cdots, 10^6, \cdots$ 여러 가지 10의 지수꼴을 이름지을 때 접두어의 규칙적인 패턴이 나온다. 미국에서는 10^3을 일천(thousand), 10^6을 일백만(million), 10^9을 십억(billion), 10^{12}을 일조(trillion), 10^{15}을 천조(quadrillion)와 같이 부른다. "–illion"이 "mono"를 나타내는 "m"이 접두사로 붙은 10^6에서 시작되는데; 1,000이 곱해질 때마다 새로운 접두사가 나타난다. 다른 말로 하면, 10^{3n}에 대한 미국 이름은 $n-1$의 라틴 접두사를 사용한다. 영어에서 한 단어 이름으로는 가장 큰 centillion은 10^{303}이다. 다른 나라에서는 "billion", "trillion" 등이 미국 체계에서 말하는 것과 다른 것을 의미할 수 있다. 예를 들어 영국의 "billion"은 백만의 백만, 즉 10^{12}인데, 현재는 잘 쓰이지 않는 용어인 "*milliard*"가 백만의 천배를 나타내는 말로 쓰인다. 어쨌든 미국의 체계가 국제적인 표준이 되었고 이 책에서도 조건없이 사용되고 있다. 여기서 언급할 만한 가치가 있는 것이 "quadrillion", "quintillion,"과 같은 것들이 완벽하게 정당한 용어이지만 이들 대신에 "천 조," "백만 조" 등과 같은 용어들이 더 일반적으로 선호된다는 사실이다. 지수꼴을 사용하는 것이 큰 수를 만들고 쓰는 데 일견 매우 경제적으로 보인다: 예를 들어 10^{30} 은 1,000,000,000,000,000,000,000,000,000,000의 매우 효과적인 축약으로 보인다. 그러나 수가 점점 커지다 보면 이 방법도 김이 빠지게 된다. 예를 들어 **구골**(**googol**)과 googolplex를 보자. 1 구골은 10^{100}의 비공식적인 이름으로 1 뒤에 100개의 0이 온다. 이 재미없게 보이는 수는 우주에 있는 원자의 수보다도 더 크다. 그러면 만일 우리가 1 다음에 *구골 개의 0*(*googol number of zeros*)이 있는 수를 표현하려면 어떤 일이 벌어질까? 한 가지 방법은 1을 쓰고 구골 개의 0을 쓰는 방법이다! 그러나 먼저 환상적으로 큰 수에 적절한 이름을 정하지 않고 사용할 수 없기 때문에 이것은 눈속임이다. 더 나은 해결책은 큰 수를 지수로 사용하는 것이다. 따라서 1 googolplex $= 10^{googol} = 10^{10^{100}}$이다. 이것이 **거듭제곱 탑**(**Power tower**)이다.

googolplex는 이야기할 것 없고 구골만큼 큰 수들이 현실적인 중요성이 있을까? 과학은 그런 거대한 수로 **아보가드로 상수**(**Avogadro constant**, 그램 단위의 무게가 분자의 무게와 같은 샘플 안에 들어 있는 분자의 수) $= 6.023 \times 10^{23}$, 에딩턴 수(Eddington number, 천체 물리학자인 아더 에딩턴의 추측한 우주에 있는 양자 개수) $= 1.575 \times 10^{79}$ 와 같은 수를 제시한다. 거대한 블랙홀의 증발 시간 $= 10^{100}$ 년과 같은 것을 제시하는데 이것들이 구골의 레벨로 우리를 인도한다. 그러나 현실을 훨씬 넘어선 물리학의 "실제" 세계에서는 알려져 있거나 합리적으로 추측될 만한 것이 없다.

공상 과학 소설은 우리를 좀 더 멀리 인도한다. 아담스(Douglas Adams)의 소설, 『*은하계로 가는 편승여행자의 가이드*(*The hitchhiker's Guide to the Galaxy*)』[5] 에 공상 과학 소설에서 사용된 수들 중에서 가장 큰 수 중의 하나인, 2^{260199}가 나타난다. 주인공인 아더 덴트와 포드 프리펙트가 에어로크에서 방출된 후 지나가는 우주선에 의해 구출될 승률이다. 이것이 일어난다는 것은 그들이 "무한히 있을 법하지 않은 운전"에 의해 움직이는 우주선에 의해 구출된다는 것과 같다. 이와 대조적으로, 수학에서 몇몇 특별한 수는 googolplex조차도 작게 느껴지게 한다. **스큐스수**(**Skew's number**)는, $10^{10^{10^{34}}}$, 오랫동안 googolplex를 왜소하게 만드는 수임에도 불구하고 수학의 진정한 목적을 위해 쓰이는 수의 예로 알려져 있다. 하지만 이처럼 거대하게 보이는 정수조차도 비교적 최근에 언급된 **그레이엄의 수**(**Graham's number**), *Mega*와 *Moser*–이것들은 너무 방대해서 이 수들을 표현하는 데 사용될 여러 가지 특별한 기호들을 설명하는 데에 한 쪽 혹은 두 쪽이 필요하다–같은 것들에 의해 말도 안 되게 작은 수로 보이게 되었다.

어떤 수를 꽉 차게 쓰는 것이나, 혹은 위치 기수법으로 적는 것은 구골과 같이 큰 수에는 비현실적인데, 그 수를 아주 큰 수의 지수로 택하는 것은 지구 상의 숲에 위협을 줄 수 있다. 좀 더 효과적인 단축은 *tetration*-*tetra*(4를 지칭하는 그리스어에서 유래)인데 이것은 네 가지 이항 연산들, 더하기, 곱하기, 지수법, 테트레이션 중에서 네 번째 연산이기 때문이다. 이항의 의미는 연산에서 두 개의 수 혹은 두 개의 변수가 사용된다는 뜻이다. 곱셈은 덧셈의 반복이고(예, $2\times3=2+2+2$, 지수는 곱셈의 반복이며(예, $2^3=2\times2\times2$) tetration은 지수의 반복이다. 예를 들어 $^{3}2$로 표현하는 2의 3 tetration은 $2^{2^2}=2^4=16$, 2의 4 tetration, 혹은 $^{4}2=2^{2^{2^2}}=2^{16}=65{,}536$, 2의 5 tetration 혹은 $^{5}2=2^{2^{2^{2^2}}}=2^{65536}$으로 전체를 다 적기에는 무척 큰 수가 된다. 테트레이션은 superpower, superdegree, 그리고 이 책과 수학계에서 가장 일반적으로 사용되는 hyper4를 포함한 여러 다른 이름들로 나타난다.

두 수 a와 b의 지수법이 a^b로 표현되고 $a\times a\times\cdots\times a$로 정의되는 것처럼 a와 b의 hyper4는 $a^{(4)b}$로 표현되고 $a^{a^{\cdots}}$(b 레벨의 거듭제곱탑)로 정의된다. 한편 hyper4 연산은 Knuth의 위-화살표 기호, $a\uparrow\uparrow b$ 로 나타낼 수 있다. 이 패턴을 계속해보면 다음과 같다:

a와 b의 hyper5$=a^{(5)b}=a^{(4)}a^{(4)}\cdots a^{(4)}=a\uparrow\uparrow\uparrow b$
a와 b의 hyper6$=a^{(6)b}=a^{(5)}a^{(5)}\cdots a^{(5)}=a\uparrow\uparrow\uparrow\uparrow b$
a와 b의 hyper7$=a^{(7)b}=a^{(6)}a^{(6)}\cdots a^{(6)}=a\uparrow\uparrow\uparrow\uparrow\uparrow b$

이와 같은 표기법의 능력을 본다면 다음과 같다.

1
10
10,000,000,000
10,000,000,000,000,000,000,000,000,000,000,000,000,000,
000,000,000,000,000,000,000,000,000,000,000,000,000,
000,000,000,000,000,000,000,000,000,000(100 zeroes)

네 번째 값만 해도 얼마나 큰지 주목하자. 그저 그렇게 보이는 수 $5\uparrow\uparrow\uparrow\uparrow\uparrow5$ (혹은 $5^{(7)5}$)는 너무 커서 대략 이 수열의 1,00,000,000,000,000,000번 째(십만조 번째) 값이다!
앞서 언급된 이항 연산들이 어떤 패턴을 이루므로 이것들을 모두 하나의 3개의 변수를 가지는 연산인 삼변수 연산으로 나타낼 수 있다. 이것은 다음과 같이 정의된다.

$$\mathrm{hy}(a,n,b)=\begin{cases}1+b \text{ for } n=0\\ a+b \text{ for } n=1\\ a\times b \text{ for } n=2\\ a\uparrow b \text{ for } n=3\\ a\uparrow \mathrm{hy}(a,4,b-1),\ n=4\text{인 경우}\\ \mathrm{hy}(a,n-1,\mathrm{hy}(a,n,b-1)),\ n>4\text{인 경우}\\ a \text{ for } n>1, b=1\end{cases}$$

hyper 말고도 더 큰 수를 훨씬 빨리 생성할 수 있는 3변수 연산들이 있다. **악케르만 함수(Ackermann function)**와 *Steinhaus-Moser* 기호가 모두 hy(a, n, b)보다 더 강력한 어떤 triadic 연산과 동치이다. 마찬가지로 **콘웨이의 체인 화살표(Conway's chained-arrow)** 기호는 누스의 부호 체계의 진화를 보여준다. 이러한 다양한 기법과 기호들이 거대하지만 유한한 수들을 만든다. 그러나 이런 것들 저 너머에 많은 서로 다른 무한대가 또 놓여 있다.

lateral inhibition illusion (측면 역제 착시)

Hermann grid illusion을 보시오.

Latin square (라틴사각형)

각 성분이 n개의 심볼로 되어 있는 $n\times n$ 사각형 그리드 혹은 행렬로 각 심볼이 각 행과 각 열에 정확하게 한 번 나오도록 배열된 것들. 다음과 같은 것들이 몇 가지 예이다.

```
12  123  1234  1234  MAGIC
21  231  2341  2143  GICMA
    312  3412  3412  CMAGI
         4123  4321  AGICM
                     ICMAG
```

라틴사각형은 적어도 부적을 사용했던 중세 이슬람(c. 1200)까지 거슬러 올라가는 긴 역사를 가지고 있다. Abu l'Abbas al Buni가 라틴 사각형에 대해 저술하고 만들었는데, 예를 들면 신의 이름에 쓰인 문자로 만든 4×4 라틴 사각형이다. 15세기 유명한 화가 **뒤러(Albrecht Dürer)**는 그의 유명한 동판화인 Melancholia의 배경에 라틴 사각형의 일종인 4×4 마방진을 그려 넣었다. 라틴 사각형과 관련된 또 다른 언급은 일반 카드 중에서 뽑은 16장의 카드를 사각형 모양으로 배열하는데 각 행, 각 열, 그리고 대각선에 같은 그림의 카드, 또 같은 수의 카드가 두 개 이상 나오지 않도록 배열하는 문제이다. **오일러(Euler)**는 1779년에 라틴 사각형에 대해 체계적인 연구를 하였고, 이 문제와 관련해서 **36명의 장교 문제(thirty-six officer problem)** 라고 알려진 문제를 제기하였는데 이 문제는 20세기가 시작될 때까지도 해결되지 않았다. **케일리(Arthur Cayler)** 도 라틴 사각형에 대한 연구를 계속하였는데 1930년대에 유사군 이론이 군이론의 일반화로 발전되기 시작할 때 라틴 사각형이 곱셈의 표로 모양을 달리하여 다시 나타났다. 라틴 사각형은 그 당시에 연구되었던 분야인 유한 기하학에서 매우 중요한 역할을 하고 있었다. 역시 1930년대에 피셔(R. A. Fisher)가 라틴사각형을 통계 실험 디자인의 조합 구조에 이용함으로써 라틴 사각형의 거대한 응용분야가 시작되었다.

lattice (격자)

정육면체로 공간을 채울 때의 꼭짓점(**vertex** 참조)들의 위치 혹은 결정에서 원소들의 위치같이 어떤 점들의 주기적인 배열. 수학적으로 말하면 $n-1$차원의 벡터 공간에 포함되지 않는 n차원 **벡터공간**(Vector space)의 이산 가환 부분집합(discrete Abelian subgroup, **Abelian group** 참조)이다. 격자 이론은 **리 군**(Lie group) 이론, **수론**(Number theory), 에러 교정 부호 이론, 그리고 수학의 많은 분야에서 중심 역할을 하고 있다. **기하판**(geo-board)을 보시오.

lattice path (격자 경로)

격자점들의 연속으로 각 점들은 바로 앞의 점들과 허용된 스텝의 유한 리스트만큼 다르다. **무작위**(random) 격자 경로는 입자의 임의 운동의 흥미로운 모델이며, 또한 격자 경로는 개수를 세는 조합론에서 중요하다.

lattice point (격자점)

정수(integer) 좌표를 가지는 점.

latus rectum (통경)

타원(ellipse)의 **초점**(focus)을 지나며 타원의 중심축과 수직인 **현**(chord). 복수형은 latera recta이다.

league (리그)

여행 거리를 나타내는 고대 단위. 정확한 값은 일정하지 않으나 대체로 3마일(4.8 킬로미터)이다.

least common multiple (최소공배수)

정수들의 어떤 부분집합에 속한 모든 정수들의 배수 중에서 가장 작은 **정수**(integer).

least upper bound (최소상계)

어떤 수들의 집합에 포함된 모든 수보다 큰 수들 중에서 가장 작은 수.

Lebesgue, Henri Leon (르베그, 1875-1941)

적분의 현대적 정의를 소개한 프랑스의 수학자. 르베그는 École Normale Supériere[2]를 졸업하고 1921년부터 프랑스 대학에서 가르쳤다. 르베그는 **보렐**(Emile Borel)과 함께 실변수 함수의 현대적 이론을 확립하였으며, 르베그의 위대한 업적은 *르베그 적분*(*Lesbesgue Integral*, **integral** 참조)이라 불리는 적분의 새롭고 일반적인 정의이다. 이것이 미적분학, 곡선의 길이 구하기, 그리고 삼각급수에 중요한 발전을 가져왔고 보렐의 손을 빌어 측도 이론을 시작하게 되었다. 르베그적분이 일반화의 힘을 보여주는 예임에도 불구하고 르베그 자신은 일반화의 팬이 아니었고 그 여생을 매우 특정한 문제, 대부분 **해석학**(analysis) 문제에 대하여 연구하였다.

Lebombo bone (레봄보 뼈)

현재까지 알려진 가장 오래된 수학적 인공물 중 하나인 남아프리카 공화국과 스와질랜드 경계의 레봄보 산맥에 있는 보더 동굴(Border Cave) 근처에서 발견된 비비의 종아리뼈. 1970년대 보더 동굴 발굴 시 발견되었고 약 35,000 B.C. 쯤의 것으로 추정되는 레봄보 뼈에는 29개의 확실한 눈금들이 표시되어 있었다. 이 사실은 이 뼈가 달의 변화 상태를 알아보는 데 사용되었을 것으로 짐작되는데, 이 경우 아프리카 여인들이 최초의 수학자였다고 여겨질 수 있다. 왜냐하면 생리 주기를 따지는 데 월력(lunar calendar)이 필요했기 때문이다. 확실한 것은 레봄보 뼈가 나미비아의 부시맨들이 아직도 사용하는 달력 막대와 비슷하다는 점이다. **이상고 뼈**(Ishango bone)도 함께 보시오.

left-right reversal (좌-우 바뀜)

mirror reversal problem을 보시오.

Leibniz, Gottfried Wilhelm (라이프니츠, 1646-1716)

뉴턴(Isacc Newton)과 독립적으로 미분, 적분을 개발한 독일의 수학자, 철학자, 그리고 정치가. 그는 또한 계산기를 발명했으며 수리논리학의 선구자로 여겨졌고, "가능한 모든 세상 중에서 가장 좋은 세상"에서 우리가 살고 있다는 형이상학 이론을 제시하였다. 라이프니츠의 철학적 관점에서 보면 우주는 영적 힘 혹은 *단자*(*monads*)로 알려진 에너지의 셀 수 없이 많은

역자 주

2) 1794년 파리 5구에 설립된 프랑스 고등교육부 산하의 고등교육기관.

의식 중심들이 모여 이루어진 것이다. 라이프니츠는 어떤 가능한 세상의 "compossible" 원소들–논리적으로 모순 없는 구조를 이루는 원소들–에 대해 말하였다. 당시 맑은 마음을 가진 사람들 중 한 사람이었음에도 불구하고 라이프니츠도 실수를 피할 수 없었다: 두 개의 주사위를 던져 12가 나오도록 하는 것이 11이 나오도록 하는 것만큼 쉽다고 생각했다.

Leibniz harmonic triangle (라이프니츠의 조화 삼각형)

유명한 **파스칼의 삼각형**(Pascal Triangle)과 관련 있는 단순한 방법으로 구성된 분수들의 삼각형. 라이프니츠의 조화 삼각형은 각 행 번호의 역수로 시작한다. (1부터 또는 0부터 시작하느냐에 따라 행 번호에 1을 더한다.) 각 항은 바로 아래에 있는 두 수의 합이다. 따라서 각 항의 값은 덧셈이 아닌 뺄셈으로 왼쪽에서 오른쪽, 위에서 아래로 차례로 계산된다.

1/1
1/2 1/2
1/3 1/6 1/3
1/4 1/12 1/12 1/4
1/5 1/20 1/30 1/20 1/5

lemma (보조 정리)

더 큰 정리를 증명하는 데 사용되는 짧은 보조 명제.

lemniscate of Bernoulli (베르누이의 8자형 곡선)

1694년 발표된 논문에 나온 것으로 베르누이(**Bernoulli family**를 보시오)의 말을 빌리면 "8자, 혹은 매듭, 혹은 리본과 같은 모양"의 곡선. 베르누이는 이 곡선을 장식용 리본(승리자의 화환에 붙여진 타입)이라는 그리스 어 "*lemniskus*"를 인용하여 "lemniscate"라고 이름지었다. 그것은 다음과 같은 데카르트(직교) 방정식을 가진다.

$$(x^2+y^2)^2=a^2(x^2-y^2)$$

베르누이가 이 논문을 쓸 때 이 곡선이 1680년 카시니(Cassini)에 의해 발표된 **카시니의 알 모양 곡선**(Cassinian oval)의 특별한 경우라는 것을 알지 못했다. 렘니스케이트의 일반 성질들은 1750년 파그나노(Geovanni Fagnano, 1715-1797)에 의해 정립되었고 이 곡선의 길이에 대한 **오일러**(Leonhard **Euler**)의 조사는 후에 **타원함수**(**elliptic function**)에 대한 연구가 되었다. 이 곡선과 **직각쌍곡선**(**rectangular hyperbola**)은 어떤 관계가 있다. 쌍곡선에 접선을 그리면 접선에 수직인 선(법선)은 원점을 지나고 수직선이 접선과 만나는 점은 렘니스케이트곡선 위에 있다. **hippopede**를 보시오.

Leurechon, Jean (로레송, 1591-1670경)

『*Recretions mathematiques*, 1624』를 Henrik van Etten이라는 필명으로 저술한 프랑스의 예수회 신부이자 수학자. 많은 수학 내용들은 **바세**(**Bachet**)[3]의 문제들이 중심 주제였는데, 복사된 내용도 있고 출처가 같은 것도 있다. 그 책은 또한 보청기의 작동에 대해 일찍이 알려진 설명들을 수록하고 있다.

liar paradox (거짓말쟁이 역설)

"이 명제는 거짓이다." 라는 명제(*S*라고 부르자)에 대해 말할 수 있는 것이 무엇일까? 만일 *S*가 참이라면 이 명제 *S*는 거짓이

역자 주

3) Claude Gaspard Bachet de Méziriac(1581–1638): 프랑스의 수학자, 언어학자, 그리고 시인.

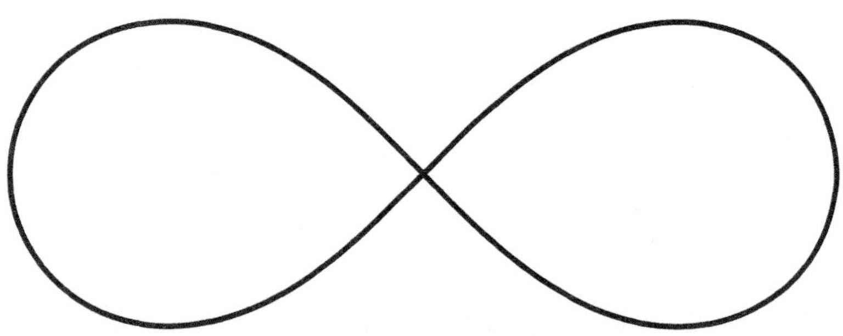

베르누이의 8자형 곡선(lemniscate of Bernoulli) © *Jan Wassenaar, www.2dcurves.com*

L

다. 반면에, S가 거짓이면 S가 거짓이라고 말하는 것이 참이다. 왜냐하면 이 문장이 말하는 것이 바로 그것이므로(이것이 거짓이다), S는 참이다. 따라서 S가 참이라는 것과 S가 거짓이라는 것이 동치이다. 일반적으로 S가 참이 아니면 거짓이어야 하는데 이것은 둘 다라는 것이다! S와 같은 명제에 대한 토론이 2000년보다 더 이전에 철학자들과 논리학자들 사이에서 아무 명백한 해결책 없이 이루어졌다.

거짓말쟁이 역설은 B.C.6세기의 철학자 에피메니데스(Ephimenides)로부터 기원한다. 그는 이렇게 말하였다: "모든 크레타 사람은 거짓말쟁이이다. … 그들 중 시인 한 사람이 그렇게 말했다." 이것에 대한 다른 버전이 성경에 나온다. 디도서 1:12-13에, "크레타의 예언자조차도 이렇게 말했습니다. '크레타인은 다들 거짓말쟁이이다. 그들은 자기 배만 채우는 악한 짐승이며 게으름뱅이들이다.' 예언자의 말이 옳습니다."라고 되어 있다. 시인 혹은 선지자의 말은 그 자신이 크레타 섬 사람이기 때문에 잘못될 수도 있다. 그러나 이것이 역설이 아닐 수도 있다. 일상생활에서의 "거짓말쟁이"는 어떤 경우에 알면서도 거짓 답을 말하는 사람이다. 그렇다면 이것은 문제되지 않는다: 시인, 가끔 거짓말을 하지만 이번에는 진실을 말했다. 하지만 대부분의 논리에서의 "거짓말쟁이"는 항상 참된 대답의 반대만을 말하는 실체로, 즉 거짓말밖에 모르는 사람으로 정의한다. 따라서 시인의 말은 참이 될 수 없다: 만약 그렇다면 그 자신이 진실만을 말하는 거짓말쟁이라는 것인데 거짓말쟁이들은 그렇게 못한다. 어쨌든, 만일 시인의 말이 거짓이라면 모순이 발생하지 않는다: "모든 크레타인은 거짓말쟁이이다."의 부정은 "어떤 크레타인은 거짓말쟁이가 아니다."인데, 다른 말로 하면: 어떤 크레타인은 가끔 참을 말하기도 한다는 것이다. 이 말은 크레타 시인이 거짓말을 했다는 사실과 모순되지 않는다. 따라서, "모든 크레타인은 거짓말쟁이이다." 라는 명제를 크레타 사람이 말했다면 그것이 필요적으로 거짓일 수는 있지만 역설적이지 않다. "나는 거짓말쟁이이다."라는 명제조차도 역설적이 아니다; "거짓말쟁이"의 정의에 따라 참일 수도 혹은 거짓일 수도 있다. 하지만 "나는 지금 거짓말을 하고 있다"는 명제, 이것은 B.C.4세기경 밀레투스의 유블리데스(Eubulides of Miletus)가 처음으로 말했다고 추정되는데, 이것은 확실하게 역설적이다. 이것은 우리가 처음에 말한 "이 명제는 거짓이다"와 정확하게 동치이다.

유블리데스의 거짓말쟁이 역설에 기초한 다양한 역작(力作)이 오랜 기간 동안 나타났다. 14세기에는 프랑스 철학자 부리단(Jean Buridan)이 이것을 **신**(God)의 존재에 대한 그의 토론에 응용하였다. 1913년 영국의 수학자인 주르당(Philip Jourdan, 1879-1921)이 "주르당의 카드 역설"이라고 불리는 변형을 내놓았다. 카드의 한 면에 다음과 같이 적혀 있다.

이 카드의 다른 면에 있는 명제는 참이다.

다른 면에는 다음과 같이 적혀 있다.

이 카드의 다른 면에 있는 명제는 거짓이다.

아직도 유행하는 거짓말쟁이 역설의 변형은, 여전히 당혹스러운데, 카드의 한 면에 쓰여진 다음과 같은 세 명제들로 주어진다.

1. 이 명제는 다섯 단어를 포함한다.(This sentence contains five words.)
2. 이 명제는 여덟 단어를 포함한다.(This sentence contains eight words.)
3. 이 카드의 오직 한 문장만이 참이다.(Exactly one sentence on this card is true.)

Lie, Marius Sophus (리, 1842-1899)

노르웨이의 수학자로, 절친한 친구인 **클라인**(Felix Klein)과 함께 기하학에 **군**(group) 이론을 도입하여 기하학 분류에 사용하였다. 리는 또한 곡선들을 곡면으로 사상하는 *접촉 변환*(*contact transformation*), 연속 또는 무한소 변환을 사용하는 **리 군**(Lie group)을 발견하였다. 그는 이러한 군들을 **편미분방정식**(partial differential equations)을 분류하는 데 사용하였고 모든 고전적 해법을 하나의 원리로 축약하였다. 리 군은 현대 위상수학의 발전에 초석을 제공하였다. **리 대수**(Lie algebra)도 참조하시오.

Lie algebra (리 대수)

리(M. Sophus Lie)의 이름을 딴 대수. 곱이 $[A, B] = AB - BA$(일반적인 행렬의 곱과 차로 이루어진 연산)로 주어진 행렬 연산인 *괄호 연산*(*bracket operation*)과 비슷한 성질을 가진다. 이 연산은 **결합**(associative) 법칙이 성립하지 않는다.

Lie group (리 군)

리(M. Sophus Lie)의 이름을 딴 **다양체**(manifold)이기도 한 **군**(group). 퀀텀 체 이론에서 나오는 것과 같은 실수 **행렬**(matrix)의 군들이 자연스럽게 리 군의 예가 된다. 리 군의 항등원에서 접하는 공간은 자연스러운 **리 대수**(Lie algebra)를 형성한다.

Life, Conway's game of (콘웨이의 생명 게임)

가장 잘 알려진 세포 자동자의 예; **콘웨이**(John Conway)에 의해 발명되었고 *Scientific American* 1970년 10월호 가드너(Martin Gardner)의 칼럼에 처음으로 대중들에게 소개되었다. 생명 게임을 만든 목적은 보편적인 **튜링 머신**(Turing machine)-일종의 무한대 프로그램이 가능한 컴퓨터-을 고안하는 것이었다. **폰 노이만**(von Neumann)이 1950년대에 그런 시스템을 언급한 적이 있으나 그것은 무척 복잡한 규칙을 가지고 있었다. 따라서 콘웨이는 설명과 작동이 무척 단순한 것을 찾으려고 하였다. 생명 게임은 각각의 셀이 살아 있거나(무언가 들어 있거나) 혹은 죽어 있는(비어 있거나) 사각형들의 그리드에서 이루어진다. 게임은 살아 있는 셀의 임의적 초기 구성에서 시작하여, 살거나 죽는 규칙이 적용되며 세대를 이어가는 과정을 거친다. 이 규칙들은 매우 간단하다: (1) 살아 있는 셀은 주변에 이웃이 둘 혹은 셋이 있으면 다음 세대에서도 살아 있다. (2) 살아 있는 셀은 주변에 넷 혹은 더 많은 이웃(과밀)이 있거나 혹은 이웃이 오직 하나이거나 없으면 죽는다. (3) 죽은 셀은 주변에 정확하게 세 개의 살아 있는 셀이 있으면 살아난다(탄생). 생명 게임의 이 규칙들은 콘웨이와 그의 대학원생들과 그의 동료들이 2년이 넘는 기간 동안 커피 브레이크 시간을 이용하여 개발되었다. 이 단계에서 컴퓨터 대신에 **바둑**(Go)판과 카운터가 사용되었기 때문에 개체수가 갑자기 증가하지도 않으면서 또 빨리 바둑판을 벗어나지 않도록 하는 '죽음의 규칙'을 정하는 것이 중요했다. 한편, 이 게임이 유니버설 시스템으로서의 기회를 가지도록 충분히 흥미로운 행동을 유발하기 위해서는 개체가 소멸하지 않도록 하는 탄생의 규칙을 가지는 것도 똑같이 중요했다. 결국 이 시스템이 꽤 안정적이면서도 연구 대상으로도 충분히 흥미로운 것이 되기 위해 탄생과 죽음 사이의 균형을 유지하도록 규칙들이 선택되었다. 성공의 전조는 "글라이더(glider)"라고 불리는, 그 모양을 유지하면서 평면 위를 움직이는 패턴을 발견한 일이다. 이것은 이 시스템이 한 곳에서 다른 곳으로 정보를 보낼 수 있는 방법을 가지고 있다는 것을 보여주기 때문에 이 시스템의 보편성을 제공하는 희망적 한 걸음이었다. 콘웨이와 그의 그룹들은 임의의 계산을 위해 필요한 거의 모든 구성: 일반 컴퓨터의 구성 요소들과 같은 AND 게이트, OR 게이트 등을 만들어 나갔다. 그들에게 다음 단계로 필요한 것은 마음대로 글라이더를 만드는 방법-"글라이더 총(glider gun)"-이었다. 이 시점에서 콘웨이는 생명 게임과 발견된 사실들을 설명하는 편지를 마틴 가드너에게 보내며 개체수를 무한대로 만들 수 있는 초기 배열 발견에 $50를 상금으로 내걸었다. *Scientific American* 칼럼은 대중의 상상력을 촉발시켰고 얼마 되지 않아 MIT의 고스퍼(R. W. Gosper)가 이끄는 그룹에 의해 글라이더 총이 발견되었다. 글라이더 총이 발견된 지 2주 내에 콘웨이의 그룹과 MIT의 그룹은 이 시스템이 정말로 유니버설 시스템(universal system)이라는 것을 밝혔다.

limaçon of Pascal (파스칼의 달팽이)

달팽이 모양의 곡선(limaçon은 프랑스어로 '달팽이'이다). 프랑스의 수학자 로버발(Gilles Roberval)이 **파스칼**(Blaise Pascal)의 아버지 에티엥 파스칼(Etienne Pascal)에서 이름을 따왔다. 하지만 이것은 더 일찍 발견되었었다; 뒤러(Albrecht Dürer)는 일찍이 1525년에 그가 쓴 『*Underweysung der Messung*』에 이것을 그리는 방법을 제시하였다. 파스칼의 달팽이는 반지름이 같은 두 개의 원이 맞물려 돌아갈 때 생기는 **에피트로코이드**(Epitrochoid)의 특별한 경우로 원의 반사**초곡선**(cata **caustic**, 빛이 원에 반사되어 생기는 곡선)이며 또 원의 **페달곡선**(pedal curve)이기도 하다. 이것은 이차 **데카르트**(직교) **방정식**으로 다음과 같이 표현되는데

$$(x^2+y^2-2rx)^2=k^2(x^2+y^2)$$

여기서 r은 돌아가는 원의 반지름이고, k는 상수이다.
가끔 평범한 달팽이(ordinary limacon)라는 용어가 k값이 0보다 크고 1보다 작은 경우의 곡선을 말하는 데 사용되기도 한다. k=0일 때 곡선은 원이고 k=1이면 곡선은 **심장형 곡선**(cardioid)이므로 평범한 달팽이는 이 두 곡선 사이에서 변화하

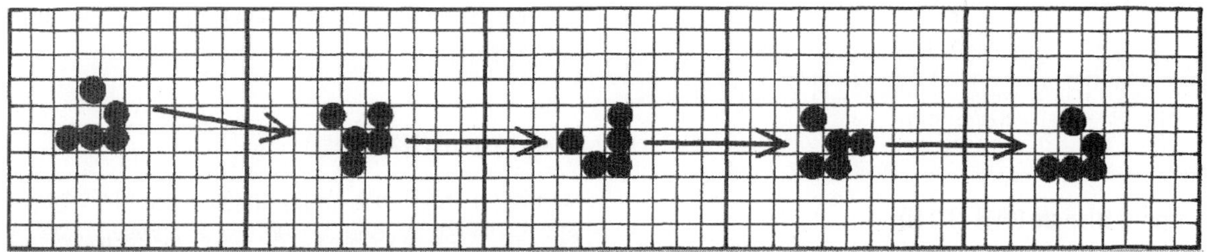

콘웨이의 생명 게임 "글라이더"가 한 셀 아래로, 한 셀 우측으로 옮겨졌다.

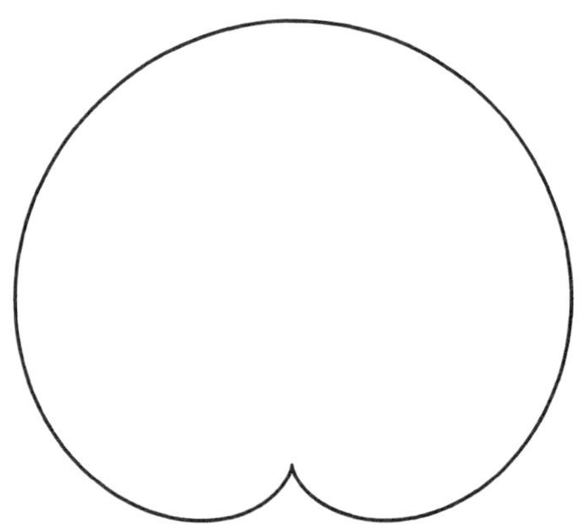

파스칼의 달팽이 © Jan Wassenaar, www.2dcurves.com

는 형태이다. 평범한 달팽이는 **타원**의 역(inverse)이기도 하다. k 값이 1보다 큰 경우에는 고리 혹은 올가미 같은 것이 곡선에 나타난다. 올가미가 있는 달팽이의 역은 **쌍곡선**(hyperbola)이다. 사실, 상수 k는 **원뿔곡선**(conic section)의 편심도와 같다. $k = 2$ 일 때의 달팽이를 **삼등분곡선**(trisectrix)이라고도 한다.

limerick (오행 속요)

다음이 왜 오행속요인가?

$$((12+144+20)+3\sqrt{4}/7)+5\times 11=9^2+0$$

왜냐하면, 이것을 만든 색스턴(Jon Saxton)이 다음과 같이 지적했다:

한 다스, 12다스, 그리고 스무 명,
더하기 4의 제곱근의 세 배,
7로 나누고,
11의 다섯 배를 더하면,
9의 제곱보다 더 많지 않다.

limit (극한)

수열의 각 항들이 점점 가까워지는 값. 수열의 값이 극한값과 같아져야 할 필요는 없으나 충분히 큰 항 이후부터는 임의로 가깝게 접근하여야 한다.

limping triangle (림핑 삼각형)

두 개의 짧은 변(빗변이 아닌 변들)의 길이 차이가 1인 직각삼각형. 예를 들면 세 변의 길이가 20, 21, 29 인 삼각형($20^2 + 21^2 = 29^2$).

line (직선, 선분)

유클리드 공간(Euclidean space)에서 두 점 사이의 가장 짧은 거리. 선은 암시적으로 *곧은 선*(*straight line*)이다; 다른 종류는 **곡선**(curve)이다. 수학적으로 직선은 n차원(n은 2 이상이다)의 두 점에 의해 결정된다. *선분*(*line segment*)은 확실한 끝점을 가지는 직선의 부분이다.

linear (선형)

어떤 함수 $f(x)$ 가 **선형함수**(linear function)라면 모든 a, b, c, x 값에 대하여 $f(a+b)=f(a)+f(b)$, $f(cx)=cf(x)$가 참이어야 한다.

linear algebra (선형대수)

벡터(vectors)와 **벡터공간**(vector spaces)에 대한 연구. 선형대수는 현대 수학의 중심에 위치하고 있으며 **추상대수학**(abstract algebra)과 **함수해석학**에서 폭넓게 쓰이고 있고 **해석기하학**(analitical geometry)의 형태로 구체적인 표현을 찾고 있다. 선형대수학은 2차원 혹은 3차원 벡터들에 대한 연구로 시작되었으나 지금은 일반화된 n-차원 공간으로 확장되었다.

linear group (선형군)

행렬의 곱셈을 연산으로 하는 **행렬**(matrix)들의 **군**(group).

linear programming (선형 계획법)

수학의 한 분야로, **볼록집합**(convex set), 특별히 **다면체**(polytope) 위에서 정의된 선형 함수들의 값을 최대화 혹은 최소화하는 문제. 다른 말로 표현하면, 일차방정식 혹은 일차부등식에 의해 제한되는 변수들로 표현된 일차식의 값을 최대화하는 문제이다.

linear system (일차 시스템)

변숫값의 변화가 좌표 상에서 **직선**(line)으로 제시되는 일련의 점들로 나타나는 어떤 시스템; 따라서 여기서 *linear*는 "직선"을 의미한다. 좀 더 일반적으로 말하면 일차 시스템은 작은 변화는 작은 효과를, 큰 변화는 큰 효과를 가져오는 시스템이다. 이 시스템에서의 성분들은 독립적이고 서로 영향을 미치지 않는다. 살아 있는 생명체나 그들의 성분들이 독립적이지 않고 서로 상호 작용하기 때문에 자연에 존재하는 실제 일차 시스템은 거의 없다. **비선형 시스템**(nonlinear system)과 비교하시오.

Liouville number (루이빌수)

유리수(rational number)로 매우 가까이 근사할 수 있는 **초월수**(transcendental number). 보통은 주어진 수가 초월수라는 것을 증명하는 것은 어렵다. 하지만 프랑스의 수학자 루이빌(Joseph Liouville, 1809-1882)은 특성을 쉽게 확인할 수 있는 큰(무한히 큰) 초월수들의 집합이 존재함을 보였다. 루이빌수의 한 예를 들면 0.101001000000100000000000000000000000001⋯과 같은 수인데 연속된 0의 길이가 1!, 2!, 3!, 4!, ⋯ 과 같다.

Lissajous figure (리사주 도형)

오실로스코프에서 흔히 볼 수 있는 형태의 도형이나 그래프. 가장 간단한 르사주 도형은 원 혹은 타원이지만 **8자형 곡선**(lemniscate)의 형태나 더 복잡한 모양이 될 수도 있다. 이 도형들의 이름은 1850년대 이 도형들을 가지고 실험하였던 프랑스 과학자인 르사주(Jules Antoine Lissajous, 1822-1880)의 이름에서 따왔다. 또한 이 도형들은 미국 천문학자이며 수학자인 보우디치(Nathanial Bowditch, 1772-1838)에 의해 설명되었기에 *Bowditch curve*로도 알려져 있다.

lituus (리투스)

영국의 수학자 코테스(Roger Cotes, 1682-1716)가 발견하고 스코틀랜드 수학자 매클로린(Colin Maclaurin, 1698-1746)에 의해 이름 지어진 **나선형**(spiral)곡선(1722). 라틴어 lituus는 주교장(주교들이 들고 다니는 장식 막대) 모양의 막대를 뜻한다. 이것은 부채꼴의 넓이가 일정하도록 유지하며 움직이는 점의 자취이다; 극방정식은 다음과 같다.

$$r^2 = a^2 / \theta$$

극좌표(polar coordinates)를 보시오.

Lovachevsky, Nikolai Ivanovitch (로바체프스키, 1793-1856)

비유클리드 기하학(non-Euclidean geometry)의 선구자 중의 한 사람인 러시아의 수학자. 그는 유클리드의 **평행선 공준**(parallel postulate)을 한 점을 지나는 한 개보다 많은 평행선들이 있을 수 있다는 것으로 대치함으로써 **쌍곡기하학**(hyperbolic geometry)이라는 무모순적 시스템을 야노스 **볼야이**(Janos Bólyai)와는 독립적으로 발견하였다. 로바체프스키는 이 체계를 1826년에 처음으로 발표하였고 이어서 『*Geometrical researches on the Theory of parallels*(1840년에 독일에서 출판되었다.)』을 포함하여 여러 편의 해설서를 썼다. 그는 카잔 대학에서 공부도 하고 가르치기도 하였고 마침내 1826년 대학의 학장이 되었다. 하지만 나라와 대학에 봉사하였음에도 불구하고 몇 가지 이유로 1846년 정부에 의해 교수직과 학장직에서 해임을 당하였다.

localized solution (국소 해)

미분방정식(differential equation)의 해 혹은 비슷한 수학적 개체로, 더 확장될 수 있음에도 불구하고 작은 영역에 제한되어 있는 해.

loculus of Archimedes (아르키메데스의 상자)

칠교판(tangrams)과 비슷한 분할 게임으로 14개의 다각형 조각을 맞추어 정사각형을 만드는 것. 이 조각들을 재배치하여 사람, 동물, 그리고 어떤 객체들의 모양을 만들거나 원래의

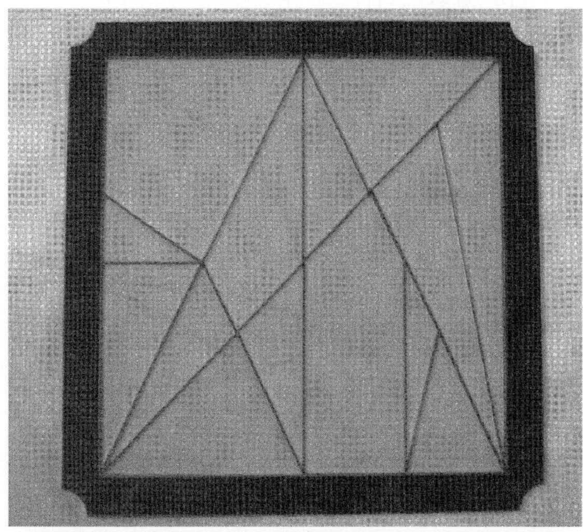

아르키메데스의 상자(loculus of Archimedes) 아르키메데스의 상자는 오래된 고대 퍼즐 중의 하나이다. *Kadon Enterprises, Inc, www.gamepuzzle.com*

모양으로 재배치하는 것이다. 고대 문헌에 로마 시인이자 정치가인 아우소니우스(Magnus Ausonius, A.D. 310-395)의 설명을 포함하여 이 게임에 대한 많은 언급들이 나온다. 오직 두 개의 단편적 사본들이, 하나는 아랍어 번역이고 다른 하나는 1899년 콘스탄티노플에서 발견된 10세기의 그리스 사본, 이것을 *loculus Archimedius*("아르키메데스의 상자")라 부르며 퍼즐과 **아르키메데스**를 연결해 주고 있다. 좀 더 일반적이기는 하지만 명확한 이유 없이 이것은 *ostomachion*(그리스어로 "위"라는 뜻인데) 혹은 라틴 서적에서 *syntemachion*이라고 알려져 있다. 2003년 **커틀러**(William Cutler)는 이 조각들을 정사각형으로 맞추는 서로 다른 방법(회전하고 대칭 이동하는 것을 제외한) 536가지를 컴퓨터를 이용하여 찾아냈다.

locus (자취)

어떤 조건을 만족하는 모든 점들의(곡선 혹은 곡면 위의) 집합. 예를 들면, 한 점에서 일정한 거리에 있는 평면 위의 자취는 원이다. 라틴어인 "locus"는 "위치"를 뜻한다.(동일한 의미의 그리스어는 "*topos*"인데 "topology"의 어원이 되었다.

logarithm (로그/대수)

밑수가 b인 어떤 수의, 혹은 어떤 변수 x의 로그, $\log_b x$는 x값을 얻기 위한 b의 **지수**(exponent). 수학에서 보통 사용하는 밑수는 e 혹은 10이다. 밑수가 e인 로그는 *자연로그*(*natural logarithm*)라고 하며 $\log x$, 혹은 $\ln x$로 표현한다. 밑수가 10인 로그는 *상용로그*(*common logarithm*)라고 하며 $\log_{10} x$로 나타낸다.

logarithmic sprial (로그나선)

등각나선(*equiangular spiral*)이라고도 불리는 **나선**(spiral)의 일종으로 자연에서 매우 일반적인 선. 멋진 예가 모시조개의 껍질과 같은 어떤 연체동물의 껍질들과 거미의 거미줄과 같은 것들이다. 곡선의 접선과 같은 반지름을 가지는 접선과 이루는 각은, *피치각*(*pitch angle*, 나사선과 나사선 사이의 각)이라고 하는데, 항상 일정하고 자기 닮음(self-similar)인 로그나선으로 나타난다. 다른 말로 하면 어떤 부분도 다른 부분과 비슷하게 보인다. (회전이 있을 수 있음에도 불구하고) 매는 로그나선의 형태로 먹이를 향해 접근하는데 가장 선명한 시점은 비행 방향의 각이 나선의 피치각과 같을 때이다. 크기는 많이 다르지만 은하계의 나선도 대체적으로 로그나선이다. 우리가 살고 있는 은하계, 특히 은하수는 각각이 약 12도의 피치를 갖는 로그나선인 네 개의 나선 팔을 가지고 있다고 믿어진다. 약 17도의 피치를 가지는 근사적 로그나선은 **피보나치수열**(Fibonacci sequence) 혹은 **황금비**(golden ratio)를 이용하여 만들어질 수 있다.

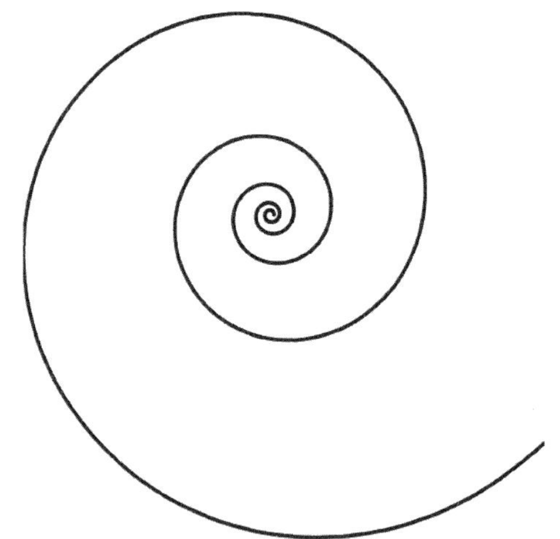

로그나선 © *Jan Wassenaar, www.2dcurves.com*

극좌표계(polar coordinates) (r, θ)를 이용한 로그나선의 식은 양의 실수 a, b에 대해

$$r = a\,b^{\theta}$$

이다. b가 나선이 얼마나 빈틈없이 어느 방향으로 돌아가는지 조절하는 반면 a를 변화시키면 나선이 회전한다. 로그 나선은 아르키메데스 나선과 구별된다. **아르키메데스 나선**(Archimedean sprial)의 팔 사이의 거리가 일정한 반면 로그 나선의 팔 사이의 거리는 **등비수열**(geometric sequence)로 증가한다. 어떤 점 P에서 출발하여 나선을 따라 안쪽으로 움직이면 원점(중심점)에 도달하기 전에 그 점을 무한히 돌게 된다; 하지만 움직인 전체 길이는 유한하다. 이 사실은 미적분학이 발견되기 전이었음에도 불구하고 이탈리아의 물리학자 토리첼리(Evangelista Toricelli, 1608-1647)에 의해 처음으로 현실화되었다. 전체 길이는 $r/\sin\theta$ 인데 r은 점 P에서 원점까지의 거리이고 θ는 피치각이다.

로그나선은 **데카르트**(René Descartes)에 의해 처음 묘사되었고 후에 베르누이(Jakob Bernoulli)에 의해 깊이 연구되었는데 베르누이는 이 나선을 *멋진 나선*(***spiralis mirabilis***)이라고 불렀으며 그것을 자기의 비석에 새겨주기를 원했다.(**Bernoulli family** 참조) 후에 그의 비석에 나선이 그려졌지만 불행히도 그것은 투박한 아르키메데스 나선이었다.

logic (논리학)

한 명제가 어떻게 다른 명제들을 수반하는지 혹은 명제들의 집합이 어떻게 연쇄적으로 함의되어 있는지를 다루는 수학의 한 분야. 그런 관련성은 특별한 기호를 이용하여 나타낼 수 있고, 규칙들의 다른 집합들이 어떻게 다른 종류의 구조를 만들어내는지도 볼 수 있다.

logical depth (논리 심도)

1988년 미국의 컴퓨터 학자이며 수학자인 베넷(Charles Bennett)에 의해 개발된 시스템의 복잡도를 나타내는 측도. 이것은 또 다른 측도인, **알고리즘 복잡도**(algorithmic complexity)-시스템으로부터 자료를 만들어내는 데 필요한 알고리즘의 측도-와 대조된다.

loop (닫힌곡선)

(1) 그 모양을 유지하는 매듭. (2) 그래프에서 어떤 꼭짓점을 자기 자신과 연결하는 변 (3) 주어진 횟수만큼 혹은 특별한 조건을 만족할 때까지 반복되는 일련의 명령.

루프는 대부분의 컴퓨터 프로그램의 중심을 차지한다. 가장 많은 일반적인 형태는 *for, while, do,* 그리고 *repeat*와 같은 명령어들로 나타내는 반복 루프이다. 혹은 주어진 횟수만큼 반복되는 일련의 명령어들이다. 점화식 루프는 일련의 명령어를 수행하는 더 강력한 구조로서 전형적으로 수정된 변수들을 끝내는 조건을 만족할 때까지 다시 원명령어집합에 적용하는 재귀적 call을 포함한다. 재귀적 알고리즘은 문제를 답이 발견될 수 있는 점점 더 작은 문제들로 줄여 똑같은 일련의 명령어들을 적용하여 문제를 해결한다.

Lorenz, Edward Norton (로렌츠, 1937-2008)[4]

1960년대 초반, 간단한 연립방정식을 이용하여 공기 대류의 모델을 만들어 "초기 조건의 민감성"의 현상에 몰두한 MIT 공대의 기후학자. 그 과정에서 그는 처음으로 인정된 **혼돈 끌개**(chaotic attractors)의 개요 중 한 가지를 설명하였다. 로렌츠의 기후학 컴퓨터 모델에서 그는 결정적 혼돈의 배경 구조를 발견하였다: 몇 개의 변수들로 간단하게 구성된 시스템이 예측 불가능한 매우 복잡한 행동을 보여줄 수 있다. 디지털 컴퓨터를 이용하여, 인쇄된 많은 숫자들과 변수들의 간단한 띠 차트에서 자료를 추려냄으로써 한 변수의 작은 변화가 전체 시스템의 결과에 심오한 영향을 미치는 것을 알 수 있었다. 이것이 초기 조건에 민감하게 의존하는 것에 대한 분명한 첫 번째 예시 중 하나였다. 로렌츠는 이것이 단순하지만 물리적으로 관련된 모델에서 발생한다는 것을 보였다. 그는 또한 실제 기후 환경에서 이런 민감성은 그 이전 모델들에서는 전혀 고려되지 않았던 전선 혹은 기압-시스템의 발전을 의미할 수도 있다고 생각하였다. 그의 유명한 1963년 논문에서 로렌츠는 베이징에서 나비가 나풀거린 것이 얼마 후에 수천 마일 떨어진 곳의 기후에 영향을 미칠 수 있다는 것을 그림으로 설명하였다. 이 민감성이 **나비 효과**(Butterfly effect)라고 불린다.

Lorenz system (로렌츠 시스템)

세 개의 방정식으로 구성된 **연립미분방정식**(differential equations). 발견자인 **로렌츠**(Edward Lorentz)의 이름을 따서 명명되었는데 **혼돈**(chaos)과 **혼돈 끌개**(chaos attractor)의 첫 확실한 예이다.

Lovelace, Lady

Byron, Ada를 보시오.

loxodrome (사향곡선)

나침반이 똑같은 방향을 가리키도록 한 상태로 움직였을 때

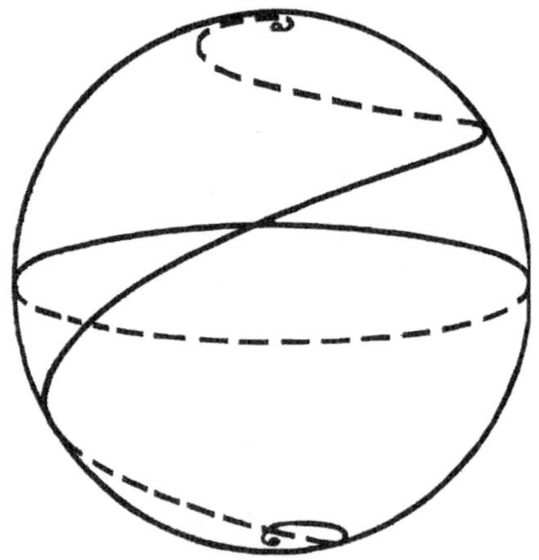

등사항법 경로(loxodrome) 일정한 나침반 방향을 따라 지구의 두 극 사이를 움직일 때 만들어지는 회전 경로.

L

역자 주

4) 2008년 4월 타계하였음.

지구 표면 위에 나타난 경로. 이 경로들은 지구의 메카도르 도법 위에서 직선으로 나타난다. 왜냐하면 이 도법은 같은 방향을 유지하는 경로들이 직선으로 나타나는 성질을 갖도록 디자인되었기 때문이다. 등사항법 경로가 구 위의 두 점을 잇는 최소 거리는 아니다. 최소 거리는 **대원**(great circle)의 할선이다. 그러나 과거에 배의 항해사가 대원을 따라가기 위해서는 나침반의 방향을 계속적으로 바꿔줘야 했기 때문에 매우 어려웠다. 해결책은 등사항법 경로로(그리스어의 "loxos"는 기울었다(slanted)는 뜻이고 "drome"은 경로(course)를 의미한다) 일정한 방향을 따라 항해하는 *나침방위선*(*rhumb line*, 항정선)으로 알려져 있다. 중위도에서 항정선을 따라가는 것이 여행 일정을 과도하게 늘이지는 않는다. 항정선이 **구**를 따라 계속되면 나선형 모양, 혹은 극사영의 경우 로그 나선으로 나타난다.

Loyd, Sam (로이드 셈, 1841-1911)

미국의 위대한 퍼즐 작가. 퍼즐 중에서 가장 잘 알려진 Hoop-snake 퍼즐, **지구를 떠나라**(Get Off the Earth), **조랑말 퍼즐**(Pony Puzzle), 그리고 무엇보다도 가장 유명한 **15퍼즐**(Fifteen puzzle)이 있다. 17세에 그는 벌써 체스 문제에서 선도적인 작가 중 한 사람으로 추앙받았고 눈속임같이 단순해 보이는 조랑말 퍼즐을 만들었다. 이 퍼즐의 목적은 두 마리 조랑말과 두 기수 그림을 세 쪽으로 나눈 후 다시 조합하여 기수가 조랑말을 타고 있는 모양으로 만드는 것이다. 로이드는 이 퍼즐을 흥행사 바눔(Phineas T. Banum, Banum & Bailey Circus fame)에게 약 $10,000를 받고 팔았다. 이것이 그의 강점이 되었다: 퍼즐이 무척 단순해 보여서 사람들이 퍼즐 풀이에 빠져들게 하지만 몇 시간 후에 아직도 그 퍼즐을 풀어보려고 노력하는 자신들을 발견하게 되는 그런 퍼즐들을 고안하는 것. 로이드는 1890년대에 직업적인 퍼즐 작가가 되었다. 그는 영국의 퍼즐 작가인 **듀드니**(Henry Dudney)와 서신 왕래를 하였고 아들인 로이드 Jr.(Sam Loyd Jr.) 와 함께 일하기도 하였다. 아버지 로이드의 타계 후 로이드 Jr.는 아버지 작품을 주로 편집한 퍼즐들을 계속 출판하였으며, 1914년 절판되었으나 많은 사람들이 소장하고 싶어하는 "*Cyclopedia of 5,000 puzzles, Tricks, and Conundrums*"라고 불리는 아버지 로이드의 퍼즐들의 거대한 모음집을 출판하였다.

lozenge (마름모)

한 꼭지각이 60도인 **마름모**(rhombus).

L-system (L-시스템)

식물 성장의 모델을 위한 **프랙탈**(fractal)을 만드는 한 방법. L-시스템은 시작하는 문자열을 **공리**(axiom)로 사용하여 평행 문자 대치 규칙 몇 가지를 반복적으로 적용함으로써 프랙탈을 그리는 명령어로 사용되는 하나의 긴 문자열을 생성한다. **칸토어의 먼지**(cantor dust), **코흐의 눈송이**(Koch snowflake), 그리고 **페아노곡선**(Peano curve)과 같은 많은 프랙탈들이 L-시스템으로 표현될 수 있다.

Lucas,(François) Edouard(Anatole) (뤼카스, 1842-1891)

피보나치수열(Fibonacci sequence)과 그의 이름을 딴 **뤼카스수열**(Lucas sequence)에 대한 연구로 잘 알려진 프랑스의 수학자. 그는 소수 여부를 시험하는 방법을 개발하였다.- 이것은 후에 레머(D. H. Lehmer)에 의해 **메르센수**(Mersenne number)가 소수인지 아닌지 검사하는 Lucas-Lehmer 방법으로 정리되었다. 뤼카스는 또한 레크리에이션 수학(recreational mathematics)에 관심이 많았는데 **하노이 타워**(Tower of Hanoi)가 그의 가장 유명한 퍼즐 게임이다. 그는 파리 천문대에서 일했고 후에 파리에서 수학 교수가 되었다.

Lucas sequence (뤼카스수열)

뤼카스에 의해 처음으로 연구된 피보나치수열의 일반화. 한 가지는 다음과 같이 정의된다: $L(0)=0, L(1)=1, L(n+2)=PL(n+1)+QL(n)$. 피보나치수열은 $P=Q=1$ 인 특별한 경우이다. 다른 형태의 뤼카스수열은 $L(0)=2, L(1)=P$ 로 시작한다. 이와 같은 수열은 수론과 소수를 확인하는 데 사용된다.

lucky number (행운의 수)

1955년경 **울람**(Stanislaw **Ulam**)에 의해 처음으로 확인되고 이름 지어진 어떤 수열의 한 수로, 다음과 같은 어떤 특별한 형태의 "**체**(유명한 **에라토스테네스의 체**(sieve of Eratosthenes)와 비슷한)"를 피한 수. 1을 포함하는 정수들의 리스트로 시작한다. 우선 짝수 번째에 있는 수들: 2, 4, 6, 8, … 을 지운다. 남아 있는 수의 두 번째 수가 3이다. 남은 수들 중에서 매 세 번째 수들을 지운다. 그러면 5, 11, 17, 23, … 과 같은 수들이 지워진다. 이제 남은 수의 세 번째 수가 7이다. 다시 매 일곱 번째에 있는 수들을 지운다. 19, 39, … 이 과정을 무한히 반복해서 남는 수가 바로 "행운의 수"이다: 1, 3, 7, 9, 13, 15, 21, 25, 31, 33, 37, 43, 49, 51, 63, 67, …

놀랍게도 수의 리스트에서 오직 수의 위치만을 체로 사용해서 만들었음에도 불구하고 행운의 수들은 **소수**(prime numbers)와 많은 성질들을 공유한다. 예를 들면 100보다 작은 수들 중에 25개의 소수가 있고 23개의 행운의 수가 있다. 사실 임의의 주어진 두 수 사이에서 소수나 행운의 수가 비슷하게 나타난다. 또한 소수 사이의 간격과 행운의 수 사이의 간격 또한 수가 커질수록 비슷한 비율로 넓어지고 쌍둥이 소수(차이가 2인 두 개의 소수)의 개수도 쌍둥이 행운의 수의 개수와 비슷하다. 더 놀라운 것은 (아직 해결되지 않은) 유명한 **골드바하 추측**(Goldbach conjecture)-2보다 큰 짝수는 두 소수들의 합이다-와 비슷한 명제도 있다는 것이다. 행운의 수 추측은 "모든 짝수들은 두 개의 행운의 수들의 합이다." 라는 것인데 아직도 성립하지 않는 경우를 찾지 못했다. 아직도 해결되지 않은 문제는 무한히 많은 행운의 수가 존재하는가에 대한 물음이다. **울람 나선**(Ulam spiral)을 보시오.

Ludolph's number (루돌프의 수)

Ludolphine 이라고도 알려졌는데 이 이름은 독일에서 오랫동안 알려졌던 35자리의 π(pi)를 계산한 커일렌(Ludolph von Ceulen, 1540-1610)에서 유래되었다.

lune (활꼴)

구(sphere)의 일부분으로 공통점을 가지는 두 개의 대원 사이의 영역(**great circle**을 보시오.).

Lyapunov fractal (리아프노프 프랙탈)

컴퓨터 예술가들에게 일반적인 프랙탈의 특별한 사진 타입. 이것은 또한 간단한 인구 증가의 생물학적 모델-인구 증가의 차수가 *a*와 *b* 사이를 주기적으로 왔다갔다 하는-을 나타내기도 한다.

리아푸노프 프랙탈 리아푸노프 지수를 이용하여 컴퓨터로 생성한 이미지. *Radek Novak/Infojet*

M

Maclaurin, Colin (메클로린, 1698-1746)

미적분학과 중력에 대한 **뉴턴**(Issac Newton)의 연구를 발전, 확장시켰으며 **평면곡선**(Maclaurin trisectrix 참조)에 대한 주목할 만한 연구를 한 스코틀랜드 수학자. 그의 *Treatise of Fluxions*(유율에 대한 논문, 1742)에서 뉴턴의 방법에 대해 처음으로 조직적 구성을 시도하였고, 함수들을 원점을 중심으로 전개된 급수로, 현재 메클로린 급수(Maclaurin series)라고 알려진, 나타내는 방법을 연구하기 시작하였다. 메클로린은 또한 몇 가지 기구를 발명했고, 천문 관측도 하였고, 벌집의 구조에 대해 저술했으며, 그리고 스코틀랜드 섬의 지도를 개량하기도 하였다.

Maclaurin trisectrix (메클로린의 달팽이꼴)

아주 오랜 기하학 문제 중 하나인 임의의 각을 삼등분하기(trisecting an angle)를 해결하기 위한 생각으로 1742년 **메클로린**(Colin Maclaurin)에 의해 처음으로 연구된 곡선. 메클로린의 **달팽이 꼴**은 다음과 같은 직교방정식으로부터 나온다.

$$y^2(a+x)=x^2(3a-x)$$

이것은 원점에서 자기 자신과 교차하는 **전도불변**(anallagmatic) **곡선**이다.

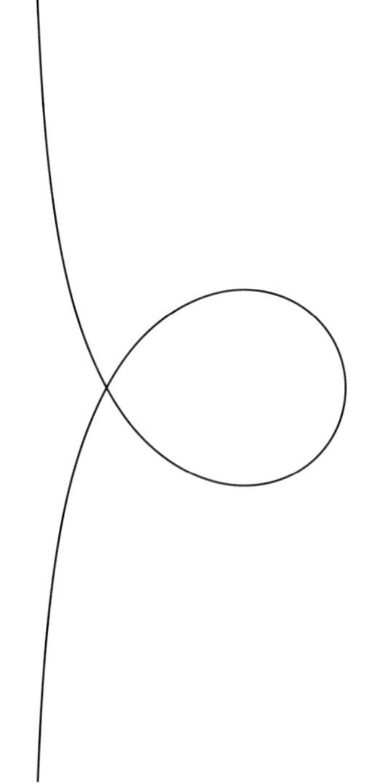

맥러린의 삼등분곡선 *Jan Wassenar, www.2dcurves.com*

MacMahon, Percy Alexander (맥마흔, 1854-1929)

군인가족들 사이에서 태어난 영국의 수학자, 물리학자이자 해군 장교. 포탄이 쌓여 있는 방법에 관심을 보인 어린 시절부터 그의 성향은 확실하였다. 그는 후에 저항을 고려한 미사일 탄도에 대한 연구와 **조합론**(combinatorics)의 대칭함수를 연구하였고, **실베스터**(James Sylvester)와 **케일리**(Arthur Cayley)의 결과들을 정리하였다. 대칭에 대한 그의 연구는 분할에 관해 연구하게 하였고, 라틴사각형(Latin square)의 세계적 권위자가 되었다. 그는 두 권으로 이루어진 『Combinatory Analysis, 1915–1916』를 저술하였으며 『New Mathematical Pastimes, 1921』[210]라는 수학적 즐거움에 대한 책을 썼다. 두 번째 책에 맥마흔의 흥미를 자아낸 또 다른 주제를 보여준다: 즉 평면을 채울 수 있는 패턴의 개발이다. 하지만 그는 서문에서 많은 후회와 함께 "색이 들어간 책을 만든다는 것이 가능하다는 것을 밝히지 못했다."라고 서문에 썼다. **Macmahon squares, thirty colored cubes puzzle**을 보시오.

MacMahon square (맥마흔 사각형)

맥마흔(Percy MacMahon)이 수학적 소일거리로 1926년에 세 가지 색 정사각형과 네 가지 색 삼각형들을 개발하여 소개한 것으로 각 변의 색들의 모든 순열에 기초를 둔 타일들의 색-매칭 개념. 그는 정사각형과 삼각형들을 삼각형으로 나누어 조각의 각 변들이 모든 조합에서 고유의 색을 갖도록 하였다. 각각의 세트는 24개의 다른 타일을 포함하는데, 맥마흔은 이 조각들로 이웃하는 변들의 색이 같으면서 바깥 둘레가 한 가지 색으로 된 하나의 모양을 만들 수 있다는 것을 발견했다. 30년이 지나는 동안 이 세트에 대한 가장 집중적인 연구가 오하이오 리마의 엔지니어 필포트(Wade Philpott, 1918–1985)에 의해 이루어졌는데, 그는 맥마흔 사각형들과 삼각형들로 변 색깔 매칭과 바깥 테두리 색 매칭을 동시에 만족시키며 만들어낼 수 있는 모든 가능한 대칭적 모양을 발견하였고 맥마흔 사각형 4×6의 모든 해의 개수를 계산하였다. **30개의 색깔이 칠해진 정육면체 퍼즐(thirty colored cubes puzzle)**을 보시오.

Madachy, Joseph S. (마다치, 조셉)

미국의 수학자이며 유희 수학 잡지(*Recreational Mathematics Magazine*)의 창시자. 거의 30년 동안 유희 수학 저널(*Journal of Recreational Mathematics*)의 편집자였다(현재는 명예 편집자). 또 이런 주제의 책과 글의 저자이며 잘 알려진 퍼즐가이다.

magic cube (매직 큐브)

마방진(magic square)과 비슷하지만 2차원이 아닌 3차원. 1부터 n^3까지의 정수들로 구성되어 있으며, 합이 같은 $3n^2+4$개의 라인이 있다. 모든 행, 열, 기둥들, 그리고 네 개의 대각선들의 합이 $1/2n(n^3+1)$로 일정하다. 매직 큐브의 각 단면은 마방진이 된다.

magic square (마방진)

서로 다른 자연수 1, 2, …, n^2이 행, 열, 혹은 대각선의 합이 같도록 배열된 $n\times n$ 정사각형. 이 합은 $1/2n(n^2+1)$인데 *마법 상수(magic constant)*로 알려져 있다. 3×6 마방진은 오직 한 개가 있는데(대칭인 것과 회전한 것을 제외하고), 이것은 650 B.C.경에 중국인들에게 전설로 알려져 있는 *lo-shu*(洛書) 마방진이다. 인도와 아랍 수학에서 마방진과 초자연성과의 연결이 있었다는 것이 분명하다. 4×6 마방진은 다음과 같다.

8	1	6
3	5	7
4	9	2

각 행과 열, 그리고 대각선의 합이 15이다. 각 행을 앞에서부터 또 뒤에서부터 세 자리 수로 읽어 제곱하면 흥미로운 관계식을 얻는다.

$$816^2+357^2+492^2=618^2+753^2+294^2$$

독자들은 똑같은 성질이 열과 대각선에서도 성립하는지 알고

마방진 바르셀로나의 Sagrada Familia 성당의 벽에 새겨진 4×4 마방진.

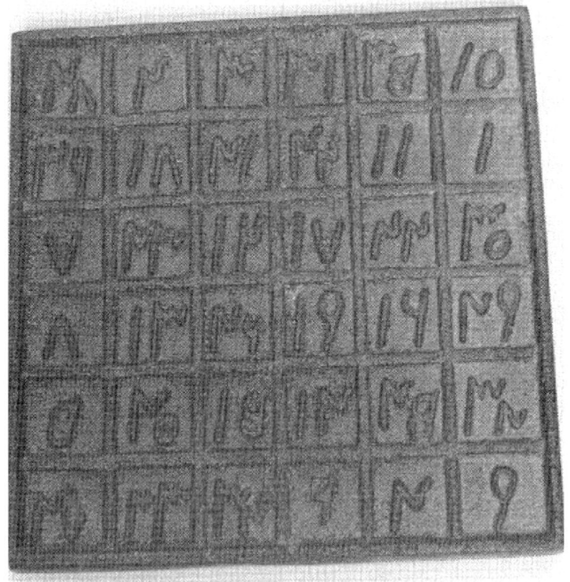

마방진 원나라(Yuan dynasty 1271–1368) 시대에 주철로 만들어진 6×6 마방진으로 악령을 퇴치하는 성스러운 물건으로 사용되었다.
Sue & Brian Young / Mr. Puzzle Australia, www.mrpuzzle.com.au

싶을 것이다.

16세기 초 아그리파(Cornelius Agrippa)는 $n = 3, 4, 5, 6, 7, 8$, 그리고 9 일 때의 마방진을 만들었고 당시에 알려져 있던 7개의 행성(해와 달을 포함하여)과 연관지었다. **뒤러**(**Albert Dürer**)의 유명한 판화 Melancholia(1514)에 4차(4×4) 마방진의 그림이 포함되어 있다. 880개의 서로 다른 4차 마방진이 있고 275,305,224개의 5차 마방진이 있다. 그러나 더 높은 차수의 마방진의 개수는 아직 알려져 있지 않다. 두 개의 대각선의 합 혹은 한 개의 대각선의 합이 마법 상수와 같지 않은 것들은 *준 마방진*(*semi-magic square*)이라고 불린다. 모든 대각선들의 합이 마법 상수와 같은 마방진은 *전대각선 마방진*(*pandiagonal square*(*panmagic* 혹은 *diabolical square*))라고 불린다. 전대각선 마방진은 6, 10, 14, ..., $2(2i+1)$차수를 제외한 모든 차수에서 존재한다. 모두 48개의 전대각선 4×4 마방진이 있다. 만일 각각의 수 n_i를 n_i^2으로 대치했을 때 다시 마방진이 되는 것들을 *bimagic doubly magic square*라고 부르고, 또 n_i, n_i^2, n_i^3에 대해 모두 마방진이 되는 것들은 *trebly magic square*(*trebly 마방진*)이라고 부른다.

3×3 마방진은 몇 번 해 보면 만들 수 있으나 4×4 마방진 혹은 이보다 큰 마방진을 만드는 일은 체계적 방법, 즉 알고리즘(algorithm)이 중요하다. 흥미로운 것은 마방진이 홀수 차수인지 짝수 차수인지에 따라 다른 알고리즘이 필요하다는 것이다. 홀수 차수 마방진들은 만들기가 쉬운데 샴(Siamese)의 방법(가끔 루브르 혹은 계단 방법이라 불리기도 한다), Lozenge의 방법, 그리고 Meziriac의 방법을 포함하는 몇 가지 표준적인 방법들이 있다. 여기 피라미드 혹은 확장된 대각선 방법이라 불리는 또 다른 방법을 소개한다. (1) 마방진의 사각형 크기와 같은 크기의 사각형으로 마방진의 각 변에 피라미드를 그린다; 피라미드 밑변에 사용된 사각형의 개수는 마방진 크기보다 2개 작게 만든다. (2) 1부터 n^2까지 수를 지금 그린 모양에 대각선을 따라 배치한다. (3) $n \times n$ 마방진 바깥에 있는 수들을 반대편 빈 곳에 채운다.

반마방진(*Antimagic square*)은 1부터 n^2까지 수들의 $n \times n$ 행렬로 각 행, 열, 그리고 중심 대각선의 합이 다르면서 연속된 정수들의 수열이 되는 마방진이다. 4×4 반마방진은 1부터 16까지 수들의 배열인데 네 개의 행, 네 개의 열, 그리고 두 개의 대각선이 10개의 연속된 수들의 수열을 이룬다. 예를 들면 다음과 같은 마방진이다:

1	13	3	12
15	9	4	10
7	2	16	8
14	6	11	5

마방진의 원리는 이차원에서 **magic cube**, *magic tesseracts* 등을 포함하는 더 높은 차원의 것들로–각 단면이 **magic cube**, 혹은 magic square인[10, 160, 162]–확장될 수 있다. **라틴사각형**(**Latin square**), **매직 경로**(**magic tour**)를 참조하시오.

magic tour (매직 경로)

$n \times n$ 체스판 위에서 어떤 말이 움직이는 경로를 따라 1부터 n^2까지 각 사각형에 썼을 때 그 결과가 마방진이 되는 경로. 만일 결과가 준마방진이 되는 경로는 준마방진 경로라고 부른다. Magic **나이트(奇士)의 경로**(**knight's tour**)는 $n \times n$ 체스판에서 n이 홀수일 때 불가능하다. 또 $4k \times k$, ($k > 3$)체스 보드에서 항상 가능하지만 $n=8$인 경우는 불가능하다고 믿어진다.

main diagonal (주 대각선)

$n \times n$ **행렬** $[a_{ij}]$의 원소들 $a_{11}, a_{22}, ..., a_{nn}$을 말한다.

major axis (장축)

타원의 긴 **현**(초점과 초점을 잇는 현).

Malfatti circles (말파티의 원)

1803년 이탈리아의 수학자인 말파티(Giovanni Malfatti, 1731-1807)는 다음과 같은 문제를 제기했다: 주어진 삼각형 안에 서로 겹치지 않으면서 넓이의 합이 최대가 되는 세 개의 원을 찾으시오. 말파티와 많은 수학자들은 이 문제의 해가 다른 두 개의 원과 두 변에 접하는 세 개의 원에서 나올 것이라고 생각했다. 말파티는 이 원들의 반지름을 계산하였는데 이 원들은 현재 말파티의 원으로 알려져 있다. 후에 말파티의 추측이 참이 아니라는 것이 밝혀졌다. 특히 1969년 골드버그(Goldberg)는 말파티의 원들이 결코 말파티 문제의 해가 될 수 없다는 것을 증명하였다! 다른 말로 하면, 임의의 삼각형 안에 면적의 합이 말파티 삼각형의 면적의 합보다 큰 세 개의 교차하지 않는 삼각형이 있다. 현재까지 알려진 것은 소위 *탐욕 알고리즘(greedy algorithm)*에 의해 해를 얻을 수 있을 것이라고 가정하는 것이 타당하다고 생각됨에도 불구하고 일반적 경우의 말파티 문제가 해결되지 않았다는 것이다. 그 알고리즘은 다음과 같다:

먼저 주어진 삼각형의 내접원을 그린다; 그 후에 내접원에 접하면서 삼각형의 가장 작은 각을 가지는 두 변에 접하는 원을 그린다. 세 번째 원은 어느 쪽 원이 더 큰가에 따라 같은 각 쪽에 접하는 원을 그리던지 아니면 중간 각 쪽에 접하는 원을 그린다.

Mancala (망칼라)

오늘날 거의 모든 곳에서 망칼라라고 불리는 이 게임은 정확히 말하자면 **와리**(Wari) 게임이다. 망칼라는(Wari 게임 같은 카운팅 게임인데) 고대 이집트, 아프리카, 그리고 아시아에 알려져 있던 게임으로 아마도 그곳을 방문하고 돌아온 선원들에 의해 유럽에 전해졌을 거라고 추측된다. 와리는 보드와 색깔 돌이나 조개껍데기로 만들어진 48개의 마커 혹은 놀이조각들로 플레이한다. 나무로 만들어진 판은 컵(cup)이라 불리는 동그랗게 파인 6개의 홈을 가진 두 개의 행과 양 끝에 타원형의 저장소(reservoir)로 구성되어 있다. 게임은 12개의 컵에 각각 4개씩 돌을 놓으면서 시작된다. 첫 번째 플레이어가 자기 쪽의 한 개의 컵에서 돌들을 모두 꺼내 반시계 방향으로 바로 옆의 컵부터 한 컵에 한 개씩 넣는다. 잡은 돌들만 보관하는 저장소에는 돌을 넣을 수 없다. 돌이 충분히 많아 보드를 한 바퀴 돌 수 있는 경우에는 금방 돌을 꺼낸 컵에 돌을 넣지 않고 지나갈 수 있다. 만일 마지막 돌이 상대방 쪽 컵에 놓이게 되어 그 컵에 두 개 혹은 세 개의 돌만 있으면 그 컵의 돌들을 잡을 수 있어 그 돌들을 내 쪽의 저장소에 옮겨 놓는다. 또한 금방 말들이 잡힌 컵 옆의 컵(시계 방향으로)에 역시 두 개 혹은 세 개의 돌이 있는 경우 그 컵의 말들도 잡을 수 있다. 이 방법을 마지막으로 잡힌 컵에서 시계 방향으로 바로 옆 컵(상대방 컵으로)에 두 개 혹은 세 개의 돌들이 있을 때 까지 계속할 수 있다. 그러나 한 번에 상대방의 남아 있는 모든 말들을 잡아 상대방이 게임을 하지 못하도록 할 수는 없다. 상대방 말을 잡을 때 만일 상대방 컵 중 오직 한 컵에만 말이 남아 있는 경우에 그 말들을 잡을 수 없다. 상대방 컵 중 하나 이상의 컵에 돌을 놓게 되는 차례가 되었는데도 상대방 컵이 모두 비어 있도록 놔둘 수도 없다. 보드의 한쪽 편이 다 비게 되면 게임은 끝난다. 이것은 한 플레이어가 자기의 마지막 돌을 상대방 컵에 넣게 되는 경우이다. 게임의 마지막에 각 플레이어는 보드의 자기편에 남아 있는 돌들을 취하여 저장소에 넣는다. 저장소에 가장 많은 돌을 가진 사람이 이긴다.

Mandelbrot, Benoit B. (망델브로, 1924-2010)

프랙탈(fractal) **기하학**에 대한 작금의 관심을 불러일으킨 폴란드에서 태어난 프랑스 수학자. 바르샤바에서 태어난 그는 어린 시절의 대부분을 프랑스에서 보냈다. 망델브로(Mandelbrot)는 강한 학문적 전통을 가진 가정에서 태어났다: 그의 어머니는 의사였고 그의 삼촌 망델브로(Szolem Mandelbrot)는 파리의 유명한 수학자였다. 그의 가족은 히틀러의 통치를 피해 1939년대에 폴란드를 떠나 파리로 왔다. 그곳에서 망델브로는 그 삼촌에 의해 수학을 접하게 되었다. 프랑스에서 공부한 그는 **줄리아**(Gaston **Julia**)의 수학을 발전시켰고, 컴퓨터에서 방정식 그래프를 그리기 시작했다(지금은 일반화되었지만). 그는 현재 프랙탈 기하학으로, 그리고 그의 이름을 따서 **망델브로집합**(**Mandelbrot set**)이라고 알려진 것을 시작한 사람이다. IBM에서 수학자로서 프랙탈에 대한 연구 업적 때문에 그는 토마스 왓슨 연구소의 명예 특별 회원의 자격을 얻게 되었다. 프랙탈에 대한 수학적 연구 외에 그는 자연의 많은 곳에서 프랙탈이 발견된다는 것을 보였고 **카오스 이론**(chaos theory)에서 전적으로 새로운 탐구를 이끌었다. 그는 1987년 예일 대학의 교수가 되었다.

Mandelbrot set (망델브로집합)

가장 잘 알려진 프랙탈이면서 가장 복잡하고 아름다운 수학적 객체 중의 하나. 이것은 1980년 *망델브로*(Benoît **Mandelbrot**)에 의해 발견되었는데 1982년 두아디(Adrien Douady)와 허바드(Hubbard)가 그의 이름을 따서 명명하였다. 이 집합은 믿을 수

M

없을 만큼 간단한 방정식

$$z_{n+1}=z_n^2+c$$

(여기서 z와 c는 복소수이고 $z_0=0$이다.)를 반복하여 얻어진다. 이 식은 복소수 없이도 다음과 같이 표현이 가능하다. 여기서 $z=(x, y)$, $c=(a, b)$이다.

$$x_{n+1}=x_n^2-y_n^2+a$$
$$y_{n+1}=2x_ny_n^2+b$$

망델브로집합은 **아르강 도표**(Argand diagram)에서 함수 z^2+c를 반복 적용해도 발산하지 않는 모든 점들로 구성되어 있다. 필요한 계산을 하고 이 놀라운 구조의 그림을 그리는 데는 컴퓨터가 필수적이다. 계산의 목적을 위해 아르강 도표가 화소 단위로 나누어지고 각 축에서는 z^2+c의 상수 c값을 제공한다. 각각의 화소(c의 값)에 대해 함수가 반복 적용된다. 만일 함수가 빠르게 발산하거나(blow up) 혹은 빠르게 수렴하면(collapse), 그 화소는 검정색으로 남는다. 만일 함수가 어느 방향으로 가는지 분명하지 않으면 더 오래 반복 적용되도록 내버려 둔다. 어떤 경우에는 이 함수가 궁극적으로 발산한다는 것이 명확해지기 전까지 반복 계산이 매우 긴 시간 동안 지속될 수도 있는데, 그래서 **심도**(depth)라고 알려진 극한값이 이 반복 계산이 멈춘 이후에 설정된다. 만일 발산 없이 심도에 도달하게 되면 대응하는 화소는 집합 안에 있다 하더라도 검정으로 남는다. 발산이 극한에 도달하기 전에 명확해지는 위치에서의 화소는 발산을 보여주기 위해 몇 번의 반복 계산이 필요한지 나타내주는 스케일에 따라 표시된다. 망델브로집합 전체는 아르강 도표의 중심에서 반지름의 길이가 2.5 cm인 원의 내부에 놓이게 된다. 유한한 넓이를 가지고 있음에도 불구하고 망델브로집합의 둘레는 무한히 길고 **하우스도르프 2차원**(hausdorff dimension of 2)이다.

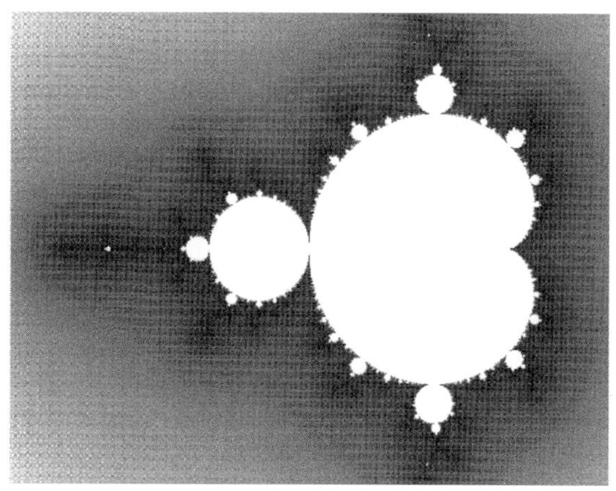

망델브로집합 망델브로집합의 일반적인 모양.

망델브로집합 망델브로집합의 확대된 그림은 그 안에 내재되어 있는 놀라운 패턴들의 무한한 다양성을 보여주고 있다.

망델브로집합의 전체적인 모양은 디스크들의 연속과 같다. 이 디스크들은 불규칙한 경계선들을 가졌고 음의 실수축을 따라 크기가 점점 줄어든다. 더 놀라운 것은 한 디스크와 다음 디스크와의 비율이 상수에 가까워진다는 것이다. 좀 더 복잡한 형상이 디스크로부터 가지쳐 나간다. 망델브로집합 중 나선 모양을 포함하는 한 부분은 해마의 고리를 닮았기 때문에 *해마 계곡*(*Seahorse valley*)이라고 이름 붙었다. 현미경처럼 집합의 다른 부분을 확대해 보기 위해 컴퓨터가 이용될 수 있다. 이것을 이용하면 그 모양이 무한히 복잡함에도 불구하고 전체집합의 윤곽과 같이 보이는 지역이 **자기 유사성**(self-similarity)을 보여주고 있다. 망델브로집합은 서로 다른 차원에서의 대칭성을 보여주고 있다. 실수축을 중심으로 동일하게 대칭적이고 작은 축척에서는 거의 대칭적이다. 이와 같은 "near-but-not-quite" 대칭성은 이와 같은 단순한 식과 방법으로부터 생성되는 개체 안에서 발견되는 가장 예상치 못한 성질이다. 망델브로집합은 줄리아집합의 색인으로 망델브로에 의해 개발되었다. 아르강 도표의 각 점은 다른 **줄리아집합**(Julia set)과 연계되고 망델브로집합 안의 점들은 정확하게 연결된 줄리아집합과 대응된다.

manifold (다양체)

작은 크기의 원에서는 거의 "평평한(flat)"-큰 스케일에서는 색다르게 혹은 복잡한 모양으로 구부러지거나 꼬여 있는-수학적 객체의 기하학 용어. 좀 더 정확히 말하자면, 다양체는 국소적으로는 일반적인 **유클리드 공간**(Euclidean space) 처럼 보이는 **위상공간**(topological space)이다. 모든 다양체는 국소적인 좌표 시스템에서 그것을 표현하는 데 필요한 *차원*(*dimension*)이 있다. 원은 이차원에서 곡선임에도 불구하고 일차원 다양체의 예가 된다. 가까이 들여다보면 원의 어떤 작은 일부분이 실제적으로 직선과 구별이 안 된다. 마찬가지로 구의 이차원곡면은 3차원에서 곡면임에도 불구하고 2-다양체이다. 부분적으로 보면 곡면은, 지구의 작은 부분과 같이, 평평하게 나타난다. 국소적으로 방향이 잘 정의될 정도로 충분히 매끄러운 다양체는 *미분가능*(*differentiable*)하다고 말한다. 만일 다양체가 길이와 각을 측정할 수 있는 충분한 구조를 가진다면 그 다양체는 *리만 다양체*(*Riemannian manifold*)라고 불린다. 미분가능한 다양체는 수학에서 기하학적 객체를 표현하는 데 사용되며, 미분가능성을 연구하는 가장 자연스럽고 일반적인 구조이다. 물리학에서 4차원 유사리만공간이 상대성 이론의 공간-시간을 나타내는 모델로 사용되는 반면에 미분가능한 다양체는 고전역학에서 위상공간(phase spaces)으로 쓰인다.

mantissa (가수)

로그로 표현한 값에서 양의 소수 부분. 예를 들어 log 3,300 = 3.5185...인데, 0.5185... 이 가수이다.

many worlds hypothesis (많은 세상 가설)

> *우리가 아직 하나도 정복하지 못한 거대한 다수의 나라가 있을 때 탄식할 가치가 있다고 생각하지 말아라.*
>
> \- 알렉산더 대왕

미국의 물리학자 휴 에버렛 3세(Hugh Everett III)가 1957년에 제시한 **양자역학**(quantum mechanics)의 설명에 따르면 많은 실행 가능성이 있을 때마다 이 세상은 각각의 다른 가능성에 한 세상씩 많은 세상들로 나누어진다.(이런 관점에서 세상이라는 용어는 대부분의 사람들이 "우주"라고 부르는 것을 의미한다.) 각각의 세상에서 모든 것은 시작할 때 한 가지 다른 것을 제외하고는 다 똑같이 시작한다; 그러나 이 시점부터 그들은 독립적으로 발전한다.

분리된 우주 사이에 서로 연락이 불가능해서 그 안에 살고 있는 사람들은 실제로 무엇이 진행되고 있는지 알 수가 없다. 따라서 이러한 관점에 따르면 세상은 끊임없이 분지해 나간다. 우리에게 "현재"라고 하는 것은 셀 수 없이 많은 수의 서로 다른 미래의 과거에 놓여 있다. 일어날 수 있는 모든 것이 어디에선가 일어난다. 많은 세상으로 설명하기 이전에 양자역학에 대해 일반적으로 받아들여진 설명은 *코펜하겐 해석*(*Copenhagen interpretation*)이었다. 코펜하겐 해석은 관찰자와 피관찰자를 구별하였다; 아무도 보는 사람이 없으면 시스템은 파동 방정식을 따라 결정적으로 진화하지만 누가 보고 있으면 시스템의 파동 함수가 관찰 상태로 와해되는데, 이것을 관찰하는 행동이 시스템을 바꾸는 이유가 된다. 많은 세상 가설이 관찰자와 피관찰자 전체 시스템을 모델화하는 데 반해 코펜하겐 해석은 관찰자에게 양자 이론의 그 어느 다른 객체에도 의존하지 않는 특별한 지위를 준다.

map (사상/지도)

(1) 함수의 다른 이름으로, 사상(mapping)이라고도 알려져 있다. 더 일반적으로는 한 집합의 원소와 같은 집합 혹은 다른 집합의 원소들과의 상관관계를 말한다.

(2) 보통 평면위에 지리적인 영역을 나타낸 것이다. **4색 지도 문제**(four color map problem)를 보시오.

Markov chain (마르코프 연쇄)

미래의 변수가 현재의 변수에 의해 결정되지만, 바로 전 단계에서 현재의 상태가 되는 것과는 독립적인 방법으로 이루어지는 확률 변수의 수열. 다른 말로 하면 마르코프 연쇄는 미래 상태가 현재 상태로부터 마치 이전의 일들을 모두 아는 것처럼 정확하게 예견되는 확률 과정을 나타낸다. 마르코프 연쇄는 문학을 대상으로 처음으로 이것을 연구하고 푸시킨의 글에 있는 모음과 자음의 분석에 이 아이디어를 적용한 러시아의 수학자인 마르코프(Andrei Andrevich Markov, 1856-1922)의 이름을 따서 명명되었다. 그의 연구는 **확률 과정**(stochastic process) 이론 연구를 촉발시켰고 양자 이론, 입자물리학, 그리고 유전학 등에 적용되었다.

Martingale system (마팅게일 시스템)

겉으로는 마치 꿈이 이루어지는 것과 같이 보이는 단순하고 대중적이지만 궁극적으로 손해가 큰 도박 시스템. 짧은 시

M

간 동안에는 도박꾼이 이 방법을 이용하여 몇 달러를 얻을 수 있는 좋은 기회를 가지게 된다. 하지만 긴 시간 동안 하다 보면 두 가지-내기 한도와 도박꾼의 가능한 재원-가 협력하여 그를 무너뜨리고 만다. 마팅게일 시스템이 처음 걸 돈을, 예를 들어 $2로 부른다. 만일 도박꾼이 지면 그는 $4로 내기돈을 높인다. 이것마저 잃으면 그는 모두 $6를 잃게 되는데 손실을 만회하고 이익을 얻기 위해 그는 내기 돈을 $8로 높일 것을 요구하게 된다. 이 사람이 다섯 번을 계속 잃었다고 가정하자. 그러면 6번 째 내기돈은 $64이다. 만일 도박꾼이 이긴다면 $128 를 받는데 그는 그동안 $124를 잃어 $4의 이익을 챙긴다. 물론 크건 작건 따는 것이 계속 반복되면 부를 만들 수 있을 것이다. 그러나 문제는 지는 일이 6번, 8번 혹은 10번 이상 길게 계속된다는 것이다. 마팅게일은 빨리 베팅 한도에 도달하게 된다. 예를 들어 도박꾼이 최고 한도가 $500인 $2 **블랙잭**(**blackjack**) 테이블에 있다면 그는 9번을 잃은 후에는 그만두어야 하고 금액은 $1,000 넘어간다. 이 잃어버린 금액을 복구하기 위해서는 500번을 이겨야 한다! 기본적으로 한 번 지는 일이 마팅게일 도박꾼을 다시는 기어올라올 수 없는 구덩이에 떨어뜨리는 일이다.

Mascheroni construction (마쉐로니 작도)

움직일 수 있는 컴퍼스만 가지고 만든 작도. 이탈리아의 기하학자인 마쉐로니(Lorenzo Mascheroni, 1750-1800)의 이름에서 따왔다. 그는 그의 논문 『*Geometria del compasso*, 1797』에서 컴퍼스와 직선자만 가지고 하는 모든 작도를 이와 같은 최소화 방법으로 어떻게 가능한지를 보임으로써 수학계를 놀라게 하였다.(반듯한 직선을 컴퍼스로 그릴 수 없으므로 두 개의 원호가 교차할 때 얻어지는 두 점이 직선을 정의하는 것으로 가정하였다.) 한편 모어(Georg Mohr, 1640-1697)가 더 일찍 그의 잘 알려져 있지 않은 『*Euclides danicus*, 1672』에 같은 결과를 증명했다는 것이 현재 알려져 있다. 마쉐로니 혹은 모어-마쉐로니 작도는 오늘날 이전의 작도 해법을 더 적은 단계로 개선하려고 노력하는 퍼즐을 즐기는 사람들에게 주된 관심사이다.

matchstick puzzle (성냥개비 퍼즐)

역학 퍼즐(**mechanical**)의 형태로, 주어진 지시에 따라 새로운 모양을 만들거나 다른 수학 문제를 풀기 위해 평범한 성냥개비의 패턴을 재배열하는 것을 포함하고 있다.

mathematical lifespan (수학적 수명)

"수학자의 수학 인생은 짧다. 연구 업적이 25세 혹은 30세 후에 더 나아지는 경우가 드물다. 만일 그때까지 적게 성취되었다면 그 후로도 적게 성취될 것이다." 알프레드 아들러는 New Yorker 잡지(1972)에 실린 그의 글 "Mathematics and Creativity(수학과 창의성)"에 그렇게 썼는데 수학자들이 30세 이전에, 물리학자들은 40세 이전에, 그리고 생물학자들은 50세 이전에(예외가 있을 수 있음에도 불구하고!) 가장 훌륭한 업적을 이루는 성향이 있다는 일반적인 믿음을 말한 것이다. 수리물리학자 프리맨 다이슨(Freeman Dyson)은 좀 더 간결하게 기술했다; "젊은 사람은 정리들을 증명하고 노인들은 책을 써야 한다." 다른 한편으로는, **하디**(G. H. **Hardy**)가 『수학자의 변명(A Mathematician's Apology)』에서 "아르키메데스는 아에실루스(Aeschylus)가 잊혀졌을 때 기억되었다. 왜냐하면 언어는 사라지지만 수학의 아이디어는 그렇지 않기 때문이다. '불멸성'은 어리석은 단어일 수 있지만 그것이 의미하는 바가 무엇이든지간에 수학자가 가장 좋은 기회를 가지고 있다."고 지적한 것처럼 이른 소진에 대한 보상이다.

mathematics (수학)

순수수학은 전적으로 만일 이러 이러한 명제들이 어떤 것에 참이면 이러 저러한 다른 명제들이 그것에 대해 참이다 라는 것들에 대한 주장들로 구성되어 있다. 첫 명제가 정말로 참인지 아닌지 토론하지 않는 것, 그리고 참으로 예상되는 어떤 것들에 대해 언급하지 않는 것이 필수적이다. 따라서 수학은 우리가 지금 말하는 대상에 대해 결코 알 수 없고 또 우리가 말하는 것이 참인지 아닌지도 모르는 그런 주제로 정의될 수 있다.

- 버트란트 러셀(Bertrand Russell)

실재하거나 혹은 상상 속에서의 패턴의 과학이다; 단어 *mathematics*는 그리스어의 "지식" 혹은 "공부해서 얻어진 것"을 의미하는 *mathema*에서 유래한다. 수학의 기원은 상업적 계산을 수행하고, 땅을 측정하며 천체의 현상을 예측하기 위한 실용적 필요성에 있다. 이러한 활동들은 대체로 구조, 공간, 그리고 변화의 수학에 연결된다. 구조의 탐구가 수와-초기에는 **자연수**(**natural numbers**)와 **정수**(**integers**)- 함께 시작되었다. 정수에 대한 심도있는 성질들이 **수론**(**number theory**)에서 다루어진 반면, 산술연산을 주관하는 규칙들이 기초 **대수학**(**algebra**)에서 다루어졌다. 방정식을 풀기위한 방법에 대한 연구는 **추상대수학**(abstract algebra)으로 발전했는데 그것은 우리에게 익숙한 수의 성질을 일반화하는 구조를 다루고 있다. 물리적으로 중요한 **벡터**(vector)의 개념은 **벡터공간**(vector dpace)으로 일반화되어 **선형대수**(linear algebra)에서 다루어지는데 구조와 공간을 다 포함하고 있다. 공간의 수학은 **기하학**(geoemtry)에서 생겼는데, 첫째는 일상생활에서의 **유클리드 기하학**(Euclidean geometry)과 **삼각법**(trigonometry)으로 시작해서 나중에 **비유클리드 기하학**(non-Euclidean geometry)의 여러 형태로 나타났다. **미분기하학**(differential geometry)과 **대수기하학**(algebraic geometry)의 현대 분야는 기하학을 다른 방법으로 일반화하였다. 대수기하학이 기하학적 객체를 **다항**(polynomial) 방정식들의 해의 집합으로 취급하는 데 반해 미분기하학은 좌표 개념, 매끄러움, 그리고 방향 개념들에 기초하여 만들어졌다. **군론**(group theory)은 추상적 발판 위에 대칭의 개념을 설정하여 공간과 구조 사이의 다리를 놓았다. **위상수학**(topology)은 **연속성**(continuity)을 강조함으로써 공간과 변화를 연결하였다. 물리 세계에서의 변화를 분석하고 설명하는 것은 자연과학의 영원한 주제이고 미적분학은 이것을 하기 위해 개발되었다. 변수 변화를 설명하는데 사용되는 중심 개념이 바로 **함수**(function)이다. 많은 문제들이 어떤 양과 그것의 변화율 사이의 관계로 귀착되며, 이런 문제들을 푸는 방법들이 미분방정식 분야에서 연구된다. 연속적인 양을 나타내는데 사용되는 수들은 **실수**(real numbers)이고, 실수들의 성질과 실수값을 갖는 함수들에 대한 성질에 대한 연구가 **실해석학**(real analysis)으로 알려져 있다. 여러 이유로 실수를 복소해석학에서 다루어지는 **복소수**(complex numbers)로 일반화하는 것이 편리하다. 함수해석학은 함수공간(특별히 무한 자원의)에 초점을 맞추고 있는데 많은 다른 것들 중에서 **양자역학**(quantum mechanics)을 위한 토대를 제공하였다. 수학의 기초를 탐사하기 위해서는 집합론, 수리 **논리**(logic), 그리고 모델이론 등이 발전되어야 한다.

고대 그리스 시대 이래로 사고(thought)가 수학의 궁극적 본질이 되었다. 현실에서 수학의 역할과 지위가 무엇일까? 가장 결정적인 질문은 수학이 발명되었을까 아니면 발견되었을까? **크로네커**(Leopold Kronecker)는 발명 쪽에 서 있다: 하나님이 정수를 만드셨다; 나머지는 모두 사람의 작품이다." 이와는 대조적으로 **에르미트**(Charles Hermite)는 플라톤 쪽이다: "전체 세계가 존재한다. 그것이 수학적 진실의 모든 것이다. 우리는 우리의 마음으로만 그것에 접근할 수 있다. 마치 물리학적 현실의 세계가 존재하는 것처럼, 그것은 다른 것들과 마찬가지로 우리들 자신과는 독립적인데 둘 모두 신성한 창조물이다." 독일의 물리학자 **헤르츠**(Heinlich Hertz)는 더 앞서 나갔다: "사람들은 이러한 수학 공식들이 독립적인 존재감과 그들만의 지성을 가지고 있다는 것, 그것들은 우리보다 현명하며 그것들의 발견자들보다 더 현명하다는 것, 그리고 우리가 애초에 투자한 것보다 더 많은 것들을 그것들로부터 받고 있다는 느낌으로부터 헤어날 수 없다." 하디는 오늘날 많은 수학자들이 가지고 있는 믿음의 경향을 다음과 같이 요약하였다:[151] "수학적 현실은 우리 밖에 놓여 있고, 우리들의 함수가 그것을 발견하거나 관찰한다는 것, 그리고 우리가 증명하고 우리의 창조물이라고 과장해서 설명하는 정리들이 단순한 우리의 관찰들의 요약이라는 것이다." 다른 문장에서 그는 이 점을 더 명확하게 하였다: "317은 소수이다 우리가 그렇게 생각해서도 아니고 혹은 우리의 마음이 어떤 한 방향으로 형성되었기 때문도 아니라 그것이 그렇기 때문이고 수학적 실체가 그렇게 만들어졌기 때문이다." 우리는 수학이 우리가 살고 있는 이 세상의 움직임을 어쩌면 그렇게 잘 설명하는가에 감동받는다. 사실 우주는 깊은 수학적 하부 조직을 가지고 있다. **가드너**(Martin Gardner)는 다음과 같은 대담한 주장을 한다: "수학은 실제적일 뿐만 아니라 유일한 실체이다. [The]... 전체 우주는 물질로 만들어지고... 그리고 물질은 입자로 만들어진다... 이제 입자는 무엇으로 만들어질까? 그것들이 아무것으로부터 만들어지지는 않는다. 전자의 실체에 대해 당신이 말할 수 있는 유일한 것은 그것의 수학적 성질을 언급하는 일이다. 따라서 물질이 완전히 그 안에서 녹아버리면 남는 것은 단지 수학적 구조라는 느낌이 있다."

matrix (행렬)

수들을 정사각형 혹은 직사각형 모양으로 배열한 것. 보통 큰 괄호로 둘러싸여 있다. 특별한 규칙에 따라 더하고 곱하기도 하는 행렬들은 어떤 양을, 특히 물리학의 어떤 분야의 양을 나타내는 데 매우 유용하다. 행렬은 벡터에 대한 선형 연산자로 생각된다 **행렬-벡터**(matrices-vectors) 곱은 크기의 조절, 회전 이동, 대칭 이동(반사), 그리고 평행 이동과 같은 기하학적 **변환**(transformation)을 수행하는 데 사용된다.

행렬은 *어머니*(*mother*)와 같은 라틴어원에서 나왔는데, 그것은 자궁이나 임신한 동물을 나타낼 때 쓰였다. 그것은 어떤 것의 탄생에 기여하는 물질이나 환경을 의미하는 것으로 일반화되었다. *matrix*라는 단어의 최초의 수학적 사용은 1850년경 행렬식을 얻는 한 방법으로 행렬을 본 **실베스터**(James Sylvester)에 의해서였으나 그것의 잠재력이 충분히 인정받지 못했다. 이 용어를 처음 언급한 후 일 년 내에 그는 그의 생각을 **케일리**(Arthur Cayley)에게 소개하였는데, 케일리는 처음으로 역행렬을 발표하였고 행렬을 순수한 추상적 수학적 형태로 취급했다. 문제 해결을 위한 수학적 배열의 사용은 그 응용에서 약 2000년 정도 거슬러 올라간다. 약 200 B.C. 경의 중국 책 『*구장산술*[1](*Jiuzhang Suanshu*, 수학적 아트의 9개의 장)』에서 저자는 세 개의 변수를 가진 삼원일차연립방정식의 계수를 배열하고 오늘날 *가우스 소거법*으로 불리는 방법으로 풀어냈다.

maximum (최댓값)

어떤 가치집합의 가장 큰 것.

maze (미로, 迷路)

여행자가 어떤 목적지에 도달하기 위해서 반드시 고민해야 하는 꼬불꼬불하거나 서로 연결된 길. 가끔 그 형태에 따라 차이가 있지만 두 가지 용어 *maze*와 *labyrinth*가 자주 사용된다. labyrinth는 시작점에서 목적지까지 갈라지는 길이나 막다른 골목 없이 단 하나의 길을 따라 가도록 만들어진 구조로 정의된다. 경로가 길고 꼬여 있던지간에 그 길은 만든 사람에 의해 이미 결정되어 있다: 이 정의에 따르면 labyrinth는 한 번에 찾아갈 수 있다(*unicursal*). 반면에 maze는 여러 개의 길이 있어(*multicursal*) 여행자가 목적지에 얼마나 빨리 도달하느냐에 영향을 미치는 일련의 결정들을 하게 한다. 이 책에서는 maze와 labyrinth는 같은 것을 의미하는 것이며 한 가지 길의 미로, 그리고 여러 개의 길이 있는 미로도 의미한다.

전설적 미로들 중에서 가장 유명한 것은 크레타의 크노소스에 있는 우리(혹은 감옥)이다. 그리스 신화에 따르면 크레타의 왕 미노스(Minos)가 왕비인 파시페(Pasiphae)에게서 출생한 반인 반소(혹은 사람의 몸에 소의 머리를 가진)를 가두어 세상으로부터 격리하려고 그의 수석 기술자인 다에달루스(Daedalus)에게 건설을 명했다고 한다. 아테네 왕 아에게우스(Aegeus)는 미노스왕에게 7명의 젊은 남자들과 7명의 미혼녀를 정기적으로 공물로 바치도록 강요당했다.(아테네 사람이 미노스의 아들을 살해했었다.) 이 불행한 사람들이 미노스 왕궁 밑에 있는 미로에 들어가도록 강요당했는데 그곳에서 그들은 소망 없이 길을 잃게 되고 결국 괴물에게 잡아먹히게 되었다. 아에게우스의 아들인 테세우스(Theseus)는 이 일을 그만 두게 해야겠다고 결정하고 한 희생 제물을 대신하여 들어갔다. 그는 미노스왕의 딸들 중 한 명인 아리아드네(Ariadne)와 사랑에 빠지는데, 공주는 그가 미로에서 나중에 돌아나올 길을 찾을 수 있게 들어가며 실을 풀 수 있도록 그에게 실타래(clew) 혹은 털실 공을 주었다. (원래는 clue나 clew가 똑같은 단의의 스펠링이었다. clew가 고전적 의미를 가지고 있는 반면에 문제를 해결을 위한 가이드라는 clue의 현대적 의미는 미노타우로스(Minotaur)의 전설에서 유래했다.) 정말로 영웅적 이야기에서 테세우스는 미노타우로스를 죽이지만 고국으로 돌아오는 길에 아리아드네 공주를 버리고 옴으로써 동화 같은 이야기의 마지막을 망쳤다. 이 미로가 정말 존재할까? 로마 시대에 몇 작가들이 남부 크레타의 고르티안(Gortyan)에 있는 몇 동굴들이 이야기의 기초를 형성했을 것이라고 생각하였다. 이 자연 길의 복잡함이 신화에 나오는 미로와 비슷하게 들림에도 불구하고 이야기는 고대 크레타의 수도에 있는 미로에서 나왔다. 고고학자들은 크노소스에서 미로 구조에 대한 증거를 찾지 못했다. 하지만 왕궁이 많은 층들과 계단들, 그리고 방들로 매우 복잡하다는 것, 그리고 그 자체가 이런 미로 이야기를 낳게 했다는 의견이 제시되었었다.

기원전 300년경에 주조된 미노스 문명의 동전은 둥글고 감긴 디자인으로 미로를 나타내는 것이라 생각된다. 매우 비슷한 기하학적 패턴이 많은 다른 문명의 같은 시간대에 나타난다.-콘월에 있는 동굴의 그림(아마도 이곳을 방문한 페니키아 선원들에 의한), 로마 동전의 그림, 그리고 미국 인디언들이 그린 그림에도 나타난다. 크레타 문명의 동전을 포함한 거의 모든 이러한 디자인은 다 하나의 길로 만들어진 곡선이다. 테세우스 왕자가 들어오고 나가는 길이 하나인 미로를 돌아다

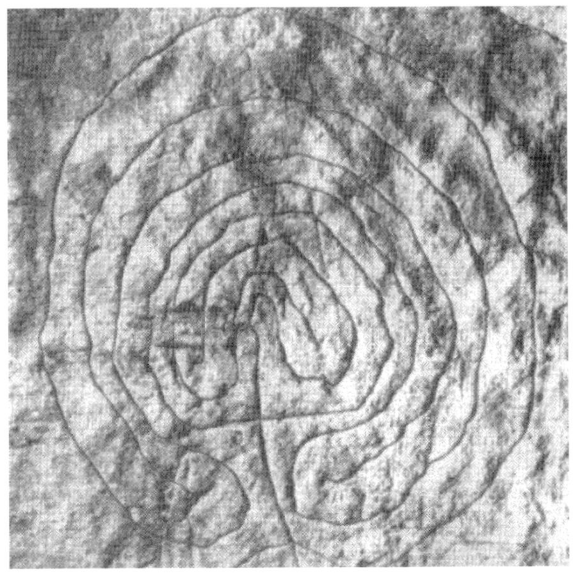

미로 세계에서 가장 오래 된 남아 있는 미로로 추정: 사르디니. 루짜나의 신석기 시대 무덤인 Tomba del Labirinto 내부 바위에 새겨진 7개의 링 미로로 B.C. 2500 ~ 2000 사이로 추정된다. *National University of Singapore*

역자 주

1) 九章算術, 중국에서 가장 오래된 9가지 산술법.

미로 샤트 성당에 있는 미로의 플랜으로 듀드니에 의해 그려졌다.

니는 데 왜 실타래가 필요했을까 하는 것은 사람들의 짐작이다. 그러나 하나의 길이 있는 디자인에 깔려 있는 이유를 찾는 것은 힘들지 않다. 이러한 미로들은 지적 퍼즐을 위한 것이 아니라 사람들이 조정할 수 없는 숙명으로서의 운명의 기호적 표현으로 의도되었다. 약 3500년 전으로 거슬러 올라가는, 세계에서 가장 오래되었다고 알려진 미로 같은 디자인이 스페인 북서쪽과 지중해의 바닷가 주변의 바위에 새겨진 것이 발견되었다. 그리고 전설에 의하면 원하는 바람과 좋은 고기잡이를 확신하는 항해를 떠나기 전에 어부들이 걸어다녔다고 한다. 중세 시대에 미로는 벽에 그려진 그림이나 혹은 바닥에 새겨진 "포장된 미로"로 교회에 나타나기 시작했다. 바닥에 크게 그려진 어떤 미로들을 사람들은 회개의 방법으로 혹은 성스런 도시로의 실제 순례 여행을(그것이 "*Chemin de Jerusalem*" 혹은 예루살렘의 길이라는 이름을 얻었다) 대신하는 방법으로 사람들이 무릎으로 미로를 따라 기어갔다. 알제리 오를레앙스빌의 Basilica of Reparatus에 있는 가장 오래되었다고 알려진 교회 미로는 A.D. 14세기부터 있었는데 약 8피트 지름을 가진다. 1288년에 만들어진 가장 큰 미로 중 하나는 프랑스의 아미앵 성당의 본당 회중석 바닥의 일부에 만들어져 있는데, 약 42피트 정도로 컸지만 1825년에 파괴되었다. 남아 있는 멋진 예는 파리 근처의 샤트(Chartres) 성당에 있다. 약 1200 넓이에 새겨진 이것은 11개의 회로 디자인(11개의 동심원 형태의 구불구불한)으로 네 부분으로 나뉘어 있는데, 고딕 성당에 자주 나타나는 형태이다. 영국에 있는 유일한 성당 미로는 케임브리지 북쪽 16마일 떨어진 엘리(Ely)에 있다; 1870년 성당이 재건축되었을 때 건축가인 스콧(Gilbert Scott)은 서쪽 탑 아래에 자신이 디자인한 포장된 미로를 만들어 넣었다.

미로는 본래 퍼즐로 혹은 다른 형태의 구조를 보여주는 놀이로 만들어졌다. 한 가지는, 여러 개의 경로가 있는 미로로, 미로에 들어가는 사람들이 어느 길로 가야 할지 계속해서 선택을 하게 한다. 로마 역사학자인 플리니(Pliny)는 그의 자연사(Natural History)에서 이러한 변형들이 긴 역사를 가졌다고 제시하며 고전적 타입의 미로는 "아이들의 흥미를 위해 만들어진 미로들"과는 많이 다르다고 말한다. 하지만 미로들이 진정으로 나타난 것은 영국에서였다. 교회 미로는 영국에서 결코 유행하지 않았지만 잔디 미로는 엄청나게 보편화되어 있었다. 252피트에서 80피트까지 미로들은 전 나라에 걸쳐 마을 안이나 밖에 만들어졌고 "Miz maze," "Troy Town," 'Shepherd's Race," 그리고 "Julian's Bower."와 같은 이름이 붙여졌다. 740년에 발간된 웨일즈 역사책 『*Drychy Prif Oesoedd*(초창기의 미로)』은 목자들이 수풀을 미로의 형태로 깍는 특이한 관습을 언급했는데, 그 관습이 "Shepherd's Race"의 어원에 대한 근거로 보인다. "Troy Town"이란 이름은 아마도 트로이 도시가 공격하는 적군을 놀라게 할 미로처럼 배열된 7개의 외벽들을 가지고 있었다는 전설에 근거한다.

미로 손에 들 수 있는 미로로, 왼쪽의 시작하는 사각형에서 오른쪽의 끝나는 사각형으로 은구슬을 보내는 것이 목적이다. 테즈메이니아산 검은버찌나무로 Kym Anderson이 조각하였다. *Mr. Puzzle Australia, www.mrpuzzle.com.au*

잔디 미로로부터 가장 유명한 형태인 풀 사이즈 미로-정원 혹은 울타리 미로로 발전한 것은 큰 도약이 아니다. 정원에 울타리를 사용한 것이 로마 시대로 거슬러 올라가는 데 반해 정원 미로에 대한 가장 빠른 언급은 13세기 벨기에에서 나타난다. 울타리 미로는 틴토레토의 풍경화가 증명해주듯 16세기까지 영국에 퍼졌다. 17세기 후반에 루이 14세는 미로를 베르사이유궁 정원의 일부로 만들었는데 그것은 이솝의 우화를 나타내는 분수 조상(hydraulic statuary) 39개 그룹을 포함한다. 가장 유명한 남아 있는 울타리 미로는 영국 햄톤 코트 왕궁의 땅에 있는데 William of Orange를 위해 런던(George London)과 와이즈(Henry Wise)에 의해 디자인되었고 1689년과 1694년 사이에 나무들이 심어졌으며 1/3 에이커 정도를 차지하고 있다. 영국에서 가장 멋진 잔디 미로는 에섹스 지방의 사프론 왈든에 있는 다리끝 정원(Bridge End Garden)으로 1838-1840년 사이에 주목으로 다시 심어졌으며 1949년까지 방치되다 사라졌었는데 1983년에 복원되었다. 두 번째 미로는 햄톤 코트의 모방작으로 코몬에 있다.

1997년 8월, **피셔**(Adrian Fisher)는 영국 옥스포드셔 프릴포드에 있는 밀레 농장 센터에 6 에이커 정도의 밀을 잘라 "세계에서 가장 큰 미로"를 만들었다. 그런데 그의 1995년 노력은 펜실베니아 시펜부르그에 30 에이커 땅에 만들었고 Reignac sur Indre에 있는 1997년의 미로는 37 에이커를 커버하고 있다.[101] 미로를 만났을 때 목적지가 미로 중심의 점이거나 혹은 두 번째 미로를 형성하는 출구이건 간에 목적지에 도달하는 가장 좋은 방법은 무엇일까? 길이 하나뿐인 미로는 갈라짐이 없는 하나의 길로 구성되었으므로 두뇌 작용은 필요 없고 오직 걸음만 걸으면 된다. 하지만 여러 개의 길이 있는 미로는 이야기가 다르다. 가장 쉬운 해법은 한 손을 시작하는 한쪽 벽에 대고 무엇이 나오더라도 벽을 따라 걷는 것이다. 각각의 샛길은 전체 미로가 끝날 때까지 한 번 들어갔다가 나오게 되거나 아니면 목적지가 발견될 것이다. 이 간단한 방법이 가장 효과적인 것은 아니다. 그리고 만일 목적지가 미로 안의 섬에,- 즉 바깥벽으로 부터 완전히 떨어져 있는 부분- 있다면 결국 실패할 것이다. "threading a maze"의 고전적 일반 방법은: (1) 어떤 길도 두 번보다 많이 지나가지 마라. (2) 새로운 분지점이나 지점에 도착할 때 한쪽 길을 택하라; (3) 새로운 길에 의해 막다른 지점이나 지나갔던 지점에 도달하면 같은 길을 따라 돌아오라; 그리고 (4) 예전 길을 따라 이전의 지점에 도달할 때는 가능하다면 새로운 길을 택하고 그렇지 않다면 예전의 길을 택하라. 기록을 위해 땅에 표시를 하면서 이 규칙들을 따르는 탐험가들은 미로의 모든 부분을 방문하게 될 것을 확신할 수 있다.[48,219,240,294] **Rosamund bower**를 보시오.

mean (평균)

그녀가 내가 평균이라고 말했을 때 그녀는 그야말로 평균이었다.

- 작자 미상

한 그룹의 수들의 정확하게 계산된 "대표적인" 값. 여러 종류의 대푯값이 있다. 보통 사람들이 평균에 대해 말할 때 의미하는 *산술평균(arithmetic mean)*은 모든 값들의 합을 값들의 개수로 나누는 것이다. 예를 들어 3, 4, 7, 그리고 10의 산술평균은 $(3+4+7+10)/4=6$. n개의 값의 *기하평균(geometric mean)*은 모든 값들의 곱의 n제곱근이다. 예를 들어 3, 8, 그리고 10의 기하평균은 $(3\times8\times10)^{\frac{1}{3}}$ 혹은 240의 세제곱근이다. *조화평균(harmonic mean)*은 각 값들의 역수들의 평균의 역수이다. 예를 들어 3, 8, 그리고 10의 조화평균은 $1/[(1/3+1/8+1/10)]$이다. 다른 종류의 평균은 *중간값(median)*인데 이것은 일단의 숫자들이 크기 순서로 나열했을 때 중간에 위치하는 값이다. 만일 짝수 개의 값들이 있으면 중간에 있는 두 값들의 평균이 중간값이다. 두 개의 단어 *mean*과 *median*은 모두 인도-유럽어 어원인 "중간"을 의미하는 *medhyo*에서 나왔다.

measure (측도)

길이로, 부피로 혹은 다른 성질로 얼마나 큰지 측정하는 방법. 수학의 가장 이상한 사실 중 하나는 측정할 수 없는 어떤 객체가 존재한다는 것이다. 집합의 언어로 표현한 수학적 측도의 기본 규칙(얼마 간 단순화된)들이 다음과 같다: (1) 어떤 집합의 측도는 **실수**(real number)이다; (2) **공집합**(empty set)은 측도 0을 가진다. (3) 만일 A와 B가 공통 원소를 갖지 않는 두 집합이면 $A\cup B$의 측도는 A의 측도와 B의 측도의 합과 같다. 이 규칙들 중 두 번째 규칙은 매우 유용하다. 예를 들면 **함수**(function)를 적분할 때 함수의 점프가 일어나는 곳의 점들은 무시하는 것이 허락되었으므로 그런 점들을 제외하는 것이 보장된다. 약간 jittery한 함수가 한 가지이다; 불가측집합은 매우 다른 것이다. 환상적으로 얽혀 있고 지그재그 모양이고 주름이 잡혀 있어 부피를 측정한다는 것이 불가능한 삼차원 모양을 상상해 보자. 그런데 이것이 블가측성의 개념에 대한 아이디어를 준다. 그것으로부터 **바나흐-타르스키 역설**(Banach-Tarski paradox)과 같은 기괴한 결론이 나오게 된다.

measure theory (측도 이론)

적분이 가능하게 하는 조건들을 연구하는 수학의 한 분

야. 이것은 주로 측정하려고 하는 집합의 크기, 혹은 **측도**(measure)를 구하는 여러 가지 방법에 초점을 맞추고 있다.

measuring and weighing puzzles (측정 퍼즐)

한 용기에서 용량이 알려져 있는 다른 용기를 이용해 액체의 주어진 양을 측정하는 내용을 포함하는 문제들의 역사는 중세 시대로 거슬러 올라간다. 출판물로 나온 최초의 것 중 하나는 **타르탈리아**(Niccolo Tartaglia)의 것인데 24 온스의 발삼을 부피가 각각 5, 11, 그리고 13 온스인 그릇을 이용하여 삼등분하는 문제였다. 비슷한 문제가 여행 중에 동행한 여행자가 젊은 **포아송**(Simeon Poisson)에게 낸 것이었다. 포아송 가족들은 포아송이 외과의사로부터 법조인에 이르는 영역의 직업을 갖도록 조언했는데, 이것들보다 그에게 더 적합한 것이 있을 수 없다는 논리로 설득했다. 그는 그가 한 모든 일에 적당하지 않은 것처럼 보였다. 어쨌든 그는 측정 문제에 대한 답을 즉시 알아냈고 그것이 그의 참된 소명이라고 깨달았다. 그 후로 그는 수학에 전념하였고 19세기의 위대한 수학자 중 한사람이 되었다.

고전적 측정 문제는 **바세**(Claude-Gaspar Bachet)에 의해 제기되었는데 1 파운드에서 40파운드까지의 정수 무게를 재는데 저울의 어느 쪽에도 추를 놓을 수 있다고 할 때 필요한 추들의 가장 작은 수를 구하라는 것이었다. 그 답은 1, 3, 9, 27 파운드이다. 타르탈리아는 추를 저울의 한쪽 접시에만 올려놓을 수 있는 경우에 필요한 최소 추들이 1, 2, 4, 8, 16, 그리고 32 라는 것을 이미 밝혔다.

퍼즐

다음은 **듀드니**의 *캔터베리(canterbury)* 퍼즐에 나오는 무게 측정 문제인데 이것이 가장 대중적이고 또 독자들이 풀기를 좋아하는 문제라고 말했다.

한 통의 에일(맥주의 일종)이 있다. 그리고 내 손에 두 개의 추가 있다.–하나는 5 핀트이고 또 다른 하나는 3 핀트이다. 각각의 추에 정확하게 1 핀트를 더하는 것이 어떻게 가능한지 보이기를 기도하시오.

해답은 415쪽 부터

역학 퍼즐들

타입	세부 타입	예
조립	2차원 조립 3차원 조립(끼워 맞추지 않는) 성냥개비 퍼즐 기타	칠교판, T-퍼즐, 직서 퍼즐 소마 큐브 퍼즐 링
해체	트릭 또는 비밀 열쇄 기타	퍼즐 항아리 트릭 자물쇠, 열쇠 등
끼워 맞추는 입체	버(Burr) 퍼즐 3차원 직서 퍼즐 기타	 큐브, 다른 객체들
풀고 엉키게 하는 것	와이어 퍼즐 끈 퍼즐 기타	중국 링 고양이 요람
순차적인 이동	나무못 놀이(나무못 제거하기) counter(나무못 재배치) 미끄러지는 조각 퍼즐 기타	 15 퍼즐 하노이 타워
퍼즐 그릇	퍼즐 항아리 기타	 피처, 찻주전자
사라지는 퍼즐		지구를 떠나라
접기	색종이 접기플렉사곤	
불가능한 그림들		펀로즈 계단 펀로즈 삼각형 불가능한 삼지창

mechanical puzzle (역학 퍼즐)

한 개 혹은 더 많은 움직이는 부분으로 구성된 한 개 또는 여러 개의 객체를 포함하는 퍼즐. 초기 상태에서 미리 정해진 최종 상태로 움직이는 방법을 찾는 것이다. 역학 퍼즐은 **호프만**(Louis Hoffmann)에 의해 *Puzzles Old and New*[171](1983)에 처음으로 분류되었다. 그의 기획의 변형된 형태가 "역학 퍼즐" 표에 나와 있다.

medial triangle (중간 삼각형)

어떤 **삼각형**(triangle) 세 변들의 중점들을 꼭짓점으로 가지는 삼각형 (vertex를 보시오).

median (중선/중간값)

1. **삼각형**(triangle)의 **꼭짓점**(vertex)과 마주보는 변의 중점을 이은 선.
2. mean을 보시오.

Menaechnus (메나크누스, 380-c.320 B.C.경)

에우독소스(Eudoxus)의 제자로 생각되는 그리스의 수학자. 원뿔곡선의 발견과 밑면과 평행하지 않은 평면으로 원뿔을 잘라 차원, 포물선, 그리고 쌍곡선을 보여준 첫 번째 사람으로 유명하다. 그는 실패하긴 했지만 '정육면체 부피를 두 배하기' 문제를 풀려고 노력하는 중에 원뿔곡선들을 발견하였다. 그는 또한 알렉산더 대왕의 스승으로 일했다고 전해진다.

Menger sponge (멩어의 스펀지)

유명한 **프랙탈**(fractal) 입체로 **지어핀스키 카펫**(Sierpinsku carpet)의 3차원 동형체.(지어핀스키 카펫은 **칸토어 먼지**(Cantor dust)의 2차원 동형체이다.) 멩어 스펀지를 만들려면 먼저 정육면체를 27(= 3 × 3 × 3)개의 똑같은 크기의 작은 정육면체로 나눈 후 한 가운데 있는 정육면체와 그것과 면이 닿아 있는 6개의 정육면체를 제거한다. 이제 남은 것은 꼭짓점 쪽 8개의 작은 정육면체와 그것들을 연결하는 변을 포함하는 12개의 정육면체이다. 방금 시행한 과정을 이 20개의 정육면체에 반복해 시행하는 것을 상상해 보자. 그리고 이 과정을 무한 번 반복하고 또 반복한다. 멩어의 스폰지는 1926년 오스트리아의 수학자 멩어(Karl Menger, 1902–1985)에 의해 개발되었다.

멩어 스펀지(Menger sponge)

Mersenne, Marin (메르센, 1588-1648)

현재 우리가 **메르센의 수**(Mersenne number)라고 알고 있는 형태의 **소수**(prime number)를 만들어내는 공식을 찾은 그의 업적으로 가장 잘 기억되는 프랑스 수도승이며 철학자, 그리고 수학자. 하지만 수학자이면서 그는 음악 이론에 대해 저술했고 다른 주제에 대해서도 썼다. 유클리드, 아르키메데스, 그리고 다른 그리스 수학자들의 업적을 편집했다; 그러나 가장 중요한 것은 다른 많은 나라의 수학자들, 과학자들과 교류했다는 점이다. 과학 저널이 존재하기 이전 시대에는 메르센이 정보 교환 네트워크의 중심이었다.

Mersenne number (메르센수)

n이 양의 정수일 때 2^n-1(2의 거듭제곱 수에서 하나 적은)로 표현되는 수. 메르센의 수는 『*Cogito Physico-Mathematica*(Physical Mathematics Knowledge, 1644)』 에 이 수들에 대한 글을 적고, n = 2, 3, 5, 7, 13, 17, 19, 31, 67, 그리고 257일 때 이 수들이 소수이고 다른 n(n < 257)에 대해서는 합성수라고 잘못 추측하였던 메르센의 이름을 따서 명명되었다. Mersenne prime을 보시오.

Mersenne prime (메르센 소수)

p가 소수일 때 2^p-1 형태의 **소수**(prime number). p가 소수라는 조건이 메르센의 소수가 되기 위한 필요조건이지만 충분조건은 아니다; 예를 들어 $2^{11}-1-2047=23\times 89$이다. 사실, 작은 p값에 대해 메르센 소수의 집단이 보인 후로는 메르센 소수의 나타남이 갈수록 아주 드물어진다. 이 글을 쓸 때 40개의 메르센 소수가 알려졌는데,[2] 해당하는 p의 값은 2 ; 3 ; 5 ; 7 ; 13 ; 17 ; 19 ; 31 ; 61 ; 89 ; 107 ; 127 ; 521 ; 607 ; 1279 ; 2203 ; 2281 ; 3217 ; 4253 ; 4423 ; 9689 ; 9941 ; 112123 ; 19937 ; 21701 ; 23209 ; 44497 ; 86243 ; 110503 ; 132049 ; 216091 ; 23209 ; 44497 ; 86243 ; 110503 ; 132049 ; 216091 ; 756839 ; 859433 ; 1257787 ; 1398269 ; 2976221 ; 3021377 ; 6972593 ; 13466917 ; 20996011이다. 하지만 현재 가장 큰 메르센 소수가 크기 순서로 40번째인지 아닌지 알 수 없다. 왜냐하면 모든 작은 지수에 대해 다 확인되지 않았기 때문이다. 메르센 소수는 모든 알려진 큰 소수들 중에 위치하는데 그 이유는 이 수가 소수임을 확인하는 *뤼카스-레머*(*Lucas-Lehmer*) 테스트라는 특별히 간단한 방법이 있기 때문이다.

메르센 소수 찾기는 세기에 걸쳐서 진행되었다. 그 이름은 메르센의 이름에서 유래했는데, 그는 1644년에 어떤 작은 지수에 대해 소수가 되는지에 대한 가설을 많은 수학자들에게 편지함으로써 소수 찾기가 많은 사람들의 주목을 얻는 데 일조했다. 마침내 메르센의 추측이 정리될 때쯤인 1947년에 디지털 컴퓨터가 메르센 소수 찾기에 추진력을 보탰다. 시간이 지나면서 점점 더 큰 컴퓨터들이 더 많은 메르센 소수를 찾았고, 한동안 소수 찾는 일은 가장 빠른 컴퓨터들만의 일이었다. 이것이 1995년 미국 컴퓨터 과학자인 월트만(George Woltman)이 확인된 지수들의 데이터베이스와 이 숫자들을 확인할 수 있는 루카스-레머 테스트에 기반을 둔 효과적인 프로그램, 그리고 노력의 중복을 최소화하기 위한 지수들을 보관하는 방법을 제공하면서 *Great Internet Mersenne Prime Search*(GIMPS)를 시작하였다. 오늘날 GIMPS는 12명의 전문가들과 수천의 아마추어들의 노력을 모아 함께 일하고 있다. 이런 노력으로 메르센 소수, $M_{3021377}$, $M_{2976221}$, 그리고 $M_{20996011}$을 찾았고, M_{756839}, M_{859433}, 그리고 $M_{3021377}$이 각각 32번째, 33번째, 그리고 37번째 메르센 소수라는 것을 증명하였다.[3]

meter (미터)

국제 단위계(System International d'Unites, SI units)에 의해 채택된 길이의 기본 단위. 수년 동안 미터의 정의가 몇 차례 바뀌었다. 이러한 정의의 변화가 있는 동안에도 미터의 길이는 바뀌지 않았다. 하지만 측정되는 정밀도는 개선되었다. 1793년에 미터는 북극에서 적도까지 거리의 1/10,000,000로 정의되었었다. 19세기에 그 정의는 좋은 환경에서 백금으로 만든 표준 막대의 길이로 보관되었다. 1983년에 빛이 진공에서 1/299,792,458초 동안 움직이는 거리로 정한 현재의 정의가 채택되었다.

method of exhaustion (고갈 방법)

다각형(polygon)들의 면적수열로 근사시켜 **넓이**(area)를 구하는 방법; 예를 들어, 원의 내부를 변의 수가 점점 많아지는 내접 다각형들로 채우는 방법.

metric (거리/계량)

두 지점의 **거리**(distance)를 나타내는 함수 $d(x, y)$. 거리는 다음 성질들을 가지는 한 숫자로 정의된다: (1) $d(x, y)=0$일 필요충분조건은 $x=y$이다. (2) $d(x, y)=d(y, x)$; (3) $d(x, y)+d(y, z)\le d(x, z)$(삼각부등식).

metric space (거리공간)

거리(metric)를 가진 집합; 다른 말로 하면, 거리 개념이 의미가 있는 공간의 일종. **위상공간**(topological space)과 비교해 보시오.

metrizable (거리화 가능)

위상공간(topological space)에서 위상과 조화되는 거리가 존재한다는 성질. 어떤 위상공간이 거리를 가질 수 있다고 말하는 것은 그것을 어떤 특별한 혹은 원하는 거리함수를 지정함 없이 **거리공간**(metric space)으로 다루겠다는 것과 같다.

Michell, John (미셸, 1724-1793)

퀸즈 대학, 케임브리지에서 수학했으며 자기 극 사이의 힘이 $1/r^2$ 이라는 것을 발견한 영국의 자연철학자이며 성직자. 1767년 그는 현재의 요크셔 듀스버리 교외의 톤힐(Thornhill)의 교

역자 주

2) 2013년 1월까지 모두 48개의 메르센 소수가 알려져 있다. 48번째의 p값은 57,885,161이다.

3) 2013년 1월 48번째 메르센 소수인 $M_{57885161}$이 발견되었다.

구 목사가 되었다. 1770년대 초반 그는 위대한 천문학자 허셸(William Herschel)과 음악을 함께 연주하였으며 허셸에게 그의 첫 망원경을 주었다. 1984년, 그는 뉴턴의 광입자설로부터 오늘날 블랙홀이라 불리는 것의 존재를 유추하였고, 그리고 어떤 별들은 어두운 행성을 가지고 있을 수 있다는 것을 제안하였다. 그는 또 중력 상수 *G* 결정을 위한 비틀림 저울을 고안하고 만들었는데, 그것을 사용할 기회를 가지기 전에 죽었다. 그 저울은 케임브리지 대학의 물리학자 월라스톤(F. J. H. Wollaston)에게 전해졌고 다시 캐번디시(Henry Cavendish)에게 전해졌는데, 그는 그것을 런던에 있는 그의 집에서 사용하였으며 자주 비틀림 저울의 발명가로 잘못 알려지기도 한다.

midpoint (중점)

만일 $AM = MB$일 때 점 M은 선분 AB의 중점이다. 즉, M은 A와 B 사이의 반을 나타낸다.

mile (마일)

거리의 측도로 그 이름은 라틴어 *mille passes* 혹은 "일천 페이스"의 줄임말. 로마 군의 페이스(pace, 각 발의 한 발자국)가 두 발자국으로 추측되므로 각 2.5 피트 길이이고 따라서 1,000 페이스는 현재 법정 마일(5,280피트)로 불리는 거리에 매우 근접한다. *해상 마일*(*nautical mile*)은 지구 대원의 1분(1/60 도)에 해당되는 호의 길이와 같도록 개발되었는데, 6,076피트 거리와 같다.

million (백만)

일천의 천, 1,000,000, 혹은 10^6. 이 단어는 라틴어에서 "천"을 의미하는 *mille*(이것은 또한 *milerhk millenium*의 어원이기도 하다.)로부터 나왔으며 또 접미사 ion은 "큰" 또는 "거대한"을 나타내므로 일백만은 문자적으로 "거대한 천"이다. 일백만이 14세기 중반에 일찍 사용되었다고 추측됨에도 불구하고 대부분의 수학자들은 혼돈을 피하기 위해 "일천의 천" 용어를 사용하였으며, 1700년대까지도 "million"을 사용하지 않았다. 그것은 흠정영역성경(King James Version of the Bible, 창세기 24:60)과 세익스피어(햄릿 2막 2장)-"for the play, I remember, please not the million."에 나타난다.

minimal prime (극소소수)

10진법으로 썼을 때 어떤 소수의 일부로 나타나는 소수. a가 b 문자열의 일부이며, b에서 0과 다른 숫자들을 지워서 a가 얻어진다. 예를 들어, 392는 639,802의 부분 문자열이다. 극소소수는 다음과 같다:

2; 3; 5; 7; 11; 19; 41; 61; 89; 409; 449; 499; 881; 991; 6,469; 6,949; 9,001; 9,049; 9,649; 9,949; 60,649; 666,649; 946,669; 60,000,049; 66,000,049; 66,600,049

minimal surface (최소곡면)

주어진 폐곡선 혹은 폐곡선들로 둘러싸인, 가능한 가장 적은 면적을 가진 곡면. 최소곡면은 평균 곡률이 0이다. 최소곡면을 찾고 분류하는 것과 어떤 곡면이 최소곡면이라는 것을 증명하는 것은 200년 넘게 중요한 수학 문제였다. 만일 폐곡선이 평면에 있으면 그 해는 자명하다; 예를 들어 원으로 둘러싸인 최소곡면은 그냥 원판이다. 그러나 둘러싼 곡선이 평면곡선이 아니면-달리 말해, 3차원에서 오르락내리락하는 것이 허락된다면- 문제는 매우 어렵게 된다. 최초의 자명하지 않은 최소곡면은 프랑스 기하학자이며 기술자인 **뮤즈니어**(Jean **Meusnier**, 1754-1793)에 의해 1776년에 발견된 현수면(catenoid)과 나선면(helicoid)이다. 그리고는 거의 60년의 공백이 있은 후 독일인 **셔크**(Heinlich **Scherk**)가 다른 최소곡면을 발견하였다. 1873년 벨기에의 물리학자 **플라토**(Joseph **Plateau**)는 실험을 통해 비누거품과 비누막이 항상 최소곡면을 형성한다는 가설을 내세웠다. 이것이 참이라는 것을 수학적으로 증명하는 것이 **플라토의 문제**(**Plateu problem**)로 알려져 있다. 대부분의 최소곡면은 만들기도 보여주기도 매우 어려운데, 그 부분적 이유는 대부분의 경우 곡선들이 자기 자신

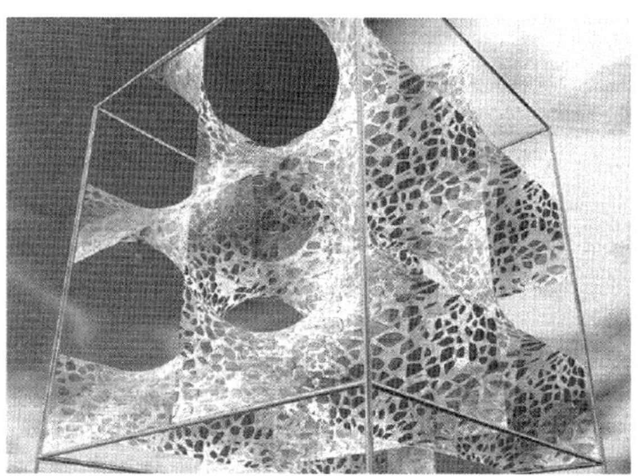

최소곡면 Scherk 곡면-최소곡면의 한 유형-세포막으로 묘사되었다. *Anders Sandberg*

과 만나기 때문이다. 하지만 고성능 컴퓨터 그래픽의 개발이 수학자들에게 강력한 도구를 제공하였고 지난 20여년간 정의되고 조사된 그런 곡면들의 수가 크게 증가하였다.

minimax theorem (최대최소 정리)

관심사가 전혀 반대인 두 사람 사이에 엄밀히 정의된 대립에 대한 합리적인 해법이 항상 존재한다는 것을 말하는 정리. 양쪽 모두 주어진 대립의 성격상 더 이상 좋은 결과를 바랄 수 없다는 것을 그들 스스로에게 확신시키는 것이 합리적이다.

minimum (최소)

어떤 값들의 집합에서 가장 작은 것

Minkowski, Hermann (민코프스키, 1864-1909)

상대성 이론(relativity theory) 개발 초기에 중요한 역할을 한, 리투아니아에서 태어난 독일의 수학자. 민코프스키는 예전에 분리된 본질로 생각되었던 공간과 시간을 **비유클리드 기하학**(non-Euclidean geometry)에서 **사차원 시공간**(space time)의 한 부분으로 취급되었다고 가정할 때 로렌츠(Hendrik Lorentz)와 **아인슈타인**(Albert Einstein)의 업적이 가장 잘 이해된다는 것을 처음으로 깨달은 사람이었다. 시간과 공간의 연속성 개념은 이후에 모든 상대성 이론에 대한 수학적 연구의 틀을 제공하였는데, 민코프스키의 책 『*공간과 시간*(*Raum und Zeit*, 1907)』에 나타나 있다. 1896년부터 1902년까지 그는 취리히 공과대학에서 아인슈타인이 학생일 때 가르쳤다. 사실 아인슈타인이 그의 강의를 몇 개 수강했으나 그 당시에는 좋은 인상을 주지는 못했다. 민코프스키는 그를 "수학에 대해 전혀 고민하지 않는 게으른 강아지"라고 묘사하였다. 1902년 궤팅엔 대학의 총장직을 수락하고 거기서 그의 여생을 보냈다. 그의 주된 관심사는 수론과 기하학을 포함한 순수 수학이었으며, 그리고 그는 삼차원을 뛰어넘는 수학과 기하학의 더 추상적인 면에 대한 이해를 통해 사차원 공간-시간의 아이디어를 개발할 수 있었다.

Minkowski space (민코프스키 공간)

유한 차원 **벡터공간**(vector space)으로 특별히 사차원 공간. 특별히 민코프스키 공간은 특수 **상대성 이론**(relativity theory)의 일반적 **공간-시간**(space-time)이다.

minor axis (단축)

타원(ellipse)의 가장 짧은 **현**(chord).

minute (분)

(1) 한 시간 혹은 1도 각의 육십분의 일.
(2) 한 시간의 육십분의 일. 시간과 각도의 측도로서 **60초**(seconds)와 같다.

mirror reversal problem (거울 반전 문제)

왜 거울은 좌우는 바꾸면서 위아래는 바꾸지 않는 것일까? 이 질문은 신문이나 잡지의 편지 혹은 질문란에 끊임없이 나타난다. 이 질문이 루이스 **캐롤**(Carroll)이 『'거울 속의 앨리스'(Alice through the Looking Glass)』를 쓰도록 영감을 주었다. 레이크스(Alice Raikes, 소설 속 앨리스의 모델이었던 Alice Liddell과 혼동하지 마시오)는 캐롤의 또 다른 젊은 친구였다. 1868년 어떤 기회에 캐롤은 오렌지를 그녀의 오른손에 놓고 그녀에게 거울 앞에 서게 하고 어느 손에 오렌지의 이미지가 있는지 말하라고 부탁하였다. 그녀는 왼손이라고 말했고 캐롤은 그녀에게 설명해 달라고 부탁하였다. 그녀는 마침내 "내가 만일 거울의 반대쪽에 서 있다면 오렌지는 계속 나의 오른손에 있지 않겠니?"라고 대답했다. 캐롤은 이것이 그가 들은 최고의 대답이라고 말했고 후에 이것이 그에게 이 책을 쓰는 아이디어를 제공했다고 말했다.

다른 사람들도 열심히 고민하며 이 현상을 중력, 인지 심리학, 그리고 철학 등으로 다양하게 주장했지만 확신 있게 설명하지는 못했다. 왜 거울은 좌우는 바꾸면서 위아래는 바꾸지 않는 것일까? 자주 등장하는 대답은 거울이 좌우를 바꾸지 않는다는 것이다. 거울은 *앞과 뒤*(*front and back*)를 바꾸는 것이다. 이것은 확실히 맞다: 거울 속의 당신은 반대 방향에서 "진짜" 당신을 마주하고 있는 것이다. 그러나 이와 같이 짧고 또렷한 설명은 이 미스테리를 완전하게 해소하지 못한다. 만일 거울이 거기에 없고 그 대신 당신과 똑같은 쌍둥이를 보고 있는데 그 쌍둥이는 손이 바뀌어 있다고 상상해 보자. 만일 당신이 왼손에 시계를 차고 있으면 당신이 마주하고 있는 그 혹은 그녀는 오른손에 시계를 차고 있다. 확실하게, 거울은 좌우 교체가 일어났다. 적어도 위-아래에서는 일어나지 않은 무엇인가가 좌우에는 일어났다. 이것을 더 확신하기 위해 이 책을 들어 거울에 비추고 읽어 보라. 만일 좌우 교체가 일어나지 않았다면 왜 반사된 글이 읽기가 그렇게 힘들까? 첫째, 당신은 단지 이미지를 보고 있다는 것을 기억하라. 거울은 반대 손잡이

M

거울 반전 문제 **거울 세상이 호기심 많은 앨리스를 유혹하고 있다. 루이스 캐롤의 책** *Alice through the looking Glass에서.*

를 만들지 않는다. 둘째, 글쓰기가 거울의 프레임에서 어떻게 나타나는지 감사해야 한다. 이것은 종이의 반대편에서 글을 봄으로써 쉽게 할 수 있다.(즉, 뒤에서 앞으로, 따라서 뒤가 앞으로 바뀌는 것이 반사에 의해 취소된다.) 거울의 입장에서 보면 글은 완전하게 정상으로 보인다.

missing dollar problem (사라진 1달러 문제)

이 문제는 아브라함(R. M. Abraham)의 책 『*Division and Pastimes*』에 처음으로 나타났다. **nine rooms paradox(아홉 개의 방 역설)**를 보시오.

퍼즐

세 사람이 식당에서 저녁을 먹고 총 30달러의 청구서를 받았다. 그들은 똑같이 나누어 내기로 동의하고 10달러씩 지불했다. 종업원이 청구서와 30달러를 매니저에게 들고 갔는데 그 매니저가 실수가 있었음을 알아차렸다. 정확한 값은 25달러였다. 그는 종업원에게 1달러 다섯 장을 주고 사과의 말과 함께 고객들에게 돌려보냈다. 그런데 종업원이 정직하지 못했다. 그는 2달러를 제 주머니에 넣고 오직 3달러를 고객들에게 돌려주었다. 그렇다면 세 사람의 고객들은 각각 9달러를 지불하였고 종업원이 2달러를 가졌으니 합은 29달러이다. 그러나 원래는 모두 30달러였다. 1달러는 어디로 사라졌을까?

해답은 415쪽에서 시작됨.

Mittag-Leffler,(Magnus) Gösta (미탁-레플러, 1846-1927)

1882년에 국제 저널인 *Acta Mathematica*를 창간했고 45년 동안 최고 편집자를 역임한 스웨덴의 수학자. 그는 파리에서 **에르미트**(**Charles Hermite**)에게 사사했고 베를린에서 **와이어슈트라스**(**Karl Weierstrass**)에게 사사했는데 해석학에 중요한 공헌을 하였다. 그의 가장 잘 알려진 연구는 일변수 함수의 해석적 표현에 관한 것인데 *Mittag-Leffler* 정리로 정점에 이르렀다. 칸토어의 발견에 특별한 관심을 가지고 있었으므로 칸토어 연구의 많은 것들이 *Acta Mthematica*에 개제되었다. Djursholm에 있는 그의 집-지금은 연구소인데- 벽로 선반에 다음과 같은 비문이 새겨졌다: "수는 사고의 시작이요 끝이다. 생각은 수를 낳지만 그것이 도달할 수 없는 것은 아니다. ML 1903"

mixed strategy (혼합 전략)

게임 이론(**game theory**)에서 똑같은 환경에서 다른 확률로 다른 행동을 함으로써 **무작위성**(**randomness**)을 이용하는 **전략**(**strategy**).

Möbius band (뫼비우스 띠)

뫼비우스 띠로도 알려져 있으며, 오직 한 면과 한 모서리만을 가지고 있는 단순하면서도 훌륭하게 즐길 수 있는 이차원 객체. 그의 경쟁자이자 친구 수학자인 리스팅(Johann Benedict Listing, 1808-1882)이 독립적으로 1858년 7월에 똑같은 객체를 발견하였음에도 불구하고 그것은 1858년 9월에 이것을 발견한 독일의 수학자이며 이론 천문학자인 뫼비우스(August Ferdinand Möbius, 1790-1868)이름을 따서 명명되었다. 뫼비우스 띠를 만드는 방법은 간단하다: 일반 타이핑 종이 한 장에서 11″×1″ 직사각형을 잘라내어 두 개의 끝을 붙이는데 한 끝을 180도 회전시켜 테이프로 양 끝을 함께 붙인다. 이 띠가 면이 하나라는 것을 증명하기 위해 펜을 가지고 띠의 경계선을 따라 선을 그린다. 선을 그릴 때 펜을 종이에서 결코 떼어서는 안 되고 시작점에 도달할 때까지 계속 그린다. 이렇게 그린 후에 종이의 양쪽을 보라: 양면에 선이 있어야만 하는데, 따라서

뫼비우스 띠 페르미 국립 가속기 연구소밖에 있는 뫼비우스 띠 모양의 조형물. *FNAL*

종이에서 펜을 떼지 않았기 때문에 양면이 같은 면이라는 것을 증명한 것이 된다.

뫼비우스 띠에는 많은 신기한 성질들이 있다. 만일 당신이 띠의 중앙을 자르면 두 개의 분리된 띠 대신에 180°씩 두 번 꼬인 한 개의 긴 띠가 된다. 또한 만일 띠의 모서리로부터 1/3 정도 거리를 두고 자르면 두 개의 띠를 얻게 된다; 하나는 좁은 뫼비우스 띠이고 다른 하나는 180°씩 두 번 꼬인 긴 띠가 된다. 다른 흥미로운 조합은 한 번 꼬아 만드는 대신에 두 번 혹은 그 이상으로 꼬아 뫼비우스 띠를 만들면서 얻어진다. 뫼비우스 띠를 잘라 더 꼰 다음 양끝을 다시 붙이면 *paradromic ring*이라는 예상치 못한 모양이 만들어진다.

뫼비우스 띠는 조각가들과 그래픽 아트를 하는 사람들에게 영감을 제공했다. **에셔**(M. C. Escher)는 이것을 특별히 좋아했으며 많은 석판화에 이용했다. 그것은 또한 클라크(Arthur C. Clarke)의 *어둠의 벽*(*The Wall of Darkness*)과 같은 공상 과학 소설에서 순환하는 특징이 표현되기도 했다. 공통적인 공상 주제는 우리의 우주가 일반화된 뫼비우스 띠의 한 종류일 것이라는 것이다. 기계적인 응용도 있다; 커대한 뫼비우스 띠가 콘베이어 벨트로(각 면이 똑같이 닳기 때문에 수명을 연장할 수 있다), 그리고 계속 돌아가는 녹음 테이프로(재생 시간을 두 배로 늘릴 수 있다) 사용되기도 한다.

뫼비우스 띠와 밀접하게 관련된 이상한 기하학적 객체가 클라인 병(Klein bottle)인데 두 개의 뫼비우스 띠를 모서리끼리 붙여서 만들 수 있다; 하지만 이것은 일반적인 삼차원 유클리드 공간에서는 자신과 교차함 없이 행해질 수 없다.[116]

mode (최빈값)

수열 중에서 가장 많이 나타나는 값.

model of computation (계산 모델)

보통 무한 메모리와 같은 단순함을 가진 계산 장치의 이상적 버전. **튜링 머신**(Turing Machine)이나 **람다 계산**(Lambda calculus)이 계산의 모델들이다.

model theory (모델 이론)

특별히 논리의 영역에서 공리들의 특별한 집합을 만족하는 수학적 구조에 대한 연구.

modulo (법)

만일 $a - b$가 m에 의해 나누어지면 두 정수 a와 b가 법 m에 대해 합동이라 한다.

Moiré pattern (므와레 패턴)

두 개의 반복되는 패턴이 겹치면서 서로를 간섭할 때 생기는 커브 패턴. 므와레 패턴은, 예를 들면 TV에 나오는 어떤 사람이 해링본 패턴 윗옷을 입고 나올 때 볼 수 있다. 므와레는 "비단"을 뜻하는 프랑스어이며 *실크 므와레*(*silk moiré*)는 우리에게 익숙한 반복되는 패턴이 있는 옷감으로, 1754년 중국으로부터 프랑스에 소개되었다.

Moivre, Abraham de (드무아브르, 1667-1754)

드무아브르(de Moivre, Abraham)를 보시오.

M

monad (단자, 單子)

피타고라스 학파의 **세계관**(Pythagoras of Samos를 보시오)의 중심 개념으로 실체(존재)로 나타나는 첫 물건으로 생각된다. 단체에 이어 *한 쌍*(*dyad*), 수들, 직선들, 이차원 존재들, 삼차원 존재들, 육체들, 4원소들(흙, 공기, 불, 그리고 물), 세상의 남은 것들이 순서대로 나타난다. 단체는 라이프니츠의 형이상학에서 정신 경험의 보이지 않고, 또 뚫고 들어갈 수 없는 단위로 근본적인 역할을 한다. 그것은 현대 수학에서 몇 개의 서로 다른 기능적 의미를 가지고 있다. 예를 들면, **비표준 해석학**(nonstandard analysis)에서 단체는 주어진 수에 무한히 가까운 모든 수들로 구성되어 있다. 이 단어는 라틴어의 "*monas*(single)" 그리고 그리스어의 "*monos*(unit)"에서 나왔다.

Monge, Gaspard (몽주, 1746-1818)

뒤러(Albrecht Dürer)에 의해 소개된, 화법기하를 굳건한 수학적 기반에 세운 프랑스의 수학자이며 물리학자. 그는 Mézierès의 수학 교수가 되었으며(1768), 파리 Lycée의 수리학(水理學) 교수였는데(1780), 1795년에 작도 기법에 대한 기하학의 응용에 대한 놀랄만한 논문을 발표하였다.

monkey and typewriters (원숭이와 타자기)

여섯 원숭이가 타자기를 두드리고 있는데 순전히 운으로, 충분한 시간이 주어졌을 때, 영국 도서관에 소장된 모든 책들을(혹은 모든 다른 도서관의 책들도) 다 치도록 묶여 있다. 이 아이디어는 생물학자 헉슬리(Julian Huxley, 1887-1975)에 의해 처음 제시되었고; 물리학자 진(James Jeans, 1877-1946)이 그의 『*신비한 우주*(*Mysterious Universe*, 1930)』에서 논의하였다; 그리고 이것은 수년 동안 침팬지, 세익스피어의 4행시와 같은 용어들을 이용해 다양한 형태로 재 언급되었다. 이것은 또한 New Yorker 잡지에 실렸으며(1940) **페이디만**(Fadiman)의 *Fantasia Mathematica* 잡지에 재 발행된 말로니의 단편 "Inflexible Logic"(융통성 없는 논리)의 주제였는데 있을 법하지 않은 것이 환상적으로 실현되었을 때 일어나는 일들에 대한 슬픈 이야기를 다루고 있다. **만물 도서관**(Universal Library)를 보시오.

monomial (단항식)

한 개의 항으로 구성된 대수식.

monotonic (단조)

항상 단조 증가하거나 단조 감소하는, 하지만 두 가지를 함께 갖지 않는 **함수**(function)의 성질.

Monster curve (괴물곡선)

페아노곡선(Peano curve)을 보시오.

Monster group (괴물군)

소위 말하는 산발적인 군들 중에서 가장 크고, 가장 매혹적이고, 그리고 가장 신비한 **군**(group). 이것은 1982년 프린스턴 대학의 그리스(Robert Griess)에 의해 만들어졌는데, 1973년에 그 자신과 피셔(Bernd Fisher)에 의해 존재가 예상되었으며, **콘웨이**(John Conway)에 의해 괴물(Monster)이라는 이름이 붙여졌다. 괴물군은 196,883 차원의 공간에 존재하는 1,050개보다 많은 대칭성을 가지고 있는 상식을 벗어난 눈송이와 같은 것으로 생각하면 된다. 이것은 다음 수와 같은 개수의 원소를 가지고 있다:

$$2^{46}\times3^{20}\times5^{9}\times7^{6}\times11^{2}\times13^{3}\times17\times19\times23\times29\times31\times41\times47\times59\times71$$
$$=808{,}017{,}424{,}794{,}512{,}875{,}886{,}459{,}904{,}961{,}710{,}757{,}005{,}754{,}368{,}000{,}000{,}000$$
$$\approx 8\times10^{53}$$ (태양 안에 있는 쿼크의 수보다 더 많다.)

하지만 이러한 인상적인 자격에도 불구하고 이것은 항등원과 그 자신 외에는 정규 부분군을 갖지 않는 *단순군*(*simple group*)으로 분류된다. 현재 26개의 단순군이 분류되었으며 괴물군은 가장 큰 것보다 훨씬 더 멀리 있다. 먼저 괴물군이 단순한 호기심-순수 수학의 기네스북 기록-을 끄는 정도로만 느껴진다. 24차원에서 공을 채우는 가장 좋은 방법을 제공한다는 것이 유일하게 "유용한" 응용처럼 보인다! 보통의 삼차원 공간(그리고 사차원, 오차원 에서도), 오렌지를 육각형 격자로 쌓은 청과상들의 쌓기 방법이 가장 조밀하게 쌓는 것으로 생각된다(**케플러의 추측**(Kepler's conjecture) 참조). 그러나 차원이 높아질수록, 최적의 쌓기 방법은 달라진다. 24차원의 청과상은 괴물의 것과 똑같은 대칭성을 이용해서 24차원 오렌지의 가장 효과적인 배열을 얻을 수 있다. 이것은 즉각적으로 유용하지 않다. 그런데 더 흥미로운 것은 괴물군의 대칭성과 물리학의 가장 전망이 좋아 보이는 통합 이론 중의 하나인 **끈 이론**(string theory)-이것은 **엄청난 달빛 추측**(Monsterous Moonshine conjecture)에 의해 밝혀졌는데-사이에서 발견된 상관관계이다.

Monstrous Moonshine conjecture (엄청난 달빛 추측)

1978년 콘코르디아 대학의 멕케이(John McKay)의 관찰로부터 나온 굉장한 아이디어. 멕케이가 식 $j(q) = q{-}1 + 196884q + 21493760q^2 + \cdots$ 에서 숫자 196884를 발견했을 때 그는 어떤 타원곡선의 j-함수 계수들의 가능한 값들로 이루어진 난해한 수학 데이터들의 표를 뒤적이는 중이었다. 그 순간 그는 그 숫자가 **괴물군**(Monster group)이 가장 간단히 표현될 수 있는 차원의 수보다 하나 더 큰 수라는 영감이 떠올랐다. 이 "우연"을 좀 더 자세히 살펴본 그는 이것이 전혀 우연이 아니라는 것을 발견했다. 사실, j-함수의 모든 계수들은 괴물의 가능한 표현의 차수의 단순 조합이었다. 이것은 서로 상관없는 것처럼 보이는 수학의 두 영역 사이에 존재하는 어떤 깊은 연결성을 보여주고 있다. 한 손에는 타원 보형함수–정확하게는 **페르마의 마지막 정리**(Fermat's last theorem) 증명의 중심 역할을 맡고 있는 함수–라 불리는 함수의 계수들이 있고 다른 한 손에는 회전 대칭과 반사 대칭이 괴물을 구성하는 결정격자의 차원의 수, 그리고 차수의 조합이 있다. 계속해서 멕케이와 **콘웨이**(John Conway), 노턴(Simon Norton)을 포함한 다른 수학자들이 타원 보형 함수와 괴물 사이의 관계를 이끌어 내었고 이 환상적인 성질 때문에 엄청난 달빛(The Monsterous Moonshine)이라고 명제로 명명하였다. 1998년 이 가설은 버클리에 있는 캘리포니아 대학의 보처드(Richard Borcherds, 콘웨이의 학생이었음)에 의해 증명되었다. 놀랍게도 보처드의 증명은 타원곡선과 괴물군, 그리고 원자 수준에서 자연에 대한 우리의 이해를 통일할 수 있도록 하는 가장 유망한 이론인 **끈 이론**(string theory) 사이의 깊은 연관성을 밝혀 주었다. 보처드는 괴물군이 꼭짓점 대수(vertex algebra)로 알려진 형식으로 표현된 24 차원 끈의 대칭 군이라는 것을 밝혔다.

Monte Carlo method (몬테카를로 방법)

많은 무작위 샘플을 수행하여 어떤 양의 참값을 추정하는 한 방법. 예를 들어 두 개의 주사위를 던질 때 둘 다 6이 나오는 확률을 알려 한다고 가정하자. 두 개의 주사위를 천 번 정도 던져 두 개의 6이 나오는 횟수, n 을 셀 수 있을 것이다; 그러면 추정 확률은 $n/1{,}000$이다. 몬테카를로 방법을 이용한 유명한 예는 π(pi)를 계산한 것이다. 컴퓨터가 −1과 1 사이에 있는 두 개의 난수 x, y 를 생성하게 하여 점(x, y)가 길이가 2인 정사각형 안에 무작위로 자리잡게 한다. 이것을 천 번 반복하면서 점들이 어떤 비율로 정사각형에 내접한 원 안에 놓이게 되는지 세어 본다.(그 점이 식 $x^2 + y^2 < 1$을 만족하는지 살펴봄으로써 그 점이 원안에 있는지 아닌지 말할 수 있다). 원 안에 있을 비율이 $\pi/4$의 근삿값이다(왜냐하면 원의 넓이는 π이고 정사각형의 넓이는 4이기 때문이다); 좋은 근삿값을 얻기 위해서는 수백만 개의 점이 필요하다.

이 방법은 제2차 세계 대전 동안 맨해튼 프로젝트에서 일하던 연구원들에 의해 개발되었다. 그들의 과학적 질문에 대답하기 위해 그들은 부분적 결과들의 가장 좋은 근사치들로 부터 반복적으로 샘플을 추출하여 그들이 알고 있던 수학을 상호 작용에 적용하고 결과의 범위를 연구하였다. 그들이 유명한 모나코의 카지노 도시인 몬테카를로에서 이름을 따온 이 과정은 **노이만**(John von **Neumann**)과 **울람**(Stanislaw **Ulam**)에 의해 만들어졌다. 이 방법에 대한 용어와 설명이 전후 얼마간의 시간이 지나도록 발표되지 않았던 것으로 보인다.

Montucla, Jean Etienne (몬트클라, 1725-1799)

수학의 역사에 대한 몇 개의 중요한 연구를 저술한 프랑스의 작가, 수학자, 그리고 과학자. 그의 『*수학의 역사*(*Historie des mathematiques*, 1758)』는 두 권으로 출판되었는데, 제2권이 전적으로 17세기 수학을 다룬 반면 제1권은 고대로 부터 1700년까지의 주제를 다루었다. 이 책은 그 이전의 저술들이 대부분 이름, 제목, 그리고 일시들의 목록이었던 것과 대조적으로 수학적 아이디어와 문제들의 역사를 처음으로 서술하려고 시도한 것으로 생각된다. 몬투클라는 18세기 전반부를 다룰 제3권을 만들려고 하였으나 이 기간 동안 등장한 새로운 발전의 양과 최근의 업적을 역사적 배경 안에 넣어야 하는 어려움이 그로 하여금 저술을 포기하게 만들었다. 몇 년 후에 그를 유명하게 만든 또 다른 책을 발간하는데, 이것은 **오자남**(Jacques **Ozanam**)의 『*유희적 수학과 물리학*(*Récréations mathématiques et physiques*), 1778』을 새롭게 확장하고 개선한 것이었다. 몬투클라의 책은 기하학적으로 나누는 문제들의 대중화에 특별히 영향을 끼쳤다. 1803년 후톤(Charles Hutton)이 이 책을 번역하였고 1844년에는 리들(Riddle)의 판이 나왔는데 *과학과 자연철학의 레크리에이션*(*Recreatons in science and natural philosophy*)이라고 불렸다.

Monty Hall problem (몬티 홀 문제)

홀에 의해 진행되는 미국 게임 쇼 *Let's Make a Deal* 에서 영감을 받은 확률 관련 퍼즐. 원래 문제에서는 다음과 같이 진행

된다: 쇼의 마지막에 플레이어인 당신에게 세 개의 문이 제시된다. 그들 중 하나의 문 뒤에 새 차가 있고 나머지 문 뒤에는 염소가 있다. 몬티는 어디에 차가 있는지 알지만 당신은 그렇지 못하다. 먼저 당신이 문을 선택한다. 그리고 당신이 선택한 문이 열리기 전에 몬티가 염소가 뒤에 있는 두 개의 문 중에서 하나를 연다. 이제 몬티는 당신에게 다른 닫혀 있는 문으로 바꿀 수 있는 기회를 준다. 당신은 선택한 문을 바꿀 것인가 아니면 그대로 두겠는가? 언뜻 보면 두 경우가 별 차이가 없는 것처럼 보인다. 그러나 해답은 놀랄 만하다.

당신의 선택을 유지한다고 가정하자. 세 개의 문이 같은 확률일 때 당신이 선택한 문 뒤에 차가 있을 확률은 1/3이다. 이제 선택을 바꾼다고 가정하자. 다른 말로 하면 당신이 어떤 문을 선택했는데 몬티가 염소를 보여주는 것을 기다린 후에 남아 있는 다른 문으로 선택을 바꾼다는 뜻이다. 이 의미는 만일 처음에 선택한 문 뒤에 염소가 있었다면 당신이 이긴다는 것을 의미한다. 처음 선택이 염소일 확률은 2/3 이므로 만일 당신이 선택을 바꾸면 차를 얻을 확률이 두 배가 된다. 이것을 이해하기 어렵다. 이것을 쉽게 이해하기 위해 선택해야 하는 문이 모두 100개라고 하자. 그런데 차는 오직 한 대이다. 당신이 문을 선택하고 몬티는 염소가 뒤에 있는 98개의 문을 연다. 그리고 그는 당신에게 다른 남아 있는 닫힌 문으로 바꿀 수 있는 기회를 준다. 당신은 바꿀 것인가? 물론 차가 다른 문 뒤에 있다는 것은 거의 확실하고 원래의 문 뒤에 있을 것이라는 것은 불확실하다.

원래 문제의 일반화에서는 n개의 문이 있다. 첫 단계로 당신이 문을 선택한다. 그러면 몬티는 차가 없는 다른 문을 연다. 당신이 원하면 당신은 다른 문으로 선택을 바꿀 수 있다. 그러면 몬티는 아직도 닫힌 문들 중에서 당신의 현재 선택한 문과 다른 실패할 문을 연다. 그러면 당신은 또 선택을 바꿀 수 있다. 이와 같이 반복한다. 이 과정은 오직 두 개의 닫힌 문이-당신의 현재 선택한 문과 남은 문-남을 때가지 계속된다. 당신은 몇 번이나 선택을 바꾸어야 하고 또 언제 그래야 하나? 해답은: 처음 선택을 그대로 유지하다가 마지막 순간에 바꾼다.

이 문제의 또 다른 변형은 실제 게임 쇼에서 두 명의 참가자가 있다고 가정한다. 두 사람 모두 각각 서로 다른 문 하나를 선택하는 것이 허락된다. 몬티는 염소가 있는 문을 선택한 사람을 탈락시킨다.(만일 두 명 모두 염소가 있는 문을 선택했다면 각 사람들이 그 사실을 알게 하지 말고 임의로 한 사람을 탈락시킨다.) 이제 탈락자의 문을 열고, 남은 참가자에게 바꿀 기회를 준다. 남은 참가자가 바꾸어야 할까? 해답은 NO이다. 그 이유는 이 게임에서 바꾸는 사람이 질 필요충분조건은 둘 중 한 사람의 처음 선택이 맞다는 것이다. 확률은 어떨까? 3분의 2

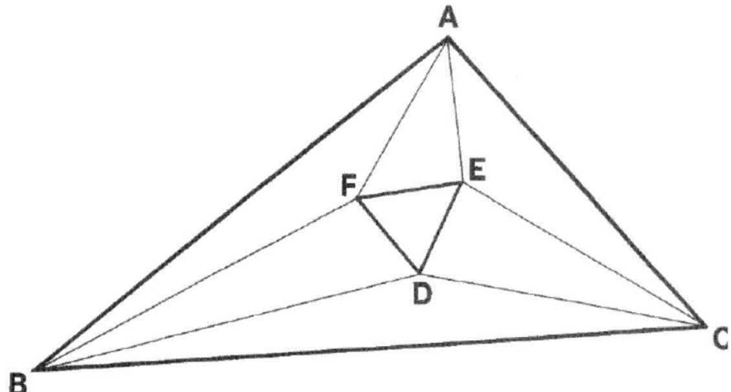

몰리의 기적 삼각형 *ABC*의 각들의 삼등분선들이 안쪽의 정삼각형 *FED*의 꼭짓점에서 만나는 것이 몰리의 삼각형이라고 알려져 있다.

이다. 선택을 고수하는 사람이 2/3로 이긴다. 따라서 선택을 유지하는 사람이 자주 바꾸는 사람보다 승률이 두 배 높다.

Morley's miracle (몰리의 기적)

1899년에 하버코트 대학의 수학과 교수였던 몰리(Frank Morley)에 의해 발견된 놀랄만한 정리. 임의의 삼각형을 그린다. 각 꼭지각을 삼등분하는 선들 중 이웃하는 것들끼리 교차하는 세 점을 표시하라. 어떤 삼각형으로 시작했더라도 이 세 점들이 정삼각형을 이룬다. 이러한 간단하고 우아한 결과가 증명이 무척 어렵기 때문에 고대 그리스 사람들에게 알려지지 않았다.

이 정리의 어떤 증명 중 흥미있는 추가적 결과는 A, B, 그리고 C가 큰 삼각형의 세 각이고 r 이 외접원의 반지름일 때 정삼각형 한 변의 길이가 $8r \sin(A/3) \sin(B/3) \sin(C/3)$이라는 것이다. 내각을 삼등분하는 것처럼 외각의 교점을 취하는 사람들에게도 놀라움이 기다린다. 내부 정삼각형에 더하여 4개의 외부 정삼각형이 나타나는데, 그중 세 개는 중심 삼각형의 연장 선상에 변을 가진다.

Moscow papyrus (모스크바 파피루스)

린드 파피루스(Rhind papyrus)를 보시오.

mousetrap (쥐덫)

케일리의 쥐덫(Cayley's mousetrap)을 보시오.

moving sofa problem (움직이는 소파 문제)

아담스의 책 『*Dirk Gently's Holistic Detective Agency*』에서 주인공 맥더프(Richard MacDuff)는 다음과 같이 말한다. "가구를 사기 전에 그것이 계단이나 코너를 돌아가는 데 크기가 실제로 잘 맞을지 아닐지 아는 것이 정말로 유용하다." 수학자들은 이것을 소파 이동 문제라고 부르며 지난 수십 년 동안 다양한 형태로 달려들었다. 그중 한 가지는 1966년 모서(Leo Moser)에 의해 만들어졌는데: 단위 너비(폭)의 반인 직각 코너를 지나 옮길 수 있는 가장 큰(넓이로 따져서) 소파는 어떤 것인가? 소파는 어떤 모양이라도 될 수 있는데 심지어 가구의 모양을 전혀 닮지 않아도 된다. 이 질문은 단순히 코너를 기술적으로 잘 빠져나갈 수 있는 구부러지지 않는 가장 큰 소파의 넓이를 묻고 있다. 몇 가지 다른 시도에서 이 해답이 약 2.21 단위라고 알려주고 있다. 이 문제의 변형으로는 피아노나 다른 물건들을 구부러짐이 다른 형태의 코너나 길을 따라 옮기는 문제들도 있다.[133]

Mrs. Perkins's quilt (퍼킨스 여사의 퀼트)

듀드니가 『*Amusements in Mahtemaatics*, 1917』[88]에 처음으로 발표한 정사각형 **분할 문제**(dissection).

퍼킨즈 여사의 퀼트 가장 유명한 퍼즐 중 하나를 그린 듀드니의 그림.

퍼즐

이 경우에 정사각형 조각을 모아 만든 퀼크는 169조각으로 만들어진 것으로 보인다. 이 퀼트를 만들 수 있는 정사각형들의 최소 개수를 구하고 또 어떻게 구성되었는지 보여라. 아니면 반대로 단순히 바느질한 것을 뜯어내어 가능한 작은 수의 정사각형 모양으로 나누어라.

해답은 415쪽부터 시작함.

듀드니의 문제는 한 변의 길이가 n인 정사각형을 그보다 작은 정사각형들 S_n개로 나누는 문제로 일반화된다. 완벽한 **적적문제**(Squaring the square)와는 달리 작은 정사각형들은 모두 다른 크기가 아니어도 된다. 또 패턴들이 더 낮은 차수의 정사각형들로 나뉘는 것이 허락되지 않도록 기본적인 분해만 허락된다. n = 1, 2, ... 에 대한 $n \times n$ 퀼트의 서로소인 분해의 최소 개수는 각각 1, 4, 6, 7, 8, 9, 9, 10. 10. 11. 11, 11,11, 12, ...[66]이다.

Müller-Lyer illustration (뮐러-라이어 착시)

화살촉의 방향이 선분을 다른 것보다 더 길게 보이게 하는 것 같은 **왜곡 착시**(distorted illusion).

multigrade (다등급)

두 개의 다른 집합의 수들의 거듭제곱의 합이 다른 지수들에 대한 합과 같은 식들의 집합. 가장 간단한 예는:

$$1 + 6 + 8 = 2 + 4 + 9$$
$$1^2 + 6^2 + 8^2 = 2^2 + 4^2 + 9^2$$

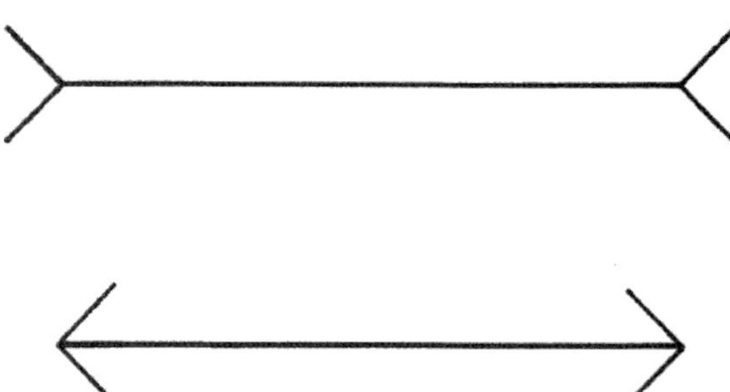

뮬러–라이어 착시 어느 수평선이 더 길까?

또 다른 예는:

$$1+8+10+17=36=2+5+13+16$$
$$1^2+8^2+10^2+17^2=454=2^2+5^2+13^2+16^2$$
$$1^3+8^3+10^3+17^3=6426=2^3+5^3+13^3+16^3$$

놀랍게도 이것들의 각 항에 임의의 정수를 더하여도 등식이 성립한다. 예를 들어 앞 예의 각 항에 1을 더하면 새로운 다등급(2, 9, 11, 18); (3, 6, 14, 17)(n = 1, 2, 3)이 생긴다. 몇 개의 높은 차수의 다등급은 다음과 같다:

(1, 50, 57, 15, 22, 71); (2, 45, 61, 11, 27, 70); (5, 37, 66, 6, 35, 67);(n=1, 2, 3, 4, 5)
(1, 9, 25, 51, 75, 79, 107, 129, 131, 157, 159, 173); (3, 15, 19, 43, 89, 93, 97, 137, 139, 141, 167, 171)(n = 1, 3, 5, 7, 9, 11, 13)

multiple (배수)

두 정수 a, b에 대해 $b = ad$를 만족하는 어떤 정수 d가 있으면 정수 b가 정수 a의 배수라고 한다.

multiplication (곱셈)

반복되는 덧셈과 동일한 **이항연산**(binary operation)이고 **나눗셈**(division)의 **역**(inverse)이다.

Mydorge, Claude (미도르, 1585-1647)

법조인으로 교육받았지만 살기 위해 일하지 않아도 될 만큼 충분히 부자였던 프랑스의 수학자. 그는 수학 퍼즐에 관심이 많았고 그의 책 『*Examen du livre des recreations mathematiques*(Study of the book of recreational mathematics, 1630)』는 헨리온에 의한 저작과 같은 후기 작품들을 위한 기초를 만들었다. 미도르는 유희 수학(*Récréations mathématique*)을 편집하였으며, 1,000개가 넘는 기하 문제와 그 해답을 담은 원고를 출판하지 않고 남겨 두었다. 그는 또한 광학에 관심을 가졌고 그의 절친한 친구인 **데카르트**(René Descartes)를 위해 많은 수의 기구를 만들었다; 두 사람은 시각을 설명하는 데 강한 흥미를 공유했고, 그들의 이론을 테스트하는 데 도움이 되는 도구들과 렌즈들을 디자인했다.

myriad (무수히 많음)

오늘날 "무척 큰 수"와 동의어인 단어. 그 어원은 그리스 단어인 *nurious*인데, "셀 수 없다(uncountable)"는 의미이다. 이것의 복수형은 *nuroi*로 라틴어인 *myriad*로 진화하였는데 로마 사람들은 이 단어를 일만(열개의 천)을 나타내는 데 사용했다. *Myriapod*는 절지동물과 같은 많은 다리를 가진 곤충의 일반적 이름이다.

N

Nagel point (나겔의 점)

꼭짓점(vertex 참조)에서 마주보는 변들이 방접원(excircle)과 만나는 접점에 그은 선들의 교점(방접원은 삼각형의 한 변 그리고 다른 두 변의 연장선에서 접한다).

nano- (나노)

10억분의 일(billionth; 10^{-9})을 나타내는 접두사. "난장이"를 뜻하는 그리스어 *nanos* 에서 유래.

Napier, John (네이피어, 1550-1617)

로그(logarithms)를 발명한 스코틀랜드의 수학자이자 신학자. 저서 『로그의 훌륭한 표준(canon)에 대한 서술(*Mirifici logarithmorum canonis descriptio*, 1617)』에서 처음으로 로그표와 '로그'라는 용어를 사용하였다. 그는 또한 숫자를 쓸 때 소숫점을 도입하였다. 그는 『*Rabdologiae*, 1617』에서 대수 계산의 다양한 방법에 대해 기술하고 있다. 곱셈을 하는 방법 중 한 가지는 네이피어의 막대기 또는 네이피어의 끈이라는 순서가 매겨진 막대기를 사용하는 것으로-당시에도 사용되었던 고대 산법의 주된 개선이었다. 1619년, 네이피어가 죽은 후, 로그를 만들었던 방법이 적힌 그의 저서 로그의 훌륭한 표준에 대한 서술이 그의 아들 로버트에 의해 출판되었고 **브릭스**(Henry **Briggs**)에 의해 편집되었다.

Napoleon Bonaparte (나폴레옹 보나파르트, 1769-1821)

> *수학의 진보와 완성은 나라의 번창함과 깊이 연관되어 있다.*

학교와 군사학교에서 수학 과목에 훌륭한 자질을 갖춘, 프랑스의 정복자이고 뛰어난 아마추어 수학자. 처음 총독이 된 후에도 그는 프랑스연구소(Institute de France, 국가의 최고 과학 단체)의 일원임을 매우 자랑스럽게 여겼다. 그리고 그는 **푸리에**(Joseph **Fourier**), **몽주**(Gaspard **Monge**), **라플라스**(Pierre Simon **Laplace**), **샤프탈**(**Chaptal**) 그리고 **베르톨레**(**Berthollet**)를 포함한 몇몇의 수학자와 과학자들과 친한 친구였다. 사실, 1798년 그의 원대한 이집트 원정에 나폴레옹은(35,000의 군대와 함께) 150명이 넘는 각 분야의 전문가들을 함께 데려갔는데 그들 중에 몽주, 푸리에 그리고 베르톨레가 있었고 도서관과 기관에 있는 모든 *encyclopedie vivante* 도 함께였다. 원정의 한 가지 결과는 푸리에가 한동안 남부 이집트의 총독으로 있었다는 것이다. 마찬가지로 라플라스(그는 포병에 들어오려는 젊은 나폴레옹을 면접했는데)는 보나파르트와의 친분으로 인해 높은 직위를 받았다. 그러나 라플라스는 6주 후에 그의 내무장관 직위에서 물러나게 되었는데, 후에 나폴레옹은 "그는 모든 곳에서 이상한 것만 찾았고, 의심쩍은 생각들로 가득했으며, 정부에 지극히 작은 생각만을 갖고 들어왔다"라고 라플라스에 대해 언급하였다. 이 두 사람 사이에서 있었던 가장 유명한 일화는 라플라스가 나폴레옹에게 자신의 업적 '*천체 역학*'(*mecanique celeste*)을 건네준 후에 일어났다. 나폴레옹은 그것을 본 후, 이 우주 만물에 대한 이 많은 글 중에 단 한 번도 **신**(**God**)에 대한 언급이 없었다는 것을 지적했다. 이에 대해 라플라스는 "그런 가설은 필요 없습니다."라고 답했다. 나폴레옹의 정리(임의의 삼각형의 각 변에 정삼각형을 그리면(안으로든 밖으로든) 이 세 정삼각형의 중심들은 정삼각형을 이룬다.)로 불리는 내용을 나폴레옹이 발견했다는 의견에 대해 **콕스터**(Harold **Coxeter**)와 그라이처(Samuel Greitzer)는 이렇게 말하였다 "[나폴레옹이]이 정리를 위한 충분한 기하학을 알았을 가능성은 유명한 회문, ABLE WAS I ERE I SAW ELBA 를 만들 정도로 충분한 영어를 알았을 가능성만큼 의문스럽다."

nappe (층)

꼭짓점(vertex)에 의해 나누어진 **원뿔**(cone)의 어느 한쪽. "Nappe"는 "tablecloth, 식탁보"를 뜻하는 프랑스어로 "라틴어 *mappa*(*냅킨, napkin*)"에서 유래된 단어이다.

narcissistic number (자기도취수)

암스트롱수(*Armstrong number*) 또는 *plus perfect number*로도 알려져 있는데, *n*-자릿수의 숫자가 각 자리 숫자들의 *n*승의 합과 같다. 예를 들면, 371은 자기도취수인데 $3^3+7^3+1^3=371$ 이기 때문이다. 9474도 자기도취수인데, $9^4+4^4+7^4+4^4=9474$ 이다. 한 자리 이상의 가장 작은 나르시르 수는 $153=1^3+5^3+3^3$ 이다. 가장 큰 나르시스 수는(10진수에서) 115,132,219,018,763, 992,565,095,597,973,971,522,401이며 각 자릿수의 39승의 합이 이 숫자와 같다. 더 큰 수가 없는 이유는 자릿수가 늘어날수록

더 많은 숫자 9가 필요하다는 사실과 연관이 있다. 예를 들면, $10^{70}-1$은 숫자 9를 연속으로 70번을 포함한다, 그리고 각 자릿수의 70승의 합은 $70 \times 9^{70} = 4.386051 \times 10^{68}$ 이며 69자릿수밖에 되지 않는다. 그래서 70 자릿수가 각 자릿수의 70승의 합과 같을 수는 없는 것이다. 39 자릿수를 가장 큰 수로 보는 이유는, 극한에 가까워갈수록 합이 충분히 크기 위해서는 8이나 9와 같은 큰 숫자가 필요하기 때문이다. 다시 말하면 선택할 수 있는 숫자 배합이 현저하게 줄어든다는 것이다.

Nash, John Forbes Jr. (내쉬, 1928-)

나사르(1998)가 쓴 같은 제목의 전기를 기초로 만들어져 아카데미상을 수상한 영화 '*A Beautiful Mind*(2001)'에서 그리 정확하게 묘사되지 않은 미국의 수학자. **게임 이론**(Game theory)과 **미분기하학**(differential geometry)을 연구한 내쉬는 두 명의 게임 이론가인 셀튼(Reinhard Selten)과 하사니(John Harsanyi)와 함께 1994년 노벨 경제학상을 공동 수상했다. 그는 수학자로서 유망한 시작을 했지만, 30살 즈음 되어 정신 분열증으로 고통받기 시작했고, 25년 동안 투병하며 살았다. 제목이 "비협조 게임(Non-cooperative Games)"인 그의 박사 학위 논문은 후에 **내쉬 균형**(Nash equilibrium)으로 불리는 이론에 대한 정의와 특성들을 포함하고 있으며, 44년 후 그를 노벨 수상자로 만드는 토대가 되었다. 1966년과 1996년 사이에 내쉬는 아무것도 발표하지 않았다. 하지만, 1990년 후반 즈음 정신적 건강을 천천히 회복하면서 그의 수학 능력을 되찾아갔다. 그리고 그는 컴퓨터 프로그래밍에도 관심을 갖기 시작했다.

Nash equilibrium (내쉬 균형)

게임 이론(game theory)에서, 어느 경기자도 그들의 전략을 바꿈으로 해서 결과를 더 좋게 할 수 없는 한 쌍의 전략. 때로는 내쉬 균형이 **말안장**(saddle) 구조를 가질 때도 있다. 다른 경우로, 어떤 전략이 내쉬 균형 차체일 때, 이 전략은 발전된 안정 전략과 흡사하다.

natural logarithm (자연로그)

*네이피어 로그*라고도 불리는 e를 밑으로 하는 **로그**(logarithm). 예를 들어, $\log_e 10$(또는 ln 10)은 대략 2.30258 이다.

natural number (자연수)

수를 셀 때 사용되는 숫자: 1, 2, 3, ⋯ 0 이 포함되어야 할지 아닐지에 대한 논쟁은 수백 년 동안 지속되었지만 아직까지도 전반적인 합의가 없다. 혼동을 피하기 위해 1, 2, 3, ⋯ 은 *양의* **정수**(*positive* **integers**) 로 불리는 반면, 0, 1, 2, 3, 4, ⋯는 *음이 아닌* **정수**(*nonnegative* **integer**) 혹은 *정수*(*whole numbers*) 라고 한다. 자연수의 덧셈 또는 곱셈은 항상 자연수이다. 하지만 뺄셈은 0 혹은 *음의 정수*(*negative integer*)가 될 수 있고, 나눗셈은 **유리수**(**rational numbers**)가 된다. 자연수의 중요한 속성은 *정렬*(*well-ordered*)된다는 것, 다시 말해 자연수로 된 모든 집합은 가장 작은 원소를 가진다는 것이다. 자연수의 더 깊이 있는 속성, 예를 들어 **소수**(**prime number**)들의 분포와 같은 성질은 **수론**(**number theory**)에서 연구되었다. 자연수는 두 가지 목적으로 사용될 수 있다; **서수**(**ordinal number**)의 개념으로 일반화된 어떤 수열에서 한 원소의 위치를 표현하는 것과 **기수**(**cardinal number**)의 개념으로 일반화된 유한한 집합의 크기를 나타내는 것이다. 이 두 개념이 유한의 세계에서는 일치하지만; 무한 집합이 될 때에는 달라진다. (**무한**(**infinity**) 참조).

Necker cube (네커 큐브)

모호한 그림(**ambiguous figure**)의 전형적인 예. 1832년에 스위스의 결정학자 네커(Louis Necker)가 결정들을 검사하다가 알아낸 것으로, 3차원의 물체는 그의 나타나는 모양이 달라 보일 수 있다는 것이다. 그는 독특한 **정육면체**(**cube**)를 발표했는데, 그것은 보는 사람에 따라 다른 방향으로 나타날 수 있는 정

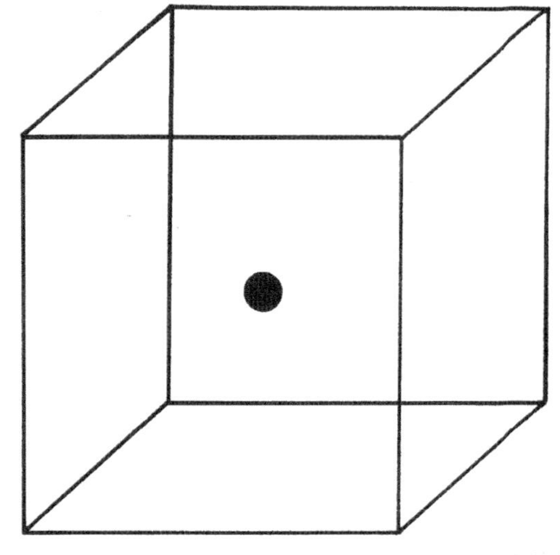

네거 큐브 Necker cube 점이 육면체의 앞면에 있는가 아니면 뒷면에 있는가?

육면체이다. 이 현상은 정교하게 심도 단서를 제거한 정육면체의 그림(정사영) 때문에 나타난다. 정육면체의 예상되는 모델을 그림에 맞추기 위한 시도에서, 우리의 뇌는 어느 모서리가 더 가까운지에 대한 모호함을 결정해야만 한다.

negative base (음의 밑수)

숫자를 나타낼 때 음수 **밑**(base)을 사용하는 것이 몇몇 흥미로운 가능성을 보여준다. 예를 들어, 밑이 양수 10이 아니라 음수 10인 "음의 십진수(negadecimal)"를 생각해 보자. 이러한 수 체계에서, 365는 십진수 5+6×(−10)+3×(−10)×(−10)=245와 같고, 반면 음의 십진수 35는 5+(3×(−10))으로 일반 십진수 −25와 같다. 이 점에서 흥미로운 사실은 양수나 음수의 음의 십진수(negadecimal)는 항상 양수라는 것이다. 다시 말해 부호가 필요 없는 것이다. 1950년대 말과 1960년대 초에 몇 십 개 정도만 만들어진 폴란드의 UMC-1은 음의 **이진수**(negabinary)(2를 밑으로 한 계산)를 사용한 유일한 컴퓨터이다.

negative number (음수)

오랜 동안 수학에서 정당성이 부인되었던 음수는 바빌로니아, 그리스, 혹은 다른 고대 문명의 기록에서도 발견되지 않았다. 이에 반해, 그리스 수학이 기하학을 기초로 하였고, 음의 거리라는 개념이 무의미하였기 때문에, 음수는 말이 되지 않았다. 음수는 7세기경 인도의 부기 기록과 힌두인 천문학자 **브라마굽타**(Bramagupta)의 업적물의 한곳에서 처음으로 나타났다. 유럽에서 음수를 최초로 문서에 사용한 것은 1545년에 **카르다노**(Girolamo Cardano)의 책 '*Ars magna*'에서였다. 17세기 초까지, 르네상스의 수학자들이 드러내놓고 음수를 사용했지만, 거센 반대도 있었다. **데카르트**(René Descartes)는 음의 제곱근을 거짓 근(false roots) 이라고 불렀고 **파스칼**(Blasie Pascal)은 "0보다 작은 수"는 있을 수 없다고 확신했다. **라이프니츠**(Gottfried Leibniz)는 음수들이 말도 안 되는 결론을 도출할 수도 있다고 인정하였지만, 한편으로는 계산에 유용한 도움이 될 수도 있다며 지지하기도 하였다. 18세기가 되면서 음수는 대수학에서 없어서는 안 될 부분이 되었다.

Neile's parabola (닐의 포물선)

1657년에 영국 수학자 닐(William Neile, 1637-1670)에 의해 발견된 준정육면체 **포물선**(semi-cubical **parabola**)으로도 알려진 곡선. 이 곡선은 호의 길이를 계산할 수 있는 첫 번째 **대수**(algebraic)**곡선**이다.(이전에는 **사이클로이드**(cycloid)나 **로그 나선**(logarithmic spiral)과 같은 초월곡선의 호의 길이만 계산할 수 있었다.) 닐의 포물선은 **데카르트 좌표계**(Cartesian coordinates)에서 다음과 같은 식으로 표현된다.

$$y^3 = ax^2$$

하위헌스(Christiaan Huygens)는 1687년에 이 곡선이 **라이프니츠**(Gottfried Leibniz)가 제기한 필요조건을 만족한다는 것을 보였다. 이것은 곡선을 따라 한 입자가 중력에 의해 하강할 때 같은 시간 동안 같은 수직 거리를 움직여야 한다는 조건을 충족시키며 움직인다는 것이다. 닐의 포물선은 포물선의 **축폐선**(evolute)이다.

nephroid (신장형 곡선)

햇빛 아래의 커피잔 밑면에서 가끔 보이는 곡선의 한 종류. 잔의 안쪽 표면에서 반사된 빛이 커피 밑면에 만드는 초승달 모양의 빛이다. 더 일반적으로, 어떤 반원에 평행한 두 광선이 반사되는 모양이다. 수학적 용어로 네프로이드는 광원이 무한 위치에 있을 때 **원**(circle)의 **반사초곡선**(catacaustic)을 의미하는데 이것은 **하위헌스**(Christiaan Huygens)가 1678년에 실험으로 처음 보였으며, 그의 책 『*빛에 관한 논문*(*Traite de la lumiere*, 1690)』에 발표되었다. 그러나 1838년에 에어리(George Airy)가 빛의 파동 이론으로 증명해 보이기 전까지, 물리학적인 설명은 없었다. 네프로이드(라틴어로 신장 모양의(kidney-shaped))란 이름은 1878년에 영국 수학자 프록터(Richard Proctor)의 책 『*파선의 기하학*(*The Geometry of cycloids*)』에 처음 소개되었다. 그 전까지는 뾰족한 점이 두 개인 **외파선**(epicycloid)으로 알려져 있었다. 구체적으로, 신장형 곡선은 반지름 a인 원이 반지름 $2a$인 고정된 원 밖을 돌며 생긴 외파선이다. 그것은 길이 $24a$, 넓이 $12\pi^2$으로 다음과 같은 매개변수 식으로 주어진다.

$$x = a(3\cos(t) - 3\cos(3t))$$
$$y = a(3\sin(t) - \sin(3t))$$

신장형 곡선은 **케일리의 섹틱**(Cayley's sextic)의 **신개선**(involute)이며 또한, 주어진 원 위에 중심들이 있고 그 원의 지름과 접하고 있는 원들로 만들어지는 원들의 **덮개**(envelope)도 된다. 네프로이드는 여러 개 의자가 있는 식탁의 완벽한 모양으로 묘사되기도 한다. *프리스의 네프로이드*(*Freeth's nephroid*)를 방금 설명한 일반적인 네프로이드로 착각해서는 안 되는데, 후에 런던 수학회에서 1879년에 출간된 논문에 처음 그것을 언급한 영국 수학자 프리스(T.J.Freeth, 1819-1904)의 이름을 따서 명명되었다. 프리스의 네프로이드는 원의 **스트로포이드**(strophoid)이며 극방정식은 $r = a(1 + 2\sin(\theta/2))$이다. 프리스의

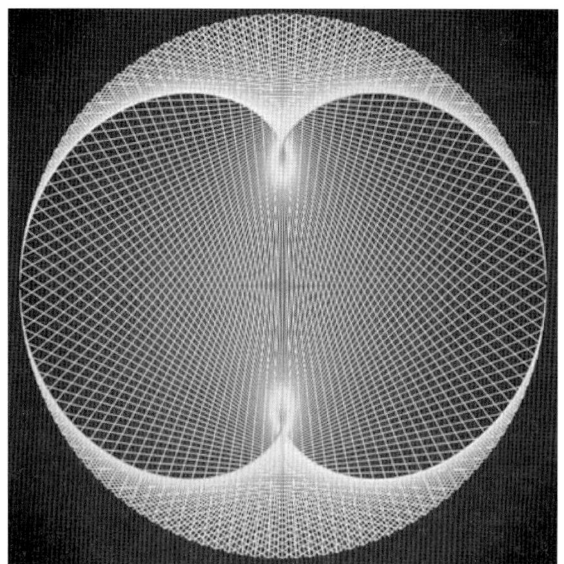

신장형 곡선 *Jos Leys, www.josleys.com*

네프로이드는 또한 한 수학자 그룹의 이름이기도 한데, 그 그룹은 대부분 런던의 로열 할로웨이 대학 사람들로서, 매주 '벌집'으로 불리는 술집(pub)에 모여 trivial pursuit라는 보드 게임을 하곤 했다.

net (전개도)

모서리(edge)들을 따라 평면에 평평하게 펼쳐진 **다면체**(polyhedron)의 그림. 다면체를 표현한 최초로 알려진 전개도는 **뒤러**(Albrecht Dürer)에 의한 것이다.

neural network (신경망)

전자 자동 장치로, **세포 자동자**(cellular automation)와 어떤 면에서 흡사하며 뇌의 매우 단순화된 모델. 신경망은 인간의 인식력의 결합 이론을 바탕으로 하는 기계 학습의 장치이다. 뉴런들 사이의 서로 다른 연결의 다양한 알고리즘과 부가적인 것을 사용하기 위해, 신경망은 음성 인식, 시각 패턴의 인식, 로봇 컨트롤, 기호 조작, 그리고 판단 내리기 등과 같은 응용에서 패턴을 인식하는 방법을 배우도록 설정되어 있다. 일반적으로 세 개의 층으로 이루어져 있는데, 입력 뉴런, 출력 뉴런, 그리고 그 사이에 입력에서 출력으로의 정보가 처리되는 층으로 되어 있다. 처음에 네트워크는 임의의 프로그램으로 시작되고, 그 결과는 실제 결과와 원하는 결과의 차이에 반응하는 연결에 배당된 가중치의 신속한 조절을 요청하는 원하는 결과에 대응하여 측정된다. 이것이 여러 번 반복되며 아이가 배우듯이 네트워크도 효율적으로 배운다; 이런 관점에서 네트워크는 자신만의 규칙들을 발견한다. 뉴런들 사이에 접촉의 규칙을 바꾸게 되면 눈에 보이게 흥미로운 응급 반응이 일어난다. 그래서 신경 네트워크는 **응급**(emergence)과 **자체 생성**(self-organization)을 연구하는 도구이기도 하다.

Neusis construction (뉴시스 작도)

눈금이 표시된 자가 다른 위치로 옮겨갈 수 있도록 허용함으로써 고대 그리스의 자와 컴퍼스만으로의 작도법(**작도 가능**(constructible) 참조)의 엄밀한 규칙을 깨버린 기하학적인 작도법. 이 방법은 **정육면체의 배적**(duplication the cube), **각의 삼등분**(trisecting an angle)을 할 수 있게 한다. **콘웨이**(John Conway)와 **가이**(Richard Guy)는, 각의 삼등분을 기반으로, 이 방법이 어떻게 7개, 9개, 그리고 13개의 변을 갖는 정다각형을 그릴 수 있는지도 보였다.

Newcomb's paradox (뉴콤의 역설)

자유 의지 문제를 포함하고 있는, 소위 예언 역설이라 불리는, 가장 간단하게 서술되었지만 놀라운 역설 중 하나. 이것은 1960년도에 로렌스 리버모어 연구소(Lawrence Livermore Laboratory)에서 이론 물리학자로 있었던 뉴콤(Wiliam Newcomb)이 **죄수의 딜레마**(prisoner's dilemma)에 대해 생각하다가 고안해 낸 것이다. 예를 들어, 절대 실패한 적이 없다고 알려진 초월적인 예언 능력을 가진 능력자가 *A* 상자에는 $1,000를, 그리고 *B* 상자에 백만 달러 혹은 아무 것도 넣지 않는다. 그 능력자가 당신에게 선택권을 준다: (1) *B* 상자만 연다. 혹은 (2) *A*, *B* 두 상자 모두 연다. 능력자는 당신이(1)을 택할 것이라 예상될 때에만 *B* 상자에 돈을 넣고, (1)이 아닌 다른 것((2)번을 선택하거나 동전을 던진다 등)을 택할 경우가 예상되면 *B* 상자에는 돈을 넣지 않는다. 여기서 문제는, '당신이 얻을 돈을 최대화하기 위해 무엇을 해야 하는가?'이다. 당신은 다음과 같이 논할 수 있다; 당신의 선택이 상자 안의 내용물을 바꿀 수 없으므로 두 상자 모두 열고 무엇이 있던 간에 그것을 다 가진다. 이것은 능력자가 틀린 예언을 결코 한 적이 없었다는 것을 당신 마음에 명심하기 전까지는 합리적인 것처럼 보인다. 달리 말하면 어떤 특별한 방법으로 당신의 정신 상태는 상자의 내용물과 매우 높은 상호 관계가 있다: 당신의 선택이 상자 *B*에 돈이 들어 있을 확률과 연관되어 있는 것이다. 이런 논증들과 다른 것들이 둘 중에 하나를 택하는 쪽으로 많이 제시되었었다. 사실은, 수십 년 동안에 많은 철학자와 수학자들의 관심에도 불구하고, 아직 "정답"이라고 알려진 것은 없다.

Newton, Isaac (뉴턴, 1642-1727)

영국의 수학자, 물리학자, 그리고 한때 영국 왕실 조폐국의 수장이었던 인류 역사상 위대한 지적 거인들 중 한 사람. 뉴턴은 **미적분학**(calculus, 지금과 같은 형식이 아니었음에도 불구하고)의 개발자 중 한 사람이며, **이항 정리**(binomial theorem)를 발견하였고 만유인력 법칙을 세웠으며, 뉴턴보다 못한 사람이 그 어느 하나라도 발견했다면 큰 명성을 얻었을 많은 다른 발전도 가져왔다. 흥미롭게도, 그의 가장 생산적이었던 기간은 소위 "기적의 해(miraculous year)" 인 1665-1666 으로 당시 케임브리지 대학이 전염병으로 인해 문을 닫아서 집에서 공부해야만 했던 기간이다. 그는 갈릴레오가 운명한 해에 태어났다. 과학계에 가장 중요하고 영향을 많이 미친 책, 『*Principia*, 1687』를 발표한 후 그의 관심은 신학, 정치, 그리고 잠시 동안 연금술에 빠졌었다. 그는 생의 마지막 20년의 대부분을 미적분학 발견의 우선권에 대해 **라이프니츠**(Gottfried Leibniz)와, 그리고 천문학자 플램스티드(John Flamsteed)와 신랄한 토론을 벌이는 데 보냈다.

Newton's method (뉴턴의 방법)

함수(function)의 근을 찾는 반복적인 방법.

n-gon (n-각형)

*n*개 변을 갖는 다각형(polygon).

Nim (님)

많은 다양한 버전이 있는 게임으로, 두 명이 번갈아가며, 두 더미 혹은 더 많은 수의 더미 중 한 더미에서 한 개 이상의 물건을 가져가는 게임. 마지막에 물건을 가져가는 사람이 이기는 게임이다. 예를 들어; 성냥을 다섯 줄로 놓는데 첫째 줄에는 한 개의 성냥, 둘째 줄에는 두 개와 같은 방법으로 놓아 다섯째 줄에는 다섯 개의 성냥을 놓는다. 각 사람은 번갈아가며 어느 한 줄에서 한 개 이상의 성냥을 가져갈 수 있다. 이 게임은 중국에서 유래된 것으로 보인다. "님(Nim)"이란 이름은 20세기로 바뀌는 시점에 하버드대 수학 부교수인 부톤(Charles Bouton)이 붙인 것으로, 고대 영어의 '훔치다' 혹은 '가져가다'라는 단어에서 따왔다. 그는 1901년에 님 게임에 대한 모든 분석과 승리 전략의 증명을 발표했다. 최초의 님 게임 컴퓨터인 니마트론(Nimatron, 1톤 무게의 거대 컴퓨터)은 1940년도에 웨스팅하우스 전자 회사(Westinghouse Electrical Corporation)에서 만들어졌고 후에 뉴욕 세계 박람회에 전시되었다. 그 자리에서 관중들을 상대로 10만 번의 게임을 하였는데, 놀랍게도 90% 이상의 승률을 거두었다; 대부분의 패배는 기계도 질 수 있다고 의심하는 관중들을 확신시키도록 지시받은 참석자들의 손에 의한 결과였다! 1951년에 님 게임 로봇인 님로드(Nimrod)는 영국의 한 축제에서 선보였고, 후에 베를린 박람회에도 나타났는데 얼마나 인기가 좋았는지, 사람들이 그 방의 반대편에서 무료 음료를 제공하는 바를 완전히 무시할 정도였다. 결국에는 몰려드는 사람들을 정리하기 위해 경찰을 불러야만 했다.

nine (9/구/아홉)

오랫동안, 이상하고 수수께끼 같은 속성을 가졌다고 생각되어 온 숫자. 중세 암흑 시대 때 쓰인 한 책에는 고양이가 아홉 목숨을 가지고 있다는 미신의 문구가 적혀 있다. 영국 작가이자 풍자가 볼드윈(William Baldwin)은 그의 책 『*고양이를 조심하시오*(*Beware the Cat*)』에서 "마녀가 고양이의 몸을 9번 취할 수 있는 것이 허락되었다"라고 하였다. 아홉 뮤즈 여신이 있고, 아홉 개의 하데스 강이 있으며 아홉 개의 머리를 가진 히드라가 있다. 불카누스는 하늘에서 떨어지는 데 9일이 걸렸다. "nine days' wonder"란 문구는 "wonder lasts 9 days and then the puppy's eyes are open"(세상을 떠들썩하게 만든 일도 아흐레뿐이다.) 이란 속담에서 유래되었다. cat-o'-nine-tails는 손잡이에 아홉 개의 매듭으로 된 줄 혹은 끈이 달린 채찍으로 고양이가 할퀸 상처와 비슷한 상처를 낸다. "cloud nine"은 단테의 아홉 번째 천국에서 나온 말로, 그곳에 사는 사람들은 신과 가장 가까운 곳에 있기 때문에 더없이 행복하다.

"the whole 9 yards"는 제2차 세계 대전 때 태평양에서 싸운 전투기 조종사들로부터 나온 말이다. 지상에서 전투기를 무장시킬 때 .50-구경 기관총의 탄띠는 기체에 장착하기 전에 정확하게 27피트(9야드) 길이이다. 이 탄약을 다 발사 했을 때 "the whole 9 yards"라고 말했다. 많은 이론이 있음에도 불구하고 "dressed to the nine(화려하게 옷 입었다.)"라는 표현의 출처는 덜 분명하다.

9는 한 자릿수에서 가장 큰 숫자이고 대부분의 상황에서 가장 드물게 나타나는 숫자이다. 예외는 가격을 정할 때 마지막에 9가 한 번 이상 들어가게 정하는 장사 경향이 있다. 9는 우리가 사용하는 십진수의 단위에서 하나 적은 숫자이기 때문에, 각 자리의 숫자를 더해서(필요하다면 반복해서 적용할 수 있고 그 결과는 결국 9이다.) 그 수가 9로 나누어지는지를 쉽게 알아

볼 수 있다. 이 과정을 **9 버리기**(casting out nines)라고도 한다. 이것을 99, 999, ... 와 같은 수 혹은 이 수들 중 하나를 나누는 어떤 수로 나누어지는지에 대한 비슷한 방법이 개발될 수 있다. 예를 들어, 쓰고 싶은 만큼 긴 자릿수의 수를 하나 적고 그 자릿수들을 모두 더한 후 자릿수의 합을 처음 숫자에서 뺀다. 새로 만들어진 숫자의 자릿수들을 모두 더하면 항상 9의 배수가 된다.

nine holes (아홉 개의 구멍)

세 명의 모리스(three man's morris)를 보시오.

nine men's morris(아홉 명의 모리스)

아홉 명의 모리스가 진흙을 뒤집어썼네.
완튼 숲의 기묘한 미로.
발자국이 부족해서, 구별할 수가 없네.
-한 여름 밤의 꿈(2막 1장), 셰익스피어

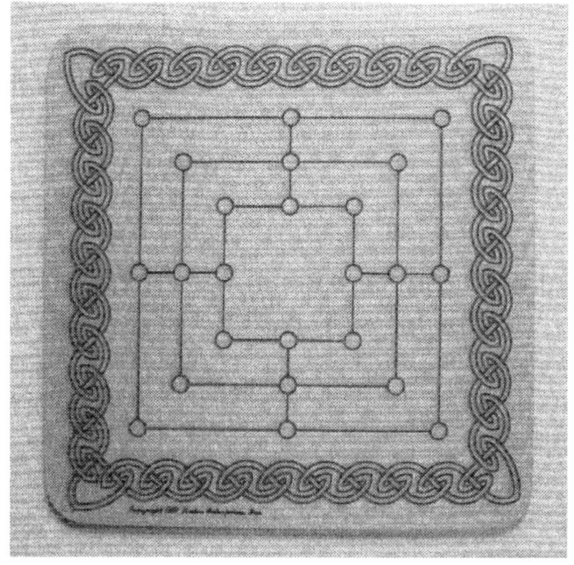

아홉 명의 모리스 근대판 보드 게임. *Kadon Enterprises, Inc, www.puzzlegames.com*

장소와 시기에 따라 다른 이름으로 알려졌고 다양한 규칙으로 게임을 하는 가장 오래된 보드 게임 중 하나. 프랑스에서는 Marelle, 오스트리아에서는 Muhle, 영국에서는, Peg Meryll, Meg Marrylegs, 그리고 다른 이름들로 알려졌는데 모든 이름들이 "mill"에 연결되어 있다. 왜냐하면 이것이 게임에서 세 개의 말들의 길 이름이기 때문이다. 이 게임의 유형들이 이집트의 크루나(Kurna) 신전의 지붕에 새겨져 있는 것이 발견되었고(1400 B.C.경으로 추정), 1880년도에 Gokstad[1)]에서 발견된 거대한 바이킹 배의 갑판을 이루는 오크나무 널빤지에 새겨진 것과 영국 대성당의 성가대석에 새겨진 것이 발견되기도 하였다. 전형적인 보드는 주어진 그림과 같은 형태를 갖고 있다; 대각선이 있는 것도 있고 없는 것도 있다. 스트루트(Joseph Strutt)는 *영국 사람들의 운동과 오락*(*The Sports and Pastimes of the People of England*, 1801) 에서 다음과 같이 규칙을 설명하고 있다;

> 두 명의 플레이어가 각각 9개의 말(혹은 남자들)을 갖고, 번갈아가며 하나씩 자리에 놓는다. 각 플레이어가 할 일은 상대방이 말 세 개를 다른 말의 방해없이 한 줄로 연속해서 놓는 것을 막는 것이다. 그런 줄을 성공시킨 플레이어는 자기에게 가장 유리하다고 생각되는 곳의 상대방 말 하나를 취할 수 있다. 단, 성공시킨 줄은 건드릴 수 없다. 말을 다 놓은 후에는, 앞뒤로 선을 따라 원하는 대로 움직일 수 있지만 한 번에 한 칸씩(바로 옆 자리로)만 움직일 수 있다. 상대방의 말을 다 갖는 자가 승리하게 된다.

1996년도에 독일의 수학자 개서(Ralph Gasser)는 이 아홉 명의 모리스(nine men's morris) 게임은 양쪽 플레이어가 매번 최선의 선택을 할 경우 비길 수밖에 없는 게임이라는 것을 컴퓨터로 증명해 보였다. 그는 컴퓨터 프로그램으로 어느 한쪽이 이길 수 있다고 알려진 100억 가지의 자리들을 알아내고 표를 만들어 본 후, 게임 시작부터 초기 분석이 종반 분석과 맞을 때까지 18번의 움직임을 구성하였다. 그 결과 모든 이길 가능성 있는 판세가 게임 초반에 상대방에 의해 형성될 수 있다는 것을 보였다. **세 명의 모리스**(three men's morris)도 보시오.[132]

nine rooms paradox (아홉 개의 방의 역설)

현대 문학(*Current Literature*) 1889년 4월판 vol.2에 처음으로 수록된 퍼즐. 시로 되어 있으며 *사라진 $1*(*missing dollar*)와 유사한 형태를 하고 있다.

역자 주

1) 바이킹의 배가 발견된 노르웨이의 한 농장 이름.

퍼즐

열 명의 지치고 발 아픈 여행자들
모두 애처로운 처지
길가의 여관에서 쉴 곳을 찾았다.
어느 깜깜하고 폭풍이는 밤에

'방은 아홉 개뿐, 더 이상 없소' 라며 주인이 말하였다.
제안을 하나 하지요.
여덟 명에게는 각자 싱글 침대를
마지막 아홉 번째는 두 명이 사용하시오.

소란스러워졌다. 걱정스런 주인은
머리만 긁고
그들 중 둘이 아닌 피곤한 사람들은
침대 하나를 차지하고

난감한 주인은 곧 안심하네
그는 영리한 사람
그리고 손님들을 기쁘게 하기 위해 고안했네.
이 가장 천재적인 계획을

A로 표시된 방에 두 명이 있고
세 번째 사람은 B로 묵게 되고,
네 번째 사람은 C로 할당되었고,
다섯 번째는 D로 들어갔다.

E에는 여섯 번째 사람을 들여보내고
F에는 일곱 번째 사람
아홉 번째와 열 번째는 G와 H에
그리고 그는 A로 뛰어갔다.

그곳에 주인이, 내가 말한 것처럼
두 명의 손님을 눕혔던;
그리고 한 사람을 데리고 – 열 번째이면서 마지막인 –
그를 안전하게 I에 투숙시켰네.

아홉 개의 방을 – 각자에게 –
열 명에게 제공했네.
이것이 나에게는 수수께끼
그리고 많은 영리한 사람들에게도

주인은 어떻게 손님들을 속일 수 있었을까?

답은 415쪽에서 시작함.

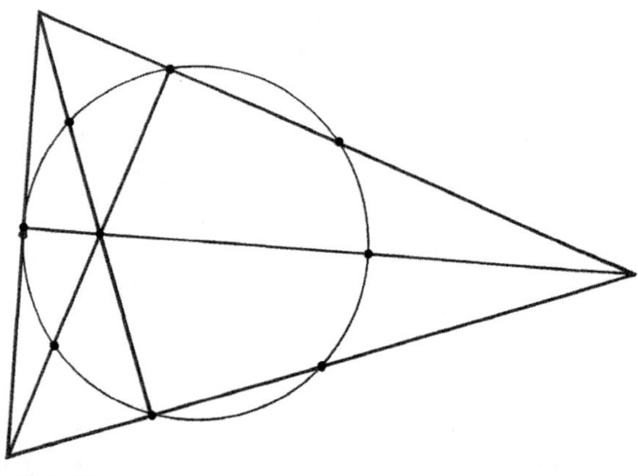

아홉 점 원

nine point circle (아홉 점 원)

임의의 삼각형(예각삼각형으로 시작하는 것이 가장 좋긴 하지만)을 그리고 각 변의 중점을 표시한다. 각 꼭짓점에서 마주보는 변에 수선을 긋고 교점을 표시한다.(만약 둔각삼각형이라면, 수선이 삼각형의 바깥에 그려지니 마주보는 변을 수선과 만나도록 연장한다) 세 수선이 한 점에서 만나는 것에 주목하자. 이 점과 각 꼭짓점 사이의 중간점을 표시하자. 당신이 어떤 삼각형으로 시작했든지, 이 아홉 개의 점들 모두 완벽한 원 위에 있다! 이 결과는 1765년에 **오일러**(Leonhard **Euler**)에 의해 알려졌지만 1822년에 독일의 수학자 포이어바흐(Karl Feuerbach, 1800-1834)가 재발견했다.

node (교점)

결절점(crunode)을 보시오.

Noether, Emmy(Amalie) (뇌더, 1882-1935)

20세기 초기의 가장 재능 있는 사람 중의 하나인 독일의 여성 수학자. 현재 *뇌더의 정리*(*Nöether's theorem*)–그것은 자연 시스템의 대칭성에서 중요한 것인데–로 알려진 중대한 업적은 물리학에서도 무척 중요하다. 그녀는 1907년에 박사학위를 받고 국제적 명성을 빠르게 쌓아갔지만 괴팅겐 대학은 그녀가 강의하는 것을 거부해서 동료인 **힐베르트**(David **Hilbert**)는 대학 소개 책자의 자기 이름 아래 그녀의 과목을 알려야만 했다. 그녀의 반대파들은 군인들이 전장에서 돌아와 여자에게서 배워야 한다는 사실에 대해 그들이 어떻게 생각할 것인지를 물으며 긴 논쟁을 벌였다. 그녀를 교수로 받아들인다는 것은 대학 평의회에서 그녀가 투표권을 갖는다는 것을 의미했다. 힐베르트는 "시간 강사를 고용하는 데 지원자의 성별은 문제가 되지 않는다고 생각한다. 어쨌든, 대학 평의회는 대중 목욕탕이 아니다."라고 말했다. 마침내 그녀는 1919년에 교수로 받아들여졌다. 유대인이었던 뇌더는 1933년 나치 독일로부터 도망쳐야만 했고 미국의 Bryn Mawr 여자 대학의 교수가 되었다.

non-Abelian (비가환)

교환법칙이 성립하지 않거나 순서에 상관이 있음(order-dependent). 예를 들면, **루빅스 큐브**(Rubik's cube)의 조작 방법의 그룹이 비가환이다. 왜냐하면 큐브의 상태는 움직이는 순서에 전적으로 의존하기 때문이다. **가환 그룹**(Abelian group)을 보시오.

nonagon (구각형)

9개의 변을 갖는 **다각형**(polygon). *구각형의 수*(*nonagonal number*)는 $\frac{n(7n-5)}{2}$ 의 형태로 된 수이다.

nonconvex uniform polyhedron (오목 균등 다면체)

(볼록 정다각형 면과 똑같은 꼭짓점으로 이루어진) **아르키메데스의 다면체**(Archimedean solids)를 만드는 데 사용되는 조건을, **케플러-포앙소 다면체**(Kepler-Poinsot solids)와 같이 볼록이 아닌 면과 꼭짓점을 가질 수 있도록 허용하는 것으로 약화시켜 얻어진 형태의 **균등 다면체**(uniform polyhedron). 모든 점들은 동일해야 하지만 면들이 같을 필요는 없다는 조건 때문에 53개의 볼록이 아닌 균등 다면체(nonconvex uniform polyhedron)가 있다. 대표적인 예가 *큰 12면체*(*great dodecahedron*)의 귀퉁이를 단면이 정10각형이 되도록 잘라 만든 *큰 잘린 12면체*(*great truncated dodecahedron*)이다.

non-Euclidean geometry (비유클리드 기하학)

유클리드의 **평행선 공리**(pararell postulate)가 성립하지 않는 **기하학**(geometry).(평행선 공리를 설명하는 한 가지 방법은 다음과 같다; 한 정직선과 그 직선 위에 있지 않은 점 A가 주어졌을 때 A를 지나고 주어진 직선과 만나지 않는 직선이 오직 하나 존재한다.) 비유클리드 기하학의 가장 중요한 두 가지는 **쌍곡기하학**(hyperbolic geometry)과 **타원기하학**(elliptic geometry)이다. 비유클리드 기하학의 서로 다른 유형들은 양 또는 음의 **곡률**(curvature)을 갖는다. 곡면 곡률의 부호는 곡면 위에 한 직선을 그린 다음 이 직선과 수직인 직선을 그려봄으로써 알 수 있다: 이 두 직선이 모두 **측지선**(geodesic)이다. 두 직선이 같은 방향으로 휜다면 그 표면은 양의 곡률을 갖고 서로 다른 방향의 곡선을 갖는다면 음의 곡률을 갖는다. 타원(구면)기하학은 양의 곡률을 갖는 반면 쌍곡기하학은 음의 곡률을 갖는다.

비유클리드 기하학의 발견은 커다란 결과들을 가져왔다. 2000년 이상 사람들은 **유클리드 기하학**(Euclidean geometry)이 유일한 기하학적 체계라고 생각해 왔다. 비유클리드 기하학은 공간에 대해 다르게 생각할 수 있는 설명들이-수학을 전체적으로 보다 추상적인 과학으로 변환하는 현실화- 있음을 보였다. 그 후, 임의의 내적 모순이 없는 공준들의 집합으로부터 시작하여 생각의 가지를 쳐 나가는 것이 수학에서 명백해졌다. 비유클리드 기하학의 발견은 코페르니쿠스의 이론과 아인슈타인의 **상대성 이론**(relativity theory)에 비견되어왔는데, 이는 오랫동안 인정되었던 사고의 모델로부터 사람들을 자유롭게 한 것과 유사하다. 사실 아인슈타인은 비유클리드 기하학에 관해 다음과 같이 말했다: "기하학에서의 이런 해석은 매우 중요하다. 왜냐하면 내가 이런 사실을 잘 몰랐다면 상대성 이론을 결코 발견하지 못했을 것이기 때문이다."

유클리드 기하학과 비유클리드 기하학 모두가 그들이 기초한 어떤 모순도 포함하지 않는 가정들 하에서 잘 성립한다는 것을 인식하는 것이 중요하다. 어떤 기하학이 진실인지에 대한 답으로 **푸앵카레**(Henri Poincaré)는 다음과 같이 말했다: "하나의 기하학이 다른 것보다 더 진실일 수 없다; 그것은 단지 더 유용할 뿐이다." 우리가 살고 있는 현실 공간에서 어떤 기하가 맞는 것인가? 작은 규모에서, 그리고 지구에서 실질적인 목적

기하학의 종류

	유클리드 기하학	타원 기하학	모서리의 수
곡률	영	양	음
주어진 직선과 평행하면서 직선 위에 있지 않은 점 P를 지나는 직선의 수	1	0	무수히 많다.
삼각형의 내각의 합	180°	>180°	<180°
변 a와 b를 갖는 직각삼각형의 빗변의 제곱	a^2+b^2	$<a^2+b^2$	$>a^2+b^2$
반지름 1인 원의 둘레	π	$<\pi$	$>\pi$

으로는 유클리드 기하학이 더 잘 적용된다. 그러나 더 큰 규모에서는 이것이 더 이상 사실이 아니다. 아인슈타인의 일반 상대성 이론은 **시공간**(space-time)을 설명하는 데 비유클리드 기하학을 사용한다. 일반 상대성 이론에 따르면 시공간은 중력이 작용하는 곳에서 양의 곡률을 갖는 비유클리드 기하이다. 물체가 다른 물체 주변을 돌 때 중심 물체에 의해 작용되는 힘에 의해 휘어진 길을 움직이는 것처럼 보인다. 그러나 사실은 그것에 작용되는 다른 힘없이 **측지선**(geodesic)을 따라 움직인다. 모든 시공간이 양의 곡률을 갖도록 충분한 물질을 포함하고 있는지 아닌지는 오늘날 물리학에서 해결되지 않는 문제들 중의 하나이지만, 일반적으로 시공간의 기하학은 유클리드 기하보다는 비유클리드 기하로 받아들여진다. 시공간이 전체적으로 양의 곡률을 갖는다면 우주는 일정 시간 후에 팽창을 멈출 것이고 창조의 결과인 "Big Bang(우주 대폭발)"의 반대로서 "Big crunch(큰 압축)"의 결과로 움츠러들기 시작할 것이다. 바로 그 순간에, 천체 관찰자는 우주가 "열려"있고 쌍곡기하를 갖고 있다고 지지할 것 같다. 비유클리드 기하학의 다른 결과는 **4차원**(fourth dimension) 공간의 존재 가능성이다. 3차원 방향에서 구면곡선의 표면처럼, 즉 표면에 수직인 것이 4차원의 방향에서 시공간의 곡선으로 믿어진다. 비유클리드 기하는 **페르마의 마지막 정리**(Fermat's last theorem)의 증명에서 중요한 타원곡선 이론을 포함한 수학의 다른 분야에 응용되고 있다.("기하학의 종류"표 참조).

nonlinear system (비선형 시스템)

변수들의 값을 측정하여 나타나는 데이터들이 좌표평면에서 곡선 패턴으로 나타내지는 시스템; 따라서 "비선형"은 "직선이 아닌"의 뜻이다. 일반적으로 작은 변화가 큰 효과를, 그리고 커다란 변화가 작은 효과를 유발하는 시스템이다. 그래서 카오스 시스템에서 초기 조건에 민감하게 의존하는 것 (**나비 효과**(butterfly effect) 참조))은 이 체계의 극단적인 비선형성을 보여준다. 비선형계의 요인들은 상호 작용하고 상호 의존적이며 피드백 효과를 나타낸다.

nonstandard analysis (비표준 해석학)

넓은 의미에서 미세한 것들에 대한 연구; 더 구체적으로, **초실수**(hyperreal number), 초실수 함수와 성질들에 대한 연구이다. 1960년대에 **로빈슨**(Abraham Robinson)이 선구적으로 연구한 비표준 해석은 **무한소**(infinitesimal)의 개념을 탄탄한 수학적 기초 위에 올려놓았고, 많은 수학들에게는 실**해석학**(real analysis)보다 더 직관적이다.

normal (법선)

주어진 직선이나 평면에 수직인 직선.

normal number (정규수)

같은 길이의 자릿수들이 같은 빈도로 나타나는 수. 10진수 전개에서 어떤 한 자릿수가 전체의 1/10 정도, 두 자릿수는 전체의 1/100 정도, 세 자릿수는 1/1,000 정도와 같이 나타나는 상수를 정규라고 한다. **π**(pi)의 경우, 십진법으로 전개했을 때 숫자 7은 처음 천만 자리 중에서 백만 번 나타난다고 예상된다. 실제로 1,000,207번 나타난다–예상된 값과 아주 가깝다. 다른 수들도 각각 비슷한 빈도수로 나타나고 예측과 거의 어긋나지 않는다. 각 자릿수들이 밑이 10일 때 뿐 아니라 2보다 같거나 큰 밑일 때도 정규인 경우 그 수는 *절대정규*(*absolutely normal*)이라고 부른다. 예를 들어, 밑이 2인 경우, 숫자 1과 0은 같은 빈도로 나타난다. 1909년에 **보렐**(Emile Borel)은 π와 같은 수학적 상수와 **난수**(random number)의 수열 사이의 유사성을 특성화하는 방법으로 정규 수의 개념을 소개했다. 그는 중요한 도전이라고 증명된 것의 특별한 예를 발견하였음에도 불구하고 수많은 정규 수들이 있다는 사실을 빠르게 확립했다. 발견된 첫 번째는 **챔퍼노운의 수**(Champernowne's number)인데 10을 밑으로 한 정규 수이다. 다른 수를 밑으로 하는 유사한 정규 수들이 만들어질 수 있다. 지금까지, 대부분의 모든 실수들이 정규 수라고 알려져 있음에도 불구하고 특별히 "자연적으로 나타나는" **실수**(real number)가 정규 수라고 증명된 것은 없다. 그런데 2001년에, 토론토 대학의 마틴(Greg Martin)은 정반대의 극단–어떠한 밑에서도 정규 수가 아닌 실수들을 발견했다. 우선, 모든 **유리수**(rational number)가 절대적으로 정규 수가 아니라는 사실에 주목했다. 예를 들면, 분수 1/7은 10진법으로 0.1428571428571⋯ 로 나타내어진다. 자릿수 142857이 반복되어 나타난다. 실제로 임의의 밑수 b 또는 b^k에 대한 유리수의 전개는 결국 반복된다. 그런 후 마틴은 절대적으로 정규가 아닌 특별한 *무리수*(*irrational*)를 만드는데 초점을 맞췄다. 그는 십진법 형태로 표현한 다음과 같은 수를 추천했다.

$$\alpha = 0.6562499999956991\underline{999999\cdots999999}8528404201690728\cdots$$

주어진 α의 부분 중 밑줄 친 중간 부분은 23,747,291,559개의 9를 나타내고 있다. 이 수에 대한 마틴의 구성과 절대 비정규라는 증명은 소위 **루이빌 수**(Lioubille number)를 포함하고 있다.

N

nothing (무, 無)

아무것도 없는 것; 존재치 않음. 아무것도 없음은 **공집합**(empty set)과 같지 않은데, 공집합은 수학적으로 아무것도 없는 집합으로서 존재하는 것이다. 또한 **영**(zero)과도 같지 않은데, 영은 공집합이 포함하는 원소의 수를 나타내는 수이다. 물리학에서, 아무것도 없음은 **진공**(vacuum)이 아닌데, 왜냐하면 진공은 에너지를 포함할 뿐 아니라 시간과 공간에서도 존재하기 때문이다; 또한 집중된 많은 양의 물질과 에너지를 포함하는 특이점도 아니다. 그러면 아무것도 없음이 있을 수 있을까? 아니다. "존재한다"는 것은 어떤 종류의 존재성을 시사한다: 우리가 절대적으로 확신하는 어떤 것이 결코 존재하지 않는다거나 혹은 존재할 것이라는 그것이 바로 무(無)이다.

noughts and crosses (3목 두기)

틱-택-토(tic-tac-toe)를 보시오.

NP-hard problem (NP 하드 문제)

간단하게 또는 신속하게 해를 찾도록 해 주는 스마트한 **알고리즘**(algorithm)이나 손쉬운 방법이 이론상으로도 없는 수학적 문제. 대신에, 최적의 해를 발견하는 유일한 방법은 모든 가능한 결과들을 테스트하는 방법으로 수치적으로 집중적이고 철저한 분석을 하는 것이다. NP-하드 문제의 예는 **여행하는 외판원 문제**(traveling salesman problem)와 **테트리스**(Tetris)게임을 포함한다. NP는 "비결정적 다항시간(non-deterministic polynomial-time)"을 나타낸다.

nucleation (핵형성)

물리적 체계에서의 한 과정, 혹은 **세포 자동자**(cellular automaton)과 같은 수학적 모델, 또는 버블이나 다른 구조가 무작위적이거나 비예측적으로 자연스럽게 나타나는 통계적 모델.

null hypothesis (귀무가설/영가설)

가정된 시험 상황에서 테스트되는 **가설**(hypothesis).

null set (공집합)

공집합(empty set)을 보시오.

number (수)

수량의 추상적 측도. 가장 익숙한 수들은 세는 데 사용되는 **자연수**[2)](natural numbers) 0, 1, 2, ··· 들이다. 만약 음수들이 포함된다면 그 결과는 **정수**(integers)이다. 정수의 비는 **유리수**(rational numbers)라 하는데, 유한소수 혹은 순환소수로 표현되어진다. 만약 무한한 비순환 소수들이 함께 포함되면 수의 영역은 **실수**(real numbers) 전체로 확장되며, 그것은 대수적 방정식의 가능한 모든 해를 포함하기 위해 **복소수**(complex numbers)로 확장될 수 있다. 더 최근의 연구는 **초실수**(hyperreal numbers)와 **초현실수**(surreal numbers)인데 실수에 무한소와 무한대의 수를 더해 확장한 것이다. 무한**집합**(sets)의 크기를 측정하기 위해 자연수는 **서수**(ordinal numbers)와 **기수**(cardinal numbers)로 일반화된다. **수**(numeral)와 **수 체계**(number system)를 보시오.

number line (수직선)

수들을 직선 위의 점들의 위치로 생각함으로써 수를 나타내는 한 방법.

number system (수 체계)

특별한 **밑**(base)을 사용하여 세는 한 방법. 익숙한 **10진수**(decimal) 체계는 밑이 10인 체계인데, 그 이유는 10개의 서로 다른 숫자 0, 1, 2, 3, 4, 5, 6, 7, 8, 9와 이들의 조합을 사용하기 때문이다. 특수한 목적 또는 어떤 문화권에서 사용된 다른 수 체계로는 **2진법**(binary, 밑이 2), 3진법(밑이 3), 16진법(밑이 16), **20진법**(vigesimal, 밑이 20), **60진법**(sexagesimal, 밑이 60)이 있다. 밑이 b인 *위치 기수법*(*positional number system*)에서 b개의 기본 기호(또는 숫자)는 0을 포함한 처음 b개의 **자연수**(natural number)에 대응된다. 나머지 수들을 생성하기 위해 모양에서 기호의 위치가 이용된다. 마지막 자리에 위치한 기호는 자신의 값을 갖고 왼쪽으로 이동할 때 그 값에 b가 곱해지게 된다. 이러한 방법으로, 유한 개의 다른 기호들로 모든 수가 표현될 수 있다. 이는 다른 크기를 나타내는데 다른 기호를 사용하는 **로마수**(Roman numerals)의 체계와는 다른 체계이다.

역자 주

2) 수의 정의에서 일반적으로 자연수는 0을 포함하지 않는다.

number theory (수론)

정수와 그들의 성질 그리고 관계에 대한 연구. 때로 수론에서의 문제가 **디오판투스 방정식**(Diophantine equation)의 해를 찾거나 또는 해가 없다는 것을 보이는 것으로 고쳐 표현될 수 있다. 부정 방정식은 정수를 계수로 갖고 해도 정수인 방정식이다. 때때로 간단한 디오판투스 방정식으로 나타나는 것이 **타원곡선**(elliptic curve)을 이끌어낼 수도 있다.

numeral (숫자)

수를 묘사하는 기호 또는 이 기호들의 조합. **아라비아수**(Arabic numeral)와 **로마수**(Roman numeral)를 보시오.

numerator (분자)

유리수(rational number)에서 전체에서 몇 개의 부분인지를 나타내는 분수의 가로선 위의 수.

numerical analysis (수치해석)

오차 분석(error analysis)을 포함하여 다양한 부류의 수학적 문제들의 근사적 해를 찾는 방법에 대한 연구.

O

obelus (나누기 기호)

그리스어의 *오벨로스*(*obelos*)에서 유래된 나누기를 나타내는 기호 "÷"의 이름. 요리할 때 사용하는 뾰족한 막대기를 의미한다. 또한 이 어원에서 뾰족한 돌기둥을 나타내는 *오벨리스크*(*obelisk*)도 생겼다. 기호 "÷"는 원래 초기 필사본의 편집 기호로 사용되었는데 때때로 두 점 없이 선만으로 사용되었고, 편집자가 삭제할 필요가 있다고 생각되는 부분을 가리키는 데 쓰였다. 또한 가끔은 빼기 기호로 사용되기도 하였다. 나누기 기호로는 스위스 수학자인 란(Johann Rahn, 1622-1676)이 1659년 그의 저서 『*Teutsche Algebra*』에서 처음 사용하였다. 이 책의 다른 내용이 펠(John Pell)의 공적으로 잘못 알려져, 많은 영국 작가들이 "*펠의 기호*"라 부르며 기호를 사용하기 시작했다. 영국과 미국에서 제작된 문학에서 정식으로 나타나긴 하나 사실상 나머지 세계에는 알려지지 않았다.

oblate spheroid (편구면)

타원(ellipse)을 **단축**(minor axis) 중심으로 360도 회전시켜 만든 **타원 회전체**(ellipsoid).

oblique(비스듬한)

기울어진 또는 수직이 아닌. *사교좌표계*(*Oblique coordinates*)는 축들이 서로 수직이 아닌 평면좌표 시스템. *빗각*(*Oblique angle*)은 **직각**(right angle)을 제외한 임의의 각이고 빗각삼각형(oblique triangle)은 직각이 없는 임의의 삼각형이다. "빗각 삼각형들"의 첫 언급은 1954년 블런데빌(Thomas Blundevil)의 *연습 문제*(*Exercises*)에서였다.

oblong (직사각형의, 타원형의)

정사각형이 아닌 임의의 **사각형**(rectangle)의 다른 이름. 이 말은 라틴어 *ob*("과도한") 과 *longus*("긴")에서 유래되었다.

oblong number (직사각형수)

완전제곱수(perfect square)가 아닌 임의의 양의 정수.

obtuse (둔각의)

둔각(*obtuse angle*)은 90도보다 크지만 180도보다는 작은 각. *둔각삼각형*(*obtuse triangle*)은 둔각을 포함하는 **삼각형**(triangle)이다. 이 말은 라틴 어 *ob*("다시") 와 *tundere*("계속 치다")에서 왔고, 따라서 무딘, 둔한 또는 둥근 것과 관련이 있다.

octa- (8/팔/여덟)

8을 나타내는 그리스 접두어.

octagon (팔각형)

변이 8개인 **다각형**(polygon). 건축학에서 가장 주목할 만한 팔각형의 디자인은 이탈리아 남부에 있는 몽트 성(Castel del Monte)인데, 이것은 여덟 개의 높고 완벽한 팔각형 탑에 둘러싸인 팔각 안마당을 포함하는 팔각형 중심부로 이루어져 있다. 또 다른 유명한 팔각형은 1772년부터 1794년 사이에 만들어진 옥스퍼드 대학교의 라드클리프(Radcliff) 전망대인데, 분

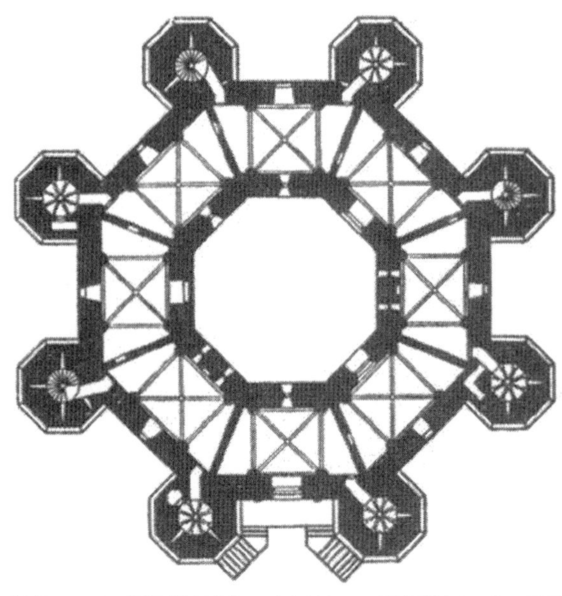

옥타(octa–) 공중에서 본 Castel del Monte, 이탈리아 Apulien 지역.

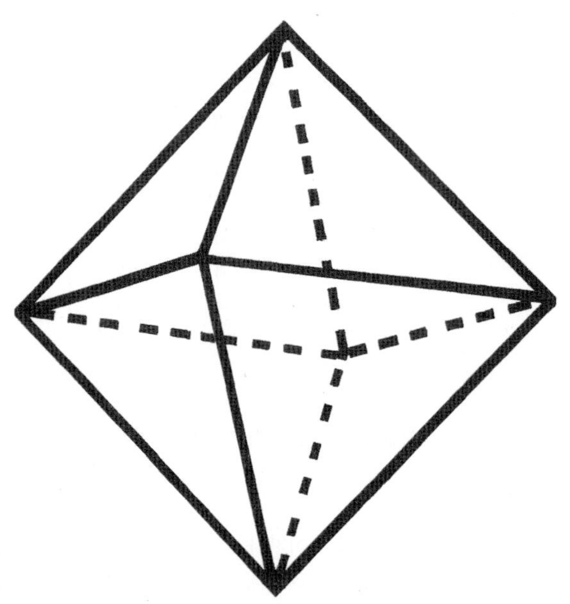

정팔면체(octahedron) 플라톤 입체 중의 하나.

명하지 않지만 아테네의 바람의 탑(Tower of Winds)을 기본으로 했으며, 건축학적으로 유럽에서 가장 좋은 전망을 가진 곳으로 여겨진다.[139]

octahedron (정팔면체)

각각이 정삼각형인 여덟 개의 면으로 이루어진 **다면체**(polyhedron). 모서리들이 모두 정삼각형들의 변으로 되어 있는 정팔면체는 **플라톤 입체**(Platonic solids) 중의 하나이다. 그것은 마치 사각 피라미드 두 개를 사각형끼리 맞붙인 것 같은 모양이다. **팔**(octa-)을 보시오.

octant (팔분공간)

세 개의 좌표축에 의해 결정되는 여덟 개의 공간 중의 임의의 한 공간.

octonion (팔원수)

케일리수(*Cayley number*)로 알려져 있다. 팔원수는 **4원수**(quaternion) **결합법칙**이 **성립하지 않는**(nonassociative)수의 일반화이고 하나의 실수 **계수**(coefficient)와 일곱 개의 허수 계수를 갖는 **복소수**(complex numbers)이다.

odd (홀수)

2로 나누어지지 않는 수. *기함수*(*odd function*)는 임의의 x값에 대해 $f(-x)=-f(x)$를 만족하는 함수 $f(x)$를 말한다. 예로는 $\sin(x)$가 있다.

officer problem (장교 문제)

36명의 장교 문제(thrity-six officers problem)를 보시오.

omega (오메가)

샤이틴의 상수(Chaitin 's constant)를 보시오.

one (1/일/하나)

첫 번째 양의 **정수**(integer)이며 첫 번째 홀수; *단위원*(*unity*)으로도 알려져 있다. 유클리드 시대부터 1500년대 후반까지 1(one)은 일반적으로 숫자로 간주되지 않았었다. 하지만 대신 진실된 수가 만들어지는 단위로 생각되어졌다. 고대 영어(c. 550 - c. 1100)에서 *ane*은 물건을 세는데, 혹은 부정관사로 사용되었다. 고대 영어 시대가 끝나고 중세 영어가 시작될 즈음(약 1100 - 1500경), *ane*은 두 가지 발음으로 발전되었는데, 첫 번째는 1로, 다른 하나는 부정 관사를 위한 *an*, *a* 이다. 숫자 일(one)과 부정 관사를 나타내는 다른 단어가 존재하는 것은 영어에서 유일한 것 같다. “one”은 라틴어 *unus*와 그리스어 *oine*로 거슬러 올라갈 수 있지만 아마도 독일어 *eine*으로부터 왔을 것이다.

O

153

매우 흥미로운 성질을 가진 수. 이 수는 각 자릿수의 세제곱수들의 합으로 표현이 가능한 수 중 가장 작은 수이다. 즉, $153=1^3+5^3+3^3$; 또한 1부터 5까지의 계승(factorial)들의 합과 같다: $153=1!+2!+3!+4!+5!$; 각 자리의 수를 더하면 완전제곱수가 된다: $1+5+3=9=3^2$; 153의 **약수**(aliquot parts)들의 합도 역시 완전제곱수가 된다. $1+3+9+17+51=81=9^2$; 153에 각 자릿수를 거꾸로 적은 351을 더하면 결과가 504인데 이 수의 제곱은 어떤 수와 그 수를 거꾸로 쓴 수의 곱으로 표현되는 제곱수 중에서 가장 작은 수이다: $153+351=504$; $504^2=288\times882$; 또한 153은 1부터 17까지의 모든 정수들의 합으로도 표현 가능하다. 다시 말하자면, 153은 17번째 삼각수이다. 351도 역시 삼각수이다.[1] 게다가 153과 거꾸로 쓴 351은 **하샤드(Harshad)수**인데 이 수는 자신의 자릿수들의 곱으로 표현이 가능하다: 153=3×51; 153에 관한 언급은 신약 성서에도 나타난다: 베드로가 티베리아스 바다에 던진 그물에 걸린 물고기가 153마리이다.

one-to-one (일대일)

모든 가능한 출력이 그 값을 갖게 하는 단 하나의 입력을 갖는 함수(function) 또는 사상; 만약 $f(a)=f(b)$ 라면, $a=b$이다.

open (열린)

*개구간(open interval)*은 양 끝점을 포함하지 않는 직선의 일부; *반개구간(half-open interval)*은 한쪽의 끝점만을 포함한다. *열린집합(open set)*은 집합의 모든 점들이 집합 안에서 근방을 갖는 것이다.

operator (연산자/작용소)

한 **함수**(function)에 작용하여 다른 함수로 변환하는 어떤 것.

optical illusion (착시)

눈의 착시의 몇몇 유형과 예

유형	예
왜곡 착시	프래저 나선 뮬러-라이어 착시 오르비손 착시 포겐도르프 착시 티채너 착시 죌너 착시
불가능한 그림과 물체들	프리미쉬 상자 펜로즈 삼각형 펜로즈 계단 삼발 착시
애매모호한 형상	에임즈 방 네커 육면체 슈뢰더의 가역 계단 티어리 도형
Lateral inhibition illusion	허먼 격자 착시
반중력의 집과 동산	

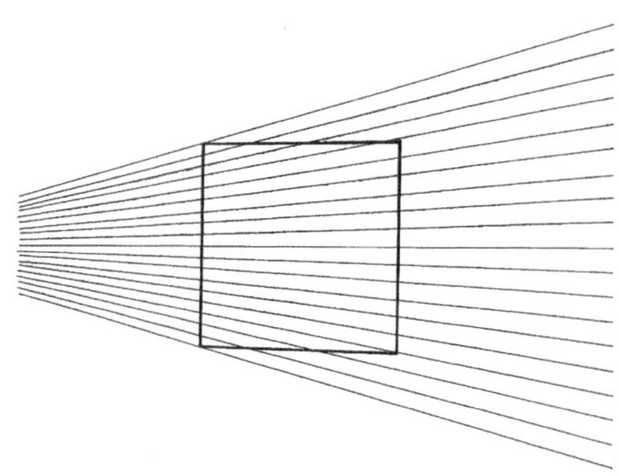

오르비손 착시 그림의 정사각형이 정말 정사각형일까?

눈 또는/그리고 두뇌를 속이거나 혼동시키는 그림 또는 형상. 착시를 분류하는 것은 어려운데 여러 가지 구조가 하나의 효과를 만들거나, 또는 착시의 원인이 완벽하게 이해되지 않을 수 있기 때문이다. 이 책의 목적 때문에, 착시는 표 "착시의 유형과 예"에 나타난 대로 분류한다. 자세하게는 개별적 항목들을 찾아보시오. 또한 **왜상**(왜곡된 상, anamorphosis)을 보시오.

Orbison's[2] illusion (오르비손의 착시)

배경에 방사형으로 배열된 선들로 인해 사각형이나 원과 같이 겹쳐 놓은 도형의 모양이 왜곡되어 보이는 **왜곡 착시**(distortion illusion).

orbit (궤도)

(1) 어떤 사물이 다른 물체의 중력 영향 아래 있을 때 원뿔곡선 형태로 만들어진 경로. (2) 좀 더 일반적으로, **미분방정식**(differential equation)의 궤적(trajectory).

order (계, 순서)

수학에서 매우 다양한 의미가 있는 단어. 그 의미 중에는: (1) 일련의 사물이나 숫자들의 집합이 나열된 순서; (2) 집합

역자 주

1) 351=1+2+⋯+26

2) 윌리엄 오르비손(1909–1981): 심리학자로 1939년에 배경 무늬로 인한 착시 현상을 처음 제시하였음.

에서 원소들의 개수; (3) 어떤 도형이 한 바퀴 돌 동안 자신의 원래 모양 테두리와 꼭 맞게 되는 횟수(*대칭의 수*, *order of symmetry*); (4) 일변수 다항식에서 가장 높은 *지수*(*power*)의 수(*다항식의 차수*, *order of a polynomial*), *차수*(*degree*)로도 알려져 있다.); (5) 그런 다항식으로 표현되는 곡선의 종류(*곡선의 차수*, order of a curve).

ordered pair (순서쌍)

첫 번째 원소(*first element*)와 *두 번째 원소*(*second element*)로 구별될 수 있는 두 객체의 모임. 첫 번째 원소 a와 두 번째 원소 b의 순서쌍은 (a, b)로 나타낸다. 두 순서쌍 (a_1, b_1), (a_2, b_2)는 $a_1=a_2$이고 $b_1=b_2$일 때 같다. *세 순서쌍*(*ordered triple*)과 *순서 있는 n 짝*(*ordered n-tuple*, n개의 순서 있는 리스트)도 같은 방법으로 정의된다. 세 순서 쌍 (a, b, c)는 $(a, (b, c))$와 같이 두 중첩된 쌍으로 정의할 수 있다.

ordinal number (순서수/서수)

순서화된 나열에서 위치를 지정하는 데 사용되는 수: 첫째, 둘째, 셋째, 네째, ... 서수들은 어떤 모임의 *크기*(*size*)를 나타내는 **기수**(cardinal numbers)들(하나, 둘, 셋, 넷, ...) 과는 다르다. 수학자 **칸토어**(Georg Cantor)는 1897년에 서수의 개념을 어떻게 **자연수**(natural number) 너머 무한으로 확장할 수 있는지, 그리고 그렇게 나온 *초한서수*(*transfinite ordinals*)들의 산술 연산을 어떻게 할 수 있는지를 보였다.(**무한**(infinity) 참조)

ordinary differential equation (상미분방정식)

어떤 일변수**함수**(function)와 그 함수의 도함수들 사이의 관계를 나타내는 어떤 방정식. **편미분방정식**(partial differential equation)과 비교하시오.

ordinate (세로좌표/종좌표)

직교좌표계(Cartesian coordinates)에서, y-좌표 또는 x-축으로 부터의 수직 거리. **횡좌표**(abscissa)와 비교하시오.

origami (종이접기)

명확한 물체를 만드는데, 종이를 자르거나 붙이지 않고 만드는 종이접기의 일본식 예술.

origin (원점)

좌표축에서 (0, 0)의 위치.

orthic triangle (수족삼각형)

주어진 삼각형의 각 **꼭짓점**(vertex 참조)들이 수선의 발인 삼각형.

orthocenter (수심)

삼각형(triangle)의 **수선**(altitued)들의 교점.

orthogonal (직교)

직각으로 된; 독립적으로. *수직으로 만난 곡선*(*orthogonal curves*)들은 한 집합의 곡선들이 다른 집합의 곡선들과 직각으로 만나는 곡선들의 두 집합.

osculating (접촉하는)

두 *접하는 곡선*(*osculation curves*)의 경우에서처럼, 주어진 점에서 같은 기울기와 같은 곡률을 갖는 것. 예를 들어, 곡선 $y=x^3$과 x축은 원점에서 접촉한다.

O

Oughtred, William (오트레드, 1574-1660)

영국의 성직자이며 **계산자**(slide rule)를 발명한 수학자. 그는 1647년, 그의 첫 영문판 『*Clavis Mathematicae*』에서 수 3.141... 를 **π**(pi)라는 이름으로 처음 사용한 사람이다. 그는 그것을 $\pi \cdot \delta$로 썼는데, 여기서 π는 영어로 *둘레*(*periphery*, 우리는 원주라고 부른다)를 나타내고 점은 나누기를 나타내는 그의 기호이며 δ는 영어로 *지름*(*diameter*)을 뜻한다. *둘레*(*periphery*)와 같은 p로 시작하는 단어를 나타낼 때 π를 사용한 예는 보기 드문 것이 아니었다. π=3.14⋯로 정하기 전에, π는 점, 다각형, 양수, 지수, 비, 수열에서의 소수의 개수 그리고 계승(곱하는 것) 등을 나타내는 데 다양하게 사용되었다. 그는 초기 첫 라틴어판을 제외하고 그 후의 모든 영문과 라틴어로 된 그의 책에서 같은 기호를 사용하였다. 비록 대부분의 수학 기호가 현재 남아 있지 않음에도 불구하고, 그는 수학 기호의 놀라운 발명가였다. 그는 우리가 지금까지 사용하는 다른 기호들도 소개하였다: 곱셈의 ×(그 역시 같은 목적으로 사용했던 문자 x와는 다른 것으로) 그리고 "더하고 빼는" ±. 오트리드는 앨버리(Albury)에서 1608년 또는 1610부터 그가 죽을 때까지 교구 목사로 봉사하였다. 거기서 그는 **월리스**(John Wallis), **와드**(Seth Ward), **스카부로**(Charles Scarburgh), 그리고 **렌**(Christopher Wren)을 포함하여 그 시대의 많은 젊은 수학자들을 가르쳤다. 게다가, 뉴턴(Isaac Newton)을 포함한 다음 세기의 모든 영국의 수학자들은 『Clavis Mathematicae(1631년에 첫 출간된)』로 대수학을 배웠다.

oval (알 모양 곡선)

찌그러진 **원**(circle)처럼 보이지만 **타원**(ellipse)과는 다른 이 곡선은 정확한 수학적 정의가 없다. 단어 *oval* 은 "계란"을 뜻하는 라틴어 *ovue* 로부터 유래되었다. 타원과는 다르게, 이 도형은 때때로 대칭축을(2개 대신) 하나만 갖는다.

Ovid's game (오비드의 게임)

로마의 시인 오비드(Ovid)가 그의 책 『Art of Love III권』에서 설명한 보드 게임으로 고대 그리스, 로마 그리고 중국에서 매우 인기 있었다. 각 경기자는 세 개의 말을 가지고, 3×3의 격자의 아홉 개 지점에 교대로 놓는데 자기 말이 한 줄에 세 개가 놓이면 이긴다. 이것은 **틱택토**(tic-tac-toe)처럼 보이는데, 오비드의 게임과 **아홉 명의 모리스**(nine men's morris)가 친숙한 nought-and-crosses[3]의 전신이었다는 것은 의심할 여지가 없다. 하지만 오비드의 게임에서는 만약 여섯 개의 말이 다 놓였는데도 아무도 이기지 못했다면 각자의 차례에, 대각선이 아닌 인접한 정사각형으로 하나의 말을 움직임으로써 경기를 계속한다. 틱택토의 경우와 같이, 두 전문가(즉, "이성적인" 경기자)는 항상 비긴다. 첫 경기자가 중앙의 정사각형에 놓으면 승리가 보장되기 때문에 이 수는 일반적으로 허용되지 않는다. 오비드는 여자들에게 남자들의 관심을 얻기 위해서는 게임을 마스터하라고 조언했다!

Ozanam, Jacques (오자남, 1640-1717)

프랑스의 수학자, 과학자, 그리고 작가. 후에 10판까지 출간된, 수학과 과학 퍼즐에 관한 책 『수학과 물리학의 유희 *Récréations Mathématiques et Physiques*(4권, 1694)』의 저자로 가장 잘 알려져 있다. **바쉐**(Claude Bachet), **미도쥐**(Claude Mydorge), **로레숑**(Jean Leurechon), 그리고 **슈벤터**(Daniel Schwenter, 1585-1636)에 의한 초기 작업에 기초를 두고, 나중에 **몽트클라**(Jean Montucla)에 의해 개정되고 확장되었으며 휴튼(Charles Hutton, 1803, 1814)에 의해 영어로 번역되었다. 리들(Edward Riddle)은 새로운 판을 편집하여 1844년에 출간하였는데, 몇 개의 오래된 내용을 빼고 새로운 내용을 추가하여 "이전 판들이 지나간 세대에게 그랬던 것처럼 이 책이 현 세대에게 과학적 유희의 유용한 책자가 되도록 이 작업이 계속되어야 한다."고 하였다. 오자남의 원본에는 직교하는 **라틴 스퀘어**(Latin squares)에 대한 문제의 초기 예제가 실려 있었다: "16개의 카드를 각 줄과 각 열이 각각의 패(하트, 다이아몬드, 클로버, 스페이드) 하나씩과 또 각각의 값 하나씩을 가지도록 배열하라."[4]

역자 주

3) 틱택토 종류의 게임.

4) 이 문제를 다음과 같이 쓸 수 있다. 4가지 패, 4가지 숫자로 된 16장의 카드를 각 줄과 각 열에 같은 패와 같은 숫자가 나오지 않도록 배열하여라.

P

Pacioli, Luca (파치올리, 1445-1517)

영향력 있는 저서들을 많이 남긴 이탈리아의 수학자이자 프란체스코회의 수도사. 그가 집대성한 『*산술집성*(*Summa de Arithmetica, Geometria, Proportioni et Proportionalita*)』은 현대의 산술, 대수, 기하, 삼각법을 망라하고 있으며 유럽 수학이 진일보하는 기틀을 제공하였다. 레오나르도 다빈치의 삽화(그림이 글보다 수학을 잘 설명하는)가 들어 있는 그의 저서 『*신의 비율*(*Divina proportione*), 1509』은 **황금 비율**(**golden ratio**)에 대한 내용을 담고 있다. 제2권에서는 건축학적 관점에서의 황금 비율을 설명하고 있다. 죽음이 가까웠을 무렵에 발표하지 못한 주요 저작 『*De Viribus Amanuensis*』는 유희 수학, 기하에 관한 문제들을 다루고 있다. 이 책에 있는 상당수의 문제들이 레오나르도 다빈치가 남긴 기록에도 발견되는데, 이는 그의 연구를 보조했던 레오나르도의 저작 내용을 자주 인용했기 때문이다. 파치올리 자신도 말했듯이 새로운 연구 결과라기보다는 개론서에 가까운 것이다.

packing (쌓기/채우기)

같은 물체들을 특정한 방식으로 서로 닿도록 용기에 담는 방법. 다면체, 다각형, 구, 타원체, 초구(超球)를 비롯한 다양한 도형들을 담을 수 있으며 여기에는 2차원 이상의 다양한 차원이 포함된다. 동일한 특정 도형들을 채웠을 때 전체에서 차지하는 공간의 정도를 *패킹 밀도*(*packing density*)라고 한다. 0.9069의 패킹 밀도를 지닌 벌집의 육각 구조는 평면 상에 원을 최대 밀도로 채운 상태와 같다. 1611년 요하네스 케플러는 3차원의 구를 배열할 때 육방(혹은 면심입방) 구조의 패킹이 가장 밀집된 상태가 됨을 주장하였다. 이를 **케플러의 추측**(**Kepler's confecture**)이라 부른다. 현재까지 패킹 밀도가 가장 낮은 것으로 알려져 있는 2차원 볼록 도형은 0.902의 패킹 밀도를 지닌, 각이 매끄러운 팔각형(smoothed octagon)이다. **울람**(Stanislaw **Ulam**)은 3차원 공간에서 구가 가장 낮은 패킹 밀도를 지닐 것으로 추정하기도 하였다.

Padovan sequence (파도반수열)

플라스틱수(**plastic number**)를 보시오.

palindrome (회문, 回文)

앞으로·뒤로 읽어도 똑같은 단어, 구, 문장, 단락. 어원은 그리스어의 "running back again"을 뜻하는 *palindromos*이다. 잘 알려진 예로 "Madam, I'm Adam;" "A man, a plan, a canal-Panama!"와 "Able was I ere I saw Elba."이다. 약간 긴 예는 독일의 에니그마를 해독한 영국팀의 암호 해독가 힐턴(Peter Hilton)이 만든 문장으로, "Doc, note. I dissent. A fast never prevents a fatness. I diet on cod."이다. B.C. 3세기경에 마로니 출신의 소타데스(Sotades the obscene Maronea)가 회문을 처음 개발했다고 한다. 그의 업적이 단지 11줄만 남아 있지만 그는 일리아드 전체를 회문으로 다시 썼다고 여겨진다. 현재 '소타데스 절'이라 부르는, 몇 줄 안 되는 소타데스 글이 있는데 이를 거꾸로 읽으면 반대 의미를 나타낸다. 그가 날카로운 말로 남을 헐뜯고 다녔기에 이집트 왕 프톨레미(Ptolomy) 2세(B.C. 309-246)가 그를 감옥에 가뒀다. 감옥을 탈출했으나 프톨레미 휘하의 장군 패트로클루스(Patroclus)에게 다시 붙잡혔다. 장군은 그의 가슴에 납을 묶어 바다에 던져 죽게 했다. 음악과 관련된 회문이 『The palindrome』이라고도 불리는 하이든의 교향곡 47번 G단조에 나타나 있다. 오케스트라가 미뉴엣과 트리오 형식 음악을 두 번 연주한 후 거꾸로 두 번 연주하여 시작점으로 되돌아온다. **대칭수**(**palindromic number**)를 보시오.

palindromic number (대칭수)

수 1234321과 같이 거꾸로 읽어도 똑같은 수. 일반적으로 말해, a진법으로 $a^1a^2a^3 \cdots | \cdots a^3a^2a^1$과 같이 대칭적으로 쓰인 수. 우리에게 익숙한 10진법으로 두 자리 대칭수는 11, 22, 33, 44, 55, 66, 77, 88, 99로 모두 9개가 있다; 세 자리 대칭수는 모두 90개로 101, 111, 121, 131, 141, …, 959, 969, 979, 989, 999이고 네 자리 대칭수도 모두 90개로 1001, 1111, 1221, 1331, 1441, …, 9,559, 9,669, 9,779, 9,889, 9,999가 되어 10^4보다 작은 대칭수는 모두 199개이다. 10^5보다 작은 대칭수는 1,099개가 있으며 다른 10^n, n=6, 7, … 보다 작은 대칭수는 차례로 1,999; 10,999; 19,999; 109,999; 199,999; 1,099,999; … 와 같다. 소수인 대칭수가 무한 개 존재한다고 추측했지만 아직 증명되지 않았다. 11을 제외하고 모든 대칭수의 자릿수는 홀수 개이다. 대칭수를 만드는 일반적인 빠른 방법은 둘 혹은 그 이상의 자릿수를 가진 정수를 택한 다음 그 수를 뒤집어 만든 수를

원래 수에 더한다. 그리고 얻은 새로운 수에 이 방법을 계속 적용해 나간다. 예를 들면, 시작한 수가 3,462인 경우 3,462; 6,105; 11,121; 23,232; 와 같은 수열이 나온다.[1] 이렇게 뒤집은 수에 원래수를 더해 만들어진 수열이 대칭수로 끝날까? 많은 사람이 그럴 거라고 추측했었다. 그러나 2, 4, 8 등 다른 2의 거듭제곱의 진법에서 이 추측이 틀렸다는 사실이 증명되었고 10진법에서도 틀렸을 거라고 생각된다. 첫 100,000개의 수들 중에서 현재까지 5,996개의 수가 더하고-뒤집는 방법으로 대칭수가 만들어지지 않는다고 알려졌다. 이들 중 처음 몇 개 수는 196; 887; 1,675; 7,436; 13,738; 52,514; …이다. 이 수들로 결코 만들수 없다는 증명이 아직 발견되지 않았다. 가장 큰 소수인 대칭수는 30,913자릿수로. 2003년에 브로드허스트(David Broadhurst)가 발견했다.

pandiagonal magic square (전(全)대각선 마방진)

주대각선에 있는 n개 수의 합이 마법 상수(magic costant)이고, 주대각선이 아닌 대각선에 있고 가로 세로 배열에서 서로 겹치지 않는 n개 수(broken diagonals)의 합이 또한 같은 마법 상수인 마방진.

pandigital number (범(汎)디지털수/팬디지털수)

첫 자릿수가 0이 아니고, 0부터 9까지 수가 오직 한 번 나타나는 정수. 가장 작은 자릿수의 범디지털수는 1,023,456,789; 1,023,456,798; 1,023,456,879; 1,023,456,897; 그리고 1,023,456,978이다. 다른 모든 범디지털수와 마찬가지로 이들은 9로 나누어진다. 0이 없는 첫 범디지털수는 123,456,789; 123,456,798; 123,456,879; 123,456,897; 123,456,978; 그리고 1,234,569,987이다. 0이 없는 소수인 범디지털수를 제일 작은 수부터 몇개 나열하면 123,456,789; 123,456,879; 123,468,597; 123,469,587; 123,478,659이다. 2 이상인 소수 32,423(이 숫자는 대칭수)개를 차례로 더한 값은 5,897,230,146인데 이 역시 범디지털수이다. 다른 수는 이런 성질이 없다. 2001년에 발견된, 범디지털수의 곱으로 나타나는 대칭수는 2,970,408,257,528,040,792(=1,023,687,594 × 2,901,673,548)와 5,550,518,471,748,150,555(=1,023,746,895 × 5,421,768,309)이다. **범디지털곱**(pandigital product)을 보시오.

pandigital product (범디지털곱/팬디지털곱)

두 수의 곱셈에서 두 수의 숫자와 곱한 값의 숫자를 모두 모으면 범디지털수가 되는 곱.

pangram (팬그램)

알파벳의 모든 문자가 적어도 한 번 포함된 문장 혹은 구절. 널리 알려진 예로 타이핑 테스트에 많이 쓰이는 유명한 문장은 "The quick brown fox jumps over the lazy dog[2]."이다. 의미 있고 가장 짧은 문장으로 알려진 것은 "The five boxing wizards jump quickly."이다.

Pappus of Alexandria (파푸스, C. A.D. 300)

위대한 그리스 기하학자 중 마지막 사람. 당시에 알려진 대부분의 수학을 요약 정리하여 『수학 집성(*Mathematical Collection*)』이라는 8권의 책을 썼다. 이 개요서에서 파푸스는 **유클리드**(Euclid), **아르키메데스**(Archimedes) 그리고 **아폴로니우스**(Apollonius)와 다른 사람들의 업적을 정리 하면서 자신의 설명을 추가하고 그들의 이론을 확장하였다.

parabola (포물선)

원뿔곡선(conic section)의 하나로 수학 역사상 가장 많이 연구된 대상 중 하나. 포물선은 수직 **뿔**을 모서리와 평행한 면으로 잘랐을 때 생기는 단면의 가장자리 모양이다. 타원의 두 초점이 일치하는 경우에 원이 되는 것처럼 포물선도 **타원**(ellipse)의 한 초점이 무한대로 움직일 때 나타난다. 프랑스의 수학자 파브르(Henri Fabre)가 적절한 표현처럼 포물선은 "두 번째 초점, 잃어버린 중심을 찾는 것이 헛된 일"인 타원이다. **케플러**(Johannes **Kepler**)는 포물선과 다른 원뿔곡선과의 관계를 찾아냈다. "포물선은 타원과 쌍곡선의 중간 성질을 나타낸다. 포물선이 만들어질 때 양 끝이 쌍곡선처럼 벌어지지 않고 그것들은 점점 오무라들어 평행에 가까워진다. 항상 더 많은 것을 둘러싸려 하지만 그러질 못한다. 이런 경향은 더 많은 것을 둘러싸려 할수록, 더 많이 싸게 되는 쌍곡선의 성질과 반대이다."

포물선은 *준선*(*directric*)이라 불리는 주어진 직선과 초점으로 알려진, 준선 위에 있지 않은 주어진 점으로부터 등거리에 있는 평면 위의 모든 점들의 **자취**(**locus**)이다. 직교좌표계에서 꼭짓점이 원점에 있고 위로 열려진 포물선의 방정식은 $y = 4ax^2$인데 a는 꼭짓점에서 초점까지의 거리이고 $4a$는 통경(*latus*

역자 주

1) 6,105 = 3,462 + 2,643, 11,121 = 6,105 + 5,016, 23,232 = 11,121+ 12,111

2) 번역하면 "재빠른 갈색 여우가 게으른 개를 뛰어넘었다."

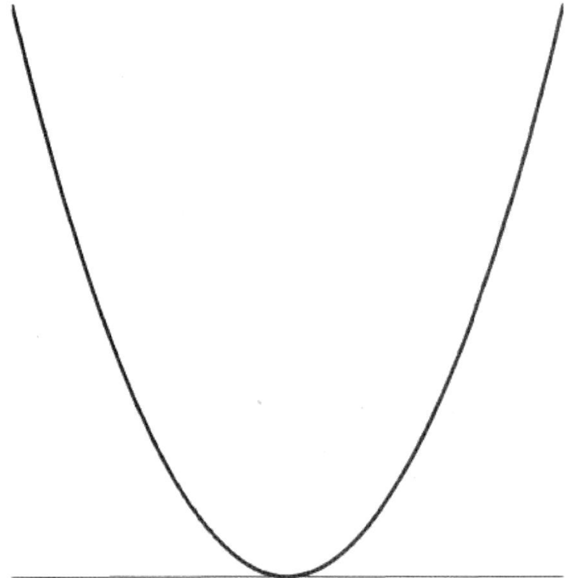

포물선 *Jan Wassenaar, www.2dcurves.com*

rectum)[3]이다. 포물선의 일반식은 $y = ax^2 + bx + c$ 형태의 방정식이다. 여기서 a는 0이 아닌 수이다. 가장 간단한 형태는 $a = 1$, b와 c 모두가 0일 때인 $y = x^2$이다. 그러나 타원과 쌍곡선과는 달리 포물선은 원과 마찬가지로 한 가지 모양이다. 다시 말하면, 임의의 포물선을 회전 이동, 평행 이동, 그리고/또는 확대 혹은 축소를 통해 임의의 다른 포물선에 겹쳐 놓을 수 있다.

유클리드(Euclid)는 그의 *원뿔곡선론*(*Conic Sections*)에서 포물선을 다뤘지만, 이 연구는 유실되었다. 유실되었음에도 불구하고 **아폴로니우스**(Apollonius)는 같은 이름으로 네 권의 책을 썼는데, 유클리드의 포물선 연구는 이 책의 기초가 되었다. 갈릴레오(1564-1642)는 포탄 혹은 지면에서 어떤 각으로 발사된 물체는 포물선을 따라 움직인다는 사실을 발견했다. 즉시 과학자들만이 아니라 군주와 군사 지휘관들도 이 결과에 주목했다. 데카르트는 『*기하학*(*La Geometrie*, 1637)』이라는 책에서, 포물선으로 **해석기하학**(analytic geometry)을 혁신적으로 설명했다. 1992년 캘리포니아 공과대학(Califonia Institute of Technology)의 마커스(Rudolph Marcus) 교수는 전자가 분자 중에서 얼마나 빨리 움직이는가를 계산하는 데 포물 반응 곡면을 사용할 수 있다는 사실을 보인 연구로 노벨 화학상을 수상했다. 뒤집힌 비율–에너지 포물선은 반응의 추진력이 크면 클수록 전자 이동 반응이 더욱 느리게 일어날 수 있다는 예측을 이론적으로 증명했기 때문이다.

paraboloid (포물면)

포물선(parabola)이 회전한 곡면. 이것은 방정식 $z = a(x^2 + y^2)$으로 표현되는 **이차곡면**(quadratic surface)이다.

paradox (역설)

내 사임을 받아주시기 바랍니다. 그 어떤 클럽이 나를 받아주더라도 회원이 되고 싶지 않습니다.

– 그루초 막스(Groucho Marx, 1895-1977)

논리적 자기모순 혹은 상식적 직감에 모순적인 상황으로 이끄는 명제. paradox라는 단어는 그리스어의 para(넘어서는, "beyond")와 doxa(의견 "opinion" 혹은 믿음 "belief")에서 나왔다. 간단하고 합리적인 개념에 바탕을 둔 역설 때문에 과학, 철학, 수학이 중요하게 발전했다. **Allais paradox, Arrow paradox, Banach-Tarski paradox, Berry's paradox, birthday paradox, Brualdi-Forti paradox, coin paradox, grandfather paradox, Grelling's paradox, liar paradox, Newcomb's paradox, nine rooms paradox, Parrondo's paradox, raven paradox, Russell's paradox, St. Petersburg paradox, Siegel's paradox, unexpected hanging,** 그리고 **Zeno's paradoxes**를 보시오.

parallel (평행)

직선 혹은 평면 등을 둘 혹은 그 이상을 생각할 때 이 비교대상이 서로 같은 거리에 있다.

parallel postulate (평행 공준)

그리스 기하학자 **유클리드**(Euclid)의 위대한 업적인 『*원론*(*elements*)』에 있는 유클리드 제5공준이며, 가장 논란이 많은 공준. 이후 이 공준에 대한 설명이 분명하지 않아 다른 네 공준으로부터 평행선 공준을 유도하려고 수학자들이 많은 시도를 했으나 모두 성공하지 못했다. 1823년 **볼야이**(Janos Bólyai)와 **로바체프스키**(Nikolai Lobachevsky)는 독립적으로 평행선 공준은 성립하지 않지만 다른 공준들과 모순이 전혀 없는 유형의 비유클리드 기하학을 만들 수 있음을 알아냈다. **가우스**(Carl Gauss)는 같은 발견을 먼저 하였으나 그 사실을 비밀로 했다고 알려져 있다.

역자 주

3) 이차곡선의 초점을 지나 축에 수직인 현(弦)의 길이.

parallelepiped (평행육면체)

세 쌍의 평행면으로 둘러싸인 여섯 개의 면을 가진 **다면체**(polyhedron). 모든 면이 **평행사변형**(parallelograms)이다. 이것은 밑면이 평행사변형인 **각기둥**(prism)이기도 하다. *직육면체*(*rectangular parallelepiped*)는 구두 상자 같은 모양이다. 이 단어는 같은 모양이라는 뜻의 그리스어의 *parallelepipedon*에서 나왔는데, 어원을 들여다보면 *para*("beside"), *allel*("other"), *epi*("on"), 그리고 *pedon*("ground")이다. 1570년에 빌링슬리(Billingsley)가 유클리드기하학을 영어로 번역할 때 '*parallelepipedon*'란 단어를 처음 사용했다. 이 단어는 19세기 후반에 '*parallelepiped*'로 변형된 것으로 보인다.

parallelogram (평행사변형)

마주보는 변이 평행인, 따라서 마주보는 각도 같은 사변형(quadrilateral, 네 변을 가진 도형). 대각선들은 서로 이등분한다. 밑변과 높이의 길이가 b, h인 평행사변형의 넓이는

$$bh = ab \sin A = ab \sin B$$

와 같다. A, B는 밑면의 각이고 a는 나머지 변의 길이이다. 평행사변형의 높이는

$$h = a \sin A = a \sin B$$

이다. 변의 길이를 a, b, c, d, 대각선 길이를 p와 q라 할 때 다음 등식을 만족한다.

$$p^2 + q^2 = a^2 + b^2 + c^2 + d^2$$

평행사변형의 특별한 경우인 **마름모**(rhombus)는 변의 길이가 모두 같다. **직사각형**(rectangle)은 서로 수직인 두 쌍의 평행한 변들을 가진다; 그리고 정사각형은 마름모와 직사각형의 조건을 모두 만족한다.

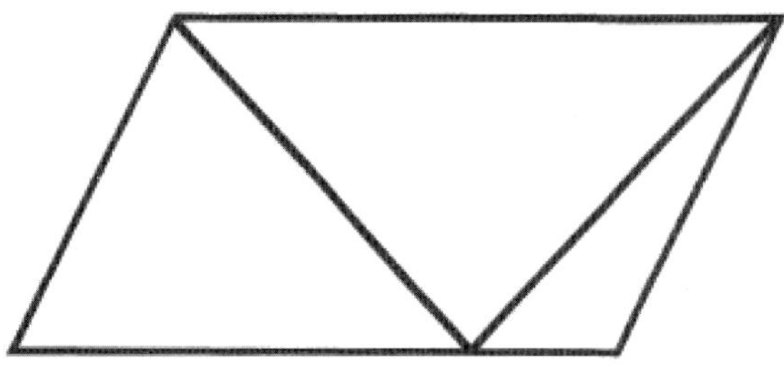

평행사변형 같은 길이의 두 개의 선분이 평행사변형 안에 그려져 있다.

평행사변형 착각(*parallelogram illusion*)을 일으키는 그림에서 보이는 것과 달리 내부 대각선의 길이는 같다.

parameter (매개변수)

독립변수. **함수**(function)의 인수 중 하나. 매개방정식(Parametric equations)은 주요 변수들이 다른 변수로 표현된 방정식.

parity (패리티)

(1) 어떤 수를 **이진법**(binary)으로 나타냈을 때 각 자릿수의 합[4] (2) 두 수가 모두 짝수인지 혹은 모두 홀수인지(같은 패리티), 혹은 하나는 짝수이고 또 하나는 홀수(다른 패리티)인지를 나타내는 것. 같거나 혹은 다른 극성을 가진다는 이 개념은 두 개의 다른 상태-매듭의 묶임 여부, 체스판 정사각형들의 색 등-를 가지는 어떤 대상에도 적용될 수 있다.

parrondo's paradox (파론도의 역설)

지는 두 도박 게임을 조합하여 하면 이기는 게임이 되게 할 수 있다. 1990년대 후반에 스페인의 물리학자 파론도(Juan Parrondo)가 이기는 시나리오를 만드는 방법을 찾아냈다. 이 역설은 그의 이름을 따서 부쳐졌다. 가장 간단한 방법은 세 개의 불공평한 동전을 사용하는 것이다. −500에서 500까지 번호가 붙여진 1,001개 계단의 중간인 0 계단에 당신이 지금 서 있다고 생각하자. 만일 계단 꼭대기까지 오르면 이긴다. 두 개의 동전 중 하나를 던져 앞면이 나오면 한 칸 올라가고 뒷면이 나오면 한 칸 내려간다. 게임 1에서 당신은 동전 A를 사용하는데 이 동전은 앞면이 나올 확률이 49.5%, 뒷면이 나올 확률이 50.5%로 약간 다르다. 당연히 잃을 확률이 높다. 게임 2에서 당신은 두 개의 동전, B, C를 이용한다. 동전 B는 앞면이 나올 확률이 겨우 9.5%이고 뒷면이 나올 확률은 90.5%이다. 동전 C는 앞면이 74.5%, 뒷면이 25.5%의 확률로 나온다. 게임 2에서 지금 당신이 서 있는 계단의 숫자가 3의 배수이면(즉, …, −9, −6, −3, 0, 3, 6, 9, …) 동전 B를 던지고 그렇지 않으면 동전 C를 던진다. 결국 게임 2도 지는 게임이고 마침내 당신은 제일 밑 계단으로 가게 된다. 그런데 파론도가 발견한 것은 이 두 게임을 무작위적으로 연이어 계속하면(단, 게임을 바꿀 때 현재 서 있

역자 주

4) 일반적으로 각 자릿수의 합이 짝수이면 패리티는 0, 합이 홀수이면 패리티를 1로 나타낸다.

는 계단의 위치를 유지하면서), 당신은 꾸준히 올라가 계단의 제일 위에 도착할 수 있다는 것이다. 단 게임을 바꿀 때는 그 자리에 서 있는다. 이런 종류의 과정을 *브라운 운동*(*Brownian motion*)이라 부른다.

partial differential equation (편미분방정식)

둘 이상의 변수들에 대한 **도함수**(**derivative**)를 포함한 방정식. 현실 세계의 물리를 모델링하는 많은 방정식들이 편미분방정식으로 나타난다.

partition number (분할수)

n개의 구분되지 않는 공을 n개의 구분되지 않은 항아리에 넣는 방법의 수. 예를 들면

1: (*)
2: (**) (*)(*)
3: (***) (**)(*) (*)(*)(*)
5: (****) (***)(*) (**)(**) (**)(*)(*) (*)(*)(*)(*)
7: (*****) (****)(*) (***)(**) (***)(*)(*) (**)(**)(*)
(**)(*)(*)(*)(*)(*)(*)(*)(*)
11: (******) (*****)(*) (****)(**) (****)(*)(*)
(***)(***) (***)(**)(*) (***)(*)(*)(*)
(**)(**)(**) (**)(**)(*)(*) (**)(*)(*)(*)(*)
(*)(*)(*)(*)(*)(*)

이 수열은 1, 2, 3, 5, 7, 11, 15, 22, 30, 42, 56, 77, 101, 135, 176, 231, 297, 385, …이다. 만일 항아리 구분이 가능하다면 방법의 수는 2^n개이다. 또한 공이 구분이 가능하다면 방법의 수는 n번째 **벨수**(**Bell number**)가 된다.

Pascal, Blaise (파스칼, 1623-1662)

프랑스의 수학자, 철학자, 확률 이론의 선구자. 비록 짧은 생을 마쳤지만 많은 수학적 발견을 했다. 역설적으로 그의 이름은 수들의 배열에 관한 **파스칼의 삼각형**(**Pascal's triangle**, 그가 발견하지는 않았지만 이것에 대한 중요한 연구를 했다.)으로 더 친숙하다. 그의 아버지('**limaçon of Pascal**'은 아버지의 이름을 딴 것임)에게 교육을 받은 파스칼은, 16세의 어린 나이에 **사영기하학**(**projective geometry**)의 중요한 정리 중 하나를 증명하며 지적 능력을 보였다. 3년 후에 아버지 사업[5]을 돕고자 세계 두 번째로 (덧셈만 가능한) 계산기를 만들었다(첫 번째 계산기는 1623년에 독일의 빌헬름 시카드(Wilhelm Schickard, 1592~1635)가 만들었다). 파스칼은 '파스카린(Pascalines)'이라 불리는 이 계산기를 50대 정도 팔았고 그중 몇 개가 아직 남아 있다. 1654년에 파스칼과 **페르마**(**Pierre de Fermat**)가 편지를 교환하여 **확률론**(**probability theory**)의 기초를 마련하였다. 그들은 카르다노가 이미 연구한 주사위 문제와, 또한 **카르다노**(**Cardano**), 거의 같은 때의 **파치올리**(**Pacioli**)와 **타르탈리아**(**Tarraglia**)가 생각했던 점들의 문제를 다뤘다. 주사위 문제는 한 쌍의 주사위를 던져 모두 6이 나올 때까지 몇 번 던져야 할지를 예상하는 것이다. 점의 문제는 주사위 게임이 계속된다면 어떻게 판돈을 나눠 걸지를 묻는 것이다. 파스칼과 페르마는 두 명이 게임하는 경우 점들의 문제를 해결하였으나 세 명, 혹은 더 많은 참가자들이 게임에 참여하는 경우에는 충분히 설득력 있는 방법을 찾지 못했다. 1654년에 파스칼의 마차를 끄는 말이 갑자기 달려 마차가 세느강의 어느 다리 위에 걸치는 사고로 파스칼은 거의 죽을 뻔했다. 무사히 구조됐지만 사고 충격으로 엄격하기로 소문난 카톨릭의 한 분파인 얀센파로 개종했다. 1656~1658년에 철학적이고 신앙적 편린을 모은 『**팡세**(**pensees**)』를 썼다. 신앙의 필요성에 관한, 흔히 파스칼의 내기(Pascal's wager)라 불리는, 유명한 논증을 포함하고 있다. 성년기 대부분 약한 체력으로 고생했던 파스칼은 39세의 이른 나이에 암으로 죽었다.

Pascal's mystic hexagon (파스칼의 신비로운 육각형)

어떤 육각형 $ADBFCE$(볼록일 필요는 없다)가 원뿔곡선에 (특별히 원) 내접할 때 마주 보는 변(AD와 FC, DB와 CE, 그리고 BF와 EA)들의 교차점들이 한 직선 위에 놓인다. 이 직선이 육각형의 *파스칼 직선*(*Pascal line*)이라 불린다. 특별한 경우로 원뿔곡선이 두 직선으로 퇴화될 때에도 이 정리는 성립하는데 이때는 보통 *파푸스의 정리*(*Pappus's theorem*)로 불린다.

Pascal's triangle (파스칼의 삼각형)

각 숫자들이 바로 위에 있는 두 숫자의 합과 같은 수들의 삼각형 패턴.

P

역자 주

5) 세무 업무.

$$\begin{array}{c} 1 \\ 1\ 1 \\ 1\ 2\ 1 \\ 1\ 3\ 3\ 1 \\ 1\ 4\ 6\ 4\ 1 \\ 1\ 5\ 10\ 10\ 5\ 1 \\ 1\ 6\ 15\ 20\ 15\ 6\ 1 \\ 1\ 7\ 21\ 35\ 35\ 21\ 7\ 1 \\ 1\ 8\ 28\ 56\ 70\ 56\ 28\ 8\ 1 \\ \vdots \end{array}$$

이것을 연구한 **파스칼**(Pascal)의 이름을 따 명명되었음에도 이 산술적 삼각형은 12세기부터 주목받았고 다양한 다른 이름을 가지고 있다. 이탈리아에서는 *타르탈리아의 삼각형*(*Tartaglia's triangle*)이라 부르기도 하고 아시아의 많은 지역에서는 *양휘의 삼각형*(*Yang Hui's triangle*)이라고 말한다. 양휘는 중국 하급 관원으로 1261년과 1275년에 한 권씩 소수(decimal fraction)를 사용한(서방에 나타나기 훨씬 전에) 책을 썼고, 파스칼 삼각형의 기본적 내용을 하나 설명하고 있다. 거의 동시대에 **카얌**(Omar **Khayyam**)도 그것에 대해 썼다. 중국의 삼각형은 1303년에 추 시치(Chu Shi-Chieh's)의 책, 『*네 원소들의 귀한 거울*(*Ssu Yuan Yu Chien*)』의 전면에 다시 나타난다. 이 책에서 추는 당시보다 2세기 전 중국 사람은 벌써 이 삼각형을 알고 있었다고 말한다. 파스칼 삼각형의 수들은 n개 중에서 r개를 순서 없이 뽑는 조합수를 나타낸다. 이것은 각 행의 숫자들이 $(x+y)^n$ 전개식의 **이항계수**(binomial coefficient)라고 말하는 것과 동치이다.

$$\begin{aligned} (x+y)^0 &= 1 \\ (x+y)^1 &= 1x+1y \\ (x+y)^2 &= 1x^2+2xy+1y^2 \\ (x+y)^3 &= 1x^3+3x^2y+3xy^2+1y^3 \\ (x+y)^4 &= 1x^4+4x^3y+6x^2y^2+4xy^3+1y^4 \end{aligned}$$

약간 비스듬한(shallow) 대각선의 합이 **피보나치수열**(Fibonacci sequence)을 나타낸다.

path (경로)

궤적(trajectory)을 보시오.

pathological curve (병리적 곡선)

직관적으로 받아들인 개념의 오류를 보여주기 위해 특별하게 만들어진 곡선. 특히, 우리 마음속에 **연속성**(continuity)의 이미지를 매끄러운 곡선으로 생각하는 것은 현상을 매우 잘못 표현한 것이며 아주 적은 미분 가능한 함수들을 너무 많이 다루면서 생긴 치우침의 결과라 할 수 있다. (**미분법**(differentiation)을 보시오.) 많은 병리적 곡선은 **프랙탈**(fractal)인 **칸토어 입자**(Cantor dust), **공간을 채우는 곡선**(space filling curve)인 **페아노곡선**(Peano curve)과 같은 것을 포함한다. 가장 먼저 알려진 예는 **와이어슈트라스의 미분 불가능한 함수**(Weierstrass' nondifferentiable function)이다.

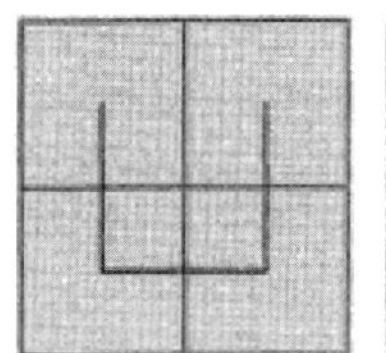
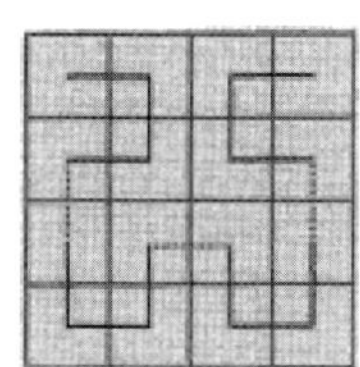

페아노곡선 간단한 반복적 과정이 놀랍게도 공간을 채우는 모양을 만들어낸다.

payoff (보수)

게임 이론(game theory)에서 참가자와 그의 상대방이 게임을 한 뒤 이겨서 얻게 되는 금액.

Peano, Guiseppe (페아노, 1858-1932)

이탈리아인으로 수리**논리학**(mathematical **logic**)과 수학 공리화에 기여한 선구자. 1889년 그는 수리논리학 체계에 관한 첫 원고를 《*산수원리*(*Aritmetics Principia*)》에 발표했다. 현재 **페아노** 공리(***Peano***'*s axioms*)로 알려진, 자연수 집합을 정의한 유명한 내용을 포함하고 있다. 2년 뒤에 《*리비스타*(*Rivista*)》라는 저널을 만들었고, 그는 모든 수학 명제들을 기호화하여 그의 수리논리학 체계에 맞출 것을 제안하였다. *포무라리오*(*Formulario*)로 알려진 이 프로젝트는 그 후 15년 동안 그의 주된 관심사였다.

Peano curve (페아노곡선)

공간 채우는 곡선(**space filling curve**)으로 처음 알려진 예. 1890년 **페아노**(**Peano**)에 의해 발견된 이 곡선의 영향은 수학의 전통적 구조에 지진과도 같았다. 페아노 시대에 이 곡선이 준 충격을 1965년 빌렌킨이 다음과 같이 말했다. "모든 것이 엉망이 됐다. 페아노곡선이 수학 세계에 끼친 영향을 말로 표현하기 어렵다. 모든 것이 산산조각 나고 기본적인 수학적 개념은 그 의미를 잃은 것처럼 보였다." 오늘날 페아노곡선은 **프랙탈**(**fractal**)로 알려진 무한히 많은 대상 중 하나일 뿐이다. 그러나 그것은 19세기 말에 완전히 터무니없는 반직관적인 것이었다. 그 전까지 불가능하다고 믿어 왔던 사실이었다. 1914년 **하우스도르프**(**Felix Hausdorff**)는 『*집합론의 기초*(*Grundzuge der Menenlehre*)』에서 페아노곡선에 대해 "이것은 집합론의 가장 주목할 만한 것 중 하나이다."라고 썼다. 원래 페아노곡선은 그림을 그린다던지 혹은 시각화하려는 시도 없이 순수하게 해석학적으로 유도되었다. 그러나 마지막 결과를 그림 그리는 방법으로는 얻을 수 없고 또 전적으로 상상이 안 됨에도 불구하고 그림에 나타난 것처럼 그것을 그리는 첫 몇 단계는 아주 쉽다. 페아노곡선이 그렇듯이 남는 공간 없이 단위 정사각형을 채우는 곡선은 연속이고 자기 자신과 만나야만 한다.

perls of Sluze (슬루제의 진주)

데카르트 방정식

$$y^n = k(a - x)^p x^m$$

이 그리는 곡선. 여기서 n, m, p는 정수이다. 이 곡선은 프랑스의 수학자 슬루제(Rene de Sluze, 1622-1685)가 처음 연구하였고, **파스칼**(**Pascal**)이 슬루제의 진주라고 이름 붙였다.

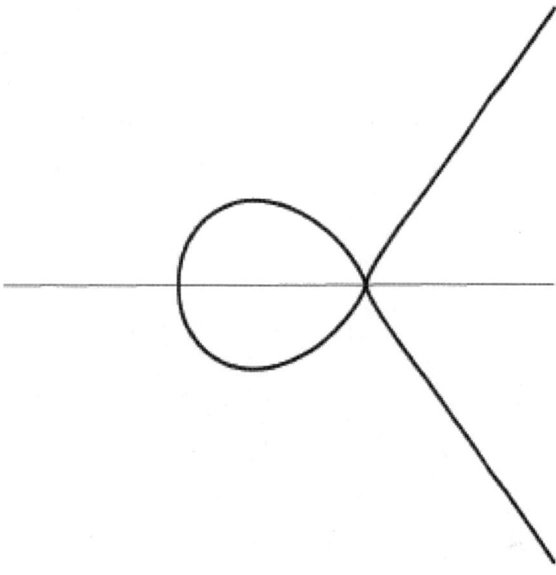

슬루제의 진주들 *jan wassenaar, www.2dcurves.com*

pedal curve (수족곡선, 垂足曲線)

고정된 점에서 주어진 도형의 **접선**(**tangent**)에 내린 수선 발의 자취. "고정된 점"을 *수족점*(*pedal point*)이라고 한다.

pedal triangle (수족삼각형, 垂足三角形)

삼각형 ABC에서 점 P의 수족삼각형은 점 P에서 세 변에 내린 수선의 발이 꼭짓점인 삼각형이다.

P

peg solitaire (말뚝 솔리테어)

Hi-Q로도 알려진 게임으로, 32개의 펙 혹은 구슬로 중앙이 비어 있는 직사각형 격자 위에서 플레이하는 게 가장 흔한 형태이다. 펙은 수평 혹은 수직으로 바로 옆 펙 하나를 뛰어넘어 빈 곳으로 갈 수 있지만 대각선으로는 뛰어넘을 수 없다. 자기 위를 뛰어넘게 된 펙은 판에서 치운다. 이 게임의 목적은 한 개의 펙이 한 가운데 남도록 하는 것이다.

1912년에 버그홀트(Ernest Bergholt)가 가장 빠른 해답을 발견했고, 1964년에 비스리(John Beasley)는 이보다 더 빠른 해가 없음을 증명했다. 놀이판의 각 행과 열에 1부터 7까지 번호가 붙어 있다고 가정하고 판 위의 네 번째 행과 세 번째 열에 있는 펙을 43 위치에 있다고 하자. 가장 빠른 해는 다음과 같이 플레

펙 솔리테르(peg solitaire) 1950년대에 영국 MAR Toys 회사가 구슬과 양철로 만든 펙 솔리테르 판. *Sue & Brian Young/Mr. Puzzle Australia, www.mrpuzzle.com.au*

이하는 것이다.

(1) 46 → 44. (2) 65 → 45. (3) 57 → 55 (4)54 → 56. (5) 52 → 54. (6) 73 → 53 (7) 43 → 64. (8) 75 → 73 → 53. (9) 35 → 55 (10) 15 → 35. (11) 23 → 43 → 63 → 65 → 45 → 25. (12) 37 → 57 → 55 → 53. (13) 31 → 33. (14) 34 → 32. (15) 51 → 31 → 33 (16) 13 → 15 → 35. (17) 36 → 34 → 32 → 52 → 54 → 34. (18) 24 → 44.[28]

Pell equation (펠방정식)

a가 제곱수가 아닌 양의 자연수일 때 $y^2 = ax^2 + 1$ 형태의 방정식. 이 이름은 영국의 수학자 펠(John Pell, 1611-1685)의 이름을 따서 붙여졌다. 하지만 그의 이름이 잘못 붙여졌다. **오일러**(Euler)가 펠에게 이런 형태의 방정식 연구 결과를 저술하는 데 우선권을 줬을 뿐이다. 사실, 펠은 **페르마**(Fermat)와 주고받은 편지에서 일부 내용을 복사하여 그의 논문으로 발표했을 뿐이다. 페르마는 이런 종류의 방정식이 항상 무한 개의 정수해를 가진다는 것을 처음으로 언급한 사람이다. 예를 들면, 방정식 $y^2 = 92x^2 + 1$은 $x = 0, y = 1$; $x = 120, y = 1,151$; $x = 276,240, y = 2,649,601$ 등의 해가 존재한다. 각 해는 바로 앞의 해보다 약 2,300배 크다. 사실, 해들은 $\sqrt{92}$를 **연분수**(continued fraction)로 표현했을 때 매 8번째 부분분수이다(x는 분자, y는 분모). 펠 방정식은 **아르키메데스의 소떼 문제**(Archimedes's cattle problem)의 해를 찾는 데 이용된다.

Pell numbers (펠수)

펠(John Pell, 1611-1685)의 이름을 딴 이 수들은 **피보나치수열**(Fibonacci sequence)과 비슷하게 점화식 $A_n = 2A_{n-1} + A_{n-2}$로 생성된다. 이 수열을 나열해 보면, 1; 2; 5; 12; 29; 70; 169; 408; 985; 2,378; 5,741; 13,860; 33,461; 80,782; 195,025; … 이다. 이웃하는 항들의 비는 1 더하기 2의 제곱근으로 접근한다.

Penrose, Roger (펜로즈, 1931-)

우주론과 블랙홀의 물리학에 대한 중요한 기여, 인간 의식의 본질과 인간 의식과 **양자역학**(quantum mechanics) 사이의 관계에 대한 controversial한 견해, 그리고 유희 수학 분야의 업적으로 유명한 영국의 수리물리학자. **펜로즈 덮기**(Penrose tiling)과 **펜로즈 삼각형**(Penrose Triangle)은 그의 이름을 따서 지어졌으나 펜로즈 계단(Penrose stairway)은 그의 아버지 이름을 따서 지어졌다. 그는 *황제의 새 마음*(*The Emperor's New Mind*)이란 책에서 알려진 물리학의 법칙들에, 특히 양자역학 분야에 오류가 꼭 존재하고 진정한 **인공 지능**(artificial intelligence)은 불가능하다고 주장했다.[242] 후자는 사람은 많은 형식 논리 체계 밖의 어떤 일, 즉 증명 안 되는 명제의 진실을 아는 것 또는 멈춤 문제(halting problem, 원래 옥스퍼드 메르톤 대학의 철학자 존 뤼카스(John Lucas)가 만들었다고 주장한다.)를 해결하는 일을 할 수 있다는 그의 주장에 근거한다. 이 주장은 대부분의 수학자들과 컴퓨터 과학자들이 동의하지 않는 논쟁을 일으킬 만한 견해이다.

Penrose stairway (펜로즈 계단)

로저 **펜로즈**(Roger Pernrose)의 아버지로 영국 유전공학자인 펜로즈(lionel penrose, 1898-1972)의 이름을 딴 현실에서 **불가능한 그림**(impossible figure). 에스헤르의 유명한 '올라가기와 내려가기' 그림은 이 계단을 그리는 데 영감을 주었다. 이 계단이 3차원 공간에 존재할 수 없는 그림이지만 비현실성을 즉시 알 수 없고, 얼핏 보아서는 많은 사람이 불합리한 그림인 줄 모른다. 에스헤르와 펜로즈 때문에 이 계단이 유명해졌지만 그들도 모르는 사이에 스웨덴의 화가 **로이터스바르드**(Oscar Reutersvärd)는 수년 전 독립적으로 이것을 발견하여 다듬었다. 1960년대에 스탠퍼드 대학교의 심리학자 세퍼드(Roger Shepard)는 계단 그림과 청각적으로 유사한 것을 만들었다. **펜로즈 삼각형**(Penrose triangle)을 보시오.

펜로즈 계단(Penrose stairway) 동시에 올라가고 내려가는 계단들. *jos Leys, www.josleys.com*

Pernrose tilling (펜로즈 덮기)

펜로즈가 발견한 일종의 **비주기적 덮기**(aperiodic tiling). 1973년 그는 6개의 기본 타일로 만든 덮기를 발표했고, 나중에 타일을 자르고 다시 붙이는 작업을 하여 기본 타일의 수를 두 개로 줄였다. 가장 멋진 펜로즈 덮기은 두 개의 **마름모**(rhombus 참조) 타일을 사용하여 만들어진다. 모양에 따라 두툼한 타일을 '연(kite)', 길죽한 타일을 '화살(dart)'이라 부른다.

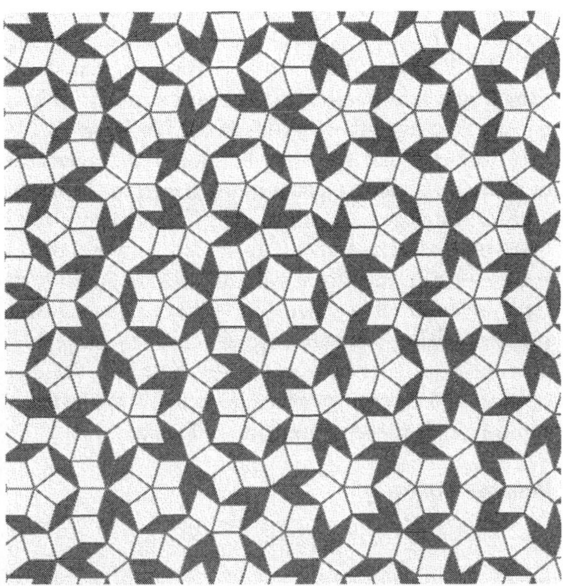

펜로즈 덮기(Penrose tilling) 펜로즈 덮기로 가능한 무수히 많은 비반복적 패턴 중 두 가지 예. *jos Leys, www.josleys.com*

P

이 두 타일을 어떻게 붙이더라도 평행사변형이 만들어지지 않는다. (만약 만들 수 있다면 두 타일 중 하나로 주기적 덮기이 가능하기 때문이다.) 모든 각은 $\pi/5$ 라디안(36°, 원의 1/10)의 배수이다. 각 타일의 변은 길이가 1단위이다. 한 타일은 네 각이 각각 72°, 72°, 108°, 108°(36°의 2배, 2배, 3배, 3배)이다. 다른 하나는 36°, 36°, 144°, 144°(36°의 한 배, 한 배, 4배, 4배)이다. 각 타일의 한 꼭짓점은 검게 칠해져 있고 두 변은 화살표가 표시되어 있다. 비반복적 덮기를 위해 타일을 조합하는 확실하고 유일한 방법은, 이웃한 두 꼭짓점은 같은 색이고 이웃한 두 변은 화살표가 없거나 있다면 같은 방향으로 붙이면 된다. 이 방법으로 타일링하면 반복되지 않는 타일 패턴으로 평면의 대부분을 덮을 수 있다. 올바른 펜로즈 덮기에서는 연과 화살의 비는 항상 일정하며 **황금비**(golden ratio)와 같다. 펜로즈 덮기가 흥미로운 수학 문제의 하나로 출발했지만, 최근에 발견된 **준결정체**(quasicrystals)[127]란 물질의 원자 배열과 유사하다는 것이 밝혀졌다.

Penrose triangle (펜로즈 삼각형)

가장 유명하고 간단한 **불가능한 그림**(impossible figure) 중의 하나. 1934년에 **로이터스바르드**(Oscar Reutersvärd)가 이차원에 이상하게 그려진 정육면체를 보고 주목할 만한 불가능한 삼각형을 처음 만들었다. 이 예술품은 1982년 발행된 스웨덴 우표로 나왔다. 1954년 **펜로즈**(Roger Penrose)는 예술가 **에스헤르**(M. C. Escher) 강의에 참석한 후 이 불가능한 삼각형을 재발견하여 가장 친숙한 형태로 그렸다. 1958년 이것을 *영국 심리학 저널(British Jounal of Psychology)*에 그의 아버지 라이오넬(Lionel)과 공동 저자로 논문을 발표했다. 펜로즈는 자기보다 먼저 불가능한 도형을 창안한 로이터스바르드, 피라내시(Geovanni Piranesi) 등 다른 사람의 작품을 잘 알지 못했다. 펜로즈의 불가능한 삼각형은 로이터스바르드 초기 버전과는 다르게, 모순되는 크기를 대상에 추가해서 전체적 시야로 그려졌다. 1961년 펜로즈의 불가능한 삼각형(펜로즈는 논문 1부를 에스헤르에게 보냈다)에서 영감을 얻은 에스헤르는 그의 유명한 판화인 "*폭포(waterfall)*"에 이것을 포함시켰다.

penta- (5/오/다섯)

'다섯'을 의미하는 그리스어 접두사. *펜타곤(pentagon)*은 다섯 개 변을 가진 **다각형**(polygon)이고, 기사(Gisa)의 거대한 피라미드같이 *펜타헤드런(pentahedron)*은 다섯 면을 가진 **다면체**(polyhedron)이다. *오각별(pentagram)* 혹은 *펜터클(pentacle)*은 일반 다각형의 각 변의 연장선이 바로 옆 변이 아니라 하나 건너뛴 변의 연장선과 만나 생긴 다섯 개 점이 있는 별이다. 피타고라스 학파(**사모스의 피타고라스**(Pytagoras of Samos) 참조)는 이 별표를 신분 확인용으로 비밀스럽게 사용했다. 후에 이것은 연금술사의 상표가 되었고, 반복되는 성질 때문인지 주술사(occult)의 표식이 되었다. 전설에 의하면 파우스트 박사가 메피스토펠레스를 내쫓는 데 별표를 사용했다고 한다. 오각형수(*pentagonal numbers*)는 $n(3n - 1) / 2$ 형태의 **도형수**(**figurate numbers**, 등간격으로 점을 배열하여 기하학적 도형으로 표현될 수 있는 수들)이다. 첫 몇 개는 1, 5, 12, 22, …이다.

pentomino (펜토미노)

다섯 개의 정사각형으로 만들어진 **폴리오미노**(polyomino).

Perelman, Yakov Isidorovitch (페렐만, 1882-1942)

러시아의 과학자며 유희수학의 주창자. 러시아에서 그의 위상은 미국에서 마틴 가드너(Martin Gardner)의 위상과 비슷하다. 페렐만은 1913년부터 죽을 때까지 책 12권과 수학, 물리학, 천문학의 다양한 부분을 다루는 다수의 논문을 썼다. 그의 책들은 러시아에서 계속 출판되었기에 페렐만은 여러 세대에 걸쳐 아마추어 수학자와 전문적 수학자들에게 잘 알려졌다. 또한 그는 우주비행 예지자인 콘스탄틴 치올콥스키(Konstantin Tsiolkovsky)의 아이디어를 주도적으로 지지했다.

perfect cube (완전입방체수)

n이 정수일 때 n^3 형태의 정수.

perfect cuboid problem (완전 입방체 문제)

직평행육면체(cuboid)를 보시오.

perfect number (완전수)

자신을 제외한 약수들의 합과 같은 자연수. 예를 들어 6의 약수들인 1, 2, 3을 합하면 6이 되므로 6은 완전수이다. 다음으로 작은 완전수는 28(1 + 2 + 4 + 7 + 14)이다. 하느님이 이 세상을 순식간에 창조하실 수 있었지만 완전수인 6일 동안 창조하는 것을 선택했다고 어거스틴(Augustine, 354 – 430)이 주장했다. 초기 유대 해설자들은 달의 공전 주기가 완전수인 28일이라는 점을 우주가 완벽한 증거로 들었다. 그 다음 완전수는 496,

8128, 그리고 33,550,336이다. **데카르트**(René Descartes)는 "완전수는 완벽한 사람같이 무척 드물다."고 지적했다. 처음 몇 완전수의 끝자리에 6과 8이 교대로 나타나는 패턴이 계속되지는 않지만 모든 완전수는 6과 8로 끝난다. 모든 완전수는 $2^{n-1}(2^n-1)$ 형태로 2^n-1은 **메르센 소수**(Mersenne prime)이므로 완전수를 찾으려면 메르센 소수를 찾으면 된다. 발견된 가장 큰 완전수는 $2^{3021376}(2^{3021377}-1)$이다. 완전수가 무한히 존재하는지 또는 홀수인 완전수가 있는지 아직 알려지지 않았다. *유사완전수*(*pseudoperfect number*) 혹은 *반완전수*(*semi-perfect number*)는 그 약수들의 일부 합이 주어진 수와 같은 수이다. 예를 들면, $12=2+4+6$, $20=1+4+5+10$. *기약반완전수*(*irreducible semi-perfect number*)는 반완전수로 어떤 약수도 반완전수가 아닌 수이다. 예를 들면 104이다. *준완전수*(*quasiperfect number*) n이란 그 약수들(자신을 제외한)의 합이 $n+1$이 되는 수이다. 그런 수가 존재하는지는 알려지지 않았다. *곱완전수*(*multiply perfect number*)는 약수들의 합이 n의 배수가 되는 수 n을 말한다. 한가지 예는 120으로 자신을 포함한 약수들의 합이 $360=3\times120$이다. 만일 약수들의 합이 $3n$이면 n을 차수가 3인 곱완전(multiply perdect) 혹은 *삼완전*(*tri-perfect*)이라 부른다. 보통의 완전수들은 곱완전 차수가 2이다. 차수가 8까지의 곱완전수들은 알려져 있다. **과잉수**(abundant numbers)를 보시오.

perfect power (완전거듭제곱)

m과 n이 정수이고 $n>1$ 일 때 m^n으로 표현된 정수들.

perfect square (완전제곱수)

같은 자연수의 곱인 수. 예를 들면, $1=1\times1$, $4=2\times2$, $9=3\times3$, $16=4\times4$.

Perigal, Henry (페리갈, 1801-1898)

영국의 아마추어 수학자. **피타고라스 정리**(Pythagoras's theorem)를 **분할**(dissection) 방법으로 멋지게 증명한 사람으로 유명하며, 증명 때 사용된 도표가 그의 묘비에 새겨져 있다. 또한 많은 흥미로운 기하학적 분할을 발견하였다. 생의 대부분을 주식 중개인의 점원으로 평범하게 살았지만 영국 과학계에서 유명하였다.

perimeter (둘레)

이차원 도형을 둘러싼 테두리.

period, of a decimal expansion (주기/십진법 전개)

유리수(rational number)의 소수 전개에서 순환하는 숫자들의 가장 짧은 마디 길이.
예를 들면,

$1/3=0.3333333\cdots$
순환마디 = 3, 순환마디의 길이 = 1
$5/7=0.714285714285 71\cdots$
순환마디 = 714285, 순환마디의 길이 = 6
$89/26=3.4230769230769\cdots$
순환마디 = 230769, 순환마디의 길이 = 6

periodic (주기적인)

유한 개의 영역을 지나 이전 상태로 돌아오거나 똑같은 고정 패턴을 영원히 반복하는 운동이나 실체.

periodic attractor (주기적 끌개)

한계궤도끌개(*limit cycle attractor*)라 불리기도 하며, 두 개 혹은 더 많은 값들 사이를 주기적으로 앞뒤로 움직이게 하는 **끌개**(attractor)이다. 주기적 끌개는 **고정점 끌개**(fixed-point attractor)보다 시스템 행동을 더 잘 보여줄 가능성이 있다. 주기 2인 끌개의 예로 메트로놈의 진동 또는 정신의학에서 사람의 기분이 조증과 울증 사이를 오가게 하는 이중 장애(bipolar disorder)이다.

P

periodic tilling (주기적 덮기)

일정한 영역을 회전 · 대칭이동 없이 평행이동시켜 평면을 채울 수 있는 **덮기**(tiling). **에스헤르**(M. C. Escher)의 많은 그림들은 생물을 본뜬 모양으로 주기적 덮기을 한 것으로 유명하다. 무한히 반복되는 모양-예를 들어 정육각형-은 주기적 덮기으로만 가능하다. 이것은 17개의 서로 다른 **월페이퍼군**(wallpaper group)의 하나일 뿐이다. 또 무한히 반복되는 다른 모양을 주기적 또는 비주기적 덮기으로 만들 수 있다. 그러나 **비주기적 덮기**(aperiodic tiling)는 아주 최근에 처음 발견됐다.

periphery (주변)

곡선으로 된 둘레.

permutable prime (치환 가능 소수)

*절대 소수(ablosute prime)*라고도 하는, 적어도 서로 다른 두 숫자로 구성된 **소수**(prime number). 자릿수를 임의로 재배열해도 역시 소수가 되는 수이다. 예를 들어 337은 337, 373, 733이 모두 소수이므로 재배열가능 소수이다. 10진수에서 재배열가능 소수는 13, 17, 37, 79, 113, 199, 337과 이 수들을 재배열한 것뿐임이 거의 확실하다. 재배열가능 소수는 2, 4, 6, 8, 5 중 어느 것도 포함할 수 없으며 또한 1, 3, 7, 9 네 숫자를 동시에 포함할 수 없다.

permutation (순열)

무리 진 대상의 특별한 순서 매김. 예를 들어, 운동선수가 동메달(B), 은메달(S), 금메달(G)을 모두 땄다면 6가지 방법, 즉 BSG, BGS, SBG, SGB, GBS, GSB로 이 메달들을 늘어놓을 수 있다. 만일 여섯 사람이 하나의 공원 벤치에 앉기를 원한다면 모두 720가지 선택 가능한 방법이 있다. 일반적으로 n개의 물건은 $n \times (n-1) \times \cdots \times 2 \times 1 = n!$(!"은 계승(factorial)의 기호이다.) 만큼의 순열이 있다. 만일 n개의 서로 다른 물건을 $k(k \le n)$개의 그룹으로 배열하는 방법은 몇 가지가 있을까? 모두 n개가 있으므로 그룹의 첫 물건으로 택할 수 있는 방법은 n가지이다. 두 번째 물건으로 택할 수 있는 방법은 이미 한 개가 뽑혔으므로 $(n-1)$가지가 있다. 세 번째 물건은 이미 두 개가 뽑혔으므로 $(n-2)$가지 방법이 있다. 이런 패턴으로 k번째 물건이 뽑힐 때까지 계속한다. 이 말은 마지막 k번째 물건을 택하는 방법은 $(n-k+1)$가지라는 것이다. 따라서 n개의 대상에서 k개를 뽑을 때 $n \times (n-1) \times \cdots \times (n-k+1)$가지의 서로 다른 순열이 존재한다. 만일 이 수를 $P(n, k)$로 나타내면 $P(n, k) = n! / (n-k)!$로 쓸 수 있다.

perpendicular (수직/직각)

직각. 두 직선 또는 평면 등이 90도로 만나는 경우 수직이라 말한다.

Perrin sequence (페린수열)

초기 조건이 $P(0) = 3$, $P(1) = 0$, $P(2) = 2$인 점화식 $P(n) = P(n-2) + P(n-3)$으로 정의되는 정수의 수열. 이 수열은 1899년에 이것을 연구한 페린(R. Perrin)의 이름을 따서 명명됐지만 더 이른 시기인 1876년에 **뤼카스**(Édouard Lucas)가 이 수열을 연구하였다. 이 수열과 비슷한 *파도반수열(Padovan sequence)*처럼 이웃하는 페린수들의 비는 **플라스틱수**(plastic number)로 수렴한다. 더 중요한 사실은 n이 $P(n)$을 나눌 필요충분조건은 n이 **소수**(prime number)라는 것이다. 예를 들어 19는 소수이고 $P(19) = 209$며 $209 / 19 = 11$이지만, 18은 합성수이며 $P(18) = 158$이고 $158 / 18 = 8.777$로 정수가 아니다. 뤼카스는 이 동치조건이 모든 n에 대해 참일 것이라 추측했고, 페린수열이 어떤 수가 소수가 아닌지를 테스트하는 데 사용될 수 있다고 했다. 즉, $P(n)$을 나누지 않는 n은 합성수이다. 이 추측이 참인지 거짓인지는 아직 미해결 문제로 남아 있다. $P(n)$을 나누는 합성수 n을 아직 발견하지 못했고, *페린 유사소수(Perrin pseudoprimes)*라고 알려진 그런 수의 존재성을 증명하지도 못했다. 1991년 메릴랜드 보위의 슈퍼컴퓨터 연구 센터의 아르모(Steven Armo)는 페린 유사소수는 적어도 15자릿수라는 사실을 증명했다. $P(n)$을 n으로 나눈 나머지는 매우 빠르게 계산되기에 페린 유사소수가 존재하지 않는다는 추측은 매우 설득력이 있어 보인다.

perturbation (섭동, 攝動)

평형상태(equilibrium)에 있는 어떤 대상 혹은 시스템을 일시적 혹은 영구히 움직이게 하는 미세한 변화.

peta (페타)

10^{15}을 뜻하는 접두사. "다섯 배"를 의미하는 그리스어의 *pentakis*에서 유래했다.

phase space (위상공간)

주어진 상황에 모든 가능한 것들의 수학적 공간. 이 공간에서의 움직임은 *경로(path)*, *자취(trajectory)*, *궤도(orbit)*로 설명된다. 이것은 땅에 뻗어 있는 보통 경로가 아니고, 위상공간에서 일정 시간 동안 움직이고 변화한 일련의 위치를 말한다. 하지만 이 용어들은 질적 동역학의 기원이 행성 운동에 대한 **푸앵카레**(Foincaré)의 연구에 있다는 것을 상기시켜 준다. 위상공간의 *차원(dimension)*은 경로를 유일하게 결정하는 데 필요한 초기 조건의 개수인데, 동역학계 변수의 개수와 같다. 시스템의 일시적 작용은 시스템의 상태 공간에서 상태의 전이(succession)로 보여진다. 예를 들어, 단진자 운동의 경우 순간적 배치는 겨우 두 수, 진자 추의 위치와 그의 속도로 결정되는데, 이것이 이 시스템 상태를 완전히 설명해 준다. n개의 진자가 서로 연결된 더 복잡한 시스템의 경우 시스템 상태는 훨씬 더 커지게 된다. 이 경우에 전체 시스템의 상태를 구체적으로 설명하기 위해 $2n$개의 상태가 필요하다. 가능한 모든 구성을 모아 놓은 것이 위상공간이다.

phase transition (상 변이)

물리학에서 물질의 한 상태에서 다른 상태로의 변화. **동역학계**(dynamical system) 이론에서는 행동의 한 상태에서 다른 상태로의 변화이다.

phi (ϕ, 파이)

황금비(golden ratio)를 보시오.

Phillips, Hubert (필립, 1891-1964)

뉴스 크로니클[6](*News Chronicle*) 잡지와 *뉴 스테이츠맨*[7](*New Statesman*)에 각각 "Dogberry"와 "*Caliban*"이라는 필명으로 글을 쓴 영국의 십자말풀이와 단어 퍼즐의 편집자. 또한 그는 경구(警句), 패러디, 풍자시를 많이 쓴 작가였고 라디오 퀴즈에도 자주 출연했다. 필립은 옥스퍼드에서 역사학 최우등 학위를 받았고, 세계 제1차 대전 동안 군 복무를 했다. 또한 브리스톨 대학에서 경제학을 가르쳤으며, 영국 자유당에서 활발한 활동을 했다. 그는 1937년과 1938년에 콘트랙트 브리지(contract bridge)[8] 게임의 영국팀 주장을 맡을 정도로 기량이 뛰어난 플레이어였다. 그가 쓴 많은 책 중에는 『*칼리반의 문제집*(*Caliban's Problem Book*)』, 『*카드 게임 완성 종합*(*The Complete Book of Card Games*)』, 『*재치 다듬기*(*Brush Up Your Wits*)』, 『*최고의 수학 퍼즐*(*My Best Puzzles in Mathematics*)』을 비롯하여 100개가 넘는 범죄 사건(*crime-problem*) 이야기들과 소설 『*차트리스 국왕*(*Charteris Royal*)』이 있다.[249,250,251]

Phutball (펏볼)

철학자의 *미식축구*(*philosopher's football*)로도 알려진, 두 사람이 하는 보드 **게임**(board **game**). 벌캠프(Elwyn Berlekamp), **콘웨이**(John conway), **가이**(Richard Guy)가 함께 쓴 책 『*수학적 놀이에서 이기는 방법*(*Winning ways for your Mathematical Plays*)』에 처음 소개되었다. 펏볼은 19 × 15 그리드의 교차점 위에서 한 개의 흰 돌과 필요한 만큼의 검정 돌을 가지고 게임한다. 이 게임은 사람(검정 돌)을 이용해 축구공(흰 돌)을 상대방의 골라인– 1행 혹은 0행이거나, 19행 혹은 20행(0행과 20행은 보드 끝임)– 위로 또는 지나가게 움직여 골을 넣는 게 목적이다. 보통 가운데에 있는 점에 놓고 게임이 시작되지만 축구공을 강한 플레이어 골라인에 더 가까이 놓아 불리한 조건을 주고 시작하는 운영 방법도 있다. 플레이어는 번갈아 보드의 빈 곳에 사람을 더 투입하거나 공을 움직여 게임을 한다. 플레이어와 그 상대방이 투입한 사람을 구별하지 않는다. 공은 바로 이웃 사람을 연속으로 뛰어넘으며 움직인다. 한 번 뛰어넘기란 공의 현 위치에서 수평수직대각선 방향으로 한 사람 또는 여러 사람을 뛰어넘어 첫 빈 위치로 이동하는 것이다. 뛰어넘김을 당한 사람은 보드에서 제거된다(다음 점프가 일어나기 전에). 뛰어넘기는 선택이며 뛰어넘을 수 있는 사람이 있고 플레이어가 원하는 한 계속할 수 있다. 체커(checkers)와는 대조적으로 한 줄에 있는 여러 사람을 뛰어넘어 한꺼번에 제거할 수 있다. 상대방 골라인 위에 있거나 지나갔으면 공은 멈추고 골이 기록된다. 그러나 만일 골이 골라인을 통과했지만 더 진행된 점프로 인해 다른 곳에 멈추었으면 게임은 계속된다. 이 게임은 이론적으로 한 플레이어가 이기는 전략이 존재하지만 매우 복잡해서 이 전략이 아직 알려지지 않고 있다.

pi (π, 원주율)

원(circle)의 지름에 대한 원주의 비. *아르키메데스의 상수*(Archimedes' constant)라고도 알려진 원주율 π는, 수학에서 중요하고 어디에나 있는 수의 하나이며 관련이 없어 보이는 많은 분야에서 불쑥불쑥 나타난다. 근삿값이 3.14159이며 **무리수**(**irretional number**)로 유한소수 또는 순환소수로 나타나지 않는다. 1761년 람버트(Johann Lambert)가 π는 두 정수 비로 나타낼 수 없다는 사실을 증명하였다. 그 후 1881년에 린데만(Ferdinand Lindemann)이 이 수가 **초월수**(**tanscendental number**)라는 사실, 즉 π를 근으로 가지는 정수 혹은 유리수 계수의 다항식이 없다는 점을 보였다. 이 사실 때문에 π를 유한 개의 정수나 분수 또는 그들의 제곱근으로 나타낼 수 없다. 따라서 직선자와 컴퍼스만으로 주어진 원의 넓이와 같은 **정사각형을 작도하는**(squaring the cicle) 문제에 대한 어떠한 시도도 처음부터 실패할 운명이었다.

1647년 **오트레드**(**William Oughtred**)가 그리스 문자 π를 3.141…과 처음으로 연계하여 생각했는데, 그는 『*수학의 열쇠*(*Clavis*

P

역자 주

6) 영국 자유당계(自由黨系)의 논조로 영국 보수당(保守黨) 정책을 비판한 신문으로, 1930년 데일리 뉴스(Daily News)와 데일리 크로니클(Daily Chronicle)이 통합하여 창간됨.

7) 지식인을 대상으로 하는 영국의 정치·학예 주간지.

8) 카드 게임의 일종.

mathematicae)』라는 책에서 '*둘레와 지름(periphery-diameter)*'을 기호 π.δ로 나타냈다. 1706년 웨일즈 출신의 수학자 존스(William Johns)는 『팔마리오럼 마테세오스 개요(Synopsis palmariorum matheseos)』란 그의 책에서 독자적으로 π를 원주율 기호로 처음 사용했다. 그러나 30년 후에 위대한 **오일러**(Leonhard **Euler**)가 이 기호를 대중화시켰다.

π값을 더욱 더 정밀하게 계산하려는 시도는 대중적 유행이 됐다. 1600년경 커일렌(rudolph van Ceulen)이 소수점 이하 35자리를 처음 계산하고는 자신이 했다는 게 너무 자랑스러워 묘비에 이 숫자를 새기게 했다. 1789년에 슬로베니아의 수학자인 베가(Jurij Vega)가 π값을 140자리까지(그중에 오직 137자리만 정확했다) 구했으며, 1873년에 생크(William Shanks)가 707자리까지 계산하여 이전 기록들을 깼고, 이것은 첫 전자컴퓨터가 나타난 1949년까지 최고 기록으로 유지됐다. 2002년 9월, 도쿄 대학의 카나다(Yasumasa Kanada)와 그의 동료들이 400시간 동안 슈퍼컴퓨터를 사용하여 π를 1.24조 자리까지 계산했다. 이것은 1999년에 세워진 2,060억 자리까지 계산한 그들의 최고 기록을 깬 것이었다. 그러한 계산은 의미 없어 보이지만 그것이 새로운 초고속 컴퓨터들과 알고리즘을 위한 벤치마크로 사용될 수 있다. 또 그런 시도는 아직도 증명되지 않고 오랫동안 유지된 'π를 나타내는 수의 분포가 완전히 무작위적이다'라는 주장을 뒷받침하는 데 활용되고 있다.

π값의 첫 100자리는 다음과 같다.

3.1415926535 8979323846 2643383279 5028841971 6939937510 5820974944 5923078164 0628620899 8628034825 3421170679. 매우 의미 없는 소일거리인 '파이 언어학(piphilology)'에서 하는 일이란 기억하기 위해 쓰는 단어의 글자수가 파이의 숫자를 나타내는 암기술을 찾는 것이다. 유명한 예는 아시모프(Isacc Asimov)의 "How I want a drink, alchoholic of course, after the jeavy lectures involving quantum mechanics!"이다. 좀 더 야심찬 키스(Michael Keith)의 1995년 시는 첫 42자리를 나타낸다.

Poe, E. Near A Raven
Midnights do dreary, tired and weary,
Silently pondering volumes extolling all by-now obsolete lore.
During my rather long nap, the weirdest tab!
An ominous vibrating sound sidturbing my chamber's antedoor.
"This," I whispered quietly, "I ignore."

π는 일반 (유리수) 분수의 형태로 나타낼 때 비교적 좋은 근삿값을 보여준다. 가장 잘 알려진 것은 22/7로 소수 둘째 자리까지 정확하다. 분모가 큰 분수일수록 더 엄밀한 근삿값을 얻게 된다. 333/106은 소수점 아래 다섯째 자리까지 같다. 그러나 355/113은 소수점 아래 여섯째 자리까지 같은 놀라운 근삿값을 나타낸다. 사실 분모가 30,000보다 작은 분수들 중에서 이보다 더 좋은 근삿값을 보여주는 것은 없다. **연분수**(**continued faction**)를 보시오.

1897년 인디애나주 의회는 π의 정확한 값을 3.2로 정하는 법을 통과시키려 했다. 이 법안은 약간 이상한 이유로 운하 위원회에 상정되었다. 그 후 법안 변경의 진짜 동기가 밝혀졌다. 수학 교수가 우연히 토론에 참석하였는데, 한 전직 교사가 "법제정 이유는 아주 단순합니다. 만일 우리가 π의 정확한 값을 새롭게 정하는 법안을 통과시키면 π의 새로운 값을 정하게 되는데, 그러면 주가 π 발견자에게 사용료 지불 없이 마음대로 사용할 수 있고, 또 학교 교재에 자유롭게 출판할 수 있지만, 다른 주 사람들은 그에게 저작권료를 내야 한다."고 말하며 법안 통과 이유를 댔다. 다행히 그 교수는 상원 의원들에게 정확한 π값이 3.2가 아니라는 것을 보여주었고 그 법안은 처리 과정에서 폐지됐다.

원에 관한 공식들은 일반적으로 π를 포함한다. 예를 들어, 반지름이 r인 원의 원주의 길이는 $2\pi r$, 원의 넓이는 πr^2, 구의 부피는 $\frac{4}{3}\pi r^3$, 그리고 구의 겉넓이는 $4\pi r^2$이다. 그러나 π는 전혀 예상치 못한 곳에도 나타난다. 18세기에, 프랑스 자연주의자인 뷔퐁(Comte de Buffon)은, 동전 밀어내기 게임 보드 위에 바늘을 반복해서 떨어뜨리는, 될 것 같지 않은 실험을 통해 π값을 추정하였다.(**뷔퐁의 바늘**(**Buffon's needle**) 참조). 현대 물리학에서 가장 중요하고, 서로 상관없다고 알려진 두 방정식, 즉 **양자역학**(**quantum mechanics**)의 하이젠베르그 불확정성 원리($\Delta x\ \Delta p = h / 4\pi$)와 일반 **상대성 이론**(**relativity theory**)의 아인슈타인 장방정식(場方程式)($R_{ik} - 1/2g_{ik}R + Ag_{ik} = 8\pi G / c4\ T_{ik}$)이 π를 포함한다. 항상 존재하는 이 상수는 놀랍게도 다양한 무한급수에 나타난다. 이들 중 몇 개는 다음과 같다.

$$\left(\frac{1}{1}\right)^2+\left(\frac{1}{2}\right)^2+\left(\frac{1}{3}\right)^2+\left(\frac{1}{4}\right)^2+\cdots=\frac{\pi^2}{6}$$

(**오일러**(Leonard **Euler**)가 발견했다.)

$$\frac{1}{1}-\frac{1}{3}+\frac{1}{5}-\frac{1}{7}+\cdots=\frac{\pi}{4}$$

(**라이프니츠**(Gottfried **Leibniz**)가 발견했다.)

$$\frac{2}{1}\times\frac{2}{3}\times\frac{4}{3}\times\frac{4}{5}\times\frac{6}{5}\times\frac{6}{7}\times\frac{8}{7}\times\frac{8}{9}\cdots=\frac{\pi}{2}$$

(**월리스**(John **Wallis**)가 발견했다.)

π를 보여주거나 포함하는 많은 공식들 중에 적분

$$\int_{-\infty}^{\infty} e^{-x^2}dx = \sqrt{\pi},$$

스털링 공식, $n! \sim \sqrt{2\pi n}\,(\frac{n}{e})^n$이 있고, 수학에서 가장 흥미로운 방정식 $e^{i\pi}+1=0$이 있다.

정수론(number theory)에서 임의로 선택한 두 정수가 공약수를 갖지 않을(즉, 서로 소(relatively prime)일) 확률이 $\frac{6}{\pi^2}$ 혹은 1/1.644934…이고, 양의 정수를 두 **완전제곱수**(perfect square)의 합으로 나타낼 수 있는 평균 방법수가 $\frac{\pi}{4}$이다. 이 두 가지는 매우 놀라운 사실을 보여준다. 왜냐하면 기본적으로 원과 관련 있는 기하 상수가 다양한 형태의 수 분포와 어떤 연관이 있을 것이라는 생각이 쉽지 않기 때문이다. 여기에 깊은 진실이 묻혀 있다!

1995년에 몬트리올 퀘벡 대학의 베일리, 보웨인, 플루페는 π를 무한급수로 나타내는 새로운 공식을 발견했다.[21]

$$\pi = \sum_{k=0}^{8} \frac{1}{16^k}\left[\frac{4}{8k+1} - \frac{2}{8k+4} - \frac{1}{8k+5} - \frac{1}{8k+6}\right]$$

이 식의 놀라운 점은 π를 구성하는 각각의 *고립된 숫자*(*isolated digits*)의 계산이 가능하다는 사실이다. 말하자면 계산된 앞 숫자를 계속 기억하지 않더라도 1조 번째 숫자를 계산할 수 있다는 점이다. 이 공식의 존재 자체가 미스테리이다. 이 공식의 밑수가 10이 아니라 **2**(**binary**)와 **16**(**hexadecimal**)이다. 그래서 예를 들어 π를 2진수로 나타냈을 때 5조 번째 자리가 0임을 보이는 데 이 공식을 사용할 수 있다. 그러나 0 앞의 모든 2진수를 모르면 10진수로 바꿀 수 없다. 이 새 공식으로 π의 2진수나 16진수의 n번째 자리 계산을, n에 대해 로그적으로 (매우 천천히) 증가하는 메모리로 n에 대해 실제로 선형적으로 증가하는 시간 안에 할 수 있다. 베일리-보웨인-플루페 공식을 사용하면 π의 숫자 분포가, 대부분의 수학자들이 짐작한 대로 무작위적인지 아닌지를 분명히 밝힐 수 있다.[29,42,68,114] **피라미드**(**pyramid**)를 보시오.

Pick's theorem (픽의 정리)

이 정리는 1899년에 처음 발표됐고, 비교적 최근인 1969년에 **스타인하우스**(Hugo Steinhaus)의 『*수학의 짧은 정보*(*Mathematical Snapshot*)』라는 책에서 많은 관심을 불러일으켰다. 픽의 정리는 격자 *다각형*(*lattice polygon*)-꼭짓점이, 정사각형 그리드의 정수점들 혹은 이웃하는 것들끼리 단위 거리만큼 떨어져 있는 격자의 점들로 되어 있는 **다각형**(**polygon**)-넓이에 대한 멋진 공식이다. 픽의 정리는 그런 다각형 넓이를 구하려면 단순히 다각형의 내부와 경계에 있는 격자점만 세면 된다는 공식이다. 넓이는

$$i+(b/2)-1$$

인데 여기서 i와 b는 각각 내부와 경계 격자점의 수이다. 오스트리아 수학자인 픽(Georg Pick, 1859-1942)은 비엔나에서 태어나 제2차 세계 대전 중 테레지엔슈타트(Theresienstadt) 강제수용소에서 사망했다. 1957년 리브(J. E. Reeve)의 논문을 시작으로 픽 정리는 더 일반적인 다각형과 고차원 다면체로 지난 수십 년 동안 다양하게 일반화되었고, 정사각형 격자가 아닌 격자가 또한 사용되었다. 이 정리가 전통적 유클리드 기하학과 현대적 디지털(이산) 기하학의 연관성을 말해주기에 최근에 수학자들이 관심을 갖게 됐다.

pico (피코)

이탈리아어 "작다"를 의미하는 *picolo*에서 유래한 1조 분의 1을(10^{-12}) 의미하는 접두사.

pitch drop experiment (역청 낙하 실험)

세계에서 가장 오래 진행 중인 실험. 오스트레일리아 브리스번의 퀸즈랜드 대학의 물리학 교수인 파넬(Thomas Parnell)이 1927년에 처음 시작했다. 유리 깔때기의 끝을 막고 데운 역청 샘플(타르의 파생 물질)을 붓는다. 3년 동안 역청을 안정시킨 후인 1930년에 깔때기 끝을 잘랐다. 그날부터 역청이 아주 천천히 깔때기에서 흘러내리고 있다-너무 느려서 현재까지 오직 8방울 밖에 떨어지지 않았다! 이 실험 장치는 퀸즈랜드 대학의 물리학과 로비의 진열대에 있어서 누구나 볼 수 있다. 역청이 고체 같고 해머로 치면 쉽게 부서질 것 같지만 실제로는 점도가 매우 높은 액체(물 점도보다 약 1,000억 배)라는 점을 보여준다.

P

pizza (피자)

피자를 주문해서 그 안에 임의의 점을 선택하고 이 점을 따라 45도 각으로 8개 조각을 낸다. 각 조각을 빨간색은 케첩, 노란색은 겨자를 이용해 번갈아 칠한다. 빨간색, 노란색 조각들의 넓이를 각각 구하면 놀랍게도 똑같다! 피자의 임의의 고정점을 지나며 같은 각으로 4의 배수 개로 자르면 위 사실은 항상 성립한다. **항진 명제**(恒眞命題, **Tautology**)를 보시오.

place-value system (위치 기수법)

기호로 나타낸 수의 값이 기호와 위치에 따라 달라지는 기수법(記數法).

역청 낙하 실험(pitch drop experiment) 존 메인스톤 교수가 세계에서 가장 오랫동안 진행 중인 실험의 옆에 서 있다. *John Mainstone, University of Queensland*

Planck time (플랑크 시간)

양자역학(quantum mechanics)에서 의미 있는 가장 짧은 **시간**(time). 이보다 더 적은 시간에 일어나는 두 사건은 동시에 일어난 것으로 생각한다. 그 시간은 5.390×10^{-44}초이다. 이와 관련된 것이 *플랑크 길이(planck length)*로 6.160×10^{-35}미터인데 이것은 플랑크 시간 동안 빛이 이동한 거리이다.

plane (평면)

자신에 속한 임의의 두 점을 이은 **직선**(line)을 포함하는 납작한 면.

plane partition (평면 분할)

직사각형 상자 안이나 양의 **8분 공간**(octant)에 단위 정육면체를 각 정육면체의 왼쪽, 뒤, 그리고 아래에 다른 정육면체나 벽이 있도록 쌓은 것. 상자 안의 평면 분할은 평면에서 육각형들의 **마름모꼴**(lozenge) 덮기와 동치이다.

plastic number (플라스틱수)

건축과 미학에 밀접하게 연결되어 있기에 **황금비**(golden ratio)와 공통점이 많으며, 거의 알려지지 않은 수. 1928년에 네덜란드인인 반 데어 란(Hans van der Laan, 1904-1991)이 플라스틱수의 개념을 처음 설명했지만 곧바로 건축학 연구를 포기하고 수련 수도승이 됐다. 그 뒤에 영국 건축가 파도반(Richard Padovan, 1935-)이 이 수를 연구했다. 황금비는 이차방정식[9]에서 구해지지만, 플라스틱수는 삼차방정식[10]에서 구해지는데 약 3 : 4와 1 : 7의 두 비와 밀접한 관련이 있다. 반 데어 란은 이 비들이 인지(human perception)와 물질 형태 간에 기본적으로 관련이 있다고 생각했다. 이 비가 3차원 공간에 있는 물체의 크기를 인식하는 정상 능력의 하한선과 상한선을 나타낸다고 그는 믿었다. 하한선은 물건의 크기 차이를 겨우 인식할 수 있을 때이다. 상한선은 크기 차이가 너무 엄청나서 서로 비교할 수 없을 때이다. 반 데어 란에 의하면 이 극한값들을 정확하게 정의할 수 있다고 한다. 가장 큰 차원을 차지하는 부분이 작은 두 차원의 합과 같으면 3차원 물건의 상호 크기 비율을 인식할 수 있다. 이 초기 비율이 상호 관계를 인식할 수 있는 한계를 결정하는데 이것을 넘어서면 인식 불가능하다.

수학 용어로 말하면 플라스틱수는 방정식 $x^3 - x - 1 = 0$의 유일한 실수해이며 근삿값 1.324718… 을 가진다. 황금비가 **피보나치수열**(Fibonacci sequence) $F(n+1) = F(n) + F(n-1)$, $F(0) = F(1) = 1$의 이웃하는 항들의 비가 점점 더 좋은 근삿값을 갖는 것처럼 플라스틱수도 $P(n+1) = P(n-1) + P(n-2)$, $P(0) = P(1) = P(2)=1$과 같이 정의된 수열의 이웃하는 항의 비의 극한으로 나타난다. 이 수열을 *파도반수열(Padovan sequence)*, 그리고 그 값들은 *파도반의 수(Padovam numbers)*라고 부른다. 파도반수열은 **피보나치수열**(Fibonacci sequence)보다 아주 천천히 증가한다. 3, 5, 21 같은 수들은 두 수열에 공통으로 있다. 하지만 그런 수의 개수가 유한한지 무한한지는 알려지지 않았다. 9, 16, 49와 같은 파도반수들은 완전제곱수이다. 이 수들의 제곱근인 3, 4, 7도 파도반수이지만 이것이 우연인지 아니면 일반적 법칙인지 증명되지 않았다. 파도반수를 생성하는 다른 방법은 피보나치수를 구하기 위해 제곱을 이용하는 방법을 모방한 것인데, 다만 직사각형 면을 가지는 입방체 모양–상자를 이용한다. 한 변의 길이가 1인 정육면체로 시작하는데 다른 정육면체를 바로 옆에 놓는다. 그 결과는 $1 \times 1 \times 2$의 입방체이다. 1×2 면에 다른 $1 \times 1 \times 2$ 상자를 놓아 $1 \times 2 \times 2$ 입방체를 만든다. 이번에 2

역자 주

9) $x^2 - x - 1 = 0$의 양의 근.
10) $x^3 - x - 1 = 0$의 실근.

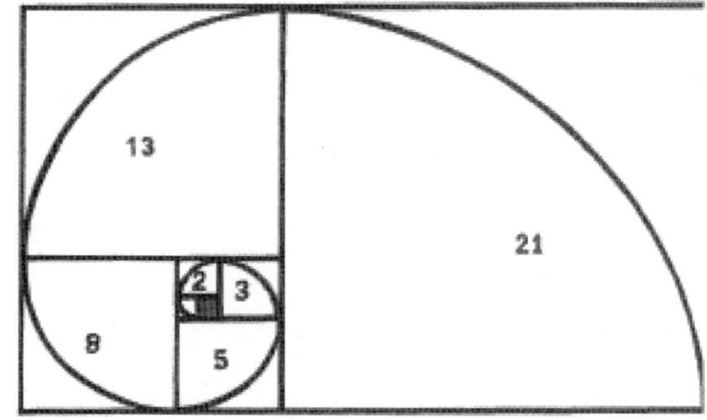

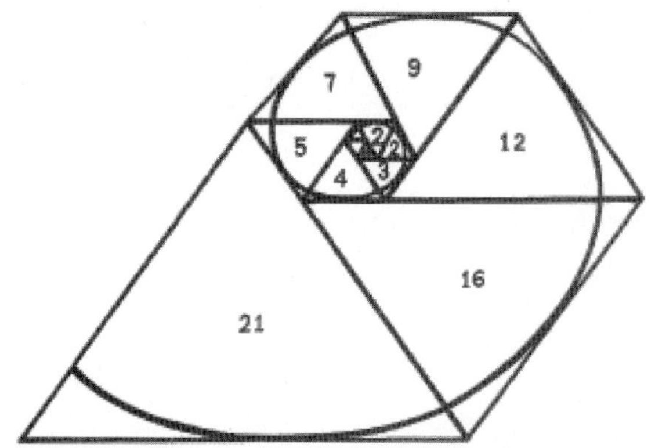

플라스틱수 나선 구조가 피보나치수(위)와 파도반수열을 보여주고 있다.

×2 면에 2×2×2 상자를 놓아 전체 모양이 2×2×3 인 입방체를 만든다. 또 2×3 면에 2×2×3 상자를 놓아 전체 모양이 2×3×4 인 입방체를 만든다. 이 과정을 계속하면 항상 동, 남, 밑, 서, 북, 그리고 위의 순서로 입방체를 더하게 된다. 각 단계에서 새로이 형성되는 입방체의 모서리의 크기가 연속한 세 파도반수가 된다. 더 나아가 더해지는 입방체의 정사각형 면들을 직선으로 차례로 연결하면, 그 결과가 평면에 그려지는 나선이 된다. 파도반수열은 **페린수열**(Perrin sequence)과 매우 비슷하다. [319]

Plateau, Joseph Antoine Ferdinand (플래토, 1801-1883)

최소곡면(minimal surface)인 비눗방울과 비누막에 수학적 흥미를 느껴 최초로 이에 대한 실험적 연구를 한 벨기에의 물리학자. 1829년 태양을 25초 동안 바라보는 것을 포함한 광학 실험을 하다 눈이 상해 결국 장님이 됐다.

plateau curves (플래토곡선)

다음과 같은 매개방정식으로 정의되는 플래토(plateau)의 이름을 딴 곡선들의 집합.

$$x = a \sin (m+n)t / \sin (m-n)t$$
$$y = 2a \sin (mt) \sin (nt) / \sin (m-n)t$$

만일 $m = 2n$이면 플래토곡선은 중심이 (1, 0)이고 반지름이 2인 원이 된다.

Plateau problem (플래토 문제)

일반적으로 주어진 경계에 의해 제한된 **최소곡면**(minimal surface)의 모양이 결정되는 문제. 몇 개의 간단한 패턴으로 **비눗방울**(soap bubble)들이 뭉치는 방법을 기학학적으로 완전히 설명한 **플래토**(Plateau)의 이름에서 따왔다. 플래토는 비눗방울곡면들이 항상 두 가지 중 한 가지 방법으로 만난다고 주장했다. 하나는 세 곡면이 곡선을 따라 120도로 만나든지 6개의 곡면이 한 꼭짓점에서 약 109도의 각을 이루며 만난다. 예를 들면, 교차하는 두 방울(크기가 서로 다를 수 있는)은 바깥 곡면(이 두 개의 방울)과 120도로 만나는 세 번째 곡면을 흔히 형성하며 바눗방울이 모인다. 반면에 사면체 프레임을 비눗물에 담갔다 꺼낼 때 생긴 6개 비누막 모서리는 중심 꼭짓점에서 대략 109도의 각을 형성한다. 1970년대 중반에 미국의 수학자 테일러(Jean Taylor)가 플래토가 실험적으로 발견한 패턴 규칙을 증명했다. 박사 학위 논문에 이은 후속 연구에서 플래토의 규칙들이 에너지 최소화 원리에 따른 당연한 결과–아직 미발견된 다른 배열 형태에는 적용 불가능할지 몰라도–임을 증명했는데, 이것으로 100년 이상 남아 있던 미해결 문제가 풀렸다. 비눗방울 표면을 따라 가해지는 힘은 모든 방향으로 같은 크기로 작용한다. 결정의 경우와 다르게(표면에 작용하는 힘은, 나뭇조각에 미치는 아주 소량의 힘과 비슷하지만 방향에 따라 크기가 다르다), 그러나 주어진 부피를 포함하기 위해 최소 에너지를 필요로 한다. 이러한 조건으로 형성된 최소곡면은, *월프 형태*(*Wulff shape*)로 알려진 꼭짓점이 잘린 정육면체 혹은 원통 위에 올려진 원뿔의 아래 반쪽과 같은 것으로, 이는 오늘날 수학적 연구의 비옥한 토대가 되고 있다.[328]

Platonic solid (플라톤 다면체)

3차원 공간에 존재 가능한 다섯 개의 **정다면체**(polyhedron)–면이 정다각형이고, 각 꼭짓점에서 만나는 면의 개수가 같은 다면체. 이 다섯 개는 **정사면체**(tetrahedron, 면이 삼각형

플라톤 다면체 가장 오른쪽부터 시계 방향으로: 정육면체, 정사면체, 정팔면체, 정이십면체, 그리고 정십이면체. *Robert Webb, www.software3d.com, Webb의 Stella프로그램으로 만들어졌다.*

인 피라미드), **정팔면체**(octahedron, 8개의 면이 삼각형인 도형), **정십이면체**(dodecahedron, 12개의 정오각형으로 만들어진 도형), **정이십면체**(icosahedron, 20개 면이 삼각형인 도형), **정육면체**(cube)(표 '플라톤 다면체' 참조)이다. 플라톤 다면체(Platonic solid)라는 명칭은 **플라톤**(Plato)이 자신의 한 책에서 정다면체를 설명했기에 그의 이름을 따서 붙여졌지만, 정다면체가 오직 다섯 개 존재한다는 것은 **유클리드**(Euclid)가 증명했다. 육각형을 면으로 하는 정다면체가 존재하지 않는 이유는, 만일 존재한다면 한 점에서 만나는 육각형 3개의 내각의 합이 이미 360도로 평면이 되기 때문이다. **준정다면체**(Archimedean solid), **카탈란 다면체**(Catalan solid), **존슨 다면체**(Johnson solid)를 함께 보시오.

플라톤 다면체(정다면체)

이름	개수			슐래플리(Schläfi 기호)
	면	모서리	꼭짓점	
정사면체	4	6	4	{3,4}
정육면체	6	12	8	{4,3}
정팔면체	8	12	6	{3,4}
정십이면체	12	30	20	{5,3}
정이십면체	20	30	12	{3,5}

Platonism (플라톤 철학)

물리적 모델과 독립적으로 수학적 대상이 존재한다는 믿음. 그것은 수학에서, 유용한 아주 최소한의 주장이고, **기하학**(geometry)에서, 더욱 그렇다.

pleated surface (주름 잡힌 곡면)

유클리드 공간(Euclidean space) 혹은 **쌍곡 공간**(**쌍곡기하학**

(hyperbolic geometry) 참조)의 곡면으로 모서리를 따라 만나는 평평한 면을 갖는다는 점에서 **다면체**(polyhedron)를 닮았다. 그러나 다면체와는 다르게 이 곡면에는 모퉁이 점이 없고, **적층 구조물**(lamination)을 형성하는 모서리가 무한 개 있을 수 있다.

Poggendorff illusion (포겐도르프 착시)

직사각형 뒤로 지나는 직선이 실제로 일직선상에 있지만 어긋나게 보이는 **왜곡 착시**(distorted illusion). 이것은 1860년 *Annalen der Physik und Chemie*(Annals of physics and chemistry)의 편집자인 물리학자 포겐도르프(J. C. Poggendorff)가 천문학자인 죌너(Friedrich Zöllner)의 편지를 받은 후 발견했다. 이 편지에서 죌너는 이 착시에 대해 설명했는데(**죌러 착시**(Zöllner illusion) 참조), 평행한 직선들과 짧은 대각선들이 교차하는 패턴으로 디자인된 의류에서 직선이 빗나가는 것처럼 보인다고 썼었다.[134]

Poincaré,(Jeles) Henri (푸앵카레, 1854-1912)

아인슈타인보다 먼저 **상대성 이론**(relative theory)을 발견할 뻔했으며, 수학에서 **푸앵카레 추측**(Poincaré conjecture)이란 가설로 가장 유명한 프랑스 이론 물리학자며 수학자. 푸앵카레는 파리 대학에서 가르치면서 생의 대부분을 보냈고, 수학과 수리물리의 넓고 다양한 분야에 걸친 그의 방대한 업적 때문에 가끔 "마지막 만능학자"로 일컬어지곤 한다. 이상하게도 그는 재치도 없었고, 가끔 멍해 있기도 하고, 그리고 간단한 산수도 서툴었다. 그는 **위상수학**(topology) 문제를 **대수학**(algebra) 문제로 변환하려고 *호모토피군(homotopy group)*–다차원 공간(multidimensional space)의 본질을 대수적 용어로 나타내고 그들 사이의 유사성을 보여주는 힘을 가진–을 만들었다.

Poincaré conjecture (푸앵카레 추측)

1904년 푸앵카레(Henry Poincaré)가 제기한 **위상수학**(topology)의 명제. 푸앵카레는 어떤 사물을 늘이거나 구부릴 때 변하지 않는 성질을 연구하는 위상수학 분야에서 선구자적 연구 활동을 하는 중에 이 추측을 만들었다. 좀 쉽게 말하면, 이것은 구와 같은 일단의 성질을 가지는(즉, 구와 위상적으로 동치인) 모든 3차원 사물을 찢지 않고(즉, 구멍을 뚫지 않고) 3차원 구(3–sphere)가 되게 늘리거나 구부리거나 쥐어짤 수 있다는 가설이다. 직설적으로 말하면, 모두 **닫혀 있고**(closed), **단순 연결된**(simply connected) 3차원 **다양체**(manifold)는 3차원 구(3–sphere)와 **위상동형**(homeomorphic)이라는 추측이다.

푸앵카레 가설의 참, 거짓을 결정하는 것은 위상수학의 가장 중요한 미해결 문제로 널리 여겨졌다. 2000년에 보스턴에 있는 클레이 수학 연구소는 7개 밀레니엄 상 문제의 하나로 지정하고, 그 문제를 해결하는 자에게 100만 불을 주는 상금을 걸었다. 1960년대 이래로 수학자들은 다양한 방법으로 3차원 이상에서–4차원의 경우는 1982년에 마지막으로–일반화된 추측이 참임을 보여 왔다. 그러나 고차원에서 사용한 그 어떤 전략들도 3차원의 경우에는 소용이 없었다. 2002년 4월 7일 사우스햄턴 대학의 던우디(Martin Dunwoody)에 의해 푸앵카레 추측이 증명된 것 같다는 소식이 나왔지만, 며칠 되지 않아 그의 증명에서 결정적 오류가 발견되었다. 2003년 4월에 매사추세츠 공과대학에서 스테크로프 수학 연구소(세인트 페테스부르그에 있는 러시아 과학 아카데미의 분소) 소속의 러시아 수학자 페렐만(Grigori Perelman)이 한 일련의 강의 중에 진정한 해결의 돌파구가 터져 나왔다. 그의 강연 제목은 "Ricci Flow and Geometrization of Three-Manifolds" 였고, 미리 인쇄된 두 개의 논문에 포함된 중요한 결과를 공개적으로 토론하는 강연이었다. 수학자들은 이제 페렐만의 연구(푸앵카레 추측이란 이름을 언급하지는 않았지만)의 타당성을 면밀히 검토할 것이다.[11] 어쨌든 클레이 연구소는 상금이 주어지기 전에 2년 동안의 냉각기간을 필히 가진다.

Poincaré disk (푸앵카레 디스크)

그 안에서 원의 지름 혹은 이 원의 원주에 수직으로 만나는 다른 원들의 호가 직선으로 정의되는 원의 내부(경계는 포함하지 않는). 푸앵카레 원판은 **쌍곡기하학**(hyperbolic geometry)의 한 모델이다. 삼각형의 각을 융통성 있게 정할 수 있기 때문에 이 원판을 덮는 다양한 방법이 무한히 존재한다.

Poinsot, Louis (포앙소, 1777-1859)

강체에 작용하는 힘들이 어떻게 하나의 힘과 한 쌍의 힘(병마개를 딸 때와 같이 같지만 반대 방향으로 작용하는 힘들의 한 쌍)으로 변하는지 연구하는 중에 기하학적 역학을 개발한 프랑스 수학자. **몽주**(Gaspard Monge)와 함께 18세기 프랑

역자 주

11) 2006년 수학자들은 페렐만의 논문이 참이라고 확인함으로써 푸앵카레의 추측이 증명되었다. 이 공로로 그에게 2010년 3월 필즈메달을 수여하려 하였으나 본인이 거부하였으며 일백만 불의 상금도 거절하였다. 푸앵카레 추측만이 7개의 밀레니엄 상이 걸린 문제 중 유일하게 해결되었다.

푸앵카레 원판 쌍곡곡면의 한 패턴 *Jos Leys, www.joeleys.com*

스에서 기하학이 수학 연구 분야 중 선두적 역할을 하게 이끌었다. 그는 1809년에 다면체에 대한 중요한 연구 논문을 썼는데, 현재 **케플러-포앙소 다면체**(Kepler-Poinsot solids)라고 불리는 네 개의 새로운 정다면체를 발견한 내용이었다.[12] 이것들 중 두 개는 이미 케플러가 1619년에 발견했으나 포앙소는 이 사실을 몰랐다. 포앙소가 발견한 두 개는 *큰 십이면체(great dodecahedron)*와 *큰 정이십면체(great icosahedron)*이다. 1810년 **코시**(Augustin Cauchy)는 정다면체에 대한 바로 그 정의를 이용하여 정다면체 목록이 완성되었다는 것을 증명했다(내적 모순이 명백해졌을 때인 1990년에 포앙소의, 따라서 코시의 정의에서 잘못이 발견됐지만). 포앙소는 또한 수론을 연구했는데, 숫자를 제곱과 원시근의 차로 나타내려는 목적으로 **디오판토스의 방정식**(Diophantine equations)을 연구했다.

point (점)

위치 혹은 자리라는 것 외에는 다른 성질들이 없는, 차원이 없는 기하학적 대상. 좀 더 일반적으로는 기하학적으로 묘사된 **집합**(set)의 한 원소이다.

point-set topology (점집합 위상수학)

*일반 위상수학(general topology)*이라고도 알려져 있는 **위상수학**(topology)의 한 분야. 실수에서 실수로의 사상(map)들의 **연속성**(continuity) 개념을 일반화하기 위해 **집합**(set)에 어떤 위상 구조를 주느냐 하는 문제를 다룬다. 어떤 집합 X의 위상은 몇 가지 공준을 만족하는 집합 X의 *열린 부분집합(open subset)*들의 집합이다. 이 위상이 정의된 집합 X를 **위상공간**(topological space)이라 부른다.

Poisson, siméon Denis (포아송, 1781-1840)

물리학에, 특히 정전기학과 자기학 연구에 수학을 응용하는 데 주된 관심을 가지고 있었던 프랑스 수학자. 그는 전기의 두 흐름체 이론을 개발했고 다른 사람들, 특히 쿨롱(Charles de Coulomb)의 실험 결과에 이론적 뒷받침을 했다. 포아송은 역학 중 특히 탄성 이론과 광학에 관한 연구를 했고, 또한 미적분학인 정적분과 미분기하학, 그리고 확률 이론에 중요한 공헌을 했다. 그는 수학, 물리학, 천문학에 대한 300편이 넘는 논문을 썼고, 그의 책 『*역학(力學) 개론(traite de Mecanique*, 1811』은 오랫동안 표준이 되고 있다.

polar coordinates (극좌표)

고정된 기준점(극, pole)에서 측정된 거리와 고정된 기준선에서 잰 각으로 나타나는 **좌표**(coordinate) 시스템. *극방정식(polar equation)*은 극좌표를 이용하는 방정식이다.

pole (극)

(1) **극좌표계**(polar coordinares)의 **중심**(origin). (2) **복소해석학**(complex analysis)에서, **특이점**(singularity)을 갖는 어떤 단순 형태의 함수. (3) 지구 같은 회전체의 회전축이 표면을 지나는 두 점 중 한 점. (4) 길이의 옛 단위로 로드(rod) 라고도 불렸는데, 약 5.5 야드(약 5.03 m)와 같다.

Pólya's conjecture (폴야의 추측)

헝가리 수학자인 폴야(George Pólya, 1887-1985)가 1919년에 제기한 가설. 양의 정수가 짝수 개 소수의 곱으로 인수분해되면 *짝 타입(even type)*이라 부르고, 그렇지 않으면 *홀 타입(odd type)*이라 부른다. 예를 들면, 4 = 2 × 2 이므로 짝 타입인 데 반

역자 주

12) 볼록다면체가 아닌 정다면체.

해 18 = 2 × 3 × 3이므로 홀 타입이다. 처음 n개의 양의 정수 중에서 $O(n)$이 홀 타입 정수들의 수이고 $E(n)$이 짝 타입 정수들의 수라고 하자. 이때, 폴야의 추측은 모든 $n \geq 2$에 대하여 $O(n) \geq E(n)$라는 것이다. 백만까지의 모든 n의 값에 대하여 이 추측을 점검한 후 수학자들은 이것이 아마도 참일 것이라 가정하였다. 그런데 1942년 잉햄은(A. E. Ingham)은 반례를 만드는 독창적인 방법을 찾아냈지만 당시엔 그걸 계산할 정도의 컴퓨터가 없었다.[177] 20년 후, 레만(R. S. Lehman)은 컴퓨터로 잉햄의 방법을 실행시켜 폴야 추측이 $n = 906180359$ 일 때 성립하지 않는 반례를 찾아냈다.[199]

polychoron (사차원 다면체)

4차원 **다면체**의 비공식 이름(그리스어의 "많다"의 뜻을 지닌 *poly*와 "방" 또는 "공간"의 의미를 가진 *choros*에서 유래한). 올세프스키(George Olshevsky)가 처음 언급했다.

polycube (폴리큐브)

단위 정육면체들의 면과 면을 붙여 만든 **다면체**(polyhedron). 이런 다면체를 포함하는 퍼즐의 예가 **소마 큐브**(Soma cube)나 **루빅의 큐브**(Rubik's cube)이다.

polygon (다각형)

모서리들이 직선이고 닫힌 평면 도형. polygon이라는 용어(그리스어의 "많다"의 뜻을 지닌 *poly*와 "각"을 뜻하는 *gwnos*에서 유래했는데)는 가끔 다각형의 내부(이 경로가 감싸고 있는 열린 영역)를 말하기도 하고 또는 전체를 말하기도 한다. 교차하지 않는 경계를 가진 다각형을 *단순*(*simple*)하다고,[13] 그렇지 않으면 *복잡*(*complex*)하다고 말한다. 단순 다각형의 내각들이 180도보다 크지 않으면 *볼록*(*convex*)하다고, 그렇지 않으면 *오목*(*concave*)하다고 말한다. 모든 변의 길이가 다 같고 또 모든 내각이 같은 다각형을 정다각형이라고 부른다.("정다각형" 표 참조). 정다각형을 포함한 모든 다각형은 변과 같은 개수의 각을 가진다. **작도 가능**(constructible)한 다각형을 보시오.

polygonal number (다각형수)

다각형(polygon)을 그리기 위해 등간격으로 놓인 점들의 수. **도형수**(figurate number) 형태인 다각형수는 삼각수, 사각수, 오각수 그리고 육각수를 포함한다.

정다각형

이름	변의 수	각(= 180 − 360/변의 수)
정삼각형	3	60도
정사각형	4	90도
정오각형	5	108도
정육각형	6	120도
정칠각형	7	128.57도(근삿값)
정팔각형	8	135도
정구각형	9	140도
정십각형	10	144도
정백각형	100	176.4도
정메가각형	10^6	179.99964도
정구골각형	10^{100}	180도(근삿값)

polyhedron (다면체)

면이 모두 **다각형**(polygon)이고 모서리는 두 다각형이 정확하게 공유된 3차원 도형. *Polyhedron*이라는 이름은 그리스어의 "많다"의 뜻을 지닌 *poly*와 "기초", "자리", 혹은 "면"을 뜻하는 *hedron* 에서 유래했다. 3차원 공간의 모든 다면체는 (2차원의) 면들, (1차원의) 모서리, (0차원의) 꼭짓점들로 구성돼 있다. 3차원 이상의 도형에 *다면체*(*polyhedron*)라는 용어를 가끔 쓰지만, 다면체와 비슷한 **4차원**(fourth dimension) 이상의 도형을 **다면체**(polytope)라 언급한다. 다각형처럼 다면체도 *볼록하거나*(*convex*) *볼록하지 않을*(*nonconvex*) 수 있다. 만일 다면체 표면의 임의의 두 점을 이은 선분이 다면체에 완전히 포함되면 이 도형은 볼록하고, 그렇지 않으면 *오목*(*concave*)하다. 모든 면의 크기와 모양이 같고 각 꼭짓점에 같은 수의 면이 만나는 다면체를 정다면체라고 한다. **플라톤 다면체**(Platonic solids)인 볼록 정다면체는 오직 다섯 개만 존재한다. 다른 4개의 오목 정다면체를 **케플러-포아송 다면체**(Kepler-Poinsot solids)라 부른다. 하지만 *정다면체*(*regular polyhedra*)는 일반적으로 플라톤 다면체만을 말하기도 한다. 각 꼭짓점에, 두 가지 이상의 다른 모양의 정다각형 면이 교차하지 않도록 배열된 볼록 다면체를 *준정다면체*(*semi-regular*)라 부른다. 이런 준정다면체는 13개의 다른 종류가 있는데 보통 **아르키메데스 다면체**(Archimedean solids)로 불린다. 정다면체의 각 면의 중점을 꼭짓점으로 하

역자 주

13) 다각형의 경계를 이루는 변들이 서로 교차하지 않는 경우.

P

는 정다면체를 *쌍대*(*dual*)라 한다. 한 다면체의 꼭짓점의 수가 다른 다면체의 면의 수와 같은 두 정다면체는 쌍대인 관계가 된다(예를 들면, 정육면체-정팔면체, 정십이면체-정이십면체 등). **준정다면체**(**quasi-regular polyhedron**)는 두 쌍대 정다면체의 중간 모양으로 오직 두 개만 존재하는데, 육팔면체(cuboctahedron)와 십이이십면체(icosidodecahedron)이다. 또한 같은 부류의 **각기둥**(**prism**))과 **반각기둥**(**antiprism**)은 무한히 많이 존재한다. 정다각형 면을 갖는(그러나 꼭짓점의 수가 동일할 필요는 없는) 볼록 다면체가 총 92개 있는데, 이것들이 **존슨 다면체**(**Johnson solids**)이다.

사람이 만든 가장 오래된 다면체는 스코틀랜드 북동쪽의 섬에서 발견됐는데, 신석기 시대인 B.C. 2000~3000 시대에 만들어진 것이다. 이 돌로 만든 도형들은 지름이 약 2인치이고, 많은 것들이 정다면체 모서리가 깎인 둥근 형태를 하고 있다. 정육면체, 정사면체, 정팔면체. 정십이면체 형태와, 오각형 프리즘의 쌍대를 포함하는 여러 도형들이 스코틀랜드 박물관과 옥스퍼드의 애쉬몰리안 박물관에 전시돼 있다.

polyiamond (폴리아몬드)

크기가 같은 정삼각형들을 모서리끼리 붙여 만든 모양.

polynomial (다항식)

변수의 자연수 거듭제곱에 숫자 계수를 곱해 더해 나타낸 식. 변수의 지수는 양의 정수이거나 0이다. 다항식의 한 예는 $3x^3 + 7x - 2$이고, 다항방정식은 다항식 혹은 0이 등호의 양쪽에 있다. 예를 들면 $4a^2 - 5.6a + 1.7 = 0$ 혹은 $5x^2 - 1 = 8x + 2x^4$이다. 다항식 혹은 다항방정식은 변수의 최고 차수로 결정된다. 예를 들어, **이차식**(**quadratic**)은 이차보다 더 큰 지수를 갖는 항이 없다. **삼차식**(**cubics**), **사차식**(**quartics**), **오차식**(**quintics**)은 최대 지수가 각각 3, 4, 5이다. 이런 높은 차수의 다항식에 대한 선구자적 연구를 한 수학자들은, 어떤 이유에서인지, 다채롭지만 불행한 삶을 살았다. 삼차방정식의 해법을 처음 발견한 **타르탈리아**(Noccolo **Targlia**)는 그 여생을 실패한 수학자로 보냈는데, 큰 이유는 **카르다노**(Girolamo **Cardano**)를 비난하는 데 남은 생을 허비했기 때문이다. 타르탈리아는 카르다노에게 비밀을 지킬 것을 맹세하게 하고 그의 해법을 알려줬지만 카르다노가 그보다 앞서 해법을 발표했기에 비난하기 시작했다. 카르다노 자신도 불행한 긴 생을 살았으며, 그의 유일한 아들도 살인죄로 처형당했다. 일반적인 사차식을 해결한 카르다노의 제자 페라라(Lodovico Ferrara)는 유산 싸움 중에 독살당했는데 아마도 그의 누이에 의한 것으로 짐작된다. 마지막으로, 오차방정식의 일반적인 해법이 없다는 것을 보인 **갈루아**(Evariste **Galois**)는 20살의 나이에 결투로 죽었다.

polyomino (폴리오미노)

같은 크기의 n개 정사각형을 이차원에서 모서리를 붙여 만든 모양. **도미노**(**domino**, $n = 2$인 폴리오미노)를 일반화한 것이 폴리오미노(polyomino)이다. 3개 혹은 그 이상의 사각형을 붙여 만든 폴리오미노를 포함한 여러 퍼즐들이 20세기 초에 대중화됐다. 이것들 중 가장 잘 알려진 것은 **듀드니**(Henry **Dudeney**)의 책 『*캔터베리 퍼즐*(*The Canterbury Puzzles*), 1907』의 74번 문제에 나온 '깨진 체스판(Broken Chessboard)'이다. 듀드니는 이 문제를 재미있게 소개했는데, 먼저 헤이워드의 『정복자 윌리암의 생애(*Life of William the Conqueror*, 1613』란 책에서 윌리암의 아들인 헨리 왕자가 그의 동생 로버트 왕자의 머리를 체스판으로 때렸다는 내용을 인용하면서 수학적 내용을 추가하였다. 이 판은 13조각으로 기이하게 부서졌고, 이중 다양한 모양의 12조각은 잘 붙이면 5개의 정사각형을 만들 수 있는 조각으로, 한 개는 2 × 2 정사각형으로 깨졌다고 말했다. 퍼즐은 이 조각들을 맞추어 원래의 판을 만드는 문제이다. 이것이 펜토미노-1953년 **골롬**(Solomon **Golomb**)이 하버드 수학 클럽 강연에서 처음 이 이름을 사용했다-를 사용한 수학적 유희의 가장 최초의 예이다. 골롬은 폴리오미노 조각 각각의 명명법을 발견했고 이에 대한 많은 선구적 연구를 했다. 그의 연구는 **가드너**(Martin **Gardner**)가 과학 잡지인 *Scientific American*에 1957년부터 시작한 칼럼에 소개되어 많은 사람의 관심을 끌며 대중화됐다.[114,136,137]

골롬이 특별히 펜토미노에 관심을 가진 이유는 다음 설명을 보면 명백해진다(표 "Types of Polyomino" 참조). 잘 알려진 도미노(domino)는 자명한 모노미노(monomino)처럼 배열 형태는 한 가지이다. 트리오미노(triomino)는 두 가지 다른 배열, 즉 세 개의 정사각형이 한 줄로 된 모양과 L자 모양을 만들 수 있다. 테트로미노(tetromino) (혹은 테트라미노(tetramino)는 5개의 다른 배열을 가지며 유명한 비디오 게임인 **테트리스**(**Tetris**)에 사용되었다. 따라서 $n \le 4$일 때 서로 다른 모양의 조각수는 5개보다 작거나 같기에 조합은 다양하지 않다. 한편 $n > 5$인 경우는 서로 다른 조각의 수가 많아서 문제 해석이 힘들며, 또 그런 폴리오미노에 기초한 게임은 어렵고 다루기 힘들다. 어쨌든 $n = 5$인 경우인 펜토미노는 12개의 모양만 있기에 다루기 쉽고 조합도 이상적이어서 이런 특정 폴리오미노에 높은 관심을 갖게 됐다. 가운데 정사각형 구멍이 있는 8 × 8 체스판을 펜토미노로 짜 맞추는 문제는 1935년 처음 해결됐고, 1958년에는 컴

폴리오미노 12개의 입체 펜토미노 세트, 평면 펜타 큐브로도 알려짐. *Kodon Enterprises, Inc, www.gamepuzzles.com*

퓨터로 정확히 65가지의 방법이 있다는 사실을 발견했다. 또 다른 표준 펜토미노 퍼즐은 12개의 모양을 구멍이 없는 직사각형들, 즉 3 × 20, 4 × 15, 5 × 12, 6 × 10으로 배열하는 문제이다. 클라크(Arthur C. Clarke)의 소설 『*지구 제국(Imperial Earth)*』에서 특히 펜토미노가 부차적 줄거리로 두드러지게 나온다.

헥소미노와 헵토미노는 각각 35개와 108개의 서로 다른 조각으로 되어 있다. 그런데 108개의 조각 중 하나는 구멍-정사각형으로 덮히지 않은 영역이지만 폴리오미노의 외부와는 연결되지 않은-을 가지고 있으며, 특정한 게임의 규칙에 따라 정당한 조각으로 인정하기도 하고 인정하지 않기도 한다. 7개 혹은 그 이상의 정사각형으로 만들어진 모든 폴리오미노는 구멍을 가질 수 있다. 주어진 정사각형의 수에 대해 얼마나 많은 다른 폴리오미노가 있는지 계산하는 공식이나 알고리즘은 아직 발견되지 않았다.

폴리오미노와 관련된 것들에는 *폴리아몬드*(*polyiamond*, 정삼각형들로 만들어진)와 *폴리헥스*(*polyhexes*, 정육각형들로 만들어진) 가 있다. 폴리오미노를 3차원으로 확장할 때는 정사각형 대신에 정육면체를 사용하는데, 그 예가 **소마 큐브**(**Soma cube**)이다.

폴리오미노의 유형

이름	정사각형 개수	다른 모양의 개수
모노미노(Monomino)	1	1
도미노(Domino)	2	1
트리오미노(Triomino)	3	2
테트로미노(Tetromino)	4	5
펜토미노(Pentomino)	5	12
헥소미노(Hexomino)	6	35
헵토미노(Heptomino)	7	108

polytope (다면체)

고차원에서 **다각형**(**polygon**) 혹은 **다면체**(**polyhedron**)와 유사한 도형. 가능한 정다면체(regular polytope)의 개수는 차원의 차수에 달려 있다. 이차원에서는 무한히 많은 정다각형이 존재하고, 삼차원에서는 오직 5개의 정다면체가 존재 가능하다. 사차원에서는 모두 6개의 정다면체(polytope)가 가능하고, 오차원 이상의 각 차원에서는 3개의 정다면체(삼차원

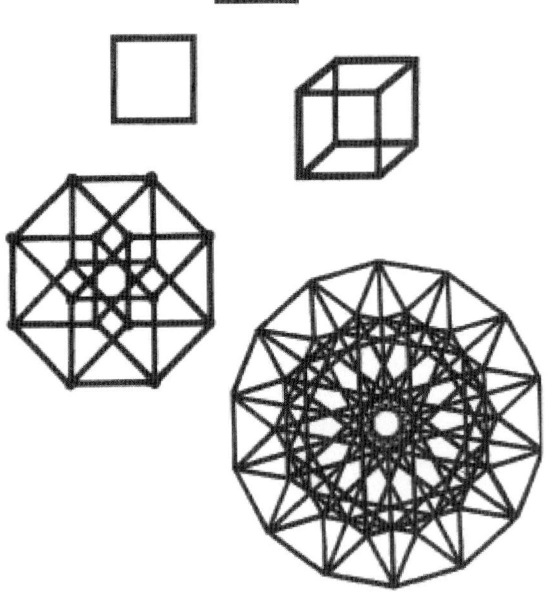

폴리토프(polytope) 내림순으로: 직선, 정사각형, 정육면체, 4차원 입방체, 그리고 정규 다차원 다면체.

의 정사면체, 정육면체, 정팔면체의 유사한)가 존재 가능하다. 사차원 다면체는 *폴리헤드로이드*(*polyhedroid*) 혹은 *다포체*(*polychoron*)로 불리기도 한다. 다각형이 꼭짓점과 변을 가지는 것처럼, 사차원 폴리토프도 꼭짓점, 모서리, 면, 그리고 삼차원 도형인 포체(cell)를 가진다. **부울**(**Bool**(**Stott**), **Alicia**)을 보시오.

Poncelet, Jean Victor (퐁슬레, 1788-1867)

사영기하학(**projective geometry**)을 발전시킨 프랑스의 수학자. 브리안촌(Brianchon)과 함께 1820-1821년에 **구점원**(九點圓, **nine-point circle**)에 대한 *포이에르바하의 정리*(*FeuerBach's theorem*)를 증명했고, 또한 지금은 *퐁슬레-슈타이너 정리*(*Poncelet-Steiner theorem*)라고 불리는 '유클리드 작도 가능한 모든 도형은 (임의의 원 하나와 그 중심이 주어지면) 눈금 없는 직선자만으로도 작도 가능하다'는 문제를 제안했고, **슈타이너**(**Jakob Steiner**)가 이를 증명했다. 그는 나폴레옹 군대에 병사로 있을 때 생포되어 러시아 감옥에 갇히기도 했다. 1813-1814년에 감옥에 갇혀 있는 동안 그가 발견한 내용을 정리하여 『*도형의 사영의 성질에 대한 연구*(*Traite des Proprietes Projectives des Figures*, 1822』란 제목으로 발표했다. 또한 그의 연구 내용을 소개하는 『*해석학의 응용과 기하학, 2권*(*Applications D'analyse et de Geometrie*, 1862-1864)』이란 책을 썼다.

Poncelet's theorem (퐁슬레 정리)

한 **타원**(**ellipse**)과 그 안에 더 작은 타원이 있다. 바깥 타원 위의 한 점에서 시작하여 시계 방향으로 내부에 있는 타원의 **접선**(**tangent**)을 따라 바깥 타원을 다시 만날 때까지 움직인다.(이 교차점으로부터 다시 시계 방향으로 내부 타원의 접선을 그리고, 이 접선이 바깥 타원과 교차하는 점을 찾아) 같은 작업을 계속 반복한다. 이렇게 만들어진 경로가 외부 타원의 같은 점을 절대 지나지 않을 수도 있다. 하지만 만일 이 작업이 몇 번 반복된 후에 처음 시작점으로 돌아오면 다음과 같은 놀라운 사실이 참이다: 모든 그런 경로들, 바깥 타원의 임의의 점에서 시작한 모든 그런 경로들이 똑같은 수의 스텝을 거쳐 제자리로 돌아온다. 이것이 *퐁슬레의 닫힘 정리*(*Poncelet's closure theorem*)라고 알려진 퐁슬레의 정리인데 **퐁슬레**(Jean **Poncelet**)의 이름을 따서 명명했다.

Pony Puzzle (당나귀 퍼즐)

샘 **로이드**(Sam **Loyd**)의 가장 잘 알려진 퍼즐 중 하나이며, 상업적으로도 성공한 퍼즐. 단지 6개의 조각으로 말의 형상이 되게 제대로 맞추어야 한다. 로이드는 필라델피아 주지사인 커틴(Andrew Curtin)과 함께 증기선을 타고 유럽에서 돌아오는 길에 영국 버크셔의 언덕에 그려진 유명한 백묵 그림인 위핑턴의 백마(White Horse of Uffington)에 대해 이야기하면서 아이디어를 얻었다.

당나귀 퍼즐 샘 로이드의 가장 유명한 퍼즐 중 하나.

postage stamp problem (우표 문제)

우표와 관련된 수학 퍼즐은 거의 우표의 역사만큼 오래됐다. 세계 최초의 우표는 페니 블랙(Penny Black)으로 1840년 5월 6일에 대영제국이 발행했다. 그런 종류의 퍼즐들은 어떤 우편 요금을 값이 정해진 우표들의 조합으로 만드는 것이 가능한지 불가능한지를 묻는 것이다.

퍼즐

이런 유형 중 하나가 **듀드니**(Henry **Dudeney**)의 책, 『*수학의 즐거움*(*Amusements in Mahtematics*, 1917)』285번 문제에 나온다.[88] 가로로 4장, 세로로 3장이 직사각형 모양으로 붙어 있는 12장의 우표를 샀다.(듀드니의 그림에는 제일 윗줄부터 차례로 1, 2, 3, 4, … 와 같이 번호가 매겨져 있다.) 한 친구가 당신에게 4장의 우표를 빌려달라고 한다. 그런데 그 4장의 우표는 모두 붙어 있어야 하고 모퉁이만 간당간당하게 붙어 있어서는 안 된다. 그렇게 4장의 우표을 찢어주는 서로 다른 방법이 모두 몇 가지나 가능할까? 예를 들어 친구에게 1, 2, 3, 4 또는 2, 3, 6, 7, …,과 같이 줄 수 있다. 이같이 4장씩 잘라주는 다른 방법을 찾을 수 있는가? 이것은 **폴리오미노**(**polyomino**)의 한 종류인 테트로미노와 관련된 문제로 생각할 수 있다.

해답은 415쪽부터 시작함.

우표 문제는 *프로베니우스의 문제*(*Frobenius problem*)로도 알려져 있는데 **정수론**(number theory)과 **컴퓨터 공학**(computer science)의 오랜 도전 과제였다. 어느 나라가 n개의 액면 금액이 다른 우표를 발행했는데 한 편지봉투에 m개보다 많은 우표를 붙일 수 없다고 가정하자. 우표 문제는 m과 n이 주어졌을 때 주어진 우표들을 붙여 만들 수 있는 가장 긴 연속적 우편 요금을 계산하는 알고리즘을 작성하는 것이다. 예를 들면, $n = 4$, $m = 5$인 경우에 우푯값이 (1, 4, 12, 21)인 우표들로 1부터 71까지의 우편 요금을 붙일 수 있다. 만일 우푯값들이 일정하고 프로그램에서 입력하는 것이 아니라면 빠른 해를 구할 수 있는 알고리즘을 만들 수 있다. 하지만 우푯값을 입력하는 일반적 경우에 우표 문제가 **NP 하드 문제**(NP-hard problem)라는 것이 증명됐기에 효과적인 알고리즘 접근법으로 찾는 것이 가능하지 않다.

potato paradox (감자 역설)

프레드가 집으로 가져온 100파운드의 감자(순수하게 수학적으로 생각한)는 99%의 물로 구성돼 있다. 그는 98%의 수분만 유지하게 그 감자들을 하룻밤 바깥에 두었다. 이제 감자의 무게는 얼마가 됐을까? 놀랍게도 해답은 50파운드이다!

potential theory (퍼텐셜 이론/전위 이론)

조화함수(*harmonic function*)를 연구하는 이론. 조화함수는 중력과 전기장과 관련된 물리학 문제에서 흔히 나타나는 **편미분방정식**(partial differntial equation)의 특별한 형태인 **라플라스**방정식(Laplas's equation)을 만족한다.

power (거듭제곱/멱)

원래의 정확한 뜻으로 더 이상 결코 사용되지 않는 단어이다. 엄밀히 말해, $8 = 2^3$으로 썼을 때 2는 **밑수**(base)이고 3은 **지수**(exponent)이며, 8은 거듭제곱(멱)이다. 그러나 수학자들을 포함한 거의 모든 사람들은 3이 거듭제곱이라 말하고 "**거듭제곱**(power)" 과 "**지수**(exponent)"가 같은 의미라고 말한다. 아마도 이런 오용이 "8은 2의 세제곱(eight is the third power of two)"이라는 문장을 잘못 이해한 데서 오는 것 같다.

power law (거듭제곱 법칙)

크기의 발생 빈도수가 그 크기의 어떤 **거듭제곱**(power)(혹은 지수)에 반**비례**하는(inversely **proportional**) 수학적 패턴. 예를 들면, 눈사태나 지진의 경우, 큰 재난은 아주 드물게 작은 것들은 더 자주 나타나며 그 사이에 다양한 크기와 빈도로 일어난다. 거듭제곱 법칙은 자기 조직화된 임계 시스템의 큰 재난 분포를 잘 나타낸다(**자기 조직화**(self-oganization) 참조).

power series (거듭제곱 급수/멱급수)

a가 수이고 x가 변수일 때 다음과 같은 형태의 무한 합을 말한다.

$$a_0 + a_1x + a_2x^2 + a_3x^3 + \ldots$$

거듭제곱 급수는 일반적으로 **함수**를 정의하는 데 사용된다. 예를 들면 **사인**함수(sine function)는 다음과 같이 정의된다.

$$\sin x = x - \frac{x^3}{3!} + \frac{x^5}{5!} - \frac{x^7}{7!} + \cdots$$

이 급수의 항은 무한 개이지만 이 항들의 값이 무척 빠르게 작아져 첫 몇 개 항만으로도 좋은 근삿값을 구할 수 있다.

power set (멱집합)

주어진 집합의 모든 부분집합들의 집합으로 공집합과 원래 집합도 포함한다. 예를 들면, 원집합이 $\{a, b, c\}$일 때 멱집합은 $\{\phi, \{a\}, \{b\}, \{c\}, \{a, b\}, \{a, c\}, \{b, c\}, \{a, b, c\}\}$ 이다.

power tower (거듭제곱 탑)

지수를 쌓아올려 매우 큰 수를 나타내는 방법. 예를 들면:

$$10^{3^{3^{3^3}}} = 10^{3^{3^{27}}} = 10^{3^{7625597484987}} = \text{거대한 수}$$

일반적으로, 그리고 특별하게 탑의 제일 윗수가 무척 큰 수이면, 지수 탑의 제일 밑수를 크게하는 것보다 지수탑의 제일 밑에 지수를 하나 더 넣는 것이 탑의 값을 훨씬 크게 만들 수 있다. 따라서(우리의 직관과는 다르게) 어느 값이 큰지는 탑에 몇 개의 지수가 있는지를 살피면 바로 알 수 있다. 예를 들면:

$1.1^{1.1^{1.1^{1000}}}$ 이 $1000^{1000^{1000}}$보다 훨씬 크다.
다음과 같이 무한 개의 지수를 갖는 경우

$$x^{x^{x^{\cdots}}}$$

이 값이 유한 확정값으로 수렴하는 x의 최댓값과 최솟값은 각각 $e^{1/e} = 1.444667\cdots$, $1/e^e = 0.065988\cdots$ 이다.

powerful number (강력수)

*다제곱수(squarefull number)*로도 알려진 이 수는 **소수**(prime number) p가 n을 나누고 또 p^2도 n을 나누는 양의 정수 n을 말한다. 모든 강력수는 양의 정수 a, b에 대하여 a^2b^3꼴로 나타내진다. 첫 몇 개의 강력수들은 1, 4, 8, 9, 16, 25, 27, 32, 36, 49, 64, 72, 81, 100, 그리고 108이다. 연속한 강력수의 짝도 존재하는데 바로 (8, 9), (288, 289), (675, 676)이다. 하지만 연속한 세 쌍의 강력수는 아직 알려지지 않았는데 1978년에 **에르되시**(Paul Erdös)는 세 쌍의 강력수가 존재하지 않는다고 추측했다.

역자 주

14) 현재 독일 막스 플랑크 연구소의 수학분야 책임자중 한 사람이며 프랑스 파리 대학의 교수..

practical number (실용수)

n보다 작은 정수들이 n의 약수이거나 서로 다른 약수들의 합으로 표시되는 정수 n을 말한다. 첫 몇 개의 실용수는 1, 2, 4, 6, 8, 12, 16, 18, 20, 그리고 24이다. 모든 **완전수**(perfect number)는 실용수이다.

prime number (소수)

소수를 바라보며 사람들은 설명할 수 없는 창조의 비밀 중 하나의 존재를 느끼게 된다.

–Don Zagier[15]

1보다 큰 **정수**(integer)로, 1과 그 자신의 수로만 나누어지는 수. 소수들은 수세기 동안 수학자들을 매료시켰는데, 큰 이유는 소수들이 어떻게 분포되어 있는가라는 질문 때문이었다. 첫 눈에는 소수들이 무작위적으로 나타나는 듯이 보인다. 그런데 자세히 살펴보면 우리가 살고 있는 이 세계와 수학의 성질에 대한 깊은 진실을 가진 것처럼 보이는 미묘한 순서 혹은 패턴을 드러낸다. 독일 태생의 미국의 수학자인 재기어(Don Zagier, 1951-)는 본 대학의 취임 강의에서 다음과 같이 말했다.

소수의 분포에 대해 내가 여러분을 납득시키고 싶은 두 가지 사실이 있습니다. 첫 번째로, 소수는 간단히 정의할

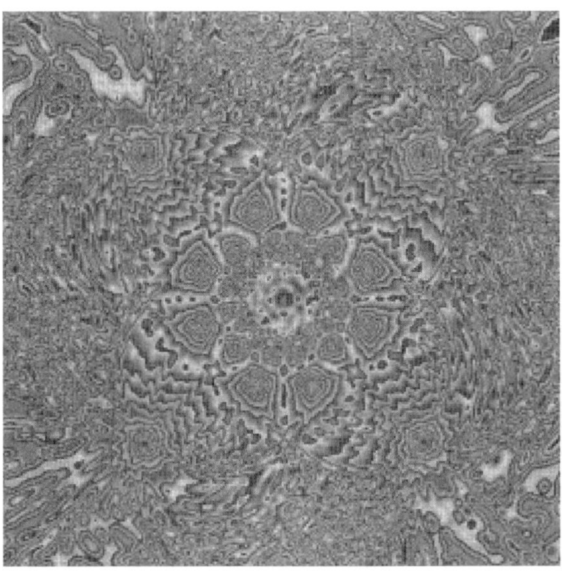

소수 처음에 나타나는 수십억 개 소수들의 분포를 따라 생성된 놀라운 패턴. *Jean-Francois Colonna/Ecole Polytechnique*

수 있고 자연수의 구성 요소 역할을 하지만, 자연수 중에 잡초같이 자라나 우연 외에 다른 법칙은 없는 것처럼 보여 소수라는 싹이 어디에 돋아날 지 아무도 예측할 수 없다는 사실입니다. 두 번째 사실은 더 놀라운데 첫 번째와 정반대이기 때문입니다. 소수는 놀라울 정도로 규칙적으로 나타나며, 그들의 행동을 지배하는 법칙을 따르며 이런 법칙을 거의 군대 수준으로 정확하게 지킨다는 점입니다.

소수들은 2, 3, 5, 7, 11, 13, 17, 19, 23, 29, 31, 37, 41, 43, 47, 53, 59, ...이다. *산술의 기본 법칙*(*fundamental theorem of arithmetic*)은 소수가 양의 자연수의 구성 요소라고 선언한다. 즉, 모든 양의 정수는 소수들의 곱으로, 곱의 순서를 무시하면 유일하게 표현될 수 있다. 이것이 소수의 중요성의 열쇠이다. 즉, 어떤 정수의 소인수가 그 수의 성질을 정하기 때문이다. 고대 그리스인들은(300 B.C.) 무한히 많은 소수가 있다는 것과 그것들의 간격이 불규칙하다는 것을 증명했다. 사실, 이웃하는 두 소수 사이에 임의의 충분히 큰 간격이 있을 수 있다. 반면에 19세기에 n과 같거나 작은 소수의 개수가 n이 점점 커질 때 $n/\log n$으로 가까이 간다는 것이 증명되었다(이 결과가 소수 정리(prime number theorem)로 알려져 있다). 그래서 n 번째 소수의 대략적 추정치는 $n/\log n$이다. **가우스**(Carl Gauss)는 『*정수론 연구*(整數論硏究, *Disquisitions Arithmeticae*, 1801)』란 책에서 "합성수와 소수를 구분하고 합성수를 소수들의 곱으로 나타내는 문제가 산술에서 가장 중요하고 유용한 사실 중 하나이다. 그것은 고대와 현대 기하학자들이 부지런히 지혜를 모아 이 문제를 길게 토론해도 모자랄 정도로 중요하다. 과학이 존엄하기에 모든 가능한 방법을 동원해서라도 아주 멋지고 기념할 문제 해법을 찾아내야 한다."고 적었다. 가장 오래된 소수 확인 방법은 **에라토스테네스의 체**(sieve of Eratosthenes) 방법인데, 약 B.C. 240년 전으로 거슬러 올라간다. 하지만 큰 소수를 찾는 일은 고속 컴퓨터와 빠른 알고리즘들이 필요하다. 기록을 깨뜨릴 새로운 소수는 **메르센 소수**(Mersenne primes) 중 하나일 확률이 큰데, 그 이유는 이런 소수를 발견하기가 가장 쉽기 때문이다. 약 6,000개의 소수들이 알려졌는데, 그중에서 가장 큰 것은 $2^{20996011}-1$이다.[15)]

소수에 대한 많은 것들이 알려지지 않은 채 남아 있다. 마틴 **가드너**(Martin Gardner)가 말하듯:[113] "**정수론**(number theory)의 분야만큼 신비로움으로 가득 차 있는 것은 없습니다. 소수에 대한 어떤 문제는 아주 단순해서 아이들도 이해하는 반면, 또 어떤 문제는 매우 심오해서 결코 해결될 것 같지 않아 많은 수학자들은 해가 없다고 의심합니다. 아마도 '논증 불가능한' 문제일 수 있습니다. 정수론은 양자역학처럼 자신의 고유한 불확실성 원리를 가지는데, 이는 어떤 영역에서는 확률적 공식화를 위해 정확성을 포기하게 합니다." 수학에서 해결되지 않은 위대한 문제 중 하나는 소수의 분포에 대한 **리만 가설**(Riemann hypothesis)이다. **골드바하의 추측**(Goldbach's conjecture), **쌍둥이 소수**(twin primes), **울람나선**(Ulam spiral), **이상고 뼈**(Ishango bone)를 보시오.

primitive root (원시근)

소수 p의 *원시근*(*primitive root*)은 그것의 거듭제곱이 **법**(modulo) p일 때의 모든 0이 아닌 **정수**(prime number)를 생성하는 수이다. 예를 들면, 3은 법 7의 원시근이다. 왜냐하면, $3=3^1$, $2=3^2$ 법 7, $6=3^3$ 법 7, $4=3^4$ 법 7, $5=3^5$ 법 7, $1=3^6$ 법 7 이기 때문이다.

primitive root of unity (단위 원시근)

$z^n=1$이고 n보다 작은 양의 정수 k에 대해서 z^k는 1이 아닌 **복소수**(complex number) z.

primorial (프라이모리알)

소수 계승(*prime factorial*)이라고도 알려진 것으로, 주어진 소수 p와 같거나 작은 모든 소수들의 곱. $p\#$으로 나타낸다. 예를 들어 $3\# = 2\times 3 = 6$, $5\# = 2\times 3\times 5 = 30$, 그리고 $13\# = 2\times 3\times 5\times 7\times 11\times 13 = 30030$ 이다.

P

Prince Rupert's problem (루퍼트 왕자의 문제)

정육면체를 같거나 더 작은 정육면체 안의 구멍을 통해 밀어 넣는 문제. 이것은 영국왕 찰스 I세의 조카인 루퍼트 왕자의 이름을 따왔는데, 그는 똑같은 크기의 정육면체 두 개 중 하나에 다른 하나가 지나갈 수 있을 만큼 충분히 큰 구멍을 내는 내기에서 이겼었다. 정육면체를 통과하는 정육면체에 대한 수학적 문제를 **월리스**(John Wallis)가 연구했다. 그 후 1816년 그 질문에 대한 해답이 네덜란드의 수학자인 뉴랜드(Pieter Nieuwland, 1764-1794)의 유작에 실려 있다. 단위 정육면체(각 변의 길이가 1단위인 정육면체)를 지나 통과할 수 있는 가장 큰 정육면체는 어떤 것인가? 뉴랜드는 단위 정육면체의 내부에 꼭 맞는 가장 큰 정육면체를 찾음으로써 이 문제를 해결하였다. 정육면체의

역자 주

15) 2013년 2월까지 발견된 가장 큰 소수는 $2^{57886161}-1$로 17,425,170자릿수이다.

프리즘

한 정점 위에서 곧바로 내려다보면 그 모양이 한 변의 길이가 $\sqrt{3}/\sqrt{2}$ 인 정육각형으로 보인다. 정육면체에 들어갈 수 있는 가장 큰 정사각형은 바로 이 정육각형 안에 내접하는 면을 가진다. 이런 정사각형의 한 변의 길이는 $\sqrt{6}-\sqrt{2}$=1.03527618이다.

prism (프리즘/각기둥)

두 개의 합동인 n각형과 n개의 평행사변형으로 만들어진 **준정다면체**(**semi-regular polyhedron**). 이 이름은 '자른다' 혹은 '톱질한다'는 뜻의 그리스어 *프리즈마*(*prizma*)에서 유래했다. *프리즈모이드*(*prismoid*)는 프리즘과 비슷하나 밑면이 합동이 아니라 닮은 다각형이고 옆면도 평행사변형이 아닌 **사다리꼴**(**trapezoid**)이다. 프리즈모이드의 예는 *사각뿔대*(*frustum* of a *pyramid*)이다. 프리즈모이드는 모든 꼭짓점들이 평행한 두 평면에 놓인 다면체이다.

prisoner's dilemma (죄수의 딜레마)

캐나다 태생으로 프린스턴 대학의 수학자인 터커(Albert Tucker, 1905-1995)가 스탠포드 대학에 방문 교수로 있을 때 그 대학의 심리학자들에게 강연 중에 설명한 **게임 이론**(**game theory**)의 문제이다. 그 내용은 다음과 같다. 알(Al)과 밥(Bob)이 아나폴리스주 은행 무장 강도 혐의로 체포되어 각각 다른 방에 수감되어 있다. 각각은 공범의 이익보다 자신의 자유에 대해 더 걱정하고 있다. 영리한 검사가 다음과 같은 제안을 각자에게 한다. "자백을 하거나 혹은 아무 말도 안 할 수 있다. 만일 네가 자백하고 너의 공범이 침묵하면, 너의 모든 혐의를 취소하고 너의 말을 증거 삼아 공범이 힘든 시간을 보내게 할 것이다. 마찬가지로 네가 침묵하고 너의 공범이 자백하면, 네가 형을 살고 그는 석방될 것이다. 만일 둘이 함께 자백하면 둘 다 유죄 판결을 받게 되지만, 꼭 일찍 가석방되도록 할 것이다. 만일 둘 다 입을 다물면 총기 소지죄로 정해진 형량을 줄 수밖에 없다. 만일 네가 자백하고 싶으면 내가 내일 아침에 오기 전에 간수에게 메모를 꼭 남겨야 한다." 수감자가 직면한 딜레마는 상대방이 어떤 선택을 하든지 침묵보다 자백이 더 낫다는 점이다. 하지만 두 사람 모두 자백할 경우의 결과가 두 사람 모두 침묵하는 경우의 결과보다 더 나쁘다!

터커의 역설은 1950년 플러드(Merrill Flood)와 드레셔(Melvin Dresher)가 고안한 퍼즐과 기본적으로 비슷한 구조를 하고 있다. 그들은 정치외교군사 정책을 연구하는 랜드 연구소(Rand Corperation)에서 게임 이론을 연구하다가 이 퍼즐을 만들었다. 이 연구소는 게임 이론이 글로벌 핵 전술에 응용할 수 있는지 연구를 수행 중이었다. 플러드(Merrill Flood)와 드레셔(Melvin Dresher)는 연구의 많은 부분을 발표하지 않았지만 죄수의 딜레마는 게임 이론은 물론, 철학, 생물학, 사회학, 정치학, 경제학 등 다양한 분야에서 많은 관심을 불러일으켰다. 상식적으로 생각하면, 이 퍼즐은 개인과 집단 합리성과의 충돌을 보여준다. 각 구성원이 합리적인 자기 이익을 추구하는 집단은, 각 구성원이 합리적 자기 이익에 반하는 행동을 하는 집단보다 더 나쁘게 끝날 수 있다. 좀 더 일반적으로, 이득이 자기 이익을 나타내는 것이 아니라고 가정하면, 각자가 아무 목적이나 이루려고 하는 집단이 각자가 목적을 합리적으로 추구하지 않는 집단에 비해 덜 성공적이다.

probability (확률)

어떤 사건이 일어날 가능성의 척도로, 0(불가능)과 1(확실함) 사이의 값. 보통 확률은 비율로 표시하는데, 그 사건을 일으키는 실험 결과의 수를 모든 실험 가능한 결과들의 수로 나눈 값이다. 예를 들면, 카드 한 벌에서 하트 5를 뽑을 확률은 52분의 1이다(1 : 52).

probability theory (확률 이론)

가능한 사건 결과들과 그것들이 상대적으로 일어날 가능성을 다루는 수학의 한 분야. 수학자들이 어떤 사건의 확률을 계산하고 그것을 사용하는 데 이의가 없지만, 확률값이 실제 의미하는 바에 대해서는 많은 논쟁(의견의 불일치)이 있다. 확률은 두 가지 중심 개념으로 나누어진다. 첫째는 무작위적 확률(aleatory probability)로, 그것은 주사위를 던지거나 바퀴를 돌리는 것 같은 어떤 무작위적인 물리적 현상에 의해 지배되는 미래 사건의 가능성을 나타내는 것이며, 둘째는 인식론적 확률(epistemic probability)로, 일어났거나 혹은 일어나지 않았던 과거 사건들에 대한 믿음의 불확실성, 혹은 미래 사건들의 원인에 대한 불확실성을 나타내는 것이다. 두 번째에 대한 예는 우리가 확보한 증거에 기초하여 어떤 용의자가 "아마도" 범죄를 저질렀을 것이다라고 말할 때이다. 무작위적 확률을, 주사위를 던질 때 영향을 미치는 모든 힘을 정확히 예측하기 불가능하다는 데 기반한 인식론적 확률로 축소할 수 있는지, 혹은 그런 불확실성이 본질적으로 특히 **양자역학**(**quantum mechanics**)의 수준에서 존재하는지는 미해결 문제이다. 확률에 대한 가장 오래된 수학적 연구 중 하나가 **카르다노**(Girolamo **Cardano**)에 의해 집필되었다. 확률론 발전에 중요한 공헌을 한 다른 연구들 중에 **파스칼**(Blaise **Pascal**), **페르마**(Pierre de **Fermat**), 베르누이(Jakob Bernoulli)(베르누이가(**Bernoilli family**) 참조), **라그랑즈**(Joseph **Lagrange**), **라플라스**(Pierre **Laplas**), **가우스**(Carl **Gauss**), **포아송**(Siméon **Poisson**), **드무아브르**(Abraham **de Moivre**), 체비세프(Pafnuty Chebyshev), 마코프(Andrei Markov)(**Markov chain** 참조), **콜모고로프**(Andrei **Kolmogorov**)가 있다. 또한 **뷔퐁의 바늘**(**Buffon's needle**), **생일 문제**(**birthday problem**), **몬티 홀 문제**(**Monty Hall problem**), **상트페테르부르크의 역설**(**St. Petersburg paradox**)을 보시오.

퍼즐

두 확률 문제가 있다. 가능한 모든 결과들을 표로 정리하면 두 문제는 쉽게 해결된다.

1. 길에서 낯선 사람을 만나 몇 명의 자녀가 있는지 물었다. 그는 정직하게 둘 이라고 대답했다. 당신은 다시 "큰 아이가 여자아이인가요?" 하고 물었다. 그는 진실되게 예라고 대답했다. 두 아이가 모두 여자아이일 확률은 얼마인가? 만일 다른 조건은 그대로 두고 두 번째 질문을 "자녀들 중 적어도 한 명이 여자아이인가요?" 라고 물었다면 확률이 얼마일까?
2. 당신이 러시안 룰렛 게임을 하고 있는데 총(6연발 리볼버)에 3발이 장전되어 있다. 총열은 오직 한 번만 돌린다. 각 참가자는 총을 머리에 대고 방아쇠를 당긴다. 만약 그가 아직도 살아있으면, 그 총을 다른 참가자에게 넘겨 그도 총을 머리에 대고 방아쇠를 당기게 한다. 이 게임은 한 사람이 죽으면 멈춘다. 어떤 순서로 하는 것이 살아남을 확률이 더 높을까? 아니면 아무 차이가 없을까?

해답은 415쪽부터 시작함.

Proclus Diadochus (프로클루스 디아도커스, C. A. D. 410-485)

위대한 마지막 그리스 철학자. 그의 『*유클리드에 대한 해설*(*Commentary on Euclid*)』이란 책은 그리스 기하학의 초기 역사를 알 수 있는 주요 원전이다. 그는 또한 『*히포티포시스*(*Hypotyposis*)』를 저술했는데, 그것은 히파쿠스(Hipparchus)와 프톨레미(Ptolemy)의 지구 중심 천문학을 자세히 설명하고 있다.

product (곱)

하나 이상의 곱셈으로 이루어진 결과.

projectile (발사체)

야구공, 창, 혹은 대포알같이 던져지거나, 발사되거나 그것도 아니면 추진된, 그러나 스스로 추진력을 못내는 물체. 수 세기 동안 철학자와 수학자는 중력 하에서 추진체의 경로 문제를 논의했다. 갈릴레이 갈릴레오(Galilei Galileo)는 이 경로가 (공기 저항이 없을 때) **포물선**(**parabola**)임을 처음으로 밝혔다.

projective geometry (사영기하학)

투영을 하더라도 변하지 않는 기하 도형의 성질들을 다루는 **기하학**(**geometry**)의 한 분야. 원근법에 대한 수학적 이론이 3차원 객체를 2차원에 어떻게 가장 잘 표현할 수 있을까를 스스로에게 묻는 르네상스 건축가나 화가들의 연구에서 시작되었다. 그리스 사람들이 이미 원근법에 대한 초기 연구를 하였는데, 사영기하학의 첫 번째 정리에 대한 공은 유명한 기하학자인 **알렉산드리아의 파푸스**(**Pappus of Alexandria**)에게 돌아간다. 하지만 이 주제는 먼저 **데자르그**(**Girad Desargues**)의 노력을 통해, 그리고 한참 후에 **퐁슬레**(**jean Poncelet**)의 업적을 통해 또 폰 스타우트(Karl von Staudt, 1798-1867)에 의해 수학적으로 성숙하게 된다.

사영기하학의 기본 요소는 점, 직선, 그리고 평면이다. 이 요소들은 사영된 후에도 그 성질들을 유지한다. 예를 들어, 직선의 사영은 또 다른 직선이고, 두 직선의 교차점은 원래 두 직선이 사영된 직선들의 교차점으로 사영된다. 하지만 길이의 비와 길이는 사영에 의해 변하며 각과 도형의 모양 역시 변한다. 평행 개념은 사영기하학에서 있을 수 없다; 서로 다른 임의의 두 직선은 한 점에서 만나고, 만일 이 직선들이 **유클리드 기하학**(**Euclid geometry**)의 개념으로 평행한다고 하면 그들의 교차점은 무한원점(無限原點)이다. 그런 이상적인 무한원점을 포함한 이상적인 직선(ideal line), 즉 무한원직선(line at infinity, 無限原直線)을 포함한 평면을 **사영평면**(**projective plane**)이라고 부른다. 사영변환에서도 변하지 않는 두 가지 성질들은 직선 위의 세 점 혹은 더 많은 점들의 순서와 네 점들 *A, B, C, D* 사이의 조화 관계, 혹은 복비(cross-ratio, 비조화비(非調和比)), 즉 *AC*/*BC* : *AD*/*BD* 이다. 사영기하학의 훌륭한 개념은 쌍대성(*duality*)이다. 평면에서 두 용어, 점과 직선이 쌍대인데 어떤 타당한 명제에서 그 둘을 뒤바꾸면 새로운 타당한 명제가 된다; 공간에서는 평면, 직선, 그리고 점 용어들이 각각 점, 직선, 그리고 평면으로 교환할 수 있다. 전체 정리들이 쌍대적인 짝을 가지므로 한 정리가 순식간에 다른 정리로 바뀔 수 있다. 예를 들어, *파스칼의 정리*(*Pascal's theorem*, 원뿔곡선에 외접하는 주어진 육각형에서 세 쌍의 마주 보는 두 변의 연장선들은 한 직선에서 만난다. 혹은 마주보는 두 변들의 연장선이 만나는 점들이 일직선상에 있다.)는 *브리안촌의 정리*(*Brianchon's theorem*, 원뿔곡선을 외접하는 주어진 육각형에서 마주보는 대각선을 잇는 직선들이 한 점에서 만난다.)의 쌍대이다. 사실, 모든 사영기하학의 명제들은 쌍대짝으로 나타난다.

projective plane (사영평면)

뫼비우스 띠(**Möbius band**)의 모서리와 원판의 모서리를 붙여서 만들어지는 곡면. 원판이나 뫼비우스 띠나 모두 하나의 모서리만 가지기 때문에 이렇게 하는 것이 쉬워 보인다. 하지만 이 과정은 절망적으로 엉키게 되어 사실상 불가능하다. 사영평면이 온전히 만들어지려면 우리가 살고 있는(위-아래, 좌-우, 그리고 앞-뒤) 3차원에 추가로 **사차원**(**fourth dimension**)이 필요하다. 사영평면의 아이디어는 르네상스 시대의 수학자들과 화가들에 의한 원근법 연구로부터 생겨났다. 공간에서의 평행선들을 그림의 2차원 곡면에 표현하려 노력하는 중에 평행선이 만나는 *무한원직선*(*line at infinity*)의 개념을 도입하는 것이 유용하다는 것이 밝혀졌다. 친숙한 보통의 평면에 이상점들의 무한원선을 추가한 기하학에 대한 연구가 사영기하학으로 알려지게 되었다. 왜냐하면 도형들을 다른 직선들 위로 투영하는 사영에 대한 연구에 필요했기 때문이다. 사영(투영)이 3차원 도형을 평면 위에 표현하는 데 이용되므로 이런 생각은 3차원에서 더욱 중요하다. 사영평면의 재미있는 성질은 임의의 "반듯한" 직선들을 충분히 멀리 따라가면 다시 출발점으로 돌아온다는 것이다.(오랜 아케이드 게임 아스터로이드는 가상의 사영평면에서 펼쳐진다: 스크린이 원판이고, 그리고 아스터로이드가 스크린의 한쪽으로 사라지면 반대편에서 다시 나타난다.) 사영평면은 또한 *방향을 줄 수 없는*(*nonorientable*) 공간인데 왜냐하면 임의의 2차원 객체가 경로를 따라 출발점으로 다시 돌아오도록 움직이게 하면 그 방향이 뒤집히기 때문이다.

prolate (편장, 偏長)

(1) 계란처럼 둥근. (2) 적도 직경보다 큰 극 직경을 가지는. **회전 타원면**(**spheroid**)을 보시오.

pronic number (프로닉수)

직사각형(*rectangular* 혹은 *oblong number*)수라고도 알려져 있는, 연속하는 두 정수의 곱으로 표시되는 수: 2 (1 × 2), 6 (2 × 3), 12 (3 × 4), 20 (4 × 5), … 직사각형수는 **삼각수**(**triangular number**)의 두 배이고, 음의 간격(musical intervals)을 만드는 길이를 나타낸다: 옥타브(1 : 2), 5도(2 :3), 4도(3 : 4), 장 3도(4 : 5) … Pronic은 그리스어로 "*rectangular*(직사각형)" 혹은 "*oblong*(직사각형의)"의 뜻인 *promekes*에서 유래한 *promic*을 잘못 쓴 것처럼 보인다; 하지만, "n"을 사용한 것은 적어도 자신의 작품 『*Opera* 제15권, 시리즈 1』에서 이 용어를 사용한 **오일러**(**Leonard Euler**)까지 멀리 거슬러 올라간다.

proof (증명, 證明)

증명은 뒤의 각 명제가 그 앞 명제로부터, 또는 **형식 체계**(**formal system**)인 **공리**(**axiom**)로부터 추론할 수 일련의 명제들. 일반적으로 증명의 마지막 명제가 증명해야 할 **정리**(**theorem**)이다.

proper divisor (진인자, 眞因子)

진약수(眞約數, 혹은 진인수(眞因數), **aliquot part**)를 보시오.

proportional (비례, 比例)

a/b가 상수이면 변수 a는 b에 *정비례*(*directly proportional*)한다고 말한다. 이 정비례 관계를 $a \propto b$로 나타내며 $a = kb$는 (k는 상수)임을 의미한다. a가 b에 *역비례*(*inversely proportional*)한다면 $a \propto 1/b$로 나타낸다.

pseudoprime (유사소수, 類似素數)

실제 **소수**가 아니면서 "**소수**(prime number)들에 대한 **페르마의 소정리**(Fermat's little theorem(FLT))"를 만족하는 수(數). FLT는 p가 소수이고 a와 p가 **서로소**(coprime)일 때 $a^{p-1}-1$이 p로 나누어진다는 것이다. x는 소수가 아니고, a와 x가 서로소이며 x가 $a^{x-1}-1$를 나눈다면 x를 기저(base) a의 유사소수라 한다. x와 서로소인 모든 수 a에 대해 유사소수인 x를 **카마이클수**(Carmichael number)라 한다. 기저 2의 유사소수 중에서 가장 작은 수는 341이다. 이 수는 $341=11\times31$이므로 소수가 아니다. 하지만 $2^{340}-1$이 341로 나누어지므로 FLT를 만족한다.

Pseudosphere (의구/유사구면, 疑球/類似球面)

추적선(tractrix)[16]의 **점근선**(asymptote)을 회전축으로 하여 회전하여 생긴 안장 모양의 곡면. 거짓 구면(false sphere)을 의미하는 유사구면이란 이름 때문에 구면과 닮은(spherelike) 어떤 것으로 잘못 이해할 수 있다. 유사구면은 구면과는 거의 정확하게 반대의 성질을 가지고 있다. 구면은 구면의 모든 점에서 상수인 양의 **곡률**(curvature) ($=+1/r$, r은 반지름)을 갖지만 유사구면은 그 위의 모든 점에서 상수인 음의 곡률 ($=-1/r$)을 가진다. 결과적으로 구면은 닫힌곡면이며 유사구면은 열린곡면으로 곡면 넓이는 무한하다. 사실 이차원 평면과 유사구면의 넓이는 무한하지만 유사구면이 더 많은 공간(room)을 차지하고 있다고 할 수 있다. 이는 유사구면의 면적이 평면의 면적보다 훨씬 더 넓다는 것을 의미한다. 유사구면의 음의 곡률 때문에 나타나는 또 다른 결과는 그 곡면에 그린 삼각형의 내각의 합이 180°보다 작다는 것이다. 구면과 유사구면의 곡면은 이차원 **비유클리드기하**(non-Euclidean geometry)이다. 구면인 경우는 구면기하 (또는 타원기하)이고 유사구면인 경우는 **쌍곡기하**(hyperbolic geometry)이다. 현재 천문학자들은 우리가 살고 있는 우주가 쌍곡기하처럼 생겼으며, 따라서 유사구면의 것과 비슷한 성질을 가질 것이라고 생각한다.

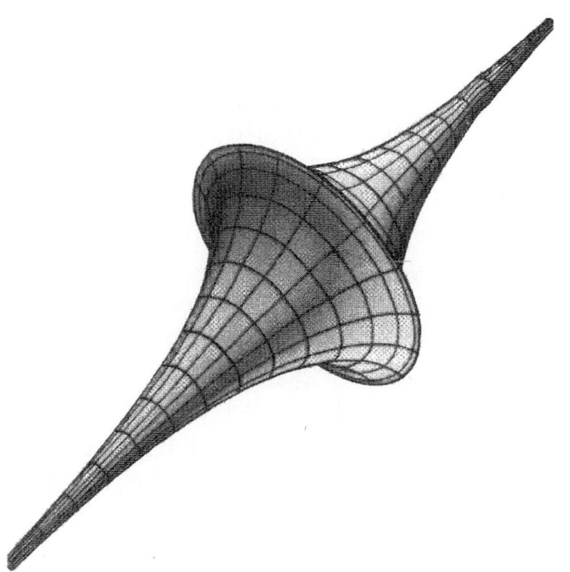

Pseudoshere(의구/유사구면)

Ptolemy's theorem (프토레미의 정리)

볼록 순환 **사변형**(quadrilateral)(**순환 다각형**(cyclic polygon) 참조)에서 두 쌍인 대변의 곱의 합은 대각선의 길이의 곱과 같다. 이 정리는 수학자이자 천문학자이며 지질학자인 알렉산드리아 프토레미(Ptolemy of Alexandria)의 이름을 따서 명명되었다.

pure mathematics (순수수학, 純粹數學)

내적으로 아름답고(internal beauty) 또는 논리적으로 견고한(logical strength) 학문을 추구하는 **수학**(mathematics). **응용수학**(applied mathematics)과 비교해 보시오.

pursuit curve (추적선, 追跡線)

한 물체(object)가 다른 물체를 가장 효과적으로 뒤쫓을 때 택하는 경로(path). 추적선은 사자가 가젤(작은 영양)을 쫓을 때나 열추적 미사일이 곧장 움직이는 목표물을 향해 나아가는 예 등 다양한 경우에 일어날 수 있다. 네 마리의 개미가 정사각형의 모서리에 각각 한 마리씩 있다고 가정하자. 각 개미는 시계 방향으로 그 이웃 개미를 향해 일정한 속도로 움직이기 시작한다. 어떤 순간에도 각 개미는 정사각형의 모서리의 위치에 있게 된다. 개미들이 원래 정사각형의 중심으로 가까이 기어갈 때 개미 네 마리가 만드는 새로운 정사각형은 회전을 하며 크기는 점점 작아진다. 각 개미는 원래 정사각형의 변의 길이와 같은 **대수나선** 또는 **로그나선**(logarithmic spiral)을 따라 이동하여 중심에 도달한다. 개미의 진행 자취를 이중 인화한

역자 주

16) 구부리기 쉽고, 늘어나지 않는 실의 한쪽 끝을 질점(質點)에 고정시키고 다른 쪽 끝을 일직선에 따라 잡아당길 때 질점이 움직이는 길; 현수선(懸垂線)(catenary)의 신개선(伸開線).

P

추적선(pursuit curve)

(superimposed) 스냅샷은 아주 흥미로운 형태를 보여준다.

puzzle jug (퍼즐 항아리/퍼즐 주전자)

음료수를 담아 마실 수 있게 만들어졌고 속임수를 모르면 물을 한 모금 마시려 할 때 사용자에게 쏟아지도록 짓궂게 만든 장난감[17] 같은 항아리. 항아리 둘레에 장식용 구멍이 뚫려 있어 물을 마시려 입에 갖다 대면 물이 쏟아진다. 이 퍼즐은 물에 젖지 않고 성공적으로 물을 마시는 비결을 아는 것이다. 퍼즐 항아리는 (눈으로 보고 직접 손으로 만져 보면서 머리로 추리해야 하는 퍼즐인) **기계적 퍼즐**(mechanical puzzle)로 알려진 것 중에서 가장 오래된 것이다. 페니키아 사람이 만든 몇 개의 퍼즐 항아리가 뉴욕 메트로폴리탄 미술관에 있고, 특히 19세기 터키(Turkey)에서 유행했다. 퍼즐 항아리는 13세기 말부터 현재까지 독일, 네덜란드, 프랑스 등 여러 유럽 국가들에서 만들어지고 있다. 영국의 데본(Devon)의 엑시터(Exter)에 있는 로열 앨버트 박물관에 전시되어 있는 엑시터 퍼즐 항아리는 1300년경에 서부 프랑스의 생통(Saintonge) 지역에서 만들어졌다고 추측되며, 영국으로 수입된 중세 도자기 중에서 매우 정교한 것들 중 하나이다. 퍼즐 항아리는 18세기와 19세기에 다시 유행했고 프랑스, 독일, 영국에서 아직도 도자기 공예업자들이 만들고 있다. 물을 쏟지 않고 마시는 비법은 실제로 아주 잘 알려져 있고, 끝까지 파고들면 어렵지 않게 찾아낼 수 있다.

puzzle rings (퍼즐 반지)

서로 맞물려 있는 링으로 구성되어 있는 반지. 잘 맞추면 복잡한 디자인(intricate design)을 한 반지가 되며, 헝클어진 상태에서 퍼즐을 맞추는 **기계적 퍼즐**(mechanical puzzle)로, 고리는 계속 서로 맞물려 있다. 중동 지역(Middle East)의 도처에서 퍼즐 반지가 사용되었다는 많은 이야기가 전해 내려오지만 퍼즐 그 자체는 고대 이집트에서 유래됐다. 한 얘기에 따르면, 사람들은 반지가 마술을 부린다고 하면서 자기 연인에게 반지를 주곤 했다고 한다. 만약 타인과 성관계를 하는 동안 반지가 닳는다면, 반지를 받은 연인이 정절을 지키지 않았음을 반지를 준 사람이 알게 된다고 한다. 서로 맞물린 반지끼리는 부딪혀 닳아 없어지지 않는다고 한다. 만약 반지가 자기 불륜을 전혀 목격하지 못할 것이라 생각하고는 손가락에서 빼면 여러 조각으로 분리되고, 따라서 그 반지를 준 사람은 자기의 연인이 자기를 속이고 있음을 알게 된다.

pyramid (피라미드)

피라미드(pyramid)는 밑면이 **다각형**(**polygon**)이고 옆면은 종종 *정점*(*apex*)이라 불리는 공통 **꼭짓점**(**vertex**)에서 만나는 삼각형으로 구성된 **다면체**(**polyhedron**). 직각피라미드는 그 정점이 밑면 중심의 바로 위에 있다. 이집트 피라미드와 같이 정사각형 토대의 피라미드는 정사각형 밑면과 네 개의 삼각형 옆면으로 이루어져 있다. 삼각형 피라미드 또는 **사면체**(**tetrahedron**)는 네 개의 삼각형 면으로 이루어져 있다. 네 개의 면이 정삼각형이면 **플라톤 다면체**(**platonic solids**)[18] 중의 하나인 정사면체가 된다. A_b가 밑면의 넓이, h가 정점에서 밑면까지의 수선의 길이이면 피라미드의 부피는 $1/3A_bh$이다. p가 밑면의 둘레의 길이이고 s가 옆면 모서리의 길이(경사의 높이)이면 표면적은 ps이다. 원본에서 성서 속의 예언과 이집트 피라미드 건축과의 관련성을 주장하는 피라미드학(pyramidology)은 책『대 피라미드: 왜 만들어졌는가? 그리고 누가 만들었는가?(*The Great Pyramid: Why was It Built? And Who Built It?*)』란 책 출판을 계기로 생겨났다. 런던 옵서버(London Obsever)의 편집장이었고 아마추어 수학자이자 천문학자인 영국인 존 테일러(John Taylor)가 이 책을 썼다. 테일러는 체옵스(Cheops)의 대 피라미드는 건축학적인 부분에서 여러 가지 놀랄 만하고 매우 의미가 있는 기하학적이고 수학적인 성질을 구체적으로 나타내고 있다고 점점 확신하게 되었다. 이것들 중에서

역자 주

17) joke를 번역.

18) 정 4, 6, 8, 12, 20면체의 정다면체.

최고는 피라미드 둘레 길이와 두 배의 높이의 비율이 보편상수인 **π**(pi)와 가까운 근삿값이라는 것이다. 위에서 언급된 대피라미드의 비는 글로 표현된 이집트 기록에서 발견되어지는 것보다 훨씬 정확한 π값을 보여준다. **린드 파피루스**(**Rhind papyrus**)에는 여러 문제들이 수록되어 있는데 원의 지름으로부터 원의 면적을 구하는 다중단계법(multistep method)도 포함되어 있다. 이 방법으로 계산된 π의 값은 256/81이며 소수로 나타내면 약 3.1605의 값으로 참값인 3.14159…의 1%를 참값에 더한 값보다 작다. 테일러가 측정한 대 피라미드의 밑면과 높이는 소수점 둘째 자리까지 정확한 π값을 나타낸다. 피라미드의 차원과 수를 다양한 방법으로 분석한 테일러는 그 위대한 건축물을 지은 자가 이름 붙인 "파피루스 인치(papirus inch) (표준 인치의 약 1.01배와 같다)"라는 단위(unit)를 사용했다는 결론에 도달했다. 25 피라미드 인치는 "피라미드 큐빗(piramid cubit)"이고 1,000만 피라미드 큐빗은 지구의 극반지름(polar radius)의 근삿값(approximate)이라고 테일러는 밝혀냈다. 이것들과 일단의 유사한 계산들을 통해 테일러가 고려했던 것이 사실로 밝혀졌는데, 이 계산 결과 대 피라미드는 지구를 모델로 만들어졌다는 증거를 보여준다는 것이다. 테일러의 환상적인 주장들은 스코틀랜드의 왕실 천문학자(Astronomer Royal of Scotland)의 찰스 피아치 스미스(Charles Piazzi Smyth)가 피라미드학의 원인을 밝히려고 시작하지 않았더라면 대중적인 인기를 얻지 못했을 것이다. 그는 책 『*대 피라미드 유산*(*Our Inheritance in the Great Pyramid*, 1864)』와 『*대 피라미드에서의 삶과 일*(*Life and Work at the Great Pyramid*, 1867)』을 포함하는 많은 저서를 통하여 영국, 나머지 유럽 국가 그리고 미국에서 피라미드학을 대중화시켰다. 북 요크셔(North Yorkshire)의 섀로우(Sharow)에 있는 교회 묘지에 묻혀 있는 스미스의 무덤에는 미라미드형의 묘비가 있다. 피라미드 숫자점(numerology)[19]을 지지하는 자들은 신지론자(theosophist)인 헬레나 블라바츠키(Helena Blavatsky), 파수꾼 성경 및 간행물 기관(Watchtower Bible and Tract Society)의 창시자인 찰스 테이즈 러셀(Charles Taze Russell), 미국의 심령술사(psychic)인 에드거 케이시(Edgar Cayce), 그리고 말할 여지없이 잃어버린 문명으로부터 미확인 비행 물체(UFO)까지 모든 것을 대 피라미드와 관련시키는 최근의 다양한 유사 역사학자들도 물론 있다. 하지만 테일러 그 자신은 미라미드 한 면의 면적이 그 높이의 제곱과 같도록 건설되었을 가능성을 포함하여 피라미드 차원을 인상적으로 설명하지 못했다는 점을 잘 이해하고 있었다. 대단하지 않은 수학적 궤변인 피라미드 밑면의 둘레 길이와 높이의 두 배와의 비(ratio)를 계산한 결과로 3.145라는 π에 대한 근삿값을 구했다. 이를 보면 원주와 지름의 비와는 아무 상관없이 그 비는 정말 우연히 디자인한 계산 결과로 일어났을 수 있는 것이다. 테일러와 스미스가 연구했던 피라미드에는 데이터가 풍부했고, 그들이 쏟은 노력만큼 흥미 있는 수들의 조합들을 발견한 것은 놀라운 일이 아니다.

pyramidal number (피라미드수)

맨 아랫부분이 **정다각형**(regular polygon)인 피라미드 형태로 배열 가능한 점들의 수.

Pythagoras of Samos (사모스의 피타고라스, C. 580-500 B.C.)

피타고라스는 에게해의 사모스섬에서 태어난 원주민으로, 그리스의 철학자이자 수학자였으며 남부 이탈리아의 그리스 식민지 크로톤(Croton)섬에서 수도원 성격을 띤 유사 종교 공동체를 설립하였다. 피타고라스는 어떤 글도 남겨놓지 않았고 실제로 그에 대한 사적인 내용은 전혀 알려진 것이 없다. 피타고라스 학파의 믿음과 그들이 발견한 내용을 그들의 지도자인 피타고라스의 업적인지 구분하는 것은 거의 불가능하다. 피타고라스 학파는 "만물은 수(number)"이고 모든 수는 두 정수의 비(ratio)로 나타낼 수 있다고 생각했다. 우리는 그 수를 **유리수**(rational number)라 부른다. 피타고라스 학파는 음악을 비(ratio)로 나타낼 수 있는 수들의 완벽한 배합으로 보았다. 그들은 음의 높이(pitch)는 단비[20](simple ratio)로 나타낼 수 있으며, 퉁길 수 있고 일정하게 당겨져 있는 현의 길이의 비로 나타난다는 것을 보였다. 피타고라스 학파의 가장 유명한 수학적 업적은 **파타고라스 정리**(**Pythagoras's theorem**)이다. 이것으로 인해 하늘이 무너질 정도로 피타고라스학파의 세계관이 흔들거렸다. 그들은 피타고라스 정리를 이용하여 모든 수가 유리수가 아님을 알았기 때문이다. **2의 제곱근**(**square root of 2**, 가로, 세로의 길이가 각각 1인 직각삼각형의 빗변의 길이)을 두 범자연수(whole number)의 비로 나타낼 수 없음을 발견하고는 극비 사항으로 계속 취급했으나 추종 세력 중 한 명에 의해 나중에 알려지게 된다.

Pythagoras's lute (피타고라스 류트)

꼭짓점은 서로 연결되고 연속적으로 축소되는 **오각형**(**pentagons**)과 오각형의 별모양(pentagrams)인 에워싸는 **연**(**kite**) 모양처럼 생긴 그림. 결과적으로 **황금비**(**golden ratio**)를

P

역자 주

19) 수를 이용한 점술.

20) 2 : 1, 2 : 3과 같은 하나의 식으로 이루어진 비.

나타낸 선들로 가득찬 도표(diagram)로 나타난다.

Pythagoras's theorem (피타고라스 정리)

피타고라스 정리는 직각**삼각형**(triangle)의 **빗변**(hypotenuse)의 길이의 제곱은 다른 두 변의 길이의 제곱의 합과 같다는 것이다. 이것은 일반적으로 $a^2+b^2=c^2$으로 표현되어진다. 또한 피타고라스 **세 수**(Pythagorean triplet)를 보시오.

Pythagorean square puzzle (피타고라스의 정사각형 퍼즐)

한 개의 작은 정사각형을 네 개의 조각으로 나눠진 정사각형에 결합하여 훨씬 더 큰 정사각형을 만드는 현혹스럽게 어려운 조립 퍼즐.

퍼즐

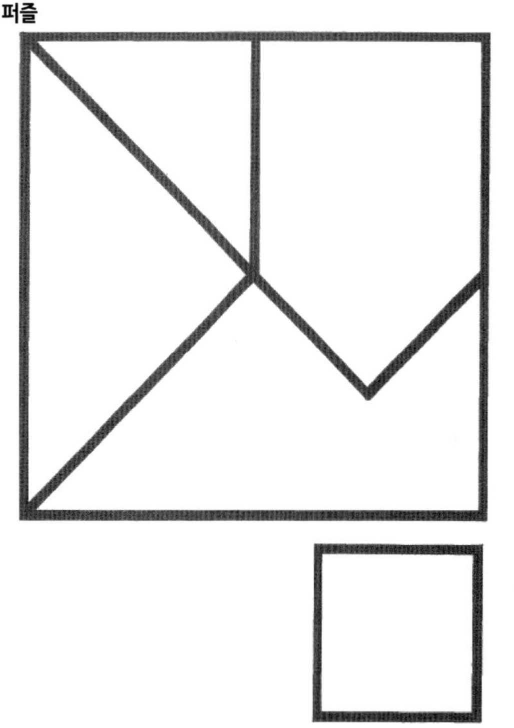

피타고라스의 정사각형 퍼즐의 조각에 작은 정사각형을 추가하고 재배열하여 더 큰 하나의 정사각형을 만드시오.

해답은 415쪽부터 시작함.

Pythagorean triangle (피타고라스 삼각형)

세 변의 길이가 모두 정수인 직각삼각형이다. *원시 피타고라스 삼각형*(*primitive Pythagorean triangle*)은 세 변의 길이가 **서로소**(coprime)인 직각삼각형.

Pythagorean triplet (피타고라스 세 수)

피타고라스 트리플(*Pythagorean triple*)로도 불리며, **피타고라스 정리**(Pythagoras's theorem), 즉 두 수의 제곱의 합은 나머지 한 수의 제곱과 같은 세 범자연수의 집합. 세 수들 (3, 4, 5), (5, 12, 13), (7, 24, 25)이 그 예의 일부이다. 이 예들은 공통인수가 없기 때문에 *원시 세 수*(*primitive triplets*)라 불린다. 원시 세 수를 구성하는 각각의 수에 같은 정수를 곱하면 새로운 세 수가 되지만 원시 세 수는 아니다. 모든 원시 세 수를 구성하는 세 수 중 오직 하나는 2와 다른 짝수이어야 하며, 나머지 두 수는 **서로소**(coprime)여야 한다. 이런 세 수는 무수히 많으며 옛날부터 알려진 고전적인 공식을 사용하여 만들 수 있다. m, n이 정수이고 $m<n$일 때 $a=n^2-m^2$, $b=2mn$, $c=m^2+n^2$, 을 만족하는 (a, b, c)는 세 수이다. **2의 제곱근**(square root of 2)은 무리수이기 때문에 (a, a, c) 형태의 세 수는 존재할 수 없다. 하지만 $(a, a+1, c)$ 형태의 세 수는 무수히 많이 존재한다. 자명한 (0, 1, 1)을 제외하고 차례로 세 수는 (3, 4, 5), (20, 21, 29), (119, 120, 169)이다. 또한 $a^2+b^2+c^2=d^2$을 만족하는 피타고라스 네 수(quartet)는 무수히 많다. 이것은 단순히 3차원 공간의 피타고라스 정리이며, 데카르트 좌표가 (a, b, c)인 3차원 공간의 점이 원점으로부터 정수 거리 d에 있음을 말한다. 피타고라스 네 수를 생성하는 공식은 $a=m^2$, $b=2mn$, $c=2n^2$, $d=(m^2+2n^2)=a+c$이다. 여기서 $b^2=2ac$를 만족한다. $m=1$, $n=1$이면 가장 간단한 예인 네 수 (1, 2, 2, 3)을 얻는다. 무수히 많은 피타고라스 세 수가 존재하지만 지금은 증명된 **페르마의 마지막 정리**(Fermat's last theorem)[21]에 의해 3 이상의 거듭제곱에 대한 세 수는 존재하지 않는다. 또한 **오일러 추측**(Euler's conjecture)과 **다등급**(multigrade)을 보시오.

역자 주

21) 1995년에 앤드루 와일스에 의해 증명됨.

Q

QED (증명 끝)

증명의 끝을 나타내는 데 사용되며, “그것은 증명되었어야 하는”을 뜻하는 *quad erat demonstrandum*의 준말.

quadrangle (사각형, 四角形)

네 개의 점이 있고 각 점은 다른 두 점에 선분으로 연결된 평면 그림. 사각형은 선분이 서로 만나는가 그렇지 않은가에 따라 **오목한**(concave)지 **볼록한**(convex)지 구분된다. 볼록 사각형은 **사변형**(quadrilateral)이다. 이 말은 라틴어 “네 구석이 있는(four-cornered)”을 뜻하는 *quadrangulum*에서 유래됐고, 네 변이 빌딩에 의해 둘러싸인 직사각형 넓이나 그런 건물 자체를 묘사하는 데 사용된다.

quadrant (사분면, 四分面)

평면이 데카르트 좌표축에 의해 나눠지는 네 부분 중의 하나.

quadratic (이차의)

변수의 제곱은 반드시 포함하고 3 이상의 거듭제곱을 포함하지 않는 *식*(expression)이나 *방정식*(equation). 예를 들어 x에 관한 *이차방정식*(quadratic equation)은 x^2을 포함하지만 x^3은 포함하지 않는다. 마찬가지로 *이차식*(quadratic expression) 또는 *이차 형식*(quadratic form)은 변수나 변수들의 제곱을 포함하지만 3 이상의 거듭제곱을 포함하지 않는다. 일변수 이상, 즉 두 변수가 x와 y이면 ‘quadratic’은 (xy)의 쌍으로 서로 곱해져 있음을 뜻하지만 x^2y와 같이 세 번 곱해진 것을 뜻하지 않는다. 이차식방정식의 그래프는 *이차곡선*(*quadratic curve*)으로 알려져 있고 일반적인 이차함수 $y=ax^2+x+c$의 곡선은 **포물선**(parabola)이다.

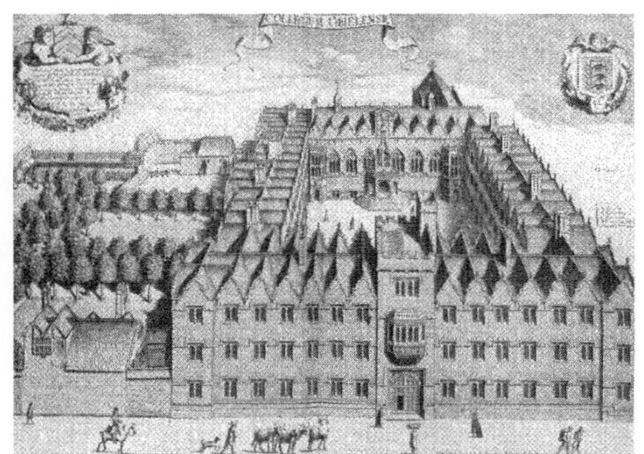

사각형 16세기 옥스퍼드 대학교 오리엘 컬리지의 사각형

quadratrix of Hippias (히피아스의 초월곡선/원적곡선, 超越曲線/圓積曲線)

역사 이래 첫 번째로 기록된 선이나 원의 일부분이 아닌 곡선이며, 고전적인 의미로는 작도 불가능한 곡선. 다르게 말하면 눈금없는 직선자(straightedge)와 컴퍼스(compass)로 그릴 수는 없지만 점들이 옮겨가는 점들을 연결하여 하나씩 차례로 그려야만 하는 곡선이다. 초월곡선은 각각 일정한 속도로 시계 반대 방향으로 회전하는 선과 양의 y축 방향으로 움직이는 두 선의 교점으로 생각할 수 있다. 그 곡선은 데카르트 식 $y=x\cot(\pi x/2a)$으로 나타난다. 기원전 400년경에 **히피아스**(Hippias of Elis)가 초월곡선을 발견했고 **각의 삼등분 문제**(trisecting an angle) 연구와 **원적 문제**(圓積問題, squaring the circle) 연구에 사용되었다. 사실 초월곡선이란 이름은 곡선으로 이루어진 공간을 직사각형 면적으로 바꾸는 것과 관련이 있다.

quadrature (구적법, 求積法)

기하학적 도형의 면적을 측정하는 것.

quadric (이차곡면)

x, y, z의 제곱을 포함하지만 3제곱 이상은 포함하지 않는 방정식으로 묘사되는 삼차원 공간의 곡면. 그런 곡면들의 예로는 **구**(sphere), **타원면**(ellipsoid), **뿔**(cone), **실린더**(cylinder)가 있다.

quadrifolium (네 잎 클로버)

장미곡선(rose curve)을 보시오.

quadrilateral (사변형)

네 변과 네 꼭짓점(구석)을 가진 **다각형**(polygon). 사변형, 즉 일반적인 다각형은 **볼록**(convex)하거나 **오목**(concave)하다. 볼록사변형은 다음과 같이 더 분류해 볼 수 있다. 마주보는 한 쌍의 변이 평행한 **사다리꼴**(trapezoid) 또는 **브리티시 트레페지움**(British trapezium), 어느 변도 평행하지 않은 부등변사변형; 마주보는 한 쌍의 변은 평행하며 나머지 두 변의 길이는 같고, 각각 평행한 변의 끝각이 같은 등변사다리꼴(미국), 등변트레페지움(영국); 마주보는 변들이 평행한 **평행사변형**(parallelogram); 두 이웃한 변들의 길이가 같고 나머지 두 변의 길이도 같은 **연꼴**(kite); 네 변의 길이가 같은 **마름모**(rhombus); 네 각이 직각인 **직사각형**(rectangle); 네 각이 직각이고 네 변의 길이가 같은 **정사각형**(square). *사각프리즘*(*quadrangular prisms*)과 *사각뿔*(*quadrangular pyramids*)은 아래 부분이 사변형인 다각형이다.

quantifier (한정 기호, 限定記號)

기호논리학에서 *전칭 기호*(*universal quantfier*) ∀은 "모든"(for every 또는 for all)을 뜻한다. 예를 들면, $\forall x \in A$, $p(x)$는 'A에 속하는 모든 원소 x에 대해 **명제**(proposition) $p(x)$는 성립한다'라는 것을 의미한다. *존재 기호*(*existential quantfier*) ∃은 "존재한다"(there exist)를 뜻한다. 예를 들면, $\exists x \in A$, $p(x)$는 '명제 $p(x)$가 성립하는 A에 속하는 원소 x가 적어도 하나 존재한다'라는 것을 의미한다.

quantum field theory (양자장론, 量子場論)

양자역학(quantum mechanics)과 가끔씩은 **특수 상대성 이론**(special relativity theory)과 관련한 전자장과 같은 힘의 장에 관한 연구. 이것은 현대 고에너지 물리학의 중심이다.

quantum mechanics (양자역학)

원자나 원자보다 작은 수준에서 자연의 작용 원리를 설명하는 과학이자 수학. 다음 두 가지 기본적인 개념이 양자역학의 핵심이다. 첫째는 물질이나 에너지의 작은 조각은 입자나 파동의 성질을 가지고 있다는 것이다. 둘째는 어떤 성질들의 조합인 입자의 위치와 속도, 입자의 에너지와 그 에너지 지속 시간을 정확히 알 수 없다는 것이다. 두 번째의 생각은 *하이젠버그의 불확정 원리*(*Heisenberg's uncertainty principle*)에 요약되어 있다. 또한 **다세계 가정**(many worlds hypothesis)을 보시오.

quartic (사차식의, 四次式)

변수의 네제곱은 포함하지만 그 이상의 거듭제곱은 포함하지 않는 다항식이나 다항방정식이다. 유명한 사차곡선은 **이각**(bicorn), **데카르트의 알 모양 곡선**(Cartesian oval), **콘코이드**(conchoid), **삼첨곡선**(deltoid), **악마의 곡선**(devil's curve), **엽선**(folium), **에우독소스의 곡선**(kampyle of Eudoxus), **파스칼의 달팽이꼴곡선**(limacon of Pascal)들이다.

quartile (사분위수, 四分位數)

유한**수열**(sequence)에 있는 수로, 제1사분위 수는 그 수열의 $\frac{1}{4}$개가 이 수보다 작은 수.

quasicrystal (준결정체, 準結晶體)

원자 구조가 매우 규칙적이나 주기적으로 반복되지 않는 이상한 형태의 입체. 준결정체 구조는 모든 방향으로 공간을 채우기 위해 주기적으로 반복되는 단순한 단위격자를 가지고 있지 않으나 거의 주기적으로 반복되는 지역적 패턴을 가지고 있다. 또한 보통의 결정체에서는 존재할 수 없는 **오각형**(pentagon)의 구조와 같은 지역적 회전 대칭 구조를 갖고 있다. 준결정체가 발견되기 전에는 주기적으로 타일을 깔듯이 공간을 채우는 결정체가 없었기 때문에 5겹의 결정체 대칭은 불가능하다고 생각되었다. 가장 잘 알려진 준결정체는 무한 평면을 덮기 위해 복잡하고 뒤얽힌 패턴으로 두 가지 모양의 마름모꼴 타일을 반복하여 사용하는 **펜로즈 덮기**(Penrose tiling)과 닮았다. 사실 어떤 준결정체를 자른 표면의 원자가 정확히 펜로즈 덮기 패턴이 되게 얇게 자를 수 있다.

quasiperiodic (준주기적인, 準週期的인)

규칙적이지만 결코 정확하게 반복되게 움직이지 않는 운동 형태. 준주기적 운동은 항상 다수의 더 간단한 **주기적**(periodic) 운동들로 이루어진다. 더 간단한 주기 운동의 합으로 이루어진 일반 운동의 경우에 만약 이 운동을 이루고 있는 주기 운동의 빈도를 똑같이 나누는 시간 길이가 존재하면, 이 복합 운동은 주기 운동이 되며 또한 그런 시간 길이가 존재하지 않는다면 그 운동은 준주기적 운동이다.

quasiregular polyhedron (준정다면체)

각각의 변이 m, n개인 두 개의 정다각형으로 구성되고 한 정다각형은 다른 정다각형들로 에워싸여 있는 **다면체**(**polyhedron**). 세 개의 볼록 준정다면체가 있는데 이것들은 *육팔면체*(*cuboctahedron*, $m=3, n=4$), *십이이십면체*(*icosidodecahedron*, $m=n=3$), **정팔면체**(**octahedron**, $m=m=3$)이다. 위 세 준정다면체는 각 꼭짓점에서 네 개의 면이 (m, n, m, n)의 순환 순서로 만난다. 이런 이유로 위 세 개의 준정다면체는 몇 가지 특별한 성질을 가지는데, 그중의 하나는 모서리들이 **대원**(**great cicles**) 체계를 이룬다는 것이다. 정팔면체의 모서리는 세 개의 정사각형, 육팔면체의 모서리는 네 개의 육각형, 십이이십면체의 모서리는 여섯 개의 십각형의 대원을 형성한다. 순환 순서가 (m, n, m, n)인 볼록하지 않는 다면체가 두 개 있는데 이것들은 **케플러-포앙소 다면체**(**Kepler-Poinsot polyhedra**)의 모서리 중점을 깎아서 만든 *도데카도데카헤드론*(*dodecadodecahedron*, $m=5$, $n=5/2$), *대십이이십면체*(*great icosidodecahedron*, $m=3, n=5/2$)이다. 또한 순환 순서가 (m, n, m, n, m, n)인 볼록하지 않는 다면체 세 개가 있는데 이것들은 *작은 트라이앰빅 십이이십면체*(*small triambic icosidodecahedron*, $m=5$, $n=5/2$), *트라이앰빅 도데카도데카헤드론*(*triambic dodecadodecahedron*, $m=5/3, n=5$), *큰 트라이앰빅 십이이십면체*(*great triambic icosidodecahedron*, $m=3, n=5$)이다. 마지막으로 아홉 개의 *헤미헤드라*(*hemihedra*)군이 있는데 몇 개의 면들은 다면체의 중심을 통과한다. 이런 각 헤미면은 구를 두 개의 반구로 나눈다.

quaternion (사원수, 四元數)

사원수는 윌리엄 **해밀턴**(**William Hemliton**)에 의해 처음 소개된 네 수의 순서집합. a, b, c, d가 실수이고 i, j, k가 **복소수**(**complex numbers**)와 비슷한 허수일 때 $a+bi+cj+dk$의 형태로 쓰여진다. 복소수가 2차원 평면에 있는 점으로 표현되듯이 사원수는 **사차원**(**fourth dimension**)의 점으로 생각할 수 있다. 1800년 말에 미국의 많은 수학과에서 사원수가 가르쳐질 정도로 잠시나마 영향력이 있었고, 해밀턴이 관측소를 운영하는 더블린에서는 의무적으로 해야 하는 연구 토픽이었다. 그러나 윌리엄 깁스(William Gibbs)와 올리버 헤비사이드(Oliver Heaviside)의 **벡터**(**vector**) 표기법으로 인해 사원수는 사라졌다. 이론 물리학자들이 원자 구성 입자들의 형태를 이해하는 데 사원수 연구를 계속하였다면 현대 과학에서 한자리를 차지할 수도 있었을 것이다. 결국에는 단위 사원수는 스핀-1/2 입자 연구에 완벽한 군(group) SU(2)을 형성한다는 것이 밝혀졌다. 20세기 즈음에 사원수에 대한 인기는 저절로 떨어졌고 볼프강 파울리(Wolfgang Pauli)는 SU(2)의 생성원을 설명하기 위해 2×2 복소수 행렬을 사용했다.

queens puzzle (퀸즈 퍼즐)

유명한 체스 문제로 어느 두 개도 서로 공격할 수 없도록 8개의 퀸을 체스판에 놓을 수 있는 방법을 묻는 문제. 일반화된 문제는 1850에 프렌츠 녹(Frenz Nauck)이 제기했는데 어느 두 개의 퀸도 서로 공격할 수 없도록 n개의 퀸을 $n\times n$ 체스판에 놓을 수 있는 방법을 묻는 문제이다. 1874년에 건서(Gunther)와 글레이셔(Glaisher)가 **행렬식**(**determinants**)에 기초하여 이 문제를 푸는 방법을 설명했다. 회전과 반사를 포함하지 않은 명확한 해의 수는 체스판의 크기 1×1에서 10×10에 따라 각각 1, 0, 0, 1, 2, 1, 6, 12, 46, 92개이다. 유일한 하나의 해가 존재하는 6×6 체스판은 나무로 만들어졌고 체스핀이 놓일 자리에 36개의 구멍이 나 있는데 빅토리아 시대 때 런던에서 1페니에 팔렸다.

quine (콰인)

> *"지금 동의 되어져야 할" 그 동의를 하기 전에 " '지금 동의 되어져야 할' 그 동의가 지금 동의되도록 먼저 동의하지 않아야 하지 않은가?"*
>
> -논리학자 협회 모임의 의장

하버드 대학의 논리학자인 콰인(Willard Van Orman Quine)의 추종자인 더글라스 **호프스타터**(**Hofstadter**)가 이름 붙인 용어. 명사나 동사로 쓰여진다. 명사로 쓰인 콰인은 컴퓨터 프로그램으로써 자기 자신을 정확하게 복사해 내는(또는 자기 자신의 목록을 출력하는) 프로그램을 의미한다. 이는 프로그램이 실행될 때, 복사하라는(또는 출력하라는) 명령과 복사(또는 출력)에 사용되는 데이터를 포함하여 프로그래머가 프로그램에 썼던 모든 명령을 복제(또는 출력)해야만 하는 것을 뜻한다. 디스크에 있는 소스 파일을 찾고 열어서 그 내용을 복사(또는 출력)할 때 정직하지 못하게 속이지 않는 또는 자명한 것들도 허용치 않는 프로그램이 훌륭한 콰인이다. 콰인 프로그램을 작성하는 일이 늘 쉬운 게 아니며 사실은 불가능해 보일 수 있다. 실제 사용되는 모든 프로그램 언어를 포함하는, 튜링 완비적인(**튜링 머신**(**Turing machine**) 참조) 프로그램 언어로는 작성 가능하다. 동사로는 첫 번째로 조각 문장을 쓰고 두 번째로 그 문장을 인용할 때 작은따옴표를 사용하여 쓰는 것이다. 예를 들어 " say "를 콰인한다는 것은 " say 'say' "

와 같이 인용 부호 내에서 작은따옴표를 쓰는 것이다. 따라서 "quine"을 콰인하는 것은 "quine 'quine'"으로 쓰고 그래서 문장 "quine 'quine'"이 콰인이다. 이와 같은 언어의 유사점 때문에 동사 "콰인하다(to quine)"는 코드(code)의 역할을 하고, 인용 부호 안의 "콰인"은 데이터 역할을 한다.

quintic (오차의)

변수의 오제곱은 포함하지만 그 이상의 거듭제곱은 포함하지 않는 다항식이나 다항방정식. **아벨**(Niels Abel)과 **갈루아**(Evariste Galois)는 이차방정식, 삼차방정식, 사차방정식의 근의 공식은 존재하지만 오차방정식에 대한 근의 공식은 존재하지 않는다는 것을 각각 독자적으로 증명했다.

quipu (결승 문자, 結繩文字)

스페인 정복 전에 페루를 지배했던 잉카족과 연관된 기록 도구. 결승 문자는 여러 색코드인 끈으로 이루어져 있고 다양한 종류의 매듭이 여러 정보를 표현하기 위해 끈에 묶여져 있다. 결승 문자의 중요한 사용 목적은 거래 개수, 장부 대조, 달력 기록에 있었다. 잉카족은 문자 언어는 없었지만 매듭이 있는 줄로 중요한 역사적 사건이나, 천문학 자료 그리고 신화를 기억하는 데 사용했을 수도 있다. 여러 증거들을 보면 매듭과 끈으로 10진법을 사용했다는 것을 알 수 있다. 또한 여러 인디언 부족들은 비슷한 도구를 사용했고, 중국과 페르시아에서 발견된 문서에 기원전 5, 6세기경에 사용된 기록이 있다. 현재도 안데스 산맥의 목동들이 장부 대조의 목적으로 아직도 사용하고 있다.

quotient (몫)

어떤 수가 다른 수를 나누었을 때 정확하게 몇 번 나누어지는가를 나타내는 정수.

R

radian (라디안)

각을 측정하는 단위. 원의 각도는 2π라디안이다. 1라디안 = $180/\pi°$이며 1라디안은 약 57.3°이다.

radical (라디칼/추상근)

근(root)을 표시하는 기호 $\sqrt[n]{\ }$. 이 기호는 크리스토프 루돌프(Christoff Rudolff, 1499-1545)가 1525년에 그가 지은 『코스(*Die Coss*)』라는 대수학에 관한 책에서 처음 사용한 것처럼 보인다.

radical axis (라디칼축)

두 **원**(circle)에 관해 동일한 멱(power)[1)]을 갖는 점들의 **자취**(locus). 주어진 세 원의 *근심*(*radical center*)은 각 쌍의 원근축이 공통으로 만나는 점이다.

radius (반지름/반경)

원(circle)의 중심에서 원주까지의 거리 또는 정**다각형**(polygon)의 중심에서 각 꼭짓점까지의 거리. 곡선 위의 어떤 점에서의 *곡률 반경*(*radius of curvature*) r은 κ가 **곡률**(curvature)일 때 $r = 1/\kappa$이다.

radix (기수, 基數)

기저(base)를 보시오.

railroad problems (철도 문제)

선로 바꾸기 퍼즐(shunting puzzles)을 보시오.

Ramanujan, Srinivasa Aaiyangar (라마누잔, 1887-1920)

독학하여 비전통적인 방법으로 문제를 해결한 비범한 인도의 수학자. **타원함수**(elliptic functions), **연(連)분수**(continued fractions), **무한급수**(infinite series)의 주제를 포함한 **정수론**(number theory)에 중요한 기여를 하였다. 그의 초창기 연구들은 다른 수학자가 연구하여 기록해 놓은 결과들을 재발견한 것이었지만 그는 이것을 전혀 몰랐다. 그는 이미 알려진 결론에 도달한 경우에조차도 대부분 그의 직관에 의존하여 원래 어디서 유래됐는지를 알아냈다. 라마누잔은 마드라스(Madras)에서 하찮은 사무원으로 일하면서 1913년에 영국의 유명한 세 수학자에게 그의 연구 결과를 설명하는 편지를 보냈다. 세 편지 중 두 개는 열어보지도 않은 채 되돌아 왔다. 하지만 **하디**(G. H. Hardy)가 라마누잔의 능력을 인지하고는 그가 케임브리지로 오도록 주선을 했다. 라마누잔은 정식 학교 교육을 받지 않았기에 형식적 증명(formal proof)과, 직관 또는 수치상으로 명확한 사실을 종종 구별하지 못했다. 하디[150]는 우연히 그의 비범하게 타고난 수에 대한 천재성을 알게 된 일을 회상했다. "그가 푸트니(Putney)에서 아파 누워 있을 때 내가 병문안을 한 번 갔던 기억이 난다. 택시 번호판이 1729번인 택시를 탔는데 이 수가 나에게는 좀 칙칙한 수로 보인다고 말하고는 불길한 징조이지 않기를 바란다고 말했다. 그는 '아니다'라고 말하고 '이 수는 매우 흥미있는 수로서 어떤 두 수의 세제곱의 합이 서로 다른 두 가지로 표시[$1729 = 1^3 + 12^3 = 9^3 + 10^3$]되는 가장 작은 수'라고 말했다." 불행하게도 친숙하지 않은 기후와 음식이 원인인지, 독실한 힌두교도에게 생경한 문화 속에서 느낀 외로움 때문인지 라마누잔의 건강은 영국에서

라마누잔 인도 기념 우표에 있는 수수께끼 같은 수학자.

역자 주

1) 어떤 원에 대한 한 점의 멱(power)이란, 그 점과 원의 중심의 거리의 제곱에서 반지름의 제곱을 뺀 것을 말함.

급격히 나빠졌다. 라마누잔은 건강을 회복하기 위해 1919년에 고향으로 돌아왔으나 불행하게도 그 다음해에 죽었는데 그의 나이는 단지 32살이었다. 그는 여러 논문들을 저널에 발표했다. 그러나 잘 정리돼 있지 않지만 흥미롭고 세밀하게 기록된 공책 때문에 대부분의 연구 결과가 아주 최근에 빛을 보게 됐다.

Ramsey theory (램지 이론)

무질서하게 보이는 곳에서 질서를 늘 발견할 수 있는가? 만약 그렇다면 얼마나 많이 발견될 수 있는지, 특별한 양(量)의 질서를 발견하기 위해 필요한 무질서 덩어리(chunk)는 얼마나 커야 하는가?라는 문제들을 다룬 수학의 한 분야. 램지 이론은 영국의 수학자 프랭크 램지(Frank P. Ramsey (1904-1930))의 이름을 따른 것이며, 1928년에 어떤 논리학 문제와 씨름하다가 이 분야를 개척하였다. (프랭크의 한 살 아래 동생인 아더(Arthur)는 1961년부터 1974년까지 캔터베리 대주교였다.) 황달을 한 차례 앓은 후에 26살의 나이로 그는 생을 마감했다. 램지는 어떤 시스템이 아주 크고 무질서 정도가 제멋대로로 보일지라도 한 움큼의 질서를 포함하게 마련이며, 그것으로부터 그 시스템에 대한 정보가 얻어질 수 있다고 생각했다.

random (확률적/무작위, 確率的/無作爲)

이유가 없는; **압축 가능한**(compressible); 공정한 동전을 던졌을 때 나타나는 통계를 따르는.

random number (난수, 亂數)

비결정론적인, 예측 불가능한 과정을 통해 생성된 수. 컴퓨터로 생성된 "난수"는 결정론적인 과정을 통해 계산되기에 정의에 따르면 **랜덤하다**(random)라고 할 수 없다. 난수를 만드는 알고리즘과 그 내부 구조를 안다면, 알고리즘에 따라 차례로 만들어지는 난수 예측이 가능하다. 이런 이유로 컴퓨터를 이용한 "난수 생성기"로 생성된 난수들을 가끔 *유사 난수*(*pseudorandom number*)라고 말한다. 진짜 난수인 경우 어떤 수나 임의의 긴 수열 형태를 알더라도 그 다음 난수가 무엇인지 예측할 수 있는 단서가 전혀 되지 않는다. 가장 나쁜 난수 생성기 중의 하나는 인간이다. 어떤 사람에게 1과 20 사이의 수 중에서 "임의로" 한 수를 뽑으라고 하면 가장 많이 선호하여 선택하는 수는 17이다. 17과 같은 *심리적인 난수*(*Psychologically random numbers*)는 일반적으로 5로 끝나지 않는 홀수이며, 그들은 흔히 **소수**(prime numbers)일 경향이 많다. 또한 **샤이틴 상수**(Chaitin's constant)를 보시오.

random walk (멋대로 걷기)

입자 위치가 이산 등간격으로 변하며, 각 단계의 방향은 임의로 선택되는 걷기. 멋대로 걷기는 그 걷기가 일어나는 공간의 차원과 **격자**(lattice)에 한정되는가 아닌가에 따라 크게 변하는 흥미있는 수학적 성질을 가지고 있다. 일차원에서의 멋대로 걷기는 단지 두 방향만을 선택할 수 있다. **수직선**(number line) 위의 원점 0에서 이리저리 걷기를 시작한 술취한 사람을 상상하면 1/2의 확률로 오른쪽 또는 왼쪽(+/−1)으로만 움직일 수 있다. 술취한 사람이 결국에 출발점으로 되돌아올 확률은 1이며, 이는 확실히 일어남을 말한다. 평면에서 정수 격자점으로 움직이는 멋대로 걷기는 각 좌표축 방향으로 한 격자점에서 다른 격자점으로 움직일 확률은 1/4이며 다시 출발점으로 되돌아올 확률은 1로 1차원에서와 같다. 하지만 3차원에서는 상황이 달라진다. 술취한 파리가 3차원 공간에서 한 격자점에서 다른 격자점을 향해 임의로, 즉 마음대로 날아간다고 하자. 출발점에서 이웃한 여섯 격자점의 어느 하나에 도달할 확률은 1/6이다. 파리가 아무리 멀리 배회하더라도 다시 출발점으로 항상 되돌아올 확률은 단지 0.3405 4··· 이다. 확률을 연구하는 자들은 직선과 평면에서의 멋대로 걷기를 *재귀적*(*recurrent*)이라 말하며, 3차원과 그 이상의 차원에서의 멋대로 걷기를 *일시적*(*transient*)이라 말한다. 이것은 사실상 3차원과 그 이상의 차원에는 훨씬 더 많은 "공간"이 있기 때문이다. 결국에 출발점으로 되돌아오는 확률을 나타내는 수들은 *제멋대로 걷기 상수*(*random walk constans*)라고 알려져 있다. 액체에서 임의의 열변화가 *브라운 운동*(*Brownian motion*)으로 알려진 제멋대로 걷기 현상의 원인이 되며, 기체에서 분자들의 충돌이 *확산*(*diffusion*)의 원인이 되는 제멋대로 걷기이다.

range (치역, 値域)

(1) 모든 **함숫**(*function*)값의 집합. 또한 **공역**(codomain, 變域)을 보시오. (2) **선분**(line segment) 위의 모든 점들의 집합.

rank (차원)

(1) **체스**(chess)판이나 체크(checker)판에서 옆으로 줄지어 있는 정사각형들의 행. (2) **행렬**(matrix)의 차원은 부모 행렬의 행과 열을 제거한, 행렬식이 0이 아닌 가장 큰 부분 행렬의 차원과 같다. 또한 **텐서**(tensor)를 보시오.

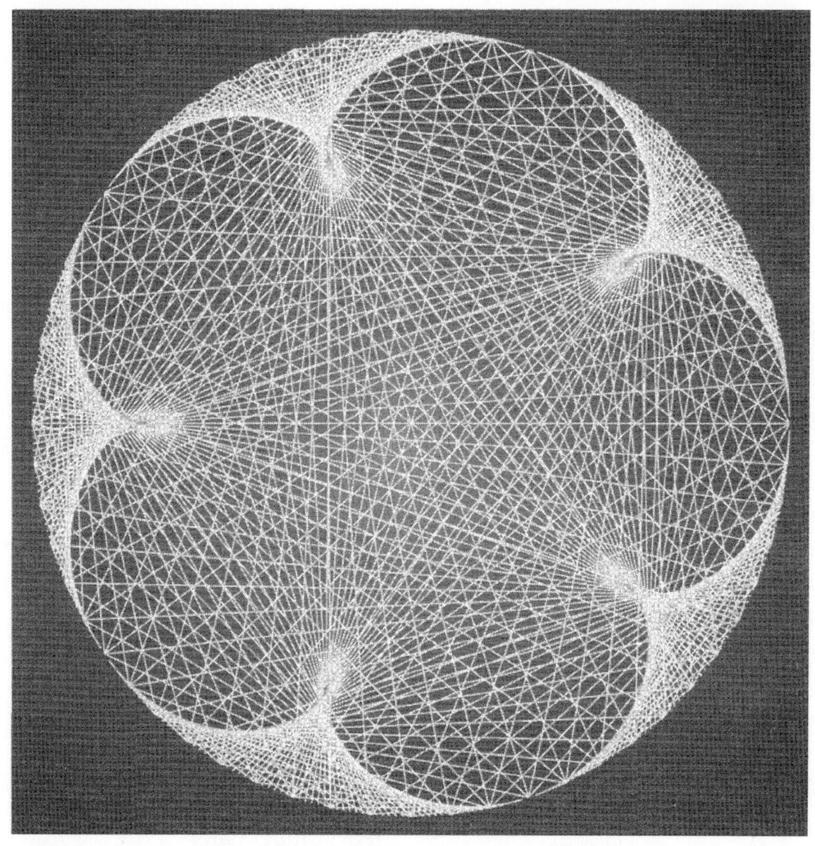

라눈클로이드(ranunculoid) 컴퓨터 직기(織機)의 실로 잣은 라눈클로이드곡선. *Jos Leys, www.josleys.com*

ranunculoid (라눈클로이드)

미나리아재비속(屬)인 미나리아재비(buttercup)[2)]의 이름을 따서 지은 다섯 개의 뾰족한 끝(cusps)이 있는 **외파선**(epicycloid).

ratio (비, 比)

*a*를 *분자*(*numerator*), *b*를 *분모*(*denumerator*)로 하는 *a*/*b* 꼴의 **유리수**(rational number). 이것의 다른 표현은 콜론(:), 분수 또는 단어 *대*(*to*)가 있다.

rational number (유리수, 有理數)

분수(fraction), 즉 b는 0이 아니고 두 정수 a, b의 비 a / b로 표현되는 수 또는 4.58과 같은 유한소수, 1.315315 …와 같이 마디가 순환하는 순환소수로 표현되는 수. 다른 예를 들면 1, 1.2, 385.66, 1/3이 유리수에 포함된다. 유리수는 비록 무수히 많이 존재하지만 가장 작은 것부터 큰 순서로 명확한 정렬이 가능하기 때문에 셀 수가 있고 따라서 가산적(countable)이다(셀 수 있다). 또한 유리수는 소위 *조밀한 순서집합*(*densely ordered set*)이며, 이것이 뜻하는 것은 서로 다른 두 유리수 사이에 항상 다른 유리수, 사실 무수히 많은 다른 유리수가 존재함을 말한다. 유리수는 수직선(real number line)에서 조밀하게(dense) 분포하지만, 어떤 **열린(개)집합**(**open set**)도 유리수를 포함한다는 의미에서 무리수에 비해 상당히 희박하게(sparse) 유리수가 존재한다. 이것을 다르게 생각하는 방법은 (매우 이상하게 들릴지 몰라도 무한한 유리수집합의 크기는 정확하게 무한한 범자연수집합의 크기와 꼭 같다.) 유리수의 **무한**

역자 주

2) 작은 컵 모양의 노란색 꽃이 피는 야생 식물.

(infinity)은 무리수의 무한보다 더 작다고 생각하는 것이다. 희소성 대 조밀성을 이해하는 다른 방법은 아무리 작은 임의의 "길이(length)"로도 유리수를 덮을 수 있다는 사실을 알면 된다. 다르게 말하면 길이가 양인 끈이 아무리 짧더라도 모든 유리수를 덮을 만큼 충분히 길다는 것이다. 수학적 용어로 유리수는 **측도** 0(measure *zero*)의 집합이다. 반면에 무리수는 측도 1의 집합이다. 이같은 측도의 차이는 서로 다른 무리수 사이에 유리수가, 서로 다른 무리수(또는 유리수) 사이에 유리수(또는 무리수)가 항상 존재하더라도 유리수와 무리수는 상당히 다름을 의미한다.

raven paradox (까마귀 역설)

1940년대에 **귀납법**(induction) 논리가 직관에 맞지 않는 경우를 강조하기 위해 독일의 논리학자 카알 헴펠(Carl Hempel)이 제기했다. *귀납적 원리(principle of induction)*에 따르면 관찰을 통해 증거가 뒷받침되는 이론은 관찰을 많이 하면 할수록 참일 확률이 점점 더 커진다. 헴펠은 '모든 까마귀는 검다'라는 명제를 고려해 보라고 했다. 관찰을 통해 각 까마귀가 검다는 사실을 확인 후에는 "모든 까마귀는 검다"는 명제가 참이라는 믿음은 점점 커진다. 그러나 여기에 문제가 있다. 명제 "모든 까마귀는 검다"는 명제 "검지 않은 모든 것은 까마귀가 아니다"와 논리적으로 동치이다. 관찰을 통해 흰 백조가 존재한다는 사실은 이 명제와 일관성이 있다. 흰 백조는 검지 않고, 그 백조를 조사해 보면 까마귀가 아님을 알게 된다. 그래서 귀납법의 원리에 의해 흰 백조를 목격함으로써 모든 까마귀는 검다라는 믿음이 증가한다! 이 수수께끼에 대한 수많은 해가 제시됐다. 미국의 논리학자 넬슨 굿맨(Nelson Goodman, 1906-1998)은 어떤 추론이 명제 'P의 어느 것도 Q가 아니다'를 역시 뒷받침한다면 명제 '모든 P는 Q이다'를 결코 고려하지 말기를 제안했다. 다른 사람은 *동치의 원리(principle of equivalence)*에 이의를 제기했다. 아마도 백조를 보면 "모든 까마귀는 검다"는 명제에 우리의 확신(conviction)은 증가하지 않고 명제 "검지 않은 모든 것은 까마귀가 아니다"에 대한 믿음은 더욱 굳어진다. 하지만 그 사람들은 우리의 직관에 허점이 있다고 논거를 들어 주장한다. 백조를 목격했다고 해서 '모든 까마귀는 검다'라는 사실 가능성은 실제로 증가하지 않는다! 결국에 존재하는, 검지 않은 모든 것이 까마귀가 아니라면 '모든 까마귀는 검다'라는 적절한 결론을 내릴 수 있다. 이 예는 단지 검지 않은 것의 집합은 까마귀의 집합보다 엄청나게 크기 때문에 반직관적인 것으로 보인다. 따라서 검은 까마귀를 한 마리 더 목격함으로써 얻는 확신이 까마귀가 아닌 검지 않은 사물을 하나 더 목격하는 사실보다 그 명제에 대한 믿음을 더 갖게 한다. 이 역설을 피하는 방법은 **베이즈 정리**(Bayes's theorem)를 사용하면 된다. 이 정리에 따르면 가설 H의 확률은 다음의 비로 곱해져야 한다:

$$\frac{H\text{가 참일 때 } X\text{를 관찰할 확률}}{X\text{를 관찰할 확률}}$$

백조를 임의로 선택할 때 색깔이 하얀색일 확률은 까마귀의 색깔과는 독립적이다. 위 비에서 분자와 분모는 같고 따라서 비는 1이 되어 확률은 변하지 않는다. 흰 백조를 본다는 것은 모든 까마귀가 검을지 아닌지에 대한 우리의 믿음에 영향을 미치지 못한다. 검지 않은 것이 임의로 선택되고 흰 백조를 본다면 분자가 분모보다 아주 작은 차이로 크다. 흰 백조를 본다는 것은 모든 까마귀가 검다라는 우리의 믿음을 단지 조금 더 증가시킬 것이다. 우리는 우주에 있는 거의 모든 검지 않은 것을 보고서 그들이 모두 까마귀가 아님을 알고 나서야 "모든 까마귀는 검다"라는 우리의 믿음이 눈에 띌 만큼 증가한다. 두 가지 경우에 결과는 직관과 같은 선상에 있다.

ray (반직선)

한 점에서 시작하여 한 방향으로만 연속하여 일직선으로 뻗은 점들의 경로.

real number (실수)

가능하면 무한히 길고 반복하지 않는 소수로 표현되어질 수 있는 수. 실수는 원점에서 양방향으로 무한대까지 일직선으로 뻗은 소위 *실수직선(real number line)* 위의 연속적인 점들과 일대일 대응을 이룬다. 실수집합은 **유리수**(rational numbers)집합과 **무리수**(rational numbers)집합을 포함한다. "실수(real number)"는 **허수**(imaginary numbers)의 개념을 보고는 **데카르트**(Rene Descartes)가 새롭게 지은 이름이다. 실수보다 훨씬 더 일반적인 수 체계에는 **복소수**(complex number)가 있고 아주 최근에 발견된 것으로는 **초실수**(hyperreal numbers)와 **초현실수**(surreal numbers)가 있다.

realm (초평면, 超平面)

이차원 **평면**(plane)의 삼차원 버전을 나타내는 용어.

reciprocal (역수, 逆數)

주어진 수(數)분의 1이며, 예를 들면 4의 역수는 1/4이다.

Recorde, Robert (로버트 레코드, C. 1510-1558)

웨일스 사람으로 펨브로크셔의 텐비에서 태어난 물리학자이자 수학자. 그는 옥스퍼드와 케임브리지에서 수학했고 브리스톨(Bristol)과 나중에 아일랜드(Ireland)에서 조폐국 국장으로 근무하는 등 다양한 직책을 가졌다. 그는 영향력 있는 많은 수학 교과서를 집필했다. 이 책 들은 그 당시에 흔히 쓰던 라틴어나 그리스어 대신에 영어로 쓰여졌기 때문에 누구나 읽을 수 있는 완전한 교과서였다. 레코드는 그가 집필한 어떤 책 속에 "같다(equal)"를 뜻하는 기호 "="을 처음 사용했다.

rectangle (직사각형)

내부 각이 모두 90°인 사변형. 네 변의 길이가 모두 같은 직사각형은 **정사각형**(square)이다. m과 n은 서로 같은 정수이고 $m \times n$ 사각형으로 나누어질 수 있는 가장 작은 정사각형은 11×11인 정사각형이고, 그 **덮기**(tiling)로 다섯 개의 직사각형이 사용된다. m과 n은 서로 다른 정수이고 $m \times n$ 직사각형으로 나누어 질 수 있는 가장 작은 직사각형은 9×13인 직사각형이고, 그 덮기(tiling)로 다섯 개의 직사각형이 사용된다.

rectangular coordinates (직교좌표)

데카르트 좌표(Cartesian coordinates)를 보시오.

rectangular hyperbola (직각쌍곡선)

쌍곡선(hyperbola)을 보시오.

recursion (반복/되풀이)

반복(recursion)을 보시오. 장난이 아니고 진지하게 말하고 있다. 반복은 되풀이 과정이며, 어떤 과정이나 함수의 출력을 다시 그것의 입력으로 하는 과정이다. 일종의 *점화 관계*(*recurrence relation*)를 사용하면 몇 개 초깃값과 규칙으로 어떤 대상 전체를 만들 수 있다. 예를 들면 많은 **프랙탈**(fractal) 형태를 나타내는 **피보나치수열**(Fibonacci sequence)은 반복적으로 정의된다. 예를 들어, 수열의 첫 두 수가 *자기 반복*(*self-recursion*)의 보기이며, 그것이 끝없는 되풀이 루프를 만든다. 현실은 약간 충격적이지만, 우리는 같은 모양의 인형이 무한히 들어 있는 러시아 인형 세트를 닮은 *반복적인 우주*(*recursive universe*)에 살고 있다는 사실이다. 미래 어느 날 슈퍼컴퓨터로 빅뱅 모의실험을 한다. (어마어마한 스타트랙(*Star Treck*)의 "홀로덱[3]" 모의실험같이) 이 인공적 우주 내에서 새로운 항성계와 다른 형태의 생명이 생긴다. 어느 날 그 생명들은 역시 컴퓨터를 발명할 정도로 지능이 발달한다. 그리고 어느 날 그들이 발명한 컴퓨터로 같은 빅뱅 모의실험을 한다. 우리가 이 모의실험을 계속하는 한 이런 연쇄는 계속된다. 우리의 부모 우주가 이런 모의실험을 계속하는 한 우주는 끊이지 않고 탄생한다. 그래서 광기가 그 속에 있다.

recursive function (순환함수)

엄밀히 말하여 *계산 가능한*(*computable*) **함수**(function). 하지만 일반적 의미로는 어떤 함수가 자기 자신을 참조하도록 정의되어 있다면 그 함수는 귀납적(recursive)이라고 말한다. **계승**(factorial)은 1!의 값을 1로 정의하면 나머지는 $x! = x(x-1)!$로 정의할 수 있다. 또한 **자기 지시적인 문장**(self-referential sentence)을 보시오.

recursively enumerable set (재귀적 열거가능집합)

그 원소를 **유니버설 컴퓨터**(universal computer)[4]로 열거 가능성이 있는 무한**집합**(set). 하지만 유니버설 컴퓨터는 어떤 것이 재귀적 열거가능집합의 원소인지 결정하지 못할 수 있다. **멈춤 문제**(halting problem)와 연관된 개념인 *멈춤집합*(*halting set*)은 재귀적 열거가능집합이지만 재귀적이지 않다.

redutio ad absurdum (귀류법, 歸謬法)

"귀류법(reduction to the absurd)"의 라틴어. 어떤 명제가 거짓임을 증명한다고 하자. 먼저 어떤 명제가 참이라고 가정하고서 여러 과정을 통해 그 명제가 결코 참일 수 없는 결론에 도달함을 보여 그 명제가 거짓이라고 증명하는 방법이다. **하디**(G. H. Hardy)는 『*어느 수학자의 변명*(*A Mathematician's Apology*, 1941』[151]이라는 책에서 "유클리드가 그렇게도 좋아했던 귀류법은 수학자들에는 최고의 무기 중 하나이다. 체스의 어떤 전략보다 훨씬 더 좋은 수법(gambit)으로, 체스선수는 폰(pawn)이나 다른 말을 희생시키지만 수학자는 그 게임을 희생시킨다."라고 말했다.

R

역자 주

3) 홀로그램을 사용하는 장소로, 설정한 시간대의 설정한 장소 등으로 이동한다.
4) universal computer: 다양한 종류의 업무를 모두 처리할 수 있는 다목적 컴퓨터.

reductionism (환원주의, 還元主義)

자연을 분리하여 관찰했을 때 이해할 수 있다는 이론. 다르게 말하면, 아원자-물리학(subatomic physics)과 같은 가장 낮은 수준에서 자세하게 물질들이 어떻게 작용하는지 앎으로써 더 높은 수준의 현상이 어떻게 일어나는지 알 수 있다는 이론이다. 이것은 세부적인 데서 출발하여 우주를 관찰하는 방법이며 **전체론**(holism)과는 정확히 반대되는 개념이다.

redundancy (불필요한 중복/여분)

반복적인 패턴이나 구조가 존재하는 것. 중요한 의미로, 정의상 순서는 시간이 흘러도 그 구조가 유지되므로 리던던시는 **복소수 체계**(complex system)의 *순서*(*order*)를 말한다. **정보 이론**(information theory)에서는, 정보 채널에서 메시지 패턴이 반복되는 것을 말한다. 메시지가 이 같은 리던던시들을 포함한다면 더욱 더 압축되어질 수 있다. 예를 들어 일단의 250 리던던시들을 포함하는 메시지는 모든 250 리던던시를 써내는 것 대신에 "하나의 리던던시를 250번 반복하라"는 효과적인 명령 하나로 압축되어질 수 있다.

reentrant angle (요각, 凹角)

오목한(concave) 다각형의 안쪽으로 향한 각.

reflection (반사, 反射)

거울에 비쳐서 나타나는 모습과 똑같은 형태로 변형시키는 방법. 어떤 형태가 거울에 반사된 모습은 크기는 같지만 옆으로 한 번 뒤집힌 형태이다. 어떤 물체가 거울 앞에 일정한 거리에 놓여져 있다면 거울 속의 상은 거울 가장자리에서 똑같은 거리에 나타난다. 마찬가지로 어떤 형태의 각 점과 거울에 비친 상 위의 각 점은 거울이 놓여 있는 곳에서 똑같은 거리에 있다.

reflex angle (반사각/우각 (優角))

180°와 360° 사이의 각.

reflexible (반사적인)

거울면과 대칭인 평면을 가지는. **비대칭**(chiral)과 비교해 보시오.

regular polygon (정다각형)

모든 변의 길이가 같고 모든 각이 같은 **다각형**(polygon).

regular polyhedron (정다면체)

면이 합동인 정다각형의 영역으로 이루어져 있고, 또 각 꼭짓점에 대한 입체각(立體角)이 모두 같은 다면체. 아홉 개의 정다면체가 있는데 다섯 개는 **플라톤 다면체**(Platonic solids)이고 네 개는 **케플러-푸앙소 다면체**(Kepler-Poinsot solids)이다. 하지만 이따금씩 다면체의 정의에 따라 입체가 다를 수 있다.

relativity theory (상대성 이론)

공간(space), **시간**(time)과 중력에 대한 우리의 생각을 크게 바꾸게 한 앨버트 아인슈타인(1878-1955)의 물리적이고 수학적인 이론. 이 이론에 따르면 공간과 시간은 통일되어 있고 떨어질 수 없는 전체-사차원의 **시공간**(時空間)(space-time) 연속체이다. 중력장을 질량에 의한 시공간의 곡률로 설명함으로써 중력을 놀랄 정도로 새로이 이해하게 됐다. 아인슈타인은 그 상대성 이론을 크게 두 부분으로 나누어 발표했다. 1905년에 발표된 특수 상대성 이론은 오로지 *관성계*(*inertial* frames of reference, 慣性系), 즉 서로에 대해 등속도로 움직이는 관성계를 다룬다. 특수 상대성 이론의 중심이 되는 두 전제는 물리학의 모든 법칙은 모든 관성계에서 동일하게 적용되고, 빛의 속력(진공에서)은 관찰자의 속도나 광원의 속도와 관계없이 모든 관성계에서 일정한 값을 갖는다는 것이다. 1915년에 발표된 일반 상대성 이론은 관성 질량(慣性質量)과 중력 질량(重力質量)이 같다는 원리, 즉 *등가 원리*(*equivalence principle*, 等價原理)가 중심이다. 또한 **비유클리드 공간**(non-Euclidean space)을 보시오.

renormalization (재규격화, 再規格化)[5]

다른 수준의 배율에서 물리계를 보는 수학적인 테크닉.

repdigit (반복 숫자)

특별한 언급이 없으면 기저가 10인 하나의 숫자가 반복적으

역자 주

5) (물리) 환치(換置) 계산법(양자론에 있어서의 계산법의 하나).

로 쓰인 수. 예를 들면, **짐승의 숫자**(beast number) 666이 기저 10인 반복 숫자이다.

representation theory (표현론, 表現論)

추상 대수계를 **군**(group)인 *치환군*(*permutaion group*) 또는 행렬군(**행렬**(matrix) 참조)으로 구조를 보존하는 대응을 만들어 좀 더 구체적인 방법으로 표현함으로써 대수 구조를 이해하려는 이론.

rep-tile (반복 타일 깔기)

동일한 크기의 모양으로, 타일 깔듯이 반복하여 붙여 모양은 같고 더 크게 만드는 것. 정사각형은 반복 타일의 단순한 예이다. 이는 똑같은 크기의 네 개의 사각형을 타일 깔듯이 붙여 더 큰 사각형을 만들 수 있기 때문이다. 어떤 삼각형도 또한 반복 타일 깔기이다. 이는 그 삼각형과 똑같은 네 개의 삼각형으로 타일 깔듯이 붙여 더 큰 삼각형을 만들 수 있기 때문이다. 어떤 형태의 더 큰 버전을 만들기 위해 반복 타일 깔기에 n개의 타일이 필요하다면 반복-n이라 한다. 따라서 정사각형으로 반복 타일 깔기는 반복-4이다. 이같이 더 큰 복제품들로 그보다 훨씬 더 큰 제2세대의 복사본을 만들수 있기 때문에 반복-n 타일은 또한 반복-n^2, 반복-n^3, …이 된다. 가끔씩 타일들은 여러 반복-숫자(rep-numbers)를 가진다. 만약 어떤 타일이 반복-n이고 반복-m이면 n타일로 복제품을 만들고 나머지 m타일을 붙여 훨씬 더 큰 버전을 만들 수 있기 때문에 역시 반복-mm이다.

반복 타일 깔기의 집합은 *비반복 타일 깔기*(*irreptile*)의 부분집합이다. 비반복 타일 깔기는 모양과 크기가 다르거나 또는 똑같은 크기와 모양을 가진 것으로 그 모양보다 훨씬 더 큰 버전의 모양이 되게 타일을 깔 수 있는 것이다. 유클리드 평면에서 모든 비반복 타일 깔기를 찾는 문제는 많이 연구가 되어왔지만 완전히 풀리지 않았다. 이와 관련된 문제는 비반복 타일이 주어졌을 때 모양은 같고 크기는 작은 타일로 주어진 원래 모양이 되게 타일을 까는 데 드는 최솟수를 구하는 것이다. 많은 경우에 그것이 최소수인지를 증명하는 것이 쉽지 않다. 사이몬 골롬브(Golomb)가 "반복-n"이란 새로운 낱말을 만들었다.

rep-unit (레퓨닛)

각 자릿수의 숫자가 모두 1인 수. n개 숫자의 레퓨닛(1이 반복된)을 R_n으로 나타낸다. 예를들면, $R_1 = 1, R_2 = 11, R_3 = 111$ 그리고 $R_n = (10^n - 1)/9$. n이 m을 나누면 R_n은 R_m을 나눈다. 레퓨닛은 어떤 수의 제곱이 될 수 없으며 어떤 수의 세제곱이 될 수 있는지 알려져 있지 않다. *레퓨닛 소수*(*rep-unit primes*)는 **소수**(prime number)인 레퓨닛이다. 유일하게 알려진 레퓨닛 소수는 $R_2(=11), R_{19}, R_{23}, R_{317}, R_{1031}$이고 R_{49081}과 R_{86453}은 확실하지 않은 소수들이다.

resultant (합성, 合成)

주어진 벡터들의 합인 **벡터**(vector).

Reuleaux polytope (뢸로 다면체)

평면이나 그보다 높은 차원에 있는, **뢸로 삼각형**(Reuleaux triangle)과 같은 **볼록한**(convex) 물체로, 볼록한 부분은 몇 개의 둥근 구모양의 조각으로 이루져 있으며 구의 중심은 볼록 물체의 한 꼭짓점에 있다.

Reuleaux triangle (뢸로 삼각형)

원이 아니면서 가장 간단하고 **일정한 폭**(constant width)을 가진 **곡선**(curve). 또한 *뢸로 수레*(*Reuleaux wheel*)로 알려져 있고, 독일의 기계공학자이자 수학자인 프란츠 뢸러(1829-1905)의 이름을 따서 지어졌다. 뢸로 삼각형은 먼저 수학자들에게 알려졌으나 뢸러가 이 삼각형이 일정한 폭을 가진 성질이 있다는 것을 처음으로 밝혔다. 뢸로 삼각형은 등변삼각형의 각각 세 꼭짓점이 중심이 되고 그 나머지 두 꼭짓점을 연결하는 세 호로 만들어진다. 뢸로 삼각형의 둘레 대 폭의 비는 놀랍게도 **π(pi)**[6]이다. 뢸로 삼각형의 무게중심을 축으로 적절히 회전시키면 완전한 정사각형 모양이 만들어지는데 꼭짓점 부분은 약간 둥글다. 1914년에 해리 와트(Harry Watts)는 이 아이디어를 이용하여 정사각형 구멍을 뚫는 드릴을 만들어 처음으로 특허를 신청했다. 정사각형, 오각형, 육각형, 팔각형의 구멍을 뚫는 데 필요한 드릴의 날이 펜실베니아 윌머딩(Wilmerding)에 있는 와트 형제 공작 기계소(Watts Brothers Tool Works)에서 아직까지 팔리고 있다. 정사각형 구멍을 뚫기 위한 실질적인 드릴 비트는 뢸로 삼각형인데 꼭짓점 부분을 깍는 데 방해받지 않고 깍아낸 부스러기를 없애기 위해 세 부분이 오목하게 만들어져 있다. 회전식 엔진 또는 완켈(Wankel) 엔진의 피스톤 모양이 뢸로 삼각형이다. 가솔린이

역자 주

6) π

R

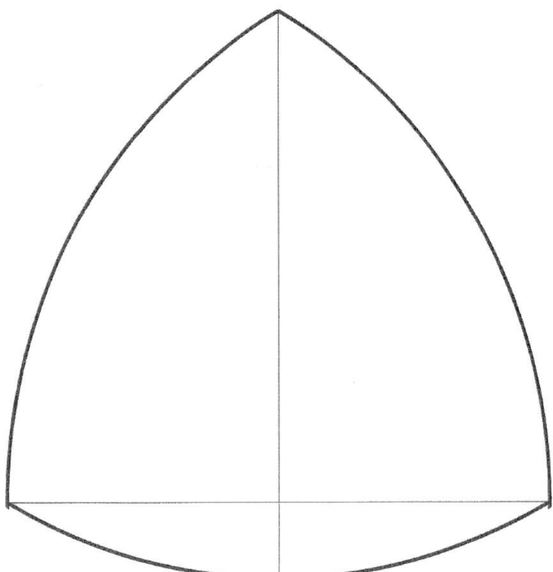

뢸로 삼각형 ©*Jan Wassenaar, www.2dcurves.com*

타는 연소실은 초승달 모양이며 회전하는 피스톤은 그것의 중심에 연결된 차축을 돌린다.

Reutersvärd, Oscar (로이트스바르드, 1915-)

불가능한 그림(**impossible figures**)을 처음 고안하고 디자인한 스웨덴의 예술가. 이 분야에서 그의 첫 작품은 1934년 스톡홀롬에서 젊은 학생이었을 때 긴 강의 시간이 지루하여 교과서 여백에 뭔가를 낙서하다가 탄생했다. 로이트스바르드의 낙서는 완벽한 여섯 개의 꼭짓점을 가진 별모양을 그리면서 시작됐다. 별모양이 완성되자 그는 별 주위에 정육면체를 꼭짓점 사이에 공간이 있게 둘러싸듯이 그렸다. 그는 곧 그가 그린 그림이 기이하고 실제 세상에서 만들 수 없는 어떤 것임을 알았다. 이런 도형의 다른 버전을 독자적으로 로저 **펜로즈**(**Roger Penrose**)가 고안해 만들었는데, 나중에 **펜로즈 삼각형**(**Penrose triangle**)으로 불리곤 했다. 따라서 매력적이고 불가능한 도형 고안은 일생 동안 계속되었는데, 나중에 **펜로즈 계단**(**Penrose stairway**)으로 알려진 불가능한 계단(그가 국토 횡단 기차를 타고 가다 스케치한 디자인)을 그렸고, 또 **삼발 착시**(**tribar illusion**)이란 작품을 창안했다. 1980년대 초에 스웨덴 정부는 로이트스바르드의 업적을 기리기 위해 1934년 작품인 기이한 정육면체 디자인을 포함하여 불가능한 도형을 그린 세 종류의 우표를 발행했다.

로이트스바르드 로이트스바르드의 불가능한 도형을 묘사하는 스웨덴 우표.

Rhind papyrus (린드 파피루스)

테베(Thebes)의 무덤에서 발견된 가로 565 cm, 세로 33 cm인 파피루스 두루마리, 이집트 수학에 대한 가장 가치 있는 정보를 담고 있다. 건강상의 이유로 이집트로 갔지만 점점 고고학에 흥미를 느낀 25살의 스코틀랜드인인 헨리 린드가 룩소르(Luxor)[7]에 있는 시장에서 1858년에 그 두루마리를 샀다. 그는 30살의 나이에 일찍 죽은 후에 그 두루마리는 1864년에 런던의 대영 박물관이 소장하게 되었고 그 이후에도 계속 거기에 있었다. 그것은 가끔 *린드 수학 파피루스*(*Rhind mathematical papyrus*) 또는 간단히 RMP로도 불린다. 파피루스에 쓰인 상형문자는 1842년에 해독됐고, 점토판에 쓰여진 바빌로니아 설형문자는 그 뒤 19세기에 해독되었다. 본문은 설경사 "Ahmes"

역자 주

7) 이집트 룩소르주(州)에 있는 도시.

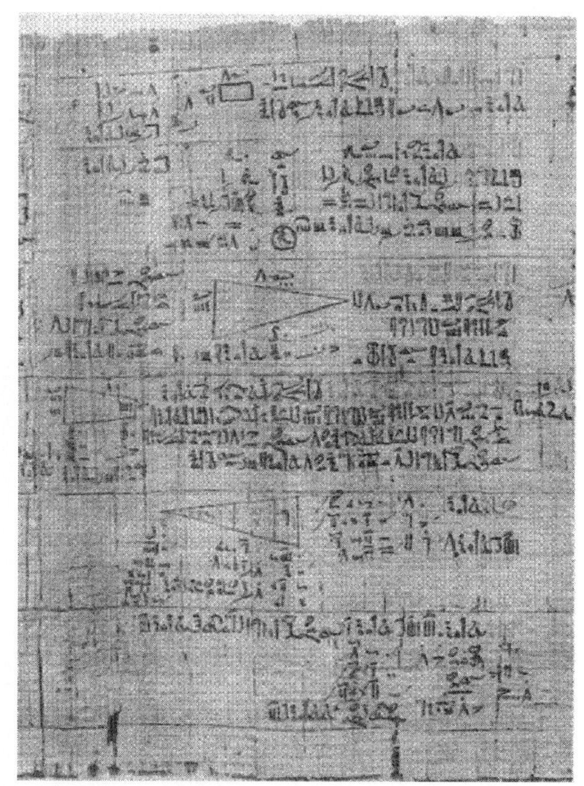

린드 파피루스 대영 박물관

가 쓰고 있고(B.C. 1600년경에 쓰고 있으니 그는 수학사에서 이름이 언급된 최초의 사람이다) 적어도 B.C. 2000에 쓰여진 고서를 베껴쓰고 있다고 언급하면서 시작된다. 파피루스에는 측량, 건축, 회계에 필요한 계산과, 더러는 **이집트 분수**(Egyption fractions)를 포함하는 매우 실용적인 수학이 적혀 있지만 RMP에 있는 많은 문제들은 연산 퍼즐의 형태를 취하고 있다. 연산 퍼즐 중의 하나는 다음과 같다. 일곱 집이 일곱 마리의 고양이를 키우고 있다. 각 고양이는 일곱 마리의 쥐를 죽인다. 각 쥐들은 곡물의 일곱 낟알을
먹어 치운다. 재배하면 각 낟알은 일곱 헤켓(Hekats)의 밀을 생산한다. 이것들의 전체 합은 무엇인가? 이 문제는 **성 이브의 문제**(St. Ives problem)와 매우 비슷하다.

또한 분량은 적지만 이집트 연산을 잘 보존하는 네 개의 문서들이 있는데, 보관되어 있는 장소에 따라 이름 지어진 모스크바 파피루스와 베를린 파피루스, 발견된 장소의 이름을 따서 지어진 카훈(Kahun) 파피루스, 만든 재질에 따라 이름 지어진 가죽 두루마리가 있다. 모스크바 파피루스는 1893년에 그것을 Deir elBahli의 무덤에서 발견한 이집트인인 두 형제로부터 구입한 러시아인인 고레니체프(V.S. Golenischev)의 이름을 따 고레니체프 파피루스라고 종종 불린다. 가로가 540 cm, 세로가 8 cm인 이 파피루스에 25문제와 그 해답이 적혀 있다. 가장 특이한 문제는 반구 표면적 또는 아마도 실린더 표면적에 관한 열 번째 문제이고, 네 번째에서 열 번째까지의 문제들은 **피라미드**(pyramid) 절두체(截頭體)의 부피에 대한 공식에 관한 것이다.

rhombus (마름모)

두 쌍의 마주보는 변이 평행하고 모든 변의 길이가 같은, 즉 **등변 평행사변형**(parallelogram)이다. 마름모는 종종 사방형(斜方形, rhomb) 또는 다이아몬드라 불린다. 예각이 45°인 마름모는 *마름모꼴*(*lozenge*)이라 불린다. 한변의 길이가 a이고 대각선의 길이가 각각 p, q인 마름모의 대각선은 직교하며, $p^2+q^2=4a^2$의 관계식을 만족한다. 마름모의 면적은 $A=1/2pq$이다.

Richard's paradox (리차드의 역설)

베리의 역설(*Berry's paradox*)을 보시오.

Riemann, (Georg-Friedrich) Bernhard (리만, 베른하드, 1826-1866)

비유클리드 기하(non-Euclidean geometry)를 완벽하게 다루고 그것을 물리학에 적용한 첫 번째 사람인 독일의 수학자. 따라서 그는 일반 **상대성 이론**(relativity theory)의 길잡이 역할을 했다. 그의 이름을 따 지어진 여러 심오한 수학 중에는 **리만 가설**(Riemann hypothesis)이 있고 이와 관련된 **리만 제타함수**(Riemann zeta function)가 있다. 루터교 목사인 그의 아버지는 괴팅겐 대학에서 신학 공부를 하도록 권장했다. 하지만 어린 나이지만 수학에 엄청난 재능을 보였고, 1847년에는 유명한 수학자가 있는 베를린 대학으로 보내 달라고 아버지를 설득하여 **야코비**(Karl Jacobi), **디리클레**(Peter Dirichlet), **슈타이너**(Jacob Steiner)와 같은 수학자들에게 수학을 배웠다. 2년 뒤에 박사 학위 연구를 위해 괴팅겐으로 되돌아와서는 교수가 되기 위한 과정을 밟기 시작했다. 1854년에 "기하학의 기저를 이루는 가설"이란 제목으로 행한 교수 취임 기념 강연에서 그는 숨이 멎을 정도로 놀라운 토픽들을 다루었다. 공간의 곡률을 정의하고, 그것의 측정 방법을 보여줬고, 처음으로 **타원기하**(elliptical geometry)를 설명했다. 대수학을 이용해 3차원 이상

으로 기하학을 확장한게 가장 중요한 주제였다.

Riemann hypothesis (리만 가설)

내가 천 년 동안 잔 뒤에 깨어난다면 첫 질문은 "리만 가설이 증명되었는가?"일 것이다.
-데이비드 힐베르트(David Hilbert)-

정수론(number theory)에서, 아마도 수학 전체에서 가장 중요한 미해결 문제이다. 이 증명을 위해 클레이 수학 연구소(Clay Mathematics Institute)는 100만 달러의 상금을 내걸었다. 이 가설을 1859년에 베른하드 **리만**(Riemann)이 처음 만들었고, 또한 데이비드 **힐베르트**(Hilbert)는 20세기 수학자들이 풀어야 할 도전 문제들 목록에 이것을 포함시켰다. 이 가설은 참이라고 널리 믿어지고 있다. 이에 대한 증명은 애타게도 아직 손이 미치지 못하고 있다. 리만 가설은 **리만 제타 함수**(Riemann zeta function)의 자명하지 않은 근[8]의 실수부가 모두 1/2이라는 가설이다. 쉬운 말로 표현하여 음악의 배음(harmonics, 倍音)과 유사한, **소수**(prime numbers) 분포에 근원적인 순서가 있다고 근거 없이 이 가설을 주장한다. 주어진 수 n에 대해 n보다 작은 약 $n / \log n$ 개의 소수가 있다고 알려져 있다. 약간 크거나 작을 때도 종종 있어 이 공식은 정확하지 않다. 리만은 이런 편차 관찰을 통해 소수들은 주기적으로 분포한다는 것을 발견했다. 그의 가설은, 제타함수의 근들은 조화분포수(harmonic frequency, 調和周波數)로 분포할 거라는, 소수라는 사실을 인정하여 수량 공식화한 것이다. 만약 리만 가설이 참이라고 밝혀진다면 소수라는 "음악"의 배음(harmonics)은 무엇을 의미하는가? 놀랍게도 영국의 물리학자인 마이클 베리(Michael Berry)와 연구 동료들은 리만 근인 배음(harmonics)과 물리계의 허용 가능한 에너지 상태 사이에 깊은 관련성이 있다는 사실을 발견했다. 이 에너지 상태는 양자 세계(**양자역학**(quantum mechanics) 참조)와 고전물리학의 실세계 사이의 경계에 있다. 리만 배음, 또는 "매직수"들은 고전적으로는 무질서한 양자계의 에너지 레벨과 같이 정확하게 행동한다. 정수론과 실제 우주 물리학과의 관련성이 깊다는 점이 인정된다면 이는 매우 놀랄 만한 사실일 것이다. 리만 가설이 참이라고 증명된다면 그것은 현실적 본질이 새로운 전기(轉機)를 맞는 일이며, 추상수학 세계와 물질에너지 사이의 관계에 대해 완전히 새로운 창을 여는 것이다. 또 다른 한편으로는 그 가설이 틀렸음이 증명된다면 훨씬 더 깊이 탐구해야 할 수수께끼가 존재한다는 것이다. 실제 리만 제타 함수 외에 양자계를 확실하게 모방하는 다른 수단이 있겠는가?[40]

Riemann integral (리만적분)

과학자들과 기술자들이 보통 사용하는, **미적분학**(calculus) 교재에서 익숙한 일종의 **적분**(integral). 어떤 구간 위에서 함수를 **적분**(integration)하는 과정은 그 함수의 그래프로 둘러싸인 영역을 구하는 것과 같다.

Riemann sphere (리만구면)

리만곡면(Riemann surface)의 예인, **복소수 평면**(complex plane)과 무한원점으로 구성된 위상적인 구.

Riemann surface (리만곡면)

복소수곡선(complex curve)으로도 알려진, 1복소수 차원을 가진 복소수 **다양체**(manifold). 리만곡면은 등각(conformal)의 구조이다(**등각사상** (conformal mapping) 참조).

Riemann zeta function ζ(s) (리만 제타함수 ζ (s))

조지 오웰(George Owell)의 유명한 문장을 좀 더 쉽게 설명하면 "수학은 모두 아름답지만, 그중 일부는 나머지 수학보다 더 아름답다."라고 말할 수 있다. 그러나 모든 수학 중에서 가장 아름다운 것은 제타 함수이다. 이것에 대해 의심할 여지가 없다.

-마스란카(Krzysztof Maslanka), 폴란드 우주론자-

현대 수학에서 가장 심오하고 신비스러운 연구 대상 중의 하나이다. 리만 제타 함수에서 **리만 가설**(Riemann hypothesis)과 이 가설(conjecture)이 함의하는 내용들이 많이 쏟아져나왔다. 리만 제타 함수는 **소수**(prime numbers)의 분포와 밀접한 연관이 있다. 이 함수는 레온하드 **오일러**(Leonhard Euler)가 처음으로 연구한 *오일러 제타 함수*(Euler zeta function)

$$\zeta(s) = 1 + 1/2^s + 1/3^s + 1/4^s + \cdots = \sum_{n=1}^{\infty} 1/n^s$$

를 확장한 것이다. 오일러는 이 함수가 소수의 존재와 다음과 같이 연관되어 있음을 발견했다:

역자 주

8) 정의역을 복소수까지 확장했을 때의 근을 의미함.

$$\zeta(s)=1+1/2^s+1/3^s+1/4^s+\cdots=2^n/(2^n-1)\times 3^n/(3^n-1)\times 5^n/(5^n-1)\times 7^n/(7^n-1)\times\cdots=\prod_p 1/(1-p^{-s})$$

리만 제타 함수는 오일러 제타 함수의 정의를 **복소수**(**complex number**)로 확장한 것이다.

Riemann geometry (리만기하학)

타원기하(**elliptical geometry**)를 보시오.

right (직각의)

직각(right angle)은 각이 90°이다. *직각삼각형*(right triangle)은 직각을 포함하는 삼각형이다.

ring (환, 環)

(1) **고리** 또는 **환형**(**annulus**)의 다른 이름. (2) 덧셈, 뺄셈, 곱셈이 항상 정의되어 있고, **결합**(**associative**)법칙과 **분배**(**distributive**)법칙이 성립하는 수 체계. **체**(**field**)와 비교해 보시오.

Rithmomachia (리드모마키아)

피타고라스(Pythagoras)와 보이티우스(Boethius)의 수론(number theory)에 기초한 체스 같은 보드 게임으로, 두 사람이 플레이하는 중세에 유행한 게임. 리드모마키아 또는 "수의 전쟁"(*리드모*(*rithmo*)"산술, 수"; *마키아*(*machia*) "전쟁")의 사용은, 비록 16세기에 발표된 진 드 보이시에르(Jean de Boissiere)의 게임 규칙이 가장 빠른 기록이지만, 기원전 약 1150년까지 거슬러 올라간다. 교육용 도구(중세의 일반 학교나 대학교에서 허용된 유일한 게임)나 지적 연습용으로 사용됐고, 르네상스 기간 동안 마지막 유행의 물결이 일었으나 과학 혁명이 일어나자마자 곧 사라졌다.

그 게임은 가로가 8칸이고 세로가 16칸인 보드 위에서 이루어진다. 각 참가자는 8개의 원형, 8개의 삼각형, 7개의 정사각형, 1개의 피라미드로 이루어진 24개의 희거나 검은 말로 게임을 시작한다. 각 말에는 몇 번 장소를 옮겨갈 수 있는가를 나타내는 *숫자*(*number*)가 적여 있다. 정사각형은 4칸, 삼각형은 3칸, 원형은 1칸을 움직일 수 있고, 피라미드는 참가자가 선택하고자 하는 만큼의 칸을 움직일 수 있다. 상대방의 말들을 다양한 방법으로 잡을 수 있는데, 사방에 상대방 말을 둘러싸서 잡는 *포위 포획*(*siege capture*), 같은 타입의 말로 공격하여 잡는 *교전 포획*(*meeting capture*), 말에 적힌 숫자와 그 말이 움직일 칸의 수의 곱이, 그 곱과 일치하는 상대편 말 옆에 놓이면 잡는 *공격 포획*(*assault capture*), 상대방 말의 양옆이나 앞뒤에 참가자의 두말이 있을 때 이 두 말에 적힌 숫자의 합이 상대방 말에 적힌 수와 같을 때 잡는 *매복*(*ambuscade*)이 있다. 게임의 승자를 정하는 수많은 방법이 있는데, 참가자가 잡는 말의 개수를 정하여 이기는 *de corpore*, 특정한 수가 적힌 말이 잡히면 이기는 *de Bonis*, 잡힌 말의 수와 그 말에 적힌 숫자의 자릿수를 합하여 승자를 정하는 *de lite*, 잡힌 말들이 등차수열이나 등비수열을 이루든지 또는 연속하여 잡힌 세 말의 숫자가 정수의 제곱이라든지 또는 잡힌 말의 짝수 숫자들의 차가 2, 4, 6이든지 또는 잡힌 말의 홀수 숫자들의 차가 3, 5, 7일 때 승자를 정하는 *victoria magna*가 있다.

river-crossing problem (강 건너기 문제)

더러는 서로 양립할 수 없는 여러 가지 대상과 생물이 소그룹을 지어 강 한편에서 다른 편으로 어떤 것도 잃지 않고 완전히 건너야 하는 퍼즐. 가장 먼저 알려진 예는 일반적으로 아봇 **앨퀸**(**Alcuin**)이 만든 것으로 여겨지는 *젊은이들의 기량을 향상 시키는 문제들* Propositiones ad Acuendos Juvenes(*Propositions for sharpening youths*)에 있다. 그 문제들은 다음과 같은데, 세명의 질투심이 강한 남편에 관한 문제로, 그들 중 누구도 다른 남자 혼자 자기 아내와 함께 있지 못하게 하면서 강을 건너야 하는 문제, 어린이의 몸무게는 어른의 반인 두 어른과 두 어린이에 관한 문제로, 실어나르는 배의 용량에 제한이 있는 문제, 늑대와 염소와 양배추에 관한 문제가 있다. 마지막 문제를 푸는 어려움은 한 번에 단 한나씩만 배로 나를 수 있고, 염소와 양배추만 있도록 내버려둔다면 염소는 양배추를 먹어버리며 늑대와 염소만 있도록 내버려둔다면 늑대는 염소를 잡아먹는다는 데 있다. 이러한 형태의 모든 문제를 푸는 열쇠는 이미 강 건너편으로 보낸 것을 다시 출발한 강언덕으로 다시 되실어 오는 것이다. 이 문제의 해법은 먼저 염소를 강건너 나르고 그 다음으로 양배추나 늑대 중 하나를 실어 나른다. 마지막 것을 실어 나르기 전에 염소를 다시 실어오면 건너편에서 염소가 양배추를 먹는 만찬을 즐기든지 염소가 늑대의 만찬감이 되는 것을 피할 수 있다. 이런 중세의 퍼즐은 **타르탈리아**(**Niccolo Tartaglia**)[9], **파치올리**(**Luca Pacioli**)[10], **바세**(Claude-Gaspar **Bachet**)[11]들이 깊은 고심과 사고를 거쳐 만들었고, 그 뒤에 에도아드 **뤼카스**(Edouard **Lucas**)[12]와 **태리**

(Gaston Tarry)[13]와 같은 수학자들이 더 많이 만들었다. 강 건너기 문제를 복잡하게 만드는 방법은 더 큰 배를 사용하고 섬 사람대상을 더 추가하면 된다. 독자들은 차분하게 선교사와 식인종 강 건너기 문제를 풀어 볼 수 있다.

퍼즐

세 명의 선교사와 세 명의 식인종이 최대 두 명을 실어나를 수 있는 배로 강을 건너야만 한다. 식인종의 수가 선교사 수보다 많으면 강의 양쪽 어느 곳이든 식인종이 선교사를 잡아먹는다. 선교사와 식인종은 모두 노를 저을 수 있다. 여섯 명 모두가 무사히 강을 건널 수 있는 방법은 무엇인가?

해답은 415쪽부터 시작함.

Robinson, Abraham (로빈슨, 1918-1974)

기체역학에서부터 수리논리학까지 넓고 다양한 분야에서 중요한 연구를 했으며, **비표준해석**(非標準解析, nonstandard analysis)을 발견한 독일의 수학자. **무한소**(無限小, infinitesimal)에 관한 흥미 있고 중요한 연구를 했기 때문에 현대의 **라이프니츠**(Gottfried Libniz)라고 할 수 있으며, 로빈슨(Robinson, 그는 Ronibshon에서 이 이름으로 바꿨다)은 이스라엘, 영국, 캐나다, 미국의 여러 대학에서 가르쳤다.

Rolle's theorem (롤의 정리)

어떤 함수가 x축 위의 구간 $[a, b]$에서 연속(**연속**(continuity) 참조)이고 (a, b)의 모든 점에서 미분가능하며, 즉 함수의 **접선**(tangent)이 존재하며 점 a, b에서의 함숫값이 같다[14]고 가정하자. 그러면 그 **도함수**(derivative)가 0이 되는 점이 구간 (a, b)에 적어도 하나 존재하며, 그 점에서의 접선은 x축에 평행하다.

Roman numerals (로마 숫자)

숫자를 나타내는 기호가 자릿수에 무관하게 일정한 값을 가지는 **수 체계**(number system). 자릿수에 따라 값이 달라지는 **아라비아 숫자**(Arabic numerals) 체계와 다르다. 하지만 초기 로마 수 체계는 십진법의 형식이었다. 1을 나타내는 기호 I를 반복하여 쓰는 원시적인 방법으로 1에서 9까지의 숫자를 나타냈고, 10의 거듭제곱을 나타내기 위해 새로운 기호가 쓰였는데 10을 나타내기 위해 X, 100을 나타내기 위해 C, 1,000을 나타내기 위해 M이 쓰였다. 기호 V, L, D 는 각각 5, 50, 500을 나타내는데 에트루리아 사람이 처음으로 이 기호를 사용했다고 여겨지고 있다. 로마 숫자를 이용하여 곱셈과 나눗셈을 하기가 매우 곤란하기 때문에 완전히 비실용적이라는 것이 공통된 의견이었다. 하지만 제임스 케네디(James G. Kennedy)가 1980년에 저널 『*월간 아메리칸 매스매티컬*(*The American Mathematical Monthly*)』에 발표한 논문에서 아라비아 수 체계에서보다 로마 수 체계에서 더 간단하게 곱셈과 나눗셈 연산을 실용적으로 할 수 있는 알고리즘을 제시했다. 곱셈을 하기 위한 첫 단계는 간단한 자릿수를 나타내는 표현으로 수를 다시 쓴다. 일곱 개의 열이 있고, 각 열의 맨 앞에 기호 M, D, C, L, X, V, I를 쓰고 피승수(multiplicand, 被乘數)에 나타나는 기호의 각 열에 그 기호의 개수만큼 텔리(tally)[15]가 기록된다. 예를 들어 피승수가 XIII(13)이면 X열에 하나의 텔리가 기록되고 I열에는 세 개의 텔리가 기록된다. 승수(multiplier)도 같은 방법으로 기록된다. 곱셈 자체는 간단한 두 규칙에 따라 부분적으로 이루어진다. 대부분의 경우에 승수에 있는 하나의 텔리에 의한 부분 곱은 피승수를 왼쪽으로 적절한 수의 열을 이동한 텔리들의 집합으로 단순히 나타내는 것이다. 승수의 숫자가 I이면 피승수의 어떤 숫자도 이동되지 않으며, V이면 좌측으로 한 장소를 이동하고, X이면 좌측으로 두 장소를 이동하고, L이면 좌측으로 세 장소를 이동하는 등 이런 규칙으로 이동한다.

두 번째 규칙은 한 에트루리아(Etruscan) 부호가 다른 부호로 곱해질 때에만 적용된다. 이 경우에 피승수를 나타내는 텔리는 적당히 이동한 열에 두 배로 쓰고, 추가로 하나의 텔리를 한 열 오른쪽에 쓴다. 승수를 표시한 모든 텔리에 부분적으로 곱셈이 이루어진 뒤에, 각 열의 텔리를 더하고 이를 로마 기호로 대체하면 그것이 답이다. 로마 숫자에서 "뺄셈 기호"는 10은 IX으로 쓰는 등 약간 다르다. 이것에 이해가 잘 되지 않으면, 명시적 형태로 아라비아 숫자 곱셈을 하는 걸 생각하면 좀 이해가 쉽다. 게다가 아라비아 숫자 0에서 9로 곱셈표를 만들면 100개의 곱셈 결과가 나온다. 모든 셈 연산이 이동하고, 하

역자 주

9) 1499-1557, 이탈리아의 수학자, 물리학자. 『신과학(新科學)』, 『가지가지 문제와 발견』, 『수와 계측에 대한 일반론』 등의 저서가 있다.

10) 1445?-1510?, 이탈리아의 수학자. 1494년 『산술집성(算術集成)』을 저술하였는데 산술 · 대수(代數) · 삼각법(三角法)에 관한 모든 지식을 집대성한 것으로서, 피보나치의 『주판서(珠板書)』 이래 가장 광범위한 수학서로 일컬어진다.

11) 1581-1638, 프랑스의 수학자, 언어학자, 시인.

12) 1842-1891, 프랑스의 수학자로서 피보나치수열 연구로 유명하다.

13) 1843-1913, 프랑스의 수학자.

14) 원문에 '점 *a*, *b*에서의 함숫값이 같다'라는 조건이 빠져 있어 추가함.

15) 계수의 표시(~~////~~ 또는 //// ; 우리나라의 「正」자에 해당).

고, 빼는 것으로 정의되는 로마 숫자에는 이와 비교 가능한 표가 없다.

rook's problem (떼까마귀 문제)

떼까마귀가 서로 공격하지 않도록 $n \times n$ **체스**판(chessboard) 위에 놓을 수 있는 최대 경우의 수를 찾는 문제. 각 떼까마귀는 앞뒤 사각형 위에 줄지어 있는 모든 떼까마귀를 공격할 수 있기 때문에 n 마리의 떼까마귀를 공격할 수 있다. 서로 공격하지 못하게 떼까마귀를 주 대각선 방향으로 놓아야 한다. n마리의 떼까마귀를 서로 공격하지 못하게 놓을 수 있는 총 경우의 수는 $n!$개이다.

root (근)

(1) 어떤 수를 반복적인 곱셈의 형태로 표현하기 위해 사용된 수. 예를 들면, $2 \times 2 \times 2 = 8$이기 때문에 2는 8의 세거듭제곱근 또는 세제곱근이라고 한다. (2)방정식의 근. 예를 들어 3은 방정식 $x^2=9$의 근이다. 또한 근은 *함수의 영*(*a zero of a function*)이라고 불리는데, 이는 함수의 근($x=3$)이 함수 $f(x)=x^2-9$를 영으로 만들기 때문이다. 이 단어는 인도-유럽 어족의 '*werad*" 에서 왔고, 원래 식물의 뿌리를 의미했으나 뒤에 물질적이든 정신적이든 어떤 것의 기원이나 시작을 의미하는 말로 일반화됐다.

root of unity (단위원 근)

n이 양의 정수일 때 방정식 $x^n=1$ 의 해.

rope around the earth puzzle (지구를 한 바퀴 감싼 밧줄 퍼즐)

밧줄이 사람 손가락의 반지와 같이 지구 둘레를 꼭 맞게 한 바퀴 감싸고 있다고 상상하자. 밧줄의 길이를 딱 1 m 더 늘리고 지구 표면에서 밧줄까지 일정한 거리가 될 때까지 들어올린다. 그러면 지구 표면에서 밧줄까지의 높이는 얼마인가? 이 퍼즐 또는 이와 매우 유사한 퍼즐이 영국의 목사, 수학자, 자연 철학자인 윌리엄 휘스톤(William Whiston)이 1702년에 쓴 학생용 유클리드 기하학 책에 있다. 해답은 놀랍게도 약 16 cm이다. 이것은 단순히 원의 둘레에 관한 공식에서 나온다. 만약 늘어난 밧줄의 반지름을 r, 지구의 반지름을 R이라고 하면

$$2\pi(R+r) = 2\pi R + 100$$

이고 따라서 $r = 100/2\pi \cong 15.9$이다.

Rosamund's bower (로사문드의 나무그늘)

영국의 옥스퍼드셔 카운티의 우드스톡 파크(Woodstock Park)에 있는 전설적인 미로로, 오늘날 우물과 분수가 특징적인 장소. 왕 헨리 2세(1133-1189, King Henry II)의 첩이었던 로사먼드 클리포드(Rosamund Clifford)를 왕비인 아키텐[16]의 엘레오노르(Eleanor of Aquitaine)로부터 숨길 의도로 만들었다고 한다. 전설에 따르면 1176년쯤에 엘레오노르 왕비가 어렵사리 미로를 뚫고 들어가서는 로사먼드를 만나 단검에 찔려 죽을 것인지 독약을 마실것인지를 선택하게 했다고 한다. 그녀는 독약을 선택하여 죽었고 그로 인해 헨리왕은 미소를 잃어버렸다. 헨리 2세는 그녀의 아들들이 역모를 꾸몄다는 이유로 엘레오노르 왕비를 감옥에 가두었다. 로사먼드는 널리 알려진 첩이었다. 사실 로사먼드는 옥스포드 근처의 고드스토(Godstow)의 수녀원에서 여생을 보낸 것처럼 보인다. 나무그늘에 대한 전설은 15세기부터 시작됐고 그녀에 대한 살인 얘기는 뒤에 추가된 것 같다. 19세기의 많은 퍼즐 전집들은 로사먼드의 나무그늘이라 불리는 미로에 관한 내용을 포함하고 있다.

rose curve (장미곡선)

꽃잎(petal)을 가진 꽃 모양을 한 곡선. 1720년 대에 이탈리아의 수학자 그란디(Guido Grandi)가 장미(rose)를 뜻하는 이탈리아어 '*rhodonea*'로 이름 붙였다. 이 곡선의 극방정식은

$$r = a\sin(n\theta)$$

로 주어진다. n이 홀수이면 장미곡선은 n개의 꽃잎, n이 짝수이면 장미곡선은 $2n$개의 꽃잎을 가지며 $n=2$이면 장미곡선은 네 개의 엽선(葉線)을 가진다. 만약 n이 *무리수*(*irrational number*)이면 무한 개의 꽃잎이 존재한다.

rotation (회전)

어떤 도형이 회전의 중심이라 불리는 고정점을 기준으로 일정한 각도로 회전하는 **변환**(transformation). 회전 중심은

역자 주

16) 프랑스 서남부, 중앙 고지대와 피레네 산맥 사이에 끼어 있는 삼각형의 저지대.

변환된 도형의 안쪽이나 바깥쪽에 있을 수 있다. 도형이 시계 반대 방향으로 돈다면 양의 회전이며, 시계 방향으로 도는 것은 음의 회전이다.

rotor (회전자, 回轉子)

모든 변(또는 면)을 항상 닿으면서 **다각형**(polygon)(또는 **다면체**(polyhedron)의 안쪽을 돌 수 있는 **볼록**(convex) 도형. 정사각형 내에서 도는 최소 면적을 가진 회전자는 **뢸러삼각형**(Reuleaux triangle)이다. 등변삼각형 내에서 도는 최소 면적을 가진 회전자는 원의 반지름이 삼각형의 높이와 같고, 두 호의 내각이 60°인 렌즈이다. 정사면체, 정팔면체, 정육면체에는 비구형의 회전자가 존재하지만, 정십이면체와 정이십면체에는 회전자가 존재하지 않는다. 또한 **일정한 폭을 가진 곡선**(curve of constant width)을 보시오.

roulette (룰렛)

(1) 일정한 곡선에 접하면서 그 위를 닫힌 **볼록한**(convex) 다른 곡선이 미끄러지지 않고 굴러갈 때, 구르는 곡선 위의 고정된 점의 자취. (2) 회전반이 정지했을 때 조그만 공이 어느 눈금 위에 멎느냐에 게임 참가자가 돈을 거는 도박. 1913년 8월 18에 몬테카를로 도박장에서, 공정하게 만든 룰렛 회전반에서 연속하여 26번이나 잃는 돈과 따는 돈이 같은 이븐(even)의 결과가 나왔다. 이것이 일어날 확률은 136,823,184분의 1이다.

round (둥근/동그란/원형의)

위상수학(topology)에서 사용되는 용어 **원**(circle)과 **구**(sphere)는 위상적 대상을 언급하는 것이지 기하학적인 모양을 말하는 것이 아니기 때문에 달걀 모양의 곡면도 구이다. 둥근 구는 위상적으로 말하면, 동의어 반복이 아니며 일정한 **곡률**(curvature)을 가진 구, 즉 기하학적 의미의 구를 말한다.

rounding (반올림)

어떤 수를 **유효숫자**(significant digits)가 더 적은 다른 수로 대체하는, 또는 정수로 만들기 위해서 값의 차이가 크게 나지 않는 0이 아닌 다른 숫자로 대체하는 것. 예를 들어 386.804는 반올림한 수 386.80, 386.8, 387, 390, 400으로 쓸 수 있다. 반올림은 두가지 방법으로 행해지는데, 끊음(truncation)과 동치인 버림(rounding down)과 마지막 숫자가 1이 증가하는 올림(rounding up)이 있다. 또한 **은행원의 어림셈**(banker's rounding)을 보시오.

round-off error (반올림 오차)

계산하는 동안 반올림에 의해 누적하여 생긴 오차.
또한 **은행원의 어림셈**(banker's rounding)을 보시오.

Rubik's cube (루빅 큐브)

정육면체의 어느 평면으로도 회전(어느 방향으로도 가능한 1/4 회전 또는 반 바퀴 회전)이 가능하도록 바깥에 26개의 작은 정육면체가 내부 경첩에 붙어 있는 3×3×3정육면체. 여섯 면은 구별할 수 있게 각각 다른 색으로 칠해져 있고, 무작위로 회전시켜 흩뜨린 후에 각 면이 같은 색이 되게 맞추는 것이 이 퍼즐의 목적이다. 1974년에 헝가리인 루빅(Erno Rubik)이 발명하여 1975년에 특허 신청을 하였고, 1977년에 헝가리 시장에 팔려고 내놓은 후 10년 동안 전 세계적으로 약 100만 개나 팔려나갔다. 루빅 큐브를 돌려서 맞추는 서로 다른 정렬 방법이 4.3×10^{20}개 이상이고, 그 중 단 한 가지 목표인 (약 20초인 세계 기록은 제쳐놓더라도) 우주의 현재 나이보다 매우 작은 시간 내에 루빅 큐브를 풀기 위해서는 체계적인 접근법이 필요하다. 임의로 흩뜨린 초기 위치에서 루빅을 맞추는 알고리

루빅 큐브(Rubik's cube) *Peter knoppers www.buttonius.com*

즘은 존재하지만 이 알고리즘들은 가장 적게 돌려 맞춘 횟수는 반드시 최적이지 않다.[270,297]

Rucker, Rudy (Rudolf von Bitter)(루커, 1946-)

『*무한과 마음(Infinity and the Mind)*』,[275] 『*제4차원(The Fourth Dimension)*』[273], 『*사고 혁명(Mind Tools)*』[274]의 책을 포함하여 수학, 과학, 과학 공상 소설에 관한 재미있고 인기 있는 책을 쓴 사람으로 잘 알려져 있는 미국의 수학자. 루커는 럿거스 대학에서 수리논리학으로 박사 학위를 받았고 산호세(San Jose) 대학교에서 학생을 가르치고 있다. 그의 고조할아버지의 아버지는 그 유명한 독일의 철학자인 조지 헤겔(George Hegel)이다.

ruled surface (선직면)

무수히 많은 완벽한 직선들로 만들어진 곡면. 예를 들어 **실린더**(cylinder)는 평행한 직선들로 이루어진 선직면이다. **원추**(cone)는 원뿔의 꼭짓점에서 만나는 직선들로 이루어진 선직면이다. 또한 스크롤(scrolls)로도 알려져 있는 선직면은 기하학자인 보스코비치(Jesuits Roger Boscovich)17), 타게트(Andre Tacquet)18)와 그들의 학생들인 유명한 **몽주**(Gaspar **Monge**)19)와 라하이어(Phillippe de Lahire)20)가 수 세기 동안 연구해 왔다. 두드러진 선직면들의 예들은 **쌍곡면**(**hyperboloids**), **나선면**(**helicoids**), **뫼비우스 띠**(**Mobius bands**)로 눈에 띄는 모양이며 상대적으로 이 도형을 쉽게 그릴 수 있는 특징이 있다. 하지만 대부분의 선직면은 아주 복잡하여 컴퓨터가 나오기 전에는 그리기가 거의 불가능했다.

ruler-and compass construction (자와 컴퍼스를 이용한 작도)

마스체로니 작도(Mascheroni construction)를 보시오.

Russel, Bertrand Arthur William (러셀, 1872-1970)

그의 주요한 연구 성과를 모은 첫 책 『*수학의 원리(The Principles of Mathematics, 1902*』로 유명해진 영국의 철학자, 수학자이자 논리학자. 이 책에서 추상적 철학 개념의 영역에서 수학을 배제하고 수학에 엄밀한 과학적 체계를 부여하려고 시도했다. 그 뒤에 영국의 철학자이자 수학자인 알프레드 노스 화이트헤드(Alfred North Whitehead(1861-1947))와 함께 8년 동안 공동 작업을 통해 『*수학 원리(數學原理, Principia Mathematica(3 volumes, 1910-1913))*』라는 기념비적인 3권의 수학책을 썼다. 이 연구를 통해 **논리학**(logic)의 개념인 유(類, class)와 그 원소(membership)로 수학을 설명할 수 있음을 보였다. 그 연구는 합리적 사고에 관한 걸작이 되었다. 러셀과 화이트헤드는 수들은 어떤 형태의 클래스들로 정의되어질 수 있음을 증명했고, 그런 과정에서 논리학 개념과 논리학 표기법을 개발하여 철학 분야에서 중요한 시방서(specification)인 기호논리학을 창안했다. 그의 두 번째의 주요한 업적인 『*철학의 문제들(The Problems of Philosophy, 1912*』이란 책은 사회학, 심리학, 물리학, 수학 분야에서 아이디어를 빌려와 집필됐으며, 이 책은 그 시대에 지배적인 철학학파가 주장하는, 모든 대상과 경험은 지적 능력의 산물이라고 주장하는 이상주의(idealism)를 논박하기 위해 쓰여졌다. 현실주의자인 러셀은 감각으로 감지되는 대상은 마음과는 독립적인 내재적 현실을 가지고 있다고 믿었다. 러셀은 제1차 세계 대전을 일으킨 당사국들을 규탄했고, 타협하지 않는 그의 자세 때문에 벌금형을 받기도 하고 투옥되기도 했으며 케임브리지 대학에서 교직을 박탈당하기도 했다. 감옥에서 그는 『*수리철학의 기초(Introduction to mathematical philosophy, 1919*』을 탈고했다. 전쟁이 끝난 후에 소비에트 연방을 방문했고, 그는 『*사회주의 이론과 실제(The Theory and Practice of Socialism, 1920*』란 책에 소련 사회주의에 실망했다는 내용을 썼다. 그는 공산주의 체제 완성을 위한 수단을 보고 견딜 수 없었고, 그 결과는 돈을 지불할 만큼 가치가 있다고 생각하지 않았다. 러셀은 1921년과 1922년에 걸쳐 북경 대학에서 가르쳤고, 미국에선 1938년부터 1944까지 뉴욕시립대학(College of the City of New York)(현 뉴욕시립대학교의 시립대학(City College of the City University of New York))에서 가르쳤는데, 종교를 공격하고 성의 자유를 옹호했다는 이유로 주 대법원의 판결로 가르치는 게 금지당하기도 했다. 러셀은 1994년에 영국으로 되돌아와서 트리니티(Trinity) 대학의 선임 연구원으로 복직했다. 비록 제2차 세계대전 땐 연합군을 지지하는 평화주의자는 아니었지만 핵무기는 열렬히 반대했다. 러셀은 1950년에 노벨 문학상을 수상했고 "인류애와 사상 자유의 투사"라고 불렸다. 1950년대

역자 주

17) 1711-1787, 크로아티아의 물리학자, 천문학자, 수학자, 철학자.

18) 1612-1660, 벨기에 출신의 수학자, 예수회 수사, 미적분학 발견에 기초를 제공.

19) 1746-1818, 프랑스 수학자, 미분기하의 아버지, 도형기하학 또는 화법기하학(descriptive geometry: 점, 선, 면으로 구성되는 3차원의 공간 도형을 2차원의 평면 위에 표시하는 실용적인 기하학)의 창시자.

20) 1640-1718, 프랑스 수학자, 천문학자.

R

말에는 영국의 일방적 핵무기 감축을 지지하는 운동을 이끌었고 89세의 나이에 핵무기 반대 시위로 투옥되기도 했다.

Russel's paradox (러셀의 역설)

버틀란트 **러셀**(Bertrand Russel)이 1901년에 발견하여 **집합론**(set theory)을 다시 쓰게 만든 **역설**(paradox). 러셀의 역설의 다른 형태인 이발사의 역설로 알려진 것을 살펴보자. 어떤 마을에 매일 본인 스스로 면도하지 않는 모든 남자만을 면도해 주는 남자 이발사가 있다. 이 이발사는 자기 자신을 면도할 수 있는가? 앞에서 말한 대로 따르면 이발사가 본인 스스로 면도하면 그는 자기 자신을 면도할 수 없다는 논리에 봉착한다.[21] 또한 남자 이발사가 본인을 면도하지 않는다면 그는 자기 자신을 면도한다는 말이 된다! 원래의 러셀의 역설은 자기 자신이 원소이지 않은 모든 집합들의 집합을 고려한다. 예를 들어 코끼리들의 집합은 코끼리가 아니듯이 대부분의 집합은 그 자신의 원소가 아니기 때문에 그런 집합은 흔히 있다고 말할 수 있다. 하지만 모든 집합들의 집합, 율리우스 시저를 제외한 것들의 모든 집합 등 자기 자신을 포함시켜야 하는(self-swallowing) 집합들은 자기 자신을 원소로 반드시 포함한다. 각 집합은 자기 자신을 원소로 갖는 집합이든지 그렇지 않은 집합이며 둘다 성립할 수 없다는 것은 확실하다. 그렇다면 러셀의 질문은 모든 집합의 집합 *S*는 무엇인가?라는 것이다. 무슨 이유인지 몰라도 *S*는 그 자신의 원소가 되고 그리고 또한 그 자신의 원소가 아니라는 모순에 직면한다. 러셀은 고틀롭 **프레게**(Gottlob Frege)[22]의 기호 논리학에 대한 기초적인 연구를 하다가 이런 이상한 경우를 발견했다. 그가 이런 모순된 경우를 설명한 후에 이 모순을 극복하기 위해 집합론이 공리적으로 재정립되었다. 러셀은 알프레드 화이트헤드(Alfred North Whitehead(1861-1947))[23]와 함께 수학책인 『*수학 원리*(*數學原理*, *Principia Mathematica*)』에서 포괄적인 계형 이론 (階型理論, comprehensive system of types)[24]을 개발했다. 비록 이 이론은 골칫거리인 역설을 피하고 모든 수학의 양식을 허용했지만 결국 널리 인정받지 못했다. 오늘날 가장 보편적으로 인정받고 사용되는 공리적 집합론은 *체르멜로-프렌켈*(*Zermelo-Fraenkel*) 집합론(set theory)이다. 이는 '형(type)'의 개념을 사용하지 않으며 모든 집합은, 주어진 집합으로부터 기본 공리를 사용하여 만들 수 있는 것이면 된다는 이론이다. 러셀의 역설은 **괴델의 불완전성 정리**(Godel's incompleteness theorem)의 증명과 앨런 **튜링**(Alan Turing)의 **멈춤 문제**(halting problem)의 결정 불가능성 증명의 밑바탕을 이루고 있다.

Russian multiplication (러시아 곱셈)

소작농의 곱셈(*peasant multiplication*)으로도 알려져 있고, 반복하여 2배씩 계산하는 곱셈. 예를 들어 곱셈 17 × 13의 값을 구하기 위해 17은 2배로 하고, 13은 반으로 줄인 뒤에 필요하면 소수점 이하는 버린다. 앞에서 나온 결과에 앞 과정을 또 반복한다. 첫 식을 포함하여 반으로 줄인 수들 중에서 홀수에 해당하는 곱셈에서 2배한 수들을 더한다. 따라서 다음과 같은 테이블이 만들어진다.

17 × 13
2배와 1/2배 34 × 6
2배와 1/2배 68 × 3
2배와 1/2배 136 × 1

네 개의 곱셈에서 두 번째 열이 홀수인 첫 번째 열의 수를 더하면, 즉 (17 + 68 + 136) = 221 = 17 × 13.

역자 주

21) 스스로 면도하지 않는 남자만 면도해 주니까.
22) 1848-1925, 독일의 수학자, 논리학자, 철학자. 논리학의 창시자. 분석철학의 아버지로 불린다.
23) 영국의 철학자, 수학자.
24) 집합론에서 다루는 대상들은 일련의 '형(type)'에 속해야 한다는 것으로, 제0형의 대상은 그 자체로서는 집합이 아니고 다른 집합의 원소로만 쓰일 수 있는 '개체'들이고, 제1형의 대상은 '개체들의 집합'이고, 제2형의 대상은 '개체들의 집합의 집합'이고, …, 제 n 형의 대상은 '제 n−1 형의 집합'이라는 단계적 구조를 가져야 한다는 이론이다.

S

Saccheri, Giovanni Girolamo (사케리, 1667-1733)

예수회 수사, 철학자이고 비록 그렇게 잘 보여주지는 못했지만 **비유클리드 기하학**(non-Euclid geometry)을 초기 연구한 수학자. 그의 책 『*모든 오류로부터 해방된 유클리드*(*Euclides ab Omni Naevo Vindicatus*, 1733)』는 실질적으로 유클리드의 **평행선 공준**(parallel Postulate)을 증명하려고 시도했으나 **쌍곡기하학**(Hyperbolic geometry)과 **타원기하학**(Elliptical geometry)의 초석이 되는데 그쳤다.

saddle (안장)

산봉우리도 아니고 분지도 아니지만 0의 기울기(gradient)를 가진 점이 존재하는 형태의 곡면. 안장점들은 한 방향으로는 오르막이고 다른 방향은 내리막인 지점에 위치한다. *안장함수*(*saddle function*) $f(x, y)$는 두 벡터 x와 y(보통 서로 다른 **벡터공간**(vector space)에 속하는)의 **함수**(function)이며, x 방향으로는 위로 **오목**(concave)하고 y 방향으로는 아래로 오목하다. 또한 **유사구**(pseudosphere)이다.

St. Ives problem (성 아이브스 거리 문제)

마더구스(Mother Goose)의 잘 알려진 전래 동요인 "내가 상트 아이브스로 가고 있을 때"에 있는 간단한 셈법 퍼즐.

> 내가 상트 아이브스로 가고 있을 때 7명의 부인을 가진 남자를 만났다. 7명의 부인은 각각 7개의 가방을 가지고 있었다. 각각의 가방에는 7마리의 고양이가 있었다. 각각의 고양이는 7마리의 새끼고양이를 배고 있었다. 새끼고양이, 고양이, 가방, 부인들을 합하여 모두 몇 명이 아이브스 거리로 향하고 있었나?

위의 사람들과 물건들은 **등비수열**(geometric sequence)을 이룬다. 7부인 + 7^2가방 + 7^3고양이 + 7^4새끼고양이 = 7 + 49 + 343 + 2,401. 이것의 총합은 2,800(말하는 자가 그 남자의 또 다른 부인이라면 총합은 2,801)이다. "내가 1명의 부인을 가진 한 남자를 *만났다*(*met*)."라는 문장은 사람들과 물건들이 모두(2,800) *반대 방향*(*opposite direction*)으로 가고 있다는 것을 의미하므로 이 전래 동요에 대한 정답은 1[1)]이라고 말해진다!

비슷한 문제와 해답은 B.C.1650년경에 필경사 아흐모세(Almose)가 쓴 **린드 파피루스**(Rhind papyrus)에 포함돼 있다(더러는 더 오래된 B.C.1880년경에 쓴 문서에서 베껴 쓴 것도 있다). 거듭제곱승의 한 항이 하나 더 추가된 등비수열은 7집 + 49고양이 + 343쥐 + 2,041곡식낟알 + 16,807헤켓(곡식의 측정 단위)으로 합은 19,607이다.

St. Pertersburg paradox (성 페테르부르크 역설)

1713년에 니콜라우스(I) 베르누이(Nikolaus(I) Bernouli, **베르누이 집안**(Bernouli Family) 참조)가 제안한 게임에서 일어나는 이상한 사건. 니콜라우스의 사촌 다니엘이 *성 페테르부르크 임페리얼 과학 아카데미*(*Commentaries of the Imperial Academy of Science of St. Persburg*)에서 1738년에 발표한 이 역설에 관한 논문 때문에 이 이름이 붙여졌다. 그 게임은 다음과 같다. 동전을 던졌을 때 앞면이 나오면 앞면에 돈을 건 당신이 돈에 상관없이 당신이 이기고 게임은 끝난다. 만약 동전의 뒷면이 나오면 판돈을 두 배로 올리고 동전을 다시 던질 수 있다. 게임이 시작되고 처음 동전을 던졌을 때 앞면이 나오면 \$2를 받고, 뒷면이 나오면 동전을 다시 던진다. 앞면이 나오면 \$4를 받고, 뒷면이 나오면 동전을 다시 던지는 게임이 계속된다. 동전 n번을 던졌을 때 n번째 처음으로 앞면이 나왔다면 $\$2^n$를 받는다. 당신의 유일한 딜레마는 게임을 계속하기 위해 돈을 지불해야만 한다는 데 있다. 얼마를 기꺼이 지불할 것인가? 고전적인 의사 결정 이론에 따르면 최대 기대 상금만큼 지불해야 한다고 한다. 기대 상금은 건 판돈에 그 돈을 받게 될 확률을 곱하고 이것들을 모두 더하면 구해진다. \$2의 상금을 받을 확률은 1/2(동전을 던졌을 때 첫 번째가 앞면); \$4의 상금을 받을 확률은 1/4(동전을 던졌을 때 첫 번째는 뒷면이고 두 번째는 앞면); \$8의 상금을 받을 확률은 1/8(동전을 던졌을 때 첫 번째, 두번째는 뒷면이고 세 번째는 앞면); 등. 각 동전을 던질 때마다 기대 상금은 \$1(\$2 × 1/2, \$4 × 1/4 등)이고 이것은 무한 번 있으므로, 합하면 전체 기대 상금은 무한대의 돈이 된다. 이성적인 갬벌러라면 참가비가 기대 상금보다 작아야 이 돈을 지불하고 게임을 한다. 성 페테르부르크 게임에서는 참가비가 유한하다면 항상 기대 상금

역자 주

1) 말하는 자만 아이브스가로 가고 나머지는 모두 반대 방향으로 가고 있으므로.

보다 작으므로 이성적인 갬벌러는 아무리 참가비가 많더라도 이 돈을 지불하고 게임을 해야 할 것이다! 그러나 이것엔 분명히 잘못된 무엇인가가 있다. 대부분의 사람들은 $4 이상의 상금을 받을 확률이 25% 이하이고 거금을 쥘 확률은 매우 낮다는 이유로 $5에서 $20 사이의 참가비를 내려고 한다. 기대 상금이 무한대인데도 많은 돈의 참가비를 지불하고 왜 게임을 하려는 자가 없는지에 역설이 숨어 있다. 이 같은 미스터리에 대한 해답을 다니엘 베르누이(Daniel Bernoulli)와 또 다른 스위스의 수학자 가브리엘 크리머(Gabriel Cremer)가 제공했다. 확률론뿐만 아니라 심리학과 경제학 분야까지 포함하여 설명한다. 베르누이와 크리머는 동일한 금액이라도 그것을 소유한 자에 따라 효용이 다르다는 것을 지적했다. 예를 들어 백만장자는 $1에 돈의 가치를 전혀 못느끼지만 거지에게는 배고픔을 달랠 만큼의 가치가 있다. 비슷한 논리로 2백만 달러의 효용은 1백만 달러 효용의 2배가 아니다. 성 페테르부르크 게임에서 중요한 사실은 게임에서 *기대 효용*(*expected utility*)이 *기대 상금*(*expected prize*, 상금과 그 상금을 받을 확률의 곱에 대한 효용)보다 훨씬 적다는 데 있다. 이런 설명은 보험업의 이론적인 기초를 이루고 있다. **효용함수**(**utility function**)가 존재한다는 의미는 예를 들어 대부분의 사람들은 각각 50% 확률로 $70 또는 $130를 받을 수 있는 복권을 사는 것보다는 현금 $98를 보유하는 것–이 복권의 기대 상금은 $100로 더 많지만–을 선호한다. 그 차이인 $2는 대부분의 사람들이 보험료로 지불할 수 있는 금액이다. 많은 사람들이 어떤 위험(risk)을 피하기 위하여 보험을 드는 동시에 다른 종류인 위험(risk)을 감수하더라도 복권을 사는데 돈을 쓰는 것이 또 다른 역설로 아직도 설명이 제대로 되지 않고 있다.

salient (소금통)

철점(*salient point*, 凸占)은 곡선의 두 부분이 만나 멈추는 점이며 그 점에는 다른 두 **접선**(**tangent**)이 존재한다. *철각*(*salient angle*, 凸角)은 **다각형**(**polygon**)의 바깥쪽으로 향하는 각이다. **요각**(**reentrant angle**)과 비교해 보시오.

salinon (소금통/소금그릇)

네 개의 반원을 연결하여 만든 도형. 단어 '*salion*'은 이 도형이 닮은 소금통(salt-cellar)을 뜻하는 그리스어이다. **아르키메데스**(**Archimedes**)는 『*정리의 책*(*Book of Lemmas*)』에서 이 소금

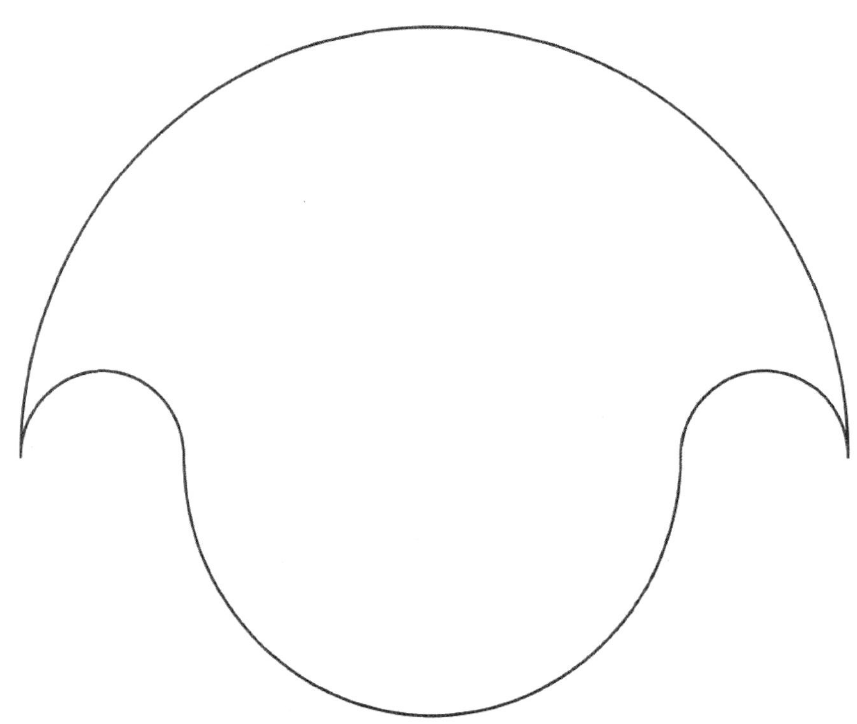

소금통(salinon) © *Jan Wassenaar, www.2dcurves.com*

통 도형의 면적은 맨 윗부분과 맨 아랫부분을 연결하는 선분을 지름으로 하는 원의 면적과 같음을 증명했다. 또한 **제화공의 칼**(arbelos)을 보시오.

Sallows, Lee C. F. (살로스, 1944-)

전자공학 기술자로, 열광적인 퍼즐 지지자인 영국인. 네덜란드의 니즈메겐(Nijmegen) 대학에 근무하고 있다. 유희수학(recreational mathematics)에서 그가 이룬 업적들 중에서는 **자가 열거 문장**(self-enumerating sentence)을 처음으로 창안했고(1982년에 발표), 1986년에 **철자방진 사각형**(alphamagic squares)을 소개했고, 1990년에 *골리곤*(*golygon*)이란 새로운 단어를 만들었고, 1992년에 리플렉시콘(reflexicon, 최소의 자가 열거 구(phares))을 발명했고, 1997년에 3 × 3 **매직 사각형**(magic squares)에 대한 평행사변형 정리를 입증했고, 2001년에 **기하적 마방진**(geometric magic square)을 발견했다.

scalar (스칼라)

여러 값을 포함하는 하나의 수나 값(벡터, 행렬, 또는 배열 등과는 아주 다른)으로 표시된 양(quantity). 스칼라의 예는 질량, 부피, 온도 등이다. *스칼라 장*(*scalar field*)은 공간에 분포된 스칼라 값들의 배열이다.

scalene triangle (부등변삼각형, 不等邊三角形)

변의 길이가 모두 다른 **삼각형**(triangle).

schizophrenic number (스키쳐프레닉수)

무리수(irrational number)의 비공식 이름. 이 수를 소수 전개하면 끊임없이 반복해서 나타나는 **유리수**(rational number) 패턴을 보여준다. 스키쳐프레닉수는 다음과 같이 얻을 수 있다. 모든 양의 정수 n에 대해서 $f(n)$을 초기값이 $f(0) = 0$인 점화식 $f(n) = 10f(n - 1) + n$을 만족하는 정수라 하자. 그러면 $f(1) = 1$, $f(2) = 12$, $f(3) = 123$ 등이다. n이 홀수인 정수일 때 $f(n)$의 제곱근은 한동안 유리수가 나타나고 그리고 무리수로 분해되는, 기이하게 혼합된 수이다. 이것은 $\sqrt{f(49)}$를 소수 전개했을때 첫 500개의 숫자를 나타내 보면 잘 설명된다:

1111111111111111111111111.111111111111111111111111 0860
555555555555555555555555555555555555555555555 2730541
666666666666666666666666666666666666666666 296260347
2222222222222222222222222222222222222222 0426563940928819
4444444444444444444444444444444444444 3877555512504011718749
99999999999999999999999999999999 80824968771148630533854
1666666666666666666666666666 598718573862144063865559895
8333333333333333333333 0843460407627608206940277099609374
9999999999999999 06422275875559830666639430321587456597
222222222 1863492016791180833081844 ⋯

같은 숫자가 반복되는 줄은 계속해서 짧아지고 숫자가 뒤섞여 있는 줄은 점점 커져서 결국 같은 숫자가 반복되는 줄은 사라진다. 하지만 원하는 만큼 크게 n을 증가함으로써 반복되는 줄이 사라지는 것을 미연에 방지할 수 있다. 반복되는 숫자는 항상 1, 5, 6, 2, 4, 9, 6, 3, 9, 2, ⋯ 이다.

Schläfli, Ludwig (슐래플리, 1814-1895)

기하학, 산술, 함수론을 주로 하는 독일의 수학자. 그는 3차원 공간의 구를 유클리드 4차원 공간의 **초구**(hypersphere, 超球)의 곡면으로 볼 수 있다는 생각을 제안했고 이는 **비유클리드 기하학**(non-Euclidean Geometry)에 중요한 기여를 했다. 슐래플리(Schläfli)는 학교 선생님으로 출발한 아마추어 수학자였다. 그는 또한 전문 언어학자였고 산스크리트어를 포함하여 많은 언어를 구사했다. 1843년에 훌륭한 수학자인 야코프 **슈타이너**(Jakob Steiner), 칼 **야코비**(Karl Jacobi), 피터 **디리클레**(Peter Dirichlet)가 로마를 방문했을 때 통역사로 봉사했으며 그들로부터 많은 것을 배웠다. 10년 뒤에 베른(Bern) 대학에서 수학교수가 되었다. 하지만 그가 죽은 후 몇 년 뒤인 1901년에 대표작 『*연속 다양체론*(*Theory of Continuous Manifolds*)』이 발간됨으로써 그의 진가를 알아보게 되었다.

Schläfli symbol (슐래플리 기호)

정다면체 또는 반정다면체, 정**쪽매맞추기**(regular tessellation) 또는 반정쪽매맞추기의 **꼭짓점**(vertex)에서 만나는 각 **다각형**(polygon)의 모서리 수를 나타내는, 루드비히 슐래플리(Ludwig Schläfli)가 고안한 표기. **플라톤 다면체**(Platonic solid)에서 $\{p, q\}$로 표기할 때 p는 각 면의 모서리 수, q는 각 꼭짓점에서 만나는 면의 수를 나타낸다.

schoolgirls problem (학교 소녀들의 문제)

토마스 **커크만**(Thomas Kirkman) 목사의 1847년[188] 논문과 같은 주제로 쓴 후속 논문으로, 1850년 편지로 제기한 **조합론**

S

문제이다. 어떤 학교 여교사와 15명의 어린 여학생이 있었는데, 이 여교사는 학생들에게 매일 산책을 시키고 싶어 했다. 소녀들은 세 명씩 한 조가 되어 다섯 열로 산책을 나가야 한다. 어느 두 소녀도 주당 한 번 이상 같은 열에서 산책을 할 수 없다. 이것이 가능한가?

사실 n이 3의 배수이면 좀 더 일반적인 질문이 가능하다. n명의 소녀들이 $(n-1)/2$일 동안 산책을 할 때 어느 누구도 한 번 이상 다른 소녀와 같은 조가 되지 않게 산책할 수 있는가 하는 문제가 된다. $n = 9, 15, 27$에 대해서는 1850년에 해결됐고, 그 뒤 이에 대한 많은 연구가 행해졌다. 어느 두 기호도 한 번 이상 같은 짝이 되지 않고, n개 기호로 세 개가 한 짝이 되게 얼마나 많이 만들 수 있는가라는 일반적 문제를 풀기 위해 슈타이너 트리플 체계(Steiner triple system) 연구가 시작됐다. 하지만 야코프 **슈타이너**(Jacob Steiner)는 이 문제와 상관없기에 마땅히 커크만(Kirkman)의 이름을 따서 붙여야 한다. 이 문제는 현대 **조합론**(combinatorics)에 매우 중요하다.

Schröder's reversible staircase (슈뢰더의 가역 계단)

슈뢰더가 1858년에 그린 **모호한 그림**(ambiguous figures)의 고전적 예. **펜로즈 계단**(Penrose stairway)과 혼동하지 말아야 한다.

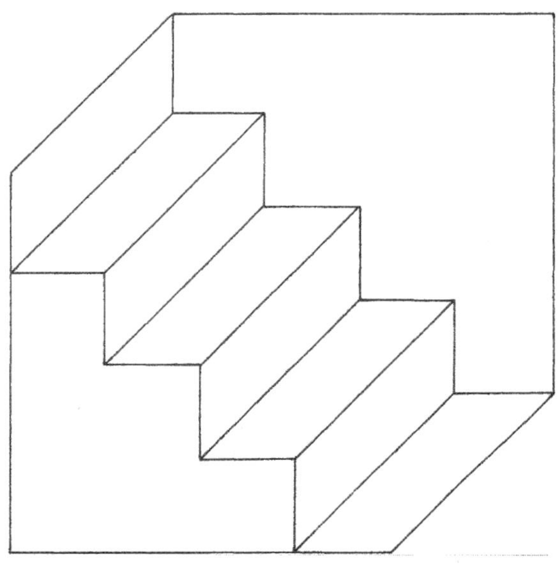

슈뢰더의 가역 계단(Schröder's reversible staircase)

Schubert, Hermann Cäsar Hannibal (슈베르트 헤르만 케사르 하니발, 1848-1911)

유한 해를 포함하는 대수기하학 분야인 계수적 기하학(enumerative geometry)을 주로 연구한 독일의 수학자. 그는 또한 유희 수학을 폭넓게 썼다.

Schuh, Frederick (슈 프레드릭, 1875-1966)

여러 권의 교과서와 『*수학적 레크리에이션의 완성*(*The master of Mathematical recreations*, 1943)』(1968년에 도버 출판사[291]의 영문판이 나옴)을 포함하여 수학적 레크리에이션에 관한 많은 책을 썼다. 슈는 델프트 공과대학(Technische Hoogeschool at Delft, 1907-1909과 1916-1945)과 그로닝겐(Groningen, 1909-1916) 대학의 수학 교수였다.

scientific notation (과학적 표기법)

$a \times 10^n$ 형태의 수. a는 1보다 같거나 크고 10보다 작은 **실수**(real number)이고, n은 정수이다. 과학적 표기법은 **큰 수**(large number)를 간결하게 쓰는 방법이다.

scintillating grid illusion (재미있는 격자무늬 착시)

헤르만 격자무늬 착시(Hermann grid illusion)를 보시오.

score (스코어)

20개 항목의 그룹. 이 단어는 일련의 작은 20개의 표시를 하나의 큰 표시로 나타내는 고대 스칸디나비아 말 *skor*에서 유래됐다. 이 *skor*는 "자르는", "얇게 써는"을 뜻하는 인도-유럽어 sker에 뿌리를 두고 있다. 약 1400년경에 스코어(score)는 기록(record) 또는 지불액(amount due)-누적 총액을 뜻하는 단어였다. 상인이나 여관 주인 계좌의 총액을 나타내는 보통 단어가 되었다. 따라서 *to settle the score*라는 말은 원래 돈을 지불하다는 뜻이었다. 그러나 '누구에게 복수하다'는 비유적인 의미로 쓰였고, 그 표현이 오늘날 일반적인 뜻이 되었다. 스코어의 좀 더 일반적인 의미로는 매일 운동 경기 결과의 기록을 나타낼 때 사용되는 것을 말한다.

search space (탐색 공간)

어떤 문제의 해를 찾기 위해 탐색해야 하는 모든 가능한 해의 특징들.

secant (할선, 割線)

두 점이나 그 이상의 점에서 곡선과 만나는 직선.

second (초, 秒)

시간과 각도를 나타내는 단위. 1초는 1분(minute)의 60분의 1이다. 문자 그대로 1시간이나 원을 첫째로 나눈 게 분이고, 이것을 다시 나눈 게 초이며, 라틴어 *secundus*에서 왔다. 국제 단위계(System International d'Unites)에서 1초의 정의는 지상에서 절대 온도 0°K(Kelvin) 하에서 세슘-133 원자에서 방출된 특정한 파장의 빛이 9,192,631,770번 진동하는 데 걸리는 시간이다.

secretary problem (비서 문제)

술탄의 지참금(sultan's dowry)을 보시오.

sector (부채꼴)

원(circle)에서 두 반지름과 **호**(arc)로 둘러싸인 부분.

segment (선분/활꼴, 線分)

선분은 직선 상의 두 점과 그 사이의 점으로 구성되는 직선의 일부분으로 길이는 유한이고, 활꼴은 **원**(circle)에서 **현**(chord)과 현을 마주보는 **호**(arc)로 둘러싸인 부분.

self-enumerating sentence (자기 열거 문장)

오토그램(autogram)으로도 알려진 **자기 언급 문장**(self-referential sentence). 본문은 그것의 문장에 있는 글자를 열거하는 내용으로 구성돼 있다. 1982년에 발간된 저널 *Scientific American* 1월호에 발표한 논문에서, 리 **살로스**(Lee Sallows)가 영어에 그런 문장이 존재하는가라는 질문의 답을 했다.

> 바보가 아니라면 그의 문장이 열 개의 *a*, 세 개의 *b*, 네 개의 *c*, 네 개의 *d*, 사십 여섯 개의 *e*, 열여섯 개의 *i*, 네 개의 *k*, 열세 개의 *h*, 열다섯 개의 *i*, 두 개의 *k*, 아홉 개의 *l*, 네 개의 *m*, 스물다섯 개의 *n*, 스물네 개의 *o*, 다섯 개의 *p*, 열여섯 개의 *r*, 마흔한 개의 *s*, 서른일곱 개의 *t*, 열 개의 *u*, 여덟 개의 *v*, 여덟 개의 *w*, 네 개의 *x*, 일곱 개의 *y*, 스물일곱 개의 콤마, 스물세 개의 아포스트로피, 일곱 개의 하이픈, 그리고 마지막으로 하나의 !로 구성되어 있다는 것을 어렵지 않게 확인할 수 있다

이 놀라운 문장은 비록 세 알파벳 글자(*j*, *q* 그리고 *z*)를 열거하는 데 실패했지만 그 속에 있는 글자수와 구두점을 세고 있다. 살로스(Sallows)는 이어서 이런 형태의 문장을 찾을 목적으로 "팬그램 머신(pangram machine)"라는 컴퓨터를 만들려고 했다.

아주 성공적이라 볼 수 있는 문장 중 하나는 다음과 같다.

> 이 팬그램은 네 개의 *a*, 한 개의 *b*, 한 개의 *c*, 두 개의 *d*, 스물아홉 개의 *e*, 여덟 개의 *f*, 세 개의 *g*, 다섯 개의 *h*, 열한 개의 *i*, 한 개의 *j*, 한 개의 *k*, 세 개의 *l*, 두 개의 *m*, 스물두 개의 *n*, 열네 개의 *o*, 두 개의 *p*, 하나의 *q*, 일곱 개의 *r*, 스물여섯 개의 *s*, 열아홉 개의 *t*, 네 개의 *u*, 다섯 개의 *v*, 아홉 개의 *w*, 두 개의 *x*, 네 개의 *y*, 그리고 한 개의 *z*를 열거한다.

self-intersecting (자기 교차)

*자기 교차 다각형*은 모서리들이 다른 모서리들과 교차하는 **다각형**(polygon)이다. *자기 교차 다면체*는 면들이 다른 면들과 교차하는 **다면체**(polyhedron)이다.

self-organization (자기 조직화)

새로운 창발적인 구조, 패턴과 성질들이 외부와 차단되고 내부에서 자율적으로 일어나는 **복잡계**(complex system)에 존재하는 과정.

자기 조직화는 중앙 집권적이고 계급적인 "지휘와 통제" 센터에서 통제되지 않고 일반적으로 시스템 전반에 분포돼 있다. 자기 조직화가 되기 위해서는 적절한 조건 하의 복잡한 **비선형계**(nonlinear system)가 필요하다. 이런 조건들은 다양하게 묘사될 수 있는데 "평형에서 멀리 떨어진", "분기(bifurcation)" 또는 "혼돈의 가장자리"에 이르는 통제 모수의 임계값 등으로 묘사될 수 있다. 자기 조직화는 헤르만 **하켄**(Herman Haken)[2]이 창립한 시너지틱스 스쿨(Synergetics School)은 물론 일리야 프리고진(Ilya Prigogine)[3]과 그의 추종자들이 1960년대에 물리계에서 처음 조사했고, 현재는 주로 컴퓨터 모의실험(**세포 자동자**(cellula

S

역자 주

2) 1927-현재, 독일의 물리학자, 시너지스틱스의 창시자.

3) 1917-2003, 러시아의 화학자.

automation) 참조), 불 네트워크(Boolean Networks), **인공 생명(artificial life)** 현상을 통해 많이 연구되고 있다. 하지만 경제, 뇌 신경계, 면역 체계, 생태계를 포함하여 매우 다양한 시스템에서 창발적이고 공통적인 행동을 이해하는 필수적 방법이라 인식하여 자기 조직화를 재정비하고 있다. 엔트로피 원리(열역학 제2법칙)에 따라 무질서의 증가를 강조한 과거와 대조적으로, 이제 복잡계는 자기 조직화를 통해 시스템 질서가 이루어진다는 생각이 기본적인 경향이다. 하지만 자기 조직화는 엔트로피를 부정하기보다는 비선형 복잡계에서 엔트로피가 증가하는 것으로 이해해야 한다.

self-organized criticality (자기 조직화된 임계)

여러 부분이 서로 작용하는 시스템이, 안정되거나 불안정한 상태도 아닌 **상 전이(phase transition, 相転移)** 경계인 임계점에서 동적으로 자신의 행동을 어떻게 바꾸는지를 설명하는 수학적 이론.

또 **혼돈의 모서리(edge of chaos)**와 **자기 조직화(self-organization)**를 보시오.

self-referential sentence (자기 언급 문장(文章))

그 문장 외 어떤 것도 언급하지 않는 문장. 여기 몇 개의 보기가 있다:

이 서술문은 짧다.
이 문장은 다섯 개의 단어로 이루어져 있다.
이 문장의 마지막 단어는 "wrong"이다.
"pentasyllabic"은 5음절이다.
이 질문에 대한 대답은 얼마나 길어요? 열 글자.

더러 자기 언급 진술은 농담 형태를 취한다. 예를 들면:

성공에 대한 두가지 법칙은: 당신이 알고 있는 모든 것을 결코 말하지 말아라.
이 세상에 세 가지 종류의 사람이 있다: 수를 셀 수 있는 사람과 셀 수 없는 사람.

마지막으로 더러는 격언의 형태를 취한다. 토마스 매콜리(Thomas Macaulay, 1800-1859)의 격언은:

어떤 것도 일반 격언만큼 쓸모 없진 않다.

또한 **호프스타터의 법칙(Hofstadter's law)**을 보시오.

self-similarity (자기 유사성 (類似性))

어떤 물체의 일부분이 전체와 같거나 비슷하게 보이는 성질. 해안선이 자기 유사성을 가지고 있다. 통계적으로 자기 유사한 대상들이 세상에 많다: 그것의 부분을 잘라서 살펴보면 다양한 크기로 같은 통계적 성질을 보여준다. 자기 유사성은 **프랙탈(fractal)**의 본질을 나타내는 특징이다.

semigroup (반군, 半群)

새로운 값을 정의하기 위해 덧셈이나 곱셈처럼 원소들의 결합 방법이 정의된 집합(set). **군(group)**의 몇몇 성질들만 만족한다. 특히, 반군은 **항등원(identity)**을 가질 필요가 없으며 각 원소들은 **역원(inverse)**을 가질 필요가 없다.

semi-magic square (준마방진, 準魔方陣)

n^2개 정사각형 모양의 배열. 어떤 행이나 열에 있는 n개의 정사각형 합이 같다(마법합이라 알려짐). 또한 **마방진(magic square)**을 보시오.

semi-regular polyhedron (준정다면체)

두 개나 그 이상의 **정다각형(regular polygon)**으로 구성되는 **다면체(polyhedron)**. 각 정다각형의 꼭짓점은 같다. 아르키메디안 입체(Archimedean solids), 각기둥(prism), 반각기둥(antinprism)과 **비볼록 균일 다면체(nonconvex uniform polyhedron)**가 이 범주에 속한다.

Senet (세넷)

고대 이집트에서 평민과 귀족 모두가 대중적으로 즐긴, 두 사람이 하는 보드 게임. 현대의 **백가몬(backgammon)** 게임의 원조로 여겨진다. 게임 규칙은 알려져 있지 않지만 지금까지 40개의 게임판이 무덤 벽에 그려진 게임 그림과 함께 발견됐는데 더러는 상태가 매우 좋고, 연대는 헤지(Hesy) (c. 2686-2613 B.C.)왕의 통치기까지 거슬러 올라간다. 세넷 또는 "통과 게임(game of passing)"은 직사각형 보드에서 게임이 진행된다. 행운이나 불행을 나타내는 "집(houses)"이라 불리는 정사각형이 각 행에 10개씩 일렬로 배열돼 있고 세 행으로 구성돼 있다. 보드는 격자무늬판으로 나무나 다른 귀금속의 부드러운 표면이나 공들여 만든 상자 위에 그려져 있다. 잘 보존된 세넷판은 투탕카멘 무덤에서 발견됐다. *ibau*(이집트어로 "댄서(dancer)")로

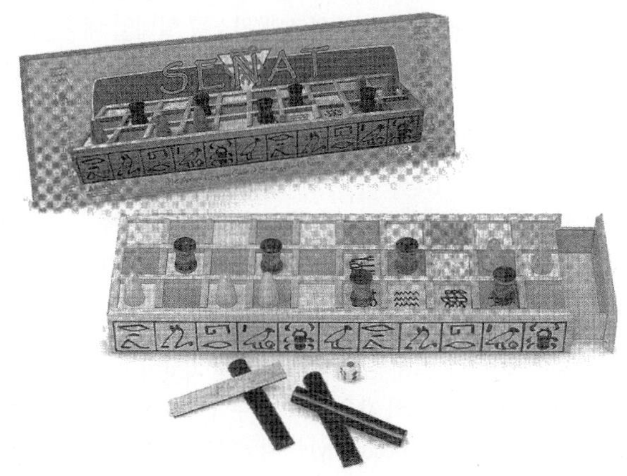

세넷(Senet) **고대 이집트 보드 게임의 현대판.** *Fundex Games Ltd.*

불리는 말들은 플레이어당 다섯 개에서 열 개까지 다양했고 다섯 개와 일곱 개가 가장 흔했다. 원뿔 모양의 말은 얼레 모양의 말과 겨루게 된다. 자기의 말을 보드에 올려놓고 S자 형태로 움직이다가 마지막으로 보드 반대편 끝에서 자기 말을 내려 놓는 것이 목적이다. 전략은 (백가몬 게임에서와 같이) 운에 많이 좌우되며 네 면이 있는 막대기(헤지 무덤 벽화에 설명된 대로)를 던짐으로 진행됐고, 시간이 지나서는 너클본(knucklebone)을 던짐으로 진행됐다. 신왕조(New Kingdom) 시대에 게임 설명을 보면 시합에서 가끔 한 사람의 게임 플레이어만 있고 게임 상대방은 사후 세계에서 온 영혼임을 알 수 있다. 이것은 세넷 게임이 단순한 오락에서 벗어나 저승에서 온 죽은 자의 여행을 상징적으로 표현한 것으로 해석할 수 있다.

또한 **아홉 명의 모리스**(nine men's morris)를 보시오.

sensitivity (감수성, 感受性)

단지 조그만 **변화**(perturbation)에도 극적으로 변하는, 혼돈 상태(**혼돈**(chaos) 참조)일 수도 있는 시스템 경향.

sequence (수열, 數列)

유한 개나 무한 개의 값들의 순서 리스트. 여러 형태의 수열 중에 **등차수열**(arithmetic sequence), **등비수열**(geometric sequence), **조화수열**(harmonic sequence)이 있다.

series (급수, 級數)

수열(sequence)의 모든 항 또는 일부 항의 합. 급수는 항들이 점점 많이 더해짐에 따라 특정한 값으로 *수렴할*(*converge*) 수도 수렴하지 않을 수도 있다. 급수 각 항의 절댓값의 합이 수렴한다면 *절대수렴한다*(*absolutely convergent*)고 한다. 이 경우에 급수의 각 항을 어떤 순서로 더하더라도 수렴한다. 각 항의 배열 방법에 따라 다른 값으로 수렴하는 급수를 *조건수렴한다*(*conditionally convergent*)고 한다.

serpentine (스펜타인곡선)

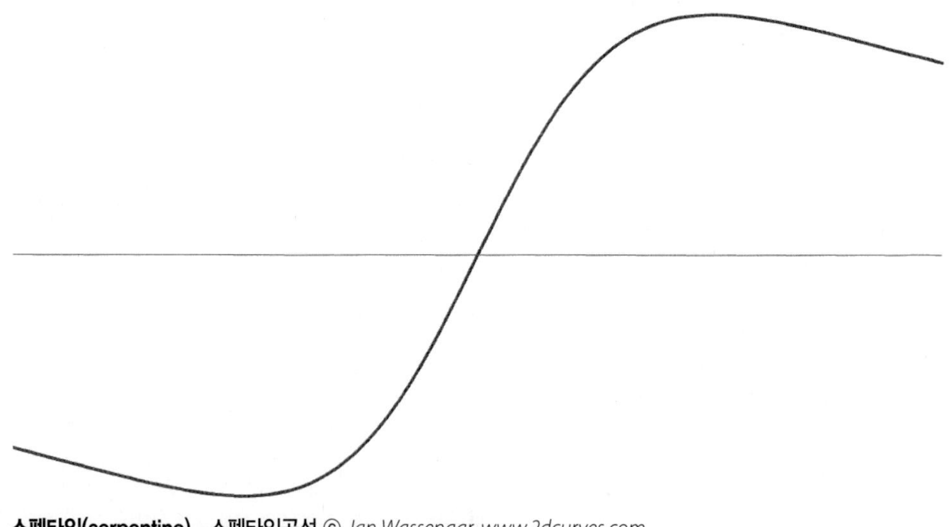

스펜타인(serpentine) 스펜타인곡선 © *Jan Wassenaar, www.2dcurves.com*

1701년 아이작 **뉴턴**(Newton)이 이름 붙이고 연구한 곡선. 그는 이것을 **삼차곡선**(cubic curve)으로 분류했다. 이 곡선은 앞서 1692년에 **로피탈**(de L'Hôpital)[4]과 크리스티앙 **하위헌스**(Christiaan Huygens)[5]가 연구했다. 이 곡선은 데카르트식

$$y(x) = abx / (x^2 - a^2)$$

으로 주어진다.

set (집합, 集合)

원소(*element*)로 알려진 대상들의 유한 개 또는 무한 개의 모임. 집합은 수학에서 가장 기초적이고 중요한 개념 중의 하나이다. 예를 들면, 1에서 58까지의 자연수는 유한집합이고, 모든 **유리수**(rational number)들의 집합은 무한집합이다. 두 집합이 같을 필요충분조건은 똑같은 원소를 포함해야 한다. 표준 표기법은 {red, green, blue}와 같이 중괄호(braces) 안에 원소 리스트를 넣어 표기한다. 두 집합 A, B에서 A에 속하는 각 원소 x가 또한 B에 속한다면 A를 B의 *부분집합*(*subset*)이라 한다. 모든 집합은 **공집합**(empty set)과 자기 자신을 부분집합으로-*진부분집합*(*improper subset*)으로 알려진-가진다. 집합들의 모임 $S=\{S_1, S_2, S_3, \cdots\}$의 *합집합*(*union*)은 그 집합의 각 원소가 집합 $S_1, S_2, S_3, \cdots$ 중에 적어도 하나의 원소가 되는 집합이다. 집합들의 모임 $T = \{T_1, T_2, T_3, \cdots\}$의 *교집합*(*intersection*)은 그 집합의 각 원소가 집합 $T_1, T_2, T_3, \cdots$ 모두의 원소가 되는 집합이다. 두 집합 A_1과 A_2의 합집합과 교집합은 각각 $A_1 \cup A_2$과 $A_1 \cap A_2$로 나타낸다. X의 모든 부분집합들의 집합을 멱집합(power set)이라 하며 2^X 또는 $P(X)$로 나타낸다. 또한 **집합론**(set theory), **벤 다이어그램**(Venn diagram), **러셀의 역설**(Russell's paradox)을 보시오.

set of all sets (모든 집합들의 집합)

러셀의 역설(Russell's paradox)을 보시오.

set theory (집합론, 集合論)

19세기 말에 게오르그 칸토르가 만든 **수학**(mathematics)의 한 분야. 처음에는 논란이 많았지만 (수나 함수와 같은) 수학적 대상들의 존재성과 그 대상들의 성질에 관한 가정이 타당함을 보여준다는 점에서 집합론은 현대수학의 기초적인 역할을 하고 있다. 수학적으로 엄밀한 증명을 할 때 집합론 형식은 중요한 이론적 역할을 한다. 칸토르가 기본적으로 발견한 것은 두 집합 A, B가 같은 개수의 원소를 가지고(동일한 집합의 크기(cardinality)) 있다면 A의 원소와 B의 원소를 일대일 대응시키는 방법이 있다는 것이다. 세기가 바뀔 즈음에 나타난 **러셀의 역설**(Russell's paradox)과 같은 집합론에 관련된 역설은 1908년에 에른스트 체르멜로(Ernst Zermelo)의 공리적 집합론 형성을 촉발시켰다. 일반적으로 선택 공리(axiom of choice)와 더불어 현재 *체르멜로-프렝켈*(Zermelo-Fraenkel) 공리라 불리는 집합론 공리가 가장 빈번하게 연구·사용되고 있다. 선택 공리를 포함하는 체르멜로-프렝켈 공리를 흔히 단축하여 *ZF* 또는 *ZFC*로 표현한다. *ZFC*의 중요한 특징은 그것이 다루는 대상이 모두 집합이라는 점이다. 특히 집합의 각 원소 그 자체가 또한 집합이다. 이와 마찬가지로 수와 같은 친숙한 수학적 대상은 집합 용어를 사용하여 차례로(subsequently) 정의돼야 한다는 점이다.

seven (7/칠/일곱)

7은 사람들이 생각하는 행운의 수이고, 훨씬 더 정신적으로 중요하다고 여기는 수이다. 처음 종교·문화적으로 사용됐고 한 주가 칠일인 것은, 달이 약 28일에 걸쳐 네 개의 상(phase)을 거치는데 각 상은 딱 7일로 나누어진다는 사실에서 유래한다. 하늘에는 맨눈으로 볼 수 있는 일곱 개의 움직이는 행성(해, 달, 수성, 금성, 화성, 목성, 토성), 칠대양(七大洋)[6], 일곱 건축 양식(order), 7대 죄악[7], 예술과 과학의 일곱 개 기초 교양 과목[8], 일곱 난장이가 있다. 일곱 번째 아들의 일곱 번째 아들은 재능이 있는 아이로 태어난다고 여겨진다(도니 오스몬드(Donny Osmond)가 그런 사람이었다). 성경에 7년의 기근과 7년의 풍년이 있었고, 솔로몬 왕의 신전을 짓는 데 7년이 걸렸다고 적혀 있다. 각 삼각형과 사각형-교단에 굉장히 중요한 모양-의 모서리의 수인 3과 4의 합인 수인 7은 특히 피타고라스 학파의 강한 흥미를 불러일으켰다. 7을 솔로몬 왕 신전과 연관시키고 피타고라스학파가 7을 분석했다는 것을 보면 프리메이슨리(freemasonry)[9]는 7을 얼마나 중요시 했는지를 잘 말해 준다. 7은 그것의 역수가 한 개 이상의 순환마디를 가진 가장 작은 양의 정수이고: $1/7 = 0.142857142857 \cdots$ $1/n$의 순환마디의 길이가 $n-1$인(가장 긴 길이의 순환마디가 존재할 수 있다) 가

역자 주

4) 1661-1704, 프랑스의 수학자.

5) 1629-1695, 네덜란드의 수학자, 자연철학자, 천문학자, 물리학자, 통계학자, 시계학자.

6) 북태평양(北太平洋), 남태평양(南太平洋), 북대서양((北大西洋), 남대서양(南大西洋), 인도양(印度佯), 북극양(北極佯), 남극양(南極佯).

7) 교만(pride), 탐욕(greed), 시기(질투)(envy), 분노(wrath), 음욕(lust), 탐식(gluttony), 나태(sloth).

8) 문법, 수사(修辭), 논리, 산술, 기하, 음악, 천문.

장 작은 수이다. 7 다음의 수들은 17, 19, 23, 29, 47, 59, 61, 97, 109, 113, …이다. 오래된 다른 골동품은 1929년에 만들어진 감귤류 탄산음료 7-UP인데 이렇게 부르는 이유는 원래 용기가 7온스이고 "up"은 거품이 위로 올라오는 것을 뜻하며, 그리고 7은 어떤 종이를 접더라도 최대로 접을 수 있는 횟수이다(직접 해 보시오!).

seventeen (17/십칠/열일곱)

"1에서 20 사이의 수에서 무작위로 한 수를 선택하시오."라는 질문을 할 때 가장 빈번하게 선택되는 수. 17은 *페르마 소수*(*Fermat prime*, n이 양의 정수이고 $2^{2^n}+1$ 형태의 소수(prime number))이고, *메르센 소수*(*Mersenne prime*)의 지수(2^p-1이 소수인 소수 p)이고, 네 개의 연속인 소수 $(2+3+5+7)$의 합으로 나타나는 유일한 소수이다. 17은 또한 세제곱을 했을 때 나타나는 숫자들의 합과 일치하는 가장 작은 수이다. 즉, $17^3 = 4913$, $4+9+1+3=17$, 그리고 서로 다른 두가지 방법으로 a^2+b^2 형태로 쓸 수 있는 가장 작은 수이다: $17 = 3^2+2^3 = 4^2+1^3$. 합이 17인 쌍 (8, 9)는 한 수는 제곱이고 다른 수는 세제곱인 연속인 수의 유일한 쌍이다(레온하드 **오일러**(Euler)에 의해 증명된 결과임). **벽지군**(wallpaper group)이라 불리는 17개의 평면 결정군(planar crystallographic group)이 있다. 유일하게 하나의 안정된 면을 가진 볼록 **다면체**의 최소 면의 수는 17이다. (안정된 면이란 도형이 넘어지지 않게 놓을 수 있는 면; 대부분의 다면체[10]는 하나 이상의 그런 면을 가지고 있다.) 17은 다음과 같은 질문에 대한 대답이다: 어떤 파티에 참석한 어느 두 사람도 다른 세 장소 중 한 곳에서 파티 전에 만난 적이 있다. 일단의 세 사람이 전에 같은 장소에서 만나고 틀림없이 파티에 참석하게 될 최소 인원은 몇 명인가?

sexagesimal (60분의/60진법의, 進法)

수 60과 관련된 또는 수 60에 기초한. 60진법(sexagesimal)은 특히 기저가 60인 **수 체계**(number system). 바빌로니아인은 기원전 2000년경부터 **자릿수 체계**(place-value system)를 나타내는 이 부호 체계를 처음으로 쓰기 시작했다. 60분은 1도, 60초(second, 시간과 각도의 측도)는 1분, 그리고 60분은 1시간이라고 현재 쓰는 것은 고대의 계산법에서 유래했다고 할 수 있다. 바발로나아인이 60진법을 사용하여 계산한 이유는 알려져 있지 않지만 60은 비슷한 크기의 다른 수보다 확실히 더 많은 어떤 사실이 있음직하다.

Shannon, Claude Elwood (샤논 클로드 엘우드, 1916-2001)

미국의 수학자이자 **정보 이론**(information theory)의 선구자. 샤논은 0과 1을 한 시리즈로 만들면 단어, 수, 그림, 또는 소리든지 상관없이 메시지를 전송할 수 있다는 것을 깨달은 첫 번째 사람이었다. 그의 석사 논문에서 전기 스위치로 **이진**(binary)수로 스위치가 켜져 있을 때는 1, 꺼져 있을 때는 0으로 표현할 수 있음을 설명했다. **부울대수**(boolean algebra)를 사용하면 복잡한 연산이 전자 회로에서 자동으로 행해지고, 따라서 회로에 저장된 데이터를 능숙하게 다룰 수 있음을 보여줬다. 그의 논문 중 1948년에 발간된 "통신의 수학적 이론"이란 논문에서 처음으로 단어 "비트(bit)" (binary digit를 간단히 쓴)를 사용했다. 사실 그가 정보 이론을 위해 개발한 체계와 용어는 오늘날 표준으로 남아 있다. 그는 호기심에 이끌려 개발하게 되었고 그의 말대로 무엇이 만들어지는 것이 신기할 따름이라고 말했다. 그의 발명품 중에는 로켓 추진 프리스비, 모터가 달린 포고(Pogo) 지팡이, **루빅 큐브**(Rubik's cube) 퍼즐을 풀 수 있는 장치, 저글링(juggling) 기계가 있다. (그는 세 개의 볼로 저글링하면서 바퀴가 하나인 자전거를 탈 수 있었다.) 금속으로 만든 **미로**(maze)에서 길을 찾는 "테세우스(Theseus)"라 불리는 자석 신호를 사용하는 전기 기계 쥐를 만든 것을 포함하여 선구적으로 인공 지능(artificial intelligence) 연구에 관여했다. 그는 또한 체스 컴퓨터를 만들었는데, 이것은 그 시대의 체스 세계 챔피언인 미카일 보트비닉(Mikhail Botvinnik)[11]과 대항하여 잘 싸운 IBM 딥블루(Deep Blue)[12](이 컴퓨터는 단지 42수만에 졌다)가 나오기 몇 년 전에 만든 기기이다.

shell curve (조개곡선)

또한 **뒤러**(Dürer)의 **조개곡선**을 보시오.

shuffle (섞기)

카드 한 벌을 무작위로 흐트려 놓으려면(*randomize*) 얼마나

역자 주

9) 프리메이슨단의 주의 또는 제도. 프리메이슨단의 회원은 프리메이슨(freemason)이라고 함. 중세 유럽의 교회, 성벽 등의 큰 건물에 관계한 석공(石工; 메이슨), 건축사, 조각가 등의 결사(結社)에서 유래함. 자유주의와 이신론(理神論)을 기초로 왕 또는 고급 귀족을 후원자로 하여 귀족, 학자, 부호, 프로테스탄트의 성직자 등을 회원으로 하는 비밀 결사.

10) polygon(다각형)으로 되어 있음.

11) 1911-1995, 소비에트와 러시아인으로 국제 그랜드 마스터(최고 수준의 체스 선수), 3번의 세계 체스 챔피언.

12) IBM과 과학자들이 8년여에 걸쳐 개발한 높이 2 m, 무게 1.4 t의 슈퍼컴퓨터.

S

섞기를 많이 해야 하는가-다른 말로 하면, 카드를 테이블 위에 떨어뜨리고 몇 분 동안 이리저리 휘저어서 철저하게 골고루 잘 섞는 것을 말한다(저자인 내가 주로 하는 방법). 섞는 방법에 따라 다르다라는 게 대답이다. 예를 들면 초보자가 카드를 *손으로 섞는 것*(*overhand shuffle*)은 실제로 잘 섞을 수 없는 나쁜 방법이다: 한 벌인 52개의 카드를 무작위로 잘 섞으려면 약 2,500번을 섞어야 한다. 한편, 마술사의 *완전섞기*(*perfect shuffle*)는 카드를 정확하게 반으로 나누어 완전히 교차되게 섞기 때문에 결코(never) 무작위로 섞는 것이 아니다(아래를 보시오). 카드 한 벌을 가장 효과적으로 랜덤하게 잘 섞는 방법은 *리플섞기*(*riffle shuffle*)인데 카드 한 벌을 둘로 나누고 그 나눠진 크기에 비례하여, 둘로 나눠진 카드를 각각 차례로 떨어뜨려 불완전하게 교차하여 섞이게 하는 방법이다. 1992년에 퍼시 디아코니스(Persi Diaconis, 그 당시는 하버드 교수[13])와 데이비드 베이어(David Bayer)는 완전한 순서대로 정돈된 한 벌의 카드를 가지고 랜덤한 상태가 되게 하기 위해 리플섞기를 사용하면 일곱 번만 시행하면 된다는 것을 입증했다.[27] 이것보다 더 많이 시행한다고 해도 랜덤한 상태의 유의미한 증가는 없고; 이것보다 덜 시행한다면 완전히 랜덤한 상태가 되지 않는다. 사실 단지 5번 또는 6번만 섞으면 약간의 특징적인 배열 형태를 띠게 되어 랜덤한 상태가 되지 않는다. 이것을 이해하기 위해서 위에서 아래로 1에서 52까지 번호가 매겨진 카드로 시작해 보자. 섞기를 한 번 하면 2개 이하의 오름차순의 수열이 존재한다. 오름차순의 수열은 위에서부터 아래로 내려가면서 카드 한 벌에서 나타나는 최대 길이의 증가하는 순서의 수열(다른 카드들은 서로 섞여 있고)이다. 예를 들어, 한 벌이 8개로 구성된 카드에서 12345678과 같은 순서로 배열되면 이것이 한 개의 오름차순 수열이다. 섞기를 한 번 하면 16237845와 같은 배열이 가능하며 2개의 오름차순 수열이 있다(밑줄친 수들이 그 하나이며, 밑줄치지 않은 수들이 또 다른 하나이다). 섞기에서 오름차순 수열은 교차하여 섞이기 전에 한 벌이 둘로 나누어질 때 형성된 것임을 쉽게 알 수 있다. 섞기를 두 번 하면, 첫 번째 섞기에서 생긴 오름차순 수열 각각이 두 번째 섞기에서 둘로 나누어질 수 있으므로 많아서 네 개의 오름차순 수열이 있을 수 있다. 이 같은 패턴이 계속되면 오름차순 수열은 섞기를 한 번 할 때마다 많아서 두 배로 증가한다. 다섯 번 섞기를 하고 나면 많아서 32번의 오름차순 수열이 존재한다. 그러나 거꾸로 52에서 1까지 적힌 한 벌의 카드는 52개의 오름차순 수열을 가지게 된다. 따라서 이것은 다섯 번의 리플섞기한 후에 나올 수 없는 (많은 배열 중에) 하나의 배열이다. 흥미롭게도 디아코니스와 다른 연구자들은 랜덤하게 섞인 카드의 상태가 갑자기 변할 수 있다는 것을 발견했다; 여섯 번의 리플 섞기 후에도 한 벌의 카드에는 눈에 보일 정도의 순서가 보이지만 한 번 더 섞기를 하면 이 순서는 없어진다.

완전섞기는 카드를 랜덤하게 흐트러지게 만들기와는 완전히 반대이다: 완전섞기는 각 섞는 단계마다 순서를 보존한다. *외섞기*(*out-shuffle*)는 맨 위의 카드가 그냥 그 자리에 있게 하는 것이고; *내섞기*(*in-shuffle*)는 맨 위의 카드가 두 번째 자리로 옮겨가게 하는 것이다. 놀랍게도 한 벌의 카드를 여덟 번의 외섞기를 하면 처음 시작할 때의 원래 순서로 되돌아간다는 것이다! 마술사는 한 벌의 카드 중에 특별한 한 카드의 위치를 마음대로 조작하기 위해 쓰는 계략은 당황스러워 보이겠지만 외섞기와 내섞기를 적당히 섞어 사용하는 것이다. 어떻게 하면 맨 위 카드(0의 위치에 있다고 하자)를 n번째 위치로 가게 할 수 있겠는가? 쉽다: n을 **2진법**(**binary**)(기저 2)으로 쓰고, 2진수에 나타난 0과 1을 왼쪽에서 오른쪽 순서로, 0이면 외섞기를 하고 1이면 내섞기를 하면 마법에 의한 것처럼 맨 위 카드는 n번째 위치에 갑자기 나타나게 된다.

shunting puzzles (선로 바꾸기 퍼즐)

기차선로 모형 제작자들은 특히 선로 배치 공간 부족을 해결하기 위해 트랙을 놓아 선로 바꾸기를 직접 해 보는 것을 즐긴다. *기차선로 바꾸기*(*railroad shunting puzzle*)로 불리는 이런 형태의 유명한 수학적 퍼즐은 다양하게 존재하는데 기본적인 문제는 두 기차(다이어그램에 있는 *A*, *B*)가 짧은 대피선이 있는 한 기차선로 위를 서로 마주보고 달리는 문제로, 대피선에는

역자 주

13) 1945-현재, 미국의 수학자, 전직이 마술사였음. 스탠포드 대학교의 석좌교수.

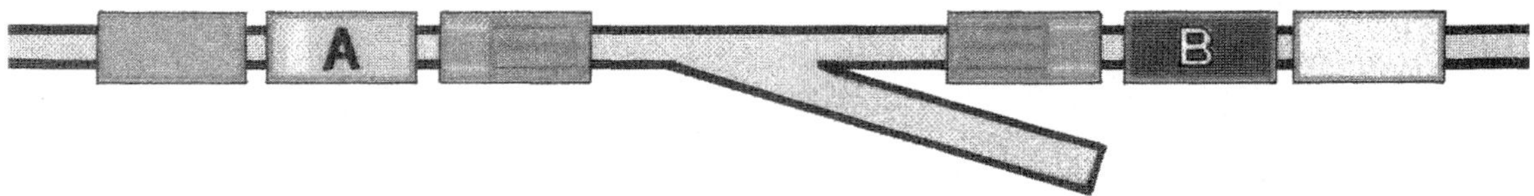

선로 바꾸기 퍼즐(shunting puzzles) 한 선로 위를 서로 마주보고 달리고 있는 두 기차가, 한 번에 단지 한쪽 철도 차량만이 대피할 수 있는 대피선을 이용하여 어떻게 통과할 수 있는가?

한 번에 단지 한쪽 철도 차량만이 대피할 수 있다. 두 기차가 서로 부딪치지 않고 이동하기 위해서는 대피선을 연쇄적으로 움직여야 한다. 이런 퍼즐을 푸는 이유는 처음에는 내내 어려워 보이지만 재미있는 문제이고 이것이 전 세계의 기차선로 회사가 돈이 더 많이 들지만 더 쉬운 방법으로 대피선을 만들 수 있기 때문이다!

Siegel's paradox (시겔의 역설)

x는 1보다 작은 고정된 분수일 때 주어진 돈 P에서 P의 x 비율만큼을 빼고 나서 남아 있는 돈의 x 비율을 더한 마지막 돈 P'은 원래의 돈인 P보다 작다. 그리고 반대로 본래 돈에 P의 x 비율만큼을 더하고 나서 이 돈의 x 비율만큼을 뺀 돈은 마지막 돈 P'과 같다.

Sierpinski, Waclaw Franciszk (시어핀스키, 1882-1969)

선택 공리(axiom of choice), **연속체 가설**(continuum hypothesis), **정수론**(number theory), **위상수학**(topology)에 관한 연구를 했고, **집합론**(set theory)에 아주 뛰어난 공헌을 한 폴란드의 수학자. 잘 알려진 프랙탈 **시어핀스키 카펫**(Sierpinski carpet)과 **시어핀스키 개스킷**(Sierpinski gasket)은 그의 이름을

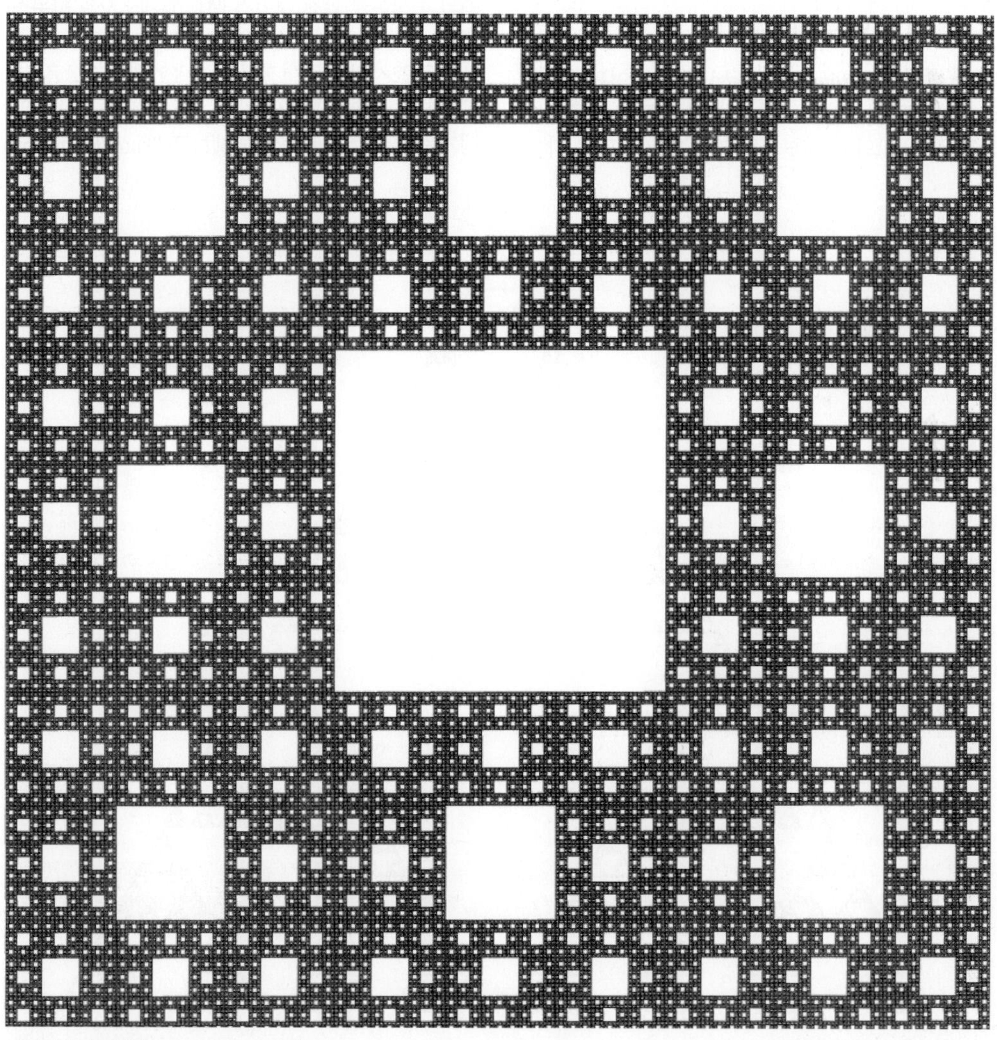

시어핀스키 카펫(Sierpinski carpet)

따서 지어졌다.

Sierpinski carpet (시어핀스키 카펫)

바츨라프 **시어핀스키**(Sierpinski)의 이름을 따서 지어졌으며, 하나의 정사각형을 같은 크기의 아홉 개 3 × 3 정사각형의 격자판을 만들어 제일 가운데 것을 제거하고 남아 있는 여덟 개의 정사각형에 앞에서 한 과정을 똑같이 무한 번 시행한다. 이것은 칸토르 집합을 2차원으로 일반화한 것 중의 하나이고; 다른 하나는 **칸토어 먼지**(Cantor dust)이다. 이 카펫의 **하우스도르프 차원**(Hausdorff dimension)은 $\log 8 / \log 3 = 1.8928\cdots$이다.

Sierpinski gasket (시어핀스키 개스킷)

시어핀스키 삼각형(*Sierpinski triangle*) 또는 시어핀스키체(Sierpinski sieve)로도 알려진 프랙탈. 이것을 발명한 바츨라브 **시어핀스키**(Sierpinski)의 이름을 따서 지어졌다. 이것은 다음과 같은 일단의 규칙에 따라 만들어진다: (1) 평면의 어떤 삼각형으로 시작한다; (2) 삼각형의 크기를 1/2로 줄이고, 이 줄인 삼각형을 세 개 복사하여 한 삼각형이 다른 두 삼각형의 꼭짓점에서 만나게 옮긴다; (3) (2) 단계를 반복한다. 이 개스킷은 또한 **파스칼의 삼각형**(Pascal's triangle)에서 시작하여 만들 수 있는데 홀수는 희게 짝수는 검게 칠하면 된다. 기묘하게도 기술보다 운에 좌우되는 게임에도 만들 수 있다. 1, 2, 3이 적힌 세 개의 점과 임의의 출발점 *S*로 시작한다. 주사위나 다른 방법으로 1, 2 또는 3 중 하나를 무작위로 선택한다. 랜덤하게 선택된 각 수가 나타내는 점과 가장 최근에 만들어진 점의 중간점을 새롭게 정의한다. 게임이 충분히 길게 진행되었을 때 생성된 형태가 시어핀스키 개스킷이다. 각각 1/2의 크기로 줄어든, 세 개의 복사본을 합친 것이기 때문에 개스킷의 **하우스도르프 차원**(Hausdorff dimension)은 $\log 3 / \log 2 = 1.585\cdots$이다.

둥근 모서리를 주어진 곡선에 추가하면 개스킷의 한 모서리에서 다른 모서리를 가로지르는, 흥미롭게 보이지 않는 곡선이 생기는데 이것을 브누아 **망델브로**(Benoit Mandelbrot)[14]는 *시*

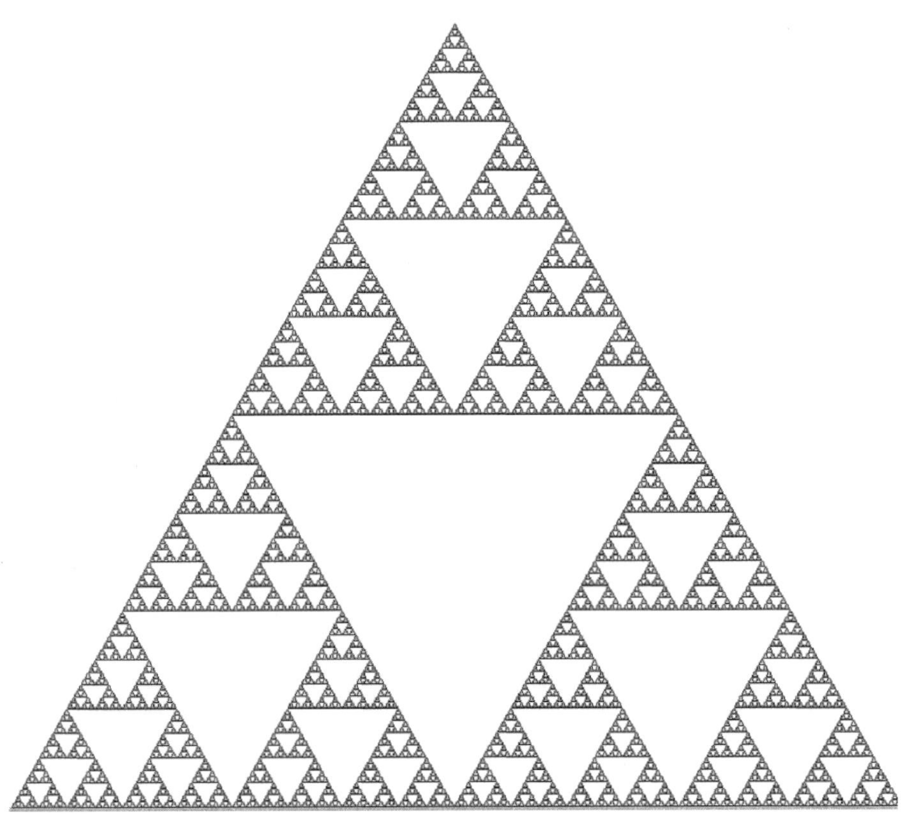

시어핀스키 개스켓(Sierpinski gasket)

어핀스키 화살촉(*Sierpinski arrowhead*)이라고 불렀다.

Sierpinski number (시어핀스키수)

모든 자연수 n에 대해서 $k \cdot 2^n + 1$이 *결코* **소수**(prime number)가 되지 않는 홀수인 양의 정수 k이다. 1960년에 바츨라프 **시어핀스키**(Sierpinski)가 그런 수가 무수히 존재함을 보였다(비록 구체적인 예를 들지 않았지만). 이것은 좀 이상한 결과이다. 대부분의 $m \cdot 2n + 1$ 형태는 소수가 되는 반면에, 더러는 그렇지 않은 이유는 무엇인가? 현재로는 수학자들이 시어핀스키가 제기한 좀 더 다루기 쉬운 문제에 집중하고 있다: 가장 작은 시어핀스키수는 무엇인가? 1962년에 존 셀프리지(John Selfridge)는 가장 작은 것으로 알려진 시어핀스키수 $k = 78,557$을 발견했다. 그 다음으로 작은 시어핀스키수는 271,129이다. 더 작은 시어핀스키수가 있는가? 아직까지 아무도 모른다. 하지만 78,557이 가장 작은 시어핀스키수라는 것을 증명하기 위해서는 78,557보다 작은 모든 양의 홀수 k에 대해 $k \cdot 2n + 1$[15]이 소수가 되는 양의 정수 n이 존재하는지를 찾으면 된다. 2001년 초까지 진위를 확인해야 할 17개의 k값이 남았다. 4,847; 5,359; 10,223; 19,249; 21,181; 22,699; 24,737; 27,653; 28,433; 33,661; 44,131; 46,157; 54,767; 55,459; 65,567; 67,607; 69,109. 2002년 3월에 미시간 대학교의 루이스 헬름(Louis Helm)과 일리노이 대학교의 데이비드 노리스(David Norris)가 "17 아니면 죽기(Seventeen or bust)"라는 프로젝트를 시작했다. 이 프로젝트의 목적은 남아 있는 17개 후보수가 소수가 되는지를 가리기 위해 세계 곳곳에 있는 수백 대의 컴퓨터 네트워크의 힘을 이용하는 것이었다. 여태까지 이 팀의 노력으로 6개의 수가 제거됐다–5,359; 44,131; 46,157; 54,767; 65,567; 69,109. 이 같은 고무적인 출발에도 불구하고 남아 있는 11개 수의 진위를 파악하기 위해 아무리 더 많은 사람이 참가하더라도 길게는 10년이 더 걸릴지도 모른다.[16]

sieve of Eratosthenes (에라토스테네스의 체)

가장 작은 **소수**(prime number)를 모두 찾는 가장 효과적인 방법. **에라토스테네스**(Eratosthenes of Cyrene)가 처음 설명했으며, n과 같거나 작은 정수(보다 큰)를 모두 나열하고 나서 n의 제곱근보다 같거나 작은 모든 소수들의 배수를 제거하는 방법이다. 이렇게 하고 남아 있는 수가 모두 소수이다. 예를 들면, 30과 같거나 작은 모든 소수를 찾기 위해서 2에서 30까지 수를 나열한다:

2, 3, 4, 5, 6, 7, 8, 9, 10, 11, 12, 13, 14, 15, 16, 17, 18, 19, 20, 21, 22, 23, 24, 25, 26, 27, 28, 29, 30

첫 번째 숫자가 소수인 2이므로 이 수는 그냥 놓아 두고 2의 배수를 지우고 나면

2, 3, 5, 7, 9, 11, 13, 15, 17, 19, 21, 23, 25, 27, 29

남아 있는 수 중에서 2 다음 수인 3이 소수이므로 이것은 그냥 두고 3의 모든 배수를 제거하면

2, 3, 5, 7, 11, 13, 17, 19, 23, 25, 29,

5가 또 다른 소수이고 위와 같이 반복하면

2, 3, 5, 7, 11, 13, 17, 19, 23, 29

다음 수 7은 30의 제곱근보다 크므로 남아 있는 수는 모두 소수이다.

significant digits (유효숫자, 有效數字)

수치(數值, numerical number)를 정의하는 숫자들이다. 주어진 수의 유효숫자는 0이 아닌 첫 정수 또는 주어진 수가 1보다 작으면 소수 첫 번째 수(0이든 아니든)로 시작한다. 유효 숫자는 소수 마지막 수(0이든 아니든)로 끝나며, 소수 마지막 수나 정수에 포함된 0은 유효 숫자일 수도 아닐 수도 있다.

similar (닮은/유사한)

같은 형태를 가지지만 반드시 같은 크기는 아닌. 두 삼각형이 같은 각과 그 각에 대응하는 변, 즉 a_1, b_1, c_1와 a_2, b_2, c_2가 공통의 비, $r : a_1 / a_2 = b_1 / b_2 = c_1 / c_2$를 가진다면 닮은 삼각형이다. 일반적으로 *닮음변환*(*similarity*)은 대응하는 점들의 거리가 같은 비율로 확대 또는 축소되는 변환이다.

simple group (단순군, 單純君)

단순**군**(simple **group**)은 자기 자신과 자명군 이외에는 정규 **부분군**(normal **subgroup**)을 가지지 않는 군. 단순군은 다른 군들을 만들 수 있는 단위로 생각할 수 있기에 매우 중요하다. 모든 유한 단순군을 분류하는 데 연구가 활발히 진행되고 있다.

S

역자 주

14) 1924-2010, 폴란드 태생으로 프랑스와 미국의 수학자. 프랙탈 기하 분야의 창시자.

15) 원본은 $k(2^n+1)$으로 잘못 인쇄.

16) 2013년 7월 부로 단지 6개의 수만 남았다–10,223, 21,181, 22,699, 24,737, 55,459, 67,607. 출처: http://seventeenorbust.com/stats/rangeStatsEx.mhtml

simplex (심플렉스)

삼각형(triangle)과 **사면체**(tetrahedron)를 *n*차원으로 확장한 것. 다르게 말하면 *n*차원에 있는 $n+1$개의 꼭짓점을 가진 **폴리토프**(polytope)를 말한다.

simply connected (단순 연결된)

구멍(holes)이나 "손잡이(handles)"가 없는 하나로 이루어진 기하학적인 대상물의 상태. 예를 들면, 직선, 원판, 구는 단순 연결된 것이지만 토러스(도너츠)와 찻주전자는 그렇지 않다. 또한 **연결된**(connected)을 보시오.

simulation (모의실험)

이론을 입증하기 위해 행해지는 실험 또는 실험과 이론화의 조합. 어떤 수치적 모의실험은 자연이 어떻게 작동하는지를 알고자 모델화한 프로그램이다. 보통 모의실험의 결과는 다양한 계산과 계산의 결정 불가능성 때문에 자연에서 일어나는 결과만큼 놀랍다.

sine (사인)

직각삼각형에서 직각 아닌 각에 대한 **삼각함수**(trigonometric function). 이것은 빗변의 길이로 그 각을 끼고 있는 변의 길이를 나눈 것과 같다. 곡선 $y = \sin x$는 사인곡선 또는 *사인곡선적*(*sinusoidal*)이라 한다.

Singmaster, David (싱마스터)

런던에 있는 사우스 뱅크 대학교의 계산, 정보 체계 및 수학부의 교수이며, 세계적인 선도 컴파일러이자 수학적 퍼즐을 연구하는 역사학자 중 한 사람.

singularity (특이점, 特異點)

(1) 주어진 어떤 **함수**(function)가 그 점에서는 **미분**(derivative) 불가능하고 그 점을 제외한 근방에서는 미분가능할 때의 그 점. (2) **시공간**(space-time)의 점. 이 점에서는 중력장 때문에 물질이 무한대의 질량을 갖고 무한소의 부피를 가지며 시간과 공간이 무한 번 뒤틀어져 있다.

six (6/육/여섯)

가장 작은 **완전수**(perfect number), **정육면체**(cube)의 면의 수, **6각형**(hexagon)의 변의 수. 6인조 배구팀에는 여섯 명의 선수가 있고, 체스에는 6종류의 말이 있고 6형태의 쿼크 입자(반쿼크는 제외)가 있다. 미식축구에서 터치다운하면 6을 얻고 크리켓 경기장에서 경계 표시줄을 뛰어넘지 않고 넘어가게 치면 6득점을 기록한다. 옛날에는 사람들이 몸의 일부분을 수를 사용하여 명시했다. 이런 사실은 뉴기니아 말에도 나타났는데, 6은 뉴기니아 말로 "손목(wrist)"과 같은 말이다.

six circles theorem (6개의 원 정리)

주어진 삼각형에서 삼각형의 안쪽으로 두 변에 접하는 원이 있을 때 다른 두변과 첫 번째 원과 접하는 두 번째 원을 그린다. 두 변과 두 번째 원과 접하는 세 번째 원을 그리고 계속해서 이런 패턴으로 원을 그려나간다. 이런 연쇄적으로 그린 원은 6번째 원에서 끝나게 되는데, 이것은 첫 번째 원과 접하게 된다.

sixty (60/육십/예순)

60진법(sexagesimal)을 보시오.

skeletal division (골격 나눗셈)

복면산(覆面算, cryptarithm)을 하기 위해 수식의 전부, 또는 대부분을 기호(주로 별표)로 숨겨 놓은 긴 나눗셈.

skew lines (같은 평면 상에 있지 않은 직선)

교차선(*crossing lines*)으로도 알려져 있고, 다른 평면에 있어서 서로 만나지 않는 직선들.

Skewes' number (스큐스수)

유명한 **큰 수**(large number)로 흔히 $10^{10^{10^{34}}}$로 주어지며 1933년에 남아공화국의 수학자 사무엘 스큐스가 **소수**(prime number)에 관한 증명을 하다가 처음 유도했다.[299] **하디**(G.H. Hardy)는 언젠가 스큐스수를 "수학에서 명백한 목적을 가진 가장 큰 수"라고 설명했지만 오랫동안 그것의 특별함을 잊고 있었다. 스큐스수-실제로 두 개가 있다-는 **소수**(prime number)의 빈도수(frequency)를 연구하다가 생겨났다. n보다 같거나 작은 소수의 개수를 pi(n)라 할 때 잘 알려진 가우스(Gauss)의 추정값은 $1/\log(u)$을 $u=0$에서 $u=n$까지 u에 관해 적분한 값이다; 이 적분값은 Li(n)이라 불린다. 1914에 영국의 수학자 존 리틀우드(John Littlewood)[17]는 pi(x) − Li(x)[18]는 양수와 음수를 무한히 많이 갖는다는 것을 증명했다. 10^{22}까지의 n에 대해 여태까지 계산된 Li(n)값은 과대 추정값이었음이 판명되었다. 리틀우드의 결과를 보면 n보다 큰 적당한 값 이상에서는 오히려 과소 추정값이 되고, n보다 훨씬 더 큰 값에서는 다시 과대 추정값이 되는 등 종잡을 수 없이 값이 달라진다. 이제 스큐스 수가 관여할 차례인 것이다. 스큐스는 **리만 가설**(**Riemann hypothesis**)이 참이면 첫 번째로 교차하는 값 n은 $e^{e^{e^{79}}}$보다 클 수 없다는 것을 보였다. 이 값은 첫 번째 또는 *리만의 참스큐스수*(*Riemann true skewes' number*)라 불린다. 이 값을 밑수(base) 10인 수로 변환하면 약 $10^{10^{10^{34}}}$, 또는 좀 더 정확하게는 $10^{10^{8.852142\times 10^{33}}}$ 또는 $10^{10^{8852142197543270606106100452735038.55}}$이다. 1987년에 네덜란드 수학자 헤르만 테 릴(Herman te Riele)[330]은 첫째로 교차하는 값 n의 상계(upper bound)를 $e^{e^{27/4}}$ 또는 약 8.185×10^{370}로 극적으로 줄였고 반면에 존 **콘웨이**(John Conway)와 리차드 가이(Richard Guy)[68]는 하계(lower bound)가 10^{1167}이라는 모순되는 주장을 하였다. 어쨌든 스큐스수는 이제 단지 역사적인 흥밋거리이다. 스큐스는 리만 가설이 거짓인 경우에 그 한계는 $10^{10^{10^{1000}}}$이라고 규정했다. 이것은 두 번째 스큐스 수라고 알려져 있다.

slide rule (계산자)

움직이는 두 로그자(logarithmic scale)로 구성된 계산 기구.

sliding-piece puzzle (조각 움직임 퍼즐)

크게는 **기계적인 퍼즐**(mechanical puzzle)의 카테고리 내에 있는 각 조각을 연속적으로 움직여 푸는 *연속 움직임 퍼즐*(*sequential-movement puzzle*) 형태. 한 번에 한 개씩을 빈 공간으로 움직이면서 각 조각들이 질서 있게 정렬되도록 진행한다. 가장 잘 알려진 것은 로이드(Loyd)의 **15퍼즐**(Fifteen Puzzle)이다.

Slocum, Jerry (슬로컴)

기계적인 퍼즐(mechanical puzzle)을 연구하는 미국의 역사가이며 작가.

slope (기울기)

직각삼각형에서 "높이를 밑변으로 나눈값(rise over run)"이다. 평면에 있는 직선의 *기울기*를 말할 때는 직선이 양의 축과 이루는 각의 **탄젠트**(tangent)값이다. 곡선의 기울기는 정의에 의해 *접선*(*tangent line*)의 기울기이다. 따라서 기울기가 일정한 선은 직선이다.

Slothouber-Graatsma puzzle (슬로토우버-그라쯔마 퍼즐)

6개의 1 × 2 × 2 블록과 3개의 1 × 1 × 1 블록을 맞추어 하나의 3 × 3 × 3 정육면체가 되게 만드는 **채우기**(packing) 퍼즐. 단 하나의 해가 존재한다. 퍼즐을 발명한 존 **콘웨이**(John Conway)의 이름이 붙여진, 비슷하지만 좀 더 어려운 퍼즐이 있는데 3개의 1 × 1 × 3 블록, 1개의 1 × 2 × 2 블록, 1개의 2 × 2 × 2 블록, 13개의 1 × 2 × 4 블록을 맞추어 하나의 5 × 5 × 5 상자가 되게 만드는 퍼즐이다.

Smith number (스미스수)

합성수(composite number)로, 이 수를 구성하고 있는 숫자의 합은 이 수를 소인수로 분해했을 때 나타나는 숫자들의 합과 같은 수. 이 이름은 1984년에 수학자인 앨버트 윌란스키(Albert Wilansky)가 그의 처남 스미스(Smith)와 전화 통화를 하다가 처남의 전화번호 493-7775가 방금 언급한 성질을 만족한다는 사실에서 유래했다. 구체적으로

$$4{,}937{,}775 = 3\times 5\times 5\times 65{,}837$$
$$4+9+3+7+7+7+5 = 3+5+5+6+5+8+3+7$$

모든 **소수**(prime number)는 이런 성질을 자명하게 만족하므로 제외한다. 작은 것부터 몇 개의 스미스수를 나열해 보면 4, 22, 27, 58, 85, 94, 121, 166, 202, 265, 274, 319, 346, …. 1987년에 웨인 맥다니엘(Wayne McDaniel)은 스미스수가 무한 개 존재함을 증명했다.

smooth (매끄러운)

(1) 무한 번 미분가능한, 무한 개의 **도함수**(derivative)가 존재하는. 예를 들어 $\sin(x)$는 매끄러운 함수지만 $|x|^3$은 아니다. **다**

역자 주

17) 1885–1977, 영국의 수학자.
18) x는 n의 오타.

양체(manifold)와 같은 좀 더 복잡한 수학적 대상이 매끄러운 함수로 정의되든지 표현된다면 매끄럽다고 말한다. (2) 미분한 함수가 연속인(**연속**(continuity) 참조); 연속인 **접선**(tangent)이나 도함수가 존재하는.

Smullyan, Raymond (스물란, 레이몬드, 1919-)

미국의 수학 논리학자, 퍼즐을 만드는 사람, 마술사였고 또한 여러 대학에서 가르쳤지만 유희 수학에 관한 그의 책 때문에 가장 잘 알려졌다. 『*이 책의 제목은 무엇인가?*(*What Is the Name of This Book?*)』, 『*여자인가 아니면 사자인가?*(*The Lady or the Tiger*)』, 『*도는 침묵한다*(*The Tao is Silent*)』, 『*이 책은 제목이 필요치 않다: 살아 있는 역설들의 모음*(*This Book Needs No Title: A Budget of Living Paradoxes*)』이 그의 유명한 책들이다.[304-311] 스물란은 창의적이고 논리적인 역설 창조자였고, "역행 분석(retrograde analysis)"을 통해 과거 체스 문제를 분석하는 선구자였다. 역행 분석의 목적은 현재 위치에서 게임의 과거 역사를 추론하는 데 있다.

snow (눈)

어떤 두 눈송이도 같지 않다고 가끔 말한다. 이것을 증명하기는 어렵지만 각각의 눈송이 표본을 냉각한 현미경용 슬라이드 유리에 넣고, 예술가가 쓰는 정착액을 뿌려 원래 상태로 보존할 수 있다. 모든 눈송이는 6개의 면이 있고, "*수상돌기 눈송이*(*dendritic snowflake*)"라 불리는 화려하게 장식된 모양을 띠며 외부 공기 온도가 −12°C(10°F)에서 −16°C(3°F)사이일 때 형성된다. 전형적인 눈송이는 초당 1 내지 2미터의 속도로 떨어지며, 3,000 m 높이(대략 난층운 구름이 있는 높이)에 있는 구름 속에서 1.5 m/s의 속도로 떨어진다면 20분이 걸린다.[19] 대단한 도시 전설(urban legend)[20] 중 하나는 이뉴잇족은 "눈(snow)"에 대한 *n*개의 단어들을 가지고 있었다는 것이다. 이때의 *n*은 큰 수이다. 이 이야기는 인류학자 프란츠 보아즈가 이뉴잇족–그는 그들을 "에스키모"라 불렀는데 이는 이뉴잇족이 날고기를 먹는 남쪽의 부족을 경멸하여 부르던 용어였다–은 서로 다른 네 가지 단어로 눈(snow)을 표현한다고 무심코 말한 1911년부터 시작됐다고 할 수 있다. 교과서나 유명한 출판사에서 계속하여 그것을 언급함에 따라 400개 단어로 점점 늘어났다. 눈, 얼음, 또는 다른 어떤 것에 대한 이뉴잇족의 단어가 몇 개나 있는지 정확하게 밝히는 문제는 이뉴잇족 다양한 방언이 다종합적(polysynthetic)인지를 조사하면 된다. 다종합적이란 다양한 단어 조각을 어근에 연쇄시켜 실생활 현장에서 효과적으로 단어를 만드는 방법을 의미한다. 예를 들면, "나쁜(bad)"를 나타내는 접미사 *−tluk*은 눈을 나타내는 단어 *kaniktshaq*에 붙여져 "나쁜 눈(bad snow)"을 뜻하는 *kaniktshartluk*이란 단어가 된다. 이렇게 함으로써 *akelrorak*("*새롭게 내리는 땅날림눈*")으로부터 *mltailak*("*부빙에 내린 부드러운 눈*")까지 눈에 대한 용어의 수가 늘어난다.

snowball prime (눈뭉치 소수)

또한 *우절단 가능한 소수*(*right-truncatable prime*)로 알려진 **소수**(prime number)이며 오른쪽에서 숫자를 하나씩 잘라내어도 여전히 소수인 수. 그 숫자를 모두 쓰기 전 중간에 멈춘 수도 여전히 소수임을 의미한다. 가장 큰 눈송이 소수는 73,939,133(7, 73, 739, ⋯, 73,939,133 모두가 소수임)이다.

snowflake curve (눈송이곡선)

코흐 눈송이(Koch snowflake)를 보시오.

soap film (비눗물막)

거품(bubbles)을 보시오.

Soddy circle (소디 원)

주어진 각 원이 다른 두 원과 접하는 세 개의 원으로 구성된 **아폴로니우스 문제**(Apollonius problem)에 대한 해. 주어진 세 개의 원을 싸고 있는 *바깥 소디원*(*outer Soddy circle*)이 있고, 세 개의 원 안에 있는 *안쪽 소디원*(*inner Soddy circle*)이 있다. 안쪽 소디 원은 **네 개의 동전 문제**(four coins problem)의 해이다.

Soddy's formula (소디 공식)

반지름이 각각 r_1, r_2, r_3, r_4인 네 개의 원 A, B, C, D가 그려져 있고, 네 개는 서로 겹치지 않으면서 각 원은 다른 세 원과 접하고 있다. $b_1 = 1/r_1$, $b_2 = 1/r_2$, ⋯라 하면

$$(b_1 + b_2 + b_3 + b_4)^2 = 2(b_1^2 + b_2^2 + b_3^2 + b_4^2)$$

을 만족한다.

역자 주

19) 2,000초, 약 33분이 걸림.

20) 확실한 근거가 없는데도 사실인 것처럼 사람들 사이에 퍼지는 놀라운 이야기.

solid (입체(立體)의)

3차원의 기하학적 도형이나 물체의 또는 그것에 관련된.

solid angle (입체각)

한 점에서 세개 또는 그 이상의 평면이 만나서 생긴 각. 입체각은 **스테라디안**(steradian) 단위로 측정된다.

solid geometry (입체기하)

3차원 공간의 기하.

solidus (살러더스)

분모(denumerator)로 **분자**(numerator)를 나눌 때 표시하는 분수 *a*/*b*에 있는 사선.

solitaire (솔리테르)

펙 솔리테르(peg solitaire)를 보시오.

solitary number (고독수, 孤獨數)

친화수(親和數, amicable number)의 쌍을 이루는 것 중 어느 것도 아닌 수. 예로는 모든 **소수**(prime number), 모든 정수의 거듭제곱, 9, 16, 18, 52, 160과 같은 수가 고독수이다.

soliton (솔리톤)

모양이 변하지 않고 또는 에너지 손실 없이 긴 거리를 움직이는 고립파(孤立波). 수학적으로 솔리톤은 **편미분방정식**(partial differential equation)의 어떤 방향에 대한 국소적 해이나 시간에 대한 국소적 해는 아니며, 그것의 모양이 변하지 않는 해이다. 기술자이자 조선공인 존 스캇 러셀(John Scott Russell, 1808-1882)이 1834년에 그래스고우(Glasgow)의 허미스톤(Hermiston)에 위치한 그랜드 유니언 운하(Grand Union Canal) 근처에서 배를 타다가 목격한 파도를 보고 솔리톤을 처음으로 설명했다. 그는 운하용 보트가 멈추었을 때 선수파(船首波)가 일정한 속도로 뚜렷한 물높이를 유지한 채 계속하여 앞으로 나아가는 것을 관찰했다. (스캇 러셀이 그래스고우(Glasgow)–아드로산(Ardrossan) 운하에서 말이 가벼운 운하용 보트를 예인할 때 관찰했다는 다른 이야기도 있다.) 그 현상은 1960년대까지는 완전히 잊혀져 있다가 미국의 물리학자 마틴 크루스칼(Martin Kruskal)이 그 파를 재발견하고 솔리톤파라 불렀다. 1995년 7월 12일에 솔리톤을 재발견한 크루스칼을 기념하여 명판을 제막하고, 허미스톤의 존 스캇 러셀 구름다리를 크루스칼 구름다리로 이름을 바꿨다. 고전적인 솔리톤은 영국의 세베른 강에서 일어나는데 삼각형의 브리스톨 해협에서 시작하여 상류로 빠르게 좁아지면서 일어난다. 조류가 들어올 때는 크게 압축되고 세버른 보어(Severn Bore)를 만드는데, 즉 6피트(2 m) 높이의 해일로서 10 mph(16 km/h)의 속도로 20마일(32 km) 강 깊숙이 글로체스터(Gloucester)까지 밀려 올라간다. 한 사리(조금)때, 즉 새로운 보름달이 뜰 때 가장 강하며 이때 파도나 카누를 타는 사람에게 인기가 있다.

solution (해, 解)

어떤 식의 조건들을 만족하는 값. 또한 **잃어버린 해**(lost solution)를 보시오.

Soma cube (소마 정육면체)

1936년에 페에트 **헤인**(Piet **Hein**)이 위대한 독일의 물리학자 베르너 하이젠버그(Werner Heisenberg)의 정육면체로 잘게 쪼개진 공간에 대한 양자물리학 강의를 듣던 중 아이디어를 얻어 고안한 수학 퍼즐. 순간적으로 기지가 번득여, 면이 서로 붙어 있는 같은 크기의 네 개의 정육면체가 한 단위를 이루며, 형태는 서로 다른 7개로 더 커다란 정육면체(3 × 3 × 3)를 만들 수 있다는 것을 알았다. 소마 정육면체는 마틴 **가드너**(Martin **Gardner**)가 1958년 Scientific American이란 잡지에 "수학 게임들(Mathematical Games)"이란 제목으로 칼럼을 발표한 후에 처음으로 대중적인 주목을 받게 되었다. 1961년에 존 **콘웨이**(John Conway)와 마이클 가이(Mickael Guy)는 모두 240개의 해가 존재함을 처음 확인했다. 그 조각들을 이용해 재미있는 3차원 공간의 모양을 만들 수 있기 때문에 소마 정육면체는 3차원 공간의 칠교판(tangram)이라 여겨진다. 이 퍼즐의 이름은 미래 사회를 묘사한 헉슬리(Aldous Huxly)의 소설 『*멋진 신세계*(*Brave New World*)』에 나오는 허구의 마약인 "소마(soma)"를 인용하여 붙여졌다.

또한 **폴리오미노**(polyomino)를 보시오.[112]

소마 정육면체(Soma Cube) 정육면체 조각을 붙이는 방법. *Mr. Puzzle Australia, www.mrpuzzle.com.au*

소마 정육면체(Soma Cube) 정육면체 조각을 붙여 만들 수 있는 동물 모양의 하나. *Mr. Puzzle Australia, www.mrpuzzle.com.au*

Sophie Germain prime (소피 제르맹 소수)

p와 $2p+1$이 모두 **소수**(prime number)가 될 때의 p. 작은 수부터 나열하면 2, 3, 5, 11, 23, 29, 41, 53, 83, 89, 113, 131이다. 1825년경에 **제르맹**(Germain)은 이 소수들에 대해서 **페르마의 마지막 정리**((FLT)Ferma's last theorem)가 성립함을 증명했다. 곧이어 아드리앙-마리 르장드르(Adrien-Marie Legendre)가 $k=4, 8, 10, 14, 16$일 때 $kp+1$이 소수가 되는 홀수 소수들이 FLT를 만족함을 보임으로써 제르맹 소수를 좀 더 일반화했다. 1991년에는 피(Fee)와 그랜빌(Granville)은 르장드르의 증명을 k가 3의 배수가 아닌 $k<100$인 수로 확장했다. 비슷한 결과들이 많이 있지만 이제는 FLT가 참이라고 증명됐기에 이것들은 흥미를 잃게 됐다.

soroban (주판/수판, 籌板/數板)

수판(數板, bacus)을 보시오.

space (공간, 空間)

(1) 우리가 알고 있는 일이나 사건들이 일어날 수 있는 3차원 극장. 아인슈타인 세계관으로 보면 공간과 **시간**(time)이 시공간 연속체에서 뒤엉켜 있고 **고차원**(higher dimension)이 존재할 수 있다. (또한 **4차원** (fourth dimension) 참조) (2) 수학에서는 또한 다른 형태의 공간이 많이 있는데 대부분 너무 추상적이어서 상상하기도 힘들며 몇 개의 문장으로 정확하게 설명할 수도 없다. 일반적으로 수학적 공간은 부가적인 특징을 지닌 점들의 **집합**(set)이다. *위상공간*(*topological space*) (**위상수학**(topology) 참조)에서는 모든 점은 그 점을 포함하는 근방(neighborhood)이란 부분집합이 존재한다. 아핀공간(affine space)은 우리에게 친숙한 직선, 평면, 보통의 3차원 공간 개념의 일반화이며 이 공간에서는 점과 그 점을 통과하는 좌표축을 고정시켜 공간의 모든 점을 좌표의 "튜플(tuple)" 또는 순서집합으로 표현할 수 있다. 다른 수학적 공간의 예로는 *벡터공간*(*vector space*), *측도공간*(*measure space*), *거리공간*(*metric space*) 등이 있다.

space-filling curve (공간 채우기 곡선)

n차원($n \geq 2$) 공간에 있는 (단위정사각형이나 단위정육면체와 같은) 유한 영역의 모든 점을 빠지지 않고 지나가는 곡선. 잘 알려진 예는 **페아노곡선**(Peano curve)이다.

space-time (시공, 時空)

특수·일반 상대성 이론(**상대성 이론**(relativity theory) 참조)에서 중요하게 사용되는, 불가분한 **공간**(space)과 **시간**(time)

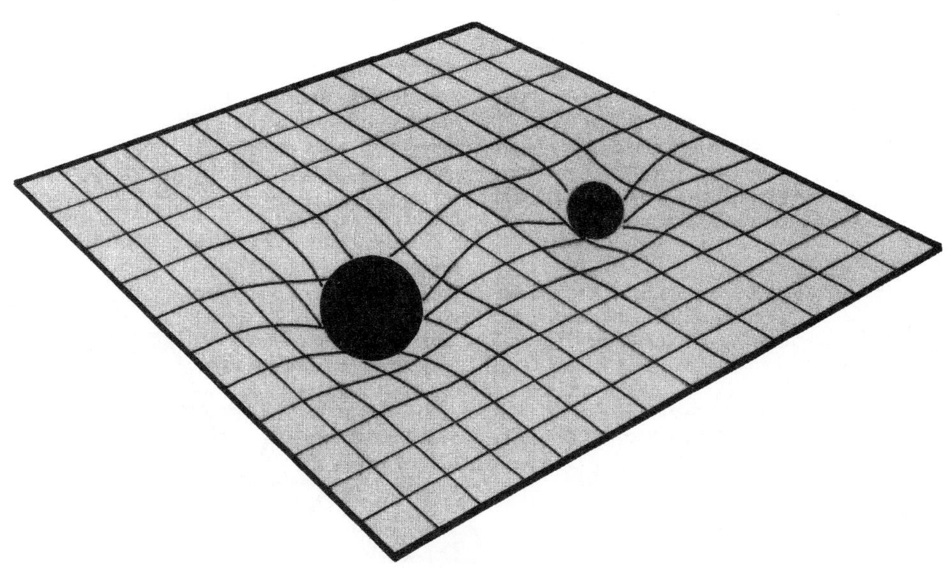

시공(space-time) 공간과 시간으로 짜인 구조 속에 휘어져 보이는 중력.

S

의 4차원 **다양체**(**manifold**) 또는 결합(combination)을 말한다. 시공간의 점은 *사건*(*event*)으로 불린다. 각 사건은 (x, y, z, t) 네 개의 좌표를 가진다. 점의 x, y, z 좌표는 좌표축에 의해 결정되듯이, (뉴턴 물리학에서는 불변인) 거리와 시간 간격은 관찰자에 따라 상대적으로 달라질 수 있고 (상대성 이론에서), 이것엔 *길이 수축*(*length contraction*)과 *시간 지연*(*time dilaton*)이라는 이상한 효과가 일어나게 된다. 두 사건의 *시공 간격*(*space-time interval*)은 **유클리드 공간**(**Euclidean space**)의 거리와 비슷하게 불변의 성질이 있다. 곡선을 따르는 시공 간격 s는

$$ds^2 = dx^2 + dy^2 + dz^2 - c^2dt^2$$

로 정의된다. 여기서 c는 빛의 속도다. 상대성 이론의 기본 가정은 좌표변환(coordinate transformation)을 하더라도 간격(interval)은 불변하다는 것이다. 하지만 거리(distance)는 항상 양수이지만 간격(interval)은 양수, 0, 또는 음수일 수 있다. 시공 간격이 0인 사건들은 빛 신호의 전파에 의해 분리된다. 양의 시공 간격을 가진 사건은 각 사건의 다른 과거나 미래에 있으며, 간격의 크기는 두 사건 사이를 여행하는 관찰자에 의해 측정된 고유 시간(proper time)을 나타낸다.

special function (특수함수, 特殊函數)

가끔 그 함수를 소개한 사람의 이름을 따서 불리는 물리학이나 수학의 여러 분야에서 특별하게 쓰이는 **함수**(**function**). 이런 특수 함수들의 예는 *베셀함수*(*Bessel's functions*), *르장드르 다항식*(*Legendre polynimials*), **베타함수**(**beta functions**), **감마함수**(**gamma functions**), **초기하함수**(**hypergeometric functions**) 등이다.

special relativity (특수 상대성, 特殊 相對性)

상대성 이론(**relativity theory**)을 보시오.

spectrum (스펙트럼)

(1) **양자역학**(**quantum mechanics**)에서, 분자나 시스템에서 허용 가능한 에너지 레벨의 집합. 프리즘을 통과하여 나타나는 밝고 어두운 선들은 빛의 스펙트럼과 직접 관련이 있다. (2) 수학(mathematics)에서는 선형함수의 **고유치**(**eigenvalue**)들의 집합. 역사적 우연으로 이것은 양자역학에서의 스펙트럼의 개념과 일치한다.

Sperner's lemma (슈페르너의 보조 정리)

시계 반대 방향으로 꼭짓점이 A, B, C인 삼각형을 그리고 그 삼각형을 임의로 더 작은 삼각형으로 나누어 많이 그린다. 새로운 작은 삼각형의 꼭짓점에 다음과 같이 라벨을 붙인다: (1) 변 AB 위의 꼭짓점들은 A나 B 라벨을 붙이고 C 라벨은 붙이지 않는다; (2) 변 BC 위의 꼭짓점들은 B나 C 라벨을 붙이고 A 라벨은 붙이지 않는다; (3) 변 CA 위의 꼭짓점들은 C나 A 라벨을 붙이고 B 라벨은 붙이지 않는다; 삼각형 ABC 내부에 있는 꼭짓점들은 A 또는 B 또는 C 라벨을 붙인다. 이제 세 개의 다른 라벨을 가진 작은 삼각형을 음영 처리를 한다. 시계 반대 방향으로(즉, 삼각형 ABC와 같은 라벨 방향으로) 라벨이 붙은 삼각형과 시계 방향으로 (즉, 삼각형 ABC와 반대 라벨 방향으로) 라벨이 붙은 삼각형을 구별하기 위하여 서로 다른 두 가지 음영을 사용한다. 그러면 시계 반대 방향으로 라벨이 붙은 삼각형은 시계 방향으로 라벨이 붙은 삼각형보다 정확하게 한 개 더 존재한다. 이것이 슈페르너의 보조 정리이며, 발견자인 독일의 수학자 임마누엘 슈페르너(Emanuel Sperner)의 이름을 따서 붙여졌다. 슈페르너의 보조 정리는 모든 차원에서 성립하는 **브라우어 부동점 정리**(**Brouwer fixed-point theorem**)와 동치이다.

sphere (구, 球)

대충 말하면 공 모양의 물체이다. 흔히 사용되는 용도로의 구는 입체로 여겨지며, 수학자들은 구의 *내부*(*interior*) 전체를

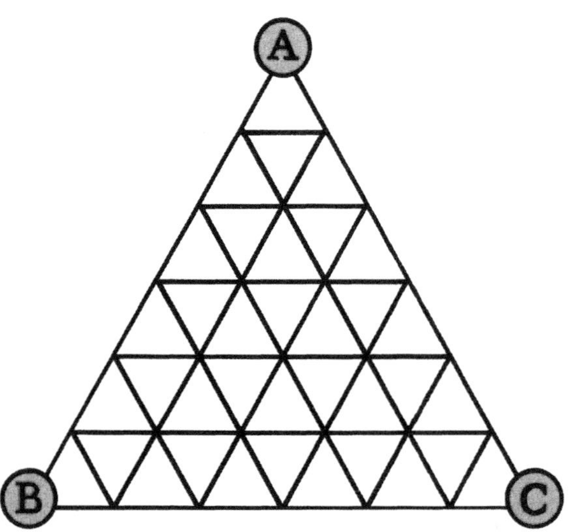

슈페르너의 보조 정리(Sperner's lemma) 슈페르너 보조 정리를 설명하는 데 사용되는 삼각형 격자.

입체라 부른다. 수학에서 구는 단지 곡면을 나타내는 **이차의**(quadric) 식이며 따라서 속이 비어 있다. 좀 더 정확하게는, 구는 3차원 **유클리드 공간**(Euclid space)에서 고정된 한 점으로부터 같은 거리에 있는, 즉 반지름 r인 점들의 집합이다. **해석기하학**(analytical geometry)에서 중심이 (x_0, y_0, z_0)이고 반지름이 r인 구는

$$(x - x_0)^2 + (y - y_0)^2 + (z - z_0)^2 = r^2$$

을 만족하는 모든 (x, y, z) 점들의 집합이다.

구는 또한 원의 지름을 회전축으로 하여 원을 회전한 **회전면**(surface of revolution)으로 정의할 수 있다. 만약 원이 **타원**(ellippse)으로 바뀐다면 그 모양은 **회전타원체**(spheroid)가 된다. 구의 표면적은 $4\pi r^2$이고 구의 부피는 $4\pi r^3/3$이다. 구는 주어진 부피를 둘러싸는 모든 곡면 중에서 가장 작은 표면적을 가지며, 주어진 표면적을 가진 닫힌곡면 중에서 가장 큰 부피를 둘러쌀 수 있다. 자연에서 **거품**(bubbles)과 물방울은 표면 장력에 의해 표면적을 최소화하려 하기 때문에 구를 형성하려고 한다. 주어진 원에 외접하는 실린더의 부피는 구 부피의 3/2이다. 완전한 구 모양의 달걀을 균일한 간격으로 줄이 쳐진 에그-슬라이서(Egg-slicer)로 자른다면 각 밴드 모양을 한 잘려진 부분의 표면적은 정확하게 같다. 구는 더 높은 차원으로 일반화될 수 있다. 자연수 n에 대해서 n - 구(n - sphere)는 $(n + 1)$-차원 **유클리드 공간**(Euclid space)에서 어떤 한 점으로부터 거리가 r인 점들의 집합이다. 따라서 2-구가 보통 우리가 말하는 구이며, 1-구는 **원**(circle), 0-구는 한 쌍의 점이다. n이 3이거나 그 이상인 n-구는 가끔 **초구**(hypersphere, 超球)라 불린다.

sphere packing (구 채우기)

채우기(packing), **케플러의 추측**(Kepler's conjecture), **포탄문제**(cannonball problem)를 보시오.

spherical geometry (구면기하학, 球面幾何學)

타원기하학(elliptical geometry)을 보시오.

sphericon (곡면이 한 개인 도형)

정점이 90°이고, 크기가 같은 두 직**원뿔**(cone)의 밑면이 서로 맞붙어 있는 도형을 잘라 비틀어 붙여 만든, 수학적으로 신기한 3차원 입체. 스페리콘은, 만들기 위해서 직원뿔을 붙혀 만든 입체의 두 정점을 통과하는 평면을 따라 자르면 정사각형인 단면이 나타나며, 단면을 떼지 않고 반쪽의 도형을 90° 회전시켜 나머지 반쪽과 어떤 겹침도 없게 붙인 도형이다. 이렇게 비틀어서 만든 스페리콘은 좀 특이하게 굴러간다. 평평한 표면에 일반 원뿔을 놓고 굴리면 원을 그리면서 굴러간다. 같은 크기의 두 개의 원뿔 밑면을 붙여 만든 도형은 시계방향이나 반시계 방향으로 원을 그리면서 굴러간다. 이와 대조적으로 스페리콘은 평평한 표면에 붙은 원뿔 모양의 한 부분이 먼저 구르고 그리고 이어서 나머지 부분이 구르면서 좌우 · 상하로 짧게 꿈틀꿈틀 하면서 굴러가는 모습을 보인다. 맞붙여 놓은 두 스페리콘은 서로 다른 스페리콘의 곡면과 맞물려 구른다. 정사각형 덩어리 모양이 되게 붙인 네 개의 스페리콘은 서로 맞붙어 동시에 구르고 원래 시작한 위치로 되돌아온다. 그리고 여덟 개의 스페리콘을 한 스페리콘곡면에 붙일 수 있고, 바깥 스페리콘은 중심에 있는 것의 곡면 위를 구를 수 있다. 스페리콘은 영국의 콜린 로버츠(Colin Roberts)가 학교에 있을 때인 1969년에 처음 발견했다. 그가 발견한 스페리콘은 1999년에야 *Scientific American*이란 잡지에 계속하여 새로운 내용으로 "수학적 레크리에이션(Mathematical Recreations)"이라는 칼럼을 썼던 이안 **스튜어트**(Ian Stewart)의 관심을 끌게 되었다.[322]

spheriod (회전타원체)

타원(ellipse)을 그것의 한 주축(主軸)을 축으로 회전하여 생긴 3차원 곡면. 타원이 장축의 둘레로 회전하여 생긴 곡면을 *편*

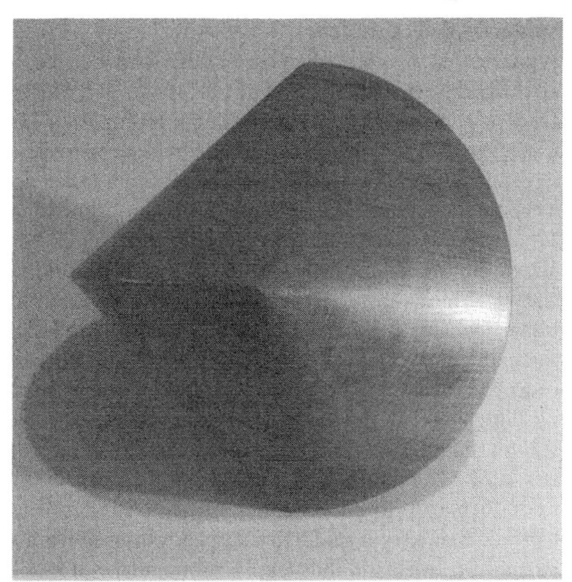

곡면이 한 개인 도형(sphericon) 참나무로 만든 놀라운 모양의 스페리콘.

S

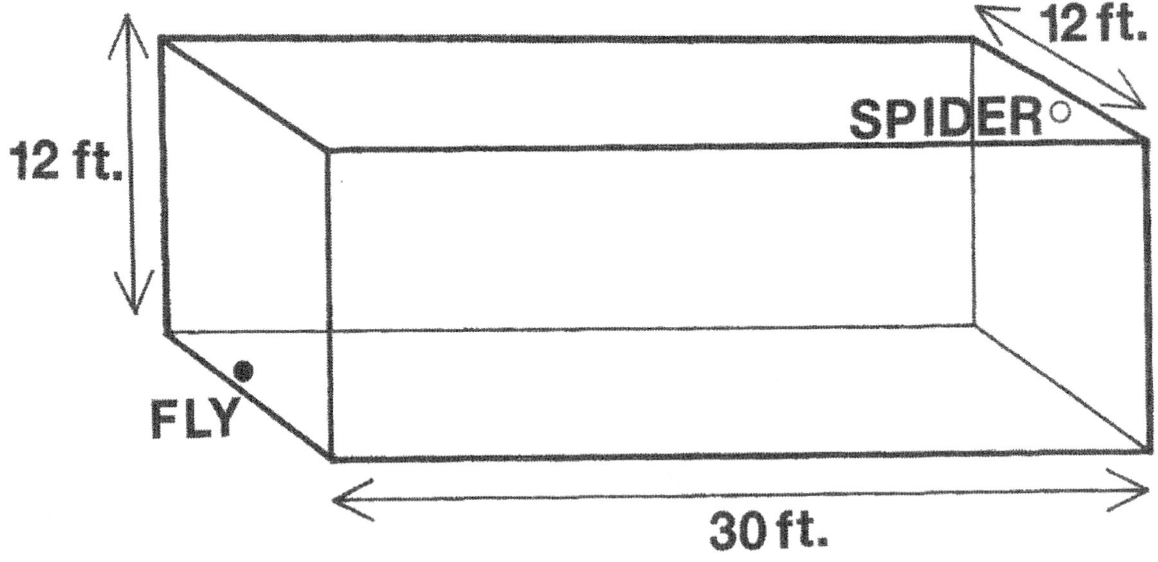

거미와 파리 문제(spider-and-fly problem) 거미가 먹잇감을 잡기 위한 최단 경로는 무엇인가?

구면(偏球面, *oblate spheroid*)(지구 모양과 비슷한)이라 한다. **구**(sphere)는 생성 도형이 타원이 아닌 원에 의해 생긴 회전타원체의 특별한 경우이다. 회전타원체는 **타원체**(ellipsoid) 주요 세 축 중 두 개의 길이가 같은 특별한 경우이다.

Sphinx riddle (스핑크스의 수수께끼)

그리스 신화에 의하면 스핑크스가 테베(Thebes)라는 도시 입구에 앉아 지나가는 여행자들에게 수수께끼를 냈다. 여행자가 수수께끼의 답을 알아 맞추지 못하면 스핑크스는 그 여행자를 죽였다. 수수께끼의 답을 올바르게 맞추면 스핑크스는 스스로 파괴되곤 했다. 그 수수께끼는 아침에는 네 발로, 정오에는 두 발로, 저녁에는 세 발로 걷는 것은 무엇인가? 하는 것이었다. 오이디푸스가 그 수수께끼를 풀었고 스핑크스는 스스로 파괴됐다. 해답은 사람인데 애기 때는 손과 발을 이용해 기고, 어른이 됐을 때는 두 발로 걷고, 노인이 됐을 때는 목발을 짚고 걷기 때문이다. 물론 아침, 정오, 저녁은 인간의 유아기, 장년기, 노년기를 비유한 말이다. 그런 비유적인 말은 수수께끼에서 흔하게 쓰인다. 테베라는 장소는 두 곳이 있는데, 이 신화에 나오는 테베는 명백히 그리스에 있는 도시이며, 그리스 스핑크스는 이집트 기자(Giza) 지방에 있는 스핑크스와는 모양이 다르다.

spider-and-fly problem (거미와 파리 문제)

영국의 〈*주간 급보*(*Weekly Dispatch*)〉라는 1903년 6월 14일자 신문에 처음으로 헨리 듀드니(Henry Dudeny)[21]가 제기한 퍼즐. 그가 쓴 『*캔트베리 퍼즐들*(*The canterbury puzzles*, 1907)』이란 책에 실려 있는 여러 문제들 중 하나이다. 측지선(geodesic)에 관한 간단하지만 품격 있는 문제이며, 듀드니가 낸 어렵긴 하지만 재미있는 잘 알려진 문제이다. 30' × 12' × 12' 크기의 입방체의 방(신발상자 모양의)에 거미가 12' × 12'의 벽에 붙어 있는데 천장에서 1피트 떨어진 중앙에 있다. 파리는 마주보는 벽에 붙어 있는데 바닥에서 1피트 떨어진 중앙에 있다. 파리가 움직이지 않는다면 거미가 벽, 천장, 바닥을 따라 기어서 파리가 있는 곳으로 도달하는 가장 짧은 거리(측지선)는 얼마인가? 답은 40′인데 상자의 벽을 차츰 편평하게 펴지게 하여 쉽게 구할 수 있다. 이 거리는 벽을 따라 바닥으로 기고, 바닥을 가로질러가서는 마지막으로 벽을 따라 올라가 파리가 있는 곳에 도달하는 거리인 42′보다 작다. 이 문제에 대한 의외의 해답은 벽, 천장, 또는 바닥에 꼭 붙어서 기게 하지 않고 푸는 방법인데 거미줄에 자신이 매달려 지름길을 택하게 하는 것이다. 거미가 현재의 위치에 거미줄을 붙이고 자신이 거미줄에 매달려 천천히 바닥까지 내려와서는(단 1인치도 기지 않고), 방의

역자 주

21) 1857-1930, 영국의 작가, 논리퍼즐과 수학적 게임을 전공한 수학자.

길이(30')만큼 기고 1'을 기어올라가면 먹이를 잡기 위해서 총 31'를 간 셈이다(물론 움직인 총 거리는 42'). 만약 거미가 수직 벽에 거미줄을 붙이는 데 익숙하지 않다면, 먼저 1'를 기어 천장까지 올라가고 거기에다 거미줄을 붙이고 거미줄에 매달려 바닥으로 내려와 방의 길이만큼 기고, 1피트를 기어올라 파리를 잡으면 기어간 총 길이는 32'이다. 듀드니와 샘 **로이드**(**Sam Loyd**)는 장방형 방으로 여러 다른 버전의 문제들을 냈다. 1926년에 듀드니는 원통형 유리의 서로 반대편에 각각 포식자와 먹이감을 놓는 버전을 만들었다.

spinor (스피너)

수학의 **벡터**(**vector**)와 비슷하지만 360°를 돌 때마다 부호가 바뀐다. 스피너는 아원자 입자(subatomic particle)의 스핀을 표현하기 위해 볼프강 파울리(Wolfgang Pauli)와 파울 **디랙**(**Paul Dirac**)이 발명했다. 1930년 초에 디랙, 피엣 **헤인**(**Piet Hein**)과 니일 보아 인스티튜트(Niels Bohr Institute)가 스피너의 계산법을 모델하여 가르치기 위해 **탱로이드**(**Tangloids**)와 같은 게임을 만들었다.

spiral (나선, 螺旋)

어떤 중심점 주위를 점진적으로 돌며, 도는 방법에 따라 그 점으로 가까이 가든지 또는 멀어지는 곡선. 가장 잘 알려진 형태는 **아르키메데스 나선형**(**Archimedean spiral**), **대수나선/로그나선형**(**logarithmic spiral**), **원 신개선**(**circle involute**), **리투스**(**lituus**)가 있다. 사촌격인 공간곡선 헬릭스(helix)와 같이 모든 나선형은 비대칭(asymmetric)이며, 각 나선형은 거울 반사(mirror reflection)인 나선형을 가진다.

sprograph curve (호흡 운동 기록 곡선)

룰렛(**roulette**)을 보시오.

Sprague-Grundy theory (스프라그-그러디 이론)

공정 게임(*impartial game*)이라 불리는 일종의 게임 클라스에 대한 이론. 1936에 로란드 퍼시발 스프래그(Roland Percival Sprague)와 1939년에 패트릭 마이클 그룬디(Patrick Michael Grundy)가 각각 독자적으로 발견했고, **님**(**Nim**) 게임에 처음 적용됐다. 간단히 말하면, 그들은 크기를 늘리고 줄이는 님 힙(Nim heap)으로 게임을 분석하여 공정 게임(impartial game)[22]을 할 수 있음을 보였다. 이 이론은 벌리캠프(E. R. Berlekamp), 존 **콘웨이**(John **Conway**)와 여러 사람들이 더욱 발전시켰고, 『*수학적 게임을 통해 이기는 방법들*(*Winning Ways for your Mathematical Plays*)』과 『*수에 관해서*(On Numbers)』란 책에 종합적으로 잘 설명돼 있다.

Sprouts (새싹 게임)

1967년 케임브리지 대학교의 존 **콘웨이**(John **Conway**)와 마이클 패터슨(Michael S. Paterson)이 발명한, 종이와 연필만 가지고 하는 게임. 새싹 게임은 한 장의 종이 위에 스팟(spot)이라 불리는 몇 개의 점을 찍어 놓고 두 명이 하는 게임이다. 게임 규칙은 한 선수가 두 점 사이를 연결하는 곡선을 그리던지 한 점에서 그 점으로 되돌아오는 루프(loop)를 그리면 되고, 그 곡선은 다른 곡선을 가로질러서는 안 된다. 그 선수는 곡선 위에 두 부분으로 나누어지는 새로운 점(spot)을 표시한다. 각 점은 많아서 세 곡선이 지날 수 있다. 제일 마지막으로 곡선을 그린 사람이 이긴다. 새싹 게임은 **그래프** 이론(**graph** theory)과 **위상수학**(**topology**)의 관점에서 연구되어 왔다. n개의 점(spot)으로 시작한 게임은 적어서 $2n$번과 많아서 $3n - 1$번만에 게임이 끝난다는 것을 증명할 수 있다. 그릴 수 있는 곡선의 경우를 모두 열거하여 보면 먼저 게임을 시작하는 사람은 세 점, 네 점 또는 다섯 점을 찍어 놓고 시작하면 꼭 게임을 이기며, 나중에 게임을 시작하는 사람은 한 점, 두 점 또는 여섯 점을 찍어 놓고 시작하면 꼭 게임을 이긴다는 것을 보일 수 있다. 1990년에 벨 연구소에서 11개까지의 점을 찍어 놓고 시작한 게임에서 데이비드 애플게이트(David Applegate), 가이 제코브센(Guy Jacobsen), 그리고 다니엘 슬레이터(Daniel Sleator)는 컴퓨터 분석을 한 뒤에 찍힌 점의 수가 6으로 나누었을 때 나머지가 3, 4, 5이면 먼저 게임을 시작한 사람이 이기는 전략을 구사할 수 있을 것이라고 추측했다. 피어스 앤소니(Piers Anthony)는 새싹 게임을 사용해 공상 과학 소설 『*거시*(*Macroscope*)』의 첫 부분을 구성했다.

S

square (정사각형/제곱)

(1) 같은 길이의 네 변이 각 꼭짓점에서 직각으로 만나는 4**각형**(**qudrilateral**). (2) 어떤 것을 *제곱한다*(*square*)는 것은 자기 자신에 자신을 곱하는 것이다. *제곱근*(*square root*)을 취한

역자 주

22) 두 사람이 번갈아 가면서 동일한 방법으로 특정한 상태(말들의 위치, 조각의 크기 등)를 바꾸면서 하는 게임.

다는 것은 제곱의 역과정이다. *제곱수(square number)*는 범자연수(whole number)의 제곱인 수이다(또한 **도형수(figurate number)** 참조). *제곱수의 차(difference of squares)*에 대한 잘 알려진 공식은 $a^2 - b^2 = (a + b)(a - b)$이다. 이 공식을 사용하면 머릿속으로 계산할 때 어려운 문제도 쉽게 계산할 수 있다. 예를 들면, $43 \times 37 = (40 + 3)(40 - 3) = 40^2 - 3^2 = 1{,}600 - 9 = 1{,}591$.

square free (제곱 프리)

완전제곱 $n^2(n > 1)$으로 나누어지지 않는 정수.

square pyramid problem (정사각형 밑면 피라미드 문제)

포탄 문제(cannonball problem)를 보시오.

square root of 2 ($\sqrt{2}$) (2의 제곱근)

지금은 **무리수(irrational number**, a/b (a, b는 정수) 형태로 쓸 수 없는 수)로 알려져 있지만 유리수가 아닌 수로 처음 발견된 수. 이 수는 **피타고라스(Pythagoras)**가 발견한 게 아니라면 적어도 그가 설립한 피타고라스 학파(Pythagorian group)가 발견했다. 2의 제곱근은 단위 길이의 밑변과 높이를 가진 직각**삼각형(right triangle)**의 빗변(가장 긴 변)의 길이이다. $\sqrt{2}$가 무리수임을 증명하는데 **귀류법(歸謬法, reductio ad absurdum)**을 사용하면 아주 간단하게 증명된다. $\sqrt{2}$가 유리수, 즉 $\sqrt{2} = a/b$, a와 $b(>0)$는 서로소(coprime, 1 이외의 공통인수를 갖지 않는 수)라고 가정하자. 그러면 $a^2/b^2 = 2$이고 $a^2 = 2b^2$. a^2은 2의 인수를 가지고 있으므로 a^2은 짝수이고 따라서 a도 짝수이다. $a = 2c$라 놓으면 $(2c)^2 = 2b^2$, 또는 $2c^2 = b^2$이 되므로 b도 또한 짝수가 되어야 한다. 더 이상 분모, 분자를 약분할 수 없는 기약분수 $a/b (= \sqrt{2})$로 시작했지만 짝수/짝수로 되어 모순이 생겼다. 그러므로 $\sqrt{2}$는 무리수여야 한다.[23] 이런 귀류법 증명법은 확장하여 자연수의 제곱근이 자연수인지 무리수인지를 보이는 데 사용될 수 있다.

$\sqrt{2}$는 **연분수(continued fraction)** $1 + 1/(2 + 1/(2 + 1/(2 + \cdots)))$로 나타낼 수 있는데, 이는 유리수 수열 1/1, 3/2, 7/5, 17/12, 41/29, 99/70, 239/169, …이 근사하는 것으로 볼 수 있다. 앞의 각 분수들의 분자와 분모를 곱하면 1; 6; 35; 204; 1,189; 6,930; 40,391; 235,416; …의 수열이 되는데 이것은 점화식 $A_n = 6A_{n-1} - A_{n-2}$를 만족한다. 이 수열의 각각을 제곱하여 나온 수 1; 36; 1,225; 41,616; 1,413,721; 48,024,900; 1,631,432,881; …는 모두 **삼각수(triangular number)**이다. 이 수열의 각 수는 제곱수이며 삼각수인 유일한 수이다.

squarefull number (다제곱수)

강력수(powerful number)를 보시오.

squaring the circle (원적 문제, 圓積問題)

오로지 자와 컴퍼스만을 이용해 주어진 원의 면적과 같은 정사각형을 작도하는(**작도 가능한(constructible)** 참조) 문제. 1882년에 독일의 수학자 페르디난드 폰 린데만(Ferdinand von Lindemann)은 이 작도 문제는 **pi**를 나타내는 다항식(polynomial)을 발견하는 것과 같음을 보였고, π는 **초월수(transcendental number)**이므로 다항식으로 나타낼 수 없고 따라서 이런 작도는 불가능하다(자와 컴퍼스로 작도 가능한 모든 점의 좌표 성분은 대수적 수(algebraic number)이다). 하지만 아마추어 수학자들은 약간의 불편한 것만 감수하면 쉽게 도전할 수 있기 때문에 계속하여 원적 문제를 증명했다고 주장한다. 가장 이상하게 시도한 것들 중 더러는 π가 유리수라고 주장하며 여러 값을 제시한다. 1897년에 인디애나 주 의회(Indiana State Legislature)는 π값을 3.2로 정하는 법안을 도입하려는 아슬아슬한 경우도 있었다! 사실 대부분의 학회는 증명은 불가능하다고 추측하며 그들에게 보내진 원적 문제의 논의를 아예 고려해 보지도 않았지만 π가 마침내 초월수로 증명이 되었다.

squaring the square (적적 문제, 積積問題)

정수 정사각형(integral square, 변의 길이가 정수인 정사각형)들을 붙여 더 큰 정사각형을 만드는 문제. 적적 문제는 다른 조건이 부가되지 않는다면 아주 쉬운 작업이다. 가장 많이 연구된 제한 조건은 작은 정사각형들의 각각의 크기가 다른 경우인 완전 적적 문제(perfict squaring the square)이다. **원적 문제(squaring the circle)**와 유사하도록 재미있게 이름이 지어졌고, 케임브리지 대학교의 브룩스(R. L. Brooks), 스미스(C. A. B. Smith), 스톤(A.H. Stone), 투테(W. T. Tutte)[24]가 처음 연구했다고 기록돼 있다. 완전 적적 문제는 1939년 로란드 스프래그(Roland Sprague)가 발견했다. 이전에 붙인 가장 작은 정사각형 타일이 원래 정사각형만큼 크게 되도록 **덮기(tiling)**를 확장

역자 주

23) 무리수가 아니라고 잘못 씌여 있음.

24) 1917-2002, 영국 뒤에는 캐나다인으로 암호 해독 전문가(code breaker)이자 수학자.

하여 붙인다면, 크기가 각각 다른 정수 정사각형으로 전 평면을 완전히 덮을 수 있다. 하지만 1에서 *n*까지 자연수가 변의 길이인 정사각형을 모두 사용하지만 단지 한 번만 사용하여 평면을 덮을 수 있는가하는 적적 문제는 아직까지 미해결 문제이다. *단순 적적 문제(simple squared square)*는 어떤 정사각형들의 부분집합으로도 사각형 형태를 만들 수 없는 경우이다. 두이지베스틴(A. J. Duijvestin)이 컴퓨터를 이용하여 가장 작은 단순 적적 문제를 발견했다. 그는 21개의 정사각형을 사용했고, 이것이 최소의 개수임을 증명했다. 재미있는 조건을 가진 것은 nowhere-neat 적적 문제와 no-touch 적적 문제가 있다. 적적 문제는 1902년부터 개발됐고, 헨리 **듀드니**의 책 『*이사벨 여사의 장식함(Lady Isabel casket)*』에 처음으로 등장했고 그 뒤에 『*켄터배리 퍼즐(The Canterbury Puzzles)*』책에 문제 #40으로 실려 있다.

standard deviation (표준편차)

어떤 데이터 **집합**(set)의 분산 정도를 측정한 것. 정규분포(Gaussian distribut-ion)에서는 분포 **함수**(function)의 꼬리의 폭이 표준편차의 크기를 암시한다.

Stanhope, Earl (스탠호프)

영국의 백작가(家)이며, 그들의 다수는 유명한 수학자였고 박식가였다. 백작 3세인 찰스 스탠호프(1753-1816, Charles Stanhope)는 연판(鉛版, stereotyping) 과정을 발명했고 1777년에는 첫 기계적인 논리 계산기를 고안했다. 백작 4세인 필립 헨리 스탠호프(1781-1855, Philip Henry Stanhope)는 그의 지식을 지도 제작과 미로 설계에 적용한 수학자였다. 그는 백작 2세(1714-1786) 때에 세워진 기본 계획에 따라 미로를 만들었다. 이 기본 계획은 미로에 섬들을 추가하는 첫 시도로 손으로 벽을 짚으면서 찾아가는 친숙한 방법을 능가하는 것이었다. (유명한 햄프톤 코트 미로에도 섬들이 있지만 손으로 벽을 짚으면서 찾는 방법으로 미로를 찾을 수 있다.) 그는 가끔 많은 섬들을 포함하든지 단지 홀로 떨어진 긴 생울타리를 포함하는 설계를 했다.

Star of David (다윗의 별)

또한 6선 성형(六線 星形, hexgram)으로도 알려져 있고 **정육각형**(regular hexagon)의 변을 만날 때까지 연장하여 만들어진 6개의 끝이 뾰족한 별 모양이다.

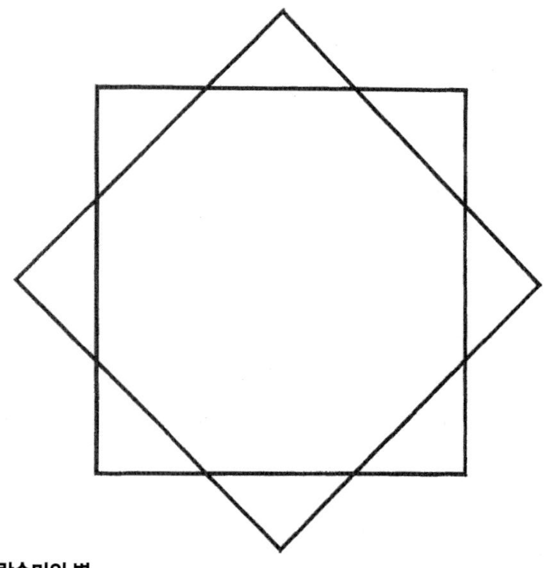

락슈미의 별

star of Lakshmi (락슈미의 별)

8개의 뾰족한 부분이 있는 별 모양으로서 건축 양식에 가끔 사용되며, 특히 4중 또는 8중 대칭인 방의 마루에 타일을 붙이는 데 사용되든지 또는 다른 장식용으로 사용된다. 영국 국회의사당의 **8각형의**(octagonal) 중앙 로비가 락슈미의 별 모양으로 장식된 장소로 잘 알려진 예다. 힌두교 신자들이 8가지의 부(wealth)인 애쉬탈라크시미(Ashtalakshmi)를 상징하기 위해 락슈미의 별 모양을 사용했다.

state space (상태공간, 狀態空間)

위상공간(phase space)을 보시오.

S

stationary point (정류점, 停留點)

함수(function)의 그래프 위의 점이며, 이 점에서의 **접선**(tangent)이 *x*-축과 평행한 점, 동치적으로는 그 점에의 함수의 **미분**(derivative)이 0인 점. 네 종류의 정상(stationary, 定常)점이 있다:(1) *국부 최솟값(local minimum)*, 이 점에서는 함수의 미분값이 음수에서 양수로 변한다; (2) *국부 최댓값(local maximum)*, 이 점에서는 함수의 미분값이 양수에서 음수로 변한다; (3) *오름 변곡점(a rising point of reflection)*, 변곡점 양쪽의 미분값이 양수이다; (4) *내림 변곡점(a falling point of reflection)*, 변곡점 양쪽의 미분값이 음수이다.

statistical mechanics (통계역학, 統計力學)

물리적 재료의 온도 상태를 통계적으로 설명하는 이상적 수학 모델을 연구하는 학문.

statistics (통계학, 統計學)

많은 데이터를 몇 개의 수로 표현할 수 있는 방법을 연구하는 학문이며, 그 수들이 어떻게 선택되고 따라서 전체 데이터에 대한 합리적인 결론을 어떻게 이끌어내는지를 연구하는 학문이다. *통계학*(*statistics*) 단어는 *statis*라는 라틴어에서 왔는데 이는 "정치적 상황(politcal state)"을 뜻하는 말로 정치, 자원, 인구에 관한 자료와 숫자를 분석하는 작업이 주요 업무이다. 통계학은 강력한 도구지만 의도적이든 의도적이지 않든 오용된다. 벤자민 디즈라엘리(Benjamin Disraeli, 1804-1881)는 "거짓말, 새빨간 거짓말과 통계학이 있다"라고 도가 지나친 말을 했지만 스코틀랜드 작가 애드루 랑(Andrew Lang)은 은근히 정치인이 어떤 인간들인지 묘사한 말로 "술 취한 사람이 가로등 기둥을 조명보다는 쓰러지지 않으려고 붙드는 것처럼 정치인이 통계학을 사용한다"라고 말했을 정도이다. 유희 수학에 가장 흔하게 쓰이는 통계학 분야는 **확률론**(probability theory)이다.

Steiner, Jakob (스타이너, 1796-1863)

많은 이가 언급할 정도로 페르게우스 **아폴로니우스**(Apollonius of Perga) 이후의 가장 위대한 기하학자로 여겨지는 스위스의 수학자. 독학하여 베를린 대학교의 교수가 됐으며, **사영(射影) 기하학**(projective geo -metry)의 선구자이다. 베른하드 **리만**(Bernhard Riemann)을 비롯하여 그가 가르친 학생들에게 지대한 영향을 끼쳤다.

Steiner-Lehmus theorem (슈타이너-레무스 정리)

'어떤 삼각형에서 두 각의 이등분선의 길이(각각의 길이는 꼭짓점에서 대변까지의 길이)가 같으면 **이등변삼각형**(isosceles triangle)이다'라는 정리. 1840년에 베를린 대학 교수 루돌프 레무스(Rudolph Lehmus)가 '삼각형이 이등변삼각형이면 두 각의 이등분선의 길이는 같다'라는 명제의 역도 참인지 의문을 가졌다. 그는 그 문제를 스타이너(Jacob Steiner)에게 제출했고 스타이너는 즉시 그 타당성을 증명해 보였다. 곧이어 레무스는 더 간결한 증명을 찾았고, 그 후에는 기하학을 취미로 하는 사람들은 소일거리로 좀 더 간결한 증명을 찾고자 했다.

Steinhaus, Hugo Dyonizy (슈타인하우스 휴고 디오니치, 1887-1972)

폴란드의 수학자이며 리보프(Lvov)에 있는 잔 카치미르츠(Jan Kazimierz) 대학교에 기반을 둔 리보프 학파(Lvov school)의 영향력 있는 회원이었고, 또한 스테판 바나흐(Stefan Banach)도 같은 회원이었다. 이 학파는 1920년대와 1930년대에 함수 **해석학**(analysis), 실함수, 확률론에 관한 문제들을 주로 다루었다. 초창기에 슈타인하우스는 **르벡** 측도(Lebesque measure)와 적분의 응용을 중심 연구 주제로 삼았다. 1923년에 측도론(measure theory)에 기초하여 동전 던지기에 관한 이론을 엄밀하게 설명하는 논문을 첫 번째로 발표했고, 1925년에는 **게임 이론**(game theory)의 전략에 관한 개념을 정의하고 논의한 첫 번째 사람이었다. 제2차 세계 대전 동안에는 유대인이기에 나치의 박해를 피해 부득불 숨어 다녔지만 그 큰 어려움 속에서도 수학적 연구를 계속했다. 1944년에 스타인하우스는 케이크를 비례적이고 공평하게(envy free) n조각으로 나누는 문제를 제안했다(**케이크 자르기**(cake-cutting) 참조). 그는 또한 널리 읽히고 있는 책 『*수학적인 짧은 묘사*(*Mathematical snapshots*)』의 작가로도 잘 알려져 있다.

stellation (별 모양 다면체)

(1) 주어진 다면체의 평평한 면이 모서리를 지나도록 확장하여 새로운 **다면체**(polyhedron)가 되게 만드는 과정. (2) 그렇게 해서 만들어진 새로운 다면체. 예를 들어 **20면체**(**面體**)(icosahedron)로 시작하면 **케플러 포앙소 다면체**(Kepler-Poinsot solids)인 *대이십면체*(*great icosahedron*)를 포함하여 가능한 별 모양 다면체를 59개나 만들 수 있다.

steradian (스테라디안/입체 호도법)[25)]

입체각(solid angle)의 국제 단위(SI). 스테라디안(sr)은 반지름이 r인 **구**(sphere)의 중심을 **꼭짓점**(vertex)으로 하여 반지름이 한 바퀴 회전하여 생긴 그 구의 표면적이 r^2에 해당하는 3차원 공간의 각이다. 전체 구의 입체각은 4π sr이다.

Stewart, Ian (스튜어트, 이안, 1945-)

역자 주

25) 평면의 경우의 라디안(radian)의 정의를 구면 위로 확장한 것이라고 할 수 있다. 단위원일 때 생긴 입체각을 1sr(스테라디안: steradian)이라고 한다.

별 모양 다면체 최종 별 모양 이십면체. *Robert Webb, www.software3d.com; Webb의 스텔라(Stella) 프로그램으로 생성*

레크리에이션 수학과 대중 과학에 관한 많은 책과 글을 썼던 워윅 대학교(Warwick University)에 재직하고 있는 영국의 수학자. 1990년부터 2001년까지 *Scientific American*이라는 잡지에 레크리에이션 수학에 관한 칼럼을 썼다. 그의 책들은 『*평평한 나라: 훨씬 더 평평한 나라와 같은(Flatland: Like Flatland only more so)*』, 애벗(Edwin Abbot)의 고전인 『*평평한 나라*: 다차원 세계의 이야기(*Flatland: A Romance of Many Dimensions*)』의 현대판; *신이 주사위 놀이를 하는가?: 새로운 혼돈 수학(Does God Play Dice: The New Mathematics of Chaos)*, 그리고 잭 코헨(Jack Cohen)과 함께 쓴 『외계 생명체의 진화(*Evolving the Alien*)』 등이다.[317,318,321,323]

Stewart toroid (스튜어트의 환상면(체))

보니 메디슨 스튜어트(Bonnie Madison Stewart)가 1980년에 쓴 책 『*환상면 속의 모험(Adventures among the Toroids)*』에서 구체적으로 제시한 기준(criteria)의 일부 또는 전부를 만족하는 구멍이 뚫려있는 **다각형(polygon)**. 그 기준은 다음과 같다; 모든 면은 정다각형이어야 한다; 만나는 두 면은 동일 평면에 있지 않아야 한다; 다각형은 준볼록해야(quasi-convex) 한다; 다각형에 뚫려 있는 구멍의 **종수(genus)**는 달라야 한다; 면들이 자기 자신이나 다른 면과의 교차는 허용되지 않는다. 스튜어트 환상체는 친숙한 플라톤 입체에 구멍이 나 있는 것으로 볼 수 있는데 매력적인 대칭 때문에 복잡하고 환상적인 모양을 띤다.

S

stochastic (확률적인)

랜덤한(random) 어떤 것.

stochastic process (확률 과정, 確率過程)

반복될 때마다 **무작위로(random)** 변동하는 또는 무작위 잡음(random noise)에 영향을 받는 **역학계(力学系, dynamical system)**이다. 각 시간 단계(time step)에서 그 전 값은 확정적이며, 미래 값은 무작위로 선택되는 확률변수(random variable).

별 모양 다면체 **작게 별 모양으로 절단된 12면체 별 모양, 균등 다면체**(*uniform polyhedron*). *Robert Webb, www.software3d.com; Webb의 스텔라(Stella) 프로그램으로 생성*

예를 들어, 주식 가격은 자주 확률 과정을 따르는 모델로 만들어진다.

Stomachion (14교판/십사교판, 十四巧板)

아르키메데스의 상자(**Loculus of Archimedes**)를 보시오.

straight (일직선의)

편차가 전혀 없는. *직선*(*straight line*)을 흔히 간단하게 **선**(**line**)이라 한다. *평각*(*平角, straight angle*) 또는 *평면각*(*flat angle*)은 정확하게 180°이다.

strange attractor (이상한 끌개)

혼돈적 끌개(**chaotic attractor**)를 보시오.

strange loop (이상한 고리)

어떤 계층적 체계(hierarchical system, 階層的 體系)의 단계를 통해 위쪽이나 아래쪽으로 움직일 때 그 체계가 예상치 못하게 갑자기 출발한 장소로 되돌아오는 현상. 더그라스 **호프스타트**(**Douglas Hofstadter**)는 **그렐링의 역설**(**Grelling's paradox**), **러셀의 역설**(**Russell's paradox**) 같은 논리학 역설을 설명하기 위한 패러다임으로 이상한 고리를 사용했고, 이상한 고리가 나타나는 체계를 *복잡하게 뒤얽힌 계층적 구조*(*tangled hierarchy*)라고 불렀다.

strategy (전략, 戰略)

게임 이론(**game theory**)에서 게임에 필요한 정책. 전략은 플레이어가 어떤 상황 하에서도 게임을 진행하는 데 필요한 완벽한 처방(recipe)이다. 정책은 **혼합 전략**(**mixed strategy**)으로 언급되는 **무작위성**(**random-ness**)을 포함할 수도 있다.

스튜어트의 환상면 드릴로 절단된 12면체. *Robert Webb, www.software3d.com; Webb의 스텔라(Stella) 프로그램으로 생성*

string (끈/문자열)

글자, 수(number), 숫자(digit), **비트**(bits), 기호들을 순서대로 늘어놓은 것.

string puzzle (끈 퍼즐)

*얽힌 것을 푸는 퍼즐(disentanglement puzzle)*의 한 형태인 끈을 사용하는 퍼즐의 기원은 너무 오래 되어 알 수 없지만, 이런 문제를 포함하는 매우 오래된 이야기 중 하나는 **고르디우스의 매듭**(Gordian knot)이다. 오늘날 많은 종류의 끈 퍼즐이 있는데 대부분은 막대(전형적으로 나무로 만든)에 실타래처럼 얽혀 있는 끈들의 고리에서 반지를 제거하는 퍼즐이다.

또한 **기계적 퍼즐**(mechanical puzzle)이나 **매듭**(knot)을 보시오.

string theory (끈 이론)

자연의 기본 입자는 진동하는 기본적인 끈의 "음표(musical notes)" 또는 여기(勵起) 모드(excitation mode)라고 생각하는 현대 물리학의 중요한 이론. 이 끈은 *플랭크 길이(Plank length,* 약 10^{-33}cm)라 불리는 아주 짧고 의미 있는 물리적 길이지만 두께는 없다. 더욱 이상한 것은 이 이론이 성립하기 위해서 우주는 9개의 공간 차원과 1개의 시간 차원을 합하여 10차원을 가져야 한다는 것이다. 10차원 우주에 대한 아이디어를 **칼루자–클라인 이론**(Kaluza–Klein theory)에 처음 냈다. 우리는 시간과 3차원 공간에는 익숙하고 나머지 6개 차원은 **카라비–야우 공간**(Calabi-Yau spaces)으로 알려져 있다. 끈 이론에서는 끈이 진동하기 위해 현악기같이 팽팽하게 당겨져 있어야 한다. 장력은 놀랍게도 10^{39}톤의 무게와 맞먹을 정도로 높다. 끈 이론은 끈이 닫힌 고리로 되어 있는지, 입자 스펙트럼이 *페르미 입자(fermions)*를 포함하는지 여부에 따라 분류된다. 끈 이론에 페르미 입자를 포함시키려면 *초대칭(supersymmetry)*이라 불리는 특별한 종류의 대칭이 꼭 존재해야 하는데, 이것의 의미는 모든 *보손(boson,* 힘을 전파하는 정수(整數)스핀인 소립자)에 대응하는 페르미 입자(fermion, 물질을 만드는 1/2 정수 스핀인 소립자)가 존재하는 것과 같다. 따라서 초대칭은 물질의 성질

S

을 구성하는 소립자에 힘을 전파하는 소립자와 관련이 있다. 현재 알려진 입자들에 대한 초대칭 파트너는 입자 실험에서 아직 발견되지 않고 있는데, 이론적으로 초대칭 입자의 질량은 너무 커서 현재 사용 중인 고에너지 가속기로는 이 입자를 만들 수 없기 때문이라고 믿고 있다. 앞으로 거의 10년 이내에 입자 가속기로 고에너지 초대칭의 증거를 발견할 수도 있을 것이다. 고에너지 상태의 초대칭 증거가 발견되면 끈 이론이 가장 짧은 거리 축척으로 측정 가능한, 자연의 물질에 대한 강력하고 훌륭한 수학적 모델이 될 것이다. 끈 이론에서는 기본 입자들의 모든 성질-전하(charge), 질량(mass), 스핀(spin) 등-은 끈의 진동으로부터 나온다. 가장 쉽게 이해할 수 있는 성질은 질량이다. 진동이 심하면 심할수록 더 많은 에너지가 나오며, 질량과 에너지는 같은 것이기에 진동이 빠를수록 더 높은 질량이 나온다.

strobogrammatic prime (스트로보 문법적 소수)

180° 회전을 시켜도 변함이 없는 **소수**(prime number). 619가 그 예이며 180° 회전을 해도 똑같이 읽힌다. 스트로보 문법적 소수가 되기 위해서는 0, 1, 8, 6, 9 이외의 숫자를 포함할 수 없고 0, 1, 8 수들로 이루어진 소수인 경우는 수평적 대칭을 이루어야 하며(글씨체의 변화는 무시하고), 그리고 6, 9를 포함한 소수의 경우는 서로 수직적 반사가 이루어져야 한다. *역소수*(*invertible prime*)는 숫자를 역으로(inverted) 나열했을 때 다른 소수가 되는 소수이다. 물론 역소수를 수학자들은 중요하게 생각하지 않는다.

strophoid (스트로포이드)

케임브리지 대학교의 제1대 루카시언(Lucasian) 석좌 교수(제2대 루카시언 석좌 교수는 아이작 **뉴턴**(**Issac Newton**))였던 아이작 바로우(Issac Barrow, 1630-1677)가 1970년에 처음으로 연구한 고리 모양의 곡선. 스트로포이드는 일반 **시소이드**(**cissoid**,질주선(疾走線))의 특별한 경우이며, 1846년에 엔리코 몬투치(Enrico Mo-ntucci)가 라틴어로 "비틀린 벨트 모양(twisted belt shape)"이라는 뜻의 이름을 지었다. 스트로포이드를 그리는 자세한 방법은 다음과 같다. C를 어떤 곡선, O를 폴(pole)이라 부르는 고정점, 그리고 O'을 두 번째 고정점이라 하자. P, P'을 점 O를 지나는 직선 위의 점으로 이 직선이 곡선과 만나는 점을 Q라 할 때 $\overline{P'Q}=\overline{QP}=\overline{QO'}$[26]를 만족한다. P와 P'의 자취가 폴 O와 고정점 O'에 관한 곡선 O의 스트로포이드이다. 곡선 C가 직선이고 폴 P가 곡선 C 위에 있지 않으며 두 번째 점 O'이 C 위에 있을 때 그려진 스트로포이드를 *사선 스트로포이드*(*oblique strophoid*)라 부른다. O'이 수직선 OC가 C와 만나는 점이라는 사실을 제외하고 다른 조건이 같을 때는 *직각 스트로포이드*(*right strophoid*)라 한다. 한편, C가 원이고, O가 원의 중심, O' 이 원주 위의 점이라면 그려진 스트로포이드는 *프리스의 네프로이드*(*Freeth's nephroid*)로 알려져 있다. 프랑스의 수학자 길 로베르발(Gilles Roberval, 1602-1675)은 평면으로 **원뿔**(**cone**)을 자르면 스트로포이드가 생기는 다른 방법을 발견했다. 평면이 원뿔 꼭짓점에 접선하여 회전할 때 생긴 원뿔곡선의 초점을 모아 놓은 것이 스트로포이드이다.

subgroup (부분군, 部分群)

군(group)의 부분집합으로 군과 같은 연산 하에 다시 군이 되는 집합.

sublime number (서브라임수)

어떤 수의 약수들의 *합*(*sum*)과 그 약수들의 *개수*(*number*)가 **완전수**(**perfect number**)인 수. 가장 작은 서브라임수는 12이다. 12의 약수는 1, 2, 3, 4, 6으로 여섯 개가 있고 그 합은 28이다. 6과 28은 완전수이다. 두 번째로 작은 서브라임수는 60,865…로 시작하고 …91,264로 끝나는 전체 76개의 숫자를 가지는 수이다! 이보다 더 큰 짝수 서브라임수가 존재 하는지 그리고 어떤 홀수 서브라임수가 존재하는지 알려져 있지 않다.

subset (부분집합, 部分集合)

어떤 **집합**(set)의 각 원소가 다른 집합의 원소가 되는 집합. 이 집합은 다른 집합에 포함된다.

substitution cipher (환자식 (換字式) 암호)

각 평문(plaintext)(본래 메시지) 기호를 암호문(ciphertext)(암호화한 문장)의 기호로 바꾸는 **암호**(**cipher**). 역대입법으로 암호를 해독하는 수신기. 간단한 예는 **시저 암호**(Caesar cipher)이다.

subtraction (뺄셈)

두 양(quantity)이나 수(number) 사이의 차를 나타내기 위한

역자 주

26) bar가 빠져 있음.

이항 연산(binary operation).

sultan's dowry (술탄의 지참금)

잡지 *Scientific American*의 1960년 2월호에 게재된 마틴 **가드너**(Martin Gardner)의 "수학의 유희"라는 칼럼에서 처음으로 빛을 본 골치 아픈 **확률**(probability) 문제. 가드너의 원래 문제는 비서 문제로 알려진 것이었다. 술탄의 지참금으로 불리는 문제와 정확하게 같은 형태를 살펴 보면, 술탄이 평민에게 100명의 딸 중 한 명과 결혼할 기회를 줬다. 평민은 한 번에 한 명씩 딸을 만나며 그 딸의 지참금이 얼마인지 듣게 된다. 평민은 각 딸을 선택할 수 있고 거부할 수 있는 단 한 번의 기회를 가진다. 그가 앞서 한 번 거절했던 딸을 다시 선택할 수 없다. 술탄의 딜레마는 평민이 가장 많은 지참금을 소지한 딸과만 결혼할 수 있다는 것이다. 지참금이 어떻게 분배되었는지 미리 아무도 모른다고 가정하고 평민의 가장 좋은 전략을 찾는 문제이다. 많은 수학자들이 이 질문과 씨름하여 이 주제에 대한 수많은 논문이 발표되고 있다. 이 문제만을 연구하는 경영과학 분야가 생겨났다. 이 문제를 연구해 온 사람들 사이에서 의견일치가 된 내용은, 평민이 선택한 가장 좋은 방법은 딸의 일부를 그냥 보내고 그때까지 만나본 딸의 지참금보다 더 많이 지참한 다음에 만나는 딸을 선택하는 것이다. 그냥 통과시킬 딸들의 정확한 수를 결정하는 것은 가장 많은 지참금을 소지한 딸을 이미 만났을 확률이, 아직 그때까지 최고의 지참금 소지자를 만나지 않았고 그리고 만약 만난다면 선택할 확률보다 클 조건에 의해 결정된다. 이것은

$$x/n > x/n \times [1/(x+1) + \cdots + 1/(n-1)]$$

을 만족하는 가장 작은 x를 찾는 것과 같다. 이 식에 $n = 100$을 대입하여 나온 결과는 37명의 딸을 그냥 보내고, 그냥 보낸 딸 중에 가장 많은 지참금을 소지한 자보다 더 많은 지참금을 소지한 자를 만나면 그 자를 선택하면 된다. 이 전략으로 최고의 지참금을 소지한 딸을 선택할 확률은 약 37%로 놀라울 정도로 높다.[224]

supercomputer (슈퍼컴퓨터)

컴퓨터가 발명된 이후 동시대의 전통적 어느 컴퓨터보다 빠른 컴퓨터. 슈퍼컴퓨터는 일기 예보, 융합 실험이나 은하계 진화에 대한 시뮬레이션, 자동차와 비행기의 디자인, 그리고 암호 해독과 같은 굉장히 방대한 수를 계산하는 작업에 전형적으로 사용된다. 2004년 초에 세계에서 가장 강력한 컴퓨터는 단연 일본의 어스 시뮬레이터(Earth Simulator)였는데 초당 최대 40,960기가 플롭스(gigaflops), 즉 40.96조의 "부동(浮動) 소수점 연산(floating point operation)"을 할 수 있었다. 가장 좋은 500개의 슈퍼컴퓨터는 웹사이트 http://www.top500.org에 열거돼 있다.

superegg (슈퍼달걀 회전면)

$a/b = 4/3$이고 **초타원**(superellipse) 공식 $|x/a|^{2.5} + |y/b|^{2.5} = 1$로 그려지는 곡선의 **회전면**(surface of revolution). 슈퍼달걀 회전체의 이름은 피트 **헤인**(Piet Hein)이 지었고 양쪽 어느 쪽으로 세우더라도 특이하고 놀라울 정도로 안정성이 있기에 헤인이 관심을 가졌다. 1960년대에는 금속, 나무와 다른 재질로 만든 슈퍼달걀 회전체는 신기한 물건이라고 많이 팔렸고, 속이 꽉 차게 강철로 만든 조그마한 것은 "고급 장난감"으로 상품화되었다. 세계에서 가장 큰 슈퍼달걀 회전체는 강철과 알루미늄으로 만든 무게가 1톤으로, 1971년 헤인이 그곳에 연사로 온 것을 기념하여 글래스고우의 캘빈 홀 바깥에 세워졌다.

superellipse (초타원)

$n > 2$인 n에 대해 공식 $|x/a|^n + |y/b|^n = 1$로 그려진 **라메곡선**(Lamé curve)이다. 초타원은 타원(ellipse)과 모서리가 둥근 직사각형의 중간 형태를 취한다(만약 $a = b$이면 원과 모서리가 둥근 정사각형의 중간 형태). 덴마크의 시인이자 건축가인 피트 **헤인**(Piet Hein)은 $n = 5/2$, $a/b = 6/5$인 초타원이 보기가 가장 좋은 모양이라고 했다. 소위 *헤인 타원*(*Piet Hein ellipse*)이라 불리는 초타원은 스톡홀름 중심의 야외 공간을 꾸미는 기

슈퍼달걀 회전체

S

본적인 디자인으로 곧바로 채택됐고, 또한 사무실 테이블, 책상, 침대, 스칸디나비안 디자인이라는 가구 회사의 디자인으로 사용됐으며, 심지어 길의 로터리 형태를 만드는 데 적용되었다. **초타원의 회전면**(surface of revolution)는 **슈퍼달걀 회전체**(superegg)의 닉네임이 붙은 회전체의 특별한 형태인 초타원체(superellipsoid)이다.

superfactorial (초계승, 超階乘)

매우 빠르게 **큰 수**(large number)를 생성하는 **계승**(factorial)에 기초한 **함수**(function). 이것은 최근에 만들어졌기에 아직 수학의 주요 연구 토픽에 들지는 못하고 있으며, 두 가지 다른 방법으로 정의된다. 클리포드 피커오버(Clifford Pickover)는 1995년에 그의 책 『*무한의 열쇠*(*Keys to Infinity*)』에서 초계승을

$$n\$ = \underbrace{n!^{n!^{\cdot^{\cdot^{n!}}}}}_{n!\text{개 항}}$$

으로 정의했다. 같은 해에 슬로안(Sloane)과 플루페(Plouffe)는 대안적 정의를 했는데 이것은

$$n\$ = \prod_{i}^{n} i!$$

이다. 피커오버의 초계승은 엄청난 속도로 증가한다. 첫 몇 개의 계승을 구해 보면 1$=1 이고 2$=4이지만 3$은 벌써 이 페이지에 다 쓸 수 없을 정도로 많은 숫자가 존재하는 큰 수이다. 피커오버의 초계승과 비교하여 슬로안과 플루페의 계승은 차분하게 증가하는데 첫 몇 개의 값을 구해 보면 1, 1, 2, 12, 288, 345,690이며 이 수들은 **벨수**(Bell number)와 관련이 있다.

supersymmetry (초대칭, 超對稱)

페르미 입자(fermions) 사이나 보손(boson) 입자 사이의 반직관적인 대칭 관계를 가정하는 물리학 이론. 페르미 입자란 파울리의 배타 원리(Pauli exclusion principle)를 따르고 따라서 똑같은 양자 상태를 차지할 수 없는 전자(electron) 같은 소립자이다. 그리고 보손(boson) 입자란 똑같은 상태로 동시에 존재할 수 없는 광양자(photons)와 같은 소립자이다.

supertetrahedral number (초사면체수)

사차원(**제사차원**(fourth dimension) 참조)의 **도형수**(figurate number) 형태의 수. 초사면체수는 다음과 같이 사면체수(tetrahedral number) 1, 4, 10, 20, 35, … 를 쌓아가듯이 만든 수이다.

1	=1
1+4	=5
1+4+10	=15
1+4+10+20	=35
1+4+10+20+35	=70

supplementary angles (보각, 補角)

합하여 180°가 되는 두 각.

surd (부진근수, 不盡根數)

무리수(irrational number)를 나타내는 **근호**(radical, 根號, 루트($\sqrt{\ }$)). 부진근수는 *이차식*(*quadratic*) (예를 들어 $\sqrt{2}$), *삼차식*(*cubic*) (예를 들어 $\sqrt[3]{2}$), *사차식*(*quartic*) (예를 들어 $\sqrt[4]{2}$) 등이 있다. (이 용어는 종종 무리수의 동의어로 사용된다.) *순수 부진근수*(*pure surd*), 또는 완전 부진근수(entire surd)는 어떤 유리수도 포함하지 않는 수이며 모든 인수와 항은 부진근수로 이루어져 있다(예를 들어 $\sqrt{2}+\sqrt{3}$). *혼합 부진근수*(*mixed surd*)는 적어도 하나의 유리수를 포함한다(예를 들어 $2+\sqrt{3}$ 또는 $3\sqrt{2}$).

surface (곡면, 曲面)

수학에서, 충분히 확대하면 국부적으로 편평한 평면(plane)과 같이 보이는 모든 도형이나 입체. **구**(sphere), **토러스**(torus), **유사구**(psedosphere), **클라인병**(Klein bottle) 등은 여러 곡면의 예이다.

surface of revolution (회전면)

어떤 축을 회전축으로 하여 선이나 곡선을 회전하여 생성된 곡면. 예를 들면, **구**(sphere)는 원의 지름을 회전축으로 하여 생성된 회전체다.

surreal number (초현실수, 超現實數)

모든 **실수**(real number), 무한 개인 모든 게오르그 칸토르 **서수**(ordinal number)(다른 종류의 무한대), 이런 서수에서 생성된 **무한소**(infinitesimals, 무한히 작은 수들)들의 집합, 그리고 수학의 알려진 영역 바깥에 이전에 존재하던 이상한 수들을 포

함하는, 상상도 안 되게 많은 부류의 수 집합의 원소. 각 실수는 다른 실수보다 더 가까이 존재하는 구름처럼 많은 초현실수로 싸여 있다는 사실이 밝혀졌다. 이런 구름처럼 많은 초현실수 중의 하나는 0과 0보다는 큰 가장 작은 수 사이에 존재하는 특이한 공간을 차지한다. 초현실수는 존 **콘웨이**(John Conway)가 어떤 게임에 도움을 주기 위해 분석을 하다가 발명 또는 발견(이것은 각자 어떻게 보느냐에 따라 다름)되었다. 이 아이디어는 케임브리지 대학교 수학과에서 진행된 영국 **바둑** 챔피언(British Go champion) 게임을 본 후에 떠올랐다. 콘웨이는 바둑의 종반전은 놓은 바둑돌들의 합으로 분리되고, 몇몇 바둑돌의 위치는 수와 같이 행동한다는 것을 알았다. 그는 무한 번 게임을 하면 몇몇 바둑돌의 위치는 새로운 종류의 수–초현실수와 같이 행동함을 발견했다. 초현실수란 이름은 1974년에 도날드 **누스**(Donald Knuth)가 쓴 소설책 『*초현실수: 학교를 졸업한 두 학생이 순수수학에 흥미를 느끼고 총체적 행복을 발견하는 법*(*Surreal Numbers: How Two Ex-Students Turned on to Pure Mathematics and Found Total Happiness*)』에서 소개되었다. 이 소설이 유명한 것은 주요한 수학적 아이디어가 처음으로 소설로 나타났기 때문이다. 콘웨이는 계속하여 1976년에 쓴 책 『*수와 게임에 관해서*(*On Numbers and Games*)』에 초현실수를 이용해 게임을 분석하는 방법을 실었다.[67] 초현실수는 **초실수**(hyperreal number)와 비슷하지만 매우 다른 방법으로 만들어지며, 초현실수의 부류가 훨씬 더 많고 초실수를 부분집합으로 가진다.

swastika (만자, 卍字)

고대의 표의 문자(表意文字). 이 표시는 3,000년 전에 사용된 것으로 유프라테스–티그리스 계곡 문명과 인더스 계곡 문명의 몇몇 지역에서 발견됐고, 기원전 1000년경에 흔히 사용됐는데, 아마도 현대 터키 북서쪽 지역인 고대 트로이(Troy)에서 먼저 사용된 것으로 보인다. 만자는 20개의 모서리(icosagon)를 가지는 **다면체**(polygon)이며 원래 아랍과 인도 문명에서는 행운을 나타내는 표시였다. 물론 훨씬 최근에 독일의 히틀러가 나찌당의 상징으로 사용했고 따라서 반유대주의를 표방하는 것이 됐다.

syllogism (삼단 논법)

세 개의 부분–대전제, 소전제, 결론으로 구성된 논법. 예를 들면, 모든 남자는 죽는다(대전제). 소크라테스는 남자다(소전제). 그러므로 소크라테스는 죽는다(결론). 삼단 논법은 2000년 이상 의심 없이 받아들여지는 아리스토텔레스의 논리학 체계(system of logic, 論理學體系)의 기초를 이루고 있다. 아리스토

만자

텔레스는 삼단 논법적으로 논쟁을 시작하면 어떤 오류도 피할 수 있다고 믿었다. 하지만 버틀란트 **러셀**은 삼단 논법의 원칙에 여러 형식적 오류가 있음을 발견했다.

Sylvester, James Joseph (실베스터, 1814-1897)

영국의 수학자이자 변호사였고, 1850년에 수학에 처음으로 **행렬**(matrix)이란 용어를 사용하여 수를 행렬의 현대적 의미인 사각형으로 배열했고, 그것으로부터 **행렬식**(determinants)을 정의했다. 아서 **케일리**(Arthur Cayley)와 함께 *불변량 이론*(*theory of invariants*)을 창시했다. 성질이 급하여 반유대주의를 반대하는 목소리를 높이며 식칼로 다른 학생을 위협했다가 런던 대학교에서 쫓겨났다. 그 뒤에 케임브리지 대학교에서 공부했는데 1등급 학위를 받을 수 있는 세컨드 랭걸러(Second Wrangler)가 됐지만 유대인으로서 성공회(聖公會)의 율법을 받아들이기를 거부했기에 학위를 받을 수 없었다(1871년에야 MA학위를 받았다). 보험 계리사와 법정 변호사로 한동안 일을 하고 개인 교습생(그 중 한 명은 플로렌스 나이팅게일이었다)들을 가르치는 일을 한 후에 일생 동안 우정을 나누고 공동 연구를 한 케일리(Cayley)를 만나고 나서 수학으로 되돌아왔다. 그는 울위치(Woolwich)에 있는 왕립군사학교(Royal Military Academy, 1855-1870)와 새롭게 설립된 볼티모어에 있는 존스 홉킨스(Johns Hopkins, 1877-1883) 대학교의 수학 교수가 되었다. 그리고 『*아메리칸 저널 오브 매스매틱스*(*American*

Journal of Mathematics)』를 발간했고 곧이어 옥스퍼드 대학교(1883-1894)의 새빌 의장(Savilian chair)을 했다. 놀랍게도 특히 수학 분야에서 그는 나이를 먹었어도 기발한 아이디어를 많이 냈다. 나이 82에 복합분할(compound partitions) 이론을 연구했다. 그는 또한 **5차**방정식(**quintic** equations)의 근과 **정수론**(**number theory**)에 관한 논문을 발표했다. 실베스터는 총명하고 독창적이었지만 엄밀성이 부족했는데 이를 케일리가 보완했기 때문에 케일리와의 동반자 관계는 완벽했다.

Sylvester's problem of collinear points (실베스터의 공선점(空線點) 문제)

1893년에 제임스 **실베스터**(James **Sylvester**)가 제기한 증명 문제. "유클리드 평면에 있는 유한 개의 점을 아무리 잘 정렬하더라도 서로 다른 두 점을 지나는 직선이 제삼의 점을 통과하기 위해서는 그 세 점이 동일선 상에 있어야 한다"라는 것이다. 그 당시에는 정확하게 증명되지 않았지만 1943년에 이 문제는 **에르되시**(Paul **Erdös**)가 증명을 시도하여 활기를 되찾았고, 마침내 1944년에 그륀왈드(T. Grüwald)가 정확하게 증명했다.

symmedian (대칭중선, 對稱中線)

삼각형의 **중선**(**median**)이 지나는 꼭짓점에 대응하는 각의 **이등분선**(**bisector**)에 대칭인(reflected) 선.

symmetric group (대칭군)

유한집합의 모든 원소의 치환(permutation) 전체를 모아 놓은 **군**(**group**). n개의 원소를 가진 **집합**(**set**)의 대칭군을 S_n으로 나타내고 이것은 $n!$개의 원소를 가진다.

symmetry (대칭, 對稱)

회전, 반사, 혹은 더 추상적인 연산과 같은 특별한 형태의 **변환**(**transformation**)에서도 변하지 않는 수학적 대상의 기본적인 성질. 대칭에 대한 수학적 연구는 **군**론(**group** theory)이라는 아주 강력한 주제로 체계화되고 형식화되었다. 자연법칙 속에 존재하는 대칭과 비대칭은 갈릴레오와 뉴턴 시대 이래로 물리 이론을 구성하는 데 중요한 역할을 하고 있다. 가장 익숙한 대칭은 공간적이든지 기하학적인 것들이다. 예를 들면 **눈**송이에 대칭적인 무늬가 나타난다는 것을 한눈에 알 수 있다. 과거 반 세기 동안에 가장 놀랄 정도로 발달된 것들 중의 하나는 아원자(subatomic) 물리학에서 대칭이 중요한 테마로 출현했다는 것이다. 이런 사실은 대칭 개념이 자체적으로 감지하기 힘든 연속적인 진화를 통해 일어났다. 많은 연구자들은 이런 진화 과정은 끝나지 않았고 아마도 새로운 수학적 구조를 가진 대칭의 개념에 대한 이해는 앞으로 더욱 깊어질 것이라고 믿고 있다.

symmetry group (대칭군, 對稱群)

유크리드 공간에서 집합 F의 점을 자기 자신 F로 보내는 이동(translation), 회전(rotation), 반사(reflection) 등의 사상(寫像)에 의해 생성된 집합.

system (체계, 體系)

통일된 전체로 연구될 수 있는 어떤 것. 체계는 그 자신만으로도 흥미로운 부분 체계들로 구성될 수 있다. 또는 다른 비슷한 체계들로 구성된 환경 속에 존재할 수도 있다. 체계는 내부 상태, 외부 환경으로부터 입력, 그리고 외부 환경이나 그 스스로를 조정하는 방법을 가지고 있다는 게 일반적인 견해이다. 인과 관계는 체계나 외부 환경의 양 방향으로 흐를 수 있으므로, 흥미 있는 체계는 매우 강력하게 자기 지시적인 **피드백**(**feedback**)을 가끔 보유한다.

Szilassi polyhedron (스찌라시 다면체)

1977년 헝가리 수학자 라조스 스찌라시(Lajos Szilassi)에 의해 처음으로 묘사된 **도넛형**의(**toroidal**) 7면체(heptahedron, 일곱 개의 면을 가진 **다면체**(**polyhedron**)). 그것은 7개의 면, 14개의 꼭짓점, 21개의 모서리, 1개의 구멍이 있는 다면체였다. 스찌라시 다면체는 **차짜르**(**Császár**) **다면체**(**polyhedron**)의 **쌍대**(**dual**)이며, **사면체**(**tetrahedron**)와 같이 각각의 면이 다른 면과 만나는 성질을 가진다. 사면체는 구와 위상 동치인 표면을 4색을 칠하여 구분할 수 있는 반면에, 스찌라시 다면체와 차짜르 다면체의 표면은 **원환면**(**torus**)과 위상 동치이며, 이 표면을 구분하여 색칠하려면 7색이 필요하다.

T

tachyon (타키온)

빛의 속도(光速)보다 더 빠르게 움직인다고 여겨지는 가설적 소립자(素粒子). 타키온은 상대성 이론이 나오기 전에 물리학자 아놀드 조머펠드(Arnold Sommerfeld)[1)]가 제안했고, 1960년대에 제럴드 페인버그(Gerald Feinberg)[2)]가 그리스어로 "신속한(swift)"을 의미하는 단어 *tachys*를 사용하여 이름을 붙였다. 이 용어를 확장하여 광속보다 느린 소립자를 *타디온 입자*(*tardyons*)(더욱 현대적 용어로는 *브라디온*(*bradyons*))라 부르고 정확하게 광속으로 움직이는 소립자를 *룩손*(luxons)이라 부른다. 타키온의 존재성은 특수 **상대성 이론(relativity theory)**에 쓰이는 수학 공식으로 증명이 되는데, 기본 식의 하나는

$$E = m/\sqrt{(1 - v^2/c^2)}$$

이다. 여기서, E는 입자의 질량-에너지, m은 정지 질량, v는 속도, 그리고 c는 빛의 속도이다. 이 식은 타디온 입자(보통 물질의 입자)일 때는 v가 증가할 때 E가 증가하고, $v=c$일 때는 무한대가 되기 때문에 처음에 광속보다 느린 입자가 광속이나 그 이상으로 가속될 수 없다는 것을 보여준다. v가 c보다 큰 입자는 어떻게 되겠는가? 이런 경우에 $v^2/c^2>1$이고 위 식의 분모는 **허수(imaginary number)**-음의 실수의 제곱근이 된다. m이 실수이면 E는 허수가 되어서 E는 측정 가능한 양이어야 하는데, 허수여서 물리학자들은 무엇을 뜻하는지 알아내기가 매우 어렵다. 하지만 m이 허수이면 E는 실수(한 허수가 다른 허수로 나누어지면 실수가 되므로)가 된다. 그러므로 (a) 타키온이 빛의 장벽(light-barrier)의 한쪽에서 다른 쪽으로 결코 뚫지 못하고, (b) 타키온이 (결코 멈추지 않는 물체의 정지 질량은 직접 측정 불가능하기에 물리적으로 훨씬 더 받아들일 수 있는) 허수 정지 질량을 가진다면 존재할 수 있다. 타키온은 에너지를 잃으면 느려지고 에너지를 얻으면 가속되곤 한다. 이것은 광속보다 빠르게 움직이는 전하를 띤 입자는 주위의 매개체 속에서 체렌코프 복사(Cherenkov radiation) 형태의 에너지를 방출하기에 전하를 띤 타키온의 문제로 이어진다. 전하를 띤 타키온은 진공 상태인 경우에도 체렌코프 발열을 통해 계속하여 에너지를 잃는다. 이것은 타키온이 속도를 얻는 원인이 되어서 더욱 큰 비율로 에너지를 잃게 되고 따라서 더욱 더 가속되는 등 이같이 계속 진행되면 마침내 폭주 반응과 임의대로 큰 에너지 방출을 하게 된다.

더욱 걱정스러운 것은 물리학자 그레고리 벤포드(Gregory Benford)와 그의 동료가 1970년 그들의 논문 "타키오닉 앤티텔레폰(The Tachyonic Antitelephone)"에서 처음으로 지적했듯이 타키온은 메시지를 과거로 보낼 수 있기에 **시간 여행(time travel)** 역설을 보인다는 점이다. 지구에 있는 앨리스(Alice)와 시리우스별의 둘레를 돌고 있는 행성에 있는 불(Boole)이 타키온 "안티텔레폰(antitelephone)"이라 불리는 장치를 사용하여 의사소통을 한다고 가정하자. 그들은 불이 앨리스로부터 메시지를 받으면 즉시 대답을 한다고 미리 동의한다. 앨리스는 지구 시간으로 정오에 메시지를 보내겠다고 약속하면 그녀는 10A.M.까지는 아직 불로부터 어떤 메시지도 받지 않게 된다. 이 역도 성립한다. 예상 밖의 문제는 두 메시지가 광속보다 빠르게 시간과 반대로 움직인다는 데 있다. 앨리스가 메시지를 정오에 보내면 불의 회신이 10A.M. 전에 그녀에게 도달할 수 있다. 벤포드와 그의 동료가 썼듯이 "메시지 교환이 일어날 필요충분조건은 메시지 교환이 일어나지 않는다…"라는 역설에 봉착한다. 다양한 방법으로 찾았지만 여태까지 타키온의 존재 사실이 확실히 알려지지 않은 것은 놀라운 사실이 아니다. 다이북(dybbuk, 히브리어로 방황하는 영혼을 뜻하는)이라 불리는 빛보다 빠른 가설적 입자도 타키온과 같은 성질을 가지고 있다. 다이북 입자는 허수 질량, 에너지, 그리고 운동량(momentum, 運動量)을 가지고 있다. 이스라엘 공과대학(Israel Institute of Techno-logy)의 레이몬드 팍스(Raymond Fox)가 제안한 다이북 입자는 타키온 입자들이 가진 성질보다 더 이상한 성질을 가지는데, 흥미로운 것은 그들이 초광속인 입자들에 영향을 미치는 **인과 관계(causality)** 문제를 회피한다는 것이다.

TacTix (택틱스)

근본적으로 **님(Nim)**의 이차원 버전으로 피트 **헤인(Piet Hein)**이 고안한 두 사람이 하는 전략 게임. 비록 게임은 쉽지 않지만 적어도 5 × 5 행렬 버전에서는 중앙 부분을 선택하고, 두 번째 플레이어가 선택하는 곳과 거울 대칭되는 부분을 선택하면 첫 번째 플레이어는 항상 이길 수 있다. 5 × 5 격자에서 플레이어는 행이나 열의 연속된 격자점을 선택하여 없앨 수 있다.

역자 주

1) 1858-1951, 독일의 이론물리학자.

2) 1933-1992, 콜럼비아 대학교의 물리학자, 미래학자, 인기 작가.

Tafl game (타블 게임)

말의 개수와 권한이 다른 두 플레이어에 의해 행해지는 일종의 보드 게임. **왕의 탁자**(**흐네파타블**(Hnefa-Tabl))이라 알려진 타블("탁자(table)"에 대한 고대 스칸디나비아 말)의 초창기 타블 게임은 서기 400년 전에 스칸디나비아에서 유래되었고 바이킹에 의해 그린랜드, 아이슬랜드(서기 1300년의 *그레티스 사가*(*Grettis Saga*) 전설에 언급되어 있음), 아일랜드, 잉글랜드, 웨일즈 그리고 멀리 동쪽인 우크라이나까지 전해졌다. 곡스태드(Gokstad) 지방의 선관장(船棺葬, ship burial)에서 발견된 보드를 포함하여, 바이킹과 앵글로색슨인이 살던 시대의 것으로 짐작되고, 발굴된 여러 보드의 한 면에는 흐네파타블이 또 다른 면에는 **아홉 명의 모리스**(nine men's morris)가 있다. 그 뒤에 발견되는 변종은 타불라(Tabula, **쌍륙**(backgammon)의 중세 조상, 불어 *Quatre* 그리고 *Kvatru-Tafl*로부터 전래된), **여우와 거위**(fox and geese, "여우 체스(fox chess)"를 뜻하는 *Ref-Tabl, Hala-Tabl, Freys-Tabl*), **세 명의 모리스**(three men's morris), 그리고 **아홉 명의 모리스**(nine men's morris "신속-타블(Quick-Tabl)"을 뜻하는 *Hræ-Tabl*)가 있다.

Tait, Peter Guthrie (테이트, 피터 거스리, 1831-1901)

세계 최초로 **매듭** 이론(knot theory)을 체계적으로 연구한 스코틀랜드의 과학자이자 수학자. 사회생활 초창기에 윌리엄 **해밀턴**(William Hamilton)과 교우 관계를 형성했고 해밀턴의 **사원수**(四元數, quaternion)를 물리학 문제에 응용하는 데 매료됐다. 1857년에 소용돌이 고리(vortex ring)의 움직임에 대한 헤르만 헬름홀츠(Helmholtz)의 이론에 또한 흥미를 가졌고 연기 고리(smoke ring)와 그 상호 작용에 관한 실험을 시작했다. 이런 실험은 윌리엄 톰슨(William Thomson)에 (로드 캘빈(Lord Kelvin)이 큰 인상을 남겼는데, 그는 그 실험에서 원자 구조와 다른 원소의 성장을 설명할 수 있는 방법(지금 우리가 알고 있듯이 잘못된)을 찾았다. 톰슨의 소용돌이 원자 모델의 기본적 구성 요소는 3차원 공간에서 매듭이 있는 고리이기에 이 아이디어는 차례로 테이트(Tait), 톰슨(Thomson), 제임스 맥스웰(James Maxwell)로 하여금 매듭 이론에 중요한 업적을 이루는 데 영향을 끼쳤다. 19세기 수학을 넘어설 수 있는, 어떤 엄밀한 이론 없이도 기하학적 직관으로 매듭을 분류했다. 1877년쯤에 그는 일곱 개의 교차점이 있는 모든 매듭을 분류했다. 그리고 **그래프**(graph) 색칠하기로 옮겨 연구했고, 만약 참이라 증명되면(사실 거짓이었던) **4색 지도 문제**(four-color map problem)를 증명하게 되었을 가설(**테이트의 추측**(Tait's conjecture) 참조)을 제기했다. 그의 여러 다른 업적 중에 테이트는 골프공의 궤도에 관한 고전적인 논문을 썼다(1896). 이 주제는 가족에 대한 깊은 사랑과 관련이 있는데, 그의 네 아들 중 셋째인 프레드릭 거스리 테이트가 1896년과 1898년에 오픈 골프 챔피언십(Open Golf Champion-ship)의 우승자였기 때문이었다.

Tait's conjecture (테이트의 추측)

1884년에 피트 **테이트**(Peter Tait)가 제기한, 모든 **다면체**(polyhedron)는 그것의 모든 꼭짓점을 지나는 **해밀턴 회로**(Hamilton circuit)를 가진다는 가설. 이 가설을 다르게 말하면, 각 꼭짓점을 정확하게 한 번 통과하고 다면체의 모든 변을 따라 움직이다가 다시 되돌아오는 게 가능하다는 추측이다. 만약 참이면 테이트의 추측은 즉각적으로 **4색 지도 문제**(four-color map problem)를 증명한 것이 된다. 블레츨리 파크(Bletchley Park)[3]에서 일하면서 독일 FISH 암호를 풀어서 제2차 세계 대전에 중요한 역할을 한 영국의 수학자였다. 하지만 1946년에 윌리엄 투테(William Tutte, 1917-2002)는 25개의 면, 69개의 변, 46개의 꼭짓점을 가진 다면체를 만들어 그 추측에 대한 반례를 제시했다.

tally (텔리)

점수를 세든지 기록하는 것. 과거에는 자주 막대기에 표시하여 기록했고 "절개하는 자(one who cuts)"를 의미하는 라틴어 *텔리아*(*telea*)로부터 왔으며 이것은 또한 재봉사(tailor)의 어근이다. 가장 오래된 것으로 알려진 텔리는 약 37,000년 전에 만들어진 **레봄보 뼈**(Lebombo bone)로 여겨지고 있다. 1828년까지 영국의 세금 기록은 나무로 만든 텔리 막대기에 기록됐다. 1834년에 그 기록 시스템을 마침내 폐지했을 때 산더미같이 쌓인 많은 막대기를 처분해야 했는데 정부는 거대한 모닥불을 피워 태워 없애기로 결정했다. 그렇게 태워 없애는 데 성공했지만 불꽃이 튀어 의사당 건물이 모두 타 버렸다. 가이 포크스(Guy Fawkes)[4]가 다이너마이트로 의사당을 폭파하려다 실패했지만 영국 재무부가 텔리 막대기로 그 일을 해냈다!

tangent (탄젠트)

(1) 주어진 곡선 위의 주어진 점에서 정확하게 한 번 접하는

역자 주

3) 제2차 세계 대전 때 영국의 암호 해독 작전을 수행하던 건물.

4) 1570-1606, 가톨릭 탄압에 저항하며 '화약 음모 사건'을 일으킨 영국인. 1605년 11월 5일 의회 의사당을 폭파시켜 잉글랜드의 왕과 대신들을 한꺼번에 몰살시키려고 했다.

직선. (2) 한 각이 θ인 직각삼각형에서 θ의 탄젠트는 그 각을 끼고 있는 밑변의 길이 분의 그 각의 대변의 길이이다. 또한 **삼각함수**(trigonometric function)를 보시오.

tangle (탱글)

이상한 고리(strange loop)가 나타나는 체계.

tangled graph (탱글 그래프)

3차원 공간의 **그래프**(graph); 동치적으로는 모서리들이 겹칠 때는 한 모서리가 다른 모서리 위로 지나도록 평면에 그린 그래프.

Tangloids (탱로이드)

스피너(spinor)의 계산법을 모델하기 위해서 피엣 **헤인**(Piet Hein)이 고안한 두 사람이 하는 수학 게임. 두 개의 일자 모양의 나무 막대기 각각에 세 개의 조그만 구멍이 뚫려 있고 이 구멍에 세 개의 끈이 평행하게 연결되어 있다. 각 플레이어는 나무 막대기의 한쪽씩을 붙잡는다. 첫 플레이어는 나무 막대기를 움직이지 않게 꽉 붙잡고 있고 다른 플레이어는 남아 있는 나무 막대기를 어느 축으로도 상관없이 4π 라디안(완전한 두 바퀴 회전)만큼 회전시킨다. 그리고 나서 첫 플레이어는 어느 막대기도 회전시키지 않고 엉킨 끈을 풀려고 시도한다. 막대기를 이동(막대기를 미끄러지게 하는)하는 것은 허용된다. 그 후에는 플레이어의 역할을 바꿔서 한다. 엉킨 끈을 가장 빠르게 푸는 자가 승자가 된다.

tangrams (7교판/칠교판/七巧板)

사각형을 7개의 조각(크기가 다른 5개의 삼각형, 한 개의 정사각형, 한 개의 평행사변형)으로 잘라 놓은 것을 여러 형태로 맞추는 중국에서 유래한 퍼즐. 만들어진 모양은 모든 조각을 포함해야 하며 서로 겹치지 않게 맞춰야 한다. 탱그램은 홍콩에서 영국으로 선원들이 가져왔고 약 19세기 중반쯤에 영국에서 크게 유행했다. 루이스 **캐럴**(Lewis Carroll)이 그의 소설 『*이상한 나라의 앨리스*』에서 등장 인물의 삽화를 만드는 데

칠교판(tangrams) 7개의 탱그램. *코돈 엔트프라이즈 주식회사, www.gamepuzzles.com*

T

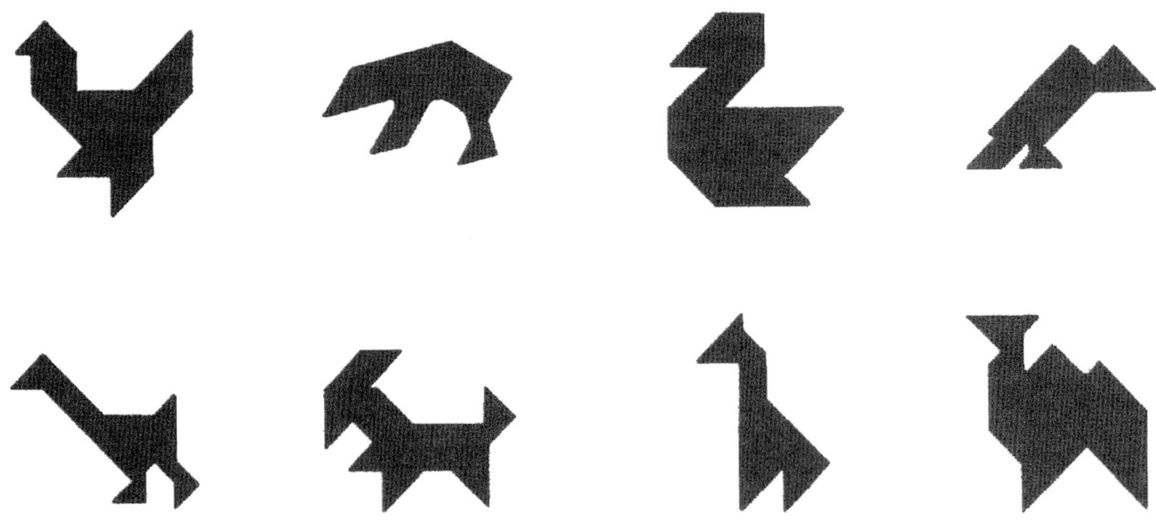

칠교판(tangrams) 일곱 개의 간단한 모양으로 만든 탱그램 야생 동물들.

그 조각을 사용했을 때 주목받아 크게 유행했다. 이름의 유래는 확실하지 않다. 턱을 뜻하는 광둥어에서 왔다는 설이 있다. 두 번째 설은 선원들에게 게임을 가르쳐줬던 창녀들이 사용하던 중국 용어를 잘못 발음한 데서 유래했다는 것이다! 세 번째 설은 7을 뜻하는 고대 한자 어근에서 왔다는 것인데 타나바타(Tanabata) 페스티벌이 아직도 일본에서 7월 7일에 계속 열리고 있다. 탱그램이 극동에서는 18세기 초 일본에서 처음으로 확실히 모습을 나타낸 것처럼 보인다. 1805년 쯤에는 중국과 유럽에서 일시적으로 탱그램이 유행했다. **아르키메데스의 상자**(loculus of Archimedes)가 비슷한 게임이며 비록 증거는 없지만 탱그램의 직접적인 선구자격이고, 아랍 관계자[93,265]를 통하여 동쪽으로 전달되었다라는 의견이 있다.

Tarry, Gaston (테리, 개스톤, 1843-1913)

대수학 연구에 전 생애를 바친 프랑스의 공무원(civil servant)이자 아마추어 수학자. 그는 1882년부터 죽을때까지 기하학, 정수론(number theory), **마방진**(magic square)에 관한 수많은 논문을 발표했고, 오일러(Euler)의 **36명의 장교 문제**(thirty -six officers problem)를 푸는 데 많은 공헌을 한 사람으로 가장 잘 알려져 있다. 그는 또한 그의 이름을 따서 명명한 **미로**(maze)를 찾는 알고리즘을 발표했다.

Tarski, Alfred (타스키, 알프레드, 1902-1983)

폴란드-미국인 수학자로 아리스토텔레스, 프리드리히 **프레게**(Friedrich Frege), 쿠르트 **괴델**(kurt Gödel)과 더불어 역대 가장 위대한 논리학자의 한 명으로 여겨지고 있다. 확실히 가장 다작을 한 수학자로서 그가 쓴 책을 포함하여 그의 업적을 모두 모으면 2,500페이지나 된다. 타스키는 **집합론**(set theory), **위상수학**(topology), 대수**논리학**(algebraic logic), 초(超)수학을 포함하는 많은 수학 영역에서 중요한 기여를 하였다. 형식적 과학 언어 연구를 더욱 엄밀히 하게 하는 기술인 *어의론적 방법(semantic method)*을 개발하여 논리학에 중요한 기여를 했다.

Tartaglia, Nicc l Fontana (타르탈리아, 니콜로 폰타나, 1499-1557)

지롤라모 **카르다노**(Girolamo Cardano)와 함께 **삼차방정식**(cubic)의 대수적 해를 발견한 이탈리아의 수학자. 그는 많은 산술 문제를 고안했고, 특히 **측정 퍼즐**(measuring and weighing puzzle)과 **강 건너기 문제**(river-crossing problem)에 기여했다.

tautochrone problem (등시곡선, 等時曲線)

어떤 물체가 항상 같은 시간 내에 어떤 점에서 미끄러지듯이 움직여 바닥까지 내려가는 곡선을 찾는 문제(중력에 의해서만 가속되고 마찰은 무시함). 타우토크론(tauto-chrone)은 “같은(the same)”(또한 항진 명제(tautology)가 이 단어에서 유래)을 뜻하는 그리스어 타우토(tauto)와 "시간(time)"을 뜻하는 크로노스(chronos)에서 유래됐다. **하이헌스**(Christiaan Huygens)가 처음 발견한 해답은 **파선**(cycloid)이고 『*시계 진동*(*Horologium oscillatorium*, 1673)』이란 논문으로 발표했다. 사이클로이드를 역(逆)아치가 되게 세워 구슬을 그 곡선의 어느 부분에 놓더라도 바닥까지 정확하게 같은 시간에 도달한다. 호이겐스는 이 발견을 이용해 좀 더 정확한 시계추를 제작했는데, 이것은 스윙의 폭이 크든 작든 상관없이 줄이 올바른 곡선을 따라 움직이도록 지지점에서 구부러진 턱을 가지게 만든 것이었다. 사이클로이드의 독특한 성질은 헤르만 멜빌(Herman Melville)[5]의 소설 『*백경*(*Moby Dick*)』에 다음과 같은 구절에 잘 언급되어 있다. [트라이팟(try-pot)[6]]은 심오한 수학적 명상을 위한 장소이다. 피쿼드(Pequod) 배에는 내 주위로 부지런히 원을 그리는 동석(soapstone)이 있는 왼손잡이용 트라이팟이 수학적 명상에 잠기게 했는데 기하학적으로 사이틀로이드를 따라 미끄러져 내려가는 물체, 예를 들어 동석이 어떤 점에서 미끄러지더라도 정확하게 같은 시간에 도달한다는 놀라운 사실이 넌지시 나에게 떠올랐다. 사이클로이드는 또한 **최단 시간 문제**(brachistochrone problem)에 대한 해답인 곡선이다.

tautology (항진 명제/유의어 반복, 恒眞命題/類義語 反復)

수학에서 결론과 전제가 동치인 논리적 명제. *논리주의*(*logicism*)의 관점에 따르면 모든 수학은 **논리**(logic)에서 유도되고 따라서 기본적으로 항진적(tautological)이다. 또한 토톨로지(tautology)는 같은 것을 의미하는 불필요한, 할 가치가 없는, 무의미한, 부당한 단어나 구절의 반복을 말한다. 예들을 앞에서 언급된 문장들과 다음 문장들에서 발견할 수 있다. '피자 한 조각을 먹어라(have a slice of pizza)'라는 문장에서 조각(slice)은 이탈리아어로 *피자*(*pizza*)를 의미하고, '**룰렛**(**roulette**) 바퀴를 돌려라(spin the roulette wheel)'라는 문장에서 룰렛은 프랑스어로 "작은 바퀴(small wheel)"를 의미한다.

ten (10/십/열)

셀 수 있는 10개의 손가락을 가지고 있다는 사실에서 유래한 우리에게 친숙한 **수 체계**(number system)의 **기저**(base). 10은 유일한 **삼각수**(triangular number)로서 연속한 각 홀수의 제곱의 합 ($1^2+3^2=10$)과 같고, 1과 다른 10의 모든 양의 정수 약수가 x^2+1($2=1^2+1$, $5=2^2+1$, $10=3^2+1$) 형태인 유일한 합성 정수이다. 이상해 보이지만 미뢰(taste bud, 味蕾)의 수명이 10일이라는 사실이다.

tensor (텐서)

벡터(vector)를 일반화한 개념. 스칼라(scalar)는 차수(rank) 0의 텐서이고 벡터는 1차수인 텐서이다. 차수 2, 3 등의 텐서가 있고 이것들은 다른 좌표계 사이에서 일단의 식을 다루고 변환하는 데 주로 사용된다. n계(order) 텐서는 n^2의 성분을 가지며 **행렬**(matrix)처럼 다룰 수 있는 수의 배열로 생각할 수 있는 좋은 점이 있다. 차수 2의 텐서를 예시하기 위해 힘이 작용하는 평면에 있는 영역(surface area)에 상상해 보자. 전체적인 결과는 힘의 크기와 방향, 그리고 면적의 크기와 그 배향의 두 요소에 의존한다. 사실 후자의 성질은 영역의 크기에 비례하고 영역에 수직 방향인 벡터의 크기로 유일하게 표현되어질 수 있다. 그 표면에 작용하는 힘의 결과는 두 벡터에 의존하며 이것은 차수 2 텐서와 동치이다. 아인슈타인은 일반 **상대성 이론**(relativity theory)에서 중력의 법칙을 유도하는 데 텐서를 사용했다.

tera- (테라-)

10^{15}를 나타내는 접두사로 그리스어 "다섯 배(five times)"를 뜻하는 *펜타키스*(*pentakis*)에서 왔다.

terminating decimal (유한소수, 有限素數)

0.3 또는 0.7194에서와 같이 소수점 이하가 유한 개인 소수. 모든 유한소수는 **유리수**(rational number)이나 모든 유리수는 유한소수로 표현되지 않는다. 예를 들면 1/3는 유리수이나 소수점 이하는 무한 개이다.

ternary (터너리)

(1) **기저**(base) 3을 가지는. (2) 세 **변수**(variables)를 포함하는. "세 개로 이루어진"을 뜻하는 라틴어 *테나리우스*(*ternarius*)에서 왔다.

tessellation (쪽매맞춤)

덮기(tiling)를 보시오.

역자 주

5) 1819-1891, 미국의 소설가 겸 시인, 주요 저서로는 『백경, 1851』, 『피에르 Pierre, 1852』이 있다.

6) 고래기름 정제용 냄비.

tesseract (테서랙트/초입방체)

4차원 **초입방체**(hypercube) 또는 **8–셀**(8-cell)이라고도 알려져 있는 4차원 공간에서 정육면체의 유사체. 아마도 찰스 **힌턴**(Charles **Hinton**)이 이 이름을 붙인 것으로 짐작되며, "4(four)"를 의미하는 *tesser*, "광선(ray)"를 의미하는 *atkis*에서 왔으며, 따라서 "네 개의 광선(four rays)"를 의미한다. 3차원 공간에서 얇은 종이를 상상 속에서 무한히 많이 차곡차곡 쌓듯이 정사각형을 쌓아 정육면체를 만드는 것처럼 초입방체(tesseract)는 4차원(four dimension)에서 정육면체를 차곡차곡 쌓아 만들어진다. 우리는 **4차원**을 볼 수 없기 때문에 이것의 모양을 상상할 수 없지만 우리가 정육면체의 전개도를 2차원 평면에 그릴 수 있듯이 실제 정육면체들이 초입방체(tesseract)의 전개도로 나타내는 것이 가능하다. 꼭짓점들이 선으로 연결되게 하고 큰 정사각형 내에 작은 정사각형을 그리는 것은 정육면체의 전개도를 나타내는 한 방법이다. 비슷한 방법으로 이따금씩 초입방체(hypercube)의 전개도는 큰 정육면체 내에 작은 정육면체를 그려서 나타내는데, 작은 정육면체의 꼭짓점에서 큰 정육면체의 꼭짓점으로 선들이 연결되어 있다. 하지만 이렇게 표현하는 것은 약간 오해의 소지가 있을 수 있고 초입방체의 성질을 거의 나타내 보이지 않는다. 예를 들면, 정육면체가 더 작은 정육면체로 나누어지고 정사각형이 더 작은 정사각형으로 나누어지는 것과 마찬가지로 초입방체가 더 작은 4차원 입체로 나누어질 수 있는지를 보여주지 못한다. 초입방체를 생각하는 좀 더 유용한 방법은 정육면체가 2차원 공간의 6개의 정사각형을 3차원 공간으로 접어서 만든 입체이듯이 3차원 공간의 8개의 정육면체를 4차원 공간으로 접어 만드는 것이다. 4개의 정육면체를 포개서 쌓고 나머지 4개는 위에서 두 번째 정육면체에 붙여 십자가 같이 되게 한다. 초입방체는 접기로 만들어지는데(4차원 공간에서), 포개서 쌓아진 맨 위 정육면체의 윗면은 맨 아래 정육면체의 밑면과 붙이면 십자가 모양을 형성하고 있는 정육면체들의 변들은 모든 이웃 변들과 만난다. (표 "정사각형, 정육면체, 초입방체의 비교"를 보시오.)

정사각형, 정육면체, 초입방체의 비교

	꼭지점	변	정사각형	정육면체
정사각형	4	4	1	–
정육면체	8	12	6	1
초입방체	16	32	24	8

초입방체는 8개의 초평면(hyperplanes)으로 둘러싸여 있고 각 초입방체와 만나는 초평면은 정육면체를 형성한다. 두 개의 정육면체가 존재하고, 세 개의 정사각형이 각각의 변에서 만난다. 모든 꼭짓점에서 만나는 세 개의 정육면체가 있고 그것의 꼭짓점을 연결하여 생긴 다면체는 정사면체로 **슐래플리 기호**(**Schläfli symbol**) {4, 3, 3}이 된다. 초입방체(hypercube)에서 서로 마주보는 꼭짓점 사이의 거리는 한 변 길이의 2배로서, 정사각형, 정육면체에서 이에 해당하는 길이는 $\sqrt{2}$, $\sqrt{3}$인 데 비해 매우 깔끔한 길이이다.

정육면체의 한 꼭짓점을 매달아 놓고 그것의 중심을 통과하게 수평으로 자른다면 절단면은 6각형이 된다. 초입방체(tesseract)를 이와 똑같이 한다면 어떨까? 잘려진 조각은 3차원 공간의 물체가 된다–어떤 종류일까? 그 대답은 8면체이다. 정육면체(3–cube)를 자르는 것과 비슷하게 4–큐브(4–cube)를 자르려면 모든 '면(face)'을 잘라야 한다. 하나의 4–큐브의 면의 수는 8개이고 오로지 똑같은 8개의 면을 가진 입체는 8면체이다.

초입방체는 예술 작품과 문학 작품에 나타난다. 살바도르 달리(Salvador Dali)[7]의 작품 『*십자가 예수 (Christus Hypercubus)*』에서 예수가 초입방체의 십자가에 매달려 죽는 모습을 그렸다. 로버트 하인라인(Robert Heinlein)[8]의 단편 소설 『*그리고 그는 비뚤어진 집을 지었다*(*And He Built a Crooked House*, 1940)』에서 진짜의 초입방체처럼 보이게 하려고 3차원 공간으로 사영된 모습이 무너진 듯이 또는 접혀진 듯이 집이 지어졌는데, 그 결과 그 속에 있는 사람은 갇혀 있는 듯한 이상한 모습으로 보인다. 마들렌 렝글(Madeleine l'Engles)[9]의 어린이 판타지 장편 소설 『*시간의 주름(A Wrinkle in Time)*』에서 고차원의 개념을 설명하는 방편으로 초입방체가 또한 언급되었다.

tetragon (4각형)

보통 **4각형**(quadrilateral)의 덜 익숙한 이름.

tetrahedral number (사면체수, 四面體數)

3차원 공간에서 구슬로 사면체 모양을 만들 수 있는 구슬의 개수. 예를 들면, 3개의 구슬이 변이 되게 삼각형을 만들고, 그 위에 2개의 구슬이 변이 되는 삼각형을 올려놓고, 마지막으로 한 개의 구슬을 그 위에 올려놓으면 구슬로 만든 사면체가 된다. 이 경우에 사용된 구슬의 총 수는 (세 번째 삼각수) + (두

역자 주

7) 1904-1989, 스페인의 초현실주의 화가.

8) 1907-1988, 미국의 소설가, 아이작 아시모프, 아서 C. 클라크와 함께 영미 SF 문학계의 3대 거장이다.

9) 1918-2007, 미국의 작가.

사면체 로지의 피라미드 퍼즐. 결합하여 사면체가 되기 위해서 네 조각이 필요한 빈티지 게임. *Sue &Brian Young/Mr. Puzzle Australia, www.mrpuzzle.com.au*

번째 삼각수) + (첫 번째 삼각수) = 6 + 3 + 1 = 10이다. 일반적으로 n째 사면체수는 첫 n개의 삼각수의 합과 동일하다. 이것은 **파스칼의 삼각형**(Pascal's triangle)에서 $(n+3)$번째 행의 왼쪽에서 네 번째 수와 같다. 우리는 n번째의 사면체수가 $_{n+2}C_3$, 또는 $(n+2)(n+1)n/6$임을 보이기 위해 파스칼의 삼각형의 수를 나타내는 **이항식**(binomial formular)을 사용할 수 있다. 사면체수이고 완전제곱수인 수는 $4(=2^2=T_2)$, $19{,}600(=140^2=T_{48})$이다.

tetrahedron (사면체, 四面體)

네 면이 있는 **다면체**(polyhedron). **플라톤 다면체**(Platonic solid)의 하나인 정사면체는 밑면과 옆면의 모서리의 길이가 모두 같은 세 개의 면을 가진 피라미드. 정사면체의 사영(projection)은 등변삼각형(equilateral triangle) 또는 정사각형이 될 수 있다. 사면체 면의 중심을 연결하면 다른 사면체가 된다.

tetraktys (테트라크티스)

피타고라스 학파(**사모스의 피타고라스**(Pythagoras of Samos)참조)가 숭배한 합 1 + 2 + 4 = 10(네 번째 **삼각수**(triangular number)). 불, 물, 공기, 흙의 네 요소를 나타내기 위해 테트라크튜스(tetraktus) 또는 "신성한 네 가지 특성(holy fourfoldness)"이란 용어가 사용됐다.

Tetris (테트리스)

1985년 러시아의 알렉시 파지트노프(Alexey Pajitnov)가 발명한 비디오 컴퓨터 게임으로, 역대 가장 많이 한 게임 중의 하나이다. 2002년에 컴퓨터 과학자 에릭 데마인(Erik Demaine), 수전 호헨버그(Susan Hohenberger), MIT의 데이비드 리벤-노웰(Davis Liben-Nowell)이 함께 이 게임의 계산 복잡도를 결정하기 위해 이 게임을 분석하고는 **NP-하드 문제**(NP-hard problem, 단순 해법에는 영향을 받지 않고 대신에 실행할 수 있는 가장 좋은 방법을 찾아내기 위해 철저한 분석을 요구하는 문제)임을 발견했다. 많은 사람들이 처음에는 닌텐도 게임 보이의 손바닥만한 콘솔로 테트리스 게임을 했으나, 그 이후에 실제적으로 모든 개인용 컴퓨터로 게임을 할 수 있게 되었다. 이 게임은 규칙적인 모양을 한 블록-**폴리오미노**(polyomino) 형태인 **테트로미노**(tetrominos)-을 일렬로 한 줄로 만들면 길죽한 격자판이 한 줄씩 줄어든다. 완전한 한 줄이 되게 맞추기 위해 블록 회전이 가능하다. 각 단계가 끝나 게임은 점점 빨라지고, 회전시켜서 블록들을 맞추어 일렬로 만들기가 점점 힘들어진다. MIT팀은 어떤 조건 하에서 테트리스는 **여행하는 세일즈맨 문제**(traveling salesman problem)처럼 굉장히 뒤엉켜 있는 수학 난문제와 많은 공통점이 있음을 알아냈다. 테트리스는 NP-하드 문제이므로 블록이 나오는 차례를 미리 알고 있다 하더라도 게임의 점수를 최대로 불리는 쉬운 방법은 없다.

tetromino (테트로미노)

정사각형 네 개를 변과 변을 맞대어 붙여 만든 도형인 **폴리오미노**(polyomino).

theorem (정리, 定理)

참이라고 증명된 주요 수학 명제(proposition). 좀 더 정확하게는 **증명**(proof)이 존재하는 **형식적 체계**(formal system)로 쓰여진 진술(statement). 또한 **추측**(conjecture)과 **보조 정리**(lemma)를 보시오.

theory of everything (만물의 법칙)

입자물리학에서 기본 입자 사이에 작용하는 힘의 형태와 상호 관계를 하나의 통일된 이론으로 설명하고자 하는 통일이론(unified theory)이다. 대통일 이론(grand unified theory)은 중력 또는 일반 상대성 이론을 포함한다(**상대성 이론**(relativity theory)을 보시오).

Thiery figure (티어리 그림)

19세기 후반에 심리학자 티어리(A. Thiery)가 고안한 고전적인 **모호한 그림**(ambiguous figures).

thirteen (13/십삼/열셋)

당신이 미신을 믿는 사람이면 가장 불길하다고 생각하는

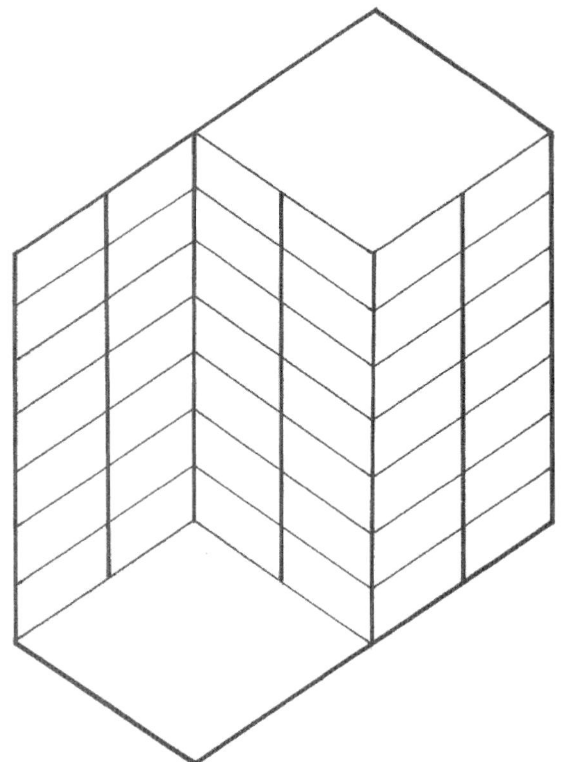

티어리 도형(Thiery figure)

수. 이런 믿음은 여러 가지 역사적 뿌리가 있다. 성경에 예수의 최후의 만찬에 13사람이 참석했고, 예수는 13일의 금요일에 십자가에 매달려 죽었다고 나온다. 시간을 좀 더 거슬러 올라가면 알렉산더 대왕은 각 달을 이미 대표하고 있는 12신과 더불어 자신이 13번째 신이 되기로 결정하고 그의 수도에 13번째 동상을 세우도록 했다. 그 뒤에 갑작스런 죽음으로 인해 13이란 수는 나쁜 이미지를 갖게 됐다. 많은 건물들은 13이 붙은 층이 없고, 많은 호텔은 방 번호 13 대신에 12*A*를 쓴다. 심지어 병적으로 두려움을 나타내는 13 공포증(triskaidekaphobia)이란 단어도 있다.

13이 관련해 일어난 재난을 생생히 기억하는 13 공포증에 시달리는 사람은 그 고통을 극복하기가 무척 힘들다. 이것들 중 가장 악명 높은 것은 1970년 4월 11일(4, 11, 70의 합은 85이고 이 85를 이루고 있는 숫자를 합하면 13) 지역 시간 13 : 13시에 패드(Pad) 39(3 × 13)에서 발사된 아폴로 13호의 달 착륙 임무였는데, 이 아폴로 호에 폭발이 있었다. (하지만 우주 조종사는 무사히 지구로 귀환했는데 행운이라고 여겨진다.) 1년에 13일이 금요일인 날은 적어도 한 번 있고, 어떤 해는 두 번, 드물게는 세 번이 있는 해(즉, 1998, 2009)도 있다. 원래 미국에 13개의 영국 식민지(따라서 미국 국기에 13개의 줄무늬가 있음)가 있었고 미국 독립 선언서에 13명의 서명자가 있다. 일본에는 4와 9가 불행을 가져다 주는 수로 여기는데, 이것은 이 두 완전제곱수의 합이 13이라서가 아니라 발음 때문이다. 일본어로 4는 시(shi)로 발음되는데, 이 발음은 죽음(death)을 뜻하는 단어와 발음이 같고, 9는 *구(ku)*로 발음되는데 고문(torture)을 뜻하는 단어와 발음이 같기 때문이다. 고문에 대해 말하면 옛날에는 제빵사가 손님들에게 거스름돈을 속이면 엄격한 벌을 받는 것은 흔한 일이었다. 고대 이집트에서는 무게를 속여 만든 빵덩어리를 팔다 발견되면 문설주에 귀가 못박히는 벌을 받았고, 중세 영국에서는 대중적 창피를 주기 위해 한동안 칼을 씌우는 벌을 받은 것 같다. 안전을 위해 한 회분에 12개의 빵을 구워낼 때 13번째의 빵을 추가하여 구워내는 관습이 생겼고, 따라서 13을 나타내는 "제빵사의 다즌(baker's dozen)"이라는 표현이 생겨났다.

수학적으로는 13의 제곱을 거꾸로 쓴 수는 13을 거꾸로 쓴 수의 제곱과 같다. $13^2 = 169$, 이것을 거꾸로 쓰면 961이 되며 13을 거꾸로 쓰면 31이고 이것을 제곱하면 $31^2 = 961$이 되어 서로 같다. 13은 두 소수의 제곱의 합으로 나타낼 수 있는 가장 작은 **소수(prime number)**이다: $13 = 2^2 + 3^2$. 13까지 소수의 합(2+3+57+11+13)은 13째의 수 41과 같으며, 이것은 이런 조건을 만족하는 가장 큰 수이다. 어구의 철자 바꾸기 글자체로 표현하면

ELEVEN + TWO = TWELVE + ONE

와 같이 보기 좋은 식이 된다. 또한 **달러(dollar)**를 보시오.

thirty colored cubes puzzle (30개의 색깔이 칠해진 정육면체 퍼즐)

"메이블락스(Mayblox)"란 이름으로 시장에 나온, 1921년에 퍼시 **맥마흔**(Percy **MacMahon**)이 개발한 게임. 정육면체 30개로 게임을 하며 각 정육면체는 여섯 색깔로 각 면이 칠해져 있고, 30개는 여섯 색깔로 모든 가능한 순열로 칠해져 있다.[10] 이것들로 서로 다른 많은 게임을 할 수 있다. 그중 하나는 무작위로 정육면체를 하나 선택하고 나서 그 선택한 정육면체와 같은 색 배열을 2×2×2 정육면체의 각 면이 하도록 7개의 다른 정육면체를 선택하는 것이다. 2×2×2 정육면체의 각 면은 같은 색이어야 하며, 안쪽 면들은 색깔이 일치해야 한다. 하나의 2×2×2 정육면체를 만든 후에 똑같은 성질을 가진 또 다른 2×2×2 정육면체를 나머지 22개로부터 첫 번째와 같은 거울상과 같이 딱 하나 만들 수 있다.

thirtt-six officers problem (36명의 장교 문제)

6×6 정사각형으로 36명의 장교를 정렬하는 문제. 각 행에는 6연대에서 뽑은 한 명의 장교가, 각 열에는 6계급 중 한 계급의 장교가 배열돼야 한다. 이 문제는 1779년 레온하드 오일러(Leonhard Euler)가 처음 제기했고, 두 개가 서로 수직인 6차(of order 6)의 **라틴 사각형(Latin square)**을 찾는 문제와 동치다. 오일러는 해가 없다고 올바르게 추측했는데, 그것을 증명하려는 노력 때문에 **조합론(combinatorics)**이 크게 발달했다.

Thompson, D'Arcy Wentworth (톰슨, 1860-1948)

스코틀랜드의 동식물 연구가이자 박식가. 스코틀랜드의 세인트 앤드류(St. Andrews) 대학과 던디(Dundee) 대학에서 64년이란 도저히 깨질 것 같지 않을 기록적인 테뉴 기간을 정교수로 지냈다. 300개가 넘는 과학 기사와 책을 썼지만, 그의 대표작 『*성장과 형태에 대해*(*On Growth and Form*, 1917)』[332]이란 책에서 생물학적 현상을 수학으로 표현하려는 최초의 노력 때문에 명성을 얻게 되었다. 앵무조개 껍질과 벌집 같은 것들이 놀라울 정도로 많이 스케치되어 있는 이 책에서 톰슨은 식물과 동물의 많은 부분을 구조와 형태가 수학적으로 거울 대칭이라는 물리 법칙으로 설명될 수 있다고 주장했다. 그의 가장 참신한 아이디어는 수학 함수를 이용해 한 유기체의 모양을 물리적으로 비슷한 다른 유기체로 연속적으로 변환시킬 수 있는지를 보여주려는 것이었다. 기억할 만한 예는 직교 데카르트 격자를 쥐어짜고 늘이면서 *스카러스(Scarus sp.)* 물고기 종을 *포마칸투스(Pomacanthus)* 종으로 변환시킨 것이다. 톰슨은 같은 원리를 사용하여 개코원숭이의 두개골을 다른 영장류(靈長類)의 것으로 변환시켰고, 서로 대응하는 뼈 예를 들어 어깨뼈들이 다른 종에서는 어떻게 연관이 있는지를 보였다. 의심할 여지 없이 그가 만약 살아 있다면 컴퓨터 그래픽으로 화면을 차례로 한 물체에서 다른 물체로 변형시키는 매우 효율적인 특수 촬영 기술인 모핑(morphing) 매력을 느꼈을 것이다. 톰슨은 약간 기이한 행동으로 그 지역에서 유명했는데, 사실 세인트 앤드류 지역의 나이 든 주민들은 어깨 위에 앵무새를 올려놓고 도시를 산책하는 그를 보았던 것을 아직도 기억한다.

T

역자 주

10) 여섯 색깔의 순열은 6! = 720, 13개의 회전축으로 회전하는 회전수는 24가지, 720/24 = 30.

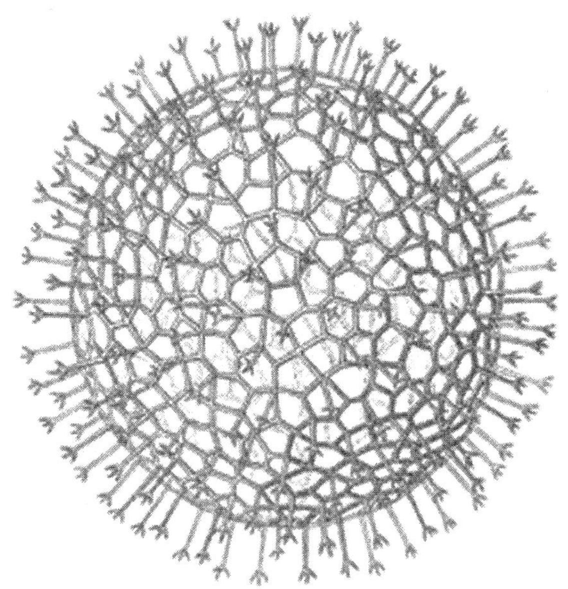

다아시 웬트워스 톰슨의 책 『성장과 형태에 대해(On Growth and Form)』에 있는 예시: 방산충(放散蟲) 아우라스트럼 트라이세로스의 껍데기

thousand (천/수천의/수많은)

언어학적으로 "백(hundred)"이 커져서 된 수이며, 독일어 *테우(teue)*와 *훈트(hundt)*가 어근이다. 테우는 두껍게 하는 또는 부풀리는 것을 언급하며, 훈트는 현재 쓰이고 있는 백의(hundred)의 어원이다. 그래서 천은 글자 그대로 백을 부풀리고 크게 한 것을 의미한다. 어근 *테우(teue)*는 오늘날 흔히 쓰이는 단어 넓적다리(thigh), 엄지손가락(thumb), 종양(tumor), 결절(tuber)은 *테우(teue)*가 어근이다. 일천(one thousand)은 글자 "A"를 찾기 위해 얼마나 멀리 가야 하는지를 당신이 수로 말해야 한다면?이라는 질문에 대한 대답이다. 미국인은 감사를 표현하기 위해 "탱스 어 밀리언(Thanks a million)"이라 말하고, 노르웨이인은 탱스 어 사우즌드(Thanks a thousand, "투센 탁(tusen takk)")이라 말한다.

three (3/삼/셋)

1의 큰 값들에 대해 1 + 1 = 3.

–무명 씨

우리가 살고 있는 공간 차원의 수; 3은 가장 작은 홀수인 **소수(prime number)**, 두 번째 **삼각수(triangular number)**, **피보나치수열(Fibonacci sequence)**의 원소. 세 번은 농담이나 어린이를 위한 이야기에 등장하는 반복 횟수이다(예를 들면, 『*아기 돼지 세 마리(Three Little Pigs)*』의 동화, 『*골드락스와 세 마리 곰(Goldlilocks and the Three Bears)*』동화에서 의자와 침대의 수, 오트밀 먹는 곰의 수). 세 번은 계속 진행 중인 사건의 일정한 패턴(규칙적인 템포와 같은)을 유지하거나 같은 인상을 전달하기 위해 필요한 최소 횟수이기 때문이다. 기독교에서 '삼'은 중요한 역할을 한다. 예수 그리스도(Christ)는 삼위일체 성부, 성자, 성령(The Father, Son, Holy Spirit)의 3분의 1을 대표하며, 세 명의 현인의 방문을 받았으며, 33년 뒤에는 베드로가 세 번 예수를 부정했고, 십자가에 못박히어 오후 3시에 죽은 뒤에 3일만에 부활했다. 세 개가 한 짝으로 나오는 것들은 머스킷총을 든 병사(musketeers), 원색(primary color), 소원(wishes), 눈먼 쥐(blind mice), 불행(bad luck), 런던 버스(London bus)가 있다. 또한 **삼각형 건물(triangular Lodge)**과 **광부의 토끼(tinner's rabbit)**를 보시오.

three-hat problem (세 개의 모자 문제)

모자 문제(hat problem)를 보시오.

three men's morris (세 명의 모리스)

3 × 3 보드에서 하는 옛날 게임으로, 틱 택 토(tic-tac-toe)의 직접적인 조상으로 여겨진다. 나인 홀(nine hole)을 포함하여 많은 다른 이름이 있으며, 여섯 남자의 모리스(six men's morris)와 **아홉 명의 모리스(nine men's morris)** 게임과 관련이 있다. 이 게임에는 네 말이 한 세트(각 플레이어에 한 세트)로 두 세트가 있으며, 각 세트는 두 가지 색으로 구별된다. 플레이어는 교차점에 차례로 말을 놓는데, 세 말을 일직선으로 나란히 먼저 놓는 사람이 게임을 이긴다. 세 남자의 모리스의 가장 초창기 보드로 알려진 것은 거의 3,500년이나 된 것으로 이집트의 쿠르나 사원의 지붕에서 발견됐다. 문헌에서는 오비드(Ovid)의 『*아르스 아마토리아(Ars Amatoria)*』에 제일 처음으로 등장한다. 중국인은 공자가 살던 때(c. 500B.C.)에 *룩 추트 키(Luk chut K'i)*라는 이름으로 게임을 했다고 한다. 19세기에 스리 맨스 모리스 보드는 켄터베리(Canterbury), 글로스터(Gloucester), 노리치(Norwich), 솔즈베리(Salisbury)에 있는 대성당과 웨스턴민스터 수도원(Weatminster Abbey)의 회랑에 있는 의자들에 새겨져 있다.

three-body problem (3체 문제)

서로 중력이 작용하는 세 개의 물체의 미래 위치와 속도를 결정하는 문제. 이 문제의 일반적인 경우는 해결 불가능하다고 **카오스**(chaos)의 중요성을 예시한(foreshadowed) 헨리 **포앙카레**(Henrie Poincare)가 증명했다. 최악의 경우에 해석적 해를 구하는 것이 불가능하지만 종종 많은 경우에 수치적 해를 구하는 것만으로도 충분하다.

Thue-Morse constant (투에-모스 상수)

*패러티 상수(parity constant)*로 알려져 있으며, 이 수는 다음과 같이 정의돼 있다. 1과 0으로 구성된 문자열을 만들고 그 문자열의 보수(complement, 1은 0으로 바뀌고 0은 1로 바뀐 문자열)를 덧붙여 길이가 두 배가 되게 한다. 이런 과정을 영원히 계속하여 (첫 문자를 0으로 시작하여) 수열 011010011001011010010110…을 만든다. 이것을 이진수 분수 $0.0110100110010110\cdots_2$로 만들고, 다시 이것을 십진수로 나타낸다. 이 수가 **초월수(transcendental number)** 0.41245403364…이며, 이것이 투에-모스 상수이다.

tic-tac-toe (틱 택 토)

3목두기로(noughts and crosses)도 알려져 있고 다양한 철자로 쓰인다(tictactoe와 같이). 이 잘 알려진 소일거리 게임은 더 오래된 게임에 뿌리를 두고 있는 점은 확실하지만 널리 믿고 있는 것만큼 그렇게 오래 된 게임은 아니다. 1820년경에 찰스 **배비지**(Charles Babbage)가 게임 이름 없이 맨 처음 게임 규칙을 명확히 설명했다. 뒤에 배비지는 그 게임을 현재 이름과 약간 다른 팃 탯 투((tit tat to)라 부르기 시작했고 처음으로 게임을 깊이 분석하여, 그 게임을 하는 로봇을 처음으로 설계했다! 그가 깊이 사색하여 만들려던 기계의 모습은 다음과 같았다. "어린 양과 수탉을 대동한 두 어린이가 서로 게임을 한다. 수탉이 '꼬끼오' 하고 우는 동안 게임을 이긴 어린이는 박수를 치고, 그 후에 양이 '매애'하고 우는 동안 게임에 진 어린이는 자기의 손을 움켜잡고 울고 있는 모습의 기계"를 만들려고 했다.

멋진 분석 엔진(Analytical Engine)을 만들고 좀 더 깊이 있는 프로젝트 수행을 위한 기금을 마련하기 위해 런던에 그 기계를 전시하려는 계획을 세웠다. 하지만 라틴어 시를 기계로 작곡하는 장치가 금전적으로 파산했다는 소문을 듣고 그 계획을 포기했다.

틱텍토의 두 전문가가 게임을 하면 늘 무승부가 된다. 다르게 말하면, 게임을 잘 아는 상대방을 이길 수 있는 전략이 아예 없다. 또한 무적이 되는 것도 어렵지 않다. 첫 다섯 번을 둘 때 3목두기에서 놓을 수 있는 가능한 방법은 9×8×7×6×5 (= 15,120)개이지만 약삭빠른 참가자가 반드시 지지 않는 몇 개의 기본적인 플레이와 반격 플레이의 패턴이 있다. 게임은 적어도 한 명의 초보자가 포함될 때만 흥미진진해진다. 강력한 첫 수는, 구석에 두어야 한다. 초보자인 상대방이 반격으로 중앙에 두지 않으면 궁지에 몰릴 수 있기 때문이다. 같은 이유로 중앙에 오프닝 공격을 하면 코너로 맞받아쳐야만 하고 그렇지 않으면 첫 플레이어가 쉽게 이긴다. 물론 마스터 플레이어는 결코 지지 않을 뿐 아니라 상대방의 약점을 알아내고는 엄청난 손상을 가하는 방법으로 이것을 이용한다.

이 게임을 보다 큰 보드나 더 높은 차원에서 하면 더 많은 흥미를 느낀다. 이것에 대한 예외는 3×3×3 큐브로 첫 플레이어가 쉽게 이긴다. 사실, 이 경우는 첫 플레이어는 14번을 둘 수 있고 여기까지 두는 동안에 틀림없이 점수가 나기 때문에 동점으로 끝날 수 없다. 큐브는 훨씬 더 흥미가 있으며 스코어 포 게임(Score Four Game)으로 알려져 상업적으로 팔리고 있다. 자신만만한 자는 **초입방체**(tesseract) 로 4차원에서 틱텍토 게임을 할 수 있는데 초입방체를 2차원의 정사각형들로 나누어서 하면 된다. 틱텍토 게임과 비슷하며 더 오래 되고 수학적으로 보다 흥미있는 게임으로는 **아홉 명의 모리스**(nine men's morris)와 **오비드 게임**(Ovid's game)이 있다.

tie knots (끈 매듭)

얼마나 많은 방법으로 끈을 묶을 수 있는가? 여러 해 동안 Y자형 매듭(Four -in-Hand), 윈저 매듭(the Windsor), 반 윈저 매듭(Half-Windsor)의 단 세 스타일의 **매듭(knot)**만 있었다. 1989년에 〈*뉴욕 타임즈(New York Times)*〉의 표지에 프렛(Pratt) 매듭이 세상에 소개됐다. 반 세기 이상이 지나서야 새로운 하나의 매듭이 매듭 매는 레파토리에 추가된 것이다. 이에 흥미를 느낀 영국 케임브리지 대학교 물리과 출신의 두 연구자인 토마스 핀트(Thomas Fint)와 용 마오(Yong Mao)는 실제로 얼마나 많은 매듭 매는 방법이 존재하는지 알아보고자 했다. 이를 위해 그들은 상세한 예측이 불가능하지만 큰 규모의 패턴을 나타내는 운동을 설명하는 데 유용한 기법인 **멋대로 걷기**(random walk) 이론을 적용했다. 그 연구자들은 그런 패턴들은 성공적으로 묶인 끈 매듭에 필수불가결함을 알았다. 예를 들면, 그 끈의 끝이 오른쪽으로 움직였다면 그 다음은 다시 오른쪽으로 움직일 수 없다-그 다음 움직임은 왼쪽이든지 중앙으로 옮겨가야 한다. 이것은 끈을 맬 때 양자택일 중 한 곳을 선택해 움직여 가야 함을 의미한다. 핀크와 마오는 가장 간단한 매듭의

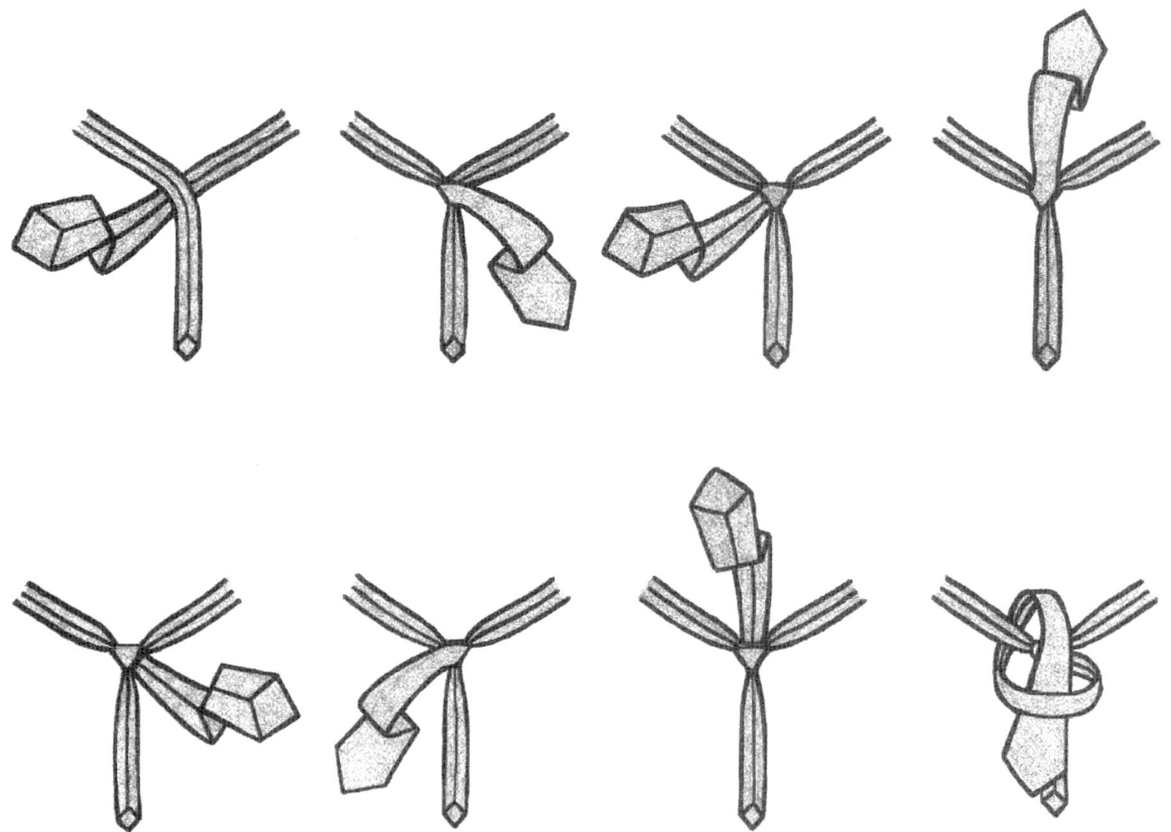

끈 매듭 “세인트 앤드루”: 최근에 새롭게 발견된 여러 끈 매듭 중 하나. *토마스 핀크*

경우에는 단지 세 번의 움직임만으로 가능함을 발견했다. 그들은 계속하여 네 개의 인기 있는 매듭, 미적으로 돋보이게 만든 여섯 개의 새 매듭, 복잡하게 아홉 번 움직여 매는 두 개의 매듭을 포함하여 85가지의 끈 매듭을 발견했다.[100]

tiling (덮기)

테세레이션(tesselation)으로도 알려져 있으며, 어떤 빈 공간이나 겹침이 없이 모양이 작은 것으로 큰 모양을 정확하게 덮어 놓은 것. 일반적으로 덮여질 모양은 편평한 평면이지만 모양은 다를 수 있고 3차원 공간의 물체가 또한 덮기될 수 있다. 덮기 게임에서는 어떤 조건이 부여되는데 예를 들어 모든 타일들의 크기는 동일해야 한다든지, 모든 타일이 정사각형이지만 각각의 크기는 달라야 하는 것 등이다. 한동안 평면에서의 간단한 정사각형 덮기은 **벽지군**(Wallpaper group)으로 알려진 17개의 평면 대칭군에 속한다고 알려져 왔다. 17개의 이런 패턴은 모두 **알함브라**(Alhambra) 궁전에 있다고 알려져 있다. 이것은 평면을 덮기하는 간단한 문제를 샅샅이 다룬 것으로 보지 않는다. 여분의 조건을 추가하고 규칙적인 패턴에 대한 조건을 제거함으로써 흥미있는 수많은 문제들이 생긴다. 예를 들면 이것들은 정사각형이나 도미노 패를 이용한 *교차 덮기*(alternating tiling)이 있는데 이런 덮기에서의 두 타일은 완전히 옆면이 겹치든지 또는 일부 옆면이 겹치며, *색깔 덮기*(colored tiling)에서는 두 이웃하는 타일들의 색깔은 달라야 한다. 색 덮기는 또한 *색 지도*(colored maps)라 불린다. 색 덮기와 연관된 가장 유명한 문제는 **4색 지도 문제**(four-color map problem)로 이 문제의 해는 알려져 있다. 다른 것은 n-테세레이션 문제로 각각의 타일의 면적은 정수이며, 각 자연수 n에 대해 정확히 면적 n을 갖는 타일이 정확하게 하나 존재한다. 또한 **펜로즈 덮기**(penrose tiling), **렙-타일**(rep-tile), **직사각형**

덮기 **컴퓨터로 생성된 주기성이 있는 덮기.** *Jos Leys, www.josleys.com*

(rectangle), **적적 문제**(squaring the square), **해부**(dissection), **채우기**(packing)를 보시오.

time (시간)

시간은 위대한 스승이긴 하지만 불행히도 자신의 모든 제자를 죽인다.
-헥토르 베를리오즈(Hector Berlioz, 1809-1869)[11)]

가장 친숙하지만 신비한 우주 성질 중의 하나이다. 시간의 "흐름"은 우리가 가지고 있는 가장 강력한 인상 중의 하나이지만 그것은 단순히 의식적인 마음의 환상 또는 산물일 뿐이다. 왜 그런지 모르지만 시간이 움직인다는 바로 그 개념은 호주 철학자 스마트(J.J.C. Smart)가 "시간 흐름의 속도는 어떤 단위로 측정되어야 하는가? _당 초(Second per_)?"라는 질문을 했듯이 논리적 역설에 이른다. 존 두네(John Dunne)는 그의 고전적인 책 『*시간 실험(An Experiment with Time)*』에서 인간의 마음은 시간선을 따라 앞뒤로 수시로 변할 수 있으므로 예지(prerecognition)가 육체적으로 가능하다고 주장한다. 하지만 그의 이론은 철학적으로 받아들이기 힘든 시간과 관찰자의 무한 회귀를 포함한다. 마찬가지로 과거에서 현재로 미래로 분명하게 옮겨가는 것은 크게는 우주와 관련이 적고 각 개인의 주관적인 경험과 관련이 있다. 어떤 점에서는 아직도 가늠되어야겠지만 시간, 의식, 자유 의지, 각 개인은 서로 친숙하게 뒤엉켜 있다. 그와 대조적으로 물리학에서는 시간은 공간과 전혀 다르게(아래에 언급되어 있듯이 하나의 중요한 예외를 제외하고) 다루어지지 않는다. 시간은 단순히 또 다른 **차원**(dimension)이다. 즉 물리적 실제의 다른 축 또는 확장이다. 다양한 공간 차원 때문에 모든 것이 단 한 점에서 일어나지 못하듯이 시간 때문에 모든 것이 동시에 일어나지 못한다. 한 익살쟁이가 말했듯이 "시간은 단지 지긋지긋한 일의 반복이다!" 아인슈타인의 **상대성 이론**(relativity theory)에서의 시간은 효과적으로 "공간화(spatialzed)"되어진, 추상적인 3차원 공간과 분리된 1차원 시간을 말하지 않고, 4차원 **시공**(space-time) 연속체로 존재한다. 상대성 이론에서 시간과 공간은 아주 밀접한 연관이 있어서 시간은 공간으로 공간은 시간으로 전환될 수 있다. 특히 서로 다른 관찰자는 시공간에서 일어난 사건 사이의 거리나 지속 시간에 이견이 있을 수 있지만 *시공간 간격(space-time interval)*은 늘 일치한다. 사건이 각각 두 점 (t, x, y, z)와 $(t + dt, x + dx, y + dy, z + dz)$에서 일어난다면 이 두 점 사이의 (상수의) 시공간 간격에 대한 식은

$$s^2 = c^2(t_2^{\,2} - t_1^{\,2}) - (x_2^{\,2} - x_1^{\,2}) - (y_2^{\,2} - y_1^{\,2}) - (z_2^{\,2} - z_1^{\,2})$$

로 나타난다. 그러나 상대성 이론의 시간은 고전물리학에서와 같이 역행 가능하다.

time complexity (시간 복잡도)

어떤 프로그램이 특별한 작업을 수행하는 데 컴퓨터로 걸리는 시간의 양을 설명하는 **함수**(function). 함수는 프로그램의 입력 길이로 매개변수화된다.

time dilation (시간 팽창/시간 지체)

상대성 이론(relativity theory)을 보시오.

time-reversible (시간 역행 가능한)

모호하지 않게 시간이 앞으로 가고 뒤로도 갈 수 있는 **역학계**(dynamical system)의 성질. 예를 들면, **로렌츠 체계**(Lorenz

역자 주

11) 프랑스의 작곡가. 프랑스 낭만파의 선구자. 작품으로 『환상적 교향곡 Symphonie Fantastique』, 『레퀴엠(1837)』, 『로마의 사육제(1843)』 등이 있다.

system)에서는 시간 역행 가능하다.

time travel (시간 여행)

우리는 **시간**(time)을 통하여 여행할 수 있는가? 물론 우리는 늘 그렇게 하고 있다. 그러나 우리는 보통 속도보다는 다른 속도로 여행할 수 있는가? 아인슈타인의 **상대성 이론**(relativity theory)에서 *시간 지연(time dialation)*이란 현상 때문에 다시 한 번 그 대답은 "그렇다(yes)"이다. 하지만 시간 지연은 원리적으로 미래로의 한정된 방향으로 단번에 들어가게 하지만 우리는 미래로부터 현재로 되돌아올 수 없다. 진짜의 시간 여행은 보통의 사건이 진행되는 속도보다는 다른 속도로 시간을 통해 앞으로 또는 뒤로 뛰어넘는 능력이며, 또는 상대론적 시간 지연 효과로 할 수 있는 여행을 하는 것이다.

시간을 통한 여행 가능성은 **인과 관계**(causality)에 위협적인 문제를 제기했고, 이에 따른 많은 충격적인 역설이 쏟아져 나왔기에 많은 과학자들이 즉시 그것들을 논의할 필요성을 느꼈다. 하지만, 그것은 1880년 이후로 공상 과학 소설의 훌륭한 테마만 되어 왔다. 웰즈(H.G. Wells)는 소설 『*타임머신(The Time Machine*, 1895)』의 서문에서 **4차원(fourth dimension)**의 성질을 즐겁게 설명했으며, 그의 영웅을 802,000년 뒤의 미래로 휙 데려갔다. 그를 시간 여행자라 부르자(우리는 그의 실제 이름을 결코 알 수 없다). "실제 몸은 네 방향의 외연을 가져야만 한다: 그것은 길이(Length), 폭(Breadth), 두께(Thickness), 기간(Duration)을 가지고 있어야 한다. 실제로 네 개의 차원이 있는데 세 개는 우리가 속해 있는 공간의 세 평면을 말하는 것이고, 네 번째 차원은 시간이다. 하지만 우리의 의식은 우리 인생의 처음부터 끝까지 시간을 따라 한 방향으로 간헐적으로 움직여 가기에 전자의 세 차원과 시간을 비현실적으로 구별하는 경향이 있다."

시간 여행 지망자(*타임머신(Time Machine)*의 초기판은 *시간 우주 비행사(The Chronic Astronauts)*라 불렸다)에게는 불행하게도, 웰스는 그의 시간 여행 기계가 어떻게 작동하는지 구체적으로 설명하지 않는다. 우리는 그 기계가 "부품의 일부는 니켈, 상아로 만들어졌고 어떤 부품은 수정으로 채워져 있든지 수정 원석을 톱으로 잘라 만든 것이다"라는 정도로만 알고 있다. 최근에 이르러 물리학자들은 상대성 이론과 **양자역학**(quantum mechanics)의 심오한 부차적 내용을 추측해 내고는 어떻게 시간 여행이 실제로 이루어질 것인가에 한걸음 다가섰다. 이런 추측은 다양하게 존재하는데 웜홀(정상 공간과 시간 바깥으로의 지름길), **타키온**(tachyon)으로 알려진 빛보다 빠른 입자, 미래나 과거의 한 점으로 옮겨가는 것이 가능한 **괴델** *유니버스(Gödel universe)*와 같은 우주론 모델이다. 하지만 실제적인 측면을 제껴두고 시간 장벽을 깨는 논리에만 집중해 보자.

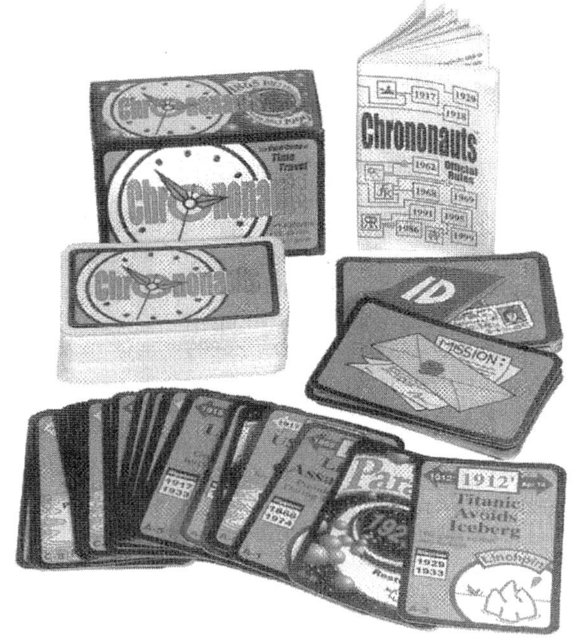

시간 여행 각 플레이어는 시간선을 위협하는 일단의 역설을 풀어야 하는 시간 여행자 게임. *Looney Laps, www.LooneyLabs.com*

다양한 시간 여행 가능성은 공상 과학 소설에서 크게 두 카테고리로 다루어진다. 첫째는 깊은 과거로부터 어두운 미래로 향하는 시간선은 필름 스트립과 같이 꽁꽁 언 것같이 변경할 수 없다. 일어나는 어떤 시간 여행도 이같이 예정된 구조-사실상 세계(아인슈타인 물리학의 "폐쇄 우주론(block universe)")가 미리 글로 묘사돼 있는-에 제한을 받고 따라서 역설적이 방지된다. 이런 시나리오들 중의 하나로 *노비코프의 자체 일관성 원리(Novikov self-consistency principle)*가 있다. 코펜하겐 대학교의 천체물리학자인 이고르 노비코프의 이름을 따 붙여진 것으로, 이것은 **할아버지 역설**(grandfather paradox)처럼 역설을 남게 되는 시간 여행은, 실패의 원인이 일어날 확률이 매우 희박한 사건이라 할지라도 반드시 실패하기 마련이라고 근거 없이 주장하는 원리이다. 다르게 말하면, 시간선에 모순이 일어나도록 시도해 보자. 당신이 시간선을 따라 과거로 돌아가 자기 자신을 죽이든지 또는 당신 조상의 한 명을 죽이려고 할 때 주위 환경은 늘 당신이 그렇게 하지 못하게 방해한다. 이런 형태의 우주의 좋은 예는 로버트 포워드의 소설 『*타임마스터(Timemaster)*』에서 찾을 수 있다. 고정된 시간선의 개념에 대한 또 다른 설명은, 역설을 야기하는 어떤 사건도 사실은 새로운 시간선을 만든다는 것이다. 옛 시간선은 바뀌지 않고 그대로 있고 시간 여행자는 새로운 일시적 분기선의 한 부분이 된다. 이런 시간선 처리 방식을 설명하는 데 드는 어려움은 시간 여행을 할 때 역학적으로 과거와 미래 사이의 정확한 균형을 맞추기 위해 질량 에너지가 교환되지 않으면 질량 에너지 보존 법칙이 깨진다는 데 있다. 하지만 우주가 여러 개로 나누어지고(branching universe) 역사를 선택할(alternative history) 수 있다는 개념은 **많은 세상 가설(many world hypothesis)**과 파인만(Feynmann)의 이력 총합법(sum-over-history)이 진부하게 논의되고 있는 물리학에서 볼 때 터무니 없는 것이 아니다.

공상 과학 소설에서 즐거움을 주는 두 번째로 주요한 시간여행의 형태는 시간선이 신축성 있게 바뀔 수 있다고 가정한다. 이것은 일종의 도저히 이해할 수 없는 어려움과 모순에 이르게 한다. 이런 문제들을 해결하는 방법은 시간선이 거의 변화하지 않는다고 규정하는 것이다. 작가 래리 니벤(Larry Niven)이 주장했듯이, 극단적인 경우에 시간 여행이 가능한 우주에서 실제 타임머신이 결코 발명될 수 없다는 근본적인 규칙이 있을 수 있다. 영국의 물리학자이자 수학자인 스티븐 호킹(Stepven Hawking)은 이 아이디어를 좀 더 형식화하여 *연대기 보호 추측 (chronology protection conjecture)*을 발표하였다. 또 다른 한편으로 시간선이 쉽게 변화된다고 가정한다면 역설은 언제나 갑자기 위협적으로 생겨난다. 가장 놀라운 것들 중 하나는 무에서 어떤 것을 얻을 수 있는 것처럼 보이는 *닫힌 인과 관계 곡선 역설(closed causal curve pradox)*이다. 사무엘 마인즈(Samuel Mines)는 그의 1946도 단편 소설의 구성을 다음과 같이 요약했다:

> 한 과학자가 타임머신을 만들어 미래 500년 앞으로 간다. 첫 시간 여행자를 기념하여 세워진 그의 동상을 발견한다. 그는 그것을 자신이 살고 있는 시대로 가져오고 난 후에 그의 명예를 기리기 위해 동상이 세워진다. 당신은 여기서 딜레마를 볼 수 있는가? 동상은 그가 살고 있는 시대에 세워졌어야 그것을 발견하려 미래로 갔을 때 거기서 그를 기다리고 있을 것이다. 그가 살고 있는 시대에 동상을 세우기 위해 그는 미래로 가서 그것을 가져와야 했다. 어디에 순환의 한 조각을 잃어버린 느낌이다. 언제 그 동상이 만들어졌는가?

시간의 닫힌 고리는 또한 마술이라도 부리듯 모르는 장소(thin air)에서 지식을 만들어낸다. 한 남자가 타임머신을 만들어 과거로 여행하여 젊은 자신에게 그 기계의 설계도를 주면 젊은 자신은 타임머신을 만들어 과거로 여행하는 이런 패턴이 계속된다. 그 설계도는 어디서 처음 유래됐는가? 시간 고리에 관해 특이한 것은 고리 속에서 일어나는 모든 사건은 순환적 방법으로 영향을 서로 미치기 때문에 고리 속에서는 쉽게 인식할 수 있는 과거나 미래가 존재하지 않는다는 것이다. 시간 고리는 자유 의지에 의문을 던진다. 나이 든 자신으로부터 타임머신 설계도를 받은 젊은 남자가 그 기계를 만들려고 하지 않는다면 무슨 일이 일어나겠는가?

tinner's rabbits (주석 광부의 토끼들)

영국, 웨일즈, 메인랜드 유럽, 중국, 러시아 등 세계의 여러 곳에서 발견되는 세 종류 토끼의 형태를 설명하기 위해 최근에 갑자기 붙여진 이름. 예를 들면, 이것은 영국의 데본(Devon)과 콘월(Cornwall) 지역의 몇몇 교회의 중세 지붕 보스(bosses)[12]에 존재하는데, 지역 주석 채굴 산업과 연관이 있다고 생각되고 있다. 또 하나의 이론은 다음과 같은 연관성을 제시한다: 청동은 주석과 구리의 합금이며, 구리는 단어 사이퍼러스(단어 사이퍼러스(Cyprus)와 구리(copper)는 같은 어근을 가짐)에서 왔으며, 사이퍼러스는 여신인 비너스(Venus) 또는 아프로디테(Aprodite)가 있는 섬이며(그녀는 이 섬에서 태어났다.), 토끼들은 비너스의 상징이다. 세 마리 물고기가 서로 뒤엉켜 있는 모양은 흔히 보는 그리스도교의 상징이며 세 마리 토끼는 또한 삼위일체를 나타내는 것일 수 있다.

Tippee Top (티피 탑)

티피 탑(*Tippy Top*)으로도 알려져 있으며, 1953년에 영국에서 전매 특허품으로 등록된 것으로 공 모양을 한 몸체를 잡고 돌릴 수 있게 핀(peg)이 연결돼 있는 일종의 팽이. 핀이 위쪽으로 향하게 붙잡고 팽이의 둥근 부분이 바닥에 닿게 하여 재빠르게 돌리면 그 스스로 홱 뒤집어져서 그 핀을 중심축으로 돈다. 이런 비직관적인 동작을 하는 것은 날카로운 부분이 없는 회전 타원체 모양의 매끄러운 팽이 몸체 때문이다. 모든 종류의 팽이같이 돌리고 나서 내버려 두면 팽이는 세차 운동(歲差運動 precession), 즉 회전축은 작은 원을 그리면서 움직이기 시작한다. 잠시 후 테이블에 맞닿아 있는 팽이의 접촉점은 회전축과 더 이상 일치하지 않게 되고 대신에 팽이 위쪽의 다른 점으로 옮겨간다. 마찰력과 세차운동 때문에 팽이는 좀 더 안정된 위치를 찾게 되고 핀쪽으로 홱 뒤집으므로써 안정되게

T

역자 주

12) 건축물에서 천장이나 지붕의 돌출부. 고딕 건축물에는 나뭇잎, 문장(紋章), 장식 무늬가 정교하게 새겨져 있다.

된다. 또한 **켈트**(celt)를 보시오.

Titchener illusion (티체너의 착시)

에빙하우스 크기 착시(Ebbinghaus size illusion)으로도 알려져 있으며, 잘 알려진 **왜곡 착시**(distortion illusion). 두 원이 각각 6개의 큰 원과 6개의 작은 원으로 싸여 있다. 얼핏 크기가 달라 보여도 중심에 있는 두 원의 크기는 정확하게 같다.

티체너의 착시 가운데 있는 두 원의 크기는 같다.

Toeplitz matrix (테플리츠 행렬)

북서쪽에서 남서쪽으로 경사진 대각선(diagonal)에 있는 모든 성분이 같은 **행렬**(matrix).

topological group (위상군, 位相群)

연속군(*continuous group*)이라 불리며, 군(group)의 구조와 **위상공간**(topological space)의 구조를 모두 가지고 있는 **집합**(set). 이 집합에서 군 구조를 정의하는 연산은 위상공간에서 연속인 사상이 된다.

topological dimension (위상차원, 位相次元)

어떤 대상인 집합 X에 속하는 점을 구체적으로 명시하는 데 필요한 좌표수를 정의하는 정수. 그러므로 한 개의 점은 위상차원 0을 가지며, 곡선은 위상차원 1, 곡면은 위상차원 2, 등등.

topological space (위상공간)

일반화된 수학적 공간의 한 형태이며, 닫힘(closeness) 또는 극한(limits)에 대한 생각이 거리(distance)라는 용어보다는 **집합**(set) 사이의 관계(relationships)로 설명되는 공간. 모든 위상공간은 (1) 점들의 집합 (2) 공리적으로 개집합(open set)으로 정의된 부분집합들의 유(類, class) (3) 교집합과 합집합의 집합 연산으로 구성된다.

topology (위상수학)

찢지 않고 늘리든지(stretching) 눌러서(squeezing) 부드럽게 변형을 시켜도 영향을 받지 않고 그대로 남아 있는 수학적 입체의 성질을 연구하는 수학. 이 단어는 "장소(place)"를 나타내는 그리스어 토포스(topos)에서 왔으며, 1920년 말에 솔로몬 레프셰츠(Solomon Lefschetz)가 영국에 소개했다. 위상수학자를 도너츠와 커피 컵의 차이점을 모르는 사람으로 설명하고 있다. "안다(know)"에서 "관심을 가지다(care about)"로 바꾸면 이것은 훨씬 더 정확해진다. 찰흙으로 만든 도너츠를 상상해 보자. 도예가는 이 도너츠에 어떤 구멍을 새로 만들거나 제거함이 없이 핸들을 가진 컵으로 쉽게 모양을 변형시킬 수 있다. 위상수학에서는 이 두 형태를 종수(genus) 1-하나의 구멍을 가진 입체-이라고 말한다. 이와 비교하여 렌즈가 제거된 안경 프레임은 종수 2인 반면에 구는 종수 0(구멍이 전혀 없음)이다. 위상적으로 더 흥미있는 구조를 알고 싶으면 **뫼비우스 띠**(Möbius band), **클라인 병**(Klein bottle)을 보시오.

torus (토러스)

도너츠, 베이글 또는 내부가 튜브인 모양; 이 단어는 "벌지(bulge)"를 뜻하는 라틴어에서 왔으며 기둥 바닥 주위의 몰딩을 설명하는 데 처음 사용됐다. 토러스를 생각하는 한 방법은 원을 회전축 주위로 회전하여 생긴 **회전면**(surface of revolution)로 생각하는 것이다. 회전축은 원과 같은 평면에 있지만 원과 교차하지 않는다. 일반적인 경우로 닫힌 평면곡선이 회전하여 생긴 회전체를 *원환면*(*toroid*)이라 부른다. 삼차원 공간의 토러스는 도너츠 모양을 하지만 토러스의 개념은 높은 차원의 공간에서 매우 유용하게 쓰인다.

tour (경로, 經路)

체스판에서 **체스**(chess) 말이 각 정사각형을 정확하게 한 번 지나면서 연속적으로 움직여 가는 것. 또한 **나이트 경로**(Knight' tour)와 **매직 경로**(magic tour)를 보시오.

Tower of Brahma (브라만의 탑)

에두아르 **뤼카스**(Edouard Lucas)[13]가 고안한 인기있는 게임인 **하노이의 탑**(Tower of Hanoi)과 비슷하게 그가 지어낸 낭만적인 전설. 인도의 도시 베나레스(Benares)에 있는 브라만의 탑에 전해져 오는 이야기에 따르면 세계의 중심을 나타내는

토러스 토러스 모양의 실험 핵융합 원자로의 내부.

돔 아래서 황동접시가 발견됐는데, 이 황동접시에는 "각각은 1 큐빗(cubit)[14] 길이이고 벌 몸통만큼 굵은" 세 개의 다이아몬드 막대가 놓여 있었다고 한다. 브라만은 천지 창조 때 이 막대기 하나에 64개의 순금 원판을 쌓아 놓았다. 각 원판의 크기는 다르며, 제일 큰 원판은 맨 밑 황동접시 위에 놓여 있으며 제일 작은 원판은 제일 위에 놓여 있다. 작은 것이 큰 것 위에 차례로 차곡차곡 쌓여 있다. 절에 있는 승려의 임무는 원래 놓여 있는 순금 원판을 한 번에 하나씩 옮겨 모두를 다른 다이아몬드 막대기 하나로 옮기는 것이다. 어느 승려도 작은 것 위에 큰 원판을 놓을 수 없고 남아 있는 막대기 중 하나로 옮겨야 한다. 64개의 순금 원판 모두를 한 막대기로 옮기는 작업이 완료되고 나서 또 64개의 원판을 남아 있는 막대기로 성공적으로 옮기고 나면 "탑, 절, 브라만 모두가 부스러져 가루가 되고 천둥소리와 함께 세상은 사라진다." (천둥소리는 제껴 두고라도) 64개의 순금 원판을 모두 옮기는 데 필요한 걸음걸이 횟수는 $2^{64}-1$번이라는 예측은 상당히 정확한 값이며, 이는 약 1.8447×10^{19}이다. 한 번 옮기는 데 1초 걸린다고 가정하더라도 모두 옮기는 데 걸리는 시간은 현재 우주 나이의 다섯 배 이상이 된다! 흥미롭게도 $2^{64} - 1$은 **밀과 체스판 문제**(wheat and chessboard problem)에 대한 답이다.

Tower of Hanoi (하노이의 탑)

에두아르 **뤼카스**(Edouard Lucas)가 발명한 게임. 1883년에 장난감으로 팔렸다. 초기판에 "리-수-스타인(Li-Sou-Stain)" 대학의 "교수 클라우스(Prof. Claus)"의 이름이 붙어 있었지만 곧 "세인트 루이스(Sait Louis)" 대학의 "교수 루카(Prof. Lucas)"에 대한 잘못된 철자임이 밝혀졌다. 보통의 게임은 한 막대기에 8개의 원판이 큰 것부터 작은 원판 순서대로 아래에서부터 위로 차례로 쌓여 있는 세 개의 막대기로 구성된다. 문제는 원판이 꽂혀 있는 막대기의 원판을 가장 적게 움직

역자 주

13) 1842-1891, 프랑스 수학자, 피보나치수열 연구로 잘 알려짐,

14) 고대 이집트, 바빌로니아 등지에서 썼던 길이의 단위. 1큐빗은 팔꿈치에서 손끝까지의 길이로, 약 18인치, 곧 45.72 cm에 해당한다. 현재의 야드, 피트의 바탕이 되었다.

하노이의 탑 뉴욕의 냅(Knapp) 전기 회사가 만든 피라미드라 불리는 빈티지 게임판. *Sue & Brian Young/Mr. Puzzle Australia, www.mrpuzzle.com.au*

T-퍼즐 T-퍼즐의 조각들. Kadon Enterises, Inc, www.puzzlegames.com

여 비어 있는 막대기로 옮기는 것으로, 한 번에 한 원판을 옮겨야 하며 큰 원판을 작은 원판 위에 놓을 수 없다. 옮기는 데 드는 최소의 수는 n이 원판의 개수라 할 때 $2^n - 1$개로 밝혀졌다. 8개의 원판인 경우는 255개가 된다. 원래의 장난감은 큰 브라만의 탑(Tower of Brahma)의 작은 판(version)이라는 설명과 함께 나왔다.

T-puzzle (T-퍼즐)

단 네 개의 조각만이 주어진 놀라울 정도로 어려운 퍼즐. 이것의 역사는 20세기 초로 거슬러 올라간다. 네 개의 조각 그림이 이 페이지에 있는데, 이것을 복사해 네 개의 조각을 자른 후 이것들을 정열하여 대칭인 대문자 T를 만들어 보라. 원하는 만큼 조각을 회전하여도 되고 그것을 뒤집어도 되지만 마지막으로 글자를 만들었을 때 겹쳐지면 안 된다. 사실 이 조각들을 이용해 *두 개의* 대칭인 대문자 T를 만들 수 있다. 또한 등변사다리꼴을 포함하여 두 개의 다른 대칭의 모양을 만들 수 있다. 조각들을 맞추어 이것들 모두를 만들 수 있는가?

trace (트레이스)

행렬(matrix)의 **주대각선**(main diagonal)에 있는 성분들의 합.

tractrix (트랙트릭스/추적선/호곡선, 追跡線/弧曲線)

경로곡선(trajectory curve) 또는 *등접선곡선*(*equitangential curve*)으로 종종 불리는 곡선으로, 프랑스인 클로드 페로(Claude Perrault, 1613-1688)[15]의 질문에 대한 답이다. 페로는 수학 연대기에서 거인은 아니지만 사실 그는 의사로 수련을 했고 건축가와 해부학자로서 명성을 조금 얻었으나, 낙타를 해부하다가 감염되어 비정상적으로 죽었다. 추적선과 관련된 것 외에 그가 유명한 것은 동화 "신델렐라"와 "장화 속의 고양이"를 쓴 작가와 형제였다는 사실이다.

1676년에 고트프리트 **라이프니츠**(Gottfried Leibniz)가 미적분학에 관한 신기원을 이루는 연구를 하고 있을 때, 페로는 주머니 시계를 탁자 위에 올려놓고 탁자의 가장자리를 따라 시곗줄의 끝을 당기면서 시계가 따라가면서 생긴 곡선의 형태가 어떠할 것인가? 하고 의문을 가졌다. 알려진 해답은 **하이**

T

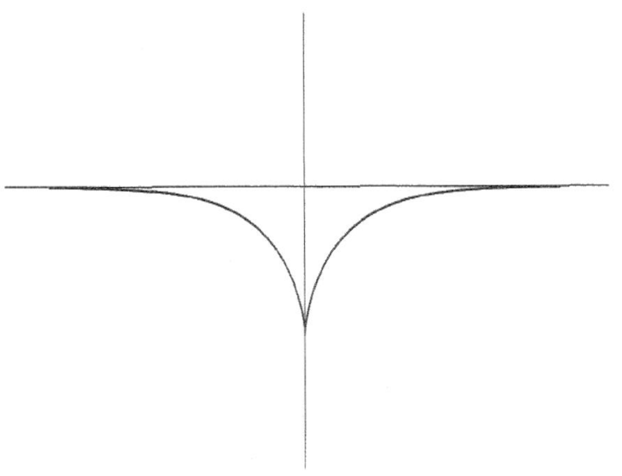

추적선 © *Jan Wassenaar, wwww.2dcurves.com*

휜스(Christiaan **Huygens**)가 1693년에 친구에게 보낸 편지에서 처음으로 밝혀졌다. 그는 어떤 것이 죽 당겨진다는 의미를 가진 라틴어 트락투스(tractus)에서 "추적선(tratricx)"의 이름을 작명했다. (대응하는 독일어 이름은 *훈트쿠브*(*hundkurve*) 또는 "하운드곡선(hound curve)"으로 주인이 걸어갈 때 개가 목줄에 매여 따라가고 있는 경로를 상상해 보면 이해가 간다.) 또한 현수선(catenary)의 신개선(involute, 伸開線)[16]을 그리면 이 추적선을 발견할 수 있다. (현수선의 꼭지점에 매달려 있는 수평 막대기를 상상하고 꼭짓점과 만나는 점을 *P*라 표시하자. 막대기가 미끄러지지 않고 현수선에 맞대어 돌아갈 때 생기는 *P*의 경로가 추적선이다.) 추적선은 매개 변수식 $x = 1/\cosh(t)$, $y = t - \tanh(t)$로 나타난다. 추적선의 **회전면**(**surface of revolution**)는 **유사구면**(**pseudosphere**)으로 **쌍곡기하**(**hyperbolic geometry**)의 고전 모델이며, 우리가 살고 있는 사차원 시공간의 모양에 대한 삼차원 공간에서 아날로그 방식으로 표현된 것으로 볼 수 있다.

trajectory (탄도/궤적/궤도, 彈道/軌跡/軌道)

(1) 공간을 통과하는 발사체(projectile) 또는 움직이는 물체의 경로. (2) 주어진 곡선들을 동일한 각도로 만나는 곡선이며, 직각으로 만나면 이 곡선은 *수직 궤적*(*orthagonal trajectory*)이다. (3) 시스템이 취한 **위상공간**(**phase space**)을 통과하는 경로.

transcendental number (초월수, 超越數)

정수 계수를 가진 **다항식**(**polynomial**)의 근으로 표현될 정도로 어렵고 불가능할 수도 있다. 예를 들어 **π**(**pi**)와 *e*는 초월수이고 또한 $\pi + e$, $\pi \times e$ 둘 중 적어도 하나는 초월수이지만 어느 것인지 알려져 있지 않다. e^{π}는 초월수로 알려져 있다. 이것은 *겔폰드 슈나이더 정리*(*Gelfond-Schneider theorem*)에 따른 것이다. 이 정리의 내용은 *a*, *b*는 대수적 수이고 *a*는 0과 1이 아니며 *b*는 유리수가 아닐 때 a^b는 초월수라는 것이다. 오일러 공식을 사용하면 $e^{i\pi} = -1$ 그리고 양변에 $-i$ 승을 하면 $(-1)^{-i} = (e^{i\pi})^{-i} = e^{\pi}$. 위 정리에 의해 $(-1)^{-i}$이 초월수이므로 e^{π}가 초월수이다. ($e \times \pi, e + \pi$가 둘 다 대수적 수가 아님을 보일 수 있는데, 만약 둘 다 대수적 수라 가정하면 *e*와 *π*는 $x^2 - (e + \pi)x + e\pi = 0$의 근이 되어 *e*와 *π*가 대수적 수가 된다. 이것은 모순이다.) 비록 e^{π}가 초월수로 알려져 있지만 e^e, π^e, π^{π}를 어떤 수로 분류해야 할지에 대해 알려진 것이 없다.

transfinite number (초한수, 超限數)

게오르그 **칸토어**(Georg **Cantor**)가 처음 설명한 무한 개의 **서수**(**ordinal numbers**).

transformation (변환, 變換)

기하학에서 **회전**(**rotation**), **반사**(**reflct-ion**), 확장(enlargement), **이동**(**translation**) 과정을 통해 나타나는 대상의 변화. 대수학에서의 변환은 함수(function) 작용(action), 바꾸어 말하면 두 집합 사이에 **일대일**(one-to-one) 사상의 결과로 일어나는 작용이다.

translation (이동, 移動)

회전 또는 비틀림 없이 일정한 크기로 옮겨 가는 **변환**(**transformation**).

transpose (전치, 轉置)

행렬(**matrix**)을 그 행렬의 **주대각선**(**main diagonal**)에 대해 뒤집는 연산.

역자 주

15) 1613-1688, 루브르 궁전(Louvre Palace)의 동쪽 날개 부분을 건축한 건축가, 내과의사, 해부학자. 물리학과 자연사에 대한 논문을 씀.

16) 임의의 곡선의 모든 접선과 직교하는 곡선.

transposition cipher (전치식 암호, 轉置式 暗號)

평문의 순서를 바꾸어 메시지를 암호화하는 **암호**(cipher). 암호 수신기는 역으로 전환함으로써 메시지를 해독한다. 간단한 전치식 암호는 메시지를 행으로 죽 나열하여 사각형이 되게 쓴다. 예를 들어 행으로 쓰면

Asimplekin
doftranspo
sitionciph
erwritesth
emessagein
toarectang
lebyrowsan
dreadsitou
tbycolumns

이것을 열로 읽으면

Adsee tldts oirmo erbif tweab eymti rsrya cproi serdo lanta cosle ncegt wiuks iseas tmipp tinao nnohh ngnus.

이런 형태의 암호는 행과 열을 치환함으로써 훨씬 더 해독하기 어렵게 만들 수 있다. 또한 **환자식**(換字式) **암호**(substitution cipher)를 보시오.

transversal (횡단선, 橫斷線)

두 평행선을 교차하면서 가로지르는 직선.

trapezoid (사다리꼴)

한 쌍의 평행한 변을 가진 **사각형**(quadri-lateral). 영국에서는 이런 모양을 **사다리꼴**(trapezium)이라 한다. 평행한 두 변의 길이가 a, b이고 이 변 사이의 수직 길이를 h라 하면 사다리꼴의 면적은 $A=1/2(a+b)h$이다.

trapezium (사다리꼴)

이것의 미국식 정의는 평행한 변이 없는 **사각형**(quadrilateral)이다. 영국식 정의는 **사다리꼴**(trapezoid)의 정의와 같다.

traveling salesman problem (여행하는 외판원 문제)

두 도시 사이의 여행 경비가 주어졌을 때, n 도시를 가장 저렴한 경비로 모든 도시를 다 방문하고 원래 출발점으로 되돌아오는 방법을 찾는 문제. 이것은 각 변에 가중치가 주어진 **완전 그래프**(complete graph)에서 최소 가중치를 가지는 **해밀턴 회로**(Hamilton circuit)를 찾는 문제와 같다. 여행하는 외판원 문제(TSP)와 연관된 수학적 문제는 19세기에 윌리엄 **해밀턴**(William **Hamilton**)과 토마스 **커크만**(Thomas **Kirkman**)이 다뤘다. 예를 들면 해밀턴은 **아이코시안 게임**(**Icosian game**)에서 이 문제를 다뤘다. TSP의 일반적 형태는 1930년대에 수학자들이 처음으로 연구한 것으로 보이며, 알려지기로는 칼 맨거(Karl Menger)[17]가 비엔나 대학교와 하버드 대학교에 있을 때 연구를 했고, 그 후에는 프린스턴 대학교의 하슬러 휘트니(Hassler Whitney)[18]와 메릴 플러드(Merrill Flood)[19]에 의해 연구가 더욱 촉진되었다. 이것은 컴퓨터 과학자에게는 복잡한 문제의 가장 빠른 **알고리즘**(**algorithm**)을 찾는 고전적인 도전 문제가 되어 왔다. 독일의 15,112개 도시, 타운, 빌리지에 대한 TSP의 대략적인 해답은 2001년에 110개의 컴퓨터 프로세서–2GHz 컴퓨터를 사용하면 5년 이상의 시간과 맞먹은–를 사용하여 프린스턴 연구자들이 발견했다.

tree (트리)

모든 **꼭짓점**(vertex)이 다른 꼭짓점과 변(edge)으로 연결되는 유일한 경로를 가진 **그래프**(graph).

trefoil curve (삼엽곡선, 三葉曲線)

식이

$$x^4+x^2y^2+y^4=x(x^2-y^2)$$

로 주어지는 평면곡선.

triangle (삼각형)

세 변을 가진 **다각형**(polygon). **비유클리드 기하학**(non-Euclid geometry)에서 삼각형이 그려진 것이 아니라면 삼각형의 내각의 합은 항상 180°이다. 삼각형을 각으로 분류하면 **예각**(acute)삼각형, **둔각**(obtuse)삼각형, 직각(right)삼각형으로 나눌 수 있고, 변으로 분류하면 **부등변**(scalene)삼각형(변의 길이가 모두 다른), 이등변(isosceles)삼각형(두 변의 길이가 같

역자 주

17) 1902–1985, 미국의 수학자. 유명한 경제학자 칼(Carl) 멩거의 아들.
18) 1907–1989, 미국의 수학자, 특이점 이론의 창시자 중 한 명.
19) 1908–1991, 미국의 수학자.

T

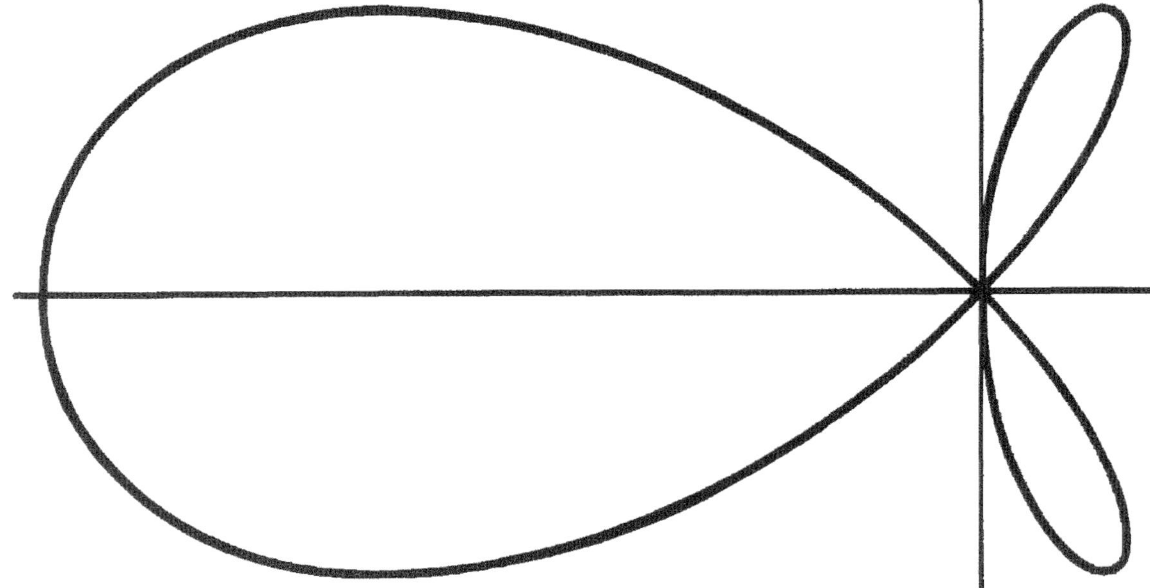

삼엽곡선

은), **등변**(equilateral)삼각형(변의 길이가 모두 같은)으로 나눌 수 있다.

Triangular Lodge (삼각형 건물)

영국에 있는 몇 개 안 되는 삼각형 건물의 하나. 이것은 1595년쯤에 토마스 트레스햄(Thomas Tresham) 경에 의해 노샘프턴셔(Northamptonshire)의 러쉬톤(Rushton)에 지어졌다. 그 로지는 수 3에 기반을 두고 전체가 디자인되었는데, 그에게는 3은 그의 가족 성과 관련이 있고 삼위일체에 대한 그의 신앙심을 나타내는 것이었다. 로지가 세워질 바닥면의 계획을 보면 각각의 변의 길이가 33-구전에 의하면 그리스도 예수가 죽은 나이와 같은-피트인 완전한 **등변**(equilateral)삼각형이었다. 그 건물은 3층으로 지어졌고 각 층은 3개의 창문이 있으며 각 창문은 **삼엽**(trefoil)이었다. 각 건물의 옆면에는 3개의 박공(gable)[20]이 있으며 3개의 괴물 석상(gargoyle)이 있다. 중앙의 굴뚝의 모양도 삼각형이다. 모든 명문(銘文)은 33개의 글자로 적혀 있다. 유럽에서 세 면이 있는 등변 테마를 가진 건물은 스웨덴의 그립스홀름(Gripsholm)에 있는 삼각형의 성과 프랑스의 샹티이성(Chateau de Chantilly)의 일부분인데 이것은 등변 설계에 기초하여 대규모로 세워졌다.

triangular number (삼각수, 三角數)

둥근 점(dots)을 삼각형 배열로 찍어 나타낼 수 있는 어떤 수: 1, 3, 6, 10, ⋯. n번째의 삼각수는 $n(n+1)/2$이다. 모든 삼각수는 **완전수**(perfect number)이다. 만약 T가 삼각수이면 $8T+1$은 완전제곱이 되며 $9T+1$은 또 다른 삼각수이다. n번째의 삼각수의 제곱은 n까지의 자연수 각각의 세제곱의 합과 같다. 어떤 삼각수는 어떤 수의 제곱이 되나 어떤 삼각수도 세제곱승, 네제곱승, 오제곱승이 될 수 없고 또한 2, 4, 7, 9로 끝날 수 없다.

triangulation (삼각화, 三角化)

다양체(manifold)와 같은 대상을 심플렉스(simplex)로 덮기(tiling)를 하는 것. (**심플렉스**(simplex) 참조).

tribar illusion (삼발 착시)

펜로즈 삼각형(Penrose triangle)을 보시오.

역자 주

20) 고전 건축에서 경사진 지붕의 양쪽 끝 부분에 만들어진 지붕면과 벽이 이루고 있는 삼각형 모양의 공간으로, 보통 처마에서 지붕 끝까지 뻗어 있다.

tricuspoid (삼첨곡선, 三尖曲線)

삼첨곡선(deltoid)을 보시오.

trident of Newton (뉴턴의 삼차곡선)

뉴턴(Isaac Newton)이 체계적으로 **삼차방정식**(cubic equation)을 연구하는 일환으로 조사하여 **삼차곡선**(trident)으로 명명한 곡선. 또한 **데카르트**(René Descartes)도 이 곡선을 연구했고, 비록 포물선은 아니지만 종종 데카르트의 포물선이라고 불린다. 이것은 데카르트 식

$$xy = cx^3 + dx^2 + ex + f$$

을 만족하는 곡선이다.

trifolium (삼엽선, 三葉線)

장미곡선(rose curve)을 보시오.

trigonometric curve (삼각곡선, 三角曲線)

삼각함수(trigonometric function)를 그렸을때 나타난 곡선.

trigonometric function (삼각함수, 三角函數)

sine (sin), *cosine* (cos), *tangent* (tan), *secant* (sec), *cosecant* (cosec) 또는 그것들의 역함수 $\sin^{-1}$ 등을 말하며 직각**삼각형**(triangle)의 특정한 성질을 다룬다. 예를 들어 직각삼각형에서 각 θ에 대한 sin의 값 $\sin\theta$는 빗변(가장 긴변) 분의 높이(각의 대변)와 같다. 비슷하게 cos는 빗변 분의 밑변(각을 낀 변), tan는 밑변 분의 높이이다. sec, cosec, cot는 각각 cos, sin, tan의 곱셈의 역수이다: $\sec\theta = 1/\cos\theta$, 등등. 이것들은 각각 arc cos, arc sin, arc tan로도 알려진 역함수인 $\cos^{-1}$, $\sin^{-1}$, $\tan^{-1}$와는 다르다. 삼각함수의 그래프는 **삼각곡선**(tri- gonometric curve)을 나타낸다.

trigonometry (삼각법, 三角法)

삼각형(triangle)의 변과 각 사이의 관계와 그것에 기초한 계산, 즉 **삼각함수**(trigonometric function)를 다루는 수학의 한 분야. 셜록 홈즈(Sherlock Holmes)는 머스그레이브 전례문(Musgrave Ritual) (같은 이름의 단편 소설)이라 알려진 250년 된 미스테리–태양이 가까운 참나무 꼭대기에 막 보일 때 보물이 묻힌 장소를 가리키는 느릅나무의 그림자에서 수수께끼 같은 일단의 단서를 가지고–를 푸는 데 약간의 삼각법을 사용한다. 위대한 형사인 셜록 홈즈는 왓슨에게 레지날드 머스그레이브와의 대화를 다음과 같이 상기시킨다.

"오래 된 느릅나무를 기억하니?" …
"저쪽에 매우 오래된 것이 있었는데 10년 전에 벼락을 맞아서 남은 부분을 잘라 버렸습니다."
"자네 그 나무가 어디에 있었는지 알 수 있겠나?"
"아무렴, 알고말고요." …
"느릅나무의 높이가 얼마였는지 알아내는 것이 불가능하겠지?"
"당장 말할 수 있습니다. 64피트였습니다…. 나의 옛 가정교사가 삼각법 숙제를 주었을 때 그 문제들은 항상 높이를 재는 문제들이었네." …
"나는 그를 공부시키기 위해 머스그레이브와 함께 가서 이 말뚝을 깎아 만들고 1야드마다 매듭이 진 이 긴 줄을 말뚝에 묶었다네. 그리고 거의 6피트가 됨직한 낚싯대의 두 마디를 집어 들었네. … 태양은 막 참나무 꼭대기에서 이글거리고 있었네. 두 마디의 낚싯대를 연결하고는 그림자의 방향을 선을 그어 표시했네. … 그것은 9피트 길이였어. 물론 이제 간단한 계산만 남았네. 6피트 낚싯대 그림자의 길이가 9피트였다면 64피트 나무의 그림자 길이는 96피트가 되지 … 나는 거리를 측정했고 ... 그리고 나는 보물이 있는 위치에 말뚝을 박았다네."

trillion (1조)

미국에서 일반적으로 사용될 때는 백만의 백만 - 1,000,000,000,000 또는 10^{12}. 유럽의 1조는 이 수보다 백만 배 더 크며, 즉 10^{18}이다. 1초마다 한 수를 세면 하루가 24시간이므로 1조(미국의)를 다 세려면 31,688년이 걸린다. 최초로 조($116조)가 넘는 소송은 2002년 8월에 오사마 빈 라덴 가족, 사우디아라비아 왕자들, 수단이 운영하는 회사를 상대로 600가족이 제기했다. 또한 **큰 수**(large number)를 보시오.

trimorphic number (동질삼상수, 同質三像數)

자기동형수(自己同型數, automorphic number)를 보시오.

trinomial (3항의/3식의)

세 개 항으로 구성된 대수적 식.

triomino (트리오미노)

또한 *트로미노*(*tromino*)라 불리며, 정사각형 세 개를 변과 변을 맞대어 붙여서 만든 도형인 **폴리오미노**(polyomino).

triple (3배의/3중의/3자로 이어진, 三倍/三重/三字)

3(three)의 곱. 삼중적분(triple integral)은 피적분함수가 세 번 적분되는 것을 말한다. 또한 **피타고라스 세 수**(Pythagorean triplet)을 보시오.

trisecting an angle (각의 삼등분)

각을 **이등분하는 것**(bisecting an angle)은 매우 간단하지만 각이 90°인 특수한 경우를 제외하고 컴퍼스와 곧은자를 가지고 각을 같은 크기로 삼등분하는 것은 불가능하다. 눈금이 없는 평범한 곧은자 대신에 눈금이 있는 자를 사용하든지 또는 곧은 자 위에 단지 두 점을 표시하여 속여서 사용하다면 임의의 각을 삼등분할 수 있으나 규칙대로 하고 곧은자에 눈금이 전혀 없다면 불가능하다. 고대 그리스 사람들은 이 문제를 풀려고 많은 노력을 기울였으나 풀 수 없었다. 사실 일반적인 경우에 각을 삼등분할 수 있는가에 대한 문제는 1837년까지 미해결 문제로 남아 있다가 마침내 23살의 프랑스 수학자 피에르 방첼(Pierre Wantzel)[21]이 불가능하다고 증명했다. 왜 불가능한가? 방첼은 각을 삼등분하는 문제와 삼차방정식을 푸는 것은 동치임을 보였다. 게다가 그는 자와 컴퍼스를 이용한 작도법을 통해 단지 몇몇 삼차방정식만 풀릴 수 있다는 것을 보였다. 따라서 그는 대부분의 각은 삼등분될 수 없다는 결론에 도달했다.

trisector theorem (삼등분 정리)

몰리의 기적(Morley's miracle)을 보시오.

trisectrix (달팽이꼴)

각의 삼등분(trisecting an angle)에 사용될 수 있는 곡선의 일반적 이름. "달팽이꼴(trisectrix)" 이름 자체는 특별히 **파스칼의 달팽이**(limaçon of Pascal)라고도 한다. 다른 유명한 달팽이꼴 곡선은 **맥러린의 삼등분곡선**(Maclaurin trisectrix)과 니코메데스(Nicomedes)의 **패각(조개껍질) 모양**(conchoid)이다.

triskaidekaphobia (13공포증)

13(thirteen)을 보시오.

trochoid (트로코이드/여파선, 餘擺線)

원이 곡선이나 직선 위를 따라 구를 때 원의 반지름 선상에 고정된 점이 그리는 곡선. 이것은 또한 직선과 수직인 점이 그 직선이 기저 곡선의 볼록면을 따라 구를 때 그리는 곡선이다. 첫 번째 정의에 의하면 **파선**(cycloid)이고; 두 번째 정의에 의하면 **신개선**(involute)이다. 또한 **룰렛**(roulette)을 보시오.

truel (경쟁자 3인의 갈등)

세 사람이 각자 다른 사람을 겨누고 벌이는 총격전 또는 논리적으로 이와 동치인 것. 등변삼각형의 꼭짓점에 서서 총격전을 벌이는 세 사람 아니(Arnie), 불스아이(Bullyeye), 클린트(Clint)를 상상해 보라. 아니와 클린트가 목표물을 명중시킬 확률은 각각 0.3과 0.5이고 불스아이는 백발백중인 것을 모두가 알고 있다. 오로지 한 명이 남을 때까지 아니, 불스아이, 클린트의 순서로 총을 발사하는데 목표물로 누구를 선택할지는 자유이다. 총을 맞은 자는 그 총격전에서 제외되며 공격 목표물도 더 이상 되지 않는다. 아니는 어떤 전략을 세워야 하는가?

이와 같은 트루엘은 동물들 사이에서의 라이벌 관계에서부터 텔레비전 네트워크 경쟁까지 실제 생활에서 유사한 내용들이 많기에 **게임 이론**(game theory)에서 중요한 토픽이 되었다. 규칙을 조금만 변화시켜도 현저히 다른, 직관을 종종 벗어나는 결과가 나타난다. 다양한 총격 규칙이 가능하다: 정해진 순서에 따라 차례로 발사(플레이어는 미리 정해진 차례대로 한 명씩 계속 발사한다), 무작위 순서로 발사(첫 번째 발사자와 그 다음 발사자는 생존자 중에서 무작위로 선택된다), 동시에 발사(각 단계마다 생존자들이 동시에 발사한다).

어떤 트루엘에서는 참가자가 상대방을 제거하고 싶지 않으면 땅에다 발사(발사 순서가 정해져 있고 각 참가자는 오직 한 발의 총알을 가지며 백발백중인 경우에 최적인 전략)할 수 있게 한다. 첫 발사자가 의도적으로 목표물을 맞히지 않는다면 그 자신은 위협적인 존재로 간주되어 스스로 물러나며 결국 두 명의 생존자가 남아 승부가 날 때까지 싸운다. 어떤 다른 선택을 하더라도 첫 발사자 자신의 죽음으로 결론나고 오직 한 명의 생존자가 남게 된다. 참가자가 무한정 총알을 쏠 수

역자 주

21) 1814 – 1848, 프랑스의 수학자.

있는 트루엘에서도 어떤 참가자도 처음으로 총을 쏘려고 하지 않기 때문에 한 명 이상의 생존자가 있을 수 있다. 사실 총을 쏘는 순서가 정해진 규칙 하에서는 어떤 참가자도 다른 참가자를 제거할 유인(incentive)은 없다. 동시 발사인 경우에는 어느 누구도 생존할 가망성이 없다.

트루엘에 관한 대부분의 수학적 연구는 참가자의 사격술(목표물을 맞힐 확률)과 생존 확률 사이의 연관성에 관심을 두고 이루어지고 있다. 예를 들어 사격술이 좋으면 많은 경우에 곤란을 당할 수 있다는 것을 보여줄 수 있다. 경쟁자가 공중으로 총을 쏘는 것이 허용되지 않고 차례로 발사해야 하는 트루엘에서, 참가자는 둘만의 결투 상대로 덜 선택하고 싶은 상대방에-나머지 참가자는 무엇을 하든지 상관없이-발사함으로써 그의 생존 확률을 최대화시킨다. 그의 발사가 빗나간다면 목표물이 누구이든 차이가 없다. 발사가 목표물을 맞히면 다음 두 사람의 결투에서 상대방이 약해져 있기 때문에 발사자는 더할 나위없이 좋다. 따라서, 첫 발사자는 사격술이 좋은 상대방에게 총을 발사한다. 일반적으로 사격술의 가치에 따라 생존 확률은 사격술의 반대 순서를 포함하여 어떤 순서로도 끝날 수 있다. 최적의 게임은 허용되는 게임 라운드 횟수와 같은 규칙이 약간만 변하더라도 매우 민감하게 반응한다. 다른 한편으로 상당히 고정적인 요소들도 있다: 명사수일 때의 불리함, 평화 조약의 허약함, 탄알을 무한히 쓸 수 있다는 것은 협력을 약화시키기보다는 안정화시킬 가능성, 게임을 무한정 많이 할 때의 억제 효과(플레이어들로 하여금 마지막 발사를 하지 못하게 할 수 있는). 이런 발견들을 살펴보면 반직관적이고 역설적이기도 하다. 이것들을 알게 되면 좀 더 신중하게 행동하게 되므로 빠르고 일시적인 승리를 기록하려는 공격적인 플레이어들의 의지가 약화될 수 있다. 특히 갈등으로 너무 오래 끈 결과를 깊이 생각해 보면 트루엘리스트는 질질 끈 행동이 당장은 유리할지라도 궁극적으로 그들 자신의 파멸에 이르는 힘을 유발할 수 있다는 것을 이해하게 된다.

truncate (절단하다)

다면체(polyhedron)의 **꼭짓점**(vertex) 주위를 잘라내는 것.

truncatable prime (절단 가능한 소수)

그 수로부터 하나씩 차례로 숫자를 제거해도 그대로 **소수**로 남아 있는 **소수**(prime number) n. 예를 들면 410,256,793은 절단 가능한 소수인데 다음의 각 숫자에서 밑줄친 숫자를 제거해도 소수가 된다: 410,256,793, 41,256,793, 4,125,673, 415,673, 45,673, 4,567, 467, 67, 7. 이런 소수가 무한히 많이 존재하는지가 증명해야 할 내용으로 남아 있다. 만약 숫자를 소수의 오른쪽으로부터 제거하여도 여전히 소수인 수 n을 *우절단 가능한 소수*(*right truncatable prime*)라고 한다. 만약 숫자를 소수의 왼쪽으로부터 제거하여도 여전히 소수인 수 n을 *좌절단 가능한 소수*(*left truncatable prime*)라고 한다. 각 단계에서 제거되어도 여전히 소수가 되는 소수들을 열거해 보면 그 수는 매우 적다. 이것의 이유는 제거되는 숫자는 소수여야 하고 또한 같은 숫자가 두 번 반복되지 않아야 하기 때문이다. 2, 3, 5, 7, 23, 37, 53, 73의 숫자들만이 이런 요건을 만족한다.

Tschirnhaus's cubic (취른하우스 삼차곡선)

데카르트 식

$$3y^2 = x(x - a)^2$$

을 만족하는 평면곡선이다.

Turing, Alan Mathison (튜링, 1912-1954)

앨런 튜링(Alan Mathison Turing)은 영국의 수학자로 디지털 컴퓨터 과학의 아버지의 한 명으로 불린다. 튜링은 어린 나이에 벌써 총명함과 기이한 행동을 보여주었는데 어른이 됐을 때도 이런 특징들이 고스란이 나타났다. 그는 독학으로 3주만에 글을 읽는 법을 배웠고 거리의 모퉁이에 서서 신호등의 일련 번호를 읽는 습관이 있었다. 나중에 준올림픽 소속 육상선수가 되었으며 그 자신의 시간을 측정하기 위해 알람 시계를 허리에 차고 먼 거리를 달렸다. 케임브리지 대학교에서 튜링은 하디(G.H. Hardy)[22] 밑에서 공부했으며 **힐베르트**(David **Hilbert**)와 **괴델**(Kurt **Gödel**)이 제안한 수학의 완비성(completeness)과 증명 가능성(decidability)에 관한 문제들을 다루었다. 1936년에 그는 소위 **튜링 머신**(**Turing machines**)-**알고리즘**(**algorithm**)으로 표현될 수 있고, 상상 가능한 수학적 문제를 풀 수 있는 형식적 기계-에 대한 아이디어를 냈다. 하지만 튜링 머신은 그 당시에는 이론적 가능성을 제시한 것이었고 실제 작업을 통해 실행되지 않았다. 그 컴퓨터가 현실화되기 위해서는 풀어야 할 여러 가지 실질적 어려움이 있었는데 이것들은 나중의 연구자들을 위해 남겨졌다. 튜링은 또한 튜링 머신으로는 결코 풀 수 없는 수학적 문제들이 존재함을 보였다. 이 문제들 중 하나는 **멈춤 문제**(**halting problem**)이다. 미국의 수학자이자 논리학자인 알론조 **처치**(**Alonzo Church**)가 증명을 한 뒤에 튜링의 증명이 발표됐지만 튜링의 연구는 더 이해하기 쉬웠고 직관적이었다. 제2차 세계 대전 동안에 튜링은 현재 밀톤-키네스(Milton-Keynes)(전쟁 후에 지어진 타운) 근처에 있는 브렛칠리 파크 정부 암호 학교에 들어가 나찌의 에니그마(Enigma) 암호를 이론적으로 해독하는 주요 인물로 활동했다. 블레츨리 파크(Bletchly Park)에서 근무(1939-1944)하는 동안 셴리 브룩 엔드(Shenley Brook End)에 있는 크라운 여인숙(Crown Inn)에 머물렀는데 그 근처 어느 곳에 주요 지형지물을 기준점으로 그 위치를 기록한 두 개의 은막대기를 묻었다. 그가 그것을 발견하기 위해 되돌아왔을 때 그 지역은 재건축 중이었고 그가 기준한 모든 지형지물은 사라지고 없었다. 금속 탐지기로 여러 번 찾기를 시도했지만 그는 결코 찾을 수 없었고 그 누구도 찾았다는 사람이 없었다. 크라운 여인숙은 개인집이 되었고 그가 막대기를 묻었던 지역은 주택단지가 되었다.

튜닝의 계산에 대한 흥미는 전쟁 후에도 계속되었고, 프로그램이 내장된 컴퓨터 개발(ACE, 또는 Automatic Computing Engine)을 위해 국가 물리 연구소(National Physical Laboratory)에서 일을 했다. 1948년에 맨체스터 대학교로 옮겼고 그 해 말에 거기서 처음으로 프로그램이 내장된 디지털 컴퓨터가 돌아갔다(이 기계에 대한 그림을 보려면 **배비지**(Baggage), **찰스**(Charles)를 보시오). 1950년에 튜링은 **인공지능**(artificial intellegence) 문제에 도전하는 "컴퓨터와 지능(Computing Machinery and Intelligence)"이라는 논문에서 지금은 **튜링 테스트**(Turing test)로 알려진 실험을 제안했다.

1952년에 그의 애인과 같은 동포가 튜링의 집에 침입하여 절도를 하는 것을 그의 애인이 도와줬다. 튜링은 그 범죄를 경찰서에 알렸고, 경찰의 조사 결과 그는 동성애(옛날에는 범죄였음) 혐의로 기소됐고 어떤 변론의 기회도 없이 유죄 판결을 받았다. 그 재판은 널리 알려졌고 그는 투옥이 되든지 성욕 감퇴 호르몬 주사를 맞는 선택을 해야 하는 판결을 받았다. 그는 후자를 선택했고, 그 치료를 일 년 동안 계속 받은 부작용으로 가슴이 커지는 증상도 생겼다. 1954년에 독약인 시안화칼륨을 주사한 사과를 먹고 죽었다. 그의 어머니를 제외하고 대부분의 사람들은 그의 죽음은 의도적이고 계획적인 자살이라고 믿었다. 항간에 떠도는 얘기에 따르면 애플 회사의 로고가 이 사건을 상징화한 것이라고 전해진다. 즉 애플 로고인 두 입 베인 사과(또는 아마도 바이트(bytes)) 모양과 동성애를 나타내는 암호인 무지개 색깔은 이 사건을 상징화한 것이라는 말이다. 또한 **처치-튜링 논문**(Church-Turing thesis)을 보시오.

튜링, 앨런 매티슨(Turing, Alan Mathison)

Turing machine (튜링 머신)

알고리즘(algorithm)에 대한 정확한 수학적 정의를 내리기 위해 1936년에 앨런 **튜링**(Alan Turing)이 고안한 것으로, 실제 기계가 아닌 컴퓨터의 실행과 저장에 관한 이론상의 추상적인 모델. 튜링 머신은 입력된 수로 일정한 계산을 수행하는 블랙박스로 생각할 수 있다. 만약 계산이 결론에 도달하든지 또는 멈춘다면 수가 출력되고, 그렇지 않다면 이 기계는 이론적으로 영원히 작업을 수행한다(**멈춤 문제**(halting problem) 참조). 유한 개의 규칙 하에서 행해질 수 있는 무한 번의 계산이 존재하면 무한 개의 튜링 머신이 존재한다. 다른 튜링 머신을 모의실험할 수 있는 튜링 머신을 *유니버설 튜링 머신(universal Turing machine)* 또는 **유니버설 컴퓨터**(universal computer)라 부른다. 튜링 머신의 개념은 이론적인 컴퓨터 과학에서 아직도 널리 사용되고 있고 특히 **복잡도 이론**(complexity theory)과 계산 이론에 널리 사용된다.

Turing test (튜링 테스트)

기계가 인간의 지능을 가지고 있는지를 판별하고자 고안된 테스트. 앨런 **튜링**(Turing)이 1905년에 처음으로 설명했고 다음과 같이 진행된다. 인간은 상대방과 자연적 언어로 대화하면서 판단을 한다. 말하는 상대방이 인간인지 기계인지 확실하게 구분을 할 수 없다면 그 기계는 테스트를 통과했다고 말한다. 인간과 기계는 인간처럼 보이려고 노력한다고 가정한다. 이 테스트는 다른 방에 있는 어떤 사람의 성을 알아 맞추기 위해 파티에 참석한 손님들이 메모장에 있는 몇 개의 질문을 작성하여 보내면 되돌아온 대답을 판독함으로써 그 사람

역자 주

22) 1877-1947, 영국의 수학자. 리틀우드, 라마누잔 등 저명한 수학자들과 협력하여 특히 해석학적 정수론에 많은 업적을 남겼다.

의 성을 추측하는 파티 게임에서 유래됐다. 튜링이 처음에 제안한 것은 인간인 참가자는 기계인양 행동해야 하며 그 테스트는 5분 동안의 대화로 한정한 것이었다. 요즈음은 이렇게 특정하는 것을 중요하게 여기지 않으며, 일반적으로 튜링 테스트의 사양에 포함되지 않는다. 튜링은 감정이 북받친 것이지만, 그에게는 중요하지 않은 질문인 "기계가 생각할 수 있는가?"라는 것을 좀 더 잘 정의된 질문으로 바꾸기 위해 이 테스트를 제안했다. 튜링은 기계들은 궁극적으로 이 테스트를 통과할 수 있을 것이라고 예상했다. 사실 그는 2000년쯤에 만들어지게 될 10^9비트(약 119 MB)의 기억 장치를 가진 기계들은 5분 테스트 동안 인간을 30% 정도 속일 수 있을 것이라고 예상했다. 그는 또한 사람들은 "생각하는 기계(thinking machine)"라는 구절이 더 이상 모순적이지 않다고 생각하게 될 것이라고 예언했다. 튜링 테스트는 다음과 같은 적어도 두 가지 이유 때문에 **인공 지능**(artificial intelligence)의 타당한 정의가 될 수 없다는 논쟁이 계속되고 있다: (1) 튜링 테스트를 통과한 기계는 인간의 대화를 비슷하게 흉내낼 수 있을지 모르지만 진짜 인간 지능에 훨씬 못 미친다. 기계는 단지 정교하게 고안된 법칙을 따르고 있다. (2) 기계는 인간과 같이 잡담을 할 수 없을지라도 지능적일 수 있다. 엘리사(ELIZA)와 같은 간단한 대화 프로그램은 사람들이 다른 인간과 대화를 하고 있다고 믿게끔 한다. 하지만 그렇게 조금 성공했다고 튜링 테스트를 통과한 것이 아니다. 보통 대화 중인 인간 당사자는 인간 외의 어떤 것하고도 얘기를 하고 있다고 의심할 이유가 하나도 없지만, 반면에 실제 튜링 테스트에서의 질문자는 적극적으로 그가 잡담을 하고 있는 상대의 실체를 판별하려 노력하고 있다는 사실은 명백하다. 매년 열리는 뢰브너상(Loebner Prize)[23] 경연 대회는 인간의 언어에 가장 가깝게 말하는, 즉 튜링 테스트를 가장 잘 구현하는 컴퓨터를 뽑는 대회이다. 또한 **중국어 방**(Chinese room)을 보시오.

twelve (12/십이/열둘)

어떤 것을 하나로 묶는 데(인치, 시간, 12팩) 아주 많이 사용되는 수이며, 그 부분적 이유는 2, 3, 4, 6으로 정확하게 나누어지기 때문이기도 하며 또한 부분적으로 태양을 한 번 돌 때 달은 약 12번 공전하기 때문이기도 하다. 12를 뜻하는 라틴어 *두오데심*(*duodecim*, 2 + 10)은 12개의 면을 가진 모양을 뜻하는 12각형(dodecagon) (원래 두오데카곤(duodecagon))의 어근이고, 또한 길이가 12인치로 소장(intestine)의 첫 부분인 두오데눔(duodenum)의 어근이 된다. 여러 해를 거치면서 축소되고 수정되어 두오데심은 "12개(dozen)"가 되었다. 여러 가지 단위와 측정을 위하여 많은 문명이 12의 배수들을 사용했다. 60, 즉 다섯 다스(한 손의 손가락당 12개)의 사용은 한마디로 충격적이며, 많은 문명은 "큰 백(great hundred)"인 120 즉 열 다스(양손의 손가락당 12개)을 사용했다. 로마인은 12에 기초한 분수 체계를 사용했고, 가장 작은 구성 요소인 *언실*(*uncil*)은 "온스(ounce)"라는 단어가 됐다. 프랑스 황제 샤를마뉴(Charlemagne)는 아직도 그 잔재가 남아 있는 밑이 12와 20인 통화 체계를 확립했다. 1970년까지 영국의 파운드 화폐 제도에서 1파운드는 20실링이고 1실링은 12펜스였다. 1944년에는 모든 과학적 업적을 밑이 12인 체계로 바꿀 목적으로 두오데시멀 소사어티(The duodecimal Society)가 결성됐다. 12궁도에는 12별자리가 있고 그리스도의 12제자가 있다. 12는 가장 작은 **과잉수**(abundant number), **하샤드수**(Harshad number), 준완전수(12 = 1 + 2 + 3 + 6이므로; **완전수**(perfect number)참조.)이다. 또한 **<u>그로스</u>**(gross)를 보시오.

twelve-color map problem (12색으로 지도 그리기 문제)

평면이나 구 위의 각 나라는 많아서 하나의 식민지를 가지고 있다. 이 식민지는 부모국과 같은 색으로 칠할 때, 많아서 12개의 다른 색만 있으면 정치적으로 연관된 지역을 지도 위에서 구별하여 칠할 수 있는가? 이것이 사실인지 아닌지 결정하는 것은 아직 미해결 문제이다. 또한 **4색 지도 문제**(four-color map problem)를 보시오.

twenty (20/이십/스물)

유럽의 여러 문명, 중앙아메리카의 마야 문명, 일본 열도의 토착민인 에이누(Ainu) 문명 등 많은 초창기 문명들은 셈(counting)에 **밑**(base) 20을 사용했다. 밑이 20인 셈 체계는 1970년경까지 영국 화폐 제도에 사용됐는데, 파운드가 20실링인 1화폐 단위가 있었다. 20이 짝인 것은 가끔 **스코어**(score)라 불린다. 다섯 개의 플라톤 입체 중에 두 개는 20과 연관이 있는데, **정이십면체**(正二十面體, icosahedron)는 20개 면이 삼각형이며, **정십이면체**(正十二面體, dodecahedron)는 20개의 꼭짓점을 가진다. 20은 준완전수(**완전수**(perfect number) 참조)인 **하샤드수**(Harshad number)이며 **실용수**(practical number)이다. 이 수는 또한 사면체 수-연속적인 삼각수들의 합(1 + 3 + 6 + 10)이다.

역자 주

23) 1990년에 미국의 발명가인 휴 뢰브너와 케임브리지 행동연구센터(The Cambridge Center for Behavioral Studies)와 공동으로 튜링 테스트를 구현하는 경진 대회를 처음으로 만들었다.

twin primes (쌍둥이 소수)

차가 2인 소수(prime number)의 쌍. 앞에서부터 몇 개를 들어 보면 3과 5, 5와 7, 11과 13, 17과 19이다. 가장 큰 수로 알려진 것은 51,090자리 숫자를 가진 $33{,}218{,}925 \times 2^{169690} \pm 1$로 2003년 2월에 유브스 갈롯(Yves Gallot)과 다니엘 팝(Daniel Papp)이 발견했다. 첫 번째를 제외하고 모든 쌍동이 소수는 $\{6n-1, 6n+1\}$의 형태이며, 두 정수 n과 $n+2$이 쌍동이 소수일 필요충분조건은 $4[(n-1)!+1] = -n(\text{mod } n(n+2))$이다. 1919년에 노르웨이 수학자 비고 브룬(Viggo Brun, 1885-1978)은 모든 쌍동이 소수의 역수들의 합은 *브룬 상수(Brun's constant)*로 알려진 합

$$(1/3+1/5)+(1/5+1/7)+(1/11+1/13)+(1/17+1/19)+\cdots$$

로 수렴함을 보였다.

1994년에 린치버그 대학의 교수 토마스 나이슬리(Thomas Nicely)는 쌍동이 소수를 10^{14}까지 계산하여(이 계산 중에 수치스런 펜티엄 부동 소수점 연산 오류를 발견했다.) 브룬 상수가 1.902160578에 근접함을 보였다. 아직 미해결(unsolved) 문제인 *쌍동이 소수 추측(twin-prime conjecture)*에 따르면 무수히 많은 쌍동이 소수가 있다. 쌍동이 소수 추측은 어떤 짝수 n의 차가 나는 소수 쌍으로 일반화할 수 있고, 또한 유한 개의 소수가 쌍을 이루며 이웃한 두 소수의 차가 각각 특정한 짝수가 되게 일반화할 수 있다. 예를 들면, 5, 7, 11; 11, 13, 17; 17, 19, 23; 41, 43, 47은 세 소수가 짝을 이루며 $k, k+2, k+6$의 형태이다. 나누어지는 법칙이 배제된 어떤 소수들의 쌍들의 예는 무한히 많다고 알려져 있다. ($k, k+2, k+4$의 쌍의 해는 3, 5, 7이 유일하며 이보다 더 큰 트리플렛은 3으로 나누어지기 때문이다.) $k, k+2, k+6, k+8$ (가장 작은 예는 3, 5, 7, 13)의 형태로 네 소수가 짝을 이루는 것은 무수히 많다고 알려져 있다. 어떤 패턴에 대한 예는 없든지 유일하게 존재하기도 한다.

twins paradox (쌍둥이 역설)

상대성 이론(relativity theory)을 보시오.

twisted cubic (뒤틀린 큐빅)

곡선의 점이 매개 변수 t에 대해 $(x(t), y(t), z(t))$로 주어지고 x, y, z의 차수는 많아서 3인 **다항식**(polynomials)으로 3차원 공간이나 사영(projective) 공간에 있는 곡선.

two (2/이/둘)

첫 짝수이고 유일한 짝수 **소수**(prime number). 이 단어는 그리스어 *다이오(dyo)*와 라틴어 *두오(duo)*로부터 나왔으며 고대 영어 *트와(twa)*를 거쳐 현재 단어에 이르렀다. 초창기 언어는 가끔 둘(two)에 대한 남성과 여성을 가졌으며 "둘임(two-ness)"에 관련된 다양한 어근이 존재한다. 많은 "둘(two)"에 대한 단어는 연 2회의(biannual), 2진법의(binary), 비스킷(biscuit), 이두박근(biceps)과 같이 그리스어 어근 *바이(bi)*를 사용한다. 고대 영어 *트와(twa)*로부터 온 단어들은 사이에(between), 황혼(twilight), 비틀기(twist), 쌍둥이(twin) 등이다. *두오(duo)*로부터 온 단어는 이중의(dual), 이중창(duet), 의심하는(dubious)(of two minds), 복층(duplex)(two layers), 두 배의(double)이다. 라틴어 디(di)로부터 온 단어는 졸업장(diploma)(two papers), 2면각(dihedral)이다. 초기 그리스어 *다이오(dyo)*로부터 두 부분으로 이뤄진 것을 뜻하는 다이애드(dyad)가 왔다. 2는 두 번 더한 합이나 두 번 곱한 값이 같은 유일한 양의 실수이다. 2는 두 소수의 합(**골드바하의 추측**(Goldhach conjecture)참조.)으로 쓸 수 없는 유일한 짝수 정수로 추측되며 최근에는 식 $xn + yn = zn$의 0이 아닌 정수해(**페르마의 마지막 정리**(Fermat's last theorem) 참조.)가 존재할 때 만족하는 가장 큰 정수 n이 2임이 증명됐다. 2는 **이진**(binary)수 체계의 기저(base)이다.

two-dimensional world (2차원 세계, 二次元 世界)

3차원 생활에 익숙하며 **제4차원**(fourth dimension)에 관한 문헌은 굉장히 많다. 그러나 단지 2차원의 우주는 어떠할 것인가? 이 주제를 처음으로 다룬 가장 매력적인 책은 애벗(Edwin Abbott)의 『*평평한 나라: 다차원 세계의 이야기*(Flatland: A Romance of Many Dimensions, 1884)[1]』이다. **힌턴**(Charles Hinton)[24)]이 좀 길게 쓴 책 『평평한 나라의 일화(An Episode of Flatland, 1907)[272]』가 뒤이어 나왔으며, 이 책에서는 아봇 얘기처럼 2차원은 평면이 아니며 아스트리아(Astria)라 불리는 큰 원형 세계의 테두리이다. 힌톤은 과학과 기술이 2차원에서는 어떠해야 하는지를 깊이 탐구한 첫 번째 사람이었다. 사실 "평면세계(A plane World)" (1884년에 *사이언티픽 로맨스(Scientific Romances)*에 재인쇄)라는 그의 초기 팸플릿은 아마도 아봇이 소설을 쓰는 영감을 불러일으켰을 수도 있다. 힌톤이 책에서 다뤘던 내용들은 알렉산더 **듀드니**(Alexsander Dewdney)의 책 『플래니버스(Planiverse, 1984)』에서 더욱 깊이 다루어졌다.

역자 주

24) 1853–1907, 영국의 수학자, 과학 공상 소설가, 초입방체(tesseract)의 이름을 붙인 사람으로 알려져 있다.

U

Ulam, Stanislaw Marcin (울람, 1909-1984)

수소폭탄의 핵융합 문제를 해결했고, 통계적 샘플링을 사용해 수학적 문제를 푸는 **몬테카를로 방법**(Monte Carlo Method)을 고안한 폴란드 태생의 미국 수학자이며 물리학자. 1935년에 **폰 노이만**(John von Neumann)의 초청으로 처음 미국에 왔다. 1946년 어느 날 아침에 울람의 인생이 바뀌는 사건이 일어났다. 그의 동료 로타(Gian-Carlo Rota)는 그때 일을 다음과 같이 회고했다.

남캘리포니아 대학 교수로 갓 지명되었을 무렵 아침에 일어났지만 말을 할 수 없는 자신을 발견했다. 몇 시간 뒤에 뇌염 진단을 받고 위험한 외과 수술을 받았다 …. 하지만 시간이 좀 지나자 그를 알고 있는 자들이 분명히 알 수 있을 정도로 그에게 약간의 변화가 일어났다 …. 불규칙적으로 뿜어져 나오는 그의 생각들은 전이나 그 이후에 내가 목격한 어떤 것도 넘어서는 환상적인 내용들이었다. 하지만 그는 신중하고 의도적으로 상세한 내용을 말하기 꺼리는 것처럼 보였다 …. 그는 아이디어들을 위해서는 손상되지 않은 상상력에 의지했고, …. 손상된 몸의 회복을 위해서는 다른 어떤 것에 의지했다 …. 놀라울 정도의 창조적 상상력이, 기능을 상실할 정도로 심하게 손상된 일시적인 허약함 속에 나타났다는 사실이 스탠 울람의 드라마였다.

Ulam spiral (울람의 나선)

스타니와프 **울람**(Ulam)이 소수(prime number)들 사이에서 우연히 발견한 놀라운 기하학적 형태를 가진 것으로[314], 또한 **소수 나선**(Prime Spiral)으로도 알려져 있다. 1963년 어느 날 지루한 모임 중에 울람은 정사각형을 그리고 중심에 1을 적고 자연수를 오름차순으로 종이의 끝을 향해 돌면서 나아가는 나선같이 적었다. 모든 소수를 원으로 표시하니 그 수들이 1에서 퍼지는 대각선 위에 위치함을 발견하고는 그 자리에서 깜짝 놀랐다. 울람의 말을 빌리면 소수의 배열은 "매우 비랜덤 배열을 하는 것처럼 보였다."고 했다. 울람은 급히 집으로 가서 훨씬 더 큰 수들의 배열은 어떤지 알아보려고 나선을 확장시켜 보았다. 이상한 패턴이 계속됐다. 소수는 무리를 지어 나타나는 경향을 보였고 그것은 예측할 수 없는 아름다운 모습을 띠었다. 컴퓨터로 이런 패턴을 탐색해 보면 거의 무한정 나타나며, 그것은 놀라울 정도로 다채로운 대칭과 어떤 프랙탈(fractal)을 연상시키는 패턴을 겸비하고 있음을 보여준다.

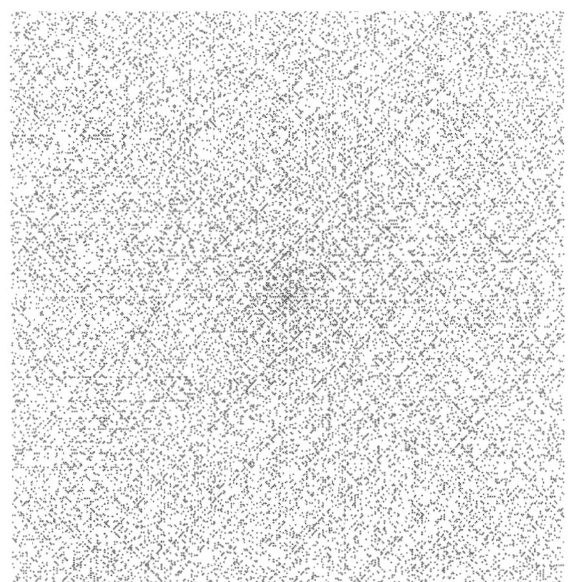

울람의 나선 소수로 에워싸인 형태

울람의 나선은 아마도 다음과 같은 사실에 비추어 "클라크 나선(Clarke spiral)"으로 알려져야 한다. 그 이유는 아서 클라크가 그의 소설 『*도시와 별*(*The City and the Stars, 1956, ch. 6, P. 54*)』[63]에서 울람이 발견한 것보다 몇 년 앞서서 이 현상을 설명했다는 사실 때문이다. 클라크는 다음과 같이 썼다:

> 제세락(Jeserac)은 수의 욕조 속에 미동도 않고 앉아 있었다. 첫 천 개의 소수.... 제세락은 가끔씩 그가 수학자라는 것을 믿고 싶었지만 수학자는 아니었다. 그가 할 수 있었던 것은 무한 개 소수 배열에서 특별한 관계와 법칙을 찾는 것이고, 좀 더 특별한 재능이 있는 자라면 그것을 일반 법칙으로 만들 수 있는 것이다. 그는 수들이 행동하는 법을 발견했으나 그 이유를 설명할 수 없었다. 계산이란 정글을 쭉 훑어보고 이따금씩 자기보다 더 재능 있는 탐구자가 놓쳤던 경이로운 사실을 발견하는 일이 그의 큰 즐거움이었다. 그는 모든 정수로 행렬을 만들고, 구슬이 그물망의 교차점에 배열되듯이 그물의 곡면을 가로질러 소수를

길게 이어지게 하는 작업을 컴퓨터로 했다.

Ulam's conjecture (울람의 추측)

콜라즈 문제(Collatz problem)를 보시오.

uncountable set (비가산집합, 非可算集合)

가장 작은 수에서 가장 큰 수까지 확실한 순서로 놓을 수 없고, 따라서 셀 수 없는 수들의 **집합**(set). 가장 잘 알려진 비가산집합은 모든 **실수**(real number)의 집합이다. 이에 반해 **무한**(infinity)히 많은 집합으로 "가장 작은" **자연수**(natural number)는 가산, 즉 셀 수 있다.

undulating number (파상수, 波狀數)

밑(base)이 주어지고 숫자가 교대적, 즉 *a*, *b*는 숫자이고 *ababab*… 형태로 쓰여진 정수. 예를 들어 434, 343과 101,010,101은 파상수이다.

unduloid (언듈로이드/타원 현수선 회전면)

어떤 두 경계 사이에 매달려 있는 필름이나 액체 방울로 생성된 곡선족. 언듈로이드는 거미줄을 현미경으로 관찰하면 볼 수 있다. 그것은 거미줄을 끈적끈적하게 만드는 점성을 가진 액체 방울(blob)로 구성되며, 대부분 뭉쳐져 레몬 모양을 하고 있다. 언듈로이드족은 매우 얇은 형태에서 거의 구에 가까운 형태까지 있으며, 이것은 실의 길이와 액체 방울의 부피에 따라 다르게 나타난다. 이런 곡선의 모양은 물방울 전체에 미치는 동일한 압력 때문에 생기는데 이를 다시 말하면 곡면 위의 모든 점에서의 전**곡률**(total curvature)이 같아야만 한다는 의미이다. 전곡률은 직각으로 만나는 두 평면에 있는 곡률들의 합으로 물방울마다 다르다. 하지만 언듈로이드의 공통 성질은 주곡률(main curvature)이 0이 아닌 상수이다.

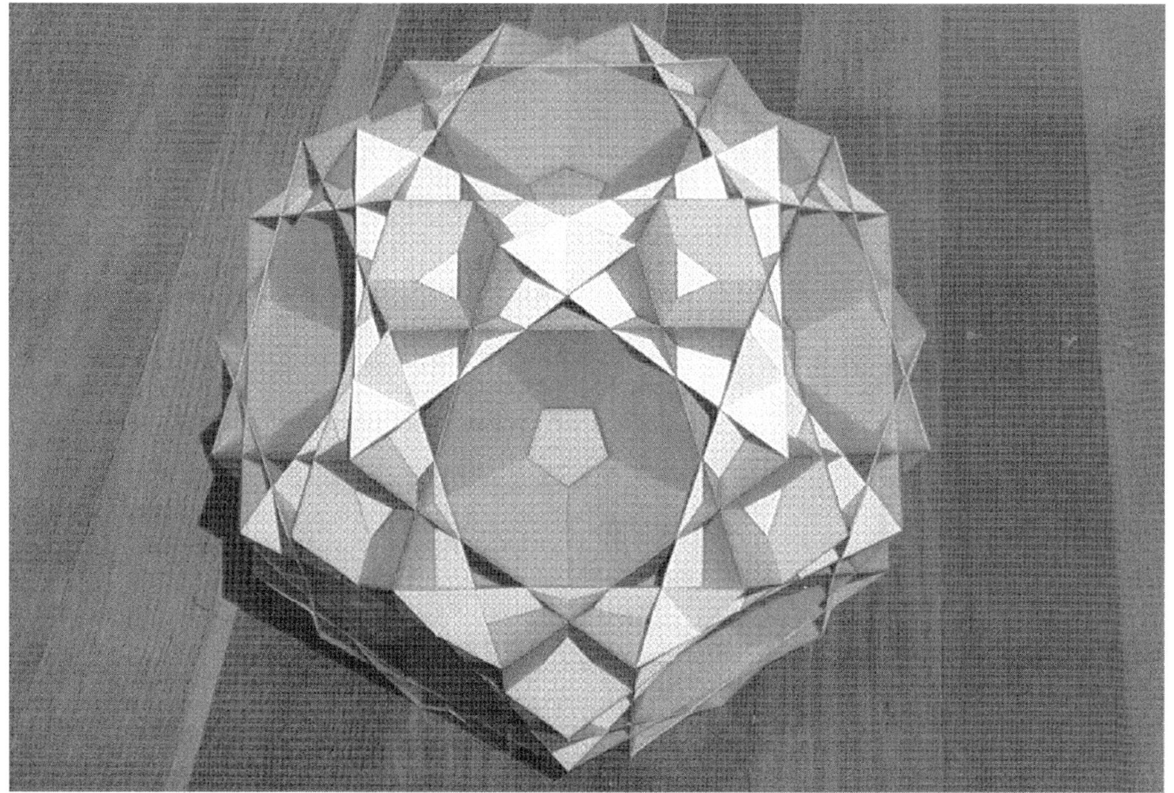

균등 다면체 대 십이십이이십면체(icosicosi–dodecahedron). *Rober Webb, www.sofrware3d.com; Webb으로 생성된*

unexpected hanging (예기치 못한 교수형)

1940년대부터 입으로 회자되기 시작한 것처럼 보이는 놀라울 정도로 논리적인 **역설**(paradox). 자주 교수형에 처해질 남자에 대한 퍼즐 형태로 전해진다. 신뢰할 수 있다고 평판이 자자한 판사가 토요일에 죄수에게 다음 7일 중 어느 날 교수형이 집행될 것이며 그날 아침에야 그 사실을 알려주며 그전에는 어느 날인지 전혀 모를 것이라고 말한다. 감방으로 되돌아 온 죄수는 판사가 잘못 말했다고 추론한다. 교수형은 토요일까지 남아 있을 수 없는데, 그 이유는 일곱 번째 마지막 날 동이 틀 무렵이면 죄수는 확실히 그날이 그의 마지막 날인지 알 수 있기 때문이다. 그래서 토요일 교수형은 없게 된다. 죄수가 목요일에도 살아남았다면 교수형은 그 다음 날로 집행이 예정돼 있다는 것을 알기 때문에 금요일에도 교수형이 집행되지 않는다. 비슷한 논거로 목요일, 수요일도 교수형이 집행되지 않으며 계속하여 일요일도 집행되지 않는다. 이틀씩 교수형이 집행될 날을 배제했기 때문에 죄수가 미리 모른채 일요일에 교수형 집행인을 만날 가능성은 없다. 사형수 남자는 판사가 명한 대로 선고가 집행될 수 없다고 추론했다. 그러나 수요일 아침에 교수형 집행인이 그것도 예기치 못하게 도착한다! 결국에 판사가 옳았고 죄수의 흠 잡을 데 없어 보이는 논리에 어긋난 무엇이 있었다. 무엇이? 반 세기 이상을 수많은 논리학자와 수학자들이 도전을 했으나 보편적으로 받아들여지는 해결책을 찾는 데 실패했다. 이 역설은 판사는 의심할 여지없이 그의 말이 참임을 알고 있는(미리 죄수가 모른 채 어느날 갑자기 교수형이 집행될 것이다.) 반면에 죄수는 이와 같은 정도의 확실성을 가지고 있지 않다. 죄수가 토요일 아침에 살아 있을지라도 그는 교수형 집행인이 올거라고 확신할 수 있는가?[61,260]

uniform polyhedron (균등 다면체, 均等多面體)

각 면이 정다각형이며, 각 **꼭짓점**(vertex)이 동등하게(equivalently) 배열되어[1)] 있는 **다면체**(polyhedron). 균등 다면체는 **플라톤 다면체**(Platonic solid), **아르키메데스 다면체**(Archimedean solid), **프리즘**(prism), **반프리즘**(antiprism) 그리고 비볼록 균등 다면체(**비볼록 균등 다면체**(nonconvex uniform polyhedron) 참조) 등이다.

unilluminable room problem (조명을 할 수 없는 방 문제)

L자 모양의 방에 에이미(Amy)가 한쪽 구석에서 성냥불을 켜고 있는 것을 상상해 보라. 밥(Bob)이 그 구석을 돌아서 서 있다면 빛은 두 반대편 벽에서 산란되어 나올 수 있기 때문에

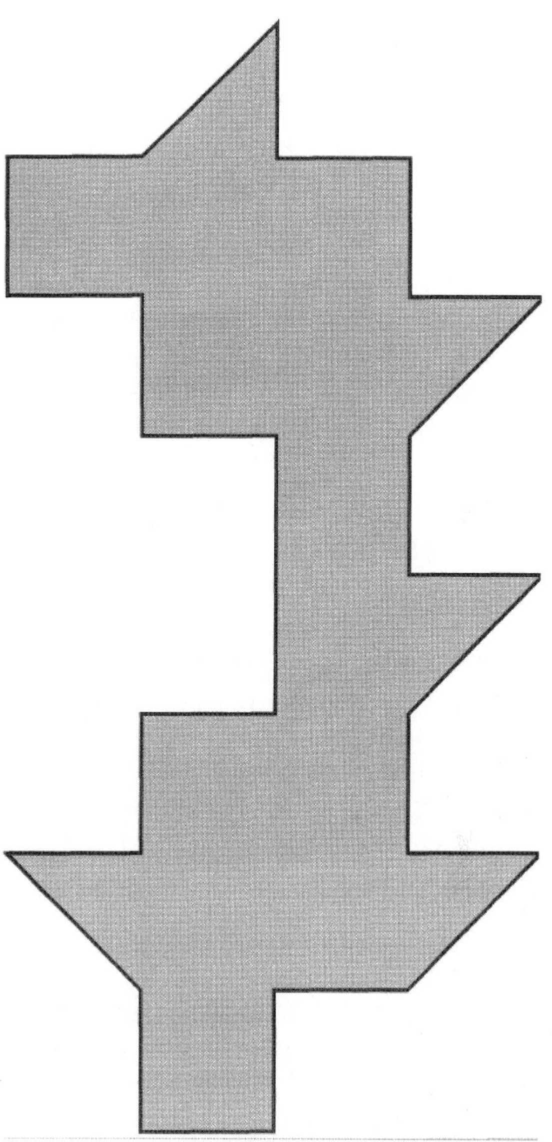

조명을 할 수 없는 방 문제 이런 모양에서는 하나의 전구로 방의 모든 곳을 조명할 수 없다.

그는 성냥으로부터 나오는 빛을 볼 수 있다. 밥이 방 안 어디에 있더라도 이것은 사실이다: 방 전체가 성냥불 하나로 조명이 된다. 어떠한 형태의 방에서도 이것이 사실이겠는가? 아

역자 주

1) 꼭짓점 추이(vertex-transtive: 꼭짓점에서 다른 꼭짓점으로 등거리 사상(isometry mapping)이 존재)

U

니면 아주 복잡하게 만들어져서 성냥불의 빛이 결코 도달할 수 없는 곳이 존재하는 방이 적어도 하나 존재하는가? 1950년대에 에른스트 스트라우스(Ernst Strauss)가 처음으로 이 문제로 질문을 했다. 1995년까지 누구도 대답을 못했고 앨버타(Alberta) 대학교의 조지 토카르스카이(George Tokarsky)가 대답은 "참"이며 완전히 조명할 수 없는 방이 존재함을 보였다. 그가 발표한 마루 설계도는 26 개의 면-현재 알려지기로는 가장 작은 방-이 있는 방을 보여준다. 그래도 미스테리가 남아 있다. 토카르스카이가 발견한 방은 성냥이 매달려 있는 특별한 장소를 포함하는데 성냥이 매달린 부분이 방의 어두운 부분이 된다. 그러나 성냥이 약간 옮겨진다면 전체 방이 다시 환해진다. 방이 아주 복잡하게 만들어져서 성냥이 어디에 매여 있더라도 그 빛이 결코 도달할 수 없는 어떤 장소가 있는가? 잠시 동안 우리는 어둠 속에 남아 있다.[320,334]

unique number (유일 상수)

A_n은 오름차순으로 n개의 연속적인 숫자로 된 수이고 A_n'은 A_n'의 숫자를 역으로 나열한 수일 때 A'_n에서 A_n을 뺀 상수 U_n. 예를 들어 세 개의 숫자로 구성된 345를 이것의 역순인 수 543에서 빼면 그 차는 198이다. 따라서 $U_3 = 198$이다. 연속적인 네 개의 숫자로 구성된 수에 대해 마찬가지로 하면 유일 상수 $U_4 = 3{,}087$이다. 첫 10개의 유일 상수는 $U_1 = 0$, $U_2 = 9$, $U_3 = 198$, $U_4 = 3{,}087$, $U_5 = 41{,}976$, $U_6 = 530{,}865$, $U_7 = 6{,}419{,}754$, $U_8 = 75{,}308{,}643$, $U_9 = 864{,}197{,}532$, $U_{10} = 9{,}753{,}086{,}421$. 유일 상수는 **카프리카수**(Kaprekar number) K_n과 연관이 있는데, 다음 공식으로 나타난다.

$$U_n + U_n' = K_n' + K_n'.$$

예를 들어 $n=4$일 때 $K_4=6{,}174$, $K_4=4{,}716$, $U_n=3{,}087$, $U_n=7{,}803$이고 $3{,}087+7{,}803=10{,}890=6{,}174+4{,}716$.

unimodal sequence (단봉수열)

처음에는 증가하다가 나중에는 감소하는 **수열**(sequence).

unimodular matrix (유니모듈라 행렬)

행렬식(determinant)이 1인 정사각**행렬**(square matrix).

union (합집합, 合集合)

두 개나 그 이상 주어진 집합들의 적어도 하나에 속하는 모든 원소들을 모아 놓은 **집합**(set). 이것은 기호 U로 나타낸다.

unit circle (단위원, 單位圓)

반지름이 1인 원.

unit cube (단위 정육면체)

모서리의 길이가 1인 정육면체. *단위 정사각형*(*unit square*)은 모서리의 길이가 1이다.

unit fraction (단위분수, 單位分數)

분자(numerator, 분수의 위에 있는)의 값이 1인 분수.

universal approximation (유니버설 근사)

임의로 주어진 정밀도로 어떤 **함수**(function)를 근사시킬 수 있는 능력을 가진. **신경망**(neural networks)은 유니버설 근사를 만드는 망이다.

universal computation (유니버설 계산)

원리상 계산되어질 수 있는 어떤 것도 계산할 수 있는 것. 계산 능력에서는 튜링 머신(Turing machine) 또는 **람다 계산**(lambda calculus)과 같다.

universal computer (유니버설 컴퓨터)

유니버설 계산(universal computation)을 할 수 있는 컴퓨터. 어떤 다른 컴퓨터나 프로그램 그리고 약간의 데이터에 대한 설명이 주어지면 이 두 번째 컴퓨터나 프로그램을 완전히 모방할 수 있는 컴퓨터이다. 엄밀히 말하면 가정용 PC는 유한 용량의 메모리를 가지고 있기에 유니버설 컴퓨터가 아니다. 하지만 실제로 이것은 보통 무시된다.

Universal Library (만물 도서관)

현재까지 인쇄된 또한 미래에 인쇄 가능한 모든 책 한 권씩을 보유하는 도서관. 그런 환상적인 장소는 호르헤 루이스 **보르헤스**(Borges)의 책 『*갈림길의 정원*(*The Garden of Forking Paths*, 1941)』에 있는 이야기인 "바벨의 도서관(Library of

Babel)"에서 짧게 묘사됐다. 그것은 다음과 같이 시작된다: "우주(다른 사람은 도서관이라 부르는)는 분명히 규정되지 않은 아마도 무한히 많은 6각형 모양의 미술관으로 구성돼 있다." 각 미술관은 다른 미술관과 동일하며 서식이 똑같은 800권의 책을 보유하고 있다. "각 책은 410쪽으로 되어 있고, 각 쪽은 40줄, 각 줄은 약 80개의 검은 글자 …로 되어 있다." 25개의 기호-22개의 글자, 콤마, 마침표 그리고 어간-가 있다. 도서관은 이런 기호들의 모든 가능한 조합을 포함하기에 그것은 횡설수설한 글 외에 가능한 모든 진실, 거짓말, 아이디어, 소설, 생각, 사건의 설명, 과거와 미래를 방대하게 포함한다. 도서관은 보르헤스가 쓴 다음 내용을 포함한다.

> *모든 것*(*all*)-미래의 상세한 역사, 대천사의 자서전, 충실한 우주 도서관의 도서 목록, 수백만 개의 잘못된 도서 목록, 그런 도서 목록에 대한 증거, 정확한 도서 목록, 그노시스파의 잘못된 도서 목록에 대한 증거인 바실리데스(Basilides)의 복음서, 그 복음서에 대한 해설, 그 복음서에 대한 해설에 대한 해설, 당신의 죽음에 대한 정확한 이야기, 모든 책의 모든 언어로의 번역, 각 책을 모든 책에 덧붙이기, 비드(Bede)가 색슨족의 신화에 관해 쓸 수 있었을(그러나 쓰지 않았던) 논문, 잃어버린 타키투스의 책.

"우주 도서관"의 이름은 독일의 철학자이자 공상 과학 소설가 쿠르트 라스비츠(Kurd Lasswitz, 1848-1910)가 1901에 발간된 단편 소설의 제목으로 처음 사용했다. 결과적으로 그는 독일의 심리학자 **테오도르 페히너**(Theodor Fechner)로부터 이 개념을 빌려 왔다. 그러나 모든 가능한 단어와 의미를 조합하여 나열하는 생각을 깊이 한 사람은 훨씬 더 과거의 인물인 라몬 룰리(Ramon Lully, 1235-1315)이다. 그는 스페인인으로 선교사였고, 신비주의 철학자였으며, 나중에 룰리의 대예술(Lully's Great Art)에 대한 아이디어를 냈던 인물이다. 그의 아이디어는 단순히 이러 했었다: 어떤 사물의 한 성질, 즉 피(blood) 색깔이 선택되면, 피(blood) 색깔을 말해라. 그리고 그 성질에 맞는 가능한 모든 것을 열거한다-피는 붉다, 피는 노랗다, 등-그러면 그들 중 하나는 틀림없이 사실이다. 한 리스트만으로 진실을 알기에는 충분하지 않을 수 있다. 하지만 몇몇 가능한 색깔을 제거시키는 다른 리스트들을 만들 수 있을 것이다. 올바른 방법으로 행하면 단 하나의 정확한 답을 찾을 수 있다. 룰리는 단어들의 여러 다른 조합들을 정렬하기 위해 연쇄적인 동심원의 링을 사용하는 기기를 만들려고 했었다. 결국에는 그 아이디어를 페히너가 이어받았다. 페히너는 모든 가능한 진술과 개념을 표현하기 위해 모든 글자들의 조합을 치환하는 아이디어를 생각해냈다. 하지만 이같은 꿈 같은

만물 도서관 영원히 지속되는 도서관의 내부. *Joseph Formoso*

진실을 실현하는 데 근본적인 두 가지 장벽이 있다. 첫째, 우주에는 책 분량의 글자를 표현할 모든 다른 방법을 나타낼 충분한 물질이나 공간이 없다는 것이다. 둘째, 있다고 하더라도 방대한 양의 흥미롭지 못한 왕겨로부터 드물게 존재하는 중요한 곡물인 밀알을 분류하기 위해 모든 것을 볼 수 있는 전지(全知)의 지능을 필요로 하게 될 것이다. 또한 **원숭이와 타자기**(monkeys and typewriters)를 보시오.

universal set (전체집합)

문제에 합당한 모든 원소를 포함하는 **집합**(set). 또한 **담론의 세계**(universe of discourse)에서처럼 전체(universe)로도 알려져 있으며 보통 *U*로 나타낸다.

universe of discourse (담론의 세계)

담론 중인 세계; 좀 더 엄밀히 말하면 어떤 구체적인 목적으로 당연히 존재하는 것으로 여겨지는 또는 가설적으로 존재하는 모든 대상들의 **집합**(set). 대상은 구체적(즉, 구체적 탄소 원자, 공자, 태양) 또는 추상적(즉, 수 2, 모든 정수들의 집합, 정의의 개념)일 수 있다. 대상들은 원시적 또는 합성적(즉, 많은 부분회 로들로 구성되는 회로)일 수 있다. 대상들은 허구적(즉, 유니콘, 셜록 홈즈)일 수 있다. 담론의 세계는 **논리학**(logic), 언어학, 수학에서 친숙한 개념이다.

unknown (미지수, 未知數)

하나 또는 여러 개의 방정식을 풀 때 찾아야 하는 값. 하나의 글자로 나타낸다.

untouchable number (불가촉수, 不可觸數)

다른 수의 **진약수**(aliquot parts)들의 합으로 나타낼 수 없는 수. 첫 몇 개의 불가촉 수는 2, 5, 52, 88이다.

up-arrow notation (상향 화살표 표기법)

크누스 상향 화살표 표기법(Knuth's up-arrow notation)을 보시오.

upside-down picture (뒤집힌 그림)

아래위로 뒤집어도 똑같이 보이든지 다른 형체의 그림으로 변하는 그림(또는 도형). 아마도 아주 놀라운, 뒤집힌 예술작품은 1900년대 초에 구스타브 버빅(Gustave Verbeek)[2]이 〈*선데이 뉴욕 헤럴드*(*Sunday New York Herald*)〉에 그린 만화였다. 만화의 첫 부분은 정상적으로 읽힌다; 그리고 신문을 180°회전하면 두 번째 부분은 같은 박스에서 역순으로 읽힌다. 마술에 의한 것처럼 귀여운 숙녀 러브킨스(Little Lady Lovekins)는 노인 머퍼루(Old Man Muffaroo)로 변형되고, 큰 물고기는 큰 새가 되고, 먹이를 덮칠려는 호랑이는 돌무더기에 묻힌 호랑이로 변한다.

뒤집힌 그림 중국에서 만든 뒤집힌 도형. *Sue & Brian Young/Mr. Puzzle Australia, www.mrpuzzle.com.au*

Ussher, James (어셔, 1581-1656)

더블린 피쉬엠블에서 태어났으며 더블린에 있는 트리니티 대학에서 공부하고는 나중에 그곳에서 선임 연구원이 된 아일랜드의 성직자. 그는 영국 국교회에 들어갔고 마침내 아르마 대주교(Archbishop of Armagh)가 됐다.

1650년에 지구는 기원전 4004년 10월 23일 정오에 탄생했다고 주장하는 책을 출간했다.

utility function (효용함수, 效用函數)

성 페테르부르크의 역설(St. Petersburg paradox)이 주는 교훈은 사람들은 자기가 받게 될 돈의 기대치를 최대화하려고 게임을 하지 않는다는 사실이다. 하지만 사람들이 행동하는 방법에 관한–*폰 노이만*(*von Neumann*)*과 모간스턴*(*Morganstern*) *공리*(*axioms*)로 알려진–이성적 가정에 따르면 사람들은 *무엇*(*something*)인가를 최대화하는 것처럼 행동한다는 점이다. 이 무엇이 자주 효용함수라고 언급된다.

역자 주

2) 1867– 1937, 일러스트레이터, 네덜란드계 만화가.

V

vampire number (뱀파이어수)

$y \times z$로 인수분해되는 자연수 x로, 주어진 **밑**(base) (예로 10)으로 x를 표현했을 때 나타나는 특별한 숫자와 그 횟수가 y, z를 같은 밑을 이용해 표현했을 때 숫자와 횟수가 같은 수. 예를 들어 2,187은 2,187 = 21 × 87이므로 뱀파이어 수이다. 비슷하게 136,948 = 146 × 938이므로 136,948은 뱀파이어 수이다. 뱀파이어 수는 1995년에 클리퍼드 피코버(Cliford Pickover)[1]가 소개한 기발한 아이디어의 수이다.

van der Pol, Balthazar (반 데르 폴, 발타자르, 1889-1959)

네덜란드의 전기 기사로, 1920년대와 30년대에 현대 실험 학문인 **동적 시스템**(dynamic system)을 연구한 사람. 반 데르 폴은 진공관을 쓰는 전기 회로는, 지금은 리밋 싸이클(limit cycle)이라 불리는 안정된 진동을 나타낸다는 사실을 발견했다. 그러나 이 회로들이 주파수가 리밋 싸이클과 거의 같은 신호로 구동된다면 주기적으로 그것의 주파수를 구동 신호의 주파수로 바꾼다는 것을 발견했다. 하지만 그 결과로 나타나는 파형은 아주 복잡하고 고조파(harmonics)[2]와 서브하모닉스파(subharmonics)[3]를 포함하는 다양한 구조를 띤다. 1927년에 반 데르 폴(Pol)과 그의 동료 반 데르 마크(Mark)는 "불규칙한 잡음"은 자연적 동조(同調) 주파수 사이에서 어떤 구동 주파수로 들린다고 보고했다. 그들도 모르게 처음으로 **혼돈**(chaos)의 실험적 경우 중 하나를 설명했는다는 점은 이제 분명하다.

vanishment puzzle (사라짐 퍼즐)

기계적 퍼즐(mechanical puzzle)로, 부분이 모여 이루어진 전체 면적이나 그림 속의 품목의 개수가, 약간의 조작 후에 변화를 보여주는 퍼즐. 1868년에 처음으로 선보인 잘 알려진 퍼즐은 두 삼각형과 두 사다리꼴로 나누어진 8 × 8의 정사각형이었다. 그 조각들은 재조립하면 5 × 13 크기의 직사각형 모양으로 바뀐다. 어디서 여분의 면적이 왔는가? 그 대답은 마지막 모양에는 완전한 직사각형이 아니고 하나의 대각선을 따라 좁은 틈(gap)이 있다. 사라짐 퍼즐 중 가장 유명한 것은 **지구를 떠나기**(Get off the Earth)이다.

variable (변수)

고정된 양적인 값을 가지지 않는 **미지수**(unknown).

vector (벡터)

크기와 방향을 나타내는 양(quantity). 수를 써서 구체적으로 명시한다. 예를 들어 "시간당 80미터로 남쪽으로 향하는."이 벡터다. 더 일반적으로는 벡터는 **벡터공간**(vector space)의 원소이며 또한 일종의 **텐서**(tensor)이다. 벡터는 보통 그래프나 다이어그램에서 화살표로 나타내는데 이 화살표의 길이와 방향은 각각 벡터의 크기와 방향을 나타낸다. n차원 공간에서 벡터를 n 성분을 순서대로(1차원 배열) 나열한 n-튜플(tuple) 형태로 나타내면 대수적으로 다루기가 쉽다.

vector space (벡터공간)

선형공간(*linear space*)으로도 알려져 있으며, **선형대수학**(**linear algebra**)에서의 가장 근본적인 개념. 이것은 모든 기하학적 **벡터**(vector)들의 집합을 일반화한 것으로, 현대 수학 전반에 걸쳐 쓰이고 있다. **군**(group), **링**(ring), **체**(field)와 같이 벡터공간의 개념은 완전히 추상적이다.

Venn diagram (벤 다이어그램)

원을 겹쳐서 사용하는, **집합**(set)과 부분집합을 표현하는 간단한 방법. 벤 다이어그램의 이름은 케임브리지 대학교의 연구원이었던 영국인 존 벤(John Venn, 1834-1923)의 이름을 따 지어졌다. 벤은 성공회(Anglican Church)의 성직자였고, 그 당시에 "도덕과학(moral science)"이라 불렸던 학문의 권위자였으며, 모든 케임브리지 졸업생들의 방대한 명단의 편집자였고, 논리학과 확률론을 연구한 보통 수학자였다. **삼단 논법**

역자 주

1) 1957-현재, 과학, 수학, 공상 과학 분야에 대한 미국의 작가, 에디터, 칼럼니스트.
2) 기본 주파수의 파동에 대해 그 정수 배의 주파수를 갖는 파동.
3) 진동수 f 의 순음을 스피커로 낸 경우, f 의 정수 배 진동수를 가진 고주파가 나오는데, 때로는 본래의 진동수보다 낮은 것이 나오는 것을 말한다.

(syllogism)을 표현하는 데 사용된 다이어그램이 클레런스 어빙(Clarence Irving)이 1918년에 쓴 책 『*기호 논리학 조사*(*A Survey of Symbolic Logic*)』에서 처음으로 "벤 다이어그램"으로 부른 것처럼 보인다. 하지만 벤은 운 좋게도 이렇게 불멸하게 되었다. **라이프니츠**(Gottfried Leibniz)와 **오일러**(Leonhard Euler)는 매우 비슷한 형태의 표현을 몇 년 앞서 사용했다.

vertex (꼭짓점)

닫힌 도형의 두 변 또는 각을 낀 두 변이 만나는 점. 그렇지 않는 점을 *구석*(*corner*)이라 한다. 예를 들어 정육면체는 8개의 꼭짓점이 있다.

vertex figure (꼭짓점 도형)

다면체(polyhedron)의 **꼭짓점**(vertex)이 **절단되었을**(truncated) 때 나타나는 **다각형**(polygon). 예를 들어 정육면체의 꼭짓점 도형은 등변삼각형이다. 일관성을 유지하기 위해 모서리의 중점에서 절단해야 한다.

vertical-horizontal illusion (수직-수평 착시)

수직선은 똑같은 길이의 수평선보다 상당히 길어 보인다. 여러 세기 동안 나무나 건물의 높이는 그들 사이의 수평 거리보다 더 크다고 여겨져 왔다. 이것은 우리가 중력의 영향을 받으며 살고 있기 때문일 수도 있다. 책을 돌려서 보면 다이어그램의 수직선은 원래 수평선이었을 때와 비교하여 줄어든 것처럼 보인다.

수직-수평 착시

Vesica Piscis (후광/물고기 부레)

글자 그대로는 "물고기의 부레"를 말하며, 두 개의 동일한 원이 겹쳐서 각 원이 다른 원의 중심을 통과할 때 생기는 아몬드 모양. 베시카 피시스는 기독교의 물고기 상징으로 쓰였고 또한 중세의 예술품과 건축물에 자주 쓰였다. 가장 중요하게는 뾰족한 고딕 **아치**(arch)의 형판(template)[4]으로 쓰인다.

Vickrey auction (비크리 경매)

두 번째로 높은 가격을 제시한 매수자(*second-highest bidder*)에게 물건이 팔리는 말이 없는 경매. 보통의 말 없는 경매에서는 경매 참가자는 그들의 매수가를 밀봉된 봉투에 넣어 제시하면 가장 높은 가격이 낙찰을 받는다. 이런 방식은 매도자(seller)에게는 리스크가 있게 된다. 만약 물건이 매우 가치가 있고 모든 매수자는 자기들만이 이 사실을 아는 유일한 사람들이라고 생각한다고 하자. 매수자들은 그들이 생각하는 물건의 실제 가치보다는 훨씬 더 낮은 가격을 제시할 수도 있다. 하지만 비크리 경매는 사람들이 진솔하게 매수 가격을 제시하도록 유도한다. 왜? 어떤 한 경매자가 다른 모든 경매자의 가격이 같다는 것을 안다면 그 경매자의 최적의 전략은 그녀가 생각하는 그 물건의 가치만큼의 가격을 제시하는 것이다. 앨리스가 골동품 물병에 대한 가격을 적어낸다고 가정하자. V를 앨리스가 생각하는 실제 꽃병의 가치라 하고 B는 그녀가 실제 써내는 매입 가격이라 하자. M을 다른 경매자가 써낸 가격 중에 제일 높은 매입 가격이라 하자. 만약 M이 V보다 크면 그녀는 매입 가격 B를 V보다 같거나 작게 적어내야 한다. 그래야 그녀가 생각하는 가치보다 더 높은 가격으로 꽃병을 낙찰받지 않게 된다. 만약 M이 V보다 작다면 앨리스는 $B = V$가 되게 해야 한다. 이는 그녀가 V보다 싼 가격을 적어낸다면 더 이상 싼 가격으로 낙찰을 받을 수 없을 것이며, 그리고 그녀는 다른 사람과 마찬가지로 경매에서 질 수 있다.

vigesimal (20으로 된/20을 기초로 한)

20과 관련된, 20을 기초로 한; 이 용어는 "20"을 뜻하는 라틴어 *바이제시무스*(*vigesimus*)에서 왔다. 마야 문명의 셈에서는 손

역자 주

4) 목공사 · 철골 공사 · 돌공사 · 미장 공사 등에서 원하는 모양의 것을 만들 때 실형이나 실치수 등에서 딴 판.

가락과 발가락 수를 모두 합친 수인 20의 수 체계를 사용했다. 10진법에서 10의 곱: 1 ; 10 ; 100 ; 1,000 ; 10,000, … 으로 쓰는 대신에 마야인은 20의 곱: 1 ; 20 ; 400; 8,000 ; 160,000, … 을 사용했다.

vinculum (빙큘럼/괄선, 括線)

패턴이 반복되는 부분을 나타내기 위해 반복되는 소수(decimal fraction) 위쪽에 긋는 선. 원래 라틴어로 *괄선*(*vinculum*)은 손과 발을 묶는 조그만 끈을 말한다. 이 기호는 둥근 괄호나 사각 괄호가 수나 기호를 함께 묶을 때와 똑같은 방법으로 사용되곤 했다. 원래 선은 함께 묶이는 항들 아래에 놓였다. 오늘날 $7(3x+7)$로 써야 하는 것을 초기 괄선 사용자는 $\underline{3x+4}\ 7$로 쓰곤 했다. 이따금씩 분모와 분자를 묶어서 한 값으로 나타낼 때 그은 선을 괄선이라고도 한다.

Vinogradov's theorem (비노그라도프의 정리)

충분히 큰 모든 홀수는 세 개의 **소수**(**prime number**)의 합으로 표현될 수 있다는 정리. 1937년에 이것을 증명한 러시아의 수학자 이반 비노그라도프(Ivan Vinogradov)의 이름을 따 이 정리의 이름이 붙여졌다. 이것은 **골드바하의 추측**(**Goldbach conjecture**)의 부분적 해이며, **워링의 추측**(**Waring's conjecture**)과 관련이 있다.

Viviani's curve (비비아니곡선)

실린더 $(x-a)^2+y^2=a^2$과 구 $x^2+y^2+z^2=a^2$의 교점을 나타내는 공간곡선. 이것은 매개 변수식

$$x=a(1+\cos t)$$
$$y=a\sin t$$
$$z=2a\sin(1/2\ t)$$

로 표시된다.

Viviani's theorem (비비아니 정리)

삼각형(**triangle**)의 내부에 한 점이 주어지면 그 점으로부터 변에 그은 수선의 길이의 합은 그 삼각형의 높이와 같다는 정리.[5] 만약 그 점이 삼각형 바깥에 있으면 하나 또는 그 이상의 수선이 음의 값을 갖는 것으로 취급하면 정리는 그대로 성립한다. 비비아니 정리는 정n각형 **다각형**(**polygon**)으로 일반화될 수 있다: 내부점과 변까지 그은 수선의 길이의 합은 그 도형의 **변심 거리**(**apothem**, 邊心距離)의 n배와 같다. 이 정리는 갈릴레오(Galileo)와 토리첼리(Torricelli)의 제자인 빈센초 비비아니(Vincenzo Viviani)의 이름을 따 붙여졌다. 그는 또한 **아폴로니우스**(**Apollonius**)의 **원뿔곡선**(**conic section**)에 관한 책을 복원했고 등변쌍곡선을 이용하여 **각을 삼등분하는**(**trisecting an angle**) 방법을 찾은 자로 기억되고 있다.

volume (부피)

입체가 차지한 공간을 측정한 것.

Volvox fractal (볼복스 프랙탈)

볼복스(Volvox) 모습과 비슷한 **프랙탈**(**fractal**)-수천 개 멤버가 모인 구 형태로 집단을 이루고 사는 단세포 생명체.

von Neumann, John (폰 노이만, 1903-1957)

젊은이, 수학에서 자네가 이해 못하는 내용이 있으면 그냥 그것들에 익숙해지게.

볼복스 프랙탈 Jos Leys www.josleys.com

역자 주

5) 각 수선을 높이로 하는 세 삼각형의 면적의 합이 본래 삼각형의 면적과 같다는 것을 이용하면 쉽게 증명된다.

보로노이 다이어그램 위(왼쪽에서 오른쪽으로): 격자점으로 출발한다. 격자의 점들에 가장 가까운 영역을 한정하는 선을그린다. 아래(왼쪽에서 오른쪽으로): 어떤 패션을 가진 면적을 색칠해라. 무한히 다양한 패턴이 가능하다. *Jos Leys, www.joyleys.com*

헝가리-미국인인 수학자로서 **집합론**(set theory), 컴퓨터 사이언스, 경제학, **양자역학**(quantum mechanics)에 중요한 기여를 했다. 그는 부다페스트 대학교에서 수학으로 Ph.D.를 받았고 뒤에 프린스턴 대학교의 고등 연구소에서 연구했다. 1944년에 오스카 모르겐슈테른(Oskar Morgenstern)[6)]과 공동 집필한 책 『*게임과 경제 행동 이론*(*Theory of Games and Economic Behavior*)』[230]은 **게임 이론**(game theory) 분야의 중대한 업적으로 여겨진다. 폰 노이만은 현대의 모든 컴퓨터에 사용되는 폰 노이만 아키텍처를 고안해 냈고, 지금은 **폰 노이만 머신**(von Neumann machine)로 알려진 자기 복제 자동 장치를 최초로 만들 목적으로 세포 자동자(**세포 자동자**(cellular automation) 참조)를 연구했다. 폰 노이만은 그가 배웠던 것을 거의 완벽하게 기억하는 뛰어난 재능과 굉장한 오만을 가졌으며 유머와 해학을 크게 즐긴 인물이었다.[259]

von Neumann machine (폰 노이만 머신)

(1) 계산 수행 방법을 지시하는 명령집합과 계산에 필요한 또는 계산으로 생성된 데이터를 동시에 저장하는 단 하나의 저장 구조를 사용하는 계산 기계의 모델. 존 **폰 노이만**(John von Neumann)은 다목적 계산 기계의 그 모델을 창조하려고 했다. 데이터와 똑같은 방법으로 명령을 다루기 때문에 기계는 쉽게 명령을 바꿀 수 있다. 다르게 말하면 기계는 프로그램을 다시 만들 수 있다. (2) 자기 복제 기계. 이론상으로는 만약 기계(즉, 공업용 로봇)에게 충분한 용량과 원자료, 명령이 주어지면 그 로봇은 정확하게 자신을 물리적으로 복사할 수 있다. 그 복사를 하기 위해 어떤 일을 하는 프로그램되는 것이 필요하다. 두 로봇이 프로그램을 다시 만들 수 있다면 원래 로봇은 새로운 로봇에게 자기의 프로그램이 복사되도록 명령받을 수 있다. 두 로봇은 이제 그들 스스로를 점점 더 복사하는 능력을 가지게 되었다. 그런 기계는 복제할 수 있기 때문에 논란이 있을 수 있겠지만 분명히 간단한 형태의 생활을 할 수 있다.

Voronoi diagram (보로노이 다이어그램)

디리클레 테셀레이션(*Dirichlet tesselation*)으로도 알려져 있으며, 공간을 작은 방으로 분할하는 것이다. 각 방은 어떤 다른 것보다도 하나의 특별한 대상에 더 가까운 점들로 구성된다. 좀 더 구체적으로 말하면 2차원에서 보로노이 다이어그램은 n개의 점을 포함하는 평면을 n개의 볼록 다각형(polygon)으로 나누어서 각 다각형은 정확하게 한 점을 포함하고, 주어진 다각형 내의 모든 점은 다른 어떤 점보다도 그 중심점에 가깝게 그려진다. 보로노이 다이어그램과 그것들의 경계(*중앙축*(*medial axes*)로 알려진)와 **쌍대**(dual) (*들로네 삼각형화* (*Delaunary triangulation*)[7]로 불리는)는 재창조되고 있고, 다른 이름들이 주어지며 일반화되어 다양한 분야에 많이 응용되고 있다. 보로노이 다이어그램은 공간이 "세력권(spheres of influnce)"으로 분할되어야 하는 환경에 포함되는 경향이 있다; 예로는 수정과 세포 증식과 단백질 분자량 분석의 모델 등이다.

vulgar fraction (기약분수, 旣約分數)

공통분수(common fraction)를 보시오.

V

역자 주

6) 1902-1977, 독일 출신의 미국 경제학자.
7) 한 변을 공유하는 영역의 점을 연결하여 생긴 삼각형.

W

walking in the rain problem (빗속 산책 문제)

질문은 일정한 속도로 떨어지고 있는 빗속에서 주어진 거리를 걷든지 뛰어갈 때 어느 방법이 비를 더 많이 맞게 되는가 하는 문제. 이것은 *베이글리의 역설 파이*(*Bagley's Paradox Pie*, 1944)라는 문제로 처음 나타났다. 간단히 대답하면 빨리 움직이는 것이 더 좋다. 만약 비가 수직으로 떨어지고 공기 중의 물의 비중이 일정하다고 가정한다면, 당신의 속도에 얼마인지에 상관없이 똑같은 부피의 공간을 휩쓸어 가게 되어 당신의 앞면에 동일한 물의 양을 항상 맞게 된다. 하지만 걷기보다 뛰면 머리 위에 떨어지는 빗물의 양은 적다.

Wallis, John (월리스, 존, 1616-1703)

아이작 **뉴턴**(Issac **Newton**) 이전에 가장 영향력을 많이 준 영국의 수학자로 **미적분학**(**calculus**)의 기원에 중요한 공헌을 한 사람. 그는 재능 있는 언어학자였고, 하비(Harvy)[1]가 혈액순환을 발견했다고 공공연하게 선언하고 다닌 사람이었고, 또한 도형에 대한 비범한 기억력을 가진 인물이었다. 그의 책 『*산술적 무한대*(*Arithmetica Infinitorum*)』는 "영국에서 여태까지 발간된 가장 고무적인 수학적 업적"으로 여겨지며 그 책에 무한(infinity, 또한 **알레프**(**aleph**) 참조)의 심볼이 처음 사용됐다. 이 책은 미적분학의 싹이 됐고 뉴턴이 책 속의 **이항정리**(**binomial theorem**)를 보고 아주 기뻐했다.

Wallis formula (월리스 공식)

π(pi)를 보시오.

wallpaper group (벽지군, 壁紙群)

결정군(crystallographic group)으로도 알려져 있으며 이차원에서 셀 수 없이 반복하여 평면을 타일하는 확실한 방법. 즉, 두 개의 비평행 **이동**(**translation**, **주기 덮기**(**periodic tiling**)참조)로 평면에 깔린 이차원 대칭적 패턴의 모임. 등거리변환(등거리변환(isometry) 참조)으로 알려진 17종류의 패턴만이 존재하고 각각은 이동 및 회전 대칭과 정확히 일치한다. 이것은 19세기 말에 **페데로프**(E.S. **Fedorov**)가 발견했고, 독자적으로 독일인 쇤플리스(A.M. Schoenflies)[2]와 영국인 윌리엄 바로우(William Barrow)가 찾아냈다. 13개의 등거리변환은 일종의

벽지군 하나의 벽지군으로부터 마들어진 패턴. *Jos Leys, www.joyleys.com*

회전 대칭을 포함하지만 네 개는 그렇지 않다; 12개는 사각형 대칭이고, 5개는 6각형의 대칭이다. 월페이퍼, 텍스타일, 벽돌쌓기, 수정 원자 배열의 모든 이차원 반복적 패턴은 단지 17개 패턴 중 하나를 약간 변형한 것에 불과하다.

Wari (와리)

망칼라(**Mancala**)를 보시오.

Waring's conjecture (워링의 추측)

영국의 수학자 에드워드 워링(Edward Waring, 1734-1798)이 그의 책 『대수론(Meditationes algebraicae, 1770)』에 증명 없이 실린 가설. 이것은 모든 자연수 k에 대하여 모든 자연수가 s의 k거듭제곱의 합으로 표현되어질 수 있는 다른 수 s가 존재

역자 주

1) 1578–1657, 영국의 의학자, 생리학자.

2) 1853–1928, 독일의 수학자.

한다는 내용이다.[3] 예를 들면 모든 자연수는 4개의 제곱, 9개의 세제곱 등으로 표현될 수 있다. 워링의 추측은 1909년에 데이비드 **힐베르트**(David Hilbert)가 처음 완벽하게 증명했다.

weak inequality (등호를 포함한 부등식)

등호를 포함하는 **부등식**(inequality). 예를 들어 a는 b보다 작거나 같다(≤).

Weierstrass, Karl Wilhelm Theodor (바이에르스트라스, 1815-1897)

현대 해석학(analysis)의 아버지로 여겨지는 독일의 수학자. 아버지의 강요로 법학을 전공했지만 전공 공부를 하지 않고 펜싱, 음주, 그리고 수학을 하면서 본(Bonn) 대학교에서 4년을 보냈다. 야음을 틈타 도망 가서 중등학교에서 여러 해 동안 학생들을 가르쳤다. 1854년에 14년 전 대학 신입생이었을 때 썼던 논문을 『*크렐레 저널*(*Crelle's Journal*)』에 *아벨리안 함수들*(*Abelian functions*)이란 제목으로 발표했다. 이것은 **아벨**(Niels Abel)과 **야코비**(Karl Jacobi)가 시작한 연구를 완성한 논문이었다. 그 논문의 중요성을 즉시 인정받아 로얄 폴리테크닉 학교(Royal Polytechnic School)의 교수로 지명되었을 뿐만 아니라 베를린 대학교의 강사가 됐다. 그는 계속하여 **극한**(limit), **도함수**(derivative), **미분가능성**(differentiablity), **수렴**(convergence)에 대한 엄밀한 정의를 처음으로 내렸고 어떠한 조건에서 급수가 수렴하는지를 조사했다.

Weierstrass's nondifferential function (바이에르스트라스의 미분 불가능한 함수)

병리적 함수(*pathological function*)–**병리적 곡선**(pathological curve)을 나타내는 **함수**(function)의 가장 초창기 예. 이 곡선은 칼 바이에르스트라스(Karl Weierstrass)가 조사했으나 베른하드 리만(Bernhard Riemann)이 처음 발견했고 다음과 같이 정의된다:

$$f(x) = \sum_{k=1}^{\infty} \frac{\sin(\pi k^2 x)}{\pi k^2}$$

바이에르스트라스 함수는 모든 점에서 연속(**연속**(continuity) 참조)이나 모든 점에서 미분불가능하다; 다르게 말하면 그 곡선의 어떤 점에서도 **접선**(tangent)이 존재하지 않는다. 삼각함수들의 무한 합으로 만들어졌기에 조밀하게 옆에 붙어 진동하는 구조를 가지고 있어 접선의 정의를 만족하는 것이 불가능하다.

weighting puzzles (분석 퍼즐)

측정 퍼즐량(weighting and measuring puzzles)을 보시오.

weird number (이상한 수)

과잉수(abundant number)를 보시오.

Wessel, Caspar (웨셀, 1745-1818)

노르웨이인인 측량사로 수학적 명성은 1799년에 발표한 한 편의 논문 때문이었다. 그 논문에서 **복소수**(complex number)의 기하학적 해석을 처음으로 했다. 그가 이것을 처음 발견했다는 사실은 여러 해 동안 인정받지 못했다. 따라서 당연히 웨셀 도표로 알려져야 할 것이 **아르강 다이어그램**(Argand Diagram)로 알려졌다. 아르강은 같은 주제로 연구하여 1806년에 발표했을 때 수학계의 주목을 받았다. 이에 반하여 웨셀의 논문은 1895년까지 수학계에 공식적으로 알려지지 않았었다. 덴마크 수학자 소퍼스 주엘(Sophus Juel)이 그것에 주목했고, 같은 해(1806)에 소퍼스 **리**(Lie)는 웨셀의 논문을 재발표했다. 놀랍게도 웨셀의 주목할 만한 논문은 200주년 기념 해인 1999년까지 영어로 번역되지 않았었다!

Weyl, Hermann Klaus Hugo (바일, 1885-1955)

독일의 수학자(절친한 친구에게는 "피터(Peter)"로 알려진)로 대칭 이론, **위상수학**(topology), **비유클리드 기하학**(non-Euclid geometry) 등을 연구했다. 바일은 괴팅겐에서 데이비드 힐베르트(David Hilbert) 밑에서 공부했다. 그리고 1913년에는 취리히에서 앨버트 아인슈타인의 동료로서 상대성 이론(relativity theory)을 깊이 연구했고, 중력과 전자기를 통일하는 방법을 찾았다고 믿게(잘못된) 됐다. 1923년부터 1938년까지 군론(group theory)에 집중 연구하여 **양자역학**(quantum mechanics)에 약간의 중요한 기여를 하였다. 나찌가 유럽을 점령했을 때 바일은 미국으로 건너와서 프린스턴의 고등 연구소에서 나머지 생애를 보냈다. 그는 "나의 연구는 항상 진실과 아름다움을 통일하는 것이나 둘 중 하나를 선택해야 할 때는

W

역자 주

3) 양의 정수 n은 $n = x_1^k + x_2^k + \cdots + x_r^k$로 표현됨을 말한다.

나는 언제나 아름다움을 선택했다."라고 말했다. 또한 **아름다움과 수학**(beauty and mathematics)을 보시오.

wff (체계화 공식, 體系化公式)

well-formed formula의 첫 글자를 쓴 것.

what color was the bear?(곰의 색깔은 무엇이었는가?)

사냥꾼이 정남으로 1마일 걷고 나서 정동으로 1마일 걷고 또 1마일 북쪽으로 걷고는 자기가 출발한 지점으로 되돌아 온다. 그는 곰에게 총을 쏜다. 곰 색깔은 무엇이었는가? 사냥꾼이 지구 극점의 한곳에서 출발하면 구형의 삼각형(**타원 기하학**(elliptical geometry) 참조)의 변을 따라 도는 여행이 가능하다. 남극에는 곰이 없기 때문에 그 여행은 북극곰이 있는 북극에서 이루어진다고 가정하면 대답은 "흰색"이다. 이 문제와 유사한 것은 1940년대에 나타나기 시작했다. 자세히 살펴보면 지구에는 극점 외에 사냥꾼이 사냥 트랙킹을 시작할 수 있는 많은 점들이 있다. 하나의 예는 극점에서 $1+1/2\pi$ 마일(약 1.16마일)보다 약간 더 긴 거리에 그려진 원 위의 어떤 점(이들 점은 무한히 많다)이다. "약간 더 길게" 그리는 것은 지구의 곡률 때문이다. 그러나 이것이 전부가 아니다. 사냥꾼은 극점에 더 가까운 점들에서 출발함으로써 주어진 조건을 만족할 수 있게 된다. 동쪽으로 걷는 것은 극점 주위를 정확하게 두 번 또는 세 번 등 이같이 계속 돌게 된다. 물론 곰은 계속 흰색이다(북극곰은 거의 극점 근처에는 살지 않는다는 것을 제외하고).

wheat and chessboard problem (밀과 체스판 문제)

어떤 신화에 따르면, **체스**(chess)는 대 비지르 시산 벤 다헤르(Grand Vizier Sissa Ben Dahir)가 발명하여 인도 왕 쉬르함(Shirham)에게 선물로 줬다. 왕은 매우 기뻐서 그에게 금으로 큰 상을 주겠다고 했으나 현명한 비지르는 몇 알의 밀을 받으면 단지 행복할 따름이라고 말했다. 즉 체스판의 첫 사각형에 한 알, 두 번째 사각형에 두 알, 세 번째에 네 알, 등등, 매번 2배씩 하여 놓는다. 왕은 이것은 그다지 대단하지는 않은 요구라 생각하고 그 조건을 받아들이고는 밀을 담은 포대를 가져오도록 했다. 하지만 20번째 사각형에서 그 포대는 바닥이 났다. 왕은 다른 포대를 가져오도록 했으나 다음 사각형에서는 한 포대 전체가 필요함을 깨달았다. 20개 이상의 사각형에서는 첫 번째 포대에 있는 밀알 개수만큼이나 많은 밀알 포대가 소요될 것이다! 64번째 사각형에 필요한 밀알의 수는 2^{63}이며 전체 체스판에 필요한 밀알 수는 $2^{64}-1=18{,}446{,}744{,}073{,}709{,}551{,}615$개이다.[4] 이것은 전 세계에 있는 밀보다 더 많은 수이다. 사실, 이것은 길이가 40 km, 넓이가 40 km, 높이가 300 m인 건물을 채울 수 있는 양이다. 또한 **브라만의 탑**(Tower of Brahma)을 보시오.

휘트니의 우산(Whitney's umbrella) *Tasashi Nishimura*

Whitney's umbrella (휘트니의 우산)

1940년대에 해슬러 휘트니가 처음 연구한, 이상하게 보이고 엉뚱하게 이름지어진 기하학적인 대상. 이것은 3차원에서 자기 교차 직사각형으로 그릴 수 있다. *휘트니 특이점*(*Whitney singularity*), *분기점*(*branch point*)으로도 알려진 *핀치 점*(*pinch point*)은 자기 교차하는 선분의 맨 위 끝점에 있다. 핀치점의 모든 이웃점들은 그 자신과 만난다.

Wiener, Norbert(위너, 1894-1964)

미국의 수학자로 **사이버네틱스**(cybernetics)라는 주제의 학문을 창시했다. 조숙한 젊은이로 위너는 대학에서 다양한 과목을 배웠고 19살에 하버드에서 수학 박사 학위를 받았다. 그 뒤에 저널리즘을 포함하여 불규칙하지만 다양한 활동으로 사회생활을 시작했다. 1919년에 MIT 대학교에서 자리를 얻어 수학 연구 매진의 기틀을 마련했고 에르고딕 이론(ergodic

역자 주

4) $1+2+2^2+\cdots+2^{63}=2^{64}-1$

theory)(시스템의 혼돈(chaos) 시작과 관계가 있는)을 포함한 랜덤 과정에서부터 적분방정식, 양자역학, 그리고 포텐셜 이론에까지 다양한 분야에 걸쳐 연구를 계속했다. 컨트롤과 통신공학에 통계적 방법을 적용시켰던 전쟁 때의 연구를 그는 복잡한 전기 시스템이나 동물에서의 컨트롤과 통신으로 확장했고, 특히 인간-과학의 사이버네틱스로 확장했다.

Wiles, Andrew (와일즈, 1953-)

1994년에 마침내 **페르마의 마지막 정리**(Fermat's last theorem)를 증명한 영국의 수학자. 와일즈는 옥스퍼드(B.A. 1974)와 케임브리지(Ph.D. 1977)에서 공부했고 케임브리지, 옥스퍼드, 프린스턴에서 일자리를 얻었다. 1980년 중반부터 그의 연구는 *스시무라-타니야마*(*Shimura-Taniyama*) *추측*으로 알려진 내용의 증명에 집중했는데, 이것으로부터 페르마의 마지막 정리가 증명될 수 있다는 사실이 알려졌기 때문이었다. 1993년에 케임브리지 대학교에서 1993년 6월 23일에 끝나는 연속적인 강의를 했다. 마지막 강의 끝에 그는 페르마의 마지막 정리의 증명을 했다고 공표했다. 하지만 그 결과를 발간하려고 정리할 때 미묘한 오류가 발견됐다. 와일즈는 거의 1년 동안 열심히 연구했고 특히 동료인 테일러(R. Taylor)의 도움을 많이 받았다. 1994년 9월 19일쯤에 거의 포기를 하고는 마지막으로 한 번 더 시도하기로 작정했다. 그가 회상했듯이 "갑자기, 완전히 예기치 못하게 나는 믿을 수 없는 발견을 했다. 그때는 내 연구 생활의 가장 중요한 순간이었다 …. 그것은 아주 믿을 수 없을 정도로 아름다웠고 그것은 매우 간단하고 매우 우아하고 … 믿을 수 없다는 듯이 20분 동안 빤히 그것을 쳐다봤다. 그리곤 낮에 아파트 주위를 산책했다. 그 증명이 아직도 그대로 거기에 있는지 보기 위해 내 책상으로 되돌아가곤 했다-그것은 거기 그대로 있었다." 1994년에 와일즈는 프린스턴 대학교에서 유진 히긴스(Eugene Higgins) 수학 교수로 지명됐다. 페르마의 마지막 정리를 증명한 논문 제목은 "모듈러 타원곡선과 페르마의 마지막 정리(Modular elliptic curves and Fermat's Last Theorem)"이며 1995에 저널 *〈애널즈 오브 매스매틱스*(*Annals of Mathematics*)〉[296]에 발표되었다.

Wilson's theorem (윌슨의 정리)

어떤수 p가 **소수**(prime number)일 필요충분조건은 $(p-1)!+1$이 p로 나누어지는 것이다. 우리는 몇 개의 작은 수로 쉽게 체크해 볼 수 있다: $(2-1)!+1=2$는 2로 나누어진다; $(5-1)!+1=25$는 5로 나누어진다; $(9-1)!+1=40{,}321$은 9로 나누어지지 않는다. 이 정리는 존 윌슨(Sir John Wilson, 1741-1793)이 케임브리지에 있는 피터하우스 대학(Peterhouse College)의 학생이었을 때 갑자기 생각이 난 것으로(그러나 공식적인 증명을 남기지 않고) 그의 이름 따 지어졌다. 윌슨은 나중에 판사가 됐고 수학은 취미로 조금 한 것처럼 보인다. 이 정리는 1770년쯤에 처음으로 발표됐고 에드워드 워링(Edward Waring, 1734-1798)이 윌슨의 이름을 따 명명했다. 하지만 고트프리트 **라이프니츠**(Gottfried Leibniz)는 그 결과를 알고 있었고 아마도 훨씬 더 일찍 이븐 알하이삼(Ibn al-Haytham, 965-1040)도 그 결과를 알고 있었음이 확실하다. 첫 번째로 알려진 증명은 조셉 **라그랑주**(Joseph Lagrange)가 했다.

winding number (회전수, 回轉數)

평면의 **닫힌**(closed)곡선이 주어진 점 주위를 시계 반대 방향으로 도는 횟수.

wine (와인/포도주)

좋은 와인을 생산하는 것은 복잡한 사업일 수 있으나 캘리포니아의 와인 생산자이자 컨설팅 회사를 경영하는 사업가인 레오 맥클로스키(Leo McCloskey)에 의하면 수학적으로 아주 다루기 힘든 주제는 아니다라고 말한다. 맥클로스키의 공식은 색깔, 향기, 맛, 그리고 2, 3년 미리 와인의 품질을 예측하는 것이다. 공식은 다양한 종류의 와인에 포함된 키(key) 화학적 특성을 전문가가 마지막 생산물로부터 만든 것과 비교하여 만들어진다. 이런 정보를 데이터베이스화함으로써 와인 맛의 수학이 유도된다고 맥클로스키는 주장했다. 50,000개 이상의 와인이 데이터베이스화를 위해 분석되었고 각 경우에 단지 400개에서 500개의 화학 성분이 미래의 색깔, 맛, 향미에 대한 결정적인 데이터 항목(flag)으로 고려됐다. 탄닌과 페놀의 비율은 와인의 미래를 결정하는 데 아주 필수적이기 때문에 정확한 수학적 모델을 위한 결정적인 데이터 항목수를 단지 10 내지 20개로 줄일 수 있다. 이 체계로 맥클로스키는 와인이 병에 담기기 전에 어떠할 것이라고 예측할 수 있고, 필요하면 와인 생산자가 맛을 수정할 기회를 제공할 수 있다고 믿고 있다. 하지만 어떤 와인 공식이 효과적으로 제품에 대한 최종 소비자의 주관적인 느낌을 고려할 수 있는지는 두고 볼 일이다. 또한 **병 크기**(bottle size)를 보시오.

Witch of Agnesi curve (아녜시의 마녀곡선/우이선, 迂弛線)

아녜시(Agnesi)를 보시오.

word puzzles (단어 퍼즐들)

1. 스크래블 보드 게임 점수(Scrabble score)와 같은 양의 정수를 철자로 말하면 무엇인가?
2. "mt"로 끝나는 유일한 영어 단어는 무엇인가?
3. 영어에는 단지 네 단어만이 "–dous"로 끝난다. 그것들은 무엇인가?
4. 영어로 완전한 문장을 이루는 가장 짧은 것은 무엇인가?
5. 영어에서 두 "i"가 붙어 있는 유일한 단어(고유 명사는 제외)의 이름을 대시오.
6. 그 단어 끝에 한 글자를 추가하면 세 음절의 단어가 되는 한 음절 단어의 이름을 대시오.
7. 어떤 단어가 "und"로 시작하고 "und"로끝나는가?

해답은 415쪽부터 시작함.

word trivia (단어 일반 상식)

- 간단하게 정의되나 가장 이해하기 힘든 단어는 안다만(Andaman) 제도의 원주민이 쓰는 푸에고(Fuegian) 언어로부터 온 *mamihlapinatopai*이다.
  이 가장 간단한 정의는 "서로가 원하지만 결코 기꺼이 하려 하지 않는 어떤 일을 상대방이 제안할 것을 희망하면서 두 사람이 말없이 서로 쳐다보고 있는"이다.
- 오렌지, 은, 보라색 또는 달(month)에 대한 영어의 운문(rhymes)으로 표현된 단어는 없다.
- 단 한 글자도 반복 없이 쓰여진 유일한 15–글자 단어는 *uncopyrightable*(저작권 부적격의)이다.
- "ough"가 결합된 단어는 9가지 다른 방법으로 발음된다. 다음 문장이 9가지 경우를 포함하고 있다: 표면이 거칠게 코팅된(rough-coated), 얼굴이 핏기 없고 푸석푸석한(dough-faced), 사려 깊은 쟁기질하는 사람(ploughman)이 스카버러(Scarborough) 거리를 활보하다 진창(slough)에 빠져 기침을 하고(coughed) 딸꾹질을 했다hiccoughed).
- *Faceous*(경박한)와 *abstemious*(자제하는)는 정확한 순서로 모음을 포함하는 단어이고, "비소를 포함하는"을 의미하는 *arcenious*도 마찬가지다.
- 옥스퍼드 사전에 의하면 영어에서 가장 긴 단어는 *pneumonoultramicroscopicsili-covolcanoconiosis*이다. 똑같은 개수의 글자를 가진 유일한 다른 단어는 그것의 복수형인 *pneumonoultramicroscopicsilicovo-lcanoconioses*이다. 이 단어는 폐의 감염을 뜻한다.
- 한 개의 모음을 가진 가장 긴 영어 단어는 strength이다.
- "sixth sick sheik's sixth sheep's sick"은 영어에서 가장 혀가 잘 돌아가지 않는 어구이다.
- 미국의 첫 대통령인 Richard Millhous Nixon(리차드 밀하우스 닉슨)은 criminal(범죄자)의 모든 글자를 포함하는 이름이다.
- 스코틀랜드에서 새로운 게임이 발명되었다. 그것은 *Gentleman Only Ladies Forbidden*(남성 전용 여성 출입 금지)으로 불려졌고 따라서 GOLF라는 단어가 어휘에 추가됐다.
- a, e, i, o, u의 모음을 하나도 쓰지 않는 가장 긴 영어 단어는 "rhythm(리듬)"과 "syzygy(삭망(朔望))"이다.
- 동사 *cleave*는 서로가 반의어인 두 동의어를 가진 많은 영어 단어 중의 하나이다.
- 어떤 글자도 재배열함이 없이 열 개의 단어를 포함하는 7개 글자로 이루어진 단어 *therein*: the, there, he, in, rein, her, here, ere, therein, herein이 있다.
- 완전히 자음으로 구성되는 가장 긴 영어 단어는 14세기 단어인 crowd(군중)을 뜻하는 *crwth*이다.
- 단어 trivia는 "세 개의 거리"를 의미하는 라틴어 tri+via에서 왔다. 이것은 옛날 로마에서 세 거리가 만나는 교차 지점에 부수적인 정보가 열거돼 있는 소형 매점이 있었다. 당신은 그 정보에 흥미를 가질 수 있거나 그렇지 않을 수 있다. 따라서 그것은 "tivia(잡동사니 정보)"이다.

worldline (세계선)

시공간(space-time)을 통과하는 물체의 경로. 공간의 세 개 차원은 수평축에 나타내고 시간은 수직축으로 나타내지는 민코우스키 다이어그램(Minkowski diagram)에서 세계선은 과거로부터 현재로 뻗어가는 물결 모양의 곡선으로 나타낸다. 『*세계선(worldline)*』은 우크라이나–미국인인 물리학자 조지 가마우(George Gamow)의 자서전 제목이다.

Wundt illusion (분트 착시)

왜곡 착시(distortion illusion)로 독일의 "실험 심리학의 아버지"이자 하이델베르크에서 물리학자인 헤르만 폰 헬름홀츠(Hermann von Helmholtz)[5]의 한시적 조교였던 빌헬름 분트

역자 주

5) 1821–1894, 독일의 생리학자이며 물리학자.

(Wilhelm Wundt, 1832-1920)[6]가 고안했다. 수평으로 두 직선이 있는 그림에서 중간이 안쪽으로 휘어져 보이지만 직선이다. 그 왜곡은 **오르비손의 착시**(Orbison's illusion)에서와 같이 배경에 비뚤어지게 그린 선에 기인한다. 가장 단순한 착시-**수직-수평 착시**(the vertical-horzontal illus-ion)-도 또한 분트가 발견했다.

Wythoff's game (위토프 게임)

위토프(W. A. Wythoff)가 1907년에 제안한 님(Nim) 게임의 변종. 두 더미의 패로 게임이 시작되는데, 플레이어는 한 더미에서 원하는 개수만큼 패를 가지던지 또는 두 더미에서 동일한 개수의 패를 가질 수 있다. 마지막 패를 가지는 자가 이긴다.

W

역자 주

6) 독일의 심리학자, 철학자, 근대 심리학의 창설자. 1859년 하이델베르크 대학 생리학 강사.

x (엑스)

식이나 방정식에서 미지수를 나타내는 심볼로 가장 자주 쓰이는 글자.

x-axis (x-축)

유클리드 좌표(Cartesian coordinates)에서 2차원을 나타낼 때의 수평축.

X-pentomino (X-펜토미노)

X자 모양의 펜토미노로, 5개의 정사각형의 변을 붙여 만들어진 **폴리오미노**(polyonomino).

yard (야드)

3피트(36인치) 또는 0.9144미터와 같은 거리의 단위. 그 이름은 막대기 또는 표척(標尺)을 뜻하는 옛 독일어 *가즈다즈*(*gazdaz*)에서 유래됐으며, 측정용으로 사용되었다. 이것은 옛 영어 *지어드*(*gierd*)로 변하고 결국에 *야드*(*yard*)로 되었다. 항해용 배의 야드-암(yard-arm)-정사각형 돛을 지탱하는 데 사용되는 점점 가늘게 만들어진 재목-은 초창기의 의미를 느끼게 한다. 불어에는 야드 자와 같은 것이 "페르게(verge)"라 불리었는데 막대 또는 나뭇가지를 뜻하는 라틴어 *비르가*(*virga*)에서 왔다.

y-axis (y-축)

유클리드 좌표(Cartesian coordinates)에서 2차원을 나타낼 때의 수직축.

yin-yang symbol (인-양 심볼)

태극(Great Monad)을 보시오.

yocto-/yotta- (욕토-/요타-)

10^{-24}을 나타내는 접두사 젭포(zepto-)는 그리스어 *옥타키스*(*oktakis*)("8 곱하기")에서 유래됐다. 10^{24}을 나타내는 접두사 요타(yotta-)도 같은 소스에서 유래됐다.

Z

Zeller's formular (첼러의 공식)

표 없이 주어진 날짜의 요일을 알아내기 위하여 독일의 성직자인 첼러(Christian Zeller, 1824-1988)가 발명한 공식.

J는 세기(century)를 나타내는 수
K는 연(year)의 마지막 두 숫자
e는 J를 4로 나누었을 때의 나머지
m은 달(month)을 나타내는 수
q는 그 달(month)의 날짜
h는 한 주의 요일을 나타내는 수

그러면 h는 다음 식

$$h = q + 26(m + 1)/10 + K + K/4 - 2e$$ [1]

이 7로 나누어졌을 때의 나머지이다. 공식이 제대로 성립하기 위하여 1월과 2월은 앞 해의 13번째, 14번째 달로 여겨야 한다. 예를 들어, 프레더릭 대제(Frederick the Great)는 1712년 1월 24일에 태어났다. 따라서 $J = 17$, $e = 1$, $K = 11$ (달수를 특별히 세는 것 때문에 12가 아님), $m = 13$, 그리고 $q = 24$. 이 값들을 공식에 대입하면

$$24 + 26(13 + 1)/10 + 11 + 11/4 - 2 \times 1$$
$$= 71 = 70 \times 1 + 1.$$

나머지 h는 1이고 그래서 프레더릭 대제는 그 주의 첫 번째 요일인 일요일에 태어났다.

Zenodorus (제노도루스, 기원전 180년경)

『*등거리사상 도형들에 관하여*(*On Isometric Figures*)』란 책에서 원은 평면에서 같은 둘레를 갖는 모든 도형 중에서 최대의 면적을 갖는다고 주장했고, 구는 같은 표면적을 갖는 물체 중에서 최대의 부피를 갖는다고 주장한 그리스의 수학자이자 철학자.

Zeno's paradoxes[2] (제논의 역설)

철학자인 엘레아 학파(기원전 490–425)의 제논에 의해 제기된 일단의 역설들(paradoxes). 제논의 생활에 대해 알려진 것이 거의 없다. 그는 남부 이탈리아에 있는 엘레아(지금은 루카니아)에서 태어났고 파라메니데스(Paramenides)의 친구이자 학생이었다. 그가 쓴 글이 남아 있는 것이 없지만 책을 썼다고 알려져 있는데, 그 책에 40개의 역설이 포함되어 있다고 **프로클루스**(**Proclus**)는 말했다. 이것들 중 네 개는 모두 움직임에 관한 것으로 수학의 발달에 심오한 영향을 끼쳤다. 그것들은 아리스토텔레스의 대 업적인 『*물리학*(*Physics*)』에서 설명되고 있으며, 이분법(Dichotomy, 二分法), 아킬레스(Achilles, 아킬레스와 거북(Tortoise)), 화살(Arrow), 경기장 (Stadi-um)이란 역설로 불린다. 이분법의 역설은 "움직이는 물체는 목표 지점에 도달하기 전에 이동하려는 거리의 중간 지점에 도달해야만 하기 때문에 움직임이란 있을 수 없다."라는 것이다. 주어진 선분을 가로질러 끝까지 가기 위해서 먼저 선분의 1/2 지점에 도달해야 하고 그전에 선분의 1/4 지점에 도달해야 하며, 또한 그전에 1/8 지점에 도달해야 하며, 등등 이렇게 끝없이 계속된다. 따라서 운동은 결코 시작될 수 없다. 이것은 잘 알려진 무한급수의 합 $1/2 + 1/4 + 1/8 + \cdots = 1$을 역방향으로 문제를 해결하려 시도한 것이라고 제노는 사실상 주장하기는 하지만 이 무한 합이 문제를 해결한 것이 아니다. 이렇게 진행하는 급수에서 첫 항은 무엇인가?

제논의 아킬레스 역설을 아리스토텔레스는 이렇게 언급한다: "달리기를 할 때 뒤에서 빨리 달리는 자가 앞서 느리게 달리는 자를 결코 추월할 수 없다; 추격하는 자는 앞서 달려가고 있는 자가 출발한 지점에 도달해야 하고 그래서 앞서 느리게 가고 있는 자는 항상 추격자와 적당한 거리를 유지한다." 따라서 아킬레스가 아무리 빨리 달릴지라도 먼저 출발하여 터벅터벅 걷고 있는 거북이를 결코 따라잡을 수 없다. 하지만 실제 세상에서는 빨리 달리는 것이 느리게 달리는 것을 따라잡는다. 그러면 이 역설에 대한 답은 무엇인가? 독일의 집합론 이론가인 아돌프 프렌켈(Adolf Frenkel, 1891-1965)은 2000년 동안 시도된 설명들은 제논의 역설의 미스테리를 확실하게 해결해 주지 못했다고 지적한 수많은 현대 수학자 중의 한 사람이다(버틀란드 러셀(Bertrand Russel)이 또 다른 사람이다): "비록 설명들은 가끔씩 논리적으로 터무니없는 것으로 묵살돼 왔으나 수렴하는 급수에 관한 이론이나 집합론과 같은 수학적 정리로 모순을 제거하기 위해 많은 시도가 행해졌다. 하지만 인간의 마음은 조정할 수 없는 두 방법으로 연속체를 보기 때

역자 주

1) $h=$가 없어야 문맥이 맞음.
2) 제논의 영어식 표기가 Zeno임.

문에 결국 이런 논쟁에 내재하는 어려움은 해결되지 않고 늘 있게 된다."

zepto-/zetta- (젭포-/제타-)

10^{-21}을 나타내는 접두사 젭포(zepto-)는 그리스어 헵타키스(heptakis)("7 곱하기")에서 유래됐다. 10^{21}을 나타내는 접두사 제타(zeta-)도 같은 소스에서 유래됐다.

zero (영, 零)

수를 셀 때 0으로 나타낸 **정수**(integer)로 어떤 대상도 존재하지 않음을 나타낸다. 음수도 양수도 아닌 유일한 정수이다. 제로는 **수**(number)이기도 하고 **숫자**(numeral)이기도 하다. 수 제로는 **공집합**(empty set)의 크기이나 공집합 그 자체는 아니고 **무**(nothing)와 같은 것도 아니다. 수 또는 숫자 제로는 자리와 관련된 수 체계(number system)에 사용되는데, 숫자의 자리는 값을 나타내고 제로가 자리를 더 많이 차지하면 더 큰 값을 나타내며, 숫자 제로는 한 자리를 건너뛰기 위해 사용된다. 숫자 제로의 기원은 5,000년 전의 메소포타미아 지역에 살던 수메르 사람이었다. 수의 빈 자리를 나타내기 위하여 수를 나타내는 설형 문자 사이에 기울어진 두 개의 쐐기 모양을 끼워 넣어 사용했다. 자릿수 표기가 그리스인(그리스 문명에서는 제로는 늦게 가끔씩 모습을 드러냈다)에 의해 인도로 건너올 때까지 시간이 흐르면서 심볼은 많이 바뀌었다. 현재의 단어 제로(zero)는 "빈 공간(void)" 또는 "텅 비어 있음(emptiness)"를 뜻하는 힌두어 *쑨야*(*sunya*)에서 아랍어 *시프르*(*sifr*)(또한 이것에서 암호(cipher)가 옴)를 거쳐 이탈리아어 *체베로*(*zevero*)로부터 왔다. 자릿수 맞추는 데 사용하는 것을 놓아 두고서도 수 자체로서의 제로는 확실히 자리를 잡기까지 상당히 긴 시간이 걸렸고, 지금조차도 다른 수와 동등한 위치를 차지하고 있지 않다: 제로로 나누는 것이 허용되지 않는다.

zero divisors (영인자, 零因子)

곱은 0이지만 각각이 0이 아닌 **링**(ring)의 원소들.

zero of function (함수의 근)

근(root)을 보시오.

zero-sum game (제로섬 게임)

게임 이론(game theory)에서 한 플레이어가 이기면 상대방은 동일하나 반대의 손실이 있게 되는 게임.

zeta function (제타함수)

어떤 성질을 가지고 있고 음의 거듭제곱의 무한 합으로 계산되는 **함수**(function). 아주 흔히 마주치는 제타함수는 **리만 제타함수**(Riemann zeta function)이다.

zigzag (지그재그)

점들을 연결하는 여러 직선들로 구성되는 곡선에 대한 일반적인 단어. 지그재그는 흔히 엇갈리게 옆에서 옆으로 간다.

Zöllner illusion (쵤너 착시)

1860년에 천문학자 요한 쵤너(Johann Zöllner)가 처음 발표한 선 **왜곡 착시**(distortion illusion). 대각선들은 비록 평행하지만 그렇지 않은 것처럼 보인다. 이 착시는 특히 그 시대의

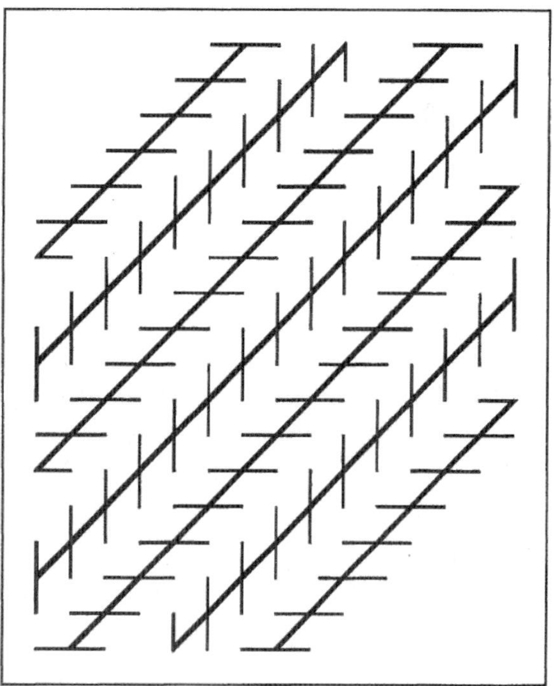

쵤너 착시

시각 장비에 에러를 야기할 목적으로 고안된 것 중 하나이다. 그것들은 실제로 에러를 야기했고 인간이 관찰한 사실의 타당성에 대한 논쟁은 과학자들 사이에 큰 관심을 끌었다. 또한 **포겐도르프 착시**(Poggendorff illusion)를 보시오.

zombie (좀비)

우리와 같이 행동하고 우리의 기능적인 조직 그리고 아마도 신경 생리학적 조직도 공유하지만 자각이나 주관적인 의식이 없는 가상의 인간. 이 개념은 **인공 지능**(artificial intelligence)을 논할 때 사용됐다.

zone (구면대/구대, 球面帶)

두 평행한 평면 사이에 있는 **구**(sphere)의 부분.

zonohedron (조노다면체)

면이 **평행사변형**(parallelogram)이나 면의 변이 평행한 **다면체**(polyhedron). 조노다면체의 면들은 *조네스*(*zones*)로 그룹화되어 질 수 있다. 조네스는 공통의 모서리 방향(그리고 길이)을 공유하며 둘러싸고 있는 무리진 면들이다.

References

1. Abbott, Edwin A. *Flatland: A Romance of Many Dimensions.* London: Seely and Co., 1884. Reprint, Mineola, N.Y.: Dover, 1992.

2. Abraham, R. M. *Diversions and Pastimes.* London: Constable & Co., 1933. Reprinted, 1964.

3. Ackermann, A. S. E. *Scientific Paradoxes and Problems.* London, 1925.

4. Adams, Douglas. *Life, the Universe and Everything.* New York: Harmony Books, 1982.

5. Adams, Douglas. *The Hitchhiker's Guide to the Galaxy.* New York: Ballantine, 1995.

6. Ahrens, W. *Mathematische Unterhaltungen und Spiele.* Leipzig, Germany: Teubner, 1910.

7. Ainley, Stephen. *Mathematical Puzzles.* London: Bell, 1977.

8. Allais, M. "Le comportement de l'homme rationnel devant le risque: Critique des postulats et axiomes de l'école américaine." *Econometrica,* 21: 503–546 (1953).

9. Amthor, A., and B. Krumbiegel. "Das Problema bovinum des Archimedes." *Zeitschrift für Mathematik und Physik,* 25: 121–171 (1880).

10. Andrews, William S. *Magic Squares and Cubes,* 2nd ed. Mineola, N.Y.: Dover, 1960.

11. Apéry, R. "Irrationalité de $\zeta(2)$ et $\zeta(3)$." *Astérisque,* 61: 11–13 (1979).

12. Appel, K., and W. Haken. "The Solution of the Four-Color Map Problem." *Scientific American,* 237: 108–121 (1977).

13. ApSimon, Hugh. *Mathematical Byways in Ayling, Beeling, and Ceiling.* New York: Oxford University Press, 1984.

14. Argand, R. *Essai sur une manière de représenter les quantités imaginaires dans les constructions géométriques.* Paris: Albert Blanchard, 1971. Reprint of the 2nd ed., published by G. J. Hoel in 1874. First published in 1806 in Paris.

15. Arno, Steven. "A Note on Perrin Pseudoprimes." *Mathematics of Computation,* 56(193): 371–376 (1991).

16. Arrow, Kenneth. *Social Choice and Individual Values.* New York: John Wiley & Sons, 1951.

17. Ascher, Marcia. *Ethnomathematics: A Multicultural View of Mathematical Ideas.* Pacific Grove, Calif.: Brooks/Cole Publishing Co., 1991.

18. Avedon, Elliot M., and Brian Sutton-Smith. *The Study of Games.* New York: John Wiley & Sons, 1971.

19. Averbach, Bonnie, and Orin Chein. *Mathematics: Problem Solving through Recreational Mathematics.* New York: W. H. Freeman, 1980.

20. Bagley, William A. *Puzzle Pie: A Unique Collection of Scientific Paradoxes, Posers and Oddities.* London: Vawser and Wiles, 1944.

21. Bailey, D. H., P. B. Borwein, and S. Plouffe. "On the Rapid Computation of Various Polylogarithmic Constants." *Mathematics of Computation,* 66(218): 903–913 (1997).

22. Bakst, Aaron. *Mathematical Puzzles and Pastimes.* New York: Van Nostrand, 1954.

23. Bakst, Aaron. *Mathematics: Its Magic and Mystery,* 3rd ed. Princeton, N.J.: Van Nostrand, 1967.

24. Ball, Walter William Rouse. *Mathematical Recreations and Problems.* London: Macmillan, 1892. (Ball, W. W. Rouse and H. S. M. Coxeter. *Mathematical Recreations and Essays,* 13th ed. Mineola, N.Y.: Dover, 1987.)

25. Banchoff, Thomas F. *Beyond the Third Dimension: Geometry, Computer Graphics, and Higher Dimensions.* New York: W. H. Freeman, 1990.

26. Barnsley, Michael. *Fractals Everywhere,* 2nd edition. San Francisco: Morgan Kaufmann, 1993.

27. Bayer, D., and P. Diaconis. "Trailing the Dovetail Shuffle to Its Lair." *Annals of Applied Probability,* 2(2): 294–313 (1992).

28. Beasley, John D. *The Ins and Outs of Peg Solitaire.* New York: Oxford University Press, 1985.

29. Beckmann, P. *A History of Pi,* 3rd ed. New York: Dorset Press, 1989.

30. Beiler, Albert H. *Recreations in the Theory of Numbers.* Mineola, N.Y.: Dover, 1964.

31. Bell, A. H. " 'Cattle Problem.' By Archimedes 251 B.C." *American Mathematical Monthly,* 2: 140 (1895).

32. Bell, E. T. *Men of Mathematics.* New York: Simon & Schuster, 1937.

33. Bell, Robbie, and Michael Cornelius. *Board Games Round the World: A Resource Book for Mathematical Investigations.* New York: Cambridge University Press, 1990.

34. Benford, F. "The Law of Anomalous Numbers."

Proceedings of the American Philosophical Society, 78: 551–572 (1938).

35. Bergholt, E. *Complete Handbook to the Game of Solitaire on the English Board of Thirty-Three Holes.* Routledge: London, 1920.

36. Berlekamp, Elwyn R., John Horton Conway, and Richard K. Guy. *Winning Ways for Your Mathematical Plays,* 2 vols. New York: Academic Press, 1982.

37. Berloquin, Pierre. *Le Jardin du Sphinx.* Paris: Dunod, 1981.

38. Berrondo, Marie. *Mathematical Games.* Englewood Cliffs, N.J.: Prentice Hall, 1983.

39. Besicovitch, A. S. "On Kakeya's Problem and a Similar One." *Mathematische Zeitschrift,* 27: 312–320, (1928).

40. Berry, Michael. "Quantum Physics on the Edge of Chaos." *New Scientist,* 116: 44–47 (1987).

41. Birtwistle, Claude. *The Calculator Puzzle Book.* New York: Bell Publishing Co., 1978.

42. Blatner, David. *The Joy of Pi.* New York: Walker, 1997.

43. Blocksma, Mary. *Reading the Numbers: A Survival Guide to the Measurements, Numbers, and Sizes Encountered in Everyday Life.* New York: Viking Penguin, 1989.

44. Blyth, Will. *Match-Stick Magic, Puzzles, Games and Conjuring Tricks.* London: C. A. Pearson Ltd., 1921.

45. Bogoshi, J., Naidoo, K., and Webb, J. "The Oldest Mathematical Artifact." *Mathematical Gazette,* 71: 458 (1987).

46. Bond, Raymond T. *Famous Stories of Code and Cipher.* New York: Rinehart & Co., 1947.

47. Bondi, Hermann. "The Rigid Body Dynamics of Unidirectional Spin." *Proceedings of the Royal Society,* A405: 265–274, 1986.

48. Bord, Janet. *Mazes and Labyrinths of the World.* London: Latimer, 1976.

49. Borel, Emile. *Algebre et Calcul des Probabilites,* vol. 184. Paris: Comptes Rendus Academie des Sciences, 1927.

50. Bouton, Charles L. "Nim, a Game with a Complete Mathematical Theory." *Annals of Mathematics,* Series 2. 3: 35–39, (1901–1902).

51. Brams, S. J., and A. D. Taylor. "An Envy-Free Cake Division Protocol." *American Mathematical Monthly,* 102: 9–19 (1995).

52. Brams, S. J., and A. D. Taylor. *Fair Division: From Cake-Cutting to Dispute Resolution.* New York: Cambridge University Press, 1996.

53. Brandreth, Gyles. *Numberplay.* New York: Rawson, 1984.

54. Branges, L., de, "A Proof of the Bieberbach Conjecture." *Acta Mathematica,* 154: 137–152 (1985).

55. Burger, Dionys. *Sphereland: A Fantasy about Curved Spaces and an Expanding Universe.* New York: Barnes & Noble, 1983.

56. Cadwell, J. H. *Topics in Recreational Mathematics.* New York: Cambridge University Press, 1966.

57. Carroll, Lewis. *Mathematical Recreations of Lewis Carroll.* 2 vols. Mineola, N.Y.: Dover, 1958.

58. Carroll, Lewis. *Symbolic Logic and the Game of Logic.* 2 vols. Mineola, N.Y.: Dover, 1958.

59. Carroll, Lewis. *Pillow Problems and A Tangles Tale.* New York: Dover, 1958.

60. Chaitin, G. J. "The Berry Paradox." *Complexity,* 1: 26–30 (1995).

61. Chow, T. Y. "The Surprise Examination or Unexpected Hanging Paradox." *American Mathematical Monthly,* 105: 41–51 (1998).

62. Church, Alonzo. *Introduction to Mathematical Logic.* Princeton, N.J.: Princeton University Press, 1956.

63. Clarke, Arthur C. *The City and the Stars.* New York: Harcourt, Brace, 1956.

64. Coffin, Stewart T. *The Puzzling World of Polyhedral Dissections.* New York: Oxford University Press, 1990.

65. Collins, A. Frederick. *Fun with Figures.* New York: D. Appleton & Co., 1928.

66. Conway, J. H. "Mrs. Perkins's Quilt." *Proceedings of the Cambridge Philosophical Society,* 60: 363–368, 1964.

67. Conway, John Horton. *On Numbers and Games.* New York: Academic Press, 1976.

68. Conway, John Horton, and Richard K. Guy. *The Book of Numbers.* New York: Springer-Verlag, 1996.

69. Conway, J. H., and S. P. Norton. "Monstrous Moonshine." *Bulletin London Mathematical Society,* 11: 308–339 (1979).

70. Conway, J. H., and N. J. A. Sloane. "The Monster Group and its 196884-Dimensional Space" and "A Monster Lie Algebra?" Chs. 29–30 in *Sphere Packings Lattices, and Groups,* 2nd ed. New York: Springer-Verlag, pp. 554–571, 1993.

71. Cooper, Necia Grant (ed.). *From Cardinals to Chaos: Reflections on the Life and Legacy of Stanislaw Ulam.* Cambridge: Cambridge University Press, 1989.

72. Coxeter, H. S. M. *Non-Euclidean Geometry.* Toronto: The University of Toronto Press, 1942.

73. Coxeter, H. S. M., M. S. Longuet-Higgins, and J. C. P. Miller. "Uniform Polyhedra." *Philosophical Transactions of the Royal Society of London,* Series, *A* 246: 401–450, 1954.

74. Coxeter, H. S. M. *Introduction to Geometry,* 2nd ed. New York: John Wiley & Sons, 1969.

75. Coxeter, H. S. M. *Regular Polytopes,* 3rd ed. New York: Dover, 1973.

76. Coxeter, H. S. M., P. DuVal, H. T. Flather, and J. F. Petrie. *The Fifty-Nine Icosahedra.* Toronto: University of

Toronto Press, 1938. Reprint, New York: Springer-Verlag, 1982.

77. Coxeter, H. S. M., M. Emmer, R. Penrose, and M. L. Teuber, (eds). *M. C. Escher: Art and Science.* New York: North-Holland, 1986.

78. Cromwell, Peter R. *Polyhedra.* Cambridge: Cambridge University Press, 1997.

79. Császár, Ákos. "A polyhedron without diagonals." *Acta Univ Szegendiensis, Acta Scientia Math,* 13: 140–142, 1949.

80. Cundy, H. Martyn, and A. P. Rollett. *Mathematical Models,* 3rd ed. Oxford: Clarendon Press, 1961; Diss, England: Tarquin Publications, 1981.

81. Dewdney, A. K. *The Planiverse: Computer Contact with a Two-dimensional World.* New York: Simon & Schuster, 1984.

82. Dickson, Leonard E. *History of the Theory of Numbers.* 3 vol. London: Chelsea Pub. Co., 1919–23. Reprint, Providence, R.I.: American Mathematical Society, 1999.

83. Domoryad, A. P. *Mathematical Games and Pastimes.* Elmsford, N.Y.: Pergamon Press, 1963.

84. Dötzel, Gunter. "A Function to End All Functions." *Algorithm: Recreational Programming 2.4,* 16–17 (1991).

85. Doxiadis, Apostolos K. *Uncle Petros and Goldbach's Conjecture.* New York: Bloomsbury, 2000.

86. Dresner, Simon (ed.). *Science World Book of Brain Teasers.* New York: Scholastic Book Services, 1962.

87. Dudeney, H. E. *The Canterbury Puzzles.* London: Nelson, 1907. Reprinted Mineola, N.Y.: Dover, 1958.

88. Dudeney, H. E. *Amusements in Mathematics.* New York: Dover, 1917. Reprinted Mineola, N.Y.: Dover, 1958.

89. Dudeney, Henry E. *The World's Best Word Puzzles.* London: Daily News, 1925.

90. Dudeney, H. E. *536 Puzzles and Curious Problems,* ed. by Martin Gardner. New York: Charles Scribner, 1967.

91. Edgeworth, R., Dalton, B. J., and Parnell, T. "The Pitch Drop Experiment." *European Journal of Physics,* 5: 198–200 (1984).

92. Eiss, Harry Edwin. *Dictionary of Mathematical Games, Puzzles, and Amusements.* Westport, Conn.: Greenwood Press, 1988.

93. Elffers, J. *Tangram–The Ancient Chinese Puzzle.* New York: Harry N. Abrams, 1979.

94. Escher, M. C. *The Graphic Work of M. C. Escher,* New York: Ballantine, 1971.

95. Ewing, John, and Kosniowski, Czes. *Puzzle It Out: Cubes, Groups and Puzzles.* New York: Cambridge University Press, 1982.

96. Fadiman, Clifton. *Fantasia Mathematica: Being a set of stories, together with a group of oddments and diversions, all drawn from the universe of mathematics.* New York: Simon and Schuster, 1958.

97. Fadiman, Clifton. *The Mathematical Magpie: Being more stories, mainly transcendental, plus subsets of essays, rhymes, music, anecdotes, epigrams and other prime oddments and diversions, rational or irrational, all derived from the infinite domain of mathematics.* New York: Simon and Schuster, 1962.

Federico, P. J. "The Melancholy Octahedron." *Mathematics Magazine,* 45: 30–36, 1972.

98. Filipiak, Anthony S. *100 Puzzles: How to Make and Solve Them.* New York: A. S. Barnes, 1942.

99. Filipiak, Anthony S. *Mathematical Puzzles and Other Brain Twisters.* New York: A. S. Barnes, 1964.

100. Fink, Thomas M., and Yong Mao Mao. "Designing Tie Knots Using Random Walks." *Nature,* 398: 31 (1999).

101. Fisher, Adrian. Arian Fisher Maze Design Web site: http://www.mazemaker.com.

102. Fisher, John (ed.). *The Magic of Lewis Carroll.* New York: Simon and Schuster, 1973.

103. Foster, James E. *Mathematics as Diversion.* Astoria, IL: Fulton County Press, 1978.

104. Fraser, James. "A new visual illusion of direction." *British Journal of Psychology,* 2: 307–337 (1908).

105. Frederickson, Greg N. *Dissections: Plane and Fancy.* Cambridge: Cambridge University Press, 1997.

106. Frey, Alexander H., Jr., and David Singmaster. *Handbook of Cubik Math.* Hillside, N.J.: Enslow, 1982.

107. Gamow, G., and M. Stern. *Puzzle-Math.* New York: Viking, 1958.

108. Gardiner, M. *Mathematical Puzzling.* New York: Oxford University Press, 1987.

109. Gardner, Martin. *Mathematics, Magic and Mystery.* Mineola, N.Y.: Dover, 1956.

110. Gardner, M. *Mathematical Puzzles and Diversions.* New York: Simon and Schuster, 1959.

111. Gardner, Martin, ed. *The Mathematical Puzzles of Sam Loyd,* 2 vols. Mineola, N.Y.: Dover, 1959.

112. Gardner, M. *The Second Scientific American Book of Mathematical Puzzles & Diversions.* New York: Simon and Schuster, 1961.

113. Gardner, Martin. "The Remarkable Lore of the Prime Numbers," *Scientific American,* March 1964.

114. Gardner, M. *New Mathematical Diversions from Scientific American.* New York: Simon and Schuster, 1966.

115. Gardner, M. "Mathematical Games." *Scientific American,* 237, 18–28, Nov. 1977.

116. Gardner, Martin. *Mathematical Magic Show: More Puzzles, Games, Diversions, Illusions and Other Mathematical Sleights-of-Mind from Scientific American.* New York: Vintage, 1978.

117. Gardner, Martin. *The Ambidextrous Universe.* New York: Charles Scribner's Sons, 1978.

118. Gardner, Martin. *Mathematical Circus: More Games, Puzzles, Paradoxes, and Other Mathematical

Entertainments from Scientific American. New York: Alfred A. Knopf, 1979.

119. Gardner, Martin. *Science Fiction Puzzle Tales.* New York: Clarkson N. Potter, 1981.

120. Gardner, Martin. *Wheels, Life, and other Mathematical Amusements.* New York: W. H. Freeman, 1983.

121. Gardner, Martin. *Martin Gardner's Sixth Book of Mathematical Diversions from Scientific American.* Chicago: University of Chicago Press, 1983.

122. Gardner, Martin. *The Magic Numbers of Dr. Matrix.* Buffalo, N.Y.: Prometheus Books, 1985.

123. Gardner, M. *Knotted Doughnuts and Other Mathematical Entertainments.* New York: W. H. Freeman, 1986.

124. Gardner, Martin. *Riddles of the Sphinx And Other Mathematical Puzzle Tales.* Washington, DC: Mathematical Association of America, 1987.

125. Gardner, Martin. *Time Travel and Other Mathematical Bewilderments.* New York: W. H. Freeman, 1987.

126. Gardner, Martin. *Hexaflexagons and Other Mathematical Diversions.* Chicago: University of Chicago Press, 1988.

127. Gardner, Martin. *Penrose Tiles and Trapdoor Ciphers . . . and the Return of Dr. Matrix.* New York: W. H. Freeman, 1989.

128. Gardner, Martin. *Mathematical Carnival.* Washington, D.C.: Mathematical Association of America, 1989.

129. Gardner, Martin. *Mathematical Magic Show.* Washington, D.C.: Mathematical Association of America, 1990.

130. Gardner, M. *Fractal Music, Hypercards, and More Mathematical Recreations from Scientific American Magazine.* New York: W. H. Freeman, 1992.

131. Gardner, Martin (introduction and notes). *The Annotated Alice: Alice's Adventures in Wonderland and Through the Looking Glass.* New York: Random House, 1998.

132. Gasser, Ralph. "Solving Nine Men's Morris." *Computational Intelligence,* 12: 24–41 (1996).

133. Gerver, J. L. "On Moving a Sofa Around a Corner." *Geometriae Dedicata,* 42: 267–283 (1992).

134. Gillam, B. "Geometrical Illusions." *Scientific American,* 242: 102–111 (Jan. 1980).

135. Gleick, James. *Chaos: Making a New Science.* New York: Penguin, 1988.

136. Golomb, S. W. "Checker Boards and Polyominoes." *American Mathematical Monthly,* 61: 675–682 (1954).

137. Golomb, Solomon W. *Polyominoes: Puzzles, Patterns, Problems, and Packings.* New York: Charles Scribner's, 1965. Reprint, Princeton, N.J.: Princeton University Press, 1995.

138. Gomme, Alice Bertha. *Traditional Games of England, Scotland and Ireland.* 2 vols. London: Thames and Hudson, 1894–1898.

139. Gotze, Heinz. *Castel del Monte, Geometric Marvel of the Middle Ages.* New York: Prestel, 1998.

140. Greenberg, Marvin J. *Euclidean and non-Euclidean Geometries: Development and History.* San Francisco: W. H. Freeman, 1974.

141. Greenblatt, M. H. *Mathematical Entertainments.* London: George Allen and Unwin, 1968.

142. Gregory, R. L. "Analogue Transactions with Adelbert Ames." *Perception,* 16: 277–282 (1987).

143. Grunbaum, B., and G. C. Shephard. *Tilings and Patterns.* New York: W. H. Freeman, 1987.

144. Guy, Richard K. *Unsolved Problems in Number Theory,* 2nd ed. New York: Springer-Verlag, 1994.

145. Guy, Richard K., and Robert E. Woodrow (eds). *The Lighter Side of Mathematics: Proceedings of the Eugène Strens Memorial Conference on Recreational Mathematics and its History.* Washington, D.C.: Mathematical Association of America, 1994.

146. Haeckel, Ernst. Kunstformen der Natur (Art Forms in Nature). Leipzig, Wien: Bibliographisches Institut 1899–1904. Reprinted Mineola, N.Y.: Dover, 1974.

147. Haldeman-Julius, E. *Problems, Puzzles and Brain-Teasers.* Girard, KS: Appeal to Reason, 1937.

148. Hall, Trevor H. *Old Conjuring Books.* London: Duckworth, 1972.

149. Hankins, Thomas L. *Sir William Rowan Hamilton.* Baltimore: Johns Hopkins University Press, 1980.

150. Hardy, G. H. *Ramanujan: Twelve Lectures on Subjects Suggested by His Life and Work.* London: Cambridge University Press, 1940.

151. Hardy, G. H. *A Mathematician's Apology.* London: Cambridge University Press, 1940.

152. Hargrave, Catherine Perry. *A History of Playing Cards and a Bibliography of Cards and Gaming.* New York: Houghton Mifflin, 1930. Reprint, New York: Dover, 1966.

153. Harmer, G. P., and D. Abbott. "Losing Strategies Can Win by Parrondo's Paradox." *Nature,* 402: 864 (1999).

154. Hartley, Miles C. *Patterns of Polyhedra.* Ann Arbor, MI: Edwards Brothers, 1957.

155. Heafford, Philip. *The Math Entertainer.* New York: Vintage Press, 1983.

156. Heinlein, Robert. "And He Built a Crooked House," in Isaac Asimov (ed.) *Where Do We Go From Here?* New York: Doubleday, 1971.

157. Heinzelin, J., de, "Ishango." *Scientific American,* 206(6): 105–116 (Jun. 1962).

158. Held, Richard (ed.). *Image, Object and Illusion.* San Francisco: W. H. Freeman, 1974.

159. Henderson, Linda Dalrymple. *The Fourth Dimension and Non-Euclidean Geometry in Modern Art.* Princeton, N.J.: Princeton University Press, 1983.

160. Hendricks, John R. "Magic Tesseracts and N-Dimensional Magic Hypercubes." *Journal of Recreational Mathematics.* 6(3) (Summer 1973).

161. Hendricks, John R. "Black and White Vertices of a Hypercube." *Journal of Recreational Mathematics,* 11(4), 1978–1979.

162. Hendricks, John R. "Magic Hypercubes." Winnipeg, Canada: self-published pamphlet, 1988.

163. Hendricks, John R. "Images from the Fourth Dimension." Winnipeg, Canada: self-published pamphlet, 1993.

164. Hill, T. P. "The First Digit Phenomenon." *American Scientist,* 86: 358–363 (1998).

165. Hilton, Peter, and Jean Pedersen. *Build Your Own Polyhedra.* New York: Addison Wesley, 1988.

166. Hinton, Charles Howard. *A New Era of Thought.* London: Swan Sonnenschein, 1888.

167. Hinton, Charles Howard. *The Fourth Dimension.* London: Allen & Unwin, 1904.

168. Hodges, Andrew, and Douglas Hofstadter. *Alan Turing: The Enigma.* New York: Walker & Co., 2000.

169. Hoffman, Paul. *Archimedes' Revenge: The Joys and Perils of Mathematics.* New York: W. W. Norton, 1988.

170. Hoffman, Paul. *The Man Who Loved Only Numbers: The Story of Paul Erdos and the Search for Mathematical Truth.* New York: Hyperion, 1998.

171. Hoffmann, Professor (Angelo Louis). *Puzzles Old and New.* London: Frederick Warne, 1893. Reprint, L. Edward Hordern, 1993.

172. Hofstadter, Douglas R. *Gödel. Escher, Bach: An Eternal Golden Braid.* New York: Basic Books, 1999.

173. Hogben, Lancelot. *Mathematics for the Million.* New York: W. W. Norton, 1933.

174. Holden, Alan. *Shapes, Spaces and Symmetry.* New York: Columbia University Press, 1971. Reprint, Mineola, N.Y.: Dover, 1991.

175. Hordern, Edward. *Sliding Piece Puzzles.* New York: Oxford University Press, 1986.

176. Hovis, R. Corby, and Helge Kragh. "P. A. M. Dirac and the Beauty of Physics." *Scientific American,* 268(5): 104–109, May 1993.

177. Ingham, A. E. "On Two Conjectures in the Theory of Numbers." *American Journal of Mathematics,* 64: 313–319 (1942).

178. Ittelson, W. H., and F. P. Kilpatrick. "Experiments in Perception." *Scientific American,* 185(2), 50–55, August 1951.

179. Jackson, John. *Rational Amusement for Winter Evenings.* London: Longmans & Co., 1821.

180. Jayne, Caroline Furness. *String Figures and How to Make Them: A Study of Cat's-Cradle in Many Lands.* New York: Dover, 1975.

181. Jones, John Winter. *Riddles, Charades, and Conundrums.* London, 1821.

182. Jones, Samuel Isaac. *Mathematical Nuts for Lovers of Mathematics.* Nashville, 1932.

183. Kadesch, Robert R. *Math Menagerie.* New York: Harper & Row, 1970.

184. Kanigal, Robert. *The Man Who Knew Infinity: A Life of the Genius Ramanujan.* New York: Scribner, 1991.

185. Kapur, J. N. *The Fascinating World of Mathematics.* 3 vols. New Delhi, India: Mathematical Sciences Trust Society, 1989.

186. Kasner, Edward, and James R. Newman, *Mathematics and the Imagination.* New York: Simon and Schuster, 1940.

187. King, T. *The Best 100 Puzzles Solved and Answered.* Slough, England: W. Foulsham & Co., 1927.

188. Kirkman, T. P. "On a Problem in Combinatorics." *Cambridge and Dublin Math. J.,* 2: 191–204 (1847).

189. Klarner, David A., ed. *The Mathematical Gardner.* Boston: Prindle, Weber and Schmidt, 1981.

190. Klarner, David A., ed. *Mathematical Recreations: A Collection in Honor of Martin Gardner.* New York: Dover, 1998.

191. Knuth, Donald. *Surreal Numbers: How Two Ex-Students Turned On to Pure Mathematics and Found Total Happiness.* Reading, Mass.: Addison-Wesley, 1974.

192. Körner, T. W. *The Pleasures of Counting.* Cambridge: Cambridge University Press, 1997.

193. Kraitchik, Maurice. *Mathematical Recreations.* New York: Norton, 1942.

194. Krasnikov, S. V. "Causality Violations and Paradoxes." *Physical Review D,* 55(6): 3427–30 (1997).

195. Langley, E. M. "Problem 644." *Mathematical Gazette,* 11: 173, 1922.

196. Langman, H. *Play Mathematics.* New York: Hafner, 1962.

197. Lausmann, Raymond F. *Fun With Figures.* New York: McGraw-Hill, 1965.

198. Lavine, S. *Understanding the Infinite.* Cambridge, Mass.: Harvard University Press, 1994.

199. Lehman, R. S. "On Liouville's Function." *Mathematics of Computation,* 14: 311–320, 1960.

200. Licks, H. E. *Recreations in Mathematics.* New York: D. Van Nostrand, 1921.

201. Lindgren, Harry. *Geometric Dissections.* New York: Van Nostrand Reinhold, 1964.

202. Lindgren, Harry. *Recreational Problems in Geometrical Dissections and How to Solve Them.* New York: Dover Publications, 1972.

203. Lines, Malcolm. *Think of a Number.* New York: Adam Hilger, 1990.

204. Littlewood, J. E. *A Mathematician's Miscellany.* London: Methuen and Co., 1953.

205. Livio, Mario. *The Golden Ratio: The Story of Phi, the World's Most Astonishing Number.* New York: Broadway Books, 2002.

206. Locher J. L., ed. *M. C. Esher: His Life and Complete Graphic Work.* New York: Abradale Press, 1982.

207. Loyd, Sam. *Sam Loyd's Cyclopedia of 5000 Puzzles, Tricks, and Conundrums.* 1914. Reprint, New York: Pinnacle, 1976.

208. Loyd, Sam. *Sam Loyd's Picture Puzzles with Answers.* Brooklyn: S. Loyd, 1924. Reprint, Ontario, Canada: Algrove, 2000.

209. Lucas, Edouard. *Récréations Mathématiques,* 4 vols. Paris: Gauthier-Villars et fils, 1881–1894. Reprinted by Paris: A. Blanchard, 1960–1974.

210. MacMahon, Alexander: *New Mathematical Pastimes.* Cambridge: Cambridge University Press, 1921.

211. Madachy, Joseph S. *Mathematics on Vacation.* New York: Charles Scribner's, 1966. Republished as *Madachy's Mathematical Recreations.* New York: Dover, 1979.

212. Manning, H. P. *Geometry of Four Dimensions.* New York: Dover, 1956.

213. Manning, H. P. *The Fourth Dimension Simply Explained.* New York: Dover, 1960.

214. Maor, E. *To Infinity and Beyond: A Cultural History of the Infinite.* Boston, Mass.: Birkhäuser, 1987.

215. Maor, E. *e: The Story of a Number.* Princeton, N.J.: Princeton University Press, 1994.

216. Martin, G. "Absolutely abnormal numbers." *American Mathematical Monthly,* 108: 746–754, 2001.

217. Matijasevic, Yu. V. "Solution of the Tenth Problem of Hilbert." *Matematikai Lapok,* 21: 83–87 (1970).

218. Matijasevic, Yu. V. *Hilbert's Tenth Problem.* Cambridge, Mass.: MIT Press, 1993.

219. Matthews, W. H. *Mazes & Labyrinths: A General Account of Their History and Development.* London: Longmans, Green and Co., 1922. Reprint, New York: Dover, 1970.

220. Maxwell, E. A. *Fallacies in Mathematics.* New York: Cambridge University Press, 1959.

221. Meeus, J., and P. J. Torbijn. *Polycubes.* Paris: Cedic, 1977.

222. Melzak, Z. A. *Companion to Concrete Mathematics.* 2 vols. New York: John Wiley, 1973, 1976.

223. Mercer, J. W., et al. "Solutions to Langley's Adventitious Angles Problem." *Mathematical Gazette,* 11: 321–323, 1923.

224. Mosteller, F. *Fifty Challenging Problems in Probability with Solutions,* Reading, Mass.: Addison-Wesley, 1965, #47; "Mathematical Plums," edited by Ross Honsberger, pp. 104–110.

225. Mott-Smith, Geoffrey. *Mathematical Puzzles for Beginners and Enthusiasts,* 2nd rev. ed. New York: Dover, 1954.

226. Moyer, Ann E. *The Philosophers' Game: Rithmomachia in Medieval and Renaissance Europe.* Ann Arbor, Mich.: University of Michigan Press, 2001.

227. Murray, H. J. R. *History of Chess.* Oxford: Clarendon Press, 1913.

228. Murray, H. J. R. *A History of Board-Games Other than Chess.* Oxford: Clarendon Press, 1952.

229. Nasar, Sylvia. *A Beautiful Mind: A Biography of John Forbes Nash, Jr.* New York: Simon & Schuster, 1998.

230. Neumann, J. von, and Morgenstern, O. *Theory of Games and Economic Behavior.* New York: Wiley, 1964.

231. Neville, E. H. *The Fourth Dimension.* Cambridge: Cambridge University Press, 1921.

232. Newcomb, S. "Note on the Frequency of the Use of Digits in Natural Numbers." *American Journal of Mathematics,* 4: 39–40, 1881.

233. Newing, Angela. "The Life and Work of H. E. Dudeney." *Mathematical Spectrum,* 21: 37–44 (1988–1989).

234. Northrop, Eugene P. *Riddles in Mathematics. A Book of Paradoxes.* Princeton, N.J.: Van Nostrand, 1944.

235. O'Beirne, T. H. *Puzzles and Paradoxes: Fascinating Excursions in Recreational Mathematics.* Mineola, N.Y.: Dover, 1984.

236. Ogilvy, C. Stanley. *Tomorrow's Math: Unsolved Problems for the Amateur,* 2nd ed. New York: Oxford University Press, 1972.

237. Olivastro, Dominic. *Ancient Puzzles.* New York: Bantam, 1993.

238. Panofsky, Erwin. *The Life and Art of Albrecht Durer,* Princeton, N.J.: Princeton University Press, 1955.

239. Pardon, G. F. *Parlour Pastimes: A Repertoire of Acting Charades, Fire-Side Games, Enigmas, Riddles, Etc.* London, 1868.

240. Pennick, Nigel. *Mazes and Labyrinths.* London: Robert Hale, 1990.

241. Penrose, L. S., and R. Penrose. "Impossible Objects: A Special Type of Illusion," *British Journal of Psychology,* 49: 31, 1958.

242. Penrose Roger. *The Emperor's New Mind.* New York: Oxford University Press, 1989.

243. Péter, Rózsa. *Playing with Infinity: Mathematical Explorations and Excursions.* Mineola, N.Y.: Dover, 1976.

244. Peterson, Ivars. *The Mathematical Tourist: Snapshots of Modern Mathematics.* New York: W. H. Freeman, 1988.

245. Peterson, Ivars. *Islands of Truth: A Mathematical Mystery Cruise.* New York: W. H. Freeman, 1990.

246. Peterson, Ivars. *The Jungles of Randomness: A Mathematical Safari.* New York: Wiley, 1997.

247. Peterson, Ivars. *The Mathematical Tourist: New and Updated Snapshots of Modern Mathematics.* New York: W. H. Freeman, 1998.

248. Peterson, Ivars. *Mathematical Treks: From Surreal Numbers to Magic Circles.* Washington, D.C.: Mathematical Association of America, 2001.

249. Phillips, Hubert. *Journey to Nowhere: A Discursive Autobiography.* London: Macgibbon & Kee, 1960.

250. Phillips, Hubert. *My Best Puzzles in Mathematics.* Mineola, N.Y.: Dover, 1961.

251. Phillips, Hubert. *My Best Puzzles in Logic and Reasoning.* Mineola, N.Y.: Dover, 1961.

252. Picciotto, Henri. *Pentomino Activities.* Mountain View, Calif.: Creative Publications, 1986.

253. Pickover, Clifford. *Keys to Infinity.* New York: W. H. Freeman, 1995.

254. Pickover, Clifford. *Surfing Through Hyperspace.* New York: Oxford University Press, 1999.

255. Pickover, Clifford A. *Wonders of Numbers: Adventures in Mathematics, Mind, and Meaning.* Oxford: Oxford University Press, 2001.

256. Pickover, C. A. *The Zen of Magic Squares, Circles, and Stars: An Exhibition of Surprising Structures across Dimensions.* Princeton, N.J.: Princeton University Press, 2002.

257. Poole, D. G. "The Towers and Triangles of Professor Claus (or, Pascal Knows Hanoi)." *Mathematics Magazine,* 67: 323–344 (1994).

258. Poundstone, William. *The Recursive Universe.* New York: William Morrow, 1984.

259. Poundstone, William. *Prisoner's Dilemma: John Von Neumann, Game Theory and the Puzzle of the Bomb.* New York: Doubleday, 1992.

260. Quine, W. V. O. "On a So-Called Paradox." *Mind,* 62: 65–67 (1953).

261. Rabinowitz, Stanley. *Index to Mathematical Problems 1980–1984.* Westford, Mass.: Mathpro Press, 1992.

262. Rademacher, Hans, and Otto Toeplitz. *The Enjoyment of Mathematics: Selections from Mathematics for the Amateur.* Princeton, N.J.: Princeton University Press, 1957.

263. Raimi, R. A. "The Peculiar Distribution of First Digits." *Scientific American,* 221: 109–119 (Dec. 1969).

264. Ransom, William R. *One Hundred Mathematical Curiosities.* Portland, Maine: Weston Walch, 1955.

265. Read, Ronald C. *Tangrams: 330 Puzzles.* Mineola, N.Y.: Dover, 1965.

266. Ribenboim, P. *Catalan's Conjecture.* Boston, Mass.: Academic Press, 1994.

267. Robbin, Tony. *Fourfield: Computers, Art, and the Fourth Dimension.* Boston: Little, Brown, 1992.

268. Robertson, J., and Webb, W. *Cake-cutting Algorithms.* Natick, Mass.: A. K. Peters, 1998.

269. Rossi, Hugo. "Mathematics Is an Edifice, Not a Toolbox." *Notices of the AMS,* 43(10) (Oct. 1996).

270. Rubik, Erno, et al. *Rubik's Cubic Compendium.* New York: Oxford University Press, 1987.

271. Rucker, Rudolf v.B. *Geometry, Relativity, and the Fourth Dimension.* New York: Dover, 1977.

272. Rucker, R. (ed). *Speculations on the Fourth Dimension: Selected Writings of C. H. Hinton.* New York: Dover, 1980.

273. Rucker, Rudy. *The Fourth Dimension.* Boston: Houghton Mifflin, 1984.

274. Rucker, Rudy. *Mind Tools.* Boston: Houghton Mifflin, 1987.

275. Rucker, Rudy. *Infinity and the Mind.* Princeton, N.J.: Princeton University Press, 1995.

276. Russell, Bertrand. *Bertrand Russell Autobiography.* New York: Routledge, 1992.

277. Saaty, T. L., and P. C. Kainen. *The Four-Color Problem: Assaults and Conquest.* New York: Dover, 1986.

278. Sallows, L. C. F. "Alphamagic squares." *Abacus* 4 (No. 1): 28–45, 1986.

279. Sallows, L. C. F. "Alphamagic squares, part II". *Abacus* 4 (No. 2): 20–29, 43, 1987.

280. Sallows, L. C. F. "Alphamagic squares." In *The Lighter Side of Mathematics: Proceedings of the Eugène Strens Memorial Conference on Recreational Mathematics and Its History,* R. K. Guy and R. E. Woodrow, eds. Washington, D.C.: Mathematical Association of America, 1994.

281. Sanford, Vera. *A Short History of Mathematics.* Boston, Mass.: Houghton Mifflin, 1930.

282. Scarne, John. *Scarne's New Complete Guide to Gambling.* New York: Simon and Schuster, 1986.

283. Schaaf, William Leonard. *A Bibliography of Recreational Mathematics.* 4 vols. Washington, D.C.: National Council of Teachers of Mathematics, 1955–78.

284. Schattschneider, Doris. *M. C. Escher: Visions of Symmetry.* New York: W. H. Freeman, 1990.

285. Scheick, William J. "The Fourth Dimension in Wells's Novels of the 1920s." *Criticism,* 20: 167–190, 1978.

286. Schrauf, M., B. Lingelbach, E. Lingelbach, and E. R. Wist. "The Hermann Grid and the Scintillation Effect." *Perception,* 24, suppl. A: 88–89, 1995.

287. Schreiber, P. "A New Hypothesis on Durer's Enigmatic Polyhedron in His Copper Engraving 'Melencholia I'," *Historia Mathematica,* 26: 369–377, 1999.

288. Schubert, Hermann. *Mathematical Essays and Recreations.* Thomas J. McCormack, trans. Chicago: Open Court, 1899.

289. Schubert, Hermann. *Mathematische Mussestunden.* Walter de Gruyter, 1940. First published 1900? (German).

290. Schubert, Hermann. *Mathematische Mussestunden II.* Berlin: G. J. Goshen'sche, 1909.

291. Schuh, Fred. *The Master Book of Mathematical Recreations.* Mineola, N.Y.: Dover, 1968.

292. Searle, John R. "Minds, Brains and Programs" in *The Brain and Behavioral Sciences,* vol. 3. Cambridge: Cambridge University Press, 1980.

293. Senechal, M. *Quasicrystals and Geometry.* New York: Cambridge University Press, 1995.

294. Shepherd, Walter. *For Amazement Only.* New York: Penguin, 1942. Reprinted as *Mazes and Labyrinths: A Book of Puzzles.* New York: Dover, 1961.

295. Simon, William. *Mathematical Magic.* New York: Charles Scribner's, 1964.

296. Singh, Simon. *Fermat's Enigma: The Epic Quest to Solve the World's Greatest Mathematical Problem.* New York: Walker & Co., 1997.

297. Singmaster, David. *Notes on Rubik's 'Magic Cube.* Hillside, N.J.: Enslow, 1981.

298. Singmaster, David. *Sources in Recreational Mathematics: An Annotated Bibliography,* 7th prelim, ed. Unpublished.

299. Skewes, S. "On the difference π(x) – li(x)." *Journal of the London Mathematical Society,* 8: 277–283 (1933).

300. Slocum, Jerry. *Compendium of Mechanical Puzzles.* 3rd ed. Slocum and Haubrich, 1977.

301. Slocum, Jerry. *The Tangram Book: The Story of the Chinese Puzzle with Over 2000 Puzzles to Solve.* New York: Sterling, 2003.

302. Smith, David Eugene. *Number Stories of Long Ago.* Washington, D.C.: National Council of Teachers of Mathematics, 1919.

303. Smith, David Eugene. *A Source Book in Mathematics.* 2 vols. New York: McGraw-Hill, 1929.

304. Smullyan, Raymond M. *What Is the Name of This Book? The Riddle of Dracula and Other Logical Puzzles.* Englewood Cliffs, N.J.: Prentice Hall, 1978.

305. Smullyan, Raymond M. *The Chess Mysteries of Sherlock Holmes.* New York: Alfred A. Knopf, 1979.

306. Smullyan, Raymond. *This Book Needs No Title: A Budget of Living Paradoxes.* Englewood Cliffs, N.J.: Prentice-Hall, 1980.

307. Smullyan, Raymond M. *The Lady or the Tiger? And Other Logic Puzzles.* New York: Alfred A. Knopf, 1982.

308. Smullyan, Raymond M. *Alice in Puzzleland.* New York: William Morrow, 1982.

309. Smullyan, Raymond M. *To Mock a Mockingbird.* New York: Alfred A. Knopf, 1985.

310. Smullyan, Raymond M. *Forever Undecided: A Puzzle Guide to Godel.* New York: Alfred A. Knopf, 1987.

311. Smullyan, Raymond. *The Tao is Silent.* New York: HarperCollins, 1992.

312. Soddy, F. "The Kiss Precise." *Nature,* 137: 1021, 1936.

313. Sprague, Roland. *Recreation in Mathematics.* Mineola, N.Y.: Dover, 1963.

314. Stein, M. L., S. M. Ulam, and M. B. Wells. "A Visual Display of Some Properties of the Distribution of Primes." *American Mathematical Monthly,* 71: 516–520, 1964.

315. Steinhaus, H. "Sur la division pragmatique." *Ekonometrika (Supp.),* 17: 315–319, 1949.

316. Steinhaus, Hugo. *Mathematical Snapshots.* 3rd rev. ed. New York: Dover, 1983.

317. Stewart, Ian. *Does God Play Dice: The New Mathematics of Chaos.* Cambridge, Mass.: Basil Blackwell, 1989.

318. Stewart, Ian. *Game, Set, and Math: Enigmas and Conundrums.* Cambridge, Mass.: Basil Blackwell, 1989.

319. Stewart, Ian. "Tales of a Neglected Number." *Scientific American,* 274: 102–103 (Jun. 1996).

320. Stewart, Ian. "Unilluminable Rooms." *Scientific American,* 275(2), 100–103 (Aug. 1996).

321. Stewart, Ian and Cohen, Jack Cohen. *Figments of Reality.* Cambridge: Cambridge University Press, 1997.

322. Stewart, Ian. "Cone with a Twist." *Scientific American,* 281: 116–117 (Oct. 1999).

323. Stewart, Ian. *Flatterland: Like Flatland Only More So.* New York: Perseus, 2001.

324. Stromberg, K. "The Banach-Tarski Paradox." *American Mathematical Monthly,* 86: 3, 1979.

325. Stubbs, A. Duncan. *Miscellaneous Puzzles.* London: Frederick Warne, 1931.

326. Struik, Dirk Jan, ed. *A Source Book in Mathematics 1200–1800.* Princeton, N.J.: Princeton University Press, 1969.

327. Strutt, Joseph. *The Sports and Pastimes of the People of England.* London: J. White, 1801.

328. Stuwe, M. *Plateau's Problem and the Calculus of Variations.* Princeton, N.J.: Princeton University Press, 1989.

329. Swade, Doron. *The Difference Engine: Charles Babbage and the Quest to Build the First Computer.* New York: Viking, 2000.

330. te Riele, H. J. J. "On the Sign of the Difference $\pi(x) - \mathrm{Li}(x)$." *Mathematics of Computation,* 48: 323–328 (1987).

331. Thom, R. *Structural Stability and Morphogenesis: An Outline of a General Theory of Models.* Reading, Mass.: Addison-Wesley, 1972.

332. Thompson, d'Arcy W. *On Growth and Form.* Cambridge: Cambridge University Press, 1917. (Reprint, New York: Dover, 1992.)

333. Thorpe, Edward O. *Beat the Dealer,* rev. ed. New York: Random House, 1966.

334. Tokarsky, George W. "Polygonal Rooms Not Illuminable from Every Point." *American Mathematical Monthly,* 102(10): 867–879, 1995.

335. Toole, Betty A. (ed.). *Ada, the Enchantress of Numbers: A Selection from the Letters of Lord Byron's Daughter and Her Description of the First Computer.* Mill Valley, Calif.: Strawberry Press, 1998.

336. Tormey, Alan and Tormey, Judith Farr. "Renaissance Intarsia: The Art of Geometry." *Scientific American,* 247: 136–143, July 1982.

337. Turing, A. M. "On Computable Numbers, with an Application to the Entscheidungsproblem." *Proceedings*

of the London Mathematical Society, Series 2, 42: 230–265, 1937.

338. Turney, P, "Unfolding the Tesseract." *Journal of Recreational Mathematics,* 17(1): 1–16, 1984–1985.

339. Underwood, Dudley. "The First Recreational Mathematics Book." *Journal of Recreational Mathematics,* 3, 164–169, 1970.

340. Van Cleve, James. "Right, Left, and the Fourth Dimension." *The Philosophical Review,* 96: 33–68 (1987).

341. Vardi, I. "Archimedes' Cattle Problem." *American Mathematical Monthly,* 105: 305–319 (1998).

342. Vardi, Ilan. *Computational Recreations in Mathematica.* Redwood City, Calif.: Addison-Wesley, 1991.

343. Wagon, S. *The Banach-Tarski Paradox.* New York: Cambridge University Press, 1993.

344. Waller, Mary D. *Chladni Figures: A Study in Symmetry.* London: G. Bell & Sons, 1961.

345. Watson, G. N. "The Problem of the Square Pyramid." *Messenger of Mathematics,* 48: 1–22 (1918–1919).

346. Weisstein, Eric W. *The CRC Concise Encyclopedia of Mathematics.* Boca Raton, Fla.: CRC Press, 1998.

347. Wells, David Graham. *Hidden Connections, Double Meanings: A Mathematical Exploration.* Cambridge: Cambridge University Press, 1988.

348. Wells, David. *The Penguin Dictionary of Curious and Interesting Geometry.* London: Penguin Books, 1991.

349. Wells, David. *The Penguin Book of Curious and Interesting Mathematics.* New York: Penguin, 1997.

350. Wells, Kenneth. *Wooden Puzzles and Games.* New York: Sterling Publications, 1983.

351. Weyl, Hermann. *Symmetry.* Princeton, N.J.: Princeton University Press, 1952.

352. White, Alain C. *Sam Loyd and His Chess Problems.* Leeds, England: Whitehead & Miller, 1913.

353. Wiles, A. "Modular Elliptic-Curves and Fermat's Last Theorem." *Annals of Mathematics,* 141: 443–551, 1995.

354. Williams, W. T., and Savage, G. H. *The First Penguin Problems Book.* New York: Penguin Books, 1940.

355. Wyatt, Edwin Mather. *Puzzles in Wood.* Milwaukee, Wis.: Bruce Publishing Company, 1928.

356. Yan, Li, and Du, Shiran. *Chinese Mathematics: A Concise History.* Oxford: Oxford University Press, 1988.

357. Zaslavsky, Claudia. *Africa Counts.* Brooklyn, N.Y.: Lawrence Hill Books, 1973.

퍼즐 해답

abracadabra (아브라카다브라)

이 문제를 풀기 위해, 다이아몬드 모양의 윗부분의 바깥쪽 문자는 1, 나머지 문자는 점으로 바꿔서 아래 그림처럼 다시 그린다.

```
        1
       1 1
      1 . 1
     1 . . 1
    1 . . . 1
   1 . . . . 1
    . . . . .
     . . . .
      . . .
       . .
        .
```

그 다음에, 아래 그림처럼 위에서부터 시작하여 각 점 위에 있는 두 수의 합을 구해 그 자리에 적는다.

```
      1
     1 1
    1 2 1
   1 3 3 1
```

이렇게 계속하여 다이아몬드 모양의 가장 아래쪽에 나타나는 숫자 252가 폴리아가 낸 문제의 답이다.

age puzzles and tricks (나이 퍼즐과 수수께끼)

1. 18
2. $16\frac{1}{2}$ (메리는 $27\frac{1}{2}$)

alphametic (철자-숫자 퍼즐)

1.

```
   67432 (EARTH)
     704 (AIR)
    8046 (FIRE)
+  97364 (WATER)
--------------------
  173546 (NATURE)
```

A=7, E=6, F=8, H=2, I=0, R=4, T=3, W=9

2.

```
   127503 (SATURN)
   502351 (URANUS)
  3947539 (NEPTUNE)
+   46578 (PLUTO)
--------------------
  4623971 (PLANETS)
```

A=2, E=9, L=6, N=3, O=8, P=4, R=0, S=1, T=7, U=5

3.

```
   862903 (MARTIN)
  1627342 (GARDNER)
--------------------
+ 2490245 (RETIRES)
```

A=6, D=7, E=4, G=1, I=0, M=8, N=3, R=2, S=5, T=9

anagram (철자(綴字) 바꾸기)

1. Wolfgang Amadeus Mozart.
2. Thomas Alva Edison.
3. William Shakespeare.

Carroll, Lewis (캐럴, 1832-1899)

1. 우유/물이 섞인 잔에 들어 있는 물의 양과 물/우유가 섞인 잔의 우유의 양은 같다.
2. 정육면체를 색칠하는 방법은 30가지이다. 만약 각 면에 서로 다른 색을 칠한다는 제약 조건이 없다면, 정육면체를 색칠하는 방법은 2226가지이다.
3. FOUR → FOUL → FOOL → FOOT → FORT → FORE → FIRE → FIVE
다른 방법: FOUR → POUR → POUT → ROUT → ROUE → ROVE → DOVE → DIVE → FIVE
(이것은 이 책의 편집자인 Stephen Power가 찾은 답이다.)
4. 캐럴 자신도 그 이유를 생각하지 않고 이 수수께끼를 내었는데, 나중에 그 이유를 "Because it can produce a few notes, though they are very flat; and it is nevar put wrong end in front!"라고 했다.[1] (철자를 다르게 쓴 "nevar"에 주목하라.)[2] 다른 작가들이 찾은 이유는 다음과 같다. "Because Poe wrote on both"[3](Sam Loyd); "기울어진 날개가 달려 있기 때문에"(Cyril Pearson); "두 가지 모두 잉크를 묻인 깃

털을 갖고 있기 때문에"(David Jodrey).

clock puzzles (시계 퍼즐)

1. 약 6시 27분 42초(정확히는 360/13 분).
2. 멈춘 시계인데, 그것은 하루에 두 번 정확한 시간을 가리키지만, 다른 것(하루에 1분씩 늦는 시계)은 대략 매 2년마다 한 번 맞는 시간을 가리킨다.
3. 삽화로 보인 바늘의 위치는 그 시계가 11시 44분 51과 1,143/1,427 초에 멈추었음을 지적할 수 있을 뿐이었다. 다음에 초침은 11시 45분 52와 496/1,427 초에 "정확하게 분침과 시침 중간"에 있을 것이다. 만일 우리가 원에서 세 바늘이 가리키는 점의 위치를 다룬다면 11시 45분 22와 106/1,427 초가 된다. 그러나 문제는 바늘에 적용되었고, 그 시간에는 초침이 두 바늘의 사이가 아니라 바깥에 있었을 것이다.

cone (원뿔)

가장 간단한 방법은 그 원뿔을 높이의 1/3인 곳에서 자르는 것이다.

de Morgan, Augustus (드모르간)

43(제곱하면 드모르간이 출생한 해(1806)와 사망한 해(1867)의 사이에 있는 유일한 정수이다.)

domino (도미노)

아니다! 바뀐 체스판을 겹치지 않는 도미노로 완전히 덮는 것이 가능하다고 가정하자. 어떠한 완전 덮기에서도 각 도미노는 정확하게 하나의 흰색 사각형과 하나의 검정색 사각형을 덮어야 한다. 따라서 바뀐 체스판은 같은 수의 흰색과 검정색 사각형을 가져야 한다. 그런데 체스판의 대각선 반대쪽에서 제거된 두 사각형은 반드시 같은 색이어야 한다. 바뀐 판의 흰색과 검정색 사각형의 수가 같을 수 없으므로 바뀐 체스판을 겹치지 않는 도미노로 완전히 덮는 것은 불가능하다.

hundred fowls problem (100마리 새 문제)

두 식을 이용하여 C를 소거하면 방정식 $7R + 4H = 100$을 얻는다. ($7R + 4H = 100$이므로) R은 15보다 작아야 한다. R의 값에 대하여 시행착오를 이용하면 H에 허용되는 값은 4, 8, 12뿐이며, 이것으로부터 문제의 3가지 가능한 해가 수탉 4, 암탉 18, 병아리 78; 수탉 8, 암탉 11, 병아리 81; 수탉 12, 암탉 4, 병아리 84임을 알 수 있다.

kinship problem (친족 관계 퍼즐)

1. 당신의 아들.
2. 다른 남자의 어머니와 결혼한 두 남자의 아들들.
3. 두 소녀와 한 소년, 그들의 아버지와 어머니, 그리고 그들의 아버지의 아버지와 어머니로 구성된 모임.

measuring and weighing puzzle (측정 퍼즐)

여관 주인은 먼저 5-핀트와 3-핀트 용기를 채우고 통의 탭을 열어 남아 있는 것을 모두 버린다. 이제 탭을 닫고 3-핀트 용기의 것을 통에 옮긴다. 5-핀트 용기의 용액을 3-핀트 용기로 옮긴다. 3-핀트 용기의 용액을 다시 통에 붓는다. 5-핀트 용기에 남아 있는 2핀트를 3-핀트 용기로 옮긴다. 통의 용액으로 다시 5-핀트 용기를 채우면 통에 1핀트만 남는다. 5-핀트 용기의 용액을 3-핀트 용기에 채운다. 3-핀트 용기의 용액을 친구가 마시게 한다. 5-핀트 용기의 용액으로 3-핀트 용기를 채우면 5-핀트 용기에 1핀트만 남는다. 3-핀트 용기의 용액을 마신다. 마지막으로 통에 있는 1핀트를 3-핀트 용기로 옮긴다. 이제 3-핀트, 5-핀트 용기에 각각 1핀트 용액만 있게 된다.

missing dollar problem (사라진 1달러 문제)

물론 사라진 달러는 없다. 27달러와 2달러를 합하여 29달러를 얻은 것은 잘못된 계산이다. 27달러와 2달러는 부정직한 웨이터에게, 그리고 25달러는 식당에 지불되었다. 27달러에서 2

역자 주

1) 앞의 문장은 "책상은 평평(flat)하여 그 위에서 문서(note)를 작성할 수 있고, 큰까마귀는 낮은(flat) 소리로 몇 가지 음정(note)만 낼 수 있기 때문이다."와 같은 이중적 의미로 해석하면 그 뜻을 알 수 있다. 뒤의 문장은 "그리고 raven을 거꾸로 뒤집으면 아무것도 아니듯이, 책상을 거꾸로 뒤집으면 제 기능을 절대(never) 할 수 없다."와 같은 뜻으로 해석할 수 있다.

2) 캐럴은 "never"를 "raven(큰까마귀)"의 글자 순서를 뒤집은 "nevar"로 바꿈으로써 문장의 뜻을 이중적으로 만들어 해학적 재미를 덧붙였다.

3) 미국의 소설가 포(Poe)가 '큰까마귀와 관련된 작품을 썼으며', '글을 책상 위에서 썼기' 때문으로 설명하고 있다.

달러를 빼야하므로 당신은 결국 25달러를 얻게 된다. 29달러는 결코 있을 수 없다.

Mrs. Perkins's quilt (퍼킨스 여사의 퀼트)

다음 그림이 퀼트가 어떻게 만들어져야 하는지 보여준다.

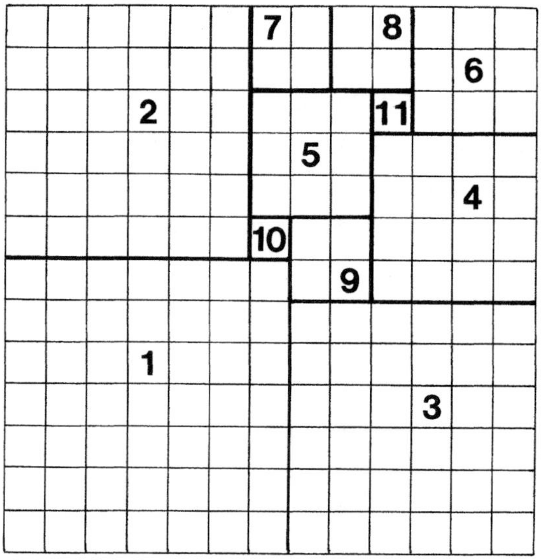

퍼킨스 여사의 퀼트 문제의 해

수학의 즐거움(*Amusement in Mathematics*)에서 듀드니는 "내가 믿기는 이 퍼즐에 오직 한 가지 해만 존재한다. 가장 작게 나누는 정사각형의 수는 11개이다. 각 조각들은 그림과 같은 크기여야 하고 세 개의 가장 큰 조각들은 그림처럼 배치되어야 한다. 그리고 남은 8개의 정사각형들은 그림처럼 혹은 그림과 대칭적으로 배열할 수는 있지만 다르게 배열해서는 안 된다."라고 말했다.

nine rooms paradox (아홉 개의 방의 역설)

처음에 A 방에 배정된 두 고객 중 한 사람은, 그 사람은 우리가 "첫" 고객이라고 말했던 사람인데, 나중에 I 방으로 옮기고 열 번째 고객처럼 생각한다.

postage stamp problems (우표 문제)

듀드니는 "네 장의 우표" 문제의 해답을 다음과 같이 제시했다. 1, 2, 3, 4는 세 가지 방법으로; 1, 2, 5, 6은 여섯 가지 방법으로; 1, 2, 3, 5 혹은 1, 2, 3, 7 혹은 1, 5, 6, 7 혹은 3, 5, 6, 7은 28가지 방법으로; 1, 2, 3, 6 혹은 2, 5, 6, 7은 14가지 방법으로; 1, 2, 6, 7 혹은 2, 3, 5, 6 혹은 1, 5, 6, 10 혹은 2, 5, 6, 9는 14가지 방법으로; 그러므로 모두 65가지 방법이 있다.

probability theory (확률 이론)

1. 다음과 같이 네 가지 경우가 가능하다.

	가장 나이 많은 어린이	가장 어린 어린이
1	딸	딸
2	딸	아들
3	아들	딸
4	아들	아들

만일 당신의 친구가 "큰아이가 딸이다."라고 말하면 3번, 4번의 경우를 제외한다. 그러면 남은 가능성에서 둘 다 딸일 가능성이 1/2이다. 만일 당신의 친구가 "적어도 한 명이 딸이다."라고 말하면 그는 4번의 경우만 제외한다. 그러면 남은 경우에 둘 다 딸일 가능성은 1/3이다.

2. 모두 6가지 총알 배열이 가능하다.(B: 총알 장전, E: 비어 있음)

B B B E E E → 1번 플레이어 사망
E B B B E E → 2번 플레이어 사망
E E B B B E → 1번 플레이어 사망
E E E B B B → 2번 플레이어 사망
B E E E B B → 1번 플레이어 사망
B B E E E B → 1번 플레이어 사망

그러므로 두 번째 소개될 때 이길 확률이 2/3이고 사망할 확률은 1/3이다.

Pythagorean square puzzle (피타고라스의 정사각형 퍼즐)

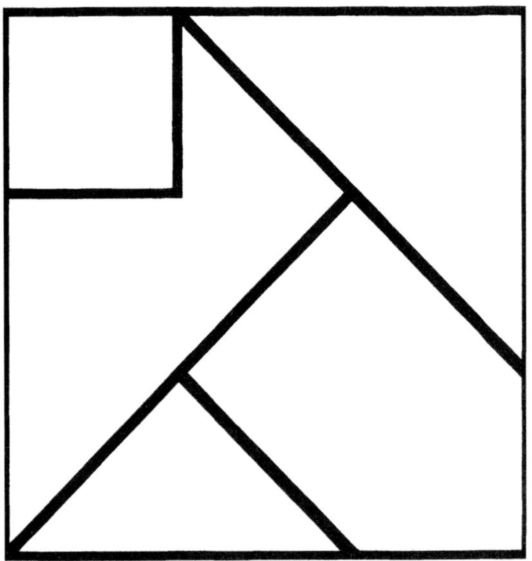

피타고라스 퍼즐 해

river-crossing problem (강 건너기 문제)

강을 건너고 되돌아오는 방법을 다음과 같이 하면 식인종(C)이 선교사(M)를 잡아먹지 못한다.

건널 때 #1: 1M + 1C; 돌아올 때 #1: 1M; 건널 때 #2: 2C; 돌아올 때 #2: 1C; 건널 때 #3: 2M; 돌아올 때 #3: 1M + 1C; 건널 때 #4: 2M; 돌아올 때 #4: 1C; 건널 때 #5: 2C; 돌아올 때 #5: 1C; 건널 때 #6: 2C.

word puzzles (단어 퍼즐)

(1) T1W4E1L1V4E1.
(2) Dreamt.
(3) Tremendous, horrendous, stupendous, 그리고 hazardous.
(4) I am.
(5) skiing
(6) “Are”에 “a”를 더하면 “area.”
(7) underground.

Category Index

Biography *(Continued)*

Board games and chess problems

Calculus and analysis

Calendars, dates, ages, and clocks

Cards

Chaos, complexity, and dynamical systems

Codes and ciphers

Codes and ciphers *(Continued)*

Combinatorics

Complex numbers

Computing, artificial intelligence, and cybernetics

Differential geometry

Dimensions, higher and lower

Dissection

Fractals and pathological curves

Functions

Games

Geometry, general terms and theorems

Geometry, problems

Numbers, types

Packing

Paradoxes

Places and buildings

Plane curves

항목 색인

ㄴ

ㄷ

ㄹ

ㅁ

ㅂ

ㅅ

ㅇ

ㅈ

ㅌ

ㅍ

기타

역자 소개

황선욱
서울대학교 수학교육과(이학사)
서울대학교 대학원 수학과(이학석사)
코네티컷대학 대학원 수학과(Ph.D.)
현) 숭실대학교 수학과 교수/창의성연구소장

강병개
서울대학교 수학교육과(이학사)
서울대학교 대학원(이학석사)
서울대학교 대학원(이학박사)
현) 성신여자대학교 수학과 교수

정달영
서울대학교 수학과(이학사)
서울대학교 대학원 수학과(이학석사)
뉴욕시립대학(CUNY) 대학원 수학과(Ph.D.)
현) 숭실대학교 수학과 교수/창의성연구소 운영교수

김주홍
서울대학교 수학교육학과(이학사)
서울대학교 대학원 수학과(이학석사)
미시간주립대학교(이스트 랜싱) 수학과(응용수학 석사)
뉴욕주립대학교(스토니 부룩) 대학원 응용수학과(Ph.D.)
현) 성신여자대학교 수학과 교수

궁금한 수학의 세계
아브라카다브라부터 제논의 역설까지

2015년 2월 20일 초판 인쇄
2015년 2월 25일 초판 발행

지은이 DAVID DARLING
옮긴이 황선욱·강병개·정달영·김주홍
펴낸이 류원식
펴낸곳 청문각

주소 413-120 경기도 파주시 교하읍 문발로 116
전화 1644-0965(대표)
팩스 070-8650-0965
등록 2015. 01. 08. 제406-2015-000005호
홈페이지 www.cmgpg.co.kr
E-mail cmg@cmgpg.co.kr
ISBN 978-89-6364-228-4 (93410)

값 38,000원